土壤污染与修复理论和实践研究丛书

土壤污染毒性、基准与风险管理

骆永明 等 著

科学出版社

北 京

内 容 简 介

本书是作者近 20 年来开展土壤中重金属和有机污染物的生态毒性、环境基准和风险管理等研究工作的全面总结。系统介绍了土壤污染的生物毒性、风险评估和诊断指标等研究方法，阐明了土壤中重金属、有机污染物及重金属-有机复合污染物的生物毒性效应与机制。并以电子废旧产品拆解区、冶炼区、化工区等为典型案例，介绍了工业场地及周边土壤污染的生态风险、健康风险和环境迁移风险的评估与临界值制定方法，设计了土壤环境信息系统，建立了土壤环境安全预警方法与指标体系。在此基础上，构建了基于风险削减—环境改善—成本降低（REC）模型的污染土壤修复决策支持系统，提出了土壤污染防治和土壤环境管理对策建议。这些研究成果对认清土壤污染风险、制定土壤环境标准和监管土壤环境质量具有重要的学术价值和实践指导意义。

本书可作为土壤污染防治与修复、环境保护、农业管理、生态建设、国土资源利用等专业和领域的管理者、科研工作者的参考书，也可作为高等院校、科研院所中土壤学、环境科学、环境工程、生态学、农学等相关学科的研究生教学参考教材。

图书在版编目（CIP）数据

土壤污染毒性、基准与风险管理/骆永明等著. —北京：科学出版社，2016
（土壤污染与修复理论和实践研究丛书）
ISBN 978-7-03-052185-9

Ⅰ. ①土…　Ⅱ. ①骆…　Ⅲ. ①土壤污染-研究　Ⅳ. ①X53

中国版本图书馆 CIP 数据核字（2016）第 049749 号

责任编辑：周　丹　梅靓雅/责任校对：彭　涛
责任印制：吴兆东/封面设计：许　瑞

科学出版社出版
北京东黄城根北街 16 号
邮政编码：100717
http://www.sciencep.com
北京凌奇印刷有限责任公司印刷
科学出版社发行　各地新华书店经销
*
2016 年 12 月第　一　版　开本：787×1092　1/16
2024 年 5 月第四次印刷　印张：34
字数：810 000

定价：198.00 元

（如有印装质量问题，我社负责调换）

作 者 名 单

主要著者

骆永明　涂　晨　宋　静　滕　应　吴龙华

章海波　刘五星

著者名单（按姓氏笔画排序）

丁克强　卜元卿　马婷婷　王国庆　韦　婧

邓绍坡　尹春艳　田　晔　邢维芹　过　园

刘五星　李志博　李晓勇　吴龙华　吴宇澄

吴春发　宋　静　张红振　陈永山　罗　飞

郑茂坤　柯　欣　胡宁静　骆永明　高　岩

涂　晨　章海波　韩存亮　蒋先军　滕　应

潘云雨

序　言

自20世纪80年代以来，随着高强度的人类活动和经济社会的快速发展，大量人为排放的重金属和有机污染物以不同类型、方式、途径进入土壤，造成土壤污染，危及土壤质量安全与生态系统及人体健康。土壤环境质量与安全健康保障令人担忧。土壤污染管控与修复成为国家生态环境治理的重大现实需求。土壤污染与修复的基础理论研究、技术装备研发、监管体系建设和产业化发展已是新时期我国土壤环境保护的重要任务。

骆永明研究员应聘1997年度中国科学院“百人计划”，于1998年从英国留学回国，在南京土壤研究所组建了“土壤圈污染物循环与修复”研究团队。2001年起，先后在国家杰出青年科学基金项目、973计划项目、863计划重大项目、国家自然科学基金重点、面上及重大国际合作项目、中国科学院创新团队国际合作伙伴计划项目、环保公益性行业科研专项项目、江苏省创新学者攀登项目等支持下，他带领团队成员，系统开展了我国沿海经济快速发展地区（长江、珠江、黄河三角洲及香港地区）土壤环境污染状况、过程、效应、评估、植物修复、微生物修复及化学-生物联合修复等理论、方法、技术、标准及工程应用方面的研究与实践，取得了诸多创新性研究成果。他于2005年撰文提出了“土壤修复”是一门土壤科学和环境科学的分支学科的论述。自2000年以来，发起并连续组织召开了第一、二、三、四、五届土壤污染与修复国际会议，不仅促进和带动了自身的科学前沿研究与技术发展，而且引领和推动了我国乃至世界土壤环境和土壤修复科技的研究与发展。

即将出版的“土壤污染与修复理论和实践研究丛书”正是骆永明及其团队（包括博士后、研究生）近20年来研究工作的系统总结。该丛书共分四册，分别介绍了《土壤污染特征、过程与有效性》、《土壤污染毒性、基准与风险管理》、《重金属污染土壤的修复机制与技术发展》和《有机污染土壤的修复机制与技术发展》。这是目前我国乃至全球土壤污染与修复研究领域的大作，既有先进的理论与方法，又有实用的技术与规范，还有田间实践经验与基准标准建议，为土壤科学进步与区域可持续发展做出了重大贡献。该丛书的出版，正逢国家“土壤污染防治行动计划”（“土十条”）颁布和各省（市、区）制定“土壤污染防治行动计划”实施方案之际。相信，该丛书可供全国土壤污染防治行动计划的实施借鉴，将推进我国土壤污染与修复的创新研究和产业化发展。

赵其国

中国科学院院士、南京土壤研究所研究员

2016年12月于南京

前　言

土壤污染是一个全球性环境问题，可以发生在农用地，也可以出现在建设用地，还可以存在于矿区和油田。早在20世纪70年代，世界上工业先进、农业发达的国家就开始调查研究工业场地和农业土壤的污染问题，寻找其解决的技术途径。在同一时期，我国进行了污灌区农田土壤污染与防治研究，开启了土壤环境保护工作。进入20世纪80年代，我国在土壤有机氯农药和砷、铬等重金属污染及其控制研究上取得了明显进展；90年代初基于第二次全国土壤调查数据确定了土壤环境背景值，揭示了其区域分异性，并于1995年首次颁布了土壤环境质量标准，为全国土壤污染防治与环境保护奠定了新基础。至90年代末，土壤重金属、农药、石油污染的微观机制和物化控制、微生物转化技术研究取得了新进展，重金属污染土壤的植物修复研究在我国起步。2000年10月在杭州召开了第一届"International Conference of Soil Remediation"，标志着我国土壤修复科学、技术、工程和管理研究与发展序幕的全方位拉开。迈入新世纪后，我国土壤污染与修复工作得到进一步重视。科技部、国家自然科学基金委员会、中国科学院等相继部署了土壤污染与控制修复科技研究项目；2001年污染土壤修复技术与大气、水环境控制技术同步纳入国家"863"计划。2006年环保部和国土资源部首次联合开展了全国土壤污染调查与防治专项工作，2014年两部委联合发布的《全国土壤污染状况调查公报》明确指出，全国土壤环境状况总体不容乐观，部分地区土壤污染较重，耕地土壤环境质量堪忧，工矿业废弃地土壤环境问题突出。土壤污染防治与修复成为国家环境治理和生态文明建设的重大现实需求。土壤修复的基础研究、技术研发、监管支撑和产业发展已是新时期我国土壤环境保护的重要任务。

恰逢其时，我应聘了1997年度中国科学院"百人计划"，于1998年回国，在南京土壤研究所开辟了土壤污染与修复研究方向。近20年来，在国家、地方和国际合作项目资助下和各方支持下，率领研究团队，系统研究了在我国经济快速发展过程中不同区域和不同土地利用方式下土壤重金属和有机污染规律，建立了土壤污染诊断、风险评估、基准与标准制定方法，发展了土壤污染的风险管理和修复技术，提出了"土壤修复"学科。"土壤污染与修复理论和实践研究丛书"就是这些研究工作及其进展的系统总结，丛书共分四册，分别为《土壤污染特征、过程与有效性》、《土壤污染毒性、基准与风险管理》、《重金属污染土壤的修复机制与技术发展》和《有机污染土壤的修复机制与技术发展》。希望该丛书的出版有助于全国各地"土壤污染防治行动计划"的设计与实施，有益于我国土壤污染与修复的创新研究和产业化发展。

本著作为第二册，系统介绍了土壤污染的生物毒性、风险评估和诊断指标等研究方法，阐明了土壤中重金属、有机污染物及重金属-有机复合污染物的生物毒性及其机制。以电子废旧产品拆解区、冶炼区、化工区等为典型案例，介绍了工业场地及周边土壤污染的生态风险、健康风险和环境迁移风险的评估与临界值制定方法，建立土壤环境信息系统和安全预警方法及指标体系。构建了基于风险削减—环境改善—成本降低（REC）模型的污染场地土壤修复决策支持系统，提出了基于驱动力-压力-状态-影响-响应（DPSIR）关联分析的土壤环境质量管理策略，以及土壤环境风险管理对策建议。这些研究成果对认清土壤污染风险、制定土壤环境标准和监管土壤环境质量具有重要的学术价值和实践指导意义。

全书共分两篇。第一篇介绍土壤中污染物的毒性、风险与基准，共分三章：第一章 土壤污染物的生物毒性；第二章 污染场地及周边土壤风险评估；第三章 土壤污染的环境临界值方法制定和模型建立。第二篇介绍土壤污染与修复决策支持系统与管理策略，共分五章：第四章 土壤环境信息系统的设计与开发；第五章 土壤环境安全预警与风险管理；第六章 污染场地修复决策支持系统；第七章 基于 DPSIR 系统的土壤环境质量管理策略；第八章 土壤环境管理对策与建议。

本书吸收了国家科技部“十五”“973”计划项目（2002CB410800），国家自然科学基金委杰出青年科学基金（40125005）、重点（40432005、41230858）及重大国际合作项目（40821140539），中国科学院“百人计划”项目（重金属污染土壤的评价与生物修复研究）、创新团队国际合作伙伴计划项目（CXTD-Z2005-4）、知识创新工程重要方向项目（KZCX2-YW-404）、环保公益性行业科研专项项目（201009016）等科研项目的部分研究成果，是在研究团队成员（包括博士后和研究生）的辛勤努力下共同完成的。本书的主要执笔人为：骆永明、涂晨、宋静、滕应、吴龙华、章海波、刘五星；参加相关研究和本书撰写工作的还有：丁克强、卜元卿、马婷婷、王国庆、韦婧、尹春艳、邓绍坡、田晔、邢维芹、过园、李志博、李晓勇、吴宇澄、吴春发、张红振、陈永山、罗飞、郑茂坤、胡宁静、柯欣、高岩、蒋先军、韩存亮、潘云雨，以及付传城、马海青、周倩、王晓雯等。全书由章海波和骆永明统稿，骆永明定稿。需要指出的是考虑到丛书的系统性，经科学出版社同意，本书中的部分内容来自我们早期出版的有关专著。还需要一提的是为保持早期研究工作的原始性，我们在研究内容及其参考文献上未作新的补充。

由于作者水平有限，书中疏漏之处在所难免，恳切希望各位同仁给予批评指正。

骆永明

2016 年 12 月于烟台

目　录

第一篇　土壤中污染物的毒性、风险与基准

土壤中的污染物及其代谢产物种类繁多，含量、形态及生物有效性各异，单一的化学方法通常难以表征复杂土壤环境的复合污染及其生态风险。发展基于土壤生态系统中土著生物的生态毒理与风险评估体系是国际生态毒理学与环境生态风险研究的热点。本篇以土壤植物、微生物和土壤动物为敏感受体，建立了从基因到群落的土壤生物毒性诊断方法体系；开展了设施农田、电子废旧产品拆解场地、冶炼场地、化工厂区污染场地及周边土壤的人体健康和生态环境风险评估；探讨了土壤污染的环境临界值制定方法与模型，以期为土壤环境风险管理提供科学依据。

第一章　土壤污染物的生物毒性

污染土壤生态毒理诊断包括高等植物毒性试验、蚯蚓毒性试验、陆生无脊椎动物试验、土壤原生动物毒性试验、土壤微生物试验等。当生物体暴露于各种逆境时，其体内组织、细胞以及分子结构会产生特定的生物信号，可用于土壤生态系统中土壤污染的生态毒理学诊断，并能够为土壤污染的预防和修复提供依据。本章以重金属、有机污染物以及重金属-有机复合污染为研究对象，开展了土壤-植物-动物-微生物系统的生物毒性和生态毒理学评价研究。这些研究成果为污染区土壤的环境质量评价提供了生物毒性数据，也为污染土壤生态毒性的研究和发展提供了科学方法和研究实例。

第一节　土壤污染物对植物的毒性

当土壤中的重金属和有机污染物超过一定的限值，会引起植物的吸收和代谢失调。污染物在植物体内的吸收、富集和转化，会影响植物的生长发育、破坏植物根系的正常吸收和代谢功能，甚至导致遗传突变。本节分别介绍了重金属（镉、铅、锌、铜）、有机污染物（多环芳烃、杀线剂）以及重金属-有机复合污染对植物（蔬菜和小麦）的毒性效应与机制。

一、重金属对植物的毒性

（一）镉高背景土壤对蔬菜生长的影响

我国西南地区，尤其是贵州沉积石灰岩分布地区土壤存在着明显的镉（Cd）自然高背景现象。贵州地表土壤与沉积物中 Cd 的地球化学背景值为 0.31 mg/kg（表 1.1），是我国平均水平的 2.5～3.5 倍，表现出贵州地表环境介质中具有 Cd 的高背景含量特征（何邵麟等, 2004）。

表 1.1　贵州不同地层单元发育的土壤和水系沉积物中 Cd 的平均含量　（单位：mg/kg）

贵州全省背景	Pt	Z	Є	O	S	D	C	P	T	J	K	E+N	Q	三级土壤临界值
0.31	0.22	0.23	0.39	0.32	0.31	0.33	1.07	0.79	0.29	0.21	0.19	0.28	0.32	1.00
γ	β	$Є_1$	$Є_2$	$Є_3$	D_2	D_3	C_1	C_2	C_3	P_1	P_2	T_1	T_2	T_3
0.13	0.49	0.42	0.27	0.40	0.17	0.43	0.67	2.15	0.65	1.61	0.36	0.25	0.33	0.21

注：三级土壤临界值据国家土壤环境质量标准（GB 15618——1995）；Pt—梵净山群+下江群；Z—震旦系；Є—寒武系及上中下统；O—奥陶系；S—志留系；D—泥盆系及中上统；C—石炭系及上中下统；P—二叠系及上下统；T—三叠系及上中下统；J—侏罗系；K—白垩系；E+N—第三系；Q—第四系；γ—花岗岩；β—玄武岩；本表引自何邵麟等（2004）。

供试土壤采自贵州省碳酸盐岩地区，土壤中 Cd 含量呈现一定的梯度，是选出的具有代表性的碳酸盐岩发育的农田土壤，其中 6 个样点土壤分别采自贵阳、黔南和毕节地区农田，1 个样点（BJ-6）土壤采自于某已废弃的土法炼锌场附近的菜地，受 Cd 污染严重，同样也对该样点土壤中 Cd 经食物链对人体的健康风险进行评价，将其作为受到人为活动强烈影响的 Cd 污染土壤与其他地球化学异常土壤相对比。供试土壤主要的理化性质见表 1.2。供试植物为叶菜类蔬菜（小青菜与生菜），种子购于江苏省农业科学院。

表 1.2　供试土壤主要的基本性质

土壤编号	pH (H_2O)	有机质 / (g/kg)	CEC / (cmol/kg)	N / (g/kg)	P / (g/kg)	K / (g/kg)	Cd / (mg/kg)	Zn / (mg/kg)	Cu / (mg/kg)	Pb / (mg/kg)
GY-3	8.10	70.5	26.3	0.53	1.40	12.2	0.88	104	28.0	36.3
QN-1	8.09	40.0	14.0	2.03	0.82	7.90	2.38	119	15.1	30.8
BJ-15	7.84	30.5	23.9	2.16	2.06	11.1	7.55	211	81.2	30.7
BJ-17	7.90	23.5	13.3	1.43	1.00	5.60	1.61	155	64.3	21.7
BJ-5	7.82	57.7	30.4	2.09	2.26	18.5	6.76	230	37.1	52.7
BJ-7	4.81	48.2	21.1	1.95	0.84	5.80	6.13	294	36.3	83.3
BJ-6	7.56	81.7	25.5	1.72	3.61	8.40	64.2	4191	231	1593

在所考察的土壤上种植青菜和生菜发现，毕节地区 BJ-6 和 BJ-7 两处土壤上两种蔬菜生长受到严重抑制，蔬菜可食部分鲜重显著低于其他 5 处土壤上的蔬菜鲜重（图 1.1）。

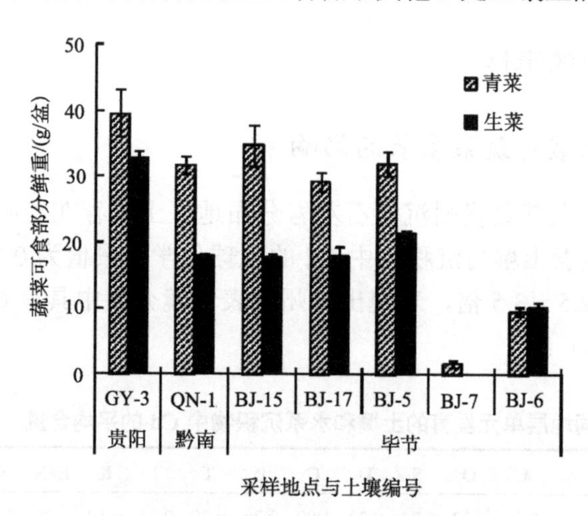

图 1.1　蔬菜可食用部分鲜重

对比各土壤的性质与重金属含量可知，BJ-7 处土壤与其他各处土壤最明显的差异在于其 pH 为 4.81，远远低于其他各处土壤的 pH（7.56～8.10），呈强酸性。在如此低的 pH 条件下，生菜已无法生长，试验结束时没有能收获到生菜样品。而青菜虽能生长，但每盆仅收获到约 1.7 g 可食部分鲜样。BJ-6 处土壤为受到当地土法炼锌活动影响的重污染土壤，其土壤中Cd、Zn、Cu和Pb的含量分别为64.2 mg/kg、4191 mg/kg、231 mg/kg和1593 mg/kg，分别是我国土壤环境质量二级标准限量值的107倍、12.0倍、2.3倍和5.3倍，在如此严重的污染情况下，蔬菜生长缓慢、长势差且叶色发黄，是造成可食部分鲜重较低的直接原因。其他五处土壤上青菜和生菜均生长良好，其中贵阳地区GY-3处土壤采自于菜园地，该土壤上蔬菜可食部分鲜重相对最高，而另外4处均为农田土壤，每盆青菜与生菜的可食部分鲜重分别在30 g和20 g左右。

通过在土壤上种植叶菜类蔬菜发现，在已明显酸化的土壤上（pH 4.81），青菜的生长均受到严重抑制，而生菜根本无法生长，这与土壤的强酸性以及高量有效态镉的存在有关，因为在该酸性土壤中0.01 mol/L $CaCl_2$和DTPA提取态Cd含量分别为1.12 mg/kg和2.12 mg/kg。而在中性至微碱性土壤上，即使土壤总Cd含量超过7.0 mg/kg时，青菜与生菜均能良好生长，此时蔬菜可食部分Cd含量与土壤DTPA提取态以及总Cd含量间均存在显著的对数关系（表1.3和图1.2），而与土壤0.01 mol/L $CaCl_2$提取态镉含量间没有显著的对数或线性关系。这是因为，首先，0.01 mol/L $CaCl_2$提取态重金属相当于水溶态和可交换态部分，这部分重金属虽然通常被认为是活动性最强而且最容易被植物吸收的部分，但是其与植物对重金属的吸收之间并不一定会表现出良好的相关性；其次，0.01 mol/L $CaCl_2$提取态Cd在研究区中性或微碱性土壤中的绝对含量很低，因此该提取态含量相对于整个土壤重金属总库来说，对植物可利用态Cd的贡献可能不占据重要地位。而DTPA提取态与总Cd含量对蔬菜可食部分Cd含量的成功预测则表明，它们在土壤呈中性至微碱性时均能在一定程度上作为评价土壤中Cd的植物有效性或毒性的标准。

表1.3　蔬菜可食部分Cd含量（*Y*）与土壤提取态总Cd含量（*X*）的关系（土壤pH>7.5）

分析指标	蔬菜种类	回归方程（n=5）		R^2		超标临界值[a]	
		对数	线性	对数	线性	对数	线性
$CaCl_2$	青菜	$Y=0.030\times \ln X+0.135$	$Y=17.1\times X+0.091$	0.572	0.269	—	—
	生菜	$Y=0.085\times \ln X+0.316$	$Y=49.5\times X+0.189$	0.640	0.300	—	—
DTPA	青菜	$Y=0.047\times \ln X+0.148$	$Y=0.067\times X+0.063$	0.871*	0.648	3.02	—
	生菜	$Y=0.132\times \ln X+0.350$	$Y=0.193\times X+0.110$	0.929**	0.714	0.32	—
全量	青菜	$Y=0.057\times \ln X+0.049$	$Y=0.015\times X+0.049$	0.937**	0.799*	14.1	10.1
	生菜	$Y=0.158\times \ln X+0.076$	$Y=0.044\times X+0.069$	0.967**	0.870*	2.19	2.98

注：a 超标临界值是指当蔬菜中Cd含量达到0.2 mg/kg时，土壤中相应的提取态或总Cd含量，该值是由表中相应的回归方程计算得到。

* 显著水平为：$p<0.05$；** 显著水平为：$p<0.01$。

（二）镉、铅对蔬菜生长的影响

供试土壤为理化性质差异较大的3种，分别为采自浙江嘉兴的普通潜育水耕人为土（青紫泥）、上海南汇的石质淡色潮湿雏形土（滩潮土）和浙江湖州的铁聚潜育水耕人为土（黄泥砂土）。土壤基本性质见表1.4。盆栽试验在中国科学院南京土壤研究所温室

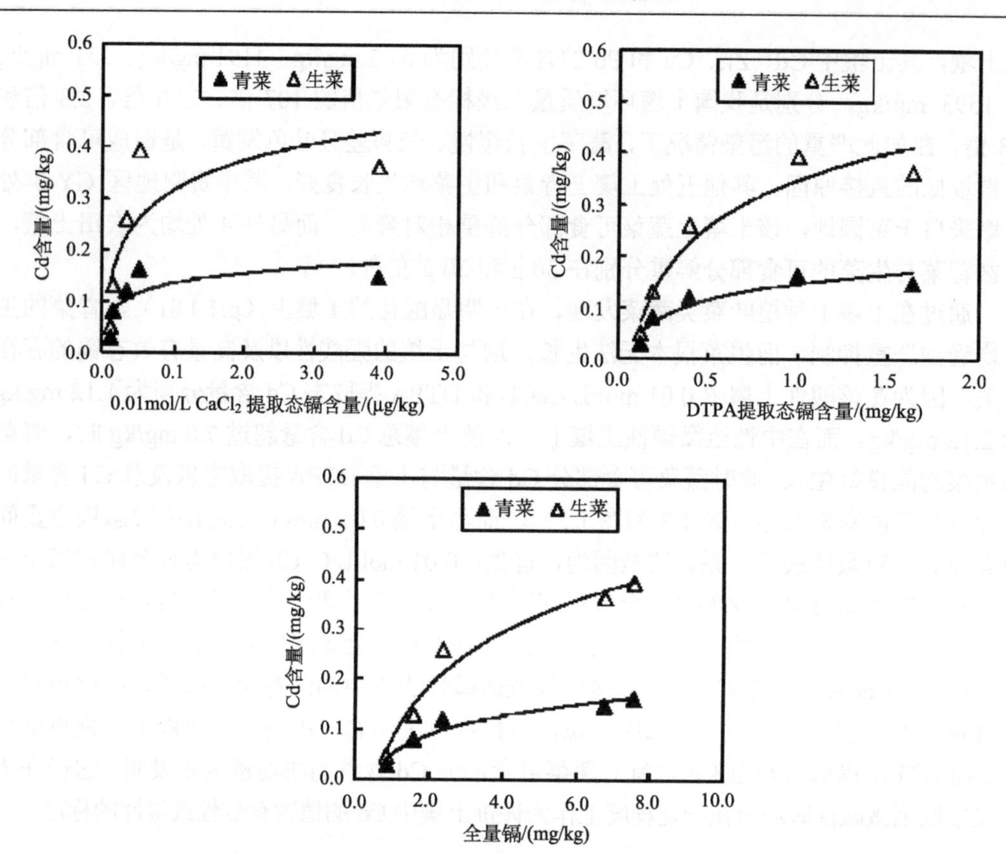

图 1.2　蔬菜可食部分 Cd 含量与土壤 Cd 含量间的拟合曲线（土壤 pH>7.5）

中进行，供试蔬菜品种为青菜（*Brassica chinensis* L.）和苋菜（*Amaranthus fricolor* L.）。在塑料盆中装入风干过 2 mm 土样 1.5 kg，以尿素（0.6 g/kg 土）和磷酸氢二钾（0.6 g/kg 土）为底肥。镉（Cd）和铅（Pb）的试验浓度参考多个国家的土壤环境质量标准确定。土壤中添加镉化合物为 Cd（NO_3）$_2$·$4H_2O$，添加镉浓度为（以 Cd 计）：0、0.7、2.9、11、16 和 27 mg/kg；添加铅化合物为 Pb（NO_3）$_2$，添加铅浓度为（以 Pb 计）：0、125、281、407、532 和 625 mg/kg。每个处理重复 3 次，各个处理之间没有作补充性氮平衡。先将土壤与肥料混和，一周后加入镉和铅溶液混匀，加水至田间持水量的 60%，放置平衡，平衡期间定期加水维持含水量。平衡一个月后，在每盆中直播 16 粒种子，出苗整齐、长势良好后（7～10 天），每盆定植 4 株。生长期间土壤湿度保持在约 70%田间持水量，生长 45 天后收获。收获时用不锈钢剪刀剪取地上部。

表 1.4　试验土壤基本性质

土样	pH	OM / (g/kg)	$CaCO_3$ /%	CEC /(cmol/kg)	Clay /%	Cd[1] / (μg/kg)	Pb[1] / (mg/kg)	水解氮 / (mg/kg)	速效磷 / (mg/kg)	速效钾 / (mg/kg)
青紫泥	6.2	34.2	0.2	20.0	17.0	49.1	40.5	142. 08	10.6	134
滩潮土	7.6	26.0	3.0	14.8	15.8	94.0	21.7	175. 05	68.0	216
黄泥砂土	4.9	43.6	0.0	11.2	18.4	77.3	31.1	237. 18	13.5	72

注：1）HF-HNO_3-$HClO_4$ 消煮。

1. 镉、铅对青菜、苋菜生物量的影响

由于土壤性质的差异，3 种土壤 Cd 污染对青菜生物量的影响不同（表 1.5）。在添加 Cd 浓度为 0.7～27 mg/kg 范围内，青紫泥青菜地上部的生物量与对照相比没有变化，而滩潮土在浓度为 0.7 mg/kg 时青菜地上部生物量与对照相比有显著增加，其他处理均对生物量没有影响，体现了该土壤 Cd 污染的隐蔽性和危害性。

对铅而言，黄泥砂土在添加 Pb 浓度≤407 mg/kg 时，与对照相比促进了青菜的生长，由于实验虽然施用尿素作为氮肥，但是未作基于硝酸盐加入的氮量进行各处理的补充性平衡，因此，可能是氮促进了青菜生物量的增加。其他处理与对照相比均无显著差异；青紫泥和滩潮土在添加 Pb 浓度为 125～625 mg/kg 内与对照相比无显著差异（表 1.5）。

滩潮土在 Cd 处理浓度为 16 mg/kg 时苋菜生长与对照相比，植株矮小，生物量下降，浓度为 27mg/kg 时生长受到明显抑制导致生物量明显降低（表 1.5）。

表 1.5　土壤中镉和铅对青菜和苋菜地上部分生物量的影响

Cd 处理						Pb 处理			
浓度	青菜/（g/盆）鲜重			苋菜/（g/盆）鲜重		浓度	青菜/（g/盆）鲜重		
/（mg/kg）	黄泥砂土	青紫泥	滩潮土	黄泥砂土	滩潮土	/（mg/kg）	黄泥砂土	青紫泥	滩潮土
0	6.16b	62.01a	58.76b	18.38b	51.29ab	0	2.81c	62.01a	37.12a
0.73	5.7b	53.47ab	75.88a	36.21a	64.48a	125.08	7.02ab	62.88a	31.34a
2.91	5.93b	62.39a	61.2ab	30.29ab	45.39abc	281.42	8.13a	66.53a	41.8a
10.91	8.04ab	36.29b	49.86b	38.93a	58.30a	406.50	9.53a	67.43a	44.08a
16.36	10.58ab	52.46ab	46.42b	32.28ab	22.30bc	531.57	4.51bc	58.31a	45.67a
27.27	13.37a	51.23ab	48.76b	17.77b	16.32c	625.38	1.85c	58.70a	41.75a

注：表中不同小写字母表示不同浓度处理之间有显著性差异，显著性水平为 0.05。

2. 镉、铅污染对蔬菜吸收的影响

1）青菜中镉和铅的含量

从图 1.3（a）和（b）可以看出，3 种土壤表现出相同的趋势，即随着土壤中镉或铅浓度的增加，青菜地上部的镉或铅含量有明显的提高。已有研究结果表明（Xian，1989；Lehn and Bopp，1987），植物吸收重金属的量与土壤中重金属的污染程度有很大关系，总体表现为污染程度越高，植物吸收量越多。

在相同处理浓度下，3 种土壤中青菜地上部镉和铅含量顺序为：黄泥砂土>青紫泥>滩潮土[图 1.3（a）和（b）]。这与土壤的基本理化性质有关。如在添加 Cd 浓度为 0.7 mg/kg 时，黄泥砂土青菜镉含量高达 17.2 mg/kg（干重），而青紫泥和滩潮土则为 2.82 mg/kg 和 2.13 mg/kg（干重），这是因为青紫泥和滩潮土 pH 高于黄泥砂土，pH 升高会引起土壤对镉和铅吸附能力的增强、吸附量增加，生物有效性降低。从上面分析可以看出，酸性黄泥砂土中 Cd 浓度较低时（0.7 mg/kg），青菜 Cd 含量高达 17.2 mg/kg（干

重），远远高于国家标准[荷兰基于人体健康风险评估的生菜质量标准为 4.0 mg/kg（干重），中国食品卫生标准 GB 15201—1994 按 90%的含水量换算成干重为 0.5 mg/kg（干重）]，即使是中性青紫泥和滩潮土上的青菜 Cd 含量也超过了中国食品卫生标准。因此，在酸性土壤中，即使 Cd 污染浓度不高，也不宜种植此品种蔬菜，否则将可能通过食物链影响人体健康。

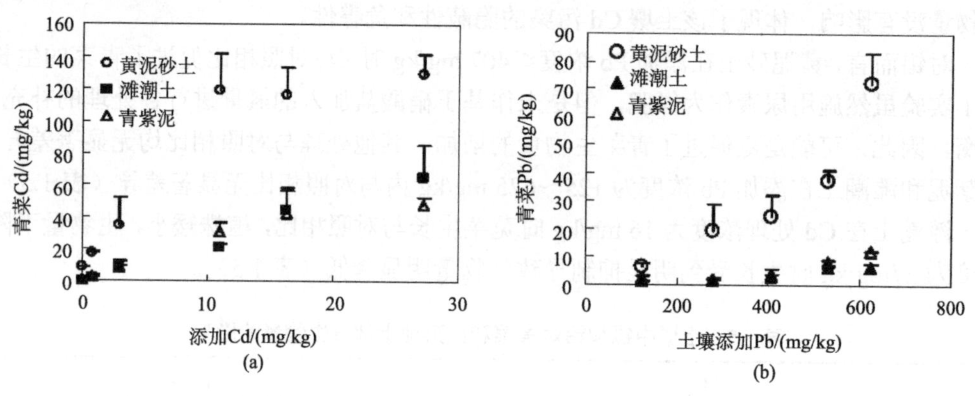

图 1.3　青菜地上部 Cd（Pb）（干重）含量与土壤添加 Cd（Pb）的关系

2）土壤化学有效性与植物吸收的相关性

将土壤 0.05 mol/L EDTA 可提取态镉或铅（EDTA-Cd，EDTA-Pb）、0.43 mol/L HNO_3 可提取态镉或铅（HNO_3-Cd，HNO_3-Pb）和 0.01mol/L $CaCl_2$ 可提取态镉或铅（$CaCl_2$-Cd，$CaCl_2$-Pb）与供试青菜和苋菜地上部镉或铅（Q-Cd 或 Q-Pb，X-Cd 或 X-Pb）含量（干重）分别作图得到图 1.4（a）～（c）、图 1.5（a）～（c）和图 1.6（a）～（c）。显然，$CaCl_2$-Cd（Pb）与青菜或苋菜地上部 Cd（Pb）含量关系图中数据点较为分散，而 HNO_3-Cd（Pb）和 EDTA-Cd（Pb）与青菜或苋菜地上部 Cd（Pb）含量关系图中数据点较为收敛。

分别对上述 24 组数据进行相关性分析，结果表明 HNO_3-Cd、EDTA-Cd 和 $CaCl_2$-Cd 与青菜和苋菜地上部 Cd 含量（干重）之间相关性显著（r=0.74～0.94，p < 0.01，n=18）。HNO_3-Pb 和 EDTA-Pb 与青菜地上部 Pb 含量（干重）之间相关性也显著（r=0.88～0.91，p< 0.01，n=18），但 $CaCl_2$-Pb 与滩潮土和青紫泥生长的青菜地上部 Pb 含量相关性不显著，尤其是滩潮土（r=0.28，n=18），表明除 $CaCl_2$ 提取态 Pb 外，其余两种可提取态 Cd 或 Pb 均能较好的指示青菜和苋菜对土壤中 Cd 或 Pb 的吸收。

（三）重金属对印度芥菜生长的影响

土壤样品采自中国科学院常熟农业生态实验站，为河湖相沉积物发育的水稻土。采用温室盆栽试验研究了锌（Zn）、镉（Cd）、铜（Cu）、铅（Pb）的单一或复合处理对印度芥菜生物量的影响。土样混和均匀后，加入蒸馏水使含水量为田间持水量的 60%，保持 2 天后，播入印度芥菜种子，生长一周后间苗，每盆留 4 苗；植物生长期间保持土壤湿度为田间持水量的 60%。生长 66 天后收获，沿土面剪取地上部，测量株高、鲜重，同时洗出根系；在 105℃下烘干，称地上部和根的干重。

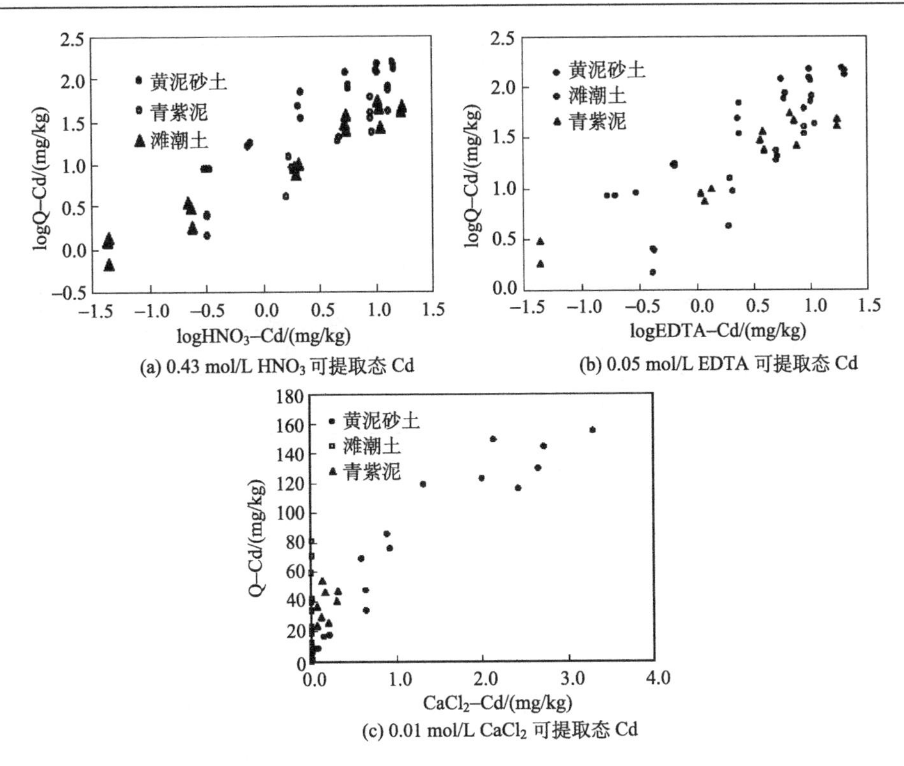

(a) 0.43 mol/L HNO_3 可提取态 Cd　(b) 0.05 mol/L EDTA 可提取态 Cd

(c) 0.01 mol/L $CaCl_2$ 可提取态 Cd

图 1.4　不同土壤化学提取态 Cd 与青菜地上部分 Cd 含量的关系

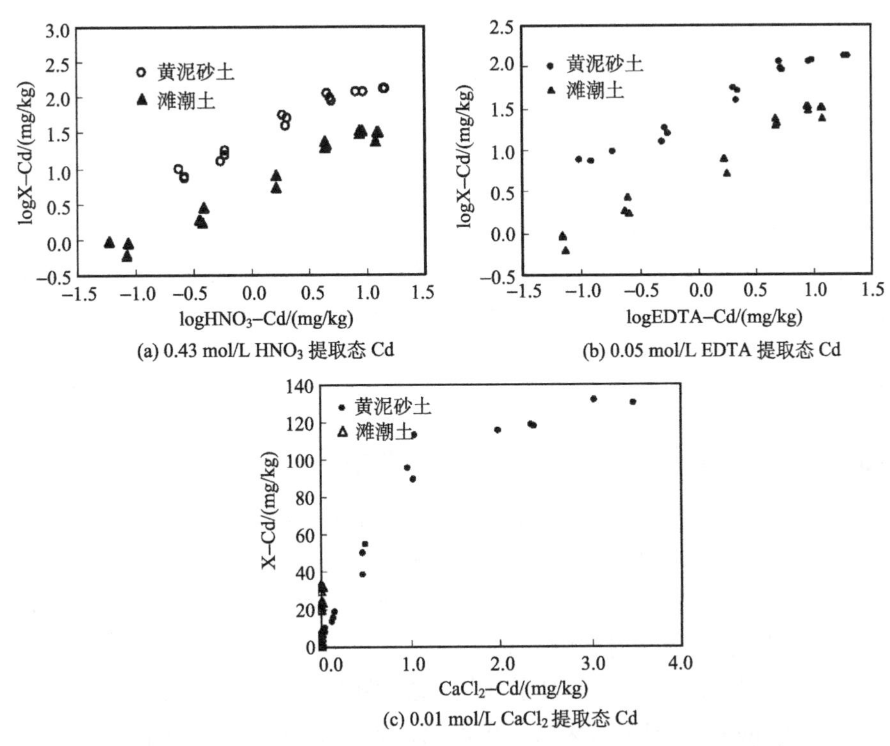

(a) 0.43 mol/L HNO_3 提取态 Cd　(b) 0.05 mol/L EDTA 提取态 Cd

(c) 0.01 mol/L $CaCl_2$ 提取态 Cd

图 1.5　不同土壤化学提取态 Cd 与苋菜地上部分 Cd 含量的关系

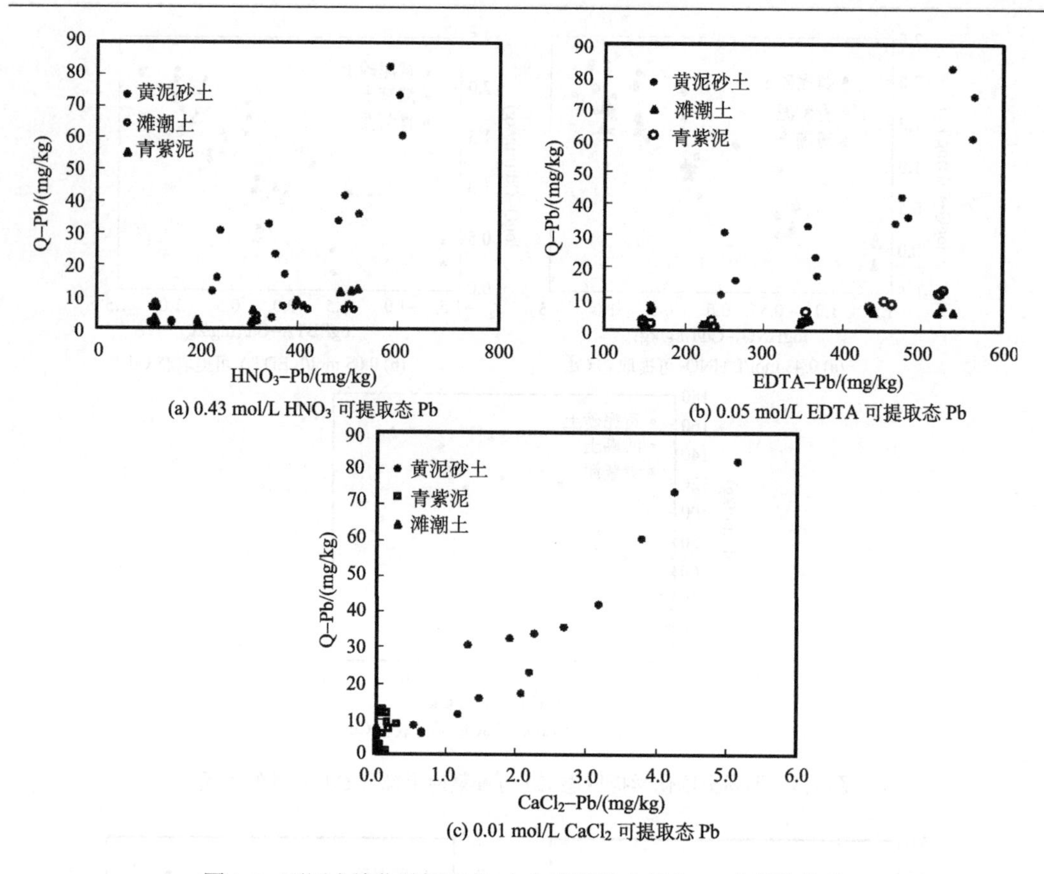

(a) 0.43 mol/L HNO_3 可提取态 Pb (b) 0.05 mol/L EDTA 可提取态 Pb

(c) 0.01 mol/L $CaCl_2$ 可提取态 Pb

图 1.6 不同土壤化学提取态 Pb 与青菜地上部分 Pb 含量的关系

1. Zn、Cd、Cu、Pb 对印度芥菜根生长的影响

印度芥菜根对 Zn、Cd、Cu、Pb 污染的响应如图 1.7 所示。从图 1.7 可见，与对照相比，根量随 Zn 处理量加大而显著减少（$p<0.01$），Cd 单一处理或与 Zn、Cu、Pb 复合处理的根量减少得更多（$p<0.01$），单一 Pb 处理的根量也显著减少，但单一 Cu 处理时差异不明显。高浓度的 Zn 或 Cd 对印度芥菜的根生长有抑制作用，这种作用在多金属复合污染时更强烈。

2. Zn、Cd、Cu、Pb 对印度芥菜地上部分的影响

叶片：试验中观察到，植物生长两周后叶片出现失绿症状，以含 Cd 处理最为明显。症状从心叶叶缘开始，呈紫红、黄色，逐渐枯萎，有的植株到收获期时老叶复绿，但心叶周围第 1、2 叶仍呈黄色。通常在第三周后，各处理受抑制的程度有减缓的趋势，特别是 Pb、Cu 的处理，到第五周时长势与对照相当。

株高：收获时，对照的株高明显高于其他处理（图 1.8），差异达极显著水平（$p<0.01$）。单一处理 Zn1000 mg/kg 与复合污染的处理最矮。据观察，对照处理植株处于抽薹期，而其余的尚处在营养生长期，说明重金属污染影响到印度芥菜的生长和发育。

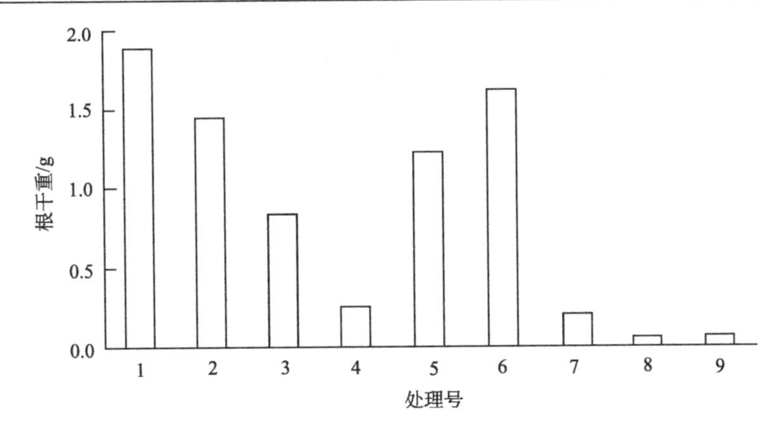

图 1.7　印度芥菜根对 Zn、Cd、Cu、Pb 单一或复合污染的响应

图中处理号代表：1. 对照；2. Zn 500；3. Zn 1000；4. Cd 200；5. Pb 500；6. Cu 250；7. Zn 500+Cd 200；8. Zn 500+Cd 200+Cu 250；9. Zn 500+Cd 200+Cu 250+Pb 500；金属元素后面数字为加入剂量，单位均为 mg/kg（干重）

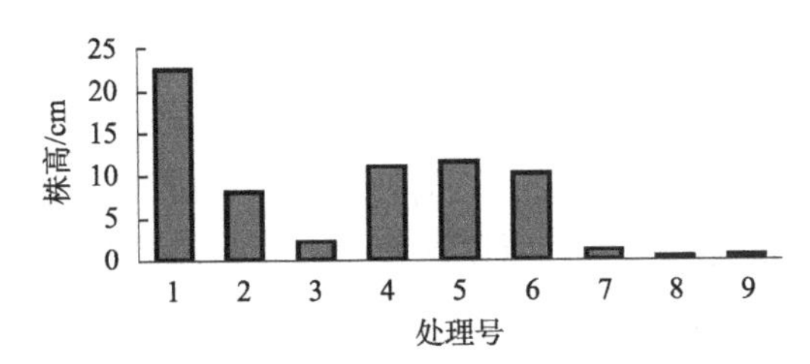

图 1.8　不同重金属处理对印度芥菜株高的影响（图中处理号同图 1.7）

地上部干重多重比较结果表明，地上部干重在 Cu、Zn、Pb 处理与对照之间无显著差异；但含 Zn 1000 mg/kg、Cd 200 mg/kg 及含 Cd 复合污染的处理对印度芥菜地上部干物质重的影响达极显著水平（图 1.9，表 1.6）。这说明在含 Cu 250 mg/kg、Pb 500 mg/kg、Zn 500 mg/kg 的污染土壤上，印度芥菜能够正常生长，这种植物适合中等 Cu、Zn、Pb 污染土壤的修复。但在高浓度的 Zn 1000 mg/kg 或 Cd 200 mg/kg 环境里，印度芥菜的生长受到显著抑制，表现出对 Cd 有更高的敏感性。通常 Cd 污染土壤中的 Cd 含量在 10 mg/kg 以下，远远低于本试验中加入的量，因而印度芥菜仍然可以用来修复中、轻度 Cd 污染的土壤。印度芥菜对 Cd 毒性的临界点有待于进一步探明。

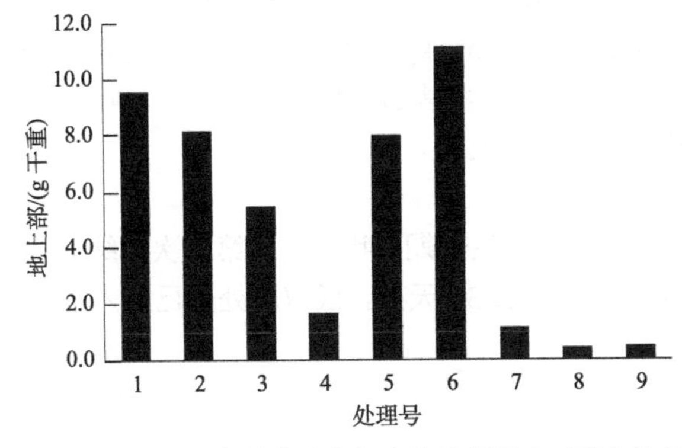

图 1.9　不同重金属处理对印度芥菜地上部生物量的影响（图中处理号同图 1.7）

表 1.6　不同处理印度芥菜地上部干重的新复极差多重比较结果

处理/（mg/kg）	平均值/g	差异显著性	
		在 5%水平	在 1%水平
Cu 250	11.03	a	A
对照	9.48	ab	AB
Zn 500	8.05	b	B
Pb 500	7.93	b	B
Zn 1000	5.38	c	C
Cd 200	1.60	d	D
Zn 500+Cd 200	1.10	d	D
Zn 500+Cd 200+Cu 250+Pb 500	0.43	d	D
Zn 500+Cd 200+Cu 250	0.38	d	D

从本试验结果可见，印度芥菜对多种重金属都有忍耐作用。在本书中，当土壤 Zn 全量达 1000 mg/kg 时，印度芥菜仍然能生长，但生物量显著下降，表现出高锌剂量的毒害；在土壤中加入 Zn 为 500 mg/kg 时，与对照比较，印度芥菜没有明显的毒害，生物量也没有显著的变化，生长基本正常，所以这种植物作为修复植物应该能更有效地去除中等锌污染土壤中的锌。植物修复的两个重要基础是植物地上部的生物量与积累浓度。本试验中，中等污染水平的 Cu（250 mg/kg）、Zn（500 mg/kg）、Pb（500 mg/kg）对印度芥菜地上部的生物量形成没有显著影响，可能的原因有两点：一是印度芥菜能忍耐并积累大量的 Cu、Zn、Pb；二是由于土壤的 pH 较高，重金属元素的生物有效性低，对此有待进一步研究。无论是哪种原因，印度芥菜都是一种很有潜力的 Zn、Cd、Cu、Pb 中等污染土壤的修复植物。

3. 镉对印度芥菜的毒性与毒理

1）镉对印度芥菜生长的影响

（1）苗期的叶片症状

本试验中观察到，植物生长 7 天后，叶片出现失绿症状，从 Cd 处理 150 mg/kg 开始出现新叶黄化，Cd 处理 110～130 mg/kg 出现白斑，老叶蜷曲。生长 13 天后，新叶失绿症状有所减缓，随叶片生长，从叶片基部复绿，叶片顶部、叶缘呈黄色。株高差异逐渐明显，Cd 对生长的抑制开始有所表现。

（2）营养生长期

生长 17 天后，植物进入营养生长期。叶片出现第二次失绿症状，白斑和蜷曲现象日益明显。株高差异显著。植物生长 30 天后，低浓度处理已进入抽薹期，而高浓度的处理植物生长明显滞后（图 1.10）。

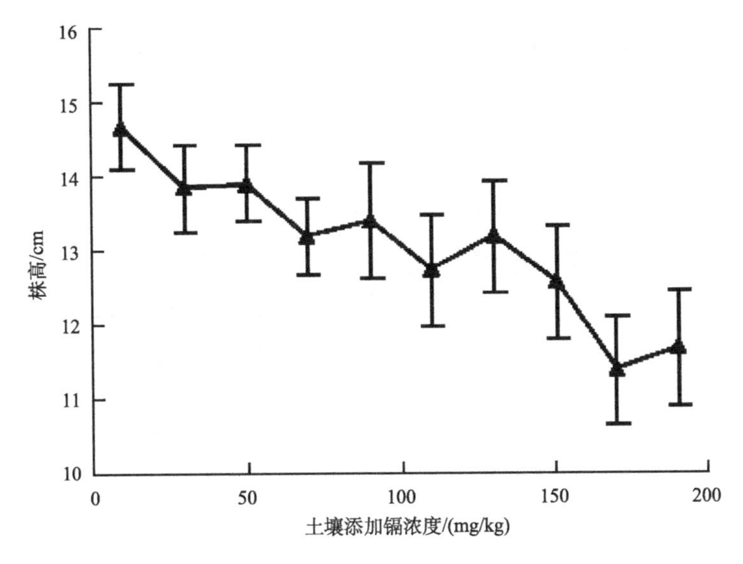

图 1.10　不同浓度镉处理对营养生长期印度芥菜株高的影响（生长 20 天）

图 1.10 是植物生长 20 天后不同浓度处理的株高曲线。从图中可以看出，植物生长 20 天后株高的分异明显化。多重比较结果表明，植物生长 20 天时，70 mg/kg 处理的株高与低浓度相比，差异达显著水平（p<0.05），170 mg/kg 处理的株高差异达极显著水平（p<0.01）。这与苗期植物叶片的症状相吻合，说明镉对印度芥菜苗期及营养生长前期的毒性临界点在 70 mg/kg 左右；而严重毒害浓度大约在 170 mg/kg。随着植物的生长，前期产生的镉毒害症状从表观上看逐渐消失。

2）镉对印度芥菜成熟期生长的影响

图 1.11 是收获后根的干重。多重比较表明，与低浓度处理相比，150 mg/kg 以上的镉对印度芥菜根的生长有显著的抑制作用（p<0.01）。

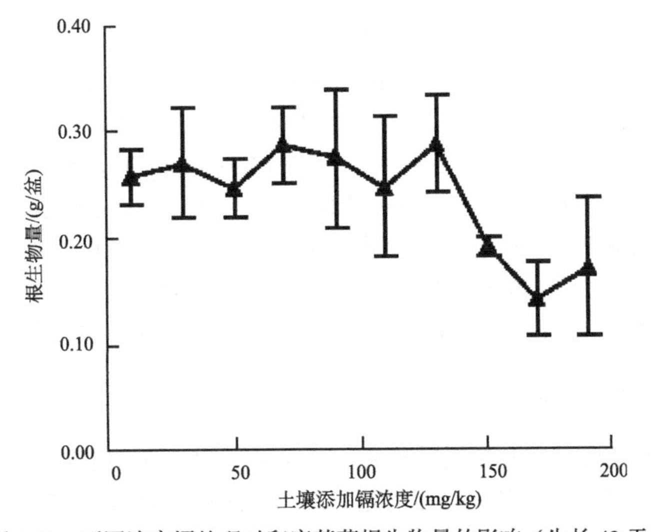

图 1.11　不同浓度镉处理对印度芥菜根生物量的影响（生长 42 天）

图 1.12 是收获后地上部的干重。镉对印度芥菜地上部生物量有显著抑制作用的临界点出现在 110 mg/kg（$p<0.01$）。

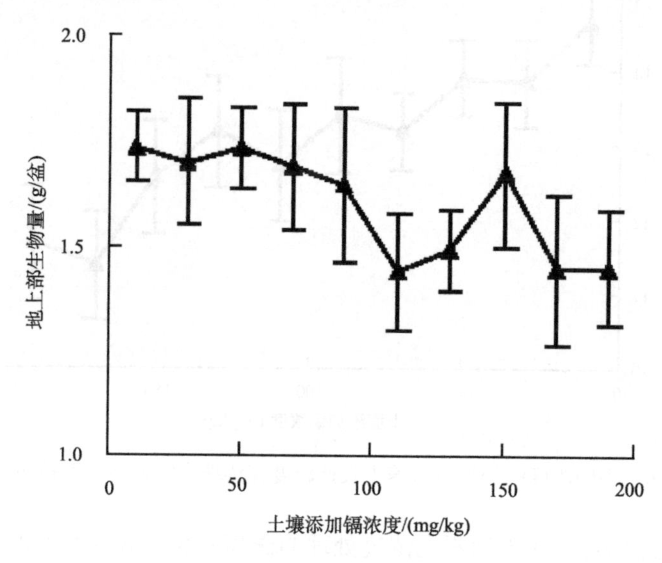

图 1.12　不同浓度镉处理对印度芥菜地上部生物量的影响（生长 42 天）

从实验结果中我们可以看出，镉对印度芥菜生长有抑制作用，总体上是镉浓度越高，对印度芥菜生长的抑制作用越大。另一方面，印度芥菜对镉也表现出很强的耐性。例如苗期的叶片症状，生长 7 天后，叶片出现失绿症状，一周后，失绿症状有所减缓，然后随着叶片生长，开始复绿。株高以及根和地上部的生物量结果都有类似的特征。从这个意义上讲，镉对印度芥菜生长的影响并不存在一个明确的临界毒性点，这种影响还与镉的生物有效性有关，而土壤性质又是影响镉生物有效性的重要因子。

3）印度芥菜对 Cd 的累积

图 1.13 是不同浓度的土壤添加 Cd 处理下印度芥菜根和地上部积累的 Cd。从图中可见，印度芥菜地上部积累的 Cd 随处理浓度的增加而呈线性增加，根中 Cd 的积累在土壤添加 Cd 浓度低于 90 mg/kg 时，与地上部积累的 Cd 浓度相当；在此浓度之上，根积累的 Cd 浓度显著高于地上部。土壤添加 Cd 浓度为 130 mg/kg 时，根积累的 Cd 浓度最高。本试验中，印度芥菜根和叶中积累的最高浓度分别达 300 mg/kg 和 160 mg/kg。

将植物的生长情况与 Cd 的积累相比较，地上部生物量的变化（图 1.10～图 1.12）总体上有下降的趋势与 Cd 在植物体内的积累浓度有较好的对应关系（图 1.13）。根积累的 Cd 浓度从土壤添加 Cd 浓度在 110 mg/kg 开始急剧增加，与生物量的急剧下降相吻合。

4）印度芥菜根中的养分浓度

不同 Cd 浓度处理下印度芥菜根中 K、P、Ca 和 Mg 的浓度变化如图 1.14。根中 K 和 P 浓度变化随处理浓度增加呈相似的趋势。土壤添加镉为 10～150 mg/kg 时，K 和 P 浓度不受镉处理的影响。土壤添加镉达到 170 mg/kg 时，根中 K 和 P 的浓度显著增加

（$p<0.01$），这一处理浓度也是本试验中根生长受抑制的临界浓度（图 1.11）。

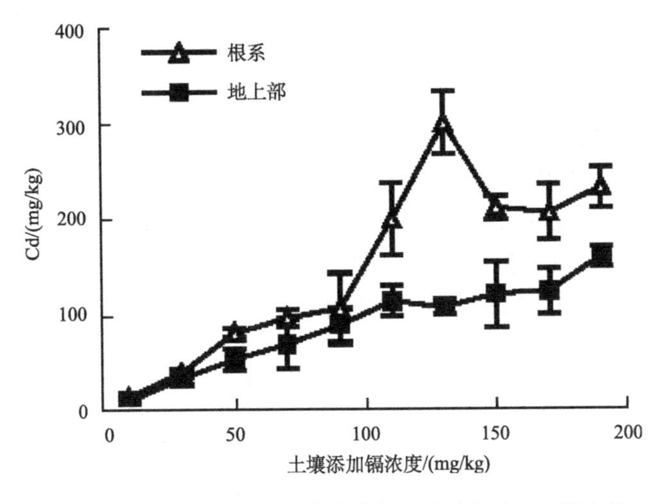

图 1.13　不同镉处理下印度芥菜根和地上部中 Cd 的浓度

土壤添加镉为 10～50 mg/kg 时，根中 Ca 浓度随镉处理浓度增加略有增加；土壤添加镉从 50～90 mg/kg 时，Ca 浓度随镉处理浓度增加略有下降；这些变化经统计检验均不显著。土壤添加镉为 90～130 mg/kg 时，根中 Ca 浓度随镉处理浓度增加显著增加，然后随镉处理浓度的继续增加而显著下降（$p<0.01$）。根中 Mg 的浓度不受镉处理的影响（$p>0.05$）（图 1.14）。

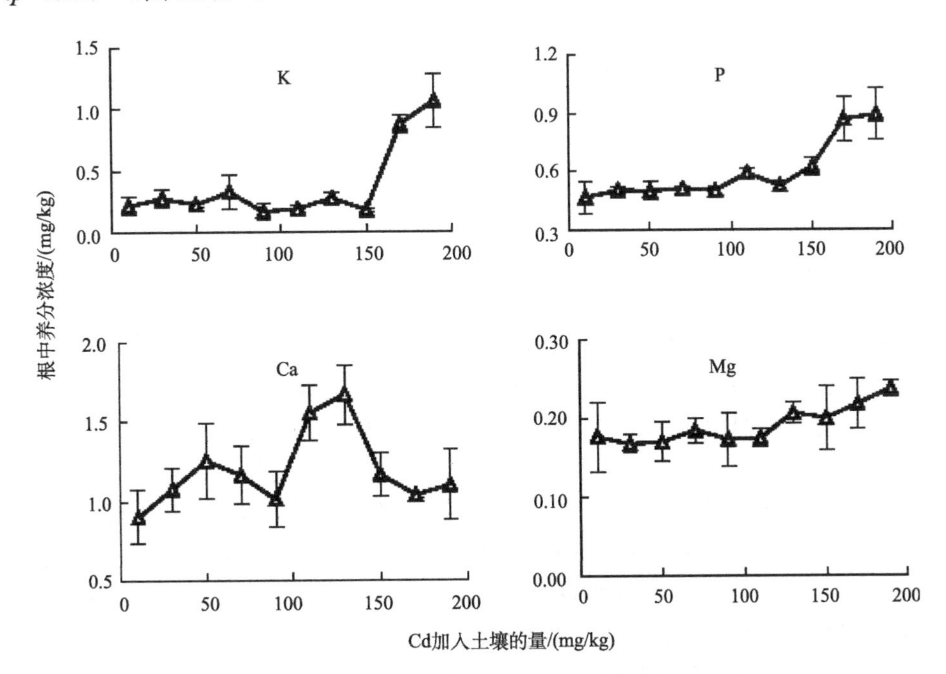

图 1.14　Cd 对根中 K，P，Ca，Mg 浓度的影响

不同 Cd 浓度处理下印度芥菜根中 Fe、Mn、Cu 和 Zn 的浓度变化如图 1.15。土壤添加镉为 10～70 mg/kg 时，根中 Fe 浓度不受镉处理浓度增加的影响；土壤添加镉为 90 mg/kg 时，Fe 浓度随镉处理浓度增加显著下降(p<0.01)。土壤添加镉为 90～150 mg/kg 时，根中 Fe 浓度随镉处理浓度增加略有增加，然后随镉处理浓度的继续增加而显著下降（p<0.01）。根中 Mn 和 Cu 的浓度不受镉处理的影响（p>0.05）。土壤添加镉为 10～50 mg/kg 时，根中 Zn 浓度随镉处理浓度增加而增加；土壤添加镉为 50～110 mg/kg 时，根中 Zn 浓度显著下降（p<0.05），然后 Cd 浓度显著高于地上部。土壤添加 Cd 浓度为 130 mg/kg 时，根积累的 Cd 浓度最高。本试验中，印度芥菜根和叶中积累的最高浓度分别达 300 和 160 mg/kg Cd，随着土壤添加镉的增加而不再继续下降（图 1.15）。

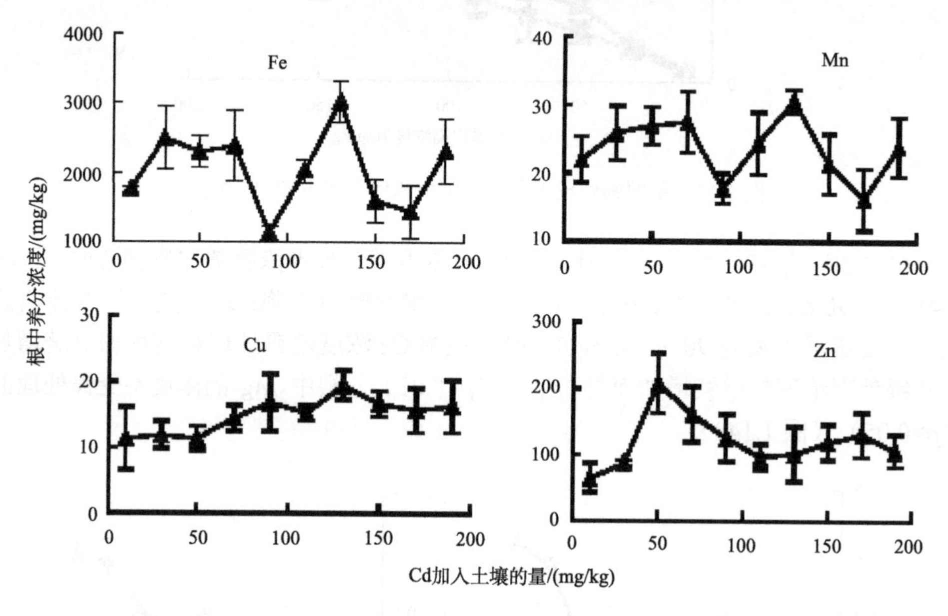

图 1.15　Cd 对根中 Fe，Mn，Cu，Zn 浓度的影响

5）印度芥菜叶中的养分浓度

不同 Cd 浓度处理下印度芥菜叶中 K、P、Ca 和 Mg 的浓度变化如图 1.16 所示。叶中 K 和 P 浓度变化随处理浓度增加呈相似的趋势。土壤添加镉为 10～90 mg/kg 时，K 和 P 浓度随镉处理浓度增加而增加；土壤添加镉达到 110 mg/kg 时，叶中 K 和 P 的浓度显著增加（p<0.01），然后随着土壤添加镉的增加而不再继续增加。

土壤添加镉为 10～70 mg/kg 时，叶中 Ca 浓度随镉处理浓度增加没有显著差异；土壤添加镉从 70～110 mg/kg 时，Ca 浓度随镉处理浓度增加显著增加；土壤添加镉为 110～190 mg/kg 时，叶中 Ca 浓度随镉处理浓度增加显著下降（p<0.01）。叶中 Mg 的浓度随镉处理浓度增加而增加（p<0.01）（图 1.16）。

不同 Cd 浓度处理下印度芥菜叶中 Fe、Mn、Cu 和 Zn 的浓度变化如图 1.17 所示。叶中 Fe 的浓度随镉处理浓度增加而增加（p<0.05）。叶中 Mn 的浓度不受镉处理的影响

（$p>0.05$）。叶中 Zn 的浓度随镉处理浓度的变化有所变化，但幅度不大。

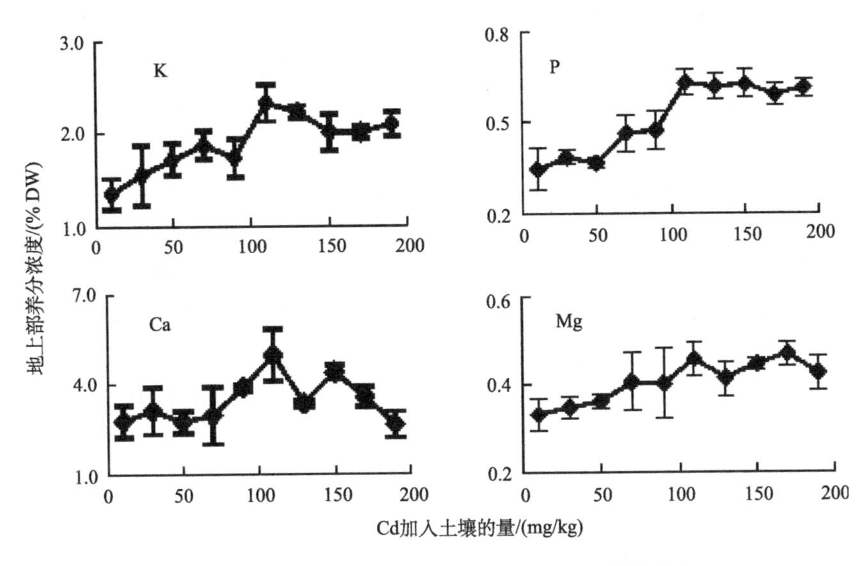

图 1.16　Cd 对地上部 K，P，Ca，Mg 浓度的影响

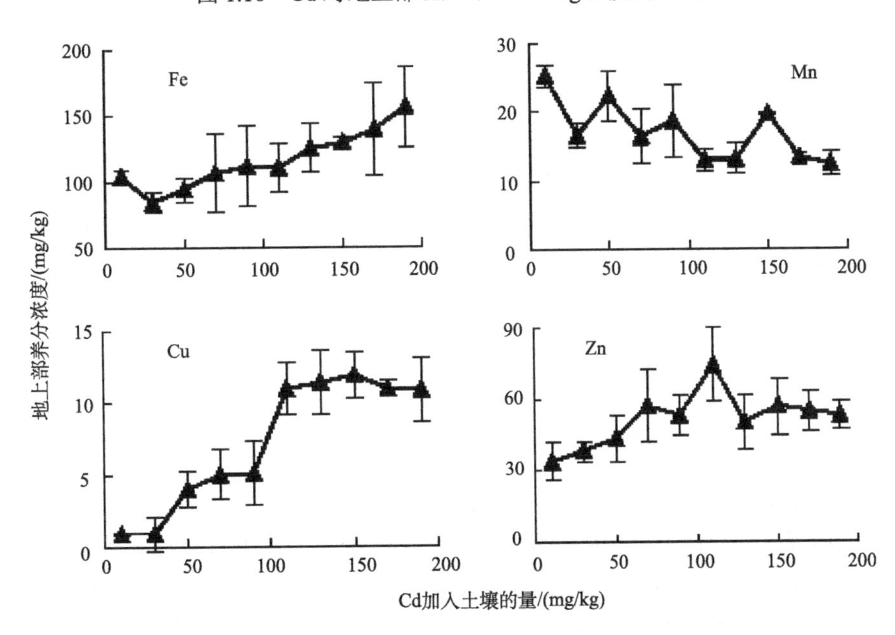

图 1.17　Cd 对地上部 Fe，Mn，Cu，Zn 浓度的影响

土壤添加镉为 10～90 mg/kg 时，Cu 浓度随镉处理浓度增加而增加；土壤添加镉达到 110 mg/kg 时，叶中 Cu 的浓度显著增加（$p<0.01$），然后随着土壤添加镉的增加而不再继续增加。与 P 和 K 的变化趋势相似（图 1.17）。

本试验中，土壤添加镉为 170 mg/kg 时，印度芥菜根生物量干重显著下降（$p<0.05$），地上部生物量也是随土壤镉处理浓度增加而有所下降但差异不显著（图 1.12）。植物养分状况在高浓度镉处理下受到很大的影响，并且这些变化同植物受到的毒害紧密相关。

土壤添加镉为 10～150 mg/kg 时，印度芥菜根中积累的 K 和 P 浓度不受镉处理的影响。土壤添加镉达到植物根系对矿质元素的吸收受根膜选择透过性的影响包括 Cd 在内的重金属可能改变生物膜的透性，影响养分的吸收和跨膜运输（Gussarsson，1994）。从结果来看，当土壤添加镉达到 170 mg/kg 时印度芥菜根系明显受到毒害，可能是由于根细胞受到损害，从而导致生物膜透性改变，使得 P、K 更容易被根吸收。土壤添加镉为 10～90 mg/kg 时，印度芥菜叶片中 K 和 P 浓度随镉处理浓度增加而增加；土壤添加镉达到 110 mg/kg 时，叶中 K 和 P 的浓度显著增加（p<0.01），然后随着土壤添加镉浓度的增加而不再继续增加。结果表明 Cd 与 P、K 可能在印度芥菜体内有协同作用，地上部 P、K 的浓度受镉的影响较根系小，正如地上部的生长受镉的影响较根系小。

土壤添加镉为 90～130 mg/kg 时，根中 Ca 浓度随镉处理浓度增加显著增加，然后随镉处理浓度的继续增加而显著下降（p<0.01）（图 1.14）。植物细胞中大量的 Ca 结合在原生质膜外表面的细胞壁上（Marsvhner，1986），在分子间连接中起纽带作用，对细胞壁和膜的稳定性有着非常重要的作用。Wang 等（1992）提出在 Ca 和细胞壁之间有着很强的作用，通过这种交互作用可提供足够的 Ca 来维持细胞膜的稳定。本试验中，在 Cd 胁迫下印度芥菜吸收的 Ca 增加可能是植物细胞通过多吸收 Ca 来维持细胞膜的稳定，以减轻 Cd 的毒害；在 Cd 毒害条件下印度芥菜吸收的 Ca 下降，可能是由于高浓度的 Cd 已经损害了细胞的防御体系而表现出来的症状。Brune 和 Dietz（1995）报道了类似的结果，在高浓度 Cd 毒害条件下，大麦根中 Ca 浓度先增加后下降。

根中 Zn 浓度在土壤添加镉为 50～110 mg/kg 时显著下降（p<0.05），然后随着镉处理浓度的增加而不再继续下降。地上部 Zn 浓度几乎不受土壤添加镉的影响（图 1.17）。结果表明可能植物吸收 Zn 受镉的影响，而 Zn 在植物体内的运输不受镉的影响，Moral 等（1994）报道了这种机理。根与叶中 Ca 和 Mg 的积累表现出相同的趋势，说明植物对 Ca 和 Mg 吸收、运输是一被动的、非专性的过程。

二、有机污染物对植物的毒性

（一）多环芳烃对小麦的毒性

通过对比不同多环芳烃（polycyclic aromatic hydrocarbons，PAHs）（萘、菲和苯并[a]芘）对小麦种子发芽、早期生长的影响，并对比新加入的 PAHs 及老化后的 PAHs 对冬小麦生长影响的差异，提出不同 PAHs 对植物生长影响的量化指标，证明不同多环芳烃的植物毒性受到多环芳烃类型及老化过程的显著影响。为多环芳烃污染土壤环境的生物学风险评估和修复提供科学依据。

1. 菲、苯并[a]芘对小麦种子发芽的影响

供试土壤采自中国科学院常熟农业生态实验站、江西鹰潭中国科学院红壤生态实验站和天津武清区大良镇北小良村，分别为河湖相沉积物发育的潜育水耕土（俗称乌栅水稻土），旱地红壤，壤质潮土。均为表土（0～20 cm），风干后过 2 mm 尼龙筛备用。小麦为扬麦 158（*Triticum acstivnm*）购自江苏省农业科学院种子站。土壤理化

性质见表 1.7。

表 1.7　供试土壤的基本性质

土壤类型	pH (H_2O)	有机质 /（g/kg）	全氮 /（g/kg）	全磷 P_2O_5 /（g/kg）	全钾 K_2O /（g/kg）	阳离子交换量 /（cmol/kg）
水稻土	7.8	36.3	2.25	0.75	17.4	21.6
旱地红壤	4.08	8.80	0.59	0.29	15.0	11.0
潮土	8.20	11.8	0.76	1.67	31.2	13.8

由图 1.18 可见，小麦的发芽率受到污染物的影响较根伸长的影响小，但也受到不同程度的抑制。土壤中菲的浓度在 0～8000 mg/kg 范围内，红壤、水稻土中小麦发芽率的变化很小，抑制作用很弱，潮土在 0～4000 mg/kg 范围内，抑制作用也很弱，而 6000～8000 mg/kg 范围时，发芽率明显下降，抑制作用明显。在 8000～10 000 mg/kg 范围内，红壤、水稻土中小麦发芽率显著下降，明显受到抑制；潮土中小麦发芽率在浓度超过 4000 mg/kg 后，抑制作用明显。3 种土壤小麦的发芽率大小顺序为，在菲的浓度为 0～8000 mg/kg 范围内，红壤≈水稻土>潮土；在菲的浓度为 10 000 mg/kg 内，潮土（63.3%）>水稻土（53.3%）>红壤（40.0%）($p<0.05$)。土壤中苯并[a]芘的浓度在 0～2000 mg/kg 的范围内，水稻土、红壤中小麦的发芽率总体上呈下降趋势，但变化很小，表明抑制作用弱；潮土有些不同，在苯并[a]芘的浓度在 0～800 mg/kg 时，与前两种土壤有相同变化趋势；在 800～2000 mg/kg 范围时，发芽率快速降低，在 2000 mg/kg 时，潮土中小麦的发芽率为 43.3%，受到明显毒害抑制。这说明在高浓度苯并[a]芘污染潮土中，小麦发芽会受到毒害作用。从小麦的发芽率可见，在一定的污染物浓度以下，其发芽率受到的影响很小，对土壤中污染物的毒害作用不敏感，当土壤污染物达到一定浓度以后，则强烈抑制种子发芽。不同的土壤类型，发芽抑制情况不同。Gong 等（2001）在研究土壤矿物油污染对高等植物种子发芽抑制率的影响时发现，土壤有机质和养分含量与种子发芽抑制率有相关。对于本试验观察到小麦发芽率在土壤间的差异的原因有待进一步的研究。

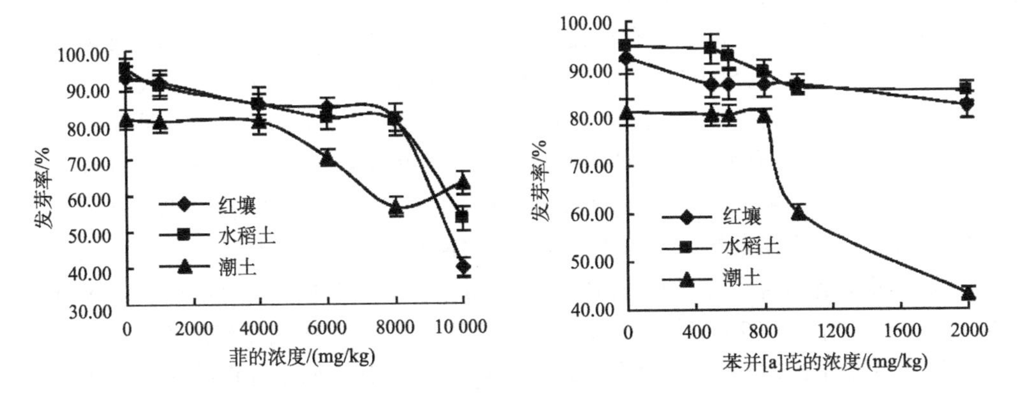

图 1.18　土壤中菲、苯并[a]芘对小麦发芽的影响

2. 萘、菲和苯并[a]芘对小麦早期生长的影响

试验所用土壤为潮土和红砂土，采样地点、类型及其部分性质见表 1.8，两类土壤的 pH、有机质含量和质地等性质有较大差异。试验用作物为扬麦 158（*Triticum acstivnm*），通过手工捡出欠成熟及破碎的种子。植物毒性试验方法基本按照国际标准方法（ISO，1993）做了部分改进。

表 1.8　试验用土壤的基本性质

土壤	1	2	3
采样地点和分类	天津武清，底锈干润雏形土	江西鹰潭，富铝湿润富铁土	江苏常熟，潜育水耕人为土
发生分类名称	潮土	红砂土	水稻土
pH（H_2O）	8.20	5.02	7.27
有机碳/（g/kg）	6.84	2.88	18.53
CEC/（cmol/kg）	13.8	2.19	21.6
机械组成/（%，体积分数）			
<2 μm	13.3	14.8	14.7
2～50 μm	74.3	30.0	69.2
>50 μm	12.4	55.2	16.1
Kelowna-N/（mg/kg）	143.5	6.84	73.1
Mehlich 3-P/（mg/kg）	24.16	9.82	25.28
中性醋酸铵钾/（mg/kg）	279.4	59.8	101.1

图 1.19 为萘、菲和苯并[a]芘对小麦早期生长的影响。菲和萘对冬小麦根系和地上部伸长均有抑制作用，但二者的抑制作用表现出不同的特点。萘对根系和地上部的抑制率大小相近，而菲在 50 mg/kg 以上浓度时对地上部的抑制率大于对根系的抑制率。此外，同一浓度下三种多环芳烃对小麦生长产生的影响大小顺序为：萘>菲>苯并[a]芘，即分子量越大，其对生长的影响越小。当浓度逐渐升高时，三种多环芳烃对扬麦 158 生长的影响也随分子量的不同表现出规律性的变化：苯并[a]芘在 50 mg/kg 以上时，各浓度下小麦的根系和地上部长度间已不存在显著差异；菲在 200 mg/kg 和 1000 mg/kg 浓度时根系长度间无显著差异（$p>0.05$）；而萘的抑制作用随浓度的升高而一直增大。

很多 PAHs 有致癌、致畸、致突变性，但随着其苯环数的增加，PAHs 水溶性和生物有效性迅速下降。前人研究认为萘的毒性是大分子量 PAHs 的 20 倍（Chaineau et al., 1997; Sims and Overcash，1983），菲在 500 mg/kg 浓度时对黑麦草的地上部生长产生抑制（丁克强等，2002）。研究表明，苯环数较多的 PAHs 在一定浓度范围内对植物生长有刺激作用，原因可能是其结构与刺激植物生长的赤霉素有一定的相似性（Graf and Nowak，1966）。Fismes 等（2002）采用含有美国环保局优先控制的 16 种 PAHs 的土壤进行盆栽试验表明，当混合 PAHs 的浓度达到 1200 mg/kg 以上（其中两个处理的 BaP 的浓度分别达到 144 mg/kg 和 299 mg/kg）时，胡萝卜和马铃薯的生长受到促进。

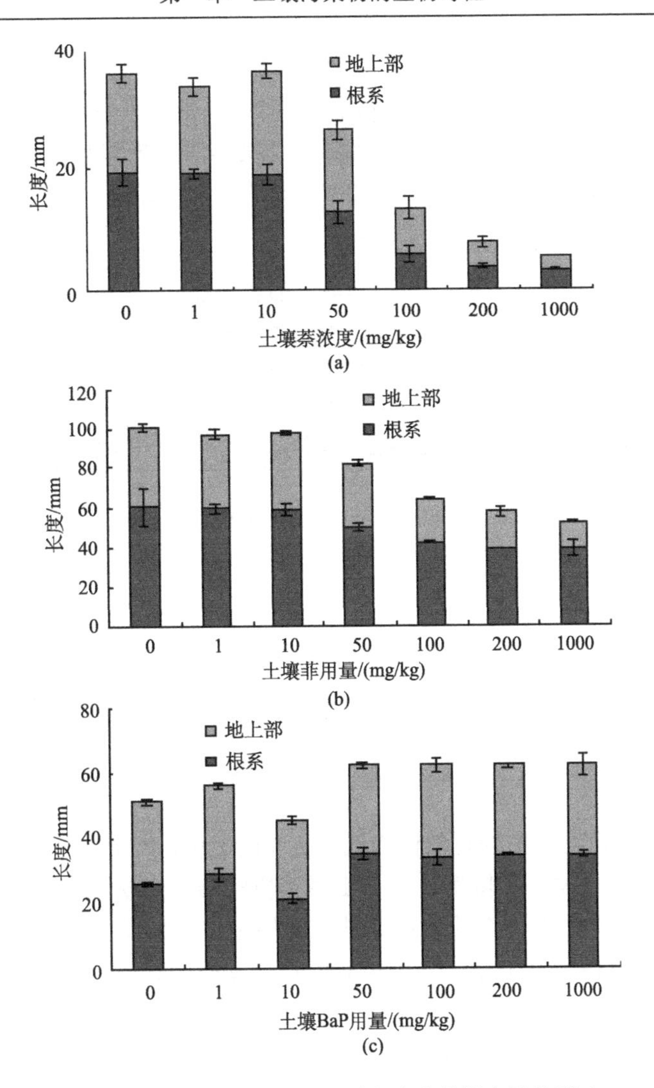

图 1.19　不同类型的 PAHs 对冬小麦早期生长的影响

小分子量的 PAHs 对植物生长的抑制作用较强，原因是其亲脂性小于高分子量的 PAHs，因此小分子量 PAHs 在土壤中的有效性高。此外，由于其亲水性强，因此也易于进入植物体内，从而对植物造成较大的直接伤害。

小分子量的萘有较强的挥发性，因此在试验的土壤空气中及土面以上空气中会有较高的萘浓度。高分子量的 PAHs 具有遗传毒性（Nylund et al.，1992；Lijinsky，1991），其对植物生长的直接抑制作用较弱。结果表明，苯并[a]芘在红砂土上对扬麦 158 的地上部和根系有一定的促进作用，并且这种促进作用以对根系的作用更加明显。这是由于苯并[a]芘不易在植物体内运输，因此到达地上部的数量少，从而对地上部刺激作用较小。

3. 萘、菲和苯并[a]芘的老化对小麦生长的影响

老化导致各 PAHs 对冬小麦生长的影响减弱（图 1.20、图 1.21）。苯并[a]芘对根系和地上部生长的促进作用在新加入时比较明显，而老化后却表现出一定的抑制作用（图1.20）。菲在潮土上新加入时在 50 mg/kg 用量下对冬小麦根系生长即有明显的抑制作用，而老化后这一数字变为 200 mg/kg，对地上部的抑制作用的规律与之相似。萘在红砂土上对根系的抑制作用老化前后分别出现在 50 mg/kg 和 100 mg/kg，对地上部，这两个数字分别为 50 mg/kg 和 1000 mg/kg（图 1.21）。

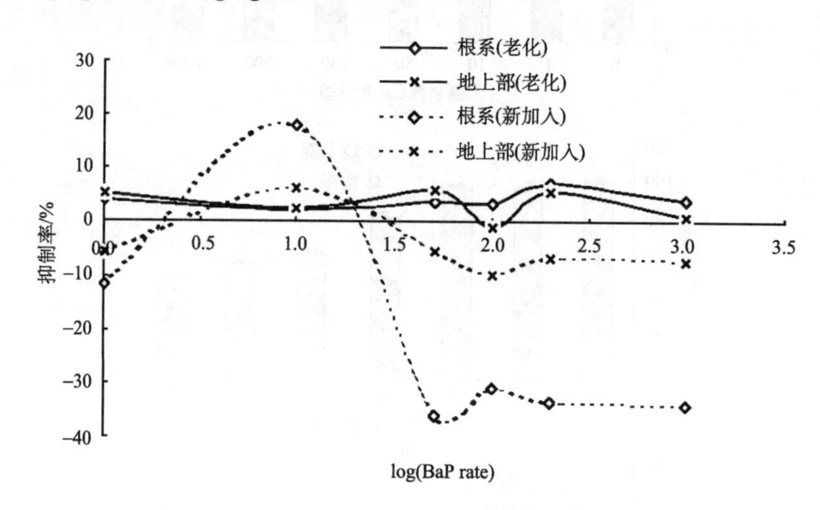

图 1.20　红砂土上苯并[a]芘老化对冬小麦根系和地上部伸长的影响

PAHs 的老化可导致其生物有效性降低。从理论上讲，PAHs 在土壤中的老化可能包括以下几个过程：①挥发；②降解；③与土壤基质的结合由松散向紧密的过渡过程。结果表明，BaP 的老化导致其对冬小麦根系伸长的促进作用减弱（图 1.21）。

萘有较强的挥发性，加上第一次种植后的收获过程、其后的土壤混合过程，以及第二次的种植过程均对土壤有强烈的扰动，都会导致萘挥发。此外，小分子量的 PAHs 也易于被分解。这两点是新加入的萘和老化后的萘对植物生长的抑制作用产生较大差别的主要原因。

因此，萘的“老化”过程称为“衰减”可能会更加准确。因为随着萘在土壤中的存在时间的延长，其发生的主要过程是挥发和降解，而高分子量 PAHs 由于亲脂性强，不易降解，因此其老化过程主要是以与有机质及黏粒的结合、导致其有效性降低的过程为主。

4. 菲和萘对小麦根系和地上部 EC20 临界值估计

EC20 值是指多环芳烃对生物体产生抑制作用的 20%的环境浓度。抑制率的计算方法如下：

抑制率（%）=[（浓度为 0 mg/kg 时的根系（地上部）平均长度–某浓度下的根系（地上部）平均长度）/浓度为 0 mg/kg 时的根系（地上部）平均长度]×100

以各浓度的对数为横坐标、对应抑制率为纵坐标作图，从图上查出抑制率为 20%时对应浓度的对数，并将其换算为浓度值，该浓度即为 EC20 值。

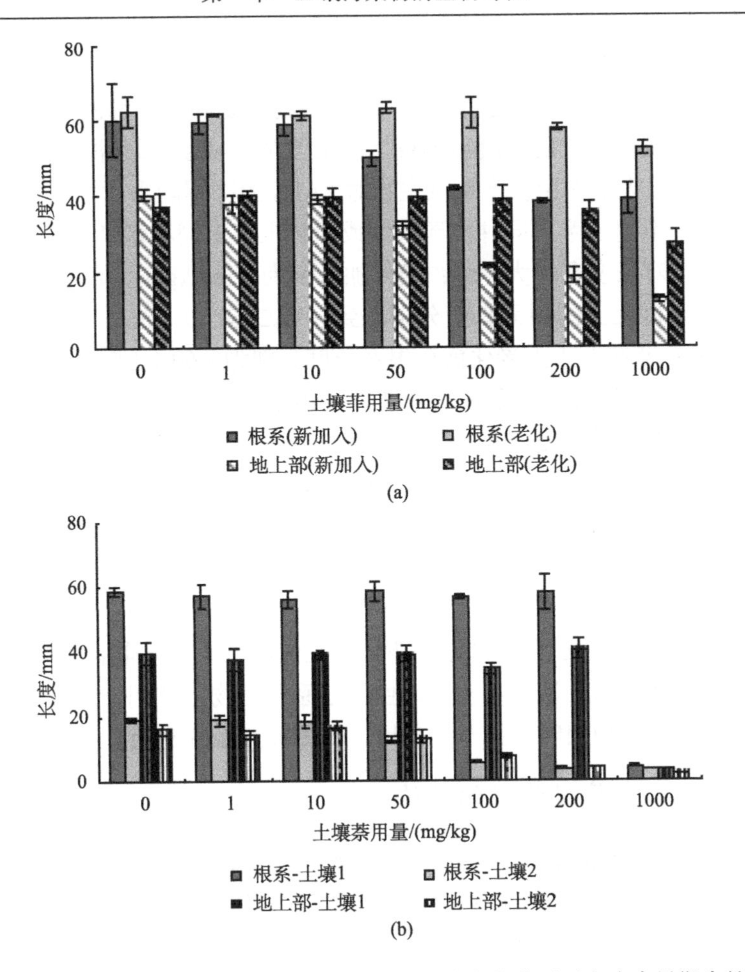

图 1.21　菲（PA）在潮土上和萘（Nap）在红砂土上老化前后对冬小麦早期生长的影响

表 1.9 为根据抑制率曲线和土壤 PAHs 浓度估计出的菲和萘的 EC20 值（植物地上部和根系长度被抑制 20%时的土壤浓度）。由于 BaP 没有表现出明显的抑制作用，因此对其 EC20 值没有进行估计。

表 1.9　菲和萘在不同土壤上对根系和地上部的 EC20 值

PAHs	土壤	根系	地上部
萘	红砂土 Soil 2	28.5	55.6
	潮土 Soil 1	295	316
菲	潮土 Soil 1	61.7	46.8

菲对植物根系和地上部的抑制：对地上部的抑制作用大于对根系的作用。而萘对根系的影响大于对地上部的作用。前人较少注意 PAHs 对植物不同部分、尤其是地上部和根系抑制作用的差异。而苯并[a]芘对根系和地上部的影响也有差异。这些结果表明，PAHs 对植物不同部分的影响存在着差异。造成不同 PAHs 对同一植物地上部和根系抑制

作用不同的原因尚不清楚。

本研究结果表明，PAHs 浓度较低时一般对植物根系和地上部的伸长不表现出影响，表明土壤对 PAHs 具有一定的“缓冲容量”。土壤对 PAHs 的缓冲能力可能主要来自土壤有机质对 PAHs 的吸附作用及土壤微生物对 PAHs 的降解能力。

另外，试验中不同土壤上同种多环芳烃或同种土壤上同种多环芳烃在老化前后，其根系和地上部的绝对长度有很大差异：当外加浓度为 0 mg/kg 时，萘、菲和苯并[a]芘在红砂土、潮土和红砂土上的根系长度分别达到（19.2±0.7）mm、（60.1±9.5）mm 和（25.9±0.5）mm；菲在潮土上老化前后根系长度分别为（60.1±9.5）mm、（62.4±4.2）mm，萘在红砂土上老化前后根系长度分别为（19.2±0.7）mm、（31.3±1.1）mm；萘在红砂土和潮土上的根系长度分别为（19.2±0.7）mm、（59.0±1.4）mm；苯并[a]芘在红砂土和潮土上的根系长度分别为（25.9±0.1）mm 和（65.1±0.1）mm。以上结果表明，PAHs 老化前后冬小麦生长差异可能也受到两次生长过程中土壤养分状况不同的影响（图 1.21）。潮土由于含有较丰富的养分，第一次种植黑麦草的试验后土壤养分仍然较充足，不会构成对冬小麦生长的限制。因此，前后两次试验中，在 0 mg/kg 外加浓度时生长差异不大（图 1.21）。在 0 mg/kg 外加浓度下，萘在红砂土上老化前长度小于老化后长度，原因可能是红砂土在种植一次冬小麦后，由于根系分泌物的作用，土壤养分有一定程度的增加，从而使第二次种植时与第一次相比，土壤养分条件有所改善所致。

（二）杀线剂对小麦萌发阶段的胁迫

杀线剂噻唑磷和阿维菌素被广泛用于防治设施蔬菜根结线虫，施用量大且施用频繁，易残留在土壤中，可能影响农作物的正常生长发育。但是，关于噻唑磷/阿维菌素对非靶标陆生农作物，尤其是在蛋白水平方面的研究较少。谷类作物如小麦、水稻通常被认为是研究胁迫响应的模式植物，尤其是在种子萌发阶段，各种生理生化反应对外界环境非常敏感。本研究利用双向电泳技术（2-DE）研究小麦在萌发过程中对杀线剂噻唑磷和阿维菌素胁迫的响应机制，为进一步探讨植物对噻唑磷/阿维菌素耐/抗性机制，以减轻杀线剂噻唑磷/阿维菌素对农作物的毒害提供科学依据。

供试土壤采自山东省典型设施菜地 0～20 cm 的新鲜土壤，剔除植物残根和石砾等杂物。噻唑磷（商品名：福气多，日本石原株式会社生产，10% GC）；阿维菌素（1.8%乳油，由山东化工有限公司提供）。于直径 9 cm 的培养皿中装入 40 g 供试土壤，然后加入噻唑磷与阿维菌素，使土壤中噻唑磷浓度分别为：12.5（推荐施用剂量）、50、100、200 mg/kg；阿维菌素处理剂量分别为 0.5（推荐施用剂量）、1、5、10、20 mg/kg。同时设置无添加土壤作为对照。调节土壤水分含量为田间最大持水量的 60%。充分混匀后于 25℃暗中静置 24 h。小麦种子用 10%次氯酸钠消毒 10 min，然后用去离子水充分冲洗干净。每个培养皿中竖直放入 25 颗小麦种子，在 25℃，50%湿度的恒温室暗中萌发 60 h（此时对照土壤中小麦根长>2 cm），用尺子测量根长、芽长，统计发芽率。每个处理重复 3 次。

1. 噻唑磷及阿维菌素对小麦根、芽伸长的影响

噻唑磷、阿维菌素对小麦萌发阶段根、芽伸长的影响见图 1.22。噻唑磷、阿维菌素对小麦根伸长和芽伸长有极显著影响（$p<0.01$）。根、芽伸长抑制率与噻唑磷、阿维菌素浓度呈极显著线性相关（$p<0.01$）。根据回归方程可得出噻唑磷对小麦根的 EC50 为 141 mg/kg，对芽的 EC50 为 204 mg/kg；阿维菌素对小麦根的 EC50 为 14 mg/kg，对芽的 EC50 为 19 mg/kg。噻唑磷的推荐施用剂量为 10～13.3 mg/kg，阿维菌素的推荐施用剂量约为 0.5 mg/kg。因此，噻唑磷对根的 EC50 约为 10 倍大田推荐施用剂量，而阿维菌素对根的 EC50 约为 28 倍大田推荐施用量。

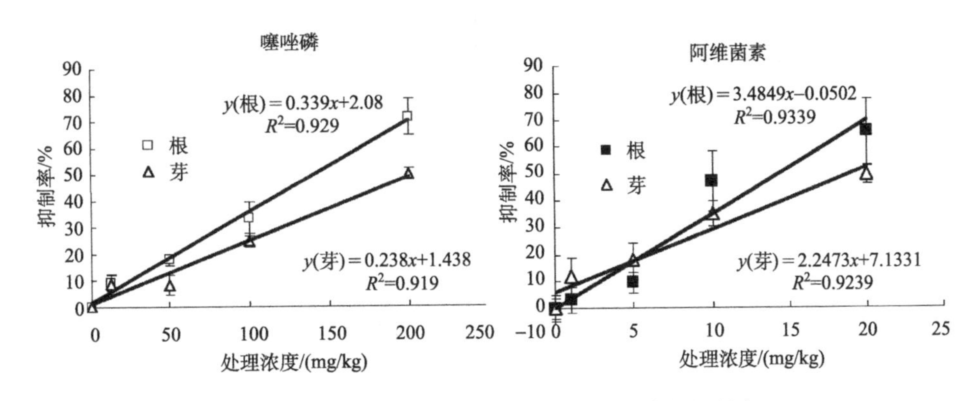

图 1.22　噻唑磷/阿维菌素对小麦根、芽伸长抑制率

2. 噻唑磷及阿维菌素对细胞内氧化的影响

膜脂过氧化可以通过测定硫代巴比妥酸（TBARS）的量来测得。TBARS 含量增多表明噻唑磷和阿维菌素胁迫诱导了细胞内活性氧（ROS）的生成，造成氧化伤害。

由图 1.23 可以看出，随噻唑磷处理剂量的增大，植株体内 TBARS 量增大，且 200 mg/kg 剂量处理的植株体内 TBARS 量显著高于对照及低剂量处理。植株体内 TBARS 含量与土壤中阿维菌素处理浓度呈正相关，20 mg/kg 施用剂量显著地增加植株体内的 TBARS 量。

植株受外界环境胁迫诱导体内 TBARS 生成往往暗示着细胞内活性氧 ROS 的大量生成（Ahsan et al.，2007b；Song et al.，2007）。因此本研究结果表明噻唑磷、阿维菌素胁迫诱导小麦种子在萌发阶段 ROS 大量暴发。为了进一步了解噻唑磷、阿维菌素胁迫响应蛋白，分别选取 200 mg/kg 噻唑磷和 20 mg/kg 阿维菌素处理的小麦胚来进行双向电泳研究。

3. 噻唑磷对小麦萌发阶段蛋白表达谱的影响

利用双向电泳技术（2-DE）研究了受 200 mg/kg 噻唑磷胁迫的小麦胚蛋白表达谱的变化。借助 PDQuest 软件，对照和处理的 6 块经过银染的凝胶都检测到 1000 多个蛋白点（图 1.24），并且经统计分析共有 50 个表达差异极显著的点（$p<0.01$），并且这些点

具有可重复性。

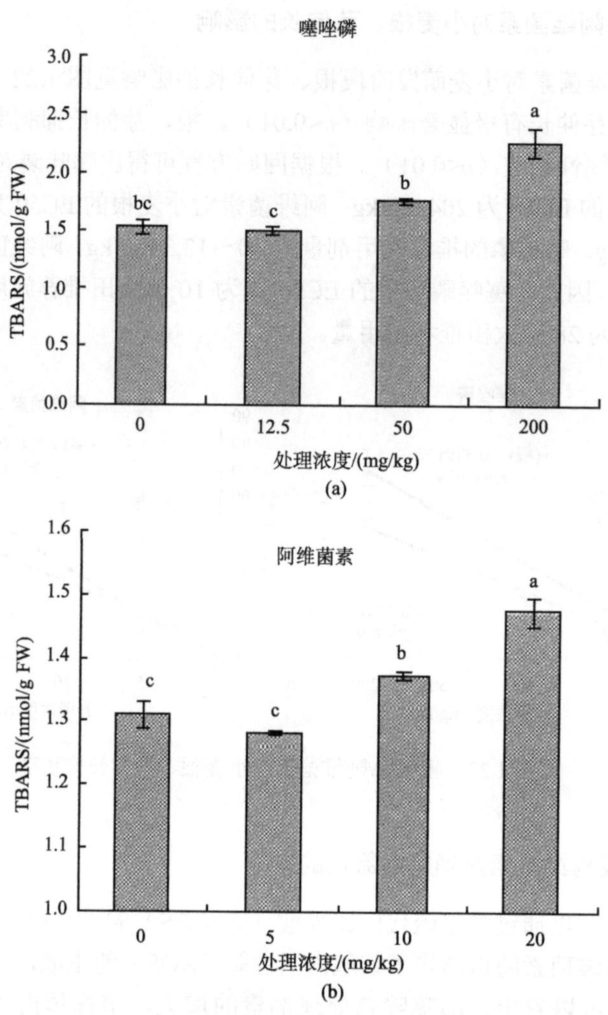

图 1.23　噻唑磷/阿维菌素诱导萌发小麦胚 TBARS 的形成（不同字母表示差异显著性，$p < 0.05$）

在这些表达差异显著的蛋白点中，最终切割 37 个上调或下调至少 2 倍的蛋白点进行 MALDI-TOF MS/MS 鉴定。在这 37 个蛋白点中 24 为上调蛋白，13 个为下调蛋白，上调蛋白数量多于下调蛋白数量表明小麦比较主动地应对噻唑磷胁迫。其中有 8 个蛋白点（点 11，16，28，31，33，34，35，36）在噻唑磷胁迫下被新诱导出现，而在对照中没有出现，还有 1 个蛋白点（点 12）在噻唑磷胁迫的植株体内消失。

这些经鉴定的噻唑磷胁迫响应蛋白进一步根据功能分为 6 类：①信号转导/转录类；②代谢类；③防御/解毒类；④细胞结构/生长类；⑤光合作用/能量类；⑥其他（图 1.25）。其中蛋白点 23 被鉴定为假定蛋白，在噻唑磷胁迫的植株体内上调了近 6 倍，但是它的具体功能还不清楚需要进一步研究。由图 1.25 可知，代谢类和防御/解毒类蛋白占绝大部分，表明在噻唑磷胁迫发生时小麦胚首先进行胁迫的识别，进而调控代谢途径、调节细胞结构与功能来适应胁迫。

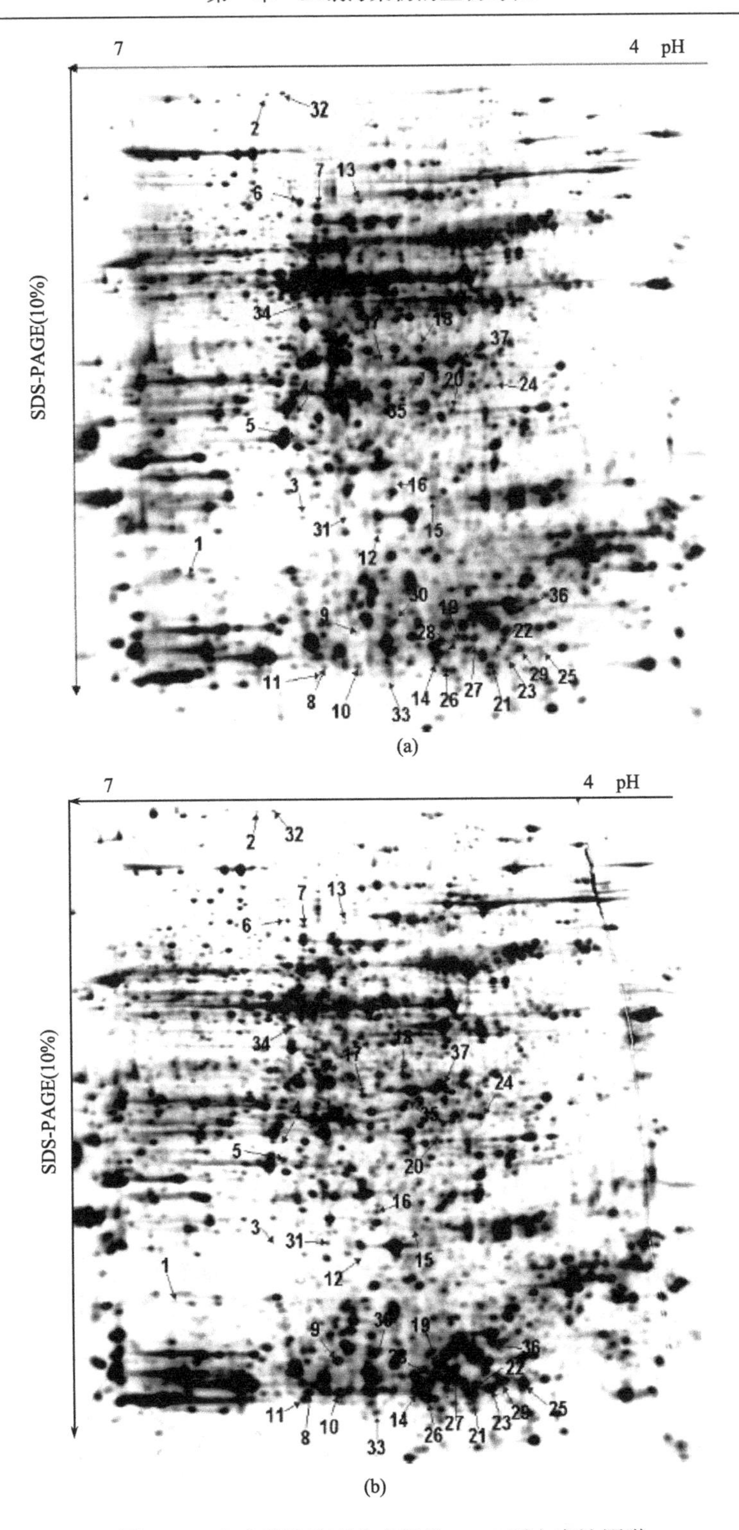

图 1.24　噻唑磷胁迫下小麦胚的 2-DE 蛋白表达图谱

表达差异的蛋白由箭头和数字标出；（a）对照；（b）噻唑磷处理

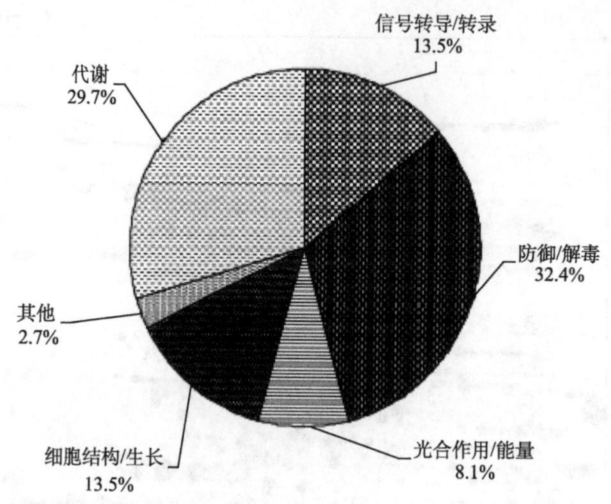

图 1.25　2-DE 鉴定的噻唑磷胁迫响应蛋白功能分类

4. 阿维菌素对小麦萌发阶段蛋白表达谱的影响

同样地，借助于 PDQuest 软件共找到 25 个表达差异极显著的（$p<0.01$）、具有可重复性的蛋白点（图 1.26），这些蛋白点经 MALDI-TOF MS/MS 测序鉴定。在本研究的施用剂量下，阿维菌素诱导的下调蛋白点数目大于上调蛋白点数目，表明 20 mg/kg 阿维菌素胁迫已严重危害到小麦种子的萌发。这些被鉴定的蛋白点按功能分类分为以下几类：代谢类（32%）>光合作用/能量类（20%）>细胞结构/生长类（16%）>转录/翻译类（12%）>防御解毒类（16%）（图 1.27）。

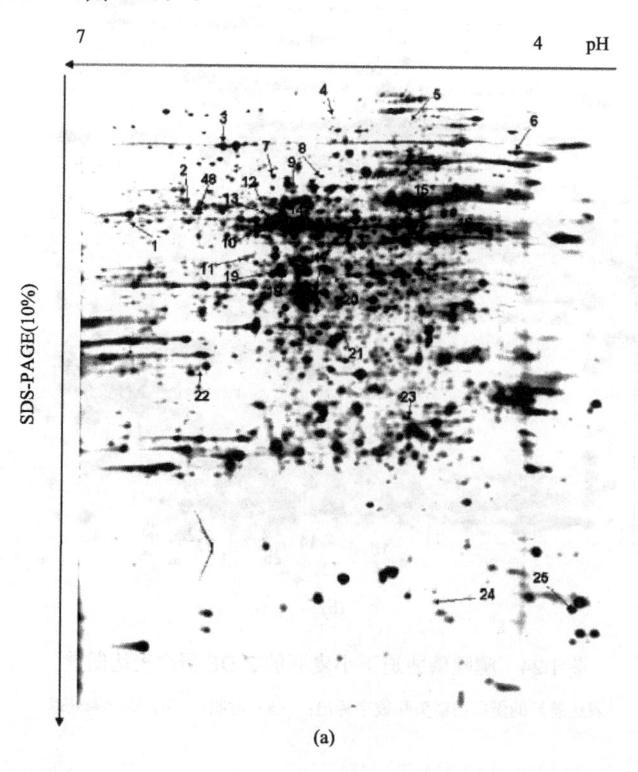

(a)

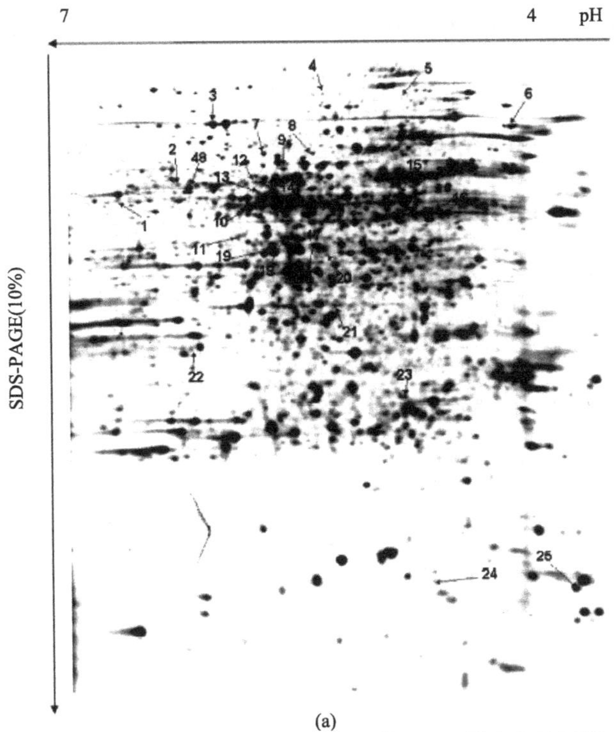

(a)

图 1.26　阿维菌素胁迫下小麦胚的 2-DE 蛋白表达图谱

表达差异的蛋白由箭头和数字标出；（a）对照；（b）阿维菌素处理

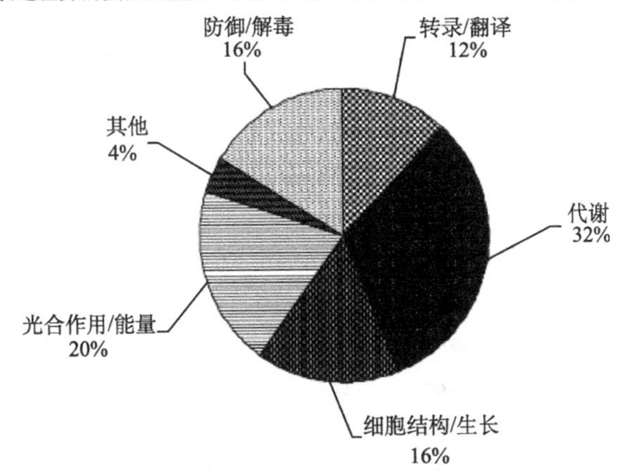

图 1.27　2-DE 鉴定的阿维菌素胁迫响应蛋白功能分类

5. 噻唑磷对小麦萌发阶段的毒性机制

前面介绍了阿维菌素胁迫下小麦在萌发阶段蛋白表达谱的变化。下面根据对鉴定蛋白的功能进行分类分析，探讨噻唑磷对小麦种子萌发阶段的毒性机制及小麦对噻唑磷的毒性响应机制。

1）代谢类蛋白

研究表明代谢类蛋白在小麦、西红柿、水稻、黄瓜种子萌发阶段显著上调或下调（Du

et al.，2010；Ahsan et al.，2007b，2007c）。在本研究中，代谢类的蛋白涉及糖、脂肪酸和氨基酸代谢（表 1.10）。

表 1.10　MALDI-TOF MS/MS 鉴定的噻唑磷诱导小麦胚差异表达蛋白

蛋白序号	蛋白名称	NCBI 登录号	理论分子量/等电点	匹配肽段数	MOWSE 分数	序列覆盖率/%	倍数变化
			信号转导/转录				
1↓	钙联蛋白 Ca^{2+}	gi|58198731	86.8/5.7	39	385	59	<4
3↓	抗锈蚀性激酶 10	gi|1680686	71.0/6.3	28	443	52	<16
5↑	蛋白激酶	gi|300681429	58.8/6.5	28	469	52	>2.5
25↑	DEAD BOX ATP 酶-RNA-解旋酶	gi|68037499	41.4/9.5	37	518	60	>8
29↑	类 FIM 蛋白	gi|86439727	42.6/8.6	26	365	74	>2.4
			代谢				
6↓	葡萄糖磷酸变位酶	gi|18076790	62.8/5.7	27	585	50	<4
7↓	葡萄糖磷酸变位酶	gi|18076790	62.8/5.7	21	400	34	<2.7
12↓	葡萄糖磷酸变位酶	gi|18076790	62.8/5.7	17	199	31	—
14↑	二氢吡啶二羧酸合酶	gi|118237	40.9/6.8	36	573	71	>5.4
16↑	脂酰 CoA 还原酶	gi|22003082	57.5/8.8	28	481	56	新
17↑	糖基转移酶	gi|56409846	53.0/6.1	37	754	48	>4
20↓	谷氨酰胺合成酶异构体	gi|40317416	33.7/5.4	12	123	35	<2.9
21↑	Waxy B1	gi|310619518	63.3/8.5	37	470	70	>5.8
22↑	淀粉合酶	gi|1620660	55.7/6.2	26	321	59	>4
27↑	叶绿体果糖二磷酸醛缩酶	gi|223018643	42.0/6.0	32	581	52	>9
32↓	胞质顺乌头酸酶	gi|290783890	50.2/5.8	28	586	54	<2.5
			防御解毒				
2↓	1-半胱氨酸过氧化还原酶	gi|12247762	23.9 / 6.3	21	347	63	<2.6
8↑	谷胱甘肽 S-转移酶 tau 家族	gi|21730248	24.8/5.6	18	311	49	>5
9↓	假定 In2.1 蛋白	gi|3393062	27.1/5.4	35	649	84	>16
10↑	超敏反应蛋白	gi|146231063	31.3/5.3	41	733	73	>6
13↓	谷胱甘肽 S-转移酶	gi|21956482	24.8/5.5	33	606	78	<2.9
18↓	热激蛋白	gi|4028571	26.6/7.9	24	477	82	<2.4
19↑	假定 In2.1 蛋白	gi|3393062	27.1/5.4	11	206	33	>2.6
26↑	超敏反应蛋白	gi|146231063	31.3/5.3	33	575	70	>3.6
28↑	假定 In2.1 蛋白	gi|3393062	27.1/5.4	20	407	61	新
31↑	谷胱甘肽转移酶 F3	gi|23504741	24.5 / 5.3	25	442	45	新
34↑	腺苷蛋氨酸：磷酸乙醇胺甲基转移酶	gi|259018725	57.0/5.3	30	465	55	新
36↑	抗坏血酸过氧化物酶	gi|226897533	26.66/5.5	18	340	67	新

续表

蛋白序号	蛋白名称	NCBI 登录号	理论分子量/等电点	匹配肽段数	MOWSE 分数	序列覆盖率/%	倍数变化
			细胞结构/生长				
15↓	微管蛋白 β-5 支链	gi|162462765	50.7/4.8	19	294	44	<3
24↑	假定纤维素合酶	gi|40363755	120.9/7.5	42	523	48	>6
30↑	视网膜母细胞瘤相关蛋白 1	gi|254789784	106.0/8.9	35	611	35	>2
33↑	类花粉过敏原蛋白	gi|972513	13.3/9.3	21	329	98	新
37↓	类依赖细胞周期蛋白的蛋白激酶 B2	gi|226359369	37.0/9.0	19	324	63	<2.9
			光合作用/能量				
4↓	液泡膜质子-ATP 酶 A 亚基	gi|90025017	68.4/5.2	27	523	46	<2.6
11↑	光系统 II 放氧复合体 33 kDa 亚基	gi|131388	34.7/8.7	15	382	26	新
35↑	ATP 合酶 β 亚基	gi|525291	59.2/5.6	29	596	49	新
			其他				
23↑	假定蛋白	gi|255091050	52.3/5.8	24	328	52	>6

注：↑上调蛋白；↓下调蛋白；倍数变化：蛋白表达倍数>或<对照的倍数；新：新诱导出现；—消失的蛋白。

在噻唑磷胁迫下，与糖酵解有关的蛋白（点 27，果糖二磷酸醛缩酶）被显著地表达，表明种子需要大量的能量来抵抗噻唑磷胁迫。而在黄瓜盐胁迫和小麦洪涝胁迫下该酶表达量下降（Du et al.，2010；Kong et al., 2010）。与三羧酸循环有关的胞质顺乌头酸酶（点 32）与对照相比表达量减少，与 Du 等（2010）研究结果相似，参与三羧酸循环的蛋白（如丙酮酸脱氢酶、苹果酸酶）在盐胁迫下均下调。这些结果表明在胁迫下糖代谢和能量消耗减少，糖酵解可能是噻唑磷胁迫下小麦萌发所需能量的主要来源。

有一些蛋白与淀粉合成有关，如葡萄糖磷酸变位酶（点 6，7，12），淀粉合酶（点 22）和 Waxy B1 蛋白（点 21）。其中葡萄糖磷酸变位酶在噻唑磷胁迫的植物组织中被下调并且有一个蛋白点消失。由于葡萄糖磷酸变位酶决定淀粉合成或被分解，因此葡萄糖磷酸变位酶的下调暗示着此过程中淀粉的合成。而淀粉合酶和 Waxy B1 蛋白均被上调，上调倍数大于 4 倍，进一步证明在噻唑磷胁迫的响应过程中淀粉被大量合成，而并不是发生淀粉的水解。与本研究结果相似，在铜胁迫和绵羊唾液（ovine saliva）刺激下与淀粉合成有关的蛋白大量表达，而催化淀粉水解的蛋白表达量减少（Fan et al.，2010；Ahsan et al.，2007a）。本书中 Waxy B1 蛋白第一次作为胁迫响应蛋白在蛋白质水平上被报道，为噻唑磷胁迫特有的响应蛋白。

与氨基酸代谢有关的蛋白有二氢吡啶二羧酸合酶（DHDPS，点 14）和谷氨酰胺合成酶异构体（GS，点 20）。其中 DHDPS 被上调了 5 倍多，该蛋白催化的代谢产物可以为糖代谢提供能量和底物。噻唑磷胁迫降低了 GS 的表达量，研究表明 GS 表达量在多种胁迫下被不同调节，而且 GS 可以提高植物对胁迫的耐性（Alam et al.，2010；Ahsan et al.，2008；Teixeira et al.，2006；Yan et al.，2005）。

研究中还发现脂酰 CoA 还原酶（点 16）在噻唑磷胁迫下被新诱导出现。研究表明该蛋白可以促进 NADPH 的生成，进而被用来合成长链脂肪酸，而长链脂肪酸可以发生β氧化，提供大量的能量。脂酰 CoA 还原酶表达量上调可能归因于三羧酸循环的抑制，因此可以推测出小麦在萌发阶段可能主要通过长链脂肪酸的氧化提供能量来提高对噻唑磷胁迫的耐性。脂酰 CoA 还原酶也是一个不常见的胁迫响应蛋白。

2）防御、解毒类蛋白

在噻唑磷胁迫下，防御/解毒类蛋白主要有抗坏血酸过氧化物酶（点 36）、半胱氨酸过氧化还原酶（点 2）、谷胱甘肽-S-转移酶（点 8，13，31）、腺苷蛋氨酸：磷酸乙醇胺-N-甲基转移酶（点 34）、假定 In2.1 蛋白（点 9， 19， 28）、超敏反应蛋白（点 10，26）和热激蛋白 Hsp26（点 18）。其中假定 In2.1 蛋白和腺苷蛋氨酸：磷酸乙醇胺-N-甲基转移酶为不常见的胁迫响应蛋白。

与 ROS 清除有关的蛋白表达量被不同地调节。抗坏血酸过氧化物酶在噻唑磷胁迫下新诱导出现，表明植物组织中 ROS 的大量暴发，与硫代巴比妥酸（TBARS）含量变化相吻合。

具有相似分子量和等电点的谷胱甘肽-S-转移酶在 2-DE 凝胶的不同部位被检测到，这种现象在 2-DE 研究中非常常见，可能主要由于是不同的异构体或发生翻译后修饰造成（Kong et al.，2010；Ahsan et al.，2008，2007a）。由于在噻唑磷胁迫下谷胱甘肽-S-转移酶被不同程度地调节，其调节植物组织提高噻唑磷胁迫耐性的机制很复杂，还不是很清楚。但是，由于谷胱甘肽-S-转移酶 tau 家族具有经典的对异型生物质的解毒功能（Lin et al.，2008），其在噻唑磷胁迫下的大量表达可能有利于植物细胞对噻唑磷的解毒。半胱氨酸过氧化还原酶表达量被下调了近 2.6 倍，该蛋白具有调节磷脂生成的功能，表明抑制了细胞膜的合成，因此抑制了小麦根的伸长。

据报道热激蛋白的积累与植物对胁迫的耐性有关（Wang et al.，2004；Sun et al.，2002）。在热激蛋白中，小热激蛋白在植物中最普遍，主要负责维持蛋白质的稳定和抑制蛋白质的聚集（Lee and Vierling，2000）。噻唑磷胁迫下调了该蛋白的表达量，这可能导致蛋白质的失活，并且可能也是导致根、芽伸长被抑制的原因。

腺苷蛋氨酸：磷酸乙醇胺-N-甲基转移酶与细胞膜磷脂磷脂酰胆碱合成有关（Palavalli et al.，2006）。研究表明该蛋白可以提高植物对环境胁迫的耐性（Mou et al.，2002）。由于该蛋白在噻唑磷胁迫下被新诱导积累，因此可以推测出腺苷蛋氨酸：磷酸乙醇胺-N-甲基转移酶的大量表达赋予了植物组织对噻唑磷胁迫的耐性。假定 In2.1 蛋白在噻唑磷胁迫的植物组织中被大量表达。有研究表明假定 In2.1 蛋白可以激活植物防御基因的表达，提高解毒能力（Riechers et al.，2010）。假定 In2.1 蛋白也是噻唑磷胁迫特有的响应蛋白。

3）细胞结构/生长类蛋白

由于噻唑磷胁迫显著地抑制了根、芽的伸长，因此一大类与细胞结构、细胞分裂、细胞伸长有关的蛋白被鉴定出。其中类依赖细胞周期蛋白的蛋白激酶（CDKB2，点 37），在细胞周期中起重要作用（Mironov and Inze，1999）。Schuppler 等（1998）研究结果表明水胁迫由于抑制 CDKA1 蛋白的活性而抑制了小麦叶基部分生组织的生长。因此可以推测出噻唑磷胁迫对根、芽伸长的抑制可归因于 CDKB2 表达量的降低。视网膜母细胞瘤相关蛋白 1（NtRBR1，点 30）控制细胞分裂周期 G1-S 期（Hirano et al.，2008），在噻唑磷胁迫的植物组织中被大量积累。类花粉过敏原蛋白（点 33），为一在噻唑磷胁迫下新诱导出现的蛋白，该蛋白与扩展蛋白（expansin）是同系物，可以调节细胞壁的延展（Shcherban et al.，1995）。据我们所知，本书首次报道了 NtRBR1 和类花粉过敏原蛋白为胁迫响应蛋白，也是噻唑磷胁迫特有响应蛋白。由以上结果得出植物组织通过调节细胞骨架、细胞分裂和细胞壁的延伸来抵抗噻唑磷胁迫。

4）光合作用/能量类蛋白

噻唑磷胁迫诱导了与光合作用相关蛋白质的积累，该蛋白被鉴定为光系统Ⅱ放氧复合体 33 kDa 亚基（点 11）。据报道该蛋白在很多胁迫下都被大量积累（Ahsan et al.，2008；Castro et al.，2005）。噻唑磷诱导该蛋白的表达可能是由于抑制了三羧酸循环，植物组织欲通过光合作用来对抗胁迫及为随后的生长发育做准备。

与能量代谢有关的蛋白被鉴定为 ATP 合酶 β 亚基（点 35）和 H^+-ATP 酶 A 亚基（点 4）。研究结果表明 H^+-ATP 酶的大量表达与渗透调节有关（Du et al.，2010）。在噻唑磷胁迫下该蛋白的表达量减少了近一半，由此推测出噻唑磷胁迫可造成种子在萌发阶段的渗透胁迫。ATP 合酶 β 亚基被新诱导出现，表明需要大量的能量来对抗噻唑磷胁迫。

5）信号转导/转录类蛋白

信号转导类蛋白表达量下降可以看作是使植物组织减缓代谢速率以提高胁迫耐性的信号（Squier，2006）。在噻唑磷胁迫下，钙联蛋白（点 1）表达量下降，也就表明植物组织通过减缓代谢速率以提高对胁迫的抗/耐性，成为独特的噻唑磷胁迫抵御机制。噻唑磷胁迫还诱导了具丝氨酸/苏氨酸活性的蛋白激酶，如抗锈病激酶（点 3）假定的蛋白激酶（点 5）的表达。与 Ge 等（2007）研究结果相似，对这些蛋白激酶的不同程度地调节可能赋予植物组织对噻唑磷胁迫的抗性。抗锈病激酶为噻唑磷胁迫特有的响应蛋白。

蛋白点 25 在噻唑磷胁迫的植物组织中大量积累，被鉴定为 DEAD-BOX ATP 酶-RNA 解旋酶，属于 DEAD-BOX 解旋酶家族（Okanami et al.，1998）。据报道过量表达 DEAD-BOX 解旋酶家族的基因提高了氧化胁迫的耐性及抗病害性（Fan et al.，2010；Li et al.，2008）。因此，该蛋白的大量表达可能有助于噻唑磷耐性的获得。该蛋白也是噻唑磷胁迫特有的响应蛋白。

类 F 蛋白（点 29）属于 F-box 蛋白，可以通过激活植物泛素来降解某些目标蛋白。在噻唑磷胁迫的植物组织中该蛋白大量积累，因此推测该蛋白参与降解一些下调蛋白，使得植物对噻唑磷胁迫抗性增强。据报道，水胁迫也刺激了 F-box 蛋白的积累（Alam et al.，2010）。类 F 蛋白（点 29）也是噻唑磷特有的胁迫响应蛋白。

6. 阿维菌素对小麦萌发阶段的毒性机制

由表 1.11 可知，阿维菌素胁迫影响碳/氮代谢和糖类物质的分配。在阿维菌素胁迫下与糖酵解、卡尔文循环、淀粉合成有关的酶被不同程度的调节。阿维菌素胁迫诱导磷酸甘油酸激酶（点 17）的大量积累，表明提高了糖酵解活性。研究表明在环境胁迫下糖酵解活性往往增强（Du et al.，2010）。Yang 等（2007），Kim 和 Lee（2009）的研究结果表明小麦在萌发阶段所需的能量主要来源于糖酵解和三羧酸循环。然而，在本研究中未能检测到与三羧酸循环有关的蛋白。

表 1.11　MALDI-TOF MS/MS 鉴定的阿维菌素诱导小麦胚差异表达蛋白

蛋白序号	蛋白名称	NCBI 登录号	理论分子量/等电点	匹配肽段数	MOWSE 分数	序列覆盖率/%	倍数变化
			转录/翻译				
3↓	核糖体蛋白 S4	gi|14017574	13.28/10.97	16	249	63	<1.7
11↓	延长因子 1α	gi|399414	49.138/9.2	29	476	67	<1.9
23↑	RNA 聚合酶β链（叶绿体）	gi|14017564	169.939/6.5	27	164	17	>2.2
			代谢				
2↑	葡萄糖-1-磷酸腺苷转移酶大亚基	gi|121293	55.52/6.61	39	731	74	>2.1
7↓	葡萄糖磷酸变位酶	gi|18076790	62.8/5.7	27	585	50	<2.7
13↓	腺苷高半胱氨酸酶	gi|417745	53.402/5.65	32	585	69	<1.5
14↓	半胱氨酸合酶	gi|585032	34.093/5.48	24	303	80	<1.8
17↑	磷酸甘油酸激酶	gi|129916	42.096/5.64	37	720	88	>1.6
18↓	腺苷酸琥珀酸合成酶	gi|6685803	51.399/5.93	26	539	48	<1.7
20↑	糖基转移酶	gi|56409846	53.0/6.1	37	754	43	>1.6
21↓	果糖-1.6-二磷酸酶，前体	gi|119745	44.19/5.16	21	349	61	<2.7
			防御/解毒				
4↓	热激蛋白 HSP26	gi|4028573	26.57/7.83	19	436	81	<1.7
8↓	谷胱甘肽 S 转移酶	gi|21956482	24.8/5.5	33	606	78	<2.3
19↑	S-腺苷蛋氨酸合酶	gi|223635282	43.247/5.61	22	415	38	>1.9
25↓	脱氢抗坏血酸还原酶	gi|259017810	23.243/5.88	12	197	50	<2.7
			细胞结构/生长				
6↓	微小染色体维持蛋白	gi|45558475	107.94/5.05	26	172	27	<2.3
9↓	微管蛋白 α 链	gi|8928408	49.71/4.89	29	441	60	<1.5
16↓	微管蛋白 α-3 链	gi|8928432	50.382/4.89	29	358	56	<1.9
24↑	视网膜母细胞瘤相关蛋白 1	gi|254789784	105.986/8.85	25	471	23	>2
			光合作用/能量				
1↓	线粒体 ATP 合酶 α 亚基	gi|114419	55.23/5.70	15	413	35%	<4.1
10↓	atpl	gi|81176509	55.56 / 5.7	39	497	54	<1.7
12↓	原叶绿素酸酯还原酶	gi|10720235	41.13/9.42	30	641	87	<3.2
15↑	V 型质子-ATP 酶亚基 B1	gi|2493131	54.107/5.12	30	397	47	>2.9
22↓	RuBP 羧化加氧酶小亚基 PWS4.3 前体	gi|132087	19.405 / 8.99	16	205	94	<2.6
			其他				
5↑	假定蛋白	gi|224069527	89.98/5.05	21	302	20	>1.9

参与卡尔文循环的果糖-1，6-二磷酸酶（点 21）催化糖类物质的合成，阿维菌素胁迫使得该酶表达量下降。葡萄糖-1-磷酸腺苷转移酶催化淀粉的合成，在阿维菌素胁迫下被大量积累。葡萄糖磷酸变位酶被下调暗示着淀粉的合成（Kim and Lee，2009；Davies，2003）。与 Ahsan 等（2007a）研究结果相似，在胁迫下往往淀粉被积累而并非发生分解。总之，阿维菌素胁迫改变了碳水化合物的积累水平，并且植物组织在阿维菌素胁迫下以淀粉的形式储存足够的能量来抵抗胁迫。

在对阿维菌素胁迫的响应中，植物减少了对三羧酸循环和其他代谢途径的底物供应。与氨基酸合成有关的一些蛋白被鉴定出，如腺苷高半胱氨酸酶可以催化腺苷高半胱氨酸转化为同型半胱氨酸，最终形成琥珀酰 CoA，琥珀酰 CoA 可以进入三羧酸循环途径（王镜岩等，2002）；半胱氨酸合酶可以催化半胱氨酸的生成，进而转化为酰基 CoA，为三羧酸循环提供碳骨架（王镜岩等，2002）。在阿维菌素胁迫下腺苷高半胱氨酸酶和半胱氨酸合酶的表达量减少，表明植物组织通过减少底物和碳骨架供应抑制了三羧酸循环。

蛋白点 18 被鉴定为腺苷酸琥珀酸合成酶，该酶可催化嘌呤核苷酸的合成。阿维菌素胁迫减少了该酶的表达量，表明阿维菌素抑制了核苷酸代谢而且进一步可能阻碍细胞分裂与生长。腺苷高半胱氨酸酶、半胱氨酸合酶、腺苷酸琥珀酸合成酶为阿维菌素胁迫特有的胁迫响应蛋白。

与光合作用有关的两个蛋白分别被鉴定为核酮糖二磷酸羧化加氧酶小亚基 PWS4.3（RuBisCO）和原叶绿酸酯还原酶 A。阿维菌素胁迫降低了这两个酶的表达量。据报道，生物及非生物胁迫均会改变 RuBisCO 的表达量（Fan et al.，2010；Kim and Lee，2009；Lin et al.，2008；Oard，2006）。这些与光合作用有关蛋白的下调表明光合器官对阿维菌素胁迫非常敏感。与能量代谢有关的蛋白质如 ATP 合酶 α 亚基和 atp1 在阿维菌素胁迫下表达量显著下降，而与渗透调节有关的 V 型 H^+-ATP 酶亚基 B1 大量积累。

糖基转移酶参与细胞壁的建成（Fanous et al.，2007），阿维菌素胁迫提高了其表达量，表明过量的阿维菌素损坏了细胞膜，通过激活糖基转移酶来增强细胞壁。由于阿维菌素胁迫抑制了微管蛋白（点 9，16）的表达，进而会影响到细胞骨架。微小染色体维持蛋白（点 6）是阿维菌素胁迫特有的响应蛋白。据报道，微小染色体维持蛋白与细胞伸长和细胞表面不同点芽的凸出有关。因此在阿维菌素胁迫下该蛋白表达量下降表明过量的阿维菌素抑制了细胞的伸长，这也就是阿维菌素抑制根、芽伸长的分子机制。

在本实验阿维菌素施用剂量下与 ROS 清除有关的蛋白如脱氢抗坏血酸过氧化物酶和谷胱甘肽转移酶均表达量下降，表明植物组织遭受严重的 ROS 损伤，过量的 ROS 可能使这些抗氧化物酶活性丧失，表明植物组织遭受了氧化伤害（图 1.22）。

S-腺苷甲硫氨酸合酶为体内无数甲基转移反应提供甲基，研究表明该酶与环境胁迫防御有关。S-腺苷甲硫氨酸合酶参与木质素和甜菜碱的生物合成（Sanchez-Aguayo et al，2004）。镉胁迫、水胁迫及盐胁迫均影响该酶的表达量（Alam et al.，2010；Du et al.，2010；Kim and Lee，2009；Ahsan et al.，2007b）。与 Du 等（2010）研究结果相似，S-腺苷甲硫氨酸合酶的上调表明阿维菌素胁迫诱导电解质或木质素的生物合成。

植物在多种胁迫下均可诱导热激蛋白的表达，如重金属胁迫（Kim and Lee，2009；Ahsan et al.，2007a），水胁迫（Kong et al.，2010），盐胁迫（Du et al.，2010）和热胁

迫（Lee et al.，2009）。热激蛋白在重建蛋白质的构造和细胞稳定方面起着非常重要的作用（Wang et al.，2004）。阿维菌素胁迫诱导热激蛋白HSP26表达量减少，在某种程度上暗示着蛋白质的失活及根、芽伸长的抑制。

RNA聚合酶β链催化转录过程，在阿维菌素胁迫下该酶表达量增加。该酶为阿维菌素特有的胁迫响应蛋白。该酶的上调表明阿维菌素胁迫促进了转录过程，但是阿维菌素胁迫抑制了翻译过程，因为减少了核糖体蛋白S4和延长因子的表达量。16S 核糖体RNA在肽段合成过程中对起始位点的识别起着非常重要的作用，而延长因子则促进依赖GTP的氨酰基-tRNA与核糖体A位点的结合（王镜岩等，2002）。因此核糖体蛋白S4和延长因子的下调表明阿维菌素胁迫抑制蛋白质的合成。

三、重金属-有机复合污染对植物的毒性

农药与重金属的复合污染会不同程度地影响陆生植物的生长及生理生化反应。通常，植物受到有机污染物（如农药）和重金属胁迫时，体内活性氧诸如羟自由基OH·，超氧阴离子O_2^-，单线态氧$^1O_2$，过氧化氢H_2O_2等积累，从而引起植物组织受到氧化伤害（Xu et al.，2009；Yin et al.，2008；Song et al.，2007）。这些活性氧ROS会破坏细胞膜、蛋白质及核酸，抑制植物生长，严重时导致死亡。同时，植物体内也形成了清除和降低活性氧（ROS）的保护机制，其中抗氧化物酶就是重要的一种。抗氧化物酶包括超氧化物歧化酶（SOD）、过氧化氢酶（CAT）、抗坏血酸过氧化物酶（APx）、谷胱甘肽还原酶（GR）、谷胱甘肽过氧化物酶（GPx）等，这些抗氧化物酶相继或同时作用清除ROS，维持细胞氧化还原平衡。由于细胞内ROS 容易淬灭不易被检测，因此常常通过测定植物组织中抗氧化物酶活性的变化及丙二醛（MDA）含量的增加来推测ROS的生成（Valavanidis et al.，2006）。

本研究分析了杀线剂噻唑磷和阿维菌素与镉复合污染对小麦幼苗生长、抗氧化物酶、膜脂过氧化的联合毒性效应，旨在从植物生理生化水平上揭示农用化学品对植物的毒性效应，为农用化学品的安全施用及生态风险评价提供基础信息。

（一）噻唑磷和镉复合污染对小麦幼苗生长及生理生化活性的影响

供试土壤壤采自山东省典型设施菜地0～20 cm的新鲜土壤，剔除植物残根和石砾等杂物，具体理化性质见表1.12。经检测供试土壤中镉浓度为57μg/kg，并且无噻唑磷及阿维菌素残留。

表1.12　土壤理化性质

有机质/(g/kg)	全N/(g/kg)	全P/(g/kg)	全K/(g/kg)	速效磷/(mg/kg)	速效钾/(mg/kg)	水碱氮/(mg/kg)	pH	CEC/(cmol/kg)	最大持水率/%
7.58	0.53	0.89	20.08	196.1	174	81.39	7.4	14.15	40

分别称取200 g供试土壤装入小盆钵中，噻唑磷以颗粒剂、阿维菌素以乳油形式加入土壤中，使得土壤中噻唑磷的最终浓度分别为12.5（推荐使用剂量）、50、125 mg/kg；阿维菌素的最终处理浓度为0.5（推荐使用剂量）、5、10 mg/kg；重金属以氯化镉水溶

液形式加入，加入去离子水调节土壤的湿度为田间最大持水量的 60%。充分混合拌匀，以不拌农药和重金属的土壤作为对照土壤，每个处理 3 个重复。将处理好的土样放置后播入小麦种子，每个小盆钵播 10 粒种子。然后将纸杯移到 26±2℃的光照培养室培养，湿度为 80%左右。每天通过称重法来添加水分，使其含水量基本保持恒定。待小麦萌发后长至 7 天，取出幼苗用尺子测量幼苗叶长及根长，并分别放入液氮中冷冻保存待用。

1. 噻唑磷与镉复合污染对小麦幼苗生长的影响

由表 1.13 可见，噻唑磷与镉复合污染与小麦幼苗根伸长、芽伸长抑制率间有显著（$p<0.05$）或极显著联合效应（$p<0.01$）。如图 1.28 所示，当镉浓度为 100 mg/kg 时，小麦幼苗根伸长和芽伸长抑制率与土壤中噻唑磷的浓度呈极显著的线性相关，R^2 均大于 0.7；而当镉浓度为 10 mg/kg 时，小麦幼苗根伸长和芽伸长抑制率与土壤中噻唑磷的浓度的线性相关性较差，R^2 分别为 0.347 和 0.402。

表 1.13　噻唑磷/阿维菌素、镉对小麦幼苗根和叶片伸长、抗氧化物酶活性及 MDA 含量的联合效应的方差分析

处理	CAT		SOD		APx		GR		GPx		MDA		伸长	
	根	叶	根	叶	根	叶	根	叶	根	叶	根	叶	根	叶
Cd	$p>0.05$	$p>0.05$	$p<0.01$	$p>0.05$	$p>0.05$	$p<0.01$	$p>0.05$	$p>0.05$	$p<0.01$	$p>0.05$	$p<0.01$	$p>0.05$	$p<0.05$	$p<0.01$
FOS	$p<0.01$	$p>0.05$	$p<0.01$	$p<0.05$	$p<0.01$	$p<0.01$	$p<0.01$	$p<0.05$	$p<0.01$	$p>0.05$	$p<0.01$	$p>0.05$	$p<0.01$	$p<0.01$
FOS×Cd	$p>0.05$	$p<0.01$	$p>0.05$	$p<0.01$	$p<0.01$	$p>0.05$	$p<0.01$	$p>0.05$	$p<0.01$	$p<0.01$	$p<0.01$	$p>0.05$	$p<0.01$	$p<0.05$
Cd	$p>0.05$	$p>0.05$	$p<0.01$	$p>0.05$	$p>0.05$	$p<0.05$	$p>0.05$	$p>0.05$	$p>0.05$	$p>0.05$	$p<0.05$	$p<0.01$	$p<0.01$	$p>0.05$
Aba	$p>0.05$	$p>0.05$	$p<0.01$	$p>0.05$	$p>0.05$	$p<0.05$	$p<0.05$	$p>0.05$	$p>0.05$	$p<0.05$	$p>0.05$	$p<0.01$	$p<0.01$	$p<0.01$
Aba×Cd	$p>0.05$	$p>0.05$	$p>0.05$	$p>0.05$	p >005	$p>0.05$	$p>0.05$	$p>0.05$	$p>0.05$	$p>0.05$	$p<0.05$	$p<0.01$	$p<0.01$	$p>0.05$

注：FOS 噻唑磷；Aba 阿维菌素；差异极显著：$p<0.01$；差异显著：$p<0.05$。

由图 1.28 可以看出，在低浓度噻唑磷处理下，随镉投入量的增加，其对小麦根长和芽长的抑制率也相应增加，且差异较大，表现为强烈的协同作用；但随着噻唑磷浓度的增加，10 mg/kg 镉的投入减轻了噻唑磷对小麦幼苗根、叶伸长的抑制作用，表现为强烈的拮抗作用；而在镉投入量为 100 mg/kg 时对小麦幼苗根长的抑制率与噻唑磷单独处理的差异逐渐减小，表明随噻唑磷处理浓度的增大，噻唑磷与 100 mg/kg 镉复合污染对小麦幼苗根伸长的交互作用方式逐渐由协同作用转变为拮抗作用，但是对小麦幼苗叶伸长的抑制率仍逐渐增大，交互作用方式以协同作用为主（图 1.28）。由表 1.14 和表 1.15 可知，镉加大了单倍推荐施用剂量噻唑磷对根、叶伸长的抑制；但是镉与较高剂量噻唑磷复合处理时，促进了根的伸长。

表 1.14　噻唑磷与镉复合污染下小麦幼苗平均根长之间的差异比较　（单位：cm）

Cd/（mg/kg）	噻唑磷			
	0	12.5 mg/kg	50 mg/kg	125 mg/kg
0	15.3±0.3a	14.3±0.3b	12.7±0.3c	6.7±0.2d
	ab	a	a	A
10	16.0±0.7a	10.2±0.4b	13±0.6c	9.7±0.3b
	a	b	a	B
100	13.6±0.5a	11.3±0.3b	10.7±0.7b	7.5±0.3c
	b	b	b	a

注：数据为平均值±标准差形式；不同字母表示 $p<0.05$ 水平上的差异。平均值旁边的字母表示相同 Cd 浓度下不同噻唑磷浓度之间的差异，平均值下边的字母表示相同噻唑磷浓度下不同 Cd 浓度之间的差异。

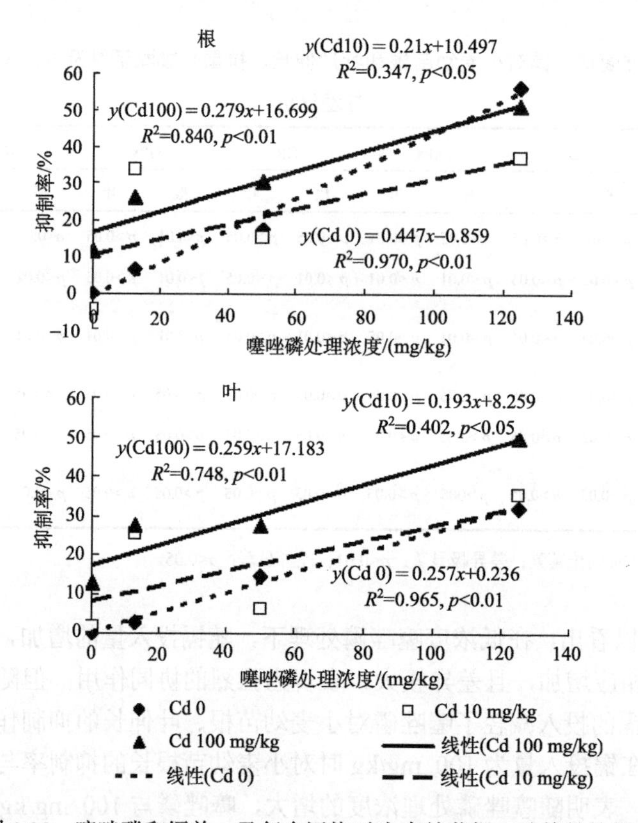

图 1.28　噻唑磷和镉单一及复合污染对小麦幼苗根、叶伸长的抑制

由回归方程计算得出的复合污染下噻唑磷的半抑制剂量 IC50 值见表 1.16，复合污染对根长和叶长的 IC50 值随镉投入量的增大而减小，表明随镉处理浓度的增大，镉加大了噻唑磷对幼苗生长的抑制作用。

表 1.15　噻唑磷与镉复合污染下小麦幼苗平均叶长之间的差异比较　（单位：cm）

Cd/（mg/kg）	噻唑磷			
	0	12.5 mg/kg	50 mg/kg	125 mg/kg
0	18.3±0.2a	17.8±0.4a	15.7±0.2b	12.5±0.3c
	a	a	a	a
10	17.7±0.3a	13.7±1.4b	17.2±0.2a	12.3±0.9b
	ab	b	b	a
100	16±0.8a	13.3±1.2b	13.3±0.3b	9.2±04c
	b	b	c	b

注：同表 1.14。

表 1.16　不同镉处理浓度下噻唑磷的半抑制剂量 IC50　（单位：mg/kg）

Cd 浓度 / IC50	0	10	100
IC50（根）	47	45	12
IC50（叶）	78	61	11

2. 噻唑磷和镉复合污染对小麦幼苗根、叶抗氧化物酶活性的影响

由表 1.13 可知，镉和噻唑磷单因子处理对根 SOD 酶活性有极显著的作用（$p<0.01$），而镉与噻唑磷复合处理对根 SOD 酶活性无显著的联合效应（$p>0.05$），但对叶片 SOD 酶活性有极显著的联合效应（$p<0.01$），表明噻唑磷与镉复合污染的交互作用机制因植物作用部位不同而不同。低浓度的镉单一处理显著地刺激了根中 SOD 酶活性，高浓度的镉显著地降低了 SOD 酶活性；在单一镉处理下，随镉处理浓度的增大小麦幼苗根 SOD 酶活性降低，镉与噻唑磷复合处理的小麦根中 SOD 酶活性也随镉浓度的增大而减小。较高浓度的镉与噻唑磷复合处理显著的降低了小麦根 SOD 酶活性，而低浓度的镉与低浓度的噻唑磷复合处理提高了 SOD 酶活性[图 1.29（a）]。由图 1.29（b）可知，镉单因子处理降低了小麦叶片 SOD 酶活性，但是随镉浓度的增大，SOD 酶活性增大；低剂量噻唑磷与镉复合处理对叶片 SOD 酶活性的影响与噻唑磷单独处理没有显著性差异（$p>0.05$），而高浓度噻唑磷与镉复合处理显著地抑制了 SOD 酶活性（$p<0.05$）。

噻唑磷与镉复合处理对小麦根 CAT 酶活性无显著联合效应（$p>0.05$），而二者对小麦叶片 CAT 酶活性具有极显著的联合效应（$p<0.01$）。由图 1.29（c）可知，镉单因子处理可显著地提高小麦幼苗根 CAT 酶活性；较低剂量噻唑磷或较高剂量噻唑磷与镉复合处理下小麦幼苗根 CAT 酶活性低于噻唑磷单因子处理，不同浓度镉的复合处理之间无显著差异（$p>0.05$）；中等浓度噻唑磷与镉复合处理与中等浓度噻唑磷单独处理相比显著地提高了 CAT 酶活性。单因子镉处理降低了小麦幼苗叶片 CAT 酶的活性，且随镉处理浓度的增大 CAT 酶活性降低，与镉处理小麦根中 CAT 酶的变化趋势相反；总体上镉与噻唑磷复合处理对小麦幼苗叶片 CAT 酶活性的影响与噻唑磷单独处理无显著性差异，但

是推荐使用剂量（12.5 mg/kg）噻唑磷与 100 mg/kg 镉复合处理显著降低了 CAT 酶活性，与噻唑磷单独处理相比差异显著，表明此时二者表现为显著的协同作用[图 1.29（d）]。

方差分析结果表明噻唑磷与镉复合污染对小麦幼苗根 APx 酶活性的影响具有极显著的交互作用（$p<0.01$），而对叶片 APx 酶活性无显著的交互作用（$p>0.05$）（表 1.13）。由图 1.29（e）可得，低浓度镉可显著地提高 APx 酶活性，而在高浓度镉胁迫下小麦根 APx 酶活性虽有提高，但与对照相比无显著性差异。噻唑磷与镉复合处理对小麦根 APx 酶活性的影响没有规律，总的来说低浓度噻唑磷与镉复合处理的小麦根 APx 酶活性高于噻唑磷单独处理，而较高浓度噻唑磷与镉复合处理的小麦根 APx 酶活性低于噻唑磷单独处理，尤其是当较高浓度噻唑磷与较高浓度的镉复合处理时与噻唑磷单独处理相比差异

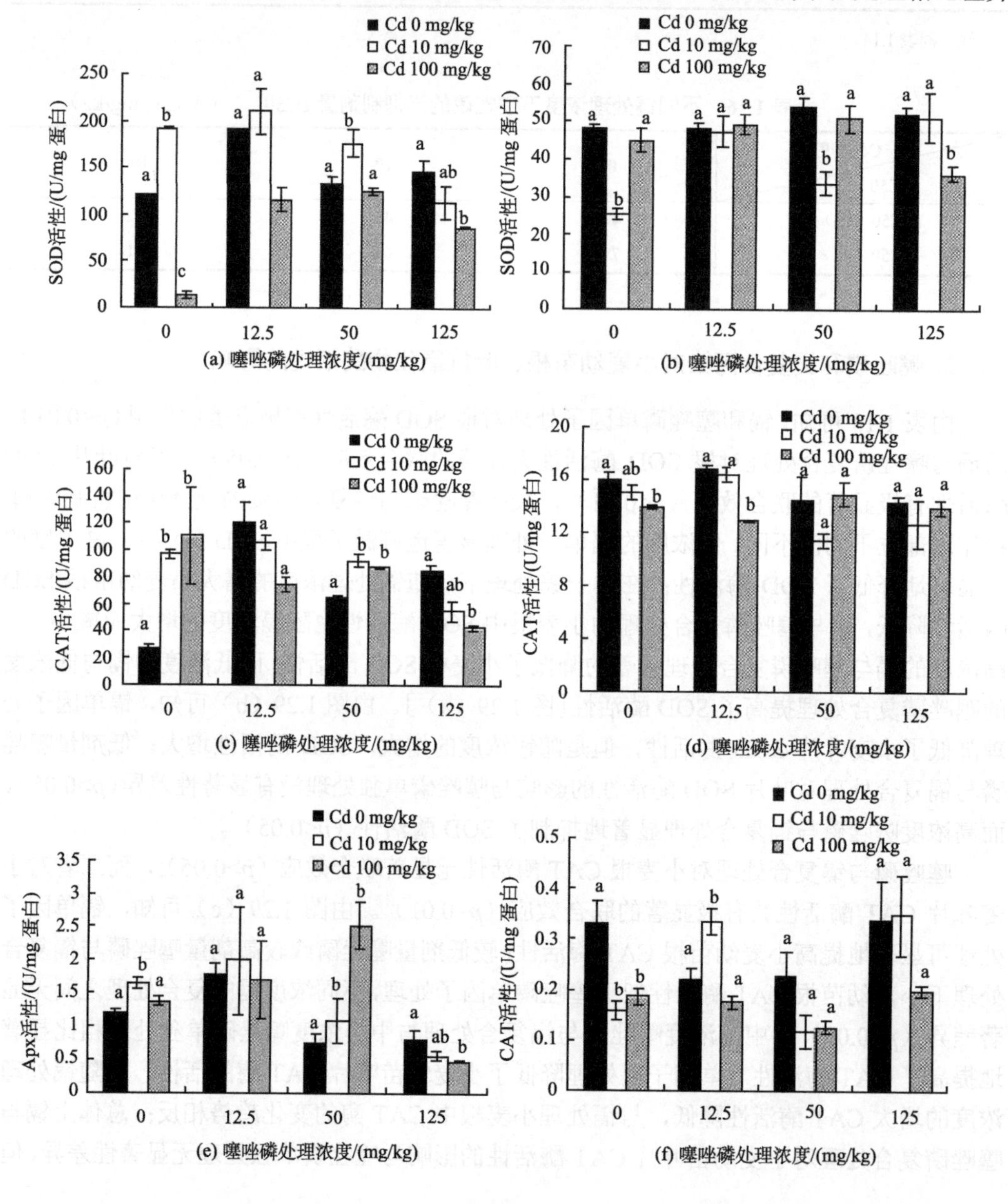

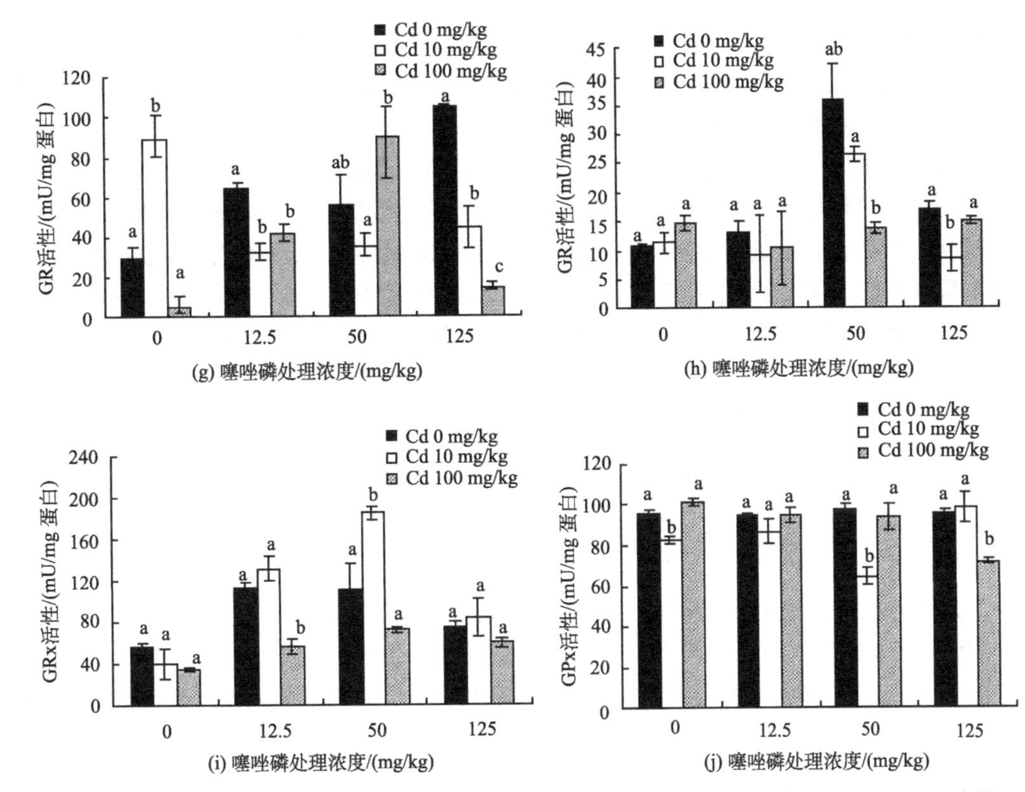

图 1.29　噻唑磷和镉单一及复合污染对小麦幼苗根、叶片抗氧化物酶活性的影响（a，c，e，g，i 为根；b，d，f，h，j 为叶）

显著。镉单独处理显著降低了小麦幼苗叶片 APx 酶活性，不同镉浓度处理之间无显著性差异。较低浓度噻唑磷与低浓度镉复合处理显著地促进了小麦叶片 APx 酶活性，而高浓度噻唑磷与镉复合处理的叶片 APx 酶活性虽有降低但与噻唑磷单独处理相比无显著性差异[图 1.29（f）]。

谷胱甘肽还原酶（GR）可以利用 NADPH 催化 GSSG 产生 GSH，维持细胞的氧化还原平衡。噻唑磷与镉二者复合污染对小麦根 GR 酶活性具有极显著的联合效应（p<0.01），而对叶片 GR 酶活性无显著的联合效应（p>0.05）（表 1.13）。由图 1.29（g）可知，低浓度的镉显著的刺激小麦幼苗根的 GR 酶活性，而高浓度镉抑制 GR 酶活性。单倍推荐施用剂量的噻唑磷与镉复合处理与噻唑磷单独处理相比显著地降低了 GR 酶活性，但与不同浓度镉的组合间无显著性差异；而 50 mg/kg 噻唑磷与高浓度镉复合处理显著地促进了 GR 酶的活性；较高浓度的噻唑磷（125 mg/kg）与镉复合处理显著地降低了 GR 酶活性，且在二者复合处理下 GR 酶活性随镉浓度增大显著降低。由图 1.29H 可知，镉几乎不影响小麦叶片 GR 酶活性，与对照处于一个水平。单倍推荐施用剂量的噻唑磷与镉复合处理的小麦叶片 GR 酶活性低于噻唑磷单独处理，但无显著性差异；且高剂量噻唑磷与镉复合处理与噻唑磷单独处理相比降低了小麦叶片 GR 酶活性，高剂量噻唑磷与不同浓度镉复合处理间达显著性差异。

谷胱甘肽过氧化物酶（GPx）是机体内广泛存在的一种重要的过氧化物分解酶，它能催化 GSH 变为 GSSG，使有毒的过氧化物还原成无毒的羟基化合物，同时促进 H_2O_2 的分解，从而保护细胞膜的结构及功能不受过氧化物的干扰及损害。由此可知，噻唑磷与镉复合污染对小麦根、叶片 GPx 酶的影响具有显著的联合效应（$p<0.05$）。由图 1.29（i）可知，镉单独处理降低了小麦根 GPx 酶活性，但是与对照相比无显著性差异；10 mg/kg 镉与噻唑磷复合处理提高了小麦根 GPx 酶活性，尤其是与 50 mg/kg 噻唑磷复合处理时根中 GPx 酶活性显著高于噻唑磷单独处理；而 100 mg/kg 镉与噻唑磷复合处理小麦根的 GPx 酶活性低于噻唑磷单独处理。总的来说噻唑磷与镉复合处理下小麦根的 GPx 酶活性随镉浓度的增大而显著降低。而噻唑磷与镉复合处理对小麦叶片 GPx 酶活性的影响没有规律性，总体上二者复合处理下小麦叶片 GPx 酶活性低于噻唑磷单独处理，尤其是较高浓度的噻唑磷与较高浓度的镉复合处理下 GPx 酶活性显著低于噻唑磷单独处理[图 1.29（j）]。

（二）阿维菌素和镉复合污染对小麦幼苗生长及生理生化活性的影响

1. 阿维菌素和镉复合污染对小麦幼苗生长的影响

方差分析结果表明阿维菌素与镉复合污染对小麦幼苗根长抑制作用具有极显著的联合效应（$p<0.01$），对叶长没有显著的联合效应（$p>0.05$）（表 1.13）。由图 1.30 可知，当镉浓度一定时，阿维菌素浓度与小麦幼苗根长、叶长抑制率都呈极显著的线性正相关。

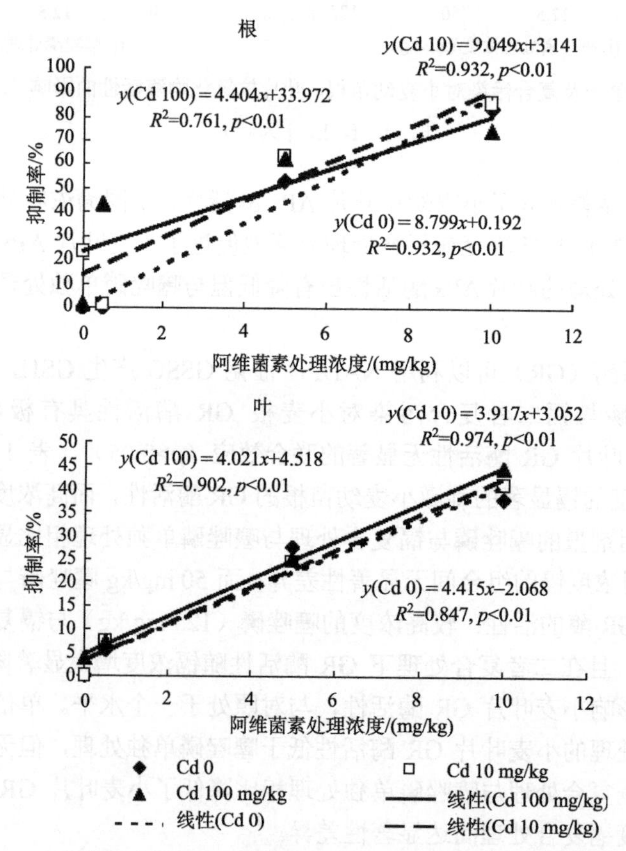

图 1.30　阿维菌素和镉单一及复合污染对小麦幼苗根、叶伸长的抑制

由回归方程计算不同镉浓度下阿维菌素的 IC50，由表 1.17 可知随镉处理浓度的增大，阿维菌素对根长和叶长的 IC50 值逐渐减小，与噻唑磷与镉复合污染的联合效应相似，镉加大了阿维菌素对幼苗生长的抑制作用。在镉浓度一定时，阿维菌素对根长的 IC20 值小于叶长的 IC20，由此可认为镉与噻唑磷/阿维菌素对根长的联合毒性大于对叶长的联合毒性效应。

表 1.17　不同镉处理浓度下阿维菌素的半抑制剂量 IC50　（单位：mg/kg）

Cd 浓度 / IC50	0	10	100
IC50（根）	2.3	0.8	—
IC50（叶）	7.4	6.9	6.6

注：一，该处理下抑制率已大于 20%。

表 1.18 和表 1.19 分别总结了不同浓度阿维菌素与镉复合处理下不同污染物浓度组合处理小麦幼苗根长和叶长的差异。在 10 mg/kg 镉处理下，不同浓度阿维菌素处理的根长、叶长小于阿维菌素单独处理，但是差异不显著，因此 10 mg/kg 镉与阿维菌素的交互作用类型表现为不显著的协同效应。而 100 mg/kg 镉与阿维菌素复合处理对根长的影响与阿维菌素单独处理成显著性差异（$p<0.05$），具体地，当 100 mg/kg 镉与 0.5 mg/kg 阿维菌素复合处理时显著地抑制了根的伸长，二者表现为显著地协同效应，与 5 mg/kg 阿维菌素复合处理虽对根伸长的抑制率增大，但与对照相比无显著性差异，然而与 10mg/kg 阿维菌素复合处理显著地促进了根的伸长，表现为显著的拮抗效应（$p<0.05$）。因此，较高浓度镉与阿维菌素复合处理对小麦幼苗根长的联合毒性效应取决于二者的交互作用。但是阿维菌素与镉复合处理对叶长的影响较小，与阿维菌素单独处理相比差异不显著（$p>0.05$）。

表 1.18　阿维菌素与镉复合污染下小麦幼苗平均根长之间的差异比较　（单位：cm）

Cd/（mg/kg）	阿维菌素			
	0	0.5 mg/kg	5 mg/kg	10 mg/kg
0	18.3±0.9a	18.3±0.3a	8.6±1.8b	3.0±0.2c
	a	a	a	a
10	18.0±0.6a	18.2±0.2a	6.6±0.6b	2.5±0.2c
	a	a	a	a
100	14.0±0.6a	10.3±0.3b	6.9±1.6c	4.7±0.2c
	b	b	a	b

注：数据为平均值±标准差形式；不同字母表示 $p < 0.05$ 水平上的差异。平均值旁边的字母表示相同 Cd 浓度下不同阿维菌素浓度之间的差异，平均值下边的字母表示相同阿维菌素浓度下不同 Cd 浓度之间的差异。

表 1.19　阿维菌素与镉复合污染下小麦幼苗平均叶长之间的差异比较（单位：cm）

Cd/（mg/kg）	阿维菌素			
	0	0.5 mg/kg	5 mg/kg	10 mg/kg
0	20.3±0.3a a	19.3±0.3a a	15.3±0.6b a	13.4±0.4c a
10	18.3±0.3a b	19.0±0b a	15.9±0.1c a	12.8±0.1d a
100	19.6±0.7a ab	19.0±0.6a a	15.8±1.1b a	12.2±0.6c a

注：同表 1.18。

2. 阿维菌素和镉复合污染对小麦幼苗根、叶抗氧化物酶的影响

由表 1.13 可知，阿维菌素与镉复合污染对小麦幼苗根和叶片抗氧化物酶（SOD、CAT、APx、GR、GPx）无显著的联合效应（$p>0.05$），但是阿维菌素单因子处理对小麦幼苗根 SOD 酶、GR 酶分别有极显著（$p<0.01$）和显著的影响（$p<0.05$），对小麦幼苗叶片 APx、GPx 酶有显著的影响（$p<0.05$）。

阿维菌素、镉单一及复合污染对小麦幼苗根、叶片 CAT 酶活性的影响见图 1.31（a）和（b）。镉单独处理显著的提高小麦幼苗根 CAT 酶活性，却显著降低小麦幼苗叶片 CAT 酶活性。阿维菌素单独处理使得小麦幼苗根 CAT 酶活性略有增大，却轻微地抑制了小麦幼苗叶片 CAT 酶活性，但不同浓度处理之间无显著性差异。阿维菌素与镉复合处理总的来说对 CAT 酶活性有轻微的抑制作用，与阿维菌素单独处理无显著性差异，且阿维菌素与不同浓度镉的复合处理之间也无显著性差异，表明阿维菌素与镉复合处理对小麦幼苗 CAT 活性的联合效应主要为阿维菌素效应。

阿维菌素、镉单一及复合污染对小麦幼苗根、叶片 SOD 酶活性的影响见图 1.31（c）和（d）。低浓度镉显著增大了小麦幼苗根 SOD 酶活性，高浓度镉处理显著降低了 SOD 酶活性，而对叶片 SOD 酶影响正好相反，低浓度镉显著抑制 SOD 酶活性，高浓度镉显著刺激了 SOD 酶活性。阿维菌素单独处理显著提高了小麦幼苗根 SOD 酶活性，但不同处理浓度之间没有显著性差异，叶片 SOD 酶活性随阿维菌素处理浓度的增大而增大，但不形成显著性差异。总体上阿维菌素与镉复合处理降低了 SOD 酶活性，并随镉浓度增大 SOD 酶活性降低，具体地 10 mg/kg 镉单独处理的小麦幼苗根 SOD 酶活性高于 100 mg/kg 镉处理，且在阿维菌素与镉复合处理中保持这种趋势。而二者复合处理对小麦幼苗叶片影响不显著。由于阿维菌素、镉单因子处理对小麦幼苗根 SOD 酶活性有显著的影响（表 1.13），而二者复合处理联合效应不显著，因此可以推测阿维菌素与镉复合处理对小麦根 SOD 酶活性的联合效应主要来自于镉效应。

由图 1.31（e）和（f）可以看出，高浓度镉显著抑制小麦幼苗根 GR 酶活性，且 GR 酶活性随镉处理浓度的增大而降低；在小麦幼苗叶片中，GR 酶活性随镉处理浓度的增大而增大，但没有显著差异。阿维菌素单独处理的小麦幼苗根 GR 酶活性随阿维菌素处

理浓度的增大而增大，具有一定的剂量-效应关系，因此 GR 酶可以作为环境中阿维菌素污染的生化标记物。总体上，阿维菌素与镉复合处理降低了小麦幼苗根 GR 酶活性，但是与阿维菌素单独处理相比并无显著性差异。在叶片中二者复合污染对 GR 酶活性的影响没有一定的规律，总体上与阿维菌素单独处理无显著性差异。

图 1.31（g）和（h）描述了镉、阿维菌素单一及复合污染对小麦幼苗根、叶片 APx 酶活性的影响。镉单独处理显著地提高了小麦幼苗根 APx 酶活性，随镉浓度的增大幼苗根 APx 酶活性减小但并无显著性差异；然而在小麦幼苗叶片中镉显著地降低了 APx 酶活性，但不同镉浓度处理间无显著性差异。阿维菌素单独处理提高了根部 APx 酶活性，但不同处理浓度间无显著性差异，对于叶片来说，0.5～5 mg/kg 阿维菌素降低了 APx 酶活性，而 10 mg/kg 阿维菌素显著地提高了 APx 酶活性。阿维菌素与镉复合处理下小麦幼苗根 APx 酶活性有所上升，而叶片 APx 酶活性变化没有一定的规律。0.5 mg/kg 和 10 mg/kg 阿维菌素与镉复合处理叶片 APx 酶活性降低，而 5 mg/kg 阿维菌素与镉复合处理使得 APx 酶活性增高。

阿维菌素、镉单一及复合污染对小麦幼苗根、叶 GPx 酶活性影响见图 1.31（i）和（j）。单因子镉处理显著地抑制了小麦幼苗根 GPx 酶的活性，随镉浓度的增大，GPx 酶活性降低，但并无显著性差异；对于叶片 GPx 来说，低浓度镉显著抑制了其活性，而高浓度镉处理下叶片 GPx 活性显著增大。小麦幼苗根部 GPx 活性随阿维菌素单因子处理浓度增大而降低，10 mg/kg 阿维菌素处理与 0.5 mg/kg 处理之间形成显著差异。叶片中 GPx 活性随阿维菌素单因子处理浓度的增大而增大，10 mg/kg 阿维菌素处理的 GPx 活性显著高于 0.5 mg/kg 阿维菌素处理。从图中还可看出来二者之间的交互作用对 GPx 活性并无显著影响，由于阿维菌素、镉单因子处理对根部 GPx 无显著影响（表 1.13），而且二者复合处理对 GPx 活性的影响与阿维菌素单独处理无显著性差异，加之阿维菌素单因子处理显著影响叶片 GPx 活性，因此二者对小麦幼苗 GPx 的联合效应主要是阿维菌素效应。

3. 噻唑磷和阿维菌素与镉复合污染对小麦幼苗根、叶丙二醛（MDA）含量的影响

由表 1.13 可知，噻唑磷、镉单因子极显著地影响小麦幼苗根 MDA 含量（$p<0.01$），二者复合污染对根部 MDA 含量具有极显著的联合效应（$p<0.01$）；而噻唑磷、镉单一及复合污染对小麦幼苗叶片 MDA 的含量没有显著的影响（$p>0.05$）。由图 1.32（a）可知，低浓度镉处理显著地增加小麦幼苗根部 MDA 含量，随镉浓度的增大 MDA 含量显著减少，但是仍显著高于对照。50 mg/kg 噻唑磷单因子处理显著增加了根部 MDA 含量，而在 125mg/kg 噻唑磷处理下，根部 MDA 含量降至对照水平。总体上，噻唑磷与镉复合处理增加了小麦幼苗根部 MDA 含量，然而较高浓度噻唑磷与镉复合污染 MDA 含量与噻唑磷单独处理没有显著性差异。

由图 1.32（b）可知，镉单独处理降低了叶片 MDA 的含量，MDA 含量随镉浓度的增大而增多，但无显著性差异；噻唑磷单独处理对叶片 MDA 的生成无显著性影响，与对照相比均无显著性差异；总的来说，单倍推荐剂量的噻唑磷（12.5 mg/kg）与镉复合污染对叶片 MDA 的含量无显著性影响，而高剂量噻唑磷与镉复合污染降低了叶片 MDA 含量，特别是当与 100 mg/kg 镉复合处理时，显著地减少了叶片 MDA 的含量。

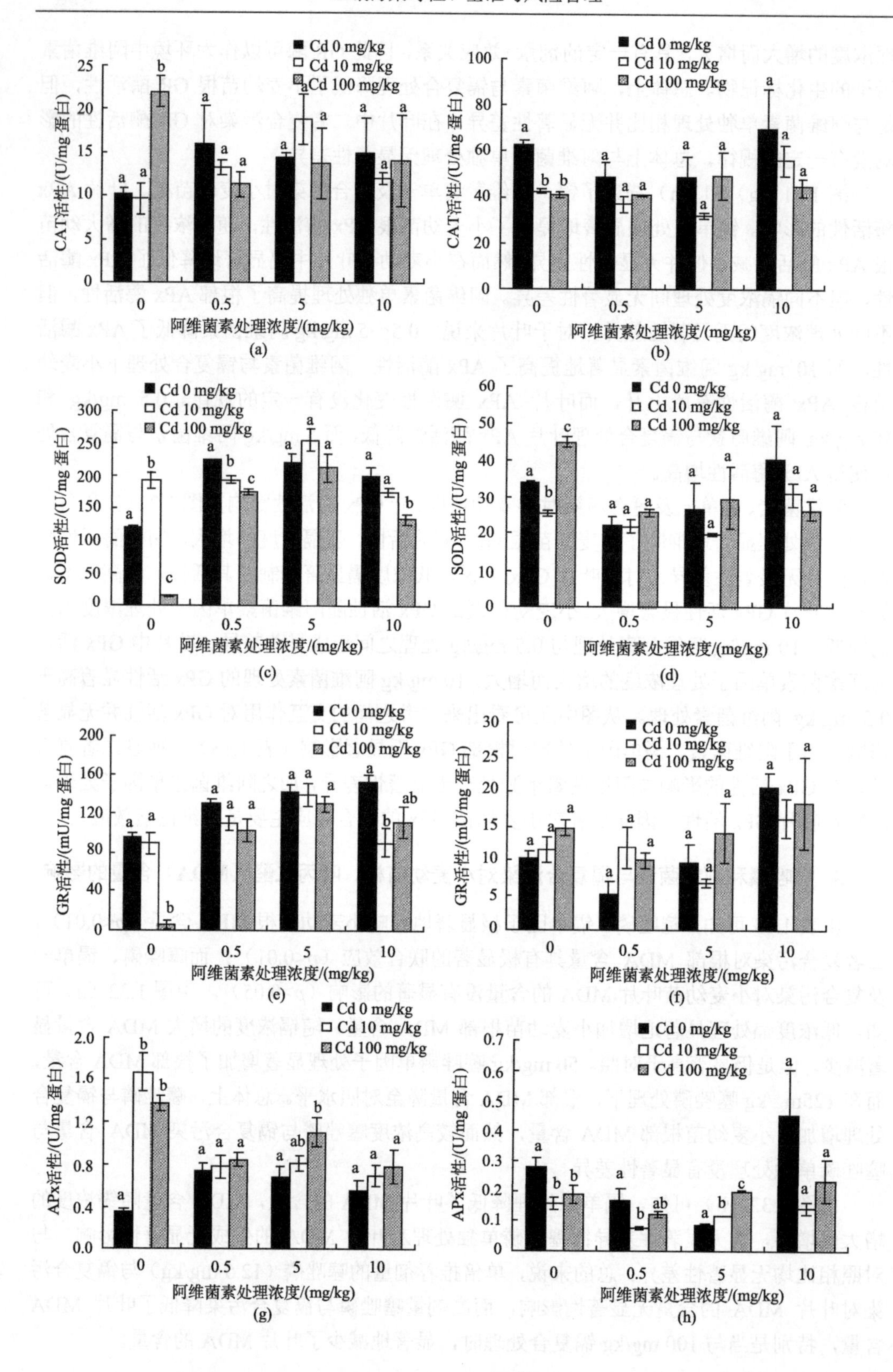
Cd 0 mg/kg
Cd 10 mg/kg
Cd 100 mg/kg
CAT活性/(U/mg 蛋白)
SOD活性/(U/mg 蛋白)
GR活性/(mU/mg 蛋白)
APx活性/(U/mg 蛋白)
阿维菌素处理浓度/(mg/kg)
(a)
(b)
(c)
(d)
(e)
(f)
(g)
(h)

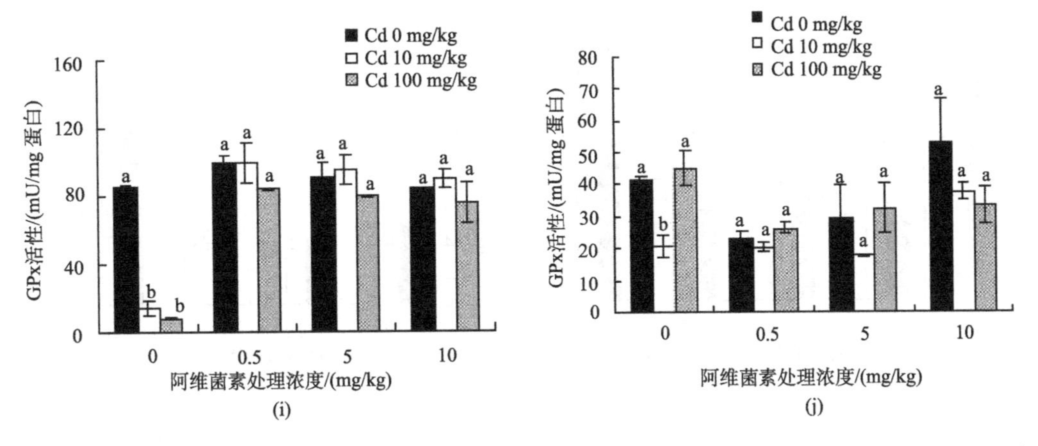

图 1.31　阿维菌素和镉单一及复合污染对小麦幼苗根（a，c，e，g，i）、叶片（b，d，g，h，j）抗氧化物酶活性的影响

阿维菌素、镉单一处理极显著地影响小麦幼苗叶片 MDA 的含量（$p<0.01$），二者复合污染对叶片 MDA 的含量有极显著的联合效应（$p<0.01$）；镉单独处理显著地影响根中 MDA 含量（$p<0.05$），而阿维菌素的影响不显著（$p>0.05$），二者复合处理对根中 MDA 含量具有显著的联合效应（$p<0.05$）（表 1.13）。由图 1.32（c）可知，小麦幼苗根部 MDA 含量随阿维菌素处理浓度增大有所下降，而阿维菌素与镉复合处理对根部 MDA 的含量大体上无显著性影响，只有 5 mg/kg 阿维菌素与 10 mg/kg 镉复合处理时根部 MDA 含量显著增加，间接证明 10 mg/kg 镉加重了阿维菌素对根的氧化伤害。由图 1.32（d）可知，10 mg/kg 阿维菌素显著增加了叶片中 MDA 含量，当与 10 mg/kg 镉复合处理时显著的降低了叶片 MDA 含量，而与 100 mg/kg 镉复合处理时叶片 MDA 含量显著增加，但与 10 mg/kg 阿维菌素单独处理相比无显著性差异。以上结果表明不同浓度噻唑磷/阿维菌素与镉复合污染对 MDA 的影响并不形成一定的规律，对 MDA 的影响主要取决于二者的交互作用。

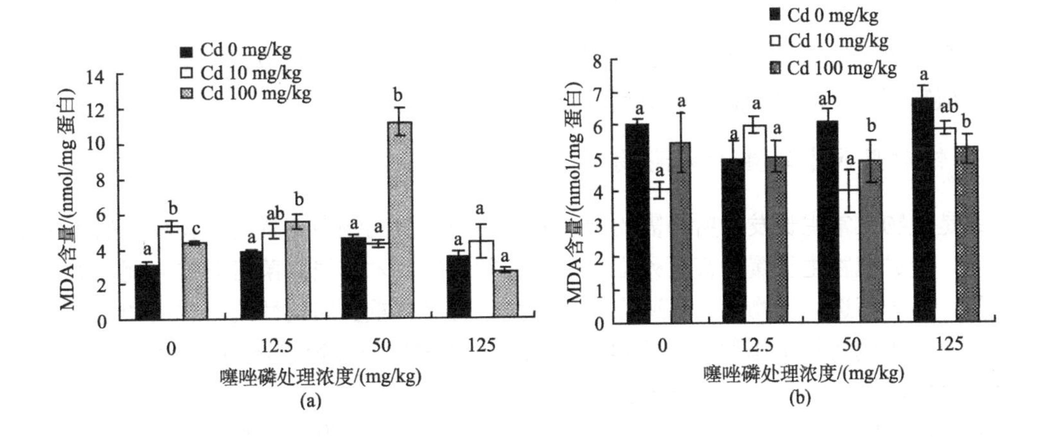

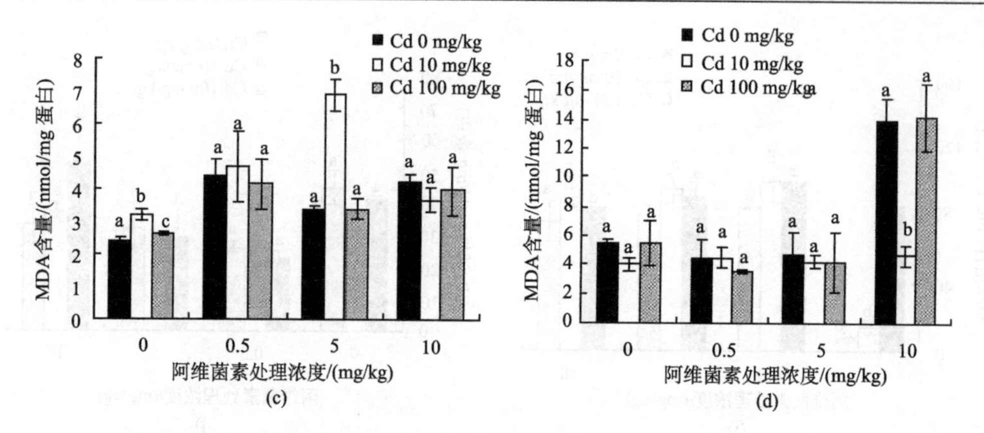

图 1.32　噻唑磷/阿维菌素与镉单一及复合污染对小麦幼苗根（a，c）、叶片（b，d）MDA 含量的影响

横轴不同字母代表在 0.05 水平差异显著

噻唑磷/阿维菌素单一或与镉复合处理抑制小麦幼苗的生长的原因可能就是由于大量 ROS 生成引起氧化伤害造成的，这些生理生化响应可以看作是小麦植株体自身的耐胁迫机制。由于这些生理指标在噻唑磷/阿维菌素与镉复合污染下的变化并不形成稳定的规律，因此不适合作为噻唑磷/阿维菌素与镉复合污染的生物标记物。

第二节　土壤污染物对微生物的毒性

土壤微生物是表征土壤环境质量变化的最敏感、最有潜力的指标。土壤中的重金属和有机污染物可以影响土壤微生物的区系、改变微生物群落、降低微生物量、抑制微生物生物活性等。本节分别介绍了重金属（铜、铅、镉）、有机污染物（多环芳烃、多氯联苯、石油烃），以及重金属-有机复合污染对土壤微生物的形态、数量、生态毒性、群落结构多样性、功能多样性和遗传多样性等指标的毒性效应与机制。

一、重金属对土壤微生物的毒性

重金属污染能明显影响微生物群落的生物量、活性及结构组成，土壤中的微生物与动物和植物相比，对重金属污染更具敏感性。

（一）铜对里氏木霉生长的影响

铜是生物正常生长发育所必需的微量元素，但过量的铜会干扰动植物和人的正常生理功能，造成植物生长缓慢甚至死亡且危害人类健康。木霉属真菌可通过分离培养获得纯培养、易于筛选，生物量大且适应酸性环境，且具有重金属抗性或促进植物生长的功能，具有用于铜污染土壤修复的优势。鉴此，本研究以一株经筛选的里氏木霉 FS10-C 为研究对象，探讨铜对里氏木霉生长的影响。

通过摇瓶试验研究铜胁迫条件对里氏木霉 FS10-C 生长发育和积累铜的影响、对里氏木霉 FS10-C 成熟细胞形态及吸附铜的影响及对里氏木霉 FS10-C 生理特性的影响等，同时研究了里氏木霉 FS10-C 产铁载体能力，探讨该株木霉的铜胁迫响应及其抗性机制。

1. 铜胁迫对 FS10-C 生长发育和铜积累的影响

铜胁迫对 FS10-C 生长发育影响的试验结果显示：含 100、200 和 400mg/L Cu^{2+}的马铃薯葡萄糖（PD）液体培养基 pH 分别为（4.9±0.2）、（4.5±0.2）和（4.2±0.2）。其中里氏木霉 FS10-C 的生物量分别为不含铜 PD 培养基中的 99.8%、78.2%和 35.8%。含 600 mg/L Cu^{2+}的 PD 液体培养基的 pH 为（4.0±0.2），仅有少量菌丝生长。

如图 1.33 所示，FS10-C 在 100 mg/L 铜浓度时[图 1.33（b）]，菌丝细长、均匀、舒展，且分隔明显分枝较少与正常菌丝（0 mg/L）[图 1.33（a）]形态无明显差异；随着铜浓度的增加[200 mg/L 和 400 mg/L，图 1.33（c）和图 1.33（d）]，菌丝变粗短、紧密且分枝增多，部分菌丝中部或顶部膨大。

里氏木霉 FS10-C 的铜积累试验结果表明：100、200 和 400 mg/L Cu^{2+}时，里氏木霉 FS10-C 的铜积累率分别为 50.6%、30.3%和 4.7%。可见，FS10-C 在铜胁迫下（0～400 mg/L）可抗铜害和耐低 pH（4.0～4.9），正常生长代谢和积累铜，且积累率较高。其中在 Cu^{2+}浓度为 100 mg/L 时，生长不受铜胁迫影响，生长发育能力与无胁迫时相当，生物量几乎不受影响且菌体形态结构完整，铜积累率可达 50.6%；200 mg/L 铜浓度下，生长发育虽受抑制，但生物量仍达无胁迫时的 78.2%，菌体形态稍有改变但结构完整，铜积累率仍可达 30.3%。

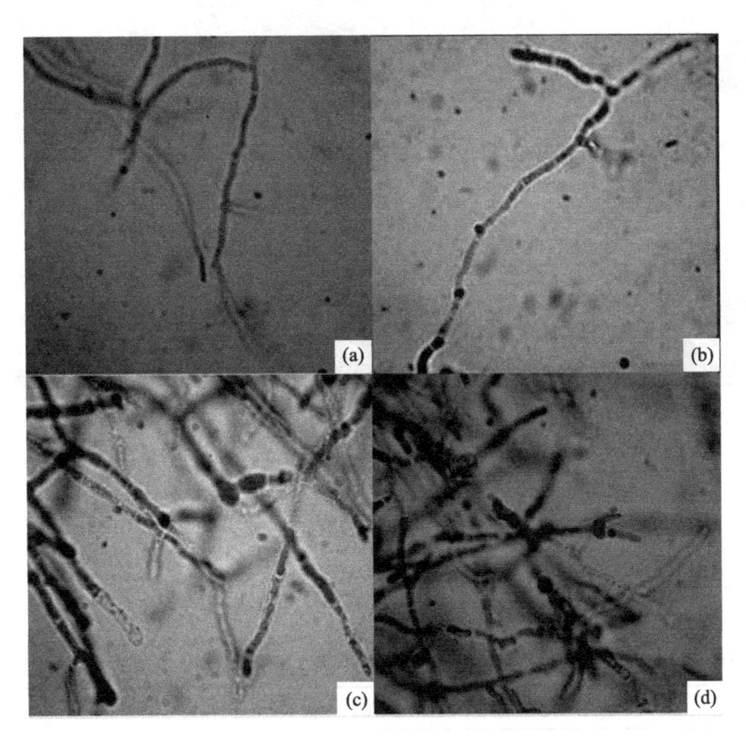

图 1.33　里氏木霉 FS10-C 在铜胁迫下的生长形态（×400）

2. 铜胁迫对 FS10-C 成熟细胞形态及铜吸附的影响

采用扫描电子显微镜（SEM）观察里氏木霉 FS10-C 成熟细胞形态，发现在无铜胁迫下[图 1.34（a）]，未吸附 Cu^{2+}的成熟里氏木霉 FS10-C 菌丝和孢子表明光滑、结构完整。而在铜胁迫下[图 1.34（b）和（c）]，成熟里氏木霉 FS10-C 在 Cu^{2+}溶液中吸附 12 h 后，100 mg/L 时，Cu^{2+}溶液中里氏木霉 FS10-C 菌体结构稳定，木霉菌丝和孢子形态均未发生明显改变[图 1.34（b）]，细胞结构稳定；400 mg/L 时，Cu^{2+}溶液中里氏木霉 FS10-C 菌体结构基本稳定，部分菌丝未发生明显改变，部分菌丝上出现疣状凸起，但尚未出现溶解破裂等现象[图 1.34（c）]。

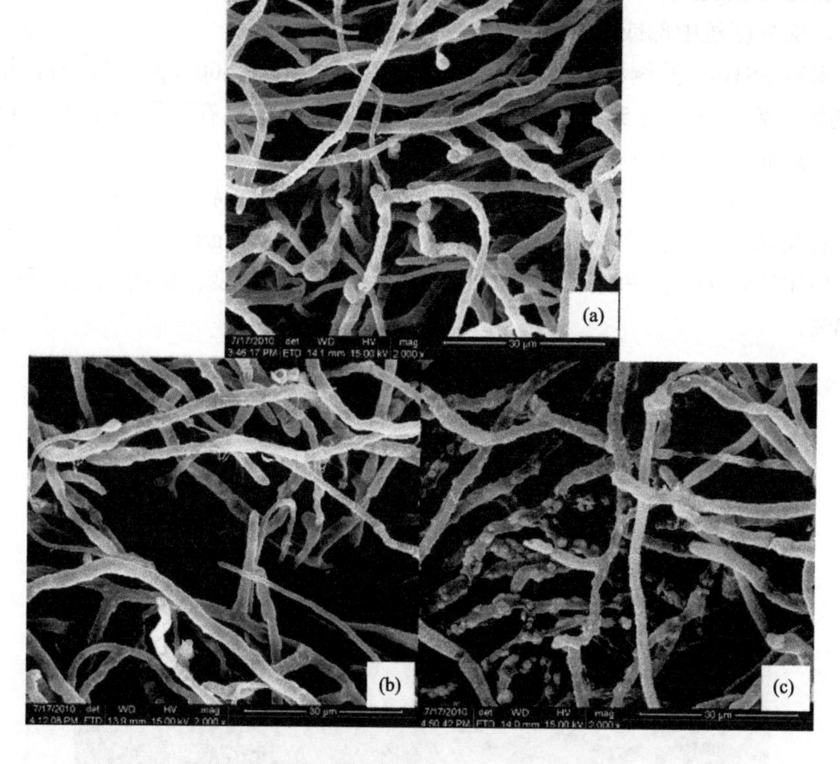

图 1.34　铜胁迫下成熟里氏木霉 FS10-C 形态（SEM）（×2000）

（a）0 mg/L；（b）100 mg/L；（c）400 mg/L

采用扫描电子显微镜结合 X-射线能谱分析法（SEM-EDX）对吸附铜后的里氏木霉 FS10-C 进行多面和多点的定性和定量元素分析，结果如表 1.20 所示。

表 1.20　EDX.分析不同浓度铜胁迫下里氏木霉 FS10-C 细胞元素质量含量平均值

元素	0 mg/L（比重%）	100 mg/L（比重%）	400 mg/L（比重%）
C	25.01	20.36	4.27
N	0.00	0.00	3.77

续表

元素	0 mg/L（比重%）	100 mg/L（比重%）	400 mg/L（比重%）
O	67.24	46.48	38.87
Na	3.14	4.89	7.05
Mg	0.38	0.15	0.21
P	1.37	7.23	13.32
S	0.88	1.15	0.62
Cl	0.18	0.80	1.17
K	0.09	0.07	0.07
Fe	0.57	0.37	0.24
Cu	1.14	18.50	30.40

不同浓度铜胁迫下，成熟里氏木霉 FS10-C 细胞元素质量含量均发生明显改变。当铜浓度为 100 mg/L 时，里氏木霉 FS10-C 细胞吸附的平均铜元素质量含量为 18.50%（表 1.20）。其中孢子为 9.11%，菌丝为 12.36%～34.36%，其铜含量与菌丝受损程度相关。当铜浓度为 400 mg/L 时，里氏木霉 FS10-C 细胞吸附的平均铜元素质量含量为 30.40%(表 1.20)，孢子为 28.46%，菌丝为 43.44%～73.00%。随着铜浓度升高，里氏木霉 FS10-C 平均氮元素质量含量由 0%升至 3.77%，磷元素质量含量由 1.37%升至 13.32%。

微生物可借助于在细胞吸附的重金属离子与细胞壁上的其他阳离子（如 K^+、Ca^{2+}、Na^+和 Mg^{2+}）进行交换。微生物的细胞表面主要由多聚糖、蛋白质和脂类组成，这些成分中的主要官能团羧基、磷酰基、羟基、硫酸酯基、氨基等可与重金属相结合。其中氮、氧、磷、硫提供孤对电子与金属离子配位络合。这些细胞壁与金属离子的交换和表面络合作用均可使铜吸附在菌体细胞上。

采用 EDX 技术对不同浓度铜浓度下里氏木霉 FS10-C 成熟细胞吸附铜后细胞元素质量含量进行分析，研究发现：随铜浓度升高 FS10-C 的镁元素和钾元素质量含量均有所降低，可能是由于这些离子与铜离子发生了交换作用而引起菌体铜吸附作用。随着铜浓度高，里氏木霉 FS10-C 的氮元素和磷元素质量含量均升高。上述结果提示，里氏木霉 FS10-C 铜吸附过程也可能与其细胞表面的含氮基团和磷脂关系密切，其机理有待于进一步深入研究。

由此可见，成熟里氏木霉 FS10-C 在不同铜浓度铜胁迫下可不同程度地吸附铜，菌体形态、结构和细胞组分发生不同程度的改变。里氏木霉 FS10-C 在 100 mg/L 时细胞结构稳定，400 mg/L 亦基本稳定。100 mg/L 和 400 mg/L 时，菌丝和孢子均可吸附铜，平均铜元素质量含量分别为 18.50%和 30.40%。里氏木霉 FS10-C 吸附铜以菌丝为主，铜元素质量含量可达 12.36%～73.00%。成熟细胞在铜胁迫下可通过细胞壁上的离子交换、含氮基团和磷脂等作用机制对铜胁迫作出响应，吸附铜离子，减少环境铜浓度，增强菌体对铜胁迫的抗性。

3. 铜胁迫对里氏木霉 FS10-C 可溶性蛋白含量的影响

蛋白质具有多种重要的生理功能，如作为细胞质渗透调节物质、稳定生物大分子结构和作为能量调节物质等。可溶性蛋白指可以小分子状态溶于水或其他溶剂的蛋白，通常在植物和微生物抗逆境胁迫中发挥重要作用。细胞在适应环境胁迫的过程中需要调整蛋白质的合成与降解，表现为含量和功能的变化以适应新的环境。

如图 1.35 所示，0～200 mg/L 铜溶液中，里氏木霉 FS10-C 菌丝可溶性蛋白含量随着溶液铜浓度的增加而增加，100 mg/L 和 200 mg/L 铜胁迫时菌丝可溶性蛋白分别比无胁迫时显著增加 79.8%和 166.4%（$p<0.05$），与铜浓度呈正相关（R^2=0.9994）。400 mg/L 铜胁迫时与 200 mg/L 时相比菌丝可溶性蛋白含量下降了 16.7%，但仍比 100 mg/L 和无胁迫时分别显著增加 23.4%和 121.8%（$p<0.05$）。

抗性菌体内可溶性蛋白的增加，是生物对环境胁迫的一种生理生化反应，可增加细胞渗透势和功能蛋白的数量，有助于维持细胞正常代谢，提高生物的抗逆性。而对于非抗性微生物或抗性微生物在一定超过抗性的高浓度重金属胁迫下，微生物可溶性蛋白含量则降低，使得细胞代谢减慢，以减少重金属对微生物的损害，这也是微生物细胞适应环境胁迫的机制之一。

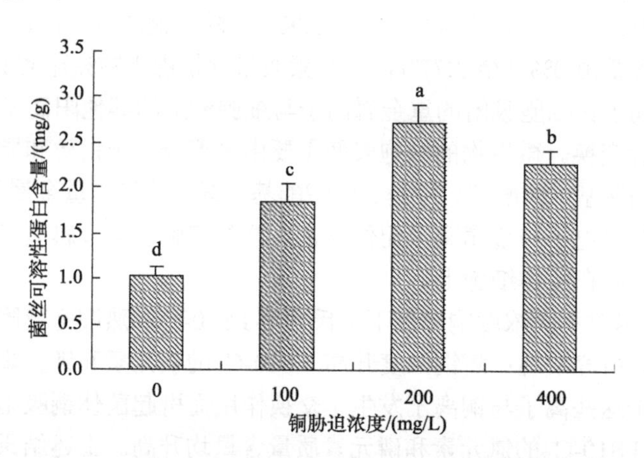

图 1.35　铜胁迫下里氏木霉 FS10-C 菌丝可溶性蛋白含量

对铜胁迫下里氏木霉 FS10-C 菌丝可溶性蛋白含量的研究发现，0～200 mg/L 铜溶液中，里氏木霉 FS10-C 菌丝可溶性蛋白含量随着溶液铜浓度的增加而增加，但 400 mg/L 铜胁迫时与 200 mg/L 时相比菌丝可溶性蛋白含量下降。以上结果提示，里氏木霉 FS10-C 铜抗性机制与其菌丝可溶性蛋白密切相关。当铜浓度低于 400 mg/L 时，里氏木霉 FS10-C 可溶性蛋白含量增加，表现出对铜的较强抗性，当铜浓度超过 400 mg/L 时，为了减少对菌体的损害可溶性蛋白的含量降低，但仍出现了菌体损伤（图 1.34）。

4. 铜胁迫对里氏木霉 FS10-C 还原型谷胱甘肽含量的影响

过量铜导致脂类和蛋白质氧化，对生物产生毒性作用，某些生物采用一些酶学和非酶学机制保护自身不受氧化作用的毒害。谷胱甘肽（γ-L-glutamyl-L-cysteinylglycine，glutathione，GSH），在自然界中广泛分布于动物、植物和微生物细胞内，由 L-谷氨酸、L-半胱氨酸和甘氨酸经肽键缩合而成，同时具有 γ-谷氨酰基和巯基的生物活性三肽化合物，是细胞中最丰富的小分子硫醇类化合物，其生物学功能与其分子结构密切相关，是多种酶的辅酶和辅基。巯基参与中和氧自由基和解毒，γ-谷氨酰胺键能维持分子稳定并参与转运氨基酸，甘氨酸和半胱氨酸残基参与胆酸的代谢等。GSH 不同于蛋白质分子中的普通肽键，具有特定的生物活性，是生物体内的重要的抗氧化剂，能抵抗氧化剂对硫氢基的破坏作用，保护细胞膜中含硫氢基的蛋白质和酶不被氧化。GSH 可保护细胞内 ATP 酶等含巯基酶的活性，防止因巯基氧化而导致的蛋白质变性，减少自由基对 DNA 的攻击和损伤。GSH 可作为谷胱甘肽过氧化物酶的底物，抑制脂质过氧化物，保护细胞膜和恢复细胞功能。因此谷胱甘肽在生物和非生物胁迫防御中具有重要作用。

GSH 在植物螯合肽合成酶的作用下合成了植物螯合肽（phytochelatins，PCs），而植物螯合肽合成酶可以被许多重金属诱导激活。另外，半胱氨酸残基的巯基是重金属结合部位，常在富含半胱氨酸的寡肽上形成重金属复合物。在非抗性生物暴露于重金属胁迫中时谷胱甘肽过氧化物酶利用 GSH 抑制脂质过氧化物，参与修复重金属胁迫引起的细胞损伤，导致生物体内 GSH 含量降低。相反，抗性生物在重金属胁迫下，可通过增加 GSH 的生物合成或减少 GSH 的流出，使 GSH 含量增加，而 GSH 缺失导致生物抗重金属胁迫能力降低。因此 GSH 含量是表征生物重金属抗性的重要指标，在生物抗重金属胁迫中发挥了重要作用。同时 GSH 与重金属形成螯合态，使微生物获取更多的重金属，提高重金属的积累量。

如图 1.36 所示，0～200 mg/L 铜溶液中，里氏木霉 FS10-C 菌丝 GSH 含量随着溶液铜浓度的增加而增加，100 mg/L 和 200 mg/L 铜胁迫时菌丝 GSH 含量分别比无胁迫时显著增加 208.4%和 449.4%（$p<0.05$），与铜浓度呈正相关（$R^2=0.9983$）。但 400 mg/L 铜胁迫时与 200 mg/L 时相比菌丝 GSH 含量下降了 34.6%，但比 100 mg/L 和无胁迫时分别显著增加 16.4%和 259.0%（$p<0.05$）。

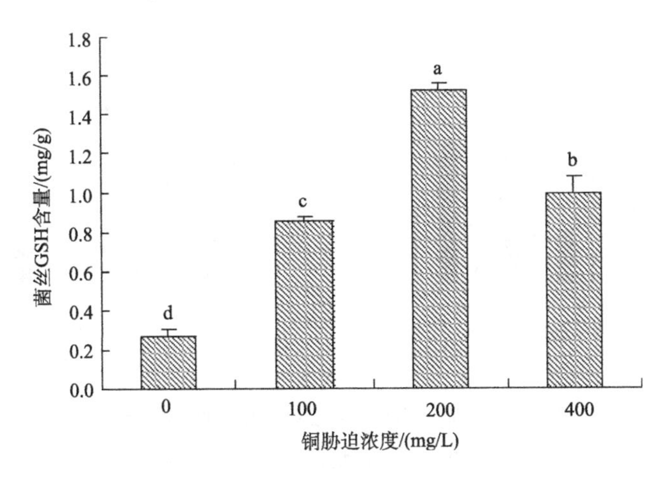

图 1.36　铜胁迫下里氏木霉 FS10-C GSH 含量

对铜胁迫下里氏木霉 FS10-C 菌丝 GSH 含量的研究发现，0～200 mg/L 铜溶液中，里氏木霉 FS10-C 菌丝 GSH 含量随着溶液铜浓度的增加而增加，400 mg/L 铜胁迫时与 200 mg/L 时相比菌丝 GSH 含量下降，但比无胁迫时和 100 mg/L 时 GSH 含量有所增加。结果表明，该株木霉对铜有较高抗性，在 0～200 mg/L 时菌体 GSH 生物合成被激活，含量随环境重金属含量增加而升高，抑制脂质过氧化物，保护细胞的形态和功能，使菌体不受损。而 400 mg/L 高铜胁迫时，抗胁迫消耗 GSH 较多，细胞受铜胁迫，菌体有所受损，这与 SEM 下的菌体形态发生一定变化相吻合（图 1.34）。同时铜离子促进了 GSH 的产生，亦是提高里氏木霉 FS10-C 对铜的积累能力的机制之一。以上结果提示，里氏木霉 FS10-C 铜抗性机制与其菌丝谷胱甘肽含量密切相关。

（二）铅、镉污染对土壤微生物的影响

通过盆栽试验研究长江三角洲地区 3 种典型土壤中镉和铅对土壤微生物的影响，土壤硝化细菌测定只选择滩潮土和青紫泥，采用 MPN 方法。

1. 硝化细菌的变化

硝化细菌是对多种有毒污染物较敏感的细菌，能敏感反映重金属污染土壤环境质量的变化，是确定土壤重金属污染时土壤微生物临界效应值较敏感的方法之一（夏增禄，1988）。

（1）Cd 污染下土壤硝化细菌的变化

从图 1.37（a）可以看出，Cd 污染一定程度上影响了土壤中硝化细菌的活性。对滩潮土，Cd 浓度为 0.7 mg/kg 时，土壤中硝化细菌数目最多，与对照相比 Cd 的加入刺激了土壤中的硝化细菌的活性，由于实验虽然施用尿素作为氮肥，但是未作基于硝酸盐加入的氮量进行各处理的补充性平衡，因此，可能是 N 的原因导致促进硝化细菌数目的增加。但随着 Cd 浓度的进一步增加，硝化细菌数目逐渐减少；对青紫泥而言，Cd 添加浓

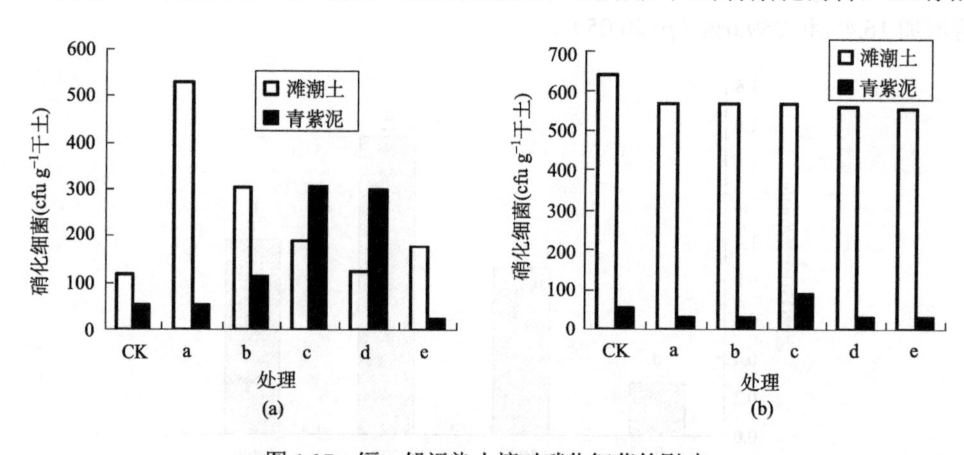

图 1.37　镉、铅污染土壤对硝化细菌的影响

（a）中 CK、a、b、c、d、e 分别表示添加 Cd 浓度为 0 mg/kg、0.7 mg/kg、2.9 mg/kg、11 mg/kg、16 mg/kg 和 27mg/kg；（b）中 CK、a、b、c、d、e 分别表示添加 Pb 浓度为 0 mg/kg、125.08 mg/kg、281 mg/kg、407 mg/kg、532 mg/kg 和 625 mg/kg

度为≤16 mg/kg 时，与对照相比增加了土壤中的硝化细菌，添加浓度 Cd 为 10 mg/kg 时硝化细菌数目最多，但随浓度的增加，土壤硝化细菌减少，当 Cd 添加浓度为 27 mg/kg，土壤中硝化细菌数目仅为对照的 45%。土壤中硝化细菌数目与土壤 0.43 mol/L HNO_3 可提取态 Cd 呈一元二次方程[CFU =–4.1094*（0.43 mol/L HNO_3-Cd）^{2}+69.128*（0.43 mol/L HNO_3-Cd）+ 32.931，R^2 = 0.97]。

（2）Pb 污染下土壤硝化细菌的变化

青紫泥和滩潮土添加 Pb 后，总体上说，添加 Pb 后 2 种土壤中的硝化细菌数目减少（青紫泥 C 处理除外），但变化不明显，这可能与添加浓度不大，而且 2 种土壤 pH 偏中性，土壤对 Pb 的吸附较大有关。

2. 微生物群落功能多样性变化

近年来，国内外学者利用 Biolog 测试系统对重金属污染土壤的微生物群落利用碳源功能多样性进行了一些研究（滕应，2003），认为 Biolog-ECO 板中每孔的平均颜色变化率 AWCD 是评价污染环境土壤微生物群落利用碳源功能多样性的一个重要指标，能敏感地反映重金属污染土壤环境质量的变化。

供试土壤的 AWCD 随时间的变化趋势如图 1.38 所示。添加 Cd 或 Pb 后青紫泥微生物群落 BIOLOG 的代谢剖面发生了一定程度的变化，其变化情况与培养时间和 Cd 或 Pb 浓度有关，表现出对照与污染土壤的平均颜色变化率 AWCD 均随着培养时间的延长而升高，污染程度不同其 AWCD 也不一样。

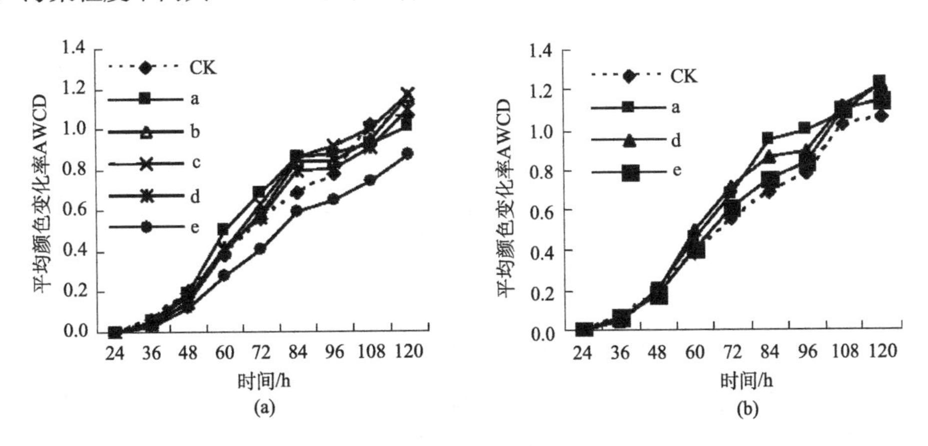

图 1.38　镉、铅污染青紫泥的 BIOLOG GN 盘平均颜色变化率 AWCD

（a）中 CK、a、b、c、d、e 分别表示添加 Cd 浓度为 0 mg/kg、0.7 mg/kg、2.9 mg/kg、11 mg/kg、16.36 mg/kg 和 27mg/kg；（b）中 CK、a、d、e 分别表示添加 Pb 浓度为 0 mg/kg、125 mg/kg、532 mg/kg 和 625 mg/kg

对 Cd 处理而言，添加 Cd 浓度在 0.7 mg/kg、2.9 mg/kg、11 mg/kg 和 16 mg/kg 时，土壤的 AWCD 始终高于对照处理，直至 100～120 h 时 AWCD 达到稳定。这说明较低 Cd 浓度可能刺激了土壤中微生物的生长；但是当 Cd 添加浓度达到 27.27 mg/kg 时，土壤的 AWCD 始终低于对照。

对 Pb 处理而言，在添加 Pb 浓度为 125 mg/kg、532 mg/kg 和 625 mg/kg 时，其 AWCD

始终高于对照处理，也说明了在此 Pb 浓度增加了青紫泥土壤微生物生长。

由表 1.21 可以看出，添加 Cd 浓度为 0.7 mg/kg、2.9 mg/kg 和 11 mg/kg 土壤中的各项微生物多样性指数均高于对照土壤，添加 Cd 浓度为 27 mg/kg 时，各项微生物多样性指数均低于对照土壤，但差异不明显。

表 1.21　Cd 污染土壤微生物功能多样性指数

处理	Shannon 指数	Shannon 均匀度	Gini 指数	McIntosh 指数	McIntosh 均匀度
CK	4.125	0.931	0.981	7.181	0.969
a	4.223	0.936	0.984	8.391	0.974
b	4.211	0.925	0.983	7.234	0.970
c	4.191	0.936	0.983	7.765	0.973
d	4.146	0.917	0.981	7.411	0.963
e	4.095	0.912	0.980	5.528	0.960

注：CK、a、b、c、d、e 分别表示添加 Cd 浓度为 0，0.7 mg/kg，2.9 mg/kg，11 mg/kg，16 mg/kg 和 27 mg/kg。

由表 1.22 可看出，添加 Pb 浓度为 125 mg/kg、532 mg/kg 和 625 mg/kg 时，土壤中的各项微生物多样性指数均高于对照土壤，刺激了土壤微生物对碳源的利用。

表 1.22　Pb 污染土壤微生物功能多样性指数

处理	Shannon 指数	Shannon 均匀度	Gini 指数	McIntosh 指数	McIntosh 均匀度
CK	4.125	0.931	0.981	7.181	0.969
a	4.255	0.943	0.984	9.042	0.975
d	4.227	0.935	0.984	8.662	0.973
e	4.256	0.941	0.984	7.478	0.979

注：CK、a、d、e 分别表示添加 Pb 浓度为 0 mg/kg、125 mg/kg、532 mg/kg 和 625 mg/kg。

（三）重金属复合污染对土壤微生物群落多样性变化的影响

土壤微生物多样性是指土壤微生物群落的种类和种间差异，包括生理功能多样性、结构多样性及分子遗传多样性，是表征土壤生态系统稳定性的重要参数之一（滕应等，2004a, 2004b, 2004c）。目前，用来揭示土壤微生物群落多样性变化的方法主要有碳源利用法（Biolog 系统）、磷酸脂肪酸（phospholipid fatty acid，PLFA）以及基于 PCR 的核酸定量分析方法，它们已被广泛应用于污染土壤的微生物学风险评价中。

本书采用 Biolog 系统、PLFAs 及 PCR-DGGE 不同生态层次的微生物研究方法，对长三角典型高风险区重金属复合污染土壤的微生物群落功能、结构及分子遗传多样性进行研究。

供试土壤采自浙江省富阳市环山乡，该乡年平均降雨量为 1400 mm，平均气温为 16℃，海拔从 2 m 到 144 m。土壤类型主要有水耕人为土和黏化湿润富铁土。该地区拥有许多小型铜冶炼厂。根据 178 个土样的重金属污染程度，从中选择 10 个土样，利用方式均为荒地，供土壤微生物群落多样性分析。供试土样基本理化性质和重金属含量测定结果分别见表 1.23 和表 1.24。

表 1.23　供试土壤的基本理化性质

土样编号	pH (H_2O)	有机碳 /（g/kg）	碱解氮 /（mg/kg）	速效磷 /（mg/kg）	速效钾 /（mg/kg）	阳离子交换量 /（cmol/kg）
F1	6. 67	47.8	184. 0	27. 1	54.5	13.0
F2	6. 78	29.4	100.9	7.6	92.0	11.1
F3	7. 22	32.2	124.6	8.0	35.0	15.1
F4	6.98	40.8	172.4	9.0	62.5	13.3
F5	7. 21	41.3	179.8	9.6	112.0	14.4
F6	6. 24	28.3	134.8	16.3	77.0	14.8
F7	6. 72	39.6	319.2	14.4	67.0	14.9
F8	6. 17	33.7	152.2	5.4	87.0	15.2
F9	6. 63	33.3	144.6	15.2	60.0	17.0
F10	6. 53	38.0	142.7	9.7	63.0	14.3

表 1.24　供试土壤的重金属含量及污染指数

土壤编号	重金属全量/（mg/kg）				污染指数				综合指数
	Cu	Cd	Pb	Zn	Cu	Cd	Pb	Zn	
F1	4641	10.4	3564	9625	46.4	17.3	11. 9	38.5	64.0
F2	2087	10.8	3852	12015	20.9	18.0	12.8	48.1	64.0
F3	605	7.0	152	1102	6.1	11.7	0.5	4.4	15.0
F4	351	1.1	482	2127	3.5	1.8	1.6	8.5	11.3
F5	287	1.5	305	1157	2.9	2.5	1.0	4.6	6.3
F6	252	0.7	66	953	2.5	1.2	0.2	3.8	5.2
F7	167	1.5	93	736	1.7	2.5	0.3	2.9	4.0
F8	133	0.7	231	887	1.3	1.2	0.8	3.5	4.7
F9	85	0.7	148	648	0.9	1.2	0.5	2.6	3.4
F10	36	0.4	93	383	0.4	0.7	0.3	1.5	2.0

注：数据为 3 次重复平均值。

1. 重金属复合污染土壤的微生物群落功能多样性变化

1）重金属复合污染土壤微生物群落代谢剖面的变化

从图 1.39 可以看出，随着培育时间的延长，各供试土壤的微生物群落代谢活性

（AWCD）越来越高，至 96h 时出现了明显变化，且这种变化与重金属复合污染程度密切相关。由图 1.40 可知，供试土壤微生物群落代谢剖面与重金属综合污染指数之间呈极显著的负相关（R^2= 0.744**），其最佳拟合的曲线方程为：$y = 0.6361x^{-1.0099}$。随着供试土壤重金属综合污染指数的增加，微生物群落代谢剖面以幂值 b= −1.0099 的规律降低。这一结果表明重金属复合污染土壤的微生物群落代谢剖面发生了一定程度的改变，这也暗示了该高风险区重金属复合污染会导致土壤微生物群落功能多样性的下降，减少能利用有关碳源底物的微生物数量，降低微生物对单一碳底物的利用能力。并且，不同的重金属对供试土壤微生物群落代谢剖面的影响存在明显差异（图 1.41）。从图 1.41 可以看出，随着供试土壤 Cu、Cd、Pb、Zn 单项污染指数的增加，微生物群落代谢剖面降低的幂值分别是 0.7832、0.8947、0.7712、1.0847，且均达显著或极显著水平。

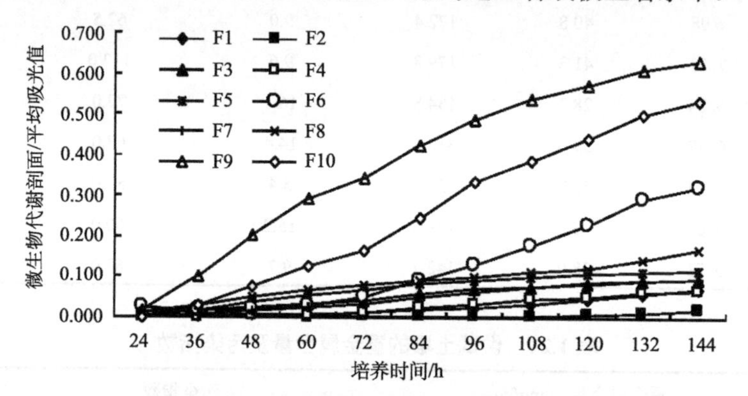

图 1.39　供试土壤微生物群落代谢剖面的变化

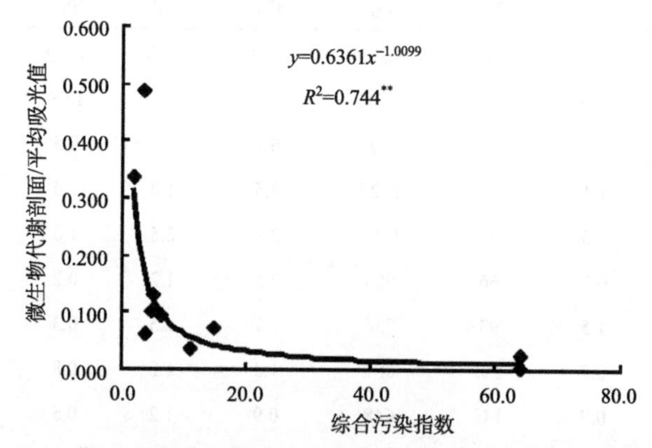

图 1.40　供试土壤重金属综合污染指数与微生物代谢剖面的关系

2）重金属复合污染土壤微生物的碳源利用类型差异

BIOLOG 数据主成分分析结果进一步表明，重金属复合污染程度不同的供试土壤在 95 种碳源构建的主成分坐标体系中存在明显的空间分异（图 1.42）。

从图 1.42 可以看出，重金属污染严重的供试土壤均集中在 PCA 轴上的低值区域内，而轻度污染土壤却较为分散，分布于得分值较高区域。这表明不同程度的重金属复合污染土壤微生物群落对碳源的利用存在选择性，其中对 PCA1 和 PCA2 起分异作用的主要碳源如表 1.25 所示。显著影响 PCA1 的主要碳源先后顺序为氨基酸类（Amino acids）、羧酸类（Carboxylic acids）、醣类（Carbohydrates）、其他类（Miscellaneous），而显著影响 PCA2 的主要碳源则有羧酸类（Carboxylic acids）、醣类（Carbohydrates）、其他类（Miscellaneous）、聚合物类（Polymers）、氨基酸类（Amino acids）、胺/氨类（Amines/amides）。这也反映了不同程度的重金属复合污染土壤微生物利用源碳的种类发生了转移，从而导致供试土壤微生物群落功能多样性发生相应的变化。

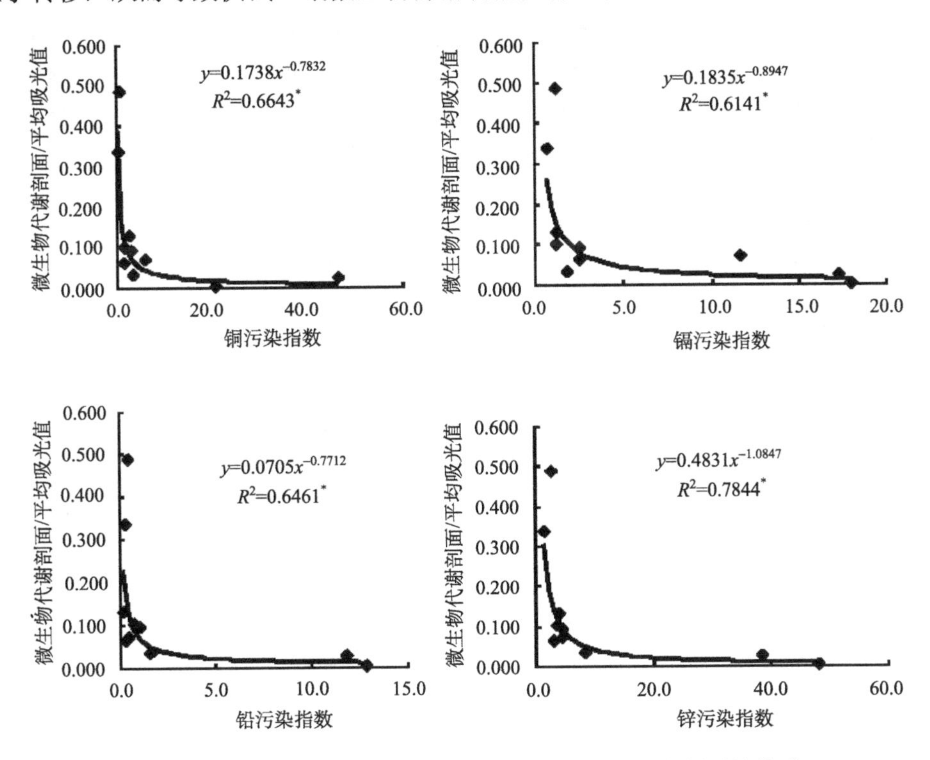

图 1.41　供试土壤重金属单项污染指数与微生物代谢剖面的关系

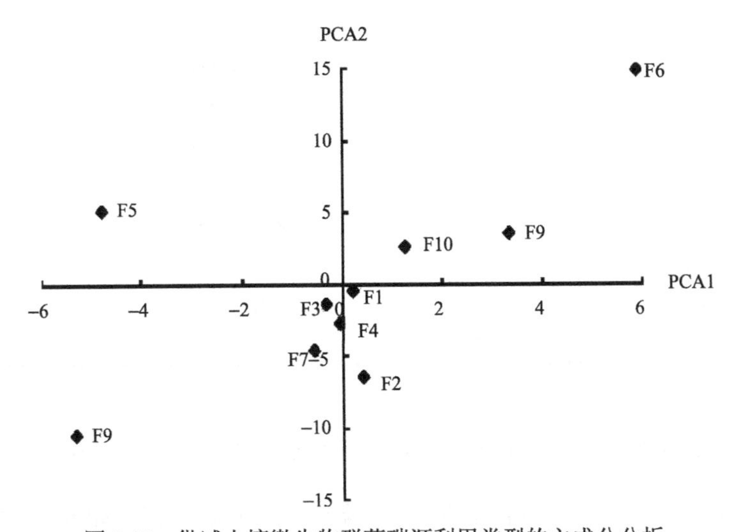

图 1.42　供试土壤微生物群落碳源利用类型的主成分分析

表 1.25　供试土壤微生物群落代谢剖面的 PCA1 和 PCA2 与主要碳源利用的相关性

第一成分（PCA1）	相关系数（r）	第二成分（PCA2）	相关系数（r）
醣类 Carbohydrates		醣类 Carbohydrates	
D-果糖	0.997	N-乙酰基-D-半乳糖胺	0.881
D-蜜二糖	0.991	L-海藻糖	0.882
D-山梨（糖）醇	0.978	m-肌糖	0.862
蔗糖	0.649	半乳糖苷果糖	0.952
D-海藻糖	0.761	D-阿洛酮糖	0.873
松二糖	0.988	木糖醇	0.815
羧酸类 Carboxylic acids		羧酸类 Carboxylic acids	
顺乌头酸	0.676	蚁酸	0.717
柠檬酸	0.990	α-羟基丁酸	0.904
D-半乳糖酸内酯	0.991	β-羟基丁酸	0.836
D-半乳糖酸	0.814	甲叉丁二酸（衣康酸）	0.948
D-葡糖胺	0.992	α-酮戊酸	0.849
α-酮戊二酸	0.700	癸二酸	0.896
D,L-乳酸	0.885	琥珀酸	0.852
氨基酸类 Amino acids		氨基酸类 Amino acids	
D-丙氨酸	0.992	甘氨酰-L-门冬氨酸	0.693
L-丙氨酸	0.911	D-丝氨酸	0.946
L-丙氨酰氨基乙酸	0.992	L-苏氨酸	0.825
L-天冬酰胺酸	0.739	聚合物类 Polymers	
L-谷氨酸	0.997	葡糖醛酰胺	0.903
L-组氨酸	0.792	L-丙氨酸胺	0.745
羟基-L-脯氨酸	0.993	腐胺	0.941
L-亮氨酸	0.989	2-氨基乙醇	0.890
L-苯基丙氨酸	0.991		
L-脯氨酸	0.815	胺/氨类 Amines/amides	
L-丝氨酸	0.994	α-环式糊精	0.936
D,L-肉（毒）碱	0.991		
其他类 Miscellaneous		其他类 Miscellaneous	
溴代琥珀酸	0.777	胸腺嘧啶核苷	0.941
次黄嘌呤核苷	0.821	2,3-丁二醇	0.922
尿嘧啶核苷	0.865	葡萄糖-1-磷酸	0.970
D,L-α-磷酸甘油	0.826	葡萄糖-6-磷酸	0.903

3）重金属复合污染土壤的优势微生物及群落功能多样性指数变化

培育至 96 h 时，供试土壤的优势革兰氏阴性微生物类群变化如表 1.26 所示。从表

1.26 可以看出，除土样 F2 外，其余重金属污染土样均不同程度的鉴定出优势革兰氏阴性微生物类群，其中严重污染土壤中以伯克霍尔德氏菌属（*Burkholderia*）为主，中度污染土壤中塔氏弧菌（*Vibrio tubiashii*）出现频率较高，而轻度污染土壤中则以假单胞菌属（*Pseudomonas*）占优势。

表 1.26　供试土壤的革兰氏阴性优势微生物类群变化（基于 96 h）

土壤编号	优势微生物（革兰氏阴性）
F1	伯克霍尔德菌属（*Burkholderia*） 荚壳伯克霍尔德氏菌（*Burkholderia ghmae*） 唐菖蒲伯克霍尔德菌（*Burkholderia gladioli*）
F2	没有鉴定出
F3	河流弧菌（*Vibtrio flrvialis*） 血红鞘氨醇单胞菌（*Sphingomonas sanguinis*） 类嗜水气单胞菌 DNA 组 2 型（*Aeromonas hydrophila-like DNA group* 2）
F4	荚壳伯克霍尔德氏菌（*Burkholderia ghumae*） 类黄色噬氢菌（*Hydrogenophaga pseudoflava*） 发酵纤维粘细菌（*Cytophaga fermentans*）
F5	荚壳伯克霍尔德氏菌（*Burkholderia ghumae*） 唐菖蒲伯克霍尔德菌（*Burkholderia gladioli*） 塔氏弧菌（*Vibrio tubiashii*）
F6	血红鞘氨醇单胞菌（*Sphingomonas sanguinis*） 假杆菌（*Flavobacterium johnsoniae*） 少动鞘氨醇单胞菌 B（*Sphingomonas paucimobilis* B）
F7	塔氏弧菌（*Vibrio tubiashii*） 荚壳伯克霍尔德氏菌（*Burkholderia ghumae*） 唐菖蒲伯克霍尔德菌（*Burkholderia gladioli*）
F8	塔氏弧菌（*Vibrio tubiashii*） 荚壳伯克霍尔德氏菌（*Burkholderia ghumae*） 类黄色噬氢菌（*Hydrogenophaga pseudoflava*）
F9	霉味假单胞菌（*Pseudomonas mucidolens*） 丁香假单胞菌翠雀致病受种（*Pseudomonas syringae pv delphinii*） 荧光假单胞菌（*Pseudomonas fluorescens fiotype* F）
F10	荧光假单胞菌（*Pseudomonas fluorescens fiotype* A） 托拉氏假单胞菌（*Pseudomonas tolaasii*） 类黄假单胞菌（*Pseudomonas synxantha*）

表 1.26 仅例举各供试土壤的前三类优势革兰氏阴性微生物种群。事实上，能够利用 BIOLOG GN 盘中 95 碳源的微生物种类还有许多，有必要从功能多样性指数进一步加以

认识。Shannon 指数是研究群落物种数及其个体数和分布均匀程度的综合指标，是目前应用最为广泛的群落多样性指数之一（Magurran，1988）。因此，本研究采用该指数来评价重金属复合污染土壤微生物群落功能多样性相对多度的信息，其结果如图 1.43 所示。从图 1.43 可知，各供试土壤的微生物群落功能多样性 Shannon 指数（H）为 2.681～5.823，其平均值为 4.190。随着重金属复合污染程度的加剧，供试土壤的微生物群落功能多样性 Shannon 指数以幂值 b=–0.1954 的趋势下降，其最佳拟合的曲线方程为：y =6.2525x^（–0.1954），R^2= 0.9219**。从图 1.44 中各函数的幂值可以看出，重金属复合污染供试土壤中 Cu、Cd、Pb、Zn 元素对土壤微生物群落多样性指数的影响表现出明显差异，其影响大小为 Zn>Cd>Cu>Pb。

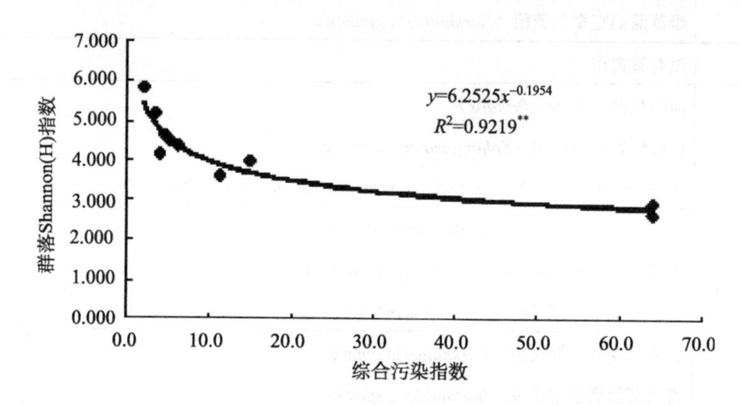

图 1.43　供试土壤重金属综合污染指数与微生物群落多样性的关系

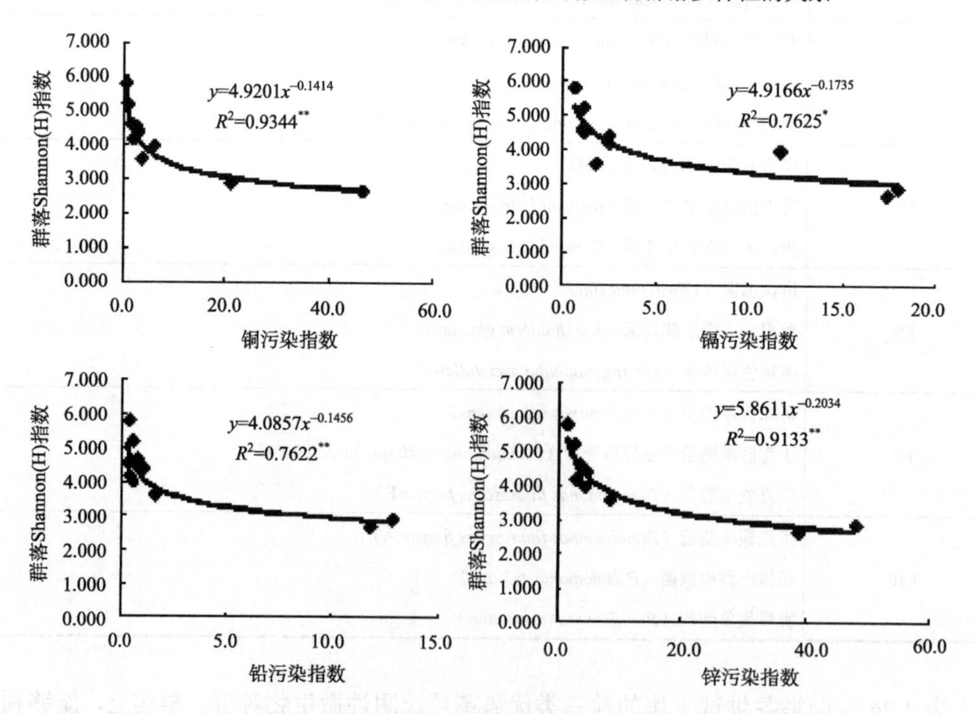

图 1.44　供试土壤重金属单项污染指数与微生物群落多样性的关系

2. 重金属复合污染土壤的微生物群落结构多样性变化

磷脂脂肪酸（PLFA）是构成活体生物细胞膜的重要组分，不同类群微生物能通过相应生化途径形成特定的PLFAs，因此脂肪酸的种类及组成比例可以鉴别土壤微生物群落结构多样性变化，并在污染土壤环境中得到了较为广泛地应用（Spedding et al.，2004；Sara et al.，2003）。因而本研究采用该方法评价上述重金属复合污染对供试土壤微生物群落结构多样性的影响。

从图1.45和图1.46可知，供试土壤中均含有不同程度的饱和、非饱和、分枝及环状磷脂脂肪酸组分（PLFAs），而且土壤微生物PLFAs的变化模式因重金属复合污染程度而异。重度污染土壤中含有相对较高的真菌特征脂肪酸标记物（18:2ω6，9），其含量与重金属污染程度成正相关。土壤中细菌的特征PLFA（i15:0，a15:0，15:0，i16:0，a17:0，cy17:0）相对含量则随着重金属复合污染程度的加剧而出现显著降低（$p<0.05$）。同时还发现，随着重金属污染程度的加剧，单不饱和脂肪酸和环状脂肪酸（如16:1w9、16:1w7c、16:1w7t、18:1w9、18:1w7、cy17:0、cy19:0）的含量明显增加，而支链脂肪酸和十碳甲基支链脂肪酸[i15:0、16:0（10Me）、i17:0、a17:0、17:0（10Me）、18:0（Me）]相对含量则较低，表明革兰氏阴性菌类群较多，而革兰氏阳性和放线菌的比例则相对减少。这可能与供试土壤中不同类群微生物对重金属污染的耐性或适应性差异有关，通常表现为真菌＞细菌＞放线菌（Hiroki，1992），进而使不同程度重金属复合污染土壤的微生物群落结构、组成发生了相应变化。

从图1.47还可以看出，主成分分析结果也较好地区分了重金属复合污染供试土壤微生物的PLFA剖面，其中重度污染土样（F1和F2）的主成分坐标得分值明显与其他土样不同，其主要分布于两轴的正向高值区域。PCA1解释了88.8%的PLFA模式变异，主要由i14:0、15:0、i16:0、16:1w9、16:1w7c、br17:0、18:1w7、18:1、18:0、19:0、20:0等PLFAs构成，而PCA2仅解释了4.7%的变异，主要由br16:0、16:0（10Me）、17:1w8、br19:1、cy19:0等PLFAs组分构成。

3. 重金属复合污染土壤的微生物群落遗传多样性变化

1）重金属复合污染土壤总DNA的提取效果及DNA产量

土壤总DNA提取结果表明，供试土壤的总DNA片段在20 kb左右，其DNA的A260/A280比值为1.83～1.94。通常情况下，样本DNA的A260/A280值在1.75～2.1时DNA的纯度较好，受土壤中蛋白质和腐殖酸的污染很少。可见，本研究采用的FastPrep®系统提取的土壤DNA纯度较高，可用来扩增土壤微生物16S rDNA基因，进一步作变性梯度凝胶电泳（DGGE）检测。供试土壤的总DNA产量如图1.48所示。由图1.48可知，各供试土壤的总DNA含量存在一定程度的差异，其DNA产量为DNA 8.6～19.4 μg/g干土，其中重金属复合污染较为严重的F1和F2土样DNA含量较低（分别是DNA 8.6 μg/g干土、DNA 9.1 μg/g干土），而F7～F9土样DNA含量较高（高达DNA 19.4 μg/g干土）。这一结果表明一定程度的重金属污染有利于土壤DNA含量升高，这可能与重金属轻度污染刺激了土壤微生物群落的繁殖和生长活动有关。

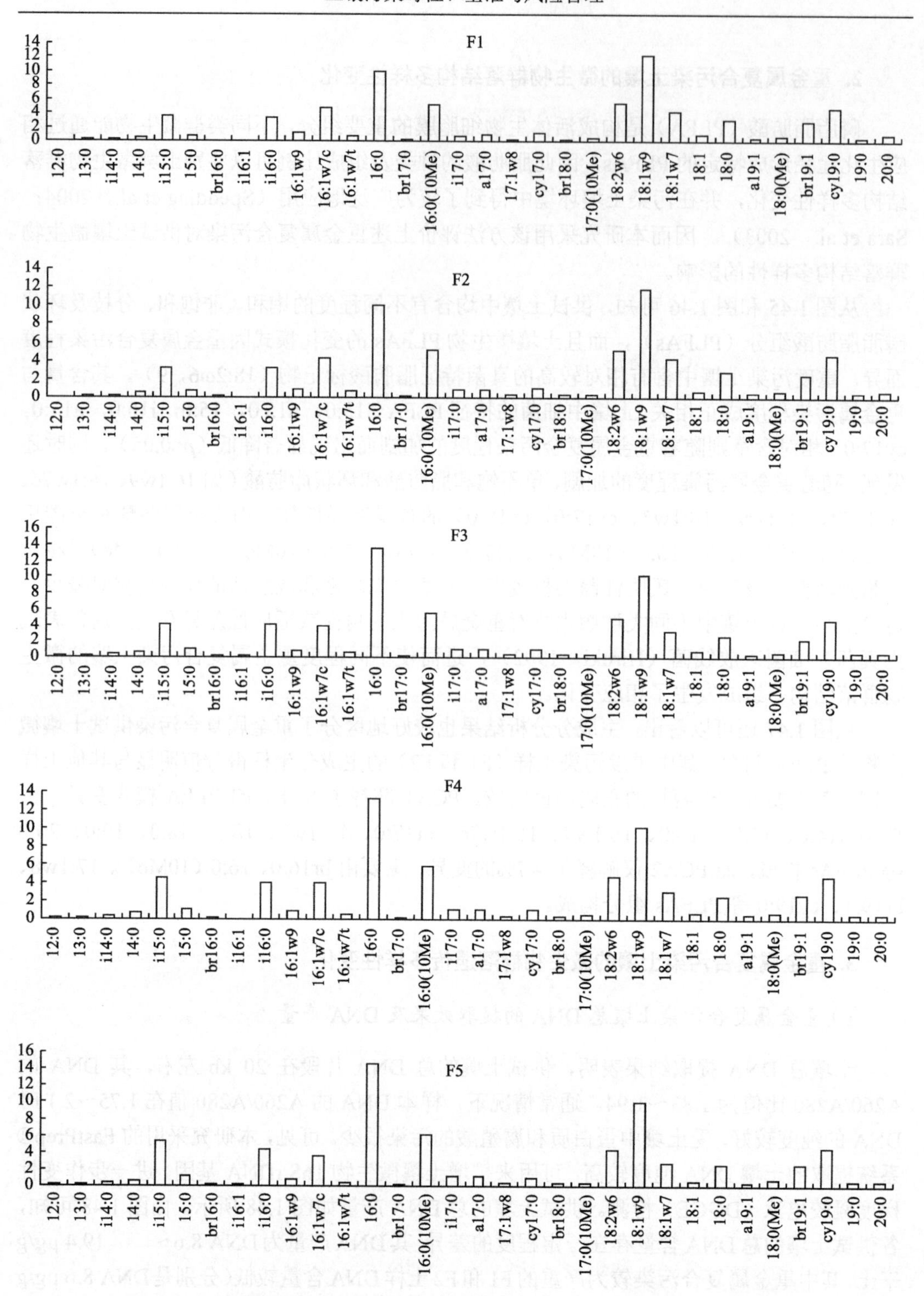

图 1.45　供试土壤（F1～F5）中磷脂脂肪酸（PLFAs）的摩尔组成比例

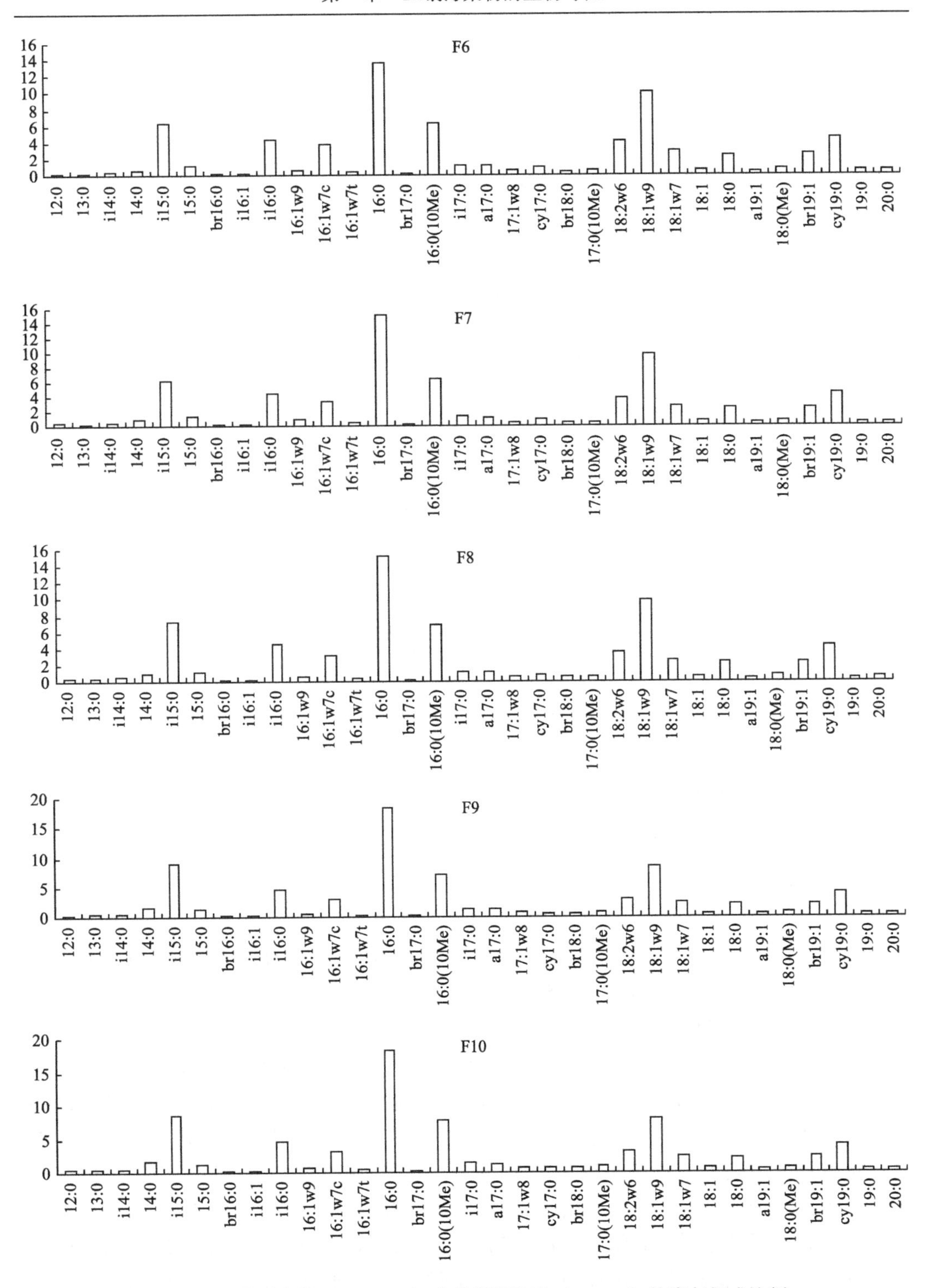

图 1.46　供试土壤（F6～F10）中磷脂脂肪酸（PLFAs）的摩尔组成比例

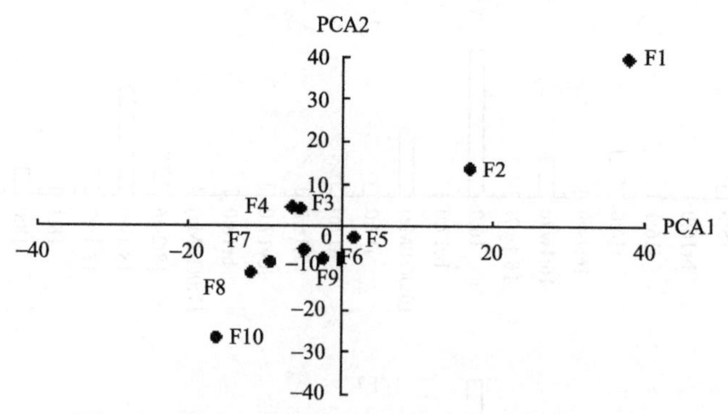

图 1.47　供试土壤微生物群落 PLFAs 的主成分分析

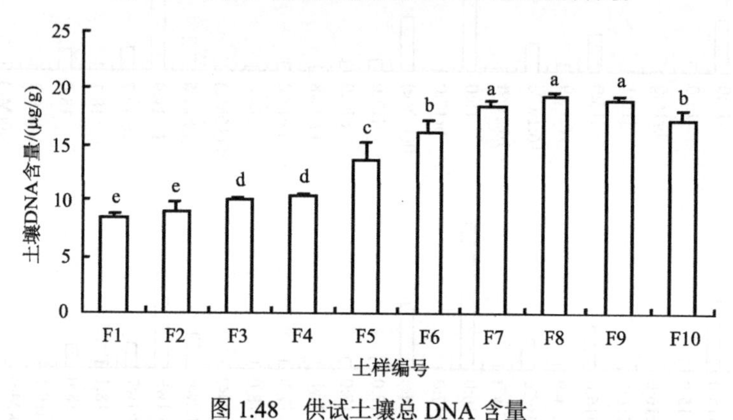

图 1.48　供试土壤总 DNA 含量

2）重金属复合污染土壤微生物群落 DNA 的 PCR-DGGE 分析

采用巢式 PCR 扩增技术对供试土壤中细菌和古细菌的 16S rDNA 基因片段进行扩增，第一轮采用通用 16S rDNA 引物（BSF 8/20 和 BSR 1541/20）扩增得到 1.5kb 的基因片段（图 1.49）。在第一轮 PCR 扩增产物的基础上，第二轮采用具有特异性的引物对（F338GC 和 R518）继续进行供试土壤微生物的基因组 16S rDNA 扩增，其 PCR 扩增产物的变性梯度凝胶电泳（DGGE）图谱如图 1.50 所示。经凝胶成像系统分析可知，各供试土壤的 DGGE 电泳条带数目、各个条带的强度和迁移率均存在一定程度的差异，表明重金属复合污染影响了土壤生态系统的细菌丰富度，从而使土壤微生物群落结构多样性发生变化。由图 1.50 还可看出，供试土壤间具有许多共同的条带，说明这些供试土壤之间可能存在一些共有的细菌类型，而且这些公共条带的强度也不相同，表明重金属复合污染土壤的微生物在 DNA 水平上有明显改变。为了进一步揭示供试土壤间 DNA 片段的差异，采用非加权成对算术平均法（UPGMA）对土样 DGGE 指纹图谱作相似性聚类分析，其结果见图 1.51。结果表明，所有供试土壤的遗传相似距离为 2.48，当遗传相似距离为 0.99 时可将 10 个供试土壤分为五类，即 F1 和 F2 为Ⅰ类，F3 和 F4 为Ⅱ类，F5、F6 及 F7 为Ⅲ类，F8 和 F9 为Ⅳ类，F10 土样为第Ⅴ类，表明土样间存在一定程度的遗传多态性，PCR-DGGE 指纹图谱能较好地反映出重金属复合污染土样之间存在的遗传差异。

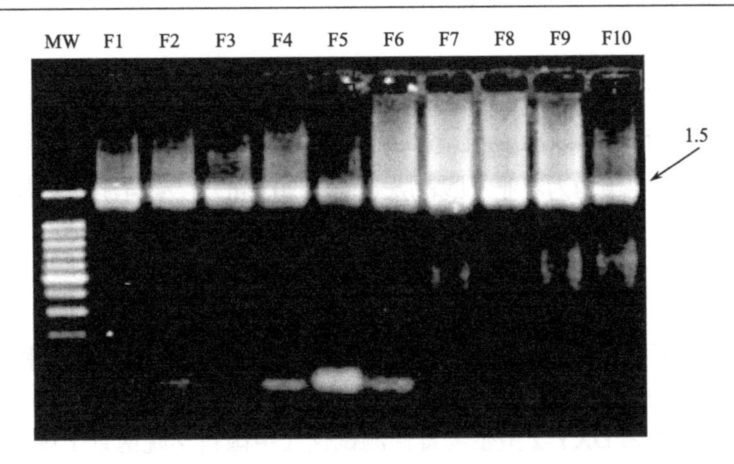

图 1.49　供试土壤中细菌 16S rDNA 的 PCR 扩增图谱

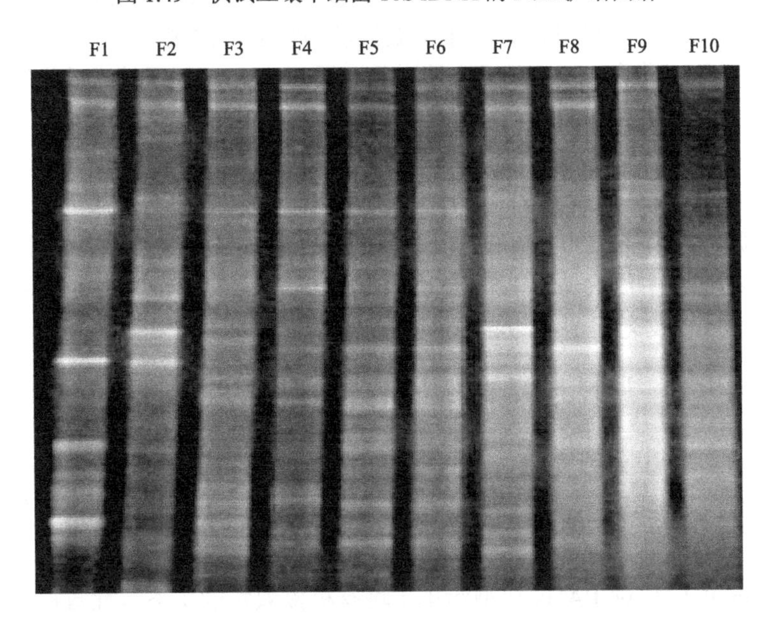

图 1.50　供试土壤微生物 16S rDNA 片段的 DGGE

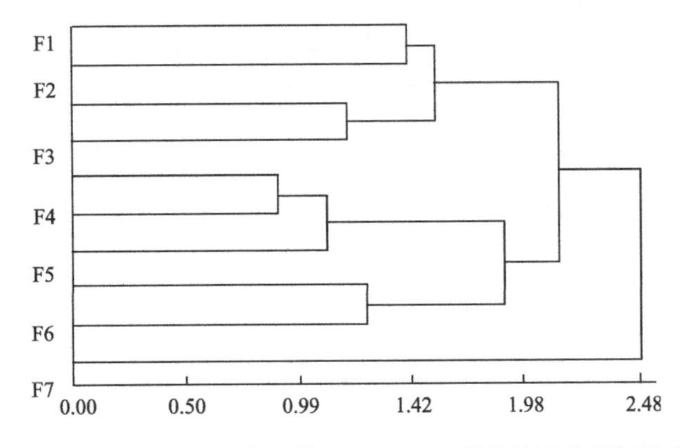

图 1.51　供试土壤微生物群落 PCR-DGGE 指纹的遗传相似性分析

二、有机污染物对土壤微生物的毒性

（一）多环芳烃对土壤微生物生态毒性与群落结构多样性的影响

供试 PAHs 污染土壤均为农业土壤表层土（0～20 cm），采自江苏无锡，记为 HX1－HX11。

1. PAHs 污染土壤的微生物生态毒性

采用基于明亮发光细菌 T3 的急性生态毒性方法，测定土壤样品的水提取物和有机提取物对细菌荧光的抑制。明亮发光细菌 T3（*Photobacterium phosphoreum* T3）系本实验室保存。测定仪器为 DXY-2 型生物毒性测试仪（中国科学院南京土壤研究所制造）。在不超过 12 h 培养时间的新鲜斜面上挑取一环，接入盛有 50 mL 培养液的三角瓶，20 ℃，200 r/min 条件下振荡培养约 24 h，用于土壤提取物生态毒性测定。

有机溶剂提取：称取 5.0 g 风干土壤样品，用 60 mL 二氯甲烷索氏提取 24 h。提取液旋转蒸发至 5 mL 左右，加入 1.5 mL 二甲基亚砜（dimethyl sulfoxide，DMSO），继续蒸发至体积为 1.5 mL，收集用于生态毒性分析。

水提取：称取 10.0 g 土壤样品，置于三角瓶中，按 1:2 比例加入蒸馏水，置于摇床以 180 r/min 振荡 24 h，13 000 *g* 离心 15 min。收集上清液，避光保存，用于生物毒性分析。

测定时，在试管中依次加入 1.5 mL 蒸馏水，0.4 mL 15%NaCl，50 μL 不同稀释度的土壤提取液，50 μL 发光菌菌液，混匀，静置 15 min 后，测定发光强度。

土壤提取物生态毒性的计算公式为$\Gamma = \dfrac{I_0 - I_t}{I_0}$。式中，Γ 为毒性效应，$I_0$为处理前发光强度，$I_t$为处理后发光强度。用 GraphPad Prism 4（GraphPad Software, San Diego, CA），以 Weibull 模型拟合实验所得毒性效应与土壤浓度：$\Gamma = 1 - \exp(-k \cdot C^{\tau})$。式中，Γ 为毒性效应，*C* 为土壤折算浓度，*k* 与 *τ* 为拟合常数。

采用 Weibull 模型对 PAHs 典型污染土壤有机提取物的生态毒性数据进行拟合，所获模型参数及 EC50 计算值见表 1.27。

表 1.27 PAHs 污染土壤生态毒性拟合及 EC50 值

	k	τ	r^2	EC50/（mg/mL）
HX1	3.93×10^{-2}	0.45	0.93	501
HX2	5.18×10^{-5}	1.88	0.82	155
HX3	5.64×10^{-2}	0.42	0.95	380
HX4	2.23×10^{-6}	2.29	0.99	250
HX5	5.64×10^{-2}	0.31	0.81	2951
HX6	1.54×10^{-2}	0.72	0.94	199
HX7	1.60×10^{-2}	0.76	0.99	144
HX8	3.96×10^{-3}	1.00	0.93	175

续表

	k	τ	r^2	EC50/（mg/mL）
HX9	7.42×10^{-2}	0.38	0.97	358
HX10	3.65×10^{-4}	1.21	0.88	513
HX11	5.94×10^{-3}	0.78	0.96	447

为了寻找与土壤生态毒性相关的因素，我们选择有可能造成差异的理化因子与 EC50 进行了秩相关（rank correlation）分析。鉴于 HX5 的 EC50 值异常偏高，我们同时进行包括所有样本及剔除 HX5 的相关性分析，计算所得相关系数 ρ 见表 1.28。

表 1.28 EC50 与土壤理化参数的相关性分析

	ρ	ρ（除 HX5）
EC50—有机质	0.064（p>0.05）	0.055（p>0.05）
EC50—Σ15PAHs	−0.664（p<0.05）	−0.806（p<0.01）
EC50—苯并[a]芘	−0.682（p<0.05）	−0.830（p<0.01）
EC50—毒性当量	−0.700（p<0.05）	−0.855（p<0.01）

由表 1.28 可见，Σ15PAHs、苯并[a]芘及 7 种 PAHs 的毒性当量之和与 EC50 间均存在显著的负相关关系，当除去 HX5 后，这一趋势更为明显。尽管土壤有机质包含有腐殖质及各种有机物等复杂的成分，但并未发现有机质与 EC50 间有何显著联系，这与 Perez 等（2001）对污泥样本的研究结果是一致的。土壤 PAHs 与 EC50 之间并不呈明显线性相关（图 1.52），这可能是因为 PAHs 之间或与土壤中共存的其他污染物之间的协同效应而造成的。土壤中的污染物相互作用往往呈现非常复杂的规律，随不同测试物种及物质组成而异。如在 *Rhepoxynius abronius* 上蒽、菲、芴、芘表现为拮抗，而在 *Daphnia magna* 等测试生物上，菲、芴、苯并[k]芘表现为协同作用。与本研究相似的是，Loibner 等（2004）发现对 *Vibrio fischeri*（费歇氏弧菌，与明亮发光细菌均为海洋发光细菌），萘、苊、二氢苊、芴、菲等表现为协同作用。

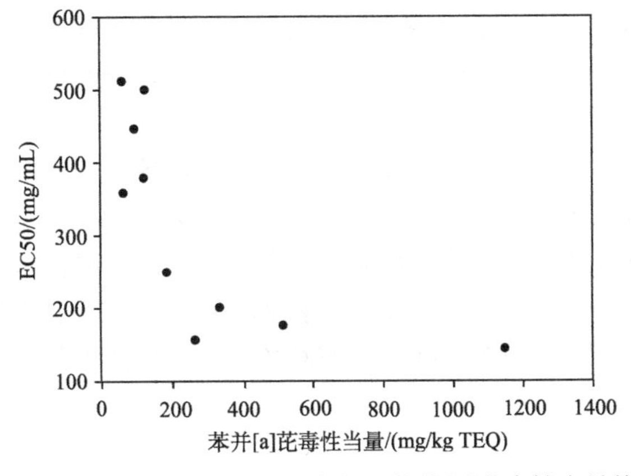

图 1.52 PAHs 污染土壤生态毒性与苯并[a]芘毒性当量关系

除土壤所含污染物的量之外，不同方法提取物对发光细菌荧光的抑制结果也有重要的影响。一般认为，水提取物的生态毒性反映了生物有效的一部分毒性。但在本研究中，该批样本的水提取物均未表现出明显的生态毒性，因此无法获得相应的EC50值或EC20值。由于PAHs的水溶性随环数增加而降低，因此水提取物中主要是低分子量的PAHs，其中萘和菲是抑制发光细菌荧光的主要PAHs成分。本研究中土壤样本中的菲含量远低于Loibner等的样本，提示水提取物需要进行浓缩处理才能用于该项测定。

2. PAHs污染土壤的微生物群落结构

微生物是土壤生态系统的重要组成部分，对土壤中各元素的生物地球化学循环过程起着关键的作用。有毒有害物质如PAHs及PCBs的降解主要是通过微生物的代谢实现的，因此，PAHs、PCBs进入土壤后对土著微生物的作用，将影响到它们的降解行为，是土壤污染生态学的重要研究内容。PAHs可能对土壤中的微生物产生多方面的影响，但以往关于PAHs土壤微生物效应的研究，常在极端PAHs污染浓度或人工添加PAHs的土壤中进行，由于土壤类型、理化性质、土壤用途单一，无法反映自然土壤的复杂性。为了更真实地反映中、低浓度PAHs进入土壤后微生物群落结构的响应，本研究选取一系列具有不同PAHs浓度的田间土壤样本，应用PCR-DGGE方法，对土壤中的微生物群落结构进行分析，并采用直接梯度分析（direct gradient analysis）方法CCA研究环境因子对土壤微生物群落结构的影响。

在PAHs污染土壤的细菌和真菌PCR-DGGE图（图1.53）中，每一个条带代表一个操作分类单元（operational taxonomy unit，OTU），数字化后并分别构建物种矩阵和环境变量矩阵，进行CCA分析。

图1.54是二维排序图（biplot），其中样本与环境因子在同一个图上反映出来，可以直观地看出群落结构与环境变量之间的关系。环境因子用箭头表示，箭头所处的象限表示环境因子与排序轴间的正负相关性，箭头连线长度代表该环境因子与样本分布相关程度的大小，而箭头连线间的夹角代表环境因子间的相关性大小（张金屯，2004）。图中，ΣPAHs、苯并[a]芘浓度（BaP）和毒性当量（TE）三个箭头几乎重合，方向与EC50相反，表示这3个变量之间具有很高的正相关性，而和EC50是负相关关系，即PAHs含量越高，EC50越小。

图1.54中，样本点在因子空间中分布较为均匀，说明各样本的微生物群落组成差异较大，不能用某一个或某几个环境因子来解释造成这些差异的原因，充分体现了真实环境样本的复杂性。

根据CANOCO软件提供的Forward运算功能，对各因子的细菌群落结构效应作定量分析，结果显示在6个环境变量中，仅pH对细菌群落结构具有极显著的影响（$p<0.01$），其余5个变量细菌群落结构均无显著影响。对真菌的分析发现各因子对真菌群落结构的影响均未达显著性水平（$p>0.05$），单一土壤理化因子并不足以显著改变真菌的群落结构。综合本研究可以认为，在受试11个土壤样本中，中低浓度的PAHs并不显著改变土壤微生物的群落结构。

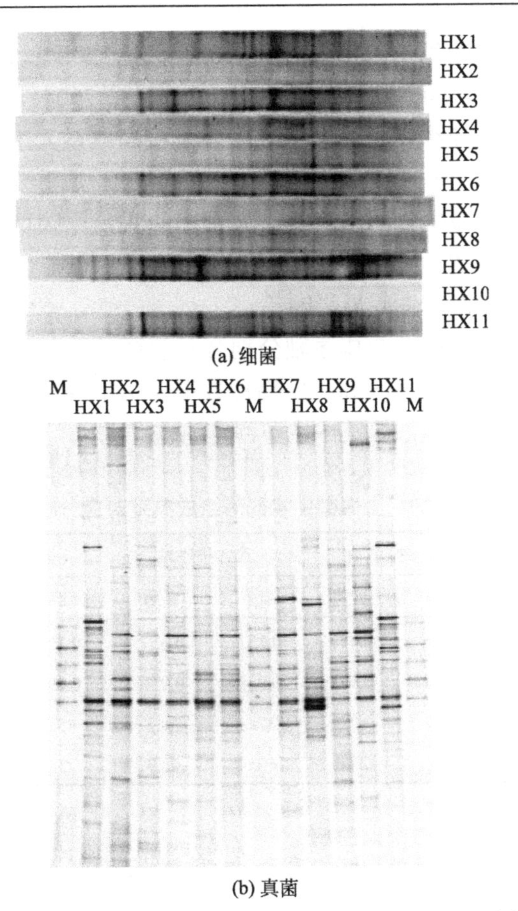

(a) 细菌

(b) 真菌

图 1.53　PAHs 污染土壤中微生物的 PCR-DGGE 分析

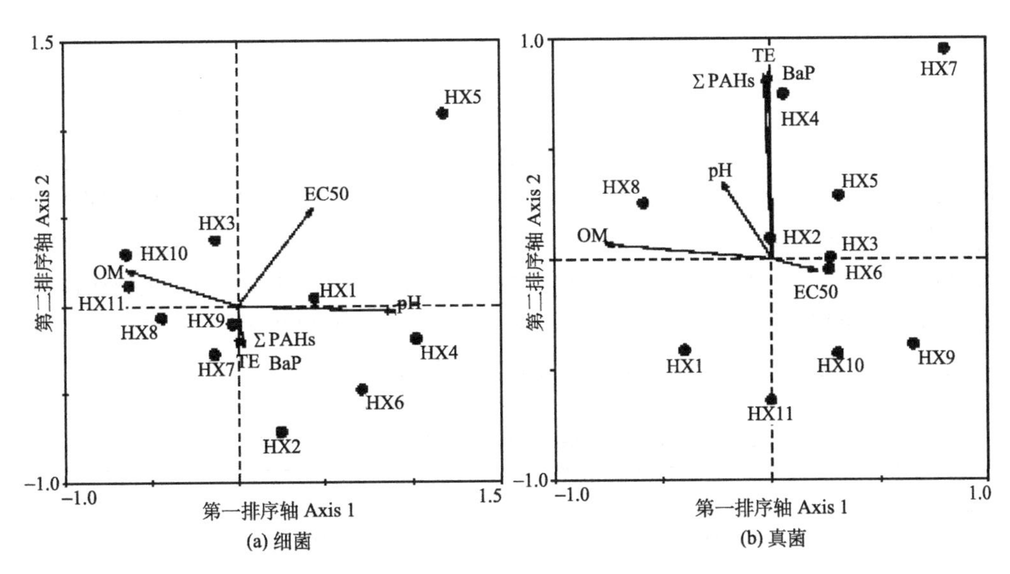

(a) 细菌　　(b) 真菌

图 1.54　PAHs 典型污染土壤微生物群落结构的典范对应分析排序图

OM：有机质；TE：毒性当量；BaP：苯并[a]芘浓度

PAHs 可能影响土壤细菌的生物量（Andreoni et al.，2004；Blakely et al.，2002）、多样性（Andreoni et al.，2004）和群落结构（Lors et al.，2004；Margesin et al.，2003）。但以上这些研究往往样本较少，土壤中 PAHs 含量极高或系人工添加，不能代表一般真实土壤环境的情况。本研究基于真实土壤样本，发现 pH 是重要的土壤细菌群落影响因子。但是，PAHs 对土壤微生物的影响并不如预期的大，原因可能是土壤微生物的多样性使其可以耐受一定的干扰，土壤理化因子的相互作用可以掩盖 PAHs 的效应，低浓度的 PAHs 并不对土壤微生物产生明显影响等。

对细菌和真菌落结构，前两个排序轴分别合并解释了 37.3%和 30.2%的样本总变异（表 1.29）。虽然这一比例并不很高，但物种数据信息中经常包含大量的噪声，排序图虽然仅能解释一小部分总变异，但其中也蕴涵丰富的信息。

表 1.29　土壤微生物群落组成典范对应分析

典范对应分析指标	第一排序轴		第二排序轴		第三排序轴		第四排序轴	
	细菌	真菌	细菌	真菌	细菌	真菌	细菌	真菌
特征值	0.346	0.477	0.157	0.357	0.108	0.299	0.101	0.259
样本-环境关联度	0.971	0.975	0.958	0.946	0.891	0.885	0.977	0.920
物种累积关联度百分数	25.6	17.3	37.3	30.2	45.3	41.0	52.8	50.4
物种-环境关系累积百分数	41.7	27.6	60.6	48.3	73.7	65.5	85.9	80.5

（二）多氯联苯对土壤微生物生态毒性与群落结构多样性的影响

供试多氯联苯（PCBs）污染土壤样品共 10 个，均为水稻土（0～20 cm），采自浙江台州路桥区，记为 LS1～LS10。

1. PCBs 污染土壤的微生物生态毒性

采用基于明亮发光细菌 T3 的急性生态毒性方法，测定土壤样品提取物对细菌荧光的抑制，分析方法同上。采用 Weibull 模型对 PCBs 污染土壤有机提取物的生态毒性数据进行拟合，所得模型参数及 EC50 计算值见表 1.30。对土壤 EC50 值和 PCBs 浓度进行秩相关分析，未发现显著的相关关系。但是，如果剔除异常样本 LS4，则发现 EC50 和 PCBs 间存在显著的负相关关系（$\rho=-0.850$，$p<0.01$），即土壤中的 PCBs 含量越高，EC50 越小（生态毒性越强）（图 1.55），这和 PAHs 典型污染土壤样本的结果一致。

表 1.30　PCBs 污染土壤生态毒性拟合及 EC50 值

	k	τ	r^2	EC50/（mg/mL）
LS1	0.41	1.06	0.98	1.66
LS2	0.44	1.00	0.96	1.57
LS3	0.18	1.17	0.93	3.25

续表

	k	τ	r^2	EC50/（mg/mL）
LS4	1.08×10^{-3}	1.87	0.86	31.84
LS5	0.23	1.26	0.98	2.40
LS6	0.09	1.35	0.93	4.55
LS7	0.03	1.15	0.97	17.24
LS8	0.05	0.85	0.92	21.93
LS9	7.68×10^{-3}	1.52	0.98	19.34
LS10	0.09	0.78	0.99	12.71

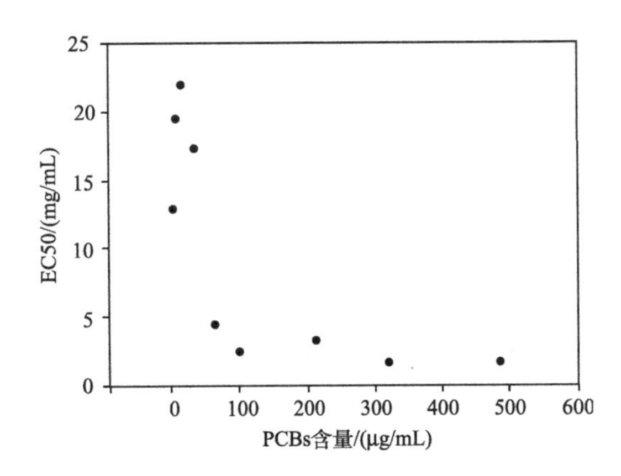

图 1.55　PCBs 典型污染土壤生态毒性与污染物浓度关系

对水提取物的生态毒性分析结果示于表 1.31。其中，除 LS1 以外的最大抑制率未超过 50%，除 LS1、LS2 外的样本最大抑制率未超过 20%，因此对这些样本无法通过拟合获得 EC50 及 EC20 值。比较表 1.30 和表 1.31 可知，同一土壤样本水提取物的生态毒性要远小于有机溶剂提取物的生态毒性，这与有机污染物普遍疏水的性质有关。

表 1.31　PCBs 污染土壤水提取物的生态毒性

	k	τ	r^2	EC50/（mg/mL）	EC20/（mg/mL）
LS1	3.11×10^{-2}	0.72	0.84	72.44	232
LS2	5.27×10^{-2}	0.47	0.64	—	1479

PCBs 是 209 个联苯的含氯同系物的统称。对土壤中 PCBs 的测定，一般采用气相色谱的方法。由于同系物众多，很难同时测定全部 209 种 PCBs。采用生物测定的方法，可以确定土壤中的污染物水平及环境风险。本研究中，利用发光细菌荧光抑制方法获得的土壤 EC50 数值与土壤中 PCBs 的含量有较好的相关性，表明这些土壤样品的生态毒性主要由 PCBs 成分引起。进一步研究发现，这些土壤中的 PAHs 成分普遍较低，从另一方

面印证了这一结论。

本研究中，水提取物的生态毒性远小于有机溶剂提取物的生态毒性，提示在今后的研究中，应注意不同提取方法所获结果的不同生态学意义。

2. PCBs 污染土壤的微生物群落结构

PCBs 是一系列不同含氯量的同系物，曾广泛作为电器绝缘介质使用，因其毒性较高，已被《斯德哥尔摩公约》列入禁止和消除的首批持久性有机污染物清单。自 20 世纪 80 年代以来，我国东部沿海某些地区，由于电子拆卸业的无序发展，一些废旧电器如变压器、电容器中的 PCBs 泄漏直接进入土壤环境，造成土壤污染。本研究应用 PCR-DGGE 技术，对一系列不同 PCBs 含量土壤中的微生物群落进行了分析，结果如图 1.56 所示。

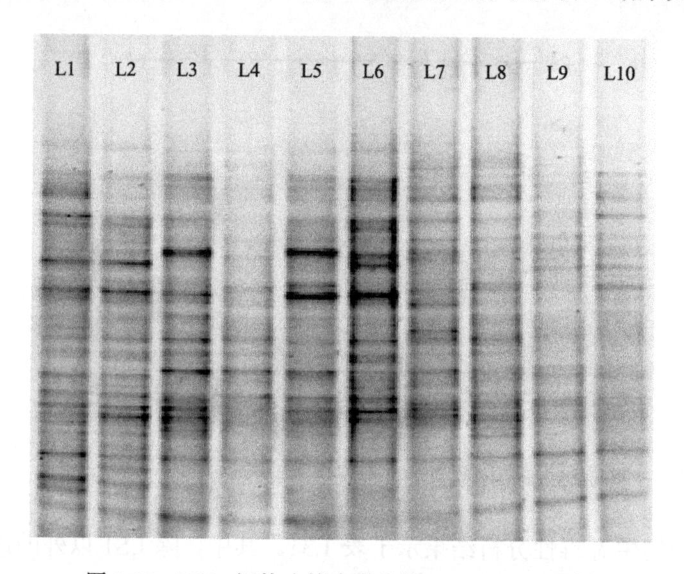

图 1.56 PCBs 污染土壤中微生物 PCR-DGGE 分析

运用 Forward 运算对 8 个环境变量进行分析，发现 EC50 和 PCBs 对土壤细菌群落结构具有显著影响，尤其是 EC50 影响达到极显著水平（$p<0.01$），提示 PCBs 污染对于土壤细菌群落结构的影响，这一结论与 PAHs 污染土壤不同。需要指出的是，这里涉及的 10 个样本具有较为一致的 pH 和有机质含量，且均为水稻土（表 1.32），这一背景可能使 PCBs 的影响更为明显。

表 1.32 PCBs 污染土壤的基本性质及 PCBs 含量

	pH	有机质 /（g/kg）	碱解氮 /（mg/kg）	有效磷 /（mg/kg）	速效钾 /（mg/kg）	CEC /（cmol/kg）	ΣPCBs /（μg/kg）
LS1	4.9	46.9	282.7	17.8	90.0	20.8	484.5
LS2	5.0	44.9	278.9	17.6	75.0	20.2	319.7
LS3	4.9	49.3	311.5	10.1	78.1	20.2	214.8
LS4	5.1	48.1	212.7	9.8	82.4	18.0	156.6

续表

	pH	有机质/（g/kg）	碱解氮/（mg/kg）	有效磷/（mg/kg）	速效钾/（mg/kg）	CEC/（cmol/kg）	ΣPCBs/（μg/kg）
LS5	5.0	48.6	228.3	12.4	82.5	19.7	95.3
LS6	5.2	50.1	221.7	12.9	94.3	20.5	64.0
LS7	4.7	48.9	276.5	14.0	72.0	20.0	34.6
LS8	5.0	48.4	211.4	14.2	96.2	20.3	15.3
LS9	5.1	49.4	241.8	10.7	78.0	16.8	4.1
LS10	5.2	46.6	240.7	12.2	79.5	17.6	2.2

与PAHs污染土壤相似，CCA分析中前两个排序轴解释的样本变异百分数不高，为34.8%，充分说明影响土壤微生物群落结构因素的复杂性（表1.33）。

表1.33　PCBs污染土壤细菌群落组成典范对应分析

典范对应分析指标	第一排序轴	第二排序轴	第三排序轴	第四排序轴
特征值	0.165	0.132	0.126	0.090
样本-环境关联度	0.993	0.995	0.998	0.961
物种累积关联度百分数	19.4	34.8	49.6	60.2
物种-环境关系累积百分数	26.0	46.7	66.6	80.8

本研究没有采用一般描述性分析对PCR-DGGE图谱进行解读，而是主要结合多元统计方法分析环境因子对细菌群落结构的影响。环境因子的排序分析显示（图1.57），在所有8个环境相关的参数中，EC50与PCBs显著改变农田土壤细菌群落结构（$p<0.05$），指出在农田土壤生态环境中PCBs对土著微生物群落结构具有明显影响。一些学者从生理活性角度对PCBs污染土壤中的微生物进行了分析。Anan'eva等（2005）发现PCBs

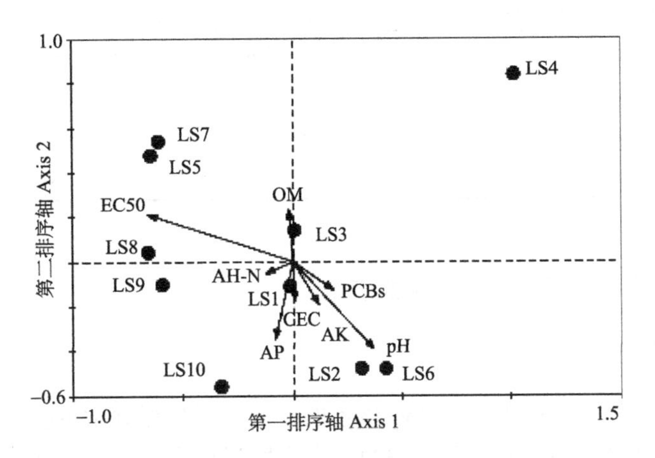

图1.57　PCBs污染土壤细菌群落结构的典范对应分析排序图

OM：有机质；AH-N：碱解氮；AP：有效磷；AK：速效钾

污染的林区土壤中微生物生物量减少，微生物相对呼吸增加；高军（2005）发现 PCBs 污染的土壤中微生物生物量和基础呼吸均降低。经计算相对呼吸（基础呼吸/生物量碳）后发现随着污染物浓度增加，相对呼吸增加，与 Anan'eva 结果一致。虽然目前还缺乏 PCBs 影响土壤微生物群落结构的报道，但是从其他污染物如重金属（Renella et al.，2005）、持久性有机污染物（如 2,4-D）（Lee et al.，2005）均能改变土壤微生物群落结构的情况，结合本研究的结果，可以认为 PCBs 进入土壤后将改变土壤的微生物群落结构和生理活性，并反映在 DGGE 图谱和相关生理指标上。这提示除了通过食物链影响人体健康外，PCBs 可能通过影响土壤微生物群落进而影响土壤环境质量，造成一定的生态风险。虽然本研究中 PCBs 尚未达到严重污染程度，但从其影响来看，需要引起社会的重视，对土壤 PCBs 污染进行监控，保护土壤环境。

（三）石油污染对土壤微生物群落、生态毒性及特定降解基因多样性的影响

在分析石油污染土壤理化性质变化的基础上，采用常规平板法及 Biolog 等新兴技术，通过研究石油污染土壤的微生物群落结构变化，来揭示石油污染对土壤理化性质和微生物群落结构及功能多样性的影响，并通过明亮发光细菌对石油污染土壤的生物毒性进行了测定。另外，通过对土壤中的 C23O 基因进行克隆和序列分析，分析了土壤中芳烃降解菌的存在状况，从而为石油污染土壤的生物修复奠定基础。

1. 石油污染土壤中微生物数量的变化

表 1.34 显示，两种土壤中的细菌、放线菌数量不存在显著差异。但石油污染土壤中真菌、总烃降解菌和芳香烃降解菌的数量较清洁土壤中高，其中污染土壤中总烃降解菌和芳香烃降解菌较清洁土壤中的菌量高出两到三个数量级，统计差异极显著（$p<0.01$）。这是由于污染土壤中的石油丰富了土壤中的碳源，从而刺激微生物生长，特别是烃降解菌的大量繁殖。

表 1.34　土壤中细菌、真菌、放线菌、总烃降解菌和芳香烃降解菌数量

土样	细菌 / (10^5CFU/g)	放线菌 / (10^4CFU/g)	真菌 / (10^3CFU/g)	总烃降解菌数 / (10^5CFU/g)	芳烃降解菌数 / (10^4CFU/g)
污染土壤	179.88±42.88Aa	79±86.10Aa	569.89±237.86Aa	181±90.51Aa	698±31.22Aa
清洁土壤	138.07±82.78Aa	384±214.49Aa	23.20±4.35Ab	2.19±1.53Ab	0.342±0.462Bb

2. 石油污染土壤中微生物多样性的变化

1）平均颜色变化率（AWCD）

在评价微生物群落结构中，Biolog 体系的检测原理是根据微生物利用碳源时指示剂的颜色变化情况来检测和判断不同土壤的微生物群落结构的。这种方法可实现自动测试，操作相对简单快速，并能得到大量原始数据，目前已被国际上普遍用于评价不同作物、草地、森林等土壤中的微生物生态特征（Juck et al.，2000）。供试的两种土壤的平均颜

色变化率 AWCD 随时间的变化趋势如图 1.58 所示。由图可见，污染与清洁土壤的 AWCD 均随着培养时间的延长而升高。然而，污染土壤的 AWCD 始终显著高于清洁土壤，直至 100～120 h 时 AWCD 达到稳定。这说明石油污染丰富了该处土壤中的碳源，刺激了土壤中微生物的生长，使土壤中微生物活性增加。

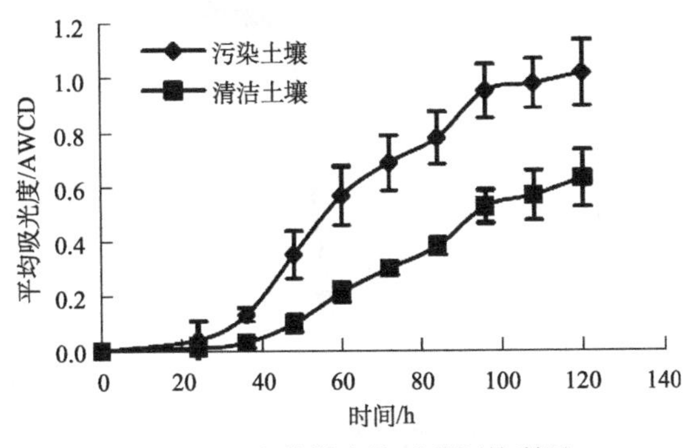

图 1.58　土壤微生物对碳源的利用

2）土壤微生物群落功能多样性分析

由表 1.35 可以看出，污染土壤中的各项微生物多样性指数均高于清洁土壤，其中污染土壤中的 Gini 指数、McIntosh 指数和 McIntosh 均匀度均显著高于清洁土壤(p<0.05)。这和通常认为污染导致土壤中微生物多样性降低相反。这可能与供试土壤来自长江外滩，质地偏沙，土壤肥力总体较低有关。而受石油污染后，由于土壤中碳源的量和种类增加导致的细菌活力增强，最终丰富了土壤中微生物的多样性。

表 1.35　土壤微生物功能多样性指数

土样	Shannon 指数	Shannon 均匀度	Gini 指数	McIntosh 指数	McIntosh 均匀度
污染土壤	4.514±0.141Aa	1.001±0.036Aa	0.984±0.001Aa	8.238±0.955Aa	0.976±0.005Aa
清洁土壤	4.083±0.193Aa	0.901±0.458Aa	0.972±0.005Ab	4.760±0.479Bb	0.928±0.015Ab

3. 石油污染土壤的微生物毒性变化

1）明亮发光细菌 T3（*Photobacterium phosphoreum* T3）培养过程中发光度的变化

由图 1.59、图 1.60 可知，在该培养条件下，发光细菌在前 10h 处于延滞期不发光。进入对数生长期后发光强度迅速增加，20h 时发光强度趋于稳定。因此，在试验中采用 16～18h 的新鲜菌液进行毒性试验。

2）石油污染土壤水浸提液的生物毒性

试验表明，所用的 2 种土壤的水浸提液均对发光细菌的发光强度没有抑制作用，但这并不能证明试验所用土壤不具有生物毒性，而仅说明这些土壤中不存在水溶性有毒物质。由表 1.36 可知，石油污染土壤中含有大量不溶于水的石油类物质，因此需要利用有机溶剂进行抽提，才能客观反映土壤中有机物质的生物毒性。

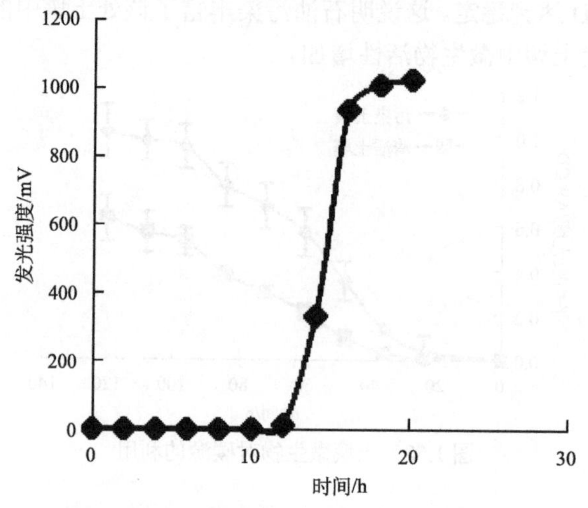

图 1.59　发光细菌 T3 在不同时间的发光强度

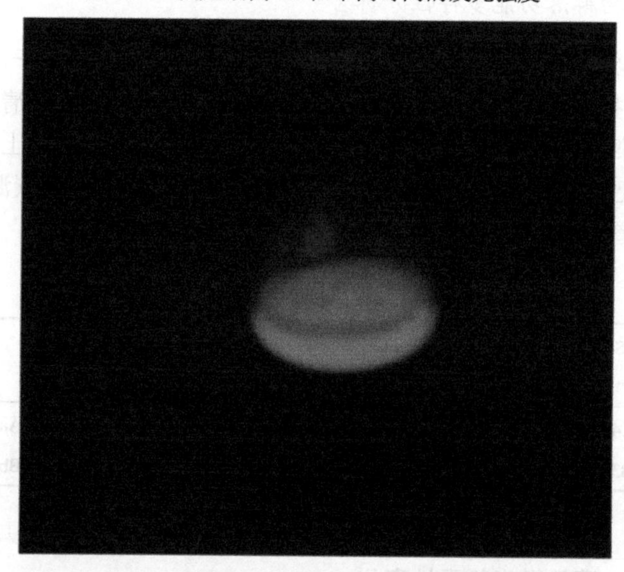

图 1.60　细菌 T3 在培养 18h 时的发光强度

表 1.36　土壤中的油含量及主要理化性质

土样	油含量 /（mg/kg）	pH（H_2O）	有机质 /（g/kg）	全氮 /（g/kg）	水解氮 /（mg/kg）	全磷 /（g/kg）	速效钾 /（mg/kg）
污染土壤	12169±625Aa*	7.4±0.2Aa	48.4±8.1Aa	2.86±1.55Aa	97.13±15.90Aa	0.81±0.05Aa	131.0±8.2Aa
清洁土壤	284±119Bb	8.1±0.2Bb	25.4±7.2Bb	0.86±0.22Aa	69.60±21.51Aa	0.79±0.04Aa	166.3±93.9Aa

*表中小写字母为 5%显著差异水平，大写字母为 1%显著差异水平，下同。

3）不同有机溶剂生物毒性

以蒸馏水为对照测定了甲醇、二甲亚砜（DMSO）、丙酮、二氯甲烷（DCM）等4 种有机溶剂对发光细菌的生物毒性。由表1.37可知，DCM对发光细菌具有强毒性而DMSO的毒性较小，然而石油烃在DCM中的溶解性比在DMSO中强。因此，首先采用DCM对土壤进行抽提，然后在DCM提取物中加入对发光细菌低毒的DMSO，最后通过旋转蒸发去除DCM，以获得土壤DCM提取物的DMSO溶液作为土壤生物毒性测定所需的浸提液。

表1.37　不同有机溶剂对明亮发光细菌T3 的生物毒性

	水	甲醇	二甲亚砜	丙酮	二氯甲烷
发光强度/mV	952.67±15.04	53.67±3.51	340.00±26.46	5.00±3.00	0

4）石油污染土壤DCM/DMSO提取液生物毒性测定

由于试验所用的土壤中的主要污染物为不溶于水的石油烃类物质，因此本试验采用测试土壤DCM提取物不同浓度的DMSO溶液，以DMSO为对照，利用明亮发光细菌T3发光强弱的变化进行土壤生物毒性测定。试验表明清洁土壤的DCM/DMSO提取物对发光细菌发光强度没有影响。结合以上的水浸提液毒性试验，说明该土样的水浸液和有机溶剂提取液均对发光细菌没有毒性。而污染土壤的DCM/DMSO提取液对发光细菌的发光产生明显抑制作用，具体数据见表1.38。用5%～0.1%的石油污染土壤DCM/DMSO提取液浓度的对数值与T3（相对发光度）进行线性回归，求得相关方程:

$$T3=16.65-25.35\lg C$$

式中，C为土壤提取液的浓度，T3为相对发光度，经计算，相关系数R^2=0.928，这表明发光细菌相对发光度和土壤中DCM/DMSO提取物浓度有良好的相关性。由表1.38可见，随着土壤提取液浓度的缩小，相对发光度显著升高。根据以上方程可以算出，当相对发光度为50%时加入的土壤提取液浓度为0.195%。故该土壤的EC50为1950 μg/mL。该污染土壤相当于0.126 μg $HgCl_2$的生物毒性。

表1.38　石油污染土壤的生物毒性

DCM/DMSO提取液的浓度/%	2.50	1.00	0.50	0.25	0.10
T3/%	0.13	15.94	27.54	41.77	85.73

三、重金属-有机复合污染对土壤微生物的毒性

（一）铜-PCB复合污染土壤微生物生态毒性效应评价

土壤滞留功能评价（soil retention function assessment）是土壤生态毒性效应评价的一

种（Debus and Hund, 1997）。土壤滞留功能可以通过不同土壤提取物进行研究，主要反映污染土壤通过淋溶、渗漏等方式对地下水及水生生物造成的威胁。土壤的滞留功能评价主要是通过一组微生物毒性试验进行，微生物试验具有反应灵敏，费用低廉，可快速检出污染土壤潜在的综合生物毒性的优点。明亮发光菌试验（luminescence bacterium test, LBT）和艾姆斯试验（Ames test）、SOS/umu 荧光检测试验（SOS/umu fluorescence test）是最主要的生态和遗传毒性检测方法。

该铜-PCB 复合污染区位于浙江省台州市，该地区的拆解废旧电器业已有近 20 年的历史。然而，废旧电器回收利用的同时也对环境造成了严重污染，尤其在废旧电容器拆解和回收利用过程中，大量的持久性有机物（persistent organic pollutants, POPs），如多氯联苯（polychlorinated biphenyls, PCBs）、多环芳烃（polycyclic aromatic hydrocarbons, PAHs）和重金属（铜、锌、铅、镉），通过泄漏、焚烧、大气沉降、污水灌溉等方式进入农田土壤，致使土壤环境质量恶化，农业生态系统遭到破坏，调查发现该地区农田土壤已经受到多氯联苯和重金属的严重污染（高军, 2005；骆永明等, 2005）。土壤样品采集地特征和土壤理化性质见表 1.39。

表 1.39　土壤样品采集地特征和土壤理化性质

项目	FJS-01	FJS-02	FJS-03	FJS-04	FJS-05	FJS-06
采样地点	亭屿	汇头	玉露洋	玉露洋	苍东	白枫岙
作物类型	水稻	水稻	水稻	水稻	水稻	蔬菜
土地利用类型	水田	水田	水田	水田	水田	菜园
黏粒/%	18.6	17.4	16.6	17.0	19.8	17.3
粉粒/%	64.8	63.9	65.3	64.4	57.6	61.7
砂粒/%	16.6	18.7	18.1	18.6	22.6	21.0
pH（H_2O）	5.25	4.23	4.20	4.35	5.24	5.66
CEC/（cmol/kg）	19.09	18.85	17.91	20.67	17.57	18.42
总有机碳/（g/kg）	49.17	39.11	49.62	50.49	39.20	48.07
全 N/（g/kg）	4.12	3.12	3.02	3.12	2.86	3.53
全 P/（g/kg）	0.57	0.38	0.51	0.79	0.54	0.91
全 K/（g/kg）	11.7	13.0	26.8	14.2	13.2	15.0
水解 N/（mg/kg）	162.8	172.7	153.4	166.1	135.8	204.5
速效 P/（mg/kg）	16.3	30.0	10.2	7.6	24.1	79.1
速效 K/（mg/kg）	104	92	68	111	107	186
Fe_2O_3/（g/kg）	4.12	3.94	4.74	4.16	3.82	3.83
Al_2O_3/（g/kg）	12.65	12.85	13.16	12.24	12.85	13.16
CaO/（g/kg）	0.53	0.50	0.48	0.54	0.62	0.59
MgO/（g/kg）	1.12	1.20	1.30	1.31	1.12	1.00
K_2O/（g/kg）	2.36	2.24	2.25	2.11	2.47	2.49
Na_2O/（g/kg）	1.12	1.23	1.13	1.02	1.10	1.12

1. 铜-PCB复合污染土壤水提取液的滞留毒性

1）铜-PCB复合污染土壤滞留毒性的明亮发光菌试验

方法：将明亮发光细菌（*Photobacterium phosphoreum*）冻干粉用1mL 2% NaCl溶液复苏，转入50 mL培养基（0.5%酵母浸膏；0.5%胰蛋白胨；0.3%甘油；3% NaCl；0.5% Na_2HPO_4；0.1% KH_2PO_4），20℃培养12h，每隔12h，从原培养基中移取约0.5 mL转接入新的培养基中进行培养。

将待测液配成不同浓度后，加入比色管，然后加入菌液50 μL，以及NaCl溶液（终浓度为3%）混合，静置15min后用生物毒性测试仪测定发光强度。计算样品的相对发光率：

$$\text{相对发光率(RL)} = \frac{\text{测试管发光亮(mV)}}{\text{对照管发光量(mV)}} \times 100\%$$

表1.40显示来自6个不同污染程度土壤的水提取液样品均对发光菌有毒性效应。Bulich（1982）用发光细菌法测定结果和鱼类、蚤类急性毒性试验结果相比较，提出了3个毒性比较方法标准：①有毒/无毒；②对数等级；③百分数等级。本研究在急性毒性测定中，以百分含量作为浓度等级，因此选择百分数等级作为评价标准。多氯联苯、铜、镉污染较严重的FJS-03和FJS-04土壤样品，其水提取液的急性毒性达到中毒程度，虽然FJS-01土壤的目标污染物含量相对较低，但其土壤水提取液的毒性强度也较高，说明该土壤中有未知的、水溶性较高的污染物存在。

表1.40 土壤水提取液生态毒性的LBT试验

样品名称	回归分析				EC50	毒性等级
	方程	*R*	*F*	*p*		
FJS-01	T=140.108−1.221C	0.870	40.499	<0.001	73	中毒
FJS-02	T=155.069−1.375C	0.961	155.814	<0.001	76	微毒
FJS-03	T=109.562−1.082C	0.983	369.823	<0.001	55	中毒
FJS-04	T=110.941−1.086C	0.989	566.978	<0.001	55	中毒
FJS-05	T=215.375−1.686C	0.706	14.886	0.002	98	微毒
FJS-06	T=263.563−2.520C	0.956	139.524	<0.001	84	微毒

研究土壤多氯联苯的含量较高，这些污染物可能会在某些情况下增大在水中的溶解度，从而通过淋溶或渗漏危害地下水，因此利用有机溶剂提取土壤有机污染物，作为潜在风险的评价，对保护生态安全是有必要的。图1.61显示了污染土壤二氯甲烷提取液对发光菌的生态毒性。

根据DCM土壤提取液的倍比稀释度与相对发光强度之间的剂量效应曲线，确定了土壤样品有效生物毒性稀释度（GL），GL值表示可引起20%或20%以下发光抑制率的样品稀释度，GL值越大样品毒性越大。FJS-01～FJS-06的GL值分别为7.54，6.03，8.21，6.20，5.35，4.26，其中多氯联苯含量最高的FJS-03其GL值最高，而FJS-01的GL值也较高，与土壤水提取液的研究结果相似，因此认为该样品中存在未知的污染物，该污染物具有对明亮发光菌的生态毒性。

2）典型污染区土壤滞留毒性的大肠杆菌紧急修复

Escherichia coli 会在 DNA 大范围受损，复制受抑制情况下，产生一种易错修复（error prone repair）功能，称为 SOS 修复。SOS/umu 测试系统正是基于 DNA 损伤物诱导 SOS 反应而表达 umuC 基因的能力而在 *E. coli* 中插入 umuC'-'lacZ 融合子基因而构建的。为了检测潜在的突变剂和评价它们对 DNA 损伤的影响能力，设计了 DNA 损伤剂对 umuC'-'lacZ 融合子基因诱导量检测的 umu 试验系统，*E. colip* SK（lac，trp）-EGFP-RecA' 是携带有绿色荧光蛋白基因的 SOS/umu 检测系统。SOS/umu 试验适合评价复杂环境样品和各种混合物质的综合潜在遗传毒性，由于该试验费用更低廉，因此在环境样品的监测中具有广泛应用价值。

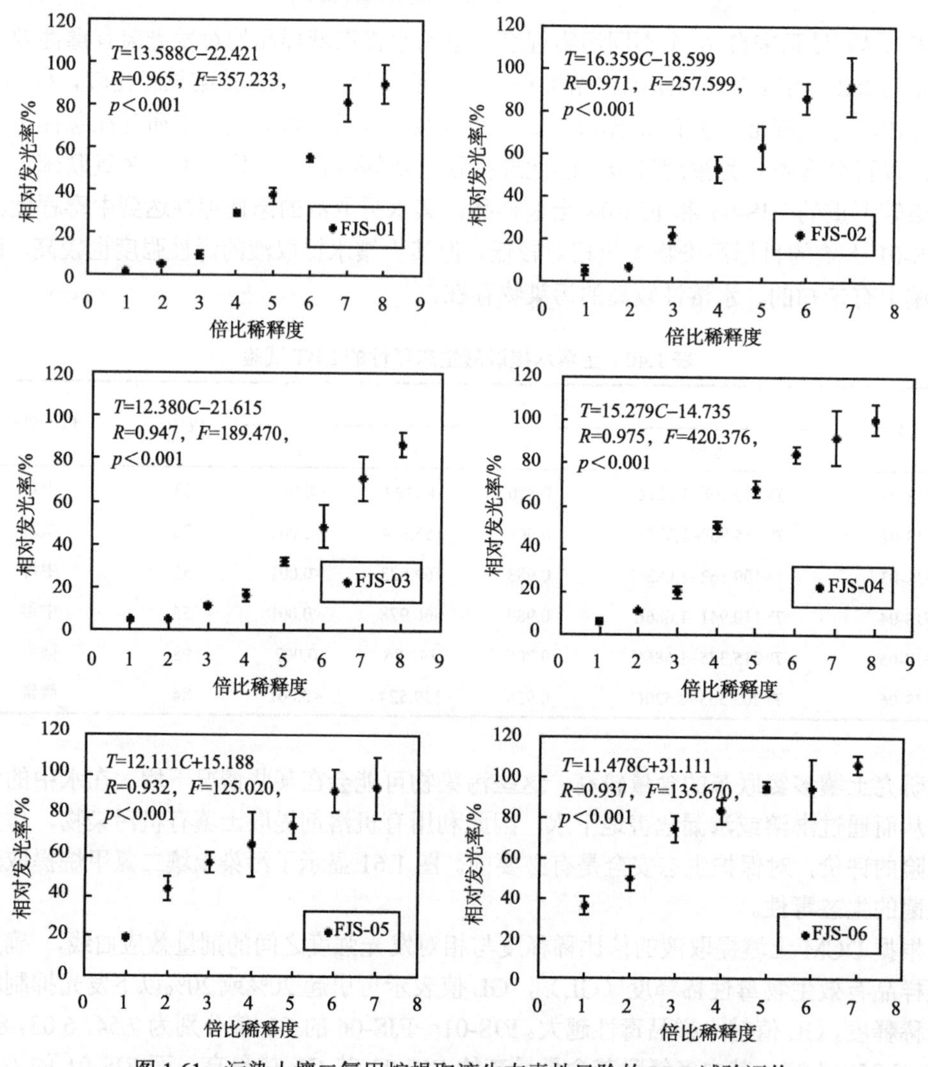

图 1.61　污染土壤二氯甲烷提取液生态毒性风险的 LBT 试验评价

SOS/umu 遗传毒性试验方法：

试验菌株 *Escherichia coli*KY706（携带 pSK（*lac,trp*）-EGFP-RecA'质粒，接种到含 50 pg/mL 氨苄青霉素（Ampicillin, Amp）细菌平板活化。37℃菌株培养 18h 后转接到含 50 g/mL Amp 的液体 LB 培养基中，37℃培养过夜。次日菌液用 TGA 培养液（1% Bacto-trypton，0.5% NaCl，0.2%葡萄糖，20 μg/mL Amp）稀释 50 倍，37℃继续培养至菌液浓度 OD600 为 0.25～0.30。细菌培养液分装到试管中，每试管 5 mL，加入待测液和空白溶液形成浓度梯度，然后 37℃培养 12 h。培养结束经超声波清洗器温和分散 5 min 后，F-4500 型荧光分光光度计比色测定（激发波长 385 nm/发射波长 510 nm）。空白对照：无菌水和 DMSO 无菌水稀释液；阳性对照：NaN_3（25 ng/mL）。每稀释度重复 3 次。计算样品相对荧光率：

$$相对荧光率(RF)=\frac{测试管荧光强度}{对照管荧光强度}$$

RF>2 为阳性反应（Wu et al., 2003）；DCM 提取液连续 3 个稀释浓度为阳性反应的最大稀释度为潜在生物毒性最小有效值。

R 值是根据德国标准所（DIN）和国际标准组织（ISO）制定，其实质是从统计意义上描述的一个与背景比较有显著差异的量。污染土壤水粗提液的 SOS/umu 试验评价结果显示所有样品均为阴性反应，对土壤水粗提液样品进行浓缩后，相对荧光值 R 比粗提液升高，但检测结果仍然为阴性（表 1.41）。由于土壤环境极为复杂，含量极低的污染物质也有可能被浓缩，因此检测土壤水提取液的浓缩液遗传毒性是潜在风险预测必需的，认为浓缩 15 倍可以较为可靠的评价水提取液的潜在风险（Eisentraeger et al.，2005）。

表 1.41　土壤水提取液遗传毒性风险 SOS/umu 评价

样品名称	粗提液浓度/%					浓缩液浓度/%				
	95	75	50	25	10	95	75	50	25	10
FJS-01	0.9[a)]	0.9	1.0	1.0	0.9	1.4	1.4	1.4	1.4	1.4
FJS-02	1.0	1.2	1.0	1.0	1.1	1.4	1.5	1.4	1.4	1.4
FJS-03	1.0	0.9	0.9	0.9	0.9	1.4	1.4	1.4	1.5	1.4
FJS-04	0.9	0.9	1.1	1.1	1.0	1.4	1.5	1.4	1.4	1.5
FJS-05	1.0	0.9	0.9	0.9	0.9	1.4	1.4	1.4	1.5	1.4
FJS-06	1.0	0.9	1.1	1.1	1.1	1.5	1.5	1.4	1.4	1.4
空白对照（H_2O）			2.5±0.1					4.5±0.1		
阳性对照 NaN_3 /（25ng/mol）			21.8±0.7					27.7±1.1		

注：a）相对发光强度值/R。

但污染土壤二氯甲烷提取液的检测结果显示（表 1.42），FJS-02，FJS-03 和 FJS-04 的 R 值连续 3 个倍比稀释度都大于 2，结果为阳性；其中 FJS-04 的最大稀释度值为 6，毒性最强，而其他 2 个样品的毒性强度接近，与土壤多氯联苯含量化学分析结果一致，因此认为土壤二氯甲烷提取液中的导致 SOS/umu 遗传阳性的物质是多氯联苯。SOS/umu 试验结果显示：污染土壤对地下水系统有潜在的遗传风险，其中 FJS-02，FJS-03 和 FJS-04 的潜在遗传风险较大，由于复合污染中的遗传物质种类和组成并不相同，所引起 SOS/umu 反应的剂量效应关系斜率不同，R 值并不能准确反映土壤的相对遗传毒性大小，同时考虑到不同的遗传毒性检测终点，德国标准所（DIN）和国际标准化组织（ISO）认为当 SOS/umu 试验结果为阴性时，有必要对样品进行 Ames 试验检测。

表 1.42　污染土壤二氯甲烷提取液遗传毒性的 SOS/umu 评价

样品名称	倍比稀释度							
	1	2	3	4	5	6	7	8
FJS-01	2.2	2.1	2.0	1.9	1.7	1.6	1.7	1.4
FJS-02	2.5	2.2	2.1	1.9	1.8	1.5	1.6	1.3
FJS-03	2.6	2.4	2.2	2.0	1.9	1.8	1.6	1.4
FJS-04	3.3	2.9	2.4	2.3	2.1	2.1	1.7	1.6
FJS-05	1.3	1.3	1.3	1.0	0.9	0.9	0.9	0.9
FJS-06	1.4	1.3	1.4	1.2	1.2	1.0	1.0	0.9
空白对照（DMSO）	2.5±0.0							
阳性对照 NaN_3/（25ng/mL）	21.7±0.7							

3）典型污染区土壤滞留毒性的沙门氏菌回复突变试验

沙门氏菌回复突变（艾姆斯致突变）试验方法：

根据微生物波动试验原理，采用 MUTA-CHROMOPLATETM 试剂盒（EBPI，加拿大），分析高风险区污染土壤提取液的遗传毒性。简要步骤如下：先将提取液稀释为系列浓度后，分装到 96 孔板中，然后接种组氨酸缺陷型菌株 *Salmonella typhimurium* TA100 于 96 孔板，37℃培养 5d，统计回复突变反应数. 每稀释度重复 3 次。空白对照：无菌水和 DMSO 无菌水稀释液；阳性对照：NaN_3（25 ng/mL）和 BaP（0.4 μg/mL）。阳性阈值为阳性对照值的 2 倍。阳性反应条件为连续 3 个稀释度大于阳性阈值。且供试样品浓度与突变菌落数存在显著剂量效应关系。

Ames 试验阳性结果的评价标准是，连续 3 个暴露浓度的突变数大于自发突变数的 2 倍，且暴露浓度与突变数存在剂量效应关系。表 1.43 结果显示，污染土壤水粗提液对 *Salmonella typhimurium* TA100 的回复突变在阳性阈值之下，说明粗提液中具有致突变能力的物质含量较低。

表 1.44 是污染土壤水提取浓缩液的遗传毒性 Ames 试验评价结果。不加 S9（某些前体致突变物的活化酶）的 Ames 试验中，除 FJS-04 外，所有样品结果都呈阳性；而加 S9 的试验中，FJS-02 结果为阴性，其余均为阳性。结果显示：土壤水提取液含有致突变物质，对生态系统具有潜在威胁。不加 S9 的试验中样品的致突变数受到样品浓度、样品来源和样品浓度交互作用的影响；而加 S9 试验中，样品的致突变能力受到样品来源、样品

表 1.43　污染土壤水粗提取液遗传毒性的 Ames 试验评价

项目	–S9						+S9					
	FJS-01	FJS-02	FJS-03	FJS-04	FJS-05	FJS-06	FJS-01	FJS-02	FJS-03	FJS-04	FJS-05	FJS-06
5	14±3	14±2	12±1	13±1	23±1*	14±4	7±3	9±1	14±3	15±1	8±1	15±0
25	15±0	15±3	15±1	15±1	13±3	14±1	11±1	15±1	22±4	20±2	17±4	12±2
50	14±1	13±1	13±3	15±0	14±3	13±1	15±6	20±4	16±1	17±1	24±4	20±6
75	14±2	14±1	14±1	14±0	13±1	16±4	15±1	13±6	30±8	11±3	18±3	19±1
87.5	15±1	16±1	14±1	13±3	15±1	18±2	13±6	10±2	24±6	14±6	26±5	19±8
回归分析	R^2=0.095, F=2.16, p=0.172	R^2=0.241, F=4.49, p=0.060	R^2=0.225, F=3.70, p=0.083	R^2=0.122, F=2.53, p=0.143	R^2=0.073, F=1.87, p=0.202	R^2=0.092, F=0.07, p=0.793	R^2=0.109, F=2.35, p=0.157	R^2=0.099, F=0.01, p=0.914	R^2=0.416, F=8.84, p=0.014	R^2=0.027, F=0.71, p=0.419	R^2=0.539, F=13.89, p=0.004	R^2=0.219, F=4.08, p=0.071
阴性对照（H_2O）	9±2						13±3					
阳性对照	65±6（NaN_3）						82±5（BaP）					
无菌对照	0						0					
阳性阈值 [a)]	18						26					
样品来源 [b)]	F=1.05, p=0.403, df=5						F=5.88, p=0.001, df=5					
样品浓度 [c)]	F=18.89, p=0.001, df=5						F=6.66, p=0.001, df=5					
来源×浓度 [d)]	F=2.01, p=0.028, df=25						F=2.30, p=0.011, df=25					

注: a）阳性阈值为阴性对照突变数的 2 倍； b）样品来源对突变数影响的方差分析；c）样品浓度对突变数影响的方差分析；d）样品来源和样品浓度交互作用对突变数影响的方差分析；*突变数大于阳性阈值。

表 1.44　污染土壤浓缩液遗传毒性的 Ames 试验评价

项目	−S9						+S9					
	FJS-01	FJS-02	FJS-03	FJS-04	FJS-05	FJS-06	FJS-01	FJS-02	FJS-03	FJS-04	FJS-05	FJS-06
5	7±1	9±1	13±4	15±1	10±4	12±4	16±4	17±4	18±3	22±4	18±2	17±5
25	17±1	13±6	15±4	16±5	21±4*	18±0*	22±4	20±4	30±2*	33±1*	28±1*	25±8
50	20±6*	18±4*	24±1*	16±3	20±6*	25±1*	36±4*	20±6	42±4*	33±9*	37±1	28±2*
75	27±3*	21±3*	22±4*	27±1*	20±1*	22±5*	49±9*	30±8*	51±3*	45±8*	50±1*	30±3*
87.5	23±6*	30±2*	32±4*	28±5*	27±4*	25±1*	52±10*	25±3	61±2*	54±4*	53±7*	41±3*
回归分析	R^2=0.752, F=34.33, p<0001	R^2=0.840, F=58.63, p<0.001	R^2=0.781 F=40.28, p<0.001	R^2=0.752, F=34.36, p<0.001	R^2=0.649, F=21.30, p=0.001	R^2=0.702, F=26.87, p<0.001	R^2=0.908, F=106.49, p<0.001	R^2=0.543, F=14.05, p=0.004	R^2=0.975, F=426.72, p<0.001	R^2=0.856, F=66.49, p<0.001	R^2=0.965, F=302.37, p<0.001	R^2=0.786, F=41.39, p<0.001
阴性对照（H_2O）	9±2						13±3					
阳性对照	65±6（NaN_3）						82±5（BaP）					
无菌对照	0						0					
阳性阈值[a]	18						26					
样品来源[b]	F=0.80, p=0.555, df=5						F= 18.46, p=0.001, df=5					
样品浓度[c]	F=55.44, p <0.001, df=5						F=106.57, p=0.001,df=5					
来源×浓度[d]	F=1.48, p=0.140, df=25						F=3.05, p =0.001,df=25					

注：a）阳性阈值为阴性对照突变数的 2 倍；b）样品来源对突变数影响的方差分析；c）样品浓度对突变数影响的方差分析；d）样品来源和样品浓度交互作用对突变数影响的方差分析；*突变数大于阳性阈值。

表 1.45 污染土壤二氯甲烷提取液遗传毒性的 Ames 试验评价

项目	−S9						+S9					
	FJS-01	FJS-02	FJS-03	FJS-04	FJS-05	FJS-06	FJS-01	FJS-02	FJS-03	FJS-04	FJS-05	FJS-06
10	17±6	19±5	32±6	21±7	30±3	15±1	27±3	30±4	27±4	20±1	18±2	30±6
9	21±6	23±6	35±6	34±8	29±6	24±6	37±4	56±3*	33±4	32±4	25±1	38±6
8	26±6	25±2	33±5	55±5*	43±5*	36±3	27±1	73±5*	51±3*	43+17	27±4	66±2*
7	31±4	32±6	39±7	52±13*	47±3*	55±8*	34±1	74±1*	63±6*	46±4	35±2	54±7*
6	42±6*	45±1*	51±4*	69±4*	57±4*	53±2*	54±8*	73±17*	74±8*	57±4	54±8*	53±9*
5	36±11	50±11	67±13*	43±4	53±7*	41±4	67±4*	72±6*	80±4*	65±6*	63±2*	69±9*
34	37±1	73±18*	52±4*	61±16*	70±6*	47±16*	64±25*	81±4*	81±4*	68±6*	70±8*	70±1*
2	46±6*	47±1*	72±8*	S5±4	82±8*	52±6*	55±17*	91±1*	87±6*	81±6*	75±17*	68±8*
1	55±1*	82±11*	90±8*	S9±6*	71±10*	66±11*	54±6*	94±1*	96±0*	96±0*	81±4*	72±11*
0	62±8*	79±7*	93±4*	95±2*	76±7*	79±5*	67±6*	96±0*	96±0*	96±0*	83±9*	78±4*
回归分析	R^2=0.63, F=32.93, p<0.001	R^2=0.50, F=19.78, p<0.001	R^2=0.67, F=38.88, p<0.001	R^2=0.52, F=21.89, p<0.001	R^2=0.37, F=12.27, p=0.003	R^2=0.54, F=22.96, p<0.01	R^2=0.21, F=5.91, p=0020	R^2=0.36, F=11.89, p=0.003	R^2=0.39, F=13.35, p=0.002	R^2=0.58, F=27.26, p <0.001	R^2=0.46, F=16.92, p <0.001	R^2=0.31, F=9.37, p=0.007
阴性对照（H_2O）	21±6						24±4					
阳性对照	65±6（NaN_3）						82±5（BaP）					
无菌对照	0						0					
阳性阈值 a)	42						48					
样品来源 b)	F=26.56, p<0.001, df=5						F=31.62, p<0.001, df=5					
样品浓度 c)	F=83.28, p<0.001, df=9						F=85.86, p<0.001, df=9					
来源×浓度 d)	F=2.76, p<0.001, df=45						F=2.55, p<0.001, df=45					

注：a）阳性阈值为阴性对照突变数的 2 倍；b）样品来源对突变数影响的方差分析；c）样品浓度对突变数影响的方差分析；d）样品来源和样品浓度交互作用对突变数影响的方差分析；*突变数大于阳性阈值。

浓度及两者的交互作用的共同影响。

表 1.45 结果显示，所有污染土壤的二氯甲烷提取液都具有遗传毒性风险。不加 S9 试验中，阳性突变的倍比稀释度最大值出现在 FJS-04 和 FJS-05，为 8；加 S9 试验中，FJS-02 的阳性突变倍比稀释度值最大为 9。其中 FJS-04 和 FJS-05 样品中的多氯联苯含量远远低于 FJS-02，说明 FJS-04 和 FJS-05 中含有直接致突变物量较高，而后者则含有较高量的前体致突变物，这些突变物或前体突变物可能是除了多氯联苯以外的其他物质，前面的研究中也发现该污染区土壤中至少还存在多环芳烃污染物，这类污染物很多具有较强的致突变、致癌活性。

Ames 试验研究还发现，FJS-04，FJS-05 和 FJS-06 在加有 S9 体外活化酶的试验中，阳性突变最小稀释度小于不加 S9 的试验结果，说明某具有致突变能力的物质可在 S9 的代谢作用下毒性减弱，预示污染物进入生物体内可能会通过解毒酶的作用降低毒性。然而，FJS-01，FJS-02 和 FJS-03 的研究结果恰好相反，此 3 个污染土壤中具有的污染物经过生物代谢后会产生更大的毒性。

2. 铜-PCB 复合污染稻田上覆水的生态和遗传毒性

1）典型污染区稻田上覆水的明亮发光菌试验

农田灌溉水是土壤污染物质的可能来源，同时也是土壤污染物质的扩散途径之一，因此评价污染农田土壤灌溉水的生态和遗传毒性，在土壤污染物的横向传播途径上有重要意义。

典型污染区土壤稻田上覆水经过 LBT 试验检测，所有样品的发光强度均和对照值接近，没有统计学差异，判断结果均为阴性。稻田上覆水样品浓缩 15 倍后的生态毒性评价结果如表 1.46。研究显示稻田上覆水 FJW-01 和 FJW-03 具有中等毒性，土壤污染物分析显示 FJS-01 中多氯联苯和铜、镉等主要污染物的含量较其他样品含量低，但稻田上覆水浓缩液检出其具有中等生态毒性，预示通过灌溉水途径可能会导致 FJS-01 土壤的污染程度加大；而 FJW-03 土壤中各种目标污染物的含量都较高，稻田上覆水样品的毒性风险也较大，预示该地区的农田土壤环境承担着较大的生态风险。其他样品浓缩液的毒性等级为微毒，显示这些灌溉水也对土壤环境具有潜在的生态风险。

表 1.46 稻田上覆水水生态毒性的 LBT 试验评价

样品名称	回归分析				EC50	毒性等级
	方程	*R*	*F*	*p*		
FJW-01	T=144.461–1.566C	0.904	25.253	<0.001	60	中毒
FJW-02	T=137.806–1.221C	0.976	256.903	<0.001	71	微毒
FJW-03	T=123.045–1.165C	0.947	237.253	<0.001	63	中毒
FJW-04	T=147.968–1.339C	0.976	223.861	<0.001	72	微毒
FJS-05	T=156.176–1.364C	0.969	200.521	<0.001	78	微毒
FJW-06	T=144.581–1.251C	0.910	62.2974	<0.001	75	微毒

2）典型污染区稻田上覆水的大肠杆菌紧急修复试验

SOS/umu 对稻田上覆水和 15 倍浓缩液的检测结果（表 1.47）。稻田上覆水经过滤纸简单过滤过后，即可作为检测液。6 个典型区污染土壤灌溉水的 SOS/umu 相对荧光值均在 1.0 左右，不同样品和不同浓度之间都没有差异，说明稻田上覆水对 *E. coli*pSK（lac，trp）-EGFP-RecA'的遗传毒性影响较小。稻田上覆水潜在遗传毒性通过浓缩 15 倍稻田上覆水浓缩液检测，发现所有处理和浓度的相对荧光强度基本一致，相对荧光强度小于 2，反应为阴性。SOS/umu 试验没有检测到典型污染区稻田上覆水及其浓缩液的急性遗传毒性和潜在环境风险。

表 1.47　稻田上覆水遗传毒性风险的 SOS/umu 评价

样品名称	粗提液浓度/%					浓缩液浓度/%				
	95	75	50	25	10	95	75	50	25	10
FJW-01	0.9	1.1	1.0	1.1	0.9	1.2	1.2	1.2	1.2	1.2
FJW-02	1.0	1.0	1.1	1.0	1.1	1.2	1.2	1.2	1.2	1.2
FJW-03	1.1	1.0	1.1	0.9	1.0	1.2	1.2	1.2	1.2	1.2
FJW-04	0.9	1.0	1.1	1.0	0.9	1.3	1.2	1.2	1.2	1.2
FJW-05	1.0	1.1	0.9	0.9	0.9	1.2	1.2	1.2	1.2	1.2
FJW-06	1.0	1.0	1.0	1.0	1.0	1.2	1.2	1.2	1.2	1.2
空白对照（H_2O）			2.5±0.1					4.5±0.1		
阳性对照 NaN_3 /（25ng/mL）			21.8±0.7					27.7±1.1		

由于生物试验对污染物的响应具有专一性，因此综合考虑各个试验的评价结果，才能对污染环境风险做出准确的判断。因此，应对典型区稻田上覆水进行 Ames 试验研究，根据两者的试验结果对遗传风险进行评价。

3）典型污染区稻田上覆水的沙门氏菌回复突变试验

稻田上覆水 Ames 试验遗传毒性评价结果（表 1.48）显示，不加 S9 的试验中，所有样品的突变数都在阳性阈值之下，结果为阴性；而加 S9 的试验中，6 个灌溉水样品在不同稀释度上都有超过阳性阈值的突变数，其中 FJS-02，FJS-04 和 FJS-05 样品满足 Ames 试验阳性反应判断标准，因此该 3 个样品具有前体致突变物存在，对环境具有遗传风险。加 S9 试验的方差分析显示，反应结果受到样品来源、样品浓度以及两者间的交互作用的共同影响。

稻田上覆水浓缩液在不加 S9 试验的遗传毒性评价结果如表 1.49，6 个样品中 FJW-04，FJW-05，FJS-06 的样品浓度和突变数没有显著剂量效应关系，反应结果因此为阴性，其他 3 个样品结果满足阳性结果判断条件，为阳性。加 S9 的稻田上覆水浓缩液检测结果则均为阳性反应。

综合以上生态和遗传毒性评价结果，认为典型污染区稻田上覆水具有潜在的生态和遗传风险，应引起足够重视。

表 1.48 典型污染区稻田上覆水遗传毒性的 Ames 试验评价

项目	−S9						+S9					
	FJS-01	FJS-02	FJS-03	FJS-04	FJS-05	FJS-06	FJS-01	FJS-02	FJS-03	FJS-04	FJS-05	FJS-06
5	10±6	6±4	7±1	8±1	6±5	7±4	16±4	21±3	21±8	17±3	19±4	26±3*
25	24±11	13±1	19±1	12±11	7±4	12±2	15±1	30±6*	34±4*	28±0*	31±4*	24±1
50	14±2	16±1	18±5	12±3	19±15	12±2	21±3	31±2*	33±2*	36±3*	29±4*	35±1*
75	16±1	18±1	18±1	13±3	14±6	18±1	33±6*	27±3*	27±1*	38±1*	33±3*	27±1*
87.5	19±3	12±2	15±5	17±2	17±4	12±3	33±9*	29±10*	34±6*	39±6*	32±9*	25±6
回归分析	R^2=0.073, F=1.86, p=0.202	R^2=0.386, F=7.91, p=0.018	R^2=0.265, F=4.96, p=0.050	R^2=0.321, F=6.19, p=0.032	R^2=0.250, F=4.66, p=0.056	R^2=0.402, F=8.39, p=0.016	R^2=0.754, F=34.63, p<0.001	R^2=0.298, F=5.66, p=0.039	R^2=0.329, F=6.38, p=0.030	R^2=0.830, F=54.71, p<0.001	R^2=0.521, F=12.98, p=0.005	R^2=0.149, F=2.92, p=0.118
阴性对照（H_2O）	9±2						13±3					
阳性对照	65±6（NaN_3）						82±5（BaP）					
无菌对照	0						0					
阳性阈值 a)	18						26					
样品来源 b)	F=1.38, p=0.257, df=5						F=2.99, p=0.023, df=5					
样品浓度 c)	F=8.35, p=0.001, df=5						F=33.22, p=0.001, df=5					
来源×浓度 d)	F=0.91, p=0.596, df=25						F=1.90, p =0.038, df=25					

注: a）阳性阈值为阴性对照突变数的 2 倍; b）样品来源对突变数影响的方差分析; c）样品浓度对突变数影响的方差分析; d）样品来源和样品浓度交互作用对突变数影响的方差分析;

*突变数大于阳性阈值。

表 1.49　典型污染区稻田上覆水浓缩液遗传毒性 Ames 试验评价

项目	–S9						+S9					
	FJS-01	FJS-02	FJS-03	FJS-04	FJS-05	FJS-06	FJS-01	FJS-02	FJS-03	FJS-04	FJS-05	FJS-06
5	13±1	12±0	13±9	12±1	18±3	16±4	16±4	22±4	22±1	21±8	17±8	19±1
25	27±6*	37±1*	33±3*	36±3*	25±1*	32±1*	22±4	29±1*	35±2*	29±8*	26±4	21±3
50	35±13*	25±1*	32±4*	33±15*	31±4*	48±2*	45±1*	33±2*	41±4*	30±6*	42±6*	54±6*
75	45±11*	28±5*	47±1*	36±8*	30±2*	41±4*	50±12*	39±1*	43±8*	47±16*	53±1*	67±8*
87.5	52±13*	35±2*	50±10*	29±6*	27±4*	25±6*	48±1*	51±12*	69±3*	61±2*	46±6*	66±3*
	R^2=0.78,	R^2=0.34,	R^2=0.77,	R^2=0.18,	R^2=0.19,	R^2=0.07,	R^2=0.73,	R^2=0.84,	R^2=0.32,	R^2=0.82,	R^2=0.52,	R^2=0.85,
回归分析	F=40.89,	F=6.70,	F=38.12,	F=3.42,	F=3.51,	F=1.86,	F=30.48,	F=60.39,	F=6.14,	F=50.64,	F=12.80,	F=62.79,
	p<0.001	p=0.027	p<0.001	p=0.094	P=0.091	p=0.203	p<0.001	p<0.001	p=0.033	p<0.001	p=0.005	p <0.001
阴性对照（H_2O）	9±2						13±3					
阳性对照	65±6（NaN_3）						82±5（BaP）					
无菌对照	0						0					
阳性阈值[a)]	18						26					
样品来源[b)]	F=2.32, p=0.063, df=5						F=6.86, p<0.001, df=5					
样品浓度[c)]	F=30.37, p=0.001, df=5						F=81.78, p<0.001, df=5					
来源×浓度[d)]	F=2.02, p=0.026, df=25						F=2.10, p=0.021, df=25					

注: a）阳性阈值为阴性对照突变数的 2 倍; b）样品来源对突变数影响的方差分析; c）样品浓度对突变数影响的方差分析; d）样品来源和样品浓度交互作用对突变数影响的方差分析;

*突变数大于阳性阈值。

（二）铜、镉-PCB复合污染区水稻根际土壤中微生物的生态多样性变化

当根-土界面因污染物出现而产生胁迫时，可能导致植物根系分泌物增加或减少，从而影响根系细菌群落和数量的变化，使降解污染物的根际细菌群落和相对丰度产生较大变化。根际细菌是受植物影响最大的土壤细菌群体。因此作物生育期根际细菌群落变化将间接反映污染物与植物根系的相互作用。

本研究选取5种多氯联苯、铜、镉复合污染土壤（水稻根际土壤采自浙江台州污染区FJS-01，FJS-02，FJS-03，FJS-04和FJS-05，土壤理化性质和典型污染物含量同上），通过土壤细菌总DNA提取、PCR扩增及DGGE电泳，获得土壤细菌16S rDNA V3可变区变化图谱，对污染土壤胁迫下的水稻根系细菌群落多样性变化进行分析，为应用分子生物学手段研究和评估污染条件下土壤细菌生态毒性、水稻根际细菌的影响提供理论依据。

1. 水稻根际细菌的总DNA提取纯化

本研究采用了DNA快速提取仪，直接从水稻根际土壤中提取细菌总DNA，经DNA提取试剂盒回收后的琼脂糖电泳图谱如图1.62所示。

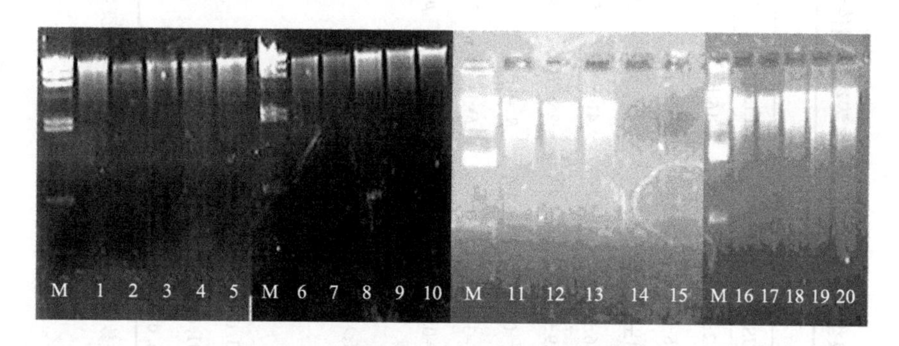

图1.62　水稻根系细菌总DNA的琼脂糖电泳

M：分子量标准；1～5代表未种植水稻前土壤样品；6～10代表水稻苗期－拔节期其根系土壤样品；11～15代表水稻拔节－抽穗期其根系土壤样品；16～20代表水稻抽穗－成熟期其根系土壤样品

图谱分析结果显示：未种植水稻和水稻发育较早期（苗期-拔节）时，水稻根际细菌总DNA表现出较好的带型；而水稻根际细菌在生长中期（拔节-抽穗）和生长后期（抽穗-成熟）的总DNA呈现出带型较宽，光密度值大的现象，但在代表FJS-04和FJS-05的14、15号泳道对水稻拔节-抽穗期的DNA提取量没有体现。土壤细菌总DNA在带型和光密度上的差异，可能与水稻根际分泌物有关，因为水稻在生长旺盛期其根部会释放大量有机、无机分泌物，Lynch和Wipps（1990）将所有从根释放的物质定义为根际淀积，认为这些根际沉积物质可能会对根际细菌总DNA的提取产生影响。

2. 水稻根际细菌PCR扩增产物的琼脂糖电泳

图1.63是污染土壤水稻根际细菌16S rDNA V3区的扩增结果。从图谱分析，土壤细

菌总DNA质量和PCR反应条件较好，能够对目标区进行扩增反应，特别是14、15泳道中也有PCR的目的条带出现，说明虽然DNA总量不足以在琼脂糖凝胶上形成明亮条带，但对PCR扩增是足够的，在红壤中也发现了相同的现象。

另外，在试验方法上值得一提的是，FastPrep DNA提取仪可以快速地提取土壤细菌总DNA，琼脂糖电泳时拖尾现象严重，说明获得的DNA片短一致性较差，因此在进行PCR扩增时，非特异性扩增条带非常多，严重影响研究结果。因此，本研究对FastPrep DNA提取物利用细菌提取试剂盒进行纯化，这样不仅可以获得长度片度一致的总DNA，而且对保证PCR反应模板的质量也是有利的。

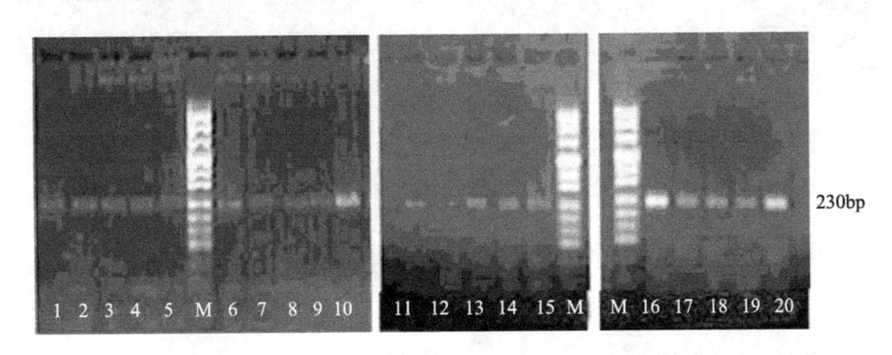

图1.63　土壤水稻根际细菌16S rDNA V3区PCR扩增

M：分子量标准；1～5代表未种植水稻前土壤样品；6～10代表水稻苗期—拔节期其根系土壤样品；11～15代表水稻拔节—抽穗期其根系土壤样品；16～20代表水稻抽穗—成熟期其根系土壤样品

3. 水稻根际细菌分子生态多样性的DGGE分析

扩增片段大小对DGGE分析影响较大，450～500 bp左右片段（V3～V5区或V6～V8区）的分类信息相对更为丰富，但200 bp左右的片段（V3区）分离效果较好，本文作为污染土壤水稻根际细菌生态毒性研究的一个初步探索性工作，适宜选择可以分离较好的V3区片断。图1.64是污染土壤水稻根际细菌16S rDNA V3区PCR产物的DGGE分析结果。

图谱显示，种植水稻前，污染土壤细菌分子生态多样性很低。FJS-02和FJS-03土壤中典型污染多氯联苯和铜的含量较高，分别为1113.8 μg/kg、1714.7 μg/kg和338 mg/kg、316 mg/kg，并且还存在较严重的镉污染9.88 mg/kg和8.08 mg/kg。此2个污染土壤的细菌DNA V3区条带数目最少（2和3号泳道），说明土壤中的细菌群落多样性极低，土壤多氯联苯和铜、镉的复合污染可能引起了这2个土壤中细菌的生态毒性风险。FJS-04土壤中也存在多氯联苯和铜、镉的复合污染，但污染程度略低，其土壤细菌DNA V3区的条带数目明显增加。

FJS-01和FJS-05土壤样品的多氯联苯和铜、镉的含量相对较低，其土壤细菌DNA V3区条带数目和典型条带分别也较为一致。综合以上分析，认为种植水稻前的土壤中，细菌多样性较为单一，土壤污染物可能是土壤细菌生态毒性的主要作用因子。

污染土壤种植水稻后，明显刺激了土壤细菌分子生态多样性的增加，说明水稻在土壤、污染物、细菌之间起着重要作用。根据碳同位素示踪研究，禾谷类作物一生中，约有 30%～60%光合同化产物转移到地下部，其中 40%～90%以有机和无机分泌物形式释放到根际。根际细菌则是受植物影响最大的土壤细菌群体，与根外土壤比，可溶性根系分泌物为细菌提供了丰富的有效性碳源。Hartmann 等（2005）用 PCR-DGGE 方法对 16S rRNA 和 18S rRNA 基因进行多态分析，发现细菌的 DGGE 指纹在根际和根外土壤有很大差别。

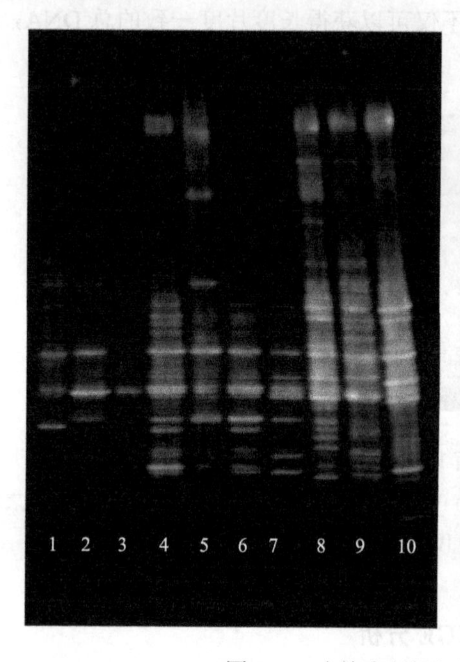

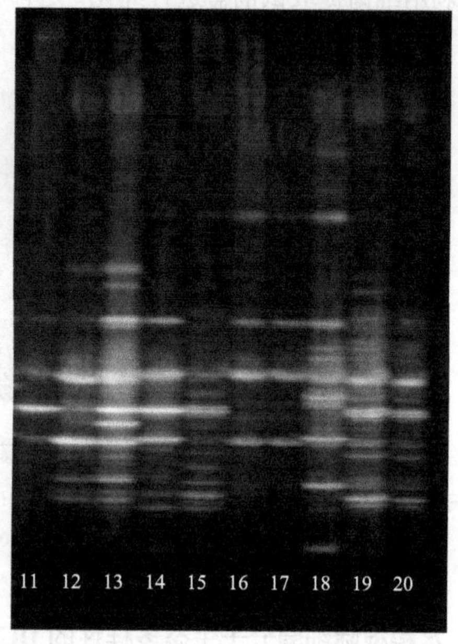

图 1.64　土壤水稻根际细菌变性梯度凝胶电泳

M：分子量标准；1～5 代表未种植水稻前土壤样品；6～10 代表水稻苗期－拔节期根际样品；11～15 代表水稻拔节－抽穗期根际样品；16～20 代表水稻抽穗－成熟期根际样品

在水稻生育的苗期－拔节期，代表 FJS-03 的 8 号泳道，其 V3 区条带数目增加最多，显示水稻根系分泌物对其根际细菌有显著的刺激作用，这种作用可能是由根系分泌物直接产生的，也可能是由于根系有机酸类分泌物改变土壤 pH，从而对污染物或土壤其他因子产生影响的间接作用，需要更深入的研究工作证实。FJS-02 污染土壤在水稻苗期－拔节期的代表泳道为 7 号，也表现出与 FJS-03 相似的变化规律，证实了水稻根系对根际细菌生态多样性的促进作用。FJS-04 也是复合污染较为严重的土壤之一，从 9 号泳道可以发现，水稻根系对根际细菌的多样性也表现出了促进作用，这个现象预示水稻根系分泌物对根际细菌多样性的影响可能是直接作用。代表 FJS-01 和 FJS-05 的 6 号和 7 号泳道，在种植水稻后，其根际细菌群落多样性也有较为显著的增加，FJS-05 中在一些种植水稻前的土壤细菌特异性条带消失的同时，也增加了一些新的条带，说明其细菌群落在构成上也发生了改变。

随着进入水稻的拔节－抽穗期，污染土壤根际细菌群落多样性总体表现为下降的趋势。多氯联苯和铜、镉污染严重的 FJS-02（12 号泳道），FJS-03（13 号泳道）和 FJS-04

（14 号泳道）水稻根系细菌群落多样性也比苗期－拔节期减少， 其中 FJS-03 比其他两个样品的群落的多样性丰富度要高；典型污染物程度相对较轻的 FJS-01（11 号泳道），FJS-05（14 号泳道）和 FJS-03（15 号泳道）显示 V3 区条带数量也远远小于苗期－拔节期。可能的原因是水稻从营养生长向生殖生长转化，其根系的分泌物量减少，组分也发生了变化，碳水化合物减少，而一些植物次生代谢产物增加，可能会抑制根际细菌群落多样性的增加。Piutti 等（2005）研究发现玉米根际可培养细菌群体的季节性变化，在营养生长阶段，根际细菌活性和细菌丰度明显高于根外土壤，但在植物生殖生长阶段，由于根系可溶性碳的释放下降，根际效应随之消失，可培养细菌的生物多样性也明显下降。因此选择营养生长期长和可溶性碳分泌较多的植物，可能有利于污染土壤植物－微生物的联合修复。

当水稻生长进入拔节－成熟期，根系细菌 16S rDNA V3 区的 DGGE 图谱与抽穗－拔节期变化相似，其群落生物多样性没有水稻生长旺盛时期丰富。水稻将光合产物以根系分泌物形式释放到土壤，供给土壤细菌碳源和能源；而细菌则将有机养分转化成无机养分，以利于水稻吸收利用。这种植物-细菌的相互作用维系或主宰了水稻生态系统的生态功能，水稻和细菌间的互惠作用，缓解了土壤污染对它们的毒害作用。

根际不仅分泌一般性有机物，而且可能产生特殊化合物，作为降解细菌的底物，促进降解细菌生长。Leigh 等（2002）通过实验室和温室根箱试验证实从树根释放的芳香类化合物可作为多氯联苯降解菌的底物，激发它们的生长，因此多年生植物土壤上，多氯联苯降解菌的丰度较高。

大多数情况下，污染物的降解往往有一组细菌联合进行，对这些细菌组合如何在根际进行联合代谢目前尚缺乏研究。本研究对污染土壤水稻根系细菌的生态毒性效应做了初步性的探索工作，变性梯度凝胶电泳技术可为原位测定细菌群体、研究基因表达提供新的途径，同时对获得污染土壤和植物根际的污染物降解细菌也提供了基本信息。

4. 水稻不同生育期的根际土壤中微生物群落多样性比较

表 1.50 是污染土壤和水稻根际细菌群落多样性的 Jarccard 指数分析结果，种植水稻前 5 个土壤样品细菌群落多样性的相似度在 16%～42%；种植水稻后根际细菌群落多样性相似度指数在 20%～55%，不同土壤和根际土壤样品中的细菌群落相关性较低，差异明显。污染土壤典型污染种类和含量上的差异，可能是细菌群落多样性间相似度较低的主要影响原因。

相对其他样品而言，污染土壤 FJS-01 和 FJS-02 在水稻种植前，及水稻各个生育阶段的根际细菌群落变化的相似程度略高（表 1.50），随着水稻生育期的延长，Jarccard 相似指数增加。结合 DGGE 图谱可以发现，这两个样品无论是在水稻种植前，还是在水稻生育期，其土壤和水稻根际细菌群落构成都是较为简单，说明这 2 个土壤样品中存在对群落多样性影响较大的污染物。FJS-01 土壤样品中含有多氯联苯和铜污染外，还含有较高浓度的多环芳烃（136.1 μg/kg），还含有致癌物苯并[a]芘 5.85 μg/kg；而 FJS-02 污染土壤中含有高浓度的多氯联苯（1113.8 μg/kg）和铜（338 mg/kg），另外还存在较高浓度的镉污染（9.88 mg/kg），因此认为复合污染土壤对细菌群落多样性已经产生了生态毒性效应，由于 2 个土壤中污染物种类和含量上存在的差异，导致它们的细菌群落相似性程度并不高。

段学军和闵航（2004）利用 PCR-DGGE 技术，研究了镉胁迫下稻田土壤细菌群落多样性，发现不同浓度镉胁迫下稻田土壤间的群落多样性的相似度在 47%～95%，认为土壤细菌群落多样性在镉浓度影响下有明显差异。张倩茹等（2004）研究了乙草胺-铜离子复合污染对黑土农田生态系统中土著细菌群落的影响，发现乙草胺-铜复合污染明显影响细菌群落结构，长期未施农药土壤、农药单一与复合污染土壤 3 者间存在细菌群落的显著差异，并且乙草胺-Cu^{2+}复合污染土壤与长期施用农药土壤的相似系数为 74.1%，认为具有较高相似性。以上报道都是利用 PCR-DGGE 技术对土壤细菌在污染胁迫下的群落变化研究，结果显示，土壤细菌的相似性指数要远远高于本研究根际细菌的相似性指数，说明本研究采用污染土壤样品，其中的污染物组成及污染物代谢物要比前人的研究土壤更为复杂，如此复杂污染物生态效应，是不能仅仅通过化学分析和传统细菌研究技术研究阐明的。

表 1.50　污染土壤和水稻根际细菌群落的 Jaccard 指数相似性　（单位：%）

样品名称		FJS-01	FJS-02	FJS-03	FJS-04	FJS-05
污染土壤	FJS-01	100	42.85	16.67	16.67	27.27
	FJS-02		100	25.00	35.71	30.77
	FJS-03			100	6.25	9.10
	FJS-04				100	33.33
	FJS-05					100
苗期-拔节期	FJS-01	100	45.45	21.95	24.32	20.93
	FJS-02		100	16.28	24.32	20.93
	FJS-03			100	32.61	24.75
	FJS-04				100	22.22
	FJS-05					100
拔节-抽穗期	FJS-01	100	51.23	41.65	33.26	21.51
	FJS-02		100	21.34	23.25	25.62
	FJS-03			100	26.31	27.33
	FJS-04				100	24.54
	FJS-05					100
抽穗-成熟期	FJS-01	100	55.55	50.00	38.46	25.00
	FJS-02		100	45.45	45.45	44.44
	FJS-03			100	53.84	21.42
	FJS-04				100	54.54
	FJS-05					100

随着水稻生育期的延长，FJS-01 和 FJS-02 样品水稻根际细菌群落相似度增加，说明水稻根系分泌物对根际细菌群落多样性产生了较大影响。FJS-01 与 FJS-03、FJS-04 相似性指数表现出与此类似的规律。研究发现沙漠野生植物的根际细菌种类比根外土壤多 1.5～3 倍；玉米根际离根 2 mm 土壤的细菌群体明显不同于 2 mm 以外土壤；高粱根际根系有机酸分泌引起的土壤 pH 变化影响了细菌群体结构，表明根系分泌物对根际细菌群体结构和生态功能有很大影响。本结果表明，水稻生育期，污染土壤细菌群落的多样性相似度指数的变化受到水稻根系分泌物的影响，但主要还是受到土壤污染物的影响。

研究细菌群落多样性在根际土壤中的变化，在了解污染土壤生态毒性方面具有更重要的意义，相似性指数可以作为判断污染土壤对土壤细菌和根际细菌群落多样性生态毒性效应影响的指标。而根际细菌群落多样性作为污染土壤生态毒性效应指示的生物标志物，仍需要开展大量的工作，包括土壤类型、污染物类型和含量、植物类型及根系分泌物种类和含量等因素对细菌群落多样性的不同影响，同时在群落多样性的检测和相似性表达方面也需要深入探讨。

（三）杀线剂与镉复合污染对土壤酶活性及微生物群落结构的影响

采用室内模拟方法，研究了噻唑磷与镉复合污染土壤中噻唑磷的降解动态以及噻唑磷不同施用剂量对土壤酶活性及微生物群落结构的影响，为设施农业农药使用安全性和土壤环境质量生物学评价提供科学依据。

1. 噻唑磷与镉复合污染对土壤酶活性及微生物群落结构的影响

1）噻唑磷与镉复合污染土壤中脲酶和脱氢酶活性的动态变化

噻唑磷、镉单一处理对土壤脲酶活性的影响见图 1.65（a）。总体上，噻唑磷对脲酶活性的抑制率随噻唑磷处理剂量的增大而增大。在整个实验周期单因子镉与 1X 噻唑磷处理对土壤脲酶活性的影响趋于对照水平；10X 噻唑磷在处理初期对脲酶活性影响较小，但随处理时间的增长对土壤脲酶活性的抑制作用增大，在处理 21～90 d 均与对照相比差异显著，在处理 90 d 后对土壤脲酶活性的抑制率达 28%，并且在处理 21～90 d，1X 和 10X 处理之间差异显著。而较高剂量噻唑磷（100X）处理对土壤脲酶活性的抑制作用较大，在处理 7 d 对土壤脲酶活性的抑制率达 48%，在处理 90 d 后对土壤脲酶活性的抑制率达 75%。

不同剂量噻唑磷与镉复合污染对土壤脲酶活性的影响见图 1.65（b）～（d）。在处理前期 1X 噻唑磷与镉复合处理的土壤脲酶活性几乎与对照水平相当，在处理 21d 时脲酶活性降至最低，显著低于对照和 1X 噻唑磷单独（$p<0.05$），之后随处理时间的延长酶活性增高与对照及 1X 噻唑磷处理无显著性差异，与单因子镉处理相比除了在处理 35 d 时差异显著外，在其余取样时间二者之间无显著差异（表 1.51）。10X+Cd 复合处理在处理前期对脲酶活性影响较小，与对照及 10X 噻唑磷单独处理没有显著性差异，在处理 21 d 时 10X+Cd 复合处理土壤的脲酶活性显著地低于 10X 噻唑磷单独处理，此后随处理时间增长与 10X 噻唑磷单独处理相比无显著性差异[图 1.65（c）和表 1.51]。如图 1.65（d）

所示，100X 噻唑磷单因子与 100X+Cd 复合处理在处理前 14 d 对土壤脲酶活性的作用趋于一个水平无显著性差异，但与对照及单因子镉处理相比差异显著；而在处理 21～90 d 后 100X+Cd 复合处理与对照、镉、100X 噻唑磷单因子处理均形成显著性差异，100+Cd 复合处理对土壤的脲酶活性的抑制率最大。因此，镉加重了 100X 噻唑磷对土壤脲酶活性的抑制。在整个处理过程中，单因子镉对土壤脲酶活性有轻微的抑制或促进作用，与对照相比无显著性差异，而 100X 的较高剂量噻唑磷处理对土壤脲酶活性有显著的抑制作用，当较高剂量的噻唑磷与镉同时进入到土壤时，对土壤脲酶的抑制作用更加强烈，联合作用幅度均大于单独作用之和，表现为协同作用，即它们的交互作用使得土壤脲酶活性大为下降（表 1.51）。综上所述，在一定程度上镉加大了噻唑磷对脲酶活性的抑制。

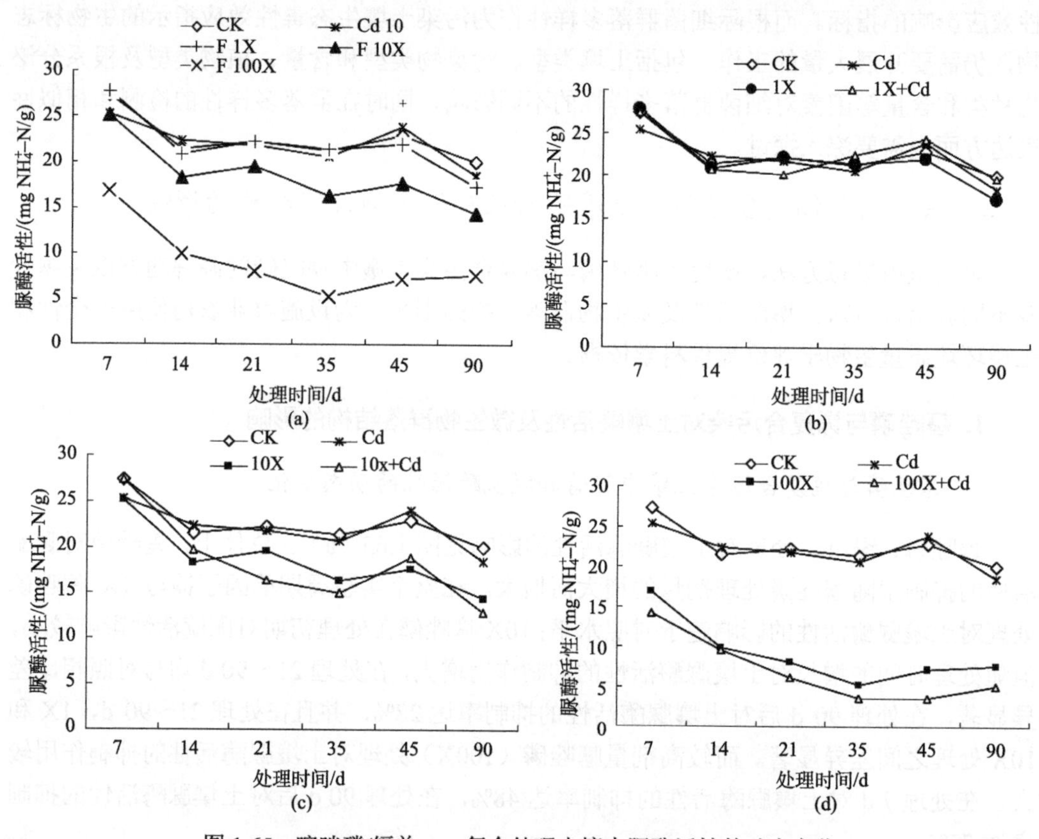

图 1.65　噻唑磷/镉单一、复合处理土壤中脲酶活性的动态变化

表 1.51　噻唑磷与镉复合污染对土壤脲酶活性的交互作用

处理	7 d		14 d		21 d		35 d		45 d		90 d	
	抑制率/%	交互作用	抑制率/%	交互作用	抑制率/%	交互作用	抑制率/%	交互作用	抑制率/%	交互作用	抑制率/%	交互作用
CK	0a		0a		0a		0ab		0ab		0a	
Cd	7.5a		−4.4a		2.0ab		3.1b		4.6ab		7.6a	
1X	1.4a		2.3a		0.1a		0.7ab		3.9b		13.8a	

续表

处理	7 d		14 d		21 d		35 d		45 d		90 d	
	抑制率/%	交互作用	抑制率/%	交互作用	抑制率/%	交互作用	抑制率/%	交互作用	抑制率/%	交互作用	抑制率/%	交互作用
10X	8.3a		14.9a		12.2c		23.8c		22.9c		28.2b	
100X	38.6b		53.8b		63.9e		75.7d		68.5d		62.1c	
lX+Cd	0.2a	拮抗	3.4a	协同	9.1be	协同	5.4a	拮抗	6.6a	拮抗	1.0a	拮抗
10X+Cd	0.0a	拮抗	8.2a	拮抗	26.3d	协同	30.2c	协同	18.0c	拮抗	36.0b	协同
100X+Cd	48.0b	协同	55.4b	协同	72.8f	协同	83.1e	协同	84.3e	协同	74.9d	协同

注：不同字母表示相同处理时间不同处理之间差异显著（$p<0.05$）。

噻唑磷与镉单一或复合处理对土壤脱氢酶活性的影响见图 1.66。由图 1.66（a）可知，土壤脱氢酶活性随噻唑磷处理浓度和处理时间的变化而变化。单一镉处理对土壤脱氢酶活性的作用与对照相比随处理时间增长表现为抑制-激活-趋于对照水平，在整个实验周期与对照相比无显著性差异（表 1.52）。1X 噻唑磷单因子处理在处理 7～14 d 显著激活了脱氢酶的活性，然后随处理时间的延长对脱氢酶活性表现为抑制-激活作用，但抑制激活作用与照相比无显著性差异（表 1.52）。10X 噻唑磷单因子处理在处理 7 d 时对脱氢酶有轻微的抑制作用，与对照相比无显著性差异，随后对脱氢酶活性具有激活作用，激活作用随处理时间增长而减弱，分别在处理 14 d、45 d 后与对照相比激活作用显著（表 1.52）。而 100X 噻唑磷处理对脱氢酶活性的影响随处理时间延长表现为先抑制后激活。在处理 7 d 时显著地抑制了脱氢酶活性，在处理 21～35 d 激活作用逐渐增强，随后激活作用减弱并与对照趋于同一水平。在处理 90 d 后，各不同处理之间对脱氢酶的影响恢复到对照水平，无显著性差异（表 1.52）。总体上，在处理初期低浓度噻唑磷激活了脱氢酶活性，而高浓度噻唑磷抑制了脱氢酶活性。

由图 1.66（b）和表 1.52 可知，1X 噻唑磷与镉复合处理与噻唑磷单因子处理随时间变化趋势基本一致，两种处理间无显著性差异。10X+Cd 的复合处理对脱氢酶活性的影响随处理时间的延长分别呈现激活-抑制-激活作用，但总体上与对照相比抑制作用不显著，而在处理前期的激活作用显著。在处理 7d10X+Cd 处理与 10X 噻唑磷单独处理相比显著地激活了脱氢酶活性，在处理 90d 后 10X+Cd 复合处理激活了脱氢酶活性而 10X 噻唑磷单独处理抑制了脱氢酶活性，但二者并无显著性差异[图 1.66（c）和表 1.51]。在处理前 35 天，与 100X 噻唑磷单独处理相比，100X+Cd 复合处理显著提高了脱氢酶活性，此后随处理时间延长两种处理之间无显著性差异，脱氢酶活性均与对照趋于一个水平，但是与 10X+Cd 复合处理相比，100X+Cd 复合处理对脱氢酶的激活作用持续的时间更长[图 1.66（d），表 1.52]。

2）噻唑磷与镉复合污染土壤中微生物群落结构的动态变化

噻唑磷、镉单一及复合处理对土壤细菌群落的影响见图 1.67。对 DGGE 图谱进行分析可以得出，较高浓度噻唑磷长期污染对土壤细菌群落结构产生明显的影响[图 1.67（a）]。在本实验过程中 1X 噻唑磷和镉单因子处理与对照相比对土壤细菌群落几乎没

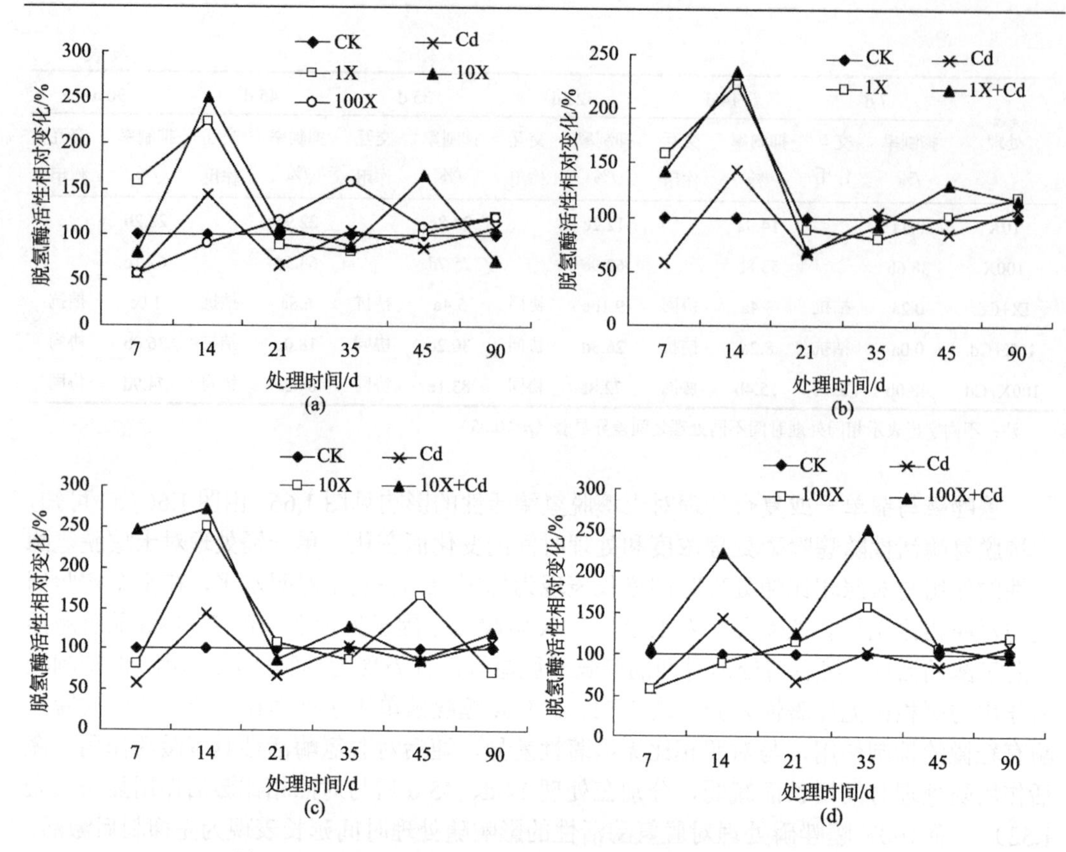

图 1.66 噻唑磷/镉单一、复合处理对土壤脱氢酶活性的影响

表 1.52 噻唑磷与镉复合污染对土壤脱氢酶活性的交互作用

处理	7 d		14 d		21 d		35 d		45 d		90 d	
	抑制率/%	交互作用	抑制率/%	交互作用	抑制率/%	交互作用	抑制率/%	交互作用	抑制率/%	交互作用	抑制率/%	交互作用
CK	0de		0b		0ab		0cd		0b		0a	
Cd	41.6ef		43.1b		33.3b		−3.7cd		14.7b		−8.3a	
1X	−59.0b		−123.3a		11.4ab		19.0d		−1.2b		−19.0a	
10X	19.6def		−150.5a		−8.8ab		12.5cd		−65.5a		27.7a	
100X	44.0f		9.8b		−15.1a		−57.7b		−3.0b		−19.7a	
1X+Cd	−42.0bc	拮抗	−134.9a	协同	31.1b	拮抗	7.1cd	拮抗	−30.8ab	拮抗	−16.2a	协同
10X+Cd	−146.9a	拮抗	−173.3a	协同	12.7ab	拮抗	−28.1be	拮抗	13.7b	协同	−20.3a	拮抗
100X+Cd	−6.8cd	拮抗	−123.0a	拮抗	−25.2a	拮抗	−152.2a	拮抗	−8.4b	拮抗	5.1a	协同

注：不同字母表示相同处理时间不同处理之间差异显著性（$p<0.05$）。

有影响；10X 噻唑磷长期污染的土壤，土壤细菌群落产生了轻微的变化，即与对照及 1X 噻唑磷相比，有一条带亮度增加（条带 10），还出现一条特异性条带（条带 11）；100X 噻唑磷污染土壤细菌群落结构发生了明显的变化，新出现了一些特异性条带且亮度增大

（如条带 4 和 5），而条带 7 和 9 消失，其余条带如条带 1、2、3、6 和 8 与其他处理相比亮度均增大。这些变化表明随噻唑磷处理剂量的增大，一些耐受菌或降解菌大量繁殖，而一些敏感菌生长受到抑制或大量死亡。1X+Cd 和 10X+Cd 土壤细菌群落变化相似，分别有一条条带消失（分别是条带 12 和 13），与对照及 1X，10X 单因子处理土壤相比其细菌群落变化甚微，但是条带 12 和 13 是除 100X 噻唑磷单一处理外其他单因子处理土壤所共有的，这也就说明在低剂量噻唑磷处理土壤中镉的加入使得某菌群大量死亡，降低了土壤微生物的多样性。

与低剂量复合处理相比，100X+Cd 复合处理的土壤细菌群落变化较明显。100X+Cd 复合处理与 100X 噻唑磷单因子处理相比，土壤细菌群落结构也发生了较大的变化，即在 100X 噻唑磷单独处理土壤中出现的特异性条带 4 在复合处理中也存在（条带 18）；而一些共有的条带诸如条带 15、16、17、20 和 22 亮度却降低，表明土壤中 Cd 的加入使得复合污染的毒性作用加强，抑制了一些耐受菌及降解菌的生长；而共有条带 19、21、23 和 24 亮度增加，表明 Cd 的加入减弱了噻唑磷对某些细菌的毒性，刺激了其生长。

使用 Quantity one 软件利用 UPGMA 分析不同处理之间的相似性系数，由图 1.67（b）可知，处理 90 d 后，土壤细菌群落大致分为两类，其中较高剂量噻唑磷单一及复合处理

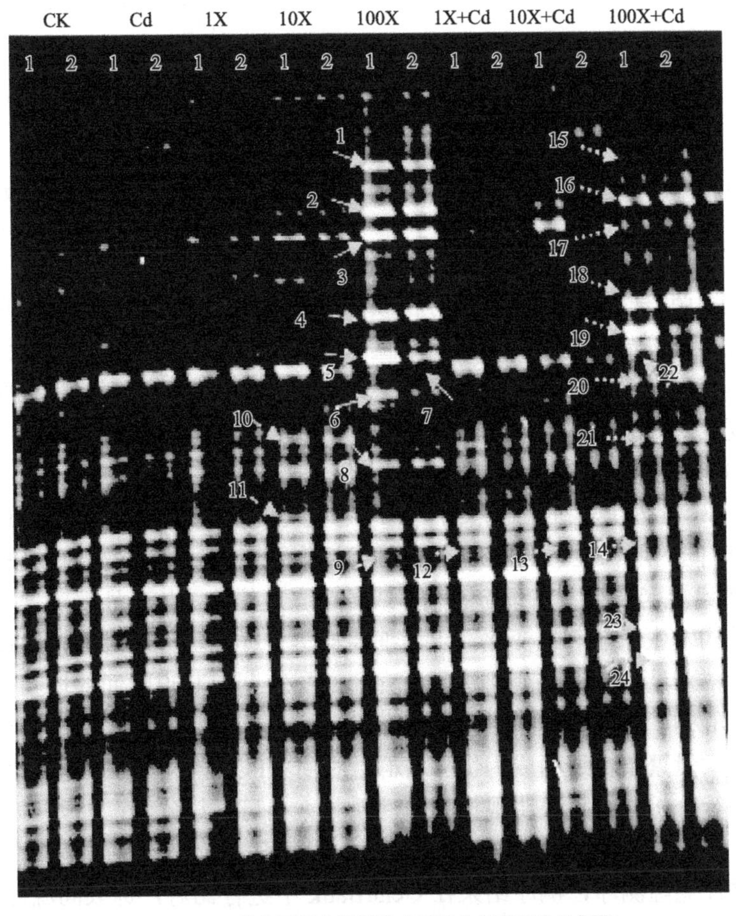

(a) DGGE指纹图谱分析(箭头指示发生显著变化的条带)

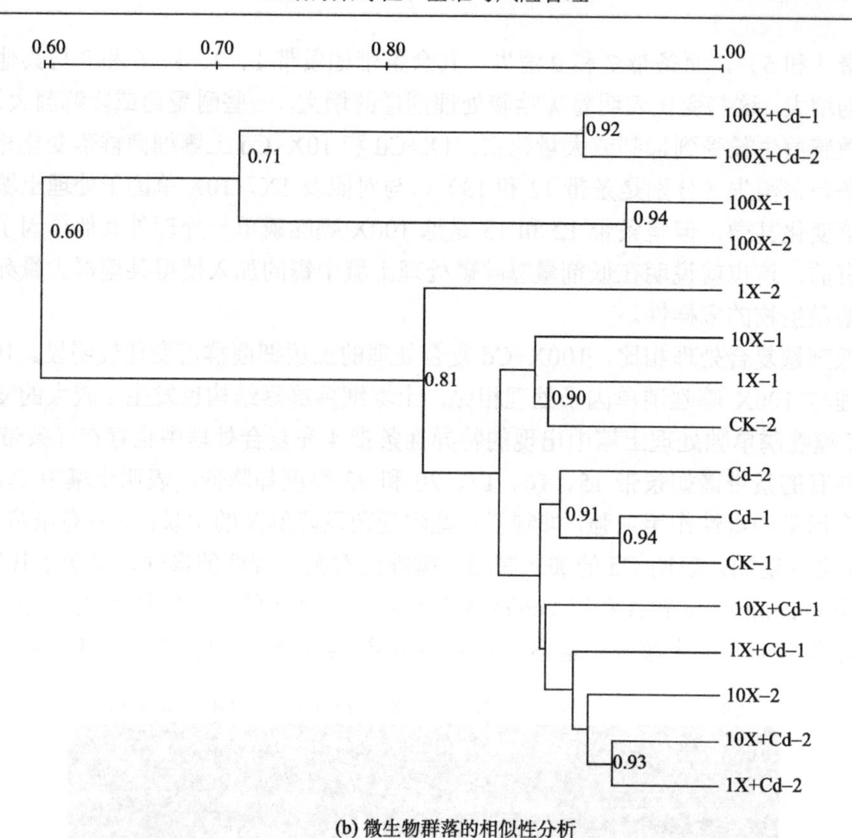

(b) 微生物群落的相似性分析

图 1.67　噻唑磷与镉单一、复合处理 90 d 后对土壤微生物群落结构的影响

划分为一类，都极显著的改变了细菌群落结构，二者之间的相似性系数为 0.71，表明两种处理对土壤细菌群落结构的影响具有相似性的特点；而对照，1X，10X 噻唑磷单独或与镉复合处理可以划分为一类，表明低剂量噻唑磷或与镉复合处理下土壤微生物群落结构较稳定。本研究结果表明较高剂量噻唑磷处理经过较长时间后对土壤细菌群落结构的影响很难恢复至对照水平，这与他人研究结果相似（Crouzet et al.，2010；王秀国，2009；张倩茹等，2004）。

100X 噻唑磷处理土壤细菌群落结构的动态变化趋势见图 1.68（a）。最明显的变化就是，随处理时间的增长位于 DGGE 图谱下半部分的某些条带消失，有的条带亮度减弱；位于 DGGE 图谱上半部分某些条带新增，或条带亮度增大。与未处理土壤（0 d）相比土壤细菌群落结构发生了显著地变化，土壤细菌群落多样性随处理时间增长逐渐降低。通过对土壤细菌群落结构的动态变化进行研究，结果表明随胁迫时间的增长，噻唑磷抑制了某些敏感菌群的生长，某些耐性/抗性的菌群或降解菌由于缺少了敏感菌群与之对共有资源的竞争而大量繁殖，逐渐成为优势菌群。利用 UPGMA 对不同处理时间土壤细菌群落结构变化进行分析，结果表明根据相似性系数大小可以划分为三大类（0 d，处理 7～55 d，处理 90 d）[图 1.68（b）]。在 DGGE 胶中，每条条带代表一种细菌，将 DGGE 特异性条带切胶进行克隆测序，测序结果在 GeneBank 中进行比对，选取同源性最高的近似

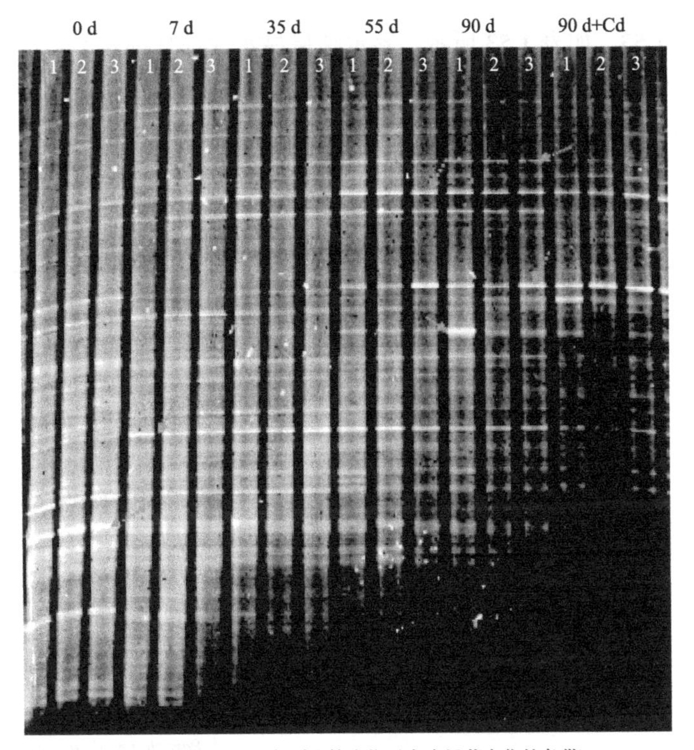

(a) DGGE指纹图谱分析(箭头指示发生显著变化的条带)

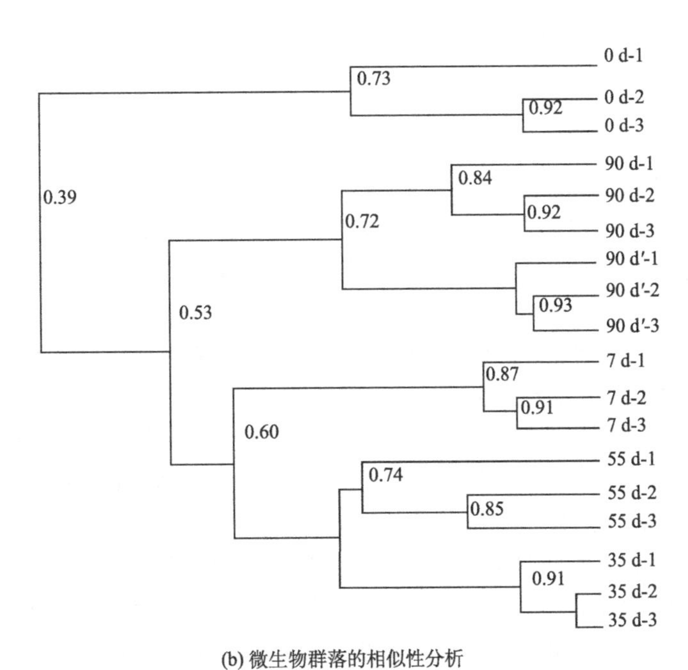

(b) 微生物群落的相似性分析

图 1.68 100X 噻唑磷处理对土壤微生物群落结构的动态影响

序列，结果见表1.53。如表1.53所示，鉴定结果显示大部分都是不可培养细菌，主要是酸杆菌门和变形菌门细菌。除不可培养细菌外，鉴定结果显示红球菌、棘阿米巴内生菌和棘阿米巴副衣原体也发生显著变化。得到的这些细菌可能具有噻唑磷胁迫抗性或具有降解特性，还有待于进一步研究确定。

表1.53　GeneBank中与DGGE测序结果同源性最高的序列

序号	GeneBank登录号	相似度/%	近源种
1	FJ 713033.1	80	*Uncultured Acidobacteira bacterium* 不可培养酸杆菌门
2	GU 271262.1	99	*Uncultured Acidobacteria bacterium* 不可培养酸杆菌门
4	EU 449563.1	98	*Uncultured Burkholderiales bacterium* 不可培养伯克霍尔德氏菌目（变形菌门）
5	AM 408793.1	98	*Endosymbiont of Acanthamoeba* sp. 棘阿米巴属内生菌
7	AY 846198.1	94	*Uncultured soil bacterium* 不可培养土壤细菌
8	JN 051144.1	93	*Parachlamydia acanthamoebae strain* 棘阿米巴副衣原体
25	JN 196542.1	93	*Rhodococcus* sp. 红球菌

注：序号代表的条带见图1.68。

土壤脲酶活性随噻唑磷处理剂量的增大及处理时间的增长而减弱，中等及较高剂量噻唑磷在培养较长时间后土壤脲酶活性都没有恢复到对照水平（图1.65）。研究发现脲酶活性的抑制率与土壤中施入的噻唑磷处理浓度呈一定的剂量-效应关系（表1.51）。农药的加入降低了土壤脲酶的活性，也就表明减缓了土壤中氮的转化，即对土壤尿素的利用率降低，不利于农作物生长。

污染物之间的交互作用类型有相加、拮抗和协同。噻唑磷与镉的交互作用类型（根据抑制率算）：噻唑磷和镉单一处理之和=噻唑磷-镉复合污染时为相加；噻唑磷和镉单一处理之和>噻唑磷-镉复合污染时为拮抗；噻唑磷和镉单一处理之和<噻唑磷-镉复合污染时为协同。就1X噻唑磷与镉的交互作用分析发现，在处理7 d后单因子镉对土壤脲酶活性抑制率为7.5%，而1X噻唑磷单独处理对脲酶活性促进率为1.4%，当二者复合处理时对脲酶活性的促进率为0.2%，表明噻唑磷与镉共存时，低剂量噻唑磷的加入在短时间内扭转了镉对脲酶活性的抑制作用，二者表现为拮抗作用；当处理21d时，单因子镉与单因子1X噻唑磷处理对脲酶活性的抑制率分别为2%和0.1%，二者复合处理对脲酶活性的抑制率为9.1%，显然单因子作用幅度小于联合作用幅度，二者的交互作用加强了对脲酶活性的抑制，表现为协同作用；而在处理90 d，二者对脲酶活性的抑制率分别为7.6%

和 13.8%，二者联合作用对脲酶活性的抑制作用为 1%，明显二者交互作用幅度小于单独作用之和，表现为拮抗作用（表 1.51）。对 10X 噻唑磷与镉的交互作用进行分析，在处理前 14 d，二者单独作用之和大于联合作用表现为拮抗作用，表明镉的加入在短时间内减弱了中等剂量噻唑磷对土壤脲酶活性的抑制作用。而在处理 21d、35 d 时二者联合作用大于单独作用之和，表现为协同作用，在处理 45 d 后二者之间的交互作用又表现为拮抗作用(表 1.51)。而 100X 噻唑磷与镉在整个实验周期的交互作用类型为协同作用(表 1.51)。因此，较低及中浓度噻唑磷与镉复合处理对土壤脲酶活性的影响随处理时间的增长表现为拮抗-协同-拮抗作用，而较高浓度的噻唑磷与镉复合污染对土壤脲酶活性的影响始终表现为协同作用。

土壤脱氢酶一般存在于微生物细胞之内，因而影响微生物生长代谢的相关因子均将影响脱氢酶活性，故土壤脱氢酶常作为土壤微生物生物量和代谢状态敏感的综合指标之一（王菲等，2008）。在处理前期，低浓度噻唑磷显著激活脱氢酶的活性，而高浓度噻唑磷显著抑制脱氢酶的活性，表明低浓度的噻唑磷在处理前期显著激活土壤微生物的代谢活性，而较高浓度噻唑磷在处理前期显著抑制土壤微生物的生物量和代谢能力（图 1.66）。土壤脱氢酶活性的动态变化趋势可以很好地解释噻唑磷在土壤中的消减动态，即低浓度噻唑磷在处理前期显著地激活了土壤脱氢酶活性，促进了土壤微生物将噻唑磷作为能源物质加以利用，促进其降解，而较高浓度的噻唑磷在处理前期显著抑制了脱氢酶活性，从而抑制了土壤微生物对外源污染物的代谢能力，因此低浓度的噻唑磷较高浓度噻唑磷降解速率快。而且由于低浓度噻唑磷与镉复合处理可显著激活脱氢酶活性，也就是说复合处理下提高了土壤微生物的代谢能力，从而加快了土壤中噻唑磷的降解。

在整个实验过程中，1X 噻唑磷单因子处理与复合处理之间对脱氢酶活性的影响无显著性差异。在处理 7 d 时，1X 噻唑磷单因子处理对脱氢酶的激活率为 59%，而 Cd 单因子处理对脱氢酶的抑制率达 41%，而二者联合作用的激活率为 42%，显然，在处理初期低剂量的噻唑磷减缓了镉对脱氢酶的抑制作用，表现为拮抗作用，随后这种强烈的拮抗作用一直持续，至 90 d 时二者联合作用表现为协同。在整个实验周期，10X 噻唑磷与镉的交互作用主要表现为强烈的拮抗作用，如在处理 90 d 时，10X 噻唑磷对土壤脱氢酶的抑制率达 28%，而镉对土壤脱氢酶的激活率为 8.3%，二者联合作用对脱氢酶表现为激活作用，激活率为 20.3%，即土壤中的镉可以扭转噻唑磷对脱氢酶的抑制作用。同样地，100X 噻唑磷单与镉的交互作用除在处理 90 d 时表现为协同作用外，均表现为较强烈的拮抗作用。由表 1.52 可知 10X+Cd、100X+Cd 复合处理在处理前期显著地激活了脱氢酶的活性，也就表明 10X+Cd、100X+Cd 复合处理在处理前期显著激活了土壤微生物的代谢污染物的能力。

王金花（2007）对丁草胺与镉复合污染对微生物的毒性进行研究，结果表明与单一污染相比，复合污染对土壤酶的抑制作用更明显，复合污染的交互作用随丁草胺和镉浓度比例的不同和处理时间的不同分别产生拮抗作用和协同作用。侯宪文等（2007）研究结果表明苄嘧磺隆在培养初期抑制土壤脲酶、酸性磷酸酶、过氧化氢酶活性，在培养后期抑制作用减缓并在一定程度上产生激活作用；低浓度铅刺激了这些酶的活性，而高浓度的铅抑制酶活性；而铅与苄嘧磺隆复合处理对土壤脲酶、酸性磷酸酶、过氧化氢酶活性的影响较复杂，随污染物浓度、持留时间及土壤性质等不同而变化。以上结果表明农药与重金属对土壤酶的交互作用非常复杂，交互作用类型随污染物浓度组合、处理时间的不同而变化。

利用分子手段对土壤微生物区系变化进行研究，不仅可以弥补传统研究方法（仅反映部分可培养微生物）的缺陷，还可以研究微生物群落在污染物消解过程中的动态变化。本研究发现，高浓度噻唑磷改变了微生物群落结构的稳定性，种群多样性下降，而镉（10 mg/kg）对土壤微生物群落结构的影响较小，并在一定程度上加剧了噻唑磷对土壤中某些细菌的毒害（图 1.67 与图 1.68）。由于处理 0 d 与处理后 90 d 总的相似性系数为 0.39，表明较高施用剂量的噻唑磷对土壤微生物群落结构的影响非常大，这种影响具有长期性很难恢复。也正因为高剂量噻唑磷导致土壤微生物种群多样性下降和微生物酶活性显著降低（图 1.65），导致高剂量噻唑磷在土壤中的降解速率缓慢。张倩茹等（2004）利用 PCR-DGGE 分析乙草胺与铜复合然与乙草胺单独处理微生物群落结构的相似程度，结果发现复合污染明显影响了微生物群落结构。由相似系数可知乙草胺与 Cu 复合污染土壤与长期施用乙草胺（8 年以上）土壤具有较高相似性（相似系数达 74.1%）。研究结果表明在一定程度上高剂量污染物对土壤微生物短期、急性暴露的模拟培养在一定程度上能够反映污染物对环境微生态区系的长期影响与作用，可以为污染物农田生态系统安全评价提供方法参考。DGGE 测序结果表明噻唑磷胁迫对土壤不可培养细菌影响较大，由于对 DGGE 切割测序的条带均为在高剂量噻唑磷胁迫下新增条带或优势条带，其中由测序结果分析得到的红球菌、棘阿米巴内生菌和副衣原体有可能作为土壤噻唑磷污染的微生物标记物。

2. 阿维菌素与镉复合污染对土壤酶活性及微生物群落结构的影响

通过室内模拟试验研究了阿维菌素及阿维菌素与镉复合污染对设施农业土壤微生物活性和群落结构的动态影响，为设施农业中阿维菌素的使用安全性评价提供基础依据，以期为农药污染的土壤环境质量评价提供监测指标。

1）阿维菌素与镉复合污染土壤中脲酶活性的动态变化

阿维菌素、镉单一或复合处理对脲酶活性的影响见图 1.69。由图 1.69（a）可以看出，1X 阿维菌素处理对土壤脲酶有轻微的抑制作用，在处理 19 时显著地抑制了脲酶活性，在处理 33 d 后酶活性开始逐步恢复，但是经过 53 d 处理后脲酶活性虽有回升但仍与对照差异显著。10X 阿维菌素在处理第 5 d，处理土壤的脲酶活性稍高于对照土壤，阿维菌素对土壤脲酶表现出轻微的激活作用，此后随处理时间的增长，脲酶活性被强烈地抑制，在处理 33 d 时抑制率达 20.3%，在处理 43～53 d 脲酶活性逐步回升，但在处理 53 d 与对照相比差异仍显著。较高剂量 100X 施用剂量在整个培养过程强烈的抑制了脲酶活性，在处理 53 d 后处理土壤的脲酶活性虽有所回升但抑制率仍达 30.3%（表 1.54）。由图 1.69 和表 1.54 可知，不同浓度阿维菌素与镉复合处理土壤的脲酶活性与阿维菌素单因子处理土壤脲酶活性相当，无明显差别。

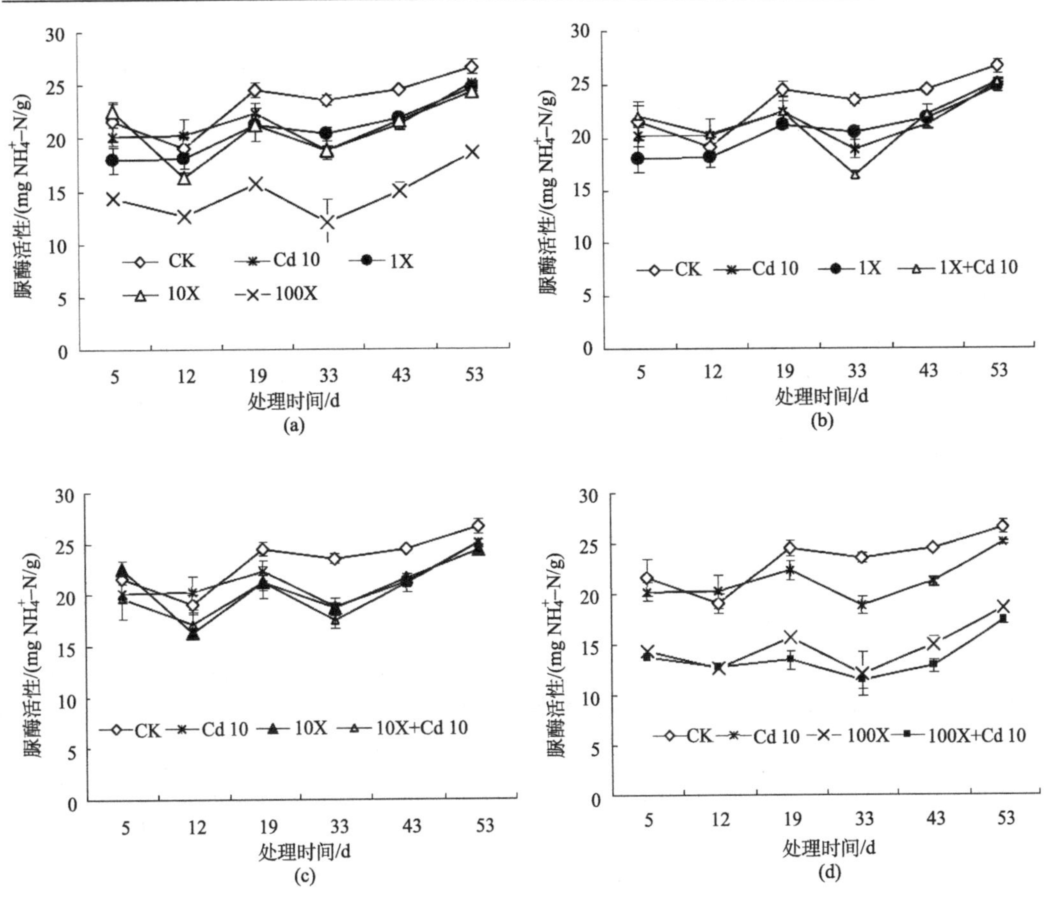

图 1.69　阿维菌素/镉单一、复合处理土壤中脲酶活性的动态变化

表 1.54　阿维菌素和镉单一、复合污染对土壤脲酶活性的影响

处理＼时间	抑制率/%						交互作用类型					
	5d	12d	19d	33d	43d	53d	5d	12d	19d	33d	43d	53d
CK	0ab	0ab	0a	0a	0a	0a						
Cd10	6.6ab	−6.8a	8.9ab	20.1b	13.3a	5.9b						
1X	16.9bc	4.9ab	13.5b	13.4ab	10.8a	7.4b						
10X	−4.4a	14.6b	13.5b	20.3b	11.6a	8.8b						
100X	33.7c	34.1c	36.1c	48.9c	40.0b	30.3c						
CK	0a	0a	0a	0a	0a	0a						
Cd10	6.6a	−6.8a	8.9a	20.1b	13.3a	5.9b						
1X	16.9a	4.9a	13.5a	13.4ab	10.8a	7.4b						
1X+Cd	−2.3a	−6.7a	8.6a	30.2c	9.3a	5.2b	拮抗	拮抗	拮抗	拮抗	拮抗	拮抗
CK	0a	0ab	0a	0a	0a	0a						
Cd10	6.6a	−6.8a	8.9a	20.1b	13.3a	5.9b						

续表

处理＼时间	抑制率/%						交互作用类型					
	5d	12d	19d	33d	43d	53d	5d	12d	19d	33d	43d	53d
10X	–4.4a	14.6b	13.5a	20.3b	11.6a	8.8b						
10X+Cd	8.8a	10.2ab	13.6a	25.6b	13.6a	5.8b	协同	协同	拮抗	拮抗	拮抗	拮抗
CK	0a	0a	0a	0a	0a	0a						
Cd10	6.6a	–6.8a	8.9a	20.1a	13.3a	5.9b						
100X	33.7b	34.1b	36.1b	48.9b	40.0b	30.3c						
100X+Cd	36.6b	32.9b	45.3b	51.7b	47.5b	34.9c	拮抗	协同	协同	拮抗	拮抗	拮抗

2）阿维菌素与镉复合污染土壤中脱氢酶活性的动态变化

由图 1.70（a）和表 1.55 可以看出，阿维菌素与镉单因子处理对土壤脱氢酶活性呈先刺激后抑制趋势。在处理 5 d 时 10X 阿维菌素处理显著地激活了土壤脱氢酶的活性（p<0.05），此后 1X 和 10X 阿维菌素处理对脱氢酶的激活作用减弱，逐步恢复至对照水平且表现出一定的抑制作用，在处理 43 d 后 1X，10X 阿维菌素处理显著地抑制了土壤脱氢酶的活性（p<0.05），至处理 53 d 后脲酶活性基本恢复到对照水平。而 100X 阿维菌素处理对土壤脱氢酶的激活作用强于低浓度（1X 和 10X）阿维菌素处理，这种激活作用一直持续到处理后 33 d，随后脱氢酶活性才逐步恢复至对照水平，并随培养时间的延长轻微地抑制了脱氢酶的活性，但这种抑制作用与对照相比没有显著性。单因子镉处理在处理后 5 d 和 12 d 显著刺激了脱氢酶的活性，随后刺激作用减弱逐渐恢复至对照水平并随培养时间的进一步延长对脱氢酶产生一定的抑制作用，在处理 43 d 后镉显著地抑制了脱氢酶的活性，在处理 53 d 后脱氢酶活性恢复到对照水平。

阿维菌素与镉复合污染对土壤脱氢酶的影响见图 1.70（b）～（d）。复合污染与阿维菌素单因子污染对脱氢酶的影响规律是一致的，即先刺激后抑制。1X 阿维菌素与镉复合处理在处理 5 d 后与 1X 阿维菌素单因子处理相比显著地激活了脱氢酶的活性，随后复合处理与阿维菌素单独处理之间无显著性差异，但在处理 53 d 后复合处理与阿维菌素单独处理相比显著地抑制了脱氢酶的活性（p<0.05）。10X 阿维菌素与镉复合污染在处理 12d 和 33d 后对脱氢酶的作用与 10X 阿维菌素单独处理相比差异显著，均显著地抑制了脱氢酶的活性，其余处理时间二者之间无显著性差异。在整个培养过程 100X 阿维菌素与镉复合处理与 100X 阿维菌素单独处理相比对脱氢酶活性的影响没有显著差异。此外，低浓度的阿维菌素与镉复合处理对脱氢酶的激活作用持续的时间长于低浓度阿维菌素单独处理。因此，镉促进了阿维菌素对土壤脱氢酶的激活作用。

（3）阿维菌素与镉复合污染对土壤中微生物群落结构的影响

阿维菌素与镉单一及复合处理对土壤微生物群落的影响见图 1.71。1X 和 10X 阿维菌素处理 53 d 时对土壤细菌群落的影响较小，与未处理土壤相比仅出现个别条带亮度增加或减弱。与谢显传（2007）研究结果相似，低浓度阿维菌素对土壤细菌没有显著地抑制作用。如图 1.71（a）箭头所示，100X 阿维菌素显著地改变了土壤细菌群落，即新增了一些条带且亮度有所增加，同时也有条带消失，与低剂量阿维菌素处理相比亮度增加

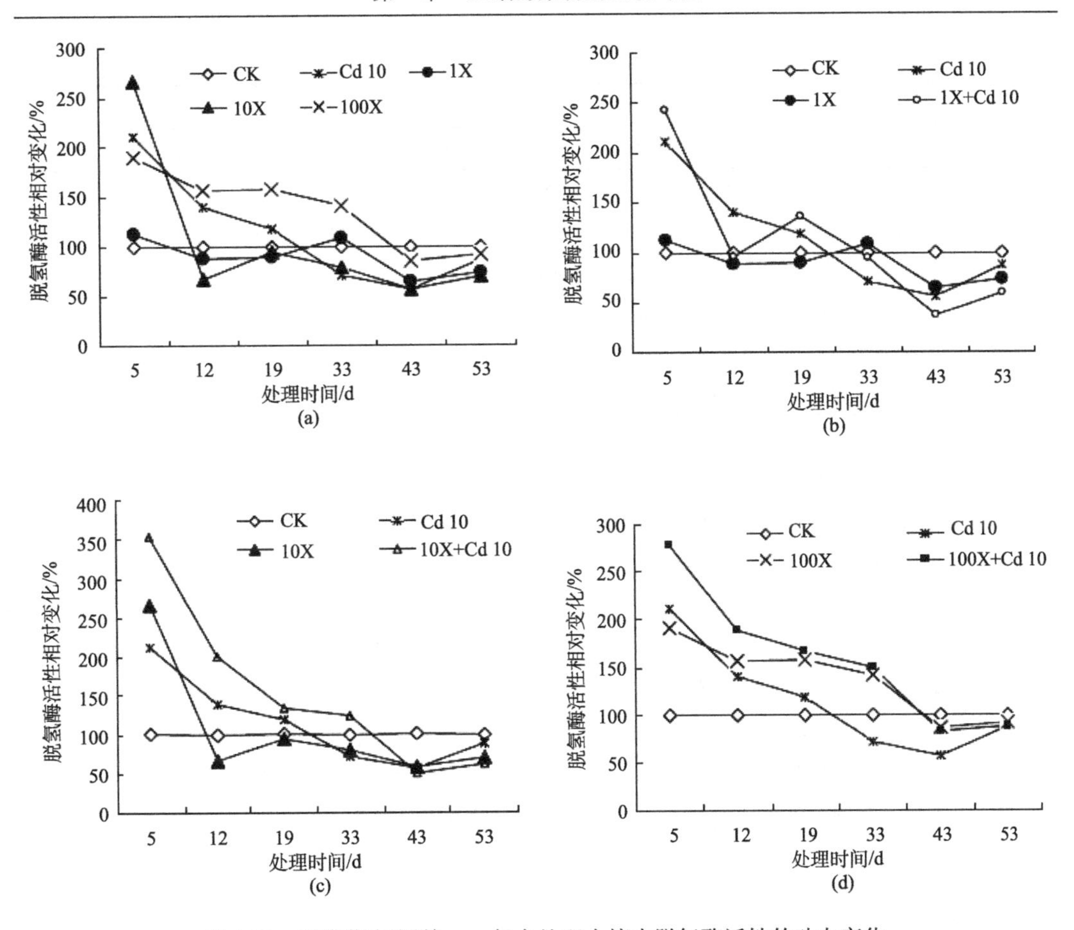

图 1.70　阿维菌素/镉单一、复合处理土壤中脱氢酶活性的动态变化

表 1.55　阿维菌素与镉单一或复合处理对土壤脱氢酶活性的影响

时间 处理	激活率/%						交互作用类型					
	5d	12d	19d	33d	43d	53d	5d	12d	19d	33d	43d	53d
CK	0a	0a	0a	0a	0a	0ab						
Cd10	111.1bc	88.2b	18.3a	−20.0a	−43.7b	12.4a						
1X	12.0ab	−9.3a	−10.6a	22.4ab	−34.9b	−26.7b						
10X	166.2c	−20.2a	−5.2a	−11.1a	−42.7b	−30.4b						
100X	90.5ac	111.1b	58.0i	58.8b	−14.0ab	−8.3ab						
CK	0a	0a	0a	0ab	0a	0ab						
Cd10	111.1b	88.2b	18.3a	−20.0a	−43.7b	12.4a						
1X	12.0a	−9.3a	−10.6a	22.4b	−34.9b	−26.7bc						
1X+Cd	142.7b	30.8ab	36.4a	7.4ab	−61.9b	−40.1c	协同	拮抗	协同	协同	协同	拮抗
CK	0a	0ab	0a	0ab	0a	0ab						
Cd10	111.1b	88.2be	18.3a	−20.0a	−43.7b	12.4a						

续表

时间 处理	激活率/%						交互作用类型					
	5d	12d	19d	33d	43d	53d	5d	12d	19d	33d	43d	53d
10X	166.2be	−20.2a	−5.2a	−11.1a	−42.7b	−30.4be						
10X+Cd	254.1c	169.2c	33.7a	39.1b	−50.3b	−38.2c	拮抗	协同	协同	协同	协同	拮抗
CK	0a	0a	0a	0a	0a	0a						
Cd10	111.1b	188.2ab	118.3a	−20.0a	−43.7b	12.4a						
100X	90.5ab	111.1b	158.0a	158.8b	−14.0ab	−8.3a						
100X+Cd	178.5b	155.9b	66.3a	68.6b	−18.6ab	−12.1a	拮抗	拮抗	拮抗	拮抗	协同	拮抗

的条带数目增加，这些变化表明土壤中耐阿维菌素胁迫的细菌及阿维菌素降解菌大量繁殖，而一些敏感菌群死亡。在阿维菌素与镉复合污染的土壤中，1X，10X 阿维菌素与镉复合对细菌群落的影响相似，与 1X 和 10X 阿维菌素单因子处理相比，仅是个别条带消失或亮度减弱，表明低浓度阿维菌素对土壤微生物毒性较小，重金属镉的加入也并没有使得阿维菌素对土壤微生物的毒性增强。100X 阿维菌素与镉复合污染与 100X 阿维菌素单独处理对土壤细菌群落的影响相似，即 100X 阿维菌素单独处理土壤中的优势条带也是复合处理土壤中的优势条带，但是在复合污染土壤中亮度有所减弱，且与 100X 阿维菌素单独处理相比，复合处理也并没有诱导特异性条带的新增。以上结果表明土壤中镉的加入在一定程度上抑制了这些阿维菌素抗性菌群及降解菌的繁殖。

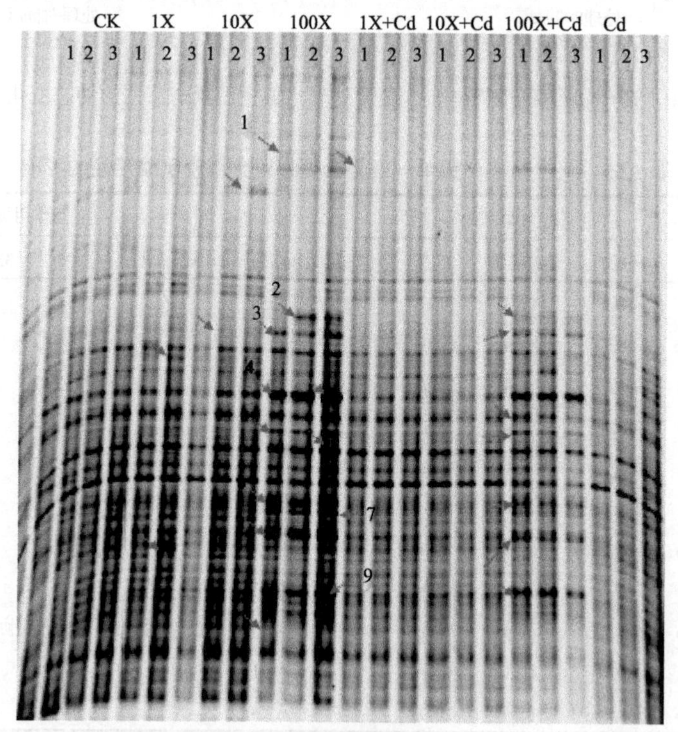

(a) DGGE指纹图谱分析

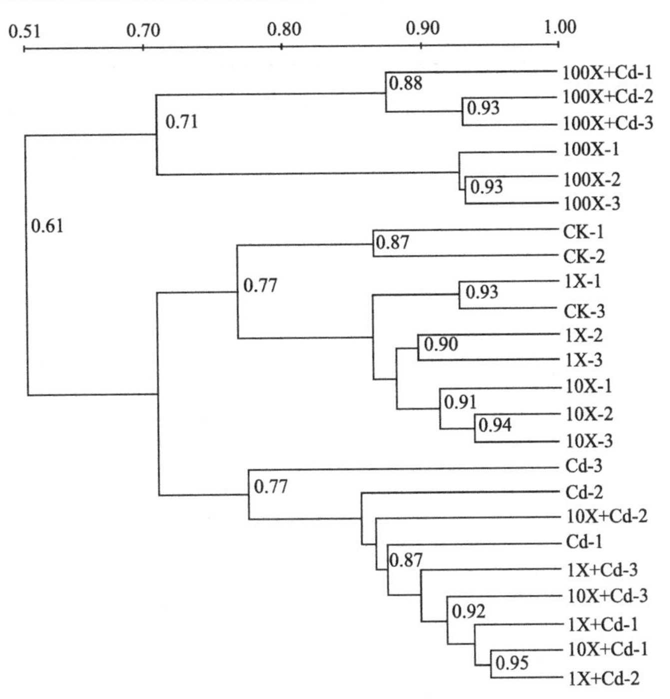

(b) 微生物群落的相似性分析

图 1.71　阿维菌素/镉单一、复合处理 53 d 后对土壤微生物群落的影响(数字标记的条带用于克隆测序)

利用 UPGMA 对不同处理间细菌群落相似性进行分析，可知污染物浓度是微生物群落结构变化的主要因素，低浓度的单一或复合处理可以大致归为一类，高浓度的单一或复合归为一类（相似性系数达 0.71），两大类之间有较大的区别（相似性系数为 0.61）。

DGGE 条带测序结果表明，阿维菌素胁迫下发生显著变化的细菌均为变形菌门细菌，且大多数为不可培养细菌，但是也得到了可培养变形菌门细菌 *Lysobacter* sp.和 *Pelomonas saccharophila*。由于在 DGGE 胶上切割的条带均为优势条带，所以这些变形菌门的细菌可能是耐阿维菌素胁迫的菌群，也可能是具有降解能力的菌（表 1.56）。可培养变形菌门细菌 *Pelomonas saccharophila* 和 *Lysobacter* sp.可以作为土壤中阿维菌素污染的微生物标记物。

表 1.56　GeneBank 中与 DGGE 测序结果同源性最高的序列

序号	GeneBank 登录号	相似度/%	近源种
1	GQ 352443.1	98	*Lysobacter* sp. 溶杆菌（变形菌门）
2	GQ 075978.1	94	*Uncultured bacterium* 不可培养细菌
3	JN 366923.1	86	*Uncultured Lysobacter* sp. 不可培养溶杆菌
4	AM 935298.1	95	*Unculnired Xanthomonas* sp. 不可培养黄单孢菌属（变形菌门）
5	HM 438440.1	84	*Uncultured Xanthomonadaceae* 不可培养黄单孢菌目（变形菌门）

续表

序号	GeneBank 登录号	相似度/%	近源种
6	AY 921806.1	97	*Uncultured gamma proteobacterium* 不可培养 gamma 变形菌
7	JN 409140.1	98	*Uncultured gamma proteobacterium* 不可培养 gamma 变形菌
8	JF 807473.1	97	*Uncultured gamma proteobacterium* 不可培养 gamma 变形菌
9	FM 886888.1	99	*Pelomonas saccharophila* （变形菌门）

注：序号所代表的条带见图 1.71。

如图 1.69 所示，阿维菌素抑制了土壤脲酶活性，且处理 53 天后土壤脲酶活性并未恢复至对照水平。然而谢显传等（2007）的研究结果表明，阿维菌素对脲酶有一定的抑制作用，低浓度阿维菌素处理土壤脲酶活性在处理 28d 后恢复至对照水平。研究结果的不同可能是由于本研究中使用的阿维菌素为商品化的农药乳剂，助剂可能也对脲酶产生一定的作用，此外不同的污染物浓度及土壤类型的不同也可能是导致研究结果不同的原因。不论是推荐剂量还是较高剂量阿维菌素的施用对土壤脲酶的影响具有长期性，因此具有一定的生态风险，长期大量的施用阿维菌素不利于土壤尿素的转化，影响作物对氮素的利用。

在整个实验周期，阿维菌素与镉（10 mg/kg）复合污染对土壤脲酶活性的影响与阿维菌素单独处理没有显著性差异。然而，王金花（2007）研究结果表明丁草胺与镉（10 mg/kg）复合污染对脲酶活性的抑制比丁草胺和镉单一污染程度均高。研究结果的不同也表明不同农药与镉复合其复合作用机制不同，导致对土壤酶的生态效应很不相同。

在整个培养过程中，1X 阿维菌素与镉复合处理对脲酶活性的抑制较阿维菌素与镉单因子作用之和小，因此 1X 阿维菌素与镉的交互作用类型表现为拮抗；而 10X、100X 阿维菌素与镉的交互作用类型在培养前期表现为协同作用，在培养后期表现为拮抗作用（表 1.56）。侯宪文（2007）研究结果表明铅与苄嘧磺隆复合污染对土壤脲酶活性的影响随不同浓度配比，不同处理时间及不同土壤类型而呈现不同的交互作用类型，其交互作用机理较复杂。

在阿维菌素处理下，土壤脱氢酶活性在处理后期恢复至对照水平，造成这种现象的原因可能是土壤中某些菌群抗性增强，可以吸收利用农药、乳化剂、溶剂等作碳源或能源，到培养后期随农药的降解，污染物的生物毒性减小，土壤微生物活性得到恢复。在本实验条件下，阿维菌素对土壤脱氢酶活性的影响与谢显传等（2007）研究结果不同，其研究结果表明低浓度阿维菌素对脱氢酶有一定的激活作用，高浓度的阿维菌素对脱氢酶有强烈的抑制作用。研究结果的差异可能与研究的污染物浓度、污染物的土壤类型不同有关。在现实农业生产中土壤中镉含量不断积累，而同时阿维菌素大量施入土壤中，造成阿维菌素与镉复合污染发生较普遍，镉与阿维菌素复合污染在处理前期由于刺激土壤脱氢酶的活性，因此可以提高土壤的氧化还原能力，加速阿维菌素的代谢，使得阿维菌素防治病害的有效期缩短。

就其二者对土壤脱氢酶的交互作用进行分析可知（根据激活率计算），低浓度与镉复合污染（1X+Cd10，10X+Cd10）的交互作用类型在处理前期以协同作用为主，在处理后期主要为拮抗作用。而较高浓度阿维菌素与镉复合污染（100X+Cd10）的交互作用类型主要是拮抗作用（表 1.55）。与本研究结果相反，镉与丁草胺交互作用类型为：B100＋Cd10 在整个处理过程基本是协同作用，而 B10＋Cd10 和 B50＋Cd10 在处理的初期为拮抗作用，处理后期则基本为协同作用（王金花，2007）。有机-无机复合污染的作用机制常常受污染物种类与浓度，污染物结构与性质、环境条件及不同土壤微生物种类等因素影响（侯宪文，2007；王金花，2007）。土壤环境中镉与阿维菌素或其降解产物可能发生螯合或络合作用，形成络合物；或是镉以二价离子态存在于土壤溶液中，易被静电吸附，降低土壤表面负电荷，促进土壤对阿维菌素的吸附，这些作用机制可能减弱了镉和阿维菌素在土壤中的生物有效性，因此导致镉-低浓度阿维菌素复合污染在处理后期或较高浓度阿维菌素与镉复合污染的联合作用表现为拮抗作用，这也可以解释对土壤微生物影响的长期性（侯宪文，2007）。

土壤脲酶、脱氢酶活性的这种动态变化趋势可能与阿维菌素在土壤中的降解速率、降解产物、重金属镉的逐渐钝化、及阿维菌素母体或降解产物与镉的交互作用等因素有关。阿维菌素是一种易降解农药，在实验室模拟实验中，阿维菌素在 1～50 mg/kg 的浓度范围内，其半衰期为 34.8～46.5 d。因此随着土壤中阿维菌素的降解，其母体对土壤酶的生物毒性逐渐减小。已有研究表明在处理前期 7～21 d 阿维菌素降低了土壤微生物的生物量，影响土壤微生物的生长，此后其影响变小（谢显传等，2007）。原因之一可能是阿维菌素的降解中间产物和母体对土壤酶的毒性大小不同。本研究中在培养 53d 后，脲酶、脱氢酶活性有所回升，可能就是由于阿维菌素母体的减少及代谢中间产物对这两种酶毒害作用减小造成。

阿维菌素与镉复合污染土壤脲酶和脱氢酶活性的动态变化趋势表明，在处理前期随阿维菌素的降解，其毒性逐渐减小，由其代谢产物结构式可知，到处理后期随代谢中间产物的增多，可能以氢键结合的形式结合于土壤颗粒表面，与重金属发生竞争吸附，因而会影响镉在土壤中的存在形态，进而改变了重金属与阿维菌素母体或代谢中间产物的交互作用方式。这可能是导致在处理较长时间后复合污染土壤中脱氢酶活性较阿维菌素单独处理土壤被强烈抑制的原因，但对脲酶活性无显著影响。因此，对阿维菌素的降解中间产物的生态毒性效应还有待于进一步研究。

高剂量阿维菌素长期污染土壤改变了土壤微生物群落结构，即经较长时间培养后，由较高剂量阿维菌素处理的土壤微生物群落主要由具抗性和耐性及具降解特性的微生物组成。本研究结果与 Crouzet 等（2010）研究结果相似，1X 和 10X 推荐施用量的甲基磺草酮对土壤微生物群落影响微弱，而 100X 施用剂量的甲基磺草酮显著地改变了土壤微生物群落。100X 施用剂量的阿维菌素显著地抑制了脲酶活性，原因之一可能是由于土壤细菌群落发生剧烈改变。大量的研究表明农药的高频大量施用使土壤微生物群落结构发生变化，这将改变土壤原有的平衡状态，破坏其原有的生物功能，影响物质循环与能量转化（侯宪文，2007）。此外，DGGE 测序结果表明土壤中主要是不可培养细菌的变形菌门细菌具有抗阿维菌素胁迫或降解阿维菌素的能力。

第三节　土壤污染物对动物的毒性

土壤动物是土壤环境质量和健康质量的重要指示生物，特别是无脊椎动物蚯蚓等能够敏感地反映土壤中有毒物质，是陆生生态毒理研究中最重要的物种，在土壤生态毒理学评价中应用最为广泛（左海根等，2004）。土壤弹尾目昆虫作为土壤中的优势物种之一，是土壤环境的重要指示生物，在对污染环境的生态评估研究中得到越来越多的重视。本节分别介绍了重金属（铜、镉）、有机污染物（多氯联苯、酞酸酯）以及重金属有机复合污染对土壤动物的毒性效应与机理。

一、重金属对土壤动物的毒性

（一）Cu、Cd 暴露对蚯蚓的生态毒性

近年来，蚯蚓的毒性试验和繁殖试验被广泛应用于研究各种化学物质对蚯蚓的存活、生长、繁殖能力等方面的影响，从而估计土壤中各种污染物可能对土壤动物造成的危害。起初，大部分研究都利用蚯蚓的 14d、28d 死亡率实验获得的 LC50 值估计污染物的生态毒性。然而，随着毒性实验的断发展，发现死亡率作为毒性实验的终点来估计污染物可能对土壤动物造成的影响不够敏感。目前，大部分研究者认为污染物对蚯蚓生长及繁殖力的影响比蚯蚓的死亡率敏感，并且能够反映出群体效应。其中，由于蚯蚓繁殖情况能够反映出群体的动态变化，被认为是最重要的生态毒性指标。一些国际组织，如国际经合组织（OECD）和国际标准化组织（ISO）对蚯蚓的毒性实验及繁殖实验设定了相应的标准规范和指导方针。

根据 OECD 在 1984 年发布的指导方针草案以及 2000 年 1 月发布的蚯蚓繁殖实验的指导方针草案，研究 Cu、Cd 污染土壤对蚯蚓的存活、生长、繁殖能力等方面的影响。根据蚯蚓毒性、繁殖实验的结果，可以通过统计手段获得一些统计指标，如产生显著影响的最低浓度（LOEC）、无显著影响的最高浓度（NOEC）、50%群体受影响的浓度（EC50）等，来反映污染物蚯蚓指示土壤重金属铜、镉污染及强化植物修复的潜力研究的生态毒性风险。

1. Cu、Cd 暴露对蚯蚓存活率的影响

图 1.72、图 1.73 分别为不同时间内（1、2、3、4 周），不同浓度的 Cu、Cd 对蚯蚓存活率的影响，其中由于 1 mg/kg Cd 处理中蚯蚓死亡率与对照组一致，所以未在图中表示。如图所示，100 mg/kg、200 mg/kg 的 Cu 基本上未对蚯蚓的存活构成威胁。当 Cu 浓度升高至 400 mg/kg 时，蚯蚓出现明显的死亡状况。400 mg/kg 的 Cu 浓度为我国土壤环境标准（GB 15618—1995）中三级土壤的 Cu 临界标准值。根据本研究的结果，如果 Cu 浓度达到三级土壤的临界标准值，就可能对其生态系统中的蚯蚓的存活构成威胁。而在

实际情况中，对蚯蚓存活产生影响的 Cu 浓度的临界值可能会随土壤类型和理化性质的不同而不同，因为重金属在土壤中的老化作用和生物有效性因土壤性质而异；另一方面，本实验采用的是人工土壤，而且加入重金属的同时也加入了高浓度的 SO_4^{2-}、Cl^-，它们与土壤胶体之间的作用可使土壤 EC 值升高，pH 下降，虽然加入了 $CaCO_3$ 调节 pH，尽量降低了对蚯蚓生长的影响，与实际情况仍可能存在差异。当 Cu 浓度升高至 800 mg/kg 后，蚯蚓几乎全部死亡，与 1000 mg/kg 的 Cu 对蚯蚓的致死力相差不大。另外，随着蚯蚓在 Cu 污染土壤中暴露时间的增加，蚯蚓死亡率也略微增加。然而，出乎意料的是，当蚯蚓暴露于本实验设定的不同浓度的 Cd（5～320 mg/kg）后，并未表现出明显的死亡情况。根据我国土壤环境标准（GB 15618—1995），本实验设定的土壤 Cd 浓度已经远远超过各级土壤的临界标准值（5～300 倍），说明 Cd 对蚯蚓的致死率并不是指示 Cd 生态风险的敏感指标。

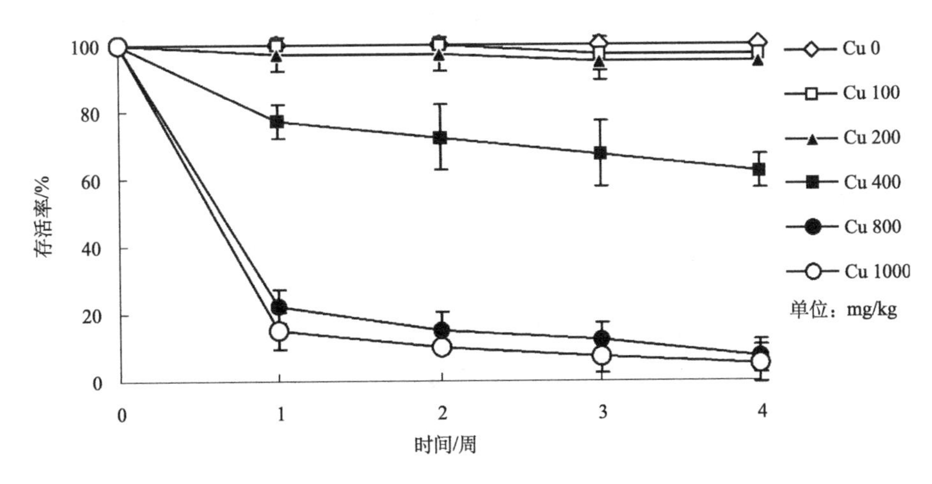

图 1.72　不同浓度 Cu 对蚯蚓存活情况的影响

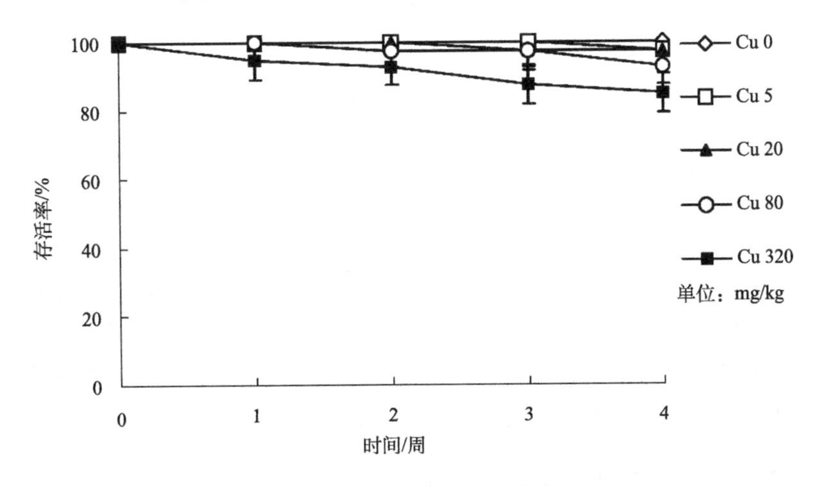

图 1.73　不同浓度 Cd 对蚯蚓存活情况的影响

2. Cu、Cd 暴露对蚯蚓体重的影响

图 1.74、图 1.75 分别为不同时间内（1、2、3、4 周），不同浓度的 Cu、Cd 对蚯蚓体重变化的影响，其中由于 1mg/kg Cd 处理中蚯蚓体重变化与对照组相差不多，所以未在图中表示。如图所示，第一周内，对照组的蚯蚓及暴露于低浓度 Cu（100 mg/kg、200 mg/kg）的蚯蚓的体重升高，这可能是由于蚯蚓进入土壤后吞食土壤颗粒及其中的营养物质导致的。随着暴露时间的增加，蚯蚓的体重逐渐降低。在前 3 周内，暴露于 100 mg/kg Cu 的蚯蚓的体重略微高于对照组的蚯蚓，说明 100 mg/kg Cu 在短时间内能够刺激蚯蚓体重增长。然而，当暴露 4 周后，对照组的蚯蚓与暴露于低浓度 Cu 的蚯蚓的体重之间并无显著差别（$p<0.05$）。暴露于 400 mg/kg Cu 的蚯蚓的体重明显低于其他浓度及对照组中的蚯蚓体重，说明 400 mg/kg 的 Cu 对蚯蚓的生长有明显的抑制作用。由于暴露于 800 mg/kg、1000 mg/kg Cu 的蚯蚓的死亡率很高，剩余蚯蚓的体重变化不能进行可靠的统计分析，所以未计量体重变化值。

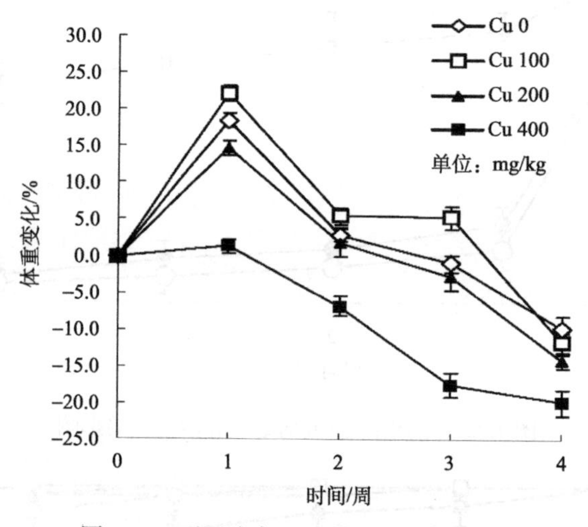

图 1.74　不同浓度 Cu 对蚯蚓体重的影响

暴露于不同浓度 Cd 的蚯蚓的体重变化规律与暴露于 Cu 的蚯蚓的体重变化规律相似。在第一周内，对照组的蚯蚓及暴露于低浓度 Cd（5 mg/kg、20 mg/kg）的蚯蚓的体重升高。随着暴露时间的增加，蚯蚓的体重逐渐降低。暴露于 320 mg/kg Cd 的蚯蚓的体重明显低于其他浓度下蚯蚓的体重。然而，在 4 周的培养时间内，暴露于 20 mg/kg Cu 的蚯蚓的体重一直保持着略微高于对照组蚯蚓体重的趋势。并且暴露 4 周后，暴露于不同浓度的蚯蚓体重之间具有明显的差异（$p<0.05$），说明与 Cd 对蚯蚓死亡率的影响相比，Cd 对蚯蚓体重变化的影响是较为敏感的生态毒性指标。

3. Cu、Cd 暴露对蚯蚓繁殖情况的影响

图 1.76、图 1.77 分别为 56 天后，不同浓度的 Cu、Cd 对蚯蚓繁殖的后代数量的影响。如图 1.76 所示，暴露于 100mg/kg 的 Cu 后，蚯蚓繁殖后代的数量显著低于对照

（$p<0.05$），说明 100 mg/kg 的 Cu 已经对蚯蚓繁殖后代的数量产生威胁。然而，100 mg/kg 的 Cu 对蚯蚓死亡率及蚯蚓体重并未产生不良影响。当 Cu 浓度达到 800 mg/kg、1000 mg/kg 时，虽然仍有蚯蚓存活，其活力已大大下降，也未观察到蚯蚓繁殖的幼虫。如图 1.77 所示，5 mg/kg 的 Cd 并未对蚯蚓繁殖后代的能力产生不良影响。暴露于 20 mg/kg 的 Cd 后，蚯蚓繁殖后代的数量极显著低于对照组及暴露于 5 mg/kg 的 Cd 的蚯蚓幼虫数量（$p<0.01$）。然而，当 Cd 浓度达到 320 mg/kg 时，蚯蚓仍未出现明显的死亡现象，并且 20 mg/kg 的 Cd 对蚯蚓体重也未产生不良影响。由此可见，与蚯蚓死亡率及体重变化相比，重金属对蚯蚓繁殖幼虫数量的影响是最敏感的生态毒性指标，这说明根据污染物对蚯蚓繁殖情况的影响来确定污染物的生态风险性更为安全可靠。

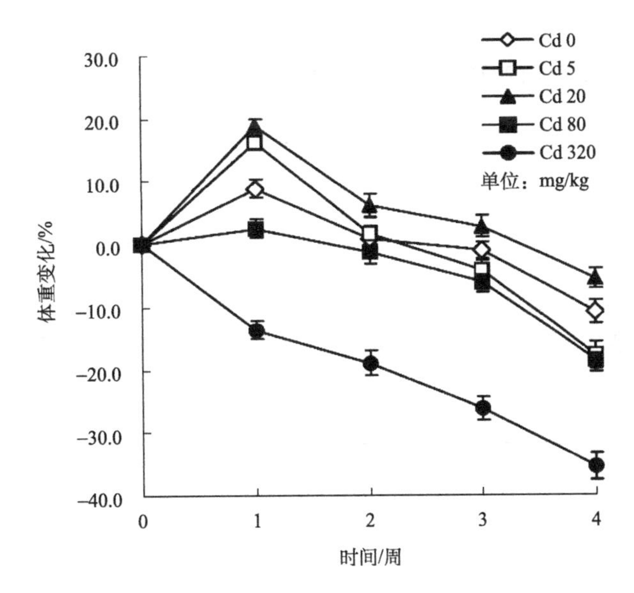

图 1.75　不同浓度 Cd 对蚯蚓体重的影响

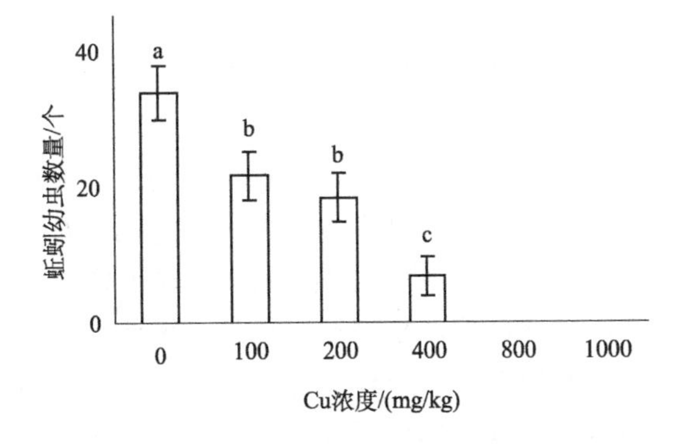

图 1.76　不同浓度 Cu 对蚯蚓繁殖幼虫数量的影响

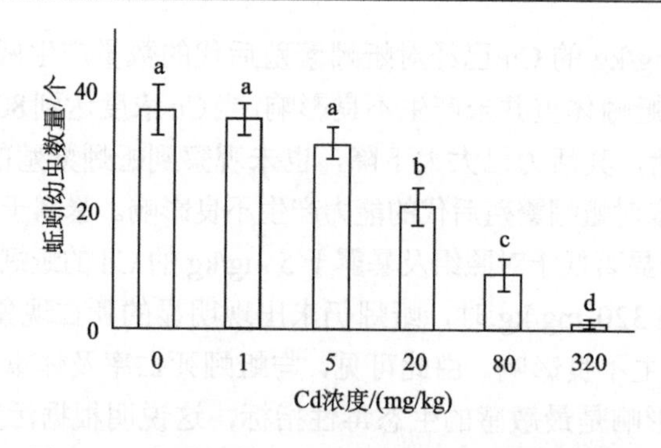

图 1.77　不同浓度 Cd 对蚯蚓繁殖幼虫数量的影响

4. Cu、Cd 污染土壤对蚯蚓的生态风险评估

表 1.57 为用于评估土壤 Cu、Cd 污染对蚯蚓造成的生态毒性及 Cu、Cd 污染的生态风险的各项指标，包括 LC50、NOEC、EC50。如表所示，土壤 Cu 污染对蚯蚓的 14 d 半致死浓度（LC50）为 534mg/kg（394～678 mg/kg）。随着暴露时间的增加，半致死浓度降低。28 d 时，Cu 污染对蚯蚓的半致死浓度降低至 430 mg/kg（315～568 mg/kg）。由于在本实验设定的 Cd 浓度范围内，未观察到明显的蚯蚓死亡现象，即本研究设定的 Cd 浓度没达到导致半数以上蚯蚓死亡的浓度，所以未能得到 Cd 的 LC50 值（>320 mg/kg）。

表 1.57　蚯蚓暴露于 Cu、Cd 的生态毒性及生态风险评估指标

	LC50 /14 d 死亡率	LC50 /28 d 死亡率	NOEC /28 d 死亡率	NOEC /28 d 幼虫数量	EC50 /56 d 幼虫数量
Cu/（mg/kg）	534	430	200	<100	169.54
Cd/（mg/kg）	>320	>320	>320	5	23.57

根据蚯蚓死亡率及繁殖幼虫数量的数据统计了 Cu 和 Cd 的 NOEC 值(即对死亡率或繁殖幼虫的数量无显著影响的污染物的最高浓度）。虽然现在许多毒性实验仍用 NOEC 表征化学物质的最高允许浓度，但严格来讲，NOEC 的结果很大程度上取决于实验设定的浓度范围、浓度的重复次数，不能外延到实验未设定的浓度对生物产生的毒性效应，所以 NOEC 也不是理想的判断化学物质毒性的指标。在本实验中，由于浓度设定的缘故，根据死亡率未统计到 Cd 的 NOEC 值，根据幼虫数量未统计到 Cu 的 NOEC 值。根据死亡率统计到的 Cu 的 NOEC 值为 200 mg/kg，远远高于根据蚯蚓繁殖幼虫的数量推测到的 Cu 的 NOEC 值（<100 mg/kg）；根据蚯蚓繁殖幼虫的数量统计到的 Cd 的 NOEC 值为 5 mg/kg，远远低于根据死亡率统计到的 Cd 的 NOEC 值（>320 mg/kg）。说明以蚯蚓繁殖后代的数量作为预测终点更为灵敏、安全。

根据蚯蚓繁殖后代的数量还推测了 Cu 和 Cd 的 EC50 值（对 50％测试的蚯蚓群体产生不良影响的污染物浓度），分别为 169.54 mg/kg（52.15～295.45 mg/kg）、23.57 mg/kg

（15.87～35.03 mg/kg）。也就是说，当土壤中 Cu、Cd 的浓度分别为 170、24 mg/kg 左右时，土壤中的一半的蚯蚓群体繁殖后代的数量会受到威胁。

目前，土壤污染对土壤生物的毒性及相应的生态风险评估在国内并未受到足够的重视，国家环保总局也未规定有关的技术标准来判断污染土壤的毒性程度。然而，对于水质的监测，国家环保总局规定了相应的标准方法测定工业废水、生活污水等水体的半数抑制浓度，半数致死浓度（24h-EC50、24h-LC50 或 48h-EC50、48h-LC50），如物质对蚤类(大型蚤)急性毒性测定方法(GB/T 13266-91)以及发光细菌法(GB/T 15441—1995)。本研究发现，重金属污染物 Cu、Cd 对土壤重要无脊椎动物（蚯蚓）有明显的毒性效应，也分别统计得到了 14d-LC50、28d-LC50 及 56-EC50，希望为判断重金属污染土壤的毒性程度提供一些科学依据。

（二）Cu 暴露对赤子爱胜蚓的遗传毒性

通过 SCGE 试验研究铜暴露剂量对赤子爱胜蚓活体基因损伤的动态变化，评价尾部 DNA 含量和尾长作为蚯蚓活体基因损伤分析和定量表达敏感性指标的可行性，为重金属污染的基因毒理诊断和环境污染监测提供研究方法。

1. 纱布接触试验铜暴露对赤子爱胜蚓遗传指标的影响

图 1.78 是蚯蚓体腔细胞的碱性 SCGE 试验图像。SCGE 试验图像专用分析软件 Komet 5.5 可将细胞 DNA 的碱性 SCGE 试验图像数据转化为数字数据。由于数据的正态分布决定统计方法的应用，因此考察数据的分布特征对试验结果的正确解析十分重要。利用 Lilliefors 检验对空白对照和各处理组的尾部 DNA 百分含量和尾长数据进行正态分布检测，检测结果显示：空白对照和不同铜暴露下蚯蚓体腔细胞碱性 SCGE 试验的 DNA 含量和尾长数据呈非正态分布（$p<0.05$）。

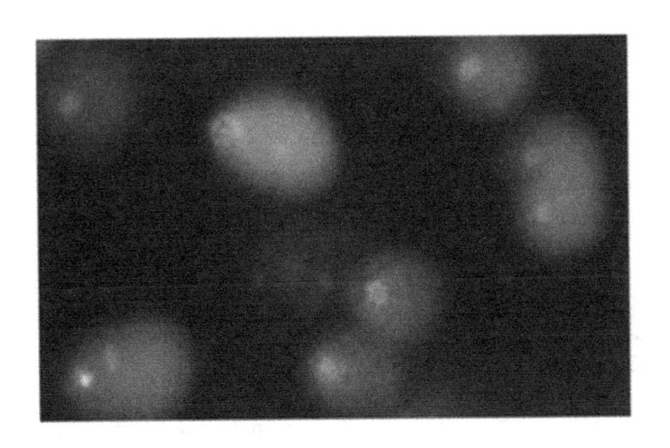

图 1.78　蚯蚓体腔细胞的碱性 SCGE 试验图像

纱布接触试验中，铜暴露浓度对蚯蚓体腔细胞的尾部 DNA 百分含量和尾长频数分布箱图分析结果，见图 1.79（a）～（d）和图 1.80（a）～（d）。矩形框是箱图的主体，上、中、下三线分别表示变量的 75%、50%和 25%的百分位数。除奇异值和极值以外的变量值称为本体值，上截至横线是变量值本体最大值，下截至横线是变量值本体最小值，50%的数据落在矩形框内。箱图显示，蚯蚓体腔细胞尾部DNA百分含量和尾长在数据频率分布上具有相似规律，均随着铜暴露浓度的增加而增加。

暴露期内（12 h，24 h，48 h，72 h），空白对照组蚯蚓体腔细胞尾部DNA百分平均含量在11.04%～15.13%，尾长在8.28～13.70 μm，变化幅度小处理组尾部DNA百分含量和尾长的变化。尾部DNA百分含量的最大值出现在铜浓度为125 mg/L的处理组暴露72 h时，为41.44%；尾长最大值则出现在铜浓度为100 mg/L的处理组暴露72 h时，为33.79 μm。在相同暴露时间内，随铜暴露浓度升高，处理组蚯蚓体腔细胞的尾部DNA百分含量和尾长而呈上升趋势，可能是由于环境铜浓度增加导致进入蚯蚓体内的铜浓度上升，而大量涌入体内的铜引起蚯蚓产生活性氧自由基从而造成基因损伤加剧。在相同铜暴露浓度下，随着暴露时间的延长，处理组蚯蚓体腔细胞的尾部DNA百分含量和尾长而也呈上升趋势。处理组蚯蚓体腔细胞的尾部DNA百分含量和尾长均在72 h时达到最大值，说明蚯蚓抵抗铜造成基因损伤的能力随着暴露时间的延长而减弱。

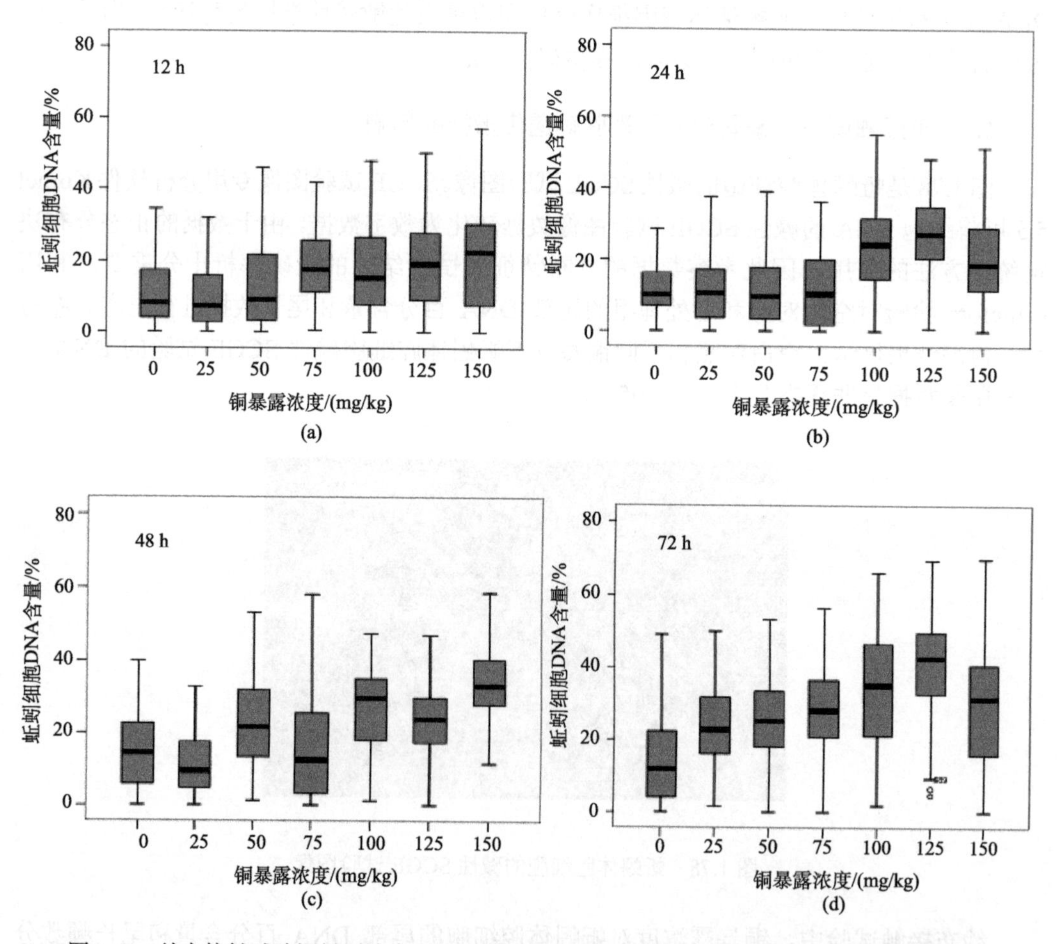

图1.79　纱布接触试验铜暴露浓度对赤子爱胜蚓体腔细胞尾部DNA百分含量频率分布影响

蚯蚓暴露 12 h 和 24 h 碱性 SCGE 试验分析结果显示，铜浓度大于 75 mg/L 以上的处理组尾部 DNA 百分含量显著高于对照组（$p<0.05$），暴露时间延长到 48 h 和 72 h 时，25 mg/L 铜处理组尾部 DNA 百分含量显著高于对照组尾部 DNA 百分含量（$p<0.05$）。暴露时间内处理组尾长差异显著性比较结果与尾部 DNA 百分含量差异结果相似，但 50 mg/L 铜处理组蚯蚓体腔细胞尾长在经过 24 h 暴露后就与对照组尾长产生显著差异（$p<0.05$），可能预示碱性 SCGE 试验检测低浓度铜对蚯蚓活体基因损伤时，细胞 DNA 尾长变化比尾部 DNA 百分含量变化更敏感。

表 1.58 为铜暴露浓度、尾部 DNA 百分含量、尾长间的 Spearman 非参数相关分析结果。从 12 h、24 h、48 h 和 72 h 的动态分析结果可以看出，铜浓度与尾部 DNA 百分含量和尾长之间都存在显著的正相关关系（$p<0.01$），而铜浓度与尾部 DNA 百分含量的相关系数均高于铜浓度与尾长的相关系数（表 1.59），说明铜浓度与尾部 DNA 百分含量、尾长存在良好的剂量效应关系。蚯蚓体腔细胞尾部 DNA 百分含量和尾长的相关系数分别为 0.533、0.535、0.498 和 0.593，不同暴露时间下其尾部 DNA 百分含量和尾长之间均呈显著正相关（$p<0.01$）。

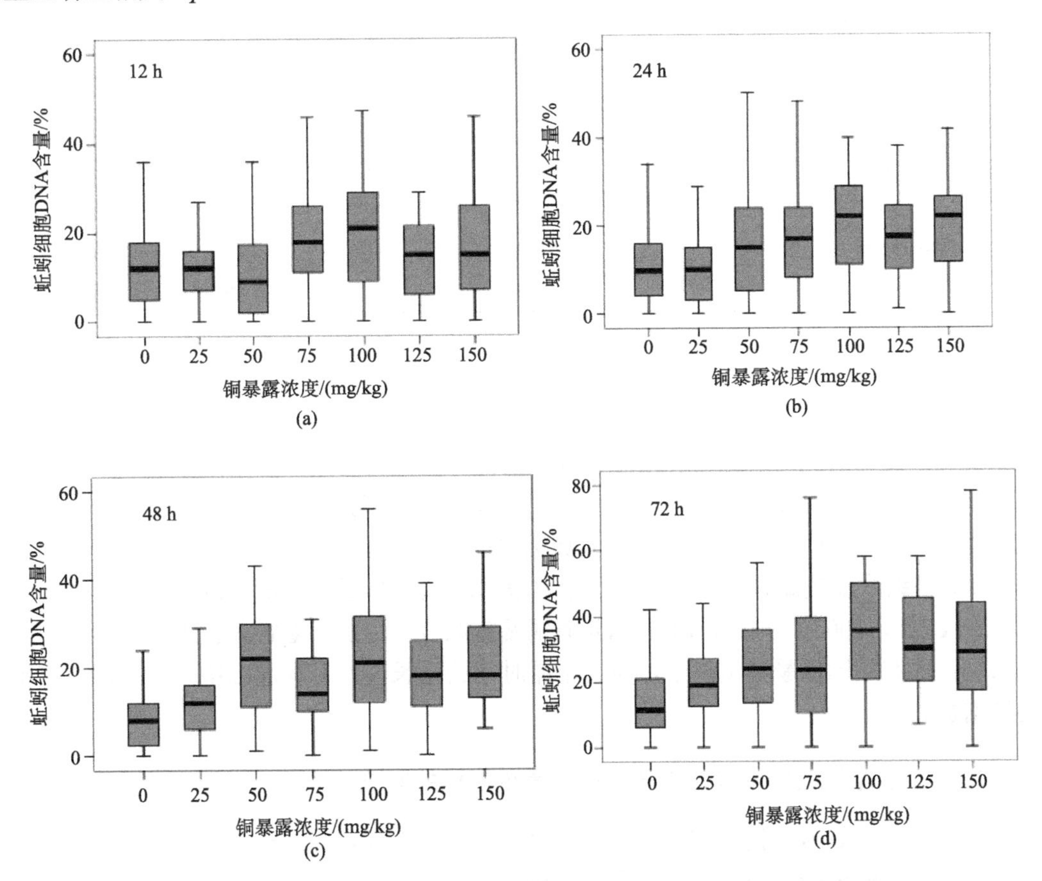

图 1.80　纱布接触试验铜暴露浓度对蚯蚓体腔细胞尾长频率分布影响

表 1.58　纱布接触试验铜暴露浓度、蚯蚓尾部 DNA 百分含量和尾长的相关性

暴露时间/h	Spearman 秩相关系数	暴露浓度	尾部 DNA 含量
12	暴露浓度		0.297**
	尾长	0.158**	0.533**
24	暴露浓度		0.410**
	尾长	0.293**	0.535**
48	暴露浓度		0.455**
	尾长	0.379**	0.498**
72	暴露浓度		0.405**
	尾长	0.346**	0.593**

**$p<0.01$。

表 1.59　纱布接触试验铜暴露浓度与赤子爱胜蚓生理指标的相关性

生理指标	N	相关系数/R			
		12 h	24 h	48 h	72 h
总 SOD 酶活力	21	0.246	–0.101	–0.469*	0.062
Cu-Zn SOD 酶活力		0.171	–0.415	–0.652**	0.062
CAT 酶活力		0.622**	–0.127	0.468*	0.249
GST 酶活力		–0.599**	0.506*	0.768**	0.687**
GSH 含星		0.623**	0.591**	0.698**	0.703**
EROD 酶活力		0.050	–0.298	0.449*	–0.338
MDA 含星		0.304	0.650**	0.865**	0.695**

注：N：样本数，*$p<0.05$；**$p<0.01$。

根据碱性 SCGE 试验的尾部 DNA 百分含量，可将基因损伤划分为 5 个等级。图 1.81 是铜暴露浓度和时间对蚯蚓体腔细胞基因损伤的等级评价结果。在铜浓度为 125 mg/L 下暴露 72 h 时，蚯蚓体腔细胞基因损伤达到 3 级，而最高铜暴露浓度 150 mg/L 在相同暴露时间时，基因损伤程度仍为 2 级。其原因可能是由于 DNA 损伤修复和蚯蚓对铜的外排机制，当铜浓度较高时可能促使外排能力增加，从而使基因损伤程度降低（Ma，2005；Lukkari et al.，2004）。图 1. 81 显示随着铜暴露浓度的增加，蚯蚓体腔细胞基因损伤程度加剧；而在相同铜暴露浓度下，随着暴露时间的延长，蚯蚓体腔细胞基因损伤程度也逐渐增加。

2. 人工土壤试验铜暴露对赤子爱胜蚓遗传指标的影响

人工土壤试验中，铜暴露浓度对蚯蚓体腔细胞的尾部 DNA 百分含量和尾长频数分布箱图分析结果，见图 1.82（a）～（d）和图 1.83（a）～（d）。

暴露期内，空白对照组蚯蚓体腔细胞尾部 DNA 百分含量在 8.28%～21.44%，尾长在 9.50～22.15 μm。暴露 28 d，400 mg/kg 处理组蚯蚓的尾部 DNA 和尾长损伤值都是最高的，分别为28.10%和30.10 μm。研究显示，铜处理组蚯蚓的尾部DNA含量和尾长与空白对照组无显著差异，这个研究结果与纱布暴露法的不一致，原因可能与铜有效态含量有关。

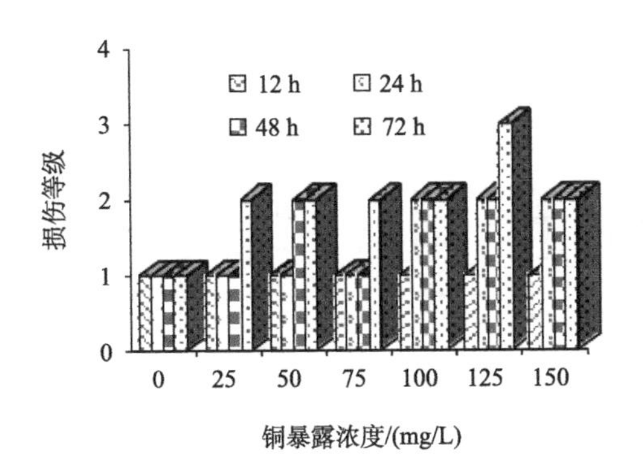

图1.81　铜暴露浓度对蚯蚓体腔细胞基因损伤分级

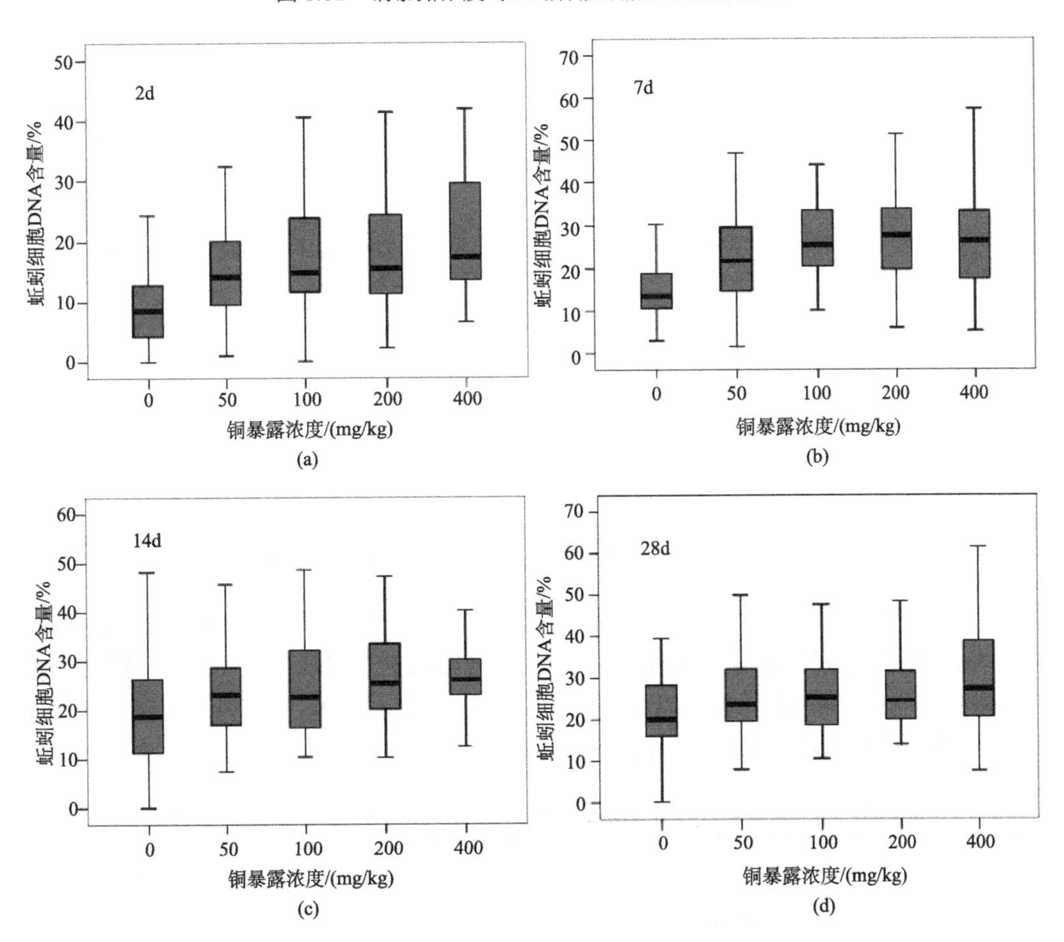

图1.82　人工土壤试验铜暴露对赤子爱胜蚓体腔细胞尾部DNA百分含量频率分布影响

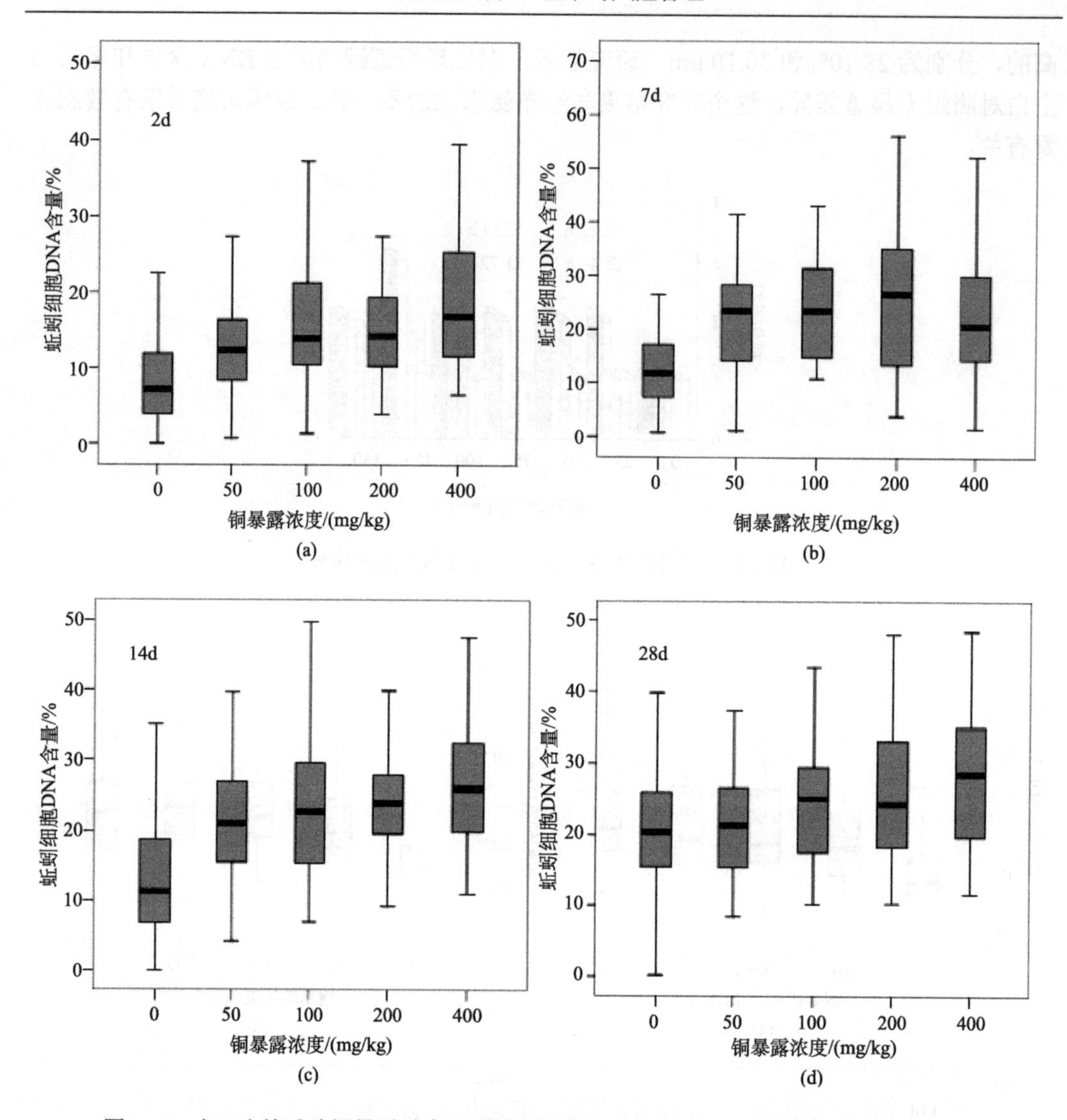

图 1.83　人工土壤试验铜暴露对赤子爱胜蚓体腔细胞尾部 DNA 百分含量频率分布影响

铜暴露浓度、尾部 DNA 百分含量、尾长间相关性分析结果（表 1.60）显示，暴露时间内，铜暴露浓度与尾部 DNA 百分含量和尾长之间都存在显著的正相关关系（$p<0.01$），说明铜暴露浓度可以显著诱导蚯蚓细胞尾部 DNA 百分含量、尾长的增加，这 2 个 DNA 损伤指数可以作为铜污染物的生物标志物。

表 1.60　人工土壤试验铜暴露浓度、蚯蚓尾部 DNA 百分含量和尾长的相关性

暴露时间/d	Spearman 秩相关系数	暴露浓度	尾部 DNA 含量
2	暴露浓度		0.402^{**}
	尾长	0.434^{**}	0.333^{**}
7	暴露浓度		0.377^{**}

续表

暴露时间/d	Speaman 秩相关系数	暴露浓度	尾部 DNA 含量
	尾长	0.305**	0.396**
14	暴露浓度		0.274**
	尾长	0.445**	0.192**
28	暴露浓度		0.217**
	尾长	0.256**	0.227**

**p<0.01。

暴露 2 d 时，人工土壤铜暴露浓度为 50 mg/kg 时，蚯蚓细胞 DNA 损伤即可到 2 级（图 1.84），显示蚯蚓可对环境铜胁迫作出敏感响应，但这种响应没有随着铜暴露浓度的增加而加大，可能与蚯蚓体内的抗氧化酶等防御机制启动有关，本试验对蚯蚓抗氧化酶的研究证实了这个观点。

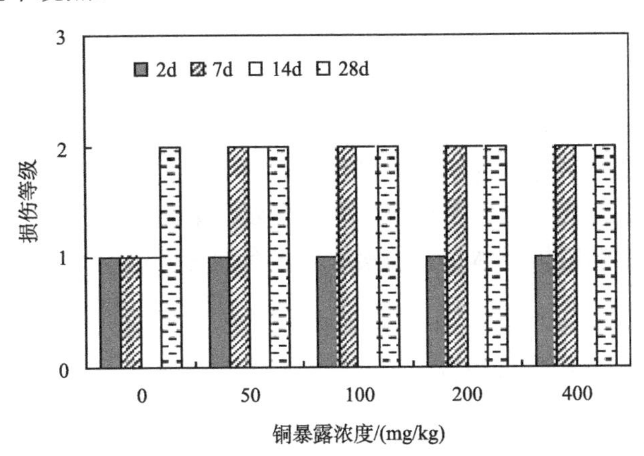

图 1.84　铜暴露浓度对蚯蚓体腔细胞基因损伤分级

3. 体外试验铜暴露对赤子爱胜蚓的遗传毒性

单细胞凝胶电泳技术是在细胞个体水平检测 DNA 链损伤的方法。由于这项技术上还有许多难题亟待解决，如耗时较长、花费较高、蚯蚓种属差异对结果影响较大等，因此迄今为止，国内外蚯蚓单细胞凝胶电泳遗传损伤检测方面的研究极少。本研究对蚯蚓体腔细胞单细胞凝胶电泳技术进行了改进，将传统的活体体内暴露，改为细胞体外暴露，通过细胞分类减少了由于细胞差异带来的试验误差，体外暴露缩短了试验时间，降低了试验成本。利用该技术对铜、多氯联苯单一和复合作用的遗传毒性进行了研究。

图 1.85（a）和（b）是体外暴露试验，铜暴露浓度对蚯蚓细胞 DNA 损伤的频率分布。研究显示，体外暴露试验中，蚯蚓细胞对铜暴露浓度的敏感性大大提高，当暴露浓度为 3.13 mg/L 时，蚯蚓细胞尾部 DNA 百分含量达到 36.24%，尾长为 25.54 μm，显著高于对照（p<0.05）。随着暴露浓度的增加，蚯蚓细胞尾部 DNA 百分含量和尾长在 6.25 mg/L 铜

暴露浓度处理组达到最高值，随后两个指标值下降。这种现象的原因是，当铜暴露浓度在12.50 mg/L 时，由于渗透压的原因，蚯蚓细胞裂解而不能产生正常细胞的 DNA 彗星图像。

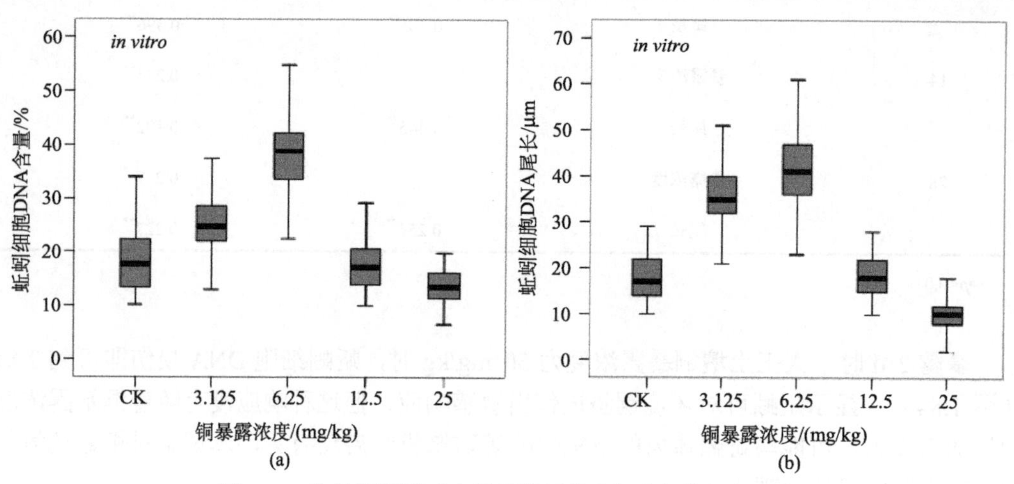

图 1.85　体外铜暴露对赤子爱胜蚓体腔细胞损伤频率影响

（三）Cu 暴露对弹尾目昆虫的生态毒性

通过对弹尾目昆虫进行室内重金属溶液暴露，标准土壤暴露和食物喂养等急性、慢性毒理实验研究，从宏观方面观察弹尾目昆虫对土壤重金属污染的种群反应（繁殖率、死亡率、生物量等），研究弹尾目昆虫体内重金属含量和形态分布特征，建立重金属污染土壤的弹尾目昆虫响应指标体系，积累和完善有毒有害化学品的基础毒性和生物学资料资料。

1. 弹尾目昆虫种群指标的建立

1）滤纸实验结果

对实验数据进行统计分析，结果如图 1.86 所示，暴露时间小于 10 h，*F. candida* 死亡率没有明显变化。当暴露时间大于 10 h（特别是暴露时间大于 46 h），随着暴露时间和暴露浓度的增加，*F. candida* 死亡率明显增加，暴露时间，暴露浓度与 *F. candida* 死亡率显著相关（$p<0.05$）。选取 46 h，72 h 暴露时间，计算得到一定时间死亡率和暴露浓度的线性回归方程：46 h：$y=-2\text{E-}08x^2+0.0002x-0.0047$，$R^2=0.9596$；72 h：$y=-3\text{E-}08x^2+0.0003x+0.0464$，$R^2=0.9691$（$y$ 代表死亡率，x 代表暴露浓度）。通过计算求得其半数致死浓度 LC50（46 h）=2585μg/g（LC50 变化范围：2015～3083 μg/g）；LC50（72 h）= 1579 μg/g（LC50 变化范围：1104～1911 μg/g）。对获得 *F. candida* 生长率数据进行统计分析可知，*F. candida* 成虫生长率与溶液中 Cu 暴露浓度呈明显的负相关关系（$R^2=0.9624$，$F_{1,5}=58.7$，$p<0.01$）[图 1.87（a）]。从图 1.87（b）显示可知，*F. candida* 能够从溶液中吸收积累 Cu 元素，并且其体内含量与 Cu 溶液暴露浓度明显正相关（$R^2=0.8887$，$F_{1,5}=68.7$，$p<0.01$）。

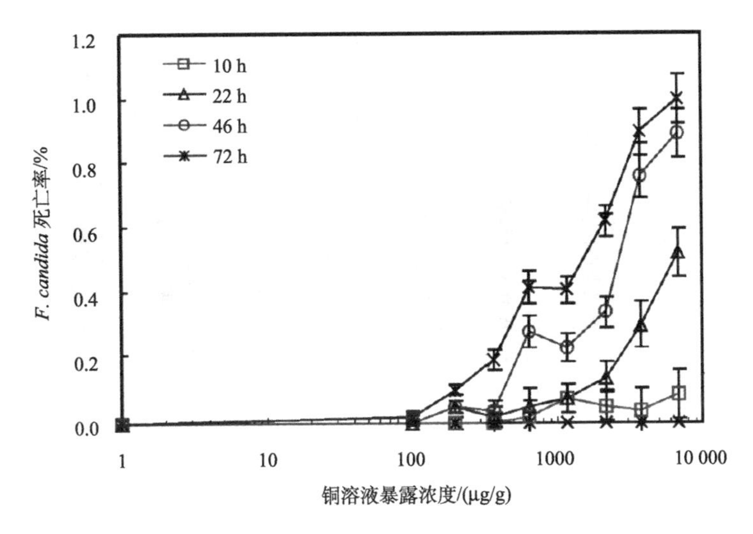

图 1.86　滤纸实验中不同 Cu 溶液暴露浓度与 *F. candida* 的死亡率的相关关系图

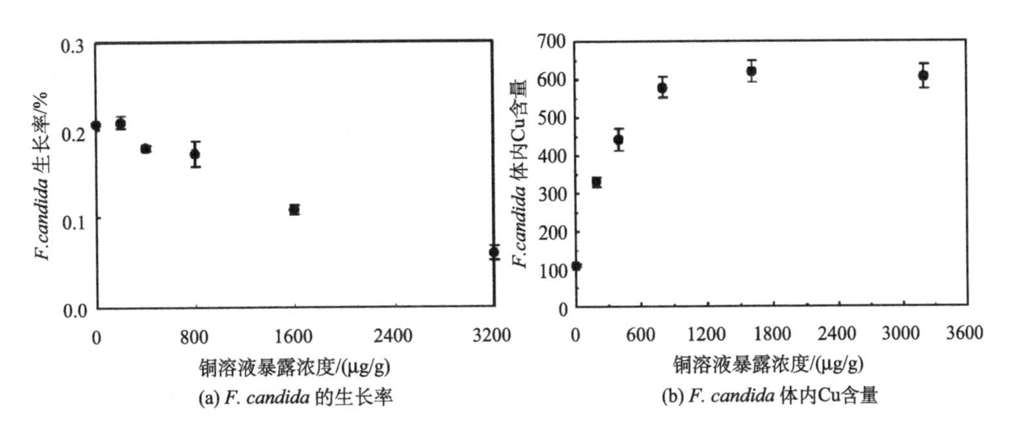

图 1.87　滤纸实验中不同 Cu 溶液暴露浓度与 *F. candida* 的生长率（a）和 *F. candida* 体内 Cu 含量（b）的相关关系图

2）标准土壤逃避实验结果

不同 Cu 暴露浓度下 *F. candida* 在标准土壤中的逃避反应如图 1.88 所示。在未添加 Cu 污染物的对照标准土壤中，*F. candida* 分布较为均匀；相对对照，加入最高浓度 Cu 的标准土壤里 *F. candida* 的逃避率最高（$p< 0.01$）。随着加入 Cu 污染物的浓度增高，*F. candida* 的逃避率总体上也增高（$p= 0.09$），表明 *F. candida* 对 Cu 污染物存在较高的敏感性，能够对低于 LC50（甚至更低）的重金属含量产生反应。逃避实验所表现对重金属污染物的敏感度可能比死亡率或繁殖率实验的更高，类似于跳虫在有机污染土壤中的逃避实验结果（Heupel et al.，2002）。

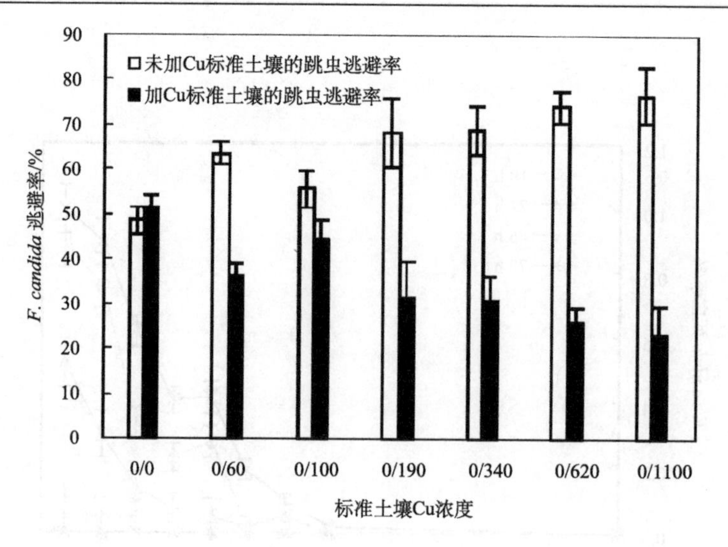

图 1.88　标准土壤中不同 Cu 暴露浓度（μg/g 干土）下 *F.candida* 的逃避实验

3）标准土壤实验结果

标准土壤实验结果表明，所有标准土壤中 *F. candida* 的死亡率不显著，且各个处理之间死亡率没有显著差异（$F_{1.7}=1.81$，$p=0.13$）。

实验结束后，对获得生长率和繁殖率数据进行统计分析可知：相对对照，在高的 Cu 暴露浓度下（1088 和 1960 μg/g 干土），*F. candida* 成虫生长率明显降低（$p<0.01$），分别降低了 10.1% 和 22.8%。在不同处理中，*F. candida* 成虫生长率与标准土壤中 Cu 暴露浓度呈明显的负相关关系（$R^2=0.5116$，$F_{1.7}=9.6$，$p<0.01$）[图 1.89（a）]。通过计算得到 *F. candida* 生长率的半数有效浓度 $EC50_{growth}$= 3157 μg/g 干土（EC50 变化范围：3105～3183 μg/g）。无论是对照还是高 Cu 污染的标准土壤里都发现幼虫存在，在高的 Cu 暴露浓度下（1088 和 1960 μg/g 干土），*F. candida* 的繁殖率相对对照明显降低（$p<0.01$），并且随着 Cu 暴露浓度的增加，*F. candida* 繁殖率明显降低[图 1.89（b）]。通过计算得到繁殖率的半数有效浓度 $EC50_{reproduction}$=917 μg/g 干土（EC50 变化范围：860～944 μg/g）。

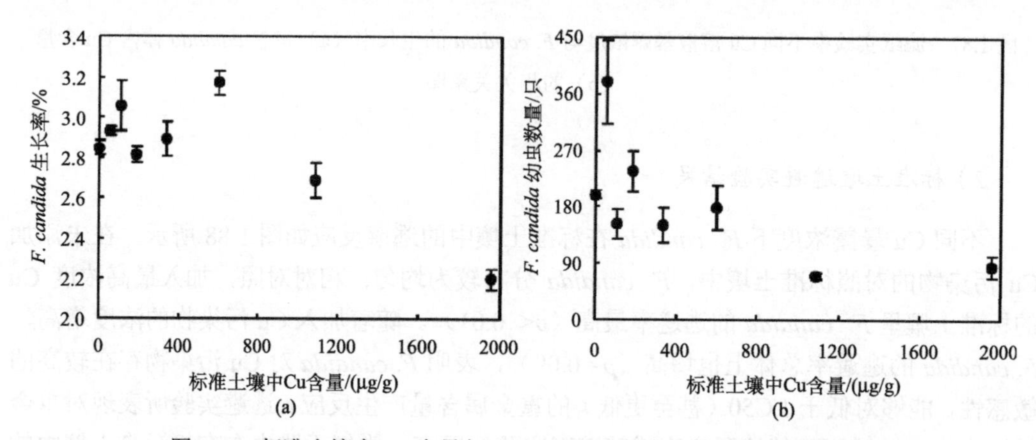

图 1.89　标准土壤中 Cu 含量与 *F. candida* 生长率和繁殖率的相关关系

为了了解 *F. candida* 体表吸附的 Cu 含量对测试体内 Cu 含量的可能影响，我们选用 0.01mol/L EDTA 溶液提取 *F. candida* 体表吸附的 Cu 约 12 h，测试提取液中 Cu 最高含量为 0.15 μg/g，低于 *F. candida* 体内 Cu 含量约几百倍，表明 EDTA 提取的 *F. candida* 体表的 Cu 含量相对体内 Cu 含量可以忽略不计。*F. candida* 体内 Cu 含量测试结果表明，*F. candida* 体内 Cu 含量与土壤中 Cu 暴露浓度表现出一定的剂量对应关系，即随着土壤中 Cu 暴露浓度的增加，*F. candida* 体内 Cu 含量总体上显示出增加的趋势（$R^2 = 0.8085$，$F_{1.7} = 6.64$，$p<0.01$）[图 1.90（a）]。在土壤最高 Cu 暴露浓度 1960 μg/g 时，其对应的 *F. candida* 体内积累了最高的 Cu 含量 434 μg/g 干重。而且，*F. candida* 体内 Cu 含量与跳虫的繁殖率存在明显的负相关关系（$R^2 = 0.53$，$p < 0.01$）[图 1.90（b）]。从图 1.91 还可以知道，*F. candida* 的 Cu 富集因子 BAFs（BAFs=体内 Cu 含量/土壤 Cu 浓度）随着土壤 Cu 浓度的增加而呈现下降的趋势。

4）培养皿食物喂养实验结果

实验结束后，从观测结果可知，所有培养皿中未发现 *F. candida* 的死亡。

实验数据可知，暴露时间 7、14 和 21d 时 *F. candida* 的生长率随着酵母食物中 Cu 浓度的增加而减小，在最高 Cu 暴露浓度 5002 Cu μg/g，*F. candida* 的生长率降低很明显（7d: $R^2 = 0.7670$，$F_{1.7} = 9.43$，$p < 0.01$；14d: $R^2 = 0.8959$，$F_{1.7} = 22.0$，$p < 0.01$；21d: $R^2 = 0.9302$，$F_{1.7} = 25.2$，$p < 0.01$），并且在较高 Cu 暴露浓度下，随着暴露时间的延长，*F. candida* 的生长率降低更加明显（$p < 0.01$）[表 1.61，图 1.92，图 1.93（a）]。计算得到不同暴露时间生长率的半数有效浓度（$EC50_{growth}$）分别为 7d: 2564 μg/g（EC50 变化范围：1769～3258 μg/g），14d: 2499 μg/g（EC50 变化范围：2184～2798 μg/g）和 21d: 2459 μg/g（EC50 变化范围：2146～2752 μg/g）。

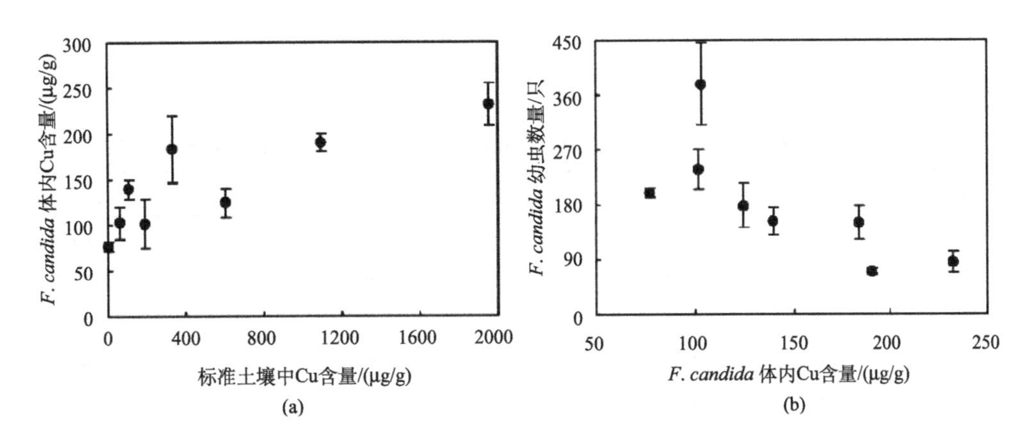

图 1.90　*F. candida* 体内 Cu 含量与标准土壤 Cu 浓度与繁殖率的相关关系图

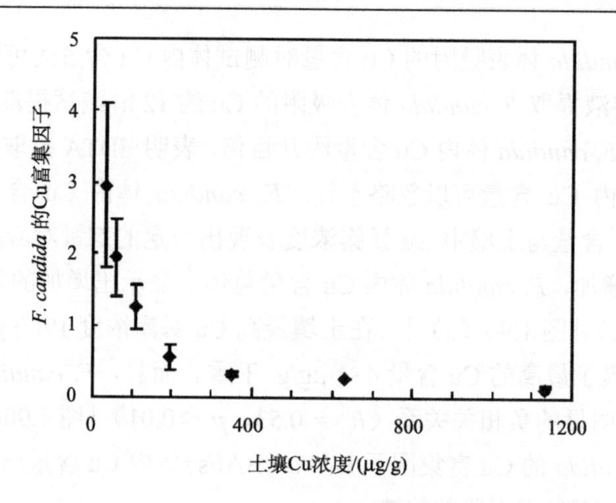

图 1.91　标准土壤中 *F. candida* 体内 Cu 富集因子（BAFs）与土壤 Cu 浓度关系图

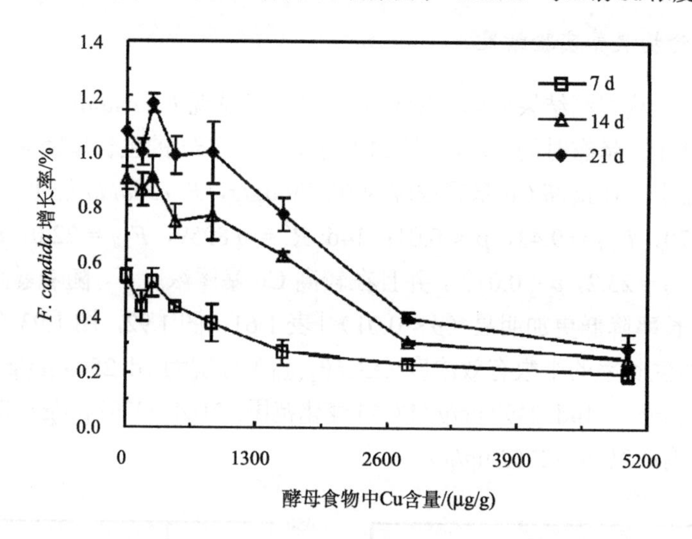

图 1.92　不同暴露时间下酵母食物中 Cu 浓度与 *F. candida* 增长率相关关系图

表 1.61　不同暴露时间（7d、14d、21d）酵母食物 Cu 浓度对 *F. candida* 生长率的影响

处理	7d 生长率	标准误差	14d 生长率	标准误差	21d 生长率	标准误差
0	0.55	0.03	0.90	0.04	1.07	0.08
150	0.44	0.05	0.86	0.06	1.00	0.05
270	0.52	0.05	0.91	0.07	1.18	0.03
485	0.44	0.02	0.74	0.06	0.94	0.07
872	0.38	0.07	0.76	0.08	1.00	0.11
1565	0.27	0.05	0.62	0.02	0.77	0.06
2803	0.23	0.02	0.30	0.01	0.40	0.02
5002	0.20	0.03	0.25	0.05	0.28	0.06

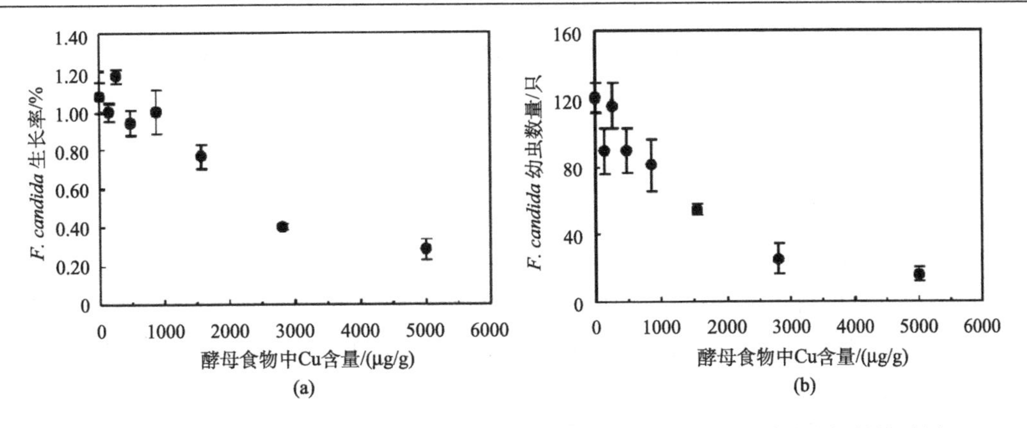

图 1.93　培养皿实验下酵母食物中 Cu 浓度与 *F. candida* 生长率和繁殖率相关关系图

在实验过程中，通过连续的观察，我们了解到高 Cu 暴露浓度处理中，*F. candida* 产卵时间相对对照被延迟了（$R^2 = 0.3431$，$F_{1,7} = 3.69$，$p<0.05$）（表 1.61）。无论是对照还是 Cu 污染的培养皿里都发现幼虫存在，虽然相对同处理浓度的标准土壤中幼虫数量少，在高的 Cu 暴露浓度下（2800 和 5002 μg/g），*F. candida* 的繁殖率相对对照明显降低（$p < 0.01$），并且随着 Cu 暴露浓度的增加，*F. candida* 繁殖率明显降低（$R^2 = 0.9459$，$F_{1,7} = 17.2$，$p < 0.01$）[图 1.93（b）]。通过计算得到 21 天暴露时间下 *F. candida* 的繁殖率半数有效浓度 $EC50_{reproduction}$= 1175 μg/g 干酵母重（EC50 变化范围：839～1510 μg/g）。

F. candida 体内 Cu 含量测试结果表明，*F. candida* 体内 Cu 含量与酵母食物 Cu 暴露浓度表现出明显的剂量对应关系，即随着酵母食物中 Cu 暴露浓度的增加，*F. candida* 体内 Cu 含量明显增加（$R^2 = 0.8853$，$F_{1,7} = 10.3$，$p<0.01$）[图 1.94（a）]。在土壤最高 Cu 暴露浓度 5002 μg/g 时，其对应的 *F. candida* 体内积累了最高的 Cu 含量 384 μg/g 干重。而且，*F. candida* 体内 Cu 含量与跳虫的繁殖率存在明显的负相关关系（$R^2 = 0.8109$，$p < 0.01$）[图 1.94（b）]。

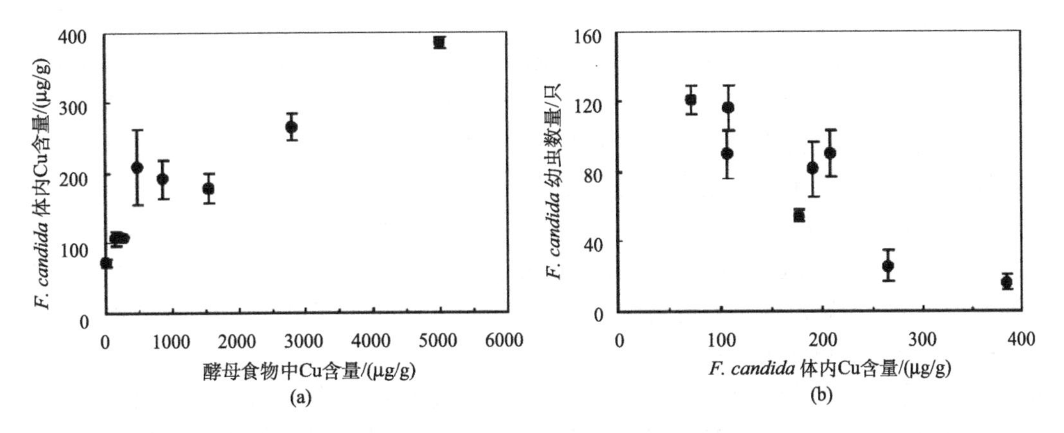

图 1.94　培养皿实验中 *F.candida* 体内 Cu 含量与酵母食物中 Cu 与繁殖率的关系

在相同 Cu 暴露浓度下，喂养实验中 *F. candida* 成虫体长相对标准土壤实验中 *F. candida* 体长短（平均短约 7%），特别在高暴露浓度下，这种体长差异性更为明显（短约 12%）。

喂养实验中 *F. candida* 生长率相对标准土壤实验中 *F. candida* 增加较慢。

5）结论

从前面的实验结果可知，Cu 暴露浓度的增加，溶液暴露实验中 *F. candida* 死亡率与明显正增加，而土壤暴露实验中 *F. candida* 死亡率没有明显的变化，但与 *Proisotoma minuta Tullberg*（Nursita et al., 2005）和 *Sinella curviseta*（Xu et al., 2009）标准土壤暴露实验高浓度处理中跳虫死亡率相对对照有较明显差异的结果不同。同样，培养皿喂养实验所有 Cu 处理中 *F. candida* 没有发现成虫死亡，这些表明 *F. candida* 死亡率对 Cu 污染不敏感，不适合作为指示参数用于生态毒理评估。本研究实验数据显示，溶液暴露实验，标准土壤实验和食物暴露实验中 *F. candida* 成虫生长率与溶液中 Cu 暴露浓度呈明显的负相关关系，而且标准土壤和食物暴露实验中，*F. candida* 繁殖率与 Cu 暴露浓度明显负相关，暗示高浓度 Cu 对 *F. candida* 生长率和繁殖率毒性效应明显，表明生长率和繁殖率是相对死亡率更敏感的指示重金属污染环境的指标参数，并且 EC50 生长率比 EC50 繁殖率高的多，暗示繁殖率可能比生长率对 Cu 污染更敏感。

前人研究表明，弹尾目昆虫相对蚯蚓和线虫与土壤固相直接接触的可能性更小，而可能与土壤溶液直接接触，并提出孔隙水假说来解释土壤重金属形态和跳虫的生物有效性的关系（Van Gestel et al., 1997, 1993；Crommentuijn et al., 1997）。为了进一步证实这一假说，本研究开展了滤纸实验。本研究滤纸实验结果显示，*F. candida* 能够从 Cu 溶液中吸收并积累 Cu，暗示其也可以从土壤空隙水中吸收重金属，其体内高 Cu 含量可以解释高重金属 Cu 暴露浓度对弹尾目跳虫的致死效应。该实验所计算得的重金属 Cu 对弹尾目 *F.candida* 的 LC50 值受暴露时间影响较大，而且跳虫一般生活在通风的土壤中或枯叶表层，因此其所显示的只是通过皮肤接触溶液所产生的毒性信息，很难评估重金属对环境的真实影响。而且本研究土壤和食物喂养实验中跳虫死亡率不明显，暗示水暴露途径可能不是跳虫的主要暴露途径。并且前人研究表明跳虫体内重金属积累与 pH 不存在依存性（Pedersen et al.，2000），孔隙水假说不能很好地解释土壤性质和跳虫的生物有效性的关系。Crommentuijn 等（1997）和 Pedersen 等（2000）研究表明土壤暴露实验和食物可能比溶液暴露实验更重要。尽管如此，滤纸接触法作为一种皮肤染毒的方式，能方便快捷测试出重金属污染物对跳虫的负作用，可以用于重金属对弹尾目跳虫的潜在毒性的早期评估实验前人土壤逃避实验结果表明，弹尾目跳虫能够感知土壤污染物的存在而发生迁移行为（Pedersen et al.，2000；Krogh，1995），逃避实验可以作为土壤污染的早期预警工具（Natal-da-Luz et al.，2004；Heupel，2002）。本研究中不同 Cu 暴露浓度下逃避实验显示白符跳总体上表现出对 Cu 污染的趋避行为，对于高浓度 Cu 污染的土壤有明显的逃避行为，也证实了弹尾目 *F. candida* 能够感知土壤重金属的存在。其与前人研究中逃避反应的差异性可能与 Cu 在标准土壤的不均匀分布或土壤性质有关（Natal-da-Luz et al.，2004；Heupel，2002）。总的来说，逃避实验表明弹尾目 *F. candida* 对重金属 Cu 具有较强的敏感性，能够对低于 LC50 的重金属含量产生逃避反应对暗示其对重金属 Cu 的敏感度可能比死亡率实验的更高，可以用做土壤污染生态风险评估的早期预警工具。

研究表明，弹尾目跳虫可以通过表皮和腹管吸收水或溶液，通过内脏摄取土壤颗粒和食物而吸收毒素。土壤和食物暴露途径可能是跳虫主要暴露途径（Pedersen et al.，2000）。本研究标准土壤实验中 *F. candida* 的繁殖率 EC50 值（917 μg/g 干土）接近标准土壤实验中 *P. minuta* 的 EC50 值（Nursita et al.，2005），和 Herbert 等（2004）对 *F. candida* 的研究结果（813μg/g 干土）相类似，但稍微高于田间土壤 *F. candida* 的研究结果（519 μg/g 干土，Pedersen et al.，2000）和田间土壤实验中 Proisotoma minuta 的结果（696 μg/g，Nursita et al.，2005），低于 Pedersen 等（2000）的田间土壤实验数据。总的来说，本研究跳虫的繁殖率 EC50 值位于 250～1480 μg/g 变化范围内，造成该值变化差异的原因可能是由于土壤的理化性质和 pH 不同以及测试化学物质的不同造成重金属生物有效性不同所致。Pedersen 等（2000）研究结果也显示了重金属有效浓度较大的差异，可能与暴露途径有关。前面实验结果分析可知，*F. candida* 成虫繁殖率和生长率随着标准土壤中 Cu 暴露浓度的增加而明显降低，且土壤 Cu 繁殖率和生长率有效浓度 EC50 与土壤中 Cu 暴露浓度也呈明显的负相关关系。从前面的讨论可知，*F. candida* 繁殖率指标是指示重金属污染物存在的重要有效参数，标准土壤实验中 *F. candida* 繁殖率比培养皿食物暴露实验中的降低更为显著，并且标准土壤实验中 *F. candida* 繁殖率 EC50 比培养皿食物暴露实验中的繁殖率 EC50 低得多，这些结果与 Pedersen 等（2000）的研究结果类似。本文实验结果显示，标准土壤实验和食物喂养实验中 *F. candida* 体内 Cu 含量与土壤或食物中 Cu 浓度成明显的剂量-效应关系，即 *F. candida* 体内 Cu 含量随着土壤或食物暴露浓度的增加而明显增加。两种实验中繁殖率和生长率与 *F. candida* 体内 Cu 含量的剂量-效应图十分相似，即随着 *F. candida* 体内 Cu 含量的增加，繁殖率和生长率明显降低。而且在相同的 Cu 暴露浓度下，标准土壤实验中 *F. candida* 体内 Cu 含量比食物暴露实验的高些，与 Pedersen 等（2000）研究结果类似；类似地，标准土壤实验的 *F. candida* 体内 Cu 的繁殖率有效浓度 EC50（166 μg/g）明显低于食物暴露实验的 EC50（218 μg/g），这可以解释我们前面分析的标准土壤实验的繁殖率相对食物暴露实验降低的更为明显。这些暗示重金属 Cu 污染物通过土壤暴露途径比食物喂养暴露途径对 *F. candida* 繁殖率的毒害作用大。本文标准土壤实验中，酵母食物放在土壤表面，跳虫需要在土壤中移动来获取食物，因此会与土壤更紧密的接触。Pedersen 等（2000）研究表明重金属有效浓度的差异取决于暴露途径。结合跳虫一般生活在通风的土壤中或枯叶表层的特征，我们可以推断土壤暴露实验可能是弹尾目跳虫的主要暴露途径，也是土壤重金属污染物的生态风险评价的主要方法。Krogh（1995）研究显示标准土壤实验中重金属 Cu 对弹尾目 *F. candida* 的 LC50 平均值为 1541（442～3802 μg/g），其实验有效性接近 80%，大部分数据可靠；跳虫的繁殖率的 EC50 也具有很高的有效性，数值差异基本在一个数量级上，这些说明标准土壤实验作为土壤污染生态风险评估方法具有相当的可靠度。LC50 和 EC50 的变化表明实际环境中重金属对弹尾目跳虫的毒性可能不仅取决于重金属及其化合物的本身毒性，同时还与重金属在土壤中的行为及在弹尾目跳虫体内的代谢动力学密切相关。因此，使用人工土壤法能够尽可能模拟弹尾目跳虫生活的自然土壤环境，从而使试验结果尽可能真实地反映重金属在自然界中的实际影响，其测定的重金属毒性结论比滤纸接触法更加客观准确。

在培养皿食物暴露实验中，我们连续几个星期对 *F. candida* 对重金属污染的反映进行观察，结果表明在高的 Cu 暴露浓度下，暴露时间长（21d）*F. candida* 生长率降低比暴露时间短（7 d）的要显著得多，这说明暴露时间和暴露浓度一样对 *F. candida* 的生长有负作用。实验结果显示，*F. candida* 的繁殖率和生长率同标准土壤实验一样随着食物暴露浓度的增加明显降低。实验结果还表明相同 Cu 暴露浓度下培养皿食物暴露实验中 *F. candida* 生长率比标准土壤实验中的要低得多，同样培养皿食物暴露实验中食物中 Cu 的 *F. candida* 生长率 $EC50_{growth}$ 比标准土壤实验中的要低得多，这些结果表明重金属污染的食物相对污染土壤对 *F. candida* 生长率的毒害效应更大。Pedersen 等（2000）研究表明，在未受污染的土壤上加入重金属污染的酵母食物造成跳虫生长率的降低程度比重金属污染土壤的要高，但比本研究培养皿重金属污染酵母食物喂养实验中 *F. candida* 生长率降低程度则低得多，这些暗示 *F. candida* 的生境可能对 Cu 的生物有效性有影响作用，从而影响 *F. candida* 生长率的变化。实验结果显示，单独暴露于 Cu 染毒食物同样能使 *F. candida* 体内积累相应的 Cu 含量，而且 *F. candida* 体内 Cu 的生长率有效浓度 EC50(260 μg/g）相对标准土壤暴露实验的 EC50（310 μg/g）低得多，与前面的分析结果一致。从图 1.92（a）可知，在高食物 Cu 暴露下，*F. candida* 体内能积累相当大范围的 Cu 含量，暗示 *F. candida* 对 Cu 有较高的耐受性，这可能是食物暴露实验中 *F. candida* 的体长相对标准土壤实验中的 *F. candida* 的体长短的原因之一。Pedersen 等（2000）研究表明，同时暴露于染毒食物和土壤中的 *F. candida* 的体内 Cu 含量积累可能存在叠加效应。前人研究表明，弹尾目昆虫自然界的主要食物成分是真菌类物质（如酵母等）（Van Straalen and Van Meerendonk，1987），这些物质吸收/吸附积累重金属的能力远远高于其他物质，弹尾目跳虫可能通过摄食污染食物而吸收污染物，从而引起自身的生理变化。因此食物暴露实验可能在实验室毒理实验中起着重要作用。

本研究表明，无论在标准土壤实验还是培养皿食物暴露实验中，*F. candida* 体内 Cu 的积累与 Cu 的暴露浓度都呈明显的剂量-效应关系，说明 *F. candida* 体内 Cu 含量与土壤污染程度或食物污染程度有密切关系。在高 Cu 暴露浓度下 *F. candida* 体内 Cu 含量增加趋势减弱，可能因为 *F. candida* 对高浓度 Cu 逃避而减少了食物量，这可以从前面的逃避实验得到印证，或是因为在高浓度的 Cu 环境中，*F. candida* 可能具有更高的排除 Cu 的速率（如蜕皮增多）（Solomon et al.，2002；Filser et al.，2000）。*F. candida* 的 Cu 富集因子 CF 随着土壤 Cu 浓度的增加日而呈现下降的趋势，进一步证明 *F. candida* 对高浓度 Cu 逃避或可能具有更高的排除 Cu 的速率。在相同暴露浓度下，标准土壤实验中 *F. candida* 体内 Cu 的积累相对培养皿食物暴露实验的较高，与 Pedersen 等（2000）的研究结果一致。对于两种暴露途径的实验，*F. candida* 生长率和繁殖率和体内 Cu 的剂量-效应曲线变化相似：随着 *F. candida* 体内 Cu 含量的增加，*F. candida* 生长率和繁殖率明显降低。本研究数据同样表明，标准土壤暴露实验中 *F. candida* 繁殖率的体内 Cu 的 EC50 值比培养皿食物暴露实验的低，这与标准土壤实验中 *F. candida* 幼虫数量比培养皿食物暴露实验中的降低更为显著的结果相符。然而对 *F. candida* 生长率来说，情况正相反。从图 1.94（a）可知，培养皿食物暴露实验中，在高的 Cu 暴露浓度下，*F. candida* 体内 Cu 的积累可以达到较高的程度，说明 *F. candida* 可能对 Cu 具有较高的耐受性。这些可能是培养皿食物暴露实验中 *F. candida* 成虫的体长比标准土壤实验的短得多的原因之一。Pedersen 等（2000）研究表明在土壤和食物中同时加入重金属污染物可能回会导致 *F. candida* 体内 Cu 积累发生叠加效应。

由于土壤性质（pH、有机质和阳离子交换量等）能够影响重金属的生物累积作用，生物富集因子（BAFs）常用于评估污染土壤中土壤性质对生物有效性的影响。然而本研究数据显示，生物富集因子（BAFs）随着土壤 Cu 浓度的增加而明显降低，因此本书很难用 BAFs 评估土壤环境因素对重金属生物有效性的影响。从前面的讨论可了解到田间土壤 Cu 污染实验中 *F. candida* 繁殖率 EC50 比标准土壤实验中的繁殖率 EC50 显著低，这说明直接把实验室内的标准土壤实验的分析和结果应用到田间实验的准确性和有效性有待进一步验证。

2. Cu 暴露对弹尾目跳虫超显微结构的影响

弹尾目跳虫 *F. candida* 中肠上皮细胞的透射电镜分析显示：上皮细胞成柱状排列，细胞顶部分布密集的微绒毛，中部分布大量各种形状的线粒体，下部分布细胞核，周围分布线形粗面内质网和球状颗粒物（图 1.95）；细胞的超显微结构受土壤 Cu 暴露浓度的作用发生明显的变化（图 1.96）：在对照情况下，细胞顶部的微绒毛细长而密集，而在 Cu 暴露浓度下，微绒毛变得短而稀疏，特别随着 Cu 暴露浓度的增高，微绒毛变得更为短而稀疏；在对照情况下，细胞中的线粒体正常未发生变形，而在 Cu 暴露浓度下，特别随着 Cu 暴露浓度的增高，部分线粒体发生扩大变形，内膜被破坏，液泡化逐渐明显；在对照情况下，细胞中的球形颗粒物密集同心环状存在，而在 Cu 暴露浓度下，随着 Cu 暴露浓度的增高，球形颗粒物数量逐渐增加，颗粒物的环边逐渐减少，模糊。

土壤无脊椎动物的中肠是营养成分吸收的主要器官，它的结构和功能的进化能最大可能地吸收必需的营养成分（如脂类，碳水化合物和蛋白质等）和尽可能地减少水分的损失。中肠上皮细胞被认为是与外界交换金属的主要部位，与水生无脊椎动物可能通过外部介质交换金属的方式明显不同。

在重金属暴露情况下，跳虫不是所有的细胞器官受到伤害而发生变化，部分细胞器保持良好以维持营养的新陈代谢。*Tetrodontophora bielanensis* 的一些细胞器官如细胞核，微绒毛和高尔基体等在高 Cd 和 Pb 的暴露浓度下未受到伤害，但在高 Zn 暴露浓度下细胞核和微绒毛都出现了病理变化。本文研究表明 Cu 对 *F. candida* 中肠上皮细胞的微绒毛产生了病理伤害。这些表明跳虫细胞器官变化随跳虫的种类不同而情况不一致，而且可能还受到暴露重金属性质的影响。

对 *F. candida* 中肠上皮细胞透射电镜分析显示在 Cu 暴露浓度（1000 μg/g，3000 μg/g）下，细胞的微绒毛发生变形，部分线粒体扩大变形并出现囊泡化。这些细胞结构的差异性变化可能由于跳虫的种类，培养基质和重金属性质不同所造成的。本研究显示在高 Cu 暴露浓度下（3000 μg/g），*F. candida* 中肠上皮细胞中相当数量的线粒体扩大变形，内膜也发生破坏变形，可能是由于内膜里渗透并存在 Cu 的原因造成的。因此，重金属造成 *F. candida* 中肠细胞线粒体的损害可能导致细胞组织的新陈代谢活动的减弱，从而影响跳虫的生理行为（生长减慢，繁殖率降低等）。

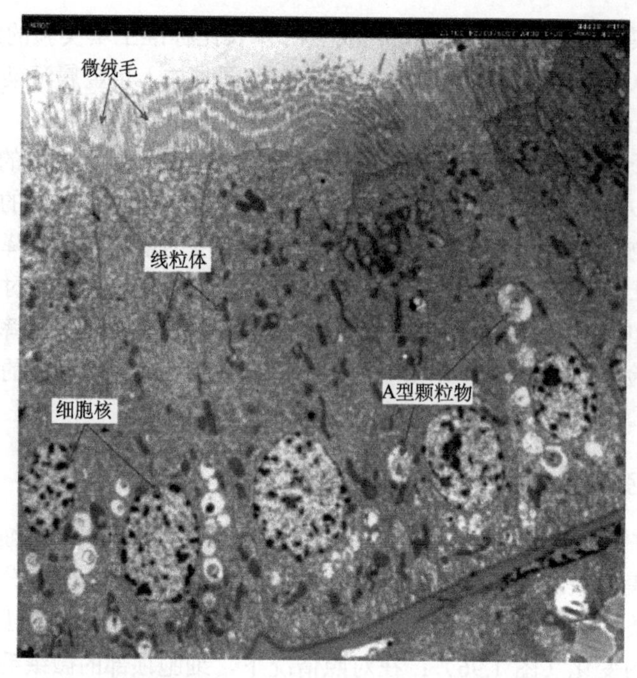

图 1.95　弹尾目昆虫 *F. candida* 中肠上皮细胞的超显微结构

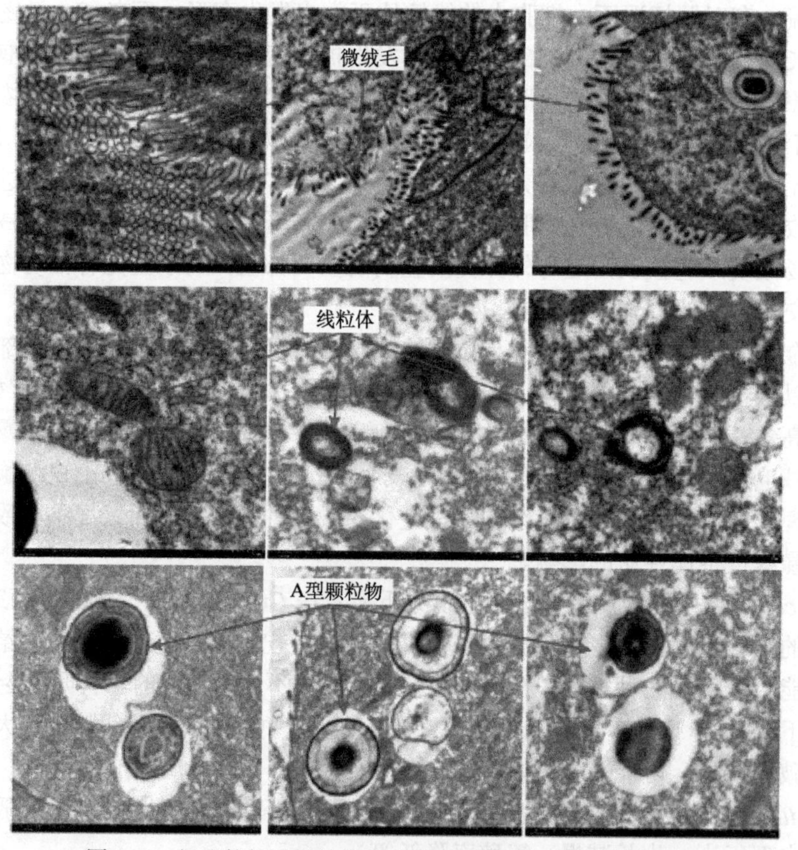

图 1.96　细胞的超显微结构受土壤 Cu 暴露浓度的作用的变化

研究显示在陆生无脊椎动物的消化系统和肝胰腺细胞中可能有四种类型的颗粒物：A 型颗粒物呈同心环状结构，类似于土壤六足类动物 *Campodea*（Monocampa）的膜围成的颗粒物的形状（Van Straalen et al.，1987），主要成分为磷酸钙钾镁盐等，还有少量的氯化物和碳酸盐以和有机质（<10%）（Köhler，2002），另外可能还有 Zn，Mg 等微量元素，但 B 类金属（如 Cd， Cu 和 Hg 等）没有检测到；B 型颗粒物形状不一，包含有大量的 S 元素和少量亲 N 和 S 的 B 类金属；C 型颗粒物富 Fe；D 型颗粒物形状比其他三种型颗粒物大得多，富集碳酸钙的同心环层。本文研究显示，球形颗粒物具有同心环结构，类似于 *P. minuta* 和 *T. bielanensis* 细胞内颗粒物，应属于 A 型颗粒物。在高 Cu 暴露浓度下，A 型颗粒物大量存在，颗粒物的环边逐渐减少，模糊，暗示 A 型颗粒物的结构和成分都可能发生了变化，其可能是储存 Cu 的重要细胞器，这需要进一步通过能量色散 X 射线荧光分析法或透射电镜能谱仪检测才能获得相应的信息。

二、有机污染物对土壤动物的毒性

（一）多氯联苯暴露对赤子爱胜蚓的生理毒性与遗传毒性

蚯蚓是土壤陆栖无脊椎动物的主要种类，在土壤中分布广泛，对改良土壤结构和对分解土壤有机物起着重要作用，其生命活动及生理代谢状况在一定程度上反映了土壤的生态功能，因此常应用于土壤生态功能评价以及对土壤污染状况和环境质量的判定。在分子水平研究不同污染物作用下蚯蚓体内的各种指标，如抗氧化酶系统、细胞色素 P450 系统以及脂质过氧化物损伤变化对揭示污染物的暴露和生物效应具有重要意义（Cizmas et al., 2004）。本部分以多氯联苯为目标污染物，赤子爱胜蚓为研究生物，分析在不同暴露途径、暴露浓度、暴露时间和暴露方式下蚯蚓的生理和遗传水平生物指标的变化。人工土壤被认为与蚯蚓生活的自然土壤环境接近（Arnaud et al., 2000），因此 OECD 和 ISO 推荐其作为生物毒性研究的暴露方法。

1. 多氯联苯暴露对赤子爱胜蚓的生理毒性

人工土壤暴露试验（体内暴露）：

根据 OECD 方法进行，人工土壤由 70%工业用沙，20%高岭土和 10%泥炭藓组成，每 400g 人工土壤加入 20g 新鲜牛粪。

分别加入 $CuSO_4$ 溶液，使各处理铜浓度依次为 0 mg/kg、50 mg/kg、100 mg/kg、200 mg/kg、400 mg/kg；0 mg/kg，为空白对照；以 10 的指数设计二噁英类似物的多氯联苯混合物（包括 77、81、105、114、118、123、126、156、157、167、169、189）浓度：0.1 μg/kg、1 μg/kg、10 μg/kg、100 μg/kg、1000 μg/kg 以及空白对照；复合试验在多氯联苯暴露浓度基础上，每个处理再加入 $CuSO_4$ 溶液，浓度为 50 mg/kg。调节各个处理的土壤含水量为 35%，pH 在 4.43～5.04，室温下平衡 28 d。

污染人工土壤平衡后每钵放入已清肠蚯蚓 50 头，纱布、牛皮纸封口，在牛皮纸上刺孔以保持正常通气，（20±2）℃，16/8 h 光暗交替培养 28 d。空白对照和处理各重复 3 次。赤子爱胜蚓在暴露前和暴露 2 d、7 d、14 d 和 28 d 时取样分析。

体外暴露实验：

原代蚯蚓体腔细胞的提取和分离：吸取 1mL 生理盐水到 1.5 mL eppendorf 管中，直接将蚯蚓放入管中，浸泡 2～3 min 使蚯蚓排出体内杂物和清洗蚯蚓体表，重复 1 次。吸取 1 mL 体腔细胞抽提液（4℃预冷）到 1.5 mL eppendorf 管中，将蚯蚓放入管中，2～3 min 后，提取液呈黄色，表示体腔细胞释放到提取液中，取出死亡蚯蚓，过 200 目筛后将滤液转入离心管中，4℃下 9000 r/min 离心 10 min，移去上清液，然后吸取 1 mL PBS（Phosphate-BufferedSaline）缓冲液（4℃预冷）至 eppendorf 管中，用移液枪轻轻吹打洗涤细胞，然后 9000 r/min 离心 10 min，重复 1 次。移去 PBS 上清液，用 PBS 调节细胞密度为 1×10^5～3×10^5 个，台酚蓝检测细胞活性，活细胞数达细胞总数的 90%以上时可用于体外暴露试验。以上操作均在冰浴下进行。

台酚蓝以 1∶9 用蒸馏水稀释，将制备的细胞悬液以 1∶1（体积分数）与台酚蓝稀释液混合后，滴加到细胞计数板上，光学显微镜下观察。

悬浮细胞染毒：取上述制备好的细胞悬液按每孔 50 μL 加入到 96 孔板中，再加入 PBS 缓冲液 40 μL，在不同孔中分别加入 10μL 不同浓度的待测物溶液，使每孔的铜浓度分别为 3.125，6.25，12.5，25；共平面多氯联苯混合物总浓度分别达到 0.1 μg/L、1.0 μg/L、10 μg/L、100 μg/L、1000 μg/L；在多氯联苯系列浓度上分别加入 3.125 mg/L 作为混合暴露浓度，各浓度设两个平行样，同时设空白对照组 DMSO 和 ddH_2O，混匀后置 37℃培养箱染毒 2 h。

表 1.62 是共平面多氯联苯人工土壤暴露试验中，赤子爱胜蚓抗氧化酶生理指标的变化。在暴露的 28 d 处理组蚯蚓总 SOD 酶和 Cu-Zn SOD 酶活力，与暴露前对照值和相同暴露时间的空白对照值相比都显著升高（$p<0.05$），多氯联苯暴露浓度最高处理组，SOD 酶活力值最大。在暴露期内，空白对照组蚯蚓 SOD 酶活力也比暴露前有显著增加，但增加幅度远远小于处理组。处理组蚯蚓 CAT 酶活力也表现出比对照值和空白对照值显著升高（$p<0.05$），暴露 14 d 时达到最高活力值，这种现象与铜暴露的研究结果一致。暴露期赤子爱胜蚓 GST 酶活力也在多氯联苯的刺激下显著升高，但处理组间的差异不显著。处理组蚯蚓的 GSH 含量比对照值和空白对照值显著升高，暴露浓度为 100 μg/kg 处理组，蚯蚓的 GSH 含量比空白对照增加了 3.7 倍，达到处理最大值。

表 1.62　人工土壤试验多氯联苯暴露对赤子爱胜蚓抗氧化酶系统的影响

生理指标	暴露时间/d	暴露浓度/（μg/kg）					
		0	0.1	1	10	100	1000
总 SOD 酶活力/（U/mgprot）	BG	19.57±2.26					
	2	28.91±1.50#	55.92±1.81*	69.88±10.77*	57.47±8.27*	70.08±9.51*	94.79±2.12*
	7	30.21±2.42#	45.08±2.79*	59.98±5.13*	67.75±7.26*	75.56±1.83*	78.51±9.05*
	14	34.99±3.42#	43.91±4.54*	50.60±4.85*	55.53±6.44*	75.84±5.33*	90.99±1.10*
	28	32.38±2.48#	49.46±8.06	53.72±8.18*	56.54±4.40*	72.67±16.33*	88.74±11.15*
	BG	18.22±2.02					
	2	25.88±3.41#	48.05±3.53*	54.64±3.29*	49.92±10.97*	59.19±6.39*	85.81±0.63*

续表

生理指标	暴露时间/d	暴露浓度/（μg/kg）					
		0	0.1	1	10	100	1000
Cu-Zn SOD 酶活力/（U/mg prot）	7	29.91±4.78#	36.31± 1.01	39.88±2.62*	48.50±2.52*	52.47±4.68*	71.62±6.45*
	14	29.87±3.74#	32.58±8.80	39.04±3.11	39.35±1.81	59.67±5.93*	71.65±5.83*
	28	30.83±2.72#	29.05±3.25	30.17±3.40	42.53±5.63*	58.67±11.15*	66.42±2.69*
	BG	7.65±0.46					
	2	8.43±0.16#	11.99±1.30	11.44±2.01	13.49±4.50*	15.21±3.11.	14.38±0.48*
CAT 酶活力/（U/mg prot）	7	9.70±0.90	9.07±1.30	15.09±2.59*	15.24±2.18*	15.74±1.70*	19.23±1.38*
	14	8.84±1.90#	12.62±2.85	15.43±3.61*	20.92±2.37*	23.03±2.87*	32.26±1.29*
	28	9.23±2.20#	15.31±1.37*	15.51±0.65*	13.69±1.72*	13.48±1.62*	16.47±2.51*
	BG	72.31±12.19					
	2	106.44±12.99#	78.03±5.37*	88.17±6.13*	89.45±6.63*	94.05±4.69	94.7±4.26
GST 酶活力/（U/mg prot）	7	76.69±11.29	81.77±6.80	89.46±19.86	95.81±4.18*	118.57±1.34*	108.5±4.95*
	14	75.35±4.38	87.93±10.44	104.79±5.37*	105.96±18.84*	107.17±13.66*	109.85±10.19*
	28	66.07±13.66	89.46±4.17*	91.43±7.41*	95.94±13.06*	106.7±8.33*	120.54±1.09*
	BG	23.92±2.95					
GSH 含量/（U/mg prot）	2	34.71±6.10#	57.02±4.56*	77.98±5.38*	75.03±3.20*	79.96±1.72*	82.54±7.66*
	7	37.40±6.87#	68.43±7.22*	76.37±7.40*	73.44±0.66*	85.12±3.18*	82.85±6.91*
	14	36.77±5.67*	58.89±5.25*	64.87±4.74*	75.13±4.61*	73.11±4.27*	78.17±1.41*
	28	42.16±12.09*	60.10±5.47*	69.16±1.66*	71.81±2.86*	78.91±3.02*	74.13±2.93*

注：表内结果以平均值±标准偏差表示；BG：赤子爱胜蚓暴露前的对照值；#不同暴露时间空白对照组和与背景值差异显著（$p<0.05$）；* 相同暴露时间处理组与对应空白对照差异显著（$p<0.05$）。

图 1.97 显示人工土壤试验中，蚯蚓的 EROD 酶活力随多氯联苯暴露浓度和暴露时间增加的变化趋势。暴露 2 d 时，所有浓度处理组蚯蚓 EROD 酶活力都显著高于空白对照组，但暴露 28 d 时，处理组蚯蚓 EROD 酶活力与空白对照值没有显著差异。以水生生物肝脏为靶器官，发现多氯联苯、二噁英、多环芳烃等也可以刺激鱼类肝脏 EROD（Ethoxycoumarin-O-dealkylase）酶活力的增加（Snyder，2000），而昆虫受到多氯联苯或多环芳烃的诱导，也刺激 EROD 酶活力提高（Fisher et al.，2003）。

图 1.98 显示共平面多氯联苯污染人工土壤中，处理组蚯蚓的 MDA 含量在低暴露浓度（0.1 μg/kg）下，与空白对照没有显著差异，而在高暴露浓度下（10～1000 μg/kg），其含量显著升高（$p<0.05$）。1000 μg/kg 多氯联苯处理组蚯蚓的 MDA 含量比对照值升高 3.24～5.32 倍（$p<0.05$）。多氯联苯，特别是共平面多氯联苯，在动脉内皮细胞中已经证

实具有诱导氧化胁迫的能力（Ramadass et al.，2003）。本研究也证实，共平面多氯联苯

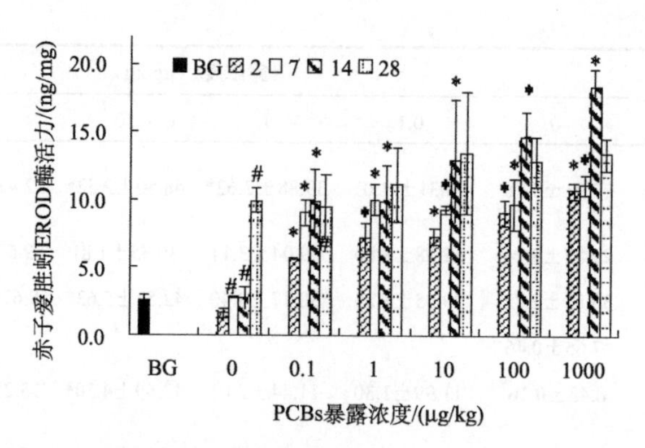

图 1.97　人工土壤试验多氯联苯暴露对赤子爱胜蚓 EROD 酶活力影响

BG：赤子爱胜蚓暴露前的对照值；#空白对照组与背景值在 $p=0.05$ 水平有显著差异；*处理组与空白对照组在 $p=0.05$ 水平有显著差异

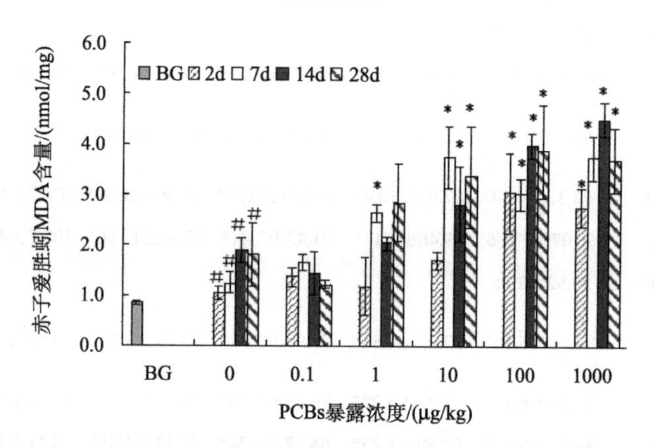

图 1.98　人工土壤试验多氯联苯暴露对赤子爱胜蚓 MDA 含量影响

BG：赤子爱胜蚓暴露前的对照值；#空白对照组与背景值在 $p=0.05$ 水平有显著差异；*处理组与空白对照组在 $p=0.05$ 水平有显著差异

可以刺激抗氧化酶活力和抗氧化小分子物质含量的显著增加，一定程度上减轻了对不饱和脂肪酸的氧化损伤，表现为低浓度下蚯蚓 MDA 含量较低，但随着多氯联苯暴露浓度的升高，氧化损伤程度加剧，在多氯联苯浓度达到 10 μg/kg 以上时，蚯蚓 MDA 含量显著升高（$p<0.05$）。

人工土壤中，多氯联苯暴露浓度、暴露时间对赤子爱胜蚓各生理指标的单变量双因素方差分析显示（表 1.63），暴露浓度、暴露时间分别对蚯蚓的生理指标产生显著影响，两者交互作用对 Cu-Zn SOD 酶、CAT 酶和 EROD 酶活力有显著影响。

本研究将多氯联苯暴露浓度和蚯蚓生理指标响应进行了对数转换，然后分析了不同暴露时间下，两者间的相关性（表 1.64）。暴露期内，多氯联苯暴露浓度升高显著刺激蚯蚓生理水平生物响应的增加（$p<0.05$），相关系数暴露期内具有较高的相关程度，综合考虑与铜暴露研究的比较，选择 14 d 作为建立多氯联苯暴露浓度与蚯蚓生理响应剂量

效应关系的最佳暴露时间。

最佳暴露时间多氯联苯暴露浓度与蚯蚓生理指标的剂量效应关系见表 1.65。暴露浓度与赤子爱胜蚓的生理指标值存在显著的因果关系，认为抗氧化酶、EROD 酶和 GSH 含量、MDA 含量变化可以作为指示多氯联苯污染的生理生物标志物。

表 1.63　人工土壤试验多氯联苯暴露浓度、暴露时间对赤子爱胜蚓生理指标影响方差

生理指标	暴露浓度			暴露时间			暴露浓度×暴露时间		
	df	F	p	df	F	p	df	F	p
总 SOD 酶活力	4	47.89	<0.001**	3	1.93	<0.140	12	1.90	0.064
Cu-Zn SOD 酶活力	4	90.06	<0001**	3	18.45	<0.001**	12	2.21	0.030*
CAT 酶活力	4	21.83	<0.001**	3	31.46	<0.001**	12	6.98	<0.001**
GST 酶活力	4	13.59	<0.001**	3	6.83	<0.001**	12	1.30	0.258
GSH 含量	4	30.65	<0.001**	3	7.50	<0.001**	12	1.66	0.115
EROD 酶活力	4	16.14	<0.001**	3	30.56	<0.001**	12	2.30	0.024*
MDA 含量	4	36.47	<0.001**	3	12.00	<0.001**	12	2.64	0.110

注：df：自由度；$^{*}p<0.05$；$^{**}p<0.01$。

表 1.64　人工土壤试验多氯联苯暴露浓度与赤子爱胜蚓生理指标的对数相关性

生理指标	N	相关系数/R			
		2 d	7 d	14 d	28 d
总 SOD 酶活力		0.713**	0.887**	0.948**	0.816**
Cu-Zn SOD 酶活力		0.768**	0.948**	0.900**	0.935**
CAT 酶活力		0.330	0.567*	0.613**	0.427
GST 酶活力	15	0.742**	0.739**	0.509	0.823**
GSH 含量		0.750**	0.691**	0.853**	0.776**
EROD 酶活力		0.624**	0.420	0.678**	0.312
MDA 含量		0.846**	0.790**	0.936**	0.771**

注：N 样本数；$^{*}p<0.05$；$^{**}p<0.01$。

表 1.65　人工土壤多氯联苯暴露浓度与赤子爱胜蚓生理指标的计量效应关系

生理指标	剂量效应方程	R^2	F	p
总 SOD 酶活力	log（$Y_{SOD\text{-}T}$）=0.080×log（C_{PCB}）+1.705	0.890	114.56	<0.001**
Cu-Zn SOD 酶活力	log（$Y_{SOD\text{-}CuZn}$）=0.088×log（C_{PCB}）+1.575	0.795	55.30	<0.001**
CAT 酶活力	log（Y_{CAT}）=0.099×log（C_{PCB}）+1.197	0.980	26.34	<0.001**
GST 酶活力	log（Y_{GST}）=0.020×log（C_{PCB}）+1.990	0.202	4.55	0.053
GSH 含量	log（Y_{GSH}）=0.030×log（C_{PCB}）+1.810	0.705	32.13	<0.001**
EROD 酶活力	log（Y_{EROD}）=0.071×log（C_{PCB}）+1.036	0.947	33.51	<0.001**
MDA 含量	log（Y_{MDA}）=0.130×log（C_{PCB}）+0.303	0.866	91.68	<0.001**

$^{*}p<0.05$；$^{**}p<0.01$。

2. 多氯联苯暴露对赤子爱胜蚓的遗传毒性

环境毒理学研究认为，无论污染对生态系统的影响多复杂或最终的影响如何严重，其开始必然是个体分子水平的损伤，由污染物引起的 DNA 完整性的结构变化是污染物暴露评价中的重要标志物（Sheirs et al., 2006），因此污染物对遗传物质损伤的检测是国际毒理学研究中的热点问题。

单细胞凝胶电泳试验（single sell gel electrophoresis, SCGE），又称彗星试验（comet assay），是检测真核细胞基因损伤的有效方法。SCGE 试验检测条件一般有中性和碱性两种，中性条件下只能检测 DNA 双链断裂，而在碱性电泳条件下则可分析 DNA 单、双链断裂以及碱性敏感位点的损伤。细胞核 DNA 在强碱溶液作用下变性、解旋，带负电荷的损伤 DNA 片断通过电场力的作用从核内向阳极伸展，每个损伤细胞内形成一个亮的荧光头部和尾部，形似彗星，其尾部 DNA 百分含量和尾长是表征基因损伤程度的良好指标。SCGE 试验在基因毒理学和环境遗传毒性监测等方面有着重要的应用价值（Collins, 2004）。

本部分将通过 SCGE 试验研究多氯联苯暴露剂量对赤子爱胜蚓活体基因损伤的动态变化，评价尾部 DNA 含量和尾长作为蚯蚓活体基因损伤分析和定量表达敏感性指标的可行性。

人工土壤试验中，多氯联苯暴露浓度对蚯蚓体腔细胞的尾部 DNA 百分含量和尾长频数分布箱图分析结果，见图 1.99（a）～（d）和图 1.100（a）～（d）。

随着多氯联苯暴露浓度的增加，处理组蚯蚓细胞尾部 DNA 百分含量和尾长增加。1 μg/kg 处理组蚯蚓 DNA 损伤指标与空白对照有显著差异（p<0.01），当人工土壤多氯联苯含量达到 1000 μg/kg 时，尾部 DNA 百分含量和尾长在蚯蚓暴露 14 d 时分别达到最高值，为 46.63%和 49.57 μm。结果显示，赤子爱胜蚓对人工土壤多氯联苯污染的遗传损伤响应是极为敏感的。

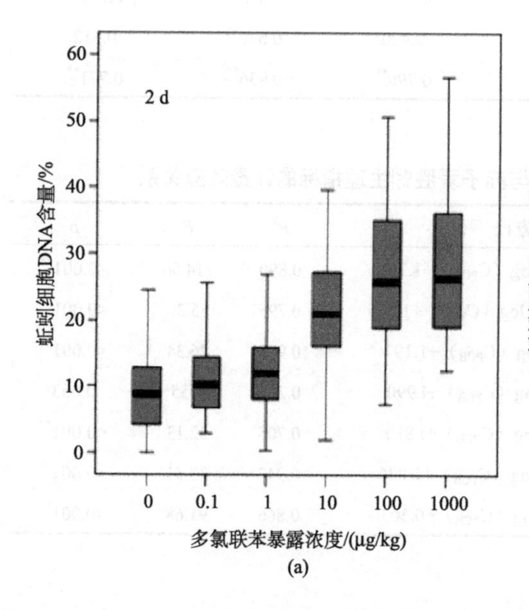

(a)

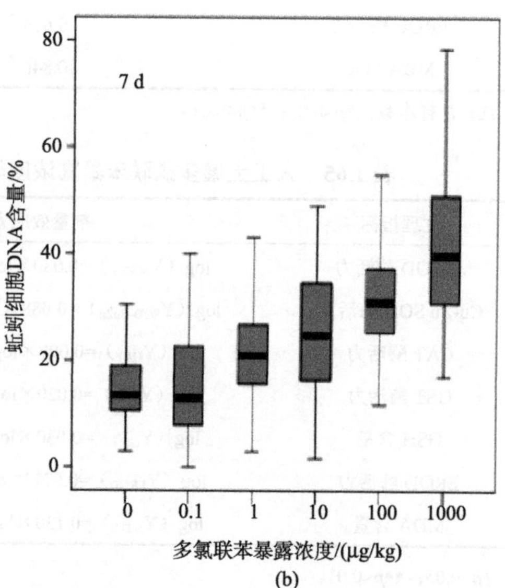

(b)

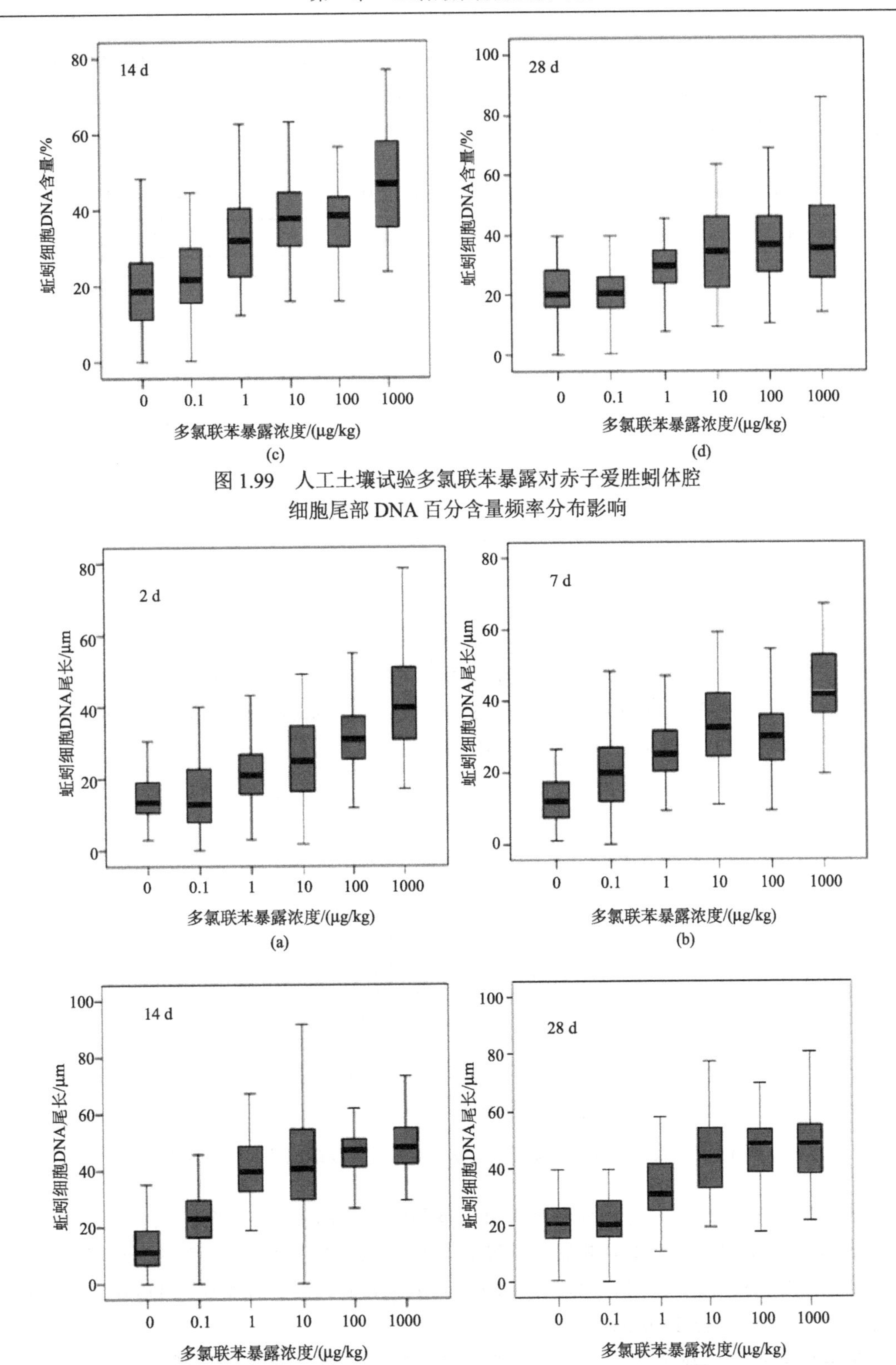

图 1.99　人工土壤试验多氯联苯暴露对赤子爱胜蚓体腔细胞尾部 DNA 百分含量频率分布影响

图 1.100　人工土壤试验多氯联苯暴露对赤子爱胜蚓体腔细胞 DNA 尾长频率分布影响

多氯联苯暴露浓度、尾部 DNA 百分含量、尾长间相关性分析结果（表 1.66）显示，暴露时间内，多氯暴露浓度与尾部 DNA 百分含量和尾长之间均存在显著的正相关关系（$p<0.01$），与铜暴露的研究结果一致。

表 1.66　人工土壤试验多氯联苯暴露浓度、尾部 DNA 百分含量和尾长的相关性

暴露时间/d	Spearman 秩相关系数	暴露浓度	尾部 DNA 含量
2	暴露浓度		0.682**
	尾长	0.676**	0.602**
7	暴露浓度		0.655**
	尾长	0.670**	0.535**
14	暴露浓度		0.628**
	尾长	0.730**	0.524**
28	暴露浓度		0.460**
	尾长	0.702**	0.317**

**$p<0.01$。

图 1.101 是多氯联苯污染人工土壤对蚯蚓 DNA 损伤程度的等级。人工土壤多氯联苯暴露浓度为 0.1μg/kg 时，蚯蚓细胞 DNA 损伤在暴露 14 d 可达到 2 级损伤。在最高暴露浓度下，蚯蚓细胞 DNA 损伤程度最高可达到 3 级。研究显示，蚯蚓遗传物质损伤指标，可以作为多氯联苯污染土壤遗传毒性指示的生物标志物。

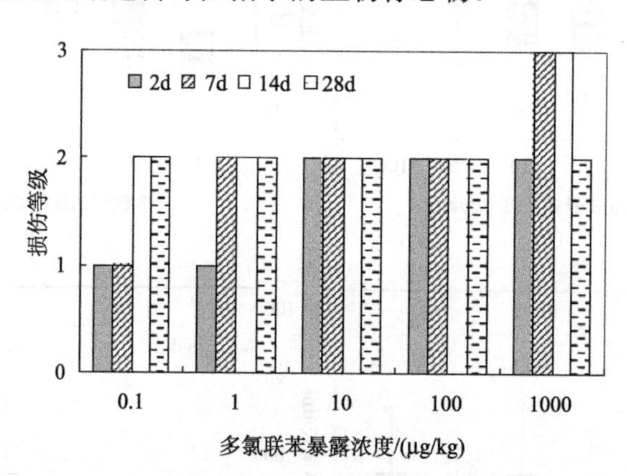

图 1.101　人工土壤试验多氯联苯暴露对蚯蚓体腔细胞基因损伤分级

图 1.102（a）和（b）是多氯联苯体外暴露对蚯蚓细胞 DNA 损伤的频率分布。多氯联苯暴露浓度为 0.01 μg/L 时，蚯蚓的 DNA 损伤与空白对照没有显著差异。随着暴露浓度的增加，损伤程度增大，当多氯联苯浓度为 10 μg/L 时，蚯蚓细胞尾部 DNA 百分含量为 23.76%，尾长为 25.98 μm。

多氯联苯单一污染人工土壤试验，暴露 2～28 d，暴露浓度与蚯蚓细胞尾部 DNA 百分含量和尾长之间都存在极显著的正相关关系（$p<0.01$），研究污染物对蚯蚓具有遗

传毒性，细胞尾部 DNA 百分含量、尾长可作为多氯联苯单一污染时的遗传损伤生物标志物。

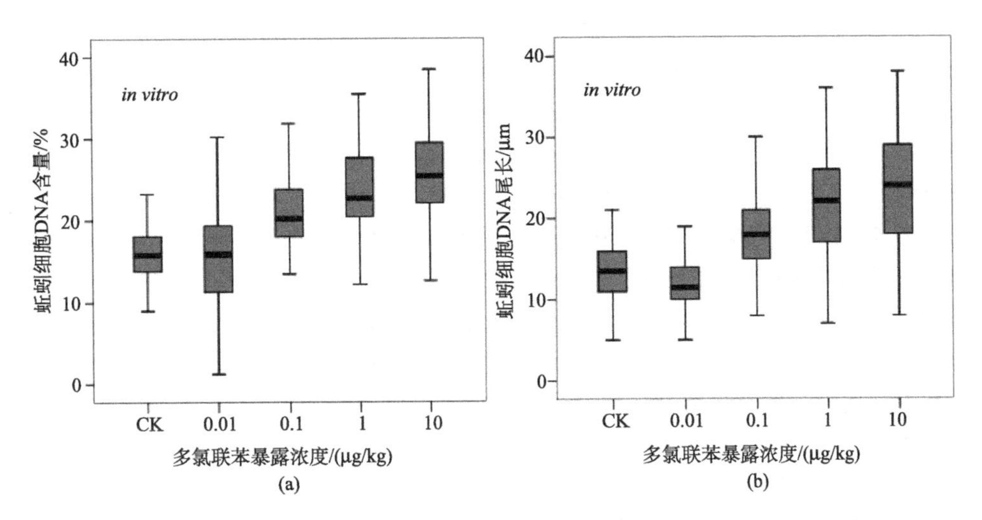

图 1.102　体外多氯联苯暴露对赤子爱胜蚓体腔细胞损伤频率影响

（二）酞酸酯暴露对赤子爱胜蚓的生理毒理

本研究选择赤子爱胜蚓体内代谢第二阶段的抗氧化酶类[谷胱甘肽转移酶（GST）和超氧化物歧化酶（SOD）]，以及蛋白含量和细胞损伤或死亡产物丙二醛（MDA）来探讨室内培养试验下酞酸酯（PAEs）的长期暴露对赤子爱胜蚓体内生理活性的影响。其中蛋白质含量是生命的物质基础，是构成细胞成分的重要组成物质之一，机体蛋白含量高低在某种程度上可以反映机体的生命特征。就受污染暴露而言，蛋白含量高可能是受外界刺激，产生大量的应激蛋白来保护基体免受进一步的伤害；蛋白含量小，可能是污染物质在体内抑制蛋白合成，或机体消耗过量的蛋白来维持机体生理活动。SOD 在机体的氧化与抗氧化平衡上其至关重要的作用，其能消除超氧阴离子自由基，保护细胞免受伤害。MDA 是脂质过氧化作用的产物之一，往往作为机体内脂质过氧化程度或细胞的损伤程度的指标，通常与 SOD 相互配合来解释机体细胞受自由基攻击的严重程度。GST 是一组具有清除体内过氧化物和解毒功能的同工酶，在肝细胞中存量很大，常作为肝脏损伤的敏感指标。

酞酸酯人工土壤暴露试验：根据 OECD 方法进行，人工土壤由 70%工业用沙，20%高岭土和 10%泥炭藓组成，每 500 g 人工土壤加 30 g 鲜牛粪，用蒸馏水调节水分含量在 30%～40%范围。分别添加 DEP、DBP 和 DEHP 溶液（溶于丙酮），配成浓度为 2、5、10 mg/kg 等 3 个暴露浓度，每个处理添加 35 条（在清洁土壤中预培养 7 d，清肠 24 h，大小相似的赤子爱胜蚓），置于光照室培养（光暗交替：16/8 h；温度：20±2℃；湿度 60%～65%）。每隔 7 d 采集一次，每次每处理采 5 条较为均一赤子爱胜蚓，置于暗室清肠 24 h 后分析体内酞酸酯含量和蛋白、超氧化物歧化酶（SOD）、丙二醛（MDA）和谷胱甘肽转移酶（GST）等生理指标。

赤子爱胜蚓组织中酞酸酯含量分析：取 1.00 g 的赤子爱胜蚓样品与玻璃离心管中，加约 3.0 g 的无水硫酸钠和 20 mL 的丙酮/正己烷混合液（1∶1，体积分数），用 S10 高速匀浆机研磨 30 s（两次）后，按土壤超声提取方法进行酞酸酯提取。

如图 1.103 所示，随培养时间的延长，赤子爱胜蚓体内的酞酸酯含量表现出递增趋势，但在一定时间之后（21 天）开始趋于平缓并略有下降，这与 Hu 等（2005）的研究结果相似。表明 PAEs 在赤子爱胜蚓体内有累积富集能力，其在生态系统中食物链的生物放大效应不容忽视。赤子爱胜蚓对不同污染单体富集能力差异较大[DEP 最大富集浓度为（197.4±28.8）μg/kg 鲜重，DBP 最大富集浓度为（1249.7±174.1）μg/kg 鲜重，而 DEHP 最大富集浓度为（2886.5±318.3）μg/kg 鲜重]，主要与污染单体的 K_{ow} 有关，高 K_{ow} 的物质表现强的生物富集能力。这与 Mackay 和 Fraser（2000），Zohair 等（2006）和 Kelly 等（2008，2007）关于有机污染物的生物富集效应的决定因素研究结果一致。但 DBP 表现出较高的富集效率（递增到最大值的相对速率较大），这可能是与高脂溶性的 DEHP 相比，DBP 的水溶解度较大（DBP 水溶解度为 11.2 mg/L，而 DEHP 仅为 0.27 mg/L），使得赤子爱胜蚓不仅从口腔摄入（土壤），而且可以通过体表吸收较多的 DBP。另外，生物对有机物的富集机制不完全等同于在溶剂间的分配，期间还受生物生理作用的影响。因此，不能把生物富集效应简单等同于 K_{ow} 问题。从平衡后（28 d）的富集浓度趋势看，DBP 下降略大于 DEP 和 DEHP，这可能是 DBP 对细胞的毒性比 DEHP 大，抑制赤子爱胜蚓对 DBP 进一步的吸收（ZEBET 数据库）。也可能与 DBP 较 DEHP 容易被赤子爱胜蚓代谢或被微生物降解有关，因为酞酸酯随烷基链含碳数的增加和分枝侧链的增加而生物降解性降低（高军和陈伯清，2008）。

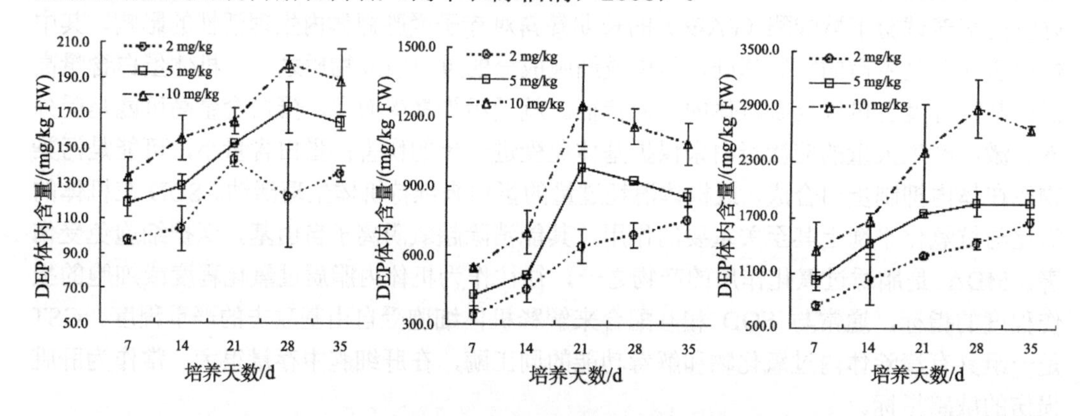

图 1.103　赤子爱胜蚓体内酞酸酯含量随时间的变化

如图 1.104 所示，赤子爱胜蚓体内生理响应（蛋白含量、SOD 酶活、MDA 含量以及 GST 酶活）对 3 种 PAEs 污染单体的暴露并未呈现规律变化趋势。但农药、多环芳烃、多氯联苯和重金属等对赤子爱胜蚓的毒性研究结果却表明，同一暴露浓度，生理响应指标（多与自由基清除有关的响应酶类）随暴露时间的延长先增大后降低，同一暴露时间，随浓度的增加先诱导后抑制，即呈抛物线型剂量-效应相关关系（张薇等，2007a，2007b，2007c；赵晓祥等，2006；左海根等，2004）。这可能与下面几个原因有关：①酞酸酯作为内分泌干扰物，其本身的急性毒性比农药和 POPs 等剧毒有机物和重金属轻；②相对于环境污染浓度，本研究添加的浓度不高，属于低剂量的慢性暴露试验（张薇等，2007a，2007c）；③这些生理指标可能对酞酸酯的毒理响应不敏感（Ribera et al.，2001）；④生理响应可能在前期暴露阶段（如 3～7 d 内），而后期继续暴露可能表现为耐受性（Lock and Janssen，2001）；⑤研究基质中添加 6%左右的有机质，影响了酞酸酯的环境行为（胡霞林等，2009）；⑥在培养过程中酞酸酯受微生物和赤子爱胜蚓的作用而降解（高军和陈伯清，2008；刘嫦娥等，2008）。但在某些暴露阶段，一些指标有所体现剂量效应关系，如前提暴露（7 d，14 d）组织蛋白含量呈先诱导后抑制状态，SOD 与 MDA 也有互补解释关系，而 21d 的 GST 也呈抛物线型剂量-效应相关关系。总体上，这些生理指标对 DEP、DBP 和 DEHP 等 3 种酞酸酯在 0～10 mg/kg 的暴露浓度下，并未表现良好的剂量效应关系，这可能是赤子爱胜蚓体内生化指标对污染指示作用不仅与污染物类型、暴露剂量、时间和暴露方式以及供试生物种类和形态有关，还可能与生化酶本身的灵敏性和有效性有关。因此，对于酞酸酯类的内分泌干扰物，寻找更敏感指标，如 P450、DNA 损伤和内分泌内特异性受体等有助于对这类污染的生态风险评价。

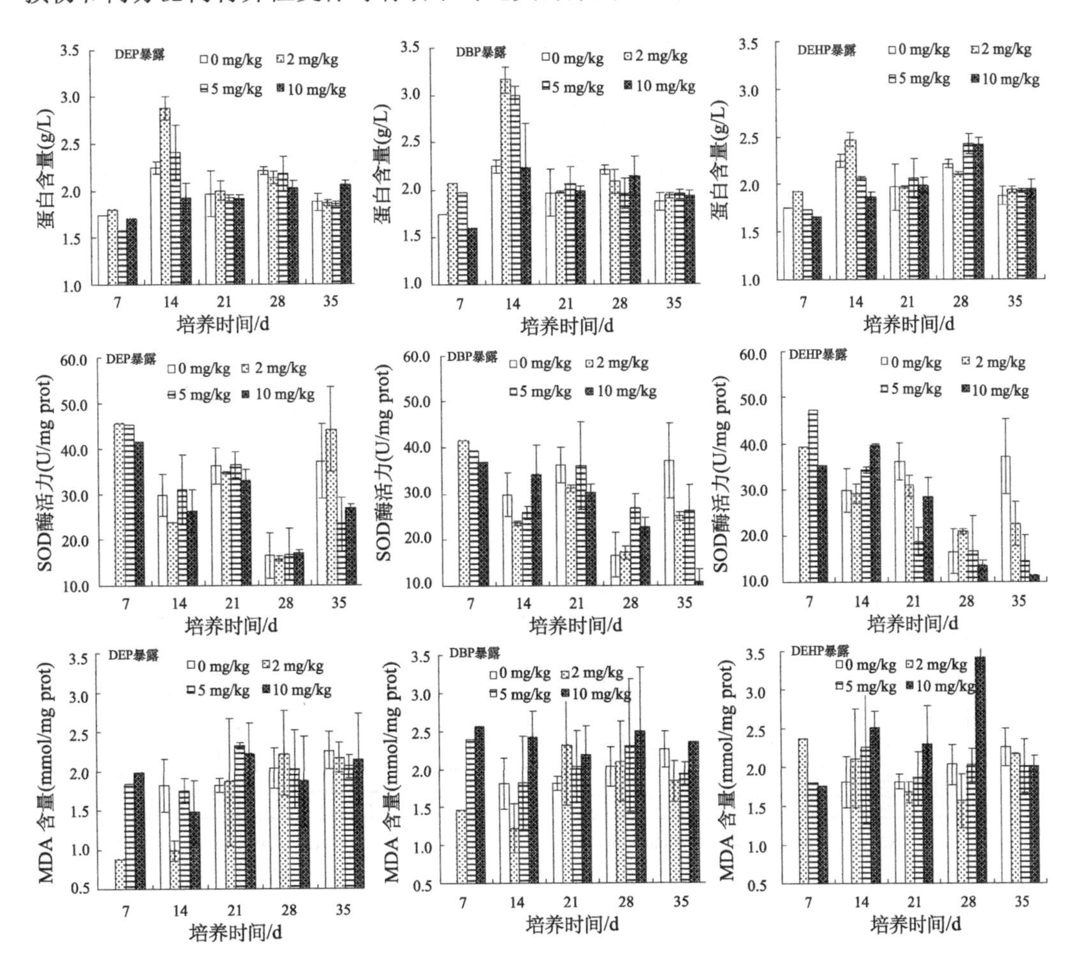

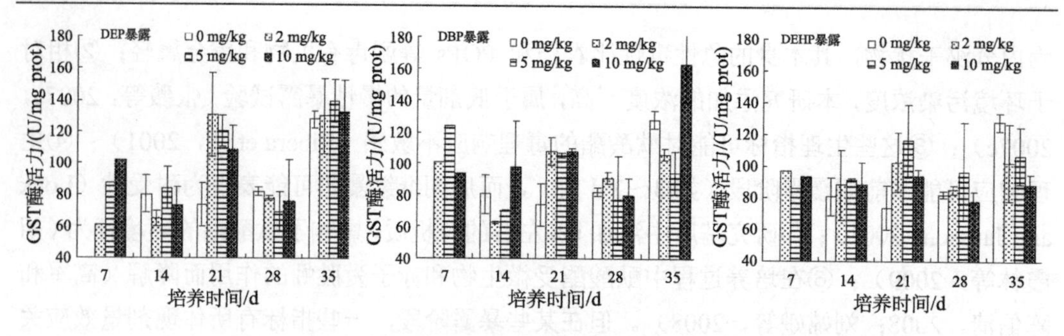

图 1.104　赤子爱胜蚓体内生理响应随暴露浓度和时间的变化

三、重金属-有机复合污染对土壤动物的毒性

（一）铜、多氯联苯复合暴露对赤子爱胜蚓的生理毒性与遗传毒性

1. 铜、多氯联苯复合暴露对赤子爱胜蚓的生理毒性

保持铜暴露浓度为 50 mg/kg，然后分别在每个处理中加入 0.1 μg/kg、1 μg/kg、10 μg/kg、100 μg/kg 和 1000 μg/kg 的多氯联苯，人工土壤暴露 14 d，分析赤子爱胜蚓的生理指标变化。

Debus 和 Hund（1997）研究发现生理指标值发生 30%的变化会对生物体产生异常影响，因此可认为是生物体对环境作用的最小有效变化，因此将 30%的生理指标变化量作为铜、多氯联苯复合污染暴露的蚯蚓生理毒性评价阈值。响应率计算公式如下：

蚯蚓生理指标响应率＝（处理组蚯蚓生物活性-对照组蚯蚓活性）/对照组蚯蚓活性×100%

根据公式计算出蚯蚓各个生理指标的响应率，以对照组蚯蚓生理指标的 30%变化作为阈值，研究结果如图 1.105 所示，图中横线为生理指标增加 30%的阈值。表 1.67 是复合污染中多氯联苯暴露浓度与蚯蚓生理指标的相关性分析结果。

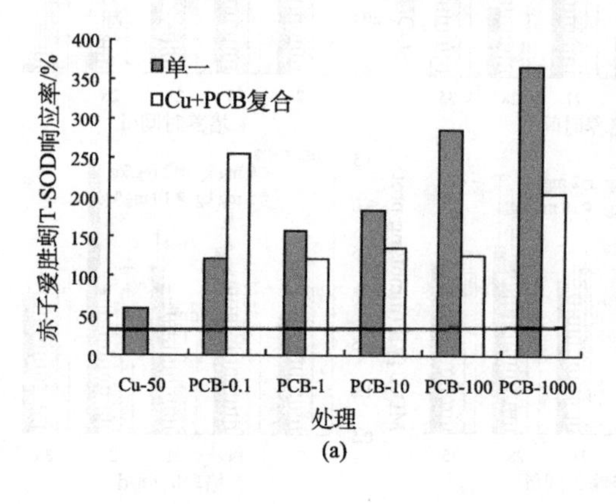

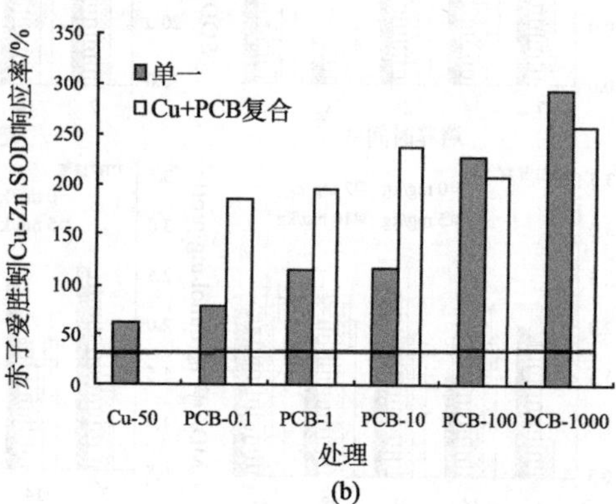

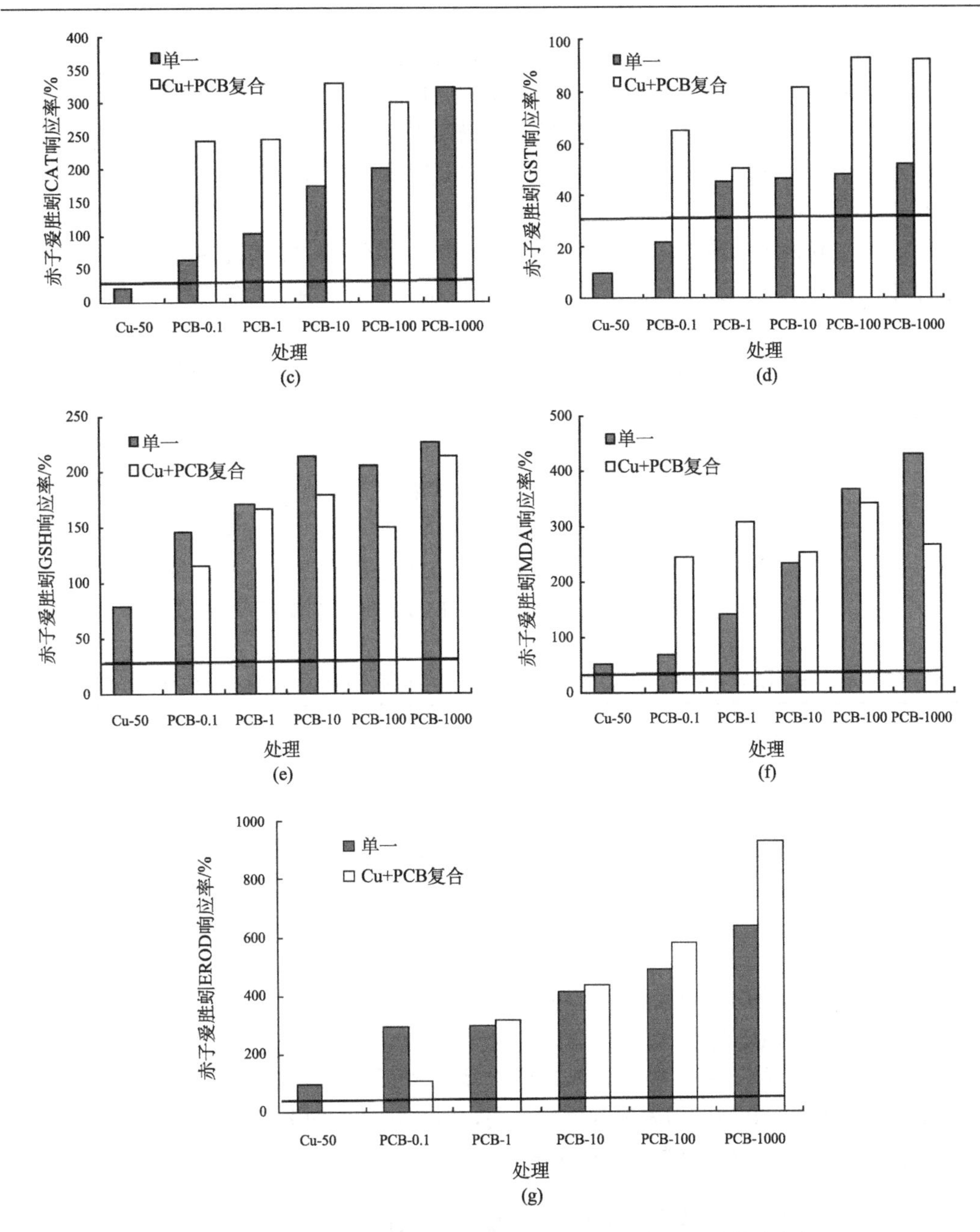

图 1.105　赤子爱胜蚓生理指标对铜、多氯联苯复合暴露的响应率

结果显示[图 1.105（a）、（b）]，铜和多氯联苯复合污染时蚯蚓总 SOD 酶活力，除 0.1 μg/kg 处理组外，其余复合暴露处理组的 SOD 酶活力都比多氯联苯单一暴露时要小，表现为抑制作用。复合污染多氯联苯浓度在 0.1～10 μg/kg 时，对 Cu-Zn SOD 酶活力表现为促进作用。无论是铜、多氯联苯的单一暴露，或是两者的复合暴露对蚯蚓 SOD 酶活力的刺激都超过 30%的有效阈值；复合污染多氯联苯浓度与蚯蚓 SOD 酶活力相关性分析显示，蚯蚓 SOD 酶活力受到复合污染中多氯联苯的显著影响。

图 1.105（c）显示铜、多氯联苯单一和复合暴露处理蚯蚓 CAT 酶活力响应率的变化。结果显示，50 mg/kg 铜单一暴露不能引起蚯蚓 CAT 酶活力的有效生物效应；多氯联苯及与铜的复合暴露可以显著刺激 CAT 酶活力的增加。复合暴露下，蚯蚓的 CAT 酶活力高于多氯联苯单一暴露时的酶活力，复合污染中多氯联苯的暴露浓度对 CAT 酶活力有显著促进作用。

铜、多氯联苯单一和复合污染对蚯蚓 GST 酶活力的影响与 CAT 酶活力相似，但多氯联苯浓度为 0.1 μg/kg 单一暴露时，不能激发蚯蚓 GST 酶活力的有效响应[图 1.105（d）]。

从图 1.105（e）分析发现，蚯蚓 GSH 含量可以对铜、多氯联苯单一和复合暴露在低浓度时即可做出有效生物响应，但与多氯联苯单一污染时相比，复合污染对 GST 酶活力增加有拮抗作用。

多氯联苯单一污染时，蚯蚓 MDA 含量在暴露浓度为 0.1 μg/kg 时不能产生有效生物响应，但复合污染时，大大促进了 MDA 含量的有效响应，比 50mg/kg 铜单一暴露和 0.1 μg/kg 多氯联苯单一暴露时的响应率分别增加了 4.2 倍和 3.2 倍。相关性分析发现（表 1.67），复合污染中多氯联苯浓度显著影响蚯蚓 MDA 含量的响应率变化。

表 1.67　铜、多氯联苯复合污染人工土壤试验多氯联苯浓度与赤子爱胜蚓生理指标的相关分析

项目（N=15）	总 SOD 酶	Cu-Zn SOD 酶	CAT 酶	GST 酶	GSH 含量	EROD 酶	MDA 含量
相关系数	0.599*	0.628*	0.636*	0.524*	0.571*	0.214	0.969**
p	0.018	0.012	0.011	0.045	0.026	0.443	0.001

*p<0.05；**p<0.01。

铜、多氯联苯单一和复合污染对蚯蚓 EROD 酶都能产生有效生物刺激，复合污染对蚯蚓 EROD 酶活力增加表现为促进作用，但复合污染多氯联苯浓度与蚯蚓 EROD 酶的生物响应率之间没有显著关系。

以上结果分析显示，铜、多氯联苯的复合污染对赤子爱胜蚓的生理指标的影响不同，对 CAT 酶活力、GST 酶活力表现为促进作用，复合污染中的多氯联苯暴露浓度对 CAT 酶活力、GST 酶活力的生物响应率有显著影响

2. 铜、多氯联苯复合暴露对赤子爱胜蚓遗传毒性的体内实验

人工土壤试验，铜和多氯联苯复合暴露对蚯蚓体腔细胞的尾部 DNA 百分含量和尾长频数分布箱图分析结果，见图 1.106（a）、（b）。复合暴露下，蚯蚓尾部 DNA 百分含量比相同浓度多氯联苯单一暴露时的值高 1.02～1.32 倍，尾长则高出 3%～44%。研究显示，铜可以增强多氯联苯对蚯蚓的 DNA 损伤的影响，复合污染表现为对蚯蚓遗传指标的加和作用，与其对生理指标的影响一致。

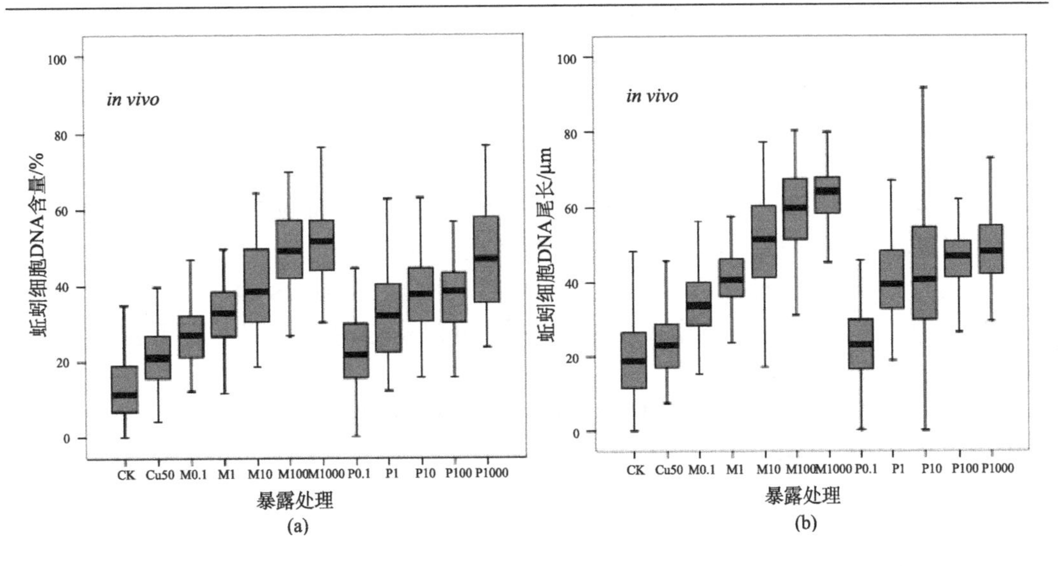

图 1.106　体内试验铜和多氯联苯复合暴露对赤子爱胜蚓细胞遗传损伤影响

3. 铜、多氯联苯复合暴露对赤子爱胜蚓遗传毒性的体外试验

体外试验，铜和多氯联苯复合暴露对蚯蚓体腔细胞的尾部 DNA 百分含量和尾长频数分布箱图分析结果，见图 1.107（a）、（b）。复合暴露下，蚯蚓尾部 DNA 百分含量比相同浓度多氯联苯单一暴露时的损伤程度高，与体外试验结果一致。0.01 μg/L 多氯联苯同 3.13 mg/L 共同作用时，蚯蚓尾部 DNA 百分含量比单一污染时高 2.0 倍，尾长增加 2.4 倍；相同铜暴露浓度与 10 μg/L 多氯联苯复合时，细胞收缩形变，不能获得常规彗星状图像。

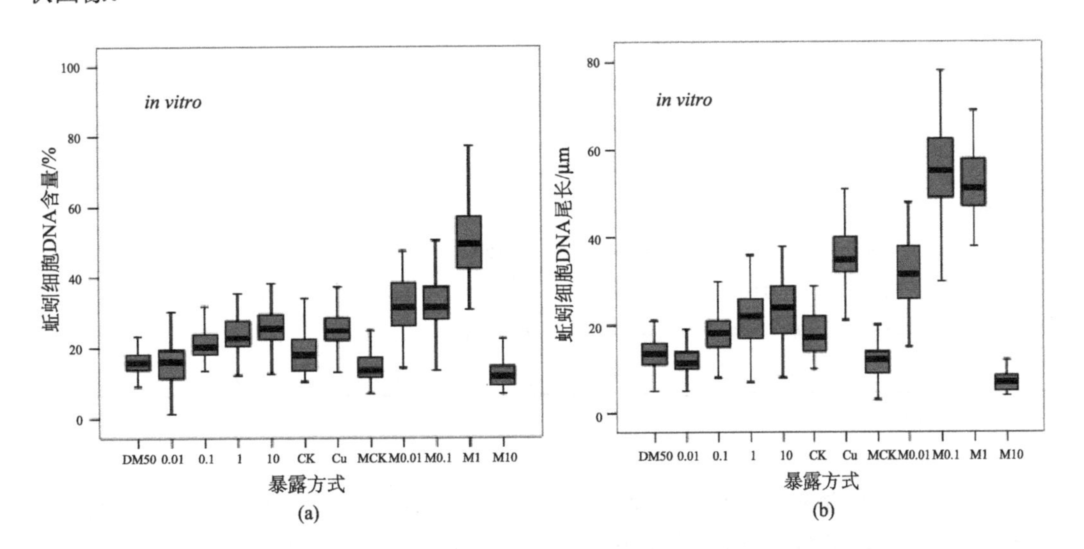

图 1.107　体外铜和多氯联苯复合暴露对赤子爱胜蚓体腔细胞损伤频率影响

（二）铜、多氯联苯复合污染土壤对背暗异唇蚓和赤子爱胜蚓的生理毒性与遗传毒性

选择背暗异唇蚓和赤子爱胜蚓2种代表性蚯蚓，采用蚯蚓原位暴露和离位试验方法，对铜、多氯联苯复合污染土壤的生态效应进行毒理学研究。

污染区土壤原位暴露：原位蚯蚓为背暗异唇，采自FJSFJSFJS-04、FJSFJSFJS-05和FJSFJSFJS-06典型污染区，每个样点进行多采，分别采集蚯蚓100头，置于装有当地土壤的布袋中带回实验室，待分析。

污染区土壤离位暴露：在陶瓷钵中分别装入400 g供试土样和20 g新鲜牛粪，混匀，调节土壤含水量为35%，然后放入已清肠赤子爱胜蚓 50头，纱布、牛皮纸封口，在牛皮纸上刺孔以保持正常通气，（20±2）℃，16/8 h光暗交替培养14 d。每个土壤处理各重复3次。

1. 铜、多氯联苯复合污染土壤对蚯蚓生理毒性的体内、外实验

表1.68分析了原位暴露污染土壤对背暗异唇蚓的生理影响，研究显示，污染土壤对蚯蚓的各种抗氧化酶、细胞色素P450都产生刺激作用，多项蚯蚓生理标准物的阳性反应说明污染物对土壤生境功能造成了威胁，但目标污染物在这些生物标志物的变化中贡献率不大。生物标志物的优点在于可以对环境污染、污染物代谢产物、环境因子等因素的综合作用做出响应。典型区污染土壤对背暗异唇蚓的生理标志物的阳性反应，显示典型区污染土壤具有生态毒性，这种生态毒性是包括典型污染物在内的各种环境因素的综合结果。

表1.68　原位暴露试验背暗异唇蚓生理标志物对污染土壤毒性评价

样品名称	总SOD酶	Cu-Zn SOD酶	CAT酶	GST酶	EROD酶	GSH含量	MDA含量
FJE-04	−	+	+	−	+	+	−
FJE-05	+	+	+	+	+	+	−
FJE-06	−	+	−	+	+	+	−
Cu	R=−0.698	R=−0.541	R=0.640	R=0.200	R=0.019	R=−0.030	R=0.009
	p=0.012	p=0.069	p=0.025	p=0.533	p=0.952	p=0.927	p=0.977
PCB	R=−0.684	R=−0.443	R=0.742	R=0.296	R=−0.126	R=−0.142	R=−0.101
	p=0.014	p=0.149	p=0.006	p=0.350	p=0.695	p=0.659	p=0.755

注：+阳性反应；−阴性反应。

表1.69的离位暴露评价结果与原位结果相似，污染物对土壤生境具有生态风险。以上研究结果显示，虽然污染土壤的目标污染物铜、多氯联苯化学含量值有显著差异，但这些污染土壤都具有较高的生态毒性风险。一般认为，污染物在环境中存在复杂的加和、拮抗作用，这些污染物还可以通过在环境中分解、转化或生物体内的代谢而产生毒性更

大的物质，因此生物标志物可以对这些综合毒性效应进行指示。

表 1.69　离位暴露试验赤子爱胜蚓生理标志物对污染土壤毒性评价

样品名称	总 SOD 酶	Cu-Zn SOD 酶	CAT 酶	GST 酶	EROD 酶	GSH 含量	MDA 含量
FJSE-01	+	+	–	+	+	+	–
FJSE-02	+	–	+	+	–	+	+
FJSE-03	+	+	–	+	–	+	+
FJSE-04	+	–	–	–	–	–	–
FJSE-05	+	–	–	+	+	–	+
FJSE-06	–	–	+	+	+	+	+
Cu	R=–0.041	R=–0.257	R=–0.174	R=0.017	R=–0.206	R=–0.650	R=0.052
	p=0.871	p=0.302	p=0.491	p=0.947	p=0.228	p=0.003	p=0.981
PCB	R=0.031	R=–0.116	R=–0.297	R=0.114	R=0.299	R=–0.754	R=0.006
	p=0.903	p=0.647	p=0.232	p=0.653	p=0.228	p < 0.001	p=0.981

2. 铜、多氯联苯复合污染土壤对蚯蚓遗传毒性的体内、外实验

图 1.108 是原位暴露和离位暴露下，污染土壤对蚯蚓体腔细胞 DNA 损伤的影响，离位暴露试验蚯蚓的 DNA 损伤程度要高于原位暴露。原位暴露试验，背暗异唇蚓细胞 DNA 的损伤程度均为轻度损伤，显示污染土壤蚯蚓的长期暴露，一方面可能与污染物的老化效应有关；另一方面可能会使蚯蚓产生生物抗性以适应污染物的胁迫。

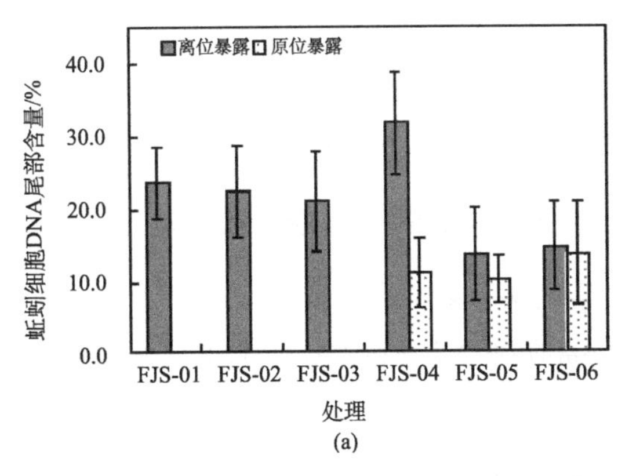

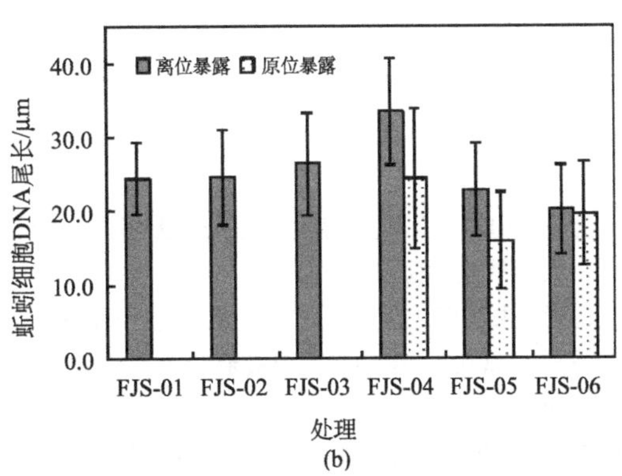

图 1.108　污染土壤原位暴露和离位暴露对蚯蚓遗传标志物的影响

离位试验中，赤子爱胜蚓的遗传生物标志物则对污染土壤表现出敏感的指示作用，FJSE-01，FJSE-02，FJSE-03 和 FJSE-04 处理的赤子爱胜蚓损伤程度达到中度，FJSE-05 和 FJSE-06 为轻度损伤。赤子爱胜蚓细胞 DNA 尾部百分含量、尾长均与土壤多氯联苯含量存在显著的正相关性（p<0.05），相关系数分别为 0.670（p<0.001）和 0.759（p<0.001），可以认为土壤多氯联苯是影响蚯蚓细胞 DNA 损伤的主要因素。

参 考 文 献

丁克强, 骆永明, 刘世亮, 等. 2002. 黑麦草对菲污染土壤修复的初步研究. 土壤, 34(4): 233～236.

段学军, 阂航. 2004. 镉胁迫下稻田土壤微生物基因多样性的 DGGE 分子指纹分析. 环境科学, 25(1): 122～126.

高军. 2005. 长江三角洲典型污染农田土壤多氯联苯分布、微生物效应和生物修复研究. 浙江: 浙江大学博士学位论文.

高军, 陈伯清. 2008. 酞酸酯污染土壤微生物效应与过氧化氢酶活性的变化特征. 水土保持学报, 22(6): 166～169.

何邵麟, 龙超林, 刘英忠, 等. 2004. 贵州省地表土壤及沉积物中镉的地球化学与环境问题. 贵州地质, 21(4): 245～250.

侯宪文. 2007. 铅-苄嘧磺隆/甲磺隆复合污染的土壤微生物生态效应的研究. 浙江: 浙江大学博士学位论文.

胡霞林, 刘景富, 卢士燕. 2009. 环境污染物的自由溶解态浓度与生物有效性. 化学进展, 21(2/3): 514～522.

刘嫦娥, 段昌群, 刘飞, 等. 2008. 蚯蚓对土壤中乙草胺和丁草胺消解动态的影响研究. 现代农药, 7(2): 28～32.

骆永明, 滕应, 李清波, 等. 2005. 长江三角洲地区土壤环境质量与修复研究 I. 典型污染区农田土壤中多氯代二苯并噁英/呋喃(PCDD/Fs)组成和污染的初步研究. 土壤学报, 42(4): 570～576.

滕应. 2003. 重金属污染下红壤微生物生态特征及生物学指标研究. 浙江: 浙江大学博士学位论文.

滕应, 黄昌勇, 骆永明, 等. 2004b. 铅锌银尾矿区土壤微生物活性及其群落功能多样性研究. 土壤学报, 41(1): 113～119.

滕应, 黄昌勇, 骆永明, 等. 2004c. 重金属复合污染下土壤微生物群落功能多样性动力学特征. 土壤学报, 41(5): 735～741.

滕应, 骆永明, 赵祥伟, 等. 2004a. 重金属复合污染农田土壤 DNA 的快速提取及其 PCR-DGGE 分析. 土壤学报, 41(3): 335～339.

王菲, 杨官品, 李晓军, 等. 2008. 微生物标志物在土壤污染生态学研究中的应用. 生态学杂志, 27(1): 105～110.

王金花. 2007. 丁草胺-镉复合污染对土壤微生物的分子生态毒理效应与生物修复研究. 上海: 上海交通大学博士学位论文.

王镜岩, 朱圣庚, 徐长法. 2002. 生物化学(第 3 版). 北京: 高等教育出版社.

王秀国. 2009. 杀菌剂多菌灵高频投入对土壤微生物群落的影响及其生物修复. 浙江: 浙江大学博士毕业论文.

夏增禄. 1988. 土壤环境容量及其应用. 北京: 气象出版社.

谢显传, 张少华, 王冬生, 等. 2007. 阿维菌素对蔬菜地土壤微生物及土壤酶的生态毒理效应. 土壤学报, 44(4): 740～743.

杨永岗, 胡霭堂. 1998. 南京市郊蔬菜(类)重金属污染现状评价. 农业环境保护, 17(2): 89～90.

张金屯. 2004. 数量生态学. 北京: 科学出版社.

张民, 龚子同. 1996. 我国菜园土壤中某些重金属元素的含量与分布. 33(1): 85～93.

张倩茹, 周启星, 张惠文, 等. 2004. 乙草胺铜离了复合污染对黑土农田生态系统中土著细菌群落的影响. 环境科学学报, 24(2): 326～332.

张薇, 宋玉芳, 孙铁珩, 等. 2007a. 土壤低剂量荧蒽胁迫下蚯蚓的抗氧化防御反应. 土壤学报, 44(6):

1049～1057.

张薇，宋玉芳，孙铁珩，等. 2007b. 菲和芘对蚯蚓(*Eisenia fetida*)细胞色素P450和抗氧化酶系的影响. 环境化学, 26(2): 202～206.

张薇，宋玉芳，孙铁珩，等. 2007c. 土壤低剂量芘污染对蚯蚓若干生化指标的影响. 应用生态学报, 18(9)：2097～2103.

赵晓祥，陈琪，庄惠生. 2006. 壬基酚对赤子爱胜蚓的生态毒理学研究. 生态环境, 15(6): 1185～1187.

左海根，林玉锁，龚瑞忠. 2004. 农药污染对蚯蚓毒性毒理研究进展. 农村生态环境, 20(4): 1～5.

Ahsan N, Lee D G, Lee K W, et al. 2008. Glyphosate-induced oxidative stress in rice leaves revealed by proteomic approach. Plant Physiology and Biochemistry, 46(12): 1062～1070.

Ahsan N, Lee D G, Lee S H, et al. 2007a. Excess copper induced physiological and proteomic changes in germinating rice seeds. Chemosphere, 67(6): 1182～1193.

Ahsan N, Lee D G, Lee S H, et al. 2007b. A proteomic screen and identification of waterlogging-regulated proteins in tomato roots. The Plant and Soil, 295: 37～51.

Ahsan N, Lee S H, Lee D G, et al. 2007c. Physiological and protein profiles alternation of germinating rice seedlings exposed to acute cadmium toxicity. Comptes Rendus Biologies, 330(10): 735～746.

Alam I, Lee D G, Kim K H, et al. 2010. Proteome analysis of soybean roots under waterlogging stress at an early vegetative stage. Journal of Biosciences, 2010, 35(1): 49～62.

Anan'eva N D, Khakimov F L, Deeva N F. 2005. The influence of polychlorinated biphenyls on the microbial biomass and respiration in gray forest soil. Eurasian Soil Science, 38: 770～775.

Andreoni V, Cavalca L, Rao M A, et al. 2004. Bacterial communities and enzyme activities of PAHs polluted soils. Chemosphere, 57(5): 401～412.

Arnaud C, Saint-Denis M, Narbonne J F, et al. 2000. Influences of different standardized test methods on biochemical responses in the earthworm Eisenia fetida andrei. Soil Biology and Biochemistry, 32: 6773.

Baath E. 1989. Effects of heavy metals in soil on microbial processes and populations. A literature review. Water Air and Soil Pollution 47: 335～379.

Blakely J K, Neher D A, Spongberg A L. 2002. Soil invertebrate and microbial communities, and decomposition as indicators of polycyclic aromatic hydrocarbon contamination. Applied Soil Ecology, 21(1): 71～88.

Brune A, Dietz K J. 1995. A comparative analysis of element composition of roots and leaves of barley seedlings grown in the presence of toxic cadmium, molybdenum, nickel, and zinc concentrations. Journal of Plant Nutrition 18: 853～868.

Bulich A A. 1982. A practical and reliable method for monitoring toxicity of aquatic samplea. Process Biochemistry, 17: 45～47.

Castro A J, Carapito C, Zorn N, et al. 2005. Proteomic analysis of grapevine (*Vitis vinifera* L.) tissues subjected to herbicide stress. Journal of Experimental Botany, 56(421): 2783～2795.

Chaineau C H, Morel J L, Oudot J. 1997. Phytotoxicity and plant uptake of fuel oil hydrocarbons. Journal of Environmental Quality, 26(6): 1478～1483.

Chen W L, Sung H H. 2004. The toxic effect of phthalate esters on immune resposes of giant freshwater Prawn (*Macrobrachiun rosenbergii*) via oral treatment. Aquatic Toxicology, 74(2): 160～171.

Cizmas L, McDonald T J, Phillips T D, et al. 2004. Toxicity characterization of complex mixtures using biological and chemical analysis in preparation for assessment of mixture similarity. Environmental Science & Technology, 38(19): 5127～5133.

Collins A R. 2004. The comet assay for DNA damage and repair: Principles, applications, and limitations. Molecular Biotechnology, 26(3): 249～261.

Crouzet O, Batisson I, Besse-hoggan P, et al. 2010. Response of soil microbial communities to the herbicide mesotrione: A dose-effect microcosm approach. Soil Biology & Biochemistry, 42(2): 193～202.

Davies E J. 2003. Molecular and biochemical characterization of cytosolic phosphoglucomutase in wheat endosperm (*Triticum aestivum* L. cv. Axona). Journal of Experimental Botany, 54(386): 1351～1360.

Debus R, Hund K. 1997. Development of analytical methoes for the assessment of ecotoxicological relevant soil contamination. Part B: Ectoxicological analysis in soil and soil extracts. Chemosphere, 35: 239～261.

Du C X, Fan H F, Guo S R, et al. 2010. Proteomic analysis of cucumber seedling roots subjected to salt stress. Phytochemistry, 71(13): 1450～1459.

Eisentraeger A, Hund-Rinke K, Roembke J. 2005. Assessment of ecotoxicity of contaminated soil using bioassays.//Margesin R, Schinner F (eds) Manual of soil analysis; Monitoring and assessing soil bioremediation, Springer-Verlag Berlin Heidelberg, 321～359.

Falconer R L, Bidleman T F, Cotham W E. 1995. Preferential sorption of non-and mono-ortho polychlorinated biphenyls to urban aerosols. Environmental Science & Technology, 29(6): 1666～1673.

Fan W H, Cui W T, Li X F, et al. 2010. Proteomics analysis of rice seedling responses to ovine saliva. Journal of Plant Physiology, 168(5): 500～509.

Fanous A, Weiland F, Luck C, et al. 2007. A proteome analysis of Corynebacterium glutamicum after exposure to the herbicide 2,4-dichlorophenoxy acetic acid(2,4-D). Chemosphere, 69(1): 25～31.

Filser J, Wittman R, Lang A. 2000. Response types in Collembola towards copper in the microenvironment. Environmental Pollution, 107(1): 71～78.

Fisher T, Crane M, Callaghan A. 2003. Induction of cytochrome P-450 activity in individual Chironomus riparius Meigen larvae exposed to xenobiotics. Ecotoxicology and Environmental Safety, 54(1): 1～6.

Fismes J, Perrin-Ganier C, Emperear-Bissonnet P, et al. 2002. Soil-to-root transfer and translocation of polycyclic aromatic hydrocarbons by vegetables grown on industrial contaminated soils. Journal of Environmental Quality, 31(5): 1649～1656.

Gajewska E, Skkodowska M. 2010. Differential effect of equal copper, cadmium and nickel concentration on biochemical reactions in wheat seedlings. Ecotoxicology and Environmental Safety, 73(5): 996～1003.

Ge R C, Chen G P, Zhao B C, et al. 2007. Cloning and functional characterization of a wheat serine/threonine kinase gene (TaSTK) related to salt-resistance. Plant Science, 173(1): 55～60.

Gong P, Wilke B M, Storzzi E, et al. 2001. Evaluation and refinment of a continuous seed germination and early seedling growth test for the use in the ecotoxicological assessment of soils. Chemosphere, 44(3): 491～500.

Gräf W, Nowak W. 1966. Promotion of growth in lower and higher plants by carcinogenic polycyclic aromatic compounds. Archiv Für Hygiene Und Bakteriologie, 150(6): 513～528.

Gussarsson, M. 1994. Cadmium-induced alterations in nutrient composition and growth of Betula peudula seedlings: The significance of fine roots as a primary target for cadmium toxicity. Journal of Plant Nutrition 17(12): 2151～2163.

Hartmann A, Schmid M, Wenzel W, et al. 2005. Rhizosphere 2004 Perspectives and Challenges A Tribute to Lorenz Hiltner. Munich, Germany: GSF National Research Center for Environment and Health.

Hatzinger A W, Alexander M. 1997. Biodegradation of organic compounds sequestered in organic solids or in nanopores within silica particles. Environmental Toxicology and Chemistry, 16(11): 2215～2221.

Heupel K. 2002. Avoidance response of different collembolan species to Betanal. European Journal of Soil Biology, 38(3～4): 273～276.

Hirano H, Harashima H, Shinmyo A, et al. 2008. Arabidopsis retinoblastoma-related protein 1 is involved in G1 phase cell cycle arrest caused by sucrose starvation. Plant Molecular Biology, 66(3): 259～275.

Hu X Y, Wen B, Zhang S Z, et al. 2005. Biavailability of phthalate congeners to earthworms (eisenia fetida) in artificially contaminated soils. Eeotoxieology and Environmental Safety, 62(1): 26～34.

International Organization for Standardization (ISO). 1993. Soil quality-determination of the effects of pollutants on soil flora, Part 1: Method for the measurement of inhibition of root growth. ISO 11269-1. Gteneva, Switzerland.

Juck D, Charles T, Whyte L G, et al. 2000. Polyphasic microbial community analysis of petroleum hydrocarbon-contaminated soils from two northern Canadian communities. FEMS Microbiology Ecology, 33(3): 241～249.

Kamaludeen S P, Megharaj M, Naidu R, et al. 2003. Microbial activity and phospholipid fatty acid pattern in long-term tannery waste-contaminated soil. Ecotoxicology and Environmental Safety, 56(2): 302～310.

Kelly B C, Ikonomou M G, Blair J D, et al. 2007. Food web-specific biomagnification of persistent organic pollutants. Science, 317(5835): 236～238.

Kelly B C, Ikonomou M G, Blair J D, et al. 2008. Bioaccumulation behaviour of polybrominated diphenyl ethers (PBDEs)in a Canadian Arctic marine food web. Science of The Total Environment, 401(1～3): 60～72.

Kim Y K, Lee M Y. 2009. Proteomic analysis of differentially expressed proteins of rice in response to cadmium. Journal ofKorean Society for Applied Biological Chemistry, 52(5): 428～436.

Köhler H R. 2002. Localization of metals in cells of saprophagous soil arthropods (Isopoda, Diplopoda, Collembola). Microscopy Research and Technique, 56(5): 393～401.

Kong F J, Oyanagi A, Komatsu S. 2010. Cell wall proteome of wheat roots under flooding stress using gel-based and LC MS/MS-based proteomics approaches. Biochimica et Biophysica Acta, 1804(1): 124～136.

Krogh P H. 1995. Does a heterogeneous distribution of food or pesticide affect outcome of toxicity Tests with collembola? Ecotoxicology and Environmental Safety, 30(2): 158～163.

Kubátová A, Dronen L C, Hawthorne S B. 2006. Genotoxicity of polar fractions from a herbicide-contaminated soil does not correspond to parent contaminates. Environmental Toxicology and Chemistry, 25(7): 1742～1745.

Lee D G, Ahsan N, Lee S H, et al. 2009. Chilling stress-induced proteomic changes in rice roots. Journal of Plant Physiology, 166(1): 1～11.

Lee G J, Vierling E. 2000. A small heat shock protein cooperates with heat shock protein 70 systems to reactivate a heat-denatured protein. Plant Physiology, 122(1), 189～198.

Lee T H, Kurata S, Nakatsu C. H. 2005. Molecular analysis of bacterial community based on 16SrDNA and functional genes in activated sludge enriched with 2, 4-dichlorophenoxyacetic acid(2, 4-d)under different cultural conditions. Microbial Ecology, 49(1): 151～162.

Lehn H, Bopp M. 1987. Prediction of heavy-metal concentration in mature plants by chemical analysis of seedings. Plant and soil. 101(1), 9～14.

Leigh M B, Fletcher J S, Fu X O, et al. 2002. Root turnover: An important source of microbial substrates in rhizosphere remediation of recalcitrant contaminants. Environmental Science & Technology, 36(7): 1579～1583.

Li D, Liu H, Zhang H, et al. OsBIRHl, a DEAD-box RNA helicase with functions in modulating defence responses against pathogen infection and oxidative stress. Journal of Experimental Botany, 2008, 59(8): 2133～2146.

Lijinsky W. 1991. The formation and occurrence of polynuclear aromatic hydrocarbons associated with food. Mutation Research, 259(3-4): 251～262.

Lin Y Z, Chen H Y, Kao R, et al. 2008. Proteomic analysis of rice defense response induced by probenazole. Phytochemistry, 69(3): 715～728.

Lock K, Janssen C R. 2001. Tolerance changes of the potworm Enchytraeus albidus after long-term exposure to cadmium. Science of The Total Environment, 280(280): 79～84.

Loibner A P , Szolar O H J, Braun R. et al. 2004. Toxicity testing of 16 priority polycyclic aromatic hydrocarbons using Lumistox((R)). Environmental Toxicology and Chemistry, 23(3): 557～564.

Lors C, Mossmann J R, Barbe P. 2004. Phenotypic responses of the soil bacterial community to polycyclic aromatic hydrocarbon contamination in soils. Polycyclic Aromatic Compounds, 24(1): 21～36.

Lukkari T, Taavitsainen M, Vaisanen A, et al. 2004. Effects of heavy metals on earthworms along contamination gradients in organic rich soils. Ecotoxicology and Environmental Safety, 59(3): 340～348.

Ma W. 2005. Critical body residues (CBRs) for ecotoxicological soil quality assessment: Copper in earthworms. Soil Biology and Biochemistry, 37(3): 561～568.

Mackay D, Fraser A. 2000. Bioaccumulation of persistent organic chemicals: mechanisms and models. Environmental Pollution, 110: 375～391.

Magurran A E. 1988. Ecological diversity and its measurement. Princeton: Princeton University Press: 34 ～ 59.

Maliszewska-Kordybach B. 1996. Polycyclic aromatic hydrocarbons in agricultural soils in Poland: preliminary proposals for criteria to evaluate the level of soil contamination. Applied Geochemistry, 11(1～2): 121～127.

Margesin R, Labbe D, Schinner F. et al. 2003. Characterization of hydrocarbon-degrading microbial populations in contaminated and pristine alpine soils. Applied and Environmental Microbiology, 69(6): 3085～3092.

Marsvhner, H. 1986. Nutrient physiology//H. Marschner (ed.) Mineral Nutriention of Higher Plants. London, England: Academic Press: 243～254.

Mironov V, Inze D. 1999. Cyclin-dependent kinases and cell division in plants- the nexus. The Plant Cell, 11(4): 509～522.

Moral R I, Gomez J N, Pedreno. 1994. Effects of cadmium on nutrient distribution, yield, and growth of tomato grown in soilless culture. Journal of Plant Nutrition, 17(6): 953～962.

Mou Z, Wang X, Fu Z, et al. 2002. Silencing of phosphoethanolamine N -methyltransferase results in temperature-sensitive male sterility and salt hypersensitivity in Arabidopsis. The Plant Cell, 14: 2031～2043.

Nakata H, Hirakawa Y, Kawazoe M. 2005. Concentrations and compositions of organochlorine contaminants in sediments, soils, crustaceans, fishes and birds collected from Lake Tai, Hangzhou Bay and Shanghai city region, China. Environmental Pollution, 133(3): 415～429.

Natal-da-Luz T, Ribeiro R, Sousa J P. 2004. Avoidance tests with Collembola and earthworms as early screening tools for site specific assessment of polluted soils. Environmental Toxicology and Chemistry, 23(23): 2188～2193.

Nursita A I, Singh B, Lees E. 2005. The efects of cadmium, copper, lead, and zinc on the growth and reproduction of Proisotoma minuta Tullberg (Collembola). Ecotoxicology and Environmental Safety, 60(3): 306～314.

Nylund L, Heikkila P, Hameila M, et al. 1992. Genotoxic effects and chemical composition of four creosotes. Mutation Research, 265(2): 223～236.

Oard J H. 2006. Proteomic and genetic approaches to identifying defence-related proteins in rice challenged with the fungal pathogen Rhizoctonia solani. Molecular Plant Pathology, 7(5): 405～416.

Okanami M, Meshi T, Iwabuchi M. 1998. Characterization of a DEAD box ATPase/RNA helicase protein of Arabidopsis thaliana. Nucleic Acids Research, 26(11): 2638～2643.

Palavalli L H, Brendza K M, Haakenson W, et al. 2006. Defining the role of phosphomethylethanolamine N-methyltransferase from Caenorhabditis elegans in phosphocholine biosynthesis by biochemical and kinetic analysis. Biochemistry, 45(19): 6056～6065.

Pedersen M B, Cornelis A M, Van Gestel, et al. 2000. Effects of copper on reproduction of two collembolan species exposed through soil, food, and water. Environmental Toxicology and Chemistry, 19(10): 2579～2588.

Perez S, la Farre M, Garcia M J, et al. 2001. Occurrence of polycyclic aromatic hydrocarbons in sewage sludge and their contribution to its toxicity in the ToxAlert(R)100 bioassay. Chemosphere, 2001, 45(6～7): 705～712.

Ramadass P, Meerarani P, Toborek M, et al. 2003. Dietary Flavonoids Modulate PCB-Induced Oxidative Stress, CYP1A1 Induction, and AhR-DNA Binding Activity in Vascular Endothelial Cells. Toxicological Sciences, 76(1): 212～219.

Renella G, Mench M, Gelsomino A. 2005. Functional activity and microbial community structure in soils amended with bimetallic sludges. Soil Biology and Biochemistry, 37(8): 1498～1506.

Riechers D E, Kreuz K, Zhang Q. 2010. Detoxification without intoxiation: herbicide safeners activate plant defense gene expression. Plant Physiology, 153(1): 3～13.

Saint-Denis M, Narbonne J F, Arnaud C, et al. 2001. Biochemical responses of the earthworm Eisenia fetida andrei, exposed to contaminated artificial soil: effects of lead acetate Soil Biology and Biochemistry, 33(3): 395～404.

Sánchez-Aguayo I, Rodríguez-Galán J M, García R, et al. 2005. Salt stress enhances xylem development and expression of S-adenosyl-L-methionine synthase in lignifying tissues of tomato plants. Planta, 220(2): 278～285.

Schuppler U, He P, John P, et al. 1998. Effect of water stress on cell division and cell-division-cycle 2-like cell-cycle kinase activity in wheat leaves. Plant Physiology, 117(2): 667～678.

Shcherban T Y, Shi J, Durachko D M, et al. 1995. Molecular cloning and sequence analysis of expansins-a highly conserved, multigene family of proteins that mediate cell wall extension in plants. Proceedings of the National Academy of Sciences of the United States of America, 92(20): 9245～9249.

Sheirs J, Coen D, Covaci A, et al. 2006. Genotoxicity in wood mice (Apodemus sylvaticus) along a pollution gradient: exposure-, age- and gender-related effects. Environmental Toxicology and Chemistry, 25(8): 2154～2162.

Sims R C, Overcash M R. 1983. Fate of polynuclear aromatic compounds (PNAs) in soil-plant systems.

Residue Reviews, 88(12): 1～68.

Snyder M J. 2000. Cytochrome P450 enzymes in aquatic invertebrates: Recent advances and future directions. Aquatic Toxicology, 48(4): 529～547.

Solomon K R, Sibley P. 2002. New concepts in ecological risk assessment: Where do we go from here? Marine Pollution Bulletin, 44(4): 279～285.

Song N H, Yin X L, Chen G F, et al. 2007. Biological responses of wheat (*Triticum aestivum*) plants to the herbicide chlorotoluron in soils. Chemosphere, 68(9): 1779～1787.

Spedding T A, Hamel C, Mehuysa G R, et al. 2004. Soil microbial dynamics in maize-growing soil under different tillage and residue management systems. Soil Biology and Biochemistry, 36(4): 499～512.

Squier T C. 2006. Redox modulation of cellular metabolism through targeted degradation of signaling proteins by the proteasome. Antioxidants & Redox Signaling, 8(1～2): 217～228.

Sun W, Marc Verbruggen N. 2002. Small heat shock proteins and stress tolerance in plants. Biochimica et Biophysica Acta, 1577(1): 1～9.

Teixeira J, Pereira S, Queiros F, et al. 2006. Specific roles of potato glutamine synthetase isoenzymes in callus tissue grown under salinity: molecular and biochemical responses. Plant Cell, Tissue and Organ Culture, 87(1): 1～7.

Valavanidis A, Vlahogianni T, Dassenakis M, et al. 2006. Molecular biomarkers of oxidative stress in aquatic organisms in relation to toxic environmental pollutants. Ecotoxicology and Environmental Safety, 64(2): 178～189.

Van Gestel C A M, Dirven-Van Breemen E M, Baerselman R. 1993. Accumulation and elimination of cadmium, chromium and zinc and effects on growth and reproduction in Eisenia andrei (Oligochaeta, Annelida). Science of the Total Environment, 134(05): 585～597.

Van Gestel C A M, Hensbergen P J. 1997. Interaction of Cd and Zn toxicity for Folsomia candida Willem (Collembola: Isotomidae) in relation to bioavailability in soil. Environmental Toxicology and Chemistry 16(6): 1177～1186.

Van Straalen N M, Burghouts T B A, Doornhof M J. 1987. Efficiency of lead and cadmium excretion in populations of Orchesella cincta (Collembola) from various contaminated forest soils. Journal of Applied Ecology, 24(3): 953～968.

Wang J, Evangelou B P, Nielsen M T. 1992. Surface chemical properties of purified root cell walls from two tobacco genotypes exhibiting different tolerance to manganese toxicity. Plant Physiology, 100(1): 496～501.

Wang W, Vinocur B, Shoseyov O, et al. 2004. Role of plant heat-shock proteins and molecular chaperones in the abiotic stress response. Trends in Plant Science, 9(5): 244～252.

Wu W, Wu Y, Qu J H. 2003. Estrogenic activities and mutation effects of nonylphenol ethoxylates before and after biodegradation. China Environmental Science, 23(5): 470～474.

Xian X. 1989. Effect of chemical forms of cadmium, zinc, and lead in polluted soil on their uptake by cabbage plants. Plant and Soil, 113(2): 257～264.

Xu J, Ke X, Krogh P H, et al. 2009. Evaluation of growth and reproduction as indicators of soil metal toxicity to the Collembolan, Sinella curviseta. Insect Science, 16(1): 57～63.

Yan S, Tang Z, Su W, et al. 2005. Proteomic analysis of salt stress-responsive proteins in rice root. Proteomics, 5(1): 235～244.

Yang P, Li X, Wang X, et al. 2007. Proteomic analysis of rice (*Oryza sativa*) seeds during germination.

Proteomics, 7(18): 3358～3368.

Yin X L, Jiang L, Song N H, et al. 2008. Toxic reactivity of wheat (*Triticum aestivum*) plants to herbicide isoproturon. Journal of Agriculture and Food Chemistry, 56(12): 4825～4831.

Zohair A, Salim A B, Soyibo A A, et al. 2006. Residues of polycyclic aromatic hydrocarbons (PAHs) polychlorinated biphenyls (PCBs) and organochlorine pesticides in organically-farmed vegetables. Chemosphere, 63(4): 541～553.

第二章　污染场地及周边土壤风险评估

风险评估是近几十年来兴起的一项管理技术与政策，着重于权衡风险级别与减少风险成本，解决风险级别与社会所能接受风险之间的关系。环境风险评估主要包括人体健康风险评估和生态风险评估。本章从介绍风险评估的理论入手，从危害识别、毒性评估、暴露评估以及风险表征等方面对电子废旧产品拆解场地及周边土壤、冶炼场地及周边土壤、化工厂区污染场地及周边土壤等典型场地开展了健康与生态风险评估。研究成果可为基于风险评估的土壤环境临界值方法制定提供科学依据。

第一节　污染土壤的风险评估理论与方法

一、污染土壤的健康风险评估

（一）研究概况

污染物进入土壤后，会经呼吸、饮水、直接摄入、皮肤吸收以及摄入食物等暴露途径引起风险，其中食物链传递风险一直是污染土壤健康风险评估中关注的重点内容（Kulhánek et al.，2005）。总体来看，污染土壤健康风险评估在各个阶段的研究内容和侧重也各不相同。20 世纪 90 年代初期，研究重点集中于重金属污染物。儿童摄入土壤风险是主要研究内容，其中儿童 Pb 暴露尤为被关注。随着对环境内分泌干扰物研究的深入，有机污染物健康风险评估也相继开展起来，美国环保局于 1993 年颁布了《多环芳烃的临时定量风险评估指南》（USEPA，1993），并于 1995 年建立了综合风险信息系统，其中就包括许多重金属与有机污染物风险信息（USEPA，1995）。20 世纪 90 年代中期，污染物经土壤向地下水迁移引起的暴露、挥发性有机物经土壤向空气释放引起的暴露以及土壤污染物的皮肤吸收与暴露受到关注（Waitz et al.，1996; Kissel et al.，1996; Ferguson et al.，1995）。由于对皮肤吸收的机理缺乏足够了解，在暴露计算中存在着较大的不确定性，皮肤吸收暴露仍然是目前研究的一项重要内容。这一时期，污染土壤的健康风险评估开始关注多来源、多介质、多途径、复合污染的健康风险。但是，对于多种污染物的相互作用来说，往往采取简单的加和效应，其协同或拮抗效应还不清楚，因此带来了较大的不确定性。

20 世纪 90 年代末期，模型方法被越来越多应用于评估污染土壤的暴露风险，例如随机模拟模型、模糊理论模型以及基于 GIS 技术的评估模型等，许多应用于污染土壤风险管理的模型也被开发出来，例如荷兰的 CSOIL 模型（Otte et al.，2001）。蒙特卡罗等模拟方法被更多地用于风险评估中不确定性分析（曾光明等，1998）。进入 21 世纪，污染土壤健康风险评估更加注重定量化和减小评估过程中的不确定性。污染物的协同或拮抗效应影响着污染的暴露风险，因此许多学者和机构开始研究混合污染物暴露中的相互作用与风险评估方法（Wilbur et al.，2004）。随着GIS、RS、GPS技术的发展，大尺度暴露风险的空间分布规律受到关注，例如Pennington等（2005）建立了多介质归宿与空间分异结合的暴露模型，来研究西欧污染物释放-传输的多介质暴露风险。风险评估者与公众以及管理决策部门进行风险交流可以更好地进行风险管理，有利于降低环境风险。因此，风险交流也开始受到关注与重视。

污染土壤风险评估在我国也取得了一定进展，这主要体现在评估方法、评估基准、具体评估工作等方面。例如，胡二邦（2000）较详细地介绍了健康风险评估的技术与方法，马宝艳（2000）则论述了生态风险评估的理论、方法，并评估了Pb的暴露风险。为保护在工业企业中工作或在附近生活的人群，以及工业企业区内的土壤和地下水，并对工业企业生产活动造成的土壤污染危害进行风险评估，国家环保总局制定了《工业企业土壤环境质量风险评价基准》（国家环境保护总局，1999）。

对于具体的风险评估工作，国内学者对重金属与持久性有机污染（POPs）的土壤均开展了相关风险评估研究。赵肖等（2004）评估了因污水灌溉引起的土壤As污染暴露风险，任慧敏等（2004）评估了沈阳市土壤Pb污染所致儿童Pb中毒的潜在风险，李正文等（2003）通过研究水稻籽粒中Cd、Cu与Se的含量，简单估计了人类膳食摄入风险。郭淼等（2005）估算了天津地区人群对六六六的暴露剂量。总体来看，我国土壤环境健康风险评估多以应用国外评估方法为主，还没有建立完善的适合中国国情的评估方法与程序，所研究污染物的范围还比较窄。

当前，我国还没有一套成熟的污染土壤健康风险评估方法，这使我国在健康风险评估中多采用国外方法。由于污染状况、饮食结构、人们的生活行为等特征不同，在暴露途径以及剂量效应方面都会有所不同。因此，国外风险评估方法与参数在我国的适用性仍值得商榷。

（二）评估模型

污染土壤健康风险评估需要合理的应用模型。根据功能不同，可以将风险评估模型分为模拟模型与管理模型。

1. 模拟模型

当前的风险评估模拟模型主要包括随机模拟模型、模糊理论模型等。随机模拟模型是风险评估过程中常用的方法，主要是通过蒙特卡罗模拟来实现（Tressou et al.，2004；USEPA，1997），并可通过不确定性分析与敏感性分析，确定敏感性变量。例如，Batchelor等（1998）应用随机模型评估了污染场地上多氯联苯（PCBs）污染所致概率风险。基于模糊理论的风险分析模型可以有效地反映风险的不确定性，但它很难确定风险的概率分布。Chen等（1998）应用模糊理论模型进行石油污染场地风险评估，Huang等（1999）还建立了基于模糊理论的专家系统来估算污染物的非致癌风险。应用GIS技术可以有效识别与评估污染物各种暴露途径，对于评估污染土壤健康风险的空间变异具有独特优势，如将GIS技术与模糊理论结合起来对石油污染场地进行风险评估。

2. 管理模型

目前已有许多综合管理模型用于风险评估，这些模型包含多个模块，如污染物传输模块、暴露模块、风险计算模块等。荷兰的 CSOIL 模型可以对污染场地进行风险评估，并可用来推导与制定土壤标准（Otte et al.，2001）。荷兰 VanHall 研究所开发的 RiscHuman 模型可以计算不同土地利用类型和不同途径暴露剂量与风险水平。英国的 CLEA 模型可以推导与制定土壤指导值，并可进行特定场地风险评估（CLEA，1998）。美国加利福尼亚州环保局开发的 CalTOX 模型主要应用 USEPA 超级基金计划风险评估指南中的公式来计算暴露与风险，能够进行蒙特卡罗模拟，对于每一暴露因子都可以通过概率分布来表示，因此可以反映风险的不确定性与变异性。CalTOX 模型也可以计算给定目标健康风险水平时的特定场地土壤污染程度（CalTOX，1993）。

（三）评估方法

土壤污染物在迁移过程中引起的暴露风险是污染土壤健康风险评估的核心。污染土壤健康风险评估包括危害识别、剂量-效应评估、暴露评估、风险表征四步骤。

1. 危害识别

危害识别是根据污染物的生物学和化学资料，判定某种特定污染物是否产生危害与风险，是致癌性效应还是非致癌性效应等（胡二邦，2000）。危害识别的关键内容是设定风险评估方向与评估范围，建立风险评估的概念模型，其内容如下：

1）研究区界定与信息收集

首先确定评价目的，恰当准确界定评价区边界范围与时间范围（付在毅等，2001）。然后进行实地考察，收集相关信息：①土壤污染信息；②评估场地信息；③受体信息（人群）。

2）制定实施采样计划，分析环境样品

在实地考察、信息收集的基础上，考虑土地利用状况、土壤污染特征以及人群行为模式，识别潜在暴露途径，进行暴露场景分类。在此基础上，制定与实施采样计划。采样计划中，不仅仅要考虑采集土壤样品，还要联系其他介质，考虑污染物从土壤到水体、作物、大气等介质的传输。对所采集样品（如水、植物、大气等样品）进行处理与分析，测定内容应包括各介质中污染物的浓度与形态，以及土壤基本理化性质。

3）分析污染特征，建立概念模型

概念模型是对现实的抽象与简化，是识别污染物传输行为与风险的关键过程（El-Ghonemy et al.，2005；Cirone et al.，2000），是表示污染土壤与人体暴露之间实际与潜在的、直接与间接的相互关系。根据环境样品分析结果，分析区域污染特征、污染物迁移模式、暴露方式，建立风险评估概念模型（Iscan，2004）。图 2.1 就是一个评估污染土壤暴露风险的概念模型，模型中的箱体和箭头不仅表示评估过程中的步骤，还是

具体的数学与经验模型，这些模型可分为迁移传输模块、暴露模块和食物链模块等。

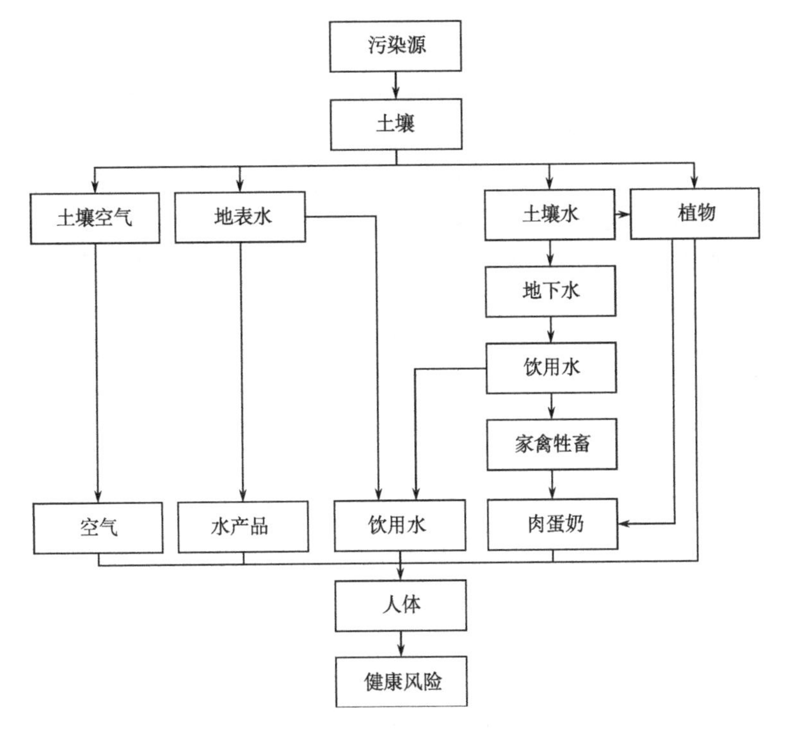

图 2.1　污染土壤暴露的概念模型

2. 剂量-效应评估

人体暴露于一定剂量的污染物与其产生反应之间的关系称为剂量-效应关系。剂量-效应评估是对有害因子暴露水平与暴露人群中不良健康反应发生率之间关系进行定量估算的过程，是风险评估的依据。每种污染物依据其毒性终点的不同，具有不同的剂量-效应关系。毒理学研究中一般将剂量-效应关系分为两类：①指暴露于某一化学品的剂量与群体中出现某种反应强度之间的关系；②指某一化学品的剂量与群体中出现某种反应的个体在群体中所占比例，可以用百分号或比值表示，如死亡率、癌症发病率等。剂量-效应属毒理学研究范畴，对于污染土壤健康风险评估来说，主要是收集与选取合适的剂量-效应资料应用于风险评估中。

3. 暴露评估

污染土壤的健康风险评估需要详细的暴露评估过程，来确定或估算（定性或定量）暴露剂量的大小、暴露频度、暴露持续时间和暴露途径，应当考虑到过去、当前和将来的暴露情况。对于不同的土地利用类型其受体的主要暴露途径也不相同，例如农田污染土壤的健康危害主要是通过食物链传递途径。因此，暴露评估中应根据土地利用类型确定污染物从土壤到人体的暴露途径，对每条暴露途径确定暴露点与暴露方式，选择合适的模型与公式计算污染物从土壤到其他介质中的传输过程因子，计算水、气、土壤、食物等介质中的污染物水平。尽管由土壤污染引起的其他介质（水、气、作物）的污染水平可以通过采样分析获取，但是借助模型计算相对快捷简便，且可以预测土壤中污染物通过挥发、生物降解、淋溶、随地下水侧向迁移等方式发生的时空尺度上分布变化。暴露评估需要建立土壤污染物的多介质传输模型，模型的参数主要包括污染物的含量、物理/化学性质、土壤基本性质以及研究区的水文地质与气候环境参数等。这方面的模型已有较多报道，如污染物在土壤—作物系统中的迁移分配模型（潘根兴等，2002；Brus et al.，2002）、污染物逸度模型（曹红英等，2003；康强等，1997）、农田生态系统随机模型（Keller et al.，2001）等。在得到污染物的介质浓度后，再根据受体的暴露特征来计算暴露剂量。暴露剂量以单位时间单位体重与人体暴露的污染物的量来表示[mg/（kg·d）]，通常采用如下公式计算：

暴露剂量=（污染物浓度×摄入速率×暴露持续时间×吸收因子）/（体重×平均时间）

4. 风险表征

风险表征是对前述评估步骤进行总结，并综合进行风险水平定性与定量表达。由于致癌物质和非致癌物质的毒性方式不同，应分别考虑致癌效应和非致癌效应。风险表征要对每一污染物通过每一暴露途径的致癌风险和非致癌风险进行表征，评估每一暴露途径致癌风险与非致癌风险，以及总致癌风险与总非致癌风险。表征健康风险的方法有商值法、大量证据法、模拟模型法、经济-费用分析法等。商值法是应用最广的半定量表征方法，但是它在进行复合污染风险评估时没有考虑污染物之间的协同或拮抗作用，因此其估计的风险水平会因污染物之间的相互作用而偏低或偏高（Wilbur et al.，2004）。大量证据法是根据化学物质大量已知的风险信息作为依据确定该化学物质是否存在风险以及风险度的大小，具有一定的合理性，但仍是一种半定量的方法，且不具有预测未来风险状况的能力（Wilbur et al.，2004；Forbes et al.，2002）。模拟模型法具有预测风险的能力，是一种定量的风险表征方法，但是在应用过程中需要较多的参数。经济-费用分析法主要从环境污染水平给人类造成的经济损失和费用支出两方面对污染物所致健康效应进行分析（Stahl et al.，2005）。根据 USEPA 的商值评估方法（USEPA，1989），如下分别给出了致癌与非致癌效应评估的两个简单实例（表 2.1）。另外，在整个风险评估过程中，需要评估关键变量和假设的不确定性程度，并采取必要措施进行质量控制与质量保证（胡二邦，2000）。

表 2.1　健康风险评估实例

致癌风险	非致癌风险商
Risk= *SF*×*CDI*	*HQ*=*E*/*RfD*
Risk 为个人终生患癌症概率	*HQ* 为风险商（Hazard Quotient）
SF 为致癌斜率/[mg/（kg·d）]	*E* 为暴露剂量
CDI 为终生日平均摄入剂量	*RfD* 为参考剂量
实例：摄入 As 含量为 0.24mg/kg 的食物的致癌风险	实例：摄入 Cd 含量为 0.02mg/kg 的食物的非致癌风险

续表

致癌风险	非致癌风险商
CDI=（$CC\times IR\times EF\times ED$）/（$BW\times AT$）	E=（$CC\times IR\times EF\times ED$）/（$BW\times AT$）
CC 为污染物浓度/（0.24mg/kg）	OC 为污染物浓度/（0.02 mg/kg）
IR 为日均摄入率/（0.40 mg/d）	IR 为日摄入率/（0.40mg/d）
EF 为暴露频率/（350d/a）	EF 为暴露频率/（350d/a）
ED 为暴露持续时间/（30 a）	ED 为暴露持续时间/（30 a）
BW 为体重/（70kg）	BW 为体重/（70kg）
AT 为平均时间（70 a×350 d）	AT 为平均时间/（30a×350 d）
CDI =（0.24×0.40×350×30）/（70×70×350）	E=（0.02×0.40×350×30）/（70×30×350）
$=5.88\times10^{-4}$ mg/（kg·d）	$=1.14\times10^{-4}$ mg/（kg·d）
SF= 1.5[mg/（kg·d）]	$RfD= 1\times10^{-3}$
$Risk=CDI\times SF=8.82\times10^{-4}$	$HQ=E/RfD$=0.114
即个人终生致癌机率为 8.82×10^{-4}	即风险商为 0.114

注：实例中 SF 与 RfD 值均来自于 USEPA。

（四）存在问题

尽管健康风险评估已经发展了几十年，但仍有许多问题要解决，集中体现在以下几个方面。

1. 健康风险评估方法

目前许多国家和机构已经建立了较系统的健康风险评估体系，但是如何准确定量评估及预测仍是当前存在的最大问题。当前风险表征多以定性与半定量方法为主，缺乏简单而又能将定性与准确定量结合的方法，还不能很好地定量表征风险水平与等级，如被广泛应用的商值法（Wilbur et al.，2004）。而模拟模型方法需要较多的参数，在实际评估中很难获得，限制了其推广应用。另外，由于缺乏对污染土壤未来风险的预测预警模式与方法，使得对污染土壤风险现状评估较多，未来风险变化与趋势研究较少。

2. 评估过程中的不确定性

健康风险评估涉及众多学科，需要多方面的信息与数据，如环境污染规律、污染物健康效应、人群行为方式等。众多复杂因素使评估过程中存在较大变异性与不确定性（USEPA，2004）。一般说来，风险评估中的不确定性主要来自于评估区的异质性、评估模式、毒性资料以及评估中的参数等。已有研究者尝试多种方法来评估不确定性及其影响因素（曾光明等，1998）。如何削减不确定性已成为当前风险评估研究所面临的一个重要问题。

3. 风险交流

风险评估是风险管理的工具，是制定相关标准、法规与政策的基础。因此风险评估者与公众、决策者进行风险交流对于风险管理是非常重要的。尽管风险交流活动已经开展并受到重视，但目前还缺乏及时有效的风险交流方式与机制。

4. 风险信息

污染土壤健康风险评估需要各方面的资料与数据，但当前存在着风险资料数据缺乏与陈旧等问题。许多应用于推导参考剂量（RfD）或致癌斜率（SF）的资料大都比较陈旧，像美国环保局的综合风险信息系统所提供的风险信息均来自数年前的研究成果（USEPA，1995）。另外，对于污染物低剂量暴露所带来的效应还没有充足的资料可供参考。

5. 环境风险问题认识不足

当前存在数以万计的化学品，人们已经比较清楚认识其环境健康风险的仅占少数，仍有大量的化学品正在危害人类健康而不为人知。许多研究也证实环境中大量化学品所带来的健康风险在以往被低估了。例如 Liu 等（2005）研究表明许多手性有机杀虫剂中的异构体具有高的毒性，并能在环境中长期滞留。最近有研究表明以前被认为安全的有机砷杀虫剂在特定土壤中会降解为有毒的无机砷，并通过食物链传递而引发健康风险，目前加拿大与美国正对其进行重新评估登记（Florida Department of Environmental Protection, 2002）。由于受技术手段与方法所限制，当前对环境中存在化学品的健康风险问题认识还有待深化，许多环境健康风险问题被人们所低估，或者还不被人们所了解。

二、污染土壤的生态风险评估

（一）评估方法

污染土壤生态风险评估是陆地生态风险评估的一个重要组成部分。在指导原则上与健康风险评估的思路类似，即以土壤污染物在迁移过程中引起的暴露和效应作为风险评估的核心内容（李志博等，2006a）。同时，它又结合生态系统的一些自身特色：首先，生态风险评估不仅可以针对单一生物个体，也可以针对种群、群落和特定的生态系统；其次，需要保护的生态价值并不统一，应该结合当地的科学和政策综合考量（Bradbury et al.，2004）。生态风险评估的核心内容包括三部分：问题表述、风险分析和风险表征，其中风险分析又包括暴露表征和生态效应表征（图 2.2）。

1. 问题表征

问题表述阶段是对污染物进入土壤后会引发何种生态效应的一个初步假设，并对这种假设进行评估的过程，是整个生态风险评估的基础。它首先需要确定研究区范围并收集和分析所有相关的信息，在此基础上形成：①反映特定生态系统和管理目标的评估终点和测定终点；②场地概念模型；③风险分析计划。

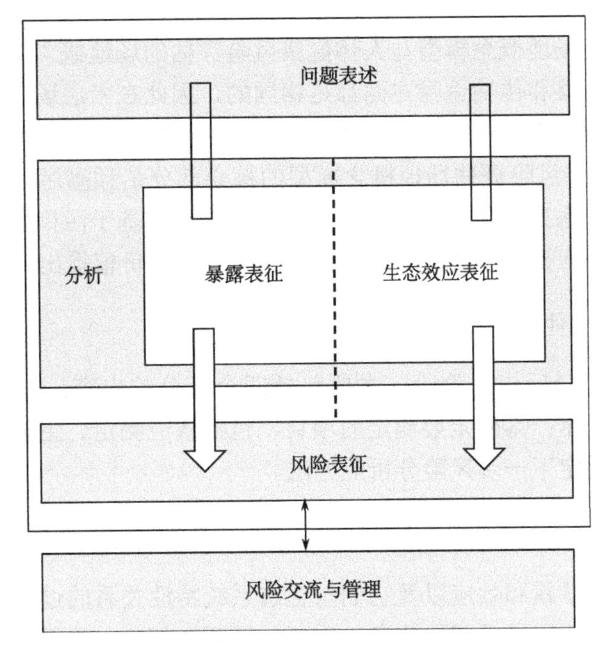

图 2.2　生态风险评估的框架

1）研究区界定和信息收集

根据污染源和污染物传输途径等信息准确界定评估区的范围，然后进行实地考察，收集相关信息，主要包括：①土壤污染物的信息，包括污染物种类、来源、环境行为等；②可能存在暴露风险的受体（土壤动物、植物、微生物等）；③场地信息。

2）选择评估终点和测定终点

评估终点是“可以明确表达被保护的环境价值，在实际运用中通常指生态实体（例如，某一敏感种群）及其属性”（USEPA，1998）。但是，由于生态系统的复杂性，不可能对组成生态系统的所有生物个体和生态属性进行研究，所以，选择合适的评估终点是生态风险评估中非常关键的一步，因为它直接关系到评估结果对环境管理和决策是否有效。适宜的生态评估终点有三个选择标准：①生态相关性；②受暴露和敏感性；③服务于特定的管理目标。美国环保局（USEPA）设定了四个水平的通用评估终点：①生物体水平，其属性包括：致死、总量异常、存活力、繁殖力和生长力；②种群水平，其属性包括：灭绝、丰度和生产量；③群落和生态系统水平，其属性包括：种类的多样性、丰度、生产量、群落面积、功能和物理结构；④法定的评估终点（包括濒危品种和特别保护区），其属性包括面积和质量。测定终点是指与所选择的评估终点相关联的可以测定的生态特征，属于生物效应的定量化（USEPA，2004）。当评估终点可以直接测定时，评估终点就是测定终点，否则，就需要选择与评估终点相关联的测定终点。

3）建立场地模型

生态风险评估的场地概念模型与人体健康风险评估的场地概念模型在污染源、污染物在环境介质中的迁移和传输途径方面都是相同的，因此在考虑场地风险评估时可以整合在一起分析，两者的主要区别在于受体及其污染物到受体之间的暴露途径方面的差异（Suter, 1996）。生态风险评估场地概念模型的核心部分是预测污染物、暴露和评估终点三者之间关系的一系列风险假设，这些风险假设既可以基于污染物特性提出、也可以基于观测到的生态效应提出、还可以基于需要保护的生态价值提出（USEPA，1998）。

4）制定风险分析计划

这是问题表述的最后一个阶段，主要包括四个部分的内容：①评估设计的描绘；②确定所有需要的数据；③确定要测定的项目，包括效应测定、生态系统和受体特征测定和暴露测定；④确定下一步风险分析的方法。

2. 风险分析

风险分析是研究暴露和效应以及它们与生态系统特性关系的过程。它为确定污染物暴露条件下的生态效应提供必要的信息，主要包括两个部分：暴露表征和生态效应表征（图 2.2）。

1）暴露表征

污染土壤的生态风险评估的暴露表征，主要研究以下几个方面：①分析污染物来源和污染物清单，确定优先评估的污染物质。②确定污染物到受体的暴露途径，不同的土壤生物体，其暴露途径可能会有一定的差别（Suter，1996）。譬如，土壤微生物主要存在于土壤孔隙水中，因此污染物主要通过孔隙水暴露；而土壤无脊椎动物除直接的表皮接触外，还有大量的吞食暴露；植物则主要通过根系吸收的途径。③了解污染物的半衰期（DT_{50}），以及在土壤中的代谢过程及其产物。④污染物的暴露剂量（PEC_{soil}）计算。在污染土壤的生态风险评估中，暴露剂量的计算最简单和直接的方法是直接测定生物受体体内的受关注污染物的含量（Weeks et al.，2004）。但是，当生物测试不可行时（譬如，采样时间与生物生长期不一致等），也可以用土壤中测定的污染物含量来估算它们在生物体内的含量。目前，这些估算模型有吸收因子模型（经验回归）、机理过程模型和逸度模型等，其中以相对简单的吸收因子模型运用最为广泛（van den Brink et al.，2006；MacLeod et al.，2004；Cao et al.，2004；Sample et al.，1997）。吸收因子模型的通用表述为 $C_b=K\times C_s$，其中 C_b 为污染物在生物体中的浓度、C_s 为土壤中污染物的化学提取浓度、K 为生物吸收因子。K 既可以通过查阅文献得到，也可以通过生物浓缩因子（BCF）和定量结构-活性模型（QSAR）估算。

2）生态效应表征

生态效应表征是评估生态受体随着不同程度风险源的变化情况，分为生物个体、种群以及群落和生态系统三个评估水平（USEPA，1998）。土壤污染物的生态效应评估目前主要指污染物对生物个体的生态毒理学评估和生物群体的功能评估。生态毒理学评估最直接和有效的方法就是对生物个体进行生态毒性效应测试并建立剂量-效应关系。自1984年国际经济合作和发展组织（OECD）制定第一个基于土壤蚯蚓（*E. fetida* 和 *E. andrei*）急性致毒效应的测试方法以来，OECD和国际标准化组织（ISO）已经出版了20多种生态毒性效应测试的标准化方法（表2.2）（Römbke et al.，2003）。这些测试方法包括了土壤生态系统中三个营养级的生物体：分别是代表初级生产者、消费者和分解者的植物、土壤无脊椎动物和微生物。由于化学物质的毒性很大程度上是受其结构的影响，因此，当大量的毒性效应试验受到人力、物力的限制而不可行时，可以运用化学物质的QSAR模型来预测它们在土壤中的毒性参数。但是，模型方法只能运用于初步的生态风险评估中，并且这些模型本身也需基于大量的毒性试验数据构建（Crane et al.，2002）。

通过实验室的生态毒理学和生物学测试，可以获得试验生物个体对化学物质的半数致死（效应）浓度[L（E）C50]、无效应浓度（NOEC）和最大可接受的毒性浓度（MATC），通过这些值来进一步计算该化学物质在土壤生态系统的可预测无效应浓度（$PNEC_{soil}$），低于 $PNEC_{soil}$ 值表示不会发生不可接受的生态效应。$PNEC_{soil}$ 值可以根据风险评估人员掌握的信息量的多少，分以下三种情况获取：

（1）由于目前陆地生态系统的生态毒理学的数据还相对缺乏，因此在无法获得评价场地土壤的生物毒性数据情况下，可以采用水生态系统中的 $PNEC_{water}$ 值，并结合平衡分配理论（EPT）来计算：

$$PNEC_{soil} = \frac{K_{soil\text{-}water}}{RHO_{soil}} \times PNEC_{water} \times 1000$$

式中，$PNEC_{soil}$ 是指土壤中的预测无作用浓度，单位为mg/kg；$K_{soil\text{-}water}$ 指化学物质的土壤-水分配系数，无量纲；RHO_{soil} 指土壤的容重，单位为 kg/m^3；$PNEC_{water}$ 为水体生物的预测无效浓度，单位为mg/L；1000为单位转化系数。对于强脂溶性（$\log K_{ow}>5$）的化合物，为避免低估其潜在的不可接受的生态效应，欧洲委员会还建议将上式计算结果的1/10作为最终的 $PNEC_{soil}$ 值（EC，2003）。由于这个方法是将水生态系统中的毒性效应数据直接运用到陆地生态系统，会产生很大的误差。因此，只能作为一个最低级的初步筛查方法。

（2）已知土壤生物的毒性效应数据，但针对的生物种类和营养级别单一，且数据量较少时，可以采用L（E）C50或NOEC除以评估因子（AF）的方法来获得 $PNEC_{soil}$ 值，从而确保不会发生不可接受的生态效应。评估因子根据不同的毒性效应数据的提供情况具有很大的差别，具体可以参见表2.3。评估因子法并不是完全基于生态毒理学的研究结果，而是基于预防的原则并结合数学的方法。对于陆地生态系统的AF值也是完全从水生态系统中借用过来的。

（3）如果有足够的毒性效应数据（通常指有10~15个以上，包含至少8个不同生物种类的NOEC值），可以使用基于数据分布的方法来确定 $PNEC_{soil}$ 值，包括排序分布法和物种敏感性分布法（SSD）。排序分布法是运用在污染土壤上观测到的土壤微生物、无脊椎动物和植物的最低效应浓度（LOECs）从小到大排序，然后以人为确定的百分位

表 2.2　污染土壤的生态毒理学和生物学测试标准化方法概览

编号	时间	方法简述
微生物测试		
OECD 216	2000	污染物对土壤微生物氮转化能力的影响
OECD 217	2000	污染物对土壤微生物碳转化能力的影响
ISO 14238	1997	污染物对土壤氮矿化的潜在影响
ISO 14240	1997	土壤污染对微生物生物量的影响
ISO 15685	2004	土壤污染对硝化微生物的抑制效应
ISO 16072	2002	土壤污染对微生物代谢的影响
ISO 17155	2002	运用土壤呼吸曲线法确定微生物群落的丰度和活性，适用于确定土壤污染物的潜在生态毒性
ISO 23753	2005	污染物对非淹水土壤中脱氢酶活性的影响
植物测试		
OECD 208	2003	化学物质对土壤中高等植物出苗率和苗生长情况的影响
OECD 227	2003	化学物质的沉降过程对土壤植物叶片和地上部分生长状况的影响
ISO 11269-1	1993	除挥发性物质以外的所有可能进入到土壤中的物质对植物根系生长情况的影响
ISO 11269-2	2005	土壤中化学物质对多种植物的出苗率和早期生长的潜在毒性效应
ISO 17126	2005	污染土壤对莴苣（*Lactuca sativa* L.）的出苗率影响
ISO 22030	2005	化学物质对陆地植物油菜（*Brassias rapa CrGC syn. Rbr*）和燕麦（*Avena sativa*）繁殖力的影响
无脊椎动物测试（1）急性致死效应		
OECD 207	1984	污染物对蚯蚓（*E. fetida* 和 *E. andrei*）的急性致毒效应
ISO 11268-1	1993	污染物对蚯蚓（*E. fetida*）的急性致毒效应测试
OECD 213	1998	污染物通过口腔对蜜蜂（*Apis mellifera* L.）的急性致毒效应
OECD 214	1998	污染物通过接触对蜜蜂（*Apis mellifera* L.）的急性致毒效应
ISO 20963	2005	污染物对幼虫（*Oxythrea funesta*）的急性致毒效应
无脊椎动物测试（2）亚致死效应		
OECD 220	2004	化学物质对线蚓（*Enchytraeus abidus*）繁殖力的影响
OECD 222	2004	化学物质对蚯蚓（*E. fetida* 和 *E. andrei*）繁殖力的影响
ISO 11268-2	1998	污染物对蚯蚓（*E. fetida*）繁殖力的影响
ISO 16387	2004	污染物对线蚓（*Enchytraeus* sp.）繁殖和存活的影响
ISO 11267	1999	土壤污染对跳虫（*Folsonmia candida*）繁殖力的影响
ISO 15952	2006	污染物对陆地幼蜗（*Helicidae*）生长的影响

（如 10%）所在的浓度作为 $PNEC_{soil}$。SSD 方法则是将满足一定概率分布（如对数正态分布或 log-logistic 分布）的毒性效应数据（如，L（E）C50 和 NOEC）作累积概率分布曲线（CDF），并选择 p 百分位对应的效应浓度（HC_p）作为 $PNEC_{soil}$，但 p 值的选择是由当地生态环境管理政策决定的，而非科学的要求。例如，荷兰和欧洲委员会都选择 HC5 为生态安全的临界值（EC，2003；van Beelen et al.，2001）。SSD 法由于采用了统计方法，因此不仅不需要采用最保守估计和人为设定安全因子的方法，而且可以对所估计的

生态风险进行不确定性分析，并给出一个不可接受生态效应发生的概率范围。

表 2.3　计算 $PNEC_{soil}$ 时评估因子的取值依据

欧洲委员会		美国环保局	
有效信息	评估因子	有效信息	评估因子
至少有一个营养级生物（如植物、蚯蚓或微生物）的 L（E）C50 值	1000	L（E）C50 值或 QSAR 估计值	1000
只有一个营养级生物（如植物）的 NOEC 值	100	至少有三种分别可以代表三个营养级生物的 L（E）C50 值或 QSAR 估计值	100
有两个营养级生物的 NOEC 值	50		100 或 1000
有三个营养级三种生物的 NOEC 值	10	NOEC 值或 QSAR 估计值[1]	（基于 L（E）C50）*
已知物种敏感性分布曲线（SSDS 方法）	5~1（根据现场情况确定）		10（基于 NOEC）
现场数据或模拟生态系统下得到的数据	（根据现场情况确定）	至少有三种分别可以代表三个营养级生物的 NOEC 值或 QSAR 估计值	10

注：1）QSAR 估计值同基于 L（E）C50 的外推效应值进行比较，如果是基于 3 个 L（E）C50 的比较结果，则评估因子得分为 100，如果基于小于 3 个 L（E）C50 的比较结果，则评估因子得分为 1000；*p<0.05。

3. 风险表征

风险表征是指综合各种暴露信息和生态效应信息来估计潜在风险的性质、程度和影响范围（USEPA，1998）。其表达方式大致可以分为定性和定量两种，前者回答有无不可接受的风险及其性质，而后者在此基础上还需要回答风险的大小程度和可能的影响范围。同时，风险评估过程中从问题表达到效应表征，每一步都存在不确定性因素的影响，可能导致风险评估结果产生很大的偏差，因此对不确定性的定量化分析也是定量化风险表征的要求之一。对于由化学物质污染引起的土壤生态风险评估的定量表征方法，目前运用较多的有商值法（或比率法）、联合暴露-效应曲线法和过程模型法等（USEPA，1992）。商值法是将单一的效应浓度与环境暴露浓度比较（$PEC_{soil}/PENC_{soil}$），比值大于 1，则说明可能会发生不可接受的生态风险，需要进一步收集数据确证或采取防范措施（EC，2003）。联合暴露-效应分布曲线法是指在同一个坐标系中画出暴露分布曲线和效应分布曲线，以两个曲线的重叠面积大小来确定不可接受生态风险的程度，该方法可以结合不确定性分析进行概率风险评估的表征（Oberg et al.，2005）。过程模型法可以对不同暴露场景下的生态风险进行预测，并能够预测联合效应和次生效应，同时也可以结合不确定分析。譬如，在美国路易斯安纳州湿地生态系统中运用的 FORFLO 模型和美国 Argonne 国家实验室下属的环境科学部（EVS）开发的 RESRAD 模型都属于过程模型（Lu et al.，2003；USEPA，1992）。问题表述、风险分析和风险表征是生态风险评估通用和核心的三个步骤，而在进行特定场地的土壤生态风险评估时，通常会采用层次评估法（tier approach）（Byrns et al.，2002），而上述三个步骤又在每一层次中得到体现。

（二）研究进展

污染土壤的生态风险评估稍晚于水环境的生态风险评估。美国环保局（USEPA）已经出版了《制定生态学土壤筛选值导则》，即 Eco-SSL（USEPA，2003）；美国橡树岭国家实验室（USORNL）制定了一系列的污染场地生态风险评估的导则、暴露模型和筛选的基准等（Sample et al.，1997；Efroymson et al.，1997；Suter，1996）；欧洲委员会（EC）制定了《风险评估的技术导则文档》（TGD），其中 TGD Part Ⅱ 和 TGD PartⅢ分别是针对生态风险评估和 QSAR 的技术导则（EC，2003）；荷兰公共健康与环境研究所（RIVM）建立了一系列的生态毒理学评价方法和模型以及基于生态毒理学评价的有害风险浓度（SRCeco 或 ECOTOXSCC）（Posthuma et al.，2005； Verbrµggen et al.，2001；van Beelen et al.，2001）；经济合作与发展组织（OECD）和国际标准化组织（ISO）在污染土壤生态毒理学测试方法的标准化方面开展了许多研究，已经出版了 20 多种的标准化方法（表 2.2）；其他一些发达国家的环保机构，如英国环境署（EA）、加拿大环境部（CCME）和澳大利亚国家环保委员会（NEPC）等都对污染土壤的生态风险评估制定了一系列技术和方法的规范（Weeks et al.，2004；NEPC，1999；CCME，1996）。总体来说，经过近十多年的研究和运用，污染土壤生态风险评估的一些基本技术导则和方法体系在部分发达国家已经初步建立。但是，同健康风险评估一样，生态风险评估已受到世界性的关注，相关的研究在不断地深入和拓展，主要体现下述三个方面。

1. 污染土壤的生态毒理研究

生态毒理学测试是污染土壤生态效应评估的重要组成部分。20 世纪 90 年代，美国将它纳入超级基金计划进行了系统的研究；1998 年 10 月在西班牙召开的“危害鉴定系统与陆生环境分类标准”国际会议上，与会者对陆生环境，尤其是土壤生态系统毒理研究的要求达成一致共识，使该研究成为生态环境领域新的国际研究热点（Crane et al.，2002）。土壤生态毒理研究的测试目标可以是高等植物、微生物、陆生无脊椎动物和生物标记物（Biomarkers）。对于高等植物，目前已经建立的方法有根抑制伸长试验、种子萌芽试验和植物早期生长试验，这些方法都已成为 OECD 和 ISO 的标准化方法（表 2.2）；土壤污染可能会对植物的叶绿素含量产生影响，因此，便携式叶绿素荧光仪的开发对于快速监测并绘制出污染土壤中的植物生态毒理效应分布状况具有很好的应用前景（Richter et al.，1998）。对于土壤微生物，标准化方法中主要有测定土壤呼吸强度、土壤氨转化和硝化作用强度以及土壤脱氢酶活性；除此之外，发光菌试验、Biolog 法、磷酸脂肪酸测定（PLFA）、丛枝菌根试验（AMF）和污染诱导群落耐受性（PICT）试验也都有广泛的应用（Chapman et al.，2000）。陆生无脊椎动物是土壤生态系统的重要组成部分，它们通常个体小，与土壤颗粒和孔隙水直接接触，将它们暴露在污染土壤中产生的毒害效应要比其他动物更容易被观测到，因此，通常作为土壤生态毒理测试的首选目标生物。目前研究的陆生无脊椎动物主要包括蚯蚓（其中以 *E. fetida* 研究最多）、跳虫（*F. candida*）、幼蜗（*Helicidae*）、线虫（*Caenorhabditis elegans*）和蜜蜂（*Apis mellifera*

L.）等。但在实际的风险评估中还需要根据评估终点来选择敏感性物种。Crommentuijn等（1995）通过对多种节肢动物的比较研究发现，甲螨（*Platynothrus peltifer*）对镉的亚致死效应最为敏感，而以存活率作为评估终点时，跳虫（*Orchesella cincta*）表现最为敏感。目前，在对无脊椎动物的亚致死效应试验中，蚯蚓（*E. fetida*）和跳虫（*F. candida*）的繁殖试验研究最多并被广泛应用，因而积累了大量的毒性效应的基础数据（Crane et al.，2002）。

分子生物学的研究和发展使毒理学研究进入了分子毒理学和遗传毒理学研究的阶段，为污染土壤的生态毒理研究提供了全新的思路和技术手段。生物标记物是指与环境污染物暴露相关的，可以测试的生物生理、生化、组织或分子以及代谢物水平的变化，并用于指示污染物暴露和效应的生物信号（Forbes et al.，2006），可以作为环境污染早期诊断和评估的重要手段。目前研究的土壤污染典型生物标记物包括细胞抗氧化酶、细胞色素P450酶系（CYP）和DNA损伤生物标记物（刘宛等，2004）。尤其值得关注的是DNA损伤生物标记物。它是近几年来随着分子生物学理论和检测手段的发展而建立起来的一种快速、灵敏、准确的分子标记技术（Citterio et al.，2002；Bagley et al.，2001）。典型的DNA损伤的生物标记有加合标记、链断裂标记和序列改变标记等。目前，对DNA损伤检测的技术方法已趋成熟，包括荧光原位杂交技术、DNA指纹技术和单细胞凝胶电泳技术（彗星试验）等（Bagley et al.，2001）。

2. 生态效应预测与风险表征的模型研究

当今，在进行环境介质中的化学物质生态风险评估时，直接在生态环境中进行胁迫-毒性效应试验还不太可能，因此绝大多数的评估结果都是基于实验室中有限物种的生态毒理学试验得到的（Van der Hoeve, 2004）。但是，在利用生态风险评估的结果来制定相关的环境标准和环境保护政策时，必须要考虑整个生态系统的效应，并非仅仅针对个别物种的毒理学效应（Bradbury et al.，2004）。因此，许多研究者采用了数学模拟的方法将实验室的毒理学试验结果外推到现实生态系统中（Posthuma et al.，2005；Van der Hoeven，2004；Lu et al.，2003）。总体上，可将当前的模型归纳为三大类：统计学模型、机理模型和专家模型。

1）统计学模型

统计学模型可以大致分为统计学效应外推模型和QSAR模型。前者主要利用了SSD曲线来推算p%物种受毒害影响的危害浓度（HCp）和可能受影响的物种分数（PAF）（Posthuma et al.，2002）。这些模型有ETX-2.0、OMEGA123和IQ-TOX等；而后者主要是通过已知的大量化合物毒性数据库来推算化合物性质与毒性的关系，并根据这些关系来推算缺乏毒性数据化合物的毒性效应（EC，2003）。

2）机理模型

机理模型大多是基于生态系统食物链或食物网关系，来揭示物质的迁移和它们在预先定义好物种与生态功能关系的生态系统内的效应。但是，机理模型通常需要大量的参数，并且这些参数并不容易得到；同时模型的验证也要比统计学模型困难。因为通过模型预测到的结果是来自污染物的毒理学效应，而实际的生态系统往往是一个综合的生态效应（Lu et al.，2003）。目前应用在土壤污染生态风险评估机理模型主要有PODYRAS和RESRAD，前者侧重在生态效应预测，而后者的核心是生态暴露模型和表征模型，表2.3中的其他几个机理模型侧重在水生态系统中的运用，但未来的开发方向会拓展到陆地生态系统中（Posthuma et al.，2005）。

3）专家模型

该模型主要是基于专家系统（或称专家数据库），即过去积累的丰富的预测经验，通常运用在决策支持中。在生态风险评估中运用较为广泛的一个专家模型是PERPEST，它主要运用在杀虫剂对水生态系统的生态风险诊断，但该模型的扩展性较好，可以比较方便地拓展应用于对其他化学物质和生态系统的评估（van den Brink et al.，2006）。

3. 概率风险评估在生态风险评估中的研究与运用

概率风险评估在环境领域的研究和运用开始于20世纪90年代初，到1997年美国环保局（EPA）出版了《蒙特卡罗分析导则》（USEPA，1997），美国超级基金计划在2001出版了详细的概率风险评估方法（USEPA，2001）。欧洲在近年来也非常重视概率风险评估的运用，欧盟组织了一个针对环境中杀虫剂的概率生态风险评估（EUFRAM项目）（Jager et al.，2001）。风险评估中往往会有许多变异和不确定性的因素，这在传统的运用确定性风险商来预测污染物风险的方法中是无法定量表征的，而概率风险评估方法则可以运用统计学方法，一方面表征风险评估变量的自然变异规律，另一方面又可以对不确定性进行定量分析，为环境管理决策提供支持（Oberg et al.，2005）。目前概率方法在生态风险评估中主要有蒙特卡罗分析（MCA）和联合概率曲线法（JPC）。

1）MAC法

这是将生态评估模型中的一些变异和不确定性的参数用它们的概率密度函数（PDF）替代，然后从概率密度函数出发进行随机抽样，将这些抽样结果代入模型中得到模拟结果，最后对模拟结果的概率分布进行统计分析的一种方法（USEPA，1997）。但由于参数的变异和不确定都是用PDF来描述，因此在风险评估时就不能很好地将它们进行区分。近年来，二维蒙特卡罗模拟（2-D MCA）的运用解决了参数变异性和不确定性难以区分的问题，并在生态风险评估中广泛运用（Wu et al.，2004；Moschandreas et al.，2002）。

2）JPC法

它是以暴露浓度超过相应效应的概率作为纵轴，以毒性效应的累积概率作为横轴作图得到的（图2.3），该曲线可以描述超过产生特定危害效应的浓度概率（Solomon et al.,

2000）。曲线下部的面积代表了化学物质潜在的生态风险的大小，曲线越靠近左下角，表明风险越小。联合概率曲线法在化学物质引起的生态风险评估中应用相当广泛（Oberg et al.，2005；Solomon et al.，2000）。

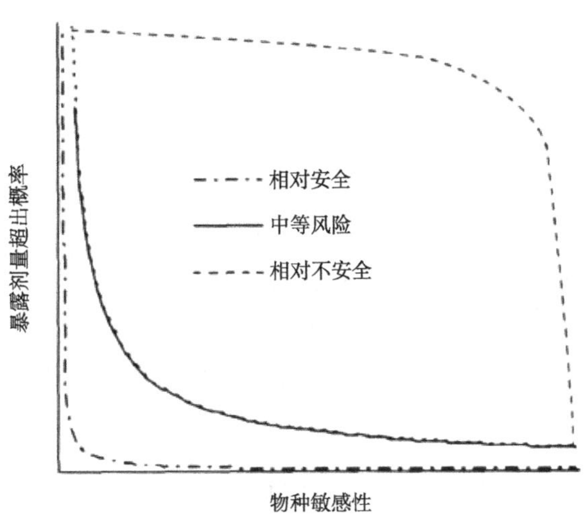

图 2.3　联合概率曲线示意图

4. 国内研究概况

国内的生态风险评估起步较晚，目前还没有国家权威机构颁布的诸如生态风险评估技术导则这样的技术性文件，系统的土壤污染生态风险评估案例也未见报道。在生态风险评估方法的运用上，国内主要有运用概率风险评估法对天津污灌区土壤中的多环芳烃（PAHs）如萘和苯并[a]芘等进行的生态风险评估（杨宇等，2004；Wang et al.，2002），以及对长江三角洲某污染区开展的重金属复合污染的生态风险评估（李志博等，2006b）；运用 Harkanson 生态风险指数法分别对长春市和沈阳丁香地区土壤重金属污染的潜在生态风险进行的评估（郭平等，2005；方晓明等，2005）；还有对生态风险分析方法在农田土壤肥力评价方面的应用所做的探讨（李维德等，2004）。除此之外，国内更多的研究体现在污染土壤的生态毒理方面，不仅探讨了单一污染物对土壤生物的生态毒理效应（卜元卿等，2006；Song et al.，2004），而且实验研究了重金属-有机污染物复合污染土壤的生态毒理效应（申荣艳等，2006）。总体上，我国的土壤污染生态风险评估研究正在兴起。虽然目前还是以引进国外的研究方法和体系为主，但是已有一些研究结合我国土壤污染的实际进行了毒理学诊断方法的探讨，积累了一些基础数据，为我国土壤生态风险评估系统理论的提出及其方法体系和规范的建立奠定了基础。

（三）存在问题

1. 生态风险受体研究的层次、条件与预测性问题

当前的生态风险受体研究主要集中在生物个体和种群水平，对较高层次如群落和生态系统水平的研究较少。即使对于生物个体和种群水平而言，生物种类也相对单一，如土壤无脊椎动物主要是蚯蚓和跳虫。大多数的研究结果是基于模拟的污染土壤，在实验室条件下得到的生物体暴露剂量和毒性效应的数据。因此，运用这些数据往往不能很好地预测实际污染场地的生态风险，低估或过高估计风险的情况时常发生（Crane et al.，2002）。

2. 基于生物有效性的生态风险评估问题

进入到土壤中的污染物质有一部分被土壤组分牢固地吸附或进入土壤微孔隙而使其不能被生物体利用，即使进入生物体的污染物质，如果不能到达作用位点，也不能产生毒性效应。但是，许多研究通常是直接将利用强提取剂提取的污染物的含量（即所谓的总量）作为计算暴露剂量的基础数据（Sample et al.，1997），而不考虑土壤的性质及其生物可利用性，在计算风险商的时候往往出现风险高估的情况。因此，如何正确地评估污染物的生物有效性以及将它们运用在特定场地的生态风险评估中也是值得探讨的一个现实问题。

3. 基于土壤生物毒性试验的生态毒理数据库建立问题

生态毒理数据是污染土壤生态风险评估的基础，尤其在概率风险评估中需要大量的毒理学数据（Oberg et al.，2005）。目前，国际上比较著名的生态毒理学数据库有美国环保局的 ECOTOX、荷兰的 e-toxBase、Elsevier 公司的 ECOTOX-CD 等。尽管上述三个数据库都包括水生生物、陆地动物和植物的毒性数据，但大部分的数据来自水生态系统的研究结果，而像 ECOTOX 中的陆地生态系统部分，主要是来自对野生动植物的毒性研究结果。因此需要加强对土壤微生物和无脊椎动物毒性试验数据的集成、管理和共享，为土壤生态风险评估提供数据平台。

4. 效应外推模型的确切性问题

由于大多数生态毒理学的试验是在单一化学物质污染的假设前提下完成的，因此根据这些毒理学数据建立的效应外推模型大多数是评估单一化学物质的污染风险的，而实际场地往往是一些复合污染的情况（赵祥伟等，2005），因此，通常难以满足评估要求。此外，从当前运用的这些模型本身来看，大多数机理模型相对复杂、参数过多，难以为评估人员掌握；许多机理模型还只是针对特定生态系统和污染区域，可移植、推广应用性较差（van der Hoeven, 2004）。

5. 污染土壤生态风险评估的意识问题

污染土壤的健康风险较易赢得人们的认同，但由于人类活动而导致的自然生态系统的变化相对缓慢和持久，不易引起人们的警惕。因此，生态风险也往往未能受到足够的重视。事实上，土壤生态功能与土壤质量密切相关，还关系到农业的可持续发展以及土壤生物资源的保护和可持续利用。进一步加强生态风险意识，有利于相关工作的顺利开展。

三、健康风险评估导则研究

从为污染场地环境监管和治理的实际需求出发，在充分消化分析国内外相关研究进展的基础上，结合我国的实际情况，本研究提出了三层次的健康风险评估方法，具体规定了第二层次健康风险评估和第三层次健康风险评估的步骤和内容，其异同点将从危害识别、毒性评估、暴露评估、风险表征、不确定性分析和风险交流六个步骤重点阐述。

（一）危害识别

危害识别是人体健康风险评估的第一步。第二层次和第三层次评估主要差异表现在场地调查的详细程度、获取的场地数据量、数据的表达和场地概念模型等方面。第二层次评估初步场地调查主要是依据收集到的场地环境资料和场地使用历史资料通过经验判断发现污染最严重的区域或最疑似污染点进行采样分析，得到污染最严重的污染物浓度检测值，用于关注污染物判定和剂量-反应评估；并依据污染物检测资料、暴露介质和途径、受体分析，建立初步场地概念模型并运用于暴露评估。第三层次健康风险评估危害识别，需依据初步场地调查结果对污染物的浓度水平、空间分布、迁移状况等进一步采样确定，污染物浓度数据可采用统计分布来代替定值，同时还需收集或实测风险评估所需的场地特征参数和受体暴露参数。根据第三层次场地调查结果，对一些暴露途径的有无进行判定，修正场地概念模型并用于后续暴露评估。一般情况下，第三层次风险评估所考虑的污染物和暴露途径数量上会减少但更符合场地实际情况。

（二）毒性评估

1. 关注污染物判定

第二层次和第三层次评估，关注污染物的判定主要依据该污染物是否超过土壤或地下水标准、背景值，是否属于主管机关要求需纳入评估的污染物。对于呈现离子态或解离态的污染物，应详细调查其状态分布，若无法区分则应以保守的污染物总量来计算（行政院环境保护署，2006）。

环境污染物铅对儿童具有强烈的神经毒性，发育中的胎儿和婴幼儿是最易受到铅危害的敏感人群。土壤铅污染直接导致我国血铅含量升高，1994~2004 年儿童血铅平均值为 9.3 μg/dL，33.8%的儿童血铅水平超过社会干预水平 10 μg/dL（王舜钦等，2004）。现在普遍认为铅污染的毒性评价不再适宜采用 RfD/RfC 方法，应采用基于受体血铅浓度水平的方法（DEFRA and EA，2002）。因此在制定具有冶炼场地特征污染物铅的人体健康风险评估方法时，我们考虑将污染物铅纳入第三层次评估，并在风险评估决策流程中规定如果场地存在严重铅污染问题应直接进入第三层次评估。另外对于具有生物累积性以食物链为其暴露途径的关注污染物，也纳入第三层次健康风险评估，相对应考虑的暴露途径主要是食物摄食途径。放射性污染物不在本健康风险评估考虑范围内。

2. 关注污染物致癌和非致癌毒性判定

由于国内目前尚未对化合物理化性质和毒性效应进行较为全面的研究，因此，本方法中第二层次和第三层次评估致癌和非致癌毒性判定主要依据国际上权威的毒理资料库。优先参考国际癌症研究署（international agency for research on cancer，IARC）数据库 goup1、group2A 和 group2B 中致癌性关注污染物；若依据 IARC 不能做出致癌非致癌判断时，则可参考美国综合风险信息系统（integrated risk information system，IRIS）中 groupA、groupB 和 groupC 中的致癌污染物。若在上述数据库中均未查询到污染物信息，可参考美国风险信息系统（risk assessment information system，RAIS）。RAIS 毒性数据来自最新的 IRIS、HEAST 和 PPRTV 数据库，提供的参数信息比较齐全，也便于信息网络化查询和输出。若 RAIS 数据库未提供相关数据，可参考新墨西哥州（NMED，2006）等州数据。

非致癌物质无可供分类的判定，非致癌物质主要以毒理资料库中能否查询到参考剂量为判断依据，若能查到，则表示该关注污染物可量化非致癌风险；若不能查到，则表示该污染物没有非致癌毒性或非致癌毒性的毒理资料库不足，无法判定非致癌毒性。

3. 毒性因子吸收途径外推方法

毒性因子主要分为致癌性毒性因子（carcinogenic toxicity factor）和非致癌性毒性因子（non-carcinogenic toxicity factor）。毒性因子采用无阀值计算方法（non-threshold approach），以斜率概念表示，即以剂量反应曲线估计平均每增加一个单位剂量所增加的致癌斜率有多少。因此致癌斜率又称致癌斜率因子（cancer slope factor，CSF）。非致癌毒性因子的计算是以阈值的方法（threshold approach）为主，通常以不可见有害作用水平（no observed adverse effect level，NOAEL）、最低可见有害作用水平（lowest observedadverse effect level，LOAEL）或基准剂量（bench mark dose，BMD）为依据，经过安全系数和不确定因子校正计算而得。非致癌毒性因子又称参考剂量（reference dose，RfD）（USEPA，1993）。

若有吸收途径的毒性因子无法从毒理资料库中查询得到，同一污染物的不同吸收途径的毒性因子可以相互引用。呼吸吸入吸收致癌斜率因子，可根据呼吸吸入吸收单位风险因子（URF）外推计算得到；呼吸吸入吸收参考剂量，可根据呼吸吸入吸收参考浓度（RfC）外推计算得到。若无法根据 URF 和 RfC 计算时，查询毒理数据库中的呼吸吸入吸收致癌斜率因子和呼吸吸入吸收参考剂量参数值进行后续风险计算。皮肤接触致癌斜率因子，可以根据经口摄入致癌斜率计算得到；皮肤接触参考剂量，可以根据经口摄入参考剂量计算得到。

（三）暴露评估

暴露评估主要包括暴露情景、环境介质、暴露途径和敏感受体四部分。国际上风险评估实践中用地方式和暴露途径各有不同。美国风险评估软件 RBCA Tool Kit 2.5 中主要定义了住宅和商业用地两类用地方式，敏感人群划分了儿童、青年、成人和建筑工人（主要指成人），并对应不同的人体参数值（Connor et al.，2007）。英国环境署颁布的CLEA模型中规定了住宅用地、果蔬副业用地和商业用地，敏感人群参数划分为18个年龄段，对应有不同的人体参数值（UKEA，2009a，2009b）。加拿大制定土壤筛选值过程中规定了农业用地、住宅和公园用地、商业用地、工业用地，前三种用地方式一般以儿童作为敏感人群进行非致癌性风险评估，以成人作为敏感人群进行致癌风险评估，工业用地主要考虑成人为受体（Aauthority of the Minister of Health，2004）。环境介质主要包括土壤、空气、地下水、地表水和底泥，各国在考虑环境介质时各有侧重。从暴露途径设置分析，各国所关注的主要是土壤的摄入、皮肤接触土壤、尘土和挥发性污染物的吸入，而间接暴露途径如土壤污染地下水后地下水饮用、皮肤接触地下水、地下水中挥发性污染物吸入和蔬菜摄食等途径，这些暴露途径在RBCA、CLEA和CSOIL模型中都有所考虑（UKEA，2009b；Connor et al.，2007；Otte et al.，2001）。

在充分消化分析国内外相关研究进展的基础上，我们对第二层次评估和第三层次评估暴露评估的内容做了详细的规定。考虑的暴露情景主要分为住宅用地、商业用地、工业用地三类。第二层次风险评估对于一些间接暴露途径如摄食，以及污染物迁移到地表水的暴露途径和污染物铅的暴露评估没有考虑在内。第三层次风险评估根据是否包括污染物铅考虑了两种情况。对于不包括铅的关注污染物暴露评估可分为现场暴露和离场迁移，其考虑因素的异同可参照表2.4。

表2.4　第三层次评估不包括铅的关注污染物现场暴露和离场迁移暴露评估考虑因素异同

第三层次健康风险暴露评估考虑因素	现场暴露	离场迁移
暴露情境	住宅用地、商业用地、工业用地	住宅用地、商业用地、工业用地
环境介绍	土壤、地下水和空气	地下水、空气和地表水
暴露途径	（一）表层土壤暴露途径： ①口腔摄入受污染表土；②皮肤接触受污染表土；③吸入受污染表土扩散到室内、外的土壤颗粒；④吸入受污染表土挥发至室外蒸汽；⑤食物摄食 （二）深层土壤暴露途径： ①吸入受污染亚表土挥发至室内蒸汽；②吸入受污染亚表土挥发至室外蒸汽；③污染亚表土污染物经孔隙向下渗入地下水中，造成地下水污染途径 （三）涉及地下水污染的暴露途径： ①饮用受污染地下水；②皮肤接触受污染地下水；③吸入受污染地下水挥发至室内蒸汽；④吸入受污染地下水挥发至室外蒸汽	（一）表层土壤暴露途径： ①吸入受污染表土扩散到室内、外的土壤颗粒；②吸入受污染表土挥发至室外蒸汽 （二）深层土壤暴露途径： ①吸入受污染亚表土挥发至室内蒸汽；②吸入受污染亚表土挥发至室外蒸汽；③污染亚表土污染物经孔隙向下渗入地下水中，造成地下水污染途径 （三）涉及地下水污染的暴露途径： ①饮用受污染地下水；②皮肤接触受污染地下水；③吸入受污染地下水挥发至室内蒸汽；④吸入受污染地下水挥发至室外蒸汽 （四）涉及地表水污染的暴露途径： ①游泳时地表水摄入；②游泳时皮肤接触；③鱼类消费

对于离场迁移，由于场地内的土壤中的污染物无法经由传输途径移动至场地外受体处，故场地外受体只需考虑经由地下水、空气以及污染物随地下水迁移到地表水暴露途径进入人体的暴露剂量。图 2.4 为离场迁移的一个示意图，它显示了场地内的污染源通过空气传输、地下水传输到达场地外受体的概念模型。

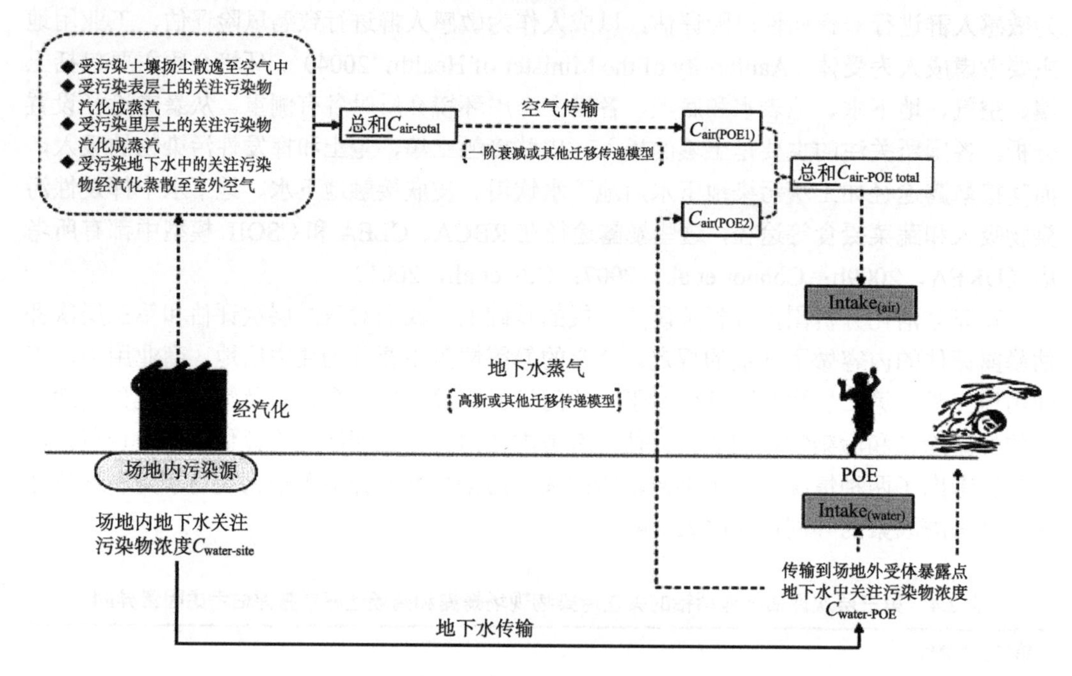

图 2.4　离场迁移概念模型

（四）风险表征

1. 第二层次健康风险评估风险表征

风险表征为综合上述三项步骤进行综合性评估，将风险予以量化，以估计该污染物影响人体健康风险程度与影响方式。在量化风险时，将危害区分为致癌性及非致癌性两类，并假设危害具有相加性，即不同暴露途径与关注污染物所产生的危害可直接相加，最后以总危害来表示场地污染对人体健康造成的危害（USEPA，1989）。同时可计算致癌/非致癌风险的土壤、地下水筛选值，这可作为风险管理决策的依据。第二层次健康风险评估风险表征可按致癌性计算和非致癌性计算步骤进行。

（1）致癌性计算

步骤 1：计算第 n（n=1，2，3，…，n）种致癌性污染物单一暴露途径的致癌风险 ^{n}R［见式（2-1）和式（2-2）］和单一暴露途径的致癌风险的场地筛选值 $^{n}RBSL_{ca}$[见式（2-3）]；

$$INTAKE = C \times ExpousreRate \tag{2-1}$$

$$^{n}R = SF \times INTAKE \tag{2-2}$$

$$^{n}RBSL_{ca} = \frac{ACR}{^{n}R / C} \tag{2-3}$$

步骤 2：按步骤 1 计算第 n 种污染物各暴露途径的致癌风险 ${}^{n}R_{暴露途径t}$（t=1，2，3，…，t），各暴露途径致癌风险叠加计算得到该污染物所有途径致癌风险 $R_{污染物n}$［见式（2-4）］，同时可计算该污染物基于所有土壤暴露途径综合致癌风险的土壤筛选值 ${}^{n}RBSL_{(土壤)ca}$［见式（2-5）］和基于所有地下水暴露途径综合致癌风险的地下水筛选值 ${}^{n}RBSL_{(地下水)ca}$［见式（2-6）］；

$$R_{污染物n}={}^{n}R_{暴露途径1}+{}^{n}R_{暴露途径2}+{}^{n}R_{暴露途径3}+\ldots+{}^{n}R_{暴露途径t} \tag{2-4}$$

$${}^{n}RBSL_{(土壤)ca}=\frac{ACR}{\sum_{t=1}^{t}\left({}^{n}RBSL_{(土壤暴露途径t)ca}\right)} \tag{2-5}$$

$${}^{n}RBSL_{(地下水)ca}=\frac{ACR}{\sum_{t=1}^{t}\left({}^{n}RBSL_{(地下水暴露途径t)ca}\right)} \tag{2-6}$$

步骤 3：每项致癌污染物都按照步骤 1 和 2 流程计算致癌风险和筛选值；

步骤 4：计算所有污染物所有途径致癌总风险［见式（2-7）］

$$\sum R = R_{污染物1} + R_{污染物2} + R_{污染物3} + \ldots + R_{污染物n} \tag{2-7}$$

上述式中，

$INTAKE$：暴露剂量，mg 污染物/（kg 体重·d）；

C：污染物浓度，mg/kg 或 mg/L；

$ExposureRate$：暴露率，mg 土壤/（kg 体重·d）或 L 水/（kg 体重·d）；

${}^{n}R$：第 n 种致癌污染物经单一暴露途径的致癌风险，无量纲；

SF：致癌斜率因子，mg/（kg·d）；

${}^{n}RBSL_{ca}$：第 n 种致癌污染物经单一暴露途径的致癌风险的场地筛选值，mg/kg 或 mg/L；

ACR：可接受致癌风险，无量纲，本书取值为 10^{-6}；

$R_{污染物n}$：第 n 种致癌污染物经所有暴露途径的致癌风险，无量纲；

${}^{n}R_{暴露途径t}$：第 n 种致癌污染物经第 t 条暴露途径的致癌风险，无量纲；

${}^{n}RBSL_{(暴露途径t)ca}$：第 n 种致癌污染物经第 t 条暴露途径的致癌风险的场地筛选值，mg/kg 或 mg/L；

${}^{n}RBSL_{(土壤)ca}$：第 n 种致癌污染物基于所有土壤暴露途径的综合致癌风险的土壤筛选值，mg/kg；

${}^{n}RBSL_{(土壤暴露途径t)ca}$：第 n 种致癌污染物经第 t 条土壤暴露途径的致癌风险的场地土壤筛选值，mg/kg；

${}^{n}RBSL_{(地下水)ca}$：第 n 种致癌污染物基于所有地下水暴露途径的综合致癌风险的地下水筛选值，mg/L；

${}^{n}RBSL_{(地下水暴露途径t)ca}$：第 n 种致癌污染物经第 t 条地下水暴露途径的致癌风险的场地地下水筛选值，mg/L；

$\sum R$：所有污染物经所有途径的致癌总风险，无量纲。

（2）非致癌性计算

步骤 1：计算第 m（m=1，2，3，…，m）种非致癌性污染物单一暴露途径非致癌风险 ^{m}HQ[见式（2-1）和式（2-8）]和单一暴露途径的非致癌风险场地筛选值 $^{m}RBSL_{nc}$[见式（2-9）]；

$$^{m}HQ=\frac{INTAKE}{RfD} \tag{2-8}$$

$$^{m}RBSL_{nc}=\frac{AHQ}{^{m}HQ/C} \tag{2-9}$$

步骤 2：按 1 计算第 m 种污染物经各暴露途径 k（k=1，2，3，…，k）的非致癌风险 ^{m}HQ，由各暴露途径非致癌风险叠加计算得到该污染物经所有途径的非致癌风险 $HQ_{污染物m}$[见式（2-10）]，同时可计算该种污染物基于所有土壤暴露途径综合非致癌风险的土壤筛选值 $^{m}RBSL_{(土壤)nc}$[见式（2-11）]和基于所有地下水暴露途径综合非致癌风险的地下水筛选值 $^{m}RBSL_{(地下水)nc}$[见式（2-12）]；

$$HQ_{污染物m}={}^{m}HQ_{暴露途径1}+{}^{m}HQ_{暴露途径2}+{}^{m}HQ_{暴露途径3}+\ldots+{}^{m}HQ_{暴露途径k} \tag{2-10}$$

$$^{m}RBSL_{(土壤)nc}=\frac{AHQ}{\sum_{k=1}^{k}\left({}^{m}RBSL_{(土壤暴露途径k)nc}\right)} \tag{2-11}$$

$$^{m}RBSL_{(地下水)nc}=\frac{AHQ}{\sum_{k=1}^{k}\left({}^{m}RBSL_{(地下水暴露途径k)nc}\right)} \tag{2-12}$$

步骤 3：每项非致癌污染物都按照步骤 1 和 2 流程计算非致癌风险和筛选值；

步骤 4：计算所有污染物所有途径非致癌总风险[见式（2-13）]：

$$HI=HQ_{污染物1}+HQ_{污染物2}+HQ_{污染物3}+\cdots+HQ_{污染物m} \tag{2-13}$$

上述式中，

$INTAKE$：暴露剂量，mg 污染物/（kg 体重 · d）；

C：污染物浓度，mg/kg 或 mg/L；

$ExposureRate$：暴露率，mg 土壤/（kg 体重 · d）或 L 水/（kg 体重 · d）；

^{m}HQ：第 m 种非致癌污染物经单一暴露途径的非致癌风险，无量纲；

RfD：非致癌参考剂量，mg/（kg · d）；

$^{m}RBSL_{nc}$：第 m 种非致癌污染物单一暴露途径基于风险的场地非致癌筛选值，mg/kg 或 mg/L；

AHQ：可接受非致癌风险，无量纲，本书取值为 1；

$HQ_{污染物m}$：第 m 种非致癌污染物经所有暴露途径的非致癌风险，无量纲；

$^{m}HQ_{暴露途径k}$：第 m 种非致癌污染物经第 k 条暴露途径的非致癌风险，无量纲；

$^{m}RBSL_{(暴露途径k)nc}$：第 m 种非致癌污染物经第 k 条暴露途径的非致癌场地筛选值，mg/kg 或 mg/L；

$^{m}RBSL_{(土壤)nc}$：第 m 种非致癌污染物基于所有土壤暴露途径的综合非致癌风险的土壤筛选值，mg/kg；

$^{m}RBSL_{(土壤暴露途径k)nc}$：第 m 种非致癌污染物经第 k 条土壤暴露途径的非致癌风险的场地土壤筛选值，mg/kg；

$^{m}RBSL_{(地下水)nc}$：第 m 种非致癌污染物基于所有地下水暴露途径综合非致癌风险的地下水筛选值，mg/L；

$^{m}RBSL_{(地下水暴露途径k)nc}$：第 m 种非致癌污染物经第 k 条地下水暴露途径的非致癌风险的场地地下水筛选值，mg/L；

HI：所有污染物经所有途径的非致癌总风险，无量纲。

关注污染物的可接受致癌风险上限一般设置为 10^{-4}，下限则为 10^{-6}，各国采用的数值不尽相同，可接受非致癌风险一般设置为 1（UKEA，2009a；DEC，2006；Authority of the Minister of Health，2004；ASTM，2004；USEPA，1989）。考虑到与国家《污染场地风险评估技术导则（征求意见稿）》技术导则的衔接，本风险评估方法采用不超过 10^{-6} 作为可接受致癌风险，不超过 1 作为可接受非致癌风险。一般风险计算结果结合不确定性分析，如果关注污染物计算得到的致癌风险未超过 10^{-6} 或非致癌风险未超过 1，污染场地以污染控制为主，根据需要定期监测；若超过，风险决策可以进入场地修复或判断是否进入第三层次场地健康风险评估。场地修复可根据该阶段计算得到的各暴露途径筛选值和暴露途径综合筛选值，确定修复建议目标值，修复目标值一般选取计算得到的筛选值最小值作为污染场地土壤和地下水修复建议目标值。如果修复目标值符合经济成本时间效益，并能被土地使用人、管理人或所有人方接受，则可在这此阶段进入场地修复程序；是否进入第三层次场地风险评估，主要分析第三层次风险评估是否能显著降低修复目标值，能否显著降低修复成本。

2. 第三层次健康风险评估风险表征

根据污染物类型，第三层次健康风险评估暴露评估主要考虑了不包括铅的关注污染物风险表征和污染物铅的风险表征。

1）不包括铅的关注污染物风险表征

不包括铅的关注污染物风险计算也可按致癌性计算和非致癌性计算步骤进行。计算流程和第二层次健康风险评估风险表征大体一致，主要区别在于离场迁移需要将到达暴露点的污染物浓度经实测或模型模拟获得后用于后续风险计算。比如场地内土壤及地下水中关注污染物会汽化成蒸汽，再经空气传递到场地外受体，故需先行推估场地内土壤和地下水汽化成蒸汽的浓度，再由空气传递模型如高斯空气扩散传递模型进行到达场地外受体的污染物浓度推算。场地内的地下水污染物会经地下水迁移到场地外，需以地下水传递模型如一阶衰减模型（First order decay modle）进行场地外受体处的污染物浓度推算。第三层次风险评估考虑的暴露途径更为完整，如现场暴露额外考虑了植物（蔬菜和水果）摄食途径的暴露风险计算，离场迁移还考虑了污染物随地下水向地表水的迁移后再经游泳时地表水摄入、皮肤接触、鱼类消费等暴露途径人体吸收暴露剂量，完整的暴露途径见图 2.5。

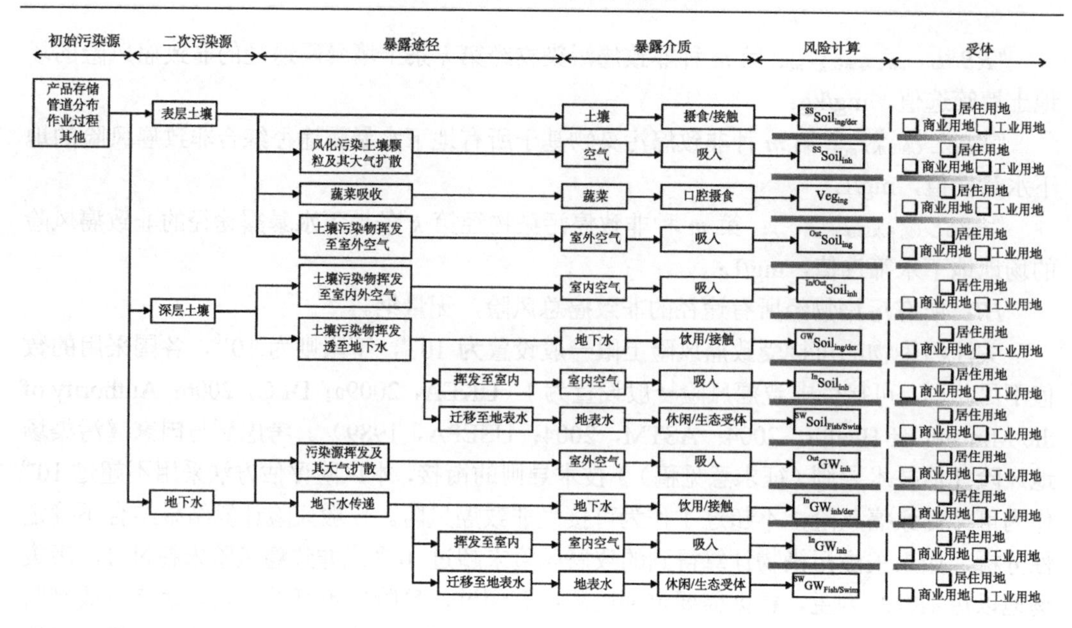

图 2.5　第三层次风险评估暴露途径汇总

对于土壤污染物迁移到地下水暴露途径，主要采用了美国、加拿大等国基于风险的土壤污染物控制值的计算，考虑了污染物在土壤三相体系中的分配，污染物从非饱和水土层到地下水迁移的淋滤衰减过程、进入地下水后的混合稀释以及迁移到下游接受点的情形，可根据场地具体情况采用合适的场景进行计算（USEPA，1996；CCME，2006）。此外，所有场地筛选值（RBSL）的计算，都由场地修复启动值（SSTL）计算代替，而场地修复启动值与场地筛选值又有密切的联系，需要额外考虑衰减因子。所谓的污染物衰减因子，主要是指污染物跨介质迁移因子，如土壤污染物挥发、土壤颗粒释放、地下水污染物挥发迁移因子等；同时还包括水平迁移因子，如水平大气扩散因子和水平地下水稀释衰减因子等。SSTL 计算见式（2-14）和式（2-15）。

$$\mathrm{SSTL} = \mathrm{RBSL} \times \mathrm{ADF}_{\text{水平空气扩散衰减因子}} \tag{2-14}$$

$$\text{或}\,\mathrm{SSTL} = \mathrm{RBSL} \times \mathrm{DAF}_{\text{水平地下水稀释衰减因子}} \tag{2-15}$$

根据第三层次风险评估致癌和非致癌风险计算结果，若未超过风险，污染场地可以污染控制为主；若超过风险，风险决策可以进入场地修复程序。场地修复可根据该阶段计算得到的各暴露途径修复启动值和暴露途径综合修复启动值，确定修复建议目标值，修复目标值一般选取计算得到的修复启动值最小值作为污染场地土壤和地下水修复建议目标值。

2）污染物铅的风险表征

铅是环境中重要的有毒污染物，具有蓄积性，神经毒性等，其对儿童智力发育和神经行为的危害已引起各国学者的广泛关注（任慧敏等，2005）。有色金属冶炼是环境铅污染的主要来源之一，进入环境的污染物铅可通过土壤、食物、饮用水和空气进入人体，从而对人体产生危害（王春梅等，2003）。目前国际上对铅的毒性评估主要采用基于受体血铅浓度水平的方法，不再采用有阈值的参考剂量除以参考浓度的做法（DEFRA and

EA，2002）。因此，在考虑冶炼行业特征污染物铅的风险表征时，我们采用了国际上认可度较高的 IEUBK 模型和成人血铅模型（ALM）（USEPA，2007；USEPA，1996）。

IEUBK 模型主要运用于居住用地受体为儿童（0~6 岁）群体经环境铅暴露后血铅水平超过某一临界浓度（10 μg/dL）的概率预测和铅污染土壤修复启动值的计算。IEUBK 模型假设儿童群体血铅的分布为几何正态分布，并将不同暴露途径的铅来源与儿童群体血铅水平联系起来。基于儿童血铅的计算按照暴露模块、吸收模块、生物动力学模块和概率分布模块 4 个子模块顺序进行（图 2.6）。暴露模块采用吸收速率模型计算儿童对环境介质中铅的吸收，主要计算土壤摄入、室内外灰尘摄入、空气吸入、饮用水和食物摄入中的吸收速率。吸收模块，因肺和肠胃道系统吸收生物学机制不同，吸收效率也有差异，模型分别计算肺部吸入空气吸收铅的含量，肠胃道通过饮食、饮用水、土壤、灰尘和其他介质吸收铅的含量，然后将肺部吸收和肠胃吸收加和得到总铅吸收量。生物动力学模块将吸收进入人体的铅与人体内各器官的铅含量联系起来，对铅在人体内的生理-生化过程进行定量计算得到最后的血铅浓度几何平均值。概率分布模块主要计算儿童群体血铅水平超过某一临界浓度（10 μg/dL）的概率。此外利用 IEUBK 模型可计算 PRG 值，得到土壤铅含量临界值，此值可作为铅污染土壤修复的参考依据（USEPA，2007）。

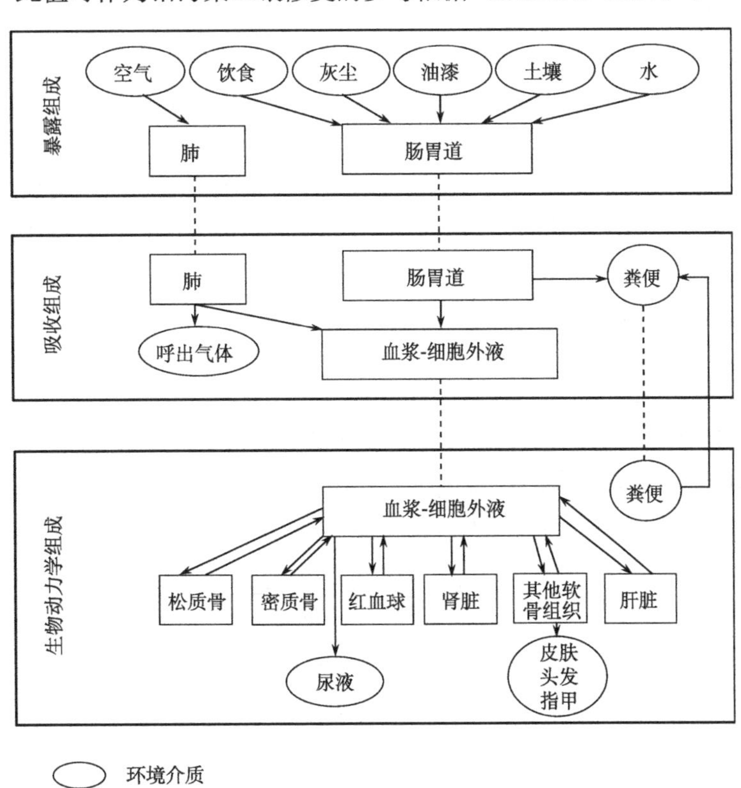

图 2.6　IEUBK 模型组成

因儿童不频繁暴露于商业/工业用地，因此在成人商业/工业用地方式下受体主要考虑成人。成人血铅健康风险评估采用成人血铅模型 ALM，该方法通过评估暴露于商业/工业用地铅污染土壤的孕妇胎儿血铅含量（平均目标值）来表征土壤铅污染风险和计算土壤铅环境修复启动值。ALM 模型考虑由口腔直接摄入土壤和室内灰尘中铅的暴露途径，引入生物动力学斜率系数（BKSF）计算环境铅暴露与孕妇血铅含量线性关系，采用对数正态模型评估类似铅暴露场景下个体间血铅含量的变异。

若由 IEUBK 模型和 ALM 模型计算得到的血铅水平超过临界浓度的概率不可接受，则可根据计算得到的修复启动值进入修复程序，反之则不用修复。

（五）不确定性分析

不确定性分析，是说明真实结果与计算结果产生差异的可能性。不确定性来源于风险评估的各个步骤，场地调查收集资料的不确定性，采样及分析的不确定性，毒性因子无法量化对评估产生的不确定性，选用的模型和参数与实际场地状况的可能偏差，风险计算结果中各暴露途径与污染物对风险的贡献比例差异，污染物历史检测数据所呈现的时间趋势可能造成风险的高估或低估等。一般情况下，第二层次评估，采用的参数和模型都为预设，场地污染物浓度信息和用于风险评估的场地参数相对较少，虽然评估保守对人类和环境的保护程度高，但同时造成风险评估的不确定性增大。第三层次风险评估通过第三层次场地调查，模型和参数更符合场地特征，能显著降低不确定性的干扰。在编制的《冶炼行业污染场地风险评估导则》中，不确定分析一般应分析造成污染场地风险评估不确定性的主要来源，包括暴露情景假设、评估模式适用性、模型参数取值等多个方面。暴露风险贡献率分析是一种有效的不确定性分析方法，它可以计算单一污染物经不同暴露途径的风险贡献率[见式（2-16）和式（2-17）]，也可计算不同污染物经所有暴露途径的风险贡献率[见式（2-18）和式（2-19）]。风险贡献率计算结果百分比越大，表示特定暴露途径或特定污染物对于总风险值或危害指数的影响也就越大，可为制定污染场地风险管理或治理与修复方案提供重要的信息。参数敏感性分析也是一种有效的不确定性分析方法，该方法是通过改变参数值以估计该参数对风险值的影响程度[见式（2-20）]。参数的敏感性比例越大，表示风险变化程度越大。在实际操作过程中，暴露风险贡献率分析和参数敏感性分析是运用较多的不确定性分析方法。

$$^{n}PCR_{暴露途径t}=\frac{^{n}R_{暴露途径t}}{R_{污染物n}} \tag{2-16}$$

$$^{m}PHQ_{暴露途径k}=\frac{^{m}HQ_{暴露途径k}}{HQ_{污染物m}} \tag{2-17}$$

式（2-16）和（2-17）中：

$^{n}PCR_{暴露途径t}$：单一污染物（第 n 种污染物）经某一（第 t 条）暴露途径致癌风险贡献率，无量纲；

$^{n}R_{暴露途径t}$：单一污染物（第 n 种污染物）经某一（第 t 条）暴露途径致癌风险，无量纲；

$R_{污染物n}$：单一污染物（第 n 种污染物）经所有暴露途径致癌风险，无量纲；

$^{m}PHQ_{暴露途径k}$：单一污染物（第 m 种污染物）经某一（第 k 条）暴露途径非致癌风险贡献率，无量纲；

$^{m}HQ_{暴露途径k}$：单一污染物（第 m 种污染物）经某一（第 k 条）暴露途径非致癌风险，无量纲；

$HQ_{污染物m}$：单一污染物（第 m 种污染物）经所有暴露途径非致癌风险，无量纲。

$$PCR_{污染物n}=\frac{R_{污染物n}}{\sum R} \tag{2-18}$$

$$PHQ_{污染物m}=\frac{HQ_{污染物m}}{HI} \tag{2-19}$$

式（2-18）和式（2-19）中：

$PCR_{污染物n}$：第 n 种污染物经所有暴露途径致癌风险贡献率，无量纲；

$R_{污染物n}$：第 n 种污染物经所有暴露途径致癌风险，无量纲；

ΣR：不同关注污染物经所有暴露途径的总致癌风险，无量纲；

$PHQ_{污染物m}$：第 m 种污染物经所有暴露途径非致癌风险贡献率，无量纲；

$HQ_{污染物m}$：第 m 种污染物经所有暴露途径非致癌风险，无量纲；

HI：不同关注污染物经所有暴露途径总非致癌风险，无量纲。

$$SR=\frac{\frac{R_2-R_1}{R_1}\times 100\%}{\frac{P_2-P_1}{P_1}\times 100\%} \tag{2-20}$$

式（2-20）中 R_1 为原风险评估中所计算出的结果（致癌或非致癌风险），R_2 则是参数变更后的风险计算结果（致癌或非致癌风险），P_1 为原风险评估中所使用的参数，P_2 则为参数变更后的数值。

（六）风险交流

风险交流（risk communication）是发布和使相关利益方了解风险管理决定的重要工具，贯穿于第二层次和第三层次风险评估的整个流程。风险交流将政府部门、环境咨询公司和顾问、工程承包商、研究机构、媒体、投资方、土地使用人、土地拥有人、公众社区等相关利益方有机整合。从一开始风险评估启动，就需要通过风险交流确认相关的利益方，并和相关利益方协商关注问题的范畴。场地调查发现的实际或潜在的暴露，风险评估得出的风险概率以及修复或监测决策等，都应通过风险交流告知相关利益方风险管理决定会对他们的利益造成多大的影响，并根据相关利益方的意见和观点及时调整管理对策。风险管理在预测风险影响及其发生概率、处理和污染相关疾病的公众担忧、促进对基于风险的术语和概念的理解、传达风险管理决定将怎样影响生活方式的信息、提供不确定性分析和问题解答的平台、提高执行风险管理的透明度和可信度、解决相关利益方争端等诸多方面将发挥重要作用。一旦风险管理过程、风险情景和相关利益方确定，就有必要考虑各种合适的方法交流风险信息，如与个人交流、和媒体交流和研究机构交流的方法等。风险交流主要体现在公众的参与和公众咨询，同时也贯穿于场地风险管理的整个流程。公众对风险的认知是考虑污染场地调查、评估和修复选择可行性的重要因素，因此告知相关利益方场地污染和修复选择的利弊所带来的潜在风险就十分重要。如果调查、评估或修复过程，会对场地周边居民噪声、扬尘或恶臭卫生状况下降的情况，应及时与受影响的相关群体进行沟通协商解决。当一些敏感污染，如二噁英等剧毒污染问题发生时，应及时改变修复措施并建立修复目标。风险交流公众参与通常被认为是效率的敌人，但公众参与却能够更好更全面的了解场地信息，对保护环境和公众健康起着十分关键的作用。因此，风险交流应在实践中不断贯彻和完善。

第二节　电子废旧产品拆解场地及周边土壤的健康与生态风险评估

一、研究区概况

浙江省台州市位于我国东南沿海的长江三角洲地区，三面环山，一面向海，海岸线漫长。市中心处 28° N，122° E。市区属亚热带季风气候区，地处温黄平原东南侧，区内河流纵横，湖塘密布。由于成陆时间和耕作历史不同，导致土壤脱盐脱钙程度不同，土壤类型复杂多样。根据第二次土壤普查结果，土壤有红壤、黄壤、潮土、水稻土、盐土五大类。

当地农业以种植水稻为主，也有蔬菜和葡萄等经济作物。该地区具备较为完整的工业、农业和商业体系，工业以汽摩、再生金属资源、新型建材、机电和塑模等五大行业为支柱产业。但是，环境污染是该地区比较突出的问题，全区需调查的潜在污染源多达 1.5 万余个。对土壤污染最为严重的是废旧物资拆解业和“小冶炼”。当地民企用于生产的 80%原料来自拆解业。该地区对各种电子废旧产品的综合利用率高达 90%以上，但是剩下的近 10%的废料很少经过合理的处理，有的直接倾倒于河岸边，有的进行露天燃烧，这些活动给该地区的环境和人体健康带来的了巨大威胁。

本研究的主要研究区，西部为矮山，东部为平原地区，区内遍布大小池塘，区内主要河流为东北—西南走向的南官河，区内还有与南官河干流相连的多条支流遍布全镇。该地区为典型的城乡结合区，比例最高的行业为机械设备生产企业、金属相关企业、塑料相关企业，以五金件加工及各种配件为主。金属相关企业主要为废旧拆解企业，规模较大（郑茂坤，2008）。废旧金属拆解自 20 世纪 90 年代后期以来，发展迅速。第一家作坊式废旧物资拆解场自成立到 2006 年，该区已累计拆解废旧物资达 1000 万余吨，产生拆解垃圾多达 25 万吨。并且这些小作坊式的拆解场大多采用原始、粗糙的焚烧、酸溶、热熔等方式进行回收，产生的废旧产品多堆放于田间地头或河岸边，有些直接采取露天焚烧的方式进行处理，对该地区的土壤、水体、空气造成了极大的污染，严重威胁到该地区生态系统及人体健康。本研究的土壤样品采样点分布参见图 2.7，地下水样品采样点分布参见图 2.8。

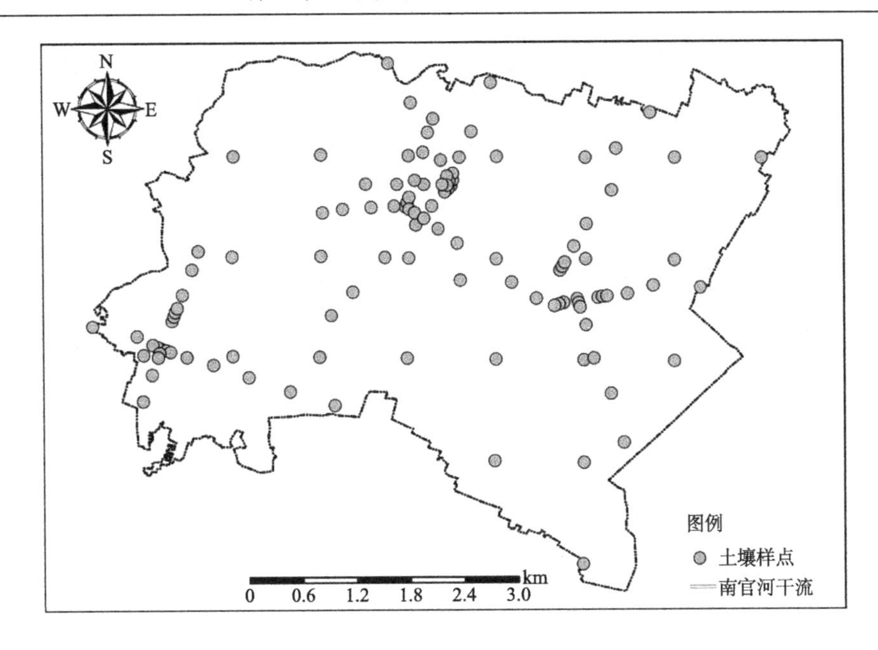

图 2.7　土壤样品采样点分布

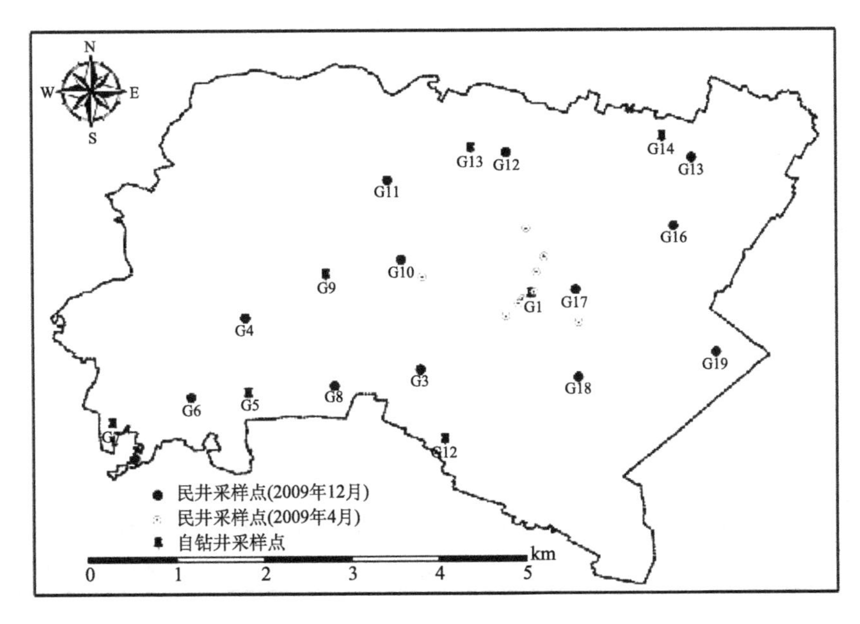

图 2.8　地下水样品采样点分布

土壤偏酸性，意味着该地区土壤中重金属可能更容易迁移，对于生物体来说具有更高的可利用性，存在较大的风险。徐莉等（2009）在该地区所调查的土壤中有机质含量范围为 18.3~35.9 g/kg，平均值为 27 g/kg。而本研究由于调查的范围更加广泛，涉及更多的用地类型，研究区土壤的平均有机质含量为 46.5 g/kg。

所调查的研究区环境介质中多氯联苯、镉及铜的含量水平如表 2.5 所示。通过与国内外现存相关标准的比较可以看出研究区各种环境介质中 PCBs、Cd 的污染状况比较严重且普遍，尤其是与居民生活关系比较密切的如地下水、蔬菜、大米中 PCBs、Cd 的含量很高；如大米和蔬菜中重金属 Cd 的含量，大米中 Cd 最高含量是标准的近 17 倍，蔬菜中 Cd 最高含量是标准的近 130 倍，且近 90%的蔬菜中 Cd 含量超标。调查的地下水均为从居民家中自用井采集，调查结果表明近 80%井水中 Cd 含量超过我国地下水基准Ⅴ类水的标准（我国地下水基准规定超过Ⅴ类标准即不可饮用）。对于地下水中的 PCBs 我国目前没有相应标准，而国外不少国家对此进行了规定（NGSO，2001），表中所引用的标准 10ng/L 为荷兰标准，荷兰规定地下水中总 PCBs 含量的修复目标值为 10ng/L，若地下水中 7 种指示性 PCBs 的总含量超过 10ng/L 则需采取措施对受污染的地下水进行修复治理。相比较之下，在所调查的环境介质中 Cu 的污染相对不是很严重，但是在土壤样品中的超标率也比较可观，值得引起重视。

表 2.5　研究区环境介质中 PCBs、Cd、Cu 含量及评价

			多氯联苯（PCBs）（土壤及农作物：μg/kg，地下水：ng/L，大气为 pg/m^3）			镉（Cd）（土壤及农作物：mg/kg，地下水：μg/L, PM_{10} 为 ng/m^3）			铜（Cu）（土壤及农作物：mg/kg，地下水：μg/L，PM_{10} 为 ng/m^3）		
			PCB21	标准[a]	超标率	实测值	标准[b]	超标率	实测值	标准[c]	超标率
土壤（n=151）		范围	0~1061			0.23~15.3			10.72~16 850		
		平均	65.2	90	17.9%	1.66	0.3	68.2%	230.7	50	47.7%
农作物	大米（糙米）（n=95）	范围	0~35.8			0.02~3.3			2.34~544		
		平均	12.5	—	—	0.36	0.2	40%	45.0	10	47.4%
	蔬菜（n=38）（DW）	范围	1.32~1982	—	—	0.03~25.9	0.2	89.5%	8.53~45.4	10	97.4%
		平均	432			5.62			21.6		
大气	PM_{10}（n=4）	范围	8971~17 198	—	—	2.70~183	—	—	128~1218	—	—
		平均	12 788			9.13			433.4		
	PUF（n=4）	范围	22 195~40 941	—	—	—	—	—	—	—	—
		平均	33 716			—		—	—	—	—
地下水（n=28）		范围	9.8~314	10	96.4%	0~39.1	10（Ⅴ类）	28.6%	2.1~32.4	1000	0
		平均	64.3			4.8			8.00	（Ⅲ类）	

目前关于食物中 PCBs 含量的标准大多限于海产品（中华人民共和国国家标准，2005）、禽蛋等，关于农产品的标准则较少。Guan 等（2008）对该地区的包菜、菠菜中 PCBs 的调查结果表明，菠菜、包菜中 PCBs 平均含量为 108 μg/kg、25.5 μg/kg，明显高于其他地区叶菜中 PCBs 的含量（Nakata et al.，2002；Schecter et al.，1997）；张建英等（2009）对该地区青菜、卷心菜、包菜的调查表明蔬菜中 PCBs 的含量为 5.98~130.70 μg/kg；与其研究结果相比，本研究调查的小青菜、生菜中 PCBs 的含量要高很多，分析其原因可能在于本研究调查的蔬菜样品采集自电子废弃件拆解、酸洗作坊、废弃橡胶塑

燃烧等产生较多 PCBs 的作业活动集中的地区，该地区所种植的蔬菜所生长的土壤、灌溉的用水、所处的大气环境中均含有很高的 PCBs，因此导致该地区蔬菜中积累大量 PCBs。

针对土壤中 PCBs 的污染，国外不同国家根据土地利用方式的不同制定了土壤中 PCBs 的标准，美国规定土壤中 PCBs 总量达到 90 μg/kg 时需采取行动，对受污染的土壤进行处理，本研究中研究区有 17.9%的土样 PCBs 总量超过 90 μg/kg，虽然比例不是很高，但所调查的土样中最高含量达到美国规定的行动值的 11 倍多，表明研究区存在严重的点状土壤污染。

大气中 PCBs 以两种形式存在：气相和颗粒相。本研究中研究区大气中可吸入颗粒物 PM_{10} 中 PCBs 的含量显著高于国内外很多地区大气 PM_{10} 中的含量（Banu et al.，2007；Wang et al.，2005；Yele et al.，2004；Voutsa et al.，2002；Constantini et al.，2001），甚至达到、高于某些工业区所采集的 PM_{10} 中的含量。调查的大气中气态 PCBs 的含量与李英明等（2008）在该地区采用 PUF 被动式采样方式调查的结果相近，大气中气态 PCBs 构成特征也相同，即以低氯代 PCBs 为主，随氯代数的提高，PCBs 的含量逐渐降低；大气中气态 PCBs 含量高于国内外其他地区的研究调查结果。

PM_{10} 中重金属测定结果从采集自四个样点的 8 个样品获得，大气中 Cd 含量范围为 2.70~18.32 ng/m^3，平均值为 9.13 ng/m^3；Cu 含量范围为 127.8~1218.0 ng/m^3，平均值为 433.4 ng/m^3，Cd 和 Cu 的最大含量值均出现在采样点 YLY。表 2.6 为国内外其他地区大气中重金属含量研究结果，从表中可以看出，与其他地区大气中重金属含量相比，该地区大气中重金属含量很高，尤其是与国外地区相比高出很多，甚至高于国外某些地方工业区的含量，表明该地区的拆解燃烧活动已经对大气造成严重的重金属污染。

表 2.6　国内外其他地区大气中重金属 Cd、Cu 含量

国家	地区	重金属		参考文献
		Cd/（ng/m^3）	Cu/（ng/m^3）	
土耳其	伊兹密尔	11（工业区冬季）	93（工业区冬季）	Cetin et al.，2007
希腊	塞萨洛尼基	2.30（工业区）	70（工业区）	Voutsa et al.，2002
西班牙	塞维尔	0.32	26.7	Samara et al.，2001
中国	北京	2.43～4.36（夏季） 15.0～21.9（冬季）	50.0～60.0（夏季） 90.0～120.0（冬季）	Sun et al.，2004
中国	北京	5.50	87.4	Okuda et al.，2008
日本	金泽	0.45	18.04	Wang et al.，2005

二、电子废旧产品拆解区污染土壤环境的健康风险评估

（一）危害识别

1. 关注污染物的识别

浙江台州路桥地区是典型的电子垃圾拆解地，具有 20 多年的拆解历史，粗糙、原始

的拆解方式及不加规划和控制的废旧产品堆放导致该地区土壤、大气、水体及蔬菜受到多种污染物的污染。滕应等（2008）对该地区表层土壤进行大面积采样，对土壤中 PCBs 含量进行调查，结果表明土壤中 16 中 PCBs 含量为 ND~484.5 μg/kg，平均值为 35.52 μg/kg，其中五氯、六氯联苯比例高达 44.3%。徐莉等（2009）对该地区某村电子垃圾拆解场周边农田土壤中的 PCBs 含量调查发现，20 种 PCBs 总量为 84.2~377.4 μg/kg，平均含量为 204.8 μg/kg；Cu、Cd 的含量分别为：262~672 mg/kg、6.91~13.4 mg/kg，平均含量分别为：427.9 mg/kg、9.29 mg/kg，均超过我国土壤环境质量二级标准（GB 15618—1995）。卜元卿（2007）在其博士研究中对该地区农田土壤、稻田上覆水及植物样中 PCBs、PAHs、重金属（Cu、Zn、Pb、Cd）的含量进行了调查，对该地区土壤中重金属的污染情况进行了评价，发现该地区 Cu 和 Cd 的污染最为严重（土壤 Cu 和 Cd 的污染指数分别为：1.6~6.8、1.6~32.9），土壤中存在 PCBs-Cu-Cd 复合污染。另外，其他对该地区的研究也发现，该地区蔬菜、大气中存在较高含量的 PCBs（张建英等，2009；Guan et al.，2008；李英明等，2008）。根据目前已发表的对该地区污染情况调查结果，依据以上关注污染物的筛选原则，确定以 PCBs、Cd、Cu 作为本研究中该地区人体健康风险评估的关注污染物。

2. PCBs、Cd、Cu 对人体的毒性效应

1）PCBs、Cd 的致癌效应

PCBs 的生产和使用虽然目前已经禁止，但是在未被禁止的五六十年间却出现了多起严重的 PCBs 污染事件，对人体造成了极大的损害。很多学者对 PCBs 的致癌效应通过职业人群暴露的人体流行病学调查进行了调查研究，发现暴露于 PCBs 的职业人群患癌症导致死亡的比例与暴露剂量是存在一定关系的（Sinks et al.，1992；Bertazzi et al.，1987；Brown，1987），但是也有研究指出 PCBs 暴露与致癌死亡率的增长没有关系（ATSDR，1993）。至于日本、中国台湾的 PCBs 污染事件中，受害人群的肝癌患病率虽然增加很多，但是并没有迹象或研究表明是完全由于 PCBs 引起的，也很有可能是这些事件中含有 PCBs 的油在加热过程中转变形成氯代二苯并呋喃等致癌作用更强的物质而引起的（Safe et al.，1994；ATSDR，1993）。但是有大量的动物毒性试验表明 PCBs 的摄入量与动物肝癌及其他癌症的患病率之间是有显著相关性的（USEPA，1988；IARC，1987）。基于这些不太充分、不太一致的 PCBs 人体致癌调查及充分的动物致癌效应研究结果，美国环保局将 PCBs 的致癌等级定为 B2（IRIS），即动物实验证据充分而人体试验或调查结果不充分的可疑致癌物。

Cd 对人的致癌性主要表现在经呼吸吸入 Cd 引起的肺癌及前列腺癌（RIVM，2001），在动物实验中 Cd 经呼吸暴露对老鼠表现出致癌作用；但是 Cd 经其他暴露途径的致癌特性目前各国存在不同的看法，荷兰（RIVM，2003）在对镉的人体毒性效应进行研究时指出 Cd 经口摄入的最大允许剂量时提出 Cd 经口摄入没有表现出致癌特性，但 Cd 经口摄入的潜在致癌性是值得深入探讨的；也有动物实验表明 Cd 经口暴露会引起肿瘤的出现：以 3.5 mg/（kg·d）的投加量，进行为期 77 周的动物实验表明受试老鼠出现前列腺大淋巴细胞白血病和增殖性损害（IARC，1993）。美国环保局综合风险评估信息统（IRIS）

将 Cd 的致癌效应定为 B1，即为可疑人体致癌物。我国目前推出的《污染场地风险评估技术导则》（征求意见稿）将 Cd 定为对人体存在致癌可能的污染物。

2）PCBs、Cd、Cu 的非致癌效应

PCBs 对人体的非致癌效应主要由于 PCBs 上所携带的氯原子，引起的对人体皮肤等组织的损伤。一般来讲，氯代数高的 PCBs 单体要比氯代数低的 PCBs 具有更高的毒性，对于人类来说 PCBs 最基本的急性毒性效应是氯痤疮（一种特有的、严重的皮肤疾病），慢性摄入 PCBs 会引起“油症”（日本米糠油事件后对此种疾病的命名）。PCBs 进入或接触人体后，经过一段潜伏期会出现氯痤疮，皮肤色素沉着过度、视觉混乱、肠胃不适，出现黄疸病、嗜眠症。

Cd 是一种危险的环境污染物，动物实验表明 Cd 能抑制生长、引起高血压等疾病，对酶系统、生育能力和某些必需元素吸收的影响，甚至可能影响胎儿的性别。经口摄入镉引刺激胃黏膜可引起呕吐，有催吐作用。动物摄入镉盐除出现呕吐外，还可发生腹痛、腹泻、呼吸困难、抽搐和感觉丧失，最终可死于呼吸中枢麻痹；病理检查可见卡它性和溃疡性胃肠炎、黏膜和内脏充血、肺梗塞、硬脑膜下出血。吸入含镉气体或粉尘时对身体的损害主要局限于肺部，并且呼吸吸入毒性比经口摄入大 60 倍，Cd 对人类最大的危害途径是食用 Cd 污染的食物，世界粮农组织和世界卫生组织（FAO/WHO）曾议定每人每周所摄取的 Cd 最大可忍受量为 0.4~0.5 mg（FAO/WHO，1972）。

Cu 是人体必需的微量元素，铜缺乏会引起疾病，如贫血、骨质疏松、血管硬化、脑发育障碍、色素脱失等；铜过量摄入则会引起中毒（江泉观等，2004）。

综上对 PCBs、Cd 及 Cu 人体毒性作用的分析表明，PCBs、Cd 对人体既有致癌效应又有非致癌效应，而 Cu 对人体可产生非致癌毒性效应。在本研究中，研究 PCBs、Cd 对人体的致癌风险及 PCBs、Cd、Cu 对人体的非致癌风险。

3）PCBs、Cd、Cu 的人体生物有效性因子

重金属的生物有效性研究较早，从目前的研究情况来看美国、欧盟各国政府部门或研究机构均已相继建立了重金属人体生物有效性的研究方法，并建立了砷、铅等重金属的生物可给性数据库。Steve（1996）在书中对生物有效性方法及各污染元素的研究结果进行了汇总介绍，本研究中主要参考该书中汇总的重金属 Cd、Cu 经不同暴露途径对人体的生物有效性因子，应用于暴露剂量的计算并进行生物有效性因子参数敏感性分析。相比较于重金属的生物有效性研究，PCBs 的生物有效性研究较少，并且没有成熟度、认可度较高的试验方法，总结原因有以下两个方面：①PCBs 种类繁多，理论上有 209 种单体，PCBs 的氯代数、氯原子与苯环的相对空间位置、氯原子的取代位置等因素均会影响其生物有效性，环境中 PCBs 单体还可发生转变，这些因素导致其生物有效性研究需要极多基础研究；②与重金属不同，PCBs 可被微生物分解，人体消化系统内存在大量的微生物及各种酶，而目前的体外（*in vitro*）生物有效性研究方法及基于人体消化系统动力学的模型方法中考虑了酶的作用，但是均没有考虑微生物的作用。总体上来看，PCBs 人体生物有效性的研究目前还比较稀少零散，其生物有效性研究方法需要进行改进以提

高其认可度。因此，本研究中在考虑 PCBs 的生物有效性时主要参考 Oomen 等（2000）及 Guan 等（2008）研究的土壤及蔬菜中 PCBs 经口腔摄入对人体的生物可利用度，将其应用于人体健康风险评估，并分析 PCBs 生物可利用度对最终风险结果的影响。

根据以上对 PCBs、Cd、Cu 人体生物有效性研究结果的总结，在本研究中拟采用的生物有效性因子见表 2.7 所示。

表 2.7　PCBs、Cd、Cu 人体生物有效因子　（单位：%）

	经口摄入		经呼吸吸入		经皮肤接触		参考文献
	范围	平均值	范围	平均值	范围	平均值	
Cd	2.3~8.9	4.75	27~95	54	0.01~0.6		Steve, 1996
Cu	14~71	42.6					Steve, 1996
PCBs	35（土壤）						Oomen, 2000
	25（蔬菜）						Guan, 2008

注：本表所引用 PCBs、Cd、Cu 人体生物有效性因子及后续开展的与生物有效性有关的风险评估及基准研究仅为本研究小范围讨论所用，不具推荐使用效力，更不推荐在实际工作中使用，否则后果自负；如感兴趣请参考原文献数据。

3. 人体健康风险评估的场地概念模型

建立场地概念模型的目的是为了更清晰、直观的表示出污染场地内污染物以何种介质、通过何种途径到达或接触各种暴露情景（生活或工作）下的受体。便于确定研究区居民的暴露途径，选择合适的暴露计算模型和参数计算暴露剂量。本研究中的研究区，是一个污染严重的城乡混合区，其目前的状态为污染物继续排放、污染地区正在被使用，对于这种使用状态下的污染区域的评估可称其为现状性风险评估。在现状条件下，研究区中含有污染物的环境介质多种多样（如空气、空气颗粒物、地下水、土壤、蔬菜、大米等），对研究区进行的调查也发现研究区的各种环境介质中污染物的含量均较高。对目前研究区居民生活进行的基本调查发现，研究区居民中农村地区占较大部分，农民在房前屋后种植有蔬菜，自己食用。该地区主要粮食作物为水稻，农业活动主要为插秧、除草、灌溉等，并且在农村地区存在数量。

不小的小作坊拆解点，焚烧现象时有发生。研究区中也存在较大规模的电子废弃件拆解工业园区、商业区。根据对现状条件下中居民的生活方式，考虑居民在生活、工作中可能接触到的物质，建立现状性风险评估概念模型（图 2.9）。

对研究区进行土地开发规划，目前的土地功能区格局、主要污染环境介质、受体接触污染物的暴露情景及暴露途径均会发生很大变化，如与现状情况相比，进行土地规划后空气质量会随着导致空气污染的企业或个人活动的禁止而有所改善、食用更健康的食物和饮用水、日常生活使用更干净的自来水等。相应的在规划后的土地上生活工作的人接触污染物的途径将就可能变得较少。而土壤和地下水受到污染后，短时间内很难得以大幅度改善，受污染的土壤和地下水将可能会是威胁规划后土地上居民身体健康的主要污染源。因此对规划后土地上的人们进行健康风险评估，主要针对受污染的土壤和地下水，评估来自于土壤和地下水中的污染物对受体产生的健康风险。这个阶段的人体健康风险评估可称为规划性风险评估，人体仍然可通过皮肤、口腔、呼吸的途径产生暴露，只是在这种情况下三种方式摄入的污染物均直接或间接来自于土壤和地下水。现状性风险评估中的食物摄入途径将仍将进行考虑，人体经呼吸吸入引起的暴露主要指人体呼吸吸入空气中来自土壤的颗粒。根据对规划性风险评估的定义和理解建立图 2.10 所示规划性风险评估模型。

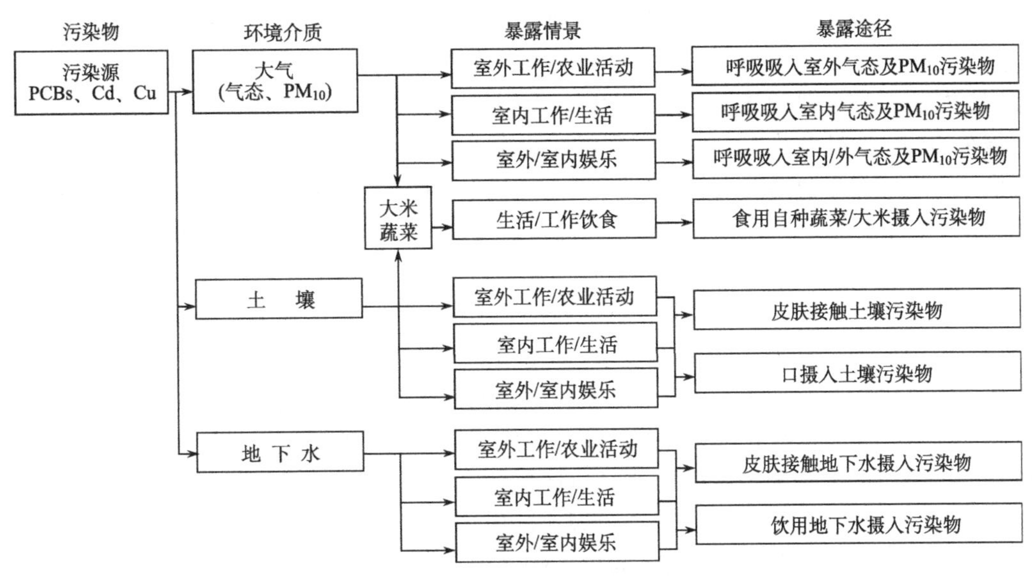

图 2.9 现状性风险评估场地概念模型

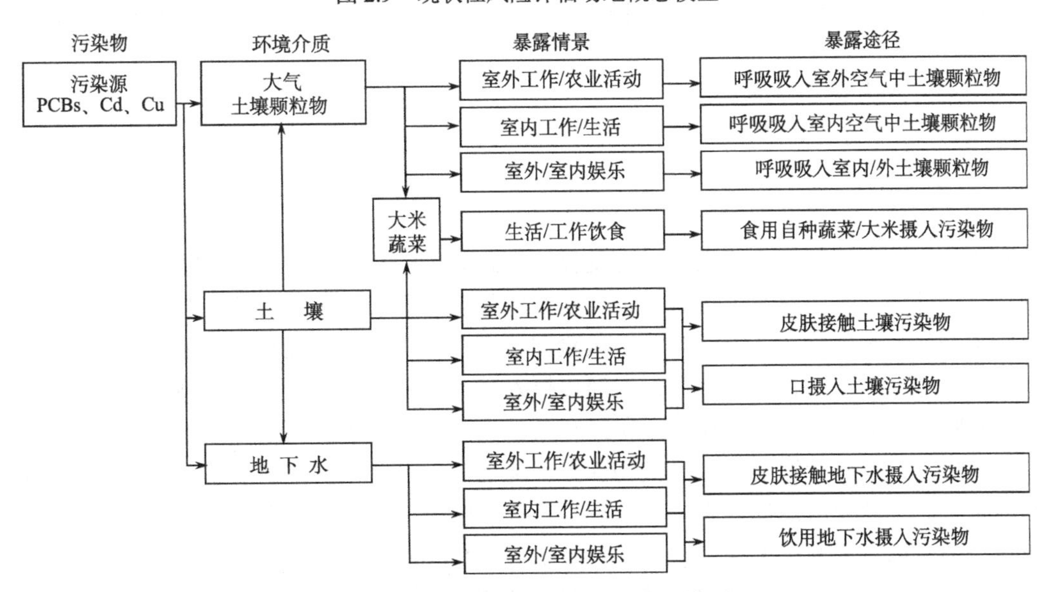

图 2.10 规划性风险评估场地概念模型

（二）暴露评估

在本研究中，将未来风险评估称为规划性风险评估，由于期望将人体健康风险因素纳入土地利用规划中，故本研究中对研究区现状及进行规划的情况下居民身体健康进行评估。

1. 暴露情景、用地方式及敏感人群

研究区中包括农用地、农村居住用地、城镇商业区、工业区、学校等不同的功能区，在不同的用地方式下，居民的生活、活动方式有很大差异，暴露于污染物的频率、周期以及暴露途径等影响暴露量的因素均不相同。在不同的用地方式下分布的主要人群也不相同，如在学校主要为儿童，在工业区、商业区则主要为成人，而在居住用地方式下则为混杂的成人、儿童均有。根据不同用地方式下分布的主要人群，确定需要保护的、对污染危害反应最为敏感的人群作为该种用地方式下的主要评估对象。另外，在相同的用地方式下，居民进行不同的活动即不同的暴露情景下，产生的暴露量也是不同的。因此，对污染场地或区域进行现状性风险评估需要针对不同用地方式下、不同的暴露情景中可能产生的暴露量；进行规划风险评估的目的主要在于对污染场地中受污染的土壤和地下水，对规划后不同用地方式下居民的人体健康危害有所了解，以便在进行规划前对污染场地进行合理的处理，保证规划后对人体健康的危害在可接受范围内。美国、加拿大、欧洲等国家开展人体健康风险评估的研究、应用已有很久的历史，具备较为成熟的方法体系。我国即将出台的《污染场地风险评估技术导则》是在对国外人体健康风险评估方法进行充分借鉴的基础上，结合我国实际国情进行编制的。本研究主要参考美国橡树岭研究所建立的风险评估信息系统（RAIS）及我国编制的《污染场地风险评估技术导则》，结合对研究区开展的调查，将研究区的主要用地方式、暴露情景及敏感人群进行如下规定：

用地方式主要分为两大类：

（1）居住用地（普通住宅、公寓、学校、医院、养老院、游乐场、公园等）。

（2）工、商业用地（商场、超市、宾馆、酒店、金融办公活动场所、洗车场、加油站、工业园区、物资仓库等）。

居住用地方式下，以成人为敏感受体进行致癌风险评估，以儿童为敏感受体进行非致癌风险评估；工、商业用地方式下，以致癌及非致癌风险评估均以成人为敏感受体。

根据建立的现状条件下污染场地风险评估模型，确定开展现状风险评估时、居住用地方式下考虑以下七种暴露途径：①经口摄入受污染土壤；②经皮肤接触受污染土壤；③经呼吸吸入大气可吸入颗粒物；④经呼吸吸入气态污染物；⑤经口摄入地下水暴露；⑥日常生活经皮肤接触地下水污染物暴露；⑦经口摄入自产农作物暴露（主要考虑大米和蔬菜）。工商业用地条件下，由于较少直接使用地下水作为饮用水或洗刷用水，故暴露途径考虑以下五种：①经口摄入受污染土壤；②经皮肤接触受污染土壤；③经呼吸吸入大气可吸入颗粒物；④经呼吸吸入气态污染物；⑤经摄入农作物暴露（主要考虑大米和蔬菜）。参考美国 RAIS 风险评估信息系统及我国编制的《污染场地风险评估技术导则》，选择相应的计算模型和参数，计算两种用地方式下敏感受体由于暴露于 PCBs、Cd、Cu 产生的致癌和非致癌暴露剂量。

2. 现状性暴露途径及暴露剂量计算

根据以上设定的两种用地方式下的暴露途径，参考美国风险评估信息系统及我国《污染场地风险评估技术导则》（征求意见稿）中的计算模型及参数，计算研究区居民对三种关注污染物 PCBs、Cd 及 Cu 的致癌及非致癌暴露剂量。两种用地方式下，各暴露途径引起的暴露剂量的详细计算模型及参数含义、取值如下所示。致癌及非致癌暴露模型参数含义及取值参见表 2.8。

1）居住用地方式下致癌及非致癌暴露剂量

（1）居住用地方式下致癌暴露剂量计算

①成人经口摄入受污染土壤的致癌污染暴露量

$$CDIca = CS \times \frac{\left(\frac{IRc \times EDc \times EFc}{BWc} + \frac{IRa \times EDa \times EFa}{BWa}\right)}{ATca} \tag{2-21}$$

②成人经皮肤接触受污染土壤的致癌污染暴露量

$$CDIca = CS \times \left(\frac{\frac{SAc \times AFc \times EFc \times EDc \times Ev}{BWc} + \frac{SAa \times AFa \times EFa \times EDa \times Ev}{BWa}}{ATca}\right) \tag{2-22}$$

③成人经呼吸吸入大气可吸入颗粒物 PM_{10} 的致癌污染暴露量

$$CDIca = CS \times \mathrm{PM}_{10} \times PIAF \times \left(\frac{HRc \times EDc \times EFc}{BWc \times ATca} + \frac{HRa \times EDa \times EFa}{BWa \times ATca}\right) \times \frac{1\mathrm{kg}}{1\,000\,000\,\mathrm{mg}} \tag{2-23}$$

④成人经呼吸吸入室外空气中气态污染物引起的致癌暴露量

$$CDIca = CS \times \left(\frac{HRc \times EDc \times EFc}{BWc \times ATca} + \frac{HRa \times EDa \times EFa}{BWa \times ATca}\right) \times \frac{1\mathrm{mg}}{1\,000\,000\,000\,\mathrm{pg}} \tag{2-24}$$

⑤成人经口摄入地下水致癌污染物暴露量计算

$$CDIca = CW \times \left(\frac{IRc \times EDc \times EFc}{BWc \times ATca} + \frac{IRa \times EDa \times EFa}{BWa \times ATca}\right) \tag{2-25}$$

⑥成人经皮肤接触地下水致癌污染物暴露量计算

$$CDIca = CW \times Kp \times ET \times \left(\frac{\frac{SAc \times EFc \times EDc}{BWc} + \frac{SAa \times EFa \times EDa}{BWa}}{ATca}\right) \times \frac{1\mathrm{L}}{1000\mathrm{cm}^3} \tag{2-26}$$

⑦成人经食用自产农作物（蔬菜和大米）致癌暴露计算

$$CDIca = \left[\begin{array}{l} CR \times \left(\frac{IRrc \times EDc \times EFc}{BWc} + \frac{IRra \times EDa \times EFa}{BWa}\right) + CV \times (1-\theta) \\ \times \left(\frac{IRvc \times EDc \times EFc}{BWc} + \frac{IRva \times EDa \times EFa}{BWa}\right) \end{array}\right] \times CPF/ATca \tag{2-27}$$

（2）居住用地方式下非致癌暴露剂量计算

①儿童经口摄入受污染土壤的非致癌污染暴露量

$$CDInc = CS \times \frac{IRc \times EDc \times EFc}{BWc \times ATnc} \tag{2-28}$$

②儿童经皮肤接触受污染土壤的非致癌污染暴露量

$$CDInc = CS \times \frac{SAc \times AFc \times EDc \times EFc \times Ev}{BWc \times ATnc} \tag{2-29}$$

③儿童经呼吸吸入大气可吸入颗粒物 PM_{10} 的非致癌污染暴露量

$$CDInc = CS \times \frac{PM_{10} \times HRc \times EDc \times PLAF \times EFc}{BWc \times ATnc} \times \frac{1\text{kg}}{1\,000\,000\text{mg}} \tag{2-30}$$

④儿童经呼吸吸入室外空气中气态污染物的非致癌暴露量

$$CDInc = CS \times \frac{HRc \times EDc \times EFc}{BWc \times ATnc} \times \frac{1\text{mg}}{1\,000\,000\,000\text{pg}} \tag{2-31}$$

⑤儿童经口摄入地下水非致癌污染物暴露量计算

$$CDInc = \frac{CW \times IRc \times EFc \times EDc}{BWc \times ATnc} \tag{2-32}$$

⑥儿童经皮肤接触地下水非致癌污染物暴露量计算

$$CDInc = \frac{CW \times Kp \times EFc \times EDc \times ET \times SAc}{BWc \times ATnc} \times \frac{1\text{L}}{1000\text{cm}^3} \tag{2-33}$$

⑦儿童经食用自产农作物（蔬菜和大米）非致癌暴露计算

$$CDInc = \frac{\left(CR \times IRrc \times CV \times IRvc \times (1-\theta)\right) \times CPF \times EDc \times EFc}{BWc \times ATnc} \tag{2-34}$$

2）工商业用地方式下致癌及非致癌暴露剂量

（1）工业用地方式下致癌暴露剂量计算

①成人经口摄入受污染土壤的致癌污染暴露量

$$CDIca = CS \times \frac{IRa \times EDa \times EFa}{BWa \times ATca} \tag{2-35}$$

②成人经皮肤接触受污染土壤的致癌污染暴露量

$$CDIca = CS \times \frac{SAa \times AFa \times EDa \times EFa \times Ev}{BWa \times ATca} \tag{2-36}$$

③成人经呼吸吸入大气可吸入颗粒物 PM_{10} 的致癌污染暴露量

$$CDIca = CS \times \frac{PM_{10} \times HRa \times EDa \times PLAF \times EFa}{BWa \times ATca} \times \frac{1\text{kg}}{1\,000\,000\text{mg}} \tag{2-37}$$

④成人经呼吸吸入室外空气中气态污染物引起的致癌暴露量

$$CDIca = CS \times \frac{HRa \times EDa \times EFa}{BWa \times ATca} \times \frac{1\text{mg}}{1\,000\,000\,000\text{pg}} \tag{2-38}$$

⑤成人经食用含污染物农作物（大米和蔬菜）致癌暴露计算

$$CDIca = \frac{\left[CR \times IRra + CV \times (1-\theta) \times IRva\right] \times CPF \times EDa \times EFa}{BWa \times ATca} \quad (2\text{-}39)$$

（2）工商业用地方式下非致癌污染暴露量

①成人经口摄入受污染土壤的非致癌污染暴露量

$$CDInc = CS \times \frac{IRa \times EDa \times EFa}{BWa \times ATnc} \quad (2\text{-}40)$$

②成人经皮肤接触受污染土壤的非致癌污染暴露量

$$CDInc = CS \times \frac{SAa \times AFa \times EDa \times EFa \times Ev}{BWc \times ATnc} \quad (2\text{-}41)$$

③成人经呼吸吸入大气可吸入颗粒物 PM_{10} 的非致癌污染暴露量

$$CDInc = CS \times \frac{\mathrm{PM_{10}} \times HRa \times EDa \times PLAF \times EFa}{BWa \times ATnc} \times \frac{1\mathrm{kg}}{1\,000\,000\mathrm{mg}} \quad (2\text{-}42)$$

④成人经呼吸吸入室外空气中气态污染物的非致癌暴露量

$$CDInc = CS \times \frac{HRa \times EDa \times EFa}{BWa \times ATnc} \times \frac{1\mathrm{mg}}{1\,000\,000\,000\mathrm{pg}} \quad (2\text{-}43)$$

⑤成人经食用含污染物农作物（大米和蔬菜）非致癌暴露计算

$$CDInc = \frac{\left[CR \times IRra + CV \times (1-\theta) \times IRva\right] \times CPF \times EDa \times EFa}{BWa \times ATnc} \quad (2\text{-}44)$$

表 2.8　致癌及非致癌暴露模型参数含义及取值

参数	含义及取值	参数	含义及取值
AFc	儿童皮肤黏附土壤系数，kg/cm^2，居住用地条件下默认为 0.000 000 2	*CW*	地下水中污染物浓度，mg/L
APa	成人皮肤黏附土壤系数，kg/cm^2，居住用地下默认为 0.000 000 07，工商业用地下为 0.000 000 2	*CV*	蔬菜中污染物浓度 mg/kg
ATca	致癌效应平均时间，26 280d	*CR*	大米中污染物浓度 mg/kg
ATnc	非致癌效应平均时间，居住用地条件下为 2190d；工商业用地条件下为 9125d	*CPF*[a]	污染食物占总食物的比例
BWc	儿童体重，21.2kg（中华人民共和国卫生部，2008）	*EDc*	儿童暴露周期，6a
BWa	成人体重，57.6kg（中华人民共和国卫生部，2008）	*EFc*	儿童暴露频率，365d/a
CDIca	致癌暴露剂量，mg/（kg·d）	*EFia*	成人室内暴露频率，居住用地 274d/a，工商业用地 104d/a
CDInc	非致癌暴露计量，mg/（kg·d）	*EFic*	儿童室内暴露频率，居住及工商业用地均为 274d/a
CS	环境介质（土壤、空气、PM_{10}）中污染物浓度，mg/kg；气态污染物浓度：pg/m^3	*EPoa*	成人室外暴露频率，居住用地为 91d/a，工商业用地 42d/a

续表

参数	含义及取值	参数	含义及取值
ET	每天皮肤接触地下水的时间，h/d，默认 1	*IRra*	成人每日大米摄入量，0.2383kg/d
Ev	每天皮肤接触土壤的次数，默认为 1	*IRvc*	儿童每天蔬菜摄入量，0.175kg（鲜重）/d
fspi	室内空气中来自土壤的颗粒物比例，0.8	*IRrc*	儿童每日大米摄入量，0.175kg/d
fspo	室外空气中来自土壤的颗粒物比例，0.5	*IRsc*	儿童经口摄入土壤量，0.0002kg/d
HRc	儿童每日呼吸空气量，7.5m^3/d	*IRsa*	成人经口摄入土壤量，0.0001kg/d
HPa	成人每日呼吸空气量，15 m^3/d	*Kp*	水中污染物的皮肤渗透系数，cm/h, Cd：*Kp*=0.001, Cu：*Kp*=0.001（RBCA, 2007），PCBs[b]：*Kp*=0.542
IRwc	儿童日饮用水量，1L/d	*PIAF*	颗粒物在体内的滞留比例，默认值为 0.75
IRwa	成人日饮用水量，2L/d	PM_{10}	大气中 PM_{10} 含量，mg/m^3（实测）
IRva	成人每日蔬菜摄入量，0.185kg（鲜重）/d（中华人民共和国卫生部，2009）	*SAc*[c]	儿童皮肤有效接触面积，3052.79cm^2
EFoc	儿童室外暴露频率，居住及工商业用地均为 91d/a	*SAa*[d]	成人皮肤有效接触面积，5164.53cm^2(居住)；2905.05 cm^2（工商业）
EDa	成人暴露周期，居住用地下 24a，工商业用地下默认 25a	*TSP*	空气中总量悬浮颗粒物，默认 0.000 000 3 kg/m^3
EFa	成人暴露频率，居住用地下 365d/a，工商业用地下 250d/a	θ	蔬菜含水率，86.9%（实测）

注：表中除标注的数据参考文献外，其他模型公式及数据均来自美国 RAIS 数据库：USEPARAIS，http://rais.oml.gov/.

a：美国 EPA 对此参数的规定为居住用地 0.25，农业用地 1，结合本研究所针对的研究区的实际情况，本研究中的居住区指农村人口居住区，即相当于农业用地，而工商业用地指包含工业、商业区的城镇人口聚集区，在本研究中居住用地选择为 1，工商业用地确定为 0.25；

b：PCBs 的 *Kp* 参照公式：$\log Kp = -2.80 + 0.66\log K_{ow} - 0.0056MW$（OSWER，2004）进行计算，其中 PCBs 的分子量 MW=290，$\log K_{ow}$=6.30（RBCA 模型数据库），计算得 PCBs：*Kp*=0.542；

c：$SAc = 239 \times Hc^{0.417} \times BWc^{0.517} \times SERc$（USEPA，1997），式中，*Hc*：儿童身高（cm），默认为 118.2（中华人民共和国卫生部，2008）；*SERc*：儿童暴露皮肤面积占总面积比，默认值为 0.36；经计算儿童皮肤有效接触面积 *SAc* 为 3052.79cm^2；

d：$SAa = 239 \times Ha^{0.417} \times BWa^{0.517} \times SERa$，其中：*Ha*：成人身高（cm），默认为 160.2（中华人民共和国卫生部，2008）；*SERa*：成人暴露皮肤面积占总面积比，居住用地 *K* 默认值为 0.32，经计算居住用地条件下成人皮肤有效接触面积 *SAa* 为 5164.53cm^2。

3. 规划性风险评估暴露剂量计算模型

根据危害鉴定部分所建立的规划风险评估场地概念模型，产生风险的主要环境介质为土壤和地下水。居中用地和工业用地方式下暴露途径均可发生较大变化。主要改变为：①经呼吸吸入 PM_{10} 颗粒物改变为经呼吸吸入土壤颗粒物，由于本研究中所关注的 3 种污染物均为非挥发性污染物（PCBs 具有弱挥发性），故规划性风险评估中不考虑从土壤和地下水挥发进入大气的污染物的量。②在规划风险评估中，由于将来的土地利用方式仍然可能开发为农业用地，仍需要考虑食物链暴露途径，在这种情况下就需要依据作物吸收模型，预测在目前土壤污染情况下种植作物时作物中污染物可能的浓度含量，从而可预测人们食用该种作物时可能产生的危害和风险。基于此种考虑，规划性风险评估中居住用地及工业用地方式下暴露途径及暴露剂量的计算如下所示。致癌及非致癌暴露参数含义及取值参见表 2.8。

1）居住用地方式下致癌及非致癌暴露剂量

（1）居住用地方式下致癌暴露剂量计算

①成人经口摄入受污染土壤的致癌污染暴露量见式（2-21）

②成人经皮肤接触受污染土壤的致癌污染暴露量见式（2-22）

③成人经呼吸吸入受污染土壤颗粒物的致癌污染暴露量

$$CDIca = CS_{soil} \times TSP \times PIAF \times \left(\frac{HRc \times EDc\left(fspo \times EFoc + fspi \times EFic\right)}{BWc \times ATca} + \frac{HRa \times EDa \times \left(fspo \times EFoa + fspi \times EFia\right)}{BWa \times ATca} \right) \tag{2-45}$$

④成人经口摄入地下水致癌污染物暴露量计算见式（2-25）

⑤成人经皮肤接触地下水致癌污染物暴露量计算见式（2-26）

⑥成人经食用自产农作物（蔬菜和大米）致癌暴露计算

$$CDIca = \left[CR \times \left(\frac{IRrc \times EDc \times EFc}{BWc} + \frac{IRra \times EDa \times EFa}{BWa} \right) + CV \times (1-\theta) \times \left(\frac{IRvc \times EDc \times EFc}{BWc} + \frac{IRva \times EDa \times EFa}{BWa} \right) \right] \times CPF \times 0.001 / ATca \tag{2-46}$$

其中，大米中污染物浓度 CR、蔬菜中污染浓度 CV 需通过作物吸收模型进行预测获得。

（2）居住用地方式下非致癌暴露剂量计算

①儿童经口摄入受污染土壤的非致癌污染暴露量见式（2-28）

②儿童经皮肤接触受污染土壤的非致癌污染暴露量见式（2-29）

③儿童经呼吸吸入受污染土壤颗粒物的非致癌污染暴露量

$$CDInc = CS_{soil} \times TSP \times PIAF \times \left(\frac{HRc \times EDc \times \left(fspo \times EFoc + fspi \times EFic\right)}{BWc \times ATnc} \right) \tag{2-47}$$

④儿童经口摄入地下水非致癌污染物暴露量计算见式（2-32）

⑤儿童经皮肤接触地下水非致癌污染物暴露量计算见式（2-33）

⑥儿童经食用自产农作物（蔬菜和大米）非致癌暴露计算

$$CDInc = \frac{\left[CR \times IRrc + CV \times IRvc \times (1-\theta)\right] \times CPF \times EDa \times EFc}{BWc \times ATnc} \tag{2-48}$$

其中，大米中污染物浓度 CR、蔬菜中污染物浓度 CV 需通过作物吸收模型进行预测获得。

2）工商业用地方式下致癌及非致癌暴露剂量

（1）工业用地方式下致癌暴露剂量计算

①成人经口摄入受污染土壤的致癌污染暴露量见式（2-35）

②成人经皮肤接触受污染土壤的致癌污染暴露量见式（2-36）

③成人经呼吸吸入受污染土壤颗粒物的致癌污染暴露量

$$CDIca = CS_{soil} \times TSP \times PIAF \times \left(\frac{HRa \times EDa \times (fspo \times EFoa + fspi \times EFia)}{BWa \times ATca} \right) \quad (2\text{-}49)$$

④成人经食用含污染物农作物（大米和蔬菜）致癌暴露计算

$$CDIca = \frac{(CR \times IRra + CV \times (1-\theta) \times IRva) \times CPF \times EDa \times EFa}{BWa \times ATca} \quad (2\text{-}50)$$

其中大米中污染物浓度 CR、蔬菜中污染物浓度 CV 需通过作物吸收模型进行预测获得。

（2）工商业用地方式下非致癌暴露剂量计算

①成人经口摄入受污染土壤的非致癌污染暴露量见式（2-40）

②成人经皮肤接触受污染土壤的非致癌污染暴露量见式（2-41）

③成人经呼吸吸入受污染土壤颗粒物的非致癌污染暴露量

$$CDInc = CS_{soil} \times TSP \times PIAF \times \left(\frac{HRa \times EDa \times (fspo \times EFoa + fspi \times EFia)}{BWa \times ATnc} \right) \quad (2\text{-}51)$$

④成人经食用含污染物农作物（大米和蔬菜）非致癌暴露计算

$$CDInc = \frac{(CR \times IRra + CV \times (1-\theta) \times IRva) \times CPF \times EDa \times EFa}{BWa \times ATnc} \quad (2\text{-}52)$$

4. 疏水性有机污染物植物吸收模型在食物链暴露途径中的应用

环境中的家禽家畜、农作物在生长过程中会吸收、积累污染物[尤其是持久性污染物POPs（persistent organic pollutants）]，最终进入人类食物链影响人类健康，尤其是会影响儿童的身体健康。研究表明，食用受 PCBs 污染的食物是人类最重要、最普遍的暴露途径（Adeola et al.，2008）。为评估环境中污染物对人体健康的影响，美国、欧洲等不少国家均开发建立了风险评估模型或机构以评估人们在生产生活过程中经不同途径污染物的暴露量，如英国的 CLEA 模型（contaminated land exposure assessment model）、丹麦的 CETOX 模型（center for Environment and Toxicology）、荷兰的 CSOIL 模型（contaminated soil）、美国加利福尼亚州的 CalTOX 模型、德国的 UMS 模型、欧盟的 EUSES 模型（European Union System for the evaluation of substances）以及美国的 SSG（soil screening guidance）和 RBCA 模型（risk-based corrective action），以上每种模型中均考虑了环境中污染物经食物链对人体健康的危害，而每种模型考虑食物暴露途径所基于的作物吸收模型有所不同。

植物从环境中吸收污染物的途径很多（图 2.11），地下部分通过根系吸收土壤水溶液中污染物、通过接触土壤扩散吸收，地上部分通过土壤扬尘黏附、大气颗粒物沉降、与空气中气相污染物交换吸收。不同种类、不同类型污染物被植物吸收的主要途径是不同的。植物根系是接触和吸收土壤中离子型污染物的主要器官，土壤性质、土壤含水率、植物种类及性质（如根的类型、根中脂类物质的含量）等因素均会影响植物根对污染物的吸收。植物根际环境对植物吸收污染物也有极大影响，植物根释放出二氧化碳及一些有机物，可导致根际土壤 pH 降低及微生物活性增强，从而促进污染物的植物吸收。

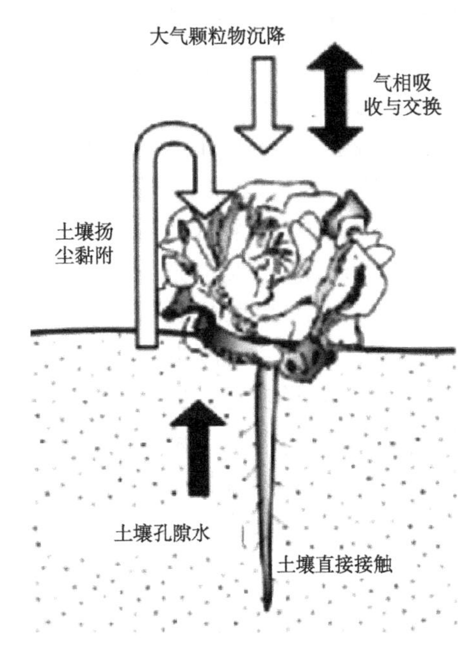

图 2.11　植物吸收污染物途径

植物对每种重金属污染物均有不同的亲和力，一般来说，植物对镉或锌的吸收要高于对汞和铅的吸收。分配过程决定着植物根区重金属的吸收。对于大多数有机污染物，植物根系吸收是一个被动吸收过程，受植物根系对污染物的物理吸附制约。土壤中的水溶性污染物穿过植物根细胞膜经蒸腾作用吸收进入叶片。植物地上部分通过叶片吸收气态污染物的途径经常被忽略，但对于一些水溶性很低的污染物（如 PCDD/Fs 等），植物经根部吸收、蒸腾流输送的量很小，而通过地上部分经植物叶片与大气中气态污染物的分配交换将可能会是更重要的植物吸收途径，尤其是在空气中气态污染物含量也较高、且有连续不断的大气污染物排放源存在的情况下，植物叶片吸收空气中气相污染物的途径就更为重要。作物生长过程中在吸收污染物的同时也伴随着植物体内污染物的稀释和损失，对于一些挥发性强的污染物来说通过植物叶片的挥发将会是一个重要的损失途径，而污染物在植物体内也可能发生光降解和代谢；随植物生长，植物生物量的增加将会稀释植物体内污染物。

针对植物对有机污染物的吸收，目前存在几种主要作物吸收模型：

（1）Briggs 作物吸收因子模型，模型中采用了污染物的植物蒸腾流浓度系数 TSCF（transpiration stream concentration factor）、茎浓缩系数 SCF（stem concentration factor）及根浓缩系数 RCF（root concentration factor），根据不同的浓缩系数计算植物不同部位中污染物浓度，地下部分计算方法主要由 $\lg K_{ow}$ 在−0.6~4.6 的污染物推导获得，而地上部分则主要由 $\lg K_{ow}$ 在−0.6~3.7 之间的污染物推导获得（Rikken et al., 2001）；

（2）Paterson 和 Mackay 逸度模型（Paterson et al., 1989），该模型是一种包含植物根、茎、叶、木质部、韧皮部、植物角质层等在内的七区间逸度模型，考虑的过程主要有非离子态有机污染物在植物与空气、植物与土壤间的交换，对于非离子态有机污染物要求植物体内污染物逸度等于大气及土壤中污染物逸度的平均值，对于离子态有机污染物以及无机污染物，模型达到平衡时植物体内污染物逸度等于土壤中污染物逸度；

（3）Trapp 和 Matthies 机理模型（Trapp et al., 1995），主要应用于有机污染物，模型包括了污染物特性参数及植物特性参数，在该模型中主要考虑了植物通过根系吸收土壤孔隙水中污染物，以及地上部分通过植物叶片与大气气态污染物的交换，模型中考虑了植物生长引起的污染物的稀释以及污染物的光降解。

英国的 CLEA 模型、荷兰的 CSOIL 模型以及美国的 RBCA 模型在计算作物根及叶片中有机污染物的含量时主要基于 Briggs 作物吸收模型，该模型主要针对相对亲水的有机污染物，并且是仅仅通过大麦嫩芽实验获得；欧盟的 EUSES 模型和德国的 UMS 模型采用了包含污染物特性参数与植物特性参数的 Trapp 和 Matthies 模型，在进行植物地上部分污染物浓度模拟预测时，荷兰 CSOIL 模型除了采用 Briggs 经验模型外，还结合使用 Trapp 和 Matthies 模型，但未对两种模型的优劣采用野外实测数据进行验证（Rikken et al., 2001）。美国加利福尼亚州的 CalTOX 模型采用了 Paterson 和 Mackay 逸度模型，该模型将植物分成七个区间，对植物的生长特性参数及污染物的理化参数未予考虑。

本研究拟利用 Trapp 作物吸收机理模型，根据研究区实际调查获得的土壤及空气中 PCBs 含量，模拟预测该地区叶菜类蔬菜中 PCBs 含量，并与实测值进行比较，以探讨该模型的优劣。分析该模型是否适宜用于规划性风险评估用于评价污染物从土壤到植物再到人体的食物链暴露。根据模型中蔬菜吸收土壤源、大气源 PCBs 的方式，结合 PCBs 特性分析了蔬菜中 7 种指示性 PCBs 的来源、构成比例及影响因素，根据蔬菜中土壤源、大气源 PCBs 所占的比例，分析大气及土壤中 PCBs 被蔬菜吸收后经食物链对人体健康的危害的变化。

1）Trapp 作物吸收模式

作物生长过程中从环境中吸收污染物的途径主要通过地下部分经根系吸收土壤溶液中污染物和地上部分通过植物叶片与大气中气相污染物分配交换进行吸收。对大多数土壤中的污染物来说，植物吸收土壤中的污染物是一个被动过程，污染物从土壤释放入土壤溶液中，经植物根系吸收进入植物体内，该过程受植物木质部蒸腾流支配。在这个过程中，溶解于水中的污染物可跨过植物根细胞膜，随蒸腾流输送至植物叶片，在植物叶片中水分通过气孔蒸发，污染物积累在植物叶片中。对大多数电中性的污染物，从植物叶片经韧皮部向根部的输送可忽略不计（Bromilow et al., 1995）。通常，植物经地上部分与大气中气相污染物分配交换进行吸收的途径会被忽略，但对于一些水溶性很低的污染物（如 PCDD/Fs 等），植物经根部吸收、蒸腾流输送的量很小，而通过地上部分经植物叶片与大气中气态污染物的分配交换将可能会是更重要的植物吸收途径。作物生长过程中在吸收污染物的同时也伴随着植物体内污染物的稀释和损失，对于一些挥发性强的污染物来说通过植物叶片的挥发将会是一个重要的损失途径，而污染物在植物体内也可能发生光降解和代谢；随植物生长，植物生物量的增加将会稀释植物体内污染物。

基于以上植物体内污染物吸收及损失过程，Trapp 等（1995）针对疏水性污染物提出了基于作物生长过程中与周围环境介质间的物质交换与平衡的作物吸收模型，考虑的物质吸收与交换过程有：植物根部从土壤溶液中吸收、植物叶片与大气中气相污染物的分配交换、植物生长引起的污染物稀释及污染物本身光降解。Trapp 等提出的疏水性有机污染物的作物吸收模型如下所示：

$$dC_L/dt=-[A*g/(K_{LA}*V_L)+\lambda_E+\lambda_G]*C_L+C_W*TSCF*(Q/V_L)+C_A*g*(A/V_L) \quad (2\text{-}53)$$

令 $\alpha=A*g/(K_{LA}*V_L)+\lambda_E+\lambda_G$，植物体内污染物消减项　　(2-54)

式中，$A*g/(K_{LA}*V_L)$ 为污染物从植物叶片向空气中的损失，λ_E 为污染物光降解损失，λ_G 为植物生长引起的稀释；

$\beta=C_W*TSCF*(Q/V_L)+C_A*g*(A/V_L)$，植物体内污染物源项　　(2-55)

式中，$C_W*TSCF*(Q/V_L)$ 从土壤中吸收，$C_A*g*(A/V_L)$ 从大气中吸收气态污染物；则式（2-53）转换为

$$dC_L/dt=-\alpha\cdot C_L+\beta \quad (2\text{-}56)$$

式（2-56）的解为

$$C_L(t)=C_L(0)\,e^{-\alpha t}+\beta/\alpha\,(1-e^{-\alpha t})$$

随植物生长，植物地上部分体内污染物与周围环境中污染物达到平衡，即生长时间无穷大时植物体内污染物的含量：$C_L(\infty)=\beta/\alpha$　　(2-57)

植物体内污染物达到稳定状态（即平衡态）的 95%所需要的时间：

$$t(95\%)=-\ln 0.05/\alpha \quad (2\text{-}58)$$

以上各式中参数的含义及取值如表 2.9。

表 2.9　Trapp 作物模型参数含义及取值

参数	含义	取值
A	植物叶片表面积，m^3	5
C_L	植物体内污染物浓度，单位 pg/m^3（鲜重）；单位转换为 μg/kg（干重）：1μg/kg（干重）= 1 pg /[1 000 000 •ρ_p • m^3 •（1 −θ）] 其中：ρ_p 为鲜植物密度：800kg/m^3（Rikken et al., 2001）；θ：植物含水率，0.869（实测）	模型计算
C_W	土壤水溶液中污染物浓度（即土壤中污染物的水溶态浓度），$C_W\approx C_{soil}/K_d=C_{soil}/(OC*K_{OC})$；其中：$C_{soil}$ 为风干土壤中污染物浓度（实测），OC 为土壤有机碳含量 0.0465（实测），K_{OC} 污染物有机碳分配系数（Mackay et al., 2006）	计算
$C_L(0)$	时间 t=0 时植物中污染物浓度，设植物最开始时体内污染物含量为 0	
C_A	大气中气态污染物浓度，pg/m^3，单位转换为μg/kg：1μg/ kg= 1pg/（1 000 000•ρ_a • m^3）；ρ_a 为大气密度：1.19kg/m^3（Jonathan et al., 2003）	实测
g	植物叶片传导率，m/s	9.26×10^{-4}

续表

K_{LA}	植物叶片-大气分配系数，$K_{LA}=K_{LW}/K_{AW}$，其中 K_{LW} 为植物-水分配系数，$K_{LW}=(W_p+L_p \cdot a \cdot K_{ow}{}^b)$ ρ_p/ρ_w（TraPP，1995），其中：W_p 植物中水含量，g/g；L_p：植物中脂含量，g/g；ρ_p、ρ_w：植物及水密度，kg/m³；b:植物脂-辛醇矫正系数；K_{ow}：污染物辛醇-水分配系数；a:辛醇-水矫正系数，$a=\rho_w/\rho_o$；ρ_w：水密度，ρ_w=1000kg/m³；ρ_o：辛醇密度，ρ_o=827 kg/m³；以上参数取值见文献（Rikken et al.，2001）；K_{AW}：无量纲亨利常数（Mackay et al.，2006）	计算值
V_L	植物叶片体积，m³	0.002
Q	植物蒸腾流，m³/s	1.16×10^{-8}
$TSCF$	蒸腾流浓度系数：理论上，对于强亲脂性污染物 TSCF 取位趋向于 1，因此在实际应用中针对同一污染物方法 1，2 均进行计算，最终选取计算值较大者；计算方法 1：$TSCF=0.784\exp[-(\log K_{ow}-1.78)^2/2.44]$（Bruggs et al.，1982），计算方法 2：$TSCF=0.7\exp[-(\log K_{ow}-3.07)^2/2.78]$（Francis et al.，1990）	计算
t	植物生长时间，d	
λ_E	污染物光降解速率常数，d^{-1}	
λ_G	植物生长速率常数，s^{-1}	4.05×10^{-7}

由式（2-54）、（2-55）、（2-57）及 C_w 计算式，推导出在考虑植物吸收、稀释情况下，植物体内污染物浓度达到稳定时与周围环境大气中气相 PCBs 浓度 C_A（以 μg/kg 为单位）、土壤中 PCBs 浓度 C_{soil} 存在以下关系[对于研究的 7 种指示性 PCBs，由于其在大气中有较长的半衰期(表 2.9)，本研究中在植物生长期内不考虑 PCBs 的光降解 λ_E]：

$$C_L = C_{soil}\cdot\left(\frac{TSCF\cdot Q\cdot K_{LA}}{OC\cdot K_{OC}\cdot(A\cdot g+\lambda_G\cdot K_{LA}\cdot V_L)}\right)+C_A\cdot\frac{g\cdot A\cdot K_{LA}}{A\cdot g+\lambda_G\cdot K_{LA}\cdot V_L}\cdot\frac{1\mu g}{1.19\text{kg/m}^3\cdot \text{m}^3\cdot 1\,000\,000}$$

$$\text{令：} c=\frac{TSCF\cdot Q\cdot K_{LA}}{OC\cdot K_{OC}\cdot(A\cdot g+\lambda_G\cdot K_{LA}\cdot V_L)},\ d=\frac{g\cdot A\cdot K_{LA}}{A\cdot g+\lambda_G\cdot K_{LA}\cdot V_L}\cdot\frac{1\mu g}{1.19\text{kg/m}^3\cdot \text{m}^3\cdot 1\,000\,000} \tag{2-59}$$

Trapp 作物吸收模型考虑的物质交换过程涉及到土壤溶液中污染物的吸收、大气气相污染物的交换、污染物光降解，这些过程与污染物自身理化性质有很大关系。模型预测植物体内的有机污染物主要基于从土壤和大气中吸收，本研究中土壤及大气中气相 PCBs 的含量均在研究区实际测定，在模型中需用到的 PCBs 的理化参数及土壤、大气气相 PCBs 含量如表 2.10 所示。

表 2.10 7 种指示性 PCBs 基本理化参数及研究区环境中含量

PCBs 理化参数	28	52	101	118	138	153	180
CAS No.	7012-37-5	35693-99-3	37680-73-2	31508-00-6	35065-28-2	35065-27-1	35065-29-3
$\lg K_{ow}$（Mackay et al.，2006）	5.66	5.91	6.33	6.69	7.22	6.87	7.16
分子量（g/mol）（Mackay et al.，2006）	257.55	291.99	326.44	326.44	360.9	360.88	395.33

续表

PCBs 理化参数	28	52	101	118	138	153	180
蒸汽压（mmHg）（Mackay et al.，2006）	1.95E-04	8.45E-06	2.52E-05	8.97E-06	1.19E-04	3.80E-06	9.77E-07
水溶解度（mg/L）25℃（Mackay et al.，2006）	0.27	0.0153	0.0154	0.0134	0.00095	0.0015	0.00385
lgK_{oa}（20℃）（Claudia et al.，2008）	8.3	8.56	9.27	10.19	10.12	9.99	10.73
亨利常数 K_{ow}（无量纲，31℃）（Mackay et al.，2006）	1.86E-02	1.56E-02	1.49E-02	9.30E-03	1.98E-02	1.29E-02	5.36E-03
lgK_{oa}（25℃）（Mackay et al.，2006）	4.91	5.38	6.53	6.67	6.78	6.69	7.42
大气中半衰期（d）（Mackay et al.，2006）	14~30	25~60	60~120	60~120	29~90	29~90	500
C_{soil}（土壤浓度），μg/kg（干重）	6.11	6.63	27.65	4.97	11.75	13.00	2.11
C_A（气相 PCB），pg/m^3	2648.58	1557.00	813.63	510.26	464.06	711.85	111.03

以上模型中未考虑刮风或下雨引起的土壤颗粒在植物叶片上的残留，而欧盟 EUSES 模型在评估农业用地方式下某些污染物以蔬菜为介质对人体健康的风险时，将大气中土壤颗粒物作为一种重要的污染物来源，特别是大气颗粒物中一些亨利常数高的有机污染物（Mclachlan et al.，1999）。对此，不少学者进行了模拟研究，Smith 和 Jones（2000）在没有考虑有多少土壤颗粒物会被冲洗掉的条件下，提出单位干重植物中有 0.2%~20% 的土壤残留（几何平均值为 1.2%）；Sheppard 和 Evenden（1992）在研究中假设单位干重植物中有 3%的土壤颗粒物残留，Rikken 等（2001）提出单位干重植物中土壤颗粒物的残留比例为 1%，荷兰公共卫生与环境国家研究院认为在健康风险评估中 3%的取值过于保守，因此选用 1%来评估农业用地方式下大气中土壤颗粒物在蔬菜上的残留对人体健康的危害。在本研究中，参考荷兰的做法假设有 1%的土壤颗粒物残留在蔬菜上，评估其对人体健康的风险。

2）Trapp 作物吸收模型预测结果

根据研究区土壤及大气中气相 PCBs 含量，采用 Trapp 作物吸收模型对研究区蔬菜中的 PCBs 含量进行模拟计算；预测结果及蔬菜实测值如表 2.11 所示。从中可看出，蔬菜吸收 PCBs 达到 95%稳定的时间随 PCBs 含氯量的增加而增加，含氯量最高的 PCB180 达到 95%稳定所需要的时间为 53d，假设 60d 时蔬菜对 7 种 PCBs 的吸收达到平衡。稳定时 Trapp 模型预测的 7 种 PCBs 在蔬菜中的含量均在实测值范围内，且与实测平均值相近，蔬菜中 7 种 PCBs 总和实测值为 51.2μg/kg，模型预测值为 39.9μg/kg。但模型预测值与实测值也存在不少差异，模型预测值随氯代数增加（$\lg K_{oa}$ 逐渐变大）逐渐升高，实测值则逐渐降低。

表 2.11 蔬菜中 PCBs 含量预测值与实测值

	PCB 28	PCB 52	PCB 101	PCB 118	PCB 138	PCB 153	PCB 180
叶片吸收达 95%稳定的时间/d	1.51	3.04	7.57	21.78	28.93	22.SS	53.37
假设 60 天 7 种 PCBs 可全达稳定，植物中 PCBs 浓度：（鲜重）/（pg/m^3）	2.67E+08	3.16E+08	4.11E+08	7.42E+08	8.94E+08	1.09E+09	3.82E+08
转换单位为：（干重）/（μg/kg）	2.56	3.04	3.95	7.13	8.60	10.45	3.67
蔬菜中土壤源 PCBs 含量:（干重）/（μg/kg）	1.34E-02	3.01E-03	3.54E-04	1.89E-05	7.89E-06	2.92E-05	3.87E-07
蔬菜中大气源 PCBs 含量:（干重）/（μg/kg）	2.56	3.04	3.95	7.13	8.60	10.45	3.67
蔬菜中来自大气中土壤颗粒物的 PCBs：（干重）/（μg/kg）	0.040	0.042	0.166	0.034	0.074	0.081	0.013
考虑来自土壤、大气中土壤颗粒、气相 PCBs 时蔬菜中 PCBs：（干重）/（μg/kg）	2.60	3.08	4.12	7.16	8.67	10.53	3.69
实测值平均值（n=14）均为叶菜：（干重）/（μg/kg）	13.74	9.87	6.17	7.80	5.18	5.07	3.41
实测值范围（n=14）均为叶菜：（干重）/（μg/kg）	0.65~34.73	ND~36.27	ND~12.27	0.56~14.42	0.35~17.01	0.52~9.94	ND~10.98

注：ND 表示未检出；*60 天时蔬菜中 PCBs 浓度计算：$C(t=60)=(b/a)\times[1-e^{-at}]$。

将蔬菜中 PCBs 预测值、实测值与大气中气态 PCBs 含量比值取对数，则其与 PCBs 的 $\lg K_{oa}$ 之间均存在如图 2.12 所示的线性关系。

从图中可以看出随 PCBs 氯代数增加，植物中 PCBs 含量与空气中 PCBs 含量比值的对数与 $\lg K_{oa}$ 之间存在很好的线性关系，并且模型预测值与 $\lg K_{oa}$ 的线性相关性要明显好于实测值，这与 Claudia 等（2008）、Jonathan 等（2003）采用小室模型，在严格控制实验条件（空气流动、温度等）下研究的植物角质层、蜡质层及牧草对气态 PCBs 的吸收随 $\lg K_{oa}$ 的变化趋势是一致的，说明模型预测值与控制条件下的实验测定值能够更好地吻合，而实测值由于受到了更多环境因素的影响，与模型预测值及受控条件下的实验值相比与 $\lg K_{oa}$ 的相关性要差。这也反映出模型预测的局限性，Trapp 作物吸收模型虽然是基于植物生长过程中与周围环境介质间的物质交换的机制模型，尤其是考虑了植物地上部分与大气中气相污染物的交换吸收，但它在很大程度上还是受污染物本身理化特性参数（K_{ow}、K_{oa}等）支配；Mclachlan 等（1999）指出污染物的植物叶片-大气分配系数（$K_{leaf\text{-}air}$）与污染物的 lgK_{oa}有很强的相关性，植物中污染物的浓度强烈地依赖于污染物的 lgK_{oa}。模型预测所依据的理化参数均是在一定条件下通过实验或模型计算获得，当环境条件发生变化时（如温度、大气压等）这些物理参数将会发生很大变化，最终将会影响模型预测结果。另外，Trapp 模型虽然将植物-大气交换吸收途径考虑在内，但模拟的是稳态条件下植物-大气交换，对于环境条件则没有考虑。实际情况下植物-大气交换会受到环境条件如风速、温度、大气压等的影响，如 Jonathan 等（2004）在研究气态 PCBs 与牧草的交换时采用小室模型研究了吹风与不吹风条件下牧草体内 PCBs 含量与暴露时间、牧草 PCBs-大气 PCBs 含量比值与 lgK_{oa}之间的关系，研究结果表明随暴露时间延长，吹风条件下牧草中 PCB28 与暴露时间的相关性要好于不吹风，而 PCB203 的表现则相反。温度变化会改变 PCBs 的蒸气压、植物角质层（蜡质层）-空气分配系数及扩散系数，从而影响植物对 PCBs 的吸收（Claudia et al.，2008）。

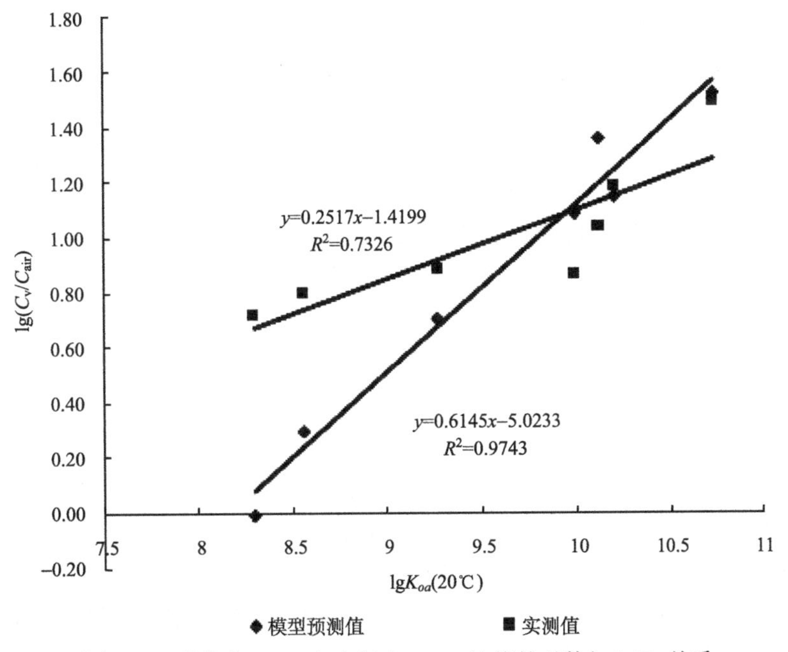

图 2.12　蔬菜中 PCBs 与空气中 PCBs 比值的对数与 lgK_{oa}关系

3）研究区蔬菜中 PCBs 来源、构成特征及影响吸收的因素

（1）蔬菜中 PCBs 来源

研究区各种环境介质中均含有 PCBs，PCBs 的强疏水性决定了其在不同环境介质中对蔬菜的生物有效性差别很大，对蔬菜中 PCBs 含量的贡献必然不同，分析研究蔬菜中 PCBs 的来源，明确哪种环境介质是导致蔬菜 PCBs 污染的首要因素，有利于有针对性的采取措施保障蔬菜安全，保护人体健康。根据由 Trapp 作物吸收模型转换得到的植物体

内污染物含量与土壤及大气中土壤含量的关系式（2-59）。式（2-59）中系数 c、d 分别表示植物体内来自土壤和大气的 PCBs 的比例，根据 c、d 的计算式获得 7 种指示性 PCBs 的值如图 2.13 所示。

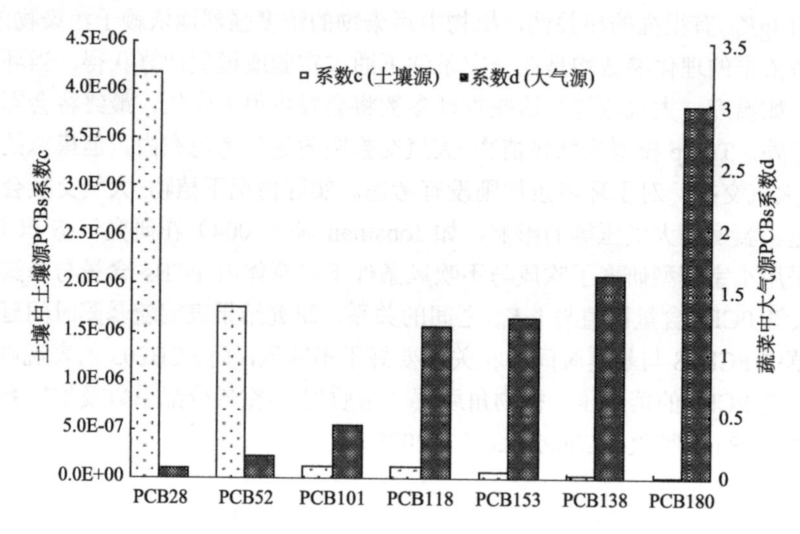

图 2.13　土壤、大气源 7 种指示性 PCBs 对叶菜的贡献比例

从图可以看出植物中大气源 PCBs 系数是土壤源 PCBs 系数的 106 倍，表明大气中气态 PCBs 是植物中 PCBs 的主要来源；并且土壤源 PCBs 系数 c 与大气源系数 d 随 PCBs 氯代数增加表现出相反的变化趋势。土壤源 PCBs 以水溶液形式经被动扩散进入植物体内，制约 PCBs 输送的主要因素是 PCBs 的水溶解度，随氯代数增加 PCBs 的水溶解度迅速降低（表 2.10），土壤中高氯代 PCBs 对植物的贡献也迅速下降；大气源 PCBs 主要是大气中气态 PCBs 在植物叶片上的跨膜吸收、经叶片气孔吸收，气态 PCBs 跨植物叶片表面-空气界面层进入叶片后储存于植物蜡质或角质层中，然后进一步扩散进入叶片细胞内（Wild et al.，2006；Mclachlan et al.，1999），该吸收过程受污染物性质、植物种类及环境条件的限制，疏水性更强的气态高氯代 PCBs 更容易被植物叶片中的蜡质、角质层所吸收，因此大气源 PCBs 的植物吸收系数 d 随氯代数增加而增大。从表 2.11 中的模型预测结果也可看出，气相源 PCBs 对蔬菜的贡献占绝大部分，其次为大气中土壤颗粒物，而蔬菜经根系吸收土壤中 PCBs 所占的比例微乎其微，这与根据土壤源及大气源 PCBs 系数进行的分析结果是一致的。

（2）蔬菜中 PCBs 构成特征及影响因素

PCBs 是一类混合污染物，由于其本身具有的强疏水性特征，在不同环境介质中 PCB 单体的构成比例不同，蔬菜从不同环境介质中吸收 PCBs，吸收途径不同其最终在植物体内的构成比例也会发生改变。分析影响蔬菜中 PCBs 含量及构成的主要因素，有助于深入了解 PCBs 从环境介质向蔬菜中的迁移。图 2.14 为研究区土壤、大气及蔬菜中土壤源、大气源 PCBs 的构成。图 2.14（b）为根据土壤中 7 种 PCBs 的含量及土壤源系数 c 计算获得的蔬菜中来自土壤的 PCBs 构成。从图 2.14（a）及图 2.14（b）图的对比可以看出，在土壤中 7 种指示性 PCBs 的构成规律性不明显，以 PCB101 含量最高，其次为 PCB118 和 PCB138，PCBs 经蔬菜根吸收进入蔬菜后，在蔬菜中的构成显现出很强的规律性，即随氯代数升高，高氯代 PCBs 所占的比例急剧降低。

图 2.14（d）为根据大气中 7 种气态 PCBs 含量及大气源系数 d 计算获得的蔬菜中来自大气气态 PCBs 的构成。与土壤及蔬菜中土壤源 PCBs 构成不同，大气中 7 种气态 PCBs 构成随氯代数增加表现出一定的规律性，以低氯代 PCB28 所占比例最高，并且随氯代数增加，高氯代 PCBs 的比例逐渐降低。但是当大气中 7 种气态 PCBs 经叶片吸收进入蔬菜中后，在蔬菜中的构成比例发生了很大变化，随氯代数变化没有表现出规律性，低氯代 PCBs 所占比例降低很多，较高氯代 PCBs 尤其是 PCB118（类二噁英）、PCB138、PCB153 所占的比例大增。

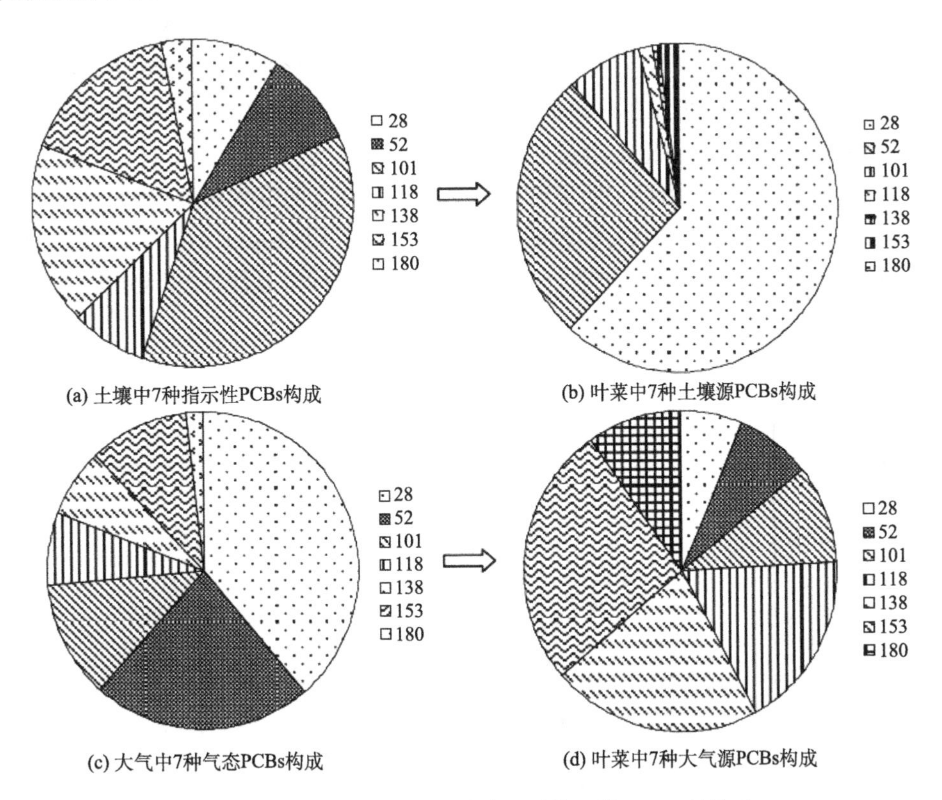

图 2.14　土壤、大气及叶菜中 7 种指示性 PCBs 的构成

与影响土壤源系数 c、大气源系数 d 的变化原因类似，土壤中的 PCBs 以水溶液形式被植物吸收，低氯代 PCB28 的水溶解度高（表 2.10），最终被植物所吸收的量大，而 PCB101、PCB153 虽然在土壤中所占的比例很高，但其水溶解度比 PCB28 分别小了 17 倍和 180 倍，最终被蔬菜吸收进入蔬菜中的量就少。蔬菜中 7 种土壤源 PCBs 的构成比例随氯代数变化有很强的规律性，随氯代数增加，PCBs 的水溶解度降低，在蔬菜中的比例就降低，PCBs 的水溶解度是决定蔬菜中土壤源 PCBs 构成比例的主要因素。大气中的气态 PCBs 进入蔬菜后，在大气中比例很高的低氯 PCBs 在蔬菜中的比例降低很多，高氯

代 PCBs 的比例占优，原因在于气态 PCBs 进入蔬菜体内主要通过植物叶片中的气孔、蜡质及角质层吸收，亲脂性越高的 PCBs 越容易被吸收；蔬菜中 PCBs 的含量取决于吸收系数 d 和大气中气态 PCBs 浓度，高氯代 PCBs 的亲脂性高，但在大气中的含量低，最终进入蔬菜中的绝对量相对不是很高。PCBs 在植物蜡质和角质层中的亲和性虽然很高但是不相同，植物吸收 PCBs 的速率依赖于 PCBs 的辛醇-大气分配系数及植物种类（Claudia et al.，2008），因此蔬菜种类及蔬菜中蜡质和角质层含量也会影响 PCBs 在蔬菜中含量及构成。

（3）影响蔬菜吸收 PCBs 平衡时间的因素。

图 2.15 为蔬菜吸收 PCBs 达到 95%稳定所需要的时间 t 与 PCBs 的 $\lg K_{ow}$ 和 $\lg K_{oa}$ 的关系。时间 t 根据式（2-58）计算获得，7 种指示性 PCBs 的 $\lg K_{ow}$ 及 $\lg K_{oa}$ 由文献资料获得。Trapp 吸收模型考虑了地下及地上 2 个动态吸收过程，蔬菜中 PCBs 含量是否达到稳定受这 2 个过程的控制。从图 2.15 可以看出蔬菜中 PCBs 达到稳定的时间与 $\lg K_{ow}$、$\lg K_{oa}$ 有很好的乘幂相关性，从曲线变化趋势上看，PCBs 的 $\lg K_{ow}$、$\lg K_{oa}$ 较低时，随 $\lg K_{ow}$、$\lg K_{oa}$ 的变大蔬菜吸收 PCBs 达到稳定所需要的时间变化不很剧烈；对于 $\lg K_{ow}$、$\lg K_{oa}$ 较高的 PCBs，蔬菜吸收 PCBs 达到稳定所需时间随 $\lg K_{ow}$、$\lg K_{oa}$ 的变大快速增加。图中蔬菜吸收 PCBs 达到稳定的时间与 $\lg K_{oa}$ 的相关性更好一些。采用 Origin 8.0 分析软件，对蔬菜吸收 PCBs 达到 95%稳定所需的时间 t 与 $\lg K_{ow}$、$\lg K_{oa}$ 进行多元线性回归分析，获得时间 t 与 $\lg K_{ow}$、$\lg K_{oa}$ 存在以下关系：

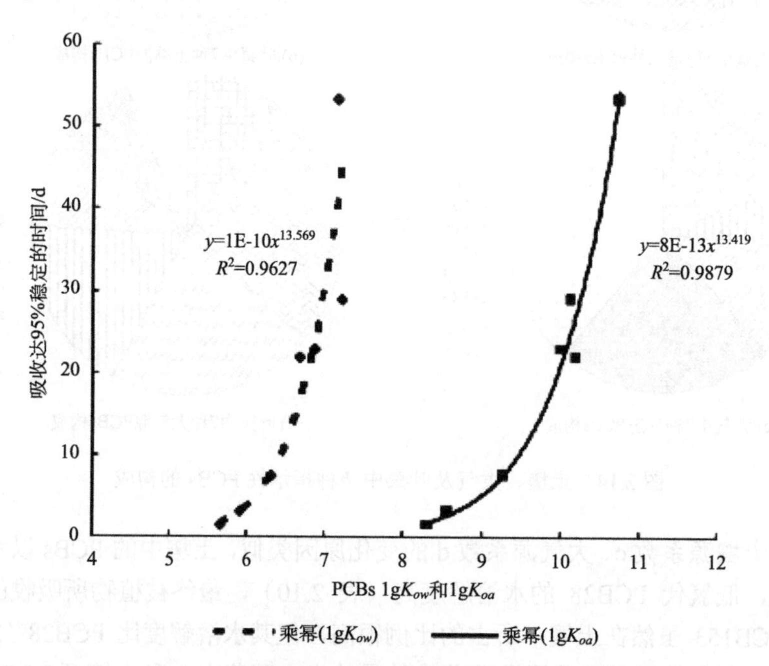

图 2.15　叶蔬菜吸收 PCBs 时间与 $\lg K_{ow}$、$\lg K_{oa}$ 关系

从中可以看出 PCBs 的 $\lg K_{oa}$ 是影响蔬菜吸收 PCBs 达到平衡所需时间更为重要的因素。

通过以上 Trapp 作物吸收模型在人体健康风险评估中的应用可获得以下结论：①Trapp 作物吸收模型可较好地根据土壤及大气中气态 PCBs 预测叶菜中 PCBs 的含量，模型预测值均在实测值范围内，与实测平均值相近；可在规划性风险评估中利用 Trapp 模型预测蔬菜中 PCBs 的含量，从而评估 PCBs 经食物链对人体健康的危害。②大气中气态 PCBs 是叶菜类蔬菜中 PCBs 的最主要来源；PCBs 的 K_{ow}、K_{oa} 是决定蔬菜中 7 种指示性 PCBs 构成及影响蔬菜吸收 PCBs 达到稳定所需时间的主要因素，其中 K_{oa} 的影响更大。

5. 暴露剂量计算结果

1）现状性风险评估暴露剂量计算结果

现状性风险评估中针对的是研究区居民现在生活状态下，生产生活过程中由于接触各种环境介质而引起的污染物暴露，对研究区居民生活方式及各种环境介质污染情况进行调查的基础上，评估计算了研究区居住用地及工商业用地方式下人体通过皮肤接触土壤、口腔无意摄入土壤、呼吸吸入 PM_{10}、呼吸吸入气态污染物 PCBs、饮用地下水、皮肤接触地下水、食用大米及蔬菜引起的 PCBs、Cd 及 Cu 暴露量进行了计算（表 2.12）。

表 2.12 现状性风险评估暴露剂量计算结果 ［单位：mg/（kg·d）］

	用地	污染物	经口摄入土壤	经皮肤接触土壤	经吸入 PM_{10}	经吸入气态污染物	经饮用地下水	经皮肤接触地下水	经食用大米	经食用蔬菜	总计
致癌剂量	居住	PCBs	9.06E-08	2.93E-07	1.23E-06	3.92E-06	2.17E-06	3.18E-06	2.58E-05	9.97E-05	1.36E-04
		Cd	2.27E-06	7.46E-06	9.63E-07		3.10E-04	8.38E-07	7.44E-04	1.29E-03	2.36E-03
	工商业	PCBs	2.69E-08	1.56E-07	6.54E-07	2.09E-06			3.07E-07	1.08E-05	1.40E-05
		Cd	6.85E-07	3.98E-06	5.13E-07				8.86E-05	1.41E-04	2.35E-04
非致癌剂量	居住	PCBs	6.15E-07	1.88E-06	3.74E-06	1.19E-05	6.60E-07	1.09E-05	1.03E-04	4.68E-04	6.00E-04
		Cd	1.57E-05	4.78E-05	2.93E-06		9.43E-04	2.88E-06	2.97E-03	6.08E-03	1.01E-02
		Cu	2.18E-03	6.64E-03	1.51E-05		5.66E-05	1.73E-07	3.71E-01	2.34E-02	4.03E-01
	工商业	PCBs	7.75E-08	4.50E-07	1.88E-06	6.01E-06			8.86E-06	3.12E-05	4.85E-05
		Cd	1.97E-06	1.15E-05	1.48E-06				2.55E-04	4.05E-04	6.75E-04
		Cu	2.74E-04	1.59E-03	7.61E-06				3.19E-02	1.56E-03	3.53E-02

2）考虑 PCBs、Cd、Cu 生物有效性时的暴露剂量

通常进行各途径暴露剂量计算时均采用环境介质中污染物的全量进行计算，这种计算获得的暴露剂量的前提是认为各环境介质中的污染物可全被人体所吸收进入体循环，虽然这种假设获得的暴露剂量计算可最大程度的保护人体健康，即保守评估。然而要对污染场地风险进行评估，要依据评估结果进行场地风险管理、选择合适的修复技术及确定合适的修复目标、根据风险评估结果进行场地规划就需要相对准确的

风险评估结果，以保证选择合适的修复技术降低场地修复成本。本研究中根据收集获得的 PCBs、Cd、Cu 的人体生物有效性数据，将各环境介质中污染物的全量转变为人体可利用量，根据污染物的人体可利用量再进行暴露剂量的计算，结果如表 2.13 所示。

表 2.13　基于生物有效性的现状性风险评估暴露剂量计算结果

	用地方式	污染物	经口摄入土壤	皮肤接触土壤	经吸入 PM_{10}	吸入气态污染物	经饮用地下水	经皮肤接触地下水	经食用大米	经食用蔬菜
致癌暴露剂量/[mg/（kg·d）]	居住	PCBs	3.17E-08						2.49E-05	
		Cd	1.09E-07	4.47E-09	5.20E-07	1.49E-05	5.03E-10	3.57E-05	6.21E-05	1.49E-05
	工商业	PCBs	9.42E-09						2.71E-06	
		Cd	3.29E-08	2.39E-09	2.77E-07			4.25E-06	6.75E-06	
非致癌剂量/[mg/（kg·d）]	居住	PCBs	2.15E-07						6.68E-04	
		Cd	7.52E-07	2.87E-08	1.58E-06	4.53E-05	1.73E-09	1.43E-04	2.92E-04	4.53E-05
		Cu	9.36E-04			2.43E-05	7.43E-08	1.60E-01	1.00E-02	2.43E-05
	工商业	PCBs	2.71E-08						7.79E-06	
		Cd	9.47E-08	6.88E-09	7.97E-07			1.22E-05	1.94E-05	
		Cu	1.18E-04					1.37E-02	6.69E-04	

进行毒性评估需要达到两个目的：确定污染物对人体的毒性、获取人体致癌及非致癌毒性参数。根据相关权威毒性数据库，判别人体暴露于关注污染物是否会引起人体不良反应的加剧以及不良效应在人体上产生的可能性。从权威数据库获取相应的污染物人体毒性参数，用于风险表征以评估产生不良效应的可能性。

（三）毒性评估

1. 主要参考的毒性数据库

目前，欧美国家机关或相关研究机构经过数十年的努力，已建立了较为成熟和完善的污染物人体健康毒理数据库，并根据新的研究结果不断对数据库进行更新，对于人体健康风险评估工作的开展奠定了良好的基础，很多目前关注度很高的污染物的人体健康毒性数据均可由这些数据库中查询获得。目前国际上认可度较高、较权威的数据库有以下几个：

（1）美国环保局综合风险信息系统；

（2）美国风险评估信息系统；

（3）世界卫生组织简明国际化学评估文件（CICAD）；

（4）国际癌症研究机构（IARC）；

（5）美国环保局暂行毒性因子（USEPA，provisional peer reviewed toxicity values，PPRTVs）。

2. PCBs、Cd、Cu 人体毒性数据

本研究主要参考美国风险评估信息系统 RAIS 及综合风险信息系统 IRIS 中 PCBs、Cd 及 Cu 毒性数据进行毒性评估和计算。当数据库中仅给出污染物的呼吸吸入单位风险因子（*URF*）和呼吸吸入参考浓度（*RfC*）时，需要对其进行转换，转换为致癌斜率因子（SF_i）和参考剂量（*RfD*），使其可应用于风险计算。呼吸吸入吸收致癌斜率因子（SF_i），优先根据呼吸吸入吸收单位致癌因子（*URF*）外推计算得到；呼吸吸入吸收参考剂量（RfD_i），优先根据呼吸吸入吸收参考浓度（*RfC*）外推计算得到，计算公式如下：

$$SF_i = \frac{URF \times BWc}{HRc}, \quad RfD_i = \frac{RfC \times HRc}{BWc}, \quad SF_i = \frac{URF \times BWa}{HRa}, \quad RfD_i = \frac{RfC \times HRa}{BWa}$$

式中，SF_i 为呼吸吸入吸收致癌斜率因子，kg·d/mg；RfD_i：呼吸吸入吸收参考剂量，mg/（kg·d）；*URF*：呼吸吸入吸收单位致癌因子，$m^3/\mu g$；*BWc*：儿童体重，kg；优先根据场地调查获得的参数；默认值为 21.2；*BWa*：成人体重，kg；优先根据场地调查获得的参数；住宅、商业和工业用地方式下默认值均为 57.6；*HRc*：儿童每日空气呼吸量，$7.5m^3/d$；*HRa*：成人每日空气呼吸量，$15m^3/d$；*RfC*：呼吸吸入吸收参考浓度，mg/m^3。

皮肤接触吸收致癌斜率系数（SF_d），优先根据经口摄入吸收斜率系数外推计算得到；皮肤接触吸收参考剂量（RfD_d），优先根据经口摄入参考剂量外推计算得到。计算公式如下：

$$SF_d = \frac{SF_o}{ABS_{GI}}, \quad RfD_d = RfD_o \times ABS_{GI}$$

式中，SF_d：皮肤接触吸收致癌斜率因子，1/[mg/（kg·d）]；SF_o：经口摄入吸收致癌斜率因子，1/[mg/（kg·d）]；RfD_d：皮肤接触吸收参考剂量，mg/（kg·d）；ABS_{GI}：消化道吸收效率因子，无量纲，参考 RBCA 数据库。表 2.14 为 RAIS 及相应的转换公式获得的 PCBs、Cd、Cu 经不同途径的致癌及非致癌毒性因子。

表 2.14 PCBs、Cd、Cu 致癌及非致癌毒性因子

	PCBs	Cd	Cu
1）经口摄入吸收致癌斜率因子 SF_o，1/[mg/（kg·d）]	2	0.38	
2）呼吸吸入吸收致癌斜率因子 SF_i，1/[mg/（kg·d）]	0.00218	6.30	
3）皮肤接触吸收致癌斜率因子 SF_d，1/[mg/（kg·d）]	2	0.38	
4）经口摄入吸收参考计量 RfD_o，mg/（kg·d）	0.00002	0.001	0.04
5）呼吸吸入吸收参考剂量 RfD_i，mg/（kg·d）	0.00018（C）0.00013（A）	0.001	0.00029
6）皮肤接触吸收参考剂量 RfD_d，mg/（kg·d）	0.00002	0.00001	0.012
7）呼吸吸入吸收致癌斜率因子 *URF*，$m^3/\mu g$	0.00057	0.0018	

（四）风险表征

1. 致癌风险计算

$$CR = CDI_{ca} \times SF$$

式中，CR：致癌风险，无量纲；CDI_{ca}：致癌污染物暴露量，SF：污染物致癌斜率因子。

1）居住用地方式下致癌风险

对应暴露评估中评估的暴露途径，首先根据各暴露途径计算的暴露剂量，结合污染物的致癌斜率因子，计算 PCB、Cd 经各暴露途径产生的致癌风险，之后计算经所有暴露途径下 PCB、Cd 以及总的致癌暴露风险。经所有暴露途径对 PCB、Cd 的致癌暴露风险及总致癌风险通过加和方式获得。

2）工、商业用地条件下致癌风险

与居住用地的计算方式相同，首先分别计算经单一暴露途径 PCB、Cd 的致癌风险，之后再对经所有途径 PCB、Cd 的致癌暴露风险进行加和，获得 PCBs、Cd 的致癌风险及总致癌风险。经所有暴露途径对 PCB、Cd 的致癌暴露风险及总致癌风险通过加和方式获得，详细表述如下所示。

A. 居住用地下 PCBs、Cd 及总致癌风险计算

（1）经所有暴露途径 PCB 的致癌暴露风险

$CR_{PCB}=CR_{oral\text{-}PCB}+CR_{dermal\text{-}PCB}+CR_{inhalation\text{-}PCB}$

式中，$CR_{oral\text{-}PCB}=(CDI_{ca\text{-}oral\text{-}soil}+CDI_{ca\text{-}oral\text{-}water}+CDI_{ca\text{-}oral\text{-}products})\times SF_{o\text{-}PCB}$

$CR_{dermal\text{-}PCB}=(CDI_{ca\text{-}dermal\text{-}soil}+CDI_{ca\text{-}dermal\text{-}water})\times SF_{d\text{-}PCB}$

$CR_{inhalation\text{-}PCB}=(CDI_{ca\text{-}inhalation\text{-}PUF}+CDI_{ca\text{-}inhalation\text{-}PM_{10}})\times SF_{i\text{-}PCB}$

CR_{PCB}：暴露于 PCBs 产生的致癌风险，无量纲；

$CR_{oral\text{-}PCB}$：所有经口摄入的 PCB 产生的致癌风险，包括经口摄入污染土壤、经饮用受污染地下水、经食用自产农作物，无量纲；

$CR_{dermal\text{-}PCB}$：所有经皮肤接触摄入 PCB 产生的致癌风险，包括经皮肤接触污染土壤、经皮肤接触受污染地下水，无量纲；

$CR_{inhalation\text{-}PCB}$：所有经呼吸吸入 PCB 产生的致癌风险，包括经呼吸吸入 PM_{10}、经呼吸吸入气态 PCB；

$CDI_{ca\text{-}oral\text{-}soil}$：经口摄入土壤 PCB 的致癌暴露量，mg/（kg · d）；

$CDI_{ca\text{-}oral\text{-}water}$：经口饮用地下水 PCB 的致癌暴露量，mg/（kg · d）；

$CDI_{ca\text{-}oral\text{-}products}$：经食用自产农作物 PCB 的致癌暴露量，mg/（kg · d）；

$CDI_{ca\text{-}dermal\text{-}soil}$：经皮肤接触土壤 PCB 的致癌暴露量，mg/（kg · d）；

$CDI_{ca\text{-}dermal\text{-}water}$：经皮肤接触水体 PCB 的致癌暴露量，mg/（kg · d）；

$CDI_{ca\text{-}inhalation\text{-}PUF}$：经呼吸吸入气态 PCB 的致癌暴露量，mg/（kg · d）；

$CDI_{ca\text{-}inhalation\text{-}PM_{10}}$：经呼吸吸入 PM_{10}PCB 的致癌暴露量，mg/（kg · d）；

SF_{o-PCB}：经口摄入 PCB 的致癌斜率因子，mg/（kg·d）；

SF_{d-PCB}：经皮肤接触暴露于 PCB 的致癌斜率因子，mg/（kg·d）；

SF_{i-PCB}：经呼吸吸入 PCB 的致癌斜率因子，mg/（kg·d）。

（2）经所有暴露途径对 Cd 的致癌暴露风险

$CR_{Cd}=CR_{oral-Cd}+CR_{dermal-Cd}+CR_{inhalation-Cd}$

式中，$CR_{oral-Cd}=(CDI_{ca-oral-soil}+CDI_{ca-oral-water}+CDI_{ca-oral-products})\times SF_{o-Cd}$

$CR_{dermal-Cd}=(CDI_{ca-dermal-soil}+CDI_{ca-dermal-water})\times SF_{d-Cd}$

$CR_{inhalation-Cd}=CDI_{ca-inhalation-PM_{10}}\times SF_{i-Cd}$

CR_{Cd}：暴露于 Cd 产生的致癌风险，无量纲；

$CR_{oral-Cd}$：所有经口摄入的 Cd 产生的致癌风险，包括经口摄入污染土壤、经饮用受污染地下水、经食用自产农作物，无量纲；

$CR_{dermal-Cd}$：所有经皮肤接触摄入 Cd 产生的致癌风险，包括经皮肤接触污染土壤、经皮肤接触受污染地下水，无量纲；

$CR_{inhalation-Cd}$：所有经呼吸吸入 PM_{10} 中 Cd 产生的致癌风险；

$CDI_{ca-oral-soil}$：经口摄入土壤 Cd 的致癌暴露量，mg/（kg·d）；

$CDI_{ca-oral-water}$：经口饮用地下水 Cd 的致癌暴露量，mg/（kg·d）；

$CDI_{ca-oral-products}$：经食用自产农作物 Cd 的致癌暴露量，mg/（kg·d）；

$CDI_{ca-dermal-soil}$：经皮肤接触土壤 Cd 的致癌暴露量，mg/（kg·d）；

$CDI_{ca-dermal-water}$：经皮肤接触水体 Cd 的致癌暴露量，mg/（kg·d）；

$CDI_{ca-inhalation-PM_{10}}$：经呼吸吸入 PM_{10} 中 Cd 的致癌暴露量，mg/（kg·d）；

SF_{o-Cd}：经口摄入 Cd 的致癌斜率因子，mg/（kg·d）；

SF_{d-Cd}：经皮肤接触暴露于 Cd 的致癌斜率因子，mg/（kg·d）；

SF_{i-Cd}：经呼吸吸入 Cd 的致癌斜率因子，mg/（kg·d）。

（3）经所有暴露途径对 PCB、Cd 的总致癌暴露风险

$CR_{total}=CR_{Cd}+CR_{PCB}$

CR_{total}：居住用地方式下，受体的总致癌风险，无量纲。

B. 工商业用地下 PCBs、Cd 及总致癌风险计算

（1）经所有暴露途径对 PCB 的致癌暴露风险

$CR_{PCB}=CR_{oral-PCB}+CR_{dermal-PCB}+CR_{inhalarion-PCB}$

其中：$CR_{oral-PCB}=(CDI_{ca-oral-soil}+CDI_{ca-oral-products})\times SF_{o-PCB}$

$CR_{dermal-PCB}=CDI_{ca-dermal-soil}\times SF_{d-PCB}$

$CR_{inhalation-PCB}=(CDI_{ca-inhalation-PUF}+CDI_{ca-inhalation-PM_{10}})\times SF_{i-PCB}$

CR_{PCB}：暴露于 PCBs 产生的致癌风险，无量纲；

$CR_{oral-PCB}$：所有经口摄入的 PCB 产生的致癌风险，包括经口摄入污染土壤、经饮用受污染地下水、经食用自产农作物，无量纲；

$CR_{dermal-PCB}$：所有经皮肤接触摄入 PCB 产生的致癌风险，包括经皮肤接触污染土壤、经皮肤接触受污染地下水，无量纲；

$CR_{inhalation-PCB}$：所有经呼吸吸入 PCB 产生的致癌风险，包括经呼吸吸入 PM_{10}、经呼

吸吸入气态 PCB；

$CDI_{ca-oral-water}$：经口摄入土壤 PCB 的致癌暴露量，mg/（kg · d）；

$CDI_{ca-oral-products}$：经食用自产农作物 PCB 的致癌暴露量，mg/（kg · d）；

$CDI_{ca-dermal-soil}$：经皮肤接触土壤 PCB 的致癌暴露量，mg/（kg · d）；

$CDI_{ca-inhalation-PUF}$：经呼吸吸入气态 PCB 的致癌暴露量，mg/（kg · d）；

$CDI_{ca-inhalation-PM_{10}}$：经呼吸吸入 PM_{10}PCB 的致癌暴露量，mg/（kg · d）；

SF_{o-PCB}：经口摄入 PCB 的致癌斜率因子，mg/（kg · d）；

SF_{d-PCB}：经皮肤接触暴露于 PCB 的致癌斜率因子，mg/（kg · d）；

SF_{i-PCB}：经呼吸吸入 PCB 的致癌斜率因子，mg/（kg · d）。

（2）经所有暴露途径对 Cd 的致癌暴露风险

$CR_{Cd}=CR_{oral-Cd}+CR_{dermal-Cd}+CR_{inhalation-Cd}$

其中：

$CR_{oral-Cd}=（CDI_{ca-oral-soil}+CDI_{ca-oral-products}）\times SF_{o-Cd}$

$CR_{dermal-Cd}=CDI_{ca-dermal-soil}\times SF_{d-Cd}$

$CR_{inhalation-Cd}=CDI_{ca-inhalation-PM_{10}}\times SF_{i-Cd}$

CR_{Cd}：暴露于 Cd 产生的致癌风险，无量纲；

$CR_{oral-Cd}$：所有经口摄入的 Cd 产生的致癌风险，包括经口摄入污染土壤、经饮用受污染地下水、经食用自产农作物，无量纲；

$CR_{dermal-Cd}$：所有经皮肤接触摄入 Cd 产生的致癌风险，包括经皮肤接触污染土壤、经皮肤接触受污染地下水，无量纲；

$CR_{inhalation-Cd}$：所有经呼吸吸入 PM_{10} 中 Cd 产生的致癌风险；

$CDI_{ca-oral-soil}$：经口摄入土壤 Cd 的致癌暴露量，mg/（kg · d）；

$CDI_{ca-oral-products}$：经食用自产农作物 Cd 的致癌暴露量，mg/（kg · d）；

$CDI_{ca-dermal-soil}$：经皮肤接触土壤 Cd 的致癌暴露量，mg/（kg · d）；

$CDI_{ca-inhalation-PM_{10}}$：经呼吸吸入 PM_{10} 中 Cd 的致癌暴露量，mg/（kg · d）；

SF_{o-Cd}：经口摄入 Cd 的致癌斜率因子，mg/（kg · d）；

SF_{d-Cd}：经皮肤接触暴露于 Cd 的致癌斜率因子，mg/（kg · d）；

SF_{i-Cd}：经呼吸吸入 Cd 的致癌斜率因子，mg/（kg · d）。

（3）经所有暴露途径对 PCB、Cd 的总致癌暴露风险

$CR_{total}=CR_{Cd}+CR_{PCB}$

CR_{total}：工商业用地方式下受体的总致癌风险，无量纲。

2. 非致癌风险

$$HQ = CDI_{nc} / RfD$$

式中，HQ：非致癌风险商，无量纲；CDI_{nc}：非致癌暴露量；RfD：非致癌污染物参考剂量。

1）居住用地（农业用地）条件下非致癌风险

与致癌风险计算相似，针对暴露评估中所涉及的暴露途径，利用计算获得的暴露量

及毒性评估部分获得的污染物 PCB、Cd、Cu 非致癌参考剂量，参照非致癌风险商计算公式分别计算单一暴露途径中每种污染物的非致癌风险商，之后分别计算经所有暴露途径 PCB、Cd、Cu 的非致癌风险商，最后计算经所有暴露途径、所有污染物的非致癌风险商。PCBs、Cd、Cu 经所有暴露途径的非致癌风险及总非致癌风险计算详见附表 4。

2）工、商业用地条件下非致癌风险

工商业用地条件下，与以上居住用地（农业用地）条件下非致癌风险计算类似，仅在所要考虑的暴露途径、环境介质方面有略微差异。针对暴露评估中所涉及的暴露途径，利用计算获得的暴露量及毒性评估部分获得的污染物 PCB、Cd、Cu 非致癌参考剂量，参照非致癌风险商计算公式分别计算单一暴露途径中每种污染物的非致癌风险商，然后分别计算经所有暴露途径 PCB、Cd、Cu 的非致癌风险商，最后计算经所有暴露途径、所有污染物的非致癌风险商，PCBs、Cd、Cu 经所有暴露途径的非致癌风险及总非致癌风险计算如下所示。

A. 居住用地下非致癌风险计算

（1）经所有暴露途径对 PCB 的非致癌暴露风险

$HQ_{PCB}=HQ_{oral-PCB}+HQ_{dermal-PCB}+HQ_{inhalation-PCB}$

其中：

$HQ_{oral-PCB}=(CDI_{nc-oral-soil}+CDI_{nc-oral-water}+CDI_{nc-oral-products})/RfD_{oral-PCB}$

$HQ_{dermal-PCB}=(CDI_{nc-dermal-soil}+CDI_{nc-dermal-water})/RfD_{dermal-PCB}$

$HQ_{inhalation-PCB}=(CDI_{nc-inhalation-PUF}+CDI_{nc-inhalation-\mathrm{PM}_{10}})/RfD_{inhalation-PCB}$

HQ_{PCB}：经口摄入 PCBs 产生的非致癌风险，无量纲；

$HQ_{oral-PCB}$：所有经口摄入 PCB 产生的非致癌风险，包括经口摄入污染土壤、经饮用地下水、经食用自产农作物；

$HQ_{dermal-PCB}$：所有经皮肤接触 PCB 产生的非致癌风险，包括经皮肤接触污染土壤、经皮肤接触污染地下水；

$HQ_{inhalation-PCB}$：所有经呼吸吸入 PCB 产生的非致癌风险，包括经呼吸吸入气态 PCB、经呼吸吸入 PM_{10} 中的 PCB。

（2）经所有暴露途径对 Cd 的非致癌暴露风险

$HQ_{Cd}=HQ_{oral-Cd}+HQ_{dermal-Cd}+HQ_{inhalation-Cd}$

其中：

$HQ_{oral-Cd}$：所有经口摄入 Cd 产生的非致癌风险，包括经口摄入污染土壤、经饮用地下水、经食用自产农作物；

$HQ_{oral-Cd}=(CDI_{nc-oral-soil}+CDI_{nc-oral-water}+CDI_{nc-oral-products})/RfD_{oral-Cd}$；

$HQ_{dermal-Cd}$：所有经皮肤接触 Cd 产生的非致癌风险，包括经皮肤接触污染土壤、经皮肤接触污染地下水；

$HQ_{dermal-Cd}=(CDI_{nc-dermal-soil}+CDI_{nc-dermal-water})/RfD_{dermal-Cd}$；

$HQ_{inhalation-Cd}$：所有经呼吸吸入 Cd 产生的非致癌风险，包括经呼吸吸入 PM_{10} 中的 Cd；$HQ_{inhalation-Cd}=CDI_{nc-inhalation-\mathrm{PM}_{10}}/RfD_{inhalation-Cd}$。

（3）经所有暴露途径对 Cu 的非致癌暴露风险

$HQ_{Cu}=HQ_{oral-Cu}+HQ_{dermal-Cu}+HQ_{inhalarion-Cu}$

其中：

$HQ_{oral-Cu}$：所有经口摄入 Cu 产生的非致癌风险，包括经口摄入污染土壤、经使用自产农作物；$HQ_{oral-Cu}$=（$CDI_{nc-oral-soil}+CDI_{nc-oral-products}$）/$RfD_{oral-Cu}$；

$HQ_{dermal-Cd}$：所有经皮肤接触 Cu 产生的非致癌风险，包括经皮肤接触污染土壤；$HQ_{dermal-Cu}=CDI_{nc-dermal-soil}/RfD_{dermal-Cu}$；

$HQ_{inhalarion-Cu}$：所有经呼吸吸入 Cu 产生的非致癌风险，包括经呼吸吸入 PM_{10} 中的 Cu；$HQ_{inhalation-Cu}=CDI_{nc-inhalation-PM_{10}}/RfD_{inhalation-Cu}$。

（4）经所有暴露途径对 PCB、Cd、Cu 的总非致癌暴露风险

$HQ_{total}=HQ_{PCB}+HQ_{Cd}+HQ_{Cu}$。

B. 工商业用地下非致癌风险计算

（1）经所有暴露途径对 PCB 的非致癌暴露风险

$HQ_{PCB}=HQ_{oral-PCB}+HQ_{dermal-PCB}+HQ_{inhalarion-PCB}$

其中：

$HQ_{oral-PCB}$：所有经口摄入 PCB 产生的非致癌风险，包括经口摄入污染土壤、经食用自产农作物；$HQ_{oral-PCB}$=（$CDI_{nc-oral-soil}+CDI_{nc-oral-products}$）/$RfD_{oral-PCB}$；

$HQ_{dermal-PCB}$：所有经皮肤接触 PCB 产生的非致癌风险，包括经皮肤接触污染土壤；$HQ_{dermal-PCB}=CDI_{nc-dermal-soil}/RfD_{dermal-PCB}$；

$HQ_{inhalation-PCB}$：所有经呼吸吸入 PCB 产生的非致癌风险，包括经呼吸吸入气态 PCB、经呼吸吸入 PM_{10} 中的 PCB；

$HQ_{inhalation-PCB}$=（$CDI_{nc-inhalation-PUF}+CDI_{nc-inhalation-PM_{10}}$）/$RfD_{inhalation-PCB}$。

（2）经所有暴露途径对 Cd 的非致癌暴露风险

$HQ_{Cd}=HQ_{oral-Cd}+HQ_{dermal-Cd}+HQ_{inhalation-Cd}$

其中：

$HQ_{oral-Cd}$：所有经口摄入 Cd 产生的非致癌风险，包括经口摄入污染土壤、经食用自产农作物；$HQ_{oral-Cd}$=（$CDI_{nc-oral-soil}+CDI_{nc-oral-products}$）/$RfD_{oral-Cd}$；

$HQ_{dermal-Cd}$：所有经皮肤接触 Cd 产生的非致癌风险，包括经皮肤接触污染土壤；$HQ_{dermal-Cd}=CDI_{nc-dermal-soil}/RfD_{dermal-Cd}$；

$HQ_{inhalation-Cd}$：所有经呼吸吸入 Cd 产生的非致癌风险；包括经呼吸吸入 PM_{10} 中的 Cd；$HQ_{inhalation-Cd}=CDI_{nc-inhalation-PM_{10}}/RfD_{inhalation-Cd}$。

（3）经所有暴露途径对 Cu 的非致癌暴露风险

$HQ_{Cu}=HQ_{oral-Cu}+HQ_{dermal-Cu}+HQ_{inhalation-Cu}$

其中：

$HQ_{oral-Cu}$：所有经口摄入 Cu 产生的非致癌风险，包括经口摄入污染土壤、经食用农作物；$HQ_{oral-Cu}$=（$CDI_{nc-oral-soil}+CDI_{nc-oral-products}$）/$RfD_{oral-Cu}$；

$HQ_{dermal-Cu}$：所有经皮肤接触 Cu 产生的非致癌风险，包括经皮肤接触污染土壤；$HQ_{dermal-Cu}=CDI_{nc-dermal-soil}/RfD_{dermal-Cu}$；

$HQ_{inhalarion-Cu}$：所有经呼吸吸入 Cu 产生的非致癌风险，包括经呼吸吸入 PM_{10} 中的 Cu；$HQ_{inhalation-Cu}=CDI_{nc-inhalation-PM_{10}}/RfD_{inhalation-Cu}$；

（4）经所有暴露途径对 PCB、Cd、Cu 的总非致癌暴露风险

$HQ_{total}=HQ_{PCB}+HQ_{Cd}+HQ_{Cu}$。

3. 风险评估结果

1）现状性风险评估结果

根据上述风险评估计算方法，首先根据单一污染物单一途径的暴露剂量与相应的毒性因子，计算单一污染物单一暴露途径的致癌及非致癌风险，然后默认不同污染物对人体产生的致癌或非致癌风险之间为加和作用，将同一用地方式下、不同污染物经不同暴露途径对人体的致癌及非致癌风险进行分别加和汇总。

2）考虑生物有效性时的风险评估结果

由于污染物的生物有效性数据比较缺乏，仅针对现有的 PCBs、Cd、Cu 经不同暴露途径对人体的生物有效性进行计算（表 2.15）。

表 2.15　考虑生物有效性时的现状性风险评估结果

	用地方式	污染物	经口摄入土壤	经皮肤接触土壤	经吸入 PM_{10}	经吸入气态污染物	经饮用地下水	经皮肤接触地下水	经食用大米	经食用蔬菜
致癌风险	居住	PCBs	6.34E-08							4.98E-05
		Cd	4.13E-08	1.70E-09	3.27E-06		5.66E-06	1.91E-10	7.14E-05	2.36E-05
	工商业	PCBs	1.88E-08							5.41E-06
		Cd	1.25E-08	9.08E-10	1.74E-06				1.62E-06	2.56E-06
非致癌风险商	居住	PCBs	1.08E-02							5.85E+00
		Cd	7.52E-04	2.87E-03	1.58E-03		4.53E-02	1.73E-04	1.43E-01	2.92E-01
		Cu	2.34E-02				6.08E-04	6.19E-06	3.99E+00	2.51E-01
	工商业	PCBs	1.36E-03							3.90E-01
		Cd	9.47E-05	6.88E-04	7.97E-04				1.22E-02	1.94E-02
		Cu	2.95E-03							1.67E-02

Cd 的生物有效性研究的比较深入，经口腔摄入、经呼吸吸入、经皮肤接触三种途径均收集到了相应的生物有效性因子。在本研究中拟以 Cd 为例分析考虑生物有效性前后污染物对人体健康风险的变化，在不确定性分析部分以 Cd 为例分析生物有效性对致癌及非致癌风险评估结果的影响。

图 2.16 为居住及工商业用地方式下研究区居民由 PCBs、Cd 及 Cu 引起的总致癌及总非致癌风险；图 2.17 为居住及工商业用地方式下研究区居民由 PCBs、Cd 及 Cu 经单一暴露途径引起的致癌及非致癌风险。我国即将颁布的《污染场地风险评估技术导致》

（征求意见稿）将可接受风险定义为：单一致癌污染物的可接受风险不超过 10^{-6}，单一非致癌污染物的可接受风险商不超过 1；假设在污染产地关注污染物不超过 10 种的情况下，整个污染场地的可接受致癌风险应不超过 10^{-5}。

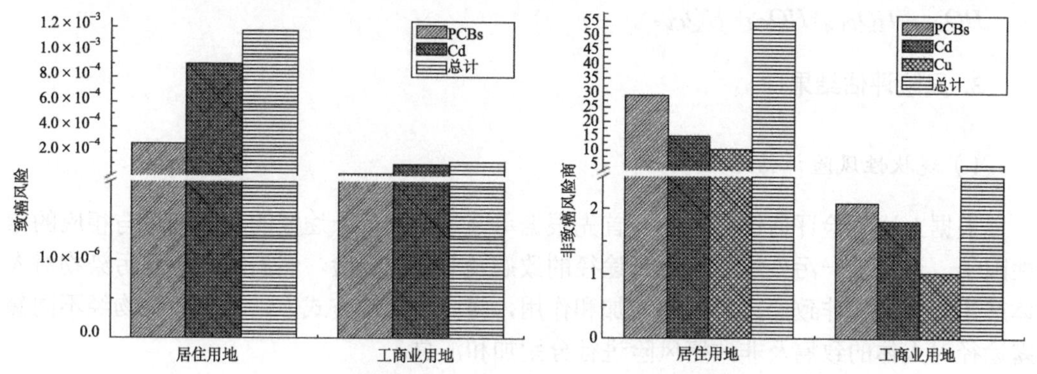

图 2.16　居住及工商业用地下的总致癌及非致癌风险

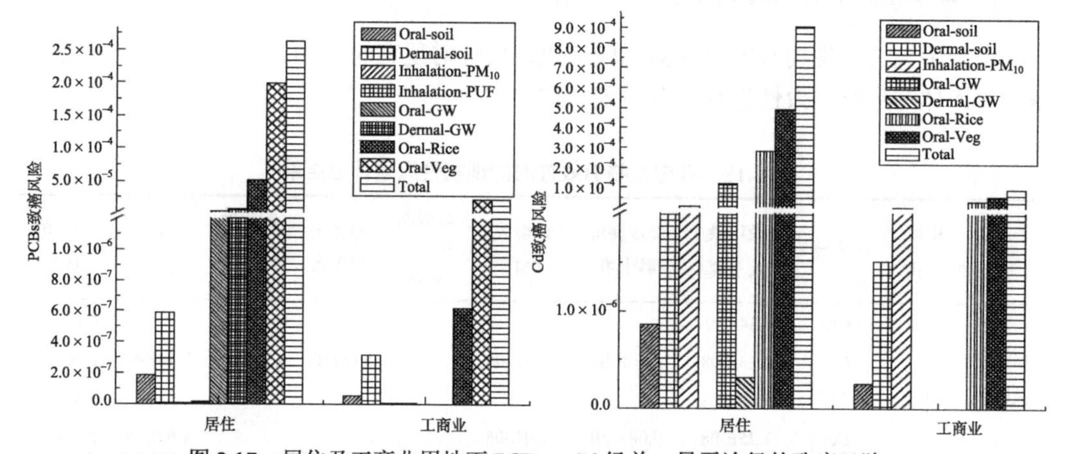

图 2.17　居住及工商业用地下 PCBs、Cd 经单一暴露途径的致癌风险

我们生活的环境中充满了各种各样的风险，如空气污染的年平均风险为 $2×10^{-4}$、吸烟的年平均风险为 $3.6×10^{-3}$、饮酒的年平均风险为 $2×10^{-5}$ 等。提出的可接受风险应通过与常见危害水平的比较、与最低死亡率比较或与引起的平均寿命的缩短来进行比较加以确定。对于可接受风险水平，我国台湾规定总致癌风险不超过 10^{-6} 为可接受致癌风险的上限，若超过 10^{-6} 则需进行污染场地修复目标的计算或进行下一层次的健康风险评估。美国环保局规定单一污染物或单一暴露途径的可接受致癌风险不超过 10^{-6}；美国密苏里州、新墨西哥州等在制定基于风险的土壤标准时均规定可接受致癌风险为 10^{-5}；而荷兰在制定基于保护人体健康的土壤环境基准时以 10^{-4} 作为可接受致癌风险。

根据以上国内外对可接受致癌风险及非致癌风险的规定，研究区居住及工商业用地方式下居民由于暴露于 PCBs、Cd 引起的致癌风险，无论是从单一污染物（PCBs 或 Cd）所引起的致癌风险还是从总致癌风险来看，均已极大超过我国《污染场地风险评估技术导则》（征求意见稿）所规定的可接受致癌风险。居住用地下 Cd 引起的致癌风险要远高于 PCBs 引起的致癌风险，而工商业用地下 Cd 与 PCBs 引起的致癌风险相近。原因在于居住用地下的人群接触污染物的途径更多，并且居住用地下包括大部分农村地区，农村地区居民比工商业用地下的人群消耗更多的携带污染物的粮食和蔬菜；工商业用地方式下的人群大多饮用或使用经过处理的自来水，而农村地区的居民使用井水的比例较高。居住及工商业用地下 PCBs、Cd、Cu 引起的非致癌风险均超过可接受非致癌风险商 1，呈现出非致癌风险水平 PCBs>Cd>Cu 的趋势，并且居住用地下的非致癌风险要明显高于工商业用地方式下的非致癌风险。其原因在于居住用地下以儿童作为敏感受体进行非致癌风险评估，并且居住用地下的暴露情景和暴露途径要比工商业用地方式下多。

从图 2.17 中可以看出居住用地下，PCBs 经食用蔬菜、大米、皮肤接触地下水及饮用地下水引起的致癌风险均超过 10^{-6}，工商业用地下仅经食用蔬菜产生的 PCBs 致癌风险超过 10^{-6}。居住用地方式下 Cd 经各暴露途径的致癌风险要高于工商业用地。与 PCBs 不同之处在于，居住用地方式下 Cd 经皮肤接触地下水引起的致癌风险未达到 10^{-6}，小于 PCBs 的经此途径的致癌风险。而工商业用地方式下，经食用大米引起的 PCBs 致癌风险要远小于同种用地方式下 Cd 经该暴露途径的致癌风险。

4. 不确定性分析

环境中存在的对人体有害的污染物多种多样，且存在于各种环境介质中。本研究中确定的关注污染物有三类：PCBs、Cd、Cu，调查的环境介质包括土壤、地下水、空气中气态污染物、空气中可吸入颗粒物 PM_{10}、蔬菜、大米等。对人体产生的致癌及非致癌效应是多种环境介质中的多种污染物共同作用的结果，在不确定性分析中，对各种环境介质、各种污染物及各暴露途径对致癌及非致癌风险的贡献，以期筛选出对人体危害最大的污染物及环境介质，确定引起人体污染物暴露的主要途径，为有针对性的采取措施控制污染物的排放、削减环境中的污染物、减弱及阻断人体的污染物暴露提供科学理论支持。对风险评估中采用的模型参数进行参数敏感性分析，以评估参数对最终结果的影响，确定相应的参数应以何种方式获取可最大可能的保证评估结果的准确性。以 Cd 为例，比较考虑生物有效性前后致癌及非致癌风险的变化，探讨污染物的生物有效性在风险评估中的应用以及应以何种态度来看待生物有效性在风险评估中的作用。

1）环境介质、污染物的致癌及非致癌风险贡献率

图 2.18 为本研究中所调查的居住用地方式下，五大类环境介质对致癌风险的贡献率及每种环境介质中 PCBs、Cd 的致癌贡献率。从图中可以看出五类环境介质对致癌风险的贡献率大小为：蔬菜>大米>地下水>大气（包括 PM_{10} 颗粒物及气态 PCBs）>土壤。

五种环境介质中 Cd 的致癌贡献率均占绝大部分，尤其是大气，经呼吸吸入大气引起的致癌风险几乎全部来自 Cd。地下水、蔬菜、大米及土壤中 PCBs 的致癌贡献率也占相当比例。分析表明研究区环境中的 Cd 是引起致癌的主要污染物，而蔬菜、大米、地下水及土壤中的 PCBs 对致癌风险也有较大贡献。图 2.19 为居住用地下，调查的研究区五种环境介质及 PCBs、Cd、Cu 对非致癌风险的贡献率。具有非致癌效应的污染物种类较多，五种环境介质对非致癌风险的贡献率大小为：蔬菜>大米>土壤>地下水>大气（包括 PM_{10} 颗粒物及气态 PCBs），蔬菜和大米仍是对人体危害最大的环境介质。与环境介质的致癌贡献率相比，土壤的非致癌贡献率增加较多。并且蔬菜、大气中 PCBs 的非致

癌贡献率占大部分，地下水、大米中 PCBs 的非致癌贡献率占 30%左右；地下水中 Cd 的非致癌贡献率占大部分，Cu 几乎没有贡献。值得引起重视的是大米中 Cu 的非致癌贡献率高达 53%、大气（PM_{10}）中 Cu 的贡献率近 37%，而土壤中 Cu 的贡献率也超过 PCBs 居第二位。说明大米、PM_{10} 及土壤中 Cu 是较为重要的非致癌污染物。

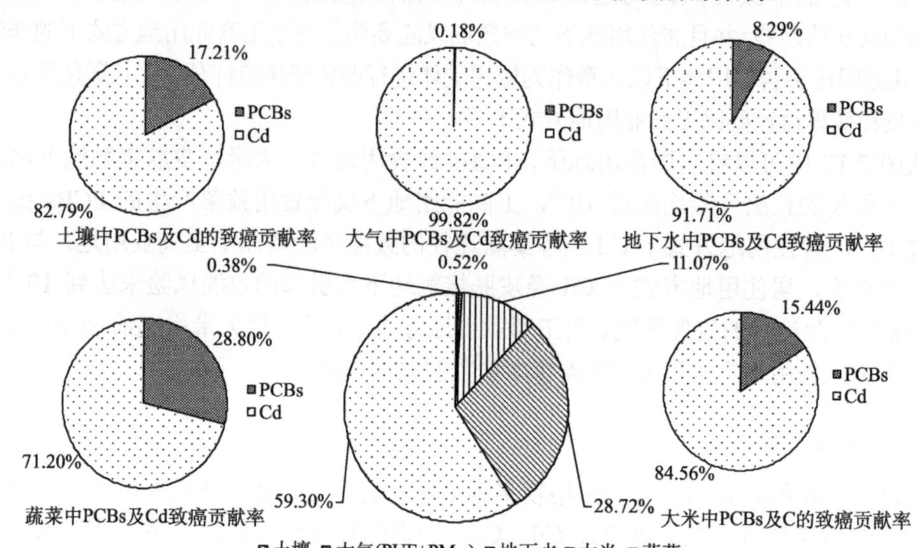

图 2.18　环境介质及其中 PCBs、Cd 对致癌风险的贡献率

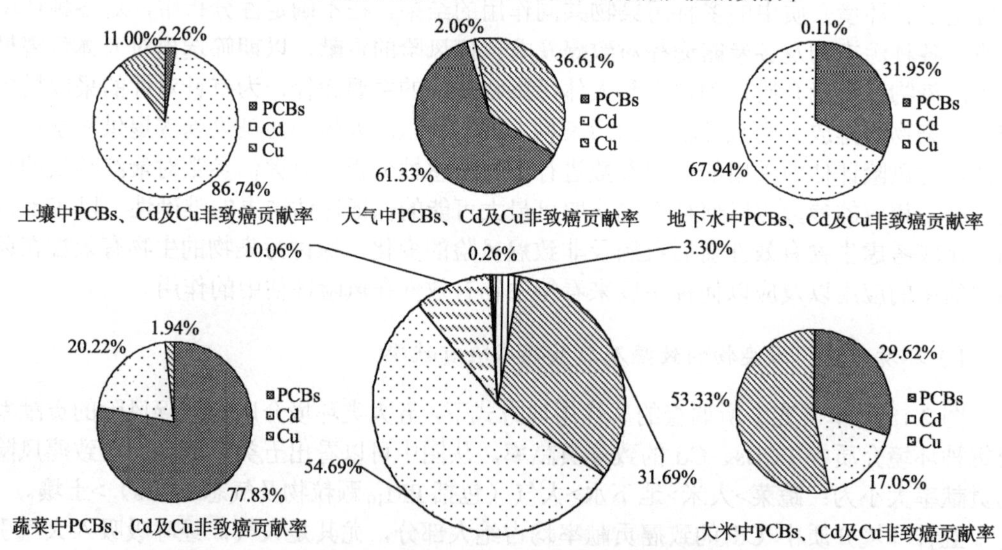

图 2.19　环境介质及其中 PCBs、Cd、Cu 的非致癌风险的贡献率

综合以上对环境介质及污染物致癌、非致癌贡献率的分析可知，蔬菜、大米是研究区对人体产生致癌及非致癌危害最为重要的环境介质；其次为土壤和地下水。Cd 是最重要的致癌污染物，土壤及地下水中的 Cd 是最为重要的非致癌污染物；蔬菜、大气、大米及地下水中的 PCBs 是重要的非致癌污染物；大米、大气可吸入颗粒物及土壤中 Cu 的非致癌作用也应十分重视。

2）暴露途径的致癌及非致癌贡献率

对人体产生危害的情景及途径是多种多样的，由于环境介质的多样化在进行暴露剂量计算时就有多种计算模型。总结起来人体产生暴露的途径有三种，即口腔、皮肤及呼吸。图 2.20 和图 2.21 为居住及工商业用地下，经口摄入、经呼吸吸入及经皮肤接触对致癌风险的贡献率，右侧柱状图表示三种途径中，两种主要致癌污染物 PCBs、Cd 所占的致癌比例。从图中可以看出，两种用地方式下经口摄入均为最重要的引起致癌风险的途径。居住用地方式下经皮肤接触引起的致癌风险要大于经呼吸吸入的致癌风险，而在工商业用地方式下则相反。居住用地下，经口摄入和经呼吸吸入途径中 Cd 是最重要的致癌污染物，而经皮肤接触途径中 PCBs 则是更为重要的致癌污染物。在工商业用地方式下，三种暴露途径中 PCBs 均是最为重要的致癌污染物。

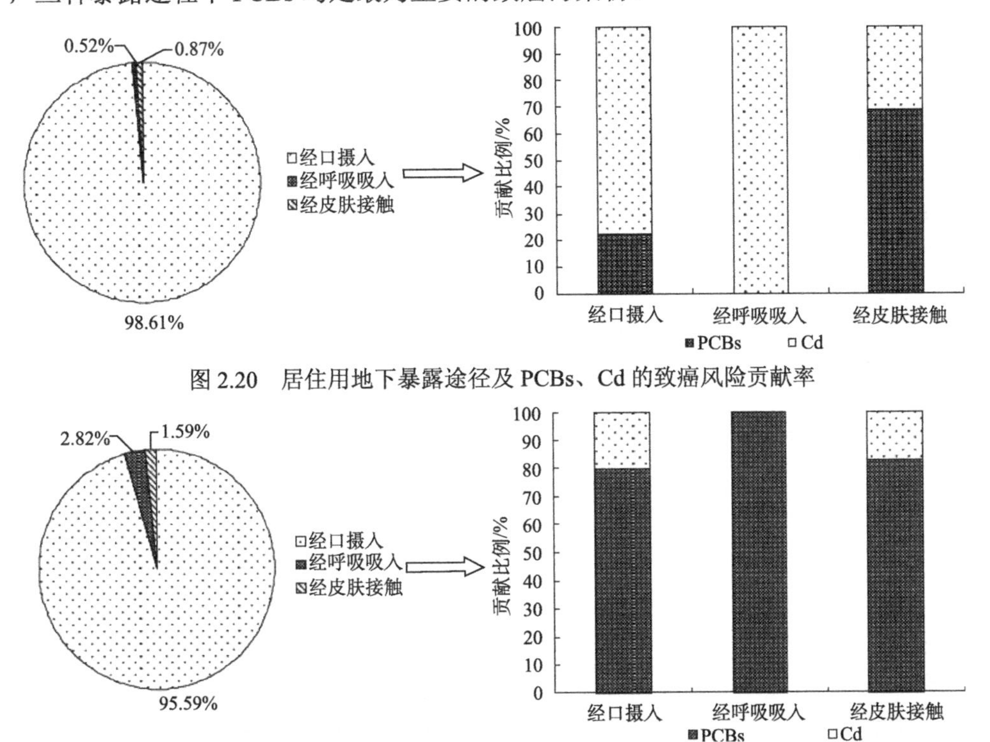

图 2.20　居住用地下暴露途径及 PCBs、Cd 的致癌风险贡献率

图 2.21　工商业用地下暴露途径及 PCBs、Cd 的致癌风险贡献率

3）参数敏感性分析

对健康风险评估结果进行参数敏感性分析，目的在于研究参数的变化对污染物产生风险的影响，即参数每变动 1%，相应的风险变化程度，通过参数敏感性分析明确参数对风险的影响程度大小，影响程度越大，说明该参数的变化容易对最终风险产生较大的影响，在进行风险评估时需要从研究区调查获取这些参数，保证最终风险评估结果更加接近真实情况，降低风险评估结果的不确定性。由于参数与致癌风险之间不一定全都是线性关系，因此对参数的敏感性需从大范围（50%）和小范围（5%）两个范围进行分析，在该研究中对居住用地条件下 PCBs 致癌及非致癌参数敏感性进行了分析，结果如图 2.22 所示。

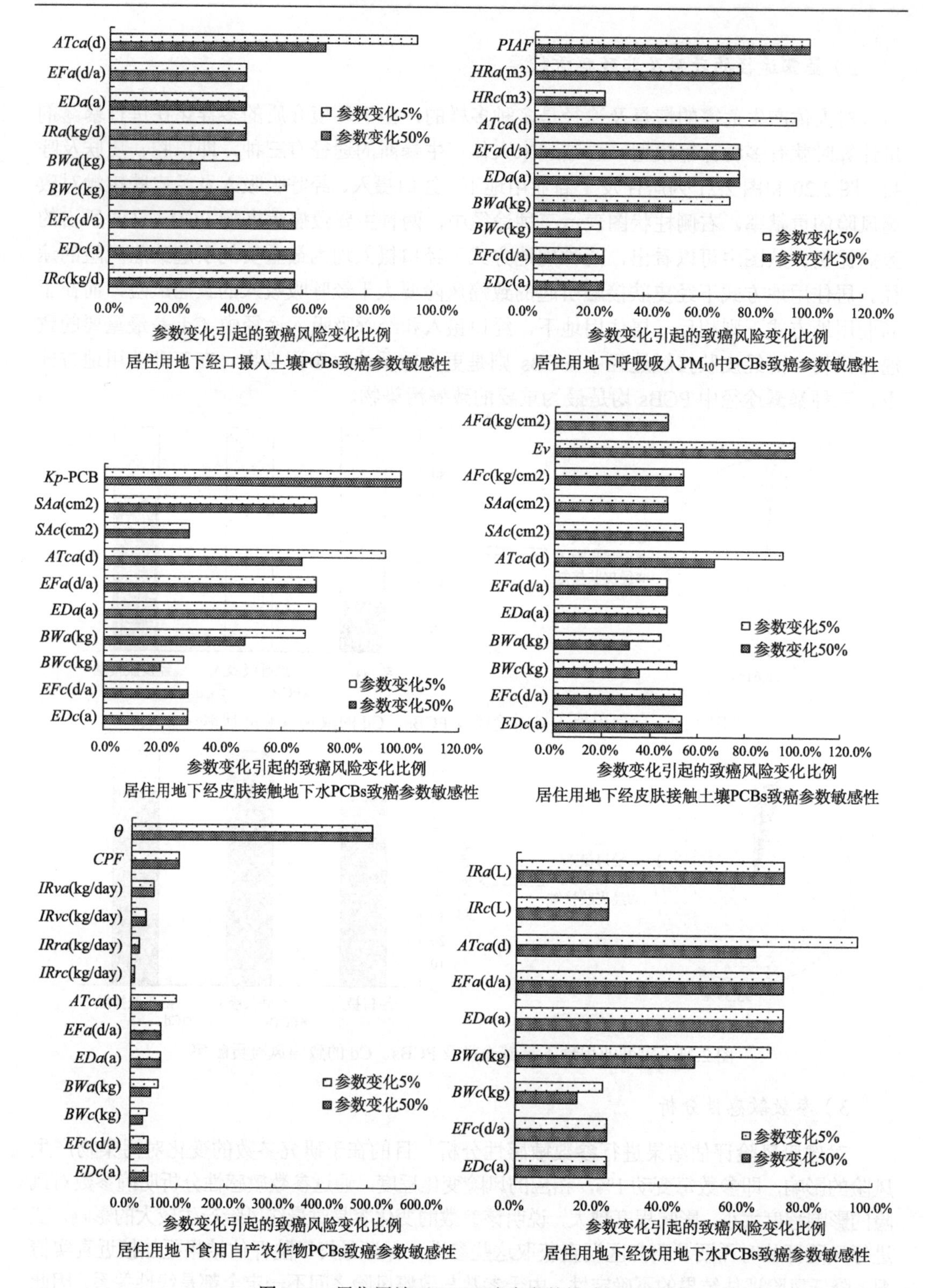

图 2.22　居住用地下 PCBs 致癌参数敏感性评估

图中纵轴参数含义与公式 2-21~公式 2-44 中参数含义相同。从图中可以看出，参数 *ATca*、*BWa*、*BWc* 与最终致癌风险的关系为非线性的，参数大范围变化（50%）与小范围变化（5%）对最终致癌风险的影响不同。在图 2.22 所评估的参数中蔬菜含水率 θ 是最敏感的参数，其次为 PCBs 的皮肤渗透系数 *Kp*、颗粒物滞留比例 *PIAF*、污染蔬菜比例 *CPF*、每日接触土壤次数 *Ev* 及 *ATca*；最后为个体特性参数和行为参数。在不同的暴露途径中，个体特性及行为参数对最终结果的影响也不尽相同。如在经口摄入土壤暴露途径中，儿童摄食土壤频率 *IRc*、儿童暴露频率计周期 *EFc*、*EDc* 是除 *ATca* 之外最为敏感的参数，而在经呼吸吸入 PM_{10} 暴露途径中成人的个体特性及行为参数 *HRa*、*EFa*、*EDa*、*BWa* 则是除 *PIAF* 外最为敏感的参数。因此在进行参数敏感性分析时需针对每条具体的暴露途径进行分析，对每条暴露途径中参数的敏感性均加以分析进行排列（表 2.16），确定出对最终结果影响最敏感的参数，分析该参数取值的来源，最为敏感的参数需通过实际调查或权威统计资料获取，不很敏感的参数则可酌情采用默认值。

表 2.16　居住用地下 PCBs 致癌参数敏感性排序

暴露途径	参数敏感性排序
经口摄入土壤	*ATca>EFc=EDc=IRc>BWc>EFa=EDa=IRa>BWa*
经呼吸吸入 PM_{10}	*PIAF>ATca>HRa=EFa=EDa>BWa>HRc=EFc=EDc> BWc*
经皮肤接触地下水	*Kp-PCB>ATca>SAa=EFa=EDa>BWa>Sac=EFc=EDc> BWc*
经皮肤接触土壤	*Ev>ATca>AFc=EFc=EDc=Sac>BWc>AFa=SAa=EFa=EDa>BWa*
经食用自产农作物	θ*>CPF>ATca>EFa=EDa>BWa>IRva>EFc=Edc>BWc>Irvc>Irra>IRrc*
经饮用地下水	*ATca>IRa=EFa=EDa>BWa> EDc=EFc=IRc>BWc*

4）生物有效性对致癌风险评估结果的影响（以 Cd 为例）

在人体健康风险评估中考虑生物有效性是目前风险评估的一大趋势，表明人们在获得较为保守的风险评估结果的前提下，追求更为准确、更为可靠的风险评估结果。目前国外许多国家在制定土壤环境基准、开展污染场地修复等工作时很大程度上是基于保护人体健康的目的。污染场地修复目标的确定是根据人体健康风险评估确定的，土壤中污染物的生物有效性决定着人体及其他生物体的暴露量及最终产生的效应。若采取比较保守做法，即不考虑污染物的生物有效性，假设土壤中的污染物对人体全部有效，在这种情况下人体健康风险评估结果很高。这种保守的评估方法可以促使人们提高警惕，采取较为严厉的控制措施，以最大程度的消除或削弱对人体健康的危害。但是当将这种基于最大程度的保护人体健康的保守思想应用于污染场地修复目标及修复技术的确定、土壤环境基准的制定时就会出现问题，确定的修复目标值会很低，对修复技术的修复效率要求很高，这导致的结果就是修复成本的急剧增加；制定出来的土壤环境基准也会非常严格，以此标准来进行污染程度评估时，绝大多数区域都可能会被认为是对人体能产生不可接受危害的场地。这两种现象都极不利于环境保护与经济发展。在风险评估中考虑生物有效性，目的就是为了获取更加准确、更加合理、更加接近现实情况的评估结果，从另一方面来说也是为了协调环境保护与经济发展之间的矛盾，有助于设定合理的修复目标、制定合适的土壤环境基准，达到既可以保护人体健康又不阻碍经济发展的目的。

目前对污染物生物有效性的研究工作不是很充分，对重要重金属的研究较多，本研究以生物有效性因子比较完全的 Cd 为例，探讨考虑生物有效性时 Cd 对人体健康危害的变化。图 2.23 和图 2.24 为本研究中居住及工商业用地条件下，考虑生物有效性与否 Cd 经各暴露途径对人体致癌及非致癌风险的变化。从图中可以看出，考虑生物有效性因子后 Cd 对人体健康的风险评估结果降低很多，从总风险来看居住及工商业两种用地方式下非致癌风险商的降低最大，未考虑生物有效性时居住及工商业用地下 Cd 对人体的非致癌风险商分别高达 15.1 和 1.81，均超过可接受非致癌风险商，而考虑生物有效性时两种用地方式下Cd的非致癌风险商均远低于1。两种用地方式下的致癌风险虽然有所降低，但是仍超过可接受致癌风险。考虑生物有效性时 Cd 对人体的风险评估结果会有较大幅度的降低，但是这并不表明 Cd 对人体的实际危害降低，只是以这种不保守的方法进行

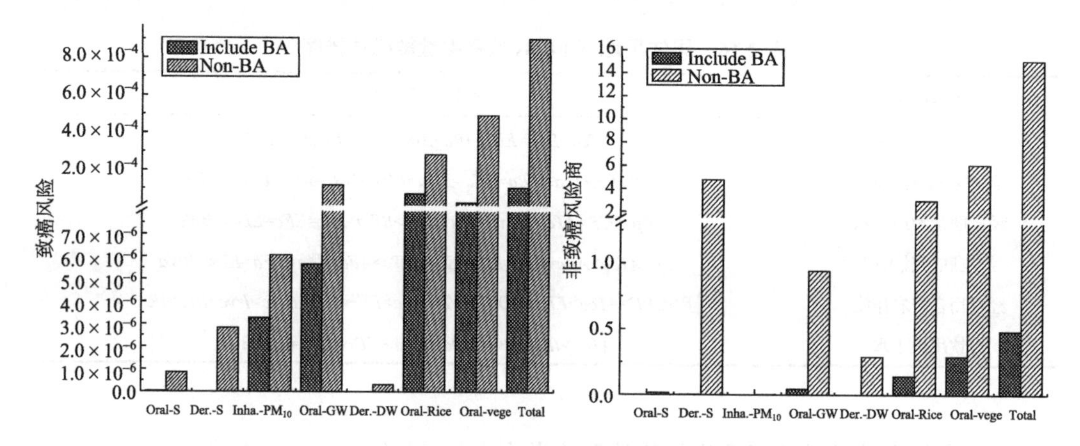

图 2.23　Cd 生物有效性对居住用地下居民致癌及非致癌风险影响

Include BA 为考虑生物有效性，Non-BA 为未考虑生物有效性

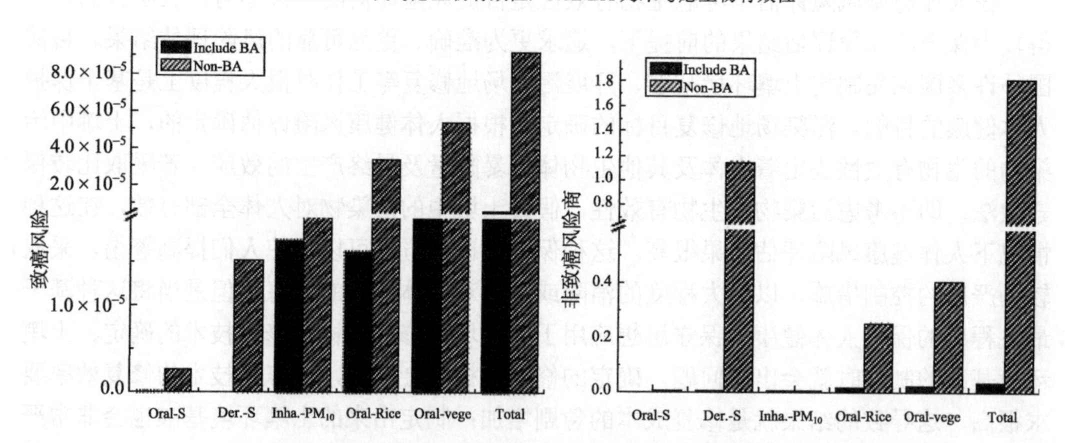

图 2.24　Cd 生物有效性对工商业用地下居民致癌及非致癌风险影响

Include BA 为考虑生物有效性，Non-BA 为未考虑生物有效性

评估时的评估结果。以基于生物有效性的人体健康风险评估来设定污染场地修复目标时，可保证达到修复目标时土壤中残留的污染物对人体健康的危害在可接受范围内，并可有效降低修复成本和修复技术要求。

5. 食物链暴露对 PCBs 人体健康风险的影响

多氯联苯（PCBs）是一种混合污染物，对人体既有致癌效应又有非致癌效应，并且氯代程度越高毒性越大（Richard et al.，2005）。PCBs 在环境中存在的形态、赋存的环境介质均影响着 PCBs 进入人体的途径和生物有效性，PCBs 以不同环境介质为载体、经不同暴露途径对人体产生不同程度的毒性效应。如 PCBs 经呼吸吸入 PCBs 的致癌斜率因子为 0.00219［1/（mg/（kg·d））］，而经皮肤接触和口腔摄入 PCBs 的致癌斜率因子为 2［1/（mg/（kg·d））］（RAIS，2009）。当大气、土壤、水体中的 PCBs 被动物、植物所吸收后，PCBs 赋存的环境介质及存在形态均发生了变化，并且改变了进入人体的途径，这势必改变 PCBs 对人体的毒性效应；另外，不同 PCBs 单体的理化性质差别很大，随氯代数增加其水溶解度降低、亲脂性增加，高氯代的 PCBs 更容易被生物体所吸收和积累，对人体的危害更大。根据 Trapp 模型计算的蔬菜中大气源、土壤源 PCBs 所占的比例，考虑大气中土壤颗粒物在蔬菜上的残留为 1%，研究区居民食用的蔬菜中大气源 PCBs 所占比例为 98.82%，土壤源（包含土壤颗粒物残留）所占比例为 1.18%，以此比例计算 Trapp 模型模拟以及实测蔬菜中大气及土壤源 PCBs 的量。图 2.25 为根据美国 EPA 人体健康风险评估模型，计算研究区居民经呼吸吸入大气中气态 PCBs、经口摄入土壤、经皮肤接触土壤以及经食用蔬菜摄入 PCBs 对人体的致癌及非致癌风险。图中“实测-气相-蔬菜”指按上述蔬菜中大气源PCBs所占比例推算的蔬菜实测值中气相源PCBs的致癌及非致癌效应，“预测-气相-蔬菜”为按照上述比例推算的蔬菜预测值中气相源 PCBs 的致癌及非致癌效应，“实测-土壤-蔬菜”、“预测-土壤-蔬菜”与此含义类同。

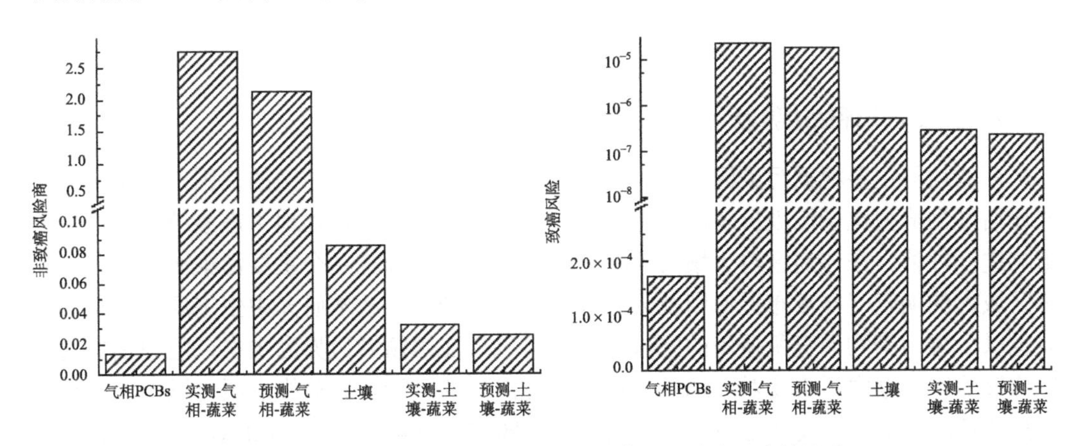

图 2.25　蔬菜对环境介质中 PCBs 致癌及非致癌风险的影响

从图 2.25 中可看出，大气中气态 PCBs、土壤中 PCBs 对人体的致癌风险低于可接受致癌风险 10^{-6}，非致癌风险商低于 1；当气态 PCBs 被蔬菜吸收，对人体的致癌风险极大增加，实测及预测值均高于 10^{-5}，非致癌风险商高于 2，与大气中气态 PCBs 被蔬菜吸收后对人体的影响不同，土壤中的 PCBs 被蔬菜吸收，以蔬菜为介质对人体的危害反而有所降低。其原因主要有 2 个方面：①大气中气态 PCBs 主要是通过蔬菜地上部分吸收，蔬菜更容易吸收、储存毒性更大的高氯代 PCBs，并且大气中气态 PCBs 进入蔬菜后，其进入人体的方式从经呼吸吸入改变为经口摄入，对人体的致癌斜率因子增大了近 1000 倍。土壤中 PCBs 主要通过蔬菜根系吸收土壤溶液中溶解态 PCBs，毒性高的高氯代 PCBs 水溶解度低，不易被蔬菜吸收，蔬菜吸收的部分也是毒性较低的低氯代 PCBs，并且土壤中的 PCBs 和蔬菜中的 PCBs 均可经口进入人体，其致癌斜率因子没有发生改变；②根据式（2-59）中蔬菜中 PCBs 浓度与土壤中 PCBs 及大气 PCBs 含量的关系、我国居民每天食用蔬菜 185.4g（鲜重）（中华人民共和国卫生部，2008），可推算出研究区成人每天经食用蔬菜摄入的 PCBs 的量（以 7 种指示性 PCBs 计）相当于吸入 1071.63m^3 的空气，为正常情况下成人呼吸空气量的 71 倍多，这表明空气中的 PCBs 被蔬菜吸收后再被人食用的过程中，蔬菜起到了积累、放大 PCBs 人体摄入量的作用。大气中气态及土壤中 PCBs 被蔬菜吸收后对人体的非致癌效应变化与致癌效应的变化趋势及原因相同。

三、电子废旧产品拆解区污染土壤的生态风险评估

污染土壤中的有毒有害物质，除了对人体健康造成危害之外，对生态系统也有极大威胁。对生态系统的毒害效应表现为对生态系统结构和功能的破坏，或对生态物种的毒害效应。陆地生态系统为人类生存提供了大量的物质保障，联合国千年生态风险评估将生态系统作为人类生存和发展的四大“资本”之一，足见生态系统对人类生存发展的重要性。本研究中主要借鉴美国环保局生态风险评估框架，对研究区土壤中典型污染物 PCBs、Cd、Cu 对陆地生态系统的生态风险进行评估，除了期望对该地区典型污染物的陆地生态风险有所了解外，也将对生态风险评估方法的具体应用进行研究，以期推动我国生态风险评估方法的发展。

（一）问题表征

1. 生态风险评估边界及评估终点的确定

评估边界主要根据污染源和污染物传输途径等信息界定评估区的范围，在本研究中的评估区为典型电子垃圾拆解回收区，主要针对土壤污染物对陆地生态系统可能产生的影响进行评估。在该地区对土壤污染物进行的调查主要围绕几个重要污染源及研究区整个区域内的调查（样点布置原则及分布详见第二部分），故本研究中生态风险评估的边界也以土壤污染物调查所覆盖的区域为界，即以峰江镇镇域边界为生态风险评估的边界评估该地区土壤中污染物对陆地生态系统可能产生的风险。评估终点至可以明确表达被保护的环境价值，在实际运用中通常指一些生物实体及其属性（USEPA，1998），本研究所确定的风险评估区中大部分区域为农业用地，并散布大量的农村住宅用地，农业用地主要种植蔬菜、水稻及一些经济作物（如甘蔗等），农村居民散养的有鸡、鸭等家禽，这些生物是当地居民的主要食品来源；另外，土壤中的蚯蚓对于改善土壤结构、土壤透气性、土壤肥力等有很大作用，因此也是一种具有重大利用价值的生物，在本研究中将

确定以蚯蚓、蔬菜、水稻为陆地生态风险评估的评估终点，期望通过评估可了解该地区土壤中存在的污染物对这些生物可能产生的风险。

2. 生态风险评估产地概念模型

生态风险评估场地概念模型与人体健康风险评估场地概念模型在污染源、污染物方面是基本相同的，最大的差异在于针对的受体及污染物到达受体的途径（即暴露途径）的差异。陆地生态系统中物种多种多样，每种生物个体的生长特性和行为均不相同，因此每种生物个体均有不同的暴露途径。建立生态风险评估的场地概念模型目的是为了明确对目标受体（即确定的评估终点）产生暴露的主要途径，根据对研究区的调查，建立如图 2.26 所示生态风险评估场地概念模型。

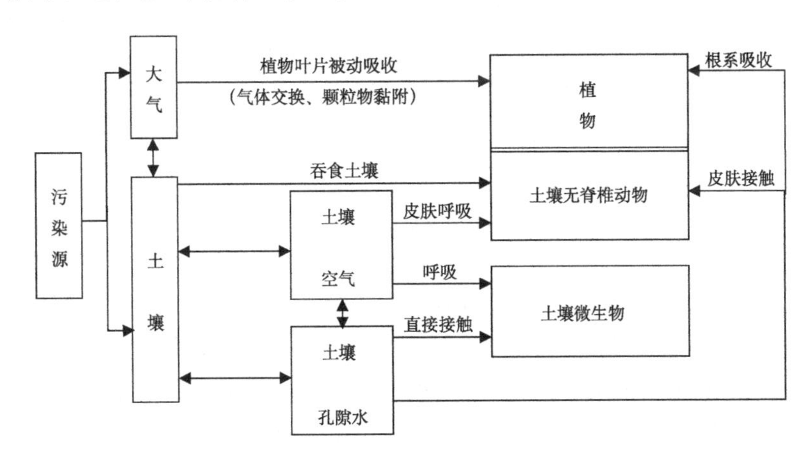

图 2.26　生态风险评估场地概念模型

3. 风险分析计划

风险分析计划主要确定如何开展风险评估、确定所需的数据、确定需要测定的项目、确定下一步风险分析的方法。本研究中针对选择的研究区土壤中典型污染物 PCBs、Cd、Cu，拟开展如下工作：

采用荷兰公共卫生与环境国家研究院（RIVM）开发的物种敏感分布计算软件 ETX2.0，根据美国环保局生态毒性数据库 ECOTOX 数据库中 PCBs、Cd、Cu 的陆地生态毒性数据及研究区实测土壤中 PCBs、Cd、Cu 含量数据，计算出 PCBs、Cd、Cu 的 HC5，获得 PCBs、Cd 及 Cu 的联合概率曲线。

所需数据：①PCBs、Cd、Cu 陆地生态系统毒性数据 LOEC 及 NOEC，主要通过美国环保局 ECOTOX 毒性数据库获取；②研究区土壤中 PCBs、Cd、Cu 含量，实际测定，土壤样品采集、处理及结果详见第二部分。

下一步生态风险分析工作：①对研究区土壤中 PCBs、Cd、Cu 来源、在土壤中的存在形态及 PCBs 的半衰期、降解产物进行分析，明确对土壤生物产生危害的污染物的环境行为；②根据 ETX2.0 模拟计算出的 HC5 及 PCBs、Cd、Cu 的联合概率曲线，对研究区土壤中 PCBs、Cd、Cu 对土壤生态系统的危害进行表征。

（二）风险分析

本研究中将在本部分引入物种敏感分布法，结合具体实例分析物种敏感分布法在生态风险评估中的应用。

1. 暴露表征

1）研究区污染物来源及优先评估污染物的确定

研究区是一个复合污染区，该地区的土壤、水体、空气、食物均存在严重的多重有机（PAHs、PCBs、PCDD/Fs）及无机（Cd、Cu、Zn、Hg、As 等）污染（张建英等，2009；李英明等，2008；卜元卿，2007；孟庆昱等，2000；储少岗等，1995a，1995b）。这些污染物主要来自该地区典型的电子垃圾拆解活动，高军（2005）采用主成分分析法对该地区土壤中 PCBs 的来源进行分析表明，电子塑料垃圾的随意堆放与燃烧是该地区 PCBs 的主要来源之一。除此之外，另一个最重要的来源就是该地区有废旧电容器回收站，电容器中的绝缘油即为 PCBs，回收电容器的过程中 PCBs 的泄漏是环境中 PCBs 的主要来源。重金属污染物 Cd、Cu、Zn、Hg 等主要来自电子废旧产品的酸洗或热熔回收。多项研究表明该地区 PCBs、Cd、Cu 是污染最为严重的污染物，并且在人体健康风险评估部分，对该地区的主要污染物进行了筛选，为与人体健康风险评估相对应，在生态风险评估中也将优先评估污染物确定为 PCBs、Cd、Cu。另一方面，开展生态风险评估的最终目的也是为了保证人体健康，故选择与人体健康风险评估相同的优先评估污染物也是比较合理的。

2）确定土壤污染物到受体的暴露途径

其目的是为了明确了解土壤生物接触污染物的方式，判断产生暴露、最终导致毒性效应的主要原因。根据建立的生态风险评估场地概念模型，分析土壤优先评估污染物到受体的主要暴露途径有：

植物接触污染物的暴露途径：叶片吸收空气中气态污染物、叶片黏附大气颗粒物及土壤颗粒物接触污染物、植物根系吸收土壤水溶液中污染物、植物根系接触土壤固态吸附污染物。

土壤微生物接触污染物的暴露途径：直接接触土壤水溶液中污染物、接触土壤固态吸附污染物、接触土壤空气中污染物。

土壤无脊椎动物接触污染物的暴露途径：吞食土壤经体腔吸收、皮肤接触土壤吸收、皮肤接触土壤水溶液、皮肤呼吸吸入土壤空气暴露。

陆生大型动物暴露途径：皮肤接触土壤、食物链暴露、口腔摄入土壤暴露。以上为四大类陆生生物接触土壤污染物的暴露途径，在人体健康风险评估中通过对各暴露途径产生剂量的计算，结合污染物毒性因子，可最终获得单一污染物经单一暴露途径产生的风险，并通过暴露途径贡献率分析，筛选出最重要的暴露途径以采取有针对性的管理措施。而生态风险评估中，由于生物个体大小、生理特性、活动行为等特征参数均较难以统计获得，无法对生态系统中的每种生物经单一暴露途径产生的暴露量进行计算。进行生态风险评估时，通常的做法是筛选合适的评估终点，美国环保局设定了四个水平的通用评估终点：①生物个体水平，测定终点包括：评估污染物对生物个体的致死效应、生物个体的存活能力、繁殖力和生长力；②生态系统种群水平，测定终点包括：种群灭绝程度、丰度和生产量；③群落和生态系统水平，包括生物种类的多样性、丰度、生产量、群落面积、功能和物理结构；④法定评估终点。

3）研究区陆生生物优先评估污染物的暴露剂量

生态风险评估中，暴露剂量的计算最简单和最直接的方法是直接测定生物受体体内污染物的含量。当生物体测试不可行时，也可根据土壤中污染物含量估算土壤生物体内污染物的含量，常用的估算模型有吸收因子法、机理模型、逸度模型。其中吸收因子模型由于操作简单，应用最为广泛（Cao et al.，2004；Sample et al.，1997）。污染物的吸收因子可通过查阅文献进行收集，也可通过生物浓缩因子（BCF）和定量结构-活性模型进行估算。

本研究中所针对的研究区是农村地区，主要土壤生物为土壤微生物、土壤无脊椎动物、农作物（水稻、蔬菜等）及农民养殖的家禽（鸡、鸭）等，作者所在的研究小组对该地区多种生物中污染物含量进行过调查，现将本研究所针对的三种污染物 PCBs、Cd 及 Cu 在生物体内的含量汇总如表 2.17 所示。

表 2.17 研究区生物体内 PCBs、Cd、Cu 含量

污染物	生物体及含量	数据来源
PCBs	线瓜：92.1ng/g（DW） 空心菜、青菜：>75 ng/g（DW） 甘蔗：7.5~39.5 ng/g（DW） 鱼腥草：22.2~39.2 ng/g（DW） 水稻：4.1~35.8 ng/g（DW） 鸡脂肪：2.5×10^3ng/g（FW） 鸡肌肉：400ng/g（FW） 鸭肌肉：320ng/g（FW）	高军，2005
	蔬菜（空心菜、青菜、包菜、小白菜、土豆等）：1.32~1981.6 ng/g（FW） 水稻：ND~35.8ng/g（DW）	本研究
	水稻：3.37±0.38ng/g（DW） 蚯蚓：PCB18:18.2ng/g，PCB 8:15.1ng/g	卜元卿，2007
Cu	水稻（糙米）：3.9~10.0 mg/kg（DW） 蚯蚓：89.6~119.8 mg/kg	卜元卿，2007
	水稻：2.3~544.0 mg/kg（DW） 蔬菜：8.53~45.4 mg/kg（FW）	本研究
Cd	水稻：0.02~3.30 mg/kg（DW） 蔬菜：0.03~25.9 mg/kg（FW）	本研究
	水稻：0.1~0.5 mg/kg（DW） 蚯蚓：55.1mg/kg	卜元卿，2007

注：表中 FW 表示鲜重；DW 表示干重。

高军（2005）的研究结果表明生物体内 PCBs 的含量受土壤含量影响，一般随着土壤含量的增加而增加；瓜果类生物中较少检测到 PCBs，纤维含量高的植物体内 PCBs 含量一般较高；在研究区的鸡、鸭脂肪及肌肉组织中均检测到较高含量的 PCBs，通过与对照地区的比较表明研究区动物体内已有严重的 PCBs 暴露。本研究中调查的蔬菜及大米中 PCBs、Cd、Cu 均超过相关标准，对人体健康存在一定的危害。在生态风险评估以下内容中，将针对研究区土壤中存在的 PCBs、Cd、Cu 采用商值法和联合概率曲线法表征其对研究区陆地生态系统的影响。

2. 生态效应分析

生态效应表征主要研究评估不同污染程度污染介质对生物受体的危害，一般分为生物个体、种群、群落和生态系统三个水平（USEPA，1998）。目前，针对土壤污染物的生态风险评估主要针对生物个体的生态毒理学评估和生物群体的功能评估。通过室内及室外生态毒理学和生物学测试可获得不同污染物在生物体上的多个毒性测试终点（LC50、EC50、NOEC、LOEC、MATC 等），利用这些生态毒理数据可进一步计算获得土壤生态系统中污染物的可预测无效应浓度（predicted no-effective concentration，$PNEC_{soil}$），通过将研究区土壤中污染物的实测值与 $PNEC_{soil}$ 进行比较，可判断研究区污染物含量是否会对土壤生态系统产生危害。目前美国、荷兰以及欧盟等国家已经建立了较为完备的生态毒理数据库，如美国的 ECOTOX、荷兰的 e-toxbase、Elsevier 公司的 ECOTOX-CD 等，其中美国的 ECOTOX 数据库是开放的，可从中查询获取充足的生态毒性数据。在毒理数据充足的情况下（通常指有 10 个以上，包含至少 8 个不同生物种类的 NOEC 值），可采用排序法和物种敏感分布法（SSD）来确定 $PNEC_{soil}$ 值，用于表征研究区土壤污染物 PCBs、Cd、Cu 对该地区陆地生态系统可能产生的影响，并且可采用物种敏感分布法结合研究区实测土壤污染物含量，建立联合概率曲线，定量表征土壤污染物对该地区生态系统的影响。从美国 ECOTOX 生态毒性数据库查询获取的研究区关注污染物 PCBs、Cd、Cu 的陆地生态系统生物 NOEC 和 LOEC 基本情况如下：

A. LOEC

Cd：LOECs 数据 469 个，包括植物（如灌木、小麦、大豆、黑麦草、沙生羊茅、大麦等），无脊椎动物（蚯蚓、蠕虫、蜗牛、跳虫等），昆虫（家蝇、蜘蛛、黄粉虫等），脊椎动物[哺乳动物（如牛、鼠）、禽鸟类（如斑鸠、鹌鹑、家鸡）等]。

Cu：LOECs 数据 676 个，包括植物（黄瓜、水稻、柳栎、芸薹、芥菜、向日葵、小麦、大麦、菜豆、萝卜、莴苣、番茄、香根草、甜椒、胡萝卜、玉米、洋葱、芦苇、野茶树、芹菜、小白菜等），无脊椎动物（蚯蚓、蠕虫、线虫、原生动物、蜗牛等），昆虫（黄粉虫、蜘蛛、家蝇等），大型动物（绵羊、禽鸟类、鼠、牛、水貂、野猪、家山羊等）。

PCBs：LOECs 数据 247 个，包括无脊椎动物（蚯蚓、腹足纲软体动物、线虫），脊椎动物（水貂、鹌鹑、环颈雉、蝙蝠、禽鸟类、鼠类等）。

B. NOEC

Cd：NOECs 数据 386 个，包括植物（燕麦、小麦、大豆、莴苣、番茄等），无脊椎动物（蠕虫、蚯蚓、跳虫、蜗牛、线虫等），昆虫（蜘蛛、蟋蟀、家蝇、黄粉虫等），脊椎动物（鼠类、禽鸟类、牛等）。

Cu：NOECs数据717个，包括植物（燕麦、白桦树、芥菜、直立圆锥果木、向日葵、黄瓜、小麦、菜豆、萝卜、莴苣、花生、香根草、玉米等），无脊椎动物（蚯蚓、跳虫、线虫、原生动物、蜗牛、螺等），昆虫（蜘蛛、大黄粉虫、螨虫、家蝇等），脊椎动物（水貂、山羊、绵羊、禽鸟类、牛、鼠类、野猪等）。

PCBs：NOECs数据135个，包括植物（花生等），无脊椎动物（线虫、蚯蚓等），脊椎动物（禽鸟类、蝙蝠、鼠等）。

1）排序法确定土壤生态系统中预测无效应浓度$PNEC_{soil}$

根据从美国ECOTOX生态毒性数据库获取的PCBs、Cd、Cu的陆地生态系统LOEC，由于该数据库中的生态毒性数据是对大量研究结果的汇总，在应用前需先进行筛选，进行单位转换，保证所有数值的单位相同、实验介质均为土壤，然后对其从小到大进行排列，绘出LOEC累积百分位图，人为确定一定百分位值（一般选用5%，意指可在污染物浓度低于5%分位值的LOEC时，可保证95%的生态物种不会受到危害）。据此方法，绘制PCBs、Cd、Cu累积百分位图[图2.27（a）~（c）]。

根据以上绘制的PCBs、Cd、Cu陆地生态系统LOEC累积百分率曲线可看出，LOEC值按大小排序后成指数分布。据拟合获得的公式，取百分位为5%的LOEC数值为土壤生态系统的$PNEC_{soil}$，则PCBs、Cd、Cu的$PNEC_{soil}$分别为：0.842mg/kg、0.116mg/kg、0.283mg/kg。

2）物种敏感分布法的起源及国内外进展

最早系统的报道不同物种对毒性物质敏感性差异的学者之一是Slooff（1983a，1983b），Slooff等进行调查的主要目的并不是为了建立物种敏感分布法，而是为了对比不同物种对毒性物质的相对敏感性，以筛选出水环境质量指示生物。物种敏感分布（species sensitivity distribution，SSD）的概念在20世纪80~90年代作为一种用于环境基准制定和生态风险评估的生态毒理工具被提出。经过多年的发展，物种敏感分布方法论发生了演变，被用于各种风险管理框架中。物种敏感分布法最早在20世纪70年代被美国环保局和加利福尼亚州用于水环境质量的制定，之后被美国环保局用于沉积物基准的制定。SSD在美国的应用以及在荷兰和丹麦的一些应用，启发了SSD在化学物质和污染场地生态风险评估中的应用。之后，美国环保局认可了SSD方法在生态风险评估中的应用。在20世纪90年代，加拿大的土壤及沉积物标准采用SSD方法进行制定，并有一些加拿大学者在研究中将SSD作为一种生态风险模型工具。1998年美国EPA发布了生态风险评估导则（USEPA，1998），在该导则中以实例分析的方式，通过将暴露与效应分布进行对比，表述了物种敏感分布（SSD）法在风险表征中的应用。尽管EPA承认SSD可以作为生态风险表征的一种选择，但是并未对任何特殊的SSD方法做认可。加拿大政府并未认可SSD法在生态风险评估中的应用，但是有一些加拿大学者开始积极的推动SSD方法的发展和在生态风险评估中的应用。

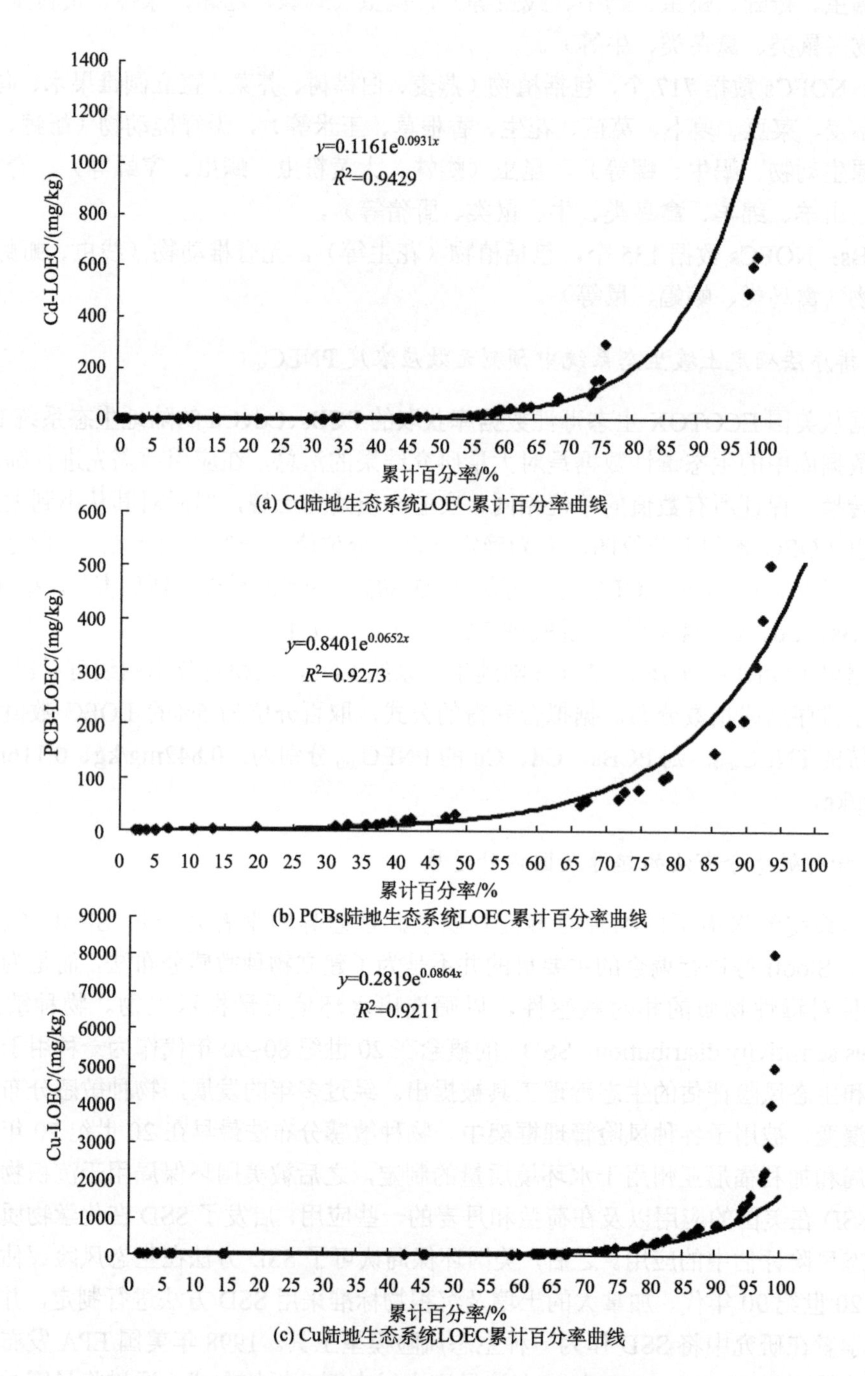

图 2.27　PCBs、Cd、Cu 累积百分位图

物种敏感分布法的应用的基础是认为不是所有物种对毒性物质的敏感性是相同的。生态系统中不同物种对环境中特定污染物的浓度水平存在不同的毒性响应，即不同物种对同种污染物的敏感性差异，根据这一发现，许多学者提出了多种基于生态毒理响应的评估系统。物种敏感分布理论（SSD）即利用统计概率分布函数来描述不同生态物种对环境中污染的毒性响应，表征物种对污染物的敏感性分布规律。SSD 假设生态系统中物种对污染物的毒性响应（即对污染物的生态毒理学数据，如 NOEC 等）可用统计学概率函数来描述，如三角分布、对数正态分布、正态分布等。目前，不少发达国家相继建立了适合本国国情的SSD方法，如澳大利亚联邦科学和工业研究组织开发的BurrlizO模型，该模型结合澳大利亚水域广阔，全国均被海洋环绕的实际国情而建立，主要应用于水生生态系统物种敏感分布的建立，该模型在澳大利亚及新西兰的环境风险评价和环境基准制定中被推荐使用（Hose et al.，2004）。荷兰公共健康与环境国家研究眼开发的 ETX2.0 物种敏感分布软件，即可用于水生生态系统物种敏感分布的建立，也可用于陆地生态系统物种敏感分布的建立。在我国逐渐开始有学者对 SSD 方法的应用加以引进和研究，王国庆（2006）对物种敏感分布方法进行了介绍，并应用物种敏感分布法以 As 为例，介绍了物种敏感分布方法在制定土壤环境质量基准值中的应用。本研究中利用 ETX2.0 模型软件，根据美国 ECOTOX 生态毒性数据库查询获得的 PCBs、Cd、Cu 陆地生态毒性数据 NOEC 和 LOEC，建立三种污染物的陆地生态系统物种敏感分布，获得三种污染物的 HC5 作为三种污染物的预测无效应浓度 $PNEC_{soil}$，用于表征研究土壤中 PCBs、Cd 及 Cu 对生态系统是否会产生影响。对比采用 NOEC 和 LOEC 毒性数据，用 ETX2.0 进行模拟计算获得的物种敏感分布及其他结果存在的差异。

3）ETX2.0 模型介绍及应用

ETX2.0 物种敏感分布模型是荷兰公共健康和环境国家研究院开发，目前被用来制定国家环境基准及欧洲现有污染物的风险评估。利用此软件可研究化学物的环境风险限值。荷兰国家环境基准制定及欧盟现存污染物的风险评估框架中均允许依据此软件，在拥有大量毒性资料的基础上进行统计进行外推，从而服务于污染物环境风险限值及预测无效应浓度的制定。并且可根据输入的毒性数据进行正态分布计算，从而获得物种敏感分布曲线，再根据一定的统计标准进行正态检验。利用该模型可计算出 5%分位和 50%分位处的浓度值。根据计算获得的 SSD 分布曲线，可以评估在一定环境浓度下有多少物种受到影响或在一系列浓度条件下午中的预期生态风险（expected ecological risk，EER）。该软件也提供了采用所谓的小样本方法，对毒性数据少的污染物的 5%分位值进行估算。

对于从美国 ETOCOX 毒性数据库查询获得的 PCBs、Cd、Cu 的陆地生态系统的毒性数据 NOEC 和 LOEC，涉及的物种如上所述。在应用前，首先进行浓度单位转换，统一转换为 mg/kg；对毒性数据进行筛选，仅选取以土壤（包括人工土壤）为介质进行实验获取的毒性数据。另外，ETX2.0 要求输入的毒性数据数量不超过 200 个，因此对查询获取的毒性数据进一步筛选，数值相同的毒性数据仅保留一个，剔除范围值表示的毒性数据。经过上述处理，最终经过筛选用于 ETX2.0 模型的三种污染物的 NOECs 数据量分别为：PCBs：17 个，Cd：44 个，Cu：77 个；三种污染物的 LOECs 数量分别为：Cd：

58个，Cu：75个，PCBs：33个。模型计算所需数据及模型计算过程主要数据和结果见表2.18所示。

表2.18　基于PCBs、Cd、Cu的LOEC及NOEC的物种敏感分布模型计算

模型计算项		PCBs/（mg/kg）		Cd/（mg/kg）		Cu/（mg/kg）	
		NOEC	LOEC	NOEC	LOEC	NOEC	LOEC
污染物毒性数据[a]	数据量/个	17	33	42	58	77	75
	Mean±std.	1.33±0.72	1.53±1.02	1.28±1.16	0.94±1.15	2.07±1.05	2.06±1.18
数据正态分布吻合度检验[b]	Anderson-Darling	√	√	√	√	√	√
	Kolmogorov-Smirnov	√	√	√	√	√	√
	Cramer von Mises	√	√	√	√	√	√
HC5[c]/（mg/kg）	HC5下限值	0.35	0.20	0.07	0.04	1.01	0.53
	HC5	1.33	0.68	0.23	0.11	2.22	1.29
	HC5上限值	3.23	1.73	0.58	0.24	4.24	2.69
浓度为HC5时受影响物种比例FA[d]/%	FA下限位	1.10	1.78	2.02	2.33	2.55	2.55
	FA	5.00	5.00	5.00	5.00	5.00	5.00
	FA上限位	15.22	9.57	8.70	7.9	7.33	7.33
HC50/（mg/kg）	HC50下限位	10.64	17.03	9.50	4.86	74.53	67.82
	HC50	21.50	34.10	19.05	8.71	118.46	114.31
	HC50上限位	43.42	68.26	38.19	15.62	188.26	192.68
浓度为HC50时受影响物种比例FA_{50}	FA下限位	34.50	38.71	39.95	41.34	42.47	42.47
	FA	50.00	50.00	50.00	50.00	50.00	50.00
	FA上限位	65.50	61.29	60.05	58.66	57.53	57.53
实测土壤污染物含量基于SSD的平均预期生态风险（expected ecological risk，EER）[e]		0.29%	0.77%	15.07%	22.26%	47.26%	48.02%

注：a：污染物PCBs、Cd、Cu陆地生态毒性数据，均来自美国Eco-Tox数据库，该表中的数据个数为经过筛选后用于ETX2.0模型的数据；Mean±std.为ETX2.0模型计算值；b：ETX2.0模型对输入的毒性数据进行的正态分布检验，√表示通过检验，被模型所接受；c：HC表示危害浓度（hazardous concentration），HC5指输入的毒性数据进行正态分布拟合后的5%分位毒性值，表示对输入的毒性数据所涉及到的物种的5%会产生危害；HC5上限值和下限值指HC590%置信上限和90%置信下限的取值；HC50含义与此类同；d：FA表示受影响物种比例（fraction affected），指对的应一定浓度下受影响的物种比例；FA上限值和下限值分别表示FA的95%置信限取值和5%置信限取值；e：EER表示预期生态风险（expected ecological risk）；表示对于随机抽取的物种对应于随机抽取的暴露浓度时受到影响的可能性；在根据一系列实测污染物浓度和已计算出的SSD的基础上绘制的联合概率曲线（joint probability curve，JPC）中，曲线下方面积即表示该种污染物的预期生态风险EER，该表中EER为将研究区实测PCBs、Cd、Cu值作为暴露浓度输入后模型计算结果。

根据三种污染物的NOECs和LOECs毒性数据，通过ETX2.0模型建立的物种敏感分布图如图2.28所示。

从ETX2.0模拟的三种污染物的物种敏感分布图看，采用LOEC和NOEC对物种敏感分布图的影响不是很大，表明在NOEC数据缺乏时可采用LOEC数据代替。另外，从表2.18中可看出，根据三种污染物NOEC模拟计算出的HC5值均大于LOEC计算的结果，并且根据NOEC计算出的HC5几乎均为LOEC计算的HC5的两倍；而两种毒性数据计算的HC50值则较为接近（除Cd外）。分析其原因在于，HC5和HC50均是根据

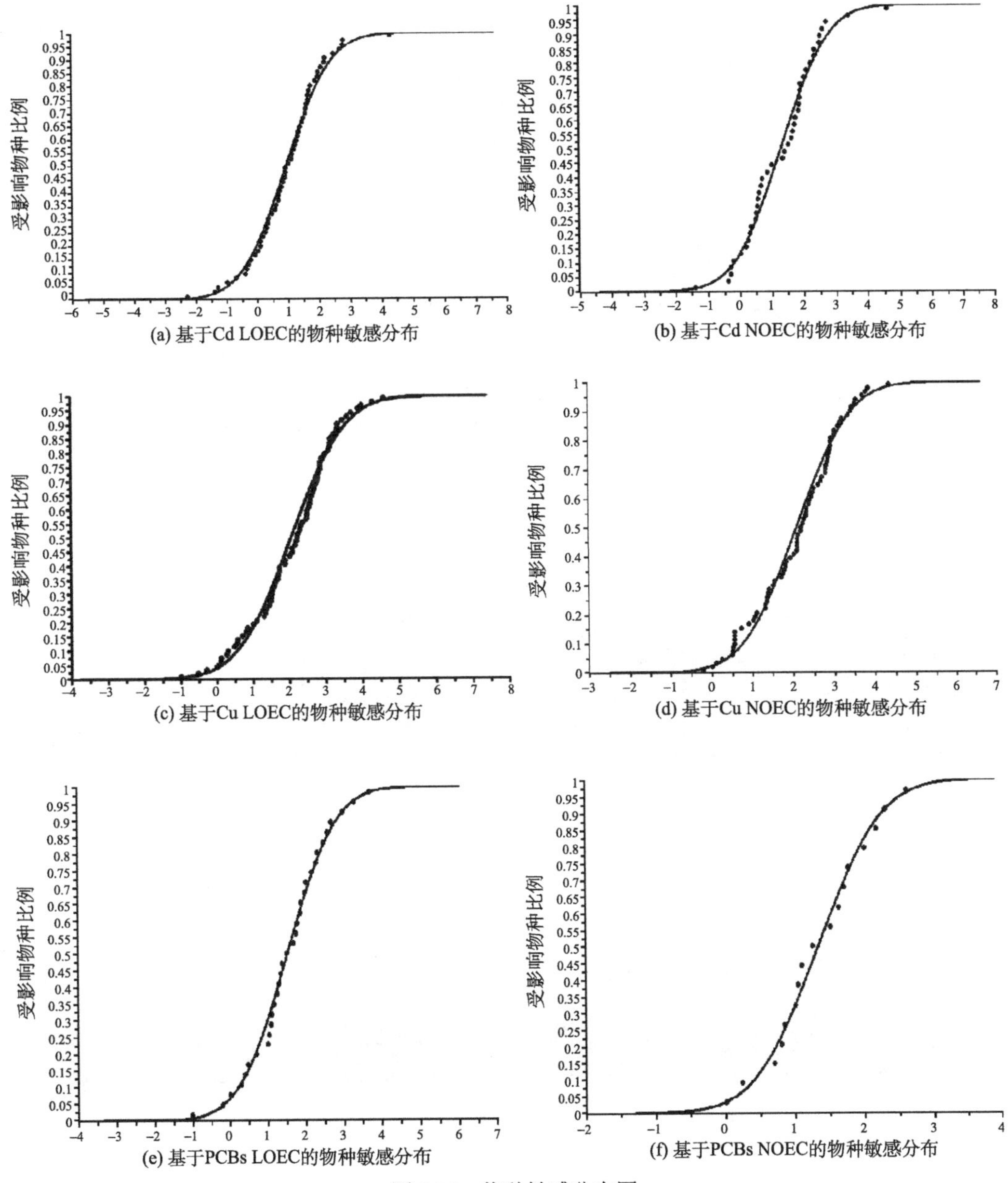

(a) 基于Cd LOEC的物种敏感分布　(b) 基于Cd NOEC的物种敏感分布

(c) 基于Cu LOEC的物种敏感分布　(d) 基于Cu NOEC的物种敏感分布

(e) 基于PCBs LOEC的物种敏感分布　(f) 基于PCBs NOEC的物种敏感分布

图 2.28　物种敏感分布图

物种敏感分布图计算的百分位值，两种毒性数据样本量的差异是主要原因之一，在总体毒性数据理论上比较接近的情况下，小样本毒性数据的 HC5 显然会高于大样本 HC5，而 HC50 为 50%分位值，样本大小引起的差异则会不那么显著。另外，美国 ECOTOX 数据库中的毒性数据收集自各种各样的生态毒性研究，不同研究之间试验方法、测定方法及计算方法的差异均可引起毒性数据的差异。

（三）风险表征

生态风险表征有两种方式，即定性表征和定量表征。定性表征主要阐述在研究区土壤污染物含量水平下，是否存在不可接受的风险及其性质，定量风险评估则要在此基础上表征出风险的大小程度及可能的影响范围。定量风险表征可采用商值法、联合概率曲线法以及过程模型法等，本书中主要根据物种敏感分布法确定出的 HC5 及模拟出的联合概率曲线对研究区土壤中 PCBs、Cd、Cu 引起的生态风险进行表征。

1. 商值法

商值法为定量风险表征方法的一种，严格来讲这种方法仅能称为半定量方法。商值法根据上述获得的污染物土壤可预测无效应浓度 PNEC，通过将研究区实测值与 PNEC 进行比值，比值大于 1 的即表明可能对生态系统产生影响，需进一步收集数据加以佐证或采取防范措施，比值小于 1 的则可视为产生的影响在可接受范围内。本书中，研究区土壤中 PCBs、Cd、Cu 实测值为 151 个，将实测值与排序法、物种敏感分布法获得的 $PNEC_{soil}$（即 HC5）做比值，结果见图 2.29（a）～（i）。

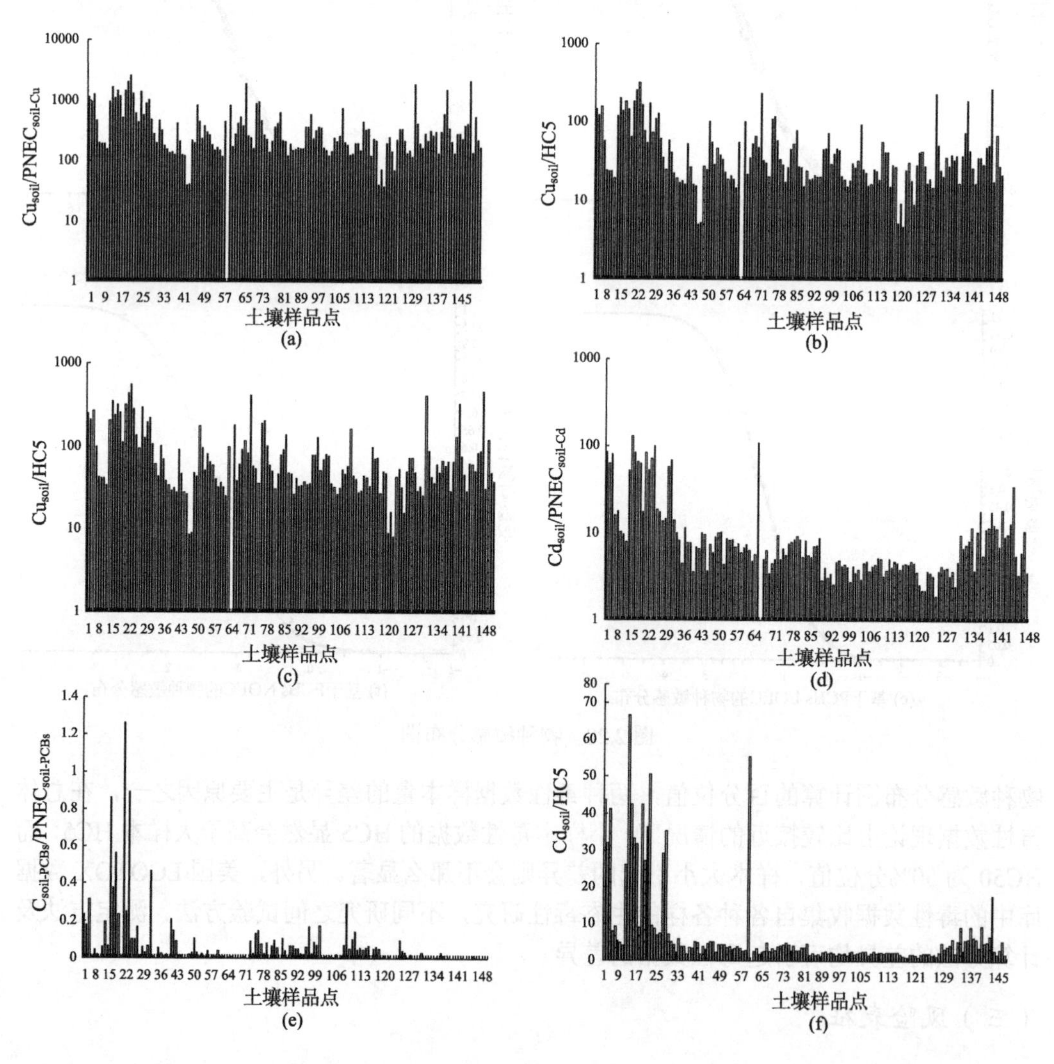

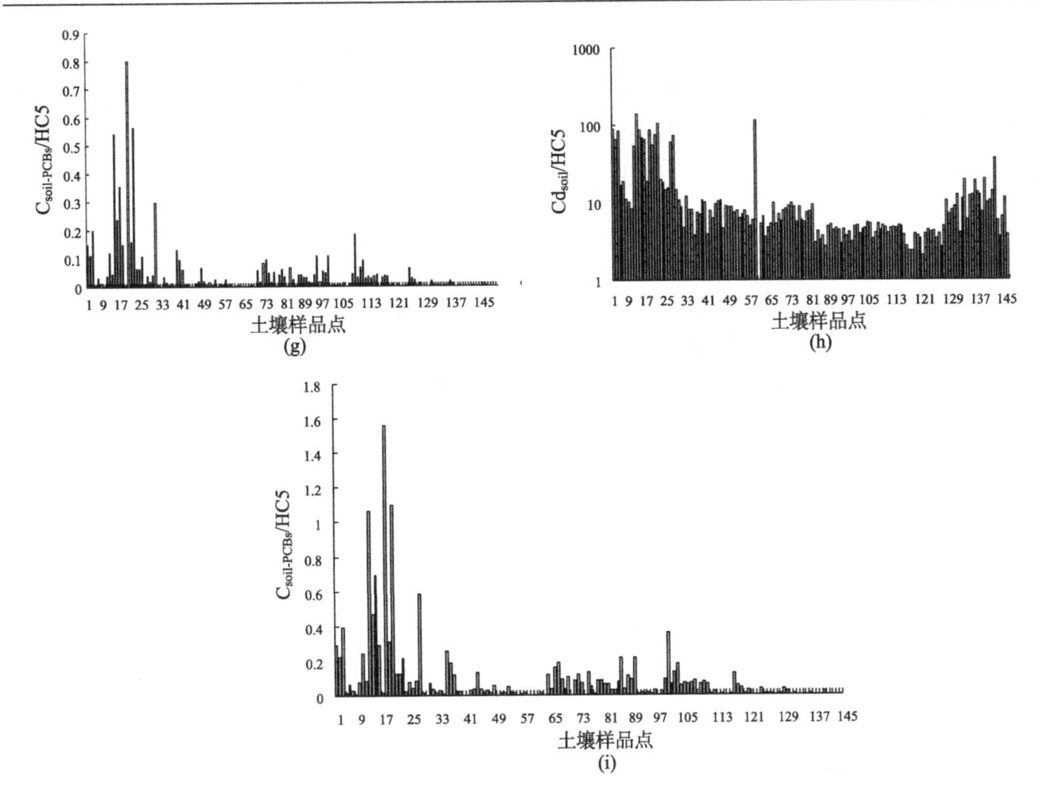

图 2.29 （a）基于排序法的 Cu 实测值与 $PNEC_{soil}$ 比值；（b）基于 NOEC 物种敏感分布法 Cu 实测值与 HC5 比值；（c）基于 NOEC 物种敏感分布法 Cu 实测值与 HC5 比值；（d）基于排序法的 Cd 实测值与 $PNEC_{soil}$ 比值；（e）基于排序法的 PCBs 实测值与 $PNEC_{soil}$ 比值；（f）基于 NOEC 物种敏感分布法 Cd 实测值与 HC5 比值；（g）基于 NOEC 物种敏感分布法 PCBs 实测值与 HC5 比值；（h）基于 LOEC 物种敏感分布法 Cd 实测值与 HC5 比值；（i）基于 LOEC 物种敏感分布法 PCBs 实测值与 HC5 比值

从图中可以看出，对于 PCBs，根据 LOEC 排序法、物种敏感分布法获得的 $PNEC_{soil}$ 进行评估时，仅有个别点位商值超过 1，可能对陆地生态系统中生物产生影响。其中根据 LOEC 排序法和 LOEC 物种敏感法获得的 $PNEC_{soil}$ 进行评估的结果相近。总体来看，三种方法对研究区土壤中 PCBs 进行的评估均表明，绝大多数样点 PCBs 含量不会对陆地生态系统物种产生影响。

对于 Cd，根据三种方法获得的 $PNEC_{soil}$，采用商值法进行的评估结果存在较大差异。对于 Cd，根据 LOEC 排序法获得的 $PNEC_{soil}$ 进行评估的结果与根据 LOEC 物种敏感分布法获得的 HC5 进行评估的结果相近，而根据 NOEC 物种敏感法获得的 HC5 进行评估的结果则要小约一个数量级。这些差异表明，选用的污染物毒性数据、采用的统计评估方法对最终结果会产生很大的影响。

对于 Cu，根据三种方法获得的 $PNEC_{soil}$，采用商值法进行评估的最终结果与三种方法获得的 Cd 评估结果的变化趋势又有不同。根据排序法获得的评估结果最高，而根据 NOEC 和 LOEC 法进行评估的结果相近，排序法评估结果比后两种方法的评估结果高一个数量级。

采用三种方法对 PCBs、Cd、Cu 进行的商值法陆地生态系统风险评估结果均表明，绝大多数样点 PCBs 对生态系统物种不会产生影响；几乎全部样点的 Cd、Cu 含量均会对陆地生态物种产生极大的影响，总体来看 Cu 的影响大于 Cd 的影响大于 PCBs 的影响。对于三种不同的污染物，三种方法进行的评估结果没有呈现出一定的规律。

虽然采用商值法可以一定程度上表明研究区土壤污染物对陆生物种是否会产生影响，但这种方法获得的评估结果仅能称为定性评估结果，根据这种方法仅能回答在当前调查结果的情况下对陆地生态系统物种是否会产生影响，而不能回答会对多大比例的物种产生影响。另一方面，采用商值法进行表征风险时也存在较大的局限性。如在本研究中三种污染物的实际调查样点均为 151 个左右（有个别样点未检出污染物），采用商值法进行评估时，若采用实测平均值进行比值分析，则不能反映整体调查样点的评估结果。如对于 PCBs，若采用实测平均值进行比值分析时，则不能筛选出比值大于 1、对生态物种可能产生影响的点位。而若要将所有的商值法评估结果比较直观的表示出来，则需要借助一些空间描述工具（如 GIS），可以将调查的所有样点的评估结果通过空间绘图的方式表示出来。然后对绘制的 GIS 分布图中商值法比值超过 1 的样点的面积进行统计，以比值超过 1 的样点的面积占总研究区的面积的比值，来表征整个研究区中有多大比例的物种可能受到影响。但这种做法需要假设研究区中的用地方式是相同的，即研究区中陆地生态物种的分布是均匀的。尽管存在以上一些局限性，商值法由于操作简单，目前来说仍是一种主要的、应用比较广泛的生态风险表征方法，将空间分布软件与商值法结合起来，从空间上反映可能受影响物种的分布及所占的比例应该是一种值得尝试的方法。

2. 联合概率曲线法

正如上述采用商值法进行表征时所遇到的问题，不能反映整体样本的评估结果，也不能反映研究区中有多大比例的物种受到影响，采用 ETX2.0 物种敏感分布软件可对较大样本的检测结果进行统计，根据已经获得的各种污染物的 SSD 曲线及污染物实测结果，可绘制出污染物的联合概率曲线，并能计算出对研究区多大比例的生态物种产生影响。ETX2.0 要求输入的实测数据数量在 1~75 个之间，而本研究中的样点总数为 151 个，因此对实测样点值做如下处理后用于 ETX2.0 的统计：将所有样点按大小排序，间隔选取样点数值用于 ETX2.0，若经过一轮筛选后样本总数量仍超过 75 个，则对频数分布图中频数最高段的样点进行个别的剔除，最终满足 ETX2.0 样本数量要求，采取这样处理的优点在于可以保证筛选后用于 ETX2.0 的样点数值在整体分布上与原始数据分布相近。对实测样本进行上述处理，根据已经获得的三种污染物（两种毒性数据类型 NOEC 和 LOEC），采用 ETX2.0 进行模拟计算获得三种污染物的联合概率曲线（图 2.30），和受影响物种比例（表 2.18）。

联合概率曲线中，纵坐标表示受影响物种的比例，横坐标表示实测污染物浓度的累积密度函数，曲线下方的面积（area under the curve，AUC）即为在给定的土壤污染物含量下可能产生的预期生态风险。从以上三种污染物的联合概率曲线图中可以看出，PCBs 的预期生态风险是最低的，Cu 生态风险最高。根据联合概率曲线进行评估的结果，在研究区实测土壤污染物含量情况下，三种污染物的平均预期生态风险分别为：PCBs：0.29%

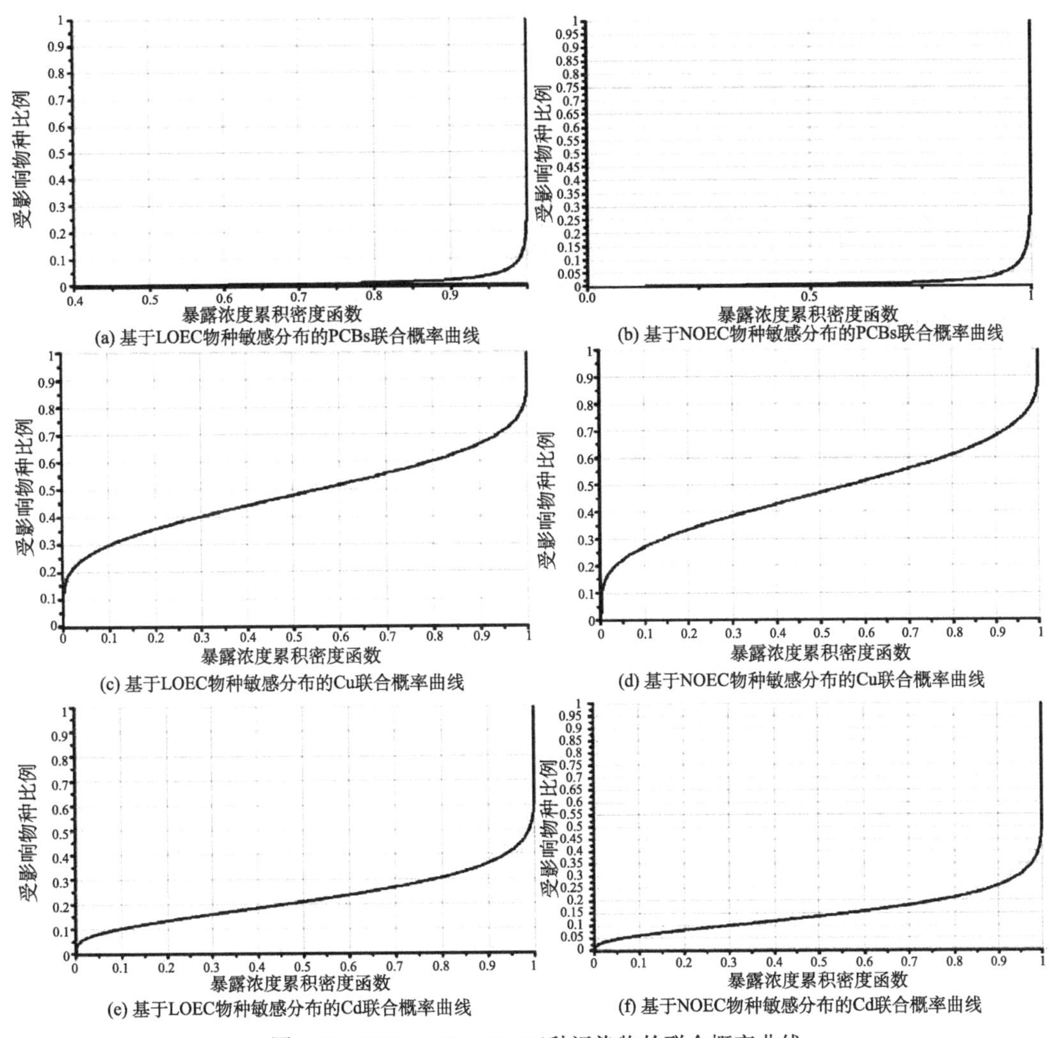

图 2.30　PCBs、Cu、Cd 三种污染物的联合概率曲线

（NOEC）、0.77%（LOEC），Cd：15.07%（NOEC）、22.26%（LOEC），Cu：47.26%（NOEC）、48.02%（LOEC），以上百分数值表示根据已经获得的 SSD 曲线及给定的污染物实测含量条件下，三种污染物对研究区陆地生态系统物种产生影响的比例。根据三种污染物的联合概率曲线及平均预期风险，根据污染物的 NOEC 和 LOEC 获得的评估结果相差不大，在采用物种敏感分布法进行生态风险分析和表征时，当 NOEC 数据缺乏时可用 LOEC 数据替代。

第三节　冶炼区及周边土壤的健康和生态风险评估

冶炼行业是国民经济的基础行业，冶炼产品在各种行业中作为材料广泛运用。当今世界经济的发展与冶炼行业有着密切关系，它对国家工业化和国防现代化具有举足轻重的作用。同时，冶炼行业也是污染大户，长期冶炼生产对土壤和地下水造成了严重的污染问题。

根据我国冶炼行业污染场地环境问题现状，从污染扩散预防和环境监管的角度，实施基于风险的场地/土地管理非常必要。研究借鉴国内外经验与教训，提出适合我国冶炼行业污染场地的风险管理决策框架（图 2.31），体现出了由简单到复杂的层次性风险评估的理念，对于冶炼行业特征污染物铅在第三层次健康风险评估中借鉴引用了基于血铅的人体健康风险评估方法，对风险决策各个流程进行了规定，这使得该决策流程更具操作性和可行性。该框架将为重点污染场地筛查、评估、修复和监管起到积极的指导作用。该决策框架尚需在实践中进一步修正，并注意与即将出台的相关法律、法规、政策、标准、技术导则等相衔接。

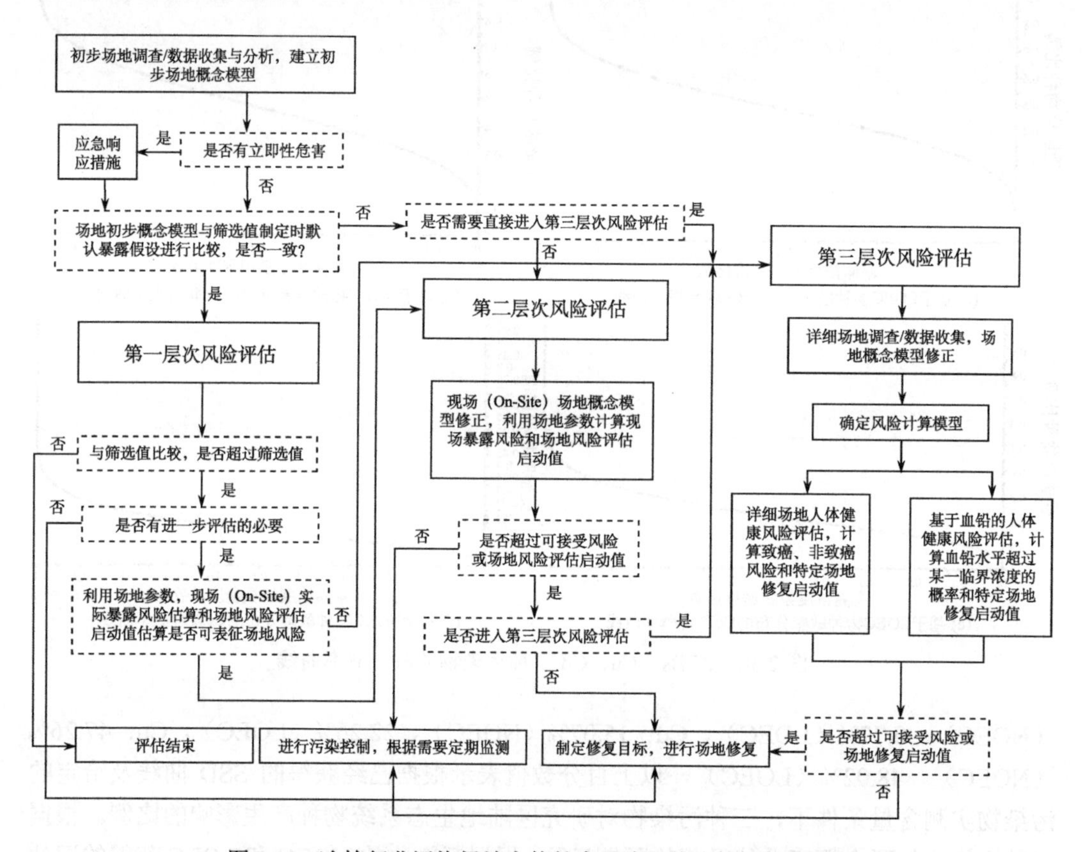

图 2.31　冶炼行业污染场地人体健康风险评估决策框架流程图

一、铜冶炼污染场地调查及健康风险评估

铜是一种对人体有益的微量元素，在许多生物化学过程中都有重要作用，但是一旦铜的摄入超过临界值就会产生危害。1982 年 FAO/WHO 推荐铜的日允许摄入量为 0.05~0.5 mg/kg 体重（0.05mg/kg 为需要量，0.5mg/kg 为最大耐受量）。另外不同作物对铜也会有吸收，在安全临界值内植物吸收铜不会产生减产等明显危害，超过安全临界值作物就可发生减产，甚至可能死亡。

所选铜冶炼厂已经停业5年，仪器设备材料等都已整体搬迁至新厂区，一处厂房已经拆除，现只剩下少许办公人员进行财产核算和维护等工作。该厂位于长江中下游南岸，地势南高北低，东南部为低山丘陵。境内水系发达，主要有长江夹江水系。该地属亚热带湿润季风气候，四季分明，全年气候温和湿润。雨量适中，湿度较大。厂区所在区域为低山岗地，山间谷底土壤类型以第四系棕红壤为主。

该厂使用主要原料为铜精矿，平均品位20.27%。铜精矿主要成分：铜为20.27%，铁为29%，硫为27%，砷一般小于0.2%，氟为0.02%。主要燃料为煤、重油和轻柴油。使用溶剂为石英石和石灰石。此外还需一些辅助材料，如耐火材料和还原剂（火法精炼采用液化石油气）。该厂采用的火法冶炼工艺包括备料-粗铜熔炼-转炉吹炼-阳极炉精炼-电解精炼-制酸等单元。铜冶炼的废气污染物产生点主要为原料系统的落料点，熔炼炉及吹炼炉产生的含尘（Cu、Pb、Cd和As）和高浓度的SO_2烟气；铜冶炼项目的用水主要为冷却循环水，少量冷却循环排水可回用于水淬渣，主要排水为烟气制酸系统排放的污酸、酸性废水和地面冲洗产生的酸性废水，结合工艺流程，酸性废水中含有大量重金属元素；铜冶炼产生的固废一部分可作为原料返还生产系统，但像一些水淬渣和含砷渣需要妥善处理。从使用的铜精矿成分分析、工艺调研和三废调研，研判而得主要的关注污染物为铜、锌、硫、砷、铅、镉的含量。

对该厂所在区域的未来规划调研可知，该厂今后将用于住宅小区进行再开发。为保护居民健康和生态环境，对该冶炼场地进行调查和风险评估，可为政府部门和相关企业提供参考方法和依据。

（一）场地调查

1. 采样点设置和样品采集

地下水监测井和土壤采样位置是根据原冶炼厂的平面布置图结合现场踏查，针对已了解污染较严重区域而布设。地下水监测井和土壤采样主要用来确定浅层和深层土壤或地下水受污染的状况。

场地调查方法结合编制导则和美国材料与测试协会推荐的方法(ASTMD5092，2002；ASTMD1452，2000；ASTME1527，2000；ASTME1903，1997），现场共钻探6个深土孔和35个浅层手钻土孔。将6个深土孔设置为地下水监测井，其中监测井土孔最大深度为6.5m，手钻孔一般至地下0.5m，在钻孔过程中记录了土层结构和土壤颜色、气味等受污染影响迹象以及地下水的初见水位。在每个土孔钻探过程中，在地面以下每间隔0.5m采集土壤样品，最后一个土壤样品在地下水初见水位以上0.2m处采集，将采集的土壤样品装于密闭的塑料袋中，用光离子化检测器（PID）检测挥发性有机物，用X射线荧光光谱仪（XRF）检测重金属元素，现场记录PID读数和XRF读数，根据读数选择最有可能受到污染的几个代表性样品进行实验分析。固体废物堆场区域需先移除表面废物后再进行土壤样品采集。洗井一般清洗井中水体积5倍以上体积，水质参数趋于稳定后，采集地下水样，每口井采集1个水样，其中6号井设置一重复。具体采样点位图见图2.32，其中黑点为土壤采样点，#号为布设的监测井。

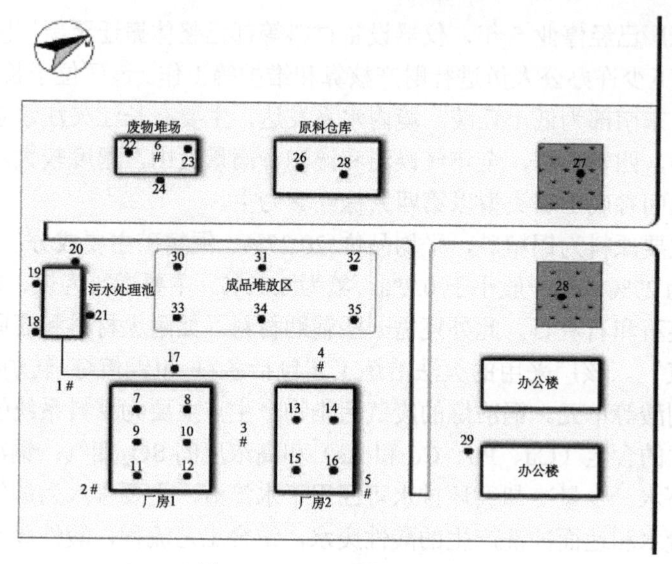

图 2.32　厂区采样点分布图

2. 分析项目和分析方法

根据 PID 和 XRF 读数，可知厂区场地主要污染物为重金属元素 Cu、Zn、Pb、Cd 和 As。取过 100 目土壤样品用 HNO_3-$HClO_4$-HCl 消煮（鲁如坤，1999），作为土壤重金属总量，所有样品均用原子吸收火焰法测定 Cu、Zn、Pb、Cd（Varian 220 FS），部分样品 Cd 含量低于火焰法检出限，采用原子吸收石墨炉法测定（Varian 220Z）测定。As 的测定用 AFS-930 原子荧光光度计测定（尹雪斌等，2006；章明奎等，2000）。所有分析项目在分析过程中均设置空白和重复，土壤全量设标准物质（GBW-07406）。

水样采用 HNO_3 消解法（奚旦立等，2004），直接吸入火焰原子吸收法测定 Cu、Zn、Pb、Cd（Varian 220 FS），部分样品 Cd 含量低于火焰法检出限，采用原子吸收石墨炉法测定（Varian 220Z）测定。As 的测定用 AFS-930 原子荧光光度计测定（尹雪斌等，2006；章明奎等，2000）。所有试剂均采用优级纯。

3. 质量控制

为防止样品交叉污染，在每一个钻孔开钻之前和钻孔之后，对所有钻探工具进行清洗，并更换一次性手套。在样品分析过程中，应用现场质量控制样品和实验室质量控制样品来确保整个实验分析结果合理、有效，质量控制样品主要包括现场采集的土壤和地下水平行盲样、样品运输空白水样、实验室空白、平行样等。实验室分析结果表明，相对标准偏差均在可接受范围。此外，所有样品的保留时间、保存温度以及实验室内部的质量控制/质量控制措施均符合规定的要求。

4. 铜冶炼场地调查结果

1）场地的水文地质状况

通过对钻孔过程详细观察，查清评价场地评价目的层的水文地质特征。根据 6 个钻孔记录可以发现，评价场地各钻孔处表层主要为杂填土，灰色，松散，夹大量碎石，砂砾，填充粉质黏土。填土层较均匀，一般厚度为 2m 左右。填土层下紧接一层淤泥质粉质黏土：灰色，呈软—流塑。场地的地下水水位在地面下约 3m。地下水模拟图见图 2.33，现场地下水的水流方向大致为东南—西北。

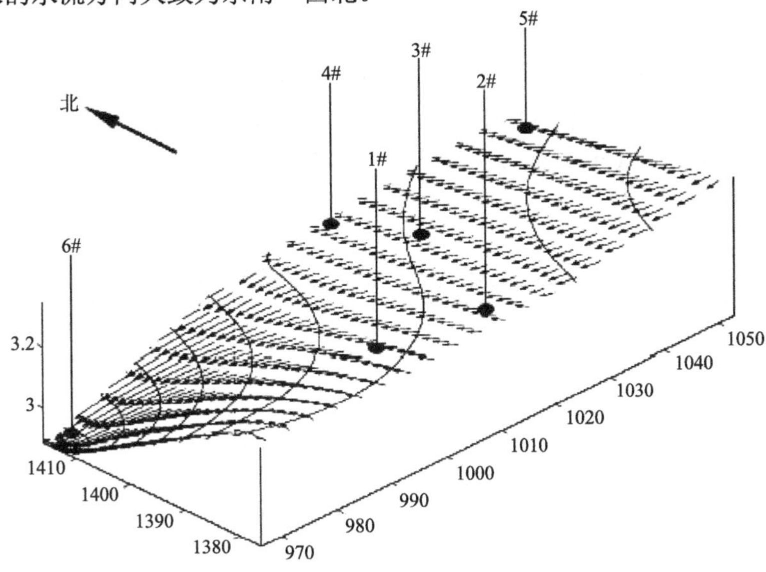

图 2.33　厂区潜水地下水水位等值线图及流向示意图

2）土壤污染状况

场地调查和实验室分析结果表明，场地土壤中关注污染物主要为重金属 Cu、Zn、Pb、Cd 和 As。表 2.19 列出了土壤中关注污染物的浓度范围，平均值和 95%分位值。可以看出，部分土壤样品中的 Cu、Zn、Pb、Cd 和 As 的浓度已超过了荷兰土壤干涉值（intervention value）（Lijzen，2001）。Cu、Zn、Cd 的浓度均未超过美国 9 区初步修复目标值（USEPA，2010），而 Pb 和 As 超过了美国 9 区初步修复目标值。需要注意的是，目前中国还没有场地土壤重金属标准可供参考。

表 2.19　某冶炼厂场地土壤中重金属浓度　（单位：mg/kg）

CAS No.	污染物	检出数量	范围	均值±标准差	95%分位值	美国 9 区初步修复目标值		荷兰干涉值
						居住用地土壤	工业用地土壤	
7440-50-8	Cu	41	86~5623	1871±1509	2300	3100	41 000	190
7440-66-6	Zn	41	72~3859	1642 ±1093	1920	23 000	310 000	720
7439-92-1	Pb	41	89~4231	1562±1299	1860	400	800	530
7440-43-9	Cd	41	0.94~25.73	9.8 ±7.4	12.3	70	800	12
7440-38-2	As	41	3.7~140.6	54.8±49.2	68.2	0.39	1.6	55

3）地下水污染状况

地下水的分析结果与土壤样品的结果相一致，场地地下水中关注污染物主要为重金属 Cu、Zn、Pb、Cd 和 As。表 2.20 列出了地下水中关注污染物的浓度范围，均值和 95%分位值。分析得出，地下水样品中的 Cu、Zn、Pb、Cd 和 As 的浓度均已超过了荷兰地下水干涉值（intervention value）（Lijzen，2001）。Cu、Zn、Cd、Pb 和 As 的浓度也均超过美国 9 区初步修复目标值（USEPA，2010）。与国家地下水环境质量标准比对结果表明，地下水样品中的 Cu、Zn、Pb、Cd 和 As 的浓度均已超过基于人体健康基准值的Ⅲ类水标准。

表 2.20　某冶炼厂场地地下水中重金属浓度　（单位：mg/L）

CAS No.	污染物	检出数量	范围	均值±标准差	95%分位值	地下水环境质量标准Ⅲ类 GB/T 14848—1993 Ⅲ	美国 9 区初步修复目标值 PRG9		荷兰干涉值
							Tap Water	MCL	
7440-50-8	Cu	6	11~165	82±73	140	≤1.0	1.5	1.3	0.075
7440-66-6	Zn	6	28~201	105±81	170	≤1.0	11	—	0.8
7439-92-1	Pb	6	0.12~3.20	1.42±1.33	2.52	≤0.05	—	0.015	0.075
7440-43-9	Cd	6	0.08~1.33	0.63±0.59	1.12	≤0.01	0.018	0.005	0.006
7440-38-2	As	6	0.14~2.69	1.18±1.16	2.13	≤0.05	0.000 045	0.01	0.06

（二）危害识别

场地环境调查阶段，通过资料收集、现场踏查和人员访谈获取了该冶炼厂及其周边地区（1）地理、地形、地貌、地质、水文、水文地质、气象、气候、农业及社会经济等基本概况；（2）厂区所生产产品的生产历史、工艺流程、车间内部功能分区、主要设备现状、工业三废产生、储存、处置/处理和排放以及地下水利用情况等企业生产信息；（3）场地周边工、农业生产活动等信息。

场地环境调查表明，该铜冶炼场地潜在污染区域包括：①粗铜、阳极铜和电解铜生产车间，包括车间污水处理池及污水管沿线；②厂区内污水调节池及其影响区；③生产过程产生的固废堆放区；④产品的堆存和装卸场所。布点、采样和分析结果表明，这 4 个潜在影响区的土壤和地下水均受到不同程度地污染，与生产有关的主要污染物为铜、锌、铅、镉、砷等重金属污染物。

本项目以美国环保局第九区（USEPA Region 9）居住用地情景下的初步修复目标值（preliminary remediation goals，PRG）作为启动风险评估的土壤和地下水筛选值，筛选出进行初步风险评估的关注污染物为铜、锌、铅、镉和砷。各关注污染物的土壤和地下水筛选值如表 2.21 所示。

前期场地环境调查表明，该场地今后土地利用方式为居住用地，因此人体健康风险评估致癌风险评估敏感受体以成人和儿童为主，非致癌风险评估敏感受体则主要考虑儿童。

表 2.21　居住用地情景下美国 9 区关注污染物的初步修复目标筛选值

污染物名称	污染物英文名	CAS 编号	毒性分级*	初步修复目标筛选值（PRG 值）			保护地下水的土壤筛选值	
				土壤/（mg/kg）	自来水/（μg/L）	饮用水中污染物最大浓度限值/（μg/L）	基于风险的土壤筛选值/（mg/kg）	基于饮用水中污染物最大浓度限值的筛选值/（mg/kg）
铜	Cu	7440-50-8	D	3100n	1500n	1300	51	46
锌	Zn	7440-66-6	D	23 000n	11 000n		680	
铅	Pb	7439-92-1	B2	400n		15		14
镉	Cd	7440-43-9	B1	70n	18n	5	1.4	0.38
砷	As	7440-38-2	A	0.39c	0.045c	10	0.0013	0.29

*美国环保局综合风险信息系统（integrated risk information system，IRIS）按照致癌性的大小将化学物质分为 5 类：A 表示为人类致癌物，流行病学调查证据充分；B1 表示很可能的人类致癌物，流行病学调查证据有限；B2 表示很可能的人类致癌物，动物研究证据充分，流行病学调查证据不充分或无数据；C 表示有可能的人类致癌物，动物研究证据有限，无流行病学调查数据；D 表示还不能划分为人类的致癌物；E 表示已证实为非人类致癌物；n：代表非致癌筛选值；c：代表致癌筛选值。

（三）暴露评估

1. 敏感人群的暴露途径

场地再开发为居住用地时，主要敏感人群为成人和儿童，主要暴露途径包括：

（1）口腔摄入污染表层土壤；

（2）皮肤接触污染表层土壤；

（3）吸入受污染表层土壤扩散到室内外的土壤颗粒物；

（4）饮用受污染的地下水。

场地再开发为居住用地的场地概念模型如图 2.34 所示。

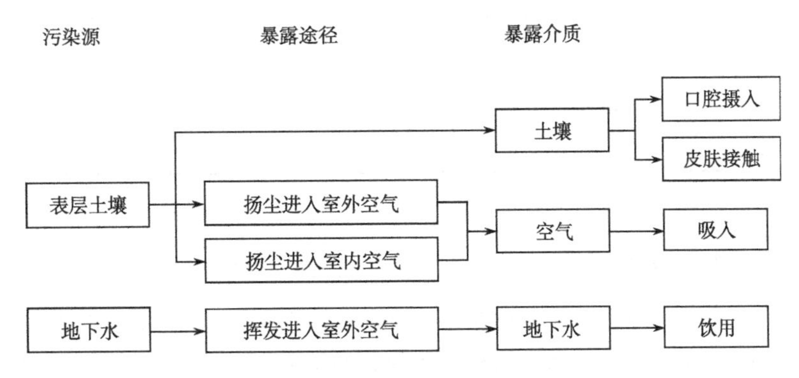

图 2.34　场地再开发为居住用地的场地概念模型

2. 暴露评估模型参数取值

由于场地间性质（地域、生产历史等）的差异，因此参数的取值应尽量选用根据场地调查获得的数据，从而保证评估结果的准确性。在进行风险评估时，除了表层土壤中污染物浓度、表层污染土壤下表面到地表距离、下层土壤中污染物浓度和下层污染土壤上表面到地表距离、地下水污染物浓度等必须根据场地调查获得的参数根据场地调查所得，具体污染数据可见表 2.22。其余参数采用编制的《冶炼行业污染场地风险评估导则》中的推荐默认值。主要运用于风险评估的推荐参数见表 2.22。

表 2.22 铜冶炼场地风险评估所用到的主要参数

参数符号	参数含义	参数单位	敏感受体	
			儿童	成人
DSSIR	每日摄入土壤量	mg/d	200	100
ED	暴露周期	a	6	24
EF	暴露频率	d/a	350	350
BW	平均体重	kg	15.9	55.9
ATca	致癌效应平均时间	d	26280	26280
ATnc	非致癌效应平均时间	d	2190	2190
SAE	暴露皮肤所占体表面积比	无量纲	0.36	0.32
AF	皮肤表面土壤黏附系数	mg/cm^2	0.2	0.07
EV	每日皮肤接触时间频率	次/d	1	1
PM_{10}	空气中可吸入颗粒物含量	mg/cm^3	0.15	0.15
fspo	室外空气中来自土壤的颗粒物所占比例	无量纲	0.5	0.5
EFo	室外暴露频率	d/a	87.5	87.5
fspi	室内空气中来自土壤的颗粒物所占比例	无量纲	0.8	0.8
EFi	室内暴露频率	d/a	262.5	262.5
DAIR	每日空气吸入量	m^3/d	7.5	15
PIAF	吸入土壤颗粒物在体内滞留比例	无量纲	0.75	0.75
DWIR	每日饮用水量	L/d	1.4	2

（四）敏感人群暴露剂量的计算

根据编制的《冶炼行业污染场地风险评估导则》计算暴露剂量，针对致癌效应和非致癌效应，分别计算单一污染物经口摄入土壤、皮肤接触土壤、吸入土壤颗粒物、饮用地下水暴露途径下的暴露剂量。暴露剂量计算公式见表 2.23。

表 2.23　暴露剂量计算公式

暴露途径	计算公式
口腔摄入表土	$INTAKE_{口腔摄入表土}=C_{soil}\times\frac{DSSIR\times ED\times EF\times ABS_o}{BW\times AT}\times10^{-6}$
皮肤接触表土	$INTAKE_{皮肤接触表土}=C_{soil}\times\frac{SAE\times AF\times ABS_d\times ED\times EF\times EV}{BW\times AT}\times10^{-6}$
吸入表土颗粒	$INTAKE_{吸入表土颗粒}=C_{soil}\times\frac{PM_{10}\times(fspo\times EFo+fspi\times EFi)\times DAIR\times ED\times EF\times PIAF}{BW\times AT}\times10^{-6}$
口腔饮用地下水	$INTAKE_{口腔饮用地下水}=C_{gw}\times\frac{DWIR\times ED\times EF\times ABS_o}{BW\times AT}$

（五）毒性评估

通过查询国内外权威数据库，获得了关注污染物的毒性参数见表 2.24。

表 2.24　关注污染物毒性参数

参数符号	参数含义	参数单位	Cu	Zn	Cd	As
SF_o	经口摄入致癌斜率因子	1/[mg/（kg・d）]	—	—	—	1.50E+00
SF_i	呼吸吸入致癌斜率因子	1/[mg/（kg・d）]	—	—	1.47E+01	1.51E+01
SF_d	皮肤接触致癌斜率因子	1/[mg/（kg・d）]	—	—	—	1.50E+00
URF	单位致癌因子	1/[mg/（kg・d）]	—	—	4.20E+00	4.30E+00
RfD_o	经口摄入参考剂量	mg/（kg・d）	4.00E-02	3.00E-01	1.00E-03	3.00E-04
RfD_i	呼吸吸入参考剂量	mg/（kg・d）	—	—	2.86E-06	4.29E-06
RfD_d	皮肤接触参考剂量	mg/（kg・d）	4.00E-02	3.00E-01	2.50E-05	3.00E-04
RfC	参考浓度	mg/m^3	—	—	1.00E-05	1.50E-05
ABS_{GI}	消化道吸收效率因子	无量纲	1	1	0.025	1
ABS_d	皮肤吸收效率因子	无量纲	—	—	0.001	0.03
ABS_o	口摄吸收效率因子	无量纲	1	1	1	1

（六）风险表征

1. 风险计算方法

根据编制的《冶炼行业污染物场地风险评估导则》计算风险值。首先分别计算单一污染物经口摄入土壤、皮肤接触土壤、吸入土壤颗粒物、饮用地下水暴露途径下的致癌风险值或非致癌危害商值，然后将每种暴露途径产生的致癌风险值或危害商值相加获得该污染物经所有暴露途径的致癌风险值或非致癌危害指数，最后计算所有关注污染物经所有暴露途径的总致癌风险或总非致癌危害指数。

2. 风险计算结果分析

该铜冶炼生产场地的关注污染物包括铜、锌、铅、镉和砷。关注污染物风险计算结果表明，41 个土壤样品关注污染物砷经口腔摄入表土暴露途径均具致癌风险，致癌风险值最小为 35 号位点 8.66×10^{-6}，最大为 18 号位点 3.33×10^{-4}，致癌风险较高区域为厂房区、污水处理池周边和废物堆场。约有 35 个土壤样品关注污染物砷经吸入表土颗粒途径具有致癌风险，致癌风险值最小为 31 号位点 319.59×10^{-7}，最大为 18 号位点 2.14×10^{-5}。约有 20 个点位污染物镉经吸入表土颗粒途径具有致癌风险，风险区域主要集中于毗邻污水处理池的厂房 1 和污水处理池周边以及固废堆场，致癌风险值最小为 13 号位点 9.65×10^{-7}，最大为 19 号位点 3.81×10^{-6}。污染物砷经口腔摄入表土暴露途径和吸入表土颗粒途径部分点位具非致癌风险，其特征为沿污水渠和污水处理池非致癌风险最高，其次为厂房 1 号区域，再次为固废堆场，两条暴露途径非致癌危害指数最高分别为 5.7 和 1.2。非致癌风险还有铜的贡献，约有 10 个点位重金属铜经口腔摄入表土途径的非致癌风险超过非致癌危害指数 1，其分布主要沿污水渠和污水处理池周边，非致癌危害指数最高为 1.7。

地下水致癌风险计算结果表明，污染物砷经口腔饮用地下水暴露途径的致癌风险较高，六个点位致癌风险依次为 4.05×10^{-2}、3.88×10^{-3}、6.37×10^{-3}、6.57×10^{-2}、4.71×10^{-3} 和 7.45×10^{-2}，对人体健康会产生较大危害。非致癌风险计算结果表明，污染物铜、锌、铅、镉和砷经口腔饮用地下水暴露途径的非致癌风险较高，铜非致癌危害指数最高达到 348，锌最高达到 56.6，镉最高达到 112，砷最高达到 757。

风险计算结果表明，该铜冶炼场地土壤致癌风险主要以污染物砷和镉为主，场地土壤非致癌风险主要以污染物砷和铜为主。地下水致癌风险主要以污染物砷为主，非致癌风险主要以污染物铜、锌、镉和砷为主。需要关注的致癌暴露途径包括口腔摄入表土，呼吸吸入表土颗粒以及饮用地下水。

以上计算结果都已在表 2.25 和表 2.26 中详细列出。

表 2.25　关注污染物人体健康致癌风险计算结果

土壤样品	Cd		As				ΣR
	R_{inhal}	R_{Cd}	R_{oral}	R_{der}	R_{inhal}	R_{As}	
1#-ss	1.96E-06	1.96E-06	1.33E-04	1.24E-09	8.55E-06	1.42E-04	1.43E-04
1#-sub	2.70E-06	2.70E-06	1.63E-04	1.52E-09	1.04E-05	1.73E-04	1.76E-04
2#-ss	9.36E-07	9.36E-07	3.70E-05	3.45E-10	2.38E-06	3.94E-05	4.03E-05
2#-sub	7.73E-07	7.73E-07	3.87E-05	3.60E-10	2.49E-06	4.12E-05	4.19E-05
3#-ss	9.30E-07	9.30E-07	4.08E-05	3.80E-10	2.62E-06	4.34E-05	4.43E-05
3#-sub	8.90E-07	8.90E-07	3.89E-05	3.63E-10	2.50E-06	4.14E-05	4.23E-05
4#-ss	2.76E-06	2.76E-06	2.28E-04	2.12E-09	1.46E-05	2.42E-04	2.45E-04
4#-sub	2.98E-06	2.98E-06	2.42E-04	2.26E-09	1.56E-05	2.58E-04	2.61E-04
5#-ss	6.44E-07	6.44E-07	4.66E-05	4.34E-10	2.99E-06	4.95E-05	5.02E-05
5#-sub	5.27E-07	5.27E-07	4.17E-05	3.89E-10	2.68E-06	4.44E-05	4.50E-05
6#-ss	2.55E-06	2.55E-06	2.85E-04	2.65E-09	1.83E-05	3.03E-04	3.06E-04

续表

土壤样品	Cd		As				ΣR
	R_{inhal}	R_{Cd}	R_{oral}	R_{der}	R_{inhal}	R_{As}	
6#-sub	3.49E-06	3.49E-06	3.17E-04	2.96E-09	2.04E-05	3.38E-04	3.41E-04
SS-7	1.16E-06	1.16E-06	2.56E-04	2.39E-09	1.65E-05	2.73E-04	2.74E-04
SS-8	1.04E-06	1.04E-06	2.80E-04	2.61E-09	1.80E-05	2.98E-04	2.99E-04
SS-9	1.02E-06	1.02E-06	2.28E-04	2.13E-09	1.47E-05	2.43E-04	2.44E-04
SS-10	6.93E-07	6.93E-07	2.39E-04	2.23E-09	1.54E-05	2.55E-04	2.56E-04
SS-11	8.38E-07	8.38E-07	1.66E-04	1.55E-09	1.07E-05	1.77E-04	1.78E-04
SS-12	7.42E-07	7.42E-07	1.52E-04	1.42E-09	9.77E-06	1.62E-04	1.62E-04
SS-13	9.65E-07	9.65E-07	2.45E-05	2.28E-10	1.57E-06	2.61E-05	2.70E-05
SS-14	4.80E-07	4.80E-O7	3.36E-05	3.13E-10	2.16E-C6	3.58E-05	3.63E-05
SS-15	2.69E-07	2.69E-07	2.29E-05	2.13E-10	1.47E-06	2.44E-05	2.46E-05
SS-16	1.98E-07	1.98E-07	3.16E-05	2.95E-10	2.03E-06	3.36E-05	3.38E-05
SS-17	2.61E-06	2.61E-06	2.40E-04	2.24E-09	1.54E-05	2.56E-04	2.58E-04
SS-18	3.01E-06	3.01E-06	3.33E-04	3.10E-09	2.14E-05	3.54E-04	3.57E-04
SS-19	3.81E-06	3.81E-06	3.18E-04	2.96E-09	2.04E-05	3.38E-04	3.42E-04
SS-20	3.34E-06	3.34E-06	2.85E-04	2.66E-09	1.83E-05	3.03E-04	3.07E-04
SS-21	3.16E-06	3.16E-06	2.62E-04	2.44E-09	1.69E-05	2.79E-04	2.82E-04
SS-22	2.70E-06	2.70E-06	2.33E-04	2.17E-09	1.50E-05	2.48E-04	2.51E-04
SS-23	2.57E-06	2.57E-06	2.61E-04	2.43E-09	1.68E-05	2.78E-04	2.80E-04
SS-24	2.11E-06	2.11E-06	1.81E-04	1.68E-09	1.16E-05	1.92E-04	1.94E-04
SS-25	3.42E-07	3.42E-07	2.22E-05	2.07E-10	1.43E-06	2.36E-05	2.40E-05
SS-26	5.12E-07	5.12E-07	1.74E-05	1.62E-10	1.12E-06	1.85E-05	1.90E-05
SS-27	1.95E-07	1.95E-07	1.02E-05	9.52E-11	6.57E-07	1.09E-05	1.11E-05
SS-28	1.39E-07	1.39E-07	1.19E-05	1.11E-10	7.63E-07	1.26E-05	1.28E-05
SS-29	9.43E-07	9.43E-07	1.78E-05	1.66E-10	1.14E-06	1.89E-05	1.99E-05
SS-30	6.93E-07	6.93E-07	1.33E-05	1.24E-10	8.55E-07	1.41E-05	1.48E-05
SS-31	1.09E-06	1.09E-06	1.49E-05	1.39E-10	9.59E-07	1.59E-05	1.70E-05
SS-32	8.69E-07	8.69E-07	1.01E-05	9.44E-11	6.51E-07	1.08E-05	1.16E-05
SS-33	1.43E-06	1.43E-06	1.35E-05	1.26E-10	8.68E-07	1.44E-05	1.58E-05
SS-34	5.43E-07	5.43E-07	1.75E-05	1.63E-10	1.13E-06	1.87E-05	1.92E-05
SS-35	6.11E-07	6.11E-07	8.66E-06	8.07E-11	5.57E-07	9.21E-06	9.83E-06
WS-1	—	—	4.05E-02	—	—	4.05E-02	4.05E-02
WS-2	—	—	3.88E-03	—	—	3.88E-03	3.88E-03
WS-3	—	—	6.37E-03	—	—	6.37E-03	6.37E-03
WS-4	—	—	6.57E-02	—	—	6.57E-02	6.57E-02
WS-5	—	—	4.71E-03	—	—	4.71E-03	4.71E-03
WS-6	—	—	7.45E-02	—	—	7.45E-02	7.45E-02

注：R_{oral}：表示口腔摄入表土致癌风险或口腔饮用地下水致癌风险，无量纲；R_{der}：表示皮肤接触表土致癌风险，无量纲；R_{inhal}：表示呼吸吸入表土颗粒致癌风险，无量纲；R_{Cd}：污染物镉经所有暴露途径致癌风险，无量纲；R_{As}：污染物砷经所有暴露途径致癌风险，无量纲；$\sum R$：所有污染物经所有暴露途径总致癌风险，无量纲；1#-ss：表示 1 号井表层土壤样品，其他井号以此类推；1#-sub：表示 1 号井深层土壤样品，其他井号以此类推；SS-7：表示表层土壤样品 7 号样品，其他土壤样品以此类推；WS-1：表示 1 号水样，其他地下水样品号以此类推。

表 2.26　关注污染物人体健康非致癌风险计算结果

土壤样品	Cu			Zn			Cd				As				HI
	HQ_{oral}	HQ_{der}	HQ_{Cu}	HQ_{oral}	HQ_{der}	HQ_{Zn}	HQ_{oral}	HQ_{der}	HQ_{inhal}	HQ_{Cd}	HQ_{oral}	HQ_{der}	HQ_{inhal}	HQ_{As}	
l#-ss	3.71E-01	1.34E-04	3.71E-01	4.10E-02	1.48E-05	4.10E-02	1.59E-01	2.29E-06	1.70E-01	3.30E-01	2.26E+00	2.44E-05	4.83E-01	2.74E+00	3.49E+00
1#-sub	9.68E-01	3.48E-04	9.68E-01	1.14E-01	4.10E-05	1.14E-01	2.20E-01	3.17E-06	2.35E-01	4.55E-01	2.76E+00	2.98E-05	5.91E-01	3.35E+00	4.89E+00
2#-ss	1.98E-01	7.12E-05	1.98E-01	2.27E-02	8.18E-06	2.27E-02	7.62E-02	1.10E-06	8.15E-02	1.58E-01	6.29E-01	6.80E-06	1.35E-01	7.64E-01	1.14E+00
2#-sub	1.30E-01	4.69E-05	1.30E-01	1.91E-02	6.88E-06	1.91E-02	6.30E-02	9.07E-07	6.73E-02	1.30E-01	6.57E-01	7.10E-06	1.41E-01	7.98E-01	1.08E+00
3#-ss	1.70E-01	6.13E-05	1.70E-01	2.64E-02	9.49E-06	2.64E-02	7.57E-02	1.09E-06	S.10E-02	1.57E-01	6.93E-01	7.48E-06	1.4SE-01	8.41E-01	1.19E+00
3#-sub	1.21E-01	4.35E-05	1.21E-01	2.14E-02	7.70E-06	2.14E-02	7.25E-02	1.04E-06	7.75E-02	1.50E-01	6.61E-01	7.14E-06	1.41E-01	8.03E-01	1.10E+00
4#-ss	7.93E-01	2.86E-04	7.93E-01	1.31E-01	4.71E-05	1.31E-01	2.25E-01	3.24E-06	2.41E-01	4.66E-01	3.87E+00	4.18E-05	8.27E-01	4.70E+00	6.09E+00
4#-sub	1.15E+00	4.13E-04	1.15E-00	1.38E-01	4.97E-05	1.38E-01	2.43E-01	3.49E-06	2.60E-01	5.02E-01	4.12E+00	4.45E-05	8.81E-01	5.00E+00	6.79E+00
5#-ss	3.63E-01	1.31E-04	3.63E-01	3.17E-02	1.14E-05	3.17E-02	5.25E-02	7.56E-07	5.61E-02	1.09E-01	7.91E-01	8.55E-06	1.69E-01	9.60E-01	1.46E+00
5#-sub	2.58E-01	9.29E-05	2.58E-01	3.48E-02	1.25E-05	3.48E-02	4.29E-02	6.18E-07	4.59E-02	8.89E-02	7.10E-01	7.66E-06	1.52E-01	8.61E-01	1.24E+00
6#-ss	1.70E+00	6.10E-04	1.70E-00	1.95E-01	7.03E-05	1.95E-01	2.08E-01	2.99E-06	2.22E-01	4.30E-01	4.84E+00	5.23E-05	1.04E-00	5.87E+00	8.20E+00
6#-sub	1.38E+00	4.95E-04	1.38E-00	1.74E-01	6.26E-05	1.74E-01	2.84E-01	4.09E-06	3.04E-01	5.88E-01	5.40E+00	5.83E-05	1.15E-00	6.55E+00	8.69E+00
SS-7	8.00E-01	2.88E-04	8.00E-01	1.03E-01	3.71E-05	1.03E-01	9.46E-02	1.36E-06	1.01E-01	1.96E-01	4.36E+00	4.70E-05	9.31E-01	5.29E+00	6.39E+00
SS-8	5.32E-01	1.92E-04	5.32E-01	9.30E-02	3.35E-05	9.30E-02	8.46E-02	1.22E-06	9.04E-02	1.75E-01	4.76E+00	5.14E-05	1.02E-00	5.78E+00	6.58E+00
SS-9	1.89E-01	6.80E-05	1.89E-01	4.84E-02	1.74E-05	4.84E-02	8.27E-02	1.19E-06	8.85E-02	1.71E-01	3.88E+00	4.19E-05	8.30E-01	4.71E+00	5.12E+00
SS-10	2.20E-01	7.91E-05	2.20E-01	4.36E-02	1.57E-05	4.36E-02	5.64E-02	8.13E-07	6.04E-02	1.17E-01	4.07E+00	4.40E-05	8.71E-01	4.94E+00	5.32E+00
SS-11	4.71E-01	1.70E-04	4.71E-01	4.97E-02	1.79E-05	4.97E-02	6.83E-02	9.83E-07	7.30E-02	1.41E-01	2.82E+00	3.05E-05	6.04E-01	3.43E+00	4.09E+00
SS-12	3.99E-01	1.44E-04	3.99E-01	5.22E-02	1.88E-05	5.22E-02	6.04E-02	8.70E-07	6.46E-02	1.25E-01	2.58E+00	2.79E-05	5.53E-01	3.14E+00	3.71E+00
SS-13	8.66E-01	3.12E-04	8.66E-01	1.03E-01	3.71E-05	1.03E-01	7.86E-02	1.13E-06	8.41E-02	1.63E-01	4.16E-01	4.49E-06	8.90E-02	5.05E-01	1.64E+00
SS-14	6.44E-01	2.32E-04	6.44E-01	9.31E-02	3.35E-05	9.31E-02	3.91E-02	5.63E-07	4.18E-02	8.09E-02	5.71E-01	6.17E-06	1.22E-01	6.94E-01	1.51E+00

续表

土壤	Cu			Zn			Cd				As				HI
样品	HQ_{oral}	HQ_{der}	HQ_{Cu}	HQ_{oral}	HQ_{der}	HQ_{Zn}	HQ_{oral}	HQ_{der}	HQ_{inhal}	HQ_{Cd}	HQ_{oral}	HQ_{der}	HQ_{inhal}	HQ_{As}	
SS-15	3.18E-01	1.15E-04	3.19E-01	7.10E-02	2.55E-05	7.10E-02	2.20E-02	3.16E-07	2.35E-02	4.54E-02	3.89E-01	4.20E-06	8.32E-02	4.72E-01	9.07E-01
SS-16	4.10E-01	1.48E-04	4.10E-01	6.30E-02	2.27E-05	6.31E-02	1.62E-02	2.33E-07	1.73E-02	3.34E-02	5.37E-01	5.80E-06	1.15E-01	6.52E-01	1.16E+00
SS-17	8.46E-01	3.05E-04	8.46E-01	1.29E-01	4.64E-05	1.29E-01	2.13E-01	3.07E-06	2.28E-01	4.41E-01	4.08E-00	4.41E-05	8.73E-01	4.96E-00	6.37E-00
SS-18	1.07E-00	3.87E-04	1.07E+00	1.33E-01	4.80E-05	1.33E-01	2.45E-01	3.53E-06	2.62E-01	5.07E-01	5.65E-00	6.11E-05	1.21E+00	6.86E-00	8.58E-00
SS-19	1.30E^O0	4.69E-04	1.30E+00	1.62E-01	5.83E-05	1.62E-01	3.10E-01	4.47E-06	3.32E-01	6.42E-01	5.40E-00	5.83E-05	1.15E+00	6.55E-00	8.66E-00
SS-20	9.68E-01	3.48E-04	9.68E-01	1.47E-01	5.29E-05	1.47E-01	2.72E-01	3.91E-06	2.91E-01	5.63E-01	4.84E-00	5.23E-05	1.04E+00	5.88E-00	7.56E-00
SS-21	7.16E-01	2.58E-04	7.17E-01	1.25E-01	4.50E-05	1.25E-01	2.57E-01	3.71E-06	2.75E-01	5.33E-01	4.46E-00	4.81E-05	9.53E-01	5.41E-00	6.79E-00
SS-22	1.40E-00	5.03E-04	1.40E+00	1.55E-01	5.58E-05	1.55E-01	2.20E-01	3.17E-06	2.35E-01	4.56E-01	3.96E-00	4.28E-05	8.48E-01	4.81E-00	6.82E-00
SS-23	1.27E-00	4.57E-04	1.27E+00	1.46E-01	5.25E-05	1.46E-01	2.09E-01	3.02E-06	2.24E-01	4.33E-01	4.44E-00	4.79E-05	9.49E-01	5.39E-00	7.24E-00
SS-24	1.15E-00	4.15E-04	1.15E+00	1.42E-01	5.10E-05	1.42E-01	1.72E-01	2.47E-06	1.84E-01	3.55E-01	3.07E-00	3.32E-05	6.57E-01	3.73E-00	5.38E-00
SS-25	9.71E-02	3.50E-05	9.71E-02	1.87E-02	6.73E-06	1.87E-02	2.79E-02	4.01E-07	2.98E-02	5.77E-02	3.77E-01	4.07E-06	8.07E-02	4.58E-01	6.31E-01
SS-26	8.38E-02	3.02E-05	8.39E-02	1.62E-02	5.82E-06	1.62E-02	4.17E-02	6.01E-07	4.46E-02	8.64E-02	2.96E-01	3.20E-06	6.33E-02	3.59E-01	5.46E-01
SS-27	2.59E-02	9.34E-06	2.59E-02	2.89E-03	1.04E-06	2.90E-03	1.59E-02	2.29E-07	1.70E-02	3.29E-02	1.74E-01	1.88E-06	3.71E-02	2.11E-01	2.73E-01
SS-28	3.08E-02	1.11E-05	3.08E-02	3.34E-03	1.20E-06	3.34E-03	1.13E-02	1.63E-07	1.21E-02	2.35E-02	2.02E-01	2.18E-06	4.32E-02	2.45E-01	3.03E-01
SS-29	4.07E-02	1.47E-05	4.07E-02	5.33E-03	2.10E-06	5.83E-03	7.68E-02	1.11E-06	8.22E-02	1.59E-01	3.02E-01	3.27E-06	6.47E-02	3.67E-01	5.73E-01
SS-30	3.08E-01	1.11E-04	3.09E-01	5.03E-02	1.81E-05	5.04E-02	5.64E-02	8.13E-07	6.04E-02	1.17E-01	2.26E-01	2.44E-06	4.83E-02	2.74E-01	7.50E-01
SS-31	2.58E-01	9.27E-05	2.58E-01	2.91E-02	1.05E-05	2.91E-02	8.85E-02	1.27E-06	9.47E-02	1.83E-01	2.54E-01	2.74E-06	5.43E-02	3.08E-01	7.78E-01
SS-32	2.42E-01	8.71E-05	2.42E-01	3.53E-02	1.27E-05	3.53E-02	7.08E-02	1.02E-06	7.57E-02	1.47E-01	1.72E-01	1.86E-06	3.68E-02	2.09E-01	6.33E-01
SS-33	4.08E-01	1.47E-04	4.08E-01	4.97E-02	1.79E-05	4.97E-02	1.17E-01	1.68E-06	1.25E-01	2.42E-01	2.30E-01	2.48E-06	4.91E-02	2.79E-01	9.78E-01
SS-34	2.61E-01	9.39E-05	2.61E-01	2.62E-02	9.44E-06	2.62E-02	4.43E-02	6.37E-07	4.73E-02	9.16E-02	2.98E-01	3.22E-06	6.37E-02	3.62E-01	7.40E-01
SS-35	2.07E-01	7.46E-05	2.07E-01	2.36E-02	8.48E-06	2.36E-02	4.98E-02	7.17E-07	5.33E-02	1.03E-01	1.47E-01	1.59E-06	3.15E-02	1.79E-01	5.13E-01

续表

土壤	Cu			Zn			Cd				As				HI
样品	HQ_{oral}	HQ_{der}	HQ_{Cu}	HQ_{oral}	HQ_{der}	HQ_{Zn}	HQ_{oral}	HQ_{der}	HQ_{inhal}	HQ_{Cd}	HQ_{oral}	HQ_{der}	HQ_{inhal}	HQ_{As}	
WS-1	2.64E+02	—	2.64E+02	5.12E+01	—	5.12E+01	7.68E+01	—	—	7.68E+01	4.11E+02	—	—	4.11E+02	8.03E+02
WS-2	3.80E+01	—	3.80E+01	7.88E+00	—	7.88E+00	6.75E+00	—	—	6.75E+00	3.94E+01	—	—	3.94E+01	9.20E+01
WS-3	4.43E+01	—	4.43E+01	1.07E+01	—	1.07E+01	1.10E+01	—	—	1.1OE+Ol	6.47E+01	—	—	6.47E+01	1.31E+02
WS-4	3.48E+02	—	3.48E+02	4.19E+01	—	4.19E+01	1.02E+02	—	—	1.02E+02	6.67E+02	—	—	6.67E+02	1.16E+03
WS-5	2.32E+01	—	2.32E+01	9.01E+00	—	9.01E+00	1.01E+01	—	—	1.01E-01	4.78E+01	—	—	4.78E+01	9.02E+01
WS-6	3.21E-02	—	3.21E+02	5.66E+01	—	5.66E+01	1.12E+02	—	—	1.12E+02	7.57E+02	—	—	7.57E+02	1.25E+03

注：HQ_{oral}：表示口腔摄入表土非致癌风险或口腔饮用地下水非致癌风险，无量纲；

HQ_{der}：表示皮肤接触表土非致癌风险，无量纲；

HQ_{Cu}：污染物铜经所有暴露途径非致癌风险，无量纲；

HQ_{Zn}：污染物锌经所有暴露途径非致癌风险，无量纲；

HQ_{inhal}：表示呼吸吸入表土颗粒非致癌风险，无量纲；

HQ_{Cd}：污染物镉经所有暴露途径非致癌风险，无量纲；

HQ_{As}：污染物砷经所有暴露途径非致癌风险，无量纲；

HI：所有污染物经所有暴露途径总非致癌风险，无量纲；

1#-ss：表示 1 号井表层土壤样品，其他井号以此类推；

1#-sub：表示 1 号井深层土壤样品，其他井号以此类推；

SS-7：表示表层土壤样品 7 号样品，其他土壤样品以此类推；

WS-1：表示 1 号水样，其他地下水样号以此类推。

（七）不确定性分析

1. 分析暴露风险贡献率

分别计算单一污染物经不同暴露途径的致癌风险和非致癌风险贡献率，不同关注污染物经所有暴露途径的致癌风险和非致癌风险贡献率，具体计算方法参考编制的《冶炼行业污染物场地风险评估导则》。

1）单一污染物经不同暴露途径的致癌和非致癌风险贡献率

计算结果表明，单一污染物经不同暴露途径的致癌风险和非致癌风险贡献率因关注污染物类型不同而呈现不同的规律。对于重金属镉经吸入表层土壤颗粒暴露途径对总风险的贡献率为 100%；对于污染物砷，经口腔摄入表土暴露途径对总风险的贡献率绝大部分都高达 94%，吸入表层土壤颗粒暴露途径对总风险的贡献率为 6%左右。地下水致癌风险主要为污染物砷经口腔饮用暴露途径为主，该暴露途径对总风险的贡献率为 100%。

关注污染物的非致癌风险，污染物铜和锌以口腔摄入表土为主要暴露途径，该途径的风险贡献率在 99.96%左右。污染物镉经口腔摄入表土和吸入表土颗粒暴露途径对非致癌危害指数的影响起着决定作用，风险贡献率分别为 48%和 51%。污染物砷应关注通过皮肤接触表土暴露途径，该暴露途径风险贡献率为 93.5%。地下水饮用暴露途径，非致癌风险贡献率最大的为砷，最高为 60.72%；其次为铜，最高为 41.28%；镉对非致癌贡献率最高为 11.23%，锌对非致癌贡献率最高位 9.98%。因此，对该铜冶炼污染场地风险管理时，应关注铜、锌和镉通过口腔摄入表土暴露途径，镉通过吸入表土颗粒暴露途径，砷通过皮肤接触表土暴露途径和饮用地下水口腔摄入途径，从而控制以上污染物对人体产生非致癌风险。

2）不同关注污染物经所有暴露途径的致癌和非致癌风险贡献率

不同关注污染物经所有暴露途径的致癌风险和非致癌风险贡献率因污染物种类而表现出差异性。

根据致癌和非致癌风险贡献率计算表明，污染物镉对总致癌风险的贡献率在 0.27%~9.06%；污染物砷对总致癌风险的贡献率在 90.94%~99.73%。污染物铜对总非致癌危害指数贡献率范围在 3.69%~52.91%；污染物锌对总非致癌危害指数贡献率范围在 0.82%~7.82%；污染物镉对总非致癌危害指数贡献率范围在 2.20%~27.77%；污染物砷对总非致癌危害指数贡献率范围在 28.50%~92.85%。

由于水样采样点数较少，在单个点位评估计算不同关注污染物经所有暴露途径的致癌和非致癌风险时，未将地下水饮用暴露途径的致癌风险/非致癌风险与所有土壤暴露途径的致癌/非致癌风险进行叠加风险计算。因此，不同关注污染物经所有暴露途径的致癌和非致癌风险贡献率仅指不同关注污染物经所有土壤暴露途径的致癌和非致癌风险贡献率。由此产生的不足，将在第三层次概率风险评估中加以解决。

铜冶炼污染场地不同关注污染物经所有暴露途径的致癌和非致癌风险贡献率见表 2.27。

表 2.27　铜冶炼污染场地不同关注污染物经所有暴露途径的致癌和非致癌风险贡献率（单位：%）

土壤样品	致癌风险贡献率		非致癌风险贡献率			
	$R_{Cd}/\Sigma R$	$R_{As}/\Sigma R$	HQ_{Cu}/HI	HQ_{Zn}/HI	HQ_{Cd}/HI	HQ_{As}/HI
1#-ss	0.27	90.94	3.69	0.82	2.20	28.50
1#-sub	0.35	92.54	4.13	0.94	2.66	30.85
2#-ss	0.42	93.60	7.11	1.02	2.89	33.02
2#-sub	0.42	93.78	8.10	1.06	3.06	34.85
3#-ss	0.46	95.26	9.52	1.10	3.34	36.57
3#-sub	0.47	95.33	10.17	1.18	3.37	39.59
4#-ss	0.59	96.43	10.56	1.22	3.46	45.88
4#-sub	0.83	97.17	10.65	1.41	5.01	48.84
5#-ss	0.84	97.31	10.74	1.41	5.24	52.07
5#-sub	0.92	97.68	11.04	1.55	5.35	56.27
6#-ss	1.01	97.90	11.52	1.61	5.91	64.10
6#-sub	1.02	97.90	12.09	1.77	5.99	65.62
SS-7	1.08	98.16	12.52	1.84	6.61	65.84
SS-8	1.08	98.24	12.53	1.87	6.68	66.87
SS-9	1.09	98.46	12.82	1.95	6.77	68.57
SS-10	1.09	98.57	13.04	1.95	6.91	69.29
SS-11	1.09	98.64	13.28	1.99	7.15	69.32
SS-12	1.11	98.68	14.27	2.00	7.40	70.40
SS-13	1.12	98.72	15.05	2.02	7.42	70.55
SS-14	1.13	98.83	15.37	2.02	7.42	71.68
SS-15	1.14	98.86	15.39	2.03	7.45	72.52
SS-16	1.17	98.87	15.84	2.15	7.65	73.30
SS-17	1.28	98.88	16.90	2.17	7.75	73.66
SS-18	1.32	98.89	17.33	2.21	7.85	74.04
SS-19	1.36	98.91	17.55	2.27	9.13	74.44
SS-20	1.43	98.91	19.80	2.33	9.31	75.39
SS-21	1.54	98.91	20.49	2.38	9.46	75.66
SS-22	1.76	98.92	20.70	2.64	9.94	77.16
SS-23	1.84	98.92	20.77	2.80	12.09	77.34
SS-24	2.10	98.98	21.44	2.96	12.09	77.78
SS-25	2.10	98.99	24.79	2.96	12.37	77.79
SS-26	2.32	99.08	33.12	3.54	13.12	78.72
SS-27	2.69	99.16	35.11	3.74	13.70	79.74
SS-28	2.83	99.17	35.24	4.60	13.81	80.01
SS-29	3.57	99.41	35.40	5.08	15.57	80.97
SS-30	4.67	99.53	38.24	5.44	15.83	82.79
SS-31	4.74	99.54	40.43	5.58	20.11	83.81

续表

土壤样品	致癌风险贡献率		非致癌风险贡献率			
	$R_{Cd}/\Sigma R$	$R_{As}/\Sigma R$	HQ_{Cu}/HI	HQ_{Zn}/HI	HQ_{Cd}/HI	HQ_{As}/HI
SS-32	6.22	99.58	41.14	6.16	23.16	84.48
SS-33	6.40	99.58	41.71	6.29	23.55	87.83
SS-34	7.46	99.65	42.61	6.71	24.71	92.02
SS-35	9.06	99.73	52.91	7.82	27.77	92.85

2. 分析模型参数敏感性分析

采用敏感性比例表征模型参数的敏感性，对单一暴露途径风险贡献率超过20%的暴露途径，进行相关参数的敏感性分析。上一部分分析了单一污染物经不同暴露途径对致癌和非致癌风险的贡献率，根据分析结果，模型参数对致癌风险值的敏感性比例分析，主要选取重金属镉经吸入表层土壤颗粒暴露途、污染物砷经口腔摄入表土暴露途径和经口腔饮用暴露途径分别进行计算；模型参数对非致癌风险值的敏感性比例分析，主要选取重金属铜和锌口腔摄入表土暴露途径，镉经口腔摄入表土和吸入表土颗粒暴露途径，污染物砷经皮肤接触表土暴露途径，污染物砷和铜经地下水饮用暴露途径分别进行计算。

模型参数敏感性比例的计算方法参考编制的《冶炼行业污染物场地风险评估导则》。不同模型参数对致癌风险值和非致癌危害商值的敏感性比例分别如表2.28所示。一般而言，参数的敏感性比例越大，表示风险变化程度越大，该参数对风险计算的影响也越大。如 *ED*、*EF* 等参数一般与风险计算值呈正相关，而 *BW*、*Tca*、*ATnc* 等参数一般与风险计算呈负相关。污染物镉经吸入表土颗粒致癌暴露途径与非致癌暴露途径中参数 *fspo*、*EFo*、*fspi*、*EFi* 敏感性比例较大，风险变化程度也较高。在制定污染场地风险管理决策时，应关注这些对风险影响较大的参数，尽可能通过场地调查获取这些参数，以反映场地的实际风险，降低人体健康风险评估的不确定性，为合理制定后续修复方案提供科学依据。

表2.28　不同模型参数对致癌风险值和非致癌危害商值的敏感性比例

污染物砷经口腔摄入表土致癌暴露途径										
参数	*DSSIR*	*ED*	*EF*	*BW*	*ATca*					
参数敏感性比例	1.00	1.00	1.00	−1.05	−1.05					
污染物砷经口腔饮用地下水致癌暴露途径										
参数	*DWIR*	*ED*	*EF*	*BW*	*ATca*					
参数敏感性比例	1.00	1.00	1.00	−1.05	−1.05					
污染物镉经吸入表土颗粒致癌暴露途径										
参数	PM_{10}	*fspo*	*EFo*	*fspi*	*EFi*	*DAIR*	*ED*	*PLAF*	*BW*	*ATca*
参数敏感性比例	1.00	5.80	5.80	1.21	1.21	1.00	1.00	1.00	−1.05	−1.05

续表

污染物铜经口腔摄入表土非致癌暴露途径										
参数	*DSSIR*	*ED*	*EF*	*BW*	*ATnc*					
参数敏感性比例	1.00	1.00	1.00	−1.05	−1.05					
污染物铜经口腔饮用地下水非致癌暴露途径										
参数	*DWIR*	*ED*	*EF*	*BW*	*ATnc*					
参数敏感性比例	1.00	1.00	1.00	−1.05	−1.05					
污染物锌经口腔摄入表土非致癌暴露途径										
参数	*DSSIR*	*ED*	*EF*	*BW*	*ATnc*					
参数敏感性比例	1.00	1.00	1.00	−1.05	−1.05					
污染物镉经口腔摄入表土非致癌暴露途径										
参数	*DSSIR*	*ED*	*EF*	*BW*	*ATnc*					
参数敏感性比例	1.00	1.00	1.00	−1.05	−1.05					
污染物镉经吸入表土颗粒非致癌暴露途径										
参数	PM_{10}	*fspo*	*EFo*	*fspi*	*EFi*	*DAIR*	*ED*	*PLAF*	*BW*	*ATnc*
参数敏感性比例	1.00	5.80	0.23	1.21	1.21	1.00	1.00	1.00	−1.05	−1.05
污染物砷经皮肤接触表土非致癌暴露途径										
参数	*SAE*	*AF*	*ED*	*EF*	*EV*	*BW*	*ATnc*			
参数敏感性比例	1.00	1.00	1.00	1.00	1.00	−1.05	−1.05			

（八）修复目标值计算

场地修复目标值计算方法参考编制的《冶炼行业污染场地风险评估导则》。可计算单一暴露途径单一污染物的致癌/非致癌风险的场地筛选值，亦可计算单一污染物基于所有暴露途径综合致癌/非致癌风险的场地筛选值。一般选取单一污染物致癌/非致癌风险的场地筛选值最小值作为场地修复值，但综合各方面考虑可选择适合场地的筛选值作为场地修复值。污染物铜的土壤修复目标值选定为3315 mg/kg，地下水修复目标值为0.47 mg/L；污染物锌的土壤修复目标值选定为24 863 mg/kg，地下水修复目标值为3.55 mg/L；镉的土壤修复目标值选定为6.76 mg/kg，地下水修复目标值为0.01 mg/L；砷的土壤修复目标值选定为6.58 mg/kg，地下水修复目标值为0.004 mg/L。具体计算结果见表2.29。

由此可见，场地土壤砷污染、部分区域的铜污染和镉污染严重，需要进行修复。地下水铜、锌、镉和砷需要进行修复。在修复前，可进一步进行更为详细的场地调查，获取污染区域边界，以便于后续采用适宜的修复技术进行场地修复。

（九）第三层次健康风险评估

该阶段风险评估，主要考虑了不包括铅的关注污染物风险评估和污染物铅的风险评估。由于采用的还是第3部分的土壤和地下水样浓度数据，主要是从概率统计角度对这些数据进行优化处理进行风险评估，因此危害识别和暴露评估步骤不再做进一步分析，直接进入风险表征阶段。

表 2.29 基于致癌风险和非致癌风险的筛选值和修复限值

	$RBSL_{(\text{口腔摄入表土})ca}$	$RBSL_{(\text{皮肤接触表土})ca}$	$RBSL_{(\text{呼吸吸入表土})ca}$	$RBSL_{(\text{soil})ca}$	$RBSL_{(\text{口腔摄入表土})nc}$	$RBSL_{(\text{皮肤接触表土})nc}$	$\text{RBSL}_{(\text{呼吸吸入表土})nc}$	$RBSI_{(\text{soil})nc}$	$RBSL_{(\text{饮用地下水})ca}$	$RBSL_{(\text{饮用地下水})nc}$	土壤修复目标值*	地下水修复目标值**
Cu					3316	9 211 905		3315		0.47	3315	0.47
Zn					24 872	69 089 286		24 863		3.55	24 863	3.55
Cd			6.76	6.76	82.91	5 757 440	77.52	40.06		0.01	6.76	0.01
As	0.42	45 358	6.58	0.40	24.87	2 302 976	116.29	20.49	0.000 04	0.004	6.58	0.004

注：$RBSL_{(\text{口腔摄入表土})ca}$：口腔摄入表土途径致癌污染物致癌风险场地筛选值，mg/kg；

$RBSL_{(\text{皮肤接触表土})ca}$：皮肤接触表土途径致癌污染物致癌风险场地筛选值，mg/kg；

$RBSL_{(\text{呼吸吸入表土})ca}$：呼吸吸入表土颗粒途径致癌污染物致癌风险场地筛选值，mg/kg；

$RBSL_{(\text{soil})ca}$：基于所有暴露途径综合致癌风险的场地筛选值，mg/kg；

$RBSL_{(\text{口腔摄入表土})nc}$：口腔摄入表土途径非致癌污染物非致癌风险场地筛选值，mg/kg；

$RBSL_{(\text{皮肤接触表土})nc}$：皮肤接触表土途径非致癌污染物非致癌风险场地筛选值，mg/kg；

$RBSL_{(\text{呼吸吸入表土})nc}$：呼吸吸入表土颗粒途径非致癌污染物非致癌风险场地筛选值，mg/kg；

$RBSL_{(\text{soil})nc}$：基于所有暴露途径综合非致癌风险的场地筛选值，mg/kg；

$RBSL_{(\text{饮用地下水})ca}$：口腔饮用地下水途径致癌污染物致癌风险场地筛选值，mg/L；

$RBSL_{(\text{饮用地下水})nc}$：口腔饮用地下水途径非致癌污染物非致癌风险场地筛选值，mg/L；

*经综合比较致癌/非致癌筛选值后得到的土壤修复目标值，一般以筛选值的最小值作为土壤修复目标值，mg/kg；

**经综合比较致癌/非致癌筛选值后得到的地下水修复目标值，一般以筛选值的最小值作为地下水修复目标值，mg/L。

场地调查污染物数据，主要采用污染物浓度的95%分位值进行后续风险计算。铜、锌、铅、镉和砷41个土壤样品均有检出，6个地下水样品也均有检出。具体计算结果见表2.30。

表2.30　场地调查污染物浓度统计值

CAS No.	污染物	土壤检出数量	95%分位值/（mg/kg）	地下水检出数量	95%分位值/（mg/L）
7440-50-8	Cu	41	2300	6	140
7440-66-6	Zn	41	1920	6	170
7439-92-1	Pb	41	1860	6	2.52
7440-43-9	Cd	41	12.3	6	1.12
7440-38-2	As	41	68.2	6	2.13

1. 不包括铅的关注污染物风险表征

1）*污染物致癌/非致癌风险计算*

根据编制的《冶炼行业污染场地风险评估导则》计算风险值。首先分别计算单一污染物经口摄入表土、皮肤接触表土、吸入土壤颗粒物、饮用地下水暴露途径下的致癌风险值或非致癌危害商值，然后将每种暴露途径产生的致癌风险值或危害商值相加获得该污染物经所有暴露途径的致癌风险值或非致癌危害指数，最后计算所有关注污染物经所有暴露途径的总致癌风险或非致癌危害指数。计算结果见表2.31。从计算结果可以看出，砷致癌风险主要体现在口腔摄入表土、呼吸吸入表土颗粒和口腔饮用地下水暴露途径，致癌风险值分别为 1.61×10^{-4}、1.04×10^{-5} 和 5.90×10^{-2}；镉致癌风险主要体现在呼吸吸入表土颗粒暴露途径，致癌风险值为 1.82×10^{-6}。砷的非致癌风险主要体现在口腔摄入表土和口腔饮用地下水暴露途径，非致癌危害商值分别为2.74和599；镉非致癌风险主要体现在口腔饮用地下水暴露途径，非致癌危害商值为95；铜、锌非致癌风险也主要体现在口腔饮用地下水暴露途径，非致癌危害商值分别为296和48。

2）*不确定性分析——分析暴露风险贡献率*

分别计算单一污染物经不同暴露途径的致癌风险和非致癌风险贡献率，不同关注污染物经所有暴露途径的致癌风险和非致癌风险贡献率，具体计算方法参考编制的《冶炼行业污染场地风险评估导则》。

单一污染物经不同暴露途径的致癌风险和非致癌风险贡献率计算结果见表2.32，因关注污染物类型不同而呈现不同的规律。对于重金属镉经吸入表层土壤颗粒暴露途径对总风险的贡献率为 100%；对于污染物砷，以口腔饮用暴露途径为主，该暴露途径对总风险的贡献率为99.71%。

针对关注污染物的非致癌风险，污染物铜、锌、镉和砷均以口腔饮用暴露途径为主要暴露途径，该途径的风险贡献率分别为99.77%、99.84%、99.68%、99.45%。

因此，在进行该铜冶炼污染场地风险管理时，应关注铜、锌和镉通过口腔摄入表土途径，砷通过饮用地下水口腔摄入途径，以及铜、锌、镉和砷通过饮用地下水口腔摄入途径，通过控制以上污染物经这些暴露途径对人体产生致癌和非致癌风险。

不同关注污染物经所有暴露途径的致癌风险和非致癌风险贡献率因污染物种类而表现出差异性。

不同污染物经所有暴露途径的风险贡献率计算结果见表 2.33。污染物镉对总致癌风险的贡献率仅占 0.003%，污染物砷对总致癌风险的贡献率为 99.997%。污染物铜对总非致癌危害指数贡献率为 28.43%；污染物锌对总非致癌危害指数贡献率为 4.60%；污染物镉对总非致癌危害指数贡献率为 9.11%；污染物砷对总非致癌危害指数贡献率为 57.86%。

因此在场地管理和修复决策时，应重点关注污染物砷的致癌非致癌风险，以及铜和镉的非致癌风险。

表 2.31　单一污染物经不同暴露途径的致癌和非致癌风险

污染物	R_{oral}	R_{der}	R_{inhal}	HQ_{oral}	HQ_{der}	HQ_{inhal}	$R_{oral\text{-}gw}$	$HQ_{oral\text{-}gw}$	$R_{污染物n}$	$HQ_{污染物n}$
Cu				6.94E-01	2.50E-04			2.96E+02		2.96E+02
Zn				7.72E-02	2.78E-05			4.78E+01		4.79E+01
Pb										
Cd			1.82E-06	1.48E-01	2.14E-06	1.59E-01		9.46E+01	1.82E-06	9.49E+01
As	1.61E-04	1.50E-09	1.04E-05	2.74E+00	2.96E-05	5.86E-01	5.90E-02	5.99E+02	5.92E-02	6.03E+02
ΣR									5.92E-02	
HI										1.04E+03

表 2.32　单一污染物经不同暴露途径的风险贡献率　　（单位：%）

污染物	$R_{oral}/R_{污染物n}$	$R_{der}/R_{污染物n}$	$R_{inhal}/R_{污染物n}$	$R_{oral\text{-}gw}/R_{污染物n}$	$HQ_{oral}/HQ_{污染物n}$	$HQ_{der}/HQ_{污染物n}$	$HQ_{inhal}/HQ_{污染物n}$	$HQ_{oral\text{-}gw}/HQ_{污染物n}$
Cu					0.23	△		99.77
Zn					0.16	△		99.84
Cd			100		0.16	△	0.17	99.68
As	0.27	△	0.02	99.71	0.45	△	0.10	99.45

△：表示所占比例很小，可忽略不计。

表 2.33　不同污染物经所有暴露途径的风险贡献率　　（单位：%）

	$R_{Cd}/\Sigma R$	$R_{AS}/\Sigma R$	HQ_{Cu}/HI	HQ_{Zn}/HI	HQ_{Cd}/HI	HQ_{As}/HI
风险贡献率	0.003	99.997	28.43	4.60	9.11	57.86

注：表 2.31~表 2.33 中所列参数含义可参考表 2.25 和表 2.26。

3）不确定性分析——分析模型参数敏感性

采用敏感性比例表征模型参数的敏感性，对单一暴露途径风险贡献率超过 10%的暴露途径，进行相关参数的敏感性分析。前面分析了单一污染物经不同暴露途径对致癌和非致癌风险的贡献率，根据分析结果，模型参数对致癌风险值的敏感性比例分析，主要选取重金属镉经吸入表层土壤颗粒暴露途径、污染物砷经口腔饮用地下水暴露途径进行计算；模型参数对非致癌风险值的敏感性比例分析，主要选取重金属铜、锌、镉和砷经地下水饮用暴露途径分别进行计算。

模型参数敏感性比例的计算方法参考编制的《冶炼行业污染场地风险评估导则》。不同模型参数对致癌风险值和非致癌危害商值的敏感性比例分别如表 2.34 所示。参数敏感性比例计算结果体现出相同的规律。在制定污染场地风险管理决策时，应关注这些对风险影响较大的参数，尽可能通过场地调查获取这些参数，降低人体健康风险评估的不确定性。

表 2.34　不同模型参数对致癌风险值和非致癌危害商值的敏感性比例

污染物砷经口腔饮用地下水致癌暴露途径										
参数	*DWIR*	*ED*	*EF*	*BW*	*ATca*					
参数敏感性比例	1.00	1.00	1.00	−1.05	−1.05					
污染物镉经吸入表土颗粒致癌暴露途径										
参数	PM_{10}	*fspo*	*EFo*	*fspi*	*EFi*	*DAIR*	*ED*	*PLAF*	*BW*	*ATca*
参数敏感性比例	1.00	5.80	5.80	1.21	1.21	1.00	1.00	1.00	−1.05	−1.05
污染物铜经口腔饮用地下水非致癌暴露途径										
参数	*DWIR*	*ED*	*EF*	*BW*	*ATnc*					
参数敏感性比例	1.00	1.00	1.00	−1.05	−1.05					
污染物锌经口腔饮用地下水非致癌暴露途径										
参数	*DWIR*	*ED*	*EF*	*BW*	*ATnc*					
参数敏感性比例	1.00	1.00	1.00	−1.05	−1.05					
污染物镉经口腔饮用地下水非致癌暴露途径										
参数	*DWIR*	*ED*	*EF*	*BW*	*ATnc*					
参数敏感性比例	1.00	1.00	1.00	−1.05	−1.05					
污染物砷经口腔饮用地下水非致癌暴露途径										
参数	*DWIR*	*ED*	*EF*	*BW*	*ATnc*					
参数敏感性比例	1.00	1.00	1.00	−1.05	−1.05					

4）修复目标值计算

场地修复目标值计算方法同样参考编制的《冶炼行业污染场地风险评估导则》。由于未能从场地获取更多的场地参数，其修复目标值计算与前面计算结果一致。具体可参考表 2.29。

2. 污染物铅的风险表征

目前国际上对铅的毒性评估主要采用基于受体血铅浓度水平的方法，不再采用有阈值的参考剂量除以参考浓度的做法（张红振等，2009；王舜钦等，2004；DEFRA and EA，

2002）。因此，在考虑冶炼行业特征污染物铅的风险表征时，在编制导则时采用了国际上认可度较高的IEUBK（USEPA，1994）模型和成人血铅模型（ALM）（USEPA，2010）。

由于该铜冶炼污染场地将来土地利用方式为居住用地。因此对于污染物铅的风险评估主要采用IEUBK模型，计算儿童群体血铅水平超过某一临界浓度（10 μg/dL）的概率。此外利用IEUBK模型可计算PRG值，得到土壤铅含量临界值，此值可作为铅污染土壤修复的参考依据。

采用IEUBK模型，主要需确定几个关键参数值，这些参数值包括空气中铅含量，食品中铅含量，饮水中铅含量，孕妇血铅含量，以及我国儿童血铅浓度的几何标准差。

户外土壤中实测土壤铅浓度95%分位值为1860 mg/kg，默认土壤/灰尘摄入权重系数为（土壤百分含量）45，采用该值用于土壤/灰尘模块计算。

我国城市空气中铅的背景浓度均值约为0.38 μg/m^3（0.12~0.49 μg/m^3）（李敏等，2006），由于没有该场地的实测数据，选定铅浓度为0.38 μg/m^{3}为空气中铅含量默认值。在实际铅污染评估中，最好能获取场地及其周边的背景浓度用于模型计算。

张红振等对我国儿童膳食结构调查，估算我国0~6岁儿童每日通过饮食摄入的铅约在10~25 μg/d。在本研究中，采用15 μg/d用于模型计算。

场地地下水铅浓度95%分位值为2.52 mg/L。饮用水中铅的生物有效性相对较高，因此控制也更加严格，国家标准《生活饮用水卫生标准》对铅的最高允许含量从GB 5749—1985规定的0.05 mg/L下降到GB 5749—2006规定的的0.01 mg/L。地下水质量标准（GB/T 14848—1993）也规定集中式生活饮用水源铅含量不得超过0.05 mg/L。本书结合标准和保护人体健康的角度，选定铅浓度5 μg/L为饮水中铅含量默认值。

根据国内公开发表孕妇血铅含量，取其几何平均值为4.74μg/dL（周爱芬等，2007；黄惠萍等，2004；刘建荣等，1997）。此外国内相关研究表明，我国儿童血铅浓度的几何标准差为1.38（王舜钦等，2004；万伯健等，1990）。另外，灰尘铅含量占土壤铅含量的比例、各种途径进入人体铅的生物有效性、各年龄阶段儿童日空气呼吸量等参数缺少我国实际调查值，类似参数采用模型默认值，模型计算结果见表2.35。研究表明该场地0~6岁儿童各年龄段血铅含量均超过临界值血铅浓度水平10 μg/dL，对儿童会产生健康危害。同时计算场地铅PRG值，血铅含量超过10 μg/dL的概率为5%时，土壤铅含量临界值为267 mg/kg，该值可作为场地土壤修复的依据。

表2.35　铅主要暴露途径吸收量和血铅计算

年龄	吸入空气/（μg/d）	饮食/（μg/d）	饮水/（μg/d）	土壤+灰尘/（μg/d）	总计/（μg/d）	血铅/（μg/dL）
0.5~1	0.080	5.087	0.339	27.222	32.728	16.7
1~2	0.131	4.868	0.811	41.374	47.184	18.9
2~3	0.236	5.103	0.885	43.375	49.598	17.8
3~4	0.253	5.325	0.941	45.258	51.776	17.4
4~5	0.253	5.849	1.072	36.823	43.998	15.0
5~6	0.355	6.083	1.176	34.469	42.083	13.0
6~7	0.355	6.221	1.224	33.294	41.093	11.7

世界卫生组织估计儿童铅暴露45%来源于室内外土壤和灰尘，47%来源于食物，6%来源于饮水，1%来源于空气（DEFRA and EA，2002）。对IEUBK模型的各主要参数敏感性分析表明，在空气、饮用水和饮食3条暴露途径的可能取值范围对儿童血铅浓度的影响，饮食摄入的铅＞吸入空气中的铅＞饮水摄入的铅。

（十）修复技术筛选

依据冶炼行业污染场地修复技术筛选流程，结合特征污染物和污染物临界值，初步筛选出合适的土壤修复技术有土壤清洗、土壤淋洗和电动修复。由于场地今后要用于居住用地开发，固化/稳定化和封装技术不能将污染物从土壤中清除，可能成为污染物今后泄漏的隐患，故不推荐使用，而植物修复技术由于修复年限不能保证，亦没有推荐。地下水修复采用可渗透反应墙技术比较理想。

由于对场地的污染边界还未确定，对修复土方量和修复时间限制及资金投入等都还未有一个比较明确的数值范围，故采用评分法筛选修复技术存在很大困难。本研究通过快速筛选的方法推荐相关修复技术，以供决策者参考。

二、冶炼区周边环境健康风险评估

土壤污染物可以通过多种暴露途径进入人体，如食用食物链中的植物和动物、吸入灰尘、饮用受污染土壤影响的地表水和摄取等（图2.35）。正如前文所介绍的这些污染物都具有一定毒性，长期暴露可能会对人体产生一定的危害。因此，对土壤污染区开展环境健康风险评估十分必要。

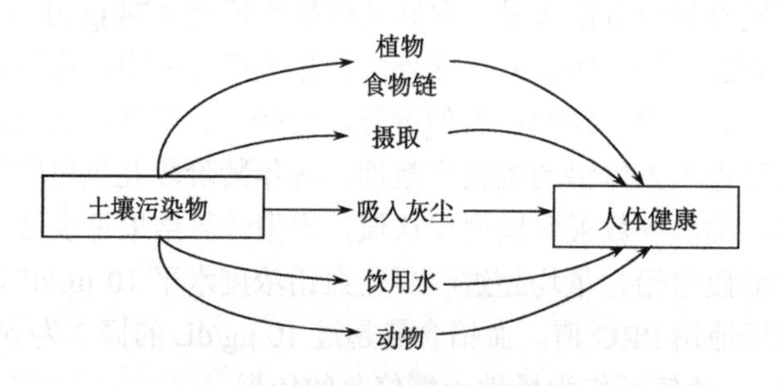

图2.35 土壤污染物的主要暴露途径

健康风险评估利用从动物实验和人类流行病资料来的毒理学资料，结合暴露程度信息，定量地预测特定人群出现不良反应的可能性（Id and NAS，1994）。利用毒理性数据评价来预测健康风险已经不是一个全新的内容（Weil, 1972），风险评估已经被有关机构使用了近50年，尤其是美国食品和药品管理局（FDA）最为突出（Rodricks，1989；Dourson and Stara，1983）。随着各种定量方法，风险评估模型可以更好地估计一个具体负效应广泛发生的剂量（Paustenbach，1989）。自1980年以来，许多环保法规和一些职业卫生标准，至少有一部分是基于低剂量推断模型和暴露评价的结果（Centerfor Risk Analysis，1994；Preuss and Ehrlich，1987；Rodricks et al.，1987）。例如，风险评估方法已被用来制定的农药残留标准，食品添加剂标准，饮用水标准等（Center for Risk

Analysis，1994； Paustenbach，1989）。

西方发达国家如美国和加拿大等国的土壤风险管理越来越多地依赖于健康风险评估的结果（Rodricks，1992；Ames and Gold，1990；Yosie, 1987；Young，1987；Ruckelshaus，1985）。健康风险评估可以表征区域内或场地污染对人体健康造成的影响与损害，以便确定环境风险类型与等级，预测污染影响范围及危害程度。本部分研究针对典型冶炼区周围土壤污染区进行健康风险评估，可以有助于人们了解冶炼工业区区域土壤环境健康风险水平，还可以为冶炼工业区环境风险管理和环境决策提供科学依据。

（一）评估方法

研究区主要土地类型为水田和旱地，其中旱地主要种植经济作物，而水田主要种植水稻，水稻是当地居民最主要的粮食作物。许多研究表明，土壤中的重金属浓度与生长于其上的多数作物在一定的浓度范围内成正相关关系（Yaman, 2000；Vehtchka et al.，1997；王云和魏复盛，1995；Brian，1978；Haghiri，1973）。即土壤中重金属浓度越高，作物对重金属的吸收在一定的浓度区间范围内也越多。由于研究区 Cu、Pb、Zn 和 Cd 四种重金属污染较为严重，水稻样品中其平均含量分别为 Cu，（6.53±2.01）mg/kg；Zn，（31.57±6.93）mg/kg；Pb，0.96mg/kg 和 Cd，（0.59±0.63）mg/kg，研究区水稻稻谷中 As 的平均含量为（14.68±22.04）mg/kg，根据我国主要粮食作物的元素背景研究（买永彬和顾方乔，1997），浙江省稻米元素背景值的平均值 Cu 为 2.6mg/kg，Zn 为 18.5mg/kg，Pb 为 0.398mg/kg 和 Cd 为 0.024mg/kg。水稻样品分析结果表明区内产的稻米中 Cu、Pb、Zn 和 Cd 含量高于其背景值。本次试验所得重金属浓度数据为稻谷中重金属含量数据，而不是人们直接食用的抛光大米中的重金属浓度数据。研究表明稻谷中 60% 以上 Cu 累积在米粒（抛光大米）中，而米粒重量约占稻谷总重量的 65%，因此抛光大米中重金属 Cu 的浓度约为稻谷中 Cu 浓度的 95%。在此，假设其他几种重金属在抛光大米中的浓度也为其在稻谷中浓度的 95%。

研究区人们的膳食结构与西方截然不同，大米为最主要的食物，即便与其他水稻食用国在人均日食用大米重量上也存在较大差别，如亚洲其他大米食用国人均日食用大米 165g（Rivai et al.，1990；Nogawa and Ishizaki，1979），而据调查我国成人人均日食用 410g 大米，0~6 岁儿童人均日食用 200g 大米（中华人民共和国卫生部，2005）。重金属污染区生产的大米受土壤污染影响较大，重金属含量普遍较高，往往超过国际和国家食品卫生标准，可能成为当地居民的主要健康风险之一。食品安全成为人们普遍关注的焦点之一，因此有必要定量地、单独地研究通过食用土壤污染区生产的大米给人群造成的人体健康风险。它不仅可为人体健康风险管理提供信息支持，还可为农产品安全评价提供信息支持。常规的土壤环境健康风险评估由于缺乏对这一问题的针对性研究，无法考虑因食用谷物直接带来的各类土壤污染物的暴露风险。为了研究以区内生产的稻米为主食的人群面临的潜在健康风险，本研究分别采用目标风险商和健康风险商法（Hough et al.，2004）往来评价研究区基于稻米摄入的健康风险。

1）目标风险商法（target hazard quotients，THQ）

采用目标风险商的评价方法体系，具体体见美国环保局《基于浓度的风险表》（USEPA，2000）。该方法参照美国环保局风险评估指南（USEPA，1989），进一步假定人体对污染物吸收的剂量等于摄入的剂量。由于不同人群的暴露途径不同，因此健康风险需根据年龄分开考虑。此外，儿童对污染物常常更敏感。不同年龄群体和不同地点居民面临的健康风险存在着一定的差别。考虑到这些方面，目标风险商的计算依照 Chien 等（2002）提出的方法采用以下方程：

$$THQ = \frac{E_F E_D F_{IR} C}{R_{FD} W_{AB} T_A} \times 10^{-3}$$

式中，E_F 为暴露频率（365 days/year）；E_D 为暴露持续期（70 年），等于平均寿命；F_{IR} 为食物摄食率（g/person/day）；C 为食物中重金属含量（μg/g）；R_{FD} 为口服参考剂量[mg/（kg • d）]；W_{AB} 为平均体重（成人取 60kg，0~6 岁儿童取 13.6 kg），T_A 为非致癌物质平均暴露时间（365 days/year • 暴露年数，在此研究假设为 70 年）。我们进一步假设烹饪对食物中重金属毒性无影响（Cooper et al.，1991；Chien et al.，2002）。在评价中各种重金属的口服参考剂量分别为：铜[$4×10^{-2}$ mg/（kg • d）]，锌[0.3 mg/（kg • d）]，镉[$1×10^{-3}$ mg/（kg • d）]（USEPA，2000），铅[$4×10^{-4}$ mg/（kg • d）]（USEPA，1997）。

风险商等于化学物质日平均剂量（average daily dose，ADD，mg/kg/d）除以其参照剂量[reference dose，RfD，mg/（kg • d）]，其中参照剂量定义为对某种重金属在不产生健康影响下的单日允许摄入的最大剂量：

$$HQ = \frac{ADD}{RfD}$$

如果 $HQ>1.0$ 表示存在着与该金属相关的潜在风险。此次研究中 Cd 的参照剂量采用英国环境、食品、农村事务部和环境厅发布（DEFRA and Environment Agency，2002a），Cu、Pb 和 Zn 的参考剂量是由英国风险评价推荐框架推导而得的（DEFRA and Environment Agency，2002b），评价中所采用的各重金属的参照剂量分别为 Cu，$4×10^{-2}$ mg/（kg •d）；Pb，$0.35×10^{-3}$ mg/（kg •d）；Zn，1.0 mg/（kg •d）；Cd，$1.0×10^{-3}$ mg/（kg •d）。

由于这一评价是针对基于稻米摄入的健康风险，所以人体基于稻米摄入的 Cu、Pb、Zn 和 Cd 日平均剂量 $ADD=ingest_{rice} \cdot C_{rice} \cdot fa/BW$，其中 $ingest_{rice}$ 为暴露人群平均食用大米量。成人 410g，儿童（0~6 岁）取其一半 200g；C_{rice} 为稻米中污染物含量，mg/kg；fa 为摄入污染物的人体吸收系数[因各种重金属属性不同，人体对摄入体内重金属的吸收率有较大的差别，其中对铜的吸收率 21.7%~33.50%，平均 26.6%（Veronique Ducros et al.；2005）；对锌的吸收率为 24%~46%，平均 35%（Veronique Ducros et al.，2005；Hunt et al.，1998；Couzy et al.，1993）；铅的吸收率为 4%~8%，平均 6%（USEPA，1991）；镉的吸收率为 2%~7%，平均 4.5%。在此，我们假定人体对由于食用大米而摄入体内重金属的吸收率皆取各研究结果的平均值]。BW 为暴露人群的平均体重，成人平均为 60kg，0~6 岁儿童平均为 13.6kg（中华人民共和国卫生部，2005）。

2）健康风险商法

健康风险商法是应用健康风险商这一风险指数来表征污染风险水平的一种风险评估

方法。健康风险商是指终生平均日暴露水平（*Daily Exposure*$_{lifetime}$，mg/kg/d）与日最大容忍摄入量（tolerable daily intake values，TDI，mg/kg/d）的比值：*Daily Erposure*$_{lifetime}$/TDI。式中，日最大容忍摄入量是指人体终生暴露于某物质而无明显风险的单日允许摄入的最大剂量，终生平均日暴露水平是指整个生命期（如 70 年）的平均水平，其计算公式如下：

$$DailyExposure_{lifetime} = \frac{6 \times DailyExposure_{child}}{70} + \frac{64 \times DailyExposure_{adult}}{70}$$

对于多污染物的土壤污染风险评估，基于污染物毒性相似性和累加健康效应，受体的风险商等于受体暴露于各单个污染物的风险商之和。如果健康风险商（hazard quotient）低于 1，表示无健康风险。

在应用健康风险商法评估区域健康风脸时，我们使用多途径暴露模型（土壤污染人体暴露，HESP）（Veerkamp and ten Berge，1994）来对人体暴露进行评价。这一暴露模型描述了所有与土壤理化特征相关的暴露途径和转移过程，并可用下面的通用模型预算污染物暴露水平：

$$Exposure = \frac{C \times IR \times EF \times FI \times AF}{BW}$$

式中，C 为不同介质中污染物浓度，IR 为摄取率，EF 为暴露频率，FI 为污染分数，AF 为吸收因子（吸收率），BW 为体重。

因各种重金属属性不同，人体对摄入体内重金属的吸收率有较大的差别，其中对铜的吸收率为 21.7%~33.5%（Veronique Ducros et al.，2005）；对锌的吸收率为 24%~46%（Veronique Ducros et al.，2005；Hunt et al.，1998；Couzy et al.，1993），对铅的吸收率为 4%~8%（USEPA，1991），对镉的吸收率为 2%~7%（Roberts，1999），对砷的吸收率 0.5%~1%（Lowney et al.，2007），对镍的吸收率为 1%~27%，其中人体对食物中的镍吸收率为 1%左右，对水中镍的吸收率为 17%~27%（Sunderman et al.，1989），对汞的吸收率因形态不同差异较大，其中对有机汞吸收率为 90%~100%，对无机形态汞的吸收率为 7%~15%（Roberts，1999）。本研究中各种重金属的吸收因子（吸收率）的取值分别取上述吸收率的平均水平，即铜，26.6%；铅，6%；锌，35%；镉，4.5%；砷，1%；镍，1%和汞，11%。

当前，国内尚无关于儿童和成人的平均每日口腔摄入土壤量（土壤和飘尘摄入量）的研究数据，大部分都是参照国外的参数或取同类参数的平均值。USEPA（1991）定义成人和儿童的平均每日口腔土壤摄入量分别为 200mg/d 和 40mg/d，而 Veerkamp 和 ten Berge（1994）定义成人和儿童的平均每日口腔土壤摄入量分别为 295 mg/d 和 150mg/d，荷兰 CSOIL 模型定义儿童和成人的平均每日口腔土壤摄入量分别为 150 mg/d 和 50 mg/d（Rikken，2001），英国 CLEA2002 模型定义儿童和成人每日土壤和飘尘摄入量分别为 40 mg/d 和 100 mg/d。考虑到区内人群的环保意识淡薄和卫生条件差等现实情况，在研究中分别取 295 mg/d 和 150 mg/d 作为研究区成人和儿童的平均每日口腔摄入土壤量。关于我国儿童和成人的平均每日吸入空气量的研究数据本书只好借鉴国外的研究结果。Layton（1993）估算出男、女终生日平均吸入空气量分别为 14mL/d（0.58 m^3/hour）和

$10m^3/d$（$0.42\ m^3/hour$），在此研究中，成人日平均吸入空气量 $12\ m^3/d$（$0.50\ m^3/hour$），儿童日平均吸入空气量 $8m^3/d$（$0.33\ m^3/hour$），并进一步假定研究区成人户外暴露时间假定为 14 小时，儿童为 6 小时；室外空气粉尘含量为 $0.07mg/m^3$，室内为 $0.02mg/m^3$。王跃和陈惠忠（1996）研究发现空气粉尘中重金属含量与粉尘来源地土壤中该重金属含量十分相关，除 Pb 受汽车废弃排放以外，粉尘中重金属浓度与土壤中该种重金属浓度基本相近。前述污染源解析研究表明研究区内土壤铅污染不是很严重，受汽车废弃排放影响相对较小，因此，本书假定粉尘中各种重金属浓度与土壤的都相等。

本研究中，饮用水量参考美国环保局暴露因子手册中推荐的平均值，其中对于儿童的饮用水量取 0.74L（0.74kg），成人每天取 1.4L（1.4kg）（USEPA，1997）。通过对研究区主要水源地的水质调查，发现饮用水中，铜、铅、锌、镉的含量分别为（0.016±0.017）mg/L，（0.026±0.015）mg/L，（4.31±10.80）mg/L，（0.010±0.006）mg/L。其他三种重金属在饮用水中的含量没有检测。

（二）评估结果

由于研究区生产的水稻稻谷中重金属 Cu、Pb、Zn 和 Cd 含量较高，人群食用本地产的水稻可能会危害人体健康。经目标风险商法估算，按 2003 年采集的水稻样品数据，研究区人群通过食用本地产大米而产生的潜在风险商分别为 Cu，1.16；Pb，1.80；Zn，0.79；Cd，5.17。结果表明，人群仅通过食用本地产大米就会产生较高的潜在风险商，大米中的 Cu、Pb 和 Cd 产生的潜在风险商都大于 1。从保护人体健康角度来看，十分有必要关注这三种重金属通过土壤-水稻这一传输暴露途径。虽然只有很少的水稻样本稻谷中重金属 Cu 和 Pb 含量超过国家食品卫生标准，但由于本地人群对大米的依赖程度很大，日平均消费量是其他大米饮食区的近 2 倍半，所以产生的风险就相对较大。

考虑人体对摄入的重金属的不完全吸收，按 2003 年采集的水稻样品数据，经风险商法估算，研究区人群通过食用本地产大米而产生的（实际）风险商分别为 Cu，0.30（成人），0.64（儿童）；Zn，0.08（成人），0.16（儿童）；Pb，0.112（成人），0.242（儿童）；Cd，0.18（成人），0.39（儿童）。结果表明在考虑人体对食用大米中的重金属的实际吸收率后，食用大米而产生各种重金属的风险商都小于 1，但 Cu 和 Cd 对儿童的风险商相对较大，考虑其他暴露途径后，研究区生活的儿童最有可能受土壤铜和镉污染危害。

此外，我们分析了 46 个水稻样本中重金属含量与对应土壤样本的重金属含量和土壤基本理化性质的相关性（表 2.36），可以看出水稻稻谷中重金属的含量不仅受其所生长土壤中该种重金属元素含量的影响，还受土壤属性等多种因素影响，但没有一种因素与其紧密相关。目此，仅凭现有的数据很难预测 2020 年区内所生产出的稻谷中各种重金属含量，更无法准确地评价食用本地产大米而产生的非致癌健康风险商。对于这一暴露途径的预测，还需今后更深入地研究各种重金属在土壤–作物–人体的传输模型。

在运用健康风险商法对研究区土壤污染进行健康风险评价时，各种土壤重金属污染物的日最大容忍摄入量分别采用铜，500 μg/（kg · d）（Fisheries and Food，1998）；锌，1000 μg/（kg ·d）（World Health Organisation，1993）；铅，3.5 μg/（kg ·d）（World Health Organisation，1982）；镉，饮用水：0.5 pg/（kg · d）（USEPA，1995），其他：1.0 pg/（kg · d）（World

表 2.36　46 个水稻样本中 Cu、Zn 和 Cd 含量与其所生长土壤中 Cu、Zn 和 Cd 含量及土壤基本理化性质的相关性

Pearson 相关性		在土壤中的含量*	黏粒含量	土壤 pH	有机质含量	无定形锰	无定形铁
水稻稻谷	相关系数	0.312	−0.120	0.340	−0.145	0.143	0.131
中铜含量	显著水平	0.035	0.426	0.020	0.335	0.343	0.387
水稻稻谷	相关系数	0.297	0.005	−0.433	−0.053	0.122	0.228
中锌含量	显著水平	0.047	0.975	0.003	0.729	0.424	0.131
水稻稻谷	相关系数	0.302	−0.290	−0.481	−0.088	−0.405	−0.127
中镉含量	显著水平	0.041	0.051	0.001	0.560	0.005	0.401

Health Organisation，1982）；砷，2.0 yg/（kg · d）（World Health Organisation，1982）；镍，5.0 pg/（kg · d）（Fisheries and Food，1997）和汞，7.0 yg/（kg · d）（World Health Organisation，1982）。经计算得到的 2003 年研究区各污染物对成人和儿童的暴露水平和健康风险商如表 2.37。2003 年研究区土壤 Zn、Pb 和 As 污染通过各种暴露途径而产生人体终生健康风险商之和都大于 1，特别是 Pb 污染产生的各种人体终生健康风险商之和达到 12。从土壤修复的角度来看，应首先考虑对土壤 Pb 污染的修复，其次是土壤 Zn 和 As 污染。此外，由于儿童对污染更敏感，研究区除了 Zn、Pb 和 As 污染通过各种暴露途径对成人和终生产生的人体健康风险商之和大于 1 外，Cu 和 Cd 污染污染通过各种暴露途径对儿童产生的人体健康风险商之和也大于 1。从保护人体健康的角度来看，我们不仅要关注土壤重金属污染对普通人群身体健康的影响，更应关注研究区土壤重金属污染对儿童身体健康的影响。土壤重金属污染物的各种暴露途径中土壤直接摄取的风险商最大，其次是食用本地产大米，而吸入灰尘和饮用水的风险商很小，相对可以忽略不计。因此，生活在研究区内的人群应尽量减少暴露时间、采取减少土壤直接摄入的保护措施和改善饮食结构以及食用外地产无污染食品，从而减少土壤污染对身体的危害。

表 2.37　2003 年研究区各重金属污染物对成人和儿童的暴露水平和健康风险商

污染物	暴露途径	平均日暴露水平			健康风险商		
		成人	儿童	终生	成人	儿童	终生
铜	摄取	303	679	335	0.606	1.358	0.67
	吸入灰尘	0.61	1.18	0.66	0.0012	0.0024	0.0013
	饮用水	0.10	0.23	0.11	0.0002	0.000 46	0.000 22
	食用大米	11.9	25.5	13.1	0.024	0.051	0.026
	合计	315.61	705.91	348.87	0.631	1.412	0.698
锌	摄取	1100	2468	1217	1.10	2.468	1.217
	吸入灰尘	2.20	4.28	2.38	0.0022	0.0043	0.0024
	饮用水	35.2	82.1	39.2	0.035	0.082	0.039
	食用大米	75.5	162.5	83.0	0.076	0.163	0.083
	合计	1212.9	2716.88	1341.58	1.213	2.717	1.341

续表

污染物	暴露途径	平均日暴露水平			健康风险商		
		成人	儿童	终生	成人	儿童	终生
铅	摄取	37.6	84.4	41.6	10.74	24.11	11.89
	吸入灰尘	0.075	0.146	0.081	0.021	0.042	0.023
	饮用水	0.036	0.085	0.040	0.010	0.024	0.011
	食用大米	0.39	0.85	0.43	0.11	0.24	0.12
	合计	38.10	85.48	42.15	10.89	24.42	12.04
镉	摄取	0.38	0.86	0.42	0.38	0.86	0.42
	吸入灰尘	0.0008	0.0015	0.0009	0.0008	0.0015	0.0009
	饮用水	0.011	0.024	0.012	0.022	0.048	0.024
	食用大米	0.18	0.39	0.20	0.18	0.39	0.20
	合计	0.57	1.27	0.63	0.583	1.300	0.641
砷	摄取	0.89	2.00	0.99	0.445	1.00	0.495
	吸入灰尘	0.0018	0.0035	0.0019	0.001	0.002	0.001
	食用大米	1.00	2.16	1.10	0.50	1.08	0.55
	合计	1.89	4.16	2.09	0.946	2.082	1.045
镍	摄取	1.41	3.16	1.56	0.282	0.632	0.312
	吸入灰尘	0.0028	0.0055	0.003	0.0006	0.0011	0.0006
	合计	1.413	3.166	1.563	0.285	0.633	0.313
汞	摄取	0.15	0.34	0.17	0.021	0.049	0.024
	吸入灰尘	0.0003	0.0006	0.000 33	0.000 04	0.000 09	0.000 05
	合计	0.15	0.34	0.17	0.021	0049	0.024

我们无法估算区内2020年人群饮用水中各种重金属的含量，因此无法估算各种重金属通过饮用水对人群的暴露水平和健康风险商。由于人们对饮用水安全的日益重视和自来水在区内的快速推广，以及各种重金属通过饮用水对人群的暴露水平和健康风险商占整个暴露水平和健康风险商的一小部分。因此，我们在评价区内各种重金属的污染对人群的健康风险影响时，对通过饮用水这一暴露途径所产生的健康风险商可以忽略不计。

此外，前面已经介绍了我们无法预测2020年区内所产稻谷中各种重金属的含量，也就无法准确评估通过食用大米这一暴露途径所产生的健康风险商，但这一暴露途径产生的健康风险商占整个健康风险商的较大部分，水稻稻谷中各种重金属含量与所生长土壤中该种重金属元素含量成正相关，且在0.05水平上显著（表2.36）。在此，我们可以假定稻谷中重金属的含量仅与土壤中该种元素含量成正比关系，从而可以估算出区内各类人群因食用本地产大米而产生的非致癌健康风险商。在评估区域健康风险时，我们主要评估通过摄入、吸入灰尘和食用大米这三个暴露途径产生的健康风险商，评估结果如表2.38。

表 2.38　2020 年研究区各种土壤重金属污染对不同人群产生的健康风险商

污染物	暴露途径	乐观情景下			无突变情景下		
		成人	儿童	终生	成人	儿童	终生
铜	摄取	0.538	1.206	0.595	0.796	1785	0.880
	吸入灰尘	0.001	0.002	0.001	0.002	0.003	0.002
	食用大米	0.021	0.045	0.023	0.032	0.067	0.034
	合计	0.560	1.253	0.619	0.830	1.855	0.916
锌	摄取	0.987	2.214	1.092	1.434	3.217	1.586
	吸入灰尘	0.002	0.004	0.002	0.003	0.006	0.003
	食用大米	0.068	0.146	0.074	0.099	0.212	0.108
	合计	1.057	2.364	1.168	1.536	3.435	1.697
铅	摄取	5.988	13.443	6.629	13.659	30.662	15.121
	吸入灰尘	0.012	0.023	0.013	0.027	0.053	0.029
	食用大米	0.061	0.134	0.067	0.140	0.305	0.153
	合计	6.061	13.600	6.709	13.826	31.020	15.303
镉	摄取	0.362	0.820	0.401	0.496	1.123	0.549
	吸入灰尘	0.001	0.001	0.001	0.001	0.002	0.001
	食用大米	0.021	0.046	0.023	0.029	0.063	0.031
	合计	0.384	0.867	0.425	0.526	1.188	0.581
砷	摄取	0.385	0.865	0.428	0.524	1.178	0.583
	吸入灰尘	0.001	0.002	0.001	0.001	0.002	0.001
	食用大米	0.433	0.934	0.476	0.589	1.273	0.648
	合计	0.819	1.801	0.905	1.114	2.453	1.232
镍	摄取	0.275	0.617	0.305	0.322	0.721	0.356
	吸入灰尘	0.001	0.001	0.001	0.001	0.001	0.001
	合计	0.276	0.618	0.306	0.323	0.722	0.357
汞	摄取	0.019	0 044	0.021	0.025	0.058	0.028
	吸入灰尘	0.000 04	0.000 08	0.000 04	0.000 05	0.000 11	0.000 05
	合计	0.019	0.044	0.021	0.025	0.058	0.028

在乐观情景下，在 2020 年研究区土壤 Zn 和 Pb 污染通过各种暴露途径而产生人体终生健康风险商之和都大于 1，说明区内土壤 Zn 和 Pb 污染仍危害区内人群终生健康：由于区内土壤砷浓度存在着高偏倚性，虽然土壤 As 污染产生的人体终生健康风险商之和从 2003 年的 1.045 降到 0.905，但此风险商是按平均值计算的，所以土壤 As 污染还是对区内人群存在一定的健康风险。此外，由于儿童是敏感人群，其健康状况容易受土壤重金属污染影响。在乐观情景下，到 2020 年区内除了土壤 Zn 和 Pb 污染外，还有土壤 Cu 和 As 污染对儿童产生健康风险商之和大于 1，表明这两类污染也危害儿童的健康。在无突变情景下，在 2020 年研究区土壤 Zn、Pb 和 As 污染通过各种暴露途径而产生人

体终生健康风险商之和都大于 1，说明区内土壤 Zn、Pb 和 As 污染仍危害区内人群终生健康。此外，在无突变情景下，到 2020 年除了土壤 Zn、Pb 和 As 污染外，还有土壤 Cu 和 Cd 污染对儿童产生健康风险商之和大于 1。

（三）评估结果中的不确定性分析

为了保证各种有害物质对人体风险最小化，需要应用科学和定量的方法来回答健康风险水平。然而，由于环境系统的复杂性，导致在健康风险评估过程中存在着很大的不确定性，有效地来反映和描述这些复杂性和变异性对于可靠真实的风险评估来说是最本质的要求。由于健康风险评估过程较为复杂且评估过程需要较多参数，这些参数常常会因人和因环境不同而存在较大的变异性，这都给风险评估结果带来不确定性。因此，我们在进行人体健康风险评估中需考虑评估过程中和参数选取中带来的不确定性和变异性。如在运用食物链暴露模型时，我们必须注意模型参数固有的不确定性和变异性（McKone，1994；Stem，1993；Travis and Blaylock，1992；McKone and Ryan，1989）。

在风险评价中常常有三种不确定性需要考虑：情景不确定，由于对特定问题缺乏全面了解的知识而产生的不确定性：模型不确定，由于缺乏阐述相应概念和计算模型知识的产生的不确定性；参数不确定，由于对缺乏模型参数的真实值和分布的缺乏而引起的不确定（USEPA，1991）。虽然在很多情况下，情景和模型不确定性可能是实际不确定中最大的来源，但是这两种不确定性在实际中很难评估。参数不确定性是这些实际值不知道或者很难测定的。某一评价中不同参数的不确定性可以结合暴露模型来预测评价最终结果的不确定性，识别影响预测不确定性的主要组分和后续研究的优先选项（IAEA，1989；Bogen and Spear，1987）。

不少著作都强调区分不同类型不确定性的重要性（USEPA，1992c；IAEA，1989）。不同假设、决定、知识差距和输入变量的随机变异性对风险评估结果有一定的影响，因此，全面的认识暴露和风险评价的不确定性对于潜在结果的可能性和范围理解十分重要（USEPA，1991；Morgan and Henrion，1990；IAEA，1989；Iman and Helton，1988；Bogen and Spear，1987）。这些理解可以帮助我们分析提醒决策者采取适当的修复措施和决定是否值得收集额外的有关模型参数、选择相应模型来评价这些行动是否有效减少评价结果的不确定性（Morgan and Henrion，1990；IAEA，1989）。

本次人体健康风险评估研究，由于受经济和时间等实际因素的制约，暴露评估中不少需要的参数都没有实际调查和分析，而是借鉴了前人研究的经验参数，有些甚至无法评估例如各种污染物通过食用蔬菜的暴露量。这种借用前人的经验结果和不充分研究本身就可能会给污染物暴露评估结果带来较大的不确定性。此外，研究中没有分析各种污染物的毒性水平和毒理测试，各种污染物的剂量水平主要是借鉴美国 EPA 的研究结果，而 EPA 提供研究结果主要是针对美国人自身的身体状况的，由于身体状况存在着一定的差异而使这些结果不一定适合研究区居住的人群，直接借鉴他们研究提出的剂量水平参数也会给健康风险评估结果带来一定的不确定性。

虽然人体健康风险评估受多种不确定性影响，但由于我们自身时间的限制，无法一一对这些不确定性进行定量分析，但笔者认为研究区污染物的变异性是造成人体健康风险评估不确定性的主要因素之一，而它们的变异性是可知的。因此，有必要研究其对人体健康风险评估的影响。前文的研究已表明 2003 年研究区生产出的稻谷中重金属含量也存在较大的变异性，水稻稻谷中 Cu、Zn 和 Cd 含量的标准差分别为 2.01 mg/kg，6.93 mg/kg，0.63 mg/kg，这些重金属含量的标准差相对其平均值都是不可忽略的。因此，水稻稻谷中重金属含量的变异性会给人群食用该地产大米的健康风险结果带来较大的不确定性。在假定其他参数不变的情况下，人群通过食用本地 2003 年产的大米而产生的潜在风险商的不确定性分别为 Cu，±0.38；Zn，±0.17；Cd，±5.56；人群通过食用本地产大米而产生的风险商的不确定性（风险商标准差）分别为 Cu，±0.09（成人），±0.20（儿童）；Zn，±0.02（成人），±0.04（儿童）；Cd，±0.19（成人），0.42（儿童）。由于研究区土壤中各污染物和所产稻谷中污染物浓度的巨大空间变异性，健康风险商法评估结果有着很大的不确定性（表 2.39）。

表 2.39　2003 年研究区内由土壤污染物空间变异性引起的暴露水平和健康风险商的不确定性

污染物	暴露途径	平均暴露水平的不确定性			健康风险商的不确定性（标准差）		
		成人	儿童	终生	成人	儿童	终生
铜	摄取	531	1189	587	1.062	2.378	1.174
	吸入灰尘	1.07	2.07	1.16	0.0021	0.0041	0.0023
	饮用水	0.11	0.25	0.12	0.00022	0.0005	0.00024
	食用大米	3.66	7.85	4.03	0.0073	0.0157	0.008
	合计	535.84	1199.17	592.31	1.072	2.398	1.185
锌	摄取	1658	3719	1834	1.658	3.719	1.834
	吸入灰尘	3.32	6.45	3.59	0.0033	0.0065	0.0036
	饮用水	88.25	205.82	98.27	0.088	0.206	0.098
	食用大米	16.57	35.67	18.22	0.0166	0.0357	0.0182
	合计	1766.14	3966.94	1954.08	1.766	3.967	1.954
铅	摄取	51.0	114.5	56.5	14.57	32.71	16.14
	吸入灰尘	0.102	0.198	0.110	0.029	0.057	0.031
	饮用水	0.020	0.048	0.023	0.0057	0.0137	0.0066
	食用大米	—	—	—	—	—	—
	合计	51.12	114.75	56.63	14.61	32.78	16.18
镉	摄取	0.554	1.253	0.612	0.554	1.253	0.612
	吸入灰尘	0.0012	0.0022	0.0013	0.0012	0.0022	0.0013
	饮用水	0.006	0.013	0.007	0.012	0.026	0.014
	食用大米	0.192	0.416	0.214	0.192	0.416	0.214
	合计	0.753	1.684	0.834	0.759	1.697	0.841
砷	摄取	1.784	4.01	1.985	0.892	2.005	0.993
	食用大米	1.50	3.24	1.65	0.75	1.62	0.825
	吸入灰尘	0.0036	0.0070	0.0038	0.002	0.004	0.002
	合计	3.288	7.257	3.639	1.644	3.629	1.820

续表

污染物	暴露途径	平均暴露水平的不确定性			健康风险商的不确定性（标准差）		
		成人	儿童	终生	成人	儿童	终生
镍	摄取	2.255	5.053	2.494	0.451	1.011	0.499
	吸入灰尘	0.0045	0.0088	0.0048	0.0009	0.0018	0.0010
	合计	2.260	5.062	2.499	0.452	1.013	0.500
汞	摄取	0.665	1.507	0.754	0.095	0.215	0.108
	吸入灰尘	0.0013	0.0027	0.0015	0.000 04	0.000 09	0.000 05
	合计	0.666	1.510	0.756	0.095	0.215	0.108

由于2020年的情况与2003年基本相似，在此就仅以2003年为例。这些不确定性相对于前面的评估结果达到不可忽略的地步，直接影响前面研究结果的可信度和相关修复决策。因此，在评估中有必要考虑这些污染物含量的不确定性，评估结果中即使该种污染物对人体的总风险商小于 1，但考虑到其在土壤和稻谷中的巨大的不确定性，也需注意该种污染物高浓度区的人体健康风险。

在使用健康风险商法评估研究区环境健康风险时，没有考虑各人群对污染物的敏感度不同，需要分群体设立日最大容忍摄入量。Bowers 等（1994）研究表明由于儿童和成人对污染物质的敏感度不同，致使设立的日最大容忍摄入量不同，例如铅，由于儿童比成人对它更敏感，所以需对他们分别设定了日最大容忍摄入量。在健康风险评估中设定的多种假设条件可能与事实存在一定的出入，如假定居民日常食用稻米均为本地生产，饮用水均来自本地地表水，烹饪过程对稻米和蔬菜中的重金属含量没有影响以及多种污染物之间的相互影响效应为加和效应。这些假定是为了简化评估程序，但他们也忽视了一些事实，如粮食流通和人们已对风险有了一定的意识并采取了一定的规避措施，洗涤、烹饪会降低食物中重金属的含量以及多种污染物之间不仅存在加和效应还存在拮抗效应。特别是在对2020年土壤污染状况进行非致癌性健康风险评估时，由于有些关键参数无法准确预测，只能假定，如大米中各种重金属的含量等，这直接影响着2020年的健康风险商评估精度。

此外，在风险评估研究中由于对土壤环境风险的认识不够全面，使用的方法不够完善，方法本身可能也有误差以及土壤系统内在随机性，这些不确定性因素直接影响土壤环境风险评估的质量。以及区内各种土壤污染物空间分布存在着巨大的变异性，评估中像风险商等都是采用平均浓度来计算的，致使此类评估结果只能代表平均水平，而不能反映其变异性。今后，应考虑对研究区采用分区来评估其健康风险，提高评估结果的全局代表性。

三、冶炼区周边环境生态风险评估

（一）研究区概况

研究区位于浙江省富阳市环山乡，属山地丘陵区，地势自西南向东北倾斜，海拔在 200 米以下，成土母质多为砂岩和砂页岩，主要土壤类型为水耕人为土和黏化湿润富铁土。该区属于中亚热带向北亚热带过渡的季风湿润气候，全年温暖湿润，年平均温度16℃，夏季长而炎热，春、秋季短，冬季较寒冷。雨水充沛，年平均阵雨量1424.8mm，主要集中于5月和6月。

研究区自20世纪50年代建立金属冶炼厂以来，工厂周围的大片农田长期受冶炼厂废水、粉尘的污染，土壤重金属复合污染极其严重，绝大部分农田土壤达到重度污染。自80年代污染大户搬迁后，1989年开始发展小高炉炼铜业，该区先后出现了十家小冶炼厂，至今已有近20多年冶炼历史。目前区内的富阳市环山铜工业小区有铜冶炼、精炼企业10余家。冶炼厂的阳极炉精炼后，产生的炉渣内含25%左右的铜。这些炉渣以往是采用冲天炉再冶炼，但铜品位仍只有60%~70%，而且产生大量污染问题。本区域内，早期土壤污染问题不仅未能解决，反而由于这些小规模、缺乏环保措施的小冶炼厂使用成分极其复杂且含有多种重金属元素的下脚料，致使其使用的小高炉排放高浓度含有多种重金属元素的粉尘，而这些粉尘通过大气沉降等过程进入土壤，使土壤污染迅速恶化，继续威胁该区农民的日常生活和生命安全。本次研究采样区面积约10.9 km^2，主要是农用耕地，其东西两侧为低丘，以林业用地为主。

研究区小高炉和采样点位置用GPS定位（图2.36，图2.37）。样品经自然风干，拣去其中的石砾和植物残体，研磨过100目筛，并充分混匀，待用。

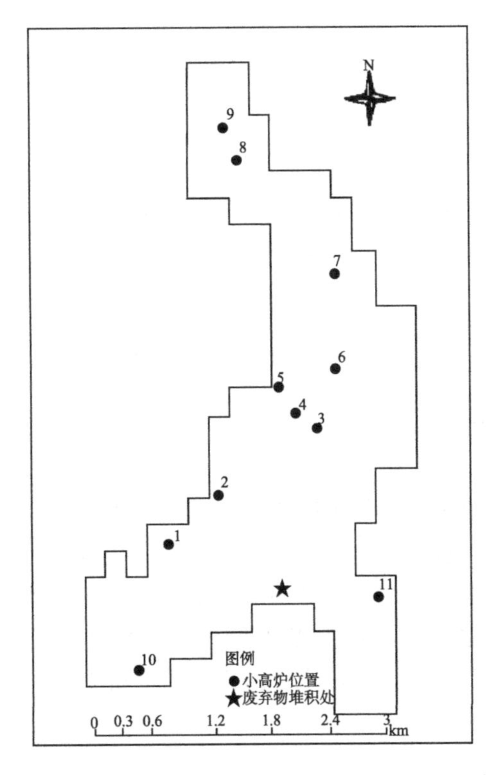

图2.36　小高炉和废旧产品堆积处分布图

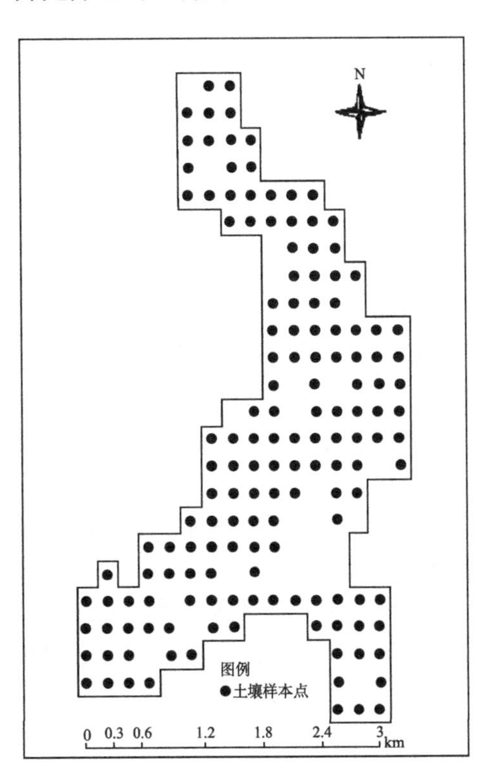

图2.37　土壤样本点分布图

本研究区是一个重金属污染场址，同一般污染场址一样，在土壤中，污染物浓度分布是极不均匀的，尤其在局部区域会形成高浓度的污染“核心”。从污染物浓度的调查资料可以发现，区内所调查的数种污染物在空间分布上都具有极大的变异性，其变异系数都大于 100%，而且都有数个高峰值存在，这些高峰值是其他同类数值的几十倍甚至到数百倍。研究区中各污染物浓度数据由于少数高峰值的存在，使其呈现高度甚至是极度的偏倚性（表 2.40）。

表 2.40　研究区土壤污染物浓度[a]常规统计分析表

	最小值	最大值	中值	平均值	变异系数/%	偏倚	峰度	正态*
总铜	4.15	3065	90.23	231.5	175.1	4.64	25.08	否
总铅	21.78	1527	87.22	127.5	135.7	5.00	31.66	否
总锌	45.72	6459	407.4	639.4	150.7	4.24	19.77	否
总镉	0.02	13.91	0.54	1.73	145.7	2.61	6.93	否
砷	4.83	407	11.33	18.17	200.5	8.83	87.94	否
镍	4.59	390	17.15	28.66	159.9	6.09	41.58	否
汞	0.03	15.01	0.149	0.278	443.3	11.72	137.46	否
有效铜	0.01	22.33	0.078	0.835	282.7	6.94	55.25	否
有效铅	0.84	1797	11.92	74.20	293.7	5.60	35.12	否
有效锌	0.01	333.39	5.42	14.40	264.4	5.72	38.58	否
有效镉	4.77	1909	51.48	95.60	219.9	5.89	41.47	否

注：a 除有效态镉、有效铅的浓度单位为 μg/kg，其余皆为 mg/kg；*为各种污染物浓度分布经偏度峰度联合检验法在 α=0.05 的水平上的检验结果。

克里格插值通常要求数据必须符合某种正态分布（刘作新和唐力生，2003），为了检测研究中所分析的各种教据是否符合正态分布，在研究中我们采用偏度峰度联合检验法对其检验。该方法是一种被广泛应用的检验一组数据是否符合对称和正态的方法，使用这一检验方法时，样本容量以大于 100 为宜，本次研究所有数据都符合这一样本容量的要求。

通过偏度峰度联合检验法检验，可以看出所有数据集在 d =0.05 的水平上都不符合正态分布要求。

初步获取研究区内各种土壤污染物的污染范围，具体见图 2.38。从图中可以发现，土壤重金属污染物 Cu、Zn、Cd 的污染范围几乎覆盖整个研究区，土壤重金属污染物 Pb、As、Ni 和 Hg 只有局部区域受污染。研究区土壤 Cu、Zn、Cd 污染严重，从污染管理和污染修复的角度来看，需对这些污染物开展全区域的土壤生态风险评估；而 Pb、As、Ni 和 Hg 污染相对较轻，污染范围较小，可以开展小区域、重点污染区的土壤生态风险评估。

（二）评估方法

环境风险评估已经成为国际上公认的追踪污染场地管理过程中发生的绝大多数问题的最有成本效益、最科学的工具（Ferguson and Kasamas，1999；CARACAS and NICOLE，

1997；USEPA,1989）。生态风险和人体健康风险是污染场地引发的两种最主要的环境风险。当前，已有多种生态风险评估方法，每种风险评估方法都有其优点和缺点，本研究选用 Rapant 生态风险指数法、Hakanson 潜在生态危害指数法和生态风险商法三种方法分别评价土壤重金属污染引起的生态风险。

1. Rapant 生态风险指数法

Rapant 生态风险指数（I_{ER}）由 Rapant 等（2003）提出，其公式为

$$I_{ER}=\sum_{i=1}^{n}I_{ERi}=\sum_{i=1}^{n}\left(C_{Ai}/C_{Ri}-1\right)$$

式中，I_{ERi}表示超过临界限量的第 i 种重金属生态风险指数；C_{Ai}表示第 i 种重金属的实测含量（mg/kg）；C_{Ri}表示第 i 种重金属的临界限量（mg/kg）。

需要说明的是，如果 $C_{Ai}<C_{Ri}$，则定义，I_{ERi}的数值为 0。Rapant 等（2003）同时给出了相应的环境风险的划分标准，用以定量地测度重金属污染的土壤或沉积物中样品的环境风险程度的大小。生态风险指数的分级标准见表 2.41。

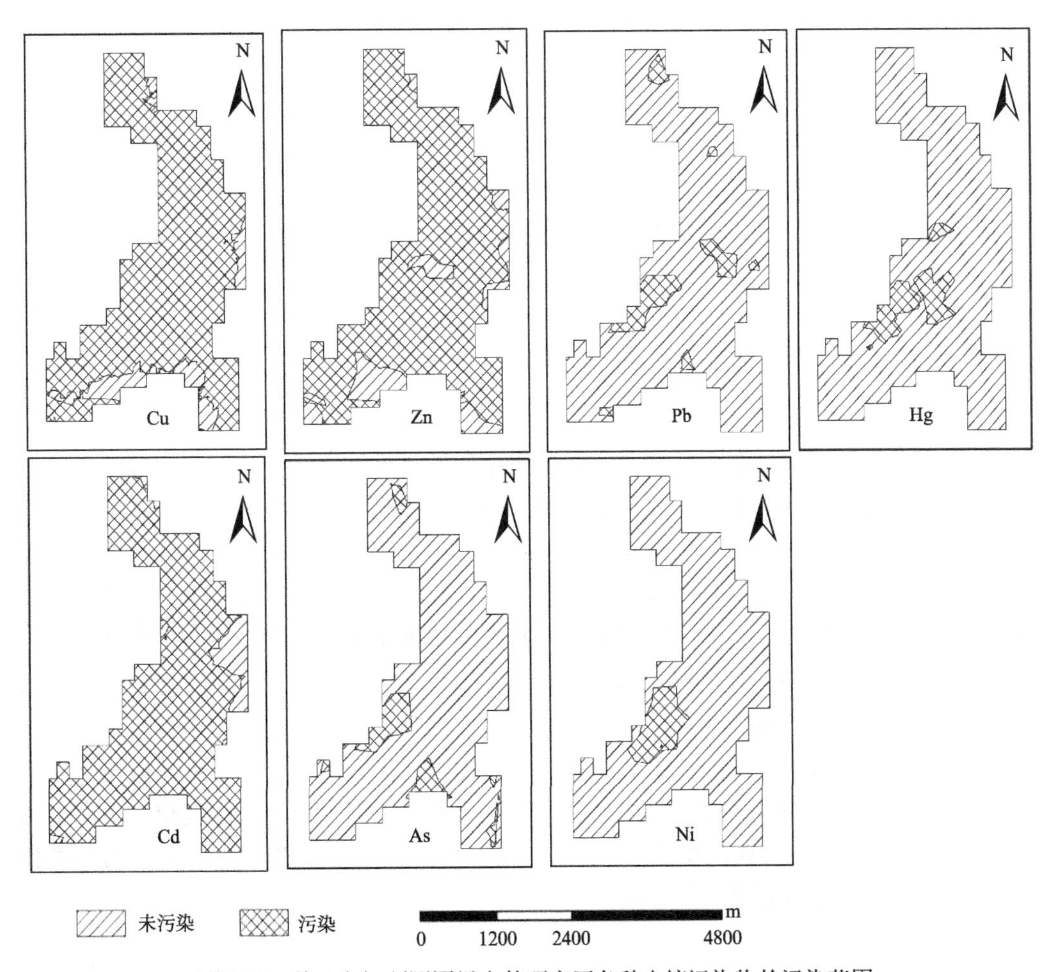

图 2.38　基于空间预测图界定的研究区各种土壤污染物的污染范围

表 2.41　生态风险指数的分级标准

环境风险指数（I_{ER}）	分级	环境风险程度
0	1	无环境风险
0~1	2	低环境风险
1~3	3	中等环境风险
3~5	4	高环境风险
>5	5	极高环境风险

本次研究采用 Anon（1994）提出的土壤中重金属污染的评价参数以及相应的临界风险限量（表 2.42），定量地测度研究区土壤中由于重金属污染而可能产生的生态风险特征。

表 2.42　七种重金属的临界风险限量　（单位：mg/kg）

元素	铜	锌	铅	镉	砷	镍	汞
临界限量	36	140	85	0.8	29	35	0.3

2. Hakanson 潜在生态危害指数注

潜在生态危害指数法是瑞典学者 Lars Hakanson 于 1980 年提出的，其计算公式包括：土壤中多种总金属的综合潜在生态危害指数 RI：

$$RI = \sum_{t=1}^{m} E_r^i = \sum_{i=1}^{m} T_r^i \frac{C^i}{C_n^i}$$

土壤中第 i 种重金属的潜在生态危害系数 E_r^i：

$$E_r^i = T_r^i C_f^i$$

T_r^i 为第 i 种重金属元素毒性系数，反映重金属的毒性水平和生物对重金属污染的敏感程度，Hakanson（1980）根据“元素丰度原则”和“元素稀释度”，认为某一重金属的潜在毒性与其丰度成反比，或者说与其稀少度成正比，并提出的重金属元素毒性水平为：Hg> Cd>As> Pb=Cu> Cr=Ni> Zn 和毒性响应系数值：Hg=40，Cd= 30，As= 10，Pb= Cu=5，Cr=Ni=2，Zn=l；C_f^i 为第 i 种重金属元素的污染系数，C^i 为沉积物重金属元素浓度实测值，C_n^i 为参比值。对于参比值的选择，各国学者的差别较大，如选择各地区土壤背景值和地壳丰度等（表 2.43）。Hakanson 提出以现代工业化前沉积物中重金属的最高背景值为参比值，该参比值能更确切反映土壤的实际污染程度。因此，本项研究采用了工业化前全球沉积物的最高背景值作为参比值。此外，土壤中重金属浓度越大，重金属污染物的种类越多，重金属的毒性水平越高，潜在生态危害指数 RI 值越大，表明其潜在危害也越大，具体分级标准见表 2.44。

表 2.43　研究区土壤潜在生态风险评价中使用的各种参比值

标准	参比值/（mg/kg）						
	Cd	As	Cu	Hg	Pb	Ni	Zn
浙江省土壤背景值（表土）	0.058	7.5	15.0	0. 065	22.4	22.31	62.1
全国土壤背景值	0.07	9.2	20.0	0.040	23.6	26.9	67.7
世界土壤中值	0.35	6.0	30. 0	0.06	12.0	50.0	90.0
地壳丰度	0.20	1.8	55.0	0.08	12.5	75.0	70.0
参比值	0.5	15	30	0.25	25	50	80

表 2.44　Hakanson 潜在生态危害分级标准表

危害程度	轻微	中等	强	很强	极强
E_r^i	<40	40～80	80～160	160～320	>320
RI	<150	150～300	300～600	600～1200	>1200

3. 生态风险商法

生态风险可以表示为环境浓度（*EC*）超过生物敏感浓度（*SS*）的概率。这里的生物敏感浓度即为土壤生态毒理学数据，如无效应浓度（*NOEC*）。因此，风险可以表示为

$$Risk = P(EC > SS)$$

这里，*Risk* 为风险，*P* 为概率。另外 *EC/SS* 值可以表示为风险商 *RQ*（risk quotient）。

从概率角度来说，*EC* 与 *SS* 可以看作是具有概率分布的随机变量而不是一个值，因此 *RQ* 也是具有概率分布的变量。*EC* 超过 *SS* 的概率可认为是污染物给土壤生态物种或土壤生态过程带来的负效应概率，即 $EC / SS > 1$ 的概率，表示如下：

$$Risk = P(EC > SS) = P(EC/SS = RQ > 1)$$

分别对土壤污染浓度和生物敏感浓度取对数。即，

$$Risk = P\left[\lg(\mathrm{EC} > SS) > 0\right] = P\left[\lg(EC) - \lg(SS) > 0\right]$$

当 *EC* 与 *SS* 为对数正态分布时，其分布的均值分别为 $\mu_{lg(EC)}$、$\mu_{lg(SS)}$ 其正态分布的标准差分别为 $\sigma_{lg(EC)}$、$\sigma_{lg(SS)}$。而两个独立正态分布的变量之差仍然为正态分布，因此 lg（*RQ*）仍为正态分布，其分布参数均值 $\mu_{lg(RQ)}$ 和标准差 $\sigma_{lg(RQ)}$ 分别为

$$\mu_{\lg(RQ)} = \mu_{[\lg(EC)-\lg(SS)]} = \mu_{\lg(EC)} - \mu_{\lg(SS)}$$

$$\sigma_{\lg(RQ)} = \sigma_{[\lg(EC)-\lg(SS)]} = \left(\sigma^2_{\lg(EC)} + \sigma^2_{\lg(SS)}\right)^{1/2}$$

因此，概率风险为

$$P\left[\lg(RQ) > 0\right] = P\left[\lg(EC) - \lg(SS)\right] = 1 - \phi\left[\left(\mu_{\lg(EC)} - \mu_{\lg(SS)}\right), \left(\sigma^2_{\lg(EC)} + \sigma^2_{\lg(SS)}\right)\right]$$

式中，$\phi\left[\left(\mu_{\lg(EC)} - \mu_{\lg(SS)}\right), \left(\sigma^2_{\lg(EC)} + \sigma^2_{\lg(SS)}\right)\right]$ 表示均值为 $\left(\mu_{\lg(EC)} - \mu_{\lg(SS)}\right)$ 方差为

$\left(\sigma_{\lg(EC)}^2+\sigma_{\lg(SS)}^2\right)$的正态分布概率。

研究区有少数重污染点的存在，致使网格化采样样品的土壤重金属含量有少数高峰值。由于这些高峰值的存在，使研究区土壤样品重金属含量数据具有高度偏斜度，剔除这些高峰值可以降低其偏斜度使其符合对数正态分布甚至正态分布。这些高峰值可以在某种程度上反映污染源的状况，但对研究区土壤重金属污染状况的描述不具典型代表性。因此，在利用生态风险商法对研究区进行生态风险评价时，剔除土壤重金属含量数据中的高峰值，不仅可以显著降低数据的偏倚性，还可以使求出的概率密度函数更可能与实际接近。剔除高峰值后的土壤重金属含量数据，对其对数形式进行偏度一峰度检验和 K-S（Kolmogorov-Smirnov）检验，结果表明剔除高峰值后的土壤重金属含量数据都符合对数正态分布，其概率密度函数可用正态分布概率密度函数表示：

$$f(EC_{Cu})=0.97\exp\left(\frac{-(\lg EC_{Cu}-2.02)^2}{0.337}\right)\quad f(EC_{Zn})=1.30\exp\left(\frac{-(\lg EC_{Zn}-2.53)^2}{0.188}\right)$$

$$f(EC_{Pb})=1.97\exp\left(\frac{-(\lg EC_{Pb}-1.88)^2}{0.082}\right)\quad f(EC_{Cd})=0.85\exp\left(\frac{-(\lg EC_{Cd}-0.17)^2}{0.444}\right)$$

$$f(EC_{As})=2.89\exp\left(\frac{-(\lg EC_{As}-1.04)^2}{0.038}\right)\quad f(EC_{Ni})=1.82\exp\left(\frac{-(\lg EC_{Ni}-1.25)^2}{0.096}\right)$$

式中，EC_{Cu}、EC_{Zn}、EC_{Pb}、EC_{Cd}、EC_{As}、EC_{Ni}、EC_{Hg} 分别表示为土壤重金属 Cu、Zn、Pb、Cd、As、Ni 和 Hg 的含量（mg/kg）。

同样，对于所筛选出的土壤重金属 Cu、Zn、Pb、Cd、As 和 Ni 的生态毒理参数也均作对数正态分布假设（汞由于缺乏相关生态毒理参数而无法计算其概率密度函数），其概率密度函数如下（李志博等，2006）：

$$f(Cus)=0.61\exp\left(\frac{-(\lg Cus-2.48)^2}{0.85}\right)\quad f(Cup)=0.63\exp\left(\frac{-(\lg Cup-2.19)^2}{0.79}\right)$$

$$f(Pbs)=0.87\exp\left(\frac{-(\lg Pbs-2.64)^2}{0.42}\right)\quad f(Pbp)=0.74\exp\left(\frac{-(\lg Pbp-2.76)^2}{0.58}\right)$$

$$f(Zns)=1.43\exp\left(\frac{-(\lg Zns-2.58)^2}{0.16}\right)\quad f(Znp)=0.73\exp\left(\frac{-(\lg Znp-2.22)^2}{0.58}\right)$$

$$f(Cds)=0.89\exp\left(\frac{-(\lg Cds-1.12)^2}{0.41}\right)\quad f(Cdp)=0.63\exp\left(\frac{-(\lg Cdp-2.07)^2}{0.79}\right)$$

$$f(Ass)=0.81\exp\left(\frac{-(\lg Ass-1.26)^2}{0.48}\right)\quad f(Asp)=0.75\exp\left(\frac{-(\lg Asp-1.66)^2}{0.56}\right)$$

$$f(Nis)=0.81\exp\left(\frac{-(\lg Nis-1.58)^2}{0.48}\right)\quad f(Nip)=1.22\exp\left(\frac{-(\lg Nip-2.45)^2}{0.21}\right)$$

式中，*Cus*、*Cup*、*Pbs*、*Pbp*、*Zns*、*Znp*、*Cds*、*Cdp*、*Ass*、*Asp*、*Nis*、*Nip* 分别为土壤重金属 Cu、Zn、Pb、As、Ni 对生物种类（*s*）和生态过程（*p*）的无效应浓度。

通过研究区各种土壤重金属的环境浓度和其对应的生态毒理参数可以得到其生态风险商的概率密度函数：

$$f(RCus)=0.52\exp\left(\frac{-(-\lg(EC_{Cu}/Cus)+0.46)^2}{1.19}\right)$$

$$f(RCup)=0.53\exp\left(\frac{-(-\lg(EC_{Cu}/Cup)+0.17)^2}{1.13}\right)$$

$$f(RPbs)=0.80\exp\left(\frac{-(-\lg(EC_{Pb}/Pbs)+0.76)^2}{0.50}\right)$$

$$f(RPbp)=0.69\exp\left(\frac{-(-\lg(EC_{Pb}/Pbp)+0.88)^2}{0.66}\right)$$

$$f(RZns)=0.96\exp\left(\frac{-(-\lg(EC_{Zn}/Zns)+0.05)^2}{0.35}\right)$$

$$f(RZnp)=0.64\exp\left(\frac{-(-\lg(EC_{Zn}/Znp)-0.31)^2}{0.77}\right)$$

$$f(RCds)=0.61\exp\left(\frac{-(-\lg(EC_{Cd}/Cds)+1.29)^2}{0.85}\right)$$

$$f(RCdp)=0.51\exp\left(\frac{-(-\lg(EC_{Cd}/Cdp)+2.24)^2}{1.23}\right)$$

$$f(RAss)=0.78\exp\left(\frac{-(-\lg(EC_{As}/Ass)+0.22)^2}{0.52}\right)$$

$$f(RAsp)=0.73\exp\left(\frac{-(-\lg(EC_{As}/Asp)+0.62)^2}{0.60}\right)$$

$$f(RNis)=0.74\exp\left(\frac{-(-\lg(EC_{Ni}/Nis)+0.33)^2}{0.58}\right)$$

$$f(RNip)=1.01\exp\left(\frac{-\left(-\lg\left(EC_{Ni}/Nip\right)+1.20\right)^2}{0.31}\right)$$

式中，*RCus* 表示 Cu 对生物种类影响的风险商：*RCurp* 表示 Cu 对生态过程的风险商；*RPbs* 表示 Pb 对生物种类影响的风险商；*RPbp* 表示 Pb 对生态过程的风险商；*RZns* 表示 Zn 对生物种类影响的风险商；*RZnp* 表示 Zn 对生态过程的风险商；*RCds* 表示 Cd 对生物种类影响的风险商：*RCdp* 表示 Cd 对生态过程的风险商；*RAss* 表示 As 对生物种类影响的风险商；*RAsp* 表示 As 对生态过程的风险商；*RNis* 表示 Ni 对生物种类影响的风险商；*RNip* 表示 Ni 对生态过程的风险商。EC_{Cu}、EC_{Zn}、EC_{Pb}、EC_{cd}、EC_{As}、EC_{Ni}、*Cus*、*Cup*、*Pbs*、*Pbp*、*Zns*、*Znp*、*Cds*、*Cdp*、*Ass*、*Asp*、*Nis*、*Nip* 意义同前。

此外，我们还根据研究区 2020 年土壤重金属污染预测结果计算出了研究区 2020 年各种重金属污染物生态风险商的概率密度函数。由于生态风险商法计算出各种污染物生态风险商都符合正态分布，其概率密度函数都可以表示为

$$f(R)=\frac{1}{\sqrt{2\pi\delta}}\exp\left[-\frac{(\lg x-\mu)^2}{2\delta^2}\right]$$

式中，x 为该种污染物的环境浓度（mg/kg），μ 为期望值，δ 为标准差。为了节省空间，在此我们仅给出研究区 2020 年各种土壤重金属污染物生态风险商的概率密度函数的期望与标准（表 2.45）。

表 2.45　研究区 2020 年各种土壤重金属污染物生态风险商的概率密度函数的期望值与标准差

		lgCu	lgZn	lgPb	lgCd	lgAs	lgNi
乐观情景	μ_{Kind}	3.04	2.68	3.71	2.35	1.48	1.87
	δ_{Kind}	0.85	0.57	0.59	0.73	0.55	0.57
	$\mu_{Process}$	2.75	1.96	3.95	4.28	2.25	3.61
	$\delta_{Process}$	0.84	0.73	0.65	0.85	0.59	0.43
无突变情景	μ_{Kind}	2.79	2.47	3.24	2.25	1.39	1.84
	δ_{Kind}	0.82	0.50	0.56	0.73	0.58	0.59
	$\mu_{Process}$	2.50	1.75	3.48	4.15	2.19	3.58
	$\delta_{Process}$	0.80	0.68	0.63	0.85	0.61	0.46

*不符合正态分布；μ_{Kind}，$\mu_{Process}$ 分别表示对生物种类和生态过程的期望值；δ_{Kind}，$\delta_{Process}$ 分别表示对生物种类和生态过程的标准差。

（三）评估结果

以往大多数生态风险评价工作都是利用采样数据进行区域整体评价，利用实测样点平均值进行评价，其结果难以反映大区域中存在的小尺度空间分异。将空间插值如反距离加权插值与各种生态风险指数法相结合进行生态风险评价是一次较好的尝试，可以使得土壤环境污染生态风险评估工作更加深入细致。研究区 2003 年 Rapant 生态风险指数

在0~206.3，平均11.7，标准差为17.5；而在乐观情景下，2020年Rapant生态风险指数在0~203，平均10.3，标准差17.1；在无突变情景下，2020 Rapant生态风险指数在0~277.8，平均16.3，标准差23.5。为了研究界定研究区各地生态环境风险程度，我们按照Rapan生态风险分级标准对研究区的生态风险进行分级（图2.39）。通过对图2.39的分类统计，发现不管在现在还是可预测的将来（2020年），区内已没有一块无生态环境风险的净土；2003年大约仅有2.2%区域为低环境风险，另外分别有16.0%、19.6%和62.2%的区域为中等，高和极高环境风险；即使在乐观情景下，到2020年区内也只有8.5%的区域力低环境风险，中等、高和极高环境风险区域面积分别占全区面积的22.9%、16.4%和52.1%；而在无突变情景下，到2020年区内仅剩0.6%的区域为低环境风险，中等、高和极高环境风险区域面积分别占垒区面积的8.0%、14.4%和77.0%此表明区内土壤重金属污染已几乎造成全区域的生态危害，且这一危害还有可能加重，即使采取常规控制措施如关闭污染源，一时也很难消除重金属污染对区内的生态危害。

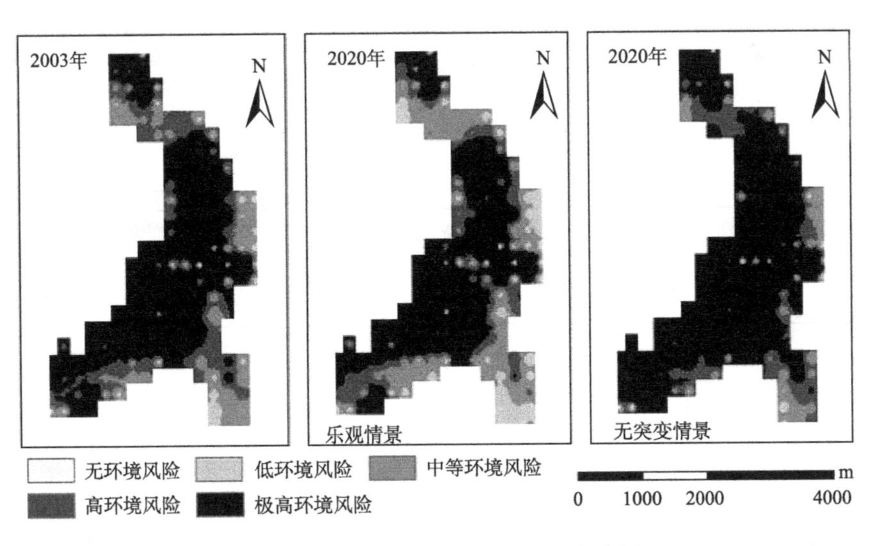

图2.39 研究区Rapant生态风险程度图

研究区2003年Hakanson潜在生态危害指数在28~4174，平均228，标准差为282；而在乐观情景下，2020年Hakanson潜在生态危害指数在23~4118，平均201，标准差276；在无突变情景下，2020 Hakanson潜在生态危害指数在28~5576，平均290，标准差377。为了界定研究区各处土壤污染的潜在生态危害，本研究按照Hakanson潜在生态危害分级标准对研究区的生态风险进行分级（图2.40）。2003年大约仅有50%区域为轻微危害，另外分别有33.6%、10.4%、4.5%和1.5%的区域为中等、强、很强和极强的潜在生态危害：在乐观情景下，到2020年区内有62.0%的区域为轻微危害，中等、强、很强和极强生态危害区域面积分别占全区面积的23.8%、8.8%、4.1%和1.4%；而在无突变情景下，到2020年区内37.6%的区域为轻微危害，中等、强、很强和极强生态危害区域面积分别占全区面积的39.2%、14.1%、6.4%和2.7%。此结果与Rapant生态风险指数法评价结果有较大的差别，Hakanson港在生态危害指数法评价结果认为研究区的潜在生态危害程度没有 Rapant 生态风险指数法那么严重。与此同时，通过利用反距离加权插值对研究区内 147 个土壤样本点各种重金属的潜在生态危害指数进行了空间插值，并对其潜在生态危害程度进行分级，得到研究区 2003 年土壤中各种重金属元素的潜在生态危害级别图（图 2.41）。从图 2.41 可以看出，2003 年区内各种单一重金属污染产生的生态危害都很轻，只有局部地区因土壤 Cu，Cd 和 Hg 严重污染而产生很强的生态危害。2020 年与 2003 年也基本相似，在此就不多作说明。

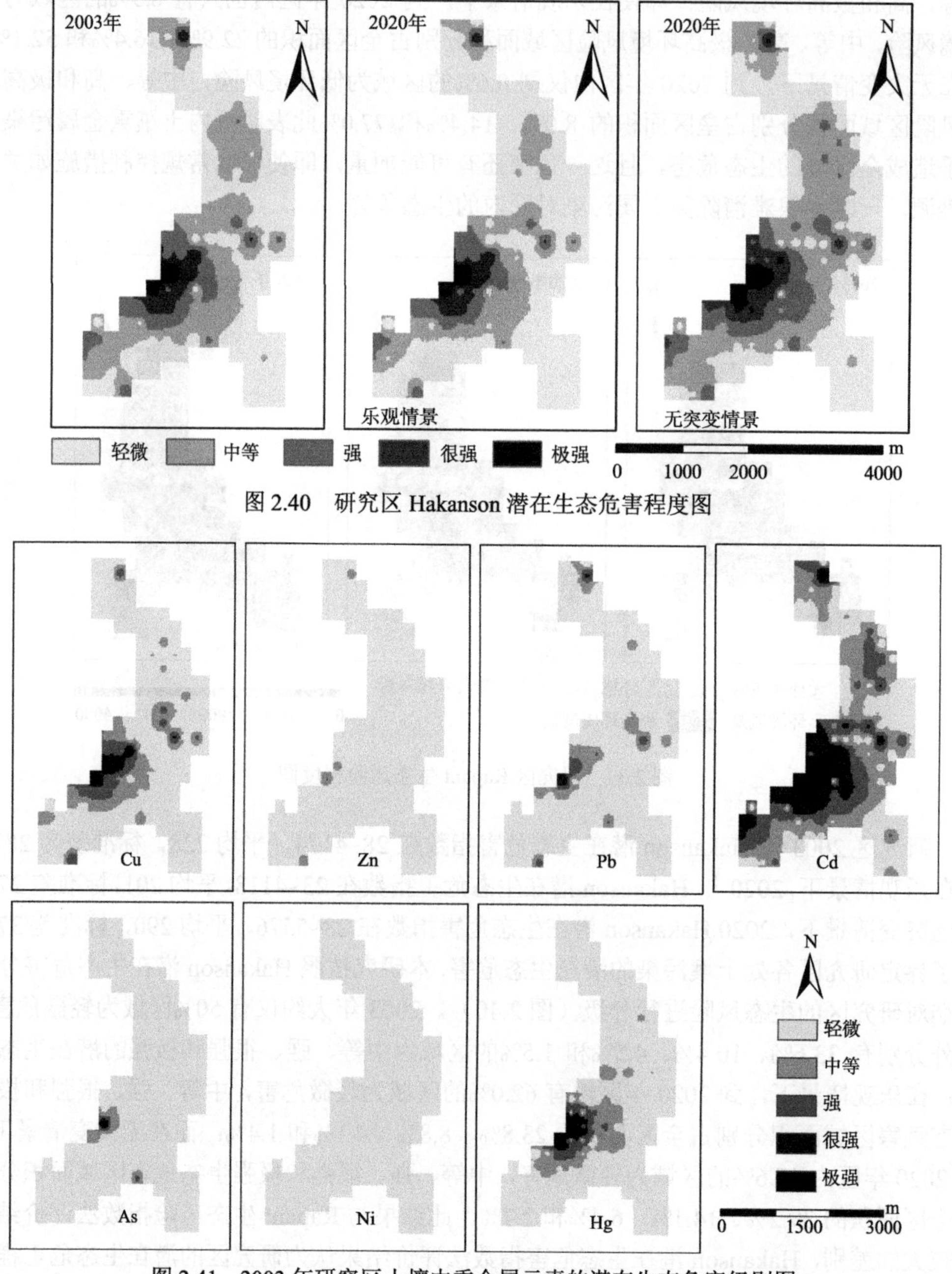

图 2.40　研究区 Hakanson 潜在生态危害程度图

图 2.41　2003 年研究区土壤中重金属元素的潜在生态危害级别图

研究区 2003 年土壤重金属污染对生物种类和生态过程的风险概率分别为：Cu，27.5%，41.1%；Zn，45.2%，69.1%；Pb，6.4%，6.3%；Cd，2.40%，2.1%；As，33.3%，12.9%；Ni，27.0%，0.1%。从中我们可以看出对生物种类 Zn 所带来的风险最高，其次依次是 As、Cu、Ni、Pb，Cd 所带来的风险最小；而对生态过程依然是 Zn 所带来的风险最高，其次依次是 Cu、As、Pb、Cd、Ni 所带来的风险几乎为零。通常都会将生态概率风险（P）分为 5 个优先等级，分别是可接受水平（$P<10\%$）、轻微影响（$10\%\leqslant P<5\%$）、中等影响（$25\%\leqslant P<50\%$）、严重危害（$50\%\leqslant P<75\%$）和极严重危害（$75\%\leqslant P\leqslant 100\%$）。但从空间分析来看，研究区大部分区域土壤 Zn 污染对生物种类和生态过程的影响达 75%以上，而 Cu、Pb、As 和 Ni 只对局部区域生物种类和生态过程影响较大，Cd 对生物种类和生态过程几乎无影响（图 2.42）。因此，从保护生态受体的角度出发，急需考虑对 Zn 污染的修复，并对局部 Cu、Pb、As 和 Ni 污染严重区进行修复。

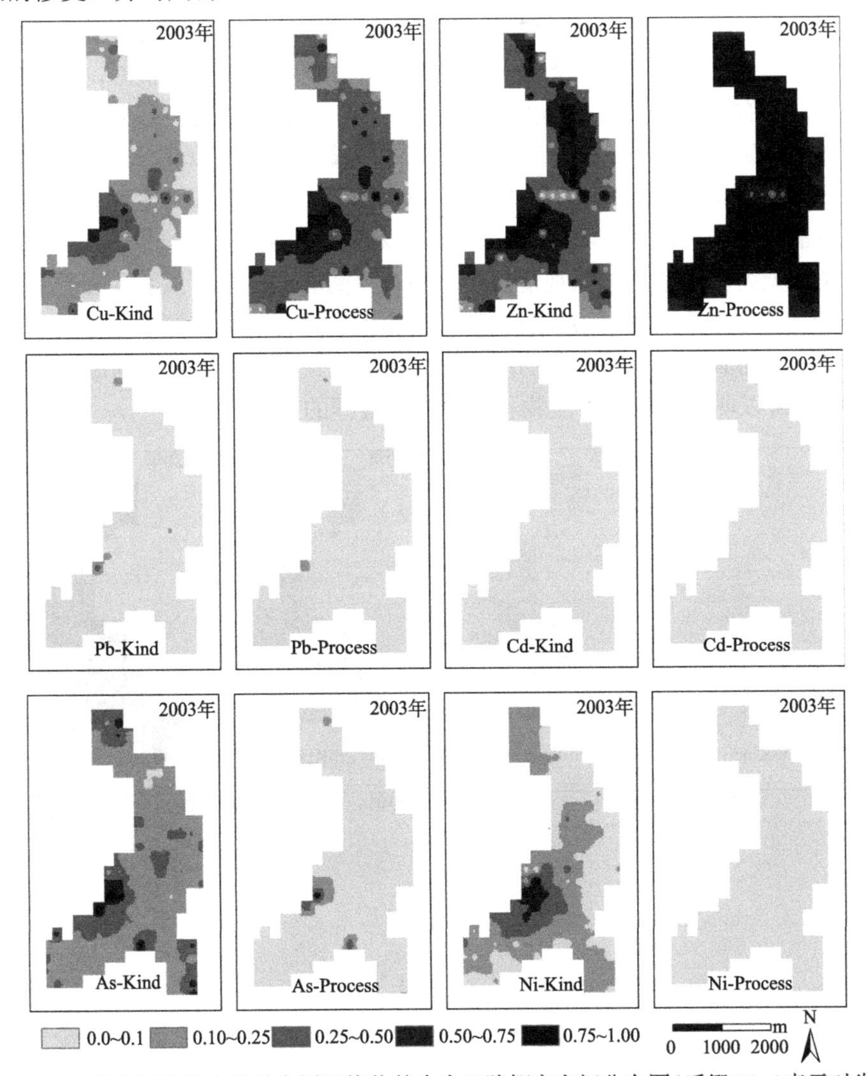

图 2.42　2003 年研究区各种土壤重金属污染物的生态风险概率空间分布图（后缀 Kind 表示对生物种类，后缀 Process 表示为生态过程）

李志博等（2006b）应用概率方法评估了研究区各种土壤重金属的生态风险。结果表明，研究区土壤重金属 Cu、Zn、Pb、Cd 对生物种类的风险概率分别为 30%、53%、15%和 5%，而对生态过程的风险概率分别为 44%、70%、13%和 0.6%。两种研究结果的差异主要在于本次研究认为土壤重金属浓度数据中的少数重污染点位的高峰值对研究区域整体污染状况不具有重要的代表性，在构建污染物浓度数据集分布时剔除了这些高峰值，从而降低了各种重金属浓度数据的偏斜度，使其更好地符合对数正态分布，与此同时也显著地降低了分布函数的期望值和方差。

按照乐观情景发展下去，到 2020 年区内土壤重金属污染对生物种类和生态过程的风险概率分别为：Cu，25.5%，37.4%；Zn，43.0%，63.9%；Pb，3.5%，3.4%；Cd，4.2%，0.5%；As，34.5%，14.7%；Ni，30.5%，0.3%。而按照无突变情景发展下去，到 2020 年区内土壤重金属污染对生物种类和生态过程的风险概率分别为：Cu，35.3%，49.0%；Zn，58.7%，75.5%；Pb，14.2%，12.7%；Cd，6.1%，0.7%；As，41.1%，19.2%；Ni，33.0%，0.7%（图 2.43）。在计算乐观情景和无突变情景下的风险商时，我们直接利用预测结果，而没有剔除少数反映热点区域的高峰值，致使估算出的风险商偏大，所以出现在乐观情景下到 2020 年土壤 Cd 对生物种类的风险概率大于 2003 年土壤 Cd 对生物种类的风险概率。在乐观情景下，到 2020 年区内几乎所有的重金属对生物种类和生态过程的风险概率都稍低于其在 2003 年的水平；而在无突变情录下，则恰恰相反。通过对区内各种重金属在无突变情景下与乐观情景下生态风险商的对比，可以发现在无突变情景下到 2020 年土壤 Zn、Cu、Pb 和 As 对生物种类和生态过程的风险概率明显大于其在乐观情景下的概率，而其他两种重金属的风险商变化不大，说明采取有效措施控制 Zn、Cu、Pb 和 As 排放可以明显降低其对生物种类和生态过程的影响。

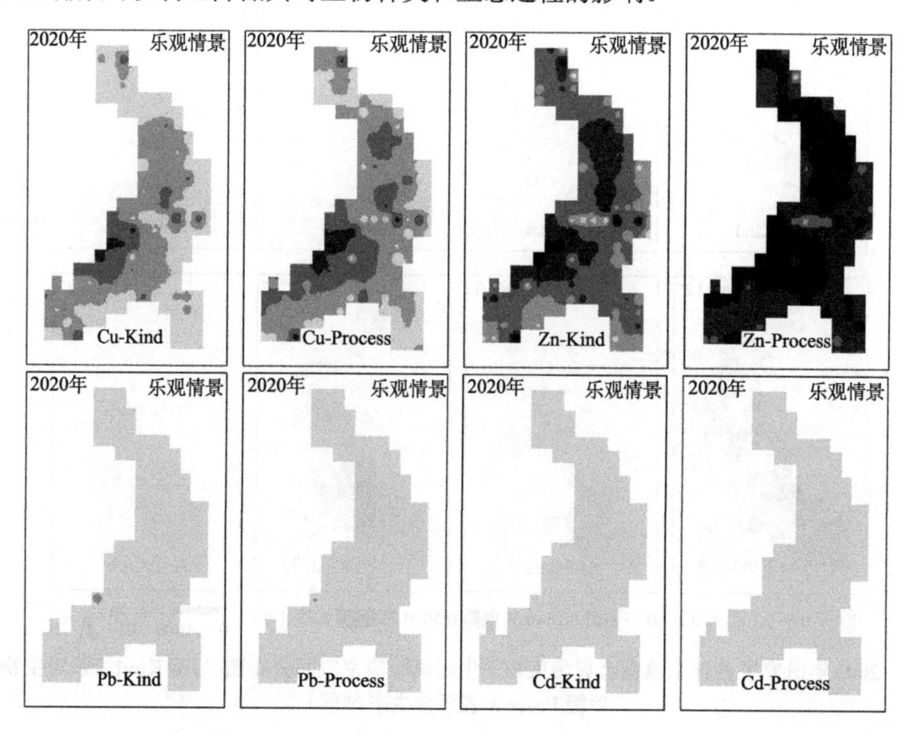

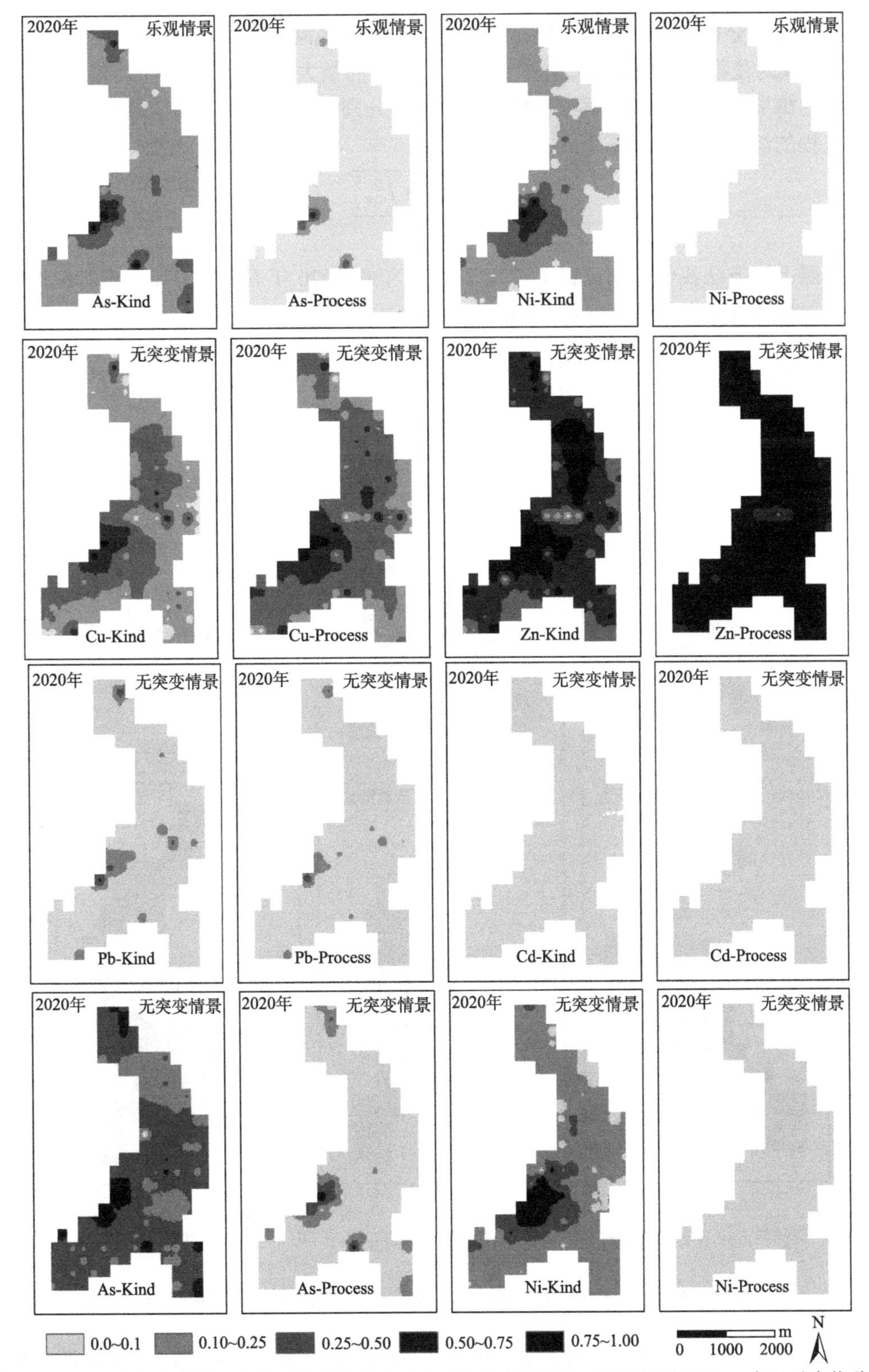

图2.43　2020年研究区各种土壤重金属污染物的生态风险概率空间分布图(后缀Kind表示对生物种类，后缀Process表示对生态过程)

为了综合分析区内各种重金属污染所产生的生态风险概率，我们计算了研究区各点6种重金属对生物种类和生态过程的生态风险概率的最大值（P_{max}）和平均值（P_{ave}），再参照内梅罗指数评价法求解综合指数的原理，分别求出区内6种重金属对生物种类和生态过程的综合生态风险概率P：

$$P=\sqrt{\frac{\left(P_{max}^{2}+P_{ave}^{2}\right)}{2}}$$

按照上述方法我们分别计算了研究区2003年和2020年6种重金属污染对生物种类和生态过程的综合风险概率（图2.44）。

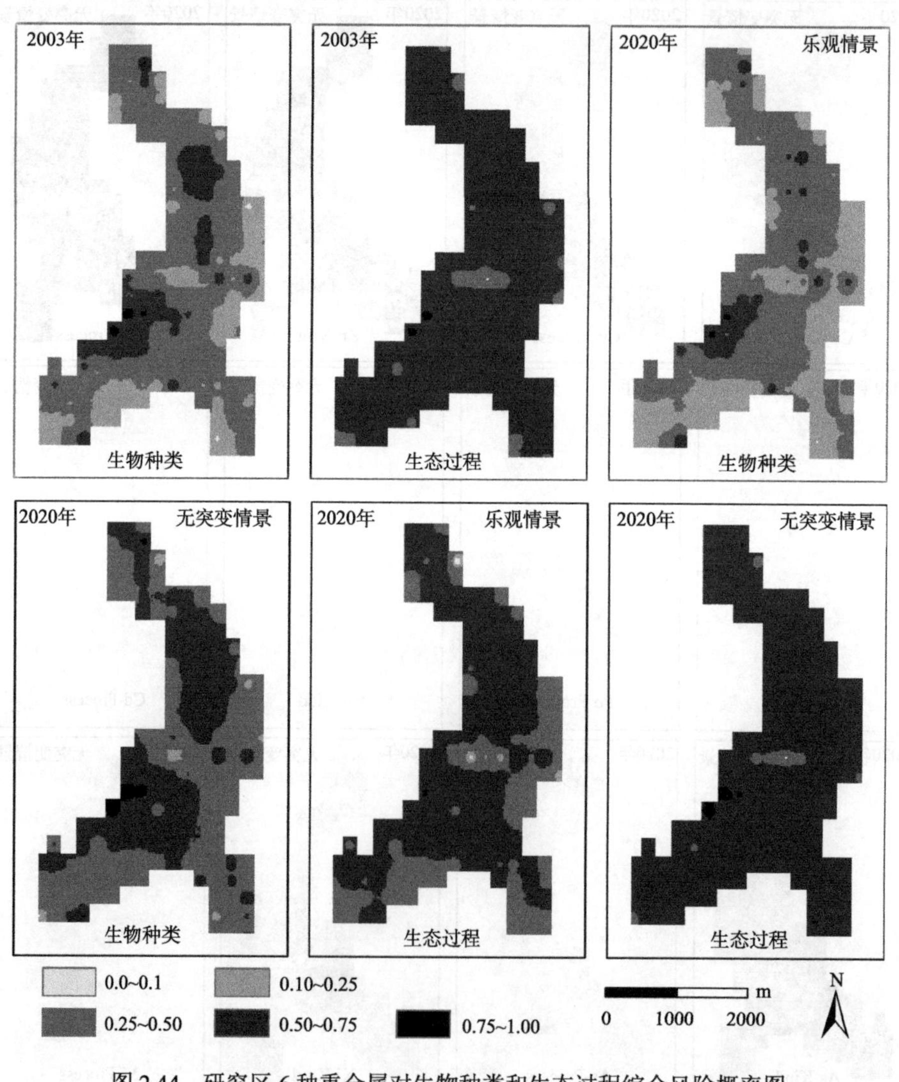

图2.44　研究区6种重金属对生物种类和生态过程综合风险概率图

从重金属污染对生物种类和生态过程的综合风险概率图可以发现，2003年研究区内约有16.5%的区域土壤重金属污染对生物种类的影响超过50%，约有94.5%的区域土壤重金属污染对生态过程的影响超过 50%；在乐观情景下到 2020 年研究区内将只有 7.4%的区域土壤重金属污染对生物种类的影响超过 50%，约有 67.6%的区域土壤重金属污染对生态过程的影响超过 50%；而在无突变情景下到 2020 年区内将有 44.8%的区域土壤重金属污染对生物种类的影响超过 50%，约有 97.9%的区域土壤重金属污染对生态过程的影响超过 50%（表 2.46）。这一结果表明控制污染源的排放虽然不能马上降低研究区中重金属对生物种类和生态过程的危害，但若不控制重金属污染，其对研究区土壤生态系统的危害将更严重。因此，从保护土壤生态系统的角度来看，必须对污染土壤开展生态修复才可能使区内土壤生态系统风险降到生态保护需要水平。

表 2.46 研究区 6 种重金属对生物种类和生态过程的综合风险概率的分级面积百分比统计表

		接受水平（<10%）	轻微影响（10%~25%）	中等影响（25%~50%）	严重危害（50%~75%）	极严重危害（75%~100%）
2003 年	生物种类	0.1%	21.5%	61.9%	16.1%	0.4%
	生态过程	0	0	5.5%	94.2%	0.3%
2020 年	生物种类	0	35.0%	57.6%	7.3%	0.1%
乐观	生态过程	0.1%	0.7%	31.6%	67.6%	0
2020 年	生物种类	0	1.1%	54.1%	43.4%	1.4%
无突变	生态过程	0	0	2.1%	97.1%	0.8%

为了进一步求出研究区的生态风险，我们同样采用综合指数法，求得区内生态风险概率（P_{ER}），具体生态风险概率求解方法如下：

$$P_{ER}=\sqrt{\frac{\left(P_{EK}^2+P_{EP}^2\right)}{2}}$$

式中，P_{EK}和 P_{EP}，分别为 6 种重金属污染对生物种类和生态过程的综合风险概率。从研究区生态风险概率图（图 2.45）可以看出，2003 年研究区内分别有 52.2%、47.4%，0.4%的区域生态风险为中等影响（$25\%\leqslant P<50\%$）、严重危害（$50\%\leqslant P<75\%$）和极严重危害（$75\%\leqslant P\leqslant 100\%$）：在乐观情景下到 2020 年，区内有分别有 73.9%、24.5%、0.1%的区域生态风险为中等影响、产重危害和极严重危害，还有 1.5%的区域生态风险转变为轻微影响（$10\%\leqslant P<25\%$）：而在无突变情景下到 2020 年，研究区内生态风险为中等影响、严重危害和极严重危害的子区域分别占总面积的 12.9%、85.9%、1.2%，这表明研究区内土壤生态系统风险较大，不论是现在还是到 2020 年，区内因土壤重金属造成的生态风险都是不可以接受和严重的，仅靠关闭冶炼厂等污染物产生源难以满足降低生态风险的要求，必须进一步采取土壤重金属污染修复措施。

（四）评估结果中的不确定性

在对研究区进行生态风险评估时， 我们采用了多种生态风险评价法，评估了区内不同时间的生态风险。所用的 Hakanson 潜在生态危害指数法虽然能够更准确地表示重金属

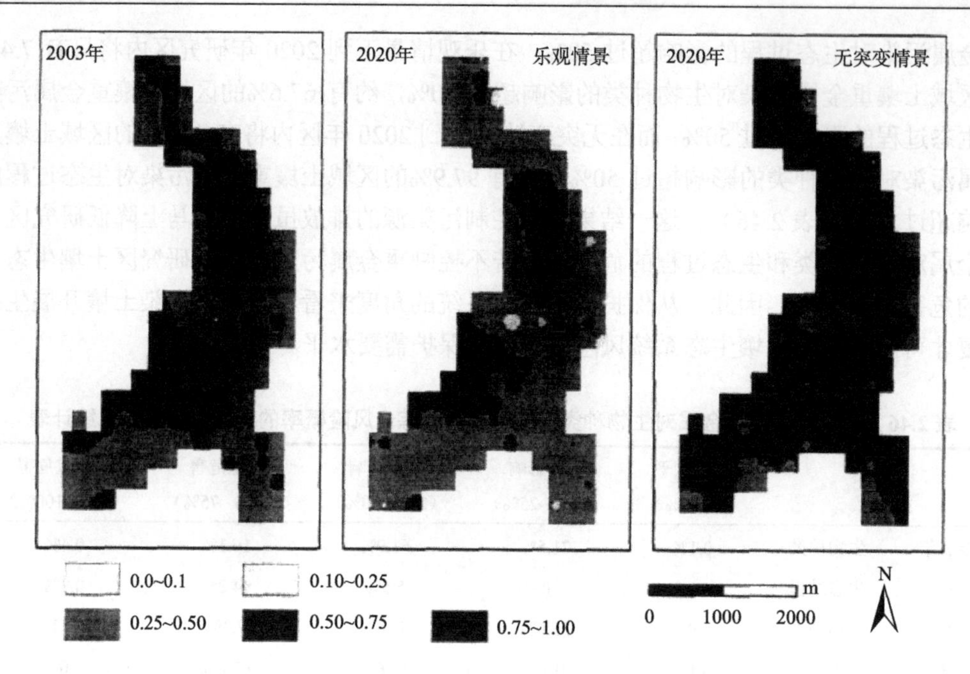

图 2.45　研究区生态风险概率图

对生态环境的影响潜力，但其将潜在生态危害分为五个等级，规定当 E^i_r<40 或 *RI*<150 时为轻微生态危害，而没有规定其下限值。土壤中的重金属含量在没有超过一定数量前对环境是不会产生污染与危害的，也就是土壤具有一定的环境容量。而且许多重金属元素还是生物所必需的微量元素（如 Cu 和 Zn 等）。当这些元素缺乏时，也会导致该元素的低值危害，例如一些地方病的产生，因此 Hakanson 将 E^i_r<40 或 *RI*<150 定为轻微生态危害忽略了重金属元素的正常含量水平。除此之外，该方法所采用的重金属毒性水平和毒性响应系数值，其主要从"元素丰度"和"元素释放度"以及"水-沉积物-生物-鱼-人体"角度分析和确定重金属的毒性，而重金属在不同生态系统毒性不一致，同一生态系统不同环节毒性也表现不一致，因此，重金属毒性的量化存在一定的主观。对于 Hakanson 潜在生态危害指数法中参比值的选择，各国学者的差别较大，存在一定的主观性，从而直接影响评价结果。生态风险商法评价中假定重金属浓度的概率分布函数是已知，实际上是不可知的。

由于采样方案和污染厂址的污染特征，样本数据的概率分布函数与实际还是可能有很大出入，致使利用该类方法评估的风险结果可能有较大的不确定性，以及我们仅利用为数不多的前人研究结果来推定生物敏感浓度的分布函数也都会影响评估结果的可靠度。除此之外，各种生态风险评价方法中都没有考虑到研究区种植的植物类型；每一种植物的根系统在风险物质的潜在吸收中起着重要作用；也没有考虑多种无机污染物的累积影响：以及在评价时，对于每种污染物阈值选择时都是基于其全量而不是有效态，实际上基于生物有效态要比基于全量更科学、更合理（Komnitsas and Modis，2006）.

在使用生态风险商法进行评价时，我们假定的前提是污染物的环境浓度（EC）和生物敏感浓度都符合对数正态分布，实际上是很难保证的。前面已经分析了研究区土壤重金属污染物环境浓度数据具有高度偏倚性，不是很好地符合对数正态分布，但剔除少数高峰值后，基本上满足对数正态分布，剔除后对反映区内污染状况有一定影响，但不是太大，因为这些高峰值主要只是反映污染源和热点区的污染状况的。评价中我们所使用各种重金属的生物敏感浓度都是查阅文献得到的，由于受文献资料限制，查阅得到的单一种类重金属的生物敏感浓度数据较少，使计算出的生物敏感浓度概率分布函数有较大的不确定性，这一点还需进一步完善，使估计出的风险概率更具可靠性。此外，运用该评价法只能评价单一重金属污染对生物种类和生态过程的风险概率，而无法综合评价各种重金属符合污染对生物种类和生态过程的风险概率，而我们在决策时更需要有关各种重金属污染对区域生态的综合影响。虽然，我们在研究中借鉴了内梅罗综合指数法求综合指数的原理综合评价各种重金属符合污染对生物种类和生态过程的综合生态风险概率，但这一方法迂缺乏强有力的理论支持和验证。

第四节　化工厂区污染场地及周边土壤的健康风险评估

一、研究区概况

本研究选择的滴滴涕生产企业始建于20世纪60年代，四十余年来曾先后生产过烧碱、滴滴涕、苯酚、多晶硅、三氯杀螨醇、双氧水、缩节安、氯乙酸、PVC管和UPVC管等农药和化工产品。其中，滴滴涕生产起止时间为1970~1983年，三氯杀螨醇生产的起止时间为1978~2004年。目前该企业已经全部停产，由当地国有资产管理委员会管理。

厂区从南向北分为居住区、办公区和生产区三个部分。生产区与滴滴涕、三氯杀螨醇生产相关的主要建筑有滴滴涕缩合楼和三氯杀螨醇生产楼。与滴滴涕、三氯杀螨醇生产废物处理、处置相关的场所主要包括固体废物堆场（含玻璃钢废液池）、对氯苯偶酰堆埋场和废弃桶堆放点等。相关污水处理设施包括滴滴涕缩合楼和三氯杀螨醇生产楼的一级污水处理池以及厂区外东南部的污水调节池。厂区外东、西和北侧1.5 km范围内绝大部分土地为农业用地，主要农作物为玉米。厂区平面示意图见图2.46。

场地所在地位于冲洪积扇上，地形较平缓，北高南低，坡度2‰~3‰。所在区域的地层结构主要特点是上层为含有砾石的砂质粉土，约40 m厚，其下为几米的黏土层，之下是约30 m的砾石层。潜水已经缺失，承压水位在60 m以下，地下水流向为由北向南，主要由雨水补给，丰水期地表水也可能补给地下水。

公司长期的工业活动可能对滴滴涕生产场地、三氯杀螨醇生产场地、有害废旧产品堆放和处理场地、污水处理设施、产品存放仓库等产生污染，废弃生产场地内可能受到污染的介质包括土壤、地下水、生产设备、建筑物等。

本研究选择滴滴涕生产场地进行污染土壤健康风险评估，该场地包括滴滴涕缩合楼、污水池、仓库以及其他附属厂房，场地平面示意图如图2.46所示。滴滴涕生产车间为水泥地面，占地面积约150 m^2，周边土质地面空地约1100 m^2。生产滴滴涕的污水通过有毒废水管进入污水处理池（深度约3 m），经酸碱中和及沉降处理后汇入厂区外东南部的污水调节池。

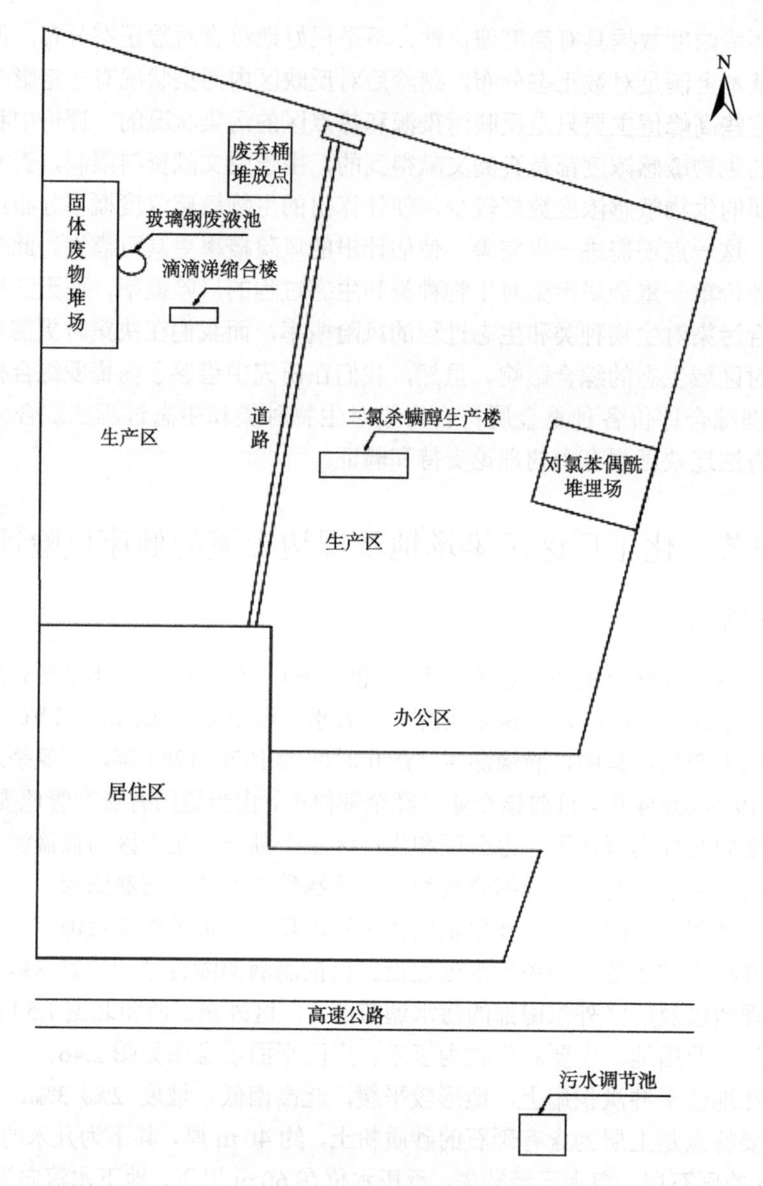

图 2.46　厂区平面示意图

滴滴涕缩合楼内相关生产设备已于停产当年拆除，而三氯杀螨醇生产楼绝大部分生产设备目前仍保留完好。由于三氯杀螨醇以滴滴涕作为生产原料，其生产设备极有可能受到滴滴涕的污染。因此，本研究以三氯杀螨醇生产楼的设备为研究对象，开展污染设备调查和健康风险评估。

二、污染土壤的健康风险评估

本研究假设场地未来作为工业用地使用，该用地方式下的敏感受体为工厂职工。暴露途径如下：①口腔摄入污染表层土壤；②皮肤接触污染表层土壤；③吸入受污染表层土壤扩散到室内外的土壤颗粒物；④吸入受污染表层和下层土壤挥发至室外的蒸气；⑤吸入受污染下层土壤挥发至室内的蒸气。概念模型如图 2.47 所示。

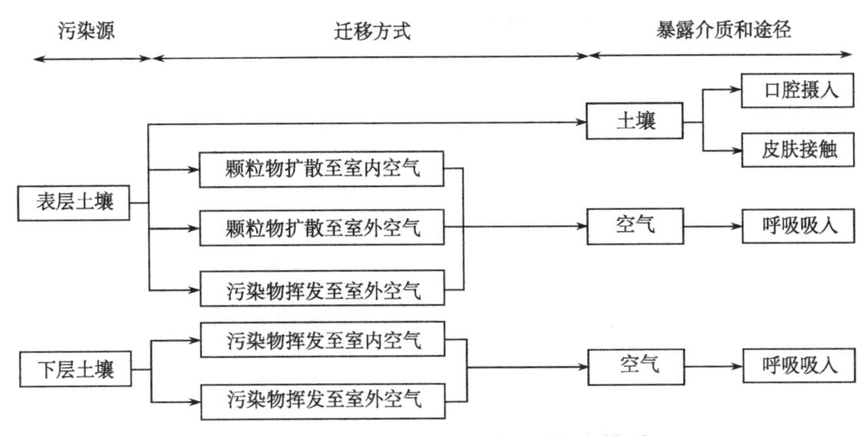

图 2.47　污染土壤健康风险评估概念模型

依据我国环境保护部 2009 年组织编制的《污染场地风险评估技术导则》（征求意见稿）中相关规范，按照危害识别、暴露评估、毒性评估和风险表征四步法开展场地污染土壤健康风险评估工作。

（一）危害识别

危害识别的工作内容包括：根据场地环境调查获取的资料，结合场地土地的规划利用方式，确定污染场地的关注污染物、场地内污染物的空间分布和可能的敏感受体。前期场地环境调查表明，该污染场地初步规划为独立工业用地，工业用地暴露情景下敏感受体为厂区内的职工，关注污染物的毒性分级与土壤筛选值参见表 2.47。开展风险评估时以成人作为敏感受体评估致癌风险和非致癌危害。

表 2.47　工业用地情景下关注污染物的毒性分级与土壤筛选值

污染物名称	CAS 编号 1)	毒性分级 2)	土壤筛选值/（mg/kg）
p,p'-DDT	50-29-3	B2	5.8
p,p'-DDD	72-54-8	B2	6.2
p,p'-DDE	72-55-9	B2	4.4
氯苯	108-90-7	D	25
1,4-二氯苯	106-46-7	C	0.38
氯仿	67-66-3	B2	0.2

注：1）CAS 编号指美国化学文摘服务社（Chemical Abstracts Service，CAS）为化学物质制订的登录号；2）美国环保局综合风险信息系统（Integrated Risk Information System，IRIS）按照致癌性的大小将化学物质分为 5 类：A 表示化学物质为人类致癌物，流行病学调查证据充分；B1 表示很可能的人类致癌物，流行病学调查证据有限；B2 表示很可能的人类致癌物，动物研究证据充分，流行病学调查证据不充分或无数据；C 表示有可能的人类致癌物，动物研究证据有限，无流行病学调查数据；D 表示还不能划分为人类的致癌物；E 表示已证实为非人类致癌物（USEPA，1986）。

根据 RSL 筛选出需要开展风险评估的关注污染物（Chemicals of Concern，COCs）为 *p,p'*-DDT、*p,p'*-DDD、*p,p'*-DDE、氯苯、1，4-二氯苯和氯仿，各关注污染物的土壤筛选值如表 2.47 所示（环境保护部，2009）。

（二）暴露评估

经口腔摄入土壤的暴露量[*OISER*，kg/（kg • d）]、皮肤接触土壤的暴露量[*DCSER*，kg/（kg • d）]、吸入土壤颗粒物的土壤暴露量[*PISER*，kg/（kg • d）]、吸入室外空气中来自表层土壤的气态污染物对应的土壤暴露量[$IoVER_1$，kg/（kg • d）]、吸入室外空气中来自下层土壤的气态污染物对应的土壤暴露量[$IoVER_2$，kg/（kg • d）]、吸入室内空气中来自下层土壤的气态污染物对应的土壤暴露量[*IiVER*，kg/（kg • d）]可分别用下式中的模型进行计算：

$$OISER = \frac{OSIR_a \times ED_a \times EF_a \times ABS_o}{BW_a \times AT} \times 10^{-6}$$

$$DCSER = \frac{SAE_a \times SSAR_a \times EF_a \times ED_a \times EV \times ABS_d}{BW_a \times AT} \times 10^{-6}$$

$$PISER = \frac{TSP \times DAIR_a \times ED_a \times PIAF \times \left(fspo \times EFO_a + fspi \times EFI_a\right)}{BWa \times AT} \times 10^{-6}$$

$$IoVER_1 = VF_{suroa} \times \frac{DAIR_a \times EFO_a \times ED_a}{BW_a \times AT}$$

$$IoVER_2 = VF_{suboa} \times \frac{DAIR_a \times EFO_a \times ED_a}{BW_a \times AT}$$

$$IiVER = VF_{subia} \times \frac{DAIR_a \times EFI_a \times ED_a}{BW_a \times AT}$$

式中，$OSIR_a$，成人每日摄入土壤量，100（mg/d）；ED_a，成人暴露周期，25（a）；EF_a，成人暴露频率，250（d/a）；ABS_o，经口摄入吸收效率因子，无量纲；BW_a，成人平均体重，53.1（kg）；AT_{ca}，致癌效应平均时间，26 280（d）；AT_{nc}，非致癌效应平均时间，9125（d）；SAE_a，成人暴露皮肤表面积 2734（cm^2）；$SSAR_a$，成人皮肤表面土壤粘附系数，0.2（mg/cm^2）；EV，每日皮肤接触事件频率，1（次/d）；ABS_d，皮肤吸收效率因子，无量纲；TSP，空气中总悬浮颗粒物含量，0.3（mg/m^3）；$DAIR_a$，成人每日空气呼吸量，15（m^3/d）；*PIAF*，吸入土壤颗粒物在体内滞留比例，0.75；*fspo*，室外空气中来自土壤的颗粒物所占比例，0.5；EFO_a，成人室外暴露频率，62.5（d/a）；*fspi*，室内空气中来自土壤的颗粒物所占比例，0.8；EFI_a，成人室内暴露频率，187.5（d/a）；VF_{suroa}，表层土壤中污染物挥发对应的室外空气中的土壤含量（kg/m^3）；VF_{suboa}，下层土壤中污染物挥发对应的室外空气中的土壤含量（kg/m^3）。

暴露评估的模型参数从场地获取的有：表层土壤（0~20 cm）中污染物浓度、表层污染土壤下表面到地表距离、下层土壤（污染物最大浓度所对应的土层）中污染物浓度、下层污染土壤上表面到地表距离以及土壤有机质含量、土壤容重、土壤含水量、土壤颗粒密度等土壤基本理化性质和土壤污染区近地面年平均风速（当地气象资料值为 330 cm/s），其余参数全部采用《导则》（征求意见稿）中的推荐默认值。

（三）毒性评估

通过查询《导则》（征求意见稿）的毒性参数表（环境保护部，2009），以及美国环保局综合风险信息系统（IRIS）、美国环保局区域筛选值数据表（regional screening levels summary table）等权威数据库（USEPA，2011a，2011b），获得关注污染物的毒性参数和理化性质参数，分别见表2.48和表2.49。由于《导则》（征求意见稿）缺乏氯苯、1, 4-二氯苯和氯仿的皮肤吸收效率因子 ABS_d 的数据，以上数值参考我国台湾《土壤及地下水污染场址健康风险评估评析原则》中相关规定，针对挥发性有机物取值均为0.1（行政院环境保护署，2006）。

表2.48　关注污染物的毒性参数

污染物	经口摄入致癌斜率因子 SF_o/[mg/（kg·d）]	呼吸吸入致癌斜率因子 SF_i/[mg/（kg·d）]	皮肤接触致癌斜率因子 SF_d/[mg/（kg·d）]	经口摄入参考剂量 RfD_o/[mg/（kg·d）]	呼吸吸入参考剂量 RfD_i/[mg/（kg·d）]	皮肤接触参考剂量 RfD_d/[mg/（kg·d）]	皮肤吸收效率因子 ABS_d无量纲	口摄吸收效率因子 ABS_o无量纲
p,p'-DDT	3.40E-01	3.40E-01	3.40E-01	5.00E-04	5.00E-04	5.00E-04	0.03	1
p,p'-DDD	2.40E-01	2.42E-01	2.40E-01	—	—	—	0.1	1
p,p'-DDE	3.40E-01	3.40E-01	3.40E-01	—	—	—	0.1	1
氯苯	—	—	—	2.00E-02	1.43E-02	2.00E-02	0.1	1
1,4-二氯苯	5.40E-03	3.85E-02	5.40E-03	7.00E-02	2.29E-01	7.00E-02	0.1	1
氯仿	3.10E-02	8.05E-02	3.10E-02	1.00E-02	2.80E-02	1.00E-02	0.1	1

表2.49　关注污染物的理化性质参数

污染物	无量纲亨利常数H' 无量纲	空气中扩散系数 D_a/（cm^2/s）	水中扩散系数 D_w/（cm^2/s）	土壤-有机碳分配系数 K_{oc}/（cm^3/g）	水中溶解度 S/（mg/L）
p,p'-DDT	3.40E-04	1.37E-02	4.95E-06	2.20E+05	5.50E-03
p,p'-DDD	2.70E-04	1.69E-02	4.76E-06	1.53E+05	9.00E-02
p,p'-DDE	1.70E-03	1.44E-02	5.87E-06	1.53E+05	4.00E-02
氯苯	1.52E-01	7.30E-02	8.70E-06	2.19E+02	4.72E+02
1,4-二氯苯	9.85E-02	6.90E-02	7.90E-06	4.34E+02	8.13E+01
氯仿	1.50E-01	1.04E-01	1.00E-05	3.50E+01	7.95E+03

（四）风险表征

1. 风险值计算

根据《导则》中相关模型，对关注污染物浓度高于土壤筛选值的点位进行风险值计算。首先分别计算单一污染物经口摄入土壤、皮肤接触土壤、吸入土壤颗粒物、吸入室外空气气态污染物和吸入室内空气中气态污染物暴露途径下的致癌风险值或非致癌危害商值，然后将每种暴露途径产生的致癌风险值或危害商值相加获得该污染物经所有暴露途径的致癌风险值或非致癌危害指数，最后计算所有关注污染物经所有暴露途径的总致癌风险或非致癌危害指数。

单一污染物经所有暴露途径的致癌风险值（CR_n，无量纲）和非致癌危害指数（HQ_n，无量纲）可通过式（2-60）和式（2-61）计算，所有关注污染物经所有暴露途径的总致癌风险值（CR_{sum}，无量纲）和非致癌危害指数（HQ_{sum}，无量纲）可分别通过式（2-62）和式（2-63）计算。

$$\begin{aligned} CR_n = {} & C_{sur} \times \left(OISER \times SF_o + DCSER \times SF_d + PISER \times SF_i + IoVER_1 \times SF_i \right) \\ & + C_{sub} \times \left(IoVER_2 + IiVER \right) \times SF_i \end{aligned} \tag{2-60}$$

$$\begin{aligned} HQ_n = {} & C_{sur} \times \left(\frac{OISER}{RfD_o} + \frac{DCSER}{RfD_d} + \frac{PISER}{RfD_i} + \frac{IoVER_1}{RfD_i} \right) \\ & + C_{sub} \times \left(\frac{IoVER_2}{RfD_i} + \frac{IiVER}{RfD_i} \right) \end{aligned} \tag{2-61}$$

$$CR_{sum} = \sum_{1}^{n} CR_n \tag{2-62}$$

$$HQ_{sum} = \sum^{n} HQ_n \tag{2-63}$$

式中，C_{sur}，表层土壤中污染物浓度（mg/kg）；C_{sub}，下层土壤中污染物浓度（mg/kg）；SF_o，经口摄入致癌斜率因子（kg · d/mg）；SF_i，呼吸吸入致癌斜率因子（kg · d/mg）；SFd，皮肤接触致癌斜率因子（kg · d/mg）；RfD_o，经口摄入参考剂量[mg/（kg · d）]；RfD_i，呼吸吸入参考剂量[mg/（kg · d）]；RfD_d，皮肤接触参考剂量[mg/（kg · d）]。污染场地关注污染物的致癌风险值和非致癌危害指数分别如表 2.50 和表 2.51 所示，由于 8 号点位的污染物浓度低于土壤筛选值，因此未计算风险值。

表 2.50　污染场地关注污染物的致癌风险值

污染物	点位编号						
	1	2	3	4	5	6	7
p,p'-DDT	8.62E-06	5.89E-05	3.05E-05	7.79E-05	4.18E-04	1.62E-04	3.13E-05
p,p'-DDD	1.05E-06	1.13E-05	6.95E-06	5.87E-06	3.11E-05	7.20E-05	1.08E-05
p,p'-DDE	4.79E-06	2.34E-05	2.61E-05	3.89E-06	8.70E-06	2.47E-05	2.26E-05
1,4-二氯苯	6.52E-05	4.14E-04	—	—	—	—	—
氯仿	—	—	—	1.36E-04	—	—	—
总致癌风险	7.97E-05	5.07E-04	6.35E-05	2.23E-04	4.58E-04	2.58E-04	6.48E-05

表 2.51　污染场地关注污染物的非致癌危害指数

污染物	点位编号						
	1	2	3	4	5	6	7
p,p'-DDT	1.46E-01	9.97E-01	5.17E-01	1.32E+00	7.08E+00	2.74E+00	5.31E-01
氯苯	—	1.18E+01	—	—	—	—	—
1,4-二氯苯	2.13E-02	1.35E-01	—	—	—	—	—
氯仿	—	—	—	1.73E-01	—	—	—
非致癌危害指数	1.67E-01	1.29E+01	5.17E-01	1.49E+00	7.08E+00	2.74E+00	5.31E-01

计算结果表明，污水处理池东侧 2 号点位，4 号、5 号和 6 号点位的致癌风险和非致癌危害较高。污染场地内每个点位土壤中的 *p,p'*-DDT、*p,p'*-DDD 和 *p,p'*-DDE 经所有暴露途径的致癌风险均已超过可接受风险水平（10^{-6}）；污水处理池东侧（2 号）和北侧（1 号）土壤中检出 1, 4-二氯苯和氯仿，其致癌风险也不同程度地超过 10^{-6}。场地内所有关注污染物经所有暴露途径的总致癌风险均远远超出可接受风险水平（10^{-6}），最高达到 5.07×10^{-4}（2 号点位）。

污水处理池东侧 2 号点位，4 号、5 号和 6 号点位土壤中 *p,p'*-DDT 经所有暴露途径的非致癌危害指数超过可接受风险水平（1）；2 号点位土壤中检出氯苯，其非致癌危害指数也大于 1。其余点位土壤中的 *p,p'*-DDT、1,4-二氯苯和氯仿的非致癌危害均在可接受范围内。场地内所有关注污染物经所有暴露途径的非致癌危害指数部分超过可接受风险水平，最大值为 12.9（2 号点位）。

2. 暴露途径风险贡献率分析

参考《导则》中相关规定，计算了每个点位单一污染物经不同暴露途径的风险贡献率。结果表明，贡献率根据关注污染物类型不同而呈现不同的规律。表 2.52 给出了 2 号与 4 号典型点位关注污染物经不同暴露途径的致癌风险和非致癌危害贡献率。

对于滴滴涕及其衍生物等半挥发性有机物，经口腔摄入土壤和皮肤接触土壤暴露途径对总风险的贡献率超过 98%。*p,p'*-DDT 经口腔摄入土壤暴露途径的风险贡献率在 84%左右，*p,p'*-DDD 和 *p,p'*-DDE 经口腔摄入土壤暴露途径的风险贡献率为 63%左右，经皮肤接触土壤暴露途径的贡献率大于 35%。而对于氯苯、1, 4-二氯苯和氯仿等挥发性有机

表 2.52　污染物经不同暴露途径对总风险的贡献率

贡献率类别 1)	*p,p'*-DDT 2)	*p,p'*-DDD 2)	*p,p'*-DDE 2)	氯仿 3)
P_{CROIS}	84.1	63.1	63.0	0.0
P_{CRDCS}	14.3	35.7	35.7	0.0
P_{CRPIS}	1.0	0.8	0.8	0.0
P_{CRIoV}	0.1	0.1	0.1	0.1
P_{CRIiV}	0.5	0.3	0.5	99.9

续表

贡献率类别 1)	p,p'-DDT 2)	氯苯 2)	1,4-二氯苯 2)	氯仿 3)
P_{HQOIS}	84.1	0.0	0.0	0.0
P_{HQDCS}	14.3	0.0	0.0	0.0
P_{HQPIS}	1.0	0.0	0.0	0.0
P_{HQIoV}	0.1	0.1	0.1	0.1
P_{HQIiV}	0.5	100.0	100.0	99.9

注：1）P_{CROIS}（P_{HQOIS}）表示单一污染物经口摄入土壤暴露途径的致癌（非致癌）风险贡献率，P_{CRDCS}（P_{HQDCS}）表示单一污染物经皮肤接触土壤暴露途径的致癌（非致癌）风险贡献率，P_{CRPIS}（P_{HQPIS}）表示单一污染物经吸入土壤颗粒物暴露途径的致癌（非致癌）风险贡献率，P_{CRIoV}（P_{HQIoV}）表示单一污染物经吸入室外空气暴露途径的致癌（非致癌）风险贡献率，P_{CRIiV}（P_{HQIiV}）表示单一污染物经吸入室内空气暴露途径的致癌（非致癌）风险贡献率；2）污染物来自 2 号点位；3）污染物来自 4 号点位。

物，经吸入室内空气暴露途径对总风险的贡献率高于 99%。因此，对该污染场地进行风险控制与管理时，应避免或减少 p,p'-DDT、p,p'-DDD 和 p,p'-DDE 通过口腔摄入和皮肤接触土壤途径而暴露，氯苯、1,4-二氯苯和氯仿通过吸入室内空气途径而暴露，从而降低以上关注污染物对人体的健康风险。

3. 模型参数敏感性分析

《导则》中采用敏感性比例表征模型参数的敏感性，对单一暴露途径风险贡献率超过 20%的暴露途径，进行相关参数的敏感性分析。本研究选择具有代表性的有机氯农药 p,p'-DDT 对经口腔摄入土壤暴露途径的模型参数进行分析，p,p'-DDE 对经皮肤接触土壤暴露途径的模型参数进行分析；选择挥发性有机物氯仿对吸入室内空气暴露途径的模型参数进行分析。不同模型参数对致癌风险值和非致癌危害商的敏感性比例如表 2.53 所示。

表 2.53　模型参数对致癌风险值和非致癌危害商的敏感性比例

污染物	暴露途径	参数名称及敏感性比例							
p,p'-DDT	口腔摄入土壤	ED_a	EF_a	$OSIR_a$	BW_a	AT_{ca}	AT_{nc}		
		1.00	1.00	1.00	−0.95 1)	−0.95 1)	−0.95 1)		
p,p'-DDE	皮肤接触土壤	ED_a	EF_a	EV	SER_a	$SSAR_a$	AT_{ca}	BW_a	H_a
		1.00	1.00	1.00	1.00	1.00	−0.95 1)	−0.47 1)	0.41
氯仿	吸入室内空气	ρ_s	ρ_b	ρ_{ws}	ED_a	EFI_a	$DAIR_a$	AT_{ca}	$ATnc$
		29.42	−18.15 1)	−8.68 1)	1.00	1.00	1.00	−0.95 1)	−0.95 1)
		L_B	ER	BW_a	f_{om}	O_{acrack}	η	L_{crack}	θ_{wcarck}
		−0.95 1)	−0.95 1)	−0.95 1)	−0.40 1)	0.17	0.05	−0.05 1)	0.00

注：1）表示参数取值与风险值呈负相关关系。模型参数的含义如下：ED_a 为成人暴露周期，EF_a 为成人暴露频率，$OSIR_a$ 为成人每日摄入土壤量，BW_a 为成人平均体重，AT_{ca} 为致癌效应平均时间，AT_{nc} 为非致癌效应平均时间，EV 为每日皮肤接触事件频率，SER_a 为成人暴露皮肤所占体表面积比，$SSAR_a$ 为成人皮肤表面土壤黏附系数，H_a 为成人平均身高，ρ_s 为土壤颗粒密度，ρ_b 为土壤容重，ρ_{ws} 为土壤含水量，EFI_a 为成人室内暴露频率，$DAIR_a$ 为成人每日空气呼吸量，L_B 为室内空间体积与蒸气入渗面积之比，ER 为室内空气交换速率，f_{om} 为土壤有机质含量，θ_{acrack} 为地基与墙体裂隙中空气体积比，η 为地基和墙体裂隙表面积所占比例，L_{crack} 为室内地基厚度，θ_{wcarck} 为地基或墙体裂隙中水体积比。

结果表明，计算经口腔摄入土壤暴露途径的致癌风险和非致癌危害，以及皮肤接触土壤暴露途径的致癌风险时，模型参数敏感性比例均≤1，参数敏感性较弱，场地风险评估时可选择默认值进行计算；而计算吸入室内空气暴露途径的致癌风险和非致癌危害时，土壤颗粒密度、土壤容重和土壤含水量参数敏感性比例较大，对风险值的影响显著，因此在进行风险评估时必须从场地本身获取以上参数，其他参数则可选择默认值进行计算。

4. 土壤修复目标值计算

以单一污染物的可接受致癌风险为 10^{-6}，可接受危害商值为 1，分别通过式（2-64）和式（2-65）计算基于致癌风险的土壤修复目标值（$RSRL_n$，mg/kg）和非致癌危害的土壤修复目标值（$HSRL_n$，mg/kg），两者中的较低者即为场地土壤修复目标值。污染场地基于所有暴露途径的土壤修复目标值如表 2.54 所示。

$$RSRL_n = \frac{ACR}{OISER \times SF_o \times DCSER \times SF_d + \left(PISER + IoVER_1 + IoVER_2 + IiVER\right) \times SF_i} \tag{2-64}$$

$$HSRL_n = \frac{AHQ}{\dfrac{OISER}{RfD_o} + \dfrac{DCSER}{RfD_d} + \dfrac{PISER + IoVER_1 + IoVER_2 + IiVER}{RfD_i}} \tag{2-65}$$

式中，ACR，可接受致癌风险，无量纲；AHQ，可接受危害商值，无量纲。

表 2.54　场地的土壤修复目标值

污染物	*p,p'*-DDT	*p,p'*-DDD	*p,p'*-DDE	氯苯	1,4-二氯苯	氯仿
基于致癌风险的目标值	5.84	6.19	4.36	—	0.55	0.02
基于非致癌危害的目标值	345	—	—	36.2	1601	16.3
土壤修复目标值	5.84	6.19	4.36	36.2	0.55	0.02

计算结果表明，滴滴涕生产场地内 1~7 号点位的 *p,p'*-DDT、*p,p'*-DDD 和 *p,p'*-DDE，1 号点位的 1,4-二氯苯，2 号点位的氯苯和 1,4-二氯苯以及 4 号点位的氯仿浓度均不同程度地超过土壤修复目标值，需对以上污染区域的土壤开展修复工作。

5. 修复土方量估算

本研究的修复土方量根据土壤污染表面积和污染深度估算得到。以致癌风险超过 10^{-6} 的采样点位为中心，5m 为半径确定污染外边界，假设点位之间的区域均受到污染，计算表面积。土壤污染深度为实际测得污染物浓度出现低于土壤修复目标值的最小深度。计算的修复土方量约为 1600 m^3。

由于样品采集密度较低，点位相对距离较大，因此污染边界存在较高的不确定性，估算的土方量仅供参考。若要获取更为准确的修复土方量，则需对场地进行加密布点，开展更为详细的健康风险评估工作。

三、污染设备的健康风险评估

由于企业中生产设备的使用状况可能不同，因此本研究考虑两种暴露情景：①一般工业暴露情景，即假设生产设备保持现状并投入正常的工业生产，其表面的污染物不被清理或去除，此情景下易受到污染危害的是工厂职工；②拆卸清理暴露情景，即假设企业拆迁过程中，需对污染设备进行拆除、清理或改造，此情景下易受到污染危害的是拆卸工人。两种情景下的敏感受体均为成人，暴露途径包括皮肤接触暴露、口腔摄入暴露以及呼吸吸入暴露。概念模型如图 2.48 所示。

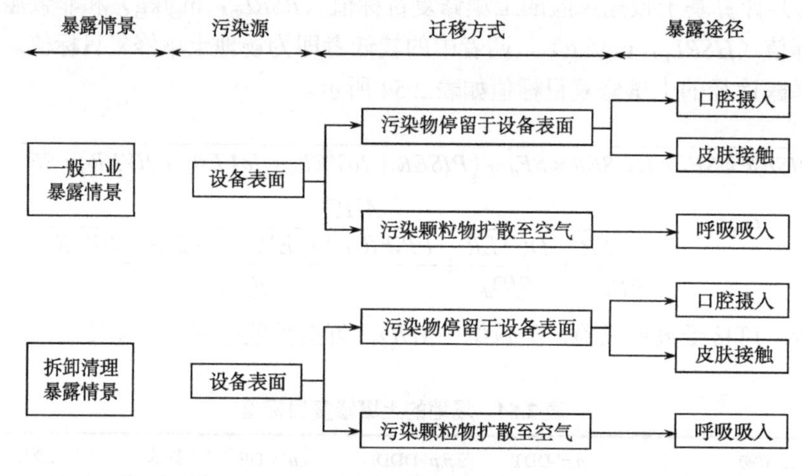

图 2.48　生产设备健康风险评估概念模型

本研究在参考国外学者关于表面擦拭样品健康风险评估方法的基础上（May et al., 2002；Gaborek et al., 2001），按照危害识别、暴露评估、毒性评估和风险表征四步法开展污染设备表面健康风险评估工作。

（一）危害识别

危害识别的工作内容包括：根据场地环境调查获取的资料，确定污染设备的关注污染物、污染程度和可能的敏感受体。

实验分析表明，设备表面主要的污染物为滴滴涕及其衍生物。由于目前国内外并没有污染物的设备表面筛选值，因此无法根据常规的评估程序筛选关注污染物。本研究将具有致癌作用的 *p,p'*-DDT、*p,p'*-DDD 和 *p,p'*-DDE 作为关注污染物，开展污染设备表面人体健康风险评估研究。

运用美国环保局开发的 Pro UCL 4.1 软件对表 17 中设备表面污染物浓度数据进行处理，包括异常数据检验（Outlier Test）、数据拟合分析（Goodness-of-Fit）以及置信上限（UCL）推荐值计算。此外，采用美国 Palisade 公司的@RISK 软件对污染物浓度数据（异常值已剔除）进行分析，获取浓度的对数正态拟合分布。设备表面污染物浓度的统计分析结果如表 2.55 所示。

本研究考虑了一般工业暴露情景和拆卸清理暴露情景，两种情景下的暴露人群均为成人，因此以成人作为敏感受体评估致癌风险和非致癌危害。

表 2.55　设备表面关注污染物浓度数据分析

污染物种类		*p,p'*-DDT	*p,p'*-DDD	*p,p'*-DDE
原始数据分析	最小值	1.3	1.3	2.8
	最大值	8510	564	8930
	平均值	715	73.73	729
	中位数	108	19.9	79.4
	标准差	1692	135	1878
对数正态拟合	最小值	1.28	0.70	2.16
	最大值	+∞	+∞	+∞
	平均值	3551	72.5	726
	标准差	197 424	198	5219
	相关系数	0.994	0.975	0.973
ProUCL 推荐值	置信上限值	2643	177	2223
	置信度	97.5% Chebyshev	95% Chebyshev	95% Chebyshev

（二）暴露评估

敏感受体的暴露途径包括皮肤接触暴露、口腔摄入暴露以及呼吸吸入暴露。经皮肤接触暴露途径的接触速率（CR_{dermal}，m^2/d）、口腔摄入暴露途径的接触速率（CR_{ingest}，m^2/d）和呼吸吸入暴露途径的接触速率（CR_{inhale}，m^2/d）可分别用式（2-66）~式（2-68）模型进行计算。

$$CR_{dermal} = SA_d \times F_d \times EV \times FT_{ss} \times DAF \tag{2-66}$$

$$CR_{ingest} = SA_g \times F_g \times EV \times FT_{ss} \times FT_{sm} \times HTME \tag{2-67}$$

$$CR_{inhale} = IR \times K \tag{2-68}$$

式中，SA_d，皮肤表面有效吸附表面积，m^2；F_d，每日有效皮肤接触面积分数，无量纲；EV，接触表面频率，d^{-1}；FT_{ss}，颗粒从表面迁移到皮肤的分数，无量纲；DAF，皮肤吸收效率因子，无量纲；SA_g，可供摄入的皮肤有效表面积，m^2；F_g，接触口部的有效皮肤面积分数，无量纲；FT_{sm}，颗粒从皮肤迁移到口部的分数，无量纲；$HTME$，从手到口部发生次数，无量纲；IR，呼吸速率，m^3/d；K，再悬浮因子，m^{-1}。用于确定性和概率性计算的相关参数取值参见表 2.56，为了使推算的致癌风险值和非致癌危害商更为保守，其中 SA_d、SA_g 和 IR 为成年男性的参数。

表 2.56　设备表面污染物风险评估模型的参数取值

符号	参数名称	单位	确定性风险评估		概率性风险评估		
			参数取值	文献 5)	概率分布类型	参数分布取值	文献 5)
SA_d	皮肤表面有效吸附表面积 1)	m^3	0.273	[1]	均匀分布（最小值，最大值）	0.088, 0.458	[2]
F_d	每日有效皮肤接触面积分数	无量纲	0.25	[3]	三角分布（最小值，最可能值，最大值）	0.16. 0.25, 0.39	[4]
SA_g	可供摄入的皮肤有效表面积 2)	m^3	0.088	[2]	均匀分布（最小值，最大值）	0.088, 0.346	[2]
F_g	接触口部的有效皮肤面积分数	无量纲	0.1	[5]	单点值	0.1	[5]
EV	接触表面频率（拆卸清理）	d^{-1}	12	[6]	三角分布（最小值，最可能值，最大值）	1，12, 24	[5]
EV	接触表面频率（一般工业）	d^{-1}	3	[6]	三角分布（最小值，最可能值，最大值）	1，3, 24	[5]
FT_{SS}	颗粒从表面迁移到皮肤的分数	无量纲	0.1	[5]	单点值	0.1	[5]
FT_{sm}	颗粒从皮肤迁移到口部的分数（拆卸清理）	无量纲	0.5	[7]	单点值	0.5	[7]
FT_{sm}	颗粒从皮肤迁移到口部的分数（一般工业）	无量纲	0.3	[7]	单点值	0.3	[7]
$HTME$	从手到口部发生次数	无量纲	3	[6]	三角分布（最小值，最可能值，最大值）	1. 3. 24	[5]
IR	呼吸速率（拆卸清理） 3)	m^3/d	22.8	[2]	单点值	22.8	[2]
IR	呼吸速率（一般工业） 4)	m^3/d	15.2	[2]	单点值	15.2	[2]
K	再悬浮因子（拆卸清理）	m^{-1}	1×10^{-4}	[6]	三角分布（最小值，最可能值，最大值）	1×10^{-5}, 1×10^{-4}, 2×10^{-4}	[6]
K	再悬浮因子（一般工业）	m^{-1}	5×10^{-8}	[6]	三角分布（最小值，最可能值，最大值）	1×10^{-8}, 5×10^{-8}，1×10^{-7}	[6]
EF	暴露频率（拆卸清理）	d/a	21	[6]	单点值	21	[6]
EF	暴露频率（一般工业）	d/a	250	[1]	单点值	250	[1]
ED	暴露周期（拆卸清理）	a	1	[6]	单点值	1	[6]
ED	暴露周期（一般工业）	a	25	[1]	单点值	25	[1]
BW	体重	kg	54.1	[2]	正态分布（平均值，标准差）	54.1, 3.6	[2]
AT_{ca}	致癌效应平均时间	a	72	[1]	单点值	72	[1]
AT_{DC}	非致癌效应平均时间（拆卸清理）	a	1	[6]	单点值	1	[6]
ATt_{DC}	非致癌效应平均时间（一般工业）	a	25	[1]	单点值	25	[1]

注：1）皮肤面积包括头部、手臂和手，取值范围为双手面积至头部、手臂与双手面积之和；2）皮肤面积包括手臂和手，取值范围为双手面积至手臂与双手面积之和；3）按每天重体力劳动 8 小时换算；4）按每天中度体力劳动 8 小时换算；5）文献来源：[1]（环境保护部，2009）；[2]（王宗爽等，2009b）；[3]（New York State Department of Health，1985）；[4]（Schneider et al.，1999）；[5]（USEPA，1997）；[6]（May et al.，2002）；[7]（Cih and Msph，1993）。

（三）毒性评估

滴滴涕污染设备表面的关注污染物包括滴滴涕及其衍生物，通过查询《导则》（征求意见稿）的毒性参数表（环境保护部，2009），以及美国环保局综合风险信息系统（IRIS）、美国环保局区域筛选值数据表（regional screening levels summary table）等权威数据库（USEPA，2011a，2011b），获得关注污染物的毒性参数如表2.57所示。

表 2.57　关注污染物的毒性参数

参数符号	参数名称	单位	污染物名称		
			p,p'-DDT	p,p'-DDD	p,p'-DDE
CSF_{dermal}	皮肤接触致癌斜率因子	[mg/（kg·d）]$^{-1}$	3.40E-01	2.40E-01	3.40E-01
CSF_{ingest}	口腔摄入致癌斜率因子	[mg/（kg·d）]$^{-1}$	3.40E-01	2.40E-01	3.40E-01
CSF_{inhale}	呼吸吸入致癌斜率因子	[mg/（kg·d）]$^{-1}$	3.40E-01	2.42E-01	3.40E-01
RfD_{dermal}	皮肤接触参考剂量	mg/（kg·d）	5.00E-04	—	—
RfD_{ingest}	口腔摄入参考剂量	mg/（kg·d）	5.00E-04	—	—
RfD_{inhale}	呼吸吸入参考剂量	mg/（kg·d）	5.00E-04	—	—
DAF	皮肤吸收效率因子	无量纲	0.03	0.1	0.1

（四）风险表征

1. 风险值计算

污染物经皮肤接触、口腔摄入和呼吸吸入三条暴露途径的总致癌风险值（TR，无量纲）和非致癌危害指数（THQ，无量纲）可分别通过式（2-69）和式（2-70）计算。

$$TR=\frac{C_s\times\left(CR_{dermal}\times CSF_{dermal}+CR_{ingest}\times CSF_{ingest}+CR_{inhale}\times CSF_{inhale}\right)\times EF\times ED}{CF\times BW\times AT_{ca}\times 365} \tag{2-69}$$

$$THQ=\frac{C_s\times\left(CR_{dermal}/RfD_{dermal}+CR_{ingest}/RfD_{ingest}+CR_{inhale}/RfD_{inhale}\right)\times EF\times ED}{CF\times BW\times AT_{ca}\times 365} \tag{2-70}$$

式中，C_s，单一污染物表面浓度，μg/100 cm^2；EF，暴露频率，d/a；ED，暴露周期，a；CF，单位转换因子，（μg/100 cm^2）/（mg/m^2）；BW，体重，kg；AT_{ca}，致癌效应平均时间，a；AT_{nc}，非致癌效应平均时间，a。相关参数的取值参表27和表28，其中BW为成年女性的平均体重。

1）确定性风险评估的致癌风险值和非致癌危害指数

利用表2.56中确定性风险评估的参数取值计算污染物的致癌风险值和非致癌危害指数，结果如表2.58所示。针对一般工业暴露情景，p,p'-DDT、p,p'-DDD和p,p'-DDE的致

癌风险值分别为 1.18×10^{-3}、8.28×10^{-5} 和 1.47×10^{-3}，均远远高于可接受风险水平（1.00×10^{-6}）；*p,p'*-DDT 的非致癌危害指数为 20，是可接受风险水平的 20 倍。拆卸清理暴露情景下关注污染物的致癌风险和非致癌危害均超过可接受水平，但风险值比一般工业暴露情景低。这是由于参数取值差异造成，虽然拆卸清理暴露情景中接触表面频率、呼吸速率的取值高于一般工业暴露情景，但拆卸工人的暴露频率低许多，因此得出较低的致癌风险值与非致癌危害指数。这也表明若污染设备需要继续投入生产，必须将设备污染物处理到更低的浓度才能保障车间工作人员的健康安全。

表 2.58　设备表面关注污染物的致癌风险值和非致癌危害指数

污染物	暴露情景	确定性风险评估		概率性风险评估	
		致癌风险	非致癌危害	致癌风险	非致癌危害
p,p'-DDT	一般工业暴露	1.18E-03	2.00E+01	3.18E-02	5.39E+02
	拆卸清理暴露	2.73E-05	1.16E+01	2.39E-04	1.01E+02
p,p'-DDD	一般工业暴露	8.28E-05	—	1.17E-03	—
	拆卸清理暴露	1.66E-06	—	8.10E-06	—
p,p'-DDE	一般工业暴露	1.47E-03	—	1.47E-02	—
	拆卸清理暴露	2.94E-05	—	1.07E-04	—

2）概念性风险评估的致癌风险值和非致癌危害指数

美国环保局利用蒙特卡罗模拟方法（Monte Carlo Simulation）进行概率性风险评估，该方法对存在不确定性和变异性的参数进行统计抽样，从而计算出风险值的分布范围及对应的概率（USEPA，2001）。由于部分暴露参数的统计分布资料难以获取，因此本研究仅选用具有统计分布形态且可能对计算结果影响较大的参数进行蒙特卡罗模拟，设备表面的污染物浓度也以对数正态分布表示（表 2.55），其余参数取值与确定性风险评估的取值保持一致。

运用@RISK 软件执行蒙特卡罗模拟，采用拉丁超立方体法抽样，迭代次数为 10 000 次，获取污染物致癌风险值和非致癌危害指数的概率分布情况，并以 95%的分位值作为污染物的风险值和危害商（表 2.58）。

结果表明，两种暴露情景中，概率性风险评估的致癌风险值和非致癌危害指数均比确定性风险评估高，差异最高可达到 27 倍，说明利用蒙特卡罗模拟推算的结果更为保守，对人体健康更具保护性，但同时也会增加风险管理的工作量，因为更高的风险值意味着需要将设备表面污染物清理至更低的浓度。本研究建议以确定性风险评估方法表征污染物的致癌风险值和非致癌危害指数，在实际工作中可根据管理部门要求或具体情况确定采用何种方法推算污染物的风险值和危害商。

一般工业暴露和拆卸清理暴露情景下关注污染物风险值的对数正态分布分别如图 2.49 和图 2.50 所示，图中 95%的分位值即为本研究所取的概率性风险评估致癌风险值和非致癌危害指数。

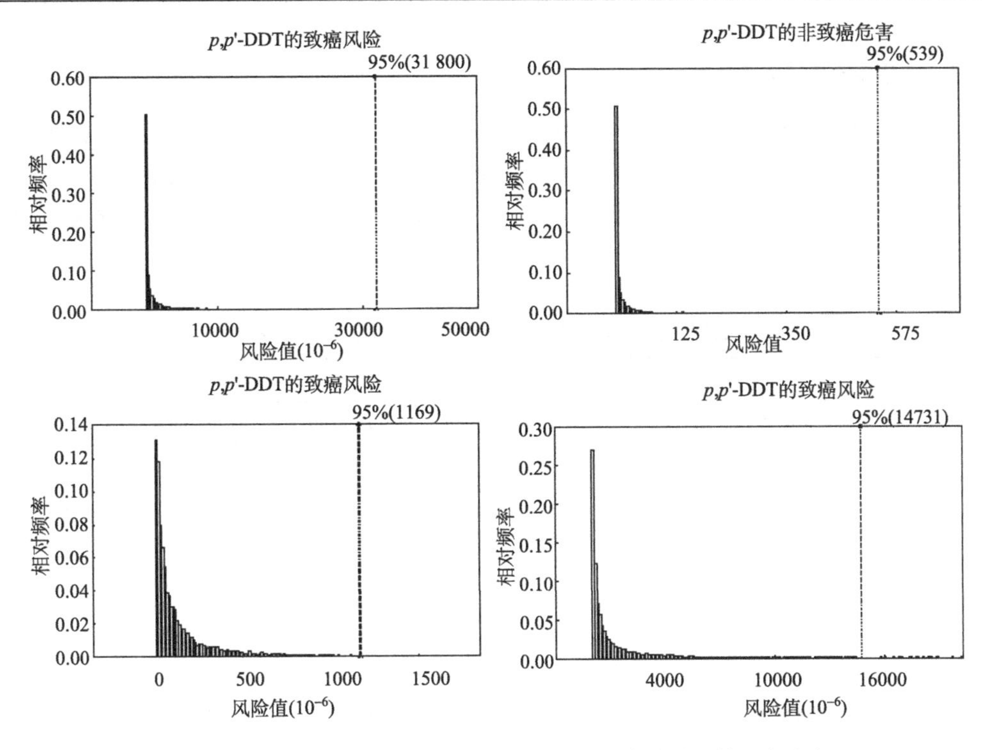

图 2.49　一般工业暴露情景下关注污染物风险值的对数正态分布

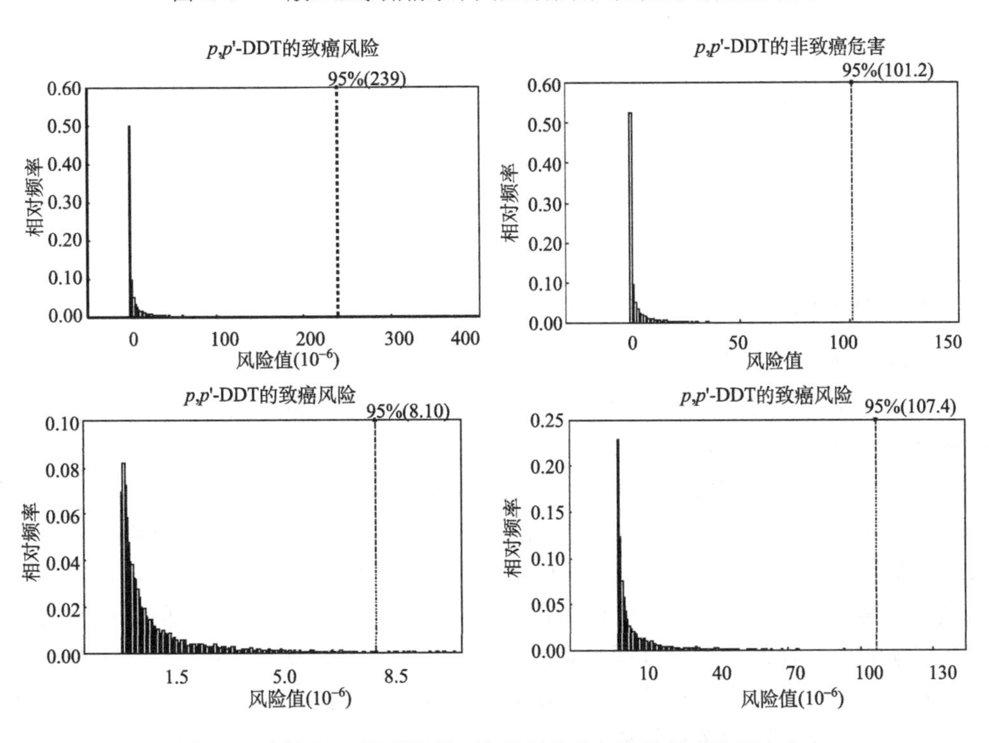

图 2.50　拆卸清理暴露情景下关注污染物风险值的对数正态分布

2. 暴露途径风险贡献率分析

表 2.59 中的暴露途径风险贡献率结果表明，一般工业暴露情景下，*p,p*'-DDT、*p,p*'-DDD 和 *p,p*'-DDE 经口腔摄入和皮肤接触暴露途径对总风险的贡献率接近 100%，*p,p*'-DDT 主要以口腔摄入污染物暴露为主，而 *p,p*'-DDD 和 *p,p*'-DDE 经皮肤接触与口腔摄入暴露途径的贡献率相当。

表 2.59　污染物经不同暴露途径对总风险的贡献率

贡献率类别 1)	一般工业暴露情景			拆卸清理暴露情景		
	p,p'-DDT	*p,p*'-DDD	*p,p*'-DDE	*p,p*'-DDT	*p,p*'-DDD	*p,p*'-DDE
P_{dermal}	20.5	46.3	46.3	11.9	31.1	31.1
P_{ingest}	79.4	53.7	53.7	77.0	60.2	60.2
P_{inhale}	0.0	0.0	0.0	11.1	8.7	8.7

注：1）P_{dermal} 表示单一污染物经皮肤接触暴露途径的致癌风险贡献率，P_{ingest} 表示单一污染物经口腔摄入暴露途径的致癌风险贡献率，P_{inhale} 表示单一污染物经呼吸吸入暴露途径的致癌风险贡献率。

拆卸清理暴露情景下，*p,p*'-DDT、*p,p*'-DDD 和 *p,p*'-DDE 经口腔摄入暴露途径对总风险的贡献率介于 60%~77%，经口腔摄入和皮肤接触暴露途径对总风险的贡献率则接近 90%。

综上所述，一般工业暴露情景下污染物经口腔摄入和皮肤接触暴露途径对总风险的贡献相当（*p,p*'-DDT 除外），拆卸清理暴露情景下对总风险的影响则以口腔摄入为主、皮肤接触为辅。因此，对污染设备进行风险控制与管理时，应避免或减少 *p,p*'-DDT、*p,p*'-DDD 和 *p,p*'-DDE 通过口腔摄入和皮肤接触途径而产生暴露，从而降低以上关注污染物对人体的健康风险。

3. 模型参数敏感性分析

利用@RISK 软件中的斯皮尔曼等级相关系数（Spearman rank correlation coefficient）对模型参数不确定性进行分析，一般工业和拆卸清理暴露情景下模型参数的相关系数分别如图 2.51 和图 2.52 所示。

分析表明，两种暴露情景下风险计算模型使用的具有统计分布形态的参数中，设备表面污染物浓度（C_s）是最敏感的参数，相关系数绝大部分都高于 0.9；此外，从手到口部发生次数（*HTME*）、接触表面频率（*EV*）和可供摄入的皮肤有效表面积（SA_g）等参数是较为敏感的参数，相关系数在 0.1~0.4，以上参数对污染物的致癌风险值和非致癌危害指数影响较大，在风险评估过程中应根据场地实际情况获取。此外，有必要对敏感性较大的暴露参数开展更多的科学研究，获取更加合理的参数值，以便运用确定性风险评估方法计算更符合实际的风险值和危害商。

由于设备表面污染物浓度是极其敏感的参数，因此运用概率性风险评估时应尤其关注该参数的取值分布。该参数值的获取需满足一定要求，如设备表面样品必须随机采取，并且需达到一定数目（至少 15 个）。采样数量越大，得到的污染物浓度概率分布就越接近实际，从而降低结果的不确定性。

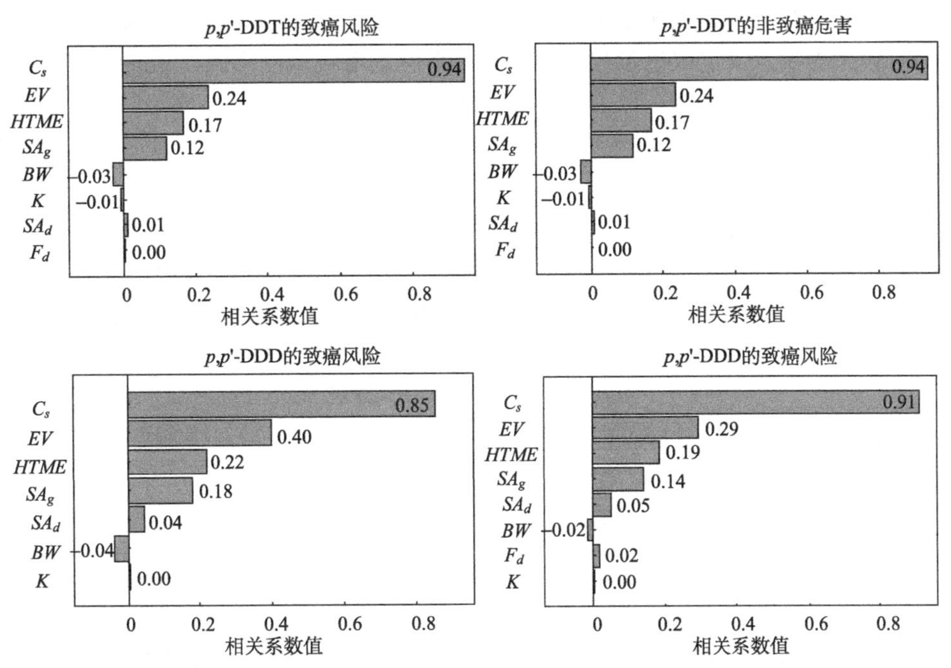

图 2.51　一般工业暴露情景下模型参数的斯皮尔曼等级相关系数

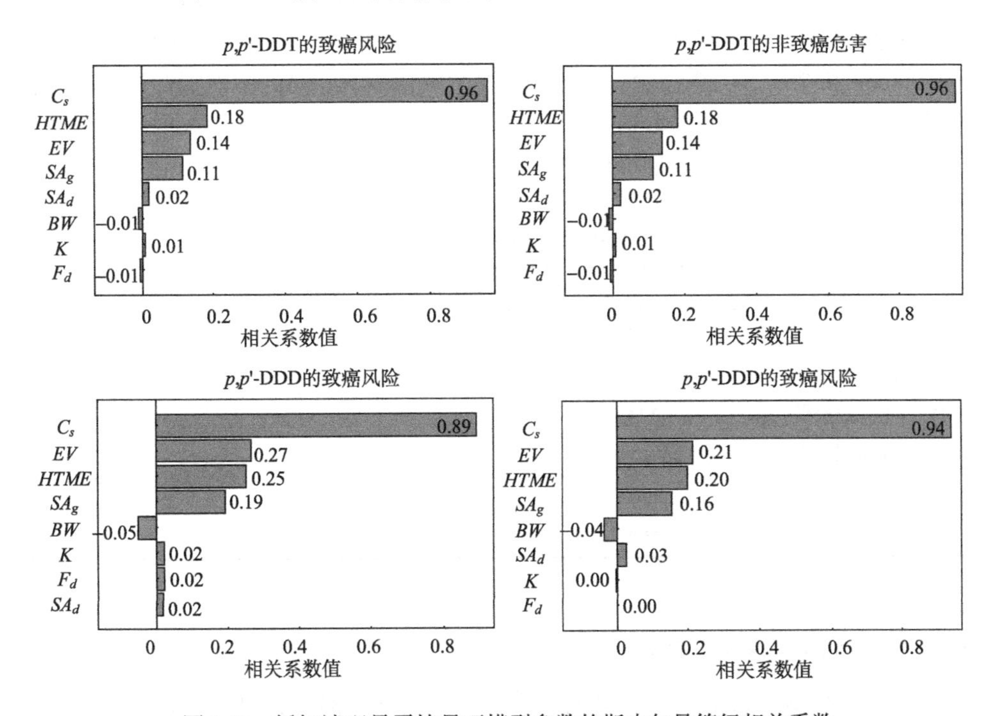

图 2.52　拆卸清理暴露情景下模型参数的斯皮尔曼等级相关系数

选择蒙特卡罗模拟分析的难点包括：确定最有可能影响致癌风险值与非致癌危害指数结果的参数以及参数可能的概率分布。由于蒙特卡罗参数敏感性分析仅对具有概率分布形态的参数进行分析，而本研究中此类参数有限，因此其他固定取值的参数可能对结果也具有较大影响。固定取值参数的敏感性大小可运用敏感性比例（sensitivity ratio）进行分析（环境保护部，2009；USEPA，2001）。

4. 设备表面修复目标值计算

以单一污染物的可接受致癌风险为 10^{-6}，可接受非致癌危害为 1，采用确定性风险评估的方法通过式（2-71）和式（2-72）分别计算污染物基于致癌风险的设备表面修复目标值（$RBSL_{ca}$，μ/100 cm²）和基于非致癌危害的设备表面修复目标值（$RBSL_{nc}$，μ/100 cm²），选取两者中的较低者作为该污染物的设备表面修复目标值。

$$RBSL_{ca} = \frac{ATR \times BW \times AT_{ca} \times 365 \times CF}{\left(CR_{dermal} \times CSF_{dermal} + CR_{ingest} \times CSF_{ingest} + CR_{inhale} \times CSF_{inhale}\right) \times EF \times ED} \tag{2-71}$$

$$RBSL_{nc} = \frac{ATHQ \times BW \times AT_{nc} \times 365 \times CF}{\left(CR_{dermal} / RfD_{dermal} + CR_{ingest} / RfD_{ingest} + CR_{inhale} / RfD_{ingest}\right) \times EF \times ED} \tag{2-72}$$

式中，ATR，可接受致癌风险，无量纲；$ATHQ$，可接受非致癌危害，无量纲；其余模型参数的含义及取值参见表 2.56 和表 2.57。

计算结果如表 2.60 所示，针对一般工业暴露情景，*p,p'*-DDT、*p,p'*-DDD 和 *p,p'*-DDE 的设备表面修复目标值分别为 2.24 μg/100 cm²、2.14 μg/100 cm² 和 1.51 μg/100 cm²。而在拆卸清理暴露情景下关注污染物的表面修复目标值相对较高，分别为 96.8 μg/100 cm²、107 μg/100 cm² 和 75.7 μg/100 cm²。这是由于参数取值差异造成，虽然拆卸清理暴露情景中接触表面频率、呼吸速率的取值高于一般工业暴露情景，但拆卸工人的暴露频率低许多，因此得出的设备表面修复目标值较为宽松。

表 2.60　设备表面修复目标值

污染物	暴露情景	基于致癌风险的修复目标值	基于非致癌危害的修复目标值	设备表面修复目标值
p,p'-DDT	一般工业暴露	2.24	132	2.24
	拆卸清理暴露	96.8	228	96.8
p,p'-DDD	一般工业暴露	2.14	—	2.14
	拆卸清理暴露	107	—	107
p,p'-DDE	一般工业暴露	1.51	—	1.51
	拆卸清理暴露	75.7	—	75.7

5. 需要进行清理的设备数量

若生产设备保持现状并投入正常的工业生产，即在一般工业暴露情景下，场地内所有设备表面的污染物超过修复目标值，因此均需进行清理。而在拆卸清理暴露情景下，W02~W04、W06、W08~W09、W12~W13、W19~W22 和 W24 表面的污染物浓度低于修复目标值，可以不进行清理，其余设备均需开展清理工作，以保障拆卸工作的健康安全。

参考文献

卜元卿. 2007. 长江三角洲典型污染区农田土壤生物毒性和生态毒理学评价研究. 南京: 中国科学院南京土壤研究所博士学位论文: 37~69.

卜元卿, 黄为一. 2005. 稻秸对土壤细菌群落分子多态性的影响. 土壤学报, 42(2): 270~277.

卜元卿, 骆永明, 滕应, 等. 2006. 铜暴露下赤子爱胜蚓(*Eisenia foetida*)活体基因的损伤研究. 生态毒理学报, 1(3): 228~235.

曹红英, 龚钟明, 曹军, 等. 2003. 估算天津环境中γ-HCH 归趋的逸度模型. 环境科学, 24(2): 77~81.

储少岗, 徐晓白. 1995a. 多氯联苯在典型污染地区环境中的分布及其环境行为. 环境科学学报, 15(4): 423~431.

储少岗, 杨春, 徐晓白. 1995b. 典型污染地区底泥和土壤中残留多氯联苯(PCBs)的情况调查. 中国环境科学, 15(3): 199~203.

方晓明, 刘皙皙, 刘中志, 等. 2005. 沈阳市丁香地区土壤重金属污染及生态风险评价. 环境保护科学, 31: 45~47.

付在毅, 许学工. 2001. 区域生态风险评价. 地球科学进展, 16(2): 267~271.

高军. 2005. 长江三角洲典型污染农田土壤多氯联苯分布、微生物效应和生物修复研究. 杭州: 浙江大学博士学位论文.

郭淼, 陶澍, 杨宇, 等. 2005. 天津地区人群对六六六的暴露分析. 环境科学, 26(1): 164~167.

郭平, 谢忠雷, 李军, 等. 2005. 长春市土壤重金属污染特征及其潜在生态风险评价. 地理科学, 25(1): 108~112.

国家环境保护总局. 1999. 工业企业土壤环境质量风险评价基准(HJ/T 25-1999).

胡二邦. 2000. 环境风险评价实用技术和方法. 北京: 中国环境科学出版社.

环境保护部. 2009. 污染场地风险评估技术导则(征求意见稿). 北京: 环境保护部, http: //www. mep.gov.cn/gkml/hbb/bgth/200910/t20091022_175070. htm. [2011-03-21].

黄惠萍. 2004. 680 例孕妇血铅水平及其对胎儿、婴儿的影响. 国际医药卫生导报, 10(8): 68~69.

江泉观, 纪云晶, 常元勋. 2004. 环境化学毒物防治手册. 北京: 化学工业出版社: 65~67, 79~87, 690~696,

康强, 汤友志. 1997. 多种媒介环境模型的逸度方法. 广东工业大学学报, 14(2): 9~15.

李敏, 林玉锁. 2006. 城市环境铅污染及其对人体健康的影响. 环境管理监测与技术, 18(5): 6~10.

李维德, 李自珍, 石洪华. 2004. 生态风险分析在农田肥力评价中的应用. 西北植物学报, 24(3): 546~550.

李英明, 江桂斌, 等. 2008. 电子垃圾拆解地大气中二噁英、多氯联苯、多溴联苯醚的污染水平及相分配规律研究. 科学通报, 53(2): 165~171.

李正文, 张艳玲, 潘根兴, 等. 2003. 不同水稻品种籽粒 Cd、Cu 和 Se 的含量差异及其人类膳食摄取风险. 环境科学, 24(3): 112~115.

李志博, 骆永明, 宋静, 等. 2006a. 土壤环境质量指导值与标准研究Ⅱ.污染土壤的健康风险评估.土壤学报, 43(1): 142~151.

李志博, 骆永明, 宋静, 等. 2006b. 土壤重金属污染的生态风险评估分析: 个案研究. 土壤, 38(5): 565~570.

刘建荣, 秦效英, 白雪涛, 等. 1997. 北京石景山地区孕妇及婴幼儿血铅动态研究. 卫生研究, 26(1):

38~40.
刘宛, 李培军, 周启星, 等. 2004. 污染土壤的生物标记物研究进展. 生态学杂志, 23(5): 150~155.
刘作新, 唐力生. 2003. 褐土机械组成空间变异等级次序地统计学估计, 农业工程学报, 19(3): 27~32.
马宝艳, 2000. 区域生态风险评价研究. 吉林: 中国科学研究院博士学位论文.
买永彬, 顾方乔. 1997. 农业环境背景值研究. 上海: 上海科学技术出版社.
孟庆昱, 毕新慧, 储少岗. 2000. 污染区大气中多氯联苯的表征与分布研究初探. 环境化学, 19(6): 501~506.
潘根兴, Andrew C C , Albert L P . 2002. 土壤-作物污染物迁移分配与食物安全的评价模型及其应用. 应用生态学报, 13(7): 854~858.
任慧敏, 王金达, 王国平, 等. 2005. 沈阳市土壤铅对儿童血铅的影响. 环境科学, (06): 153~158.
任慧敏, 王金达, 张学林. 2004. 沈阳市土壤铅的空间分布及风险评价研究. 地球科学进展, 19(增刊): 429~433.
申荣艳, 骆永明, 孙玉焕, 等. 2006. 长江三角洲地区城市污泥的综合生物毒性研究. 生态与农村环境学报, 22(2): 54 ~58, 70.
滕应, 郑茂坤, 骆永明, 等. 2008. 长江三角洲典型地区农田土壤多氯联苯空间分布特征. 环境科学, 29(12): 3477~3482.
万伯健, 朱文韬, 李北利, 等. 1990. 妇女血铅、乳铅与其子女血铅关系探讨. 中国公共卫生学报, 9(3): 157~159.
王春梅, 欧阳华, 王金达, 等. 2003. 沈阳市环境铅污染对儿童健康的影响. 环境科学, 24(5), 17~22.
王国庆. 2006. 土壤中重金属的化学活化、植物修复和基于风险的土壤调研值研究. 南京: 中国科学院南京土壤研究所博士学位论文.
王舜钦, 张金良. 2004. 我国儿童血铅水平分析研究. 环境与健康杂志, 21(6): 355~360.
王跃, 陈惠忠, 1996. 西北四城镇大气粉尘重金属元素研究. 城市环境与城生态, 9(4): 25~28.
王云, 魏复盛, 1995. 土壤环境元素化学. 北京: 中国环境科学出版社.
奚旦立, 孙裕生, 刘秀英. 2004. 环境监测(第三版). 高等教育出版社: 72~77.
徐莉, 骆永明, 滕应, 等. 2009. 长江三角洲地区土壤环境质量与修复研究 V · 废旧电子产品拆解场周边农田土壤含氯有机污染物残留特征. 土壤学报, 46(6): 1013~1018.
杨宇, 石璇, 徐福留, 等. 2004. 天津地区土壤中萘的生态风险分析. 环境科学, 25(2): 115~118.
尹雪斌, 姚春霞, 骆永明, 等. 2006. 抽风口与烟道间距对 AFS-930 型原子荧光光度测定砷、汞的影响. 分析实验室, 25(10): 119~122.
曾光明, 钟政林, 曾北危. 1998. 环境风险评价中的不确定性问题. 中国环境科学, 18(3): 252~255.
张红振, 骆永明, 章海波, 等. 2009. 基于人体血铅指标的区域土壤环境铅基准值. 环境科学, 30(10): 3036~3042.
张建英, 李丹峰, 王惠芬, 等. 2009. 近电器拆解区土壤-蔬菜多氯联苯污染及其健康风险. 土壤学报, 46(3): 435~441.
章明奎, 魏孝孚, 厉仁安. 2000. 浙江省土系概论. 北京: 中国农业科技出版社.
赵祥伟, 骆永明, 滕应, 等. 2005. 重金属复合污染农田土壤微生物群落分子遗传多样性研究. 环境科学学报, 25(2): 186~191.
赵肖, 周培疆. 2004. 污水灌溉土壤中 As 暴露的健康风险研究. 农业环境科学学报, 23(5): 926~929.
郑茂坤. 2008. 基于DPSIR系统的土壤环境质量管理策略研究——以长江三角洲经济快速发展的浙江省路桥区为例. 南京: 中国科学院南京土壤研究所博士学位论文.

中华人民共和国国家标准. 2005. 食物中污染物限量(GB2762—2005).

中华人民共和国卫生部. 2005. 2005 年卫生统计提要. http: //www. moh. gov. cnj.

中华人民共和国卫生部. 2008. 2008 中国卫生统计年鉴. http: //www. moh. gov. cn/publicfiles/business.

周爱芬, 曹江霞, 覃凌智. 2007. 416 名孕妇血铅水平及相关因素分析. 中国妇幼保健, 22: 1670~1672.

Adeola A A, Dena W M, Angus J B. 2008. In vitro approaches to assess bioavailability and human gastrointestinal mobilization of food-borne polychlorinated biphenyls (PCBs). Journal of Environmental Science and Health (Part B), 43: 410~421.

Ames B N, Gold L S. 1990. Too many rodent carcinogens: mitogenesis increases mutagenesis. Science, 249: 970.

Ames B N, Magaw R, Gold L S. 1987. Ranking possible carcinogenic hazards. Science, 236: 271.

Anon, 1994. Resolution of the Slovak Agricultural Ministry No. 531 1994-540 0n upper permissible values of hazardous substances in soils. Official Publication, XXVI(I).

ASTM. 1997. Standard E1903 Guide for environmental site assessment: Phase II environmental site assessment process. West Conshohocken, PA, USA: ASTM.

ASTM. 2000a. Standard E1527(2000) Practice for environmental site assessments: Phase I environmental site assessment process. West Conshohocken, PA, USA: ASTM.

ASTM. 2000b. Standard D1452 Practice for soil investigation and sampling by aμger borings[S]. West Conshohocken, PA, USA: ASTM.

ASTM. 2002c. Standard E1739-95(2002) Standard guide for risk-based corrective action applied at petroleum release sites. West Conshohocken, PA, USA: ASTM.

ASTM. 2004. Standard E2081-00(2004) Standard guide for risk-based corrective action. West Conshohocken, PA, USA: ASTM.

ATSDR. 1993. Toxicological Profile for Selected PCBs (Aroclor-1260, 1254, 1248, 1242, 1232, 1221, and 1016). Atlanta: Agency for Toxic Substances and Disease Registry.

Authority of the Minister of Health. 2004. Federal contaminated site risk assessment in Canada Part I: Guidance on human health preliminary quantitative risk assessment (PQRA). Canada: Authority of the Minister of Health: 2~24.

Bagley M J, Anderson S L, May B. 2001. Choice of methodology for assessing genetic impacts of environmental stressors: Polymorphismand reproducibi lity of RAPD and AFLP fingerprints. Ecotoxicology, 10(4): 239~244.

Banu C, Sinan Y, Abdurrahman B. et al. 2007. Ambient concentrations and source apportionment of PCBs and trace elements around an industrial area in Izmir, Turkey. Chemosphere, 69: 1267~1277.

Barmes D. 1992. What should we do now? Environmental Toxicology and Chemistry, 11: 729.

Batchelor B, Member A, Valdes J, et al. 1998. Stochastic risk assessment of site cont aminated by hazardous wastes. Journal of Environmental Engineering, 124(4): 380~389.

Bertazzi PA, Riboldi L, Pesatori A, et al. 1987. Cancer mortality of capacitor manufacturing workers. American Journal of Industrial Medicine, 11: 165~176.

Bogen K T, Spear R C. 1987. Integrating uncertainty and interindividual vanability in environmental risk assessment. Risk Analysis, 7(4): 427~436.

Bowers T S, Beck B, Karam II S. 1994. Assessing the relationship between environmental lead concentrations and adult blood lead levels. Risk Analysis, 14: 183~189.

Bradbury S P, Feijtel T C J, Nleeuwen C J V. 2004. Meeting the scientific needs of ecological risk assessment in a regulatory context. Environmental Science & Technology, 463A~470A.

Brian E D. 1978. Plant-available lead and other metals in British garden soils. The Science of the Total Environment, 9: 43~262.

Bromilow R H, Chamberlain K. 1995. Principles governing uptake and transport of chemicals.//Plant Contamination. Florida, USA: Lewis Boca Raton: 37~68.

Brown D P. 1987. Mortality of workers exposed to polychlorinated biphenyls: An update. Arch. Environ. Health. 42(6): 333~339.

Brus D J, Gruijter J J, Walvooer D J J, et al. 2002. Mapping the probability of exceeding critical thresholds for cadmium concentrations in soils in the Netherlands. Journal of Environmental Quality, 31(6): 1875~1884.

Byrns G, Crane M. 2002. Assessment Risks to Ecosystems from Land Contamination. Environmental Agency . R&D Technical Report, Bristol, UK, P299.

Cal T O X. 1993. Draft Final Reports. A Multimedia Total Exposure Model f or Hazardous-waste Sites. Technical Reports. California Environmental Protection Agency, Sacramento, California.

Cao HY, Tao S, Xu FL, et al. 2004. Multimedia fate model for hexachlorocyclohexane in Tianjin, China. Environmental Science & Technology, 38: 2126~2132.

CARACAS, NICOLE. 1997. Joint statement. Available at: http: //www. caracas. at/joint-statement. rtf. EU, DGXII.

CCME. 1996. A Framework for Ecological Risk Assessment: General Guidance. CCME, Manitoba, Canada.

CCME. 2006. A protocol for the derivation of environmental and human health soil quality guidelines. CCME, Winnipeg.

Center for Risk Analysis. 1994. Historical roots of health risk assessment.

Chapman S J, Campbell C D, Edwards A C, et al. 2000. Assessment of the potential of new biotechnology environmental monitoring techniques.//Report SR(99)10F to Scottish and Northern Ireland Forum for Environmental Research . Stirling, Scotland.

Chen W, Hrudey S E, Rousseaux C. 1995. Bioavailability in environmental risk assessment. CRC Press.

Chen Z, Huang G H, Chakma A. 1998. Integrated environmental risk assessment for petroleum contaminated sites-A North American case study. Water Science and Technology, 38(4/5): 131~138.

Chien L C, Hung T C, Choang K Y, et al. 2002. Daily intake of TBT, Cu, Zn, Cd and As for fishermen in Taiwan. Science of the Total Environment, 285(1): 177~185.

Cirone P A, Duncan P B. 2000. Integrating human health and ecological concerns in risk assessments. Journal of Hazardous Materials, 78(1/3): 1~17.

Citterio S, Aina R, Labra M, et al. 2002. Soil genotoxicity assessment: A new strategy based on biomolecular tools and plan bioindicators. Environmental Science & Technology, 36: 2748~2753.

Claudia M, Gareth O T, Jonathan L B, et al. 2008. Uptake and storage of PCBs by plant cuticles. Environmental Science & Technology, 42: 100~105.

CLEA. The Contaminated Land Exposure Assessment Model (CLEA): Technical Basis and Algorithms. Report prerared for the Department of Environment , Transport , and the Regions and the Environment Agency . Draft in confidence.

Connor J A, Bowers R L, Mchμgh T E, et al. 2007. Risk-based corrective action tool kit version 2. USA: GSI

Environmental Inc., 1~55.

Constantini S, Demetra V. 2001. Size distribution of metals in urban aerosols in Seville (Spain). Atmospheric Environment, 35: 2595~2601.

Cooper C B, Doyle M E, Kipp K. 1991. Risk of consumption of contaminated seafood, the Quincy Bay case study. Environmental Health Perspectives, 90: 133~140.

Couzy F, Kastenmayer P, Mansourian R, et al. 1993. Zinc absorption in healthy elderly humans and the effect of diet. The American Journal of Clinical Nutrition, 58: 690~694.

Crane M, Byrns G. 2002. Review of Ecotoxicological and Biological Test Methods for the Assessment of Contaminated Land. Environment Agency. R&D Technical Report, Bristol, UK, P300.

Crommentuijn T, Doodeman C J A M, van Der Pol J J C, et al. 1995. Sublethal sensitivity index as an ecotoxi city parameter measuring energy allocation under toxi cant stress: Application to cadmium in soil arthropods. Ecotoxicology and Environmental Safety, 31: 192~200.

DEC. 2006. The use of risk Assessment in contaminated site assessment and management-guidance on the overall approach [EB/OL]. Australia: The Department of Environment and Conservation, http: //portal. environment. wa.gov. au/pls/portal/docs/PAGE/DOE_ADMIN/.

DEFRA & EA (DEFRA and Environment Agency). 2002. Contaminants in soil: Collation of toxicological data and intake values for humans [R]. Swindon: the R&D Dissemination Centre.

DEFRA & EA (DEFRA and Environment Agency). 2002a. Contaminants in soils: collation of toxicological data and intake values for humans. Cadmium. TOX 3. Bristol, UK: Department for the Environment, Food and Rural Affairs and the Environment Agency.

DEFRA and Environment Agency. 2002b. Contaminants in soil: collation of toxicological data and intake values for humans. CLR9. bristol, UK: Department for the Environment, Food and Rural Affairs and the Environment Agency.

DEFRA. 2002. CLEA v. 1. 3. Available from www. defra. gov.uk.

Dourson M L, Stara J F. 1983. Regulatory history and experimental support of unccttainty. Regul. Toxicol. Pharmacol, 3: 244.

EC.Technical Guidance Document on Risk Assessment Part II . European Commission . EUR 20418 EN/ 22003.

Efroymson RA, Will M E, Suter II G W. 1997. Toxicological Benchmarks for Contaminants of Potential Concern for Effects on Soil and Litter Invertebrates and Heterotrophic Processes: 1997 Revision. Oak Ridge National Laboratory. ES/ ER/TM-126/ R2. Oak Ridge TN.

El-Ghonemy H, Watts L, Fowler L. 2005. Treatment of uncertainty and developing conceptual models for environmental risk assessments and radioactive waste disposal safety cases. Environment International, 31(1): 89~97.

FAO/WHO Expert committee. Evaluation of certain food additives and the contaminants, mercury, lead and cadmium, WHO Tech. Ropt. Series No. 505, Geneva. WHO. 1972.

Ferguson C C, Darmendrail D, Freier K 1998. Risk assessment for contaminated sites in Europe, Vol. 2. Policy framework. LQM Press, Notting-ham, pp l~6.

Ferguson C C, Krylov V V, McGrath P T. 1995. Contamination of indoor air by toxic soil vapours: A screening risk assessment model. Building and Environment, 30(3): 375~383.

Florida Department of Environmental Protection. 2002. Environmental Risks from Use of Organic Arsenical

Herbicides at South Florida Golf Courses.

Forbes V E, Calow P. 2002. Applying weight-of-evidence in retrospective. Human and Ecological Risk Assessment, 8(7): 1 625~1 639.

Forbes V E, Palmqvist A, Bach L. 2006. The use andmisuse of biomarkers in ecotoxicology. Environmental Toxicology and Chemistry, 25(1): 272~280.

Gaborek B J, Mullikin J M, Pitrat T, et al. 2001. Pentagon surface wipe sampling health risk assessment. Toxicol and Health, 17(5~10): 254~261.

Guan H X, Yu Y, Janet K, et al. 2008. Bioaccessibility of polychlorinated biphenyls in different foods using an in vitro digestion method. Environmental Pollution, 156: 1218~1226.

Haghiri F. 1973. Cadmium uptake by plants. Journal of Environmental Quality, 2(1): 93~95.

Hakanson L. 1980. An ecological risk index for aquatic pollution control-a sedimentological approach. Water Research, 14: 975~1001.

Hose G C, Van den Brink P J. 2004. Confirming the species sensitivity distribution concept for endosulfan using laboratory, mesocosm, and field data. Archives of Environmental Contamination and Toxicology, 47: 511~520.

Hough R L, Breward B L, Young S D, et al. 2004. Assessing potential risk ofheax-y metal exposure flom consumplion of home produced vegetables by urban populations. Environment Health Perspectives, 112(2): 215~221.

Huang G H, Chen Z, Tontiwachwuthi cul P, et al. 1999. Environmental risk assessment for underground tanks throμgh an interval parameter fuzzy relation analysis approach. Energy Sources, 21(1): 75~ 96.

Hunt J R, Matthys L A, Johnson L K. 1998. 2inc absorption, mineral balance, and Wood lipids in women consuming controlled lactoovovegetarian and omnivorous diets for 8 wk. The American Journal of Clinical Nutrition, 67: 421~430.

IAEA. 1989. Evaluating the reliability ofpredictions made using environmental transfer models. Vienna, International Atomic Energy Agency (Safety Series No. 100).

IARC. 1987. IARC monographs on the evaluation of the carcinogenic risk of chemicals to humans. Supplement 7: Overall evaluations of carcinogenicity: An updating of IARC monographs volumes 1 to 42. World Health Organization, Lyon, France.

IARC. 1993. Monographs on the evaluation of carcinogenic risks to humans. Vol. 58: beryllium, cadmium, mercury, and exposures in the glass manufacturing industry. Internal Programme on Chemical Safety, World Health Organization, Geneva, Switzerland: 119~237.

Iman R L, Helton J C. 1988. An investigation of uncertainty and sensitivity analysis techniques for computer models. Risk Analysis, 8(1): 71~90.

Integrated risk information system of the United States Environmental Protection Agency (http://www.epa.gov/iris/, 2010)

International Agency for Research on Cancer by the World Health Organization (http://monographs.iarc.fr/ENG/Classification/index.php, 2010)

Iscan M. 2004. Hazard identification for contaminants. Toxicology, 205(3): 195~199.

Jager T, Vermeire T G, Rikken M G J, et al. 2001. Opportunities for a probabilistic risk assessment of chemical in the European Union. Chemosphere, 43: 257~264.

Jonathan B, Garetho T, Rebekah B, et al. 2004. Exchange of Polychlorinated Biphenyls (PCBs) and

Polychlorinated Naphthalenes (PCNs) between Air and a Mixed Pasture Sward. Environmental Science & Technology, 38: 3892~3900.

Jonathan L B, Gareth O T, Gerha D, et al. 2003. Study of Plant-Air Transfer of PCBs from an Evergreen Shrub: Implications for Mechanisms and Modeling. Environmental Science & Technology, 37: 3838~3844.

Keller A, Steiger B, Zee S E, et al. 2001. A stochastic empirical model for regional heavy metal balances in agroecosystems. Journal of Environmental Quality, 30(6): 1976~1989.

Kissel J C, Richter K Y, Fenske R A, et al. 1996. Field measurement of dermal soil loading attributable to various activities : Implications for exposure assessment. Risk Analysis, 16(1): 115~125.

Kissel J C, Shirai J H, Richter K Y, et al. 1998. Investigation of dermal contact with soil in controlled Trials. Journal of Soil Contamination, 7(6): 737~752.

Komnitsas K, Modis K. 2006. Soil risk assessment of As and Zn contamination in a coal mining region using geostatisretics. Science of the Total Environment, 371: 190~196.

Kulhánek A, Trapp S, Sismilich M, et al. 2005. Crop-specific human exposure assessment for polycyclic aromatic hydrocarbons in Czech soils. Science of the Total Environment, 339(1/3): 71~80.

Layton D W. 1993. Metabolically consistent breathing rates for use in dose assessments. Health Physics, 64: 23~36.

Ld. and National Academy of Sciences(NAS)1994. Science and policy in risk assessment.

Lijzen J P A, Baars A J, Otte P F. 2001. Technical evaluation of the Intervention Values for Soil/Sediment and Groundwater. Dutch RIVM Report 711701023.

Liu W P, Gan J Y, Schlenk D, et al. 2005. Enantioselectivity in environmental safety of current chiral insecticides. Proceedings of the National Academy of Sciences of United States of America, 102(3): 701~706.

Lowney Y W, Wester R C, Schoof R A. et al. 2007. Dermal absorption of Arsenic from soils, as measured in the Rhesus Monkey. Toxico logical Sciences; doi: 10. 1093/toxsci/kfm175.

Lu H Y, Axe L, Tyson T A. 2003. Development and application of computer simulation tools for ecological risk assessment. Environmental Modeling & Assessment, 8(4): 311~ 322.

MacLeod M, McKone T E, Foster K L, et al. 2004. Applications of cont aminant fate and bioaccumulation models in assessing ecological risks of chemicals: A case study for gasoline hydrocarbons. Environmental Science & Technology, 38: 6225~6233.

May L M, Gaborek B J, Pitrat T, et al. 2002. Derivation of risk based wipe surface screening levels for industrial scenarios. The Science of the Total Environment, 288(1~2): 65~80.

McKone T E, Ryan P B. 1989. Human exposures to chemicals throµgh food chains: an uncertainty analysis. Environmental Science & Technology, 23: 1154~1163.

McKone T E. 1994. Uncertainty and variability in human exposure to soil contaminants throµgh homegrown food: a Monte Carlo assessment. Risk Analysis, 14: 449~463.

Mclachlan M S. 1999. Framework for the interpretation of measurements of SOCs in plants. Environmental Science & Technology, 33: 1799~1804.

Ministry of Agriculture, Fisheries and Food. 1997. Total diet study: metals and other elemcnts. UK, Food Surveillance Information Sheet, no. 131.

Ministry of Agriculture, Fisheries and Food. 1998. Total diet study (Part 2) - dietary intakes of metals and other elements. UK, Food Surveillance Information Sheet, no. 149.

Morgan M G, Herwion M. 1990. Uncertainty: a guide to dealing with uncertainty in quantitative risk and policy analysis. Cambridge University Press, NY.

Moschandreas D J, Karuchit S. 2002. Scenario-model-parameter: A new method of cumulative risk uncertainty analysis. Environment International, 28: 247~ 261.

Murvo I C, Krewski D R. 1981. Risk assessment and regulatory decision-making. Food and Cosmetics Toxicology, 19: 549.

Nakata H, Kawazoe M, Arizono K. et al. 2002. Organochlorine pesticide and polychlorinated biphenyl residues in foodstuffs and human tissues from China: status of contamination, historical trend, and human dietary exposure. Archives of Environmental Contamination and Toxicology, 43: 473~480.

Nattonal Research Council. 1983. Risk assessment in the federal government: managing the process. Committee on the institutional means for assessment of risks to public health, Commission on Life Sciences. NRC, National Academy Press, Washington, D.C.

NEPC. 1999. Shedule B (5): Guidline on Ecological Risk Assessment. National Environmental Protection Council.

NGSO (National guidelines and standards office). 2001. Canadian soil quality guidelines for polychlorinated biphenyls (PCBs): Environmental Health. National guidelines and standards office, Environmental quality branch, Environment Canada. Ottawa. Appendix Ⅱ.

NMED (New Mexico Environment Department). 2006. Technical background document for development of soil screening levels, revision 2. 0. Hazardous Waste Bureau Ground Water Quality Bureau and Voluntary Remediation Program.

Nogawa K, Ishizaki A. 1979. A comparison between cadmium in rice and renal effects among inhabitants of jinzu river Basin, Environ Res, 18: 410~420.

Oberg T, Bergbäck B. 2005. A review of probabilistic risk assessment of contaminated land. Journal of Soils and Sediments, 5(4): 213~224.

Oomen Agnes G , Sips Adrienne J A M, Groten John P, et al. 2000. Mobilization of PCBs and Lindane from Soil during in Vitro Digestion and Their Distribution among Bile Salt Micelles and Proteins of Human Digestive Fluid and the Soil. Environmental Science & Technology, 34: 297~303.

Otte P F, Lijzen J P A, Otte J G, et al. 2001. Evaluation and revision of the CSOIL parameter set. Bilthoven, Netherlands: National Institute for Public Health and the Environment, Report, (711701021), 17~77.

Paterson S, Mackay D. 1989. Modeling the uptake and distribution of organic chemicals in plants. Intermedia Pollutant Transport: Modeling and field measurements. New York: Plenum Press: 283~292.

Paustenbach D J. 1989. Health risk assessments opportunities and pitfalls. Journal of Environmental Law, 14: 379~410.

Pennington D W, Margni M, Ammann C, et al. 2005. Multimedia fate and human intake modeling: Spatial versus nonspatial insights for chemical emissions in Western Europe. Environmental Science and Technology, 39(4): 1119~1128.

Posthuma L, Klok C, Vi jver M G, et al. 2005. Ecotoxicological Models for Dutch Environmental Policy. National Institute for Public Health and Environment (RIVM). RIVM Report 860706001/ 2005. BA Bilthoven.

Posthuma L, Traas T P, Suter Ⅱ G W. 2002. Species sensitivity distributions in ecotoxicology. Boca Raton,

FL: Lewis Publishers.

Preuss P W, Ehrlich A M. 1987. The environmental protection agency's risk assessment guidelines. Journal of the Air Pollution Control Association, 37: 7841.

RAIS. Risk assessment information system (RAIS). USA. Department of Energy's Oak Ridge Operations Office(ORO). 2009. http: //rais. ornl. gov/cgi-bin/tools.

Rapant S, Kordik J. 2003. An environmental risk assessment map of the Slovak Republic: application of data from geochemical atlas. Environmental Geotrogy: 44(4): 400~407.

Richard L. 2005. DeGrandchamp, Mace G. Barron, David McConaμghy. PCB analysis and risk assessment at Navy installations. Part A: overview of PCB Mixture: A-4, B-10-B-11.

Richter P I, Barocsi A, Csintalan Z, et al. 1998. Monitoring soil phytoremediation by a portable chlorophyll fluorometer. Field Analytical Chemistry and Technology, 2: 241~249.

Rikken M G J, Lijzen J P A, Cornelese A A. 2001. Evaluation of model concepts on human exposure (Proposals for updating the most relevant exposure routes of CSOIL). The Netherlands: Bilthoven: 83~91.

Rivai I F, Koyama H, Suzuk S. 1990. Cadmium content in rice and its intake in various covntries. Bulletin of Environmental Contamination and Toxicology, 44: 910~916.

RIVM. 2001. Re-evaluation of human-toxicological maximum permissible risk levels. RIVM report 711701 025, 237~244.

RIVM. 2003. Dietary intake of heavy metals (cadmium, lead and mercury) by the Dutch population. RIVM report 320103001, 11~17.

Roberis J R. 1999. Metal toxicity in children. In training manual on pediatric environmental health: putting it into practice. Jun. Emeryville: CA: Children's environmental health network(http: //www. cchn. org/cchn/trainmgmanual/pdf/ manual-full. pdf).

Rodricks J V, Brett S M, Wrenn G C. 1987. Significant risk decisions in federal regulatory agencies. Regul. Toxicol. Pharmacol, 7: 307.

Rodricks J V. 1989. Origins of risk assessment in food-safety decision-making. Journal of the American College of Toxicology, 7: 539.

Rodricks J V. 1992. Calculated risks.

Römbke J, Knacker T. 2003. Standardisation of terrestrial ecotoxicological effect methods: An example of successful international co-operation. Journal of Soils and Sediments, 3(4): 237~238.

Ruckelshaus W. 1985. Risk, science, and democracy. Science & Technology, 1(3): 19.

Safe S. 1994. Polychlorinated biphenyls (PCBs): Environmental impact, biochemical and toxic responses, and implications for risk assessment. Critical Reviews in Toxicology, 24(2): 87~149.

Sample B E, Aplin M S, Efroymson R A, et al. 1997. Methods and Tools for Estimation of the Exposure of Terrestrial Wildlife to Contaminations. Oak Ridge National Laboratory. ORNL/TM-13391. Oak Ridge, TN.

Schecter A, Cramer P, Boggess K, et al. 1997. Levels of dioxins, dibenzofurans, PCBs and DDE congeners in pooled food samples collected in 1995 at supermarkets across the United States. Chemosphere, 34: 1437~1447.

Sheppard S C, Evenden W G. 1992. Concentration enrichment of sparingly soluble contaminants (U, Th and Pb) by erosion and by soil adhesion to plants and skin. Environmental Geochemistry and Health, 14:

121~131.

Sinks T, Steele G, Smith A B, et al. 1992. Mortality among workers exposed to polychlorinated biphenyls. American Journal of Epidemiology, 136: 389~398.

Slooff W, Canton J H. 1983a. Comparison of the susceptibility of 11 freshwater species to 8 chemical compounds. II. (Semi)chronic toxicity tests. Aquatic Toxicology, 4: 271~282.

Slooff W. 1983b. Benthic macroinvertebrates and water quality assessment, some toxicological considerations. Aquatic Toxicology, 4: 73~82.

Smith K E C, Jones K C. 2000. Particles and vegetation: implications for transfer of particle bound organic contaminants to vegetation. Science of the Total Environment, 246: 207~236.

Solomon K, Giesy J, Jones P. 2000. Probabilistic risk assessment of agrochemicals in the environment. Crop Prot., 19: 649~655.

Song J, Zhao F J, Luo Y M, et al. 2004. Copper uptake by Elsholtziasplendends and Silene vulgaris and assessment of copper phytoavailability in contaminated soils. Environmental Pollution, 128: 307~ 315.

Stahl R G, Guiseppi-Elie A, Bingman T S. 2005. The U. S. Environmental ProtectionAgency's examination of its risk assessment principles and practices: A brief perspective from the regulated community. Integrated Environmental Assessment and Management, 1(1): 86~92.

Stern A H. 1992. Monte Carlo analysis of the US EPA model of human exposure to cadmium in sewage sludge through consumption of garden crops. Journal of exposure analysis and environmental epidemiology, 3(4): 449~469.

Sun Y L, Zhuang G S, Wang Y. 2004. The air-borne particulate pollution in Beijing-concentration, composition, distribution and sources. Atmospheric Environment, 38: 5991-6004.

Sunderman J F W, Hopfer S M, Sweency K R, et al. 1989. Nickrel absorption and kinetics in human volunteers. Processings of the Soctery for Experimental Biology and Medicine, 191: 5~11.

Suter G W. 1996. Guide for developing conceptual models for ecological risk assessments. Oak Ridge National Lab., TN (United States).

The Risk Assessment Information System (http://rais.ornl.gov/cgi-bin/tox/TOX_select?select=nrad, 2010).

Trapp S, Matthies M. 1995. Generic one-compartment model for uptake of organic chemicals by foliar vegetation. Environmental Science & Technology, 29: 2333~2338.

Travis C C, Blaylock B P. 1991. Validation of a terrestrial food chain model. Journal of Exposure Analysis and Environmental Epidemiology, 2(2): 221~239.

Tressou J , Crépet A, Bertail P, et al. 2004. Probabilistic exposure assessment to food chemicals based on extreme value theory : Application to heavy metals from fish and sea products. Food and Chemical Toxicology, 42(8): 1349~1358.

Turnlund J R, Durkin N, Margen S. 1984. Copper absorption in young and elderly men. The American Journal of Clinical Nutrition, 39: 664.

Turnlund J R, King J C, Gong B, et al. 1985. A stable isotope study of copper absorption in young men: effet of phyiate and ct-ccllulose. The American Journal of Clinical Nutrition, 42(1): 18~23.

Turnlund J R, Michel M C, Keyes W R, et al. 1982. Copper absorption in elderly men determined by using stable 65Cu. The American Journal of Clinical Nutrition 36(4): 587~591.

UKEA. 2009a. Updated technical background to the CLEA model (Science Report-Final SC050021/SR3). Bristol: Environment Agency, 10~133.

UKEA. 2009b. CLEA software (version) handbook (Science Report-Final SC050021/SR4). Bristol: Environment Agency, 11~46.

US Department of Health and Human Services, 1986. Determining risks to health: federal policy and practice.

USEPA, 2000. Risk-based concentfation table. Philadelphia PA: United States environmental protection agency, Washington, D.C.

USEPA. 1988. Drinking water criteria document for polychlorinated biphenyls (PCBs). Cincinnati, OH: U. S. Environmental Protection Agency, Office of Health and Environmental Assessment, Environmental Criteria and Assessment Office. ECAO-CIN-414. 1988.

USEPA. 1989. Risk Assessment Guidance for Superfund (RAGS) Part A. EPA/540/1-89/002.

USEPA. 1992. Framework for Ecological Risk Assessment. U . S . Environmental Protection Agency . EPA/630/ R-92/ 001. Washington, D.C.

USEPA. 1993. Provisional Guidance for the Quantitative Risk Assessment of Polycyclic Aromatic Hydrocarbons. Office of Health Effects Assessment, Washington, D.C.

USEPA. 1993. Reference Dose (RfD): Description and Use in Health Risk Assessments.

USEPA. 1996. Recommendations of the technical review workgroup for lead for an approach to assessing risks associated with adult exposures to lead in soil (EPA-540-R-03-001) [EB/OL]. U. S. Environmental Protection Agency: Technical Review Workgroup for Lead, http: //www. epa. gov/superfund/ lead/products/adultpb. pdf [2009-12-02].

USEPA. 1997. Guiding Principles for Monte Carlo Analysis. US Environmental Protection Agency . EPA/630/ R-97/ 001. Washington, DC.

USEPA. 2001. Risk Assessment Guidance for Superfund: Volume Ⅲ-Part A, Process for Conducting Probabilistic Risk Assessment. U. S. Environmental Protection Agency. EPA/ 540/ R-02/ 002 . Washington, D.C.

USEPA. 2003. uidance for Developing Ecological Soil Screening Levels. U . S . Environmental Protection Agency. OSWER Directive 9285. 7~55. Washington, D.C.

USEPA. 2004. An Examination of EPA Risk Assessment Principles and Practices. EPA/100/ B-04/ 001.

USEPA. 2004. Considerations for Developing Problem Formulations for Ecological Risk Assessments Conducted at Contaminated Sites under CERCLA. U . S . Environmental Protection Agency . Report nr. Edison , New Jersery. 2004.

USEPA. 2007. User's guide for the integrated exposure uptake biokinetic model for lead in children (IEUBK) (EPA 9285. 7~42). Washington, D.C.: Office of Superfund Remediation and Technology Innovation, 7~38.

USEPA. 2010. Region 9: Superfund-Regional Screening Level [EB/OL]. http: //www. epa.gov/region9/ superfund/.

USEPA. 2011a.Integrated risk information system (IRIS). Washington, D.C. http: //www. epa.gov/ IRIS/[2011-03-21].

USEPA. 2011b. Regional screening levels (RSL) for chemical contaminants at superfund sites. Washington, D.C., http: //www. epa.gov/region09/superfund/prg/index. html[2011-03-21].

USEPA. Guidelines for Ecological Risk Assessment . U. S . Environmental Protection Agency . EPA/630/ R-95/ 002F. Washington, D.C. 1998.

USEPA. Integrated risk assessment system (IRIS)[EB/OL]. http: //www. epa.gov/iris [2010-04-25].

USEPA. Recommendations of the technical review workgroup for lead for an approach to assessing risks associated with adult exposures to lead in soil [EB/OL].

USEPA. Recommendations of the technical review workgroup for lead for an approach to assessing risks associated with adult exposures to lead in soil [EB/OL]. http: //epa. gov/superfund/lead/products/adultpb. pdf [2010-04-01].

USEPA.1995. Integrated Risk Information System (IRIS).

Van Beelen P , Verbruggen E M , Peijnenburg W J . 2003. The evaluation of the equilibrium partitioning method using sensitivity distribution of species in water and soil. Chemosphere, 52(7), 1153~1162.

Van den Brink P J , Brown C D, Dubus I G. 2006. Using the expert model PERPEST to translate measured and predicted pesticide exposure data into ecological risks. Ecological Modelling, 191(1): 106~117.

Van der Hoeven N. 2004. Current issues in statistics and models for ecotoxicological risk assessment. Acta Biotheoreti ca, 52: 201~217.

Veerkamp W, Len Berge W. 1994. Human exposure to soil pollutants(HESP). Shell internationale petroleum Maatschappij b. v. The Hague: Shell.

Vehtchka G, Christo T, Georgi S. 1997. Growth, yield, lead, zinc and cadmium content of radish, pea and pepper plants as influenced by level of single and multiple.

Verbruggen E M J, Posthumus R, van Wezel A P. 2001. Ecotoxicological Serious Risk Concentrations for Soil, Sediment and (Ground) Water: Updated Proposals for First Series of Compounds. National Institute of Public Health and the Environment(RIVM). RIVM Report 711701 020. BA Bi lthoven.

Veronique D, Josiane A, Maha T, et al. 2005. Influence of short-chain fructo-oligosaccharides(sc-FOS)on absorption of Cu, Zn, and Se in healthy postmenopausal women. The American Journal of Clinical Nutrition, 24(1): 30~37.

Voutsa C. 2002. Samara. Labile and bioaccessible fractions of heavy metals in the airborne particulate matter from urban and industrial areas. Atmospheric Environment, 36: 3583~3590.

Waitz M F W, Freijer J I, Kreule P, et al. 1996. The Volasoil Risk Assessment Model Based on CSOIL for Soils Contaminated with Volatile Compounds . RIVM Report 715810014l. The Netherlands.

Wang X L, Sato T, Xing B S. 2005. Source identification, size distribution and indicator screening of airborne trace metals in Kanazawa, Japan. Journal of Aerosol Science, 36: 197~210.

Wang X L, Tao S, Dawson R W, et al. 2002. Characterizing and comparing risks of polycyclic aromatic hydrocarbons in a Tianjin waste water irrigated area. Environmental Research, 90: 201~206.

Weeks J M, Sorokin N, Johnson I J, et al. 2004. Biological Test Methods for Assessing Contaminated Land: Stage 2-A Demonstration of the Use of a Framework for the Ecological Risk Assessment of Land Cont amination. Environment Agency. R&D Report P5-069/TR1. Bristol, UK.

Weil C S. 1972. Staiisticsversus safety factors and scientific judgement in the evaluation of safety for man. Toxicol. Appl. Phcn-mucol. 21: 454.

Wilbur S B, Hansen H, Pohl H, et al. 2004. The ATSDR guidance manual for the assessment of joint toxic action of chemical mixtures. Environmental Toxicology and Pharmacology, 8(3): 223~230.

Wild E, Dent J, Thomas G O, et al. 2006. Visualizing the air-to-leaf transfer and within-leaf movement and distribution of phenanthrene: Further studies utilizing two-photon excitation microscopy. Environmental Science & Technology, 40: 907~916.

World Health Organisation. 1982. Toxicological evaluation of certain food additives and contaminants. Joint FAO/WHO Expert Committee on Food Additives. WHO Food Additives Series no. 17. World Health

Organisation, Geneva. 182.

World Health Organisation. 1993. Guidelines for drinking water quality. Second Edition. World Health Organisation, Geneva.

Wu F C, Tsang Y P. 2004. Second-orderMonte Carlo uncertainty/ variability analysis using correlated model parameters: Application to salmonid embryo survival risk assessment. Ecological Modelling, 177: 393~414.

Yaman M. 2000. Nickel speciation in soil and the relationship with its concentration in fruits. Bulletin of Environmental Contamination and Toxicology, 65(4): 545~552.

Yosie T F. 1987. EPA's risk assessment culture. Environmental Science and Technology, 21(6): 526~531.

Young F A. 1987. Risk Assessment: The convergence of science and the law. Regul Toxicol Pharmacol, 7: 179.

第三章　土壤污染的环境临界值方法制定和模型建立

土壤污染调查评价仅仅是在污染发生后进行，不能为预防污染物在生态系统中的积累提供管理策略。土壤临界值的研究可提前了解污染物在土壤中的富集、获取土壤可持续发展质量指标、了解环境的其他组成部分，为土壤环境政策和法规制定以及污染土壤修复与管理提供基础，是达到污染物可持续管理的主要途径。临界值估算的基本流程是基于效应或暴露风险评估方法，划分不同土地利用方式，针对不同受体，结合土壤生态毒理学效应或人体健康风险评估，确定土壤污染物环境临界值，并构建临界估算模型，再通过收集输入的数据计算临界值。本章在上一章所展示的风险评估案例的基础上，估算了土壤环境地球化学的基线，研究了基于提取态的临界值、基于生态风险的临界值和基于人体健康的临界值，并建立相应的模型，用于有针对性地建立长江、珠江三角洲等典型类型土壤实用的土壤污染物迁移转化模型。分析出的这些土壤污染的临界值可以为当地的环境风险管理提供决策支持服务，为污染场地风险等级筛选与制定土壤污染修复目标奠定基础。

第一节　基于土壤类型的土壤环境地球化学基线估算

环境地球化学基线（environmental geochemical baseline）的研究是与人类对环境问题的深刻认识分不开的。联合国自然资源委员会在一项议案中提到，目前全球环境监测计划中存在一个巨大的空白，就是没有涉及陆地表面自然化学可变性或由自然和表生过程所引起的变化。全球变化和全球地质对比计划（IGCP）研究为地球化学基线的研究提供了重要的科学背景。在全球变化研究中，地质环境与地球化学环境变化研究是其重要的研究内容。同时，全球地质对比计划研究也对全球地球化学基线给予了较大的关注，并设立了两个项目组（IGCP 259 和 IGCP 360）专门开展了全球地球化学基线研究（Darnley，1997）。环境地球化学基线研究的总体目标是建立区域地表物质中化学元素的自然变化的数据信息，并据此评价自然和人为的环境影响，其中最重要的是评价人类开发前后化学元素浓度的变化及环境的演变（Darnley，1997）。地球化学基线的研究与地球化学背景略有不同，后者代表不包括人类活动影响在内的自然物质中元素的浓度。事实上，由于人类活动影响广泛，对背景的确定非常之困难。而地球化学基线则代表在人类活动扰动地区一些地点及时测量的元素浓度，反映了元素的自然空间变异，它对一个地区的环境立法同样具有指导意义（Salminen and Gregorauskiene，2000）。估算区域环境地球化学基线的方法有参考因子标准化方法，累积频率分布曲线（CFD）法和地层比较法等。但也有研究者认为地层比较法事实上忽视了成土过程中元素自然的生物地球化学过程（Reimann and Carret，2005）。此外，也有地区采用基于土壤类型的方法，并根据不同土壤类型所占面积的比例确定权重系数的办法来确定微量元素的环境地球化学基线（Chen et al.，1999）。本研究一方面运用实例对这些方法展开介绍，并作比较；另一方面运用这些方法来估算当前长江、珠江三角洲地区的环境地球化学基线，并与 20 多年前确定的土壤背景值比较，以此来表征经济快速发展后这两个地区土壤中微量元素含量变化的一般趋势。

一、参考因子标准化估算

参考因子标准化方法是运用的较为广泛和可靠的一种方法。它是指利用实测数据来建立参考因子与关注元素之间的回归方程，并利用该地区参考因子值和回归方程来预测土壤中微量元素的基线值。因此选择合适的参考因子估算基线值的关键。参考因子选择的主要原则是该元素必须在组成固定或运移环境介质中微量元素的物质中占主要成分，即要与微量元素具有一定的相关性，同时也要能够反映粒度的变化。Al、Fe、Sc、Ti 等常是参考因子的可选择元素，并且在过去的研究中被广泛运用（Hernandez et al.，2003；Prokisch et al.，2000）。但这些研究大多是基于对岩石和沉积物中的基线估算。事实上，土壤的发育与岩石和沉积物有很大的不同，在土壤发育过程中，微量元素的含量一方面与 Al、Fe、Si 这些矿物组成元素有很大关系，另一方面也受到土壤有机质和土壤交换性能的影响。因此，也有研究者采用有机质或黏粒含量等非金属参考因子作标准化来鉴别土壤受到微量元素污染的情况（Tam，1998；Tack et al.，1997）。此外，通过前面的分析表明一些土壤发育的指标比如 Mn/Zr、Rb/Sr 在自然土壤中与微量元素有很好的相关性。因此，这些指标也作为潜在的参考因子参与相关分析。

首先，根据土壤的类别将所有数据分为三个子集，分别是自然土壤、水稻土和潮土。在进行关注元素与潜在参考因子的相关分析之前，需要先剔除异常值，Reimann 等（2005）认为运用箱式图（box-plot）可以有效地剔除环境样品测定数据集中的异常值。因此本研究运用了箱式图方法来剔除各子集中所有变量的异常值，然后运用 K-S 法进行正态分布检验。结果发现，剔除异常值后的数据子集中的各变量均符合正态分布，因此不作任何的变换。然后对这些符合正态分布的数据进行微量元素与参考因子的线性拟合[$Y_b=aX(i)+b$]，在达到统计显著性水平的情况下，根据 R^2 值的大小来选择最佳的基线预测方程。与过去研究中直接用参考因子平均值来计算微量元素地球化学基线不同的是，本研究对基线方程采用蒙特卡罗模拟的方法来确定基线均值和范围，估算次数为 10 000 次，采用模拟结果的平均值和 95%置信范围作为基线均值和范围。

表 3.1 和表 3.2 分别列出了长三角和珠三角地区三种不同类别土壤的基线预测方程。从这两个表中可以发现，对长三角自然土壤和灰潮土而言，可以用 Fe 氧化物来预测大多数微量元素的基线值，而对于该地区的水稻土而言，则有所不同，Al 氧化物和有机质含量是主要的参考因子。对于珠三角土壤而言，土壤 Fe 氧化物在预测微量元素基线的作用要比长三角地区更大，无论是自然土壤、水稻土还是堆叠土，绝大多数微量元素都可以用 Fe 元素来预测其基线值，表明了 Fe 氧化物在该地区土壤微量元素地球化学变异中具有非常重要的作用。此外，从某一种具体的元素来看，长三角土壤中，Hg 的土壤地球化学变异的影响因素较为一致，都是受到有机质含量的影响最大，水稻土和潮土中，基线预测方程的 R^2 均在 0.5 以上；而珠三角不同类别土壤中 Hg 的土壤地球化学影响因素不

表 3.1　长江三角洲土壤微量元素地球化学基线预测方程

元素	N	基线方程	相关统计参数		
			F	显著性水平	R^2
1）自然土壤					
As	26	Y_b=0.18$X_{(Fe)}$+1.53	18.97	<0.01	0.431
Cd	28	Y_b=0.021$X_{(Mn/Zr)}$+0.038	25.82	<0.01	0.489
Co	30	Y_b=0.39$X_{(Fe)}$−6.17	21.69	<0.01	0.428
Cr	30	Y_b=2.28$X_{(Fe)}$−60.1	47.59	<0.01	0.621
Cu	30	Y_b=0.90$X_{(Fe)}$−26.23	118.21	<0.01	0.803
Hg	27	Y_b=0.002$X_{(SOM)}$+0.043	5.58	<0.05	0.177
Ni	30	Y_b=0.92$X_{(Fe)}$−25.35	55.95	<0.01	0.659
Pb	26	Y_b=14.8$X_{(Mn/Zr)}$+4.83	18.43	<0.01	0.424
Se	27	Y_b=0.018$X_{(SOM)}$+0.25	8.47	<0.01	0.246
Zn	26	Y_b=10.0$X_{(Mn/Zr)}$+51.1	10.29	<0.01	0.292
2）水稻土					
As	62	Y_b=0.21$X_{(CEC)}$+5.08	10.1	<0.01	0.142
Cd	73	Y_b=0.002$X_{(SOM)}$+0.098	21.88	<0.01	0.233
Co	76	Y_b=0.12$X_{(Al)}$−2.78	79.95	<0.01	0.516
Cr	76	Y_b=0.57$X_{(Al)}$−2.04	84.84	<0.01	0.531
Cu	76	Y_b=0.20$X_{(Al)}$+1.03	26.75	<0.01	0.263
Hg	69	Y_b=0.006$X_{(SOM)}$+0.036	90.37	<0.01	0.571
Ni	76	Y_b=0.37$X_{(Al)}$−17.8	112.66	<0.01	0.600
Pb	61	Y_b=0.24$X_{(SOM)}$+23.9	25.11	<0.01	0.295
Se	73	Y_b=0.01$X_{(SOM)}$+0.13	61.91	<0.01	0.462
Zn	76	Y_b=0.80$X_{(Al)}$−29.69	53.89	<0.01	0.418
3）灰潮土					
As	48	Y_b=0.18$X_{(Fe)}$−0.36	40.06	<0.01	0.46
Cd	40	Y_b=0.004$X_{(Fe)}$−0.021	31.49	<0.01	0.447
Co	50	Y_b=0.25$X_{(Fe)}$+1.41	818.99	<0.01	0.944
Cr	50	Y_b=1.1$X_{(Fe)}$−22.5	380.14	<0.01	0.886
Cu	49	Y_b=0.9$X_{(Fe)}$−18.6	141.98	<0.01	0.747
Hg	42	Y_b=0.005$X_{(SOM)}$+0.041	92.73	<0.01	0.693
Ni	50	Y_b=0.66$X_{(Fe)}$−1.10	2044.12	<0.01	0.977
Pb	43	Y_b=0.52$X_{(Fe)}$−2.76	80.53	<0.01	0.657
Se	42	Y_b=0.003$X_{(Fe)}$+0.017	10.26	<0.01	0.200
Zn	41	Y_b=1.64$X_{(Fe)}$−2.23	91.06	<0.01	0.695

注：Y_b表示元素的基线预测值，X（i）表示参考因子i的土壤含量，其中Fe和Al均指氧化物的含量，下同。

表 3.2　珠江三角洲土壤微量元素地球化学基线预测方程

元素	N	基线方程	相关统计参数		
			F	显著性水平	R^2
1）自然土壤					
As	43	$Y_b=0.056X_{(Fe)}+3.72$	4.86	<0.05	0.104
Cd	45	$Y_b=0.00007X_{(Mn/Zr)}+0.007$	10.17	<0.01	0.188
Co	45	$Y_b=0.044X_{(Fe)}+1.34$	10.08	<0.01	0.186
Cr	45	$Y_b=0.78X_{(Fe)}+4.07$	56.83	<0.01	0.564
Cu	45	$Y_b=0.23X_{(Fe)}+0.42$	88.23	<0.01	0.667
Hg	35	$Y_b=0.035X_{(Sr/Rb)}+0.033$	7.28	<0.05	0.176
Ni	44	$Y_b=0.069X_{(Fe)}+0.82$	38.55	<0.01	0.473
Pb	45	$Y_b=0.36X_{(Fe)}+13.2$	18.87	<0.01	0.3
Se	45	$Y_b=0.008X_{(Fe)}+0.37$	34.98	<0.01	0.443
Zn	45	$Y_b=0.26X_{(Fe)}+18.2$	12.29	<0.01	0.218
2）水稻土					
As	98	$Y_b=0.29X_{(Fe)}-1.82$	116.4	<0.01	0.545
Cd	108	$Y_b=0.005X_{(Fe)}-0.031$	77.06	<0.01	0.419
Co	112	$Y_b=0.27X_{(Fe)}-3.83$	280.08	<0.01	0.716
Cr	112	$Y_b=1.06X_{(Fe)}+4.80$	153.12	<0.01	0.58
Cu	109	$Y_b=0.69X_{(Fe)}-8.03$	221.69	<0.01	0.672
Hg	72	$Y_b=0.008X_{(SOM)}+0.015$	50.06	<0.01	0.414
Ni	112	$Y_b=058X_{(Fe)}-10.3$	230.03	<0.01	0.675
Pb	105	$Y_b=0.199X_{(Al)}+13.42$	64.72	<0.01	0.384
Se	105	$Y_b=0.0018X_{(Al)}-0.12$	60.8	<0.01	0.369
Zn	110	$Y_b=1.44X_{(Fe)}+3.51$	187.8	<0.01	0.633
3）堆叠土					
As	14	$Y_b=0.23X_{(Fe)}+0.645$	72.38	<0.01	0.848
Cd	15	$Y_b=0.008X_{(Fe)}-0.049$	39.64	<0.01	0.739
Co	15	$Y_b=0.28X_{(Fe)}-0.41$	367.13	<0.01	0.963
Cr	15	$Y_b=1.23X_{(Fe)}-0.031$	815.33	<0.01	0.983
Cu	15	$Y_b=1.01X_{(Fe)}-8.88$	44.77	<0.01	0.762
Hg	10	$Y_b=0.003X_{(Fe)}-0.033$	25.33	<0.01	0.738
Ni	15	$Y_b=0.64X_{(Fe)}-5.73$	932.25	<0.01	0.985
Pb	15	$Y_b=0.43X_{(Fe)}+16.5$	11.98	<0.01	0.461
Se	15	$Y_b=0.005X_{(Fe)}+0.100$	10.16	<0.01	0.421
Zn	15	$Y_b=2.24X_{(Fe)}-12.4$	144.46	<0.01	0.912

是都一样的，在水稻土中与长三角土壤的情况一致，但在自然土壤中，则与表征土壤发育的一个指标 Sr/Rb 具有很好的线性关系，表明受到土壤发育程度的影响；而在堆叠土中，则是受到 Fe 氧化物的影响很大，R^2 值高达 0.738。Cd 和 Pb 的情况在长三角土壤中比较类似，在自然土壤中它们的基线值都能用土壤发育的指标 Mn/Zr 来很好地表征，而在水稻土中，它们的基线预测的参考因子又均与有机质有关，在潮土中，则都与 Fe 氧化物有关。在珠三角土壤中，Cd 和 Pb 基线预测的参考因子变化则并不一致。两个地区差别较大的还有一个元素是 Se，长三角土壤中有机质含量对它的土壤地球化学变异具有较大的影响，Fe、Al 氧化物的影响相对较小；而在珠三角土壤中，Fe、Al 氧化物的影响最为显著，三种类别的土壤中，Se 与有机质含量都不存在相关性。另外一个较为特别的元素是 As，它的基线预测的参考因子在长三角和珠三角大多数土壤中都较为一致，以 Fe 氧化物为主，但在长三角水稻土中，却只有土壤的阳离子交换量（CEC）能够用来预测 As 的基线。

二、累积频率曲线估算

累积频率曲线是用来展示元素地球化学分布情况的最为理想的方式之一。根据 x，y 轴采用的刻度的不同可以分为四种形式，即，两个坐标轴都是等间距的正常数值的刻度；x 轴为等间距的正常数值刻度、y 轴为正态分布的概率刻度；x 轴为对数刻度、y 轴为等间距的正常数值刻度；x 轴为对数刻度、y 轴为正态分布的概率刻度。在实际运用中，通常选择 y 轴为正态分布的概率刻度的曲线表达形式，因为这种刻度表达方式可以很好地将高值部分展开，而这部分数据往往也是探测异常值的关键部分。CDF 曲线的一个最大优点是可以直观地在图上看到每一个数据，并且对反映异常值较为敏感（Reimann et al., 2005）。当然这个方法也有很明显的局限性，由于它是采用曲线的拐点来判断异常值出现的位置，而对曲线拐点的确定主要依靠人的主观判断，因此会有很大的不确定性；另一个方面，它对数据量的要求也很大，因为很小的数据量往往不能真实地反映曲线的拐点情况。

本书中，同前面的参考因子标准化估算方法一样，也将两个三角洲地区的数据根据土壤类别分为三个数据集。其中水稻土的数据量最大，而潮土类的数据集相对较小，因此在实际估算中可能会出现一定的偏差。对处于基线范围内的数据取平均值和 95%置信区间分别作为基线值和范围。在 CDF 曲线形式的选择上，y 轴采用了正态分布的概率刻度，绝大多数元素的 x 轴采用了对数刻度，这样既可以保证高值部分在 y 轴上得以展开，对曲线的中间部分也有充分的展现。图 3.1 和图 3.2 分别是长三角和珠三角三个类别土壤 10 个元素的 CDF 曲线。从图中可以看出，绝大部分元素的曲线并非一条直线，表明土壤中该元素的来源并不一致。以长三角自然土壤中的 As 为例，分布概率为 90%以上的三个数据点与其他点明显偏离，含量在 30～60 mg/kg，表明可能是人为污染来源的 As，因此在计算基线的时候应该去掉这三个点的数据。同样可以看到长三角水稻土中的 Cd 含量分布情况，在分布概率为 40%左右存在明显的拐点，点的分布也开始比较稀疏，但从 40%～98%这段数据的分布仍然呈现一条很好的直线，表明这部分土壤中 Cd 的来源是一致，最高含量接近 0.3 mg/kg，初步可以判断为肥料使用中带入的 Cd。因此，在确定水稻

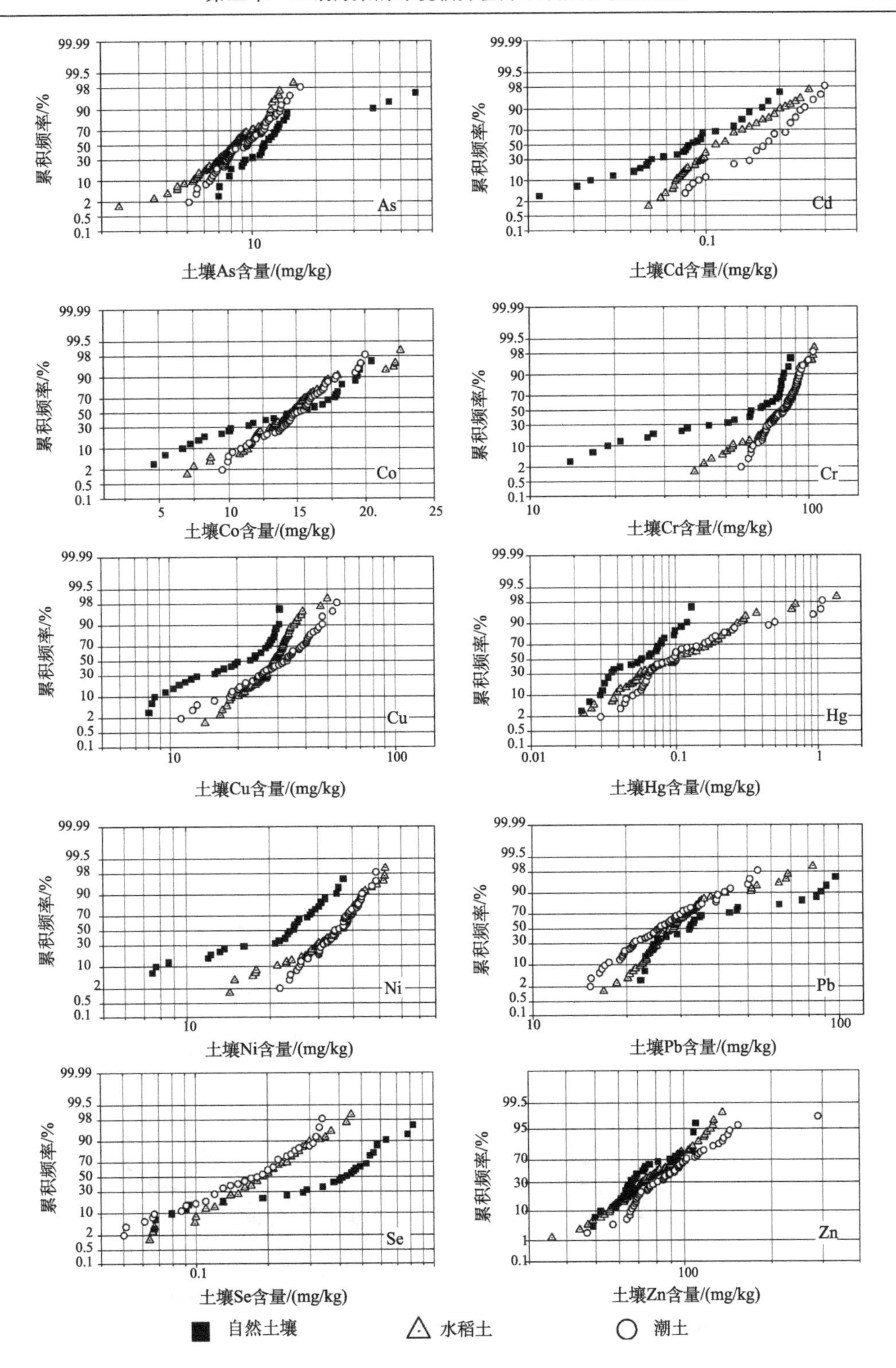

图 3.1　长江三角洲地区土壤微量元素含量的累积频率分布曲线

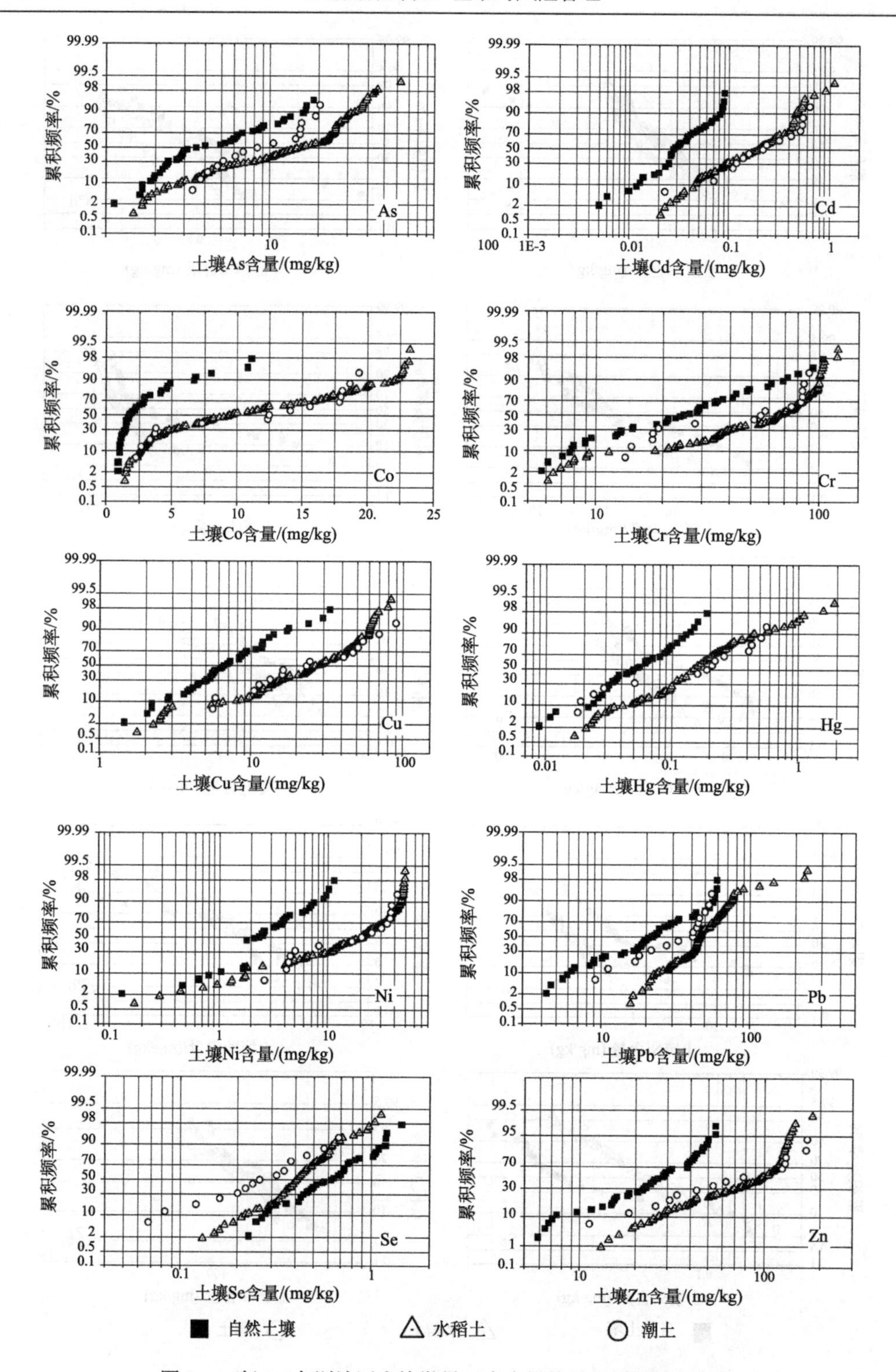

图 3.2　珠江三角洲地区土壤微量元素含量的累积频率分布曲线

土 Cd 基线值时，采用分布概率为 40%以下的数据点。有些曲线中的拐点不止一个，比如珠三角水稻土中的 Hg 含量的分布曲线，在分布概率不到 10%的位置有一个较为明显的拐点，而在 80%的位置又有一个明显的拐点。前一个拐点的含量在 0.03 mg/kg 以下，这些点有可能是土壤的自然背景点，也有可能是检测限附近的数据点（Reimann et al., 2005），第二个拐点对应的含量大致为 0.3 mg/kg 左右，大于 0.3 mg/kg 的数据含量的数据点较为分散，主要为人为污染来源的 Hg，因此确定含量在 0.3 mg/kg 以下的这一段为珠三角水稻土 Hg 元素的基线。其他元素也采用类似的判断方法进行异常点的剔除，并估算元素的基线。

三、土壤类型面积加权平均估算

土壤中微量元素含量是与土壤类型有密切关系的，但是像长三角、珠三角这些地区的土壤类型种类繁多，且面积大小不一。因此，如果在估算该地区的微量元素地球化学基线时直接采用各土壤类型中微量元素的平均值，那么难免会与实际情况产生很大的偏差，特别是有些土壤类型中微量元素很高，但事实上其所占面积的比例在该地区却非常小，因此对整个区域的微量元素的平均含量来说贡献并不大。所以，Chen 等（1999）在估算美国佛罗里达州土壤微量元素的地球化学基线时，采用土壤亚纲面积比例的加权平均来计算。即：

$$Y_b(i)=\sum_{j=1}^{n}X_{(j)}\times\frac{A_{(j)}}{A}$$

式中，$Y_b(i)$ 是元素 i 的基线预测值；$X_{(j)}$ 表示土壤类型 j 中微量元素的平均含量（剔除异常值后）；$A_{(j)}$ 表示土壤类型 j 的面积；A 表示总土壤面积。

本书中，由于土壤调查样点数和土壤类型面积资料所限，因此根据土壤亚类进行统计。由于在调查样点的设计上并没有遍布到全部的土壤类型，但从土壤面积的比例上来说，在长三角基本代表了 75.5%的土壤类型，而在珠三角则代表了 95.3%的土壤类型，因此，对这两个地区都有很好的代表性。在用上式估算这两个地区的微量元素地球化学基线之前，对每一个土壤类型中的异常值采用 Box-plot 进行剔除。然后采用加权平均计算，同时也采用非加权平均的方法估算基线以作对比。在采用加权平均时，由于每一种土壤类型中微量元素的含量都存在一定程度的变异，因此会使计算的基线值存在一定的变异，所以本研究采用了蒙特卡罗模拟的方法对整个基线值的不确定性进行估算。首先对每一个土壤类型中剔除异常值后的微量元素含量进行正态分布检验，如果数据过少，则假设其为正态分布，模拟次数为 10 000 次，模拟结果的均值和 95%置信范围分别作为基线均值和范围。

图 3.3 是两个地区采用加权平均和非加权平均估算的基线值的比较。可以看出，长三角土壤中两种方法估算得到的基线值差异并不太大，As、Se、Co 和 Pb 的加权平均基线预测值要略低于非加权平均的预测值，而其他元素则要略高于非加权平均的预测值。珠三角土壤中两种方法的差异非常明显，加权平均都要明显地小于非加权平均的预测值，其中 Zn 的差异最大，达到了 20 mg/kg。其原因是盐渍水稻土和堆叠土这两个土壤的比例很小（其比例分别为 1.4%和 3.2%），但 Zn 的含量却要高出其他类型土壤

数倍，因此在采用非加权平均时，导致对整个区域基线值的高估。同时也值得注意的是，由于面积比例较大的土壤类型对整个区域的土壤基线值影响较大，因此对这些类型的土壤，在采用加权平均预测基线时，则要求采集更多的样品来减小因为调查不全面而导致的偏差。

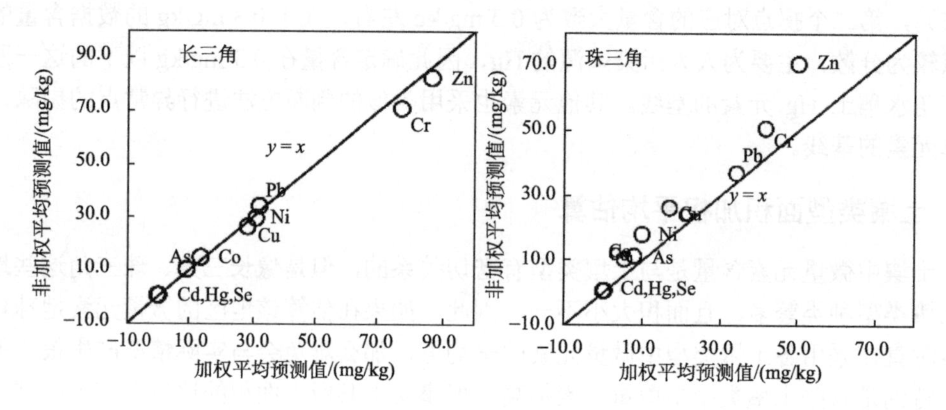

图 3.3 土壤类型面积加权平均预测微量元素基线值与非加权平均预测基线值的比较

四、微量元素的土壤环境地球化学基线及其与历史背景值的比较

表 3.3 是运用这三种方法得到的长江、珠江三角洲地区土壤的环境地球化学基线均值和范围。比较不同方法得到的基线值可以看出，参考因子法和 CDF 法用来预测基线具有很好的一致性，尽管采用 CDF 法预测的基线总体上要比参考因子法小一些。这也可能是由于 CDF 法对数据集中的异常值更为敏感有关。采用土壤面积加权法计算得到的整个地区微量元素土壤环境地球化学基线，由于没有区分土壤类别，因此其预测值与前面两种方法得到的预测结果没有直接的可比性，但其估算基线均值均落在用前面这两种方法估算得到的三种类别土壤的基线均值的范围之内，因此其结果也应该是可靠的。此外，不同类别的土壤基线值有所差别，一般都是自然土壤要小些。但长三角地区土壤中 As、Pb 和 Se 以及珠三角土壤中的 Se 的基线值在自然土壤中反而较大，其原因前面已经有所分析。长三角自然土壤与水稻土以及潮土中基线值相差较大的元素有 Cd、Hg 和 Se；而珠三角土壤中除 Pb 和 Se 差异较小外，其余 8 种元素差异都很大，差异最大的是 Cd，其次是 Hg。两个地区土壤环境微量元素地球化学基线也有差别。自然土壤中，除 Se 外，长三角地区均要大于珠三角地区，其中差别较大的有 As 和 Zn 等。而在水稻土和潮土中，除 Co、Cr 和 Ni 外，其余 7 种元素都是珠三角地区大于长三角地区，差异最大的是 Cd，但用 CDF 法预测的差异要比参考因子标准化预测的差异小些。从土壤类型面积加权方法估算得到的整个地区的基线比较来看，除 Hg、Pb 和 Se 外，其余 7 种元素的基线均值均是长三角地区较高，其中差别较大的有 Co、Cr、Ni 和 Zn。

利用 20 世纪 80 年代全国土壤背景值的调查数据作为历史背景数据（表 3.4）作比较可以看出，长三角地区三种类别土壤的当前基线值与过去调查的土壤背景值变化不大，但珠三角土壤中的微量元素基线与过去的土壤背景值比较，除 As 和 Ni 外，其他元素在

表 3.3　不同方法预测的土壤环境地球化学基线　（单位：mg/kg）

地区	元素	自然土壤				水稻土				潮土				整个地区	
		参考因子标准法		CFD 法		参考因子标准法		CFD 法		参考因子标准法		CFD 法		土壤类型面积加权法	
		均值	范围	均值	范围	均值	范围	均值	范围	均值	范围	均值	范围	均值	范围
长江角洲地区	As	11.1	8.2~14.1	11.2	6.5~15.9	8.9	6.79~11.0	7.1	3.9~10.3	9.5	5.8~13.2	8.7	4.7~12.6	9.5	8.1~10.9
	Cd	0.08	0.05~0.12	0.07	0.02~0.11	0.13	0.08~0.17	0.09	0.05~0.12	0.18	0.14~0.23	0.16	0.04~0.27	0.14	0.10~0.19
	Co	14.1	7.9~20.3	13.3	4.0~22.6	14.7	10.1~19.3	13.7	8.7~18.7	15.0	9.9~20.1	14.4	9.8~19.0	13.6	11.8~15.4
	Cr	59.5	23.3~96.2	58.8	11.0~106.6	78.4	57.2~99.5	76.3	48.1~104.5	80.1	59.1~100.5	79.2	58.0~100.4	77.3	69.4~85.1
	Cu	20.9	6.8~35.4	19.8	4.1~35.5	29.2	21.8~36.6	27.3	17.3~37.3	31.7	13.4~49.5	29.9	11.2~48.6	28.3	24.0~32.5
	Hg	0.062	0.034~0.09	0.052	0.012~0.093	0.12	0.02~0.23	0.10	0~0.25	0.10	0.02~0.19	0.10	0~0.22	0.09	0.06~0.13
	Ni	22.9	8.3~37.6	20.7	4.3~37.1	34.6	20.8~48.4	33.0	17.2~48.7	35.3	21.9~48.2	34.0	21.7~46.3	31.4	26.8~36.0
	Pb	36.7	10.1~63.3	28.1	18.8~37.4	27.9	24.4~31.5	27.3	18.1~36.5	25.7	15.1~35.7	22.9	14.1~31.7	32.2	28.3~36.1
	Se	0.40	0.18~0.61	0.33	0~0.68	0.21	0.09~0.34	0.17	0.03~0.31	0.16	0.11~0.22	0.13	0.02~0.24	0.50	0.42~0.58
	Zn	72.6	54.7~90.8	64.1	48.9~79.3	82.5	52.9~112.0	72.8	43.1~102.5	87.6	54.8~119.4	82.6	49.9~115.4	86.8	74.6~98.7
珠江角洲地区	As	5.8	3.6~8.1	3.8	0~8.2	14.7	3.0~27.3	11.8	0~28.2	11.2	1.6~21.8	8.8	0~18.5	8.1	0.5~15.7
	Cd	0.04	0.02~0.06	0.03	0~0.07	0.22	0.05~0.41	0.13	0~0.33	0.34	0.04~0.71	0.18	0~0.42	0.12	0~0.24
	Co	3.0	1.2~4.8	2.2	0~4.5	11.5	1.69~23.1	9.80	0~22.68	12.8	1.5~26.2	11.32	0~24.7	5.7	0.8~10.5
	Cr	32.9	6.1~64.2	31.0	0~79.7	63.8	18.8~109.9	56.7	0.3~113.1	57.1	7.0~115.4	35.1	0~80.2	41.9	13.0~71.0
	Cu	9.3	1.5~18.9	7.2	0~15.2	31.0	4.8~60.5	26.3	0~58.8	40.0	3.6~86.7	28.0	0~69.8	17.1	2.6~31.6
	Hg	0.047	0.027~0.07	0.039	0.004~0.074	0.15	0.03~0.27	0.12	0~0.30	0.12	0.01~0.27	0.12	0~0.31	0.10	0.02~0.18
	Ni	3.5	0.8~6.3	3.0	0~6.8	23.2	2.8~47.5	22.2	0~53.3	25.0	2.2~54.2	20.5	0~50.1	10.2	0~20.9
	Pb	26.9	12.2~41.6	20.4	0~43.9	47.2	28.1~66.5	47.2	15.6~78.7	35.5	14.2~56.7	35.5	3.6~67.4	34.3	11.2~57.8
	Se	0.67	0.34~1.0	0.53	0.15~0.91	0.42	0.25~0.59	0.38	0.11~0.65	0.33	0.08~0.58	0.32	0~0.72	0.55	0.20~0.89
	Zn	28.0	17.4~38.6	25.3	0.26~50.3	83.5	22.7~145.9	72.0	0~146.8	93.6	9.2~193.8	61.9	0~150.5	50.5	17.6~84.3

表 3.4　20 世纪 80 年代长三角和珠三角地区的土壤背景值调查数据（单位：mg/kg）

元素	长三角太湖流域					珠三角地区		
	黄棕壤	红壤	黄红壤	水稻土	灰潮土	赤红壤*	水稻土	滨海盐土
As	13.7	10.9	10.0	8.7	7.7	4.30	10.6	11.3
Cd	0.33	0.06	0.06	0.15	0.29	—	0.035	0.03
Co	19.5	—	—	12.6	15.5	2.96	4.47	5.9
Cr	61.6	52.8	44.8	65.5	65.0	7.63	39.6	41.1
Cu	32.8	15.6	11.4	23.5	26.0	8.82	17.2	9.39
Hg	0.12	0.08	0.08	0.21	0.17	—	0.045	0.021
Ni	37.7	18.2	16.5	29.7	26.2	8.87	21.7	21.6
Pb	25.7	19.7	16.6	21.0	17.9	—	27.8	23.6
Se	0.2	—	—	—	—	0.37	—	—
Zn	85.3	42.4	47.0	73.1	82.9	24.4	51.7	43.8

注：数据来自中国环境科学出版社 1988 年出版的《环境背景值数据手册》；*赤红壤的数据为整个广东地区的平均值。

水稻土中都发生了较大幅度的增加。其中 Cd 的平均值由过去的 0.035 mg/kg 增加到目前的 0.13～0.22 mg/kg，是原来的 4～7 倍；而 Hg 也由过去的 0.045 mg/kg 增加到目前的 0.15 mg/kg 左右，大致为原来的 3 倍。本研究是基线值之间的比较，即已经剔除了个别点源的影响，由此可见，珠三角地区经过 20 多年的发展之后，农业土壤中的微量元素 Cd、Hg、Pb、Zn 等都有了不同程度增加，其中 Cd、Hg 和 Zn 的基线水平已经接近国家土壤质量的二级标准值，需要引起重视。

五、长江、珠江三角洲地区土壤稀土元素的环境地球化学基线

我国是稀土资源的大国，储量约占全球的 80%。从 20 世纪 70 年代开始，我国开始将稀土元素应用到农业生产中，到 90 年代初，农业使用稀土元素的面积累积达到了 9300 万亩（解惠光，1991）。目前，稀土微肥仍在农林生产中广泛运用。但外源稀土进入土壤后由此形成的生态环境效应也逐渐为人们所重视，并普遍认识到稀土元素低浓度对植物生长发育和品质有促进作用，高浓度时有抑制作用，以及影响动物的生理和生殖过程（丁士明等，2004）。鉴此，稀土元素的环境问题已成为继重金属元素和持久性有机污染物的环境问题后又一个新的环境热点，而要系统全面地解决稀土的生态环境问题，则需要首先了解和掌握土壤中稀土元素的地球化学行为（陈祖义等，2002）。另一方面，土壤中稀土元素含量多少直接影响稀土的农用效果，因此对土壤中稀土元素背景值含量和分布规律的研究，对采取合理的调控稀土元素的供应水平以及对稀土农用的推广具有积极的意义（朱维晃等，2004）。2006 年国家环保总局颁布的《食用农产品产地土壤环境质量指标限值》（HJ 332—2006）中，稀土总量已作为选测指标进入该标准中，并且以背景值加上 10～20 mg/kg 的含量作为控制限值，表明稀土元素对农业生产和人体健康方面的影响已经受国家政府部分关注。同时该标准也意味着需要进一步明确区域范围内

的土壤中稀土的背景水平。

运用参考因子标准化、CFD 曲线法和土壤类型面积加权法都能很好地估算这两个地区的微量元素土壤环境地球化学基线。其中前两种方法在长三角地区的估算的吻合度较高，而在珠三角地区的吻合度相对较差。CFD 曲线法由于对异常值具有更高的敏感性，因此其基线预测值总体上要低于参考因子标准化方法的预测值。将这些方法估算得到的基线值与 20 年前的背景调查值比较发现，长三角地区微量元素的土壤环境地球化学基线变化不大。这个结果表明这个地区在过去 20 年中并未受到微量元素的普遍污染，微量元素的污染主要以个别点源的形式存在；而在珠三角地区，农业土壤（包括水稻土和堆叠土）中的微量元素土壤环境地球化学基线要高于历史的背景值，其中 Cd、Hg 和 Zn 等元素基线均值已经接近国家土壤质量的二级标准值，说明这些元素在该地区农业土壤中存在普遍的，面状性质的污染趋势。

（一）土壤中稀土的丰度

1. 土壤稀土总量的分布

对长江、珠江三角洲所有土壤样品进行初步统计显示，长三角土壤的稀土总量在 163.1～318.1 mg/kg，平均含量为 228.5 mg/kg；珠三角土壤的稀土总量的变异要大于长三角地区，含量在 46.5～699 mg/kg，平均含量为 241.3 mg/kg。从平均含量来看两个地区稀土总量差异不大。图 3.4 是这两个地区土壤中稀土总量的分布频度。

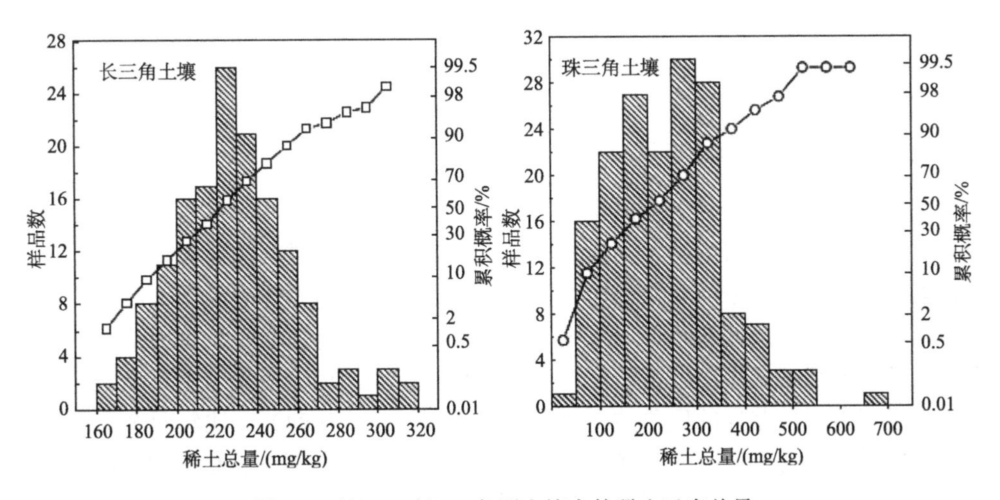

图 3.4 长江、珠江三角洲土壤中的稀土元素总量

从图中可以看出，长三角地区土壤中稀土总量基本呈现正态分布，调查中 90%的土壤样品稀土总量在 160～260 mg/kg，峰值在 220～230 mg/kg；珠三角土壤的稀土总量属于对数正态分布，调查中 80%的土壤样品的稀土总量在 50～350 mg/kg，峰值在 250～300 mg/kg。这两个地区土壤中的稀土元素的总量要比地壳和世界土壤的平均值都高，也要比全国土壤的平均值略高；与过去对上海地区水稻土和潮土、南方红壤、海南砖红壤的调查结果类似，对于珠三角土壤来说，广东土壤和香港土壤中的稀土元素总量具有一定的可比性，

但本次调查的结果却都高于这两个研究的结果（表 3.5）。这可能是由于徐金鸿等（2007）的研究中主要采集的是赤红壤，而本研究中采集的珠三角土壤有很大比例是水稻土、堆叠土等农业土壤，因此不排除有人为施加稀土微肥的可能。而在香港地区尽管也采集了不同利用方式的土壤样品，但香港地区主要以发展有机农业为主，并且农业用地的面积不足总土地面积的 5%，因此，农业生产对土壤中稀土元素含量的影响很小（AFCD，2002）。

表 3.5　地壳和其他土壤中稀土的平均含量

相关研究	稀土含量/（mg/kg）			资料来源
	ΣCe	ΣY	ΣREE	
地壳平均	121.6	19.8	141.4	李健和郑春江，1988
世界土壤平均	137.5	20.3	157.8	李健和郑春江，1988
全国土壤平均	147.9	38.8	186.8	李健和郑春江，1988
上海（水稻土和潮土）	—	—	223.3	庞金华等，1991
南方红壤[a]	181.1	59.6	240.7	杨元根等，1999
广东红壤[b]	123.7	10.3	134.0	徐金鸿等，2007
香港（赤红壤）	133.3	21.0	157.9	章海波等，2006
海南（砖红壤）	232.4	28.4	260.1	朱维晃等，2004

注：ΣCe 表示轻稀土总量；ΣY 表示重稀土总量；ΣREE 表示 15 种稀土元素总量，下同；
a：包括江西、湖南、浙江、安徽、贵州、广东和海南 7 个地区的红壤平均水平；
b：ΣY 和ΣREE 中未包括元素 Y 的含量。

2. 主要类型土壤的稀土丰度

长三角和珠三角分别处于亚热带的北部和南缘，水热条件和土壤发育程度都有较大的差异。因此地带性土壤中稀土元素的含量有一定的差别。过去的研究认为：土壤中的稀土元素具有生物气候带分布特征，如我国土壤的稀土总量总体上呈现南高北低、东高西低、西北干旱地区最低的特征（朱维晃等，2003）。但有的学者认为由于在不同成土过程中，稀土元素在表层中的富集和淋溶迁移程度不同，可能使我国主要土壤中的稀土元素含量呈现地带性差异的现象并不显著（冉勇和刘铮，1994）。比较两个地区的地带性土壤可以看出（表 3.6），长三角地带性土壤中的稀土总量都在 200～250 mg/kg，以黄壤最高；而珠三角赤红壤（包括侵蚀赤红壤和耕型赤红壤）的稀土总量则都在 200 mg/kg 以下，以耕型赤红壤最低，表土层稀土总量只有 118.8 mg/kg。但所有土壤的轻重稀土含量的分布趋势都很一致，即轻稀土含量要高于重稀土的含量。

两个地区农业土壤（包括水稻土和潮土）的稀土总量一般都要高于自然土壤。其中，长三角地区农业土壤中稀土总量的大小为：潴育水稻土>漂洗水稻土>脱潜水稻土>灰潮土>渗育水稻土；而珠三角农业土壤中稀土总量大小为：盐渍水稻土>潴育水稻土>堆叠土>潜育水稻土。对两个地区农业土壤中稀土总量的平均值比较认为，珠三角农业土壤中稀土总量要略高于长三角农业土壤，前者为 257.8 mg/kg，后者为 228.3 mg/kg，其中，轻重稀土总量都是珠三角农业土壤较大。两个地区滨海盐土的稀土含量都很高，表土层分别为 274.1 mg/kg 和 292.1 mg/kg，但珠三角的滨海砂土的稀土含量很低，是所有调查土壤中稀土含量最低的一类土壤。这类土壤主要在一些新近围垦的岛上，质地很粗，整个土体的黏粒含量在 10%以下，表层甚至只有 3%左右，且土体中石英含量很高，对土体中的稀土元素含量起到了稀释作用（朱维晃等，2003）。

表 3.6　土壤轻重稀土及总稀土含量　　（单位：mg/kg）

土壤类型	N	表土			心土			底土		
		ΣCe	ΣY	ΣREE	ΣCe	ΣY	ΣREE	ΣCe	ΣY	ΣREE
长三角地区										
黄棕壤	1	169.9	43.0	212.9	184.0	43.9	227.9	193.8	48.1	241.9
黄褐土	1	166.5	42.3	208.8	196.6	51.9	248.5	195.6	54	249.5
黄壤	1	187.7	49.8	237.5	207.3	44.3	251.6	193.6	36.7	230.2
红壤	3	163.7	37.9	201.5	165.5	39.0	204.4	151.6	35.4	187.0
漂洗水稻土	4	186.7	49.2	235.9	192.3	51.6	243.9	197.7	53.2	250.9
潴育水稻土	5	206.5	54.1	260.6	203.0	54.2	257.2	191.9	54.1	246.0
脱潜水稻土	8	183.4	50.9	234.3	187.2	51.3	238.5	184.7	51.6	236.3
渗育水稻土	1	165.2	45.1	210.4	160.3	44.8	205.1	143.3	40.7	184.0
灰潮土	14	167.3	46.2	213.4	164.9	45.8	210.7	154.0	44.0	198.0
滨海潮间盐土	1	220.3	53.8	274.1	211.7	53.7	265.4	207.6	53.6	261.2
珠三角地区										
赤红壤	9	100.3	29.0	129.2	111.0	26.1	137.1	127.9	26.1	154.0
侵蚀赤红壤	2	130.1	57.6	187.7	123.8	52.0	175.7	132.7	50.2	182.8
耕型赤红壤	5	93.5	25.3	118.8	107.2	27.9	135.1	94.7	30.1	124.7
潴育水稻土	36	215.9	54.3	270.2	223.6	54.5	278.1	247.5	57.9	305.4
盐渍水稻土	3	246.1	67.7	313.8	217.5	59.9	277.4	208.9	60.1	269.0
潜育水稻土	1	138.4	55.9	194.3	174.6	63.1	237.8	—	—	—
滨海砂土	1	90.0	22.4	112.4	129.1	34.1	163.2	138.1	37.4	175.5
堆叠土	3	205.3	58.2	263.4	149.1	44.2	193.3	212.7	61.8	274.5
滨海盐渍沼泽土	2	227.8	64.3	292.1	97.5	26.1	123.6	39.6	16.7	56.3

3. 稀土含量在剖面中的分布

两个地区不同类型的土壤其稀土元素在剖面中的含量分布并不一致（表 3.6）。自然土壤中稀土含量一般由表层向底层聚集，黄棕壤、黄褐土和赤红壤中的稀土总量都是由表土层逐渐向底土层增加。表明在温暖湿润的气候条件下发育的土壤，其所含稀土有向下淋失的现象。但黄壤和红壤中的稀土含量都在心土层聚集，这可能是由于土体内心土层黏粒含量高，并且与铁锰氧化物结合而难以被淋溶有关（冉勇和刘铮，1991；Cao et al.，2001）。水稻土剖面中的稀土含量分布与土壤水分运移有一定关系。长三角地区漂洗水稻土中稀土总量在底层最高，潴育水稻土和渗育水稻土中稀土则主要聚集在表层，脱潜水稻土稀土则呈低聚型。珠三角地区潴育水稻土中底土层稀土含量最高，潜育水稻土也有向下聚集的趋势，盐渍水稻土则主要聚集在表层，这可能与长期受海水浸渍有关。同样是受到海水浸渍影响的灰潮土、滨海潮间盐土和滨海沼泽土剖面中的稀土含量也都是在表层聚集。而滨海砂土中的稀土则都是底聚型，这可能是由于其底土层的黏粒含量在整个土体中的相对较高有关。堆叠土中的稀土含量是底土层>表土层>心土层，这可能反映了不同堆叠时期的土壤稀土丰度。

（二）土壤中稀土元素的地球化学特征

1. 土壤中稀土元素的分布模式

土壤中稀土元素的分馏是由于其氧化还原性能、水解反应常数、配合物的稳定常数、吸附能力等物理化学性质上存在一些差别，所以在成土过程中受到pH、温度、湿度、土壤盐分等环境因素影响，同时与土壤中的次生矿物、微生物和植物发生各种物理、化学、生物化学作用而导致其相对丰度发生改变的过程（陈莹等，1999）。用球粒陨石的平均含量标准化后的稀土元素分布模式（不包括 Y）可以反映各稀土元素在成土过程中的分馏特征，其中球粒陨石的数据来自文献（Sun，1982）。

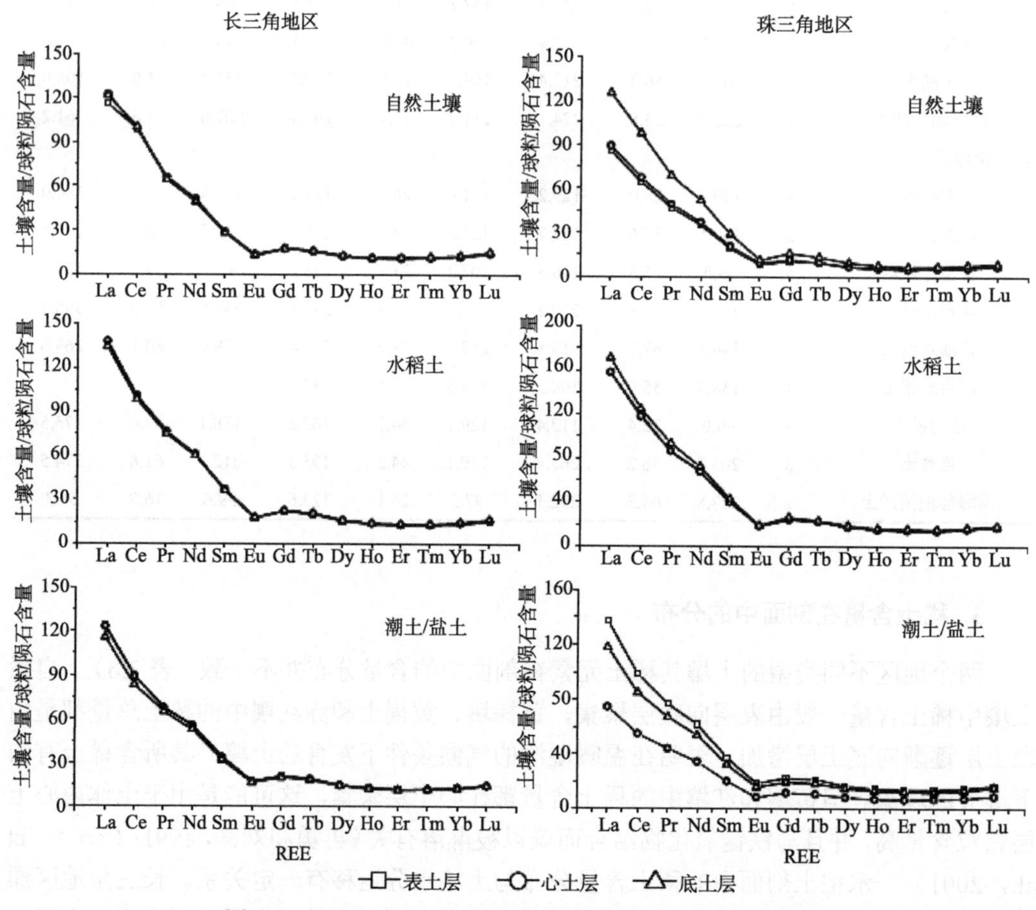

图 3.5 长江、珠江三角洲土壤中稀土元素的一般分布模式

图 3.5 是长三角和珠三角地区土壤中稀土元素分布的一般模式，即大多数土壤中的稀土元素分布模式。从该分布模式可以看出，两个地区所有土壤中的稀土元素都是呈现从轻稀土向重稀土倾斜，轻重稀土分馏都很明显；并且 Ce 的异常并不明显，而 Eu 可见明显负异常。这与过去的许多研究都很类似（徐金鸿等，2007；朱维晃等，2004；冉勇和刘铮，1994）。但从这个一般分布模式中也可以反映出两个地区和不同土壤类别之间稀土元素分馏的一些细微差异。两个地区之间稀土元素分布模式差异主要体现在自然土壤中，其中 Ce 的异常的差异较为明显，长三角自然土壤的 Ce 略有正异常，而珠三角自然土壤的 Ce 则无明显异常。Ce 异常的差异还体现在长三角地区不同土壤类别之间，水稻土和潮土/盐土中的 Ce 异常与自然土壤不同，呈现略微的负异常现象。这是由不同的氧化还原环境所决定的，因为 Ce 在氧化环境下容易形成四价的氧化物或氢氧化物而富集（冉勇和刘铮，1994）。此外，长三角土壤剖面中稀土元素的含量和分布模式都非常一致，不同层次的分布模式曲线难以分离，而珠三角土壤中不同层次之间轻稀土部分的差异较为明显，从 La 到 Eu，底土层的分布曲线斜率往往最大，反映了珠三角土壤中轻稀土内部元素的分馏在不同层次之间差异明显。

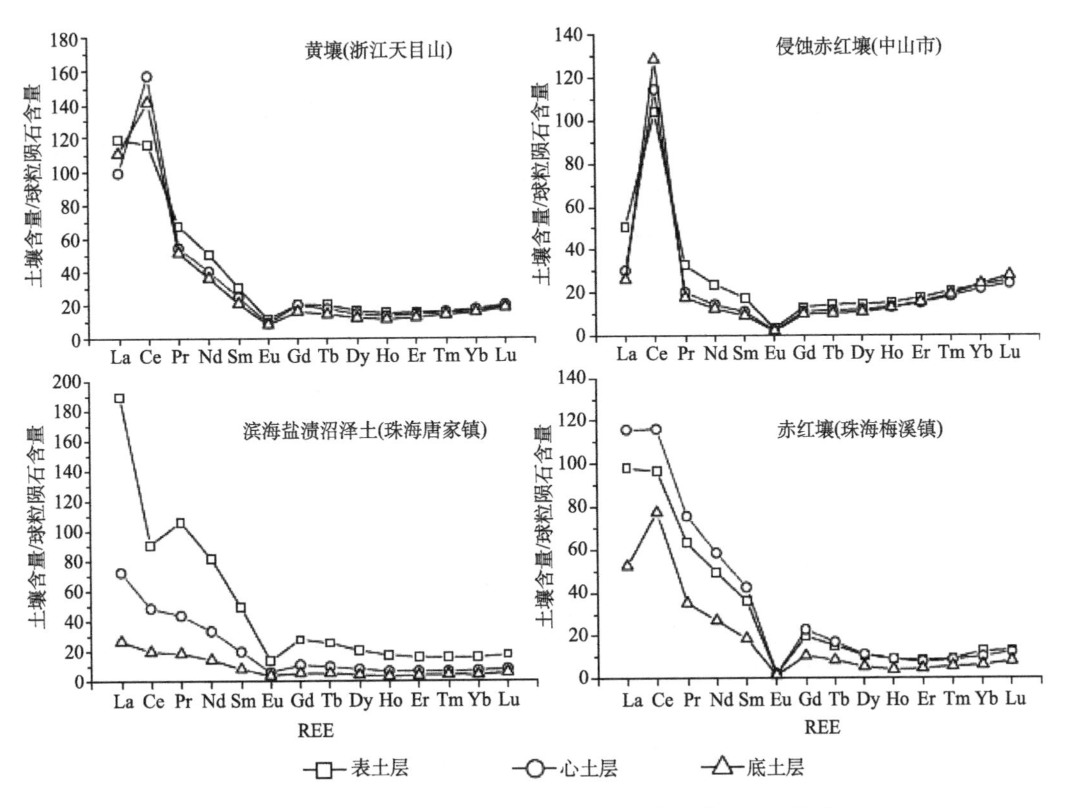

图 3.6 长江、珠江三角洲土壤中稀土元素的特殊分布模式

同时，本研究也在这两个地区发现了与一般的分布模式不同的土壤，图 3.6 中给出了大致的四种情况：①Eu 亏缺同一般模式，但 Ce 呈显著正异常，如浙江天目山的黄壤；②Ce 显著正异常的同时，Eu 也发生显著的亏缺，如广东中山的侵蚀赤红壤；③Eu 的亏

缺同一般模式，但 Ce 呈现负显著异常，如珠海唐家镇的滨海盐渍沼泽土；④Ce 的正异常一般，但 Eu 的异常非常显著，如珠海梅溪镇的赤红壤。这些特殊的分布模式在长三角和珠三角土壤中均有存在，其中 Ce 显著正异常的情况在珠三角的赤红壤中较为多见。过去在对香港土壤的研究中，也发现了该地区花岗岩和凝灰岩发育的赤红壤中稀土元素分布模式普遍出现了 Ce 处的“帽子”现象（章海波，2006）。Eu 的严重亏缺则主要出现珠三角的一些水稻土中，在这些土壤中，Eu 和表征 Eu 异常的指标 δEu 都与元素 Sr 具有极显著的正相关（图 3.7）。由于二价 Eu 的离子半径与二价阳离子 Sr 的离子半径都在 1.2Å 左右，化学行为非常接近，而 Sr 较易在土壤中淋失。因此，如果 Eu 在土壤中由三价还原成为二价，则容易与 Sr 一起淋失。而土壤中的 Sr 与 Eu 及其 δEu 的相关性则正好说明了这一点，即 Eu 在水稻土的淹水还原条件下被还原为二价 Eu 与 Sr 一起淋失。本研究对长三角水稻土中的 Eu、δEu 与 Sr 作相关分析表明，并没有显著的相关性（$p>0.05$），并且土壤中 Sr 的含量大多大于 100mg/kg，而从图 3.7 可以看出，珠三角水稻土中 Sr 的含量一般都在 100mg/kg 以下。因此，这也可能是两个地区的淋溶强度不同导致的。此外，这两个地区的稀土元素还有一种特别的分布模式即 Ce 的显著负异常，此处选择的是珠三角一个较为典型的剖面。事实上，这种模式是长三角和珠三角受海水影响土壤中稀土元素分布的共同模式，如长三角的灰潮土、珠三角的滨海盐渍沼泽土等。但长三角的灰潮土是略有负异常，这是由于灰潮土是由滨海地带的土壤经过耕垦脱盐化过程发育而来，土体几乎不含盐分或含盐很少。因为有研究表明海水的盐度是导致其 Ce 负异常的主要原因，因为盐度易引起稀土与海水中的胶体发生凝聚，从而使 Ce 从海水中被优先分馏出来（陈莹等，1999）。

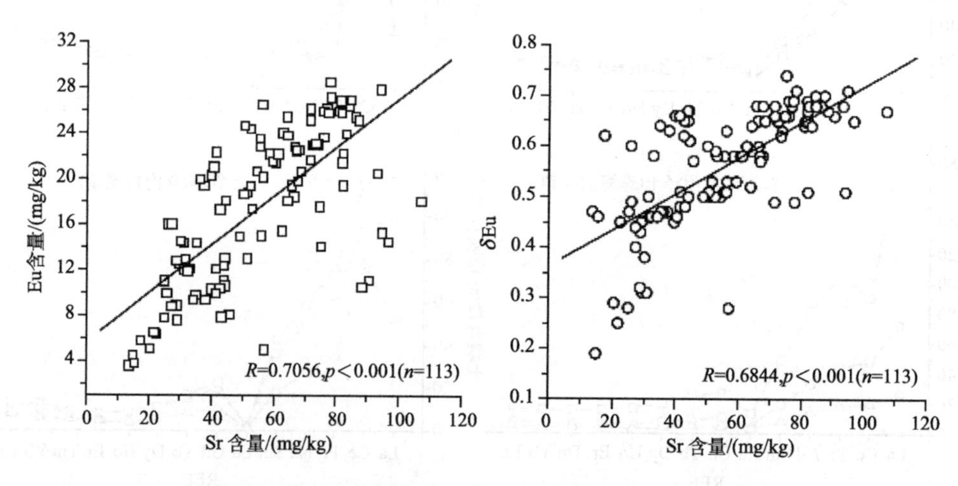

图 3.7 珠三角水稻土中 Sr 与 Eu 和 Eu 负异常的相关性

2. 定量土壤中稀土元素分馏的特征比值

稀土元素分馏程度的大小可以用一些特征比值来表征，比如用来表征轻重稀土分馏程度的 ΣCe/ΣY，其中 ΣCe 表示轻稀土的总量（也称为 Ce 组元素），ΣY 表示重稀土元素的总量（也称为 Y 组元素）；用来表示 Ce 和 Eu 异常的 δCe 和 δEu，其中，δCe＝Ce/

（La×Pr）$^{0.5}$，δEu＝Eu/（Sm×Gd）$^{0.5}$，公式中的 La、Ce、Pr、Sm、Eu 和 Gd 都是球粒陨石含量标准化后的数值；还有分别用来表征轻重稀土内部分馏程度的（La/Sm）$_N$ 和（Gd/Yb）$_N$，N 也是表示数据需要经过球粒陨石含量标准化。

表 3.7　长三角、珠三角土壤中稀土元素的分馏特征比值

土壤类别	层次	ΣCe/ΣY	δCe	δEu	（La/Sm）$_N$	（Gd/Yb）$_N$
长三角地区						
自然土壤	表土层	4.06	1.15	0.55	4.12	1.51
	心土层	4.24	1.27	0.57	4.30	1.43
	底土层	4.29	1.16	0.58	4.50	1.37
水稻土	表土层	3.70	0.98	0.62	3.78	1.64
	心土层	3.68	0.98	0.62	3.73	1.63
	底土层	3.58	0.98	0.62	3.69	1.59
潮土/盐土	表土层	3.65	0.98	0.65	3.66	1.62
	心土层	3.63	0.97	0.65	3.65	1.60
	底土层	3.55	0.96	0.65	3.62	1.61
珠三角地区						
自然土壤	表土层	4.20	1.32	0.51	4.42	1.54
	心土层	4.67	1.71	0.53	4.38	1.63
	底土层	5.09	2.04	0.49	4.32	1.67
水稻土	表土层	3.96	1.07	0.57	3.97	1.61
	心土层	4.08	1.02	0.56	3.96	1.69
	底土层	4.24	1.02	0.54	4.00	1.79
潮土/盐土	表土层	3.62	0.90	0.60	3.70	1.57
	心土层	3.54	0.91	0.53	3.68	1.50
	底土层	3.28	0.94	0.62	3.57	1.42

表 3.7 是这两个地区土壤中表征稀土元素分馏的几个特征比值。这些值可以作为前面稀土元素分布模式曲线的进一步的阐释。土壤中轻重稀土的分馏方面，两个地区自然土壤的分馏都要大于水稻土和潮土/盐土。两个地区的比较来看，珠三角自然土壤和水稻土中稀土元素的分馏程度都要大于长三角地区两个对应的土壤类别，而潮土的差别不大。由此可以看出，尽管稀土元素在含量并没有体现生物气候带的差异，但从轻重稀土的分馏程度上却体现了这一点。

与全国土壤平均值相比（表 3.8），长三角自然土壤稀土元素的分馏程度要高于全国土壤平均，而水稻土和潮土/盐土的稀土元素分馏程度则要略低全国平均；珠三角的情况略有不同，只有潮土/盐土的稀土元素分馏程度要低于全国平均。而同主要类型母岩中的轻重稀土分馏程度相比，则所有土壤的分馏程度都要低于母岩，表明从母岩发育到土壤的过程，轻稀土的富集程度和重稀土的亏缺程度都在减小。土壤剖面中的分馏差异也较

表 3.8 主要类型母岩和全国土壤中稀土元素的分馏特征比值

母岩和土壤	ΣCe/ΣY	δCe	δEu	$(La/Sm)_N$	$(Gd/Yb)_N$
中性岩	8.09	1.18	0.46	2.36	2.02
花岗岩	10.02	0.89	0.49	4.04	1.77
页岩	12.88	0.62	0.46	8.71	1.93
砂岩	7.77	1.35	0.47	1.82	1.96
全国土壤平均	3.81	0.97	0.62	4.61	1.48

注：数据来自李健和郑春江（1988）。

为明显，长三角自然土壤的底土层的轻重稀土分馏最大，水稻土则在心土层，而潮土/盐土则在表土层；珠三角自然土壤和水稻土都是在底土层分馏程度最大，潮土/盐土则仍然是表层最大。Ce 和 Eu 的异常方面，长三角自然土壤中 Ce 略有富集，水稻土和潮土/盐土的 Ce 的富集和亏缺并不明显，δEu 都在 1.0 附近；Eu 都是呈现亏缺的现象，自然土壤要比其他两类土壤的 Eu 亏缺程度大。珠三角的情况则与长三角类似，但 Ce 的正异常程度和 Eu 的负异常程度都要大于长三角土壤，与轻重稀土分馏的地理趋势一致。这两个地区的 Ce 和 Eu 的异常情况同全国平均相比，这两个地区的自然土壤中的 Ce 的正异常程度都要高于全国平均，而 Eu 的负异常程度也要低于全国平均。因此，从全国的地带性来看，这两个地区土壤中稀土的分馏程度相对来说都不低。与岩石中 Eu 的负异常情况比较可以看出，从母岩发育到土壤的过程，Eu 的负异常程度在降低。轻重稀土内部的分馏情况来看，总体上都是轻稀土内部要大于中稀土内部的分馏，这从稀土元素的分布模式曲线也显而易见。其中两个地区都是自然土壤的轻稀土内部的分馏程度较大。综合来看，无论是轻重稀土分馏还是 Ce、Eu 的异常等方面，自然土壤的分馏程度都要高于其他几类土壤。究其原因可能是自然土壤中主要是氧化条件，因此 Ce^{3+}氧化水解为 Ce^{4+}而沉淀富集下来，Eu^{3+}向下淋溶并还原为 Eu^{2+}而淋失；而水稻和潮土由于受到地下水周期性上升和下降影响，以及灌溉淋溶的影响，其氧化和还原环境也发生周期性的变化，因此 Ce 和 Eu 的变化较为复杂，同时水稻土中还存在铁锰结核，对稀土具有吸附富集作用（朱维晃，2003；唐南奇，2002）。而 Ce 和 Eu 的变化又可以直接决定轻重稀土的分馏程度，这可以从表 3.9 中 δCe 和 δEu 与 ΣCe/ΣY 的相关性上得到说明。

表 3.9 特征比值之间的相关系数矩阵

	ΣCe/ΣY	δCe	δEu	$(La/Sm)_N$	$(Gd/Yb)_N$
ΣCe/ΣY	1	0.311**	–0.109*	0.410**	0.633**
δCe	0.31 r*	1	–0.407**	0.077	–0.243**
δEu	–0.109*	–0.407**	1	0.081	–0.097
$(La/Sm)_N$	0.410**	0.077	0.081	1	–0.027
$(Gd/Yb)_N$	0.633**	–0.243**	–0.097	–0.027	1

**表示 0.01 显著性水平；*表示 0.05 显著性水平。

它们都与轻重稀土的分馏程度有显著的相关性，其中 δCe 是正相关，而 δEu 是负相关。同时与轻重稀土的分馏相关的还有 Ce 组和 Y 组内部元素的分馏程度。此外，从表中还可以看出，Ce 的正异常通常还会同时伴随着 Eu 的负异常。

（三）土壤中稀土元素分馏的主控因素

1. 成土母质影响

从土壤发生学原理看，母质是土壤化学组成的重要来源。虽然成土母质中的化学元素在风化成土过程中进行了重新分化，但成土母质仍然决定着土壤中化学元素的最初含量。但在成土过程中由于其他因素也会在很大程度上影响土壤化学元素的含量，所以，在比较母质的影响时尽量要选择其他影响因素相同的土壤。本研究中，在土壤类型相同，并且在同一个地区的基础上比较了不同成土母质的影响（图 3.8）。选择的土壤是长三角地区的红壤和黄壤，珠三角地区的赤红壤。前者的成土母质有花岗岩、板页岩和第四纪红土，后者的成土母质有花岗岩和砂页岩。从图上可以明显地看出花岗岩发育土壤的稀土分布模式与其他母质发育土壤的稀土分布模式不同。花岗岩发育土壤的 Ce 正异常非常显著，同时也伴随着显著的 Eu 负异常。杨元根等（1999）对南方不同母岩发育红壤的稀土元素的研究也表明花岗岩母质发育土壤的稀土含量较高，其次是砂页岩发育的土壤，其结果基本上与本研究相同。但对不同母质如湖相沉积物、河流沉积物、长江冲积物等发育的水稻土和潮土/盐土中稀土元素的分馏比较认为，母质对这些土壤中稀土元素分馏的影响并不显著。

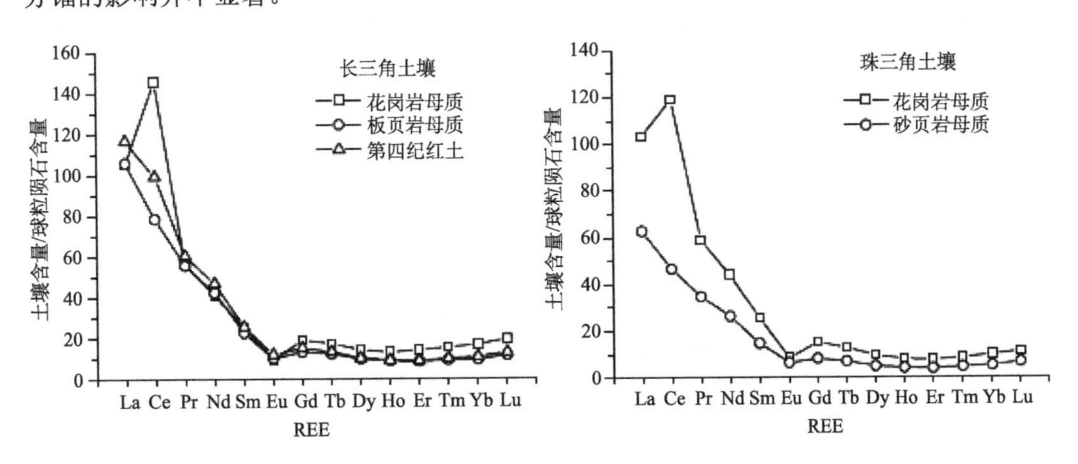

图 3.8　不同母质发育土壤的稀土元素分布模式差异

2. 生物气候作用

生物气候直接影响着土壤的水热状况和氧化还原环境，由于气候不同，导致土壤温度和湿度的差异，从而影响土壤化学、物理、物理化学和生物化学的强度。长三角地处亚热带的中北部，而珠三角地处亚热带的南缘，湿热状况都有较大的差别。前面的比较可以看出，两个地区的稀土总量和元素的分馏方面都呈现了与生物气候变化的一致性。

土壤的淋溶系数是土壤发育的一个指标，反映了生物气候对土壤的综合作用。本研究根据长三角地区地带性土壤的特点，划分为太湖以北的黄棕壤区，大致属于北亚热带，而太湖以南为红壤区，大致属于亚热带的中部，珠三角则属于南亚热带，地带性土壤为赤红壤。根据这个划分原则，将土壤的淋溶系数与稀土元素特征比值作图（图 3.9），可以发现它们存在一定的协同变化关系。

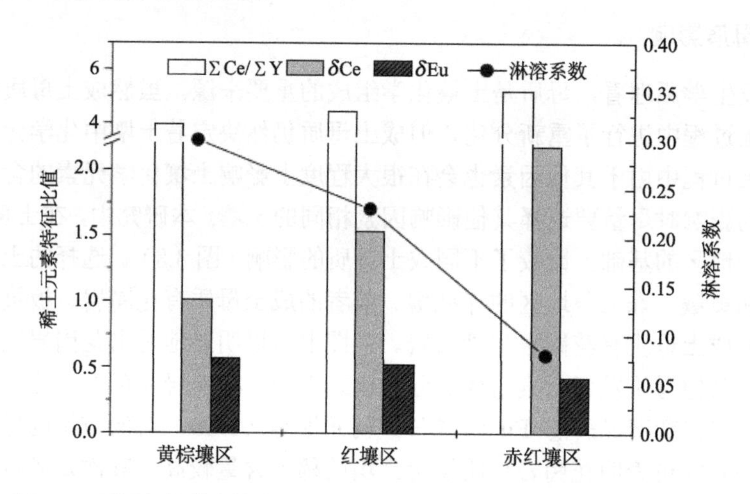

图 3.9　不同气候带土壤中稀土元素的分馏与土壤淋溶系数协同变化趋势

一般来说，土壤淋溶系数越小，则被风化淋溶的程度越大。从图中可以看出，轻重稀土的分馏程度、Ce 的正异常程度、Eu 的负异常程度都随着风化淋溶程度的增加而增加。这表明土壤的生物气候作用会影响区域土壤稀土元素整体的分馏程度。

3. 土壤铁锰氧化物的作用

土壤中铁锰氧化物对稀土元素具有专性吸附现象。冉勇和刘铮（1991）通过稀土元素的形态分级研究表明，土壤中的稀土元素大多以铁、锰氧化物结合态的形式存在。Cao 等（2001）通过多元回归分析也表明土壤中 La、Ce、Gd、Y 主要以铁、锰氧化物结合态的形式存在。水稻土和潮土中在周期性的氧化还原条件下会导致铁锰氧化物在土壤剖面特定层次的淀积。参考过去的一些研究结果，本研究分析了长三角、珠三角地区水稻土和潮土中稀土元素含量和分馏特征比值与铁锰氧化物不同形态之间的相关关系（表 3.10）。

从表中可以看出，这两个地区水稻土和潮土中铁氧化物对稀土的含量和分馏作用要比锰氧化物强，其中又以游离铁中的晶质铁部分的作用最强。它对轻重稀土的总量以及 Ce 的正异常都有积极的贡献，但晶质铁含量与 δEu 值呈负相关关系，表明土壤晶质铁含量与 Eu 负异常的程度有关联。游离铁中无定性态铁部分与重稀土含量具有显著的正相关。非游离态铁是指与不能用连二亚硫酸钠溶液提取的部分铁，主要是与铝硅酸盐矿物结合在一起的铁。事实上，其含量的高低反映的是土壤的风化发育程度，因此它与土壤稀土元素和分馏的相关性反映的实际上是土壤风化发育程度对稀土含量和分馏的影响。锰氧化物体系对稀土的含量和分馏作用相对较弱，其中晶质态锰对 Eu 的异常具有极显著的作用，而活性态锰则对重稀土的吸附作用较强。

表 3.10　水稻土和潮土中稀土与铁锰氧化物的相关性

稀土指标	铁氧化物体系（n=124）				锰氧化物体系（n= 124）			
	Fe_d	Fe_u	Fe_o	Fe_c	Mn_d	Mn_u	Mn_o	Mn_c
ΣCe	0.538**	–0.069	0.104	0.495**	–0.098	0.033	–0.001	–0.184*
ΣY	0.467**	0.204*	0.233**	0.381**	0.092	0.290**	0.211*	–0.120
ΣREE	0.547**	–0.031	0.127	0.496**	–0.073	0.072	0.030	–0.181*
ΣCe/ΣY	0.340**	–0.283**	–0.054	0.353**	–0.217*	–0.217*	–0.184*	–0.156
δCe	0.320**	–0.282**	–0.142	0.363**	0.085	–0.032	0.103	0.019
δEu	–0.323**	0.501**	–0.021	–0.312**	0.210*	0.177*	0.108	0.247**

注：Fe_d表示游离铁，Fe_u表示非游离铁，$Fe_u=Fe_t-Fe_d$（Fe_t为总铁含量），Fe_o为无定形态铁，Fe_c为晶质铁，$Fe_c=Fe_d-Fe_o$；锰氧化物的形态划分同铁氧化物，所有的含量均为氧化物含量。**表示统计显著性水平为 0.01，*表示统计显著性水平为 0.05。

4. 其他因素影响

除上述因素外，土壤中稀土元素的含量和分馏还受到其他一些因素的影响，比如 pH、有机质、黏粒、铝氧化物等。Cao 等（2001）研究表明随着 pH 的降低，稀土元素 La、Ce、Gd 和 Y 会逐渐从土壤中释放出来。低分子量有机酸如醋酸、柠檬酸等对稀土元素的吸附解吸具有一定的作用（Shan et al.，2002）。此外，黏土矿物和有机－无机复合体的吸附等也会导致土壤中稀土的分馏（陈莹等，1999）。从本研究对两个三角洲地区土壤中的稀土元素含量和分馏特征比值与 pH、有机质等基本性质相关分析观察到，这些因素对自然土壤与水稻土和潮土的影响是不同的（表 3.11）。铝氧化物对这两种类别土壤的稀土元素含量和分馏均有显著的影响；黏粒含量能够影响稀土的含量，但对稀土的分馏没有显著影响，表明它对轻重稀土的吸附作用是基本一致的。土壤 CEC 主要是有助于提高土壤的重稀土含量，使其减少淋失；但在水稻土中对轻稀土的富集也有一定的帮助，从而对提高土壤稀土总量有积极的贡献。而 pH、有机质、胡敏酸和富里酸对自然土壤的稀土元素含量和分馏均没有显著的作用，但对水稻土和潮土则不同。有机质和腐殖酸对增加土壤中稀土元素的吸附容量有显著作用。

从相关分析结果来看，土壤有机质对增加轻重稀土的吸附容量都有作用，而腐殖酸则主要对增加重稀土的吸附容量。但也有研究表明，腐殖酸与 Ce 的配合最为稳定，从而可以增加土壤 Ce 的富集和正异常（陈莹，1999）。但目前的分析结果似乎不能够证实这一点。一般来说，土壤 pH 升高，稀土元素的专性吸附增强，土壤中稀土的富集增加（冉勇和刘铮，1991）。但本研究的分析结果却发现与这一吸附机理有矛盾的现象，其原因还需要进一步研究证实。

表 3.11 土壤稀土元素含量和分馏特征值其他土壤性质的相关性分析

	pH	有机质	胡敏酸	富里酸	CEC	黏粒	Al_2O_3
1）自然土壤（n=77）							
ΣCe	0.184	–0.061	–0.135	0.130	0.172	0.544**	0.446**
ΣY	0.163	–0.006	–0.013	0.170	0.366**	0.689**	0.313**
ΣREE	0.191	–0.056	–0.123	0.152	0.212	0.614**	0.451**
ΣCe/ΣY	–0.009	0.004	–0.189	–0.164	0.000	–0.137	0.445**
δCe	–0.149	–0.095	–0.101	–0.327	0.173	–0.047	0.596**
δEu	0.172	–0.036	0.003	–0.034	–0.027	–0.164	–0.419**
2）水稻土/潮土（n=258）							
ΣCe	–0.235**	0.225**	0.147	0.086	0.386**	0.756**	0.734**
ΣY	–0.121	0.212**	0.289*	0.286*	0.564**	0.732**	0.545**
ΣREE	–0.225**	0.231**	0.176	0.122	0.431**	0.759**	0.730**
ΣCe/ΣY	–0.214	0.104	–0.034	–0.093	–0.023	0.198	0.491**
δCe	–0.122	0.113	0.133	0.071	–0.089	0.177	0.299**
δEu	0.305**	–0.088	–0.005	0.086	0.229**	–0.023	-0.301**

长三角与珠三角土壤中的平均稀土总量相差不大，但长三角地区土壤的稀土总量变异较小，90%的土壤样品集中在 160～260 mg/kg，呈正态分布；而珠三角土壤的稀土总量变异较大，80%的土壤样品的稀土总量在 50～350 mg/kg，呈对数正态分布。两个地区土壤的稀土总量总体上高于全国平均。地带性土壤中，黄壤的稀土总量最高，赤红壤最低。农业土壤的稀土含量要普遍高于自然土壤，受海水影响的土壤稀土总量要高于其他类型的土壤，稀土含量最高的土壤为盐渍水稻土，表土层稀土总量达到 313.8 mg/kg。土壤剖面中稀土含量的分布并不一致，自然土壤一般都在底土层和心土层聚集，水稻土中稀土含量的分布则更多地受到土壤水分运移的影响，受海水影响的土壤剖面中稀土含量都在表层聚。

土壤中稀土元素的分馏呈现轻稀土富集而重稀土亏缺的特征，Eu 都有不同程度的亏缺；分馏程度基本上呈现南高北低的趋势，其中地带性土壤较为明显。一般来说，长三角自然土壤的 Ce 略有正异常，而珠三角自然土壤则无明显的 Ce 异常现象，两个地区其他类型的土壤 Ce 都略有负异常。同时，这两个地区也呈现几种特殊的稀土分布模式，比如，受海水影响的土壤都有极为显著的 Ce 负异常；而在珠三角的水稻土中，则普遍出现严重的 Eu 负异常现象，相关分析主要是由 Eu^{3+}被还原而与 Sr 一起被淋失；珠三角的赤红壤中则出现较多的 Ce 显著正异常现象。

土壤稀土元素分馏的主控因素有成土母质、生物气候因素、土壤铁锰氧化物结合作用，以及铝氧化物和黏粒等。其中成土母质的作用在本研究中最为典型的是花岗岩母质发育引起的 Ce 显著正异常的情况。而随着从北到南土壤风化淋溶程度的增加，稀土元素的分馏程度逐渐加深，表现在轻重稀土的分馏程度、Ce 的正异常和 Eu 的负异常程度随着土壤淋溶系数的减小而加大。水稻土中铁锰氧化物对稀土元素的含量和分馏都有显著的影响，其中晶质铁的作用最大，无定形态铁对提高重稀土的富集有一定的作用。土壤铝氧化物对增加土壤稀土元素的富集和分馏都有显著的作用，而黏粒、有机质和腐殖酸含量对提高珠三角土壤的稀土元素的吸附容量有显著的作用。

六、土壤镉的环境地球化学基线估算与污染风险

镉（Cd）等重金属在土壤中的累积是母岩母质基础上的自然成土过程与人为活动影响下的外源输入过程综合作用的结果。其中，母质是土壤形成的物质基础，在极其复杂的成土作用影响下，主导者土壤中各化学物质（元素）的本底含量（Bini et al.，2011）。通常认为由母质带入到土壤中的重金属量比较少，而人为活动的输入作用往往是造成土壤中重金属强烈富集甚至遭受严重污染的重要原因。但在某些特殊的地质环境条件下，即使是未受或很少受到人为活动影响，土壤中 Cd 含量仍存在异常偏高的现象，甚至远高于为保护土壤环境质量所设定的相关标准值（夏家淇和骆永明，2006；Lalor et al.，1998；Atteia et al.，1995），即自然成因地球化学异常。而在自然地球化学异常基础上，采矿、冶炼及农业施肥等人为活动往往对土壤中 Cd 积累具有叠加作用，产生混合作用下的地球化学异常。通过合适的方法判别自然作用与人为活动对土壤环境的影响，以确立污染评价基准值，从而据此对土壤污染进行评价是土壤环境质量监测与管理的基础和前提。

环境地球化学基线研究的是地球表层物质中化学元素的含量变化，反映了表生地球化学过程等自然作用与工农业生产等人为作用对表层土壤元素含量的影响，其确定的基线值可以很好地作为土壤污染评价的基准值（章海波和骆永明，2010；王济，2004）。地累积指数法（geoaccumulation index）相对于土壤重金属污染评价中常被普遍采用的单因子指数法和内梅罗综合指数法，考虑到了地质沉积特征、岩石差异等因素的影响，能够更有效地判断表生过程中重金属的污染状况。因此，本文中首先通过土壤 Cd 环境地球化学基线确立及基于基线值的地累积指数法对贵州碳酸盐岩地区土壤 Cd 的污染状况进行初步评价。此外，重金属-土壤-作物之间存在着复杂的动态相互作用，土壤中只有部分重金属能够被生物吸收和利用（Impellitteri et al.，2003），即土壤中 Cd 的污染危害不仅与其总量有关，更与其在土壤中赋存形态与有效性密切相关。因而对土壤中镉等重金属的赋存形态与有效性进行分析和评价有利于进一步揭示土壤 Cd 的污染风险。因此本章中还通过化学提取法对土壤中镉的有效性（单一提取法）以及形态分布（连续提取法）进行了分析，以期为评价地球化学异常条件下土壤中镉的污染风险提供帮助。

虽然人体对污染物的接触途径包括食物摄取、饮用水摄取、皮肤接触和呼吸道吸入等多种途径，但在这多种暴露途径中，污染物从土壤-植物-人体的迁移途径具有最普遍和最大贡献的接触意义（Dudka and Miller，1999）。并且以往研究表明，在作物可食部位 Cd 积累量超过食品安全卫生标准并高量富集的情况下，土壤 Cd 含量远没有达到使植物受害的程度（Nabulo et al.，2011；Wang et al.，2006），这在一定程度上说明，相对于生态风险，土壤（尤其是农业土壤）中 Cd 通过食物链的传递作用对人体的健康风险则相对更高。因此可以从农产品安全角度对地球化学异常土壤中镉的污染风险进行进一步评价与验证。

然而，由于不同种类的农作物对土壤中重金属吸收能力差异很大。为了更好地对土壤中镉的污染风险进行更合理地评价及与地累积指数法的评价结果进行比较与验证，我们根据研究区居民普遍有在自家农田种植蔬菜的习惯，以及叶菜类蔬菜对土壤重金属的富集能力相对较强，在本研究中选择两种叶菜类蔬菜（小青菜与生菜），通过在由研究区中选择的几处土壤上的盆栽试验来评价地球化学异常土壤中 Cd 的污染风险，并探讨了蔬菜可食部分镉含量与土壤中有效态及总量 Cd 间的关系。

（一）土壤镉的环境地球化学基线估算

地质统计分析在地球化学异常和背景的研究中被广泛应用，通过分析，不仅可以确定环境地球化学基线，而且可以进行环境污染分析，还可以判别污染的自然来源或人为来源。估算地球化学基线的统计方法有多种，比如局部最小二乘回归分析、累积频率曲线法和地层比较法等，其中累积频率曲线（CFD）是用来展示元素地球化学分布情况的最为理想的方式之一。该方法采用的累积频率-元素浓度分布曲线可能有两个拐点，浓度较低的点可能代表元素浓度上限（基线范围），小于该浓度的样品的平均值或中值即可作为基线值；较高点可能代表异常的下限（人类活动影响部分）而两者之间的部分可能与人类活动有关，也可能无关（Matschullat et al.，2000）。本文中利用累积频率曲线法对碳酸盐岩地区土壤中 Cd 的环境地球化学基线进行了估算。

由图 3.10 可知，贵州省碳酸盐岩地区表层土壤中 Cd 含量与累积频率曲线上存在两个拐点，拐点一和拐点二所对应的 Cd 含量分别为 0.37 mg/kg 和 0.78 mg/kg，其中拐点一代表元素浓度的上限（基线范围），小于该值的土壤 Cd 含量平均值 0.302 mg/kg 或中值 0.330 mg/kg 可以被看作是基线值；拐点二则可能代表异常值的下限，即土壤中 Cd 含量高于 0.78 mg/kg 就可能受到了人为活动的明显影响。

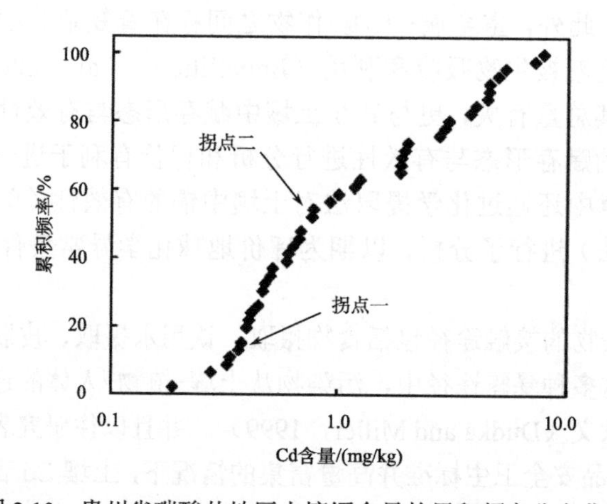

图 3.10　贵州省碳酸盐地区土壤镉含量的累积频率分布曲线

（二）基于地累积指数的土壤镉污染风险

1. 地积累指数分析方法与污染分级

地累积指数（geoaccumulation index）通常被称为Muller指数（Muller，1969），是20世纪60年代晚期在欧洲发展起来的广泛用于研究沉积物中重金属污染程度的定量指标，也是对土壤中重金属污染进行评价的指数。其表达式如下：

$$I_{\text{geo}} = \log_2\left[C_n/\left(k \times B_n\right)\right]$$

式中，C_n是元素n在土壤中的含量，B_n是土壤中该元素的化学背景值或基线值（此处为基线值，取值为前文中估算得到的基线值0.330 mg/kg）；k为考虑各地岩石差异可能会引起背景值的变动而取的系数（一般取值为1.5），用来表征沉积特征、岩石地质及其他影响。

地累计指数可分为几个级别，不同的级别分别代表不同的重金属污染程度（表3.12），本文也采用该分级方法对贵州碳酸盐岩地区土壤Cd污染程度进行分析。

表3.12　地累积指数不同级别代表的重金属污染程度

地累积指数（I_{geo}）	分级	污染程度
$I_{\text{geo}}>5$	7	极严重污染
$4<I_{\text{geo}}\leqslant 5$	6	强-极严重污染
$3<I_{\text{geo}}\leqslant 4$	5	强污染
$2<I_{\text{geo}}\leqslant 3$	4	中等-强污染
$1<I_{\text{geo}}\leqslant 2$	3	中等污染
$0<I_{\text{geo}}\leqslant 1$	2	轻度-中等污染
$I_{\text{geo}}\leqslant 0$	1	无污染

2. 贵州碳酸盐岩地区土壤镉污染程度

贵州省碳酸盐岩地区表层土壤中Cd的污染评价结果见图3.11。由地累积指数法的评价结果可知，总体上，贵州碳酸盐岩地区土壤Cd污染级别在无污染至强污染之间，其中32.6%的表层土壤为无污染，23.9%的为轻-中度污染，17.4%的为中等污染，10.9%的为中到强度污染，15.2%为强污染（表3.13）。从所考察的地区来看，贵阳和遵义地区碳酸盐岩发育土壤Cd污染相对较轻，污染程度大体呈无污染或轻-中度污染；安顺地区部分表层土壤Cd污染程度达到了中等污染甚至是中-强度污染，污染程度相对于贵阳和遵义地区更高；黔南和毕节地区均有样点表层土壤Cd污染程度达到强污染级别，尤其是毕节地区土壤Cd污染程度相对最高（图3.11）。

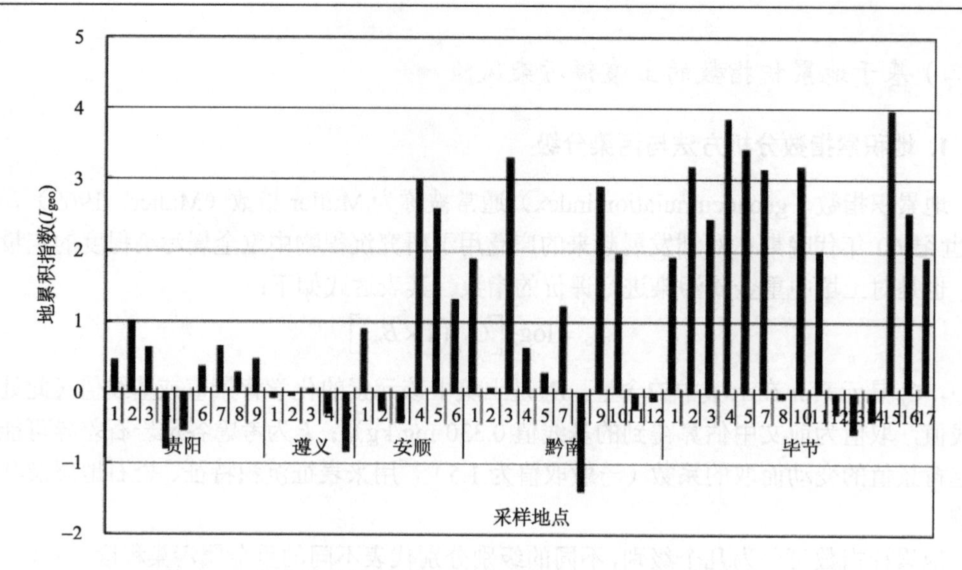

图 3.11　贵州省碳酸盐岩地区各样点土壤 Cd 地累积指数（I_{geo}）

表 3.13　贵州碳酸盐岩地区表层土壤 Cd 污染程度统计

I_{geo}	$I_{geo}≤0$	$0<I_{geo}≤1$	$1<I_{geo}≤2$	$2<I_{geo}≤3$	$3<I_{geo}≤4$	合计
样点个数	15	11	8	5	7	46
所占比例/%	32.6	23.9	17.4	10.9	15.2	100
污染程度	无污染	轻-中污染	中等污染	中-强污染	强污染	

第二节　基于提取态的土壤临界值

一、土壤污染物临界负荷研究

土壤污染调查评价仅仅是在污染发生后进行，不能为预防污染物在生态系统中的积累提供管理策略。土壤污染物输入的主要途径是大气沉降和化肥、农药、污泥和家畜粪便的施用。一般而言，其输入速率相当的低（除“热点”工业区），但因长期积累也可能造成污染，从而可能造成严重的食品安全、地下水污染和生物多样性遭到破坏等问题。能有效解决污染物在大范围土壤中积累的唯一途径，就是防止此类污染的发生。土壤临界负荷（环境容量）的研究可提前了解污染物在土壤中的富集（Schulin，1993）、获取土壤可持续发展质量指标、了解环境的其他组成部分为土壤环境政策和法规制定以及污染土壤修复与管理提供基础，是达到污染物可持续管理的主要途径（Tiktak et al.，1998；Gilbert et al.，1996；Bakker et al.，1994）。目前，我国在这方面的工作还比较欠缺，与国外研究存在较大差距。因此，评述土壤临界负荷研究进展与内容、探究当前存在问题、展望其发展趋势，对于促进我国在土壤临界负荷的研究具有重要意义。

（一）国外土壤临界负荷研究

1. 研究动态

土壤临界负荷的研究最初始于地表水酸化问题。自 1986 年欧美 11 国专家在奥斯陆召开“临界负荷工作会议”，发表了《硫和氮的临界负荷》报告，以及 1990 年联合国欧洲经济委员会和北欧部长委员会联合召开了“临界负荷区划工作会议”，编印了《临界负荷区划》后，欧美各国相继针对地表水酸化问题，开展了土壤 N 和 S 临界负荷区划工作。随着对重金属和持久性有机污染物（POPs）污染研究的深入，科学家们将临界负荷这个概念用于土壤重金属和 POPs 的预防和控制，并取得了一系列重要成果，以欧洲国家最为显著（de Vries et al.，2004；Hetteling et al.，2002；de Vries and Bakker，1998，1996；Bakker et al.，1994；Palm，1994；Boekhold and van der Zee，1991）。

1994 年荷兰开始着手制定陆地生态系统重金属或 POPs 临界负荷计算导则，Bakker 等（1994）和 Posch 等（1995）制定了 POPs 和重金属临界负荷计算方法，de Vries 等（1998）对欧洲森林土壤的重金属和 POPs 的临界负荷进行了估算。欧洲效应研究工作组（Working Group on Effects，WGE）的效应研究合作中心（Coordination Center for Effects，CCE）分别于 1995、1996 和 1997 年讨论了几个方法草案，并于 1998 年制定了陆地生态系统重金属临界负荷计算导则（de Vries and Bakker，1998）。导则指出，重金属或 POPs 临界负荷等于环境单元（土壤、土壤溶液、地下水、植物等）中重金属或 POPs 浓度不超过其临界浓度值，能防止环境中特定敏感受体受到明显有害影响的负荷量。因此，临界浓度值的确定是计算临界负荷中主要的、重要的一步，决定了临界负荷的大小。1998 年导则用于计算土壤临界负荷的土壤临界浓度只考虑了污染物的生态毒性效应，而没有考虑人体健康暴露风险。Hetteling 等（2002）根据 de Vries 等（2002）制定的导则，第一次初步计算了欧洲的基于生态毒性效应的 Cd 和 Pb 的临界负荷。

欧洲效应研究工作组（Working Group on Effects，WGE）每年针对土壤重金属或 POPs 临界负荷的相关问题召开一次国际学术会议。例如，1999 年 10 月在德国什未林（Schwerin）召开“基于重金属效应方法的专题讨论会”（Workshop on Effects-based Approaches for Heavy Metals），会上重点了讨论临界负荷计算方法的应用和迁移转化函数以及计算临界负荷的临界浓度限值的确定（Gregor et al.，1999）。2001 年在布拉迪斯拉发（Bratislava）召开“17th Task Force of the ICP on Modeling and Mapping”，会议指出迫切需要更加合适的临界浓度限值和迁移转化函数。2002 年欧共体制定了陆地生态系统铅和镉临界负荷计算和绘制试行导则，2004 年在 2002 年导则基础上增添了基于人体健康效应的临界负荷计算的方法学等方面内容，并将土壤重金属或 POPs 临界负荷定义为：从长远前景来看，根据目前所掌握的知识对人体健康或生态系统结构和功能不产生有害效应时土壤所能承受的最大污染物总输入率（大气沉降、化肥、其他人为输入源）。定义至少包括了 3 层含义，一是基于不同土地利用方式（耕作地、牧草地和非农业用地如森林）；二是针对不同受体（如土壤动物、土壤植物、土壤微生物和人类等）；三是以人体健康和生态系统功能为目标。

从国际上土壤临界负荷研究现状和发展可见，基于效应或暴露风险评估方法，划分不同土地利用方式，针对不同受体，结合土壤生态毒理学效应或人体健康风险评估，估算土壤污染物临界负荷，已是国际发展的必然趋势。

2. 临界负荷估算流程

1）选定受体

受体（receptor）是指环境中受到不利影响的生命单元（living element）。可以是关注的生物种类、或较大群落（如植物、土壤无脊椎动物、鱼、藻类等）中几种代表性生物种类，或者是整个生态系统（de Vries et al.，2004）。对土壤而言，受体即为具备土地利用（如森林类型，农业农作物）和土壤类型特征的特殊综合体（de Vries and Bakker，1998）。

2）资料收集

土壤临界负荷具有显著的自然环境与社会经济的依存性，保持良好自然环境和社会经济的持续发展，是土壤临界负荷研究的主要目标之一。不同自然环境与社会经济的发展可能对临界负荷产生重要影响，因而土壤临界负荷具有显著的区域性特征。因此，对研究区进行实地考察，收集相关信息对土壤临界负荷估算非常重要。包括①土地利用方式、地质、地形和地貌、气象水文等资料；②土壤污染来源信息；③植被信息。

3）根据土地利用方式，建立污染物传输、暴露概念模型，确定受体

基于重金属或 POPs 不同效应选定受体的关键问题在于我们想要保护什么？对陆地生态风险而言，主要区别在于以地下水为饮用水或消耗生长在土壤上的农作物的人体毒性风险和生态毒性风险。确定特定土地利用方式下临界风险受体、暴露途径、暴露模式和暴露参数，建立重金属或POPs 风险传输概念模型，确定保护受体（de Vries and Bakker，1998；de Vries et al.，1998；Posch，1995；Bakker et al.，1994）。例如，图 3.12 就是一个典型的简化了的重金属在不同受体和环境单元的传输概念模型。de Vries 和 Bakker（1998）根据此概念模型得出三类主要陆地生态系统所要关注的受体，见表 3.14。

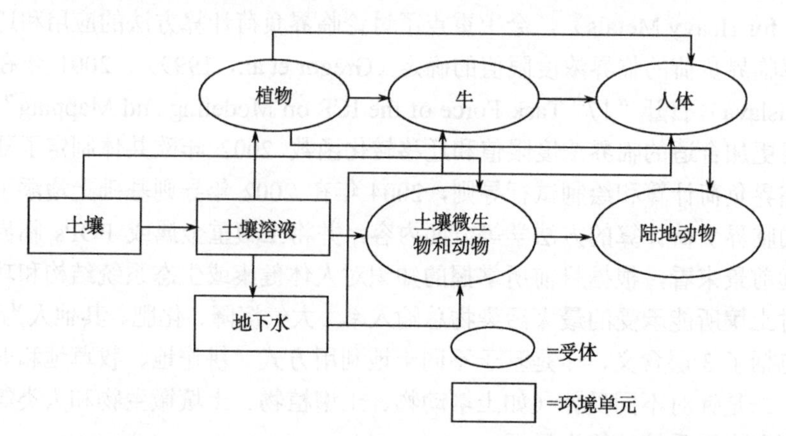

图 3.12　重金属在陆地生态系统中不同受体和环境单元的风险传输简化概念模型

表 3.14 重金属的两种类型临界负荷及相应受体和指示物

<table>
<tr><th>受体生态系统</th><th>相对应的临界负荷</th><th>金属元素</th><th>土地类型</th><th>临界浓度值的指示物</th></tr>
<tr><td rowspan="5">陆地生态系统</td><td rowspan="3">人体健康效应</td><td>Cd, Pb, Hg</td><td>耕作地</td><td>食物/饲料作物的金属含量</td></tr>
<tr><td>Cd, Pb, Hg</td><td>牧草地</td><td>草、动物产品（牛，羊）中的金属含量</td></tr>
<tr><td>Cd, Pb, Hg</td><td>耕作地，牧草地，非农业用地</td><td>根区下土壤水金属总量（目标在于保护地下水）</td></tr>
<tr><td rowspan="2">生态系统功能</td><td>Cd, Pb</td><td>耕作地，牧草地，非农业用地</td><td>微生物、植物和无脊椎动物效应的土壤溶液内自由金属离子浓度</td></tr>
<tr><td>Hg</td><td>森林</td><td>微生物和无脊椎动物效应的腐殖质层金属总浓度</td></tr>
</table>

4）制定实施采样计划，分析土、水、气、生（植物和动物）样品

在实地考察、信息收集和受体选定的基础上，考虑土地利用状况、污染物来源、位置和持续时间以及污染物传输途径，制定与实施采样计划。样品包括土、水（如果条件允许还包括土壤溶液）、大气和生物样品等。测定内容包括土壤基本物理化学性质、各样品中污染物浓度和形态，建立污染物的土壤-植物传输模型、土壤-土壤溶液传输模型（固液分配模型）或适当的模拟实验，获取土壤中污染物的固液分配模型。

5）确定临界浓度

土壤临界负荷等于环境单元（土壤，土壤溶液，地下水，植物等）重金属或 POPs 浓度不超过它们的临界浓度，能防止环境中特定敏感受体受到明显有害影响的最大承载量（de Vries and Bakker，1998）。因此，临界浓度的选定是临界负荷计算的基础，同时也决定了临界负荷的大小，是计算临界负荷中主要的、重要的一步。

金属的生物有效性和生物毒性与它们的赋存形态有关（Ernst，1996），临界负荷模型通常假设可溶性的金属浓度（甚至自由金属离子活性）控制土壤金属对微生物/土壤动物和导管植物、地下水和陆地动物的影响（de Vries et al.，2004，2002；de Vries and Bakker，1998）。很多研究也表明自由重金属活性与影响效应极显著相关（Free-Ion-Activity- Model）。但问题是各国官方临界浓度都以金属总量表示。因而，在选定用于计算临界负荷的临界浓度时，遇到的是以土壤溶液浓度作为临界浓度，还是以土壤金属总量作为临界浓度的难题。如果采用土壤溶液金属浓度作为临界浓度，而目前绝大多数对土壤生物（土壤微生物和土壤节肢动物）临界浓度研究得出的临界浓度通常是土壤金属总量，而不是金属生物有效态含量（Tyler，1992），陆地动物毒性效应的临界浓度也是相同情况（Jongbloed et al.，1994），因而，缺少对土壤微生物和土壤动物直接毒性效应和对陆地动物间接效应的相关数据，也就很难推导和计算出可靠的保护土壤微生物、土壤动物和陆地动物的有效金属临界浓度；如果以临界总金属浓度作为临界负荷计算的临界浓度，其缺陷是重金属对土壤生物的毒性效应主要取决于它们的生物有效性，而不是金属总量（Ernst，1996）。

因此，欧洲国家假设（生态毒性和人体健康）效应是由于土壤金属的积累引起，直接以土壤重金属临界总浓度用作临界金属浓度，然后采用金属在土壤的固液分配函数（最

简单的为吸附 Freundlich 方程）推导得出土壤溶液的临界金属浓度。然而，也有个别学者对这个方法提出了评判，因为采用此方法会出现吸附降低造成临界金属负荷升高的情况（de Vries and Bakker，1998）。这是因为吸附的降低导致较高的可溶性金属浓度，因此造成较大的可接受淋溶率和较高的临界负荷。另一种推导临界可溶性金属浓度的方法是通过农作物临界金属浓度（如食品质量标准）和金属在土壤-植物体系的传输函数（Adams et al.，2003；Brus et al.，2002）。

6）构建临界负荷估算模型

构建临界负荷估算模型是临界负荷估算的第三步。模型的构建不仅取决于想要保护受体的临界浓度和“时间周期”（稳态或动态），还依赖于对模型详细/复杂程度的要求。

A. 基于效应的质量平衡模型

（1）稳态质量平衡模型（steady-state mass balance equation）。稳态质量平衡模型是建立在生态系统处于稳定状态，整个系统的输入污染物（重金属或 POPs）通量与输出通量处于平衡状态的假设基础之上，意味着系统污染物浓度不随时间而改变。系统达到平衡状态的时间周期取决于当前状态离平衡状态有多远及变化速率的大小，此变化速率由重金属或 POPs 输入和输出通量的差异决定。如果土壤对金属的吸附力非常强，那么将需长时间（达几百年）才达到平衡。

稳态质量平衡模型又分建立在土壤过程机理描述之上的机理模型和大量数据统计得出经验模型。机理模型需要大量数据，通常只用于田间尺度，不适合用于区域尺度（Palm，1994；Boekhold and van der Zee，1991）。当用于区域尺度时，即使模型结构作过修正（或起码是最大程度地代表了当前对陆地生态系统的了解）其输出结果的不确定性可能很大程度是因为输入数据的不确定性引起（de Vries and Bakker，1998）。经验模型普遍适用于农场尺度或区域尺度（Tiktak et al.，1998）。区域尺度适合农业生态体系中重金属或 POPs 通量的跟踪与控制，因而，此类模型结果常用于评价土壤重金属或 POPs 循环的可持续管理。如荷兰农业、自然和粮食部以及住宅、空间计划和环境部制订的稳态质量平衡模型（de Vries and Bakker，1998，1996），为欧洲各国所采用（de Vries et al.，2002，2004；PAČES，1998）。PROTERRA 模型可用来评价 $100km^2$ 左右的区域农用土地磷、镉、锌和铜的平衡（Tiktak et al.，1998）。经验模型具有输入数据少，适用于区域尺度的优势，但相对较弱的理论基础也限制了模型在不同条件的应用。

（2）简单动态模型（simple dynamic approach）。简单动态模型考虑随时间推移，土壤重金属或 POPs 的累积和损失（loss）过程，弥补了稳态质量平衡模型的不足，如：可溶性金属浓度（金属淋溶）与植物吸收金属间明确的关系，以及对酸沉降和金属沉降变化及时的响应变化；因响应酸沉降（N 和 S 沉降）和土地利用变化引起 pH 和 DOC 变化的相互反应等。详细复杂的模型甚至包括了因土壤参数季节性变化引起的污染物浓度的季节性变化。目前已有一些动态平衡模型用于预测土壤重金属的长期行为（de Vries and Bakker，1998；Tiktak et al.，1998；Palm，1994；Boekhold and van der Zee，1991）。

B. 恒静态方法（stand-still approach）

除基于效应临界负荷计算方法外，也可采用恒静态方法计算临界负荷（Gregor，1999）。恒静态方法的目的是避免重金属或 POPs 在土壤中的任何（进一步）积累。然而，值得注意的是，当前重金属或 POPs 淋滤可能已经具有很大的负面影响，而且长期下去将导致不可接受的影响。

恒静态方法的局限性在于当前土壤淋溶水中重金属或 POPs 浓度数据的缺乏，这势必妨碍大空间尺度临界负荷的计算。因此，应用迁移转化函数将表层土壤重金属或 POPs 含量转化为当前淋滤土壤溶液浓度非常实用。恒静态临界负荷的计算意味着有必要调查、绘制各地当前土壤重金属或 POPs 浓度。

从上面的分析可知，各种平衡模型的主要不同点在于空间规模（田地、农场、区域和国家）、时间规模（静态或动态）以及相关有效的模型数据库。因此，模型的选择与构建务必依实际情况、具体要求和研究目标来确定。

7）输入数据

确定临界负荷计算模型之后，根据模型需求，收集相关输入数据。数据主要为污染物的含量、土壤物理化学性质、污染物与有机无机胶体的络合常数、气象水文资料、风化速率、固液分配系数、土壤年蒸发量、植物年蒸腾量及研究区自然条件等。

3. 指导原则和方法学

1）指导原则

欧洲各国估算土壤重金属或 POPs 临界负荷导则的指导原则主要有四点：①保护生态受体：确保土壤植物/农作物、土壤微生物（如土壤大型真菌）、土壤无脊椎动物、陆地动物（如鸟）暴露于土壤污染物不至于产生有害影响、使生态多样性遭到破坏；②确保食品质量安全，保护人体健康。如确保农产品质量和牲畜（如牛等）安全；③不产生次生环境污染，如确保地下水安全；④保护土壤的多功能性，同时保护生态环境和人体健康。

2）方法学

划分不同的土地利用方式，以保护生态系统功能或人体健康为目的，根据暴露途径，确定土壤、土壤溶液、植物（农作物）或动物等受体的临界浓度，构建临界负荷计算模型（通常为质量平衡方法）估算土壤重金属或 POPs 临界负荷值，是当前欧洲国家普遍采用的模式，相信也是今后发展的趋势。临界浓度和临界负荷模型参数的确定是临界负荷估算的关键核心内容。目前，土壤重金属或 POPs 临界浓度，可通过应用生态毒理学数据和健康风险评估方法或根据作物质量标准，采用统计方法或健康风险评估法以及污染物的分配转化函数来确定。例如土壤溶液金属活性或自由离子临界浓度，可通过相应的土壤金属总量与活性金属浓度的转化函数，或活性金属含量与自由离子活性间的转化函数（地球化学形态模型）来确定。在临界负荷计算时也可直接采用国家的相关质量标准值。总之，选定受体→确定临界（浓度）限值→构建临界负荷计算模型→收集输入的数据→计算临界负荷，是计算土壤金属或 POPs 临界负荷的基本思想和操作程序。

（二）我国土壤临界负荷研究概况

在我国，土壤临界负荷称为土壤环境容量，主要指农田土壤重金属环境容量，始于

20 世纪 70 年代早期夏增禄（1988）提出土壤环境容量这一概念。当时土壤环境容量指“在一定环境单元，一定时限内遵循环境质量标准，既保证农产品产量和生物学质量，同时也不使环境污染时，土壤所能容纳污染物的最大负荷量”。其方法学主要基于污染生态学原则，包括污染生态效应和污染环境效应（Chen et al.，2001；陈怀满和郑春荣，1992；夏增禄，1992，1988）。并将土壤环境容量分为土壤静容量和土壤动容量（郑春荣和陈怀满，1995；夏增禄，1988）。土壤静容量是指在一定的环境单元和一定的时限内，假设污染物不参与土壤圈物质循环情况下所能容纳污染物的最大负荷量，仅反映了土壤污染物生态效应和环境效应所容许的水平，而没考虑到土壤污染物累积过程中污染物的输入与输出、固定与释放、累积与降解的净化过程。动容量是指在一定的环境单元和一定的时限内，假设污染物参与土壤圈物质循环情况下所能容纳污染物的最大负荷量。陈怀满和郑春荣（1992）指出土壤重金属环境容量不是一个固定值而是一个范围值。

国家“七五”计划期间对土壤环境容量作过一些研究，并将《土壤环境容量研究》列入了国家“七五”科技攻关课题（夏增禄，1988），此后研究相对很少，只见些零星报道（Chen et al.，2001；郑春荣和陈怀满，1995）。对土壤环境容量的研究主要集中在两个方面（夏增禄，1992），一是污染物对土壤生态系统中的生物和生态效应，包括污染物与土壤之间的交互作用（如吸附）、污染物在土壤－植物体系的迁移和污染物在土壤中的淋失规律。例如，根据土壤化学性质和重金属与土壤之间的相互作用计算土壤重金属的化学容量和淋失容量（夏增禄，1992，1988）；二是土壤环境容量的应用研究，制订农业污泥标准和土壤环境标准等。例如，在国家“七五”科技攻关课题《土壤环境容量研究》基础上制订了土壤镉、汞、砷、铅、铬和铜标准。

通过对农业土壤重金属环境容量较为系统的、初步的研究，为我国土壤重金属环境质量标准、区域性农田灌溉水质标准、农业污泥施用标准的制定、土壤污染的预测和污染物排放总量的控制提供了依据，促进了我国土壤资源的保护、管理与监督。

（三）临界负荷的应用

临界负荷不仅能敏感指示生态系统污染物的含量，预防污染物的人为输入，同时也具有指示生态系统潜在风险的作用。可用于指示和评价土壤污染风险以及指导场地管理。荷兰根据临界浓度、临界负荷、当前浓度和当前负荷划分为四种情况，针对不同情形，采取不同的管理措施，见表 3.15。另外，临界负荷还可为制定区域性污灌水质标准、污泥农田施用标准和区域大气排放标准提供依据（郑春荣和陈怀满，1995；夏增禄，　1992）。

（四）存在问题与研究展望

1. 临界负荷估算模型

目前，虽然也有一些动态临界负荷估算模型（Tiktak，et al.，1998；Palm，1994；Boekhold and van der Zee，1991），但处于刚刚开始的初步阶段（de Vries et al.，2004），仍以稳定质量平衡临界负荷估算模型为主。

表 3.15　临界负荷和临界浓度用于风险评估的四种情况

	不超过临界浓度	超过临界浓度
不超过临界负荷	结果：当前或将来无危害 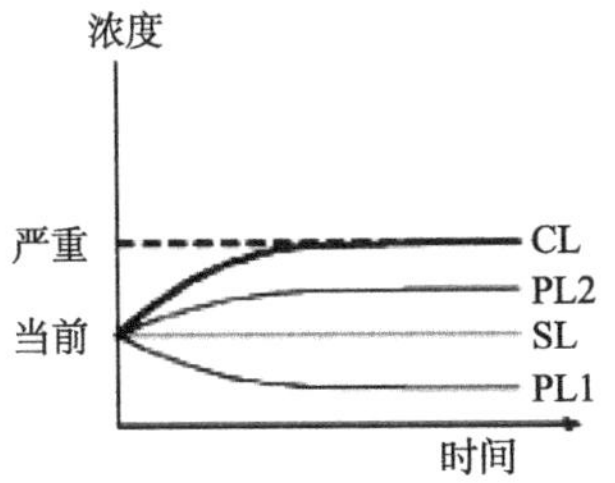 浓度 严重　CL PL2 当前　SL PL1 时间 采取措施： 严格控制当前负荷	结果：当前存才危害或可预见恢复和控制 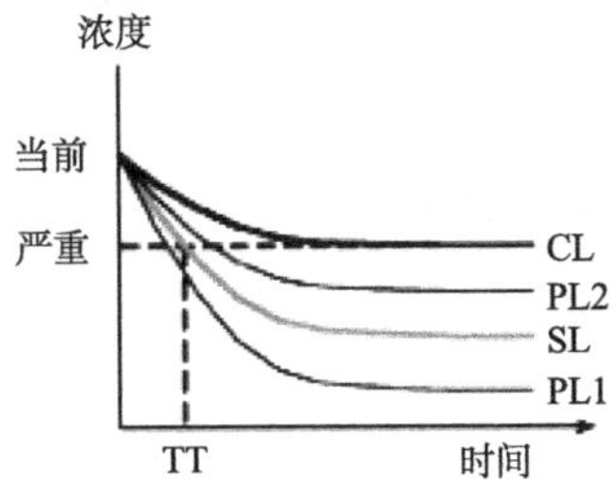 浓度 当前 严重　CL PL2 SL PL1 TT　时间 采取措施： 严格保持和控制当前负荷，或在一定时间 周期内使目标负荷达到临界负荷
超过临界负荷	结果：可预见将来危害 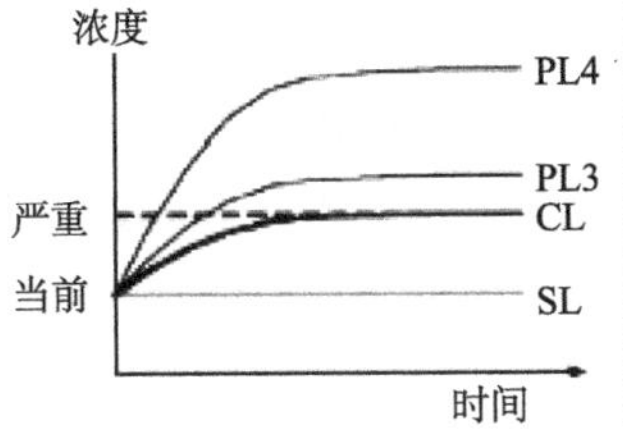 浓度 PL4 PL3 严重　CL 当前　SL 时间 采取措施： 必须控制、降低污染物输入	结果：当前存在危害，且很难恢复 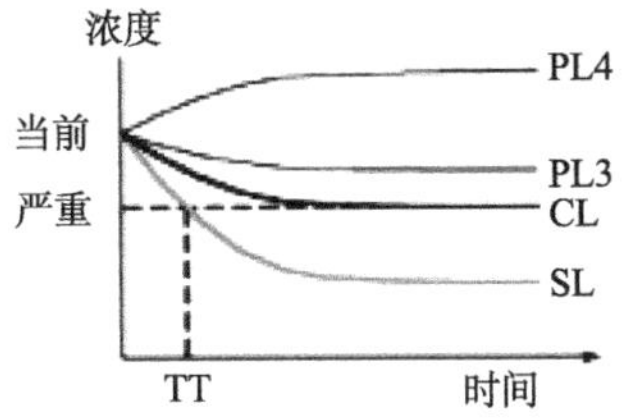 浓度 PL4 当前 PL3 严重　CL SL TT　时间 采取措施： 考虑临界负荷（从长远观点来看，使生态系统中 污染物浓度达到临界浓度），或考虑目标负荷， 在一定时间周期内达到临界浓度

注：CL 为临界负荷；PL 为当前负荷；SL 为恒静态负荷；TL 为目标负荷；TT 为目标时间。

2. 估算过程中的不确定性

土壤临界负荷估算研究涉及众多学科，需要多方面的信息和数据，如污染物的临界浓度、污染物的传输和转化规律、污染物暴露途径、污染物生态环境效应和污染物的健康效应等。这些输入数据本身存在较大的不确定性（de Vries，et al.，2004；de Vires and Bakker，1998），而且，输入数据的不确定性将通过随后的模型估算过程加以传递，对最终的估算结果产生深刻影响。目前，已经有很多评估不确定性及其影响因素的方法（Keller et al.，2002；Kros et al.，1993），但很少的临界负荷估算模型根据参数的不确定性对模拟结果的敏感度作出解释并计算不确定性的贡献（Keller et al.，2002）。量化和减少不确定性是当前所面临的一个重要问题。

3. 临界浓度

临界负荷估算模型通常假设生物体仅受土壤溶液金属的影响，但是某些生物体特别是森林有机层的生物体可能要直接消耗土壤（de Vries et al.，2004，2002；de Vries and Bakker，1998），因此，可能对土壤溶液临界浓度的确定带来不确定性因子。临界浓度推导用的转化函数是从包含了不同土壤金属浓度范围推导得出的，但此浓度范围并没包括毒性终点数据。因而，临界浓度的推导是将来临界负荷研究领域的重点和热点。

（五）对国内临界负荷研究的考虑

1. 土壤重金属临界负荷的方法学

我国对土壤临界负荷的研究依据土壤中有害物质对植物或其他环境介质不造成危害和污染，即采用生态环境效应原则（Chen et al.，2001；陈怀满和郑春荣，1992；夏增禄，1988，1986）。建议可吸收欧美等发达国家的经验，划分典型的土地利用方式，考虑人体健康效应和生态效应，根据实际情况，以保护人体健康或生态系统功能为目的，估算土壤重金属的临界负荷：①基于人体健康效应的土壤重金属临界负荷，以保护暴露于土壤污染物的人群不产生显著的健康风险为宗旨，基于不同土地利用方式下的暴露途径，以人体健康暴露风险评估法和统计外推法制定相关临界浓度。以保护与人体食物链相关的受体（如农作物、动物产品、饲料作物、地下水等）质量安全，从而达到保护人体健康的目的。②土壤生态系统功能的土壤重金属临界负荷：以保护土壤微生物、植物和无脊椎动物为宗旨，基于不同土地利用方式下的暴露途径，以生态毒理学制订的土壤临界浓度为临界负荷估算的临界浓度。

2. 土地利用方式和污染物种类

虽然我国对土壤临界负荷的研究起步较早，但只针对农田土壤的重金属。结合国际趋势和国内土壤污染现状，增加对森林用地、牧草地等土地利用方式的临界负荷研究十分必要。特别是牧草地的土壤质量与奶制品和动物产品安全息息相关，因此，牧草地土壤重金属的可持续管理应得到重视。土壤污染物种类方面，结合国内土壤环境研究报道及土壤污染现状，考虑对部分持久性有机污染物临界负荷的研究。

3. 土壤污染物迁移转化模型

污染物在土壤-植物、土壤-水、大气-土壤迁移转化模型以及活性金属含量与自由离子活性间的转化函数是土壤临界负荷模型的重要组成部分。我国已经开展了近 40 年的土壤污染研究工作，在污染物的环境行为过程方面研究取得了一些成果（陈怀满等，2004；Chen et al.，2004），也建立了一些分配模型，但对低浓度和多种污染物的转化和分配研究较少。随着新的监测技术和手段的发展，建议加强对土壤污染物的生物有效性、土壤污染物的迁移转化行为的系统的深入研究，为建立污染物多途径、多介质迁移模型奠定理论基础。

4. 土壤调查和数据库建立

土壤临界负荷估算需要收集和应用大量的数据，包括土壤的基本物理化学性质数据、当前土壤污染物的含量、地质水文资料、植被资料、植被蒸发数据和气象资料。土壤基本性质和环境质量的数据目前采用的是第二次土壤普查的资料，比较陈旧，已不能代表当前的土壤环境质量，因此有必要开展中国土壤环境质量调查，并运用 GIS、RS 和 GPS “3S” 技术，建立集成数据库。

二、长江三角洲地区农田土壤铅、镉、铜、锌临界负荷预测模型

土壤重金属污染调查评价往往在污染发生后进行，不能为预防重金属在土壤中的积累提供管理策略。农田土壤重金属人为输入的主要途径是大气沉降和农业输入（化肥、农药、家畜粪便和地膜等农业化学品），一般而言其输入速率很低，因此农田污染可能不如有害废水和工业区等“热点”（hot spot）污染区的毒性效应受到关注。但农田污染普遍存在的特征及其随着重金属的积累可能造成严重地下水污染和食品安全问题，因而也逐渐受到重视（Gisbert et al.，2003；de Vries and Bakker，1998）。处理此类缓慢而又大范围土壤重金属积累问题，唯一的、恰当的办法是防止此类污染的发生。土壤临界负荷（环境容量）研究是土壤可持续管理的主要途径（Tiktak et al.，1998；Bakker et al.，1994），可提前了解污染物在土壤中的富集（Schulin，1993），获取土壤可持续发展质量指标，为土壤环境政策和法规制定提供基础，并为污染土壤修复与管理服务。

本研究试图通过初步构建长江三角洲地区农田土壤重金属临界负荷预测模型，为农田土壤重金属临界负荷估算奠定基础，从而为建立农产品安全生产全程控制体系，促进区域土地可持续利用和管理、区域经济可持续发展和环境保护提供理论和方法的依据。

（一）研究区概况

长江三角洲地区是我国东部经济发达区，包括上海市、江苏省的无锡、苏州、常州、镇江、南通、南京、泰州、扬州和浙江省的杭州、嘉兴、湖州、宁波、绍兴、舟山共 15 市，如果加上台州市，则有 16 个城市。该区地貌以平原为主，平原地区以水稻土为主，滨海滩潮区以潮土和滨海盐土为主，山地以黄壤、红壤和紫色土为主。属亚热带气候，年降水量为 1000 ～ 1623 mm，年平均温度为 16 ～ 17℃。该区土地面积 9.92 万 km^2，约占全国的 1%。由于经济的快速增长，人为对资源的不合理开发利用，特别是污染物的严重排放(据报道,本区废水排放总量占全国 30. 34 % ,工业废水排放占全国 28.89% ，废气排放总量占全国 20. 61 % ，工业固体废物产出量占全国 11.53 %)，使地表系统水、土、气、生之间不相协调，造成区域资源与环境质量急剧恶化，严重影响人类健康与社会经济的可持续发展（赵其国和骆永明，2000）。

1. 土壤矿物组成

自然风干样用玛瑙研钵磨至全部样品通过 300 目筛，测试在中国科学院地球化学研究所矿床国家重点实验室完成。测试条件为：D/ Max-2200 型 X 射线衍射仪，Cu Kα 辐

射，石墨单色器滤波，管电压 40 kV，管电流 30 mA。

结果表明，所有土壤几乎都不含三水铝石，铁矿物（不包括非晶质铁矿物）含量也非常少。土壤类型不同其矿物组成也不一样，其中水耕人为土最为常见的原生矿物是石英、斜长石、钾长石和绿泥石，次生矿物是伊利石、高岭石和白云石，而方解石和蒙脱石含量非常小，有几个土样甚至没有，如 SEBC-24 和 SEBC-25；雏形土中最为常见的原生矿物是石英、斜长石、钾长石和绿泥石，次生矿物是伊利石、高岭石和白云石，除个别土样不含方解石外，其他土样方解石含量较高，而蒙脱石含量较小；新成土中最为常见的原生矿物是石英、斜长石、钾长石和绿泥石，次生矿物是伊利石、高岭石、白云石和方解石；淋溶土中矿物种类单一，样品间矿物含量差异也较大，最为常见的原生矿物是石英、斜长石、钾长石和绿泥石，次生矿物是伊利石，高岭石含量很小，不含角闪石、锐钛矿物、白云石和方解石；富铁土最为常见的原生矿物是石英、斜长石、钾长石和绿泥石，次生矿物是伊利石和蒙脱石，高岭石含量较小，闪石、锐钛矿物和方解石。

2. 土壤中镉和铅活性态重金属的预测模型

对长江三角洲 30 种类型土壤用 0.43 mol/L HNO_3 提取并测定了土壤中的活性态金属，因为活性态金属对植物是潜在有效的（Houba et al.，1995）。多元线性回归分析得出土壤中 Cd 和 Pb 活性金属的预测模型：式中 Cd：$C_{hn}=0.194*C_{total}-0.001*Clay+0.044$（$R^2=0.60$，$n=28$）； Pb：$C_{hn}=0.384*C_{total}+0.374*SOM-10.126$（$R^2=0.67$，$n=28$）；式中，$C_{hn}$ 为 0.43 M HNO_3 提取活性态金属浓度（mg/kg），C_{total} 为 HF +HNO_3+$HClO_4$ 消解金属总浓度（mg/kg），SOM 为土壤有机质含量（g/kg），Clay 为土壤黏粒含量（%）。

从式中可看出，土壤活性 Cd 含量主要受土壤总 Cd 含量和土壤黏粒含量的控制，而活性 Pb 含量主要受土壤总 Pb 含量和土壤有机质含量影响。

（二）农田土壤重金属质量平衡模型

1. 概念模型

农田土壤中重金属主要来源于土壤母质风化（I_{wea}）、大气沉降（I_{atm}）和农业输入（化肥、农药、家畜粪便和地膜等农业化学品）（I_{agr}），主要输出途径是植物吸收（O_{pla}）、淋溶（O_{lea}）和地表径流（O_{run}）（图 3.13）。

在概念模型（图 3.13）基础上，土壤金属库（M）随时间（t）变化的质量平衡方程可表示为式（3-1）：

$$\frac{dM}{dt}=I_{wea}+I_{atm}+I_{agr}-O_{crop}-O_{ica}-O_{run} \tag{3-1}$$

式中，I_{wea} 为土壤母质化学风化输入重金属 g/(ha・a)；I_{atm} 为大气沉降输入重金属 g/(ha・a)；I_{agr} 为使用农用化学品输入的重金属 g/(ha・a)；O_{crop} 为农作物吸收净带走重金属 g/(ha・a)；O_{lea} 为土壤淋溶输出重金属 g/(ha・a)；O_{run} 为地表径流输出重金属 g/(ha·a)。

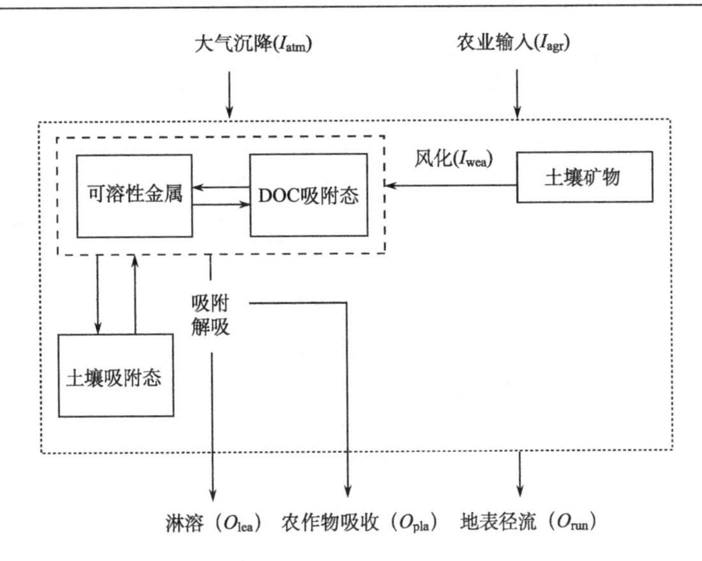

图 3.13　农田土壤重金属平衡概念模型（改自 de Vries 和 Bakker，1998）

2. 模型简化

1）土壤母质风化输入

确定风化速率的方法从原理上可以分为两大类，即实际观测和理论计算。前者主要包括模拟淋溶实验、流域平衡估算研究和质量平衡法，后者则包括 PROFILE 模型、MAGIC 模型以及一些经验方法。

估算土壤矿物重金属风化速率最简单的方法就是以母质（parent material）金属总浓度和盐基离子总浓度的摩尔比计算金属与风化盐基离子的比例（Vrubel and Paces，1996），见式（3-2）：

$$M_{we}=5\times10^{-5}\times BC_{we}\times\frac{ctM_p}{ctBC_p} \tag{3-2}$$

式中，M_{we}=重金属 M 的风化速率 mg/（m^2·a）；BC_{we}=盐基离子风化速率 mol/（ha·a）；$ctBC_p$=母质中所有盐基离子总含量（mol/kg）；ctM_p=母质重金属总含量（mg/kg）；5×10^{-5} 为单位转换系数。

式（3-2）假设重金属主要由含有盐基离子的原生矿物风化带入，如长石、辉石、闪石和云母矿物（Huang，1977）。对含有金属含量高的（重）矿物的土壤不是非常适用，应优先采用风化速率模型如 PROFILE 计算金属的风化速率。但式（3-2）仍在一定程度上反映了金属风化速率的大小。母质中所有盐基离子总含量可根据式（3-3）计算：

$$ctBC_p=10\times\left(\frac{\%CaO}{56}+\frac{\%MgO}{40}+\frac{\%K_2O}{47}+\frac{\%Na_2O}{31}\right) \tag{3-3}$$

式中，$ctBC_p$=母质中所有盐基离子总含量（mol/kg）。

长江三角洲地区典型类型土壤原生矿物除石英外，主要为长石、闪石和云母矿物，因此运用式（3-2）～式（3-3）计算土壤镉和铅的风化速率是可行的。盐基离子风化速率根据 Sverdrup 和 de Vries（1994）计算，由土壤母岩镉和铅速率推算表层土壤镉和铅风化速率按 de Vries 和 Bakker（1998）。计算结果表明，长江三角洲地区 30 种典型类型耕作层土壤镉、铅、铜和锌的风化速率差异较大，其中镉的最大风化速率为 0.0029 mg/（m^2 ·a）（SEBC-30），最小为 0.0002 mg/（m^2 · a）（SEBC-10），均值为 0.0012 mg/（m^2 · a）；铅最大风化速率 0.7846 mg/（m^2 ·a）（SEBC-13），最小为 0.1365 mg/（m^2 ·a）（SEBC-28），均值为 0.2928 mg/（m^2 · a）；铜最大风化速率 0.4945 mg/（m^2 · a）（SEBC-16），最小为 0.0440 mg/（m^2 · a）（SEBC-08），均值为 0.2426 mg/（m^2 · a）；锌最大风化速率 1.5350 mg/（m^2 · a）（SEBC-16），最小为 0.3945 mg/（m^2 · a）（SEBC-25），均值为 0.8824 mg/（m^2 · a）；耕作层土壤镉风化速率非常小，因此在计算临界负荷时可忽略土壤矿物化学风化输入的镉量。

2）地表径流输出

对腐殖层非常薄或没有腐殖层的农田土壤，在陡坡处地表径流可能较大，但地表径流输出重金属所占份额通常相当低。而且，地表径流重金属输出是坡度、土地利用和当地土壤质地、降水密度、土壤水缓冲能和水力传导性（hydraulic conductivity）以及土壤厚度的函数，几乎不可能准确估算地表径流份额。厚腐殖层的地表径流和侧流非常有限或可以忽略。目前，对地表径流、侧流或优势流的传导机制仍然了解很少（Flury et al.，1994），准确估算它们所占份额也很困难。长江三角平原区地势平坦，径流更少。因此，在临界负荷估算时通常忽略地表径流输出项的贡献（de Vries et al.，2004；de Vries and Bakker，1998）。

因此，长江三角洲地区农田土壤镉质量平衡模型可简化为式（3-4a）：

$$\frac{dM}{dt} = I_{atm} + I_{agr} - O_{crop} - O_{lea} \tag{3-4a}$$

长江三角洲地区农田土壤铅、铜和锌质量平衡模型可简化为式（3-4b）：

$$\frac{dM}{dt} = I_{atm} + I_{agr} + I_{wea} - O_{crop} - O_{lea} \tag{3-4b}$$

临界负荷即为：根据目前所掌握的知识对人体健康或生态系统结构和功能不产生有害效应时，土壤所能承受的最大污染物总输入率（大气沉降、化肥、其他人为输入源）。因此，长江三角洲地区农田土壤镉临界负荷估算等式为式（3-5a）：

$$M_{crit} = I_{atm} + I_{agr} = O_{crop(crit)} + O_{lea(crit)} \tag{3-5a}$$

农田土壤铅、铜和锌临界负荷估算等式为式（3-5b）：

$$M_{crit} = I_{atm} + I_{agr} = O_{crop(crit)} + O_{lea(crit)} - I_{wea} \tag{3-5b}$$

式（3-5a）和式（3-5b）中，M_{crit}=农田土壤镉、铅、铜或锌的临界负荷；$O_{crop\,(crit)}$=临界负荷条件下，植物可收获部分重金属净吸收通量；$O_{lea\,(crit)}$=从研究土层淋失的重金属临界年通量。

（三）稳态质量平衡临界负荷估算模型

1. 几个基本假设

根据长江三角洲地区的实际情况以及稳定质量平衡原则（de Vries and Bakker，1998），假设：

（1）土壤中重金属浓度处于稳态，也就是浓度不随时间而改变，因为在临界负荷（点）输入体系的重金属量等于体系输出的重金属量；

（2）土壤性质为恒定常数，不随时间的推进和重金属的加入而发生改变。如土壤 pH 和 DOC 含量不存在季节性变化；

（3）土壤中重金属分配于吸附相、溶解有机碳相和土壤溶液相。任何时刻，重金属浓度平衡分配于各个相；

（4）研究土层厚度范围内土壤是均质混合的，这意味着土壤性质如有机质含量和污染物浓度没表现出垂直差异；

（5）土壤处于氧化状态；

（6）只有地表径流和垂直方向的水运移（淋溶）和溶质（重金属）运移，没有渗流和侧流。

2. 参数的确定

1）农作物临界净输出（$O_{crop(crit)}$）

农作物吸收净输出计算方法

临界负荷条件下，农作物临界净输出通量等于植物可收获部分产量乘以植物可收获部分重金属含量乘以根吸收系数[式（3-6）]（de Vries and Bakker，1998）：

$$O_{crop(crit)} = f_{Mu,z} * Y_{ha} * C_{crop,crit} \tag{3-6}$$

式中，$O_{crop(crit)}$=临界负荷条件下，植物可收获部分重金属净吸收通量[g/（ha·a）]；$f_{Mu,z}$=根吸收系数(–)。根吸收系数表示植物在临界负荷计算土层（农田土壤通常为 20～30 cm）吸收的重金属量占植物从整个土壤（剖面）吸收的金属量的比例，对农作物而言，$f_{Mu,z}$ 通常取 1.0。Y_{ha} =可收获部分生物量产量[kg/（ha·a），干重]；$C_{crop,crit}$=临界负荷条件下植物可收获部分金属含量（g/kg，干重）因此，式（3-6）可简化为式（3-7）：

$$O_{crop(crit)} = Y_{ha} * C_{crop,crit} \tag{3-7}$$

2）农作物临界浓度的选定

（1）简单方法

确定 $C_{crop,crit}$ 最直接、最简单方法就是直接采用无污染区域农作物重金属浓度（可通过查阅文献获得），因为无污染区域农作物重金属含量的中值（或均值）通常不超过食品和饲料作物制品安全标准或植物毒性标准；或直接采用国家食品质量标准值（临界浓度）（de Vries et al.，2004）。

（2）通过土壤-农作物污染物迁移分配函数推导

此方法假设农作物可收获部分的重金属含量与土壤重金属浓度存在良好的函数关系，即土壤-农作物污染物迁移分配函数：如果土壤-农作物污染物迁移分配关系为线性关系，则可直接采用简单生物富集系数 BCF 计算 $C_{crop,crit}$（如 CSOIL 模型）：

$$C_{crop,crit} = BCF * C_{soil,crit} \tag{3-8}$$

式中，$C_{crop,crit}$＝植物金属临界浓度（g/kg）；$C_{soil,crit}$＝土壤金属临界浓度（g/kg）；BCF＝从土壤到植物的富集系数，为植物金属浓度与土壤金属浓度之比。如果土壤－农作物污染物迁移分配关系为非线性关系（Adams et al.，2003；Brus et al.，2002），则见式（3-9）：

$$C_{crop} = K_{sp} * C_{soil}{}^{n} \tag{3-9}$$

式中，C_{crop} =植物金属浓度（g/kg）；C_{soil}＝土壤金属浓度（g/kg）；K_{sp}＝从土壤到植物的转运常数。那么，

$$C_{crop,crit} = K_{sp} * C_{soil,crit}{}^{n} \tag{3-10}$$

3）淋溶重金属临界输出（$O_{lea（crit）}$）

临界负荷条件下，淋溶输出通量等于淋溶水通量（Q_{lea}）乘以土壤溶液重金属临界含量 $C_{tot,ss（crit）}$，因此土壤淋溶重金属临界输出可根据式（3-11）计算：

$$O_{lea(crit)} = 10 * Q_{lea} * C_{tot,ss(crit)} \tag{3-11}$$

式中，$O_{lea（crit）}$=从研究土层淋失的重金属临界年通量[g/（ha · a）]；Q_{lea} =临界负荷条件下，从研究土层淋失的淋溶水年通量（m/a）；$C_{tot,ss（crit）}$= 土壤淋溶水重金属临界浓度（mg/m^3）；10=年通量单位从 mg/（m^2 · a）转换为 g/（ha · a）的转换系数。

4）淋溶水年通量 Q_{lea} 的确定

土壤淋溶水年淋失通量可通过大量田间实验实测得出，也可通过一系列估算模型计算。可以说，Q_{lea}值的获得是目前淋失量和淋失率计算的核心和难点。目前已有 MORGECS（Thompson et al.，1981）和 IRRIGUIDE（Spackman，1990）等模型来直接计算 Q_{lea}。Q_{lea} 值计算方法主要有三种，分别以土壤水分平衡（Sexton et al.，1996）、Darcy 定律（Kingery et al.，1994）和水分零通量面理论（Roman et al.，1996）为依据。下面介绍的两种计算方法是欧洲计算临界负荷时所推荐使用的（de Vries et al.，2004）。

若临界负荷计算基于生态毒性效应或食品/饲料质量，上层土壤（O 和/或 Ah，Ap）蒸发水所占比例应采用比例系数 $f_{Et,zb}$。稳定状态下上层土壤（深度为 zb）的淋失水/排水通量根据式（3-12a）计算：

$$Q_{lea,zb} = P - E_i - E_s - f_{Et,zb} * E_t \tag{3-12a}$$

式中，$Q_{lea,zb}$=表层土壤（深度为 zb）的淋失水/排水通量（m/a）；P =降雨量（mm/a）；E_i =降水从大气到进入土壤过程中的蒸发量（interception evaporation）（mm/a）；E_s =表层土壤内的土壤蒸发量（mm/a）；E_t =植物蒸腾量（mm/a）；$f_{Et,\ zb}$ =根吸收系数，表层土壤内植物吸收水的份额。

此方法假设土壤蒸发（E_s）发生在表层土壤（不是整个土层深 zb）。E_i 可根据降雨函数计算（de Vries，1991）。

如果不具备详细的水平衡数据，也可通过长期的平均年温度和降水量估算年平均 $Q_{lea,zb}$，见式（3-12b）：

$$Q_{lea,zb} = P_m - \left[f_{E,zb} * \left(P_m^{-2} + \left(e^{0.063*T_m} \right) * E_{m,pot} \right)^{-2} \right]^{-1/2} \quad (3\text{-}12b)$$

式中，P_m=年平均降雨量（mm/a）；T_m=年平均空气温度（℃）；$E_{m,pot}$=湿润区 T_m=0℃时的年平均潜在蒸发（mm/a）；$f_{E,zb}$ = zb 土层之上的年平均总蒸发份额（-）（Fraction of total annual mean evaportranspiration above zb）。或者应用式（3-12c-1）计算（Hetteling et al.，2002）：

$$Q_{lea,zb} = (P - E_v) \quad (3\text{-}12c\text{-}1)$$

式中，E_v=蒸发量（mm/a），P=年平均降雨量（mm/a）。

而

$$E_v = \frac{P}{\sqrt{0.9 + \frac{P^2}{L^2}}} \quad (3\text{-}12c\text{-}2)$$

同时，

$$L = 300 + 25T_{air} + 0.05T_{air}^3 \quad (3\text{-}12c\text{-}3)$$

式中，T=年平均空气温度（℃）。

5）淋溶水重金属临界浓度 $C_{tot,ss(crit)}$ 估算模型

（1）简单计算（直接采用饮用水质量标准）

对基于保护地下水质量，以人体健康为目标的简单的土壤重金属临界负荷计算，淋溶水重金属临界浓度可直接采用饮用水质量标准（de Vries et al.，2004）。WHO 饮用水 Cd、Pb 的质量标准为：Pb：mg/m^3；Cd：mg/m^3。因此，从保护地下水观点出发，根区下的排水通量乘以饮用水临界浓度可计算临界金属淋溶。

（2）土壤溶液浓度作为地下水浓度——以 Freundlich 模型为基础

假设土壤重金属平衡分布在土壤固相（吸附态重金属）和土壤溶液中，同时不考虑根区和地下水承载层的键合容量（binding capacity），基于人体健康效应的土壤重金属负荷估算，其土壤淋溶重金属（如 Cd、Pb）临界浓度可以土壤孔隙水（土壤溶液）重金属浓度用作地下水浓度的估算（http://ecb.jrc.it；临界浓度专家会议，2002，柏林）。

计算土壤溶液总可溶性金属浓度的方法很多。最简单的方法就是以土壤金属总量和可溶性金属总量两种相关数据间直接的经验函数（Hetteling et al.，2002）或者是通过土壤活性金属含量（或直接为土壤金属总量）结合 Freundlich 模型（$Q_e=K_f \times C_e^n$）推导土壤溶液金属浓度，也有利用简单的络合模型（de Vries and Bakker，1998）从活性金属浓度推导计算土壤溶液总可溶性金属浓度，但此方法需要大量数据。考虑到本研究所得的 Freundlich 模型中的相关参数是通过往土壤外加金属得出的，因此，对金属含量较高的

土壤或已污染土壤，其土壤溶液金属含量可直接采用金属总量结合采用金属总量结合 Freundlich 模型（$Q_e = K_f \times C_e^{\ n}$）推导，因而

$$C_{ss} = \left(C_{soil} / K_f\right)^{1/n} \tag{3-13a}$$

式中，C_{ss} 为土壤溶液浓度（mg/L），C_{soil} 为土壤金属总量，K_f=Freundlich 吸附容量因子（固液分配系数）；n= Freundlich 吸附强度因子。

而对金属总量较低或土壤溶液金属临界浓度的推导则采用土壤金属总量、活性金属以及 Freundlich 模型三种数据相结合，即可按以下三步走：

A. 建立金属总浓度或“所谓”金属总量与活性金属浓度的转化函数。活性金属浓度即为不同的化学可提取态浓度，如 0.43 mol/L HNO_3、0.05 mol/L EDTA 等。将土壤活性金属浓度、金属总浓度和土壤性质数据回归即可得出金属总浓度与活性金属浓度间的转化函数。

B. 建立土壤重金属 Freundlich 模型。

C. 运用土壤重金属 Freundlich 模型推导得出土壤溶液金属浓度：

$$C_{ss(crit)} = \left(C_{soilR(crit)} / K_f\right)^{1/n} \tag{3-13b}$$

式中，$C_{ss\,(crit)}$=土壤溶液重金属临界浓度；$C_{soilR\,(crit)}$=土壤活性重金属临界浓度；K_f=固液分配系数；n= Freundlich 吸附强度因子。

式（3-13b）两边取对数得式（3-13c）

$$\log C_{ss(crit)} = \frac{1}{n}\left(\log C_{soilR(crit)} - \log K_f\right) \tag{3-13c}$$

对长江三角洲典型类型土壤，在构建金属总浓度与活性金属浓度的转化函数时，本研究用 0.43 M HNO_3 为提取剂，得出活性金属浓度与总金属浓度（HF +HNO_3+$HClO_4$）的转化函数式（3-13d，e）：

对于 Cd：$C_{hn}=0.194*C_{total}-0.001*Clay+0.044$（$R_{adj}^2=0.60, n=28$）　(3-13d)

对于 Pb：$C_{hn}=0.384*C_{total}+0.374*SOM-10.126$（$R_{adj}^2=0.67, n=28$）　(3-13e)

式中，C_{hn} 为 0.43 mol/L HNO_3 提取活性态金属浓度（mg/kg），C_{total} 为 HF+HNO_3+$HClO_4$ 消解金属浓度（mg/kg），SOM 为土壤有机质含量（g/kg）；Clay 为黏粒含量（%）。将土壤 Cd 和 Pb 的临界浓度（土壤环境标准值）分别代入式（3-13d）和式（3-13e）就可得到土壤的活性临界金属浓度。

将式（3-14）和式（3-15）代入（3-13c）得出长江三角洲地区不同类型土壤镉土壤溶液浓度或临界浓度推导公式为

$$\log C_{ss(crit)} = \frac{1}{2.159 - 0.174 * pH - 0.0073 * SOM} \left[\log C_{soilR(crit)} - \left(-1.622 + 0.495 * pH + 0.0132 * SOM\right)\right] \tag{3-13f}$$

或

$$\log C_{ss\,(crit)} = 1.09*\left[\log C_{soilR\,(crit)} - (-1.622+0.495*pH+0.013*SOM)\right] \tag{3-13g}$$

同理，将 n=485 和式（3-16）代入（3-13b）得出长江三角洲地区不同类型土壤铅土壤溶液浓度或临界浓度推导公式为（3-13h）：

$$\log C_{ss\,(crit)} = 2.06*\left[\log C_{soilR\,(crit)} - (-0.001+0.495*pH+0.012*SOM)\right] \tag{3-13h}$$

D. 土壤溶液浓度作为地下水浓度——以金属在土壤-植物体系的传输函数推导，此方法是通过农作物临界金属浓度（如食品质量标准）结合金属在土壤-植物体系的传输函数来推导，具体见文献 Brus 等（2002）和 Adams 等（2003）。

长江三角洲地区典型土壤 Cd 和 Pb 的吸附容量因子 K_f 和强度因子 n 分别为

$$\text{Cd：} \log K_f = -1.622+0.495*\text{pH}+0.013*\text{SOM}\ (R_{adj}^2=0.82, n=45) \tag{3-14}$$

$$n=2.159-0.174*\text{pH}-0.0073*\text{SOM}\ (R_{adj}^2=0.55, n=45) \tag{3-15}$$

或 n 取平均值 0.915。

$$\text{Pb：} \log K_f=0.001+0.459*\text{pH}+0.12\text{SOM}\ (R_{adj}^2=0.84, n=45) \tag{3-16}$$

n 取平均值 0.485。

式中，n、K_f、pH 和 SOM 分别为 Freundlich 方程的吸附强度、吸附容量参数、土壤 pH 和有机质含量（mg/kg）。

3. 土壤使用年限的确定

土地可持续管理不仅关注土壤重金属每年的临界负荷，也关注在当前大气沉降速率和农用化学品使用的条件下多少年以后土壤重金属浓度达到土壤重金属的临界浓度。原则上，计算土壤重金属达到稳定状态所需时间应采用动态模型，因为在整个时间范围内其累积速率和淋溶速率是变化的。然而，考虑到相对于金属累积，金属吸收（metal uptake）和金属淋溶可忽略（特别是对 Pb 和 Cu，对 Cd 和 Zn 相对要弱）（de Vries and Bakker，1998），因此，土壤使用年限可根据式（3-17）计算：

$$T_s=\left[\rho_s \cdot Z_s \cdot \left(C_{soil(crit)} - C_{soil(init)}\right)\right] / M_{crit} \tag{3-17}$$

式中，T_s 为土壤使用年限（a）；$C_{soil\,(crit)}$=土壤重金属 M 的临界含量（mg/kg）；$C_{soil\,(init)}$=土壤重金属 M 的初始含量（mg/kg）；ρ_s=土壤容量（kg/ m^3）；Z_s=土壤厚度（m）；M_{crit}=重金属 M 的临界负荷[mg/（m^2·a）]。

（四）简单动态临界负荷估算方法

1. 方法推导

模型基本等式见式（3-4a）和式（3-4b）。动态模型考虑随时间推移，土壤重金属或 POPs 的累积和损失（loss）过程，弥补了稳定质量平衡模型的不足。假设其输出土壤系统的重金属量与土壤重金属含量的大小成一定的比例（PAČES，1998）。

因为

$$M=C_s*Z_s*\rho_s \tag{3-18}$$

式中，M=土壤重金属通量；C_s=土壤浓度；Z_s =土层厚度；ρ_s =土壤容量

$$O_{crop}=k_{up}*M \tag{3-19}$$

$$O_{lea}=k_{lea}*M \tag{3-20}$$

将式（3-19）和式（3-20）代入式（3-4a）得镉质量平衡方程：

$$\frac{dM}{dt}=I_{atm}+I_{ogr}-\left(k_{up}+k_{lea}\right)*M \tag{3-21a}$$

将式（3-19）和式（3-20）代入式（3-4b）得铅、铜和锌质量平衡方程：

$$\frac{\mathrm{d}M}{\mathrm{d}t}=I_{\mathrm{atm}}+I_{\mathrm{ogr}}+I_{\mathrm{wea}}-\left(k_{\mathrm{up}}+k_{\mathrm{lea}}\right)*M \tag{3-21b}$$

因此，镉的简单动态临界负荷估算模型为

$$\left(I_{\mathrm{atm}}+I_{\mathrm{agr}}\right)_{\mathrm{crit}}=\left(k_{\mathrm{up}}+k_{\mathrm{lea}}\right)*M_{\mathrm{crit}} \tag{3-22a}$$

铅、铜和锌的简单动态临界负荷估算模型为

$$\left(I_{\mathrm{atm}}+I_{\mathrm{agr}}\right)_{\mathrm{crit}}=\left(k_{\mathrm{up}}+k_{\mathrm{lea}}\right)*M_{\mathrm{crit}}-I_{\mathrm{wea}} \tag{3-22b}$$

应用式（3-14）～式（3-16）、土壤农作物的年产量、土壤当前浓度、土层厚度和土壤密度，可建立农作物净吸收重金属量 O_{crop}[g/（ha·a）]与土壤重金属量 M（g/ha）之间的线性函数关系以及淋溶输出重金属量 O_{lea}[g/（ha·a）]与土壤重金属量 M（g/ha）之间的线性函数关系，从而推导出 k_{up} 和 k_{lea}。

2. 土壤使用年限的确定

假设输出土壤系统的重金属量与土壤重金属含量的大小成一定的比例，因此可借鉴 PAČES（1998）方法，确定简单动态法土壤的使用年限：

设 $\omega = Z_s * \rho_s$　　(3-23)

$$I=I_{\mathrm{atm}}+I_{\mathrm{agr}} \quad 或 \quad I=I_{\mathrm{atm}}+I_{\mathrm{agr}}+I_{\mathrm{wea}}（总输入） \tag{3-24}$$

$$K=k_{\mathrm{up}}+k_{\mathrm{lea}} \tag{3-25}$$

将式（3-20）代入式（3-21a）或（3-21b），得：

$$\frac{\mathrm{d}M}{\mathrm{d}t}=I-K*M \tag{3-26}$$

并积分得：

$$\int\frac{1}{I-K*M}\,\mathrm{d}M=\int\mathrm{d}t \tag{3-27}$$

所以：

$$-\frac{1}{K}M\ln\left(I+K*M\right)=t+\mathrm{a1}\ （\mathrm{a1}\ 为积分常数） \tag{3-28}$$

求 a1：设当 t=0 时，C_{soil} 为 $C_{\mathrm{soil,\ present}}$，当 t=t 时为 C_{s}，代入式（3-28）有

$$-\frac{1}{K}\ln\left(I-K*C_s*\omega\right)=t-\frac{1}{K}\ln\left(I+K*\omega*C_{\mathrm{soil,present}}\right) \tag{3-29}$$

$$-K*t=\ln\frac{I-K*C_{\mathrm{s}}*\omega}{I-K*C_{\mathrm{soil,present}}} \tag{3-30}$$

$$\frac{I-K*\omega*C_{\mathrm{s}}}{I-K*\omega*C_{\mathrm{soil,present}}}=\mathrm{e}^{-Kt} \tag{3-31}$$

$$K*\omega*C_{\mathrm{s}}=I*\left(1-\mathrm{e}^{-Kt}\right)+K*\omega*C_{\mathrm{s,present}}*\mathrm{e}^{-Kt} \tag{3-32}$$

$$C_{\mathrm{s}}=\frac{I}{K*\omega}\left(1-\mathrm{e}^{-Kt}\right)+C_{\mathrm{soil,present}}*\mathrm{e}^{-Kt} \tag{3-33}$$

由式（3-33）得：

$$t_{\text{crit}}=-\frac{1}{K}*\frac{I-\omega*KC_{\text{soil,crit}}}{I-\omega*K*C_{\text{soil,present}}} \tag{3-34}$$

由式（3-34）可确定土壤的使用年限。

（五）不确定性来源分析

临界负荷的不确定性主要包括以下几点：

（1）受体临界浓度的不确定性（kros et al.，1993）：例如，实验室与田间条件金属有效性的差异；

（2）计算方法的不确定性：主要为吸附、络合描述和输入数据的不确定性以及模型假设。例如，即使是对这些吸附、络合过程最详细的数学描述仍是现实的简化；假设土壤重金属处于稳定状态意味着土壤重金属浓度不能及时改变，但实际情况是重金属紧密的吸附于土壤，需要很长一段时间才能达到稳定状态（可能需要几百年）；

（3）空间变异性和缺乏相关知识引起的数据的不确定性（模型输入数据、模型参数和变量的初始状态）。

（六）预测重金属复合污染高风险区（富阳）土壤溶液浓度

运用式（3-14）和式（3-16）和土壤的理化性质计算得出富阳实验地土壤 Cd 和 Pb 的 Kf 值分别为 755 dm^3/kg 和 14 641 dm^3/kg，n 分别取平均值 0.915 和 0.485。将金属总量等数据代入式（3-13a）得出土壤溶液中 Cd 的浓度为 0.70 μg/L，Pb 为 0.70 μg/L，与原位测定数据比较可知，模拟 Cd 浓度是 20cm 实测土壤溶液 Cd 平均浓度的 79%，效果较好。而 Pb 模拟效果不理想，其原因是实验地离冶炼厂很近（500m 左右），降水中含有很高的 Pb（2004 年 3 次降雨样品中 Pb 平均浓度为 1.41mg/L），因此，对于降雨中 Pb 浓度很高的区域其土壤溶液 Pb 浓度预测模型还有待于修正和完善。

（七）稳态质量平衡估算常熟乌黄土镉和铅临界负荷

采用稳态质量平衡方法，由式（3-4a）和式（3-4b）估算基于保护地下水和农产品安全的江苏常熟乌黄土镉、铅临界负荷。

1. 最大允许淋溶金属通量

若土壤溶液 Cd 和 Pb 临界浓度直接采用 WHO（2004）最大允许值 Cd 为 3 mg/m^3、Pb 为 10 mg/m^3，2004 年江苏年平均温度为 16℃，年降雨量为 1623.5 mm/a（傅玉祥和梁书升，2004），应用 Hetteling 等（2002）推导公式[见式（3-12c-1，3-12c-2，3-12c-3）]计算 20 cm 处年淋溶水通量为 0.824 m/a。根据式（8-11）计算得最大 Cd 和 Pb 淋溶通量为 24.72 g/（ha・a）和 82.4 g/（ha・a）。

若根据土壤性质推算土壤溶液 Cd 和 Pb 临界浓度，则将土壤环境二级标准值（GB 15618—1995 ，Cd 为 0.3 mg/kg，Pb 为 250 mg/kg）分别代入式（3-13d）、式（3-13h）和式（3-13e）、式（3-13i），则土壤溶液 Cd 和 Pb 临界浓度分别为 0.033 mg/m^3 和 0.919 mg/m^3，根据式（3-11）计算得最大 Cd 和 Pb 淋溶通量为 0.27 g/（ha・a）和 7.57 g/（ha・a）。

2. 最大允许农作物吸收带走金属通量

常熟农田通常的耕作方式为一季水稻和一季小麦，其稻谷产量为 7630 kg/ha，小麦产量为 3756 kg/ha（傅玉祥和梁书升，2004）。粮食中的 Cd 和 Pb 浓度直接采用国家食品标准(GB 15201—1994)，稻谷和小麦 Cd 最大允许浓度分别为 0.2 mg/kg 和 0.05 mg/kg，Pb 为 0.4 mg/kg。根据式（3-7）得最大允许农作物吸收带走 Cd 和 Pb 通量分别为 1.71 g/（ha • a）和 4.55 g/（ha • a）。

3. 土壤矿物奉化输入通量

土壤矿物风化输入 Pb 通量为 3.00g g/（ha • a）。根据式（3-5a）和式（3-5b）分别得出 Cd 的临界负荷为 26.43 g/（ha •a）（直接以 WHO 标准为临界浓度）或 1.98 g/（ha •a）；Pb 的临界负荷为 83.95 g/（ha • a）（直接以 WHO 标准为临界浓度）或 6.11 g/（ha •a）。

4. 土壤使用年限

根据式(3-17)确定乌黄土的使用年限，乌黄土耕作层(0～20 cm)的容重为 1.23g/cm^3，如果土壤 Cd 的输入负荷保持在 26.43 g/（ha • a），则土壤使用年限为 83.6 年，如果控制在 1.98 g/（ha •a），则土壤使用年限为 815 年；Pb 输入负荷保持在 83.95 g/（ha •a），则土壤使用年限为 5931 年，如果控制在 6.11 g/（ha •a），则土壤使用年限为 81 490 年。

长江三角洲地区 30 种典型类型土壤镉、铅、铜和锌的风化速率差异较大，其中镉均值为 0.001 mg/m^2/a^{-1}；铅均值为 0.293 mg/m^2/a^{-1}；铜均值为 0.243mg/m^2/a^{-1}；锌均值为 0.882 mg/m^2/a^{-1}。

土壤中 Cd 和 Pb 活性金属的预测模型分别为 C_{hn}=0.194*C_{total}–0.001*Clay+0.044（R^2=0.60，n=28）和 C_{hn}=0.384*C_{total}＋0.374*SOM–10.126（R^2=0.67，n=28）。

长江三角洲地区土壤溶液 Cd 和 Pb 浓度或临界浓度推导模型分别为 log$C_{ss\,(crit)}$＝1.09*[log$C_{soilR\,(crit)}$ –（–1.622+0.495*pH+0.013*SOM）] 和 log$C_{ss\,(crit)}$=2.06*[log$C_{soilR\,(crit)}$ –（0.001+0.459*pH+0.012SOM）]。

初步构建了长江三角洲地区典型类型土壤基于人体健康的 Cd 的稳态临界负荷模型为 M_{crit}=I_{atm}+I_{agr}=$O_{crop\,(crit)}$+$O_{lea\,(crit)}$，Pb、Cu 和 Zn 的稳态临界负荷估算模型为 M_{crit}=I_{atm}+I_{agr}=$O_{crop\,(crit)}$+$O_{lea\,(crit)}$–I_{wea}，确定土壤使用年限模型为 T_s =[ρ_s·Z_s·（$C_{soil\,(crit)}$ – $C_{soil\,(init)}$）]/M_{crit}。

Cd 简单动态临界负荷估算模型为 M_{crit}=（k_{up}+k_{lea}）*M_{crit}，Pb、Cu 和 Zn 为

M_{crit}=（k_{up}+k_{lea}）*M_{crit}－I_{wea}；

$$t_{crit}=-\frac{1}{K}*\frac{I-\omega*KC_{soil,crit}}{I-\omega*K*C_{soil,present}}$$

土壤使用年限模型为常熟乌黄土 Cd 的临界负荷为 26.43 g/（ha • a）（直接以 WHO 标准为土壤临界浓度）或 1.98 g/（ha • a），其使用年限分别为 83.6 年和 815 年；Pb 的临界负荷为 83.95 g/（ha •a）（直接以 WHO 标准为土壤临界浓度）或 6.11 g/（ha •a），土壤使用年限分别为 5931 年和 81 490 年。

第三节　基于生态风险的土壤临界值与评估模型

土壤污染后会带来健康风险和生态风险，污染土壤修复是最主要的风险消减和风险管理措施。在实施污染土壤修复等管理措施时，确定土壤污染物的临界安全浓度、受污染土壤的修复目标变得尤为重要（王国庆等，2005）。尽管不同国家对土壤污染物的临界值的叫法不同，如美国的筛选值、英国的指导值，但均是应用基于风险评估方法得到的（DEFRA，2004；USEPA，1996）。基于风险的土壤污染物临界值是初步判断和识别污染土壤风险的依据，也为污染土壤修复确定目标水平。根据受体不同，所建立的土壤标准或临界值可分为基于健康风险的临界值或基于生态风险的临界值。通过风险评估表明，浙江富阳因冶炼活动引起的土壤重金属污染已经给人类和生态带来了较高的风险，为了便于实施风险管理，本节和第四节以镉为例分别应用基于生态风险的健康风险的方法来研究某区域土壤 Cd 的临界值。

一、土壤中镉污染的生态风险评估方法

土壤重金属污染生态风险评估所采用的方法主要有：概念模型法、数学模型法、生态风险指数法、形态分析法及生物评价法等。在实际研究中应用相对较多的主要是潜在生态风险指数法和地累积指数法。

（一）潜在生态风险指数法

瑞典科学家 Hakanson 利用潜在生态风险指数法对多种重金属污染物进行综合评价，其公式如下：

$$RI = \sum_{i}^{m} E_r^i = \sum_{i}^{m} T_r^i \times C_f^i = \sum_{i}^{m} T_r^i \times \frac{C^i}{C_n^i}$$

式中，RI 是为土壤或沉积物中多种重金属潜在生态风险指数；E_r^i 为潜在生态风险参数；T_r^i 为单个污染物毒性参数，反映其毒性水平和生物对其污染的敏感程度；C_f^i 为单一污染物污染指数；C^i 为沉积物中污染物的实测浓度；C_n^i 为参比值。该法不仅考虑土壤重金属含量，而且将重金属的生态效应、环境效应与毒理学联系在一起，采取具有可比性、等价属性指数分级法进行评价，因而该法的应用相对比较广泛。其中常见的重金属毒性系数为：T（Pb）=T（Cu）=5、T（Zn）=1、T（Cd）=30。重金属污染潜在生态危害系数分级标准见表 3.16。

表 3.16　潜在生态风险参数 E_r^i 与潜在生态风险指数 RI 分级

E_r^i	RI	污染程度
$E_r^i \leqslant 40$	$RI \leqslant 150$	低
$40 < E_r^i \leqslant 80$	$150 < RI \leqslant 300$	中等

续表

E_r^i	RI	污染程度
$80<E_r^i\leqslant160$	$300<RI\leqslant600$	较高
$160<E_r^i\leqslant320$	$RI>600$	高
$E_r^i>320$		极高

注：本表引自李泽琴等（2008）。

（二）地累积指数法

目前国内外普遍采用单因子指数法和内梅罗综合指数法等进行土壤重金属污染评价，以上两种方法均能对研究区土壤重金属污染程度进行较为全面的评价，但无法从自然异常中分离人为异常，判断表生过程中重金属元素的人为污染情况，地累积指数法注意到了此因素，弥补了其他评价方法的不足（姚志刚等，2006）。地累积指数法又称为Muller指数（Muller，1969），是20世纪60年代晚期在欧洲发展起来的广泛用于研究沉积物及其他物质中重金属的污染程度的定量指标，Muller地累积指数法表达式为

$$I_{geo}=\log_2[C_n/（k*B_n）]$$

式中，C_n是元素n在土壤中的含量，B_n是土壤中该元素的化学背景值或基线值；k为考虑各地岩石差异可能会引起背景值的变动而取的系数（一般取值为1.5），用来表征沉积特征、岩石地质及其他影响。

上述评价方法都是基于土壤中重金属等污染物总量，并多以背景含量为基准，而实际上，土壤重金属总量并不等于其毒性与生物有效性，且在某些特定区域内某种元素可靠的背景含量无法准确获得，因此，利用这些方法对于碳酸盐岩等特殊地球化学条件下土壤重金属的污染风险进行评价可能会存在明显的问题，而使得评价结果很难真实反映现实状况。近年来，科学家们普遍认为，重金属总量虽然可以提供土壤中重金属的富集信息，但许多情况下并不能指示重金属元素在土壤中的赋存形态，迁移能力以及对植物的有效性。所以，国内外的研究重点已经逐渐从总量分析转移到形态分析。

二、基于生态风险的土壤镉临界值探讨

（一）土壤镉基于生态风险的方法

当前许多国家应用基于生态风险的方法制定土壤重金属的临界值时，往往是基于重金属总量数据。实际上土壤重金属的生态毒性是与其形态分布、固液分配相关（Lofts et al.，2004）。因此假定土壤Cd的生态毒性主要由可溶态Cd引起，土壤pH是影响土壤可溶态Cd的重要参数，因此土壤总Cd与可溶态Cd的关系可以用下式表示：

$$\log（可溶态Cd）=a\times\log（总Cd）-b\times pH+c$$

收集不同土壤 pH 的 Cd 生态毒性数据（NOEC），应用上式可以得到可溶态 Cd 的 NOEC 值。对所收集的所有毒性数据，计算可溶态的 NOEC，并做对数正态假设，得到其累积概率函数。当累积概率为 0.05 时所对应的 NOEC 可以认为是土壤中可溶态 Cd 的目标值，它可以保护土壤中 95%的生态受体；当累积概率为 0.5 时，可以认为是土壤可溶态 Cd 的严重污染值（Verbrμggen et al.，2001）。然后根据方程，可以将可溶态 Cd 的临界值转换为不同 pH 水平的土壤总 Cd 的临界值。

（二）土壤镉基于生态风险的临界值

以 0.01 mol/L $CaCl_2$ 提取态 Cd 作为土壤可溶态 Cd，因此与总 Cd 和 pH 的关系可以应用第五章的相关研究结果，应用土壤总 Cd 和 pH 可以预测 0.01 mol/L $CaCl_2$ 提取态 Cd 浓度：

$$\log（CaCl_2\text{-}Cd）=0.80\times\log（总Cd）-0.59\times pH+1.95（R^2=0.62，SE=0.43）$$

通过计算得到不同土壤 pH 下的土壤 Cd 临界值（表 3.17）。土壤可溶态 Cd 受土壤 pH 影响显著，因此随着土壤 pH 的升高，土壤 Cd 临界值也显著提高。对于目标值，可以认为土壤中 Cd 的浓度达到这个水平时，对生态物种的影响仅仅达到 5%。因此从保护生态物种角度来说，可以作为土壤 Cd 污染的最终修复目标。而当土壤中 Cd 的浓度，达到污染值时，对生物物种影响达 50%，已经带来严重的生态效应，需要实施风险管理措施。同样应用空间分析的方法得到了基于生态风险的土壤 Cd 的临界值（图 3.14）。

表 3.17 基于生态风险的土壤 Cd 临界值

（单位：mg/kg）

pH	目标值（5%）	污染值（50%）
5	0.05	2.3
6	0.29	9.0
7	1.60	35
8	8.70	136

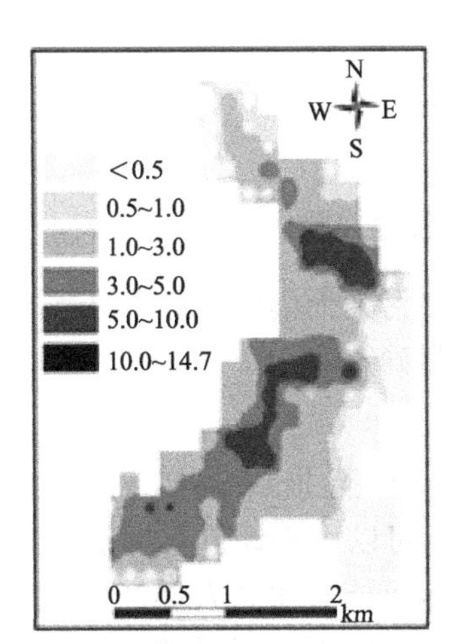

图 3.14 基于生态风险的土壤 Cd 的临界值的空间变异

第四节　基于人体健康的临界值与评估模型

一、土壤中镉污染的健康风险评估方法

健康风险评估研究最早在欧美发达国家开展，它是在收集和整理毒理学、流行病学、环境监测及暴露情况等资料的基础上，通过一定的方法或利用模型估计某一暴露剂量的化学或物理因子对人体健康造成损害的可能性及损害程度的大小（赵沁娜，2006）。以往研究中，多集中在对大气和水环境介质中污染物的健康风险评估方面，近年来，健康风险评估的研究方法逐步被应用于土壤重金属等污染物污染风险评估中，并且发展速度很快。下面对土壤重金属污染健康风险的评价方法研究进展做简要综述。

（一）评估模型建立

健康风险评估是以风险度作为评价指标，把环境污染与人体健康联系起来，定量描述重金属污染物对人体产生健康危害风险（杨刚等，2010；王铁军等，2008）。重金属污染物通过土壤-人体后所引起的健康风险评估模型也包括致癌物所产生健康危害的模型和非致癌物所产生健康危害的风险模型。评价过程中日慢性摄入量（CDI）是需要考察的重要参数，其表达式如下：

$$CDI = \frac{c \times IR \times CF \times FI \times EF \times ED}{BW \times AT \times 365}$$

式中，*CDI* 表示日慢性摄入量 mg/（kg · d）； *c* 表示土壤污染物浓度（mg/kg）；*IR* 表示摄取速率（mg/d）；*CF* 表示转换因子（10^{-6} kg/mg）；*FI* 表示摄取分数（0～100%）；*EF* 表示暴露频率（d/a）；*ED* 表示暴露时间（a）；*BW* 表示受体体重（kg）；*AT* 表示平均接触时间（a）。

（二）健康风险

1. 非致癌风险

重金属污染土壤可能造成的潜在非致癌风险可以通过各种可能暴露途径和其相对应的参考剂量确定。

$$HQ=CDI/RfD$$

式中，*HQ* 为风险指数；*RfD* 为参考剂量[mg/（kg · d）]。

HQ 值可以用来评价目标敏感人群受到非致癌风险的可能性大小。当 *HQ* 值大于 1 时，表示可能对敏感人群产生潜在的非致癌风险。在同时评价几种污染物产生的非致癌风险时，则可以把每种污染物产生的非致癌风险相加，得到总体的非致癌风险指数 *HI*：

$$HI=HQ_1+HQ_2+\cdots+HQ_n$$

当 *HI* 小于 1 时，认为没有慢性的非致癌风险产生；当 *HI* 大于 1 时，则应对污染

土壤进行修复，从而降低土壤中污染物质含量，直到 HI 小于 1 为止。

2. 致癌风险（Cancer Risk，CS）

致癌风险指长期暴露于某种致癌物质的条件下，人体患癌症的可能性。

$$CS=CDI\times SF$$

式中，*SF* 为标志斜率因子，单位为 1/[mg/（kg · d）]。

当一个污染地块有多个致癌物质时，致癌风险为各种污染物的各种可能暴露途径所产生的致癌风险之和。美国环保局认为，CS 在 $1\times10^{-6}\sim1\times10^{-4}$ 是可以被接受的。

（三）模型的参数选择

在健康风险评估中，评价被重金属污染的土壤周围居民的健康风险时，通常要考虑人体通过呼吸、接触摄取土壤中污染物途径，并综合前人的研究成果和已有的研究材料确定模型参数的选择（Wcislo et al.，2002）。根据国际癌症研究机构（IARC）和世界卫生组织（WHO）通过全面评价化学物质致癌性可靠程度而编制的分类系统，Cd 为化学致癌物，其致癌强度斜率因子见表 3.18。对于非致癌物质所致的健康风险，参考剂量(*RfD*)是一个重要参数。根据美国环保局（USEPA）推荐与评价，有关的参考剂量值和斜率因子见表 3.18。

表 3.18　模型参数 *RfD* 与 *SF* 值

重金属	*RfD* /[mg/（kg · d）]	*SF*/[mg/（kg · d）]$^{-1}$
Cd	0.001（食物）/0.0005（水）	6.10（水）
Pb	0.0035	—
Zn	0.30	—
Cu	0.04	—

注：本表引自杨刚等（2010）。

虽然人体对污染物的接触途径包括食物摄取、饮用水摄取、皮肤接触和呼吸道吸入等多种途径，但在这多种暴露途径中，污染物从土壤-植物-人体的迁移途径具有最普遍和最大贡献的接触意义（Dudka and Miller，1999）。因此，上述的健康风险评估方法在对非耕地的城市污染场地的评价中有着较为广泛的应用，而在对农田土壤中重金属污染评价方面还多应用重金属在土壤-作物-人体系统中的迁移、传递与积累程度的评价方法。

二、基于健康风险的土壤镉临界值探讨

在本研究中稻米摄入是最主要的 Cd 暴露途径，而饮用水和土壤口腔直接摄入贡献较小，因此在健康风险评估中仅考虑稻米摄入这条主要暴露途径。

（一）基于健康风险的方法

1. 风险评估方法

风险评估采用美国环保局（USEPA，1989）的商值计算方法，并应用相同假设。因此，风险商为暴露剂量与参考剂量比值：

$$HQ=(EF \times ED \times IFR \times C_{rice}) / (BW \times AT \times 365 \times RfD) \tag{3-35}$$

式中，HQ 为风险商，EF 为暴露频率（d），ED 为暴露持续时间（a），IFR 为稻米摄入率（kg/d），C_{rice} 为稻米中 Cd 的浓度（mg/kg）；BW 为体重（kg），AT 为平均寿命（a），RfD 为 Cd 的参考剂量[mg/（kg · d）]。

首先得到稻米中 Cd 浓度的预测模型，模型的预测形式为水稻吸收，为简化临界值的推导，在预测模型中仅仅考虑土壤 pH 这一最重要的土壤性质，因此稻米 Cd 浓度的经验预测模型如下：

$$\log(C_{rice})=A+B \times pH+C \times \log(C_{soil}) \tag{3-36}$$

式中，A～C 均为系数，C_{rice} 与 C_{soil} 分别表示稻米与土壤中 Cd 的浓度（mg/kg，干重），pH 为土壤 pH，用 SPSS 11.0 多元回归分析得到模型中各系数。

当 HQ 超过 1 时，暴露剂量超过参考剂量会给人类带来健康危害。因此假定 HQ 为 1 时的土壤 Cd 浓度就为土壤 Cd 的临界值水平，其推导过程如下：

$$(EF \times ED \times IFR \times C_{rice}) / (BW \times AT \times 365 \times RfD)=1 \tag{3-37}$$

对上式取对数后为

$$\log(BW \times AT \times 365 \times RfD)-\log(EF \times ED \times IFR)=\log(C_{rice}) \tag{3-38}$$

联合方程（3-36）和（3-38）得

$$\log(BW \times AT \times 365 \times RfD)-\log(EF \times ED \times IFR)=A+B \times pH+C \times \log(C_{soil}) \tag{3-39}$$

整理可得：

$$\log(C_{soil})=[\log(BW \times AT \times 365 \times RfD)-\log(EF \times ED \times IFR)-B \times pH-A]/C \tag{3-40}$$

最终得到的 C_{soil} 即为基于健康风险的土壤 Cd 的临界值。

2. 统计分析

用 SPSS 11.0 多元逐步回归分析对式（3-35）进行拟合得到各系数，当式中各变量达到显著性水平时则进入回归模型中（$p<0.05$），反之则不进入方程。应用 Matlab 6.5 进行基于生态风险的临界值计算。

（二）基于稻米摄入风险的临界值

收集了研究区 78 对土壤、稻米数据，主要包括土壤总 Cd 浓度、土壤 pH 和稻米 Cd 浓度，并将所收集的数据应用于回归分析，得到稻米 Cd 浓度的预测方程：

$$\log(C_{rice})=1.21+1.17 \times \log(C_{soil})-0.32 \times pH \ (R^2=0.55,\ SE=0.34,\ n=78) \tag{3-41}$$

拟合方程的方差解释量为 55%，图 3.15 是稻米中 Cd 含量的预测效果，可以看出仅仅应用土壤总 Cd 与土壤 pH 也可以较好地预测稻米 Cd 浓度。这也表明了土壤 pH 是控制植物吸收土壤 Cd 的最重要性质。将所得式子与式（3-40）联合起来就可以计算土壤 Cd 的临界值。

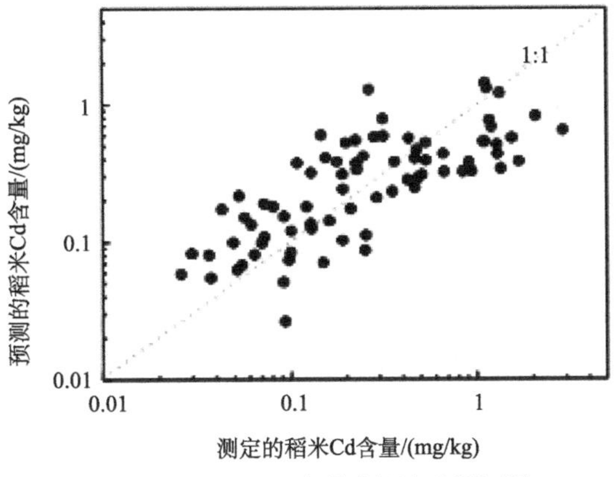

图 3.15 稻米 Cd 含量实测与预测对比

用所得的稻米 Cd 吸收方程计算不同 pH 下的土壤 Cd 临界值（表 3.19）。为了比较，还同时应用稻米卫生标准计算了土壤 Cd 的临界值。可以看出应用稻米摄入风险的方法计算的临界值要低于应用卫生标准计算的临界值。基于稻米摄入风险计算的研究区的临界值范围为 0.24～3.42 mg/kg，均值为 1.23 mg/kg，由累积概率分布得到第 25、50、75 百分位上的临界值分别为 0.49 mg/kg、0.89 mg/kg 和 2.03 mg/kg（图 3.15）。

表 3.19 不同 pH 的土壤 Cd 临界值

pH	土壤 Cd 的临界值/（mg/kg）	
	基于食品标准	基于稻米摄入风险
5	0.55	0.42
6	1.03	0.79
7	1.95	1.49
8	3.68	2.81

饮用地下水和土壤口腔摄入也会引起暴露，因此分别计算了土壤 pH 分别为 5、6、7、8 时临界值水平下的风险商（表 3.20）。可以看出土壤口腔摄入的风险很低，相比稻米摄入的风险可以忽略。对于饮用地下水这条暴露途径来说，当土壤 pH 较低时 Cd 容易向地下迁移，因此具有较高的风险。风险评估表明，土壤 pH 为 5 时对应的临界值是 0.42 mg/kg，所对应的饮用地下水的风险可以达到 0.28，而当土壤为中性或石灰性时，饮用地下水的风险较低。因此对于酸性土壤，为了保护居民健康，饮用水的风险需要考虑。这里可以应用稻米摄入对暴露的贡献率来保守地确定酸性土壤临界值。在 pH 为 5 时，稻米的贡献可以占到贡献的 70%以上，因此可以简单地认为酸性土壤中，稻米摄入的暴露贡献在 70%，将这一贡献率与基于稻米摄入的临界值相乘就可以得到相对保守的临界值。

表 3.20　不同 Cd 临界值的风险商

pH	临界值/（mg/kg）	饮用地下水的风险商	土壤口腔摄入的风险商
5	0.42	0.28	0.001
6	0.79	0.12	0.001
7	1.49	0.05	0.002
8	2.81	0.02	0.004

本研究所确定的临界值类似于美国环保局的土壤筛选值（USEPA，1996），具有简单风险评估与风险筛选的功能。当稻田土壤 Cd 浓度低于所对应临界值时，可基本确保当地居民不会因食用稻米导致健康危害。而当土壤 Cd 浓度超过所对应的临界值时，需要进一步进行详细的风险评估确定土壤 Cd 污染的风险水平，并根据评估结果实施风险管理。与我国当前农田土壤 Cd 的标准相比，本研究所得出的临界值要高于土壤标准，其主要原因是本研究仅考虑了稻米摄入这一条主要暴露途径，另一方面是我国土壤环境质量标准并非是基于风险的方法。当然，本研究中的临界值是在得到土壤－水稻系统中 Cd 的传输模型后，基于风险评估推导出来的。因此，在本研究中的稻米吸收模型和临界值还不适合推广到一个更大的区域或者是其他地区，但提供了应用基于风险评估的方法建立土壤污染临界值的具体实例，为我国修订土壤环境质量标准提供了参考依据。在当前研究中，仅考虑了稻米摄入这一条主要暴露途径，没有考虑居民营养状况、稻米中 Cd 的生物有效性等因素。因此，在今后研究中需要将这些因素综合起来以确定合理的土壤 Cd 临界值水平。同时，在未来研究中也需要建立一个更加泛化的能应用到较大区域的传输模型。

分析土壤 Cd 临界值的空间变异可以为当地的环境风险管理决策支持提供服务，为污染场地风险等级筛选与制定土壤污染修复目标奠定基础。空间分析表明，研究区土壤 Cd 的临界值存在较大空间变异（图 3.16），这主要受土壤 pH 影响，当土壤具有较高 pH 水平时，土壤 Cd 的植物有效性降低，不利于水稻对 Cd 的吸收，因此临界值水平相对较高。相反情况下，土壤 Cd 的临界值较低。比较土壤 Cd 的临界值与实际土壤 Cd 含量，可以发现有 73%的地区土壤 Cd 含量超过了基于稻米摄入风险得到的临界值，表明土壤中的 Cd 可能会经水稻吸收而给当地居民带来潜在健康风险。

土壤 Cd 的临界值推导过程中的不确定性来源主要为模型误差引起的不确定性与参数不确定性。本文所采用的健康风险评估模型与水稻吸收模型所引起的不确定性是最为主要。受 Cd 的毒性资料限制，使健康风险评估模型存在一定的不确定性，建立更准确的剂量－效应关系是减少不确定性的主要途径。另外，本文所用的水稻吸收模型是基于田间水稻吸收数据所得来的，还不能完全准确预测水稻对土壤 Cd 的吸收，也带来了不确定性，需要在未来研究中建立更准确的稻米 Cd 的预测模型。参数不确定性主要是在样品的采集分析以及资料收集过程中误差所致。在本研究中，居民的行为模式和生理因子变异相对较小，因此对结果影响不大，而土壤 pH 的差异会引起土壤 Cd 临界值的较大差异，是最重要的敏感性参数，假如土壤 pH 存在较大误差就会给结果带来较大的不确定性。

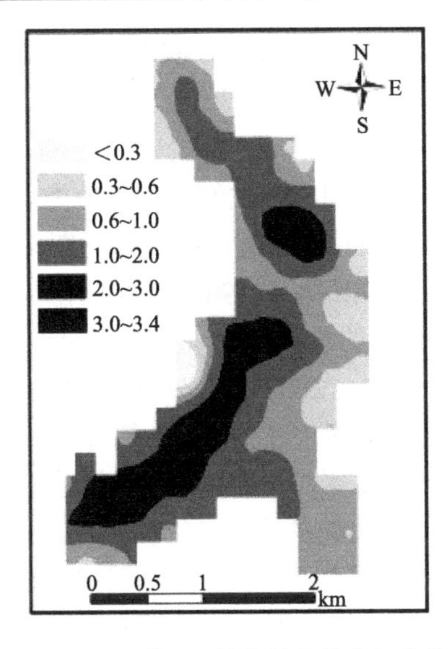

图 3.16　土壤 Cd 的临界值的空间变异

三、保护健康的土壤调研值方法与对比

（一）基于用地方式的土壤调研值

基于人体和生态环境健康风险，确定污染土壤的风险临界浓度，是适合我国污染土壤（场地）修复和管理的科学方法，也是当前国际上普遍采用的方法体系（王国庆等，2005）。而制定基于风险的污染土壤调研值，是这一方法体系的重要组成部分。识别土壤污染风险或确定污染土壤修复所需达到的目标浓度，在很大程度上取决于土壤的利用方式，对农业、居住、商业和工业等不同的土地利用方式，土壤污染物允许的目标浓度亦不同。国际上在制定土壤污染物临界浓度或修复目标时，均划分了不同土地利用方式。划分和定义我国典型的土地利用方式，是构建我国土壤调研值制定方法论首先需要讨论的问题。

1. 各国典型土地利用方式

1）农业用地

在制定土壤指导值时，英国定义了标准副业用地（allotments），其在一定程度上类似于农业用地。英国的副业用地，是由地方政府提供的开放性租赁用地，供当地居民种植自给所需的水果和蔬菜等，一般每块租赁地约为 250 m^2，土地使用者也可养殖牲畜如兔、鸡和鸭（DEFRA and EA，2002）。各欧美国家中，加拿大（CCME，1996）特别地制定了农业用地上的土壤质量指导值，定义农业用地为种植作物和畜牧业养殖用地（CCME，1996）。土壤指导值对农业用地的保护应包括诸多方面，如①保护作物和植物的正常生长，维持农业生产的基本土壤生态功能；②保证畜牧养殖过程，动物性产品的安全生产；③对野生生物的保护。具体而言，CCME 认为制定农业用地的土壤质量指导值时，需要考虑和保护：①土壤养分循环；②土壤生态过程；③土壤无脊椎动物；

④作物/植物的生长；⑤畜牧动物和野生物种；⑥草食性生物物种。

2）居住用地

居住用地为欧美诸国划定土地利用方式的重点用地类型。可能的原因在于，在居住用地模式下，人可能与土壤污染物的接触机会多，暴露周期长、暴露频率高，人体对土壤中污染物的暴露剂量也较高。美国 USEPA（1996）将居住用地定义为对人体健康最为敏感的用地方式，并根据居住用地条件下的暴露场景，发布了制定保护人体健康的污染场地/土壤筛选值的导则。英国 DEFRA 和 EA（2002）定义居住用地为带或不带果蔬种植园地的住宅用地，在其附近可存在开放性场地。对果蔬种植园地的考虑，直接与食用自种果蔬菜产品的食入暴露相关，充分体现了食物链暴露对土壤污染风险的重要贡献。在带有果蔬种植园地的居住用地上，居民可因自产污染性食物的摄入导致较高的健康暴露风险。

加拿大 CCME（1996）定义居住/公园用地方式为居住用地/娱乐性活动用地，其中公园定义为居住和露营场所的缓冲过渡区，不包括未开发地如国家或州属公园。制定居住和公园用地土壤质量指导值时，需要保护：①景观和自然植物的生长；②野生动物的安全。即土壤指导值的制定需要根据考虑：①土壤养分循环；②土壤生态过程；③土壤无脊椎动物；④植物和野生动物。澳大利亚 NEPC（1999）对居住用地类型进行了详细的划分和定义，将居住用地的暴露场景细分为：①标准居住用地，如儿童看护中心，幼儿园、学前学校和小学等，可能摄入污染土壤，存在 10%的植物性产品的摄入暴露（无家禽摄入暴露）；②带有较大种植或养殖园地的居住用地，自种植物产品或畜禽产品（肉类和蛋等）的摄入比例大于 10%；③带有较大种植或养殖园地的居住用地，自种植物产品的摄入比例大于 10%，但无蛋和肉类的摄入暴露；④具有最小的土壤污染物摄入量的居住用地（如高层公寓、混凝土铺设地面等）。此外，荷兰也定义了多功能用地方式下的暴露场景，并制定了相关的土壤污染物临界浓度（VROM，2000）。

3）商业、工业用地

加拿大分别定义了商业用地和工业用地类型。但由于商业用地性质的较大差异，部分商业用地其暴露场景可能接近于居住用地，而某些情况下的商业用地又接近于工业用地（CCME，1996）。CCME（1996）定义典型的商业用地为进行商业性活动的场所，如商场。其他居住性或制造性场地不归于商业用地。英国 DEFRA 和 EA（2002）定义商业/工业土地时，假设人为活动发生在永久性单层建筑、工厂或仓库内，暴露人群可因室内办公、轻度的体力劳动活动而暴露于土壤污染物。澳大利亚 NEPC（1999）同样将商业和工业场地定义为同类用地方式，包括商店、办公场所以及工厂和工业 场地。

2. 主要的污染暴露途径

暴露途径即环境中污染物作用并对各类风险受体（如人）并产生危害的各种方式或通道。土壤污染物的暴露途径指污染的土壤颗粒、进入大气中的土壤源颗粒物以及土壤中污染物在各环境介质间发生分配、扩散和迁移，最终对人体健康和生态环境产生危害的多种途径。

根据污染物来源和传输方式，可将暴露途径分为直接和间接暴露途径。直接土壤污染物暴露途径指人体直接暴露于污染土壤颗粒而摄入土壤污染物的途径，包括口腔摄入污染的土壤、呼入空气中悬浮性土壤颗粒、皮肤接触污染土壤等。间接土壤污染物暴露途径则指土壤污染物经其他环境介质或传输媒介，间接地进入人体的土壤污染物暴露途径，如土壤污染物可分配存在于土壤空气和土壤毛管水之中，土壤空气中的挥发性污染物可进入大气并经呼吸进入人体，土壤水中的污染物可通过植物的富集作用进入食物链，并经取食进入人体。已有研究和应用经验表明，主要的土壤污染物暴露途径主要包括：①口腔摄入污染土壤（Oral Ingestion）；②呼入空气中悬浮性土壤颗粒物（Particle Inhalation）；③皮肤接触污染土壤（Dermal Contact）；④呼入空气中的污染物蒸气（Vapour Inhalation）；⑤取食污染性食物（蔬菜等）（Food Consumption）。

3. 我国典型用地方式及暴露场景的构建

考虑到我国国土面积广阔，土地/土壤利用方式多样，拟将我国土地/土壤利用方式划分为 5 大类，分别阐述如下。

1）*自然保护区*

特指国家级或地区规定的自然生态保护区或饮用水水源区。对于自然保护生态区用地，应确保陆地土壤生态系统基本不受土壤污染物毒害效应的影响，土壤调研值应基本近似于背景值水平。参照荷兰的目标值（VROM，2000），根据生态物种敏感性分布方法确定自然生态区土壤调研值。

2）*农业用地*

我国是农业大国，保证农业用地土壤的可持续发展，实现农产品的健康安全生产至关重要，农业用地土壤质量的保护尤其应该受到重视。参考加拿大经验，结合我国的具体国情，定义我国的农业用地包括种植各类直接或间接进入食物链的植物性生产用地，其中直接进入食物链的作物/植物性产品包括水稻、小麦、食用蔬菜和水果、药材、茶叶等；间接进入食物链的植物包括饲料用草类植物等。

图 3.17 描述了农业用地方式下主要的暴露途径。制定农业用地土壤调研值，首先应该保护长期直接从事农业生产人员的人体健康。对于农业用地土壤，确保作物产量、农产品品质、保护可持续农业生产所需的土壤生态功能也是制定调研值的重要　依据。

对于农业用地方式，制定保护人体健康的土壤调研值，需要考虑的土壤污染物暴露途径包括：①口腔摄入土壤颗粒；②呼入土壤飘尘；③呼入空气中污染物蒸气；④皮肤接触污染土壤；⑤摄入污染农产品。农业用地方式下，保护生态系统的土壤调研值，主要依靠农业生态物种的毒理学研究数据，根据生态物种敏感性分布法进行制定。

3）*居住用地*

参照英国（DEFRA，2000）和澳大利亚（NEPC，1999）的做法，同时考虑到我国部分城乡地区，仍然存在小面积的家庭种植园地（自留地）现象，定义我国居住用地为带有小面积自留地植物生产的敏感性用地方式（图 3.18）。

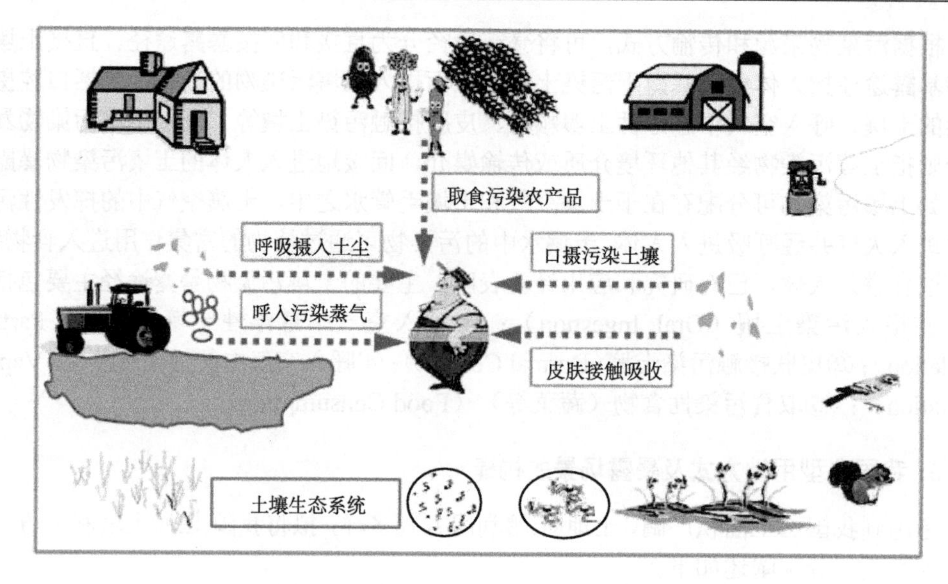

图 3.17　农业用地方式下的暴露场景图

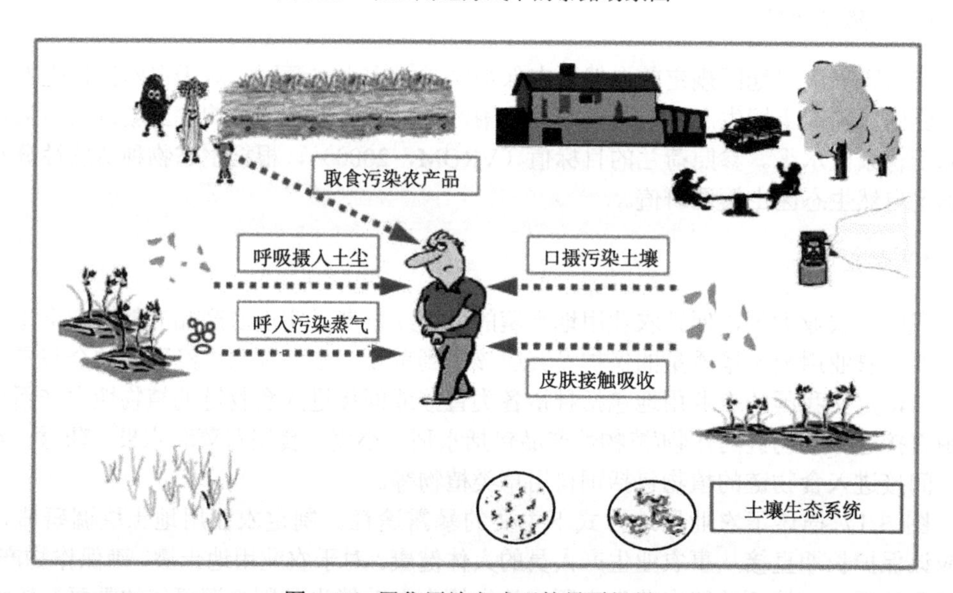

图 3.18　居住用地方式下的暴露场景

居住用地方式下，土壤中污染物通过多种途径进入人体的健康暴露为制定调研值的重要考虑，对于部分土壤污染物，少量植物性产品的摄入暴露同样十分重要。需考虑的土壤污染物暴露途径同农业用地，但由于人群活动模式不同，各暴露途径的参数设定不尽相同，如设定居住用地上污染性植物产品的摄入量仅占摄入食物总量的 10%。居住用地方式下，保护生态的土壤调研值根据生态物种敏感性分布法制定，但采用选定生态物种的毒理学数据。

4）商业用地

图 3.19 描述了商业用地方式下的暴露场景。定义商业用地为从事商业性活动的区域，

包括商场、集市等用地方式，同时商业用地土壤必须保证绿化和景观植物的正常生长。对于商业用地，制定保护人体健康的土壤调研值主要考虑的暴露途径包括：①口腔摄入土壤颗粒；②呼入土壤飘尘；③呼入空气中污染物蒸气；④皮肤接触污染土壤。定义商业用地方式下，保护生态的土壤调研值可略高于居住用地。

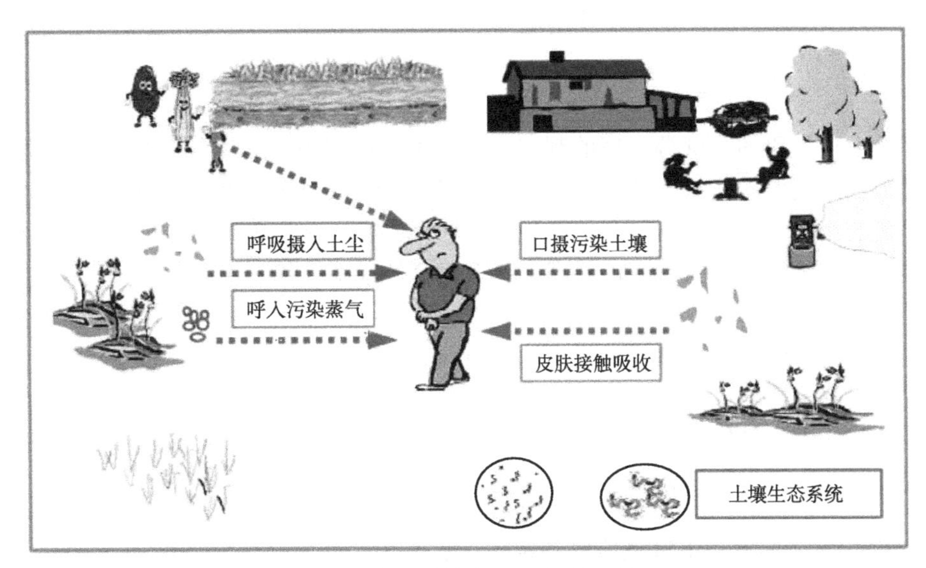

图 3.19　商业用地方式下的暴露场景

5）工业用地

图 3.20 描述了工业用地方式下的主要暴露场景。定义我国工业用地为进行工业生产和制造性活动的场地。工业用地土壤同时也应确保绿化和景观植物的正常生长。

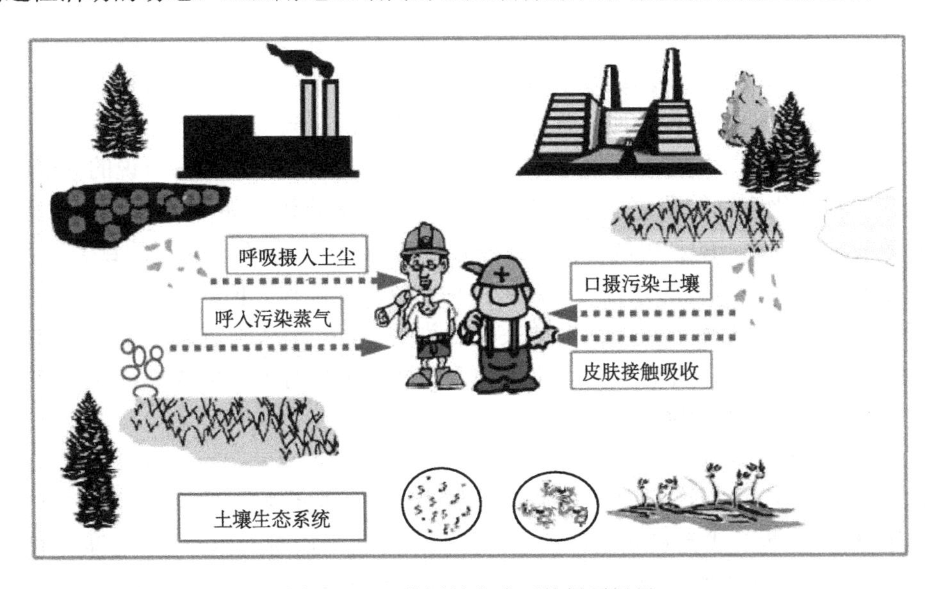

图 3.20　工业用地方式下的暴露场景

对于工业用地，制定保护人体健康的土壤调研值考虑的暴露途径与商业用地相同，即：①口腔摄入土壤颗粒；②呼入土壤飘尘；③呼入空气中污染物蒸气；④皮肤接触污染土壤。但因两种用地方式下，暴露人群的活动模式存在差异，导致各暴露途径的参数设置不同。对污染土壤上种植的植物产品的摄入暴露途径，是区别农业/居住用地与商业/工业用地之间的关键。定义工业用地方式下，保护生态的土壤调研值与商业用地相同。

（二）保护人体健康的土壤调研值

保护人体健康的土壤调研值的制定，以健康风险评估方法为重要工具，以污染物的每日允许摄入剂量（非致癌性污染物）或可接受风险水平（致癌性污染物的）为制定土壤调研值的出发基点。根据划分的典型土地利用方式，首先确定临界风险受体，继而确定主要的暴露途径和暴露参数，根据各暴露途径的模型计算，可制定保护人体健康的土壤调研值。

由于国内对污染土壤健康风险评估及暴露参数确定的研究极少，本书中制定数字调研值的各类暴露参数或模型参数，多选择性地借用了国际上的模型默认值。因此，本书重在构建保护人体健康的土壤调研值的模型方法和框架，文中所用参数值可望在今后我国研究的基础上进行更新。

1. 保护人体健康的土壤调研值制定——健康风险评估法

1）基于毒理学的污染物分类

（1）污染物毒性效应

根据环境中污染物对人体的毒性效应可将土壤污染物分为两大类，即：非致癌性污染物和致癌性污染物。污染物对人体毒性效应取决于暴露剂量、暴露途径（口腔摄入、呼吸摄入或皮肤接触等）、暴露频率和暴露周期、暴露受体的性别、年龄和其他生理学特性等。人体对环境中有毒污染物的暴露效应可是临时的或长期的、可逆转的或非可逆转的、急性的或慢性的毒性效应。暴露于有毒污染物的风险受体（如人）表现的毒性效应的性质、严重程度、发生机率随着暴露剂量的增加而增长，即通常所说的暴露或剂量响应效应。根据化合物的致癌概率水平，可将环境污染物进行如下分类：A：确信对人具致癌效应的化合物；B1：可能对人具致癌效应的化合物（仅存在有限的致癌性证据）；B2：可能对人具致癌效应的化合物（足够的动物致癌性证据，但缺乏或无充分的人体致癌性证据）；C：可能性非致癌或非致突变污染物；D：无法确定人体致癌性的化合物（CCME，1996）。由于非致癌性污染物和致癌性污染物对人体健康的毒理效应差异，在剂量效应模拟方法上应区别对待。

（2）致癌性污染物

本文将上述A、B1和B2类化合物可划分为致癌性化合物。致癌性污染物不存在毒性临界浓度，即认为这类污染物在环境中的任何浓度水平均对人体产生一定的毒性效应。因此，对于致癌性污染物，难以确定无负面效应的临界摄入剂量。致癌性污染物又称为非临界污染物，即无临界效应浓度。对于致癌性污染物，常以动物毒理学或流行病研究数据为基础，建立污染物的剂量-效应关系模型，外推一定致癌风险概率下的每日污染物摄入剂量。

（3）非致癌性污染物

非致癌性污染物可包括上述C和D类污染物。一般地，对于非致癌性污染物，可根据流行病学研究中人体临界毒理学评估终点的毒理数据，确定污染物对人体无负面效应时的每日允许摄入剂量。

（4）调研值制定起点

对于非致癌性污染物，每日允许摄入剂量（tolerable daily intake，TDI）作为制定保护人体健康的土壤调研值的起点或基准；对于致癌性污染物，可接受致癌概率水平下的每日摄入剂量（acceptable risk dose，ARD）作为保护人体健康土壤调研值的制定起点或基准。

2）基于人体健康的土壤调研值计算模型

（1）非致癌性污染物

对于非致癌性污染物，考虑到儿童体重较小，对应的每日允许摄入污染物剂量较低，设为敏感性风险受体。土壤调研值的计算方程如下：

$$HSIC = \frac{TDI}{TIRc}$$

HSIC：保护人体健康的土壤调研值，mg/kg；

TDI：每日允许摄入剂污染物量，mg/（kg·d）（*BW*代表体重，下同）；

TIRc：儿童暴露期内平均每日污染土壤总摄入量，kg土kg/（kg·d）；

（*TIRA*：农业用地；*TIRR*：居住用地；*TIRC*：商业用地；*TIRI*：工业用地）。

（2）致癌性污染物

对于致癌性土壤污染物，其在极低的浓度水平仍对人体存在暴露风险，因此不存在临界毒理效应，考虑到成人的暴露时间长，设定为敏感性风险受体。土壤调研值的计算方程如下：

$$HSIC = \frac{ARD}{TIRXc + TIRXa}$$

HSIC：保护人体健康的土壤调研值，mg/kg；

ARD：可接受致癌风险水平下的每日摄入剂量，mg/（kg·d）；

TIRXc，a：儿童/成人总暴露期内平均每日污染土壤摄入量，kg土kg/（kg·d）；

（*X*：＝*A*，农业用地；＝*R*，居住用地；＝*C*，商业用地；＝*I*，工业用地）

3）基于用地方式的概念暴露模型

保护人体健康的土壤调研值是基于用地方式的调研值。不同土地利用方式下，土壤污染物暴露途径不同、人群活动模式存在差异，敏感性人群（临界暴露受体）也就不同，这些导致了不同用地方式下不同的人体暴露参数和土壤调研值。

（1）农业用地

根据图3.17，可确定农业用地方式下的主要暴露途径，并据此确定农业用地方式下的敏感性风险受体和人体暴露参数（表 3.21）。

表 3.21 农业用地暴露途径及暴露参数的确定

敏感受体：	儿童（非致癌污染物）
	成人（致癌污染物）
儿童室内暴露频率	$EFIc$= 14 h • d^{-1}*365d/a/24h/d^{-1} =213 d/yf
儿童室外暴露频率	$EFOc$= 10 h • d^{-1}*365d/a/24h/d^{-1} =152 d/yf
成人室内暴露频率	$EFIa$= 12 h • d^{-1}*365d/a/24h/d^{-1} =183 d/yf
成人室外暴露频率	$EFOa$ =12 h • d^{-1}*365d/a/24h/d^{-1} =182 d/yf
儿童暴露周期	EDc = 6 a
成人暴露周期	EDa = 64 a
每日蔬菜摄入量	儿童：根菜为 0.05 kg/d 鲜重；叶菜 0.07 kg/d 鲜重
	成人：根菜为 0.12 kg/d 鲜重；叶菜 0.15 kg/d 鲜重
蔬菜干重占鲜重比例	根菜：0.202；叶菜：0.117
取食污染蔬菜所占比例	$fcva$= 1
污染物暴露总时间	LTn=2190d（非致癌性）；LTc=25550d（致癌性）
主要暴露途径：	
• 口腔摄入土壤颗粒；	
• 呼入土壤颗粒物（室内+室外）；	
• 皮肤接触污染土壤；	
• 呼入土壤污染物蒸气（室内+室外）；	
• 取食污染性植物产品（蔬菜）；	

据表 3.21 中定义的主要暴露途径，建立农业用地方式下每日平均摄入的污染土壤总量（TIRA）的概念模型方程如下：

$$TIRAc =（OIRc+ PIRc + DCRc + VIRc + FCRc \times fcva）\times fa$$

$$TIRAa =（OIRa + PIRa + DCRa + VIRa + FCRa \times fcva）\times fa$$

$TIRAc$，a：儿童/成人均污染土壤摄入总量，kg 土/（kg BW • d）；

$OIRc$，a：儿童/成人期内口腔摄入污染土壤量，kg/（kg • d）；

$PIRc$，a：儿童/成人期内呼入土壤颗粒量，kg/（kg • d）；

$DCRc$，a：儿童/成人期内皮肤接触吸收的当量污染土壤，kg/（kg • d）；

$VIRc$，a：儿童/成人期内呼入污染物蒸气摄入的当量污染土壤，kg/（kg • d）；

$FCRc$，a：儿童/成人期内取食污染食物摄入的当量污染土壤，kg/（kg • d）；

$fcva$：农业用地取食蔬菜中污染蔬菜所占比例，1；

fa：摄入土壤污染物的人体吸收系数，1；

农业用地上，污染性食物的取食摄入为重要的土壤污染物暴露途径。表 3.22 列出了英国不同年龄段人群对不同蔬菜的每日取食量数据（DEFRA and EA，2002）。表中为典型的西方膳食结构数据，未考虑对我国人群尤为重要的谷物摄入暴露。此外，对某些土壤重金属（如 Cd），因取食水稻和小麦类谷物的暴露剂量较高，需要进行特别的考虑。

由于我国暂且缺乏针对性的研究，本文尚无法考虑因取食谷物带来的各类土壤污染物的暴露风险。表 3.23 所列数据旨在为表 3.22 中定义的每日摄入蔬菜量提供对照。

表 3.22　英国 CLEA 模型中各类蔬菜的平均每日取食量

人群	年龄段/岁	每日蔬菜取食量/ [g/（kg·d）]					
		包心菜	白菜	胡萝卜	叶类色拉	洋葱和大葱	土豆
婴儿	0～1	0.61	0.51	1.30	0.29	0.26	3.08
幼儿	1～4	0.44	0.46	0.62	0.32	0.32	3.63
少年	4～16	0.28	0.25	0.36	0.17	0.22	2.95
成人	16～70	0.30	0.27	0.27	0.16	0.19	1.82

在模型计算取食污染食物暴露量时，对污染蔬菜中的重金属，通常基于取食蔬菜的干重进行计算；对于有机污染物，常基于取食蔬菜的鲜重进行计算。因此，需要确定一个通用的蔬菜干重占鲜重比例的系数作为模型参数。表 3.23 列出了英国 CLEA 模型中采用的植物干重到鲜重的转换系数（DEFRA and EA，2002）。荷兰 CSOIL 模型定义根类蔬菜鲜重到干重的转换系数为 0.202（Rikken，2001），位于表 3.23 中胡萝卜、洋葱和土豆之间 0.097～0.21，本书采用了荷兰定义值 0.202（表 3.21）。对于叶类蔬菜，荷兰 CSOIL 模型定义值为 0.117，同样介于表 3.22 包心菜、白菜、叶类色拉和大葱之间（0.095～0.156），本书中亦定义为 0.117。

表 3.23　英国 CLEA 模型中植物干重占鲜重比例参数

	包心菜	白菜	胡萝卜	叶类色拉	洋葱和大葱	土豆
干重转换系数	0.095	0.126	0.097	0.04	0.156	0.21

（2）居住用地

据表 3.24 中定义的居住用地方式下的主要暴露途径，可建立居住用地方式下，临界风险受体摄入污染土壤总量（TIRR）的概念模型方程如下：

$TIRRc = (OIRc + PIRc + DCRc + VIRc + FDRc \times fcvr) \times fa$

$TIRRa = (OIRa + PIRa + DCRa + VIRa + FDRa \times fcvr) \times fa$

TIRRc，*a*：儿童/成人污染土壤摄入总量，kg/（kg·d）；

OIRc，*a*：儿童/成人期内口腔摄入污染土壤量，kg/（kg·d）；

PIRc，*a*：儿童/成人期内呼入土壤颗粒量，kg/（kg·d）；

DCRc，*a*：儿童/成人期内皮肤接触吸收的当量污染土壤，kg/（kg·d）；

VIRc，*a*：儿童/成人期内呼入污染物蒸气摄入的当量污染土壤，kg/（kg·d）；

FCRc，*a*：儿童/成人期内取食污染食物摄入的当量污染土壤，kg/（kg·d）；

fcvr：农业用地取食蔬菜中污染蔬菜所占比例，0.2；

fa：摄入土壤污染物的人体吸收系数，1。

表 3.24　居住用地暴露途径及暴露参数的确定

敏感受体：	儿童（非致癌污染物）
	成人（致癌污染物）
儿童室内暴露频率	$EFIc$=18 h · d^{-1}*365d/a/24h/d^{-1} =274 d/yf
儿童室外暴露频率	$EFOc$=6 h · d^{-1}*365d/a/24h/d^{-1} =91 d/yf
成人室内暴露频率	$EFIa$= 18 h · d^{-1}*365d/a/24h/d^{-1} =274 d/yf
成人室外暴露频率	$EFOa$=6 h · d^{-1}*365d/a/24h/d^{-1} =91 d/yf
儿童暴露周期	EDc = 6 a
成人暴露周期	EDa=64 a
每日蔬菜食用量	儿童：根菜为 0.05 kg/d 鲜重；叶菜 0.07 kg/d 鲜重；
	成人：根菜为 0.12 kg/d 鲜重；叶菜 0.15 kg/d 鲜重
蔬菜干重占鲜重比例	根菜：0.202；叶菜：0.117
取食污染蔬菜所占比例	$fcva$ = 0.2
污染物暴露总时间	LTn=2190d（非致癌性）；LTc=25 550d（致癌性）
主要暴露途径：	
· 口腔摄入土壤颗粒；	
· 呼入土壤颗粒物（室内+室外）；	
· 皮肤接触污染土壤；	
· 呼入土壤污染物蒸气（室内+室外）；	
· 取食污染性植物产品	

（3）商业用地

据表 3.25 定义的商业用地方式下的主要暴露途径，可建立商业用地方式下，临界风险受体摄入污染土壤总量（$TIRC$）的概念模型方程如下：

$TIRCc$ =（$OIRc$+ $PIRc$ + $DCRc$ + $VIRc$）× fa

$TIRCa$ =（$OIRa$ + $PIRa$ + $DCRa$ + $VIRa$）× fa

$TIRCc$，a：儿童/成人污染土壤总摄入量，kg/（kg · d）；

$OIRc$，a：儿童/成人口腔摄入污染土壤量，kg/（kg · d）；

$PIRc$，a：儿童/成人呼吸摄入悬浮土壤颗粒物量，kg/（kg · d）；

$DCRc$，a：儿童/成人皮肤接触吸收的当量污染土壤，kg/（kg · d）；

$VIRc$，a：儿童/成人呼入污染物蒸气摄入的当量污染土壤，kg/（kg · d）；

fa：摄入土壤污染物的人体吸收系数，1。

（4）工业用地

据表 3.26 中定义的工业用地方式下的主要暴露途径，可建立工业用地方式下，临界风险受体摄入污染土壤总量（$TIRI$）的模型方程如下：

$$TIRIa = （OIRa + PIRa + DCRa + VIRa）× fa$$

$TIRIa$：儿童/成人污染土壤总摄入量，kg/（kg · d）；

$OIRa$：儿童/成人口腔摄入污染土壤量，kg/（kg · d）；

表 3.25　商业用地暴露途径及暴露参数的确定

敏感受体：	儿童（非致癌污染物）
	成人（致癌污染物）
儿童室内暴露频率	$EFIc$=4 h·d^{-1}*365d/a/24h/d^{-1} =61 d/yf
儿童室外暴露频率	$EFOc$=4 h·d^{-1}*365d/a/24h/d^{-1} =61 d/yf
成人室内暴露频率	$EFIa$= 10 h·d^{-1}*365d/a/24h/d^{-1} =152 d/yf
成人室外暴露频率	$EFOa$=4 h·d^{-1}*365d/a/24h/d^{-1} =61 d/yf
儿童暴露周期	EDc = 6 a
成人暴露周期	EDa = 64 a
污染物暴露总时间	LTn=2190d（非致癌性）；LTc = 25 550d（致癌性）
主要暴露途径：	
• 口腔摄入污染土壤；	
• 呼入土壤颗粒物（室内+室外）；	
• 皮肤接触污染土壤；	
• 呼入土壤污染物蒸气（室内+室外）	

PIRa：儿童/成人呼吸摄入悬浮土壤颗粒物量，kg/（kg·d）；
DCRa：儿童/成人皮肤接触吸收的当量污染土壤，kg/（kg·d）；
VIRa：儿童/成人呼入污染物蒸气摄入的当量污染土壤，kg/（kg·d）；
fa：摄入土壤污染物的人体吸收系数，1。

表 3.26　工业用地暴露途径及暴露参数的确定

敏感受体：	成人
成人室内暴露频率	$EFIa$= 10 h·d^{-1}*365d/a/24h/d^{-1} =152 d/yf
成人室外暴露频率	$EFOa$=4 h·d^{-1}*365d/a/24h/d^{-1} =61 d/yf
儿童暴露周期	EDc = 0 a
成人暴露周期	EDa=40 a
污染物暴露总时间	LTn=14600d（非致癌性）；LTc = 25550 d（致癌性）
主要暴露途径：	
• 口腔摄入污染土壤；	
• 呼入土壤颗粒物（室内+室外）；	
• 皮肤接触污染土壤；	
• 呼入土壤污染物蒸气（室内+室外）	

4）各暴露途径的模型方法

（1）口腔摄入污染土壤

国内目前尚无关于儿童和成人平均每日口腔摄入土壤量（daily ingested soil，DIS）的研究数据，本文中该参数值的确定依据文献调研。美国土壤筛选导则定义成人的平均每日口腔土壤摄入量为 200×10^{-6} kg/d（USEPA，1996）。荷兰 CSOIL 模型定义儿童（0～6 岁）和成人（7～70 岁）每日干重土壤摄入量分别为 150×10^{-6} 和 50×10^{-6} kg/d（Rikken，2001）。加拿大定义 0～6 个月、7 个月～4 岁、5～11 岁、12～19 岁，以及 20 岁以上的每日土壤摄入量分别为 20×10^{-6}、80×10^{-6}、20×10^{-6}、20×10^{-6} 和 20×10^{-6} kg/d（CCME，2005）。英国 CLEA2002 模型定义儿童和成人每日土壤和飘尘摄入量分别为 100×10^{-6} 和 40×10^{-6} kg/d（DEFRA，2002）。

综合上述参数值，取 200×10^{-6}、150×10^{-6}、80×10^{-6} 和 100×10^{-6} kg/d 的几何平均值 124×10^{-6} kg/d 作为我国儿童的平均每日口腔摄入土壤量参数（DISc）。取 50×10^{-6}、20×10^{-6}、40×10^{-6} kg/d 的几何平均值 34×10^{-6} kg/d 作为我国成人的平均每日口腔摄入土壤量（DISa）。各用地方式下，本书采用了相同的室内和室外每日口腔摄入土壤量参数。每日口腔摄入的暴露土壤量计算方程为

$$OIRc=\frac{DISc\bullet EFc\bullet EDc}{BWc\bullet LT};\ OIRa=\frac{DISa\bullet EFa\bullet EDa}{BWa\bullet LT}$$

OIRc，*a*：儿童/成人每日口腔摄入土壤量，kg 土/（kg BW · d）；

DISc，*a*：儿童/成人平均每日口腔摄入土壤质量，kg 土/d；

DISc＝124；*DISa*＝34

EFc，*a*：儿童/成人的暴露频率，d/a；

EFc，*a*：儿童/成人的暴露频率，d/a；

EDc，*a*：儿童/成人的暴露周期，a；

BWc，*a*：儿童/成人平均体重，kg；

BWc＝13.6，*BWa*＝60.0（王国庆等，2007）；

*LT*n，*c*：非致癌/致癌性污染物的总暴露时间，d。

（2）呼入土壤颗粒物

呼入土壤颗粒物的平均每日暴露土壤量（particle inhalation rate，PIR）的计算主要参照 CSOIL 模型（Rikken et al.，2001）。考虑到室内空气和室外空气中土壤源颗粒物的比例存在差异，将呼入土壤颗粒摄入土壤的总量分为室内呼入量和室外呼入量两部分，分别进行计算。儿童和成人 PIR 的模型计算方程如下：

$$PIRc=\frac{(TSPi\bullet EFIc\bullet frsi+TSPo\bullet EFOc\bullet frso)\bullet DAIc\bullet EDc\bullet frl}{BWc\bullet LT}$$

$$PIRa=\frac{(TSPi\bullet EFIa\bullet frsi+TSPo\bullet EFOa\bullet frso)\bullet DAIa\bullet EDa\bullet frl}{BWa\bullet LT}$$

PIRc，*a*：儿童/成人平均每日呼入土壤颗粒的暴露土壤量，kg/（kg · d）；

TSPi，*o*：室内/室外空气总悬浮颗粒物浓度，kg/m^3；

TSPi＝52.5×10^{-9}；*TSPo*＝70×10^{-9}（Rikken et al.，2001）

EFIc，*a*：儿童/成人的室内暴露频率，d/a；

EFOc，*a*：儿童/成人的室内暴露频率，d/a；

frsi，*frso*：空气中土壤源颗粒物比例；

室内 *frsi*＝0.8，室外 *frso*＝0.5（Rikken et al.，2001）；

DAIc，*a*：儿童/成人每日呼入空气体积，m^3/d；

$DAIc$=7.6；$DAIa$=20（Rikken et al.，2001）

EDc，a：儿童/成人的暴露周期，a；

frl：肺部土壤颗粒物滞留系数，0.75（Rikken et al.，2001）；

BWc，a：儿童/成人平均体重，kg；

LTn，c：非致癌/致癌性污染物的总暴露时间，d。

（3）皮肤接触污染土壤

人体皮肤接触污染土壤吸收污染物的量与下列因素相关：①暴露的皮肤面积、②皮肤表面土壤黏附密度；③皮肤表面和土壤颗粒的接触界面系数；④皮肤对土壤中污染物的吸收率；⑤土壤中污染物浓度。皮肤接触吸收的当量污染土壤可通过以下模型进行计算（Rikken et al.，2001）：

$$DCRc=\frac{(\exp AIc\bullet DSDIc\bullet EFIc+\exp AOc\bullet DSDOc\bullet EFOc)\bullet DAVc\bullet EDc\bullet mf}{BWc\bullet LT}$$

$$DCRa=\frac{(\exp AIa\bullet DSDIa\bullet EFIa+\exp AOa\bullet DSDOa\bullet EFOa)\bullet DAVa\bullet EDa\bullet mf}{BWa\bullet LT}$$

$DCRc$，a：儿童/成人皮肤接触吸收的当量污染土壤，kg/（kg·d）；

expAIc，a：儿童/成人室内暴露皮肤面积，m^2；

expAIc=0.05，expAIa=0.09（Rikken et al.，2001）；

expAOc，a：儿童/成人室外暴露皮肤面积，m^2；

expAOc=0.28；expAOa=0.17（Rikken et al.，2001）；

$DSDIc$，a：儿童/成人室内皮肤粘附土壤密度，kg/m^2；

$DSDOc$，a：儿童/成人室外皮肤粘附土壤密度，kg/m^2；

$EFIc$，a：室内儿童/成人的暴露频率，d/a；

$EFOc$，a：室外儿童/成人的暴露频率，d/a；

$DAVc$，a：儿童/成人皮肤污染物吸收率，d^{-1}；

$DAVc$=0.24，$DAVa$=0.12（Rikken et al.，2001）

EDc，a：儿童/成人的暴露周期，a；

mf：皮肤和土壤表面的接触相系数，0.15（Rikken et al.，2001）；

BWc，a：儿童/成人平均体重，kg；

LTn，c：非致癌/致癌性污染物的总暴露时间，d。

（4）呼入污染物蒸气

由于室内和室外条件下，土壤污染物扩散进入空气的模型不同，故对呼入空气中土壤源污染物蒸气暴露土壤量的模型计算，划分为呼入室内空气和呼入室外空气两个部分，分别进行计算。每日呼入污染物蒸气暴露的当量污染土壤可通过以下模型进行计算：

$$VIRc=\frac{(CIA\bullet EFIc+COAc\bullet EFOc)\bullet DAIc\bullet EDc}{BWc\bullet LT}$$

$$VIRa=\frac{(CIA\bullet EFIa+COAa\bullet EFOa)\bullet DAIa\bullet EDa}{BWa\bullet LT}$$

$VIRc$，a：儿童/成人呼入污染物蒸气每日暴露的当量污染土壤，kg/（kg·d）；

CIA：室内空气中污染物蒸气对应的当量污染土壤浓度，kg/m^3；

COAc：室外儿童高度空气（1m 高度）中当量污染土壤浓度，kg/m^3；

COAa：室外成人高度空气（1.5m 高度）中当量污染土壤浓度，kg/m^3；

EFIc，*a*：儿童/成人的室内暴露频率，d/a；

EFOc，*a*：儿童/成人的室外暴露频率，d/a；

DAIc，*a*：儿童/成人呼入大气量，m^3/d；

$DAIc=7.6$；$DAIa=20$（Rikken et al.，2001）

EDc，*a*：儿童/成人的暴露周期，a；

BWc，*a*：儿童/成人平均体重，kg；

LTn，*c*：非致癌/致癌性污染物的总暴露时间，d。

（5）摄入污染蔬菜

A. 重金属

取食污染食物摄入重金属对应的当量污染土壤的模型就算方程为

$$FCRc=\frac{(QDRc \cdot BCFr+QDSc \cdot BCFs) \cdot EFc \cdot EDc}{BWc \cdot LT}$$

$$FCRa=\frac{(QDRa \cdot BCFr+QDSa \cdot BCFs) \cdot EFa \cdot EDa}{BWa \cdot LT}$$

FCRc，*a*：儿童/成人取食污染植物每日暴露的当量污染土壤，kg/（kg · d）；

QDRc，*a*：儿童/成人平均每日取食根类蔬菜干重，kg/d;

QDSc，*a*：儿童/成人平均每日取食茎叶蔬菜干重，kg/d;

BCFr：根类蔬菜的重金属生物富集系数，（表 3.27）；

BCFs：茎叶蔬菜的重金属生物富集系数，（表 3.27）；

*EF*c，*a*：儿童/成人取食污染蔬菜的暴露频率，365 d/a;

EDc，*a*：儿童/成人的暴露周期，a;

BWc，*a*：儿童/成人平均体重，kg;

LTn，*c*：非致癌/致癌性污染物的总暴露时间，d。

表 3.27 英国 CLEA 模型中植物的生物富集系数（DEFRA and EA，2002）

污染物	叶菜类	根菜类	备注
砷	0.009	0.009	单一数据
镉	0.793	0.706	随 pH 变化，pH＝7
铬	0.06	0.020	单一数据
铅	0.012	0.018	单一数据
镍	0.047	0.018	单一数据

植物对土壤中重金属的生物富集系数，是模型计算取食污染蔬菜暴露量的重要参数（潘根兴等，2002）。本书调研了英国和荷兰各类蔬菜对土壤中重金属的富集系数（表 3.27、表 3.28），并在此基础上确定了各土壤重金属的生物富集系数。需要指出的是，采用单一生物富集系数时，忽略了土壤性质参数的考虑（如 pH、有机质和黏粒含量等）。

表 3.28 为本文采用的蔬菜对土壤重金属的生物富集系数。

表 3.28 土壤重（类）金属生物富集系数文献数据及本文参数值的确定（Otte et al.，2001）

元素	生物富集系数	备注
As	0.017	土豆（0.003）、胡萝卜（0.026）、菠菜（0.067）的几何平均值
Ba	0.035	土豆（0.0047）、胡萝卜（0.024）、萝卜（1.13）、西红柿（0.01）、莴苣（0.162）、白菜（0.023）、大豆（0.023）、洋葱（0.021）的几何平均值
Cd	0.639	土豆（0.28）、胡萝卜（1.3）、菠菜（2.27）、萝卜（0.66）、西红柿（3）、莴苣（0.74）、白菜（0.29）、大豆（0.42），大葱（0.12）的几何平均值
Cr（III）	0.010	胡萝卜（0.006）、菠菜（0.0016）、萝卜（0.090）、莴苣（0.038）、芹菜（0.014）、豌豆（0.003）、大葱（0.007）的几何平均值
Cr（VI）	0.010	
Co	0.125	土豆（0.066）、胡萝卜（0.18）、萝卜（0.29）、西红柿（0.07）的几何平均值
Cu	0.180	土豆（0.33）、胡萝卜（0.23）、西红柿（0.59）、莴苣（0.35）、白菜（0.01）、豆子（0.32）、花菜（0.12）的几何平均值
Pb	0.017	土豆（0.005）、胡萝卜（0.028）、菠菜（0.43）、萝卜（0.14）、西红柿（0.01）、白菜（0.009）、大豆（0.009）、花菜（0.008）、洋葱（0.009）、大葱（0.005）的几何平均值
Hg	0.284	土豆（0.1）、胡萝卜（0.53）、菠菜（0.43）的几何平均值
Mo	0.120	CSOIL 参数
Ni	0.031	土豆（0.015）、胡萝卜（0.03）、西红柿（0.033）、莴苣（0.031）、白菜（0.019）、大豆（0.11）的几何平均值
Zn	0.332	土豆（0.11）、胡萝卜（0.18）、萝卜（0.86）、莴苣（0.41）、白菜（0.19）、大豆（0.68）、花菜（0.49）

B. 有机污染物

取食蔬菜对土壤有机污染物的暴露量计算，通过考虑蔬菜根系和地上部分对土壤毛管水中污染物的富集效应来实现。植物根系和地上部分对土壤毛管水中污染物的富集系数可根据 Briggs 等（1983，1982）建立的统计关系模型进行计算，蔬菜对土壤有机污染物的富集系数取决于有机物的辛醇－水分配系数（$\log K_{ow}$）。

$$FCRc=\frac{(QFRc\bullet BCFr+QFSc\bullet BCFs)\bullet Cpw\bullet EFc\bullet EDc}{Cs\bullet BWc\bullet LT}$$

$$FCRa=\frac{(QFRa\bullet BCFr+QFSa\bullet BCFs)\bullet Cpw\bullet EFa\bullet EDa}{Cs\bullet BWa\bullet LT}$$

$FCRc$，a：儿童/成人取食污染蔬菜每日暴露的当量污染土壤，kg/（kg · d）；

$QFRc$，a：儿童/成人平均每日根类蔬菜取食鲜重，kg/d；

$QFSc$，a：儿童/成人平均每日茎叶蔬菜取食鲜重，kg/d；

$BCFr$：根类蔬菜对土壤毛管水中有机物的富集系数，dm^3/kg；

$BCFs$：茎叶蔬菜对土壤毛管水中有机物的富集系数，dm^3/kg；

Cpw：土壤毛管水中有机污染物浓度，mg/dm^3；

EFc，a：儿童/成人取食食物暴露频率，365 d/a；

EDc，*a*：儿童/成人的暴露周期，a；

Cs：土壤中有机污染物浓度，mg/kg；

BWc，*a*：儿童/成人平均体重，kg；

LTn，*c*：非致癌/致癌性污染物的总暴露时间，d。

Briggs 等（1982）进行了大麦从水溶液中吸收富集非解离性有机物的广泛试验研究，结果发现，随着有机物亲脂性的增加，根系的吸收富集系数也增加。类似于污染物在溶液和根系之间的分配关系，有机污染物在地上部分植物体内的富集，同样看作污染物在木质部汁液的蒸腾流和地上植物组织之间的分配（Briggs et al.，1983）。在进行其他植物试验后，Briggs 等认为在大麦上建立的统计关系模型同样适用于大多数其他植物。Briggs（1983，1982）模型及其改进模型（Ryan et al.，1988）被多个国家用于计算植物对土壤中有机污染物的富集浓度（DEFRA and EA，2002；Rikken et al.，2001）。计算植物根系和地上部分，对土壤毛管水中有机污染物富集系数的模型方程分别为

$$BCFr = 10^{(0.77 \cdot \log K_{ow} - 1.52)} + 0.82$$

$$BCFs = \left[10^{(0.77 \cdot \log K_{ow} - 1.52)} + 0.82\right] \cdot \left[0.784 \cdot 10^{\left(\frac{-0.434 \cdot (\log K_{ow} - 1.78)^2}{2.44}\right)}\right]$$

5）土壤和空气中污染物浓度的模型计算

（1）污染物逸度和各相间的分配参数

为实现土壤毛管水、室内和室外空气中来自土壤的污染物浓度的模型计算，需要首先计算土壤污染物在各相间的分配浓度。土壤污染物在各相的分配浓度可根据逸度模型进行计算（Mackay and Paterson，1981；Mackay，1979）。在假设土壤污染物与土壤各相处于分配平衡状态时，可根据逸度模型计算污染物在各环境介质中的逸度常数，继而计算土壤毛管水、土壤空气中的污染物浓度。逸度模型为表征土壤中有机污染物迁移扩散过程普遍采用的方法（CCME，2005；Berg，1994）。

A. 有机污染物

a.自由大气中的逸度系数（*Fa*）：$Fa = 1/(R^*T)$：

R：气体常数，8.3144 J/（mol · K）；

T：温度，K；

b.纯水中的逸度系数（*Fw*）：$Fw = \frac{S}{Vp}$

S：溶解度，mol/（m^3 · Pa）；

Vp：纯有机物的蒸气压力，Pa；

c.土壤中的逸度系数（*Fs*）：$Fs = \frac{Kd \cdot SBD \cdot Fw}{Vs}$

Kd：土壤-水分配系数，dm^3/kg；

SBD：土壤容重，kg/dm^3；

Vs：土壤固相体积比；

d.土壤水分配系数（Kd）：$Kd = K_{oc} \times f_{oc}$

K_{oc}：有机碳校正土壤-水分配系数，dm^3/kg；

f_{oc}：土壤有机碳质量分数；

$K_{oc} = 0.411 \times K_{ow}$ 或 $\log K_{oc} = 0.989 \log K_{ow} - 0.346$（Rikken et al.，2001）

e.可解离有机物的分配系数（Kd）：$(Kd): Kd = \dfrac{K_{oc} \cdot f_{oc}}{1 + 10^{(\mathrm{pH} - pKa)}}$

pH：土壤酸度；

pKa：有机物酸解离常数；

f.土壤各相有机物的质量分配比

土壤空气中有机物分配质量比（Pa）：

$$Pa = \frac{Fa \cdot Va}{Fa \cdot Va + Fw \cdot Vw + Fs \cdot Vs}$$

土壤毛管水中有机物分配质量比（Pw）：

$$Pw = \frac{Fw \cdot Vw}{Fa \cdot Va + Fw \cdot Vw + Fs \cdot Vs}$$

土壤固相有机物分配质量比（Ps）：

$$Ps = \frac{Fs \cdot Vs}{Fa \cdot Va + Fw \cdot Vw + Fs \cdot Vs}。$$

B. 重金属

$$Za = 0; Csa = 0; Pa = 0$$

$$Pw = \frac{Vw}{Vw + Kd \cdot SBD}$$

$$Ps = 1 - Pw$$

（2）土壤各相中污染物分配浓度

a.土壤空气浓度（Csa，mg/dm^3）：

$$Csa = \frac{Cs \cdot SBD \cdot Pa}{Va}$$

b.土壤毛管水浓度（Cpw，mg/dm^3）：

$$Cpw = \frac{Cs \cdot SBD \cdot Pw}{Vw}$$

如$Cpw > S$, 则$Cpw = S; Csa = \dfrac{S \cdot Vw \cdot Pa}{Pw \cdot Va}$。

6）进入空气的土壤污染物蒸气流量

（1）模型概念和假设

一般地，挥发性有机污染物可在土壤固相（主要为有机质）、液相（毛管水）和气相（土壤空气）之间分配，并达到平衡状态。土壤空气和毛管水中的污染物，可经多种途径传输进入室外大气，或进入室内地面下方的槽隙，继而经地面裂隙扩散进入室内空气。室外空气和室内空气中的土壤源污染物蒸气，可经呼吸作用进入人体并导致土壤污染的暴露风险。Berg（1994）提出了进入室外空气和室内大气土壤污染物蒸气贡献流量。

进入室外空气的土壤污染物流量可分为：①表层土壤空气扩散进入室外空气的输入流；②土壤毛管水蒸腾携带进入室外空气的污染物流（*VFpe*）；③土壤毛管水扩散携带进入室外空气的污染物流（*VFpo*）。其中表层土壤-空气界面的污染物蒸气扩散流（*VFbl*）为限制流。对于室内空气，相关土壤污染物输入流为：①表层土壤-空气界面，污染物蒸气的扩散输入流，*VFbl*；②土壤毛管水蒸腾携带，进入室内空气的污染物流，*VFpe*；③土壤毛管水扩散携带，进入室内地面下方槽隙的污染物蒸气流，*VFpc*。在模拟从土壤进入空气的污染物输入流时，假设了土壤空气内污染物的迁移和扩散处于分配平衡和稳态传输状态，模型计算在以下假设前提下进行：①忽略污染物在传输过程中的生物降解效应；②土壤污染物为非衰竭的持续供给源；③土壤为均质环境介质；④污染物的在土壤各相的分配平衡仅存在于污染土壤层；⑤污染物蒸气无水平迁移或下行淋溶（Berg，1994）。

（2）模型方程

土壤污染物蒸气的传输流的模型方程如下，模型参数参考了 CSOIL 模型的最新默认值（Rikken et al.，2001）：

$$VFbl = \frac{Da \cdot Csa}{d}$$

VFbl：表土-空气界面土壤污染物蒸气扩散流，g/（$m^2 \cdot h$）；

Da：污染物在自由大气中的扩散系数，m^2/h；

Csa：土壤空气中污染物浓度，g/m^3；

d：土壤-空气临界土层厚度，定义为 0.005 m；

$$VFpe = \frac{Cpw \cdot Ev}{24}$$

VFpe：毛管水蒸腾携带进入室外空气的污染物蒸气流，mg/（$m^2 \cdot h$）；

Ev：土壤毛管水蒸腾速率，0.0001 m^3/（$m^2 \cdot d$）；

Cpw：土壤毛管水中污染物浓度，mg/dm^3；

24：24 h/d；

$$VFpo = \frac{Ds \cdot Cs \cdot SBD}{dp}$$

VFpo：土壤毛管水扩散携带进入室外空气的污染物蒸气流，g/（$m^2 \cdot h$）；

Ds：污染物在土壤中的扩散系数，m^2/h；

Cs：土壤中污染物浓度，mg/kg；

SBD：土壤容重，kg 干重/dm^3 鲜重；

dp：平均污染土层深度，定义为 1.25 m；

$$VFpc = \frac{Ds \cdot Cs \cdot SBD}{Dh - dp}$$

VFpc：土壤毛管水扩散携带进入室外空气的污染物蒸气流，g/（m^2·h）；

Bh：室内地下槽隙距离地面的高度，0.5 m；

因土壤-室内空气临界层污染物蒸气输入流（*VFbl*）为限制流，故进入室外空气（*VFO*，g/（m^2·h）和室内空气的污染物蒸气总流量［*VFI*，g/（m^2·h）］可表示为

室外空气：当 $VFpe+VFpo>VFbl$ 时，$VFO=VFpe+VFpo$；

当 $VFpe+VFpo<VFbl$ 时，$VFO=VFbl$；

室内空气：当 $VFpe+VFpc>VFbl$ 时，$VFI=VFpe+VFpc$；

当 $VFpe+VFpc<VFbl$ 时，$VFI=VFbl$。

7）室外和室内空气中污染物浓度

（1）室外空气

$$COAc=\frac{VFO}{DVc};\ COAa=\frac{VFO}{DVa}$$

COAc，*a*：室外空气中污染物浓度，g/m^3；

VFO：室外土壤污染物蒸气输入流量，g/（m^2·h）；

DVc，*a*：儿童（1 m 高度处）和成人呼吸高度处（1.5 m）的稀释速率，m/h；

$DVc=161$，$DVa=325$（Rikken et al.，2001）。

（2）室内空气

地面下方槽隙中的污染物浓度，决定着进入室内空气的总污染物流量（*VFI*）。根据地下槽隙的总表面积和总体积、以及地下槽隙空气的交换速率，可计算室内地面下方槽隙空气内的污染物浓度（*Cca*）即室内空气内污染物浓度（*CIA*）如下：

$$CIA=Cca\bullet fci;\ Cca=\frac{VFI\bullet SAcr}{Vcr\bullet ERa}$$

CIA：室内空气中污染物蒸气浓度，g/m^3；

Cca：地下槽隙空气中污染物浓度，g/m^3；

VFI：室内土壤污染物蒸气输入流量，g/（m^2·h）；

SAcr：土壤地面下方槽隙总表面积，定义为 50 m^2；

Vcr：土壤地面下方槽隙总体积，定义为 25 m^3；

ERa：空气交换速率，定义为 1.25 h^{-1}；

fci：地面下方槽隙空气中污染物对室内空气中污染物浓度的贡献率，0.1。

土壤中挥发性污染物蒸气向空气传输过程的模型计算，以土壤污染物在土壤固相组分、毛管水和土壤空气间处于分配平衡为假设前提。现实中，污染物在土壤各相的分配平衡受多种因素影响，如土壤的非均质性、土壤空气中物质的动态交换等。此外，污染土壤中可能存在非溶解态或固态的游离化合物，这些因素在一定程度上造成了平衡分配模型的不确定性。

基于各类用地方式和暴露场景，确立了各用地方式下主要暴露途径的暴露剂量模型计算方程，建立了制定土壤调研值的模型系统，可望用于我国保护人体健康的土壤调研值的制定。该系统同样适用于特定污染场地土壤修复目标值的制定。

需要特别指出的是由于国内缺乏相关的模型参数研究，现有系统中许多参数均取自国际调研值，这可能给本文制定出的调研值具有较大的不确定性和不适用性。为此，本书的重点在于探讨和构建基于风险评估的量化模型系统。对模型进一步的完善，将考虑污染物对其他环境介质的影响，如离场迁移、进入地下水等。

2. 保护人体健康的土壤调研值——与各国土壤临界值的比较

结合各类环境污染物的人体健康基准值、土壤性质参数、各类污染物的理化性质参数、各用地方式下的暴露参数等，可制定各类污染物的保护人体健康的土壤调研值（HSIC）。本节分别比较了所制定的农业（HSICa）、居住（HSICr）、商业（HSICc）和工业用地（HSICi）下的土壤调研值，并与欧美等国家的同类土壤临界值进行了比较。

本节保护人体健康的土壤调研值的制定及与国际临界值的比较，旨在探索所构建方法的合理性和科学性。制定的调研值基于口腔摄入污染土壤、呼吸摄入土壤颗粒、接触污染土壤和取食污染蔬菜暴露途径。

1）重（类）金属

表 3.29 列出了本书制定的农业、居住、商业和工业用地土壤的调研值，以及美国新墨西哥州、美国特拉华州、荷兰住房、空间规划和环境部、加拿大环境部、澳大利亚环境部等颁布的各类土地利用方式下土壤中污染物的临界值。

①砷：由表 3.29 和图 3.21（a）可见，农业和居住用地土壤中，各国 As 的土壤临界浓度为 0.43～100 mg/kg，本文制定的农业和居住用地土壤 As 的调研值分别为 9.0 和 16mg/kg，介于各国浓度值范围的低端。制定的商业和工业用地上，保护人体健康的 As 的土壤调研值分别为 89 和 300mg/kg，介于国际临界浓度为 3.8～500 mg/kg。

②镉：对于土壤 Cd[图 3.21（b）]，农业和居住用地土壤的国际临界浓度范围在 1.4～20 mg/kg，本文对食物链的考虑，使得农业和居住用地土壤中 Cd 的调研值分别为 0.58 和 1.4 mg/kg。而商业和工业用地上，土壤中 Cd 的国际临界浓度为 100～8600 mg/kg，本书制定的土壤调研值分别为 150 mg/kg 和 510 mg/kg。显然，商业和工业用地土壤中 Cd 的调研值，明显高于农业和居住用地土壤，对于我国较高人群密度的商业和工业用地存在适用性问题。

③铬（六价）：图 3.21（c）比较了土壤 Cr^{6+}，制定的农业和居住用地土壤 Cr^{6+}的调研值分别为 210 和 330mg/kg，数值在各国临界浓度为 230～380 mg/kg，但高于加拿大保护生态和人体健康的指导值 0.4 mg/kg；制定商业和工业用地上 Cr^{6+}分别为 1500 mg/kg 和 5100mg/kg，与美国墨西哥州和科拉华州工业用地土壤 Cr^{6+}的临界浓度 3400 mg/kg 和 6100 mg/kg 相当。与土壤 Cd 类似，土壤中 Cr^{6+}的调研值同样存在适用性和现实可行性问题。

④铜：图 3.21（d）比较了土壤 Cu 浓度，制定农业和居住用地土壤中 Cu 的调研值分别为 150 mg/kg 和 350 mg/kg，各国农业和居住用地土壤 Cu 浓度介于 63～8600 mg/kg；制定商业和工业用地土壤 Cu 的调研值分别为 1.1×10^4 mg/kg 和 3.8×10^4 mg/kg，介于与国际土壤 Cu 临界浓度 5.0×10^3～8.2×10^4 mg/kg 的低中端。

表 3.29　四类用地方式下的土壤调研值与国际同类土壤临界值的比较

Chemicals	化学物质	农业用地	居住用地	商业用地	工业用地	美国新墨西哥州		美国特拉华州		荷兰VROM/RIVM		加拿大CCME	澳大利亚NEPC	
		HSICa	HSICr	HSICc	HSICi	NSSLr	NSSLi	DSSLr	DSSLi	IV	SRC	SQGa	SILA	SILF
Heavy metals	金属类													
As	砷	9.0	16	89	300	3.9	17.7	0.43	3.8	55	85	12	100	500
Ba	钡	1200	2500	2.1E4	7.1E4	5400	7.8E4	5500	1.4E5	625	890	750		
Cd	镉	0.58	1.4	150	510	74.1	8600	78	2030	12	28	1.4	20	100
Cr（III）	三价铬	4.3E4	6.7E4	3.0E5	1.0E6	1.0E5	1.0E5	1.2E5	3.1E6		2760			
Cr（VI）	六价铬	210	330	1500	5.1E3	230	3400	230	6100		380	0.4	100	500
Co	钴	110	260	5900	2.0E4	1.5E3	2.0E4	4.7E3	1.2E5	240	43	40	100	500
Cu	铜	150	350	1.1E4	3.8E4	3100	4.5E4	3.1E3	8.2E4	190	8600	63	1000	5000
Pb	铅	110	190	1100	3600	400	750			530	620	70	300	1500
Hg（Inorg.）	汞（无机）	0.77	1.9	89	300	1.0E5	341			10	210	6.6	15	75
Mo	钼	29	67	1500	5100	391	5680	390	1.0E4	200	1310	5		
Ni	镍	380	750	5900	2.0E4	1500	2.2E4	1600	4.1E4	210	1470	50	600	3000
Zn	锌	660	1600	8.9E4	3.0E5	2.3E4	1.0E5	2.3E4	6.1E5	720	46100	200	7000	3.5E4
Aromatic Hydrocarbons	芳香烃类													
Benzene	苯	4.3E-3	0.021	9.4	16	27	73.6	22	200	1	1.1	0.05		
Ethylbenzene	乙苯	2.0	8.9	1.0E4	1.3E4	1.1E4	2.5E4	7800	2.0E5	50	111	0.1		
Phenol	苯酚	8.2	21	7.9E4	2.1E5	1.8E4	1.0E5	4.7E4	1.2E6	40	390	3.8	8500	4.2E4
Toluene	甲苯	2.4	7.3	6900	1.4E4	248	248	1.6E4	4.1E5	130	32	0.1		
o-Xylene	二甲苯	2.0	5.1	1.0E4	2.3E4	98.6	98.6	1.6E5	4.1E6					

续表

Chemicals	化学物质	农业用地	居住用地	商业用地	工业用地	美国新墨西哥州		美国特拉华州		荷兰VROM/RIVM		加拿大CCME	澳大利亚NEPC	
		HSICa	HSICr	HSICc	HSICi	NSSLr	NSSLi	DSSLr	DSSLi	IV	SRC	SQGa	SILA	SILF
p-Xylene	二甲苯	5.34	13.7	1.8E4	4.3E4	124	124							
m-Xylene	二甲苯	2.9	7.4	1.2E4	2.7E4	80	80	1.6E5	4.1E6					
Styrene	苯乙烯	6.1	15.1	2.55E4	7.0E4	419	419	I.6E4	4.1E5	100	472	0.1		
PAHs	多环芳烃													
Naphthalene	萘	1.52	3.9	5700	1.8E4	71.9	98.3	1600	4.1E4		870	0.1		
Anthracene	蒽	99.6	248	8.8E4	3.0E5	2.3E4	2.6E5	2.3E4	6.1E5		2.5E4			
Phenanthrene	菲	8.1	20.4	8.800	3.0E4	1800	2.0E4				2.3E4	0.1		
Fluoranthene	荧蒽	3800	4100	1.1E4	4.0E4	2200	2.4E4	3100	8.2E4		3.0E4			
Benzo[a]anthracene	苯并[a]蒽	1.58	6.10	11.5	24.3	6.2	23.4	0.87	7.8		3000	0.1		
Chrysene	䓛	15.7	61.0	115	243	621	2300	87	780		3.2E4			
Benzo[a]pyrene	苯并[a]芘	0.158	0.61	1.15	2.4	0.62	2.34	0.087	0.78		280	0.1	1	5
Benzo[ghi]perylene	苯并[g,h,i]苝	3010	3110	8890	3.0E4						1.9E4			
Benzo[k]fluoranthene	苯并[k]荧蒽	15.8	61.0	115	243	62.1	234	8.7	78		3200	0.1		
Indeno[1,2,3-cd]pyrene	茚并[1,2,3-cd]芘	15.8	61.0	115	243	6.21	23.4	0.87	7.8		3200	0.1		
Pyrene	芘	2780	3110	8890	3.0E4	2300	3.1E4	2300	6.1E4		1.0E5	0.1		
Acenaphthene	苊	8.47	21.4	1.7E4	5.8E4	4700	3.5E4	4700	1.2E5		1.0E5			
Benzo[b]fluoranthene	苯并[b]荧蒽	1.56	6.10	11.5	24.3	6.21	23.4	0.87	7.8		2800	0.1		
Dibenz[a,h]anthracene	二苯并[a,h]蒽	0.158	0.61	1.15	2.43	0.62	2.34	0.087	0.78		70	0.1		
Fluorene	芴	6.28	15.8	1.1E4	4.0E4	3100	2.9E4	3100	8.2E4					

续表

Chemicals	化学物质	农业用地	居住用地	商业用地	工业用地	美国 新墨西哥州		美国 特拉华州		荷兰 VROM/RIVM		加拿大 CCME	澳大利亚 NEPC	
		HSICa	HSICr	HSICc	HSICi	NSSLr	NSSLi	DSSLr	DSSLi	IV	SRC	SQGa	SILA	SILF
Pesticides	农药类													
DDT	滴滴涕	4.78	18.6	34.9	73.8	24.4	111	2.7	24		31	0.7		
DDE	滴滴伊	3.36	13.1	24.7	52.1	17.2	78.1	1.9	17		17			
DDD	滴滴地	3.34	13.1	24.7	52.1	17.2	78.1	1.9	17		42			
Aldrin	艾氏剂	0.025	0.260	0.489	1.03	0.284	1.12	0.038	0.34		0.32			
Dieldrin	狄氏剂	1.4E-4	2.3E-4	0.523	1.11	0.304	1.20	0.04	0.36		9.1			
Endrin	异狄氏剂	0.025	0.062	59.2	202	18.0	205	23	610		16			
α-HCH	α-六六六	3.4E-4	5.4E-4	1.31	2.77			0.10	0.91		20			
β-HCH	β-六六六	1.3E-3	2.1E-3	4.61	9.71			0.35	3.2		1.6			
γ-HCH	γ-六六六	0.017	0.044	88.5	298			0.49	4.4		1.3			
Carbaryl	加保利	5.33	13.5	2.8E4	9.2E4			7800	2.0E5	5	107			
Carbofuran	克百威	0.155	0.39	1450	4600					2	5.7			
Maneb	代森猛	2.94	425	1290	3240					35	3.2E4			
Atrazine	阿特拉津	1.22	3.05	1.0E4	3.5E4			2.9	26	6	18			

注：NSSLr，NSSLi（Soil Screening Levels）：美国新墨西哥州保护人体健康的居住和工业用地土壤筛选值；

DSSLr，DSSLi（Soil Screening Levels）：美国特拉华州保护人体健康的居住和工业用地土壤筛选值；

IV（Intervention Values）：荷兰住房、空间规划和环境部（VROM）发布的土壤修复干预值；

SRC（Serious Risk Concentration）：荷兰公众健康和环境研究所（RIVM）制定的基于人体健康的土壤中污染物的严重风险浓度；

SQGa（Soil Quality Guidelines）：加拿大环境部发布的保护生态受体和人体健康制定的农业土壤质量指导值；

SILA/SILF（Soil Investigation Level）：澳大利亚环境保护人体健康的居住用地土壤调研值（SILA）和商业工业用地土壤调研值（SILF）。

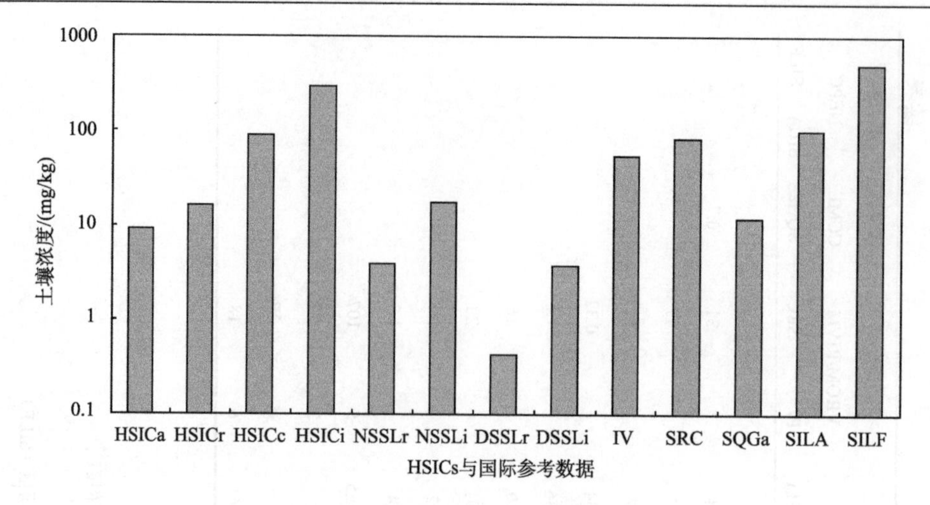

（a）各用地方式下土壤调研值与各国临界值的比较（As）

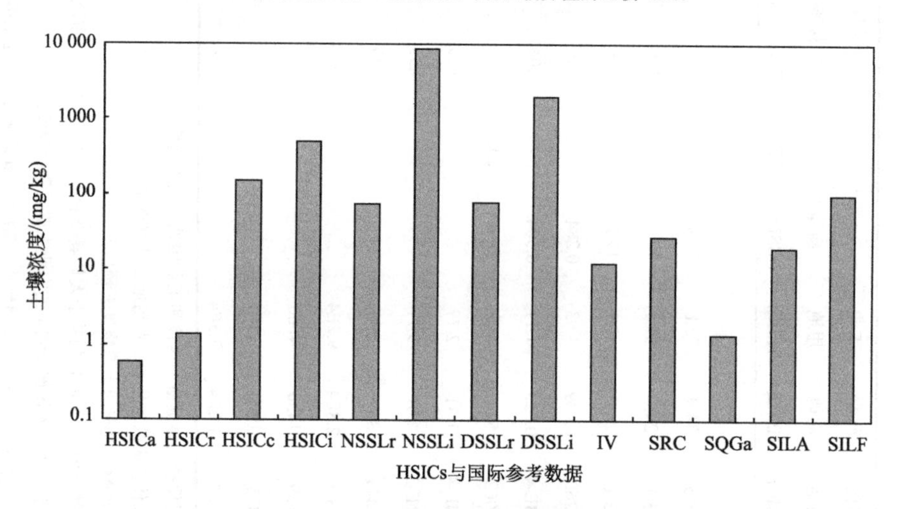

（b）各用地方式下土壤调研值与各国临界值的比较（Cd）

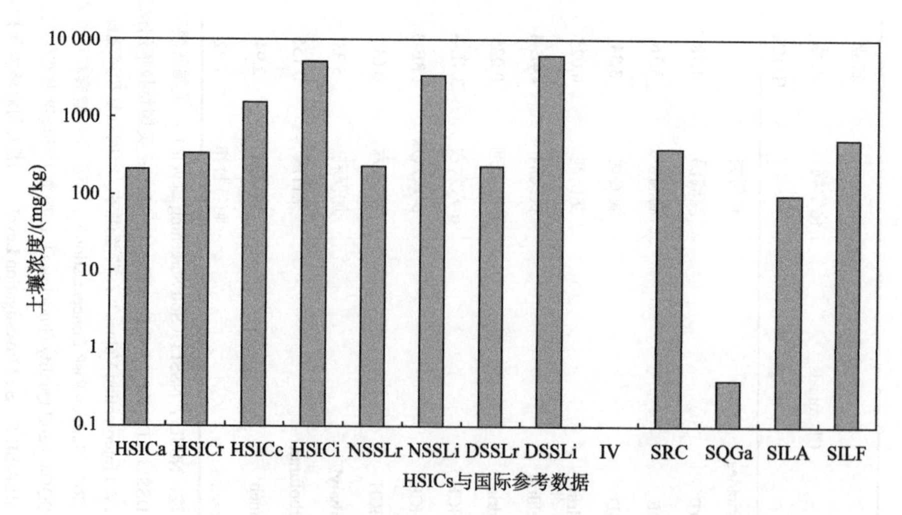

（c）各用地方式下土壤调研值与各国临界值的比较（Cr^{6+}）

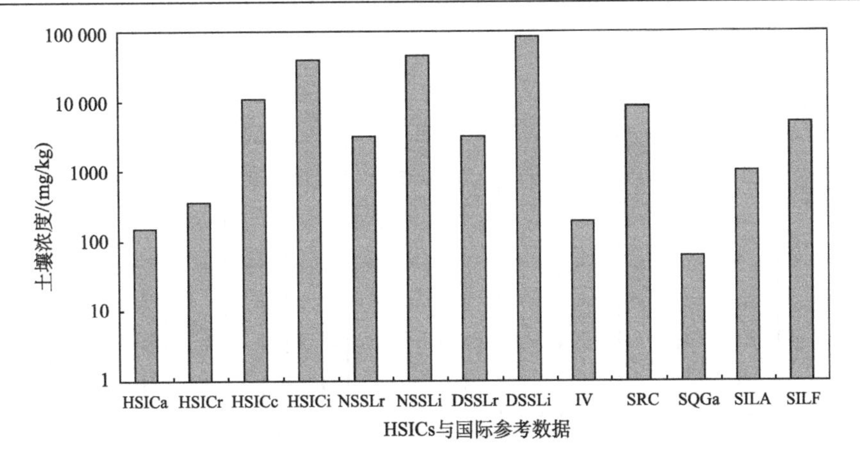

（d）各用地方式下土壤调研值与各国临界值的比较（Cu）

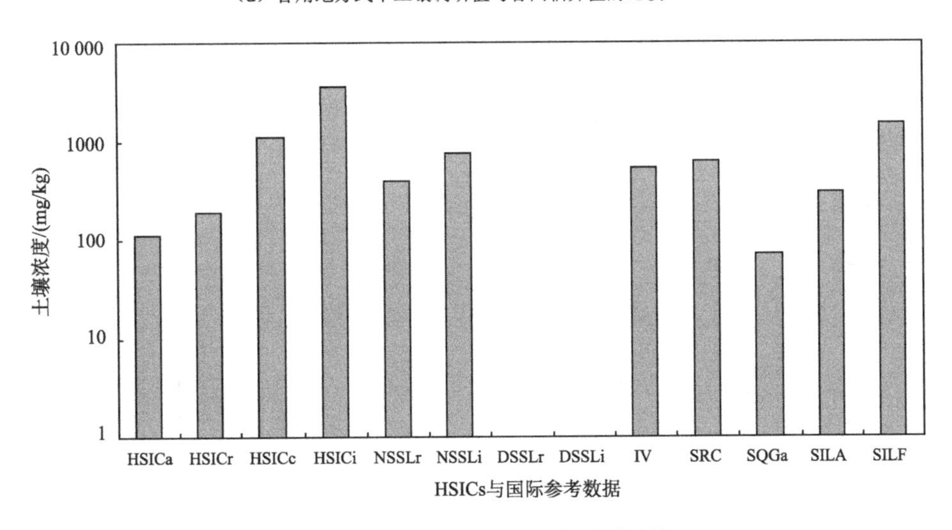

（e）各用地方式下土壤调研值与各国临界值的比较（Pb）

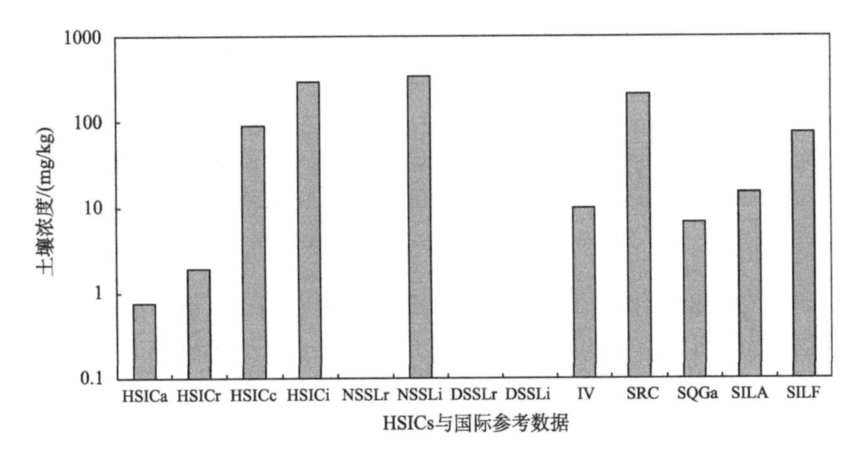

（f）各用地方式下土壤调研值与各国临界值的比较（无机 Hg）

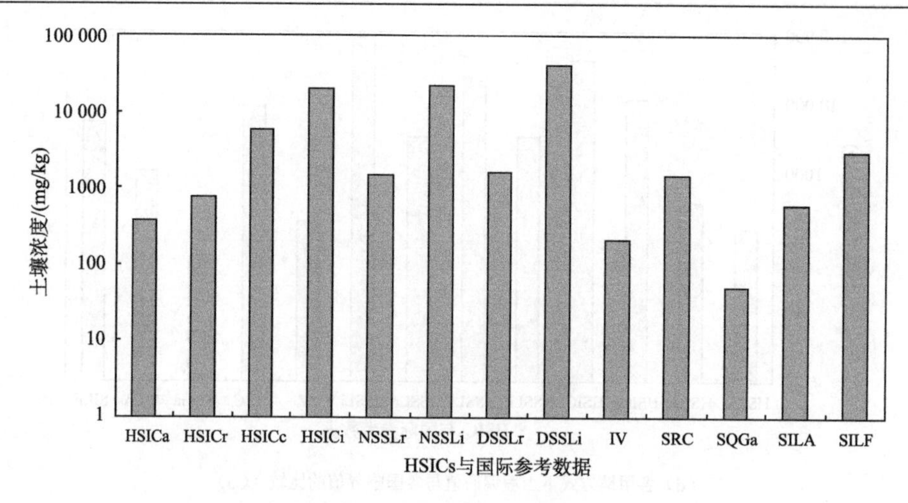

（g）各用地方式下土壤调研值与各国临界值的比较（Ni）

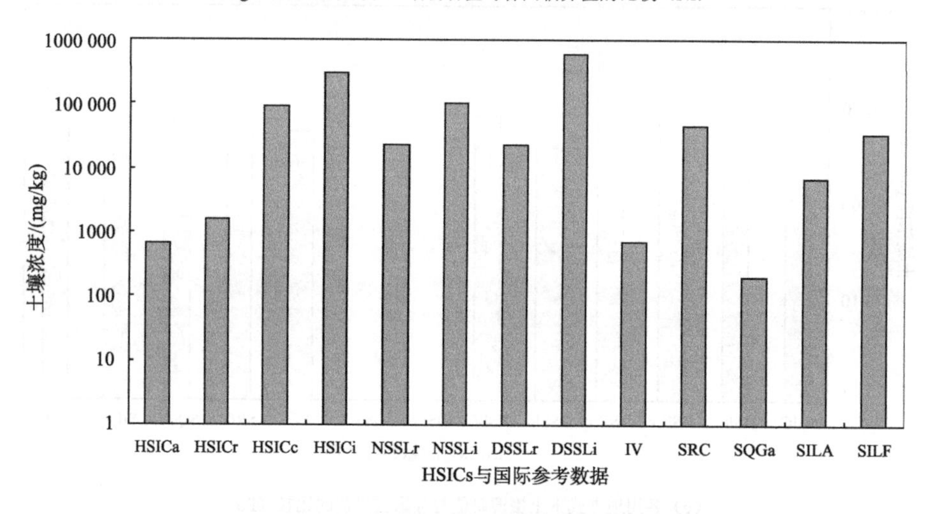

（h）各用地方式下土壤调研值与各国临界值的比较（Zn）

图 3.21　各用地方式下土壤调研值与各国临界值的比较（重金属类）

HSICa：农业用地人体健康土壤调研值；HSICr：居住用地人体健康土壤调研值；HSICc：商业用地人体健康土壤调研值；HSICi：工业用地人体健康土壤调研值；NSSLr：美国新墨西哥州居住用地土壤筛选值；NSSLi：美国新墨西哥州工业用地土壤筛选值；DSSLr：美国特拉华州居住用地土壤筛选值；DSSLi：美国特拉华州工业用地土壤筛选值；IV：荷兰土壤修复干预值；SRC：荷兰 RIVMCSOIL 模型值；SQGa：加拿大农业用地土壤指导值；SILA：澳大利亚 A 类居住用地健康调研值；SILF：澳大利亚商业和工业用地土壤调研值

⑤铅：制定农业和居住用地土壤中 Pb 的调研值分别为 110 mg/kg 和 190 mg/kg，而各国农业和居住用地土壤 Pb 的临界浓度在 70～620 mg/kg；商业和工业用地土壤中 Pb 的调研值分别为 1100 mg/kg 和 3600 mg/kg，高于国际上商业和工业土壤 Pb 的临界浓度 750 mg/kg 和 1500 mg/kg[图 3.21（e）]。

⑥汞：制定农业和居住用地土壤无机汞的调研值分别为 0.77 mg/kg 和 1.9 mg/kg，低于国际上农业和居住用地土壤无机 Hg 浓度 6.6～1×10^5 mg/kg；制定商业和工业用地土壤无机 Hg 调研值分别为 89 mg/kg 和 300 mg/kg，与澳大利亚和新墨西哥州工业用的土壤

的临界浓度 75 mg/kg 和 341 mg/kg 相当[图 3.21（f）]。

⑦镍：制定农业和居住用地土壤 Ni 的调研值为 380 mg/kg 和 750 mg/kg，位于各国农业和居住用地土壤 Ni 的临界浓度 50～1600 mg/kg 低端；商业和工业用地土壤中 Ni 的调研值分别为 5900 mg/kg 和 20 000 mg/kg，介于各国商业和工业用地土壤浓度 3000～4.1×10^4 mg/kg[图 3.21（g）]。

制定农业和居住用地土壤中 Zn 的调研值为 660 mg/kg 和 1600mg/kg，位于各国农业和居住用地土壤 Zn 浓度 范围在 200～2.3×10^4 mg/kg；制定商业和工业用地土壤 Zn 的调研值 8.9×10^4 和 3.0×10^5，与美国和澳大利亚商业和工业用地土壤 Zn 的临界浓度 3.5×10^4～6.1×10^5 mg/kg[图 3.21（h）]。

2）苯系物

①苯：由图 3.22（a）可见，制定的农业和居住用地土壤苯的调研值分别为 0.0043 mg/kg 和 0.021 mg/kg，低于各国农业和居住用地土壤中苯的临界浓度为 0.05～27 mg/kg；制定的商业和工业用地土壤中苯的调研值分别为 9.4 mg/kg 和 16 mg/kg，低于国际值 73.6～200 mg/kg。

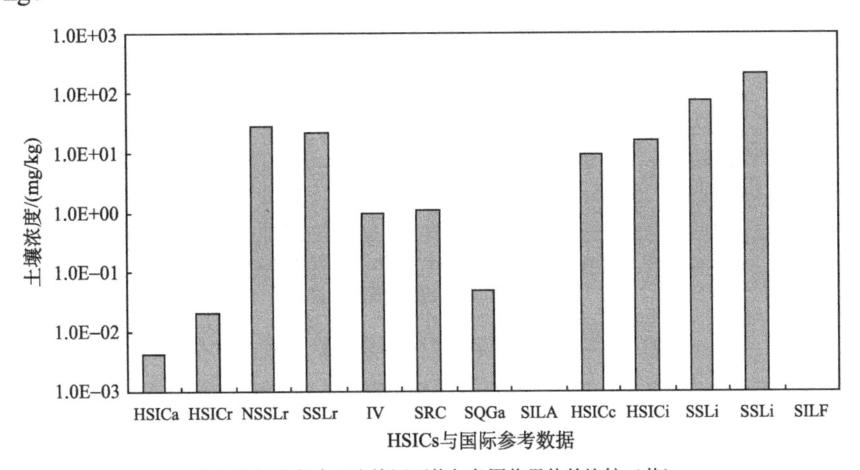

(a) 各用地方式下土壤调研值与各国临界值的比较（苯）

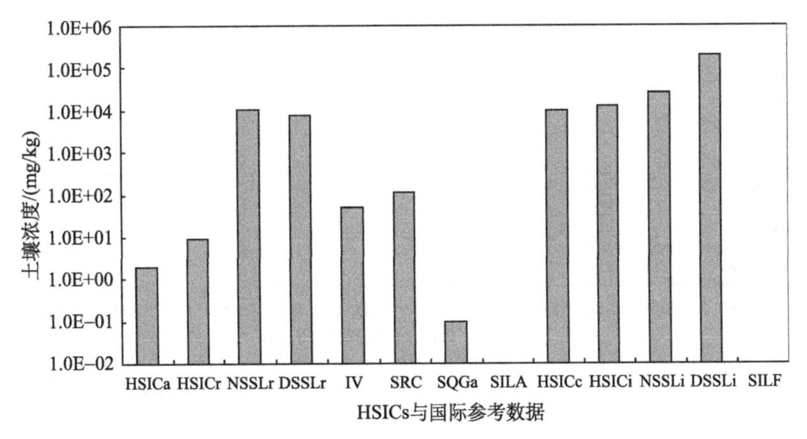

(b) 各用地方式下土壤调研值与各国临界值的比较（乙苯）

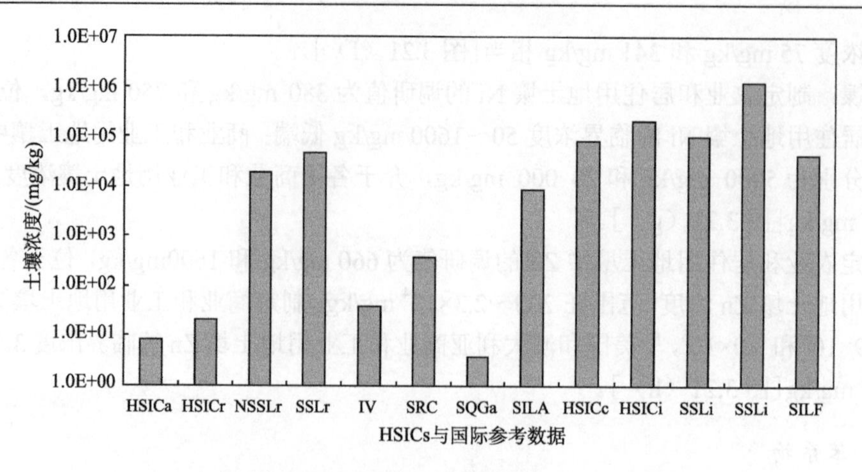

（c）各用地方式下土壤调研值与各国临界值的比较（苯酚）

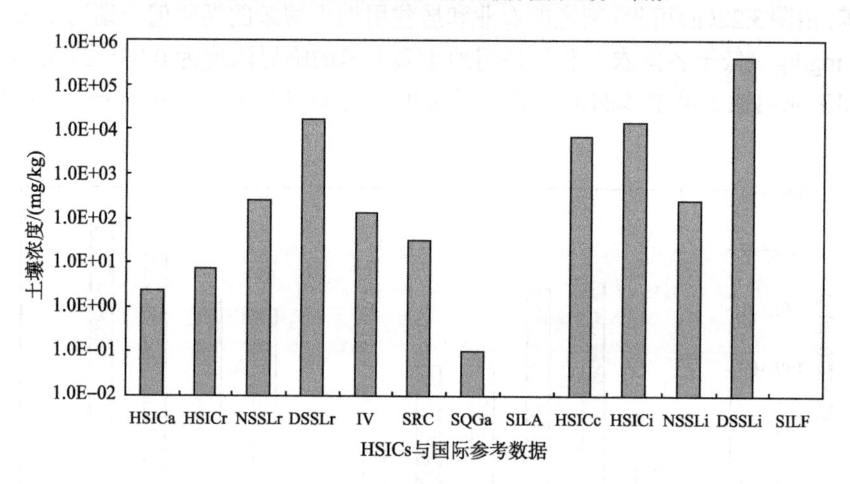

（d）各用地方式下土壤调研值与各国临界值的比较（甲苯）

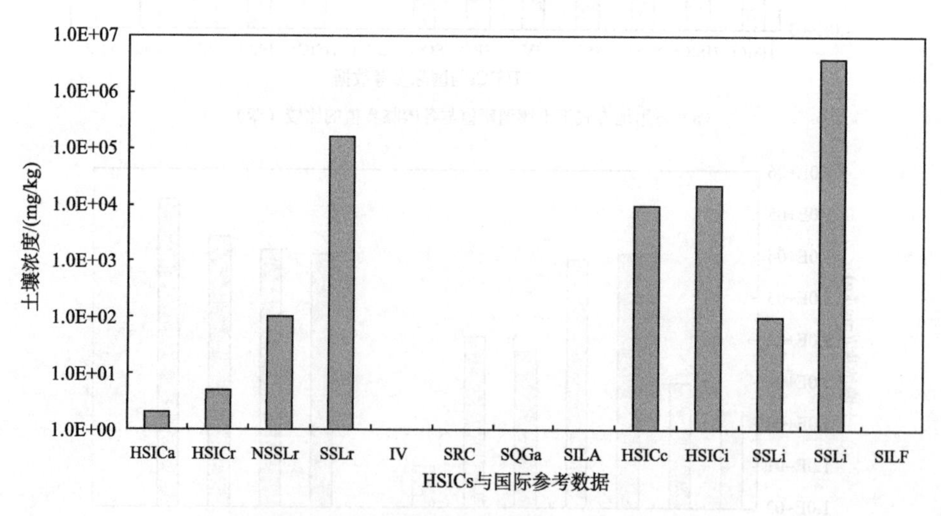

（e）各用地方式下土壤调研值与各国临界值的比较（邻二甲苯）

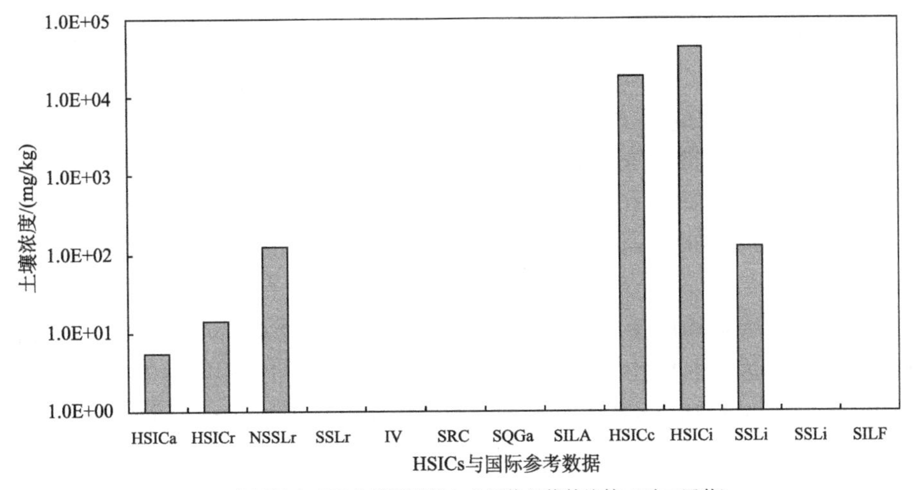

（f）各用地方式下土壤调研值与各国临界值的比较（对二甲苯）

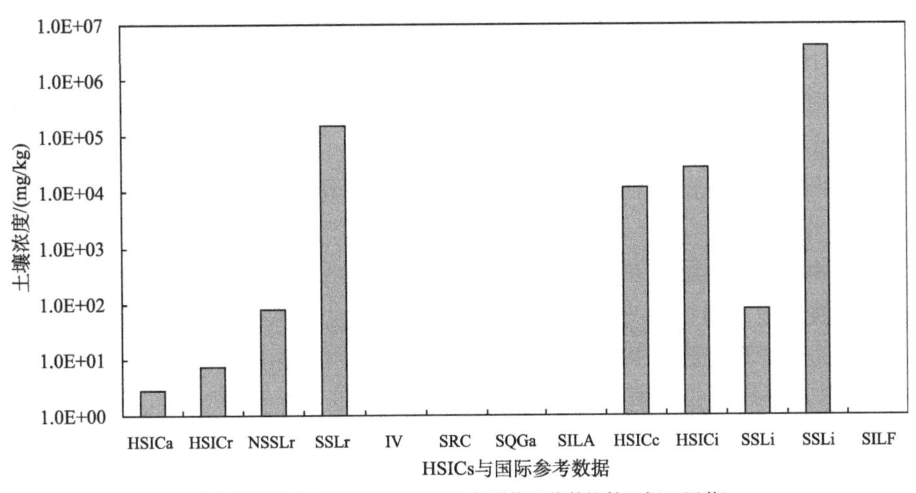

（g）各用地方式下土壤调研值与各国临界值的比较（间二甲苯）

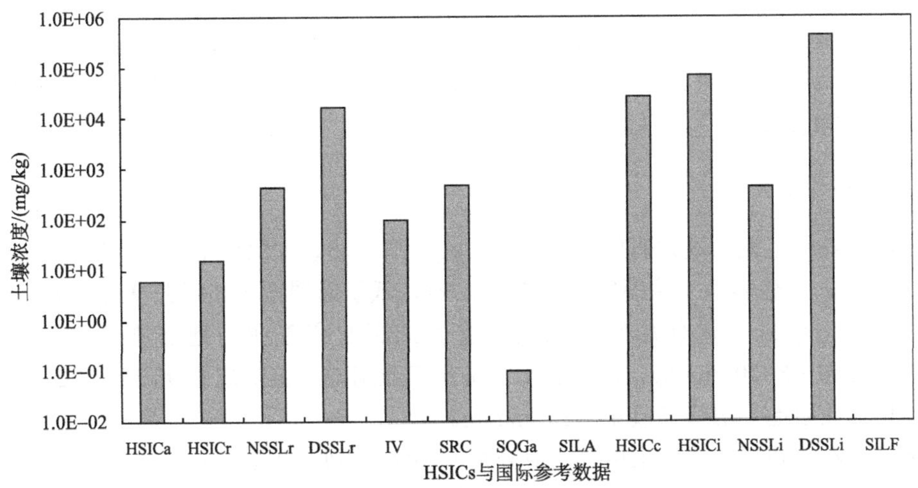

（h）各用地方式下土壤调研值与各国临界值的比较（苯乙烯）

图3.22　各用地方式下土壤调研值与各国临界值的比较（苯系物）

②乙苯：制定农业和居住用地土壤中乙苯的调研值分别为 2.0 mg/kg 和 8.9 mg/kg，介于各国范围值 0.1～1.1×10^4 mg/kg；制定的商业和工业用地土壤中乙苯调研值为 1.0×10^4 和 1.3×10^4，低于各国范围值 2.5×10^4～2.0×10^5 mg/kg[图 3.22（b）]。

③苯酚：制定农业和居住用地土壤中苯酚的调研值为 8.2 mg/kg 和 21 mg/kg，介于各国土壤临界浓度 3.8～4.7×10^4 mg/kg 的低端；制定的商业和工业用地土壤中苯酚的调研值分别为 7.9×10^4mg/kg 和 2.1×10^5 mg/kg，位于国际土壤苯酚浓度值 4.2×10^4～1.2×10^6 mg/kg [图 3.22（c）]。

④甲苯：制定农业和居住用地土壤中甲苯的调研值为 2.4 mg/kg 和 7.3 mg/kg，位于国际土壤甲苯临界浓度 0.1×10^4～1.6×10^4 mg/kg；制定商业和工业用地土壤中甲苯的调研值为 6900 mg/kg 和 1.4×10^4 mg/kg，介于各国土壤甲苯浓度值 98.6～4.1×10^6 mg/kg[图 3.22（d）]。

⑤邻二甲苯：制定农业和居住用地土壤中邻二甲苯的调研值为 2.0 mg/kg 和 5.1mg/kg，低于国际范围值 98.6～1.6×10^5 mg/kg；制定商业和工业用地土壤中邻二甲苯的调研值为 1.0×10^4～2.3×10^4 mg/kg，介于国际范围值 98.6～4.1×10^6 mg/kg[图 3.22（e）]。

⑥对二甲苯：制定农业和居住用地土壤中对二甲苯的调研值分别为 5.34 mg/kg 和 13.7mg/kg，低于美国新墨西哥州居住用地土壤筛选值 124 mg/kg；制定商业和工业用地土壤中对二甲苯的调研值为 1.8×10^4mg/kg 和 4.3×10^4 mg/kg，亦低于对应的新墨西哥筛选值 124 mg/kg[图 3.22（f）]。

⑦间二甲苯：制定农业和居住用地土壤中间二甲苯的调研值分别为 2.9 mg/kg 和 7.4 mg/kg，低于美国新墨西哥州和特拉华州居住用地土壤筛选值 80 mg/kg 和 1.6×10^5 mg/kg。制定商业和工业土壤中间二甲苯的调研值分别为 1.2×10^4 mg/kg 和 2.7×10^4 mg/kg，高于美国新墨西哥州工业用地土壤筛选值 80 mg/kg，低于特拉华州工业用地土壤筛选值 4.1×10^6 mg/kg[图 3.22（g）]。

⑧苯乙烯：制定农业和居住用地土壤中苯乙烯的调研值分别为 6.1 mg/kg 和 15.1 mg/kg，低于新墨西哥州和特拉华州居住用地土壤筛选值 419 mg/kg 和 1.6×10^4 mg/kg。制定商业和工业用地土壤中苯乙烯的调研值分别为 2.5×10^4 mg/kg 和 7.0×10^4 mg/kg，高于新墨西哥州工业用地土壤筛选值 419 mg/kg，低于特拉华州工业用地土壤筛选值 4.1×10^5 mg/kg[图 3.22（h）]。

3）多环芳烃类

①萘：农业用地土壤调研值为 1.52 mg/kg，高于加拿大保护生态和人体健康的指导值 0.1 mg/kg；居住用地土壤调研值为 3.9 mg/kg，低于新墨西哥州（71.9 mg/kg）和特拉华州（1600 mg/kg）居住用地的土壤筛选值。商业和工业用地土壤调研值分别为 5700 mg/kg 和 1.8×10^4 mg/kg，高于新墨西哥州工业用地土壤筛选值 98.3 mg/kg，但低于特拉华州工业用地土壤筛选值 4.1×10^4 mg/kg。

②蒽：农业和居住用地土壤调研值分别为 99.6 mg/kg 和 248 mg/kg，显著低于美国居住用地土壤筛选值 2.3×10^4 mg/kg 以及荷兰的 SRC 浓度（2.5×10^4 mg/kg）；商业和工业用地土壤调研值分别为 8.8×10^4mg/kg 和 3.0×10^5 mg/kg，分别低于和介于美国土壤筛选

值 $2.6\times10^5\sim6.1\times10^5$mg/kg。

③菲：农业和居住用地土壤调研值分别为 8.1 mg/kg 和 20.4 mg/kg，高于加拿大土壤质量指导值 0.1 mg/kg，但显著低于美国新墨西哥州的土壤筛选值（1800 mg/kg）和荷兰的 SRC 值(2.3×10^4 mg/kg)。商业和工业用地土壤调研值为 8880 mg/kg 和 3.0×10^4 mg/kg，分别低于和高于新墨西哥州的土壤筛选值 2.0×10^4 mg/kg。

④荧蒽：农业用地和居住用地土壤调研值分别为 3800 mg/kg 和 4100 mg/kg，均略高于美国新墨西哥州（2200 mg/kg）和特拉华州（3100 mg/kg）居住用地土壤筛选值，但低于荷兰的 SRC 值 3.0×10^4 mg/kg。商业和工业用地土壤调研值分别为 1.1×10^4mg/kg 和 4.0×10^4 mg/kg，分别低于和介于美国工业用地土壤筛选值 2.4×10^4mg/kg 和 8.2×10^4 mg/kg。

⑤苯并[a]蒽：农业和居住用地土壤调研值分别为 1.58 mg/kg 和 6.10 mg/kg，低于加拿大土壤质量指导值 0.1mg/kg，位于美国新墨西哥土壤筛选值 6.3 mg/kg 与特拉华州的土壤筛选值 0.87 mg/kg，显著低于荷兰 SRC 值 3000 mg/kg。商业和工业用地土壤调研值分别为 11.5 mg/kg 和 24.3 mg/kg，同样与美国新墨西哥州和特拉华州工业用地土壤筛选值 7.8 mg/kg 和 23.4 mg/kg 相当。

⑥䓛：农业和居住用地土壤调研值分别为 15.7 mg/kg 和 61.0 mg/kg，低于美国土壤筛选值 621 mg/kg 和 87 mg/kg，显著低于荷兰 SRC 值 3.2×10^4 mg/kg。商业和工业用地土壤调研值分别为 115 mg/kg 和 243 mg/kg，显著低于美国工业用地土壤筛选值 2300 mg/kg 和 780 mg/kg。

⑦苯并[a]芘：农业用地土壤调研值为 0.158 mg/kg，与加拿大农业用地土壤质量指导值 0.1 mg/kg 相当；居住用地土壤调研值为 0.61 mg/kg，接近于新墨西哥州土壤筛选值 0.62 mg/kg，高于特拉华州土壤筛选值 0.087 mg/kg；商业和工业用地土壤调研值分别为 1.15 mg/kg 和 2.43 mg/kg，分别低于和近似于新墨西哥州工业用地土壤筛选值 2.34 mg/kg，而高于特拉华州土壤筛选值 0.78 mg/kg。

⑧苯并[k]荧蒽：农业和居住用地土壤调研值分别为 15.8 mg/kg 和 61.0 mg/kg，高于加拿大农业用地土壤质量指导值 0.1 mg/kg，介于新墨西哥州（62.1 mg/kg）和特拉华州（8.7 mg/kg）居住用地土壤筛选值之间。商业和工业用地土壤调研值分别为 115 mg/kg 和 243 mg/kg，分别低于和近似与新墨西哥州工业土壤筛选值 234 mg/kg，高于特拉华州工业土壤筛选值 78 mg/kg。

⑨茚并[1，2，3-cd]芘：农业和居住用地土壤调研值分别为 15.8 mg/kg 和 61.0 mg/kg，高于加拿大农业用地土壤质量指导值 0.1 mg/kg，高于美国居住用地土壤筛选值 0.87～6.21 mg/kg；商业和工业用地土壤调研值分别为 115 mg/kg 和 243 mg/kg，高于新墨西哥州州和特拉华工业用地土壤筛选值 23.4 mg/kg 和 7.8mg/kg。

⑩苯并[b]荧蒽：农业和居住用地土壤调研值分别为 1.56 mg/kg 和 6.10 mg/kg，低于加拿大农业用地土壤质量指导值 0.1 mg/kg，介于美国居住用地土壤筛选值范围 0.87～6.21 mg/kg；商业和工业用地土壤筛选值分别为 11.5 mg/kg 和 24.3 mg/kg，同样介于新墨西哥州和特拉华州工业土壤筛选值 23.4 mg/kg 和 7.8 mg/kg。

⑪二苯并[a，h]蒽：农业和居住用地土壤调研值分别为 0.158 mg/kg 和 0.61 mg/kg，略高于加拿大农业土壤质量指导值 0.1 mg/kg，介于新墨西哥州和特拉华州居住用地土壤

筛选值 0.62 mg/kg 和 0.087 mg/kg；商业和工业用地土壤调研值分别为 1.15 mg/kg 和 2.43 mg/kg，分别低于和近似于新墨西哥州工业用地土壤筛选值 2.34 mg/kg，而高于特拉华州土壤筛选值 0.78 mg/kg。

4）农药类

①DDT：农业和居住用地土壤调研值分别为 4.78 mg/kg 和 18.6 mg/kg，高于加拿大农业用地土壤质量指导值 0.7mg/kg，高于特拉华州居住用地土壤筛选值 2.7 mg/kg，低于新墨西哥居住用地土壤筛选值 24.4 mg/kg 和荷兰 SRC 值 31 mg/kg；商业和工业用地土壤调研值分别为 34.9 mg/kg 和 73.8 mg/kg，高于特拉华州工业用地土壤筛选值 24 mg/kg，低于新墨西哥工业用地土壤筛选值 111 mg/kg。

②DDE：农业和居住用地土壤调研值分别为 3.36 mg/kg 和 13.1 mg/kg，高于美国特拉华州居住用地土壤筛选值 1.9 mg/kg，低于新墨西哥州居住用地土壤筛选值 17.2 mg/kg 和荷兰 SRC 值 17 mg/kg；商业和工业用地土壤调研值分别为 24.7 mg/kg 和 52.1 mg/kg，介于新墨西哥州和特拉华州工业土壤筛选值 78.1 mg/kg 和 17 mg/kg 之间。

③DDD：农业和居住用地土壤调研值分别为 3.34 mg/kg 和 13.1 mg/kg，高于美国特拉华州居住用地土壤筛选值 1.9 mg/kg，低于新墨西哥州居住用地土壤筛选值 17.2 mg/kg 和荷兰 SRC 值 42 mg/kg；商业和工业用地土壤调研值分别为 24.7 mg/kg 和 52.1 mg/kg，介于新墨西哥州和特拉华州工业土壤筛选值 78.1 mg/kg 和 17 mg/kg。

④艾氏剂：农业和居住用地土壤调研值分别为 0.025 mg/kg 和 0.26 mg/kg，与新墨西哥州和特拉华州居住用地土壤筛选值 0.284 mg/kg 和 0.038 mg/kg 相当，低于荷兰的 SRC 值 0.32 mg/kg；商业和工业用地土壤调研值分别为 0.489 mg/kg 和 1.03 mg/kg，介于新墨西哥州和特拉华州工业用地筛选值 1.12 mg/kg 和 0.34 mg/kg。

⑤狄氏剂：农业和居住用地土壤调研值分别为 1.4×10^{-4} mg/kg 和 2.3×10^{-4} mg/kg，低于新墨西哥州和特拉华州居住用地土壤筛选值 0.304 mg/kg 和 0.04 mg/kg，低于荷兰的 SRC 值 9.1 mg/kg；商业和工业用地土壤调研值分别为 0.523 mg/kg 和 1.11 mg/kg，介于新墨西哥州和特拉华州工业用地筛选值 1.2 mg/kg 和 0.36 mg/kg。

⑥阿特拉津：农业和居住用地土壤调研值分别为 1.22 mg/kg 和 3.05 mg/kg，分别低于和近似于美国特拉华州居住用地土壤筛选值 2.9 mg/kg 相当，低于荷兰土壤修复干预值 6 mg/kg 和 SRC 值 18 mg/kg；商业和工业用地土壤调研值分别为 1.0×10^{4} mg/kg 和 3.5×10^{4} mg/kg，显著高于特拉华州工业用地土壤筛选值 26 mg/kg。

根据构建的土壤调研值模型系统，制定了农业用地、居住用地、商业用地和工业用地土壤调研值。模型计算调研值在上述用地方式土壤中有逐渐升高趋势，农业用地与居住用地的土壤调研值较接近，而商业用地土壤调研值和工业用地土壤调研值相对接近。

制定调研值与国际同类临界值的比较结果表明，农业和居住用地方式下，多数污染物的土壤调研值低于表 3.28 中所列国际同类临界值或介于临界值范围的低端。对于商业和工业用地土壤，制定的多数土壤污染物调研值高于或与国际同类临界值相当，部分毒性较高、致癌或持久性有机污染物（如镉、铬、蒽、荧蒽、芘、苯并[g,h,i]苝、DDT、DDE 和 DDD 等）的调研值仍然较高，并不适用于我国人口密度高、人为活动频繁的商业和工业用地土壤，尚需在模型方法和暴露参数设置方面进行优化，获取更多代表我国人群的暴露参数。商业和工业用地方式下，所制定的调研值浓度可能已经对土壤生态系统造成毒害效应。对于某些土壤污染物，结合对土壤生态系统健康和生态物种的保护，可望降低各用地方式下的土壤调研值。

（三）保护生态系统健康的土壤调研值

污染土壤中的有毒有害物质，除了经各暴露途径危害人体健康外，另一显著的负面效应是对陆地土壤生态系统产生毒害效应。随土壤中污染物含量水平的变化，毒害效应可表现为对生态系统结构和功能的非生物和生物性破坏，也可能是对生态物种的慢性毒害过程。为此，根据生态风险评估方法，确定保护生态安全的土壤临界浓度是制定土壤调研值的重要途径之一。基于生态毒理的土壤调研值旨在确保土壤污染物不致给陆地生态系统带来显著的负面效应，即保护陆地土壤生态物种、生态过程和土壤酶反应活性免受危害。保护生态系统的土壤调研值的制定可采用多种方法，但多数需要基于现有的生态毒理学试验数据，有效的毒理数据包括：实验室单物种毒理试验、田间试验数据等。对于不同的土地利用方式（自然保护地、农业、居住、商业和工业用地等），需保护和维持的生态功能不尽相同，因此，土壤调研值的制定同样以土地利用方式为基础。本章重在构建保护生态系统的土壤调研值的制定方法论。

1. 保护生态系统健康的土壤调研值制定——物种敏感分布法

1）生态物种敏感性分布理论

（1）起源和现状

生态物种敏感性分布理论的建立可追溯到 20 多年前，首先由欧洲和北美国科学家几乎同时提出，并将其应用于保护生态系统的环境质量临界值的制定和生态风险评估。目前，生态物种敏感性分布理论的研究和应用，在更多国家如澳大利亚和新西兰（ANZECC，2000a，2000b）及南非（Roux et al.，1996）迅速扩展。

自然生态系统一般具有典型的分类学上的生物多样性，包含了生活史、生理、形态、行为和地理分布特征不尽相同的多种生态物种。生态毒理学研究表明，生态系统中不同物种对环境中特定污染物的某一浓度水平，存在不同的毒性响应效应（不同物种的敏感性差异）。根据这一发现，提出了许多基于生态毒性响应效应的评估系统。生态物种敏感性分布理论（species sensitivity distribution，SSD）即利用统计概率分布函数来描述不同生态物种对环境中污染物的毒性响应效应，表征物种对污染物的敏感性分布规律。SSD假设生态系中生态物种对污染物的毒性响应效应（生态毒理学数据）可用统计学参数概率函数来描述，如三角分布、对数正态分布、正态分布等。通过实验室或田间试验获取的有效生态毒理学数据可看作来自无穷分布中的有限样本，根据已有生态毒理学数据可估计概率分布函数的参数，从而建立生态风险与土壤污染物浓度的定量关系。

（2）SSD 方法基础

SSD 为描述生态系统内有限物种对环境中特定污染或混合物毒性响应效应差异的概

率分布函数。推导和估计概率分布函数的有限生态物种可能来自特定的生物种群、人为选定的物种集合，或者自然生态物种组合。由于在现实上无法研究和获取生态系统内所有的生态物种的毒理响应数据，因此仅能根据有限的生态毒理学研究数据，估计生态物种对污染物的敏感性分布函数。

根据对有限生态物种毒理学研究数据，可将污染物浓度数据表达为累积概率分布图（cumulative distribution function，CDF）。用于推导累积概率分布图的生态毒理学数据可是来自急性或慢性试验的效应浓度数据，如半效应浓度（EC50）和无观察效应浓度（NOEC）。根据目前生态学研究的积累数据，用于制定 SSD 的数据量变异较大，从完全无毒理学研究数据积累到 50 或 100 之多，而有效而充分的生态毒理数据，对制定和估计 SSD 至关重要。

图 3.23 中 *X* 轴为土壤污染物浓度，*Y* 轴为生态毒理数据（如 EC50、NOEC 等）的累积分布概率，曲线上的各点代表着一定土壤污染物浓度与该浓度下可能受害的生态物种比例的对应关系。图中不同箭头方向表明了 SSD 的不用应用过程：制定土壤污染物的临界浓度或修复目标值时，可预先设定可接受生态风险，即可接受的最大危害物种百分比（potential affected fraction，PAF），如对于农业用地期望保护 90%的生态物种免受土壤污染的危害，则设定 PAF＝10%，也即图中 *Y* 轴的切断点值（p 值）为 0.1，根据累积概率分布函数可反推土壤污染物的临界值。如已知土壤监测污染物浓度，则可根据累积分布图进行生态风险评估，即由已知土壤污染物浓度，反算危害物种百分比。实际中，PAF 值的确定与具体的环境政策和对生态保护的目标水平有关，如不同用地方式下，对土壤生态系统保护要求的不同对应着不同的 PAF 取值。

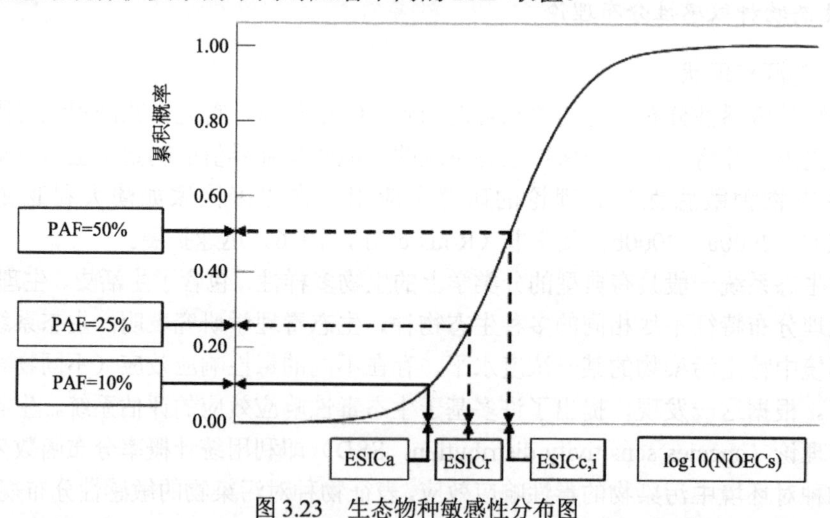

图 3.23　生态物种敏感性分布图

PAF：潜在危害物种百分比；ESICa：农业用地保护生态系统的土壤调研值；ESICr：居住用地保护生态系统的土壤指导值；ESICc,ESICi：商业和工业用地保护生态系统的土壤调研值

2）基于 SSD 制定土壤调研值

（1）生态毒理效应终点

在应用 SSD 方法制定生态土壤调研值之前，需进行土壤污染物的生态毒理学文献

调研，调研对象包括所有公开发表的或非专利性的毒性数据，调研的目的是获取短期和长期的生态毒理数据。陆地生态毒理学研究中，常将致死性（LC50）作为短期或急性试验的测量终点；而将生长、发育、繁殖、行为、活动、损伤机理变化、呼吸作用、养分循环、降解贡献、基因变异以及生理指标的变化等，作为长期慢性毒理试验的半效应浓度（EC50）、无显著效应浓度（NOEC）和最低效应浓度（LOEC）。后者如 EC50 和 NOEC 等数据，可用于构建 SSD，制定土壤调研值。

（2）毒理数据的筛选

由于土壤生态毒理数据的较大变异性，为保证所用毒理数据的可靠性和不同毒理试验设计的一致性，进行文献调研时需建立特定的数据筛选原则。可用于建立土壤污染物 CDF 的毒理数据可是实验室毒理试验数据，也可是田间毒理数据，但至少需要满足以下前提条件：

A. 实验室生物毒性试验设计，应满足当前公认的或学术界普遍接受的土壤毒性试验方法，采用非标准化或非正常性试验设计获取的毒理数据，需进行单独评估；

B. 文献中必须明确阐述供试受体暴露于土壤污染物时间和所测量的毒性终点（如致死性、繁殖、生长等），并利用剂量-效应关系来估计最小观察浓度（LOEC）和无观察效应浓度（NOEC）；

C. 文献中进行了必要和适当的统计分析；

D. 所选毒理数据可来自土壤污染物与其他胁迫条件（如温度变化等）的联合作用研究，试验设计中对环境胁迫条件进行了特别的设计；

E. 试验必须确保观察到的或产生的毒性效应，直接来自于所研究的土壤污染物，避免采用混合污染介质（如污泥）进行的生态毒理学研究数据；

F. 来自不同毒理学研究，用于制定生态土壤调研值的毒理学数据，采用的必须是同类分析方法。

除满足以上相关条件外，对于田间生态毒理试验还应满足：

A. 毒理效应数据必须来自同一试验地点，同一试验时段内的毒性效应数据，同时具备供试土壤的基本理化性质数据；

B. 样品的采集、处理和存储需符合标准或公认方法；

C. 对某些田间试验相关的可变因素（如采样设计）应进行单独评估。

对所有的生态毒理数据进行汇总和筛选，如存在有效且充分数量的生态毒理数据，可 SSD 方法制定生态土壤调研值。

（3）生态毒理数据的转换

土壤生态毒理数据的筛选旨在获取可靠的研究数据，以便建立反算土壤调研值的累积概率分布函数。在筛选陆地土壤生态毒理数据时，如文献报道了剂量-效应关系，则根据剂量效应模型估计 NOEC 浓度；如无法由剂量-响应关系获得 NOEC 浓度，则对效应浓度数据（ECx）进行如下处理：

A. 同一毒理试验中，如存在某一物种的 NOEC 或 ECx（$x \leqslant 10$），则优先选择 NOEC 值或 ECx（$x \leqslant 10$）值；

B 如文献仅报道了生态毒理效应浓度（ECx），则据毒理效应的不同（x 值大小）

应用不同的外推系数估计 NOEC 值（表 3.30）；

表 3.30　由效应浓度 EC*x* 估计 NOEC 的外推系数（Crommentuijn et al.，1997）

效应范围	10≤*x*	10<*x*≤20	20<*x*≤50
外推系数	1	2	3

注：EC*x*（*x*>50）时外推不确定性较大，不作考虑。

C. 同一生态物种的同一毒理学评估终点存在多个毒理学研究数据时，取所有数据点的几何平均值；

D. 同一物种的不同毒理学评估终点（生长、繁殖等）存在多个毒理数据时，取所有数据中的最小值。最小值的选择数据范围在上述原则 C 基础上进行；

E. 一定条件下，存在污染物对生物体不同生长阶段的毒理效应数据，选择最为敏感的生长期对应的毒性数据。

（4）生态毒理数据类型

用于制定生态土壤调研值所用毒理数据，包括污染物对土壤生态物种的毒理数据，也包括污染物对土壤微生物过程和酶活性影响的毒理数据。土壤微生物过程和酶活性与多种土壤生态物种的协同作用有关，是土壤生态系统受到污染物毒性胁迫的整体响应效应，这种效应取决于系统内对污染物毒性具抵抗能力的所有物种数量和群落结构。因此，污染物对单一物种的毒理效应与对生态过程的毒理效应是截然不同的，两种数据不可混合用于精确效应外推之中，需就分别进行统计外推。对于单一土壤生态物种，用于构建 CDF 的毒理数据是唯一的，而对于土壤微生物过程或酶反应活性，用于构建 CDF 的毒理数据可为来自不同试验土壤的多个。这是因为在不同试验土壤中，污染物发生作用的土壤微生物群落不尽相同，不同试验土壤上同一污染物对微生物过程或酶活性的毒性效应数据，代表了该污染物对不同功能微生物组合的毒性效应，可作为有效的毒理数据用于构建 CDF。如微生物过程或土壤酶反应活性试验在同一土壤上进行，则只能选取唯一的毒理数据。由于土壤微生物过程和酶活性受多种土壤生态物种的影响，其对土壤污染物的毒性响应敏感性低于单个土壤生态物种，因此，可优先考虑土壤污染物对单个土壤生态物种的毒性效应，制定土壤调研值。

（5）SSD 方法的应用准则

SSD 方法利用统计分布函数，描述生态物种对污染物浓度的敏感性变异规律，又称为精确效应评估法。为确保根据有限试验数据建立的分布参数，可较好地描述土壤污染物浓度与受害物种比例间的函数关系，应用精确效应评估制定生态土壤调研值，需确定如下的最小毒理数据准则：

A. 至少存在 4 个不同单一生态物种的慢性毒理学数据，或 4 个土壤微生物和酶反应活性的慢性毒理学数据；

B. 至少存在来自 3 个不同毒理学研究的毒理数据。

一般认为，来自单一陆地土壤生态物种、土壤微生物过程或酶反应活性的 4 个慢性毒理学数据，符合对数逻辑斯蒂分布（log logistic distribution）或对数正态分布（log normal distribution），即高斯分布。两种参数分布方法，在最终模型计算结果上差异较小，但对数正态分布更易于进行一般性统计学检验，如用于数据均值差异的 T-检验，以及用于方差检验的 F-检验。此外，根据正态验证理论（Kolmogorov-Smirnov）还可检验所选定的毒理数据是否符合假设中的正态分布（Vlaardingen et al.，2004）。为此，本文采用了对数正态分布模型，来拟合和外推生态土壤调研值。

3）基于用地方式的土壤调研值

根据 SSD 方法制定土壤质量调研值前，必须预先设定不同用地方式下，对土壤生态系统保护目标，即一定用地方式下可能受到土壤污染物危害的生态物种的适宜百分比。显然，从土壤资源的可持续利用的角度上讲，保护 100%的生态物种安全是最为理想的，但从目前人类对土壤资源的利用方面考虑，保护大多数生态物种安全可能更具实际可行性。结合人类对土地利用以及对土壤资源的保护，对于清洁土壤，应尽量控制人为影响（污染）的日渐加剧，最大限度遏制土壤中污染物浓度的升高；对于因人为活动已经产生显著风险的污染土壤，将污染风险控制或修复至可接受的水平十分必要。由此，土壤调研值的制定必然地与用地方式紧密联系在一起，即基于期望土地利用方式及应具备的生态功能，确定生态保护水平或允许受到危害的生态物种比例。

不同用地方式下，需要保护的陆地土壤生态功能不尽相同。对于农业用地，要求土壤质量必须保证和维持最佳的陆地（农田）生态系统功能；对于居住用地、公园和景观用地等，需要保证基础绿化工程所需的良好的生态功能；对于商业/和工业用地，根据其用地性质及对应的活动模式，原则上无须维持较高级的土壤生态功能，但从土地和土壤资源的可持续利用和长远规划方面考虑，商业和工业用地土壤业必须保持基本的生态功能。尽管对土壤生态系统的保护水平不尽相同，但都必须遵循的共同的保护原则，即土壤污染物含量水平必须能够确保健康和安全的生态系统。

根据上述不同用地方式下，对土壤生态功能的保护原则，初步定义 5 类典型用地方式下的土壤生态保护水平如下：

①自然保护区：期望土壤处于清洁状态或背景值状态，对土壤生态系统的保护最为严格，设定 PAF=5%，即确保土壤对 95%的陆地土壤生态物种和生态过程（微生物过程或土壤酶活性）无负面毒害效应，对应土壤污染物临界浓度定义为自然保护区土壤的生态调研值（ESICn）。

②农业用地：对土壤生态系统功能的保护要求严格，定义 PAF＝10%，即确保 90%的陆地土壤生态物种和生态过程（微生物过程或土壤酶活性）免受土壤污染物的毒害效应，对应的土壤污染物浓度为农业用地土壤的生态调研值（ESICa）。

③居住用地：对土壤生态功能的保护在农业用地的基础上适当放宽，定义 PAF＝25%，即确保 75%的陆地土壤生态物种和生态过程（微生物过程或土壤酶活性）免受土壤污染物的毒害效应，对应的土壤污染物浓度为农业用地土壤的生态调研值（ESICr）。

④商业和工业用地：保护特定的土壤生态功能（如景观和绿化土壤生态等）和基本的土壤生态功能，定义 PAF＝50%，即保护 50%的陆地土壤生态物种和生态过程（微生物过程或土壤酶活性）免受土壤污染危害，据此确定的商业和工业用地土壤中污染物的临界浓度，分别为商业（ESICc）和工业（ESICi）用地方式下土壤的生态调研值。

建立了基于生态物种敏感性分布法（SSD）制定保护生态系统健康的土壤调研值的方法。SSD 以土壤生态毒理学数据为基础，利用统计概率模型描述生态物种对不同污染物的毒理响应分布关系。用于建立 SSD 的毒理数据包括植物、无脊椎动物、土壤微生物过程、土壤酶活性等重要的土壤生态功能要素。根据各用地方式对土壤生态系统保护要求的不同，定义了自然保护用地、农业用地、居住用地、商业和工业用地方式下的目标生态保护水平。

2. 保护生态系统健康的土壤调研值——以 As 为例

本节以土壤中 As 为例，在广泛调研土壤 As 的生态毒理研究数据的基础上，制定了各用地方式下和不同土壤生态保护水平时，As 的土壤生态调研值。

1）生态物种的 As 毒理数据

（1）生态物种毒理数据的筛选

通过对已有的生态毒理学文献进行调研，将筛选出的可用于土壤调研值制定的有效毒理数据列于表 3.31。所有文献报道生态毒理数据为文献报道的 EC*x*（x<10），或由 EC*x* 除以不确定性系数转化为估计 NOECs 值。对于同一生态物种的相同测试终点（生长、繁殖等），取不同试验条件（土壤性质如 pH、有机质含量、黏粒等）下 NOECs 的几何平均值。文献调研结果表明，土壤 As 的有效毒理数据覆盖了多数蔬菜和农作物，同时包括来自三个不同研究的土壤动物（蚯蚓）的毒理数据（n=14）。

表 3.31　有效的土壤 As 的生态物种毒理数据

物种	拉丁名	测试终点	估计 NOEC /（mg/kg）	几何均值 /（mg/kg）	参考文献
燕麦	*Avena sativa*	$EC94^{p,z}$	10		Woolson, 1973
	Avena sativa	$EC94^{p,z}$	10	12.6	Woolson, 1973
	Avena sativa	$EC39^{p,z}$	20		Kulich, 1984
卷心菜	*Brassica oleracea*	$EC68^{p,z}$	50		Woolson, 1973
	Brassica oleracea	$EC73^{p,z}$	100	25.5	Woolson. 1973
	Brassica oleracea	$EC26^{p,z}$	3.3		Woolson, 1973
蚯蚓	*Eisenia fetida*	$NOEC^{m}$	50		Fishcrand Koszorus, 1992
	Eisenia fetida	$NOHC^{m}$	83	56.5	Environment Canada, 1995
	Eisenia fetida	$LC50^{m}$	45		BKH, 1995
大豆	*Glycine max*	$NOEC^{p}$	75	75	Dcnneman and Gestel, 1990
棉花	*Gossyppium hirsutum*	$NOEC^{p}$	149	51.8	Dcnneman and Gestel, 1990
	Gossyppium hirsutum	$NOEC^{p}$	18		Dcnneman and Gestel, 1990
西红柿	*Lycopersicon esculentum*	$EC42^{p,z}$	10		Woolson, 1973
	Lycopersicon esculentum	$HC77^{p,z}$	100	46.4	Woolson, 1973
	Lycopersicon esculentum	$EC97^{p,z}$	100		Woolson, 1973
菜豆	*Phaseolus limensis*	$EC99^{p,z}$	10		Woolson, 1973
	Phaseolus limensis	$EC19^{p,w}$	5	13.6	Woolson, 1973
	Phaseolus limensis	$EC16^{p,z}$	50		Woolson, 1973

续表

物种	拉丁名	测试终点	估计 NOEC /（mg/kg）	几何均值 /（mg/kg）	参考文献
绿豆	*Phaseolus vulgaris*	EC22 p,x	3.3		Woolson, 1973
	Phaseolus vulgaris	EC42 p,x	3.3	6.7	Woolson, 1973
	Phaseolus vulgaris	EC29 p,z	10		Woolson, 1973
	Phaseolus vulgaris	EC54 p,z	19		Jacobs et al., 1970
豌豆	*Pisium sativum*	EC54 p,z	26	26	Jacobs et al., 1970
萝卜	*Raphanus sativus*	EC23 p,x	3.3		Woolson, 1973
	Raphanus sativus	EC25 p,z	10	5.5	Woolson, 1973
	Raphanus sativus	EC17 p,w	5		Woolson, 1973
土豆	*Solanum dulcamara*	EC76 p,z	73	73	Jacobs, 1970a
菠菜	*Spinacia oleracea*	EC22 p,z	10		Woolson, 1973
	Spinacia oleracea	EC33 p,x	3.3	4.8	Woolson, 1973
	Spinacia sativus	EC41 p,x	3.3		Woolson, 1973
越橘	*Vaccinium angustifolium*	EC22 p,z	43.8	43.8	Anastasia and Kender, 1973
	Vaccinium angustifolium	EC30 p,z	43.8		Anastasia and Kender, 1973
玉米	*Zea mays*	EC54 p,z	26		Jacobs et al.，1970
	Zea mays	EC50 p,x	108		Jacobs et al.，1970
	Zea mays	EC50 p,x	23.0		Jacobs et al.，1970
	Zea mays	EC50 p,x	14.0	28.6	Jacobs et al.，1970
	Zea mays	EC50 p,x	25.7		Jacobs et al.，1970
	Zea mays	EC97 p,z	100		Woolson, 1973
	Zea mays	EC86 p,z	10		Woolson, 1973

注：m：致死或僵化毒性；p：产量效应；w：由文献报道 EC10-20 值估计 NOEC 时除以系数 2；x：由文献报道效应浓度（EC20-50）估计 NOEC 时除以系数 3；z：CCME 由 EC*x* 估计的 NOEC 值（CCME，1996）。

（2）物种毒理数据的正态性检验

根据各生态物种有效毒理数据的几何平均值，借助荷兰 RIVM 的 ETX2.0 生态毒性统计分析软件，对筛选处理后的毒理数据进行了正态性统计检测，结果表明筛选所用数据可用对数正态分布描述（表 3.32）。

毒理数据的正态性检验根据 Anderson-Darling 方法和 Kolmogorov-Smirnov 方法进行。Anderson-Darling 检验法可很好地检验数据的总体正态性，能够检验输入数据与尾部分布之间的差异性（Aldenberg et al.，2002）。Kolmogorov-Smirnov 方法重在检验正态分布对的中间部分与数据的吻合程度，但对两尾分布与数据的吻合程度敏感性较差（D'Agostino et al.，1986）。

表 3.32　有效生态物种毒理数据的正态性检验

	显著水平	判断临界	是否正态分布
Anderson-Darling 正态性检验 (*n*=17, 0.513)	0.100	0.631	是
	0.050	0.752	是
	0.025	0.873	是
	0.010	1.035	是
Kolmogorov-Smirnov 正态性检验 (*n*=17, 0.680)	0.100	0.819	是
	0.050	0.895	是
	0.025	0.995	是
	0.010	1.035	是

（3）基于生态物种毒理数据的 SSD

利用 ETX2.0 同时可生成生态物种敏感性分布图（图 3.24）。图中虚线表示，在选定的生态保护水平下，对应的土壤 As 的临界浓度的对数值。由该统计模型，可计算确定一定 PAF 水平下，土壤 As 的临界浓度。同样根据该图，如知道土壤中 As 的监测浓度，则根据统计模型可计算 PAF 值，即某一土壤 As 浓度时危害的物种比例，进行生态风险评估。

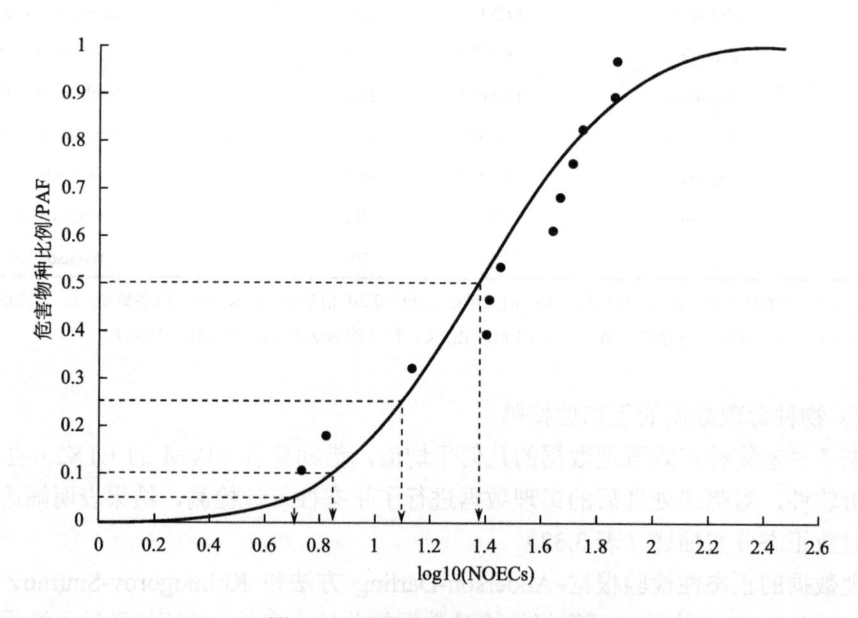

图 3.24　生态物种敏感性分布图

2）土壤微生物过程和酶活性的 As 毒理数据

（1）毒理数据的筛选

表 3.33 列出了筛选确定的有效土壤微生物过程和酶活性毒性数据。现有毒理数据，

来自多个土壤 As 对氮矿化、硝化过程，以及各类磷酸酶活性、脲酶活性的毒性效应研究（n=17），对于同一土壤上的不同 As 形态试验结果，取几何平均值。

表 3.33　筛选土壤微生物过程和酶活性生态毒理数据（As）

生态过程	测试终点	估计 NOECs /（mg/kg）	几何均值 /（mg/kg）	文献来源
氮矿化	NOEC	375	375	Denneman van Gestel, 1990
	NOEC	375		Denneman van Gestel. 1990
氮矿化	NOEC	375	375	Denneman van Gestel, 1990
	NOEC	375		Denneman van Gestel, 1990
氮矿化	NOEC	375	375	Denneman van Geslel, 1990
	NOEC	375		Denneman van Gestel, 1990
氮矿化	NOEC	375	375	Denneman van Gestel. 1990
	NOEC	375		Denneman van Gestel. 1990
氮矿化	$EC40^{i,x}$	17	17	Wilke, 1989
硝化	NOECi	300	300	Wilke, 1989
酸性磷酸酶	NOEC	190	110	BKH, 1995
	$EC33^{i,x}$	63.3		BKH, 1995
酸性磷酸酶	NOEC	1900	1097	BKH, 1995
	$EC39^{i,x}$	633		BKH, 1995
酸性磷酸酶	$EC16^{i,w}$	950	950	BKH, 1995
酸性磷酸酶	$EC35^{i,x}$	633		BKH, 1995
酸性磷酸酶	NOEC	190	110	BKH, 1995
	$EC32^{i,x}$	63.3		BKH, 1995
磷酸酶	$EC20^{i,x}$	250	353	Denneman van Gestel, 1990
	$EC23^{x}$	499		Denneman van Gestel, 1990
磷酸酶	NOEC	749	1059	Denneman van Geslel, 1990
	NOEC	1498		Denneman van Gestel, 1990
脲酶	NOEC	375	375	Tabatabai, 1977
脲酶	$EC27^{i,x}$	125	125	Tabatabai, 1977
脲酶	NOEC	38	38	Tabatabai, 1977
脲酶	$EC44^{i,x}$	125	125	Tabatabai, 1977
脲酶	$EC14^{i,w}$	19	19	Tabatabai, 1977

注：i：抑制效应；

w：由文献 ECx 值转化为 NOEC 时除以不确定性系数 2；

x：由文献 ECx 值转换为 NOEC 时除以不确定性系数 3。

（2）毒理数据的正态性检验

表 3.34 为对土壤微生物过程和酶活性数据进行两种正态性检验的结果。基于微生物

过程和酶活性的生态毒理数据同样可用对数正态分布模型来描述。

表 3.34　微生物过程和酶活性毒理数据的正态性检验

正态性检验	显著水平	判断临界	是否正态分布
Anderson-Darling	0.050	0.752	是
正态性检验	0.025	0.873	是
（n=17, 0.745）	0.010	1.035	是
Kolmogorov-Smirnov	0.050	0.895	是
正态性检验	0.025	0.995	是
（n=17, 0.887）	0.010	1.035	是

3）基于生态系统健康的土壤 As 的调研值制定

根据对土壤生态物种、土壤微生物过程和酶活性毒理数据的收集、筛选、分析和作图，可分别建立用于制定土壤中 As 的临界浓度 SSD 曲线（图 3.25），由此可外推制定保护生态系统的 As 的土壤调研值（表 3.35）。

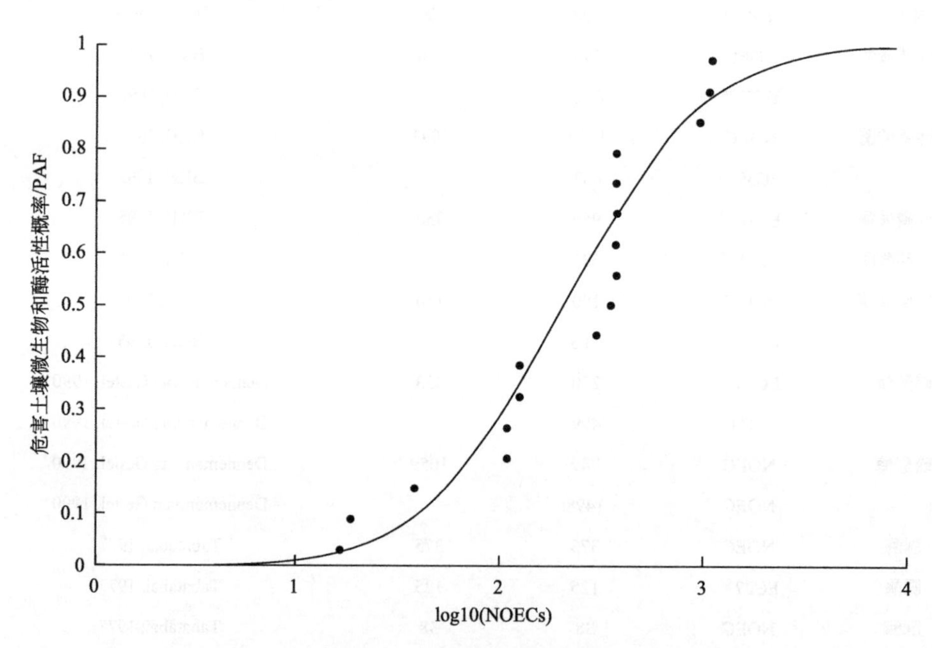

图 3.25　土壤微生物过程和酶活性敏感性分布图（As）

表 3.35　基于 SSD 制定的各用地方式下的生态土壤调研值（As）（单位：mg/kg）

可接受 PAF	自然保护地土壤 5%	农业用地土壤 10%	居住用地土壤 25%	商业用地土壤 50%	工业用地土壤 50%
生态物种毒性	5.0	7.0	12.5	23.8	23.8
微生物过程和酶活性	25.1	39.9	70.0	205	205
最终生态调研值	5.0	7.0	12.5	23.8	23.8

考虑到所用毒理数据多数来自人为添加 As 试验，As 对供试生态物种的生物有效毒性高。对于 As 自然背景含量较高的土壤，As 的生物有效毒性相对较低，可能会带来一定的不确定性。

本研究筛选确定了制定保护土壤生态系统 As 的调研值的生态毒理数据，有效数据包括土壤中 As 对主要生态植物（作物）、土壤无脊椎动物、土壤微生物过程和酶活性的生态毒理数据。利用荷兰 ETX 2.0 软件，对毒理数据进行了正态性检验和生态物种敏感性分布作图。根据建立的基于生态物种的和基于土壤微生物过程及酶活性的累积概率分布模型，结合各用地方式下的既定生态保护水平（PAF 值），外推制定了各用地方式下的保护土壤生态系统健康的 As 的调研值。

参 考 文 献

陈怀满, 郑春荣, 周东美, 等. 2004. 关于我国土壤环境保护研究中一些值得关注的问题. 农业环境科学学报, 23: 1244～1245.

陈怀满, 郑春荣. 1992. 关于土壤环境容量研究的商榷. 土壤学报, 29(2): 219～225.

陈怀满, 郑春荣. 1995. 用吸附势评估河流悬浮物对水体重金属的净化功能. 土壤学报, 32.

陈莹, 彭安. 1999. 稀土元素分馏作用研究进展. 环境工程学报: 10～17.

陈祖义, 刘玉, 程薇, 等. 2002. 稀土元素-(147)Pm、-(141)Ce、-(147)Nd 的环境毒理研究. 生态与农村环境学报, 18: 52～55.

丁士明, 梁涛, 张自立, 等. 2004. 稀土对土壤的生态效应研究进展. 土壤, 36: 157～163.

李健. 1988. 环境背景值数据手册. 中国环境科学出版社.

宁建凤, 邹献中, 杨少海, 等. 2009. 广东大中型水库底泥重金属含量特征及潜在生态风险评价. 生态学报, 29: 6059～6067.

潘根兴, Chang C A, Page L A. 2002. 土壤-作物污染物迁移分配与食物安全的评价模型及其应用. 应用生态学报, 13: 854～858.

冉勇, 刘铮. 1992. 土壤和氧化物对稀土元素的专性吸附及其机理. 科学通报, 37: 1705～1709.

冉勇, 刘铮. 1994. 我国主要土壤中稀土元素的含量和分布. 中国稀土学报: 248～252.

唐南奇. 2002. 红壤性水稻土稀土与铁体系变异相关性研究. 中国稀土学报, 20: 348～352.

王国庆, 骆永明, 宋静, 等. 2005. 土壤环境质量指导值与标准研究 I•国际动态及中国的修订考虑. 土壤学报, 42: 666～673.

王国庆, 骆永明, 宋静, 等. 2007. 土壤环境质量指导值与标准研究Ⅳ.保护人体健康的土壤苯并[a]芘的临界浓度. 土壤学报, 44: 603～611.

王济. 2004. 贵阳市表层土壤重金属污染元素环境地球化学基线研究. 中国科学院研究生院(地球化学研究所).

王铁军, 查学芳, 熊威娜, 等. 2008. 贵州遵义高坪水源地岩溶地下水重金属污染健康风险初步评价. 环境科学研究, 21: 46～50.

夏家淇, 骆永明. 2006. 关于土壤污染的概念和 3 类评价指标的探讨. 生态与农村环境学报, 22: 87～90.

夏增禄. 1986. 土壤环境容量研究. 北京: 气象出版社.

夏增禄. 1988. 土壤环境容量及其应用. 北京: 气象出版社.

夏增禄. 1992. 中国土壤环境容量. 北京: 地震出版社.

解惠光. 1991. 中国稀土元素在农业上应用研究进展. 科学通报, 36: 561～564.

徐金鸿, 徐瑞松, 夏斌, 等. 2007. 广东红壤中稀土元素的含量及分布特征. 中国土壤与肥料: 18～21.

杨刚, 伍钧, 孙百晔, 等. 2010. 雅安市耕地土壤重金属健康风险评价. 农业环境科学学报, 29: 74～79.

杨元根, 刘丛强, 袁可能, 等. 1999. 中国南方红壤中稀土元素分布的研究. 地球化学: 70～79.

姚志刚, 鲍征宇, 高璞. 2006. 洞庭湖沉积物重金属环境地球化学. 地球化学, 35: 629～638.

章海波, 骆永明, 赵其国, 等. 2006. 香港土壤研究V.稀土元素的地球化学特征. 土壤学报, 43: 383～388.

章海波, 骆永明. 2010. 区域尺度土壤环境地球化学基线估算方法及其应用研究. 环境科学, 31: 1607～1613.

赵其国. 2000. 开展我国东南沿海经济快速发展地区资源与环境质量问题研究建议. 土壤, 32: 169～172.

赵沁娜. 2006. 城市土地置换过程中土壤污染风险评价与风险管理研究. 上海: 华东师范大学学位论文.

郑春荣, 陈怀满. 1995. 重金属的土壤负载容量. 土壤学进展: 21～28.

朱维晃, 杨元根, 毕华, 等. 2003. 土壤中稀土元素地球化学研究进展. 矿物岩石地球化学通报, 22: 259～264.

朱维晃, 杨元根, 毕华, 等. 2004. 海南土壤中稀土元素含量及分布特征. 地球与环境, 32: 20～25.

Adams M L, Zhao F J, Mcgrath S P, et al. 2004. Predicting cadmium concentrations in wheat and barley grain using soil properties. Journal of Environmental Quality, 33: 532～541.

Aldenberg T, Jaworska J S, Traas T P. 2001. Normal Species Sensitivity Distributions and Probabilistic Ecological Risk Assessment. Species Sensitivity Distributions in Ecotoxicology Lewis Publishers.

Atteia O, Thélin P, Pfeifer H R, et al. 1995. A search for the origin of cadmium in the soil of the Swiss Jura. Geoderma, 68: 149～172.

Bakker D J, van den Hout, Reinds G J, et al. 1994. Critical loads and present loads of lindane and benza(a)Pyrene for European forest soils, Delft, The Netherlands. Institute of Environmental Sciences.

Benitez L N, Dubois J P. 1999. Evaluation of the Selectivity of Sequential Extraction Procedures Applied to the Speciation of Cadmium in Soils. International Journal of Environmental Analytical Chemistry, 74: 289～303.

Bini C, Sartori G, Wahsha M, et al. 2011. Background levels of trace elements and soil geochemistry at regional level in NE Italy. Journal of Geochemical Exploration, 109: 125～133.

Boekhold A E, Zee S V D. 1991. Long-term effects of soil heterogeneity on cadmium behaviour in soil. Journal of Contaminant Hydrology, 7: 371～390.

Brus D J, De Gruijter J J, Walvoort D J, et al. 2002. Mapping the probability of exceeding critical thresholds for cadmium concentrations in soils in The Netherlands. Journal of Environmental Quality, 31: 1875～1884.

Cao X, Chen Y, Wang X, et al. 2001. Effects of redox potential and pH value on the release of rare earth elements from soil. Chemosphere, 44: 655～661.

CCME. 1996. A protocol for the derivation of environmental and human health soil quality guidelines. Winnipeg.

CCME. 2005. National framework for petroleum refinery emissions reductions. Winnipeg, 2005.

Chen H M, Zheng C R, Tu C, et al. 2001. Studies on loading capacity of agricultural soils for heavy metals and its applications in China. Applied Geochemistry, 16: 1397～1403.

Chen H M, Zhou D M, Luo Y M, et al. 2004. The progresses and problems in soil environmental protection in China. In: Luo Y M, et al. eds. Proceedings of Soil Rem: the 2nd International Conference on Soil Pollution and Remediation. 129～131.

Chen M, Ma LQ, Harris W G, et al. 1999. Background concentrations of trace metals in Florida surface soils: taxonomic and geographic distributions of total-total and total-recoverable concentrations of selected trace metals.

Crommentuijn T, Polder M D, van de Plassche E J. 1997. Maximum Permissible Concentrations and Negligible Concentrations for metals, taking background concentrations into account. Report no. 601501001, Bilthoven, the Netherlands.

D'Agostino R B, Stephens M A. 1986. Goodness-of-Fit Techniques. New York, USA: Marcel Dekker, Inc. NewYork.

Darnley A G. 1997. A global geochemical reference network: the foundation for geochemical baselines. Journal of Geochemical Exploration, 60: 1～5.

De Vries W. 1991. Methodologies for the assessment and mapping of critical loads and of the impact of abatement strategies on forest soils. Wageningen, the Netherlands, DLO Winand Staring Centre, Report 46, 109 pp.

DEFRA and Environment Agency. 2002. CLR8 Priority Contaminants for the Assessment of Land. Department of Environment, Food and Rural Affairs and the Environmental Agency.

Dudka S, Miller W P. 1999. Accumulation of potentially toxic elements in plants and their transfer to human food chain. Journal of Environmental Science & Health Part B, 34: 681～708.

Emj V, Posthumus R, Van W A. 2001. Ecotoxicological Serious Risk Concentrations for Soil, Sediment and (Ground)Water: Updated Proposals for First Series of Compounds. Rijksinstituut Voor Volksgezondheid En Milieu Rivm, 12: 15～32.

Ernst W H O. 1996. Bioavailability of heavy metals and decontamination of soils by plants. Applied Geochemistry, 11: 163～167.

Field M. 1983. The meteorological office rainfall and evaporation calculation system — MORECS. Agricultural Water Management, 6: 297～306.

Flury M, Flühler H, Jury W A, et al. 1994. Susceptibility of soils to preferential flow of water: A field study. Water Resources Research, 30: 1945–1954.

Gisbert C, Ros R, De H A, et al. 2003. A plant genetically modified that accumulates Pb is especially promising for phytoremediation. Biochemical & Biophysical Research Communications, 303: 440～445.

Gregor H D, Spranger T, Hönerbach F. 1999. Effects-based approaches for heavy metals. Proceedings of an European Workshop on effects-based approaches for heavy metals, United Nations Economic Commission for Europe(UN/ECE), Convention on Long- Range Transboundary Air Pollution (CLRTAP), Task Force on Mapping(TFM), Schwerin, Germany.

Hernandez L, Probst A, Probst J L, et al. 2003. Heavy metal distribution in some French forest soils: evidence for atmospheric contamination. Science of the Total Environment, 312: 195～219.

Huang P M. 1977. Feldspars, Olivines, Pyroxenes and Amphiboles//J. B. Dixon, S. B. Weed, J. A. Kittick, M. M Milford, J. L. White(Eds); Minerals in Soil Environments. Soil Science Society of America, Madison, USA, 948 pp.

Impellitteri C A, Saxe J K, Cochran M, et al. 2003. Predicting the bioavailability of copper and zinc in soils: modeling the partitioning of potentially bioavailable copper and zinc from soil solid to soil solution. Environmental toxicology and chemistry / SETAC, 22: 1380～1386.

Jongbloed R H, Pijnenburg J, Mensink B J W G, et al. 1994. A model for environmental risk assesment and standard setting based on Netherlands, national Institute of Public Health and the Environment, Report 719101012.

Keller A, Abbaspour K C, Schulin R. 2001. Assessment of uncertainty and risk in modeling regional heavy～metal accumulation in agricultural soils. Journal of Environmental Quality, 31: 175～187.

Keller A, Von S B, Se V D Z, et al. 2001. A stochastic empirical model for regional heavy～metal balances in agroecosystems. 30: 1976～1989.

Kingery W L, Wood C W, Delaney D P, et al. 1994. Impact of long-term application of broiler litter on environmentally related soil properties. Journal of Environmental Quality, 23: 139～147.

Kros J, Vries W D, Janssen P H M, et al. 1993. The uncertainty in forecasting trends of forest soil acidification. Water, Air, & Soil Pollution, 66: 29～58.

Lalor G C, Simpson P, Rattray R, et al. 1998. Heavy Metals in Jamaica. Part3: The Distribution of Cadmium in Jamaican Soils. Revista Internacional De Contaminacion Ambiental, 14: 7～12.

Lofts S, Spurgeon D J, Svendsen C, et al. 2004. Deriving soil critical limits for Cu, Zn, Cd, and Pb: a method based on free ion concentrations. Environmental Science & Technology, 38: 3623～3631.

Luo Y M, Christie P. 1998. Bioavailability of Copper and Zinc in Soils Treated with Alkaline Stabilized Sewage Sludges. Journal of Environmental Quality, 27: 335～342.

Mackay D. 1979. Finding fugacity feasible. Environmental Science & Technology, 13: 1218～1223.

Maiz I, Arambarri I, Garcia R, et al. 2000. Evaluation of heavy metal availability in polluted soils by two sequential extraction procedures using factor analysis. Environmental Pollution, 110: 3～9.

Matschullat J, Ottenstein R, Reimann C. 2000. Geochemical background～can we calculate it? Environmental Geology, 39: 990～1000.

Muller G. 1969, Index of geoaccumulation in sedimentof the Rhine River. Geology Journal, 2(108): 108～118.

Nabulo G, Black C R, Young S D. 2011. Trace metal uptake by tropical vegetables grown on soil amended with urban sewage sludge. Environmental Pollution, 159: 368～376.

NEPC. 1999. Schedule B(1)Guideline on the Investigation Levels for Soil and Groundwater. National Environmental Protection(Assessment of Site Contamination). Canberra.

Otte P F. 2007. Evaluation and revision of the CSOIL parameter set: proposed parameter set for human exposure modelling and deriving Intervention Values for the first series of compouds. Rijksinstituut Voor Volksgezondheid En Milieu Rivm.

Pačes T. 1998. Critical Loads of Trace Metals in Soils: a Method of Calculation. Water, Air, & Soil Pollution, 105: 451～458.

Palm V. 1994. A model for sorption, flux and plant uptake of cadmium in a soil profile: Model structure and sensitivity analysis. Water, Air, & Soil Pollution, 77: 169～190.

Posch M D, Hettelingh J P, De S P, et al. 2007. Calculation and Mapping of Critical Thresholds in Europe:

Status Report 1997. Rijksinstituut Voor Volksgezondheid En Milieu Rivm.

Prokisch J, Kovács B, Palencsár A J, et al. 2000. Yttrium Normalisation: a New Tool for Detection of Chromium Contamination in Soil Samples. Environmental Geochemistry and Health, 22: 317～323.

Quezadahinojosa R P, Matera V, Adatte T, et al. 2009. Cadmium distribution in soils covering Jurassic oolitic limestone with high Cd contents in the Swiss Jura. Geoderma, 150: 287～301.

Rao C R M, Sahuquillo A, Sanchez J F L. 2008. A Review of the Different Methods Applied in Environmental Geochemistry For Single and Sequential Extraction of Trace Elements in Soils and Related Materials. Water, Air, & Soil Pollution, 189: 291～333.

Rauret G, Lópezsánchez J F, Sahuquillo A, et al. 1999. Improvement of the BCR three step sequential extraction procedure prior to the certification of new sediment and soil reference materials. Journal of Environmental Monitoring Jem, 1: 57～61.

Reimann C, Filzmoser P, Garrett R G. 2005. Background and threshold: critical comparison of methods of determination. Science of the Total Environment, 346: 1～16.

Reimann C, Garrett R G. 2005. Geochemical background—concept and reality. Science of the Total Environment, 350: 12～27.

Rikken M G J, Lijzen J P A, Cornelese A A. 2007. Evaluation of model concepts on human exposure: proposals for updating the most relevant exposure routes of CSOIL. Rijksinstituut Voor Volksgezondheid En Milieu Rivm.

Román R, Caballero R, Bustos A, et al. 1996. Water and Solute Movement under Conventional Corn in Central Spain: I. Water Balance. Soil Science Society of America Journal, 60: 1536～1540.

Roux D J, Jooste S, Mackay H M. 1996. Substance-specific water quality criteria for the protection of South African freshwater ecosystems: Methods for derivation and initial results for some inorganic test substances. South African Journal of Science, 92: 198～206.

Salminen R, Gregorauskien V. 2000. Considerations regarding the definition of a geochemical baseline of elements in the surficial materials in areas differing in basic geology. Applied Geochemistry, 15: 647～653.

Schulin R. 1993. Contaminant Mass Balances in Soil Monitoring.

Sexton B T, Moncrief J F, Rosen C J, et al. 1998. Optimizing Nitrogen and Irrigation Inputs for Corn Based on Nitrate Leaching and Yield on a Coarse-Textured Soil. Journal of Environmental Quality, 27: 982～992.

Shan X Q, Lian J, Wen B. 2002. Effect of organic acids on adsorption and desorption of rare earth elements. Chemosphere, 47: 701.

Spackman E. 1990. Irriguide system descriptions, section II and III. ADAS internal document.

Sun S S. 1982. Chemical composition and origin of the Earth's primitive mantle.' Geochim. Cosmochim. Acta 46, 179～192.

Sverdrup H, Vries W D. 1994. Calculating critical loads for acidity with the simple mass balance method. Water, Air, & Soil Pollution, 72: 143～162.

Tack F M G, Verloo M G, Vanmechelen L, et al. 1997. Baseline concentration levels of trace elements as a function of clay and organic carbon contents in soils in Flanders (Belgium). Science of the Total Environment, 201: 113～123.

Tam N F Y, Yao M W Y. 1998. Normalisation and heavy metal contamination in mangrove sediments. Science of the Total Environment, 216: 33～39.

Thompson N, Barrie I A, Ayles M. 1981. MORECS (The Meteorological Office Rainfall and evaporation calculation system). Hydrological Memorandem 45, Meteorological Office, London.

Tiktak A, Alkemade J R M, Grinsven J J M V, et al. 1998. Modelling cadmium accumulation at a regional scale in the Netherlands. Nutrient Cycling in Agroecosystems, 50: 209～222.

Tyler G, 1992. Critical concentrations of heavy metals in the morhorizon of Swedish forests. Solna, Sweden, Swedish Environmental Protection Agency, Report 4078.

Ure A M. 1996. Single extraction schemes for soil analysis and related applications. Science of the Total Environment, 178: 3～10.

USEPA. 1989. Risk assessment guidance for superfund.～2 v. Saúde Pública, 804: 636～640.

USEPA. 1996. Soil screening guidance: User`s guide. Ntis.

Van V P, Traas T P, Wintersen A M, et al. 2007. ETX 2.0. A Program to Calculate Hazardous Concentrations and Fraction Affected, Based on Normally Distributed Toxicity Data. Rijksinstituut Voor Volksgezondheid En Milieu Rivm.

Vries D, Schutze, Romkens, et al. 2002. Guidance for the calculation of critical loads for cadmium and lead in terrestrial and aquatic ecosystems.

Vries W D, Bakker D J, Groenenberg J E, et al. 1998. Calculation and mapping of critical loads for heavy metals and persistent organic pollutants for Dutch forest soils. Journal of Hazardous Materials, 61: 99～106.

Vries, Bakker D J. 1998. Manual for calculating critical loads of heavy metals for terrestrial ecosystems; guidelines for critical limits, calculation methods and input data. Wageningen Etc, volume 15: 1～14(14).

Vries, Schütze G, Lofts S, et al. 2005. Calculation of critical loads for cadmium, lead and mercury; background document to a mapping manual on critical loads of cadmium, lead and mercury.

VROM. 2000. Annexes Circular on Target Values and Intervention Values for Soil Remediation. The Hague.

Vrubel J, Paces T. 1996. Critical loads of heavy metals for soils in the Czech Republic. Ekotoxa Opava, Environmental Monitoring Center.

Wang G, Su M Y, Chen Y H, et al. 2006. Transfer characteristics of cadmium and lead from soil to the edible parts of six vegetable species in southeastern China. Environmental Pollution, 144: 127～135.

Wcisło E, Ioven D, Kucharski R, et al. 2002. Human health risk assessment case study: an abandoned metal smelter site in Poland. Chemosphere, 47: 507～515.

第二篇 土壤污染与修复决策支持系统与管理策略

污染土壤风险管理是一项复杂的系统工程，其管理过程涵盖了开展污染调查、风险评估、采取修复行动到修复后长期监测各个阶段，其管理目标为解决场地污染造成的环境问题，但同时还需考虑经济、社会等其他因素。由于污染场地管理决策涉及多学科知识，需要不同领域的专家共同协作，并且决策结果往往要折中考虑多方利益，污染场地管理已经成为各地政府最为棘手的决策问题之一。本篇重点介绍了土壤环境信息系统的设计与开发、土壤环境安全预警与风险管理、污染场地修复决策支持系统和基于驱动力（driving force，D）—压力（pressure，P）—状态（state，S）—影响（impact，I）—响应（response，R）（DPSIR）系统的土壤环境管理策略，并据此提出了我国土壤环境管理对策与建议，可为我国土壤环境管理提供科技支撑。

第四章　土壤环境信息系统的设计与开发

土壤环境信息系统（soil environmental information system，SEIS）是近年来国内外土壤学界和研究的热点和前沿课题之一（王炜明等，2005），它不仅能够为用户提供准确、及时的土壤环境信息，而且也能提供空间分析、预测预警以及决策支持等功能，在全球很多国家的资源环境评价和模拟等多方面发挥着极为重要的作用。一个综合性的土壤环境信息系统通常包括土壤环境数据的存储功能、土壤属性的空间分析和预测功能、土壤环境质量评价、风险评价、环境安全预警和土壤管理决策支持等功能。本章以浙江省富阳市某污染场址为例，设计并开发了一套土壤环境信息系统，并对该土壤环境信息系统并进行了初步的测试和应用，以期为污染土壤预警和修复提供信息和决策支持。

第一节　系统总体设计

土壤环境安全预警研究是一项系统工程，不仅需要获取污染物浓度数据、污染物毒理数据、空间位置数据和相关属性数据，还需要对这些数据进行各种时空分析和评价，包括空间预测、时间预测、环境质量评价、生态风险评估、人体健康风险评估等。因此，开发一套适合污染场地土壤环境安全预警的信息系统是一项十分艰巨的工程。为了能满足污染场地土壤环境安全预测预警和其他土壤环境研究需求，我们分析了系统的主要需求和现有的技术条件，参照了前人的研究结果，初步设计和自行开发了一套软件包，即土壤环境信息系统（骆永明等，2015）。

在软件开发过程中，我们先进行需求调查，再进行功能分析与总体设计，最后模块化开发。在总体设计过程中，我们采用先整体再局部，不断细化的方针，将整个系统按用户需求细分为数据库子系统、空间与时间分析子系统、质量评价与风险评估子系统、土壤环境安全预警系统和信息发布子系统。这些子系统分别需实现各种数据的存储与管理、污染物浓度空间预测与时间预测、土壤环境质量评价与风险评估、土壤环境安全预警以及预警信息发布等目标。这些子系统既相互联系，又可以自成一体，可以满足不同用户的需求。由于各子系统需要完成的任务仍然很复杂，我们又将各子系统进一步细化，将它们分别细化为数个到数十个功能模块，我们还将有些比较复杂的功能模块细分为数个子模块。最终，从上到下将整个系统分为总系统、子系统、功能模块和子模块四级。

在开发中采用自下而上的开发策略，这样既方便程序测试又便于系统今后的完善。考虑到开发成本、开发时间和技术力量，在软件开发过程中尽量利用现有软件，如土壤污染空间与时间预测子系统中，直接利用 GS+等统计软件的里间分析功能以及在信息发布子系统开发中采用 SuperMap IS 二次开发等。

第二节　子系统的开发与主要功能

前面已经介绍了整个土壤环境信息系统包括数据库子系统、空间与时间分析子系统、环境评价和风险评估子系统、土壤环境安全预警系统和信息发布子系统等 6 个子系统，这些子系统需要实现的功能和目的不尽相同，因此其具体开发过程也不尽相同。在此，本节按照子系统划分一一介绍其具体开发过程和主要功能的实现方法。

一、数据库子系统

数据库子系统主要是为满足土壤环境研究中所获取的各种空间数据和属性数据的存储与管理。考虑到数据库需存储的数据量和系统数据库的购买成本，我们在数据库开发过程中以 SQL Server 2000 为空间数据库存储平台，ArcSDE 为空间数据库引擎，构建了 C/S 结构下的土壤环境数据库管理系统。此外，我们在 VB 6.0 环境下开发了一些功能模块，从而实现对属性数据和图形数据的存储与管理。这些功能模块包括数据库助手、数据库管理模块、数据输入与输出模块、数据编辑模块（表编辑和视图编辑）和数据查询模块，各模块又进一步细分为许多子模块，这些模块和子模块在主界面的菜单栏都有对应的子菜单（图 4.1）。通过这些模块，基本可以满足用户对数据库操作的需要。

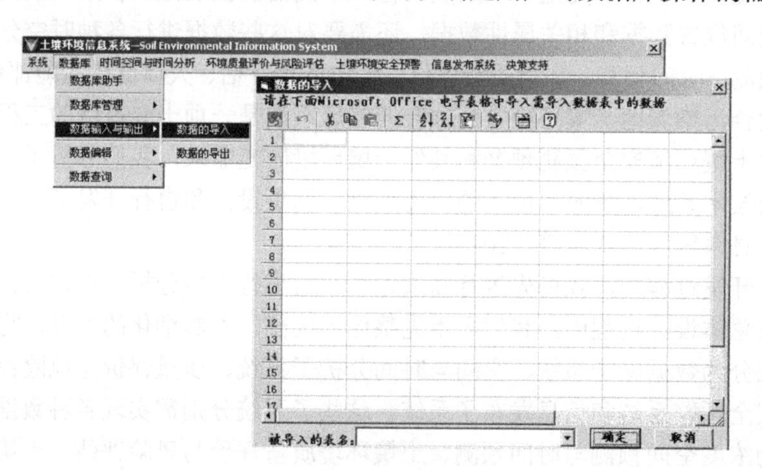

图 4.1　数据库子系统界面

二、空间与时间分析子系统

空间与时间分析子系统主要是为土壤各种污染物浓度、基本理化属性等数据的时空分析服务的，这些时空分析包括常规统计、异常值识别、空间分析和空间分析等。由于目前已经有大量较为成熟的可以满足空间预测需求的软件包，而开发这样功能齐全的功能软件包需耗大量人力物力在此、我们采用通过接口调用这些免费的可满足空间预测需求的软件包以节省人力物力。由于土壤污染物浓度和土壤属性在时间尺度上的变化规律十分复杂，而在研究中又往往缺少足够的时间序列数据，因而还没有形成成熟的统一的时间预测模型和预测方法。为了能够在缺少多期序列数据下仍然能够预测，通常采用情景预测、和基于辅助属性预测，而基于辅助属性预测是建立在被预测变量和辅助变量的相关性基础上，而它们的具体关系因地而异。因此，我们在此子系统中提供了基于情景预测的功能模块、基于机理预测的功能模块、各种时间序列分析法以及一些可用于辅助预测的辅助属性的预测方法，具体界面见图 4.2。

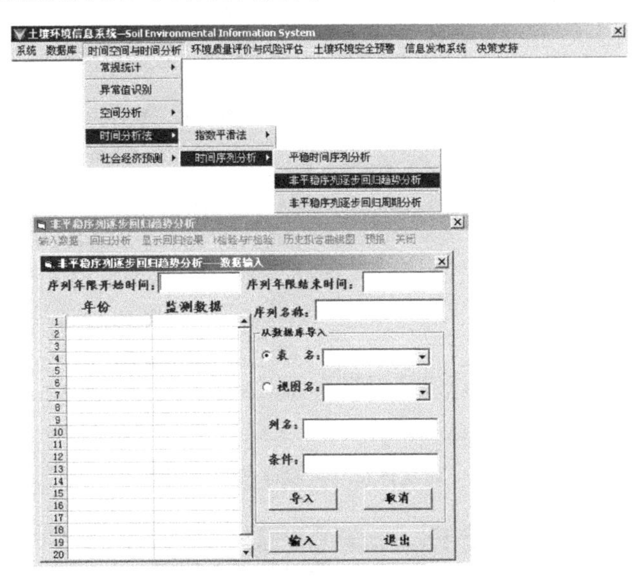

图 4.2　空间与时间分析子系统界面

三、质量评价与风险评估子系统

质量评价与风险评估子系统主要是为土壤环境质量评价、生态风险评估和人体健康风险评估而开发的信息系统（张红振等，2011）。在此子系统中，我们实现了前文所介绍的各种土壤环境质量评价方法、生态风险评估方法和人体健康评价方法，具体界面及其菜单栏如图 4.3 所示。对于这些方法具体实现过程在此就不一一介绍，用户只需在图形界面按要求输入数据和参数就可以实现上述功能。这一子系统也是在 VB 6.0 环境下开发的，使用这一语言环境可以使我们十分方便地使用各种控件。在菜单设置和界面设计中我们采用了逐步引导法，使不熟悉各种评价或评估方法的用户也可以按照指示顺利无误的完成各项操作。

四、土壤环境安全预警子系统

土壤环境安全预警子系统是在前文所介绍的各种预测模型基础上设计开发的，它可以满足土壤环境安全单项预警和综合预警需要，该子系统主要包括土壤环境质量单项预警、生态风险单项预警、人体健康风险单项预警和土壤环境安全综合预警四个部分（图 4.4）。但由于土壤环境安全预警是基于土壤环境质量评价、生态风险评估和人体健康风

图 4.3　质量评价与风险评估子系统界面

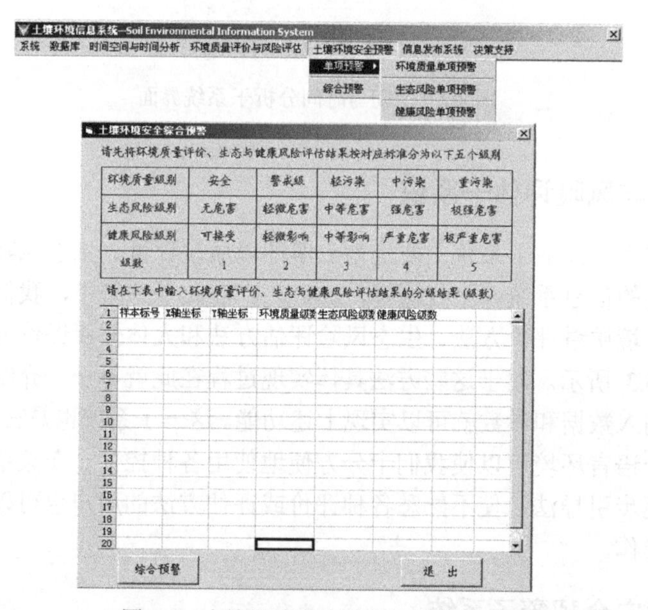

图 4.4　土壤环境安全预警子系统界面

险评估之上的，所以这一子系统需要输入的数据必须是经环境评价与风险评估子系统处理过的评价结果或评估结果（王述伟和魏子勇，2013；詹晓燕等，2005）。因此它既是独立系统，又对环境评价与风险评估子系统存在一定的依赖关系。为了减少开发工作量，此预警子系统只能对样点进行预警，而预警结果从点推向面还需借助于合适的空间预测法。

五、信息发布子系统

本信息发布子系统在北京超图公司自主研发的 SuperMap IS 平台上二次开发的，开发中采用了 WebGIS 技术、AJAX 技术和数据库技术，建立了 B/S 模式（即浏览器/服务器）的网上信息发布系统。通过授权的用户在 Internet 任意节点上都可操作土壤环境信息系统的数据库中的各种环境数据，并可以执行基本的 GIS 地图操作、空间查询和空间分析。通过该子系统可以实现典型污染区土壤环境预警信息实现网上发布和网上查询。具体界面如图 4.5 所示。

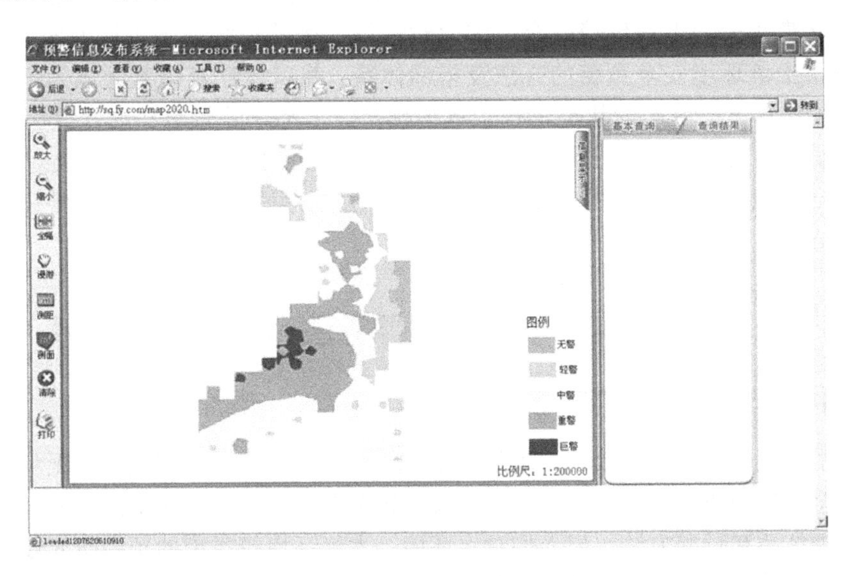

图 4.5　信息发布子系统界面

参 考 文 献

骆永明, 李广贺, 李发生, 等. 2015. 中国土壤环境管理支撑技术体系研究. 北京：科学出版社.
王述伟, 魏子勇. 2013. 环境安全预警和应急监测体系建设探讨. 中国环境管理, (04): 32～35.
王炜明，张黎明，郑良永. 2005. 土壤信息系统的研究现状与应用. 华南热带农业大学学报, 11（2）: 28～31.
詹晓燕, 薛生国, 张建英, 等. 2005. 环境安全预警系统的研建. 环境污染与防治, (04): 290～293, 238～239.
张红振, 骆永明, 章海波, 等. 2011. 基于 REC 模型的污染场地修复决策支持系统的研究. 环境污染与防治, (04): 66～70, 94.

第五章　土壤环境安全预警与风险管理

土壤环境安全预警指对人类活动引起土壤环境系统、土壤生态系统、人类自身健康所造成的外界影响进行预测、分析与评价，适时做出有关土壤环境质量恶化、生态风险和人体健康风险超标的各种警戒信息及相应的对策措施。污染土壤存在较大的环境风险，而这些风险直接影响土壤环境安全，因此对污染土壤的环境安全进行预警十分必要。本章阐述了土壤环境安全预警的方法及指标体系，并以浙江富阳某区域为例，分别对2003年和2020年土壤环境状况进行了单项预警、生态风险预警、人体健康风险预警和综合预警，并最终给出了土壤环境风险管理的措施和建议。该研究不仅对指导该区域的土壤环境风险管理有重要意义，还可为全国性的土壤环境安全预测预警研究积累经验和提供范例。

第一节　土壤环境安全预警方法和预警指标体系

一、土壤环境安全预警方法

过去由于人们对土壤污染认识不足，很少关注土壤环境安全问题，更无从谈起对土壤环境安全预警的研究。因此，土壤环境安全预警至今还处于起步阶段，还未有成熟和规范的预警体系和预警方法。但人们对水环境、大气环境等类型的预警研究较多，且预警技术较为成熟。由于土壤环境和它们有很多相似之处，所以我们在开展土壤环境安全预警时可以借鉴它们的预警方法。预警方法它主要包括预警指标体系方法和预警模型方法。预警指标体系方法主要有单因子指标体系法和多因子指标体系法；环境预警模型方法主要有单因素分解模型和综合评价模型。考虑实际情况，在本研究中我们采用短期预报体系，预报2020年区内土壤环境安全状况，并采用单项预警和综合预警相结合的方法对研究区2003年和2020年土壤环境安全状况进行状态预警。单项预警法就是运用预警指标体系中的单项预警指标从某一方面来评价警情和警兆，并依据评价结果发布警戒信息，从而实现预警；而综合预警则是运用所有预警指标体系中的指标多方面来综合评价警情和警兆，并依据综合评价结果发布警戒信息，从而实现预警。实际上，没有绝对的单项预警法，它只是相对一特定层次或针对特定预警目的的。

二、土壤环境安全预警指标体系

环境预警指标体系，就是由一系列相互联系的能敏感地反映环境系统与环境秩序状况的统计指标有机结合所构成的整体。通常认为，环境预警指标体系应由环境警情指标和环境警兆指标两个子系统构成。所谓环境警情指标，是反映环境现象异常变动的各种不同状态的指标，而环境警兆指标是指反映环境及环境质量与社会经济可持续发展之间的平衡性与协调性的指标。因此，我们在建立土壤环境安全预警指标体系时，也必须考虑选择一系列相互联系且能敏感地反映土壤环境安全状况的统计指标和评价指标。土壤环境安全状况主要包括土壤环境质量状况、生态安全状况和人体健康安全状况全三个方面。在本次土壤环境安全预警指标的挑选过程中，我们根据前人的经验以及建立各类预警指标体系的一般原则，即科学性原则、全面性原则、可操作性原则、相对独立性原则和动态性原则（梅宝玲和陈舜华，2006）来选取指标因子。我们选取区域土壤环境质量评价结果、生态风险评估指标。由于这些一级指标都是综合评价结果，还可以进一步细化，细化成更多具体指标（图 5.1）。

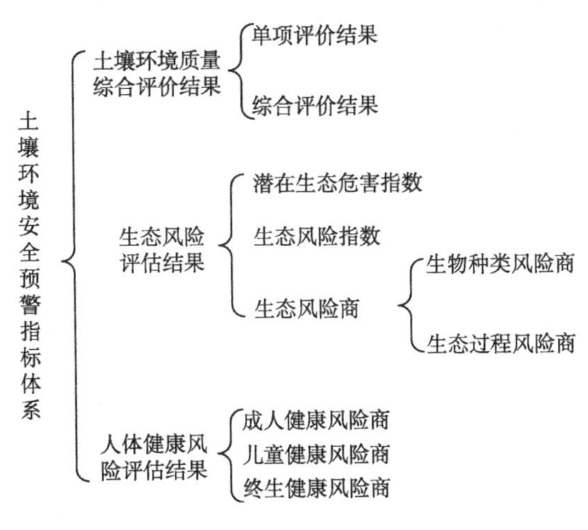

图 5.1　土壤环境安全预警指标体系

第二节　土壤环境安全预警案例分析

预警就是依据对警情和警兆信息的分析，适时地发布各种警戒信息。土壤环境安全预警，就是从环境安全角度来分析有关土壤污染引起的警情和警兆信息。适时地发布各种安全警戒信息。在预警中，常常把警戒信息划分为不同的等级，也就是预警类型的划分。目前存在着多种预警类型划分方法，如陈国阶（1996）就将环境质量预警的类型分为四类，即环境质量负向演化预警、环境质量恶化速度预警、环境恶化状态预警和环境恶化质变预警。刘友兆等（2002）将预警类型分为无警、轻警、中警、重警和巨警。本次预警我们采用后一种预警类型将研究区土壤环境安全分为 5 级，即安全、基本安全、轻危险、重危险、极危险，它们对应的预警类型分别为无警、轻警、中警、重警和巨警。在预警信息发布时，分别用青、蓝、黄、橙和红色表示无警、轻警、中警、重警和巨警。为了全方位的对土壤环境安全状况进行预警、在预警中我们不仅要对土壤从环境安全整体状况进行预警，即综合预警，还要对预警指标体系中主要指标进行预警，即单项预警。单项预警主要包括土壤环境质量预警、生态风险预警和人体健康风险预警这三个单项预警、它们分别从土壤环境质量、生态风险和健康风险这三个主要方面对土壤环境安全进行预测预警。本研究中的单项预警并不是完全意义上的单项预警，而是从环境安全的某一方面对其进行预警，在某种意义上来说是低一层次的综合性预警。

一、单项预警

（一）土壤环境安全预警

土壤环境质量不仅能定量地描述和评定了土壤优劣，还可以准确地反映了土壤污染状况，指明土壤的主要问题。因此，对研究区土壤环境质量预警可以提前警示区内土壤污染现状和变化趋势以及可能出现的土壤环境问题。土壤环境质量预警主要是运用各种环境质量评价法对研究区不同时刻土壤环境质量状况进行评价，并将评价结果和警度做出概念关联，从而实现对研究区土壤环境质量的预警。

在土壤环境质量预警时，我们依据土壤环境质量综合评价结果对环境质量进行预警。当然，我们也可以依据对区内各种污染物单项环境质量指数对其开展预警。为了使评价结果能更好地与土壤环境质量预警的警度相关联，在前面了评价中我们已经将各种环境质量综合评价结果都统一转换为五级，这五级分别为安全、警戒级、轻污染、中污染和重污染，它们所对应警度依次为无警，轻警、中警、重警和巨警。通过上述土壤环境质量预警法，可以得到研究区土壤环境质量警度图。从图 5.2 可以看出可以看出 2003 年研究区土壤污染达到重警和巨警级的区域占总面积的 40%，而在无突变情景下到 2020 年则增加到 60%，乐观情景下到 2020 年则降低至 17.5%。

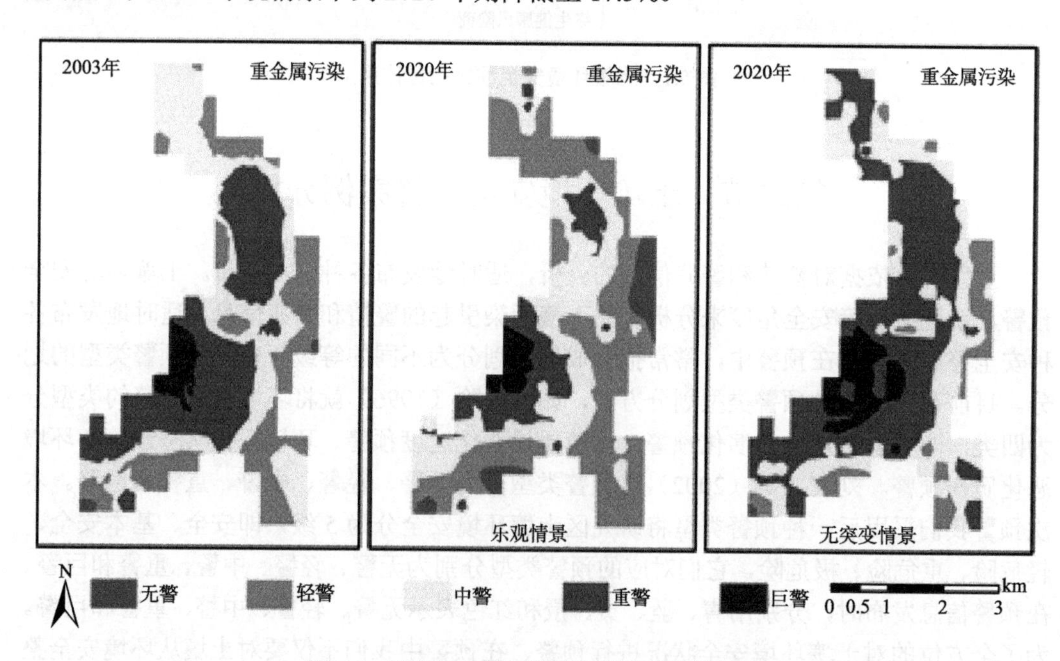

图 5.2　研究区土壤环境质量单项预警警度图

（二）生态风险预警

狭义生态风险预警仅指对自然资源或生态风险可能出现的衰竭或危机而建立的报警，而广义预警则涵盖了生态风险的维护、防止危机发展的过程（何焰和由文辉，2004；赵雪雁，2004）。由于缺乏生态风险的维护、防止危机发展等方面的资料，本次生态风险预警主要采用狭义的生态风险预警。前面我们已经分别采用了 Rapant 生态风险指数法、Hakanson 潜在生态危害指数法和生态风险商法对区内不同时刻生态风险进行了评估，并将评估结果与生态风险预警的警度相关联，分别得到基于各种评价结果的生态风险预警图。具体关联过程如下：按照王军等（2007）给出的关联表（表 5.1），将 Rapant 生态风险指数法评估结果与生态风险单项预警的警度相关联；我们将危害程度中的无危害，轻微、中等、强和极强分别与生态风险预警中无警、轻警、中警、重警和巨警这五种警度相关联，从而将 Hakanson 潜在生态危害指数法评估结果与生态风险预警的警度相关联；通过将生态风险等级中可接受水平（P<10%）、轻微影响（10% ≤P<25%）、中等影响（25%≤P<50%）、严重危害（50%≤P<75%）和极严重危害（75%≤P<100%）分别与无警、轻警、中警、重警和巨警这五种警度相关联。由于上述三种生态风险评估方法评估出的结果不完全一致，且无法判断三种评价结果孰优孰劣。为了得到统一的生态风险评估结果，在此，我们将风险程度、危害程度与风险水平一一相关联、用平均加权法求出其综合生态风险水平，并将此综合风险水平与生态风险警度相关联。

表 5.1　Rapant 生态风险指数法预警类型判别标准

风险等级	风险指数	预警类型	风险程度描述
1	I_{ER}≤0	无警	生态系统服务功能基本完整，生态环境基本未受干扰，生态系统机构完整，功能性强，系统恢复再生能力强，生态问题不显著，生态灾害少
2	0< I_{ER}≤1.0	预警	生态系统服务功能较为完善，生态环境较少受到破坏，生态系统尚完整，功能尚好，一般干扰下可恢复，生态问题不显著，生态灾害不大
3	1.0<I_{ER}≤3.0	轻警	生态系统服务功能已有退化，生态环境受到一定破坏，生态系统结构有变化，但尚可维持基本功能，受干扰后易恶化，生态问题显现，生态灾害时有发生
4	3.0<I_{ER}≤5.0	中警	生态系统服务功能几乎崩溃，生态过程很难逆转，生态系统受到严重破坏，生态系统结构残缺不全，功能丧失，生态恢复与重建困难，生态环境问题很大，并经常演变为生态灾害
5	I_{ER}＞5.0	巨警	生态系统服务功能严重退化，生态环境受到较大破坏，生态系统结构破坏较大，功能退化且不全，受外界干扰后恢复困难，生态问题较大，生态灾害较多

我们按照上述生态预警法，得到研究区生态风险警度图（图 5.3）。从图 5.3 可以看出基于由于各种生态风险评价方法的出发点不同，致使评价结果有不小差别，从而使基于不同生态风险评价方法的预警结果有较大差异。基于生态风险指数法的预警结果最为

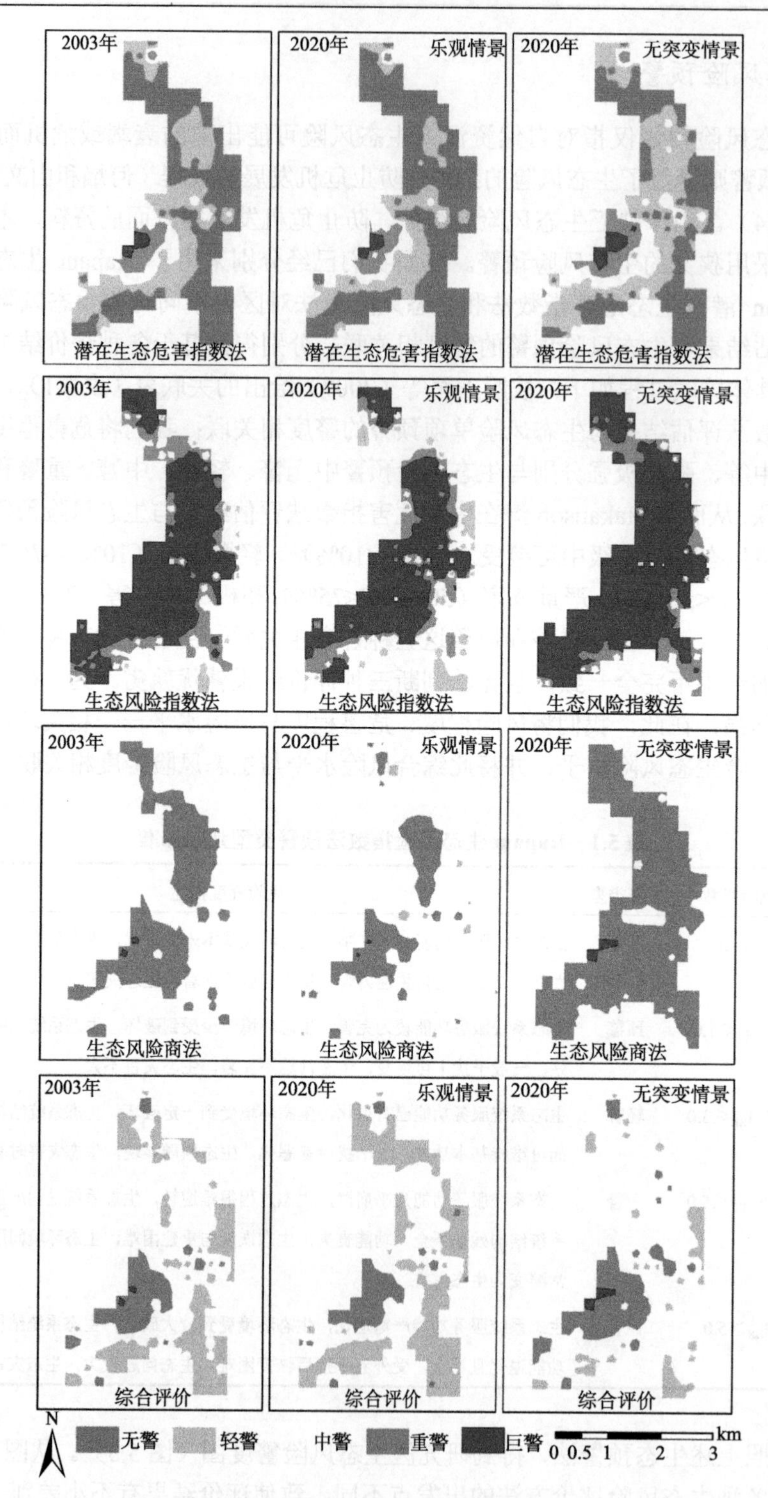

图 5.3　研究区生态风险警度图

严重，而基于潜在生态危害指数法的预警结果最轻，但基于三种评价方法的预警结果在空间分布上基本一致。综合生态风险预警结果显示2003年研究区综合生态风险预警警度达到中警、重警的区域分别占总面积的52%和15%，而在无突变情景下到2020年则分别升至66%和22%，乐观情景下到2020年则降低至42%和12%。

（三）人体健康风险预警

保护人体健康是环境安全预警最主要的目标之一。对污染区域开展人体健康风险预警，可以使生活在该区域的人们尽早了解风险类型和程度，并尽早采取措施，减轻和消除各种健康风险。前面我们分别采用多种风险评估方法对研究区由土壤重金属污染暴露引起的非致癌性健康风险进行了评估。但有些评估方法只是评估了某一种主要暴露途径的暴露风险和其产生的健康风险，如目标风险商和风险商法对基于稻米摄入的健康风险的评估，因而其评估结果不能作为人体健康风险预警的直接依据。研究区内各种受体都受多种重金属污染物的非致癌性危害，为了得到一个非致癌性综合健康风险商。在此，我们根据内梅罗指数评价法求综合指数的原理、将研究区各种土壤重金属污染对特定受体产生的非致癌性健康风险商（Q_i）进行综合，得到区内特定受体的非致癌性综合健康风险商（Q_{oc}）：

$$Q_{oc}=\sqrt{\frac{\left(Q_{max}^2+Q_{ave}^2\right)}{2}}$$

式中，Q_{max}、Q_{Ave}分别为7种土壤重金属污染物对特定受体产生的非致癌性健康风险商值中最大值和平均值。由于不同受体受污染物危害程度的不同，在健康风险商评估中我们分别计算了各种重金属污染物对儿童、成人和终生的健康风险商，因此我们在计算非致癌性综合健康风险商时也必须分三类来计算，并且在非致癌性人体健康风险预警中也需分别对儿童、成人和终生三种受体发布健康风险预警信息。除此之外，为了发布统一的非致癌性人体健康风险预警信息，我们将先前计算出的针对儿童、成人和终生的非致癌性综合健康风险商按上述综合指数计算法进一步计算出非致癌性综合健康风险商，再依据此结果对其预警。由于前面针对研究区各种非致癌性人体健康风险评估都是基于全区域性平均水平，没有考虑污染物变异性，致使评估结果也只是一个统一值，因而无法对其进行空间尺度上的预警。在非致癌性人体健康风险预警时，我们将非致癌性人体健康综合风险商（QC）分为5级，即可接受水平（$QC<1.0$）、轻微影响（$1.0\leqslant QC<3.0$）、中等影响（$3.0\leqslant QC<5.0$）、严重危害（$5.0\leqslant QC<10.0$）和极严重危害（$QC\leqslant 10.0$），并将其分别与无警、轻警、中警、重警和巨警这五种警度相关联。

2003年研究区土壤重金属污染暴露对成人、儿童、终生产生的非致癌性综合健康风险商分别为7.84、17.58、8.67，非致癌性综合健康风险商为14.80，它们对应的警戒水平分别为重警、巨警、重警和巨警。在乐观情景下2020年土壤重金属污染暴露对成人、儿童、终生产生的非致癌性综合健康风险商分别为4.39、9.84、4.85，非致癌性综合健康风险商为8.28，它们对应的警戒水平分别为中警、重警、中警和重警；而在无突变情景下土壤重金属污染暴露对成人、儿童、终生产生的非致癌性综合健康风险商分别为 9.95、22.32、11.01，非致癌性综合健康风险商为 18.79，它们对应的警戒水平分别为重警、巨警、巨警和巨警。这些研究结果表明，研究区域内重金属污染暴露在今后一段时间对人体健康危害很大，尤其是对儿童。

二、综合预警

对研究区土壤环境安全进行综合预警，首要前提就是综合评价研究区土壤环境安全状况。区域土壤环境安全状况主要由区域土壤环境质量状况、区域生态安全状况和生活或工作于此区域人群的人体健康状况 3 个方面构成。因此，综合评价区域土壤环境安全状况就必须分别对区域土壤环境质量、区域生态风险和区域人体健康风险这 3 个方面进行单项评价，得到 3 个指数，再对三个方面的评价结果进行综合评价，得到一个综合评价指数，即土壤环境安全指数。关于这三个方面的单项评价前面已经介绍了，在此不再赘述。在综合评价中，先分别求出区内各点上述 3 个方面的单项指数，并将这 3 个单项指数分别按照各自的分级标准进行分级，各级从好到坏依次赋值 1～5，从而得到各单项指标所属级别值；再求出这 3 个单项指标所属级别值中的最大值（I_{max}）和平均值（I_{ave}），依照内梅罗指数法 $I_c = \sqrt{0.5 * \left(I_{max}^2 + I_{ave}^2\right)}$ 计算出该点土壤环境安全所属级别值（I_c）；最后对计算出的土壤环境安全所属级别值按四舍五入法进行取整。最终计算出的土壤环境安全级别值 1～5 所对应的环境安全状况分别为安全、基本安全、轻危险、重危险和极危险五级。由于土壤环境质量评价结果和生态风险评估结果都是面上结果，而人体健康风险评估结果是单一点状结果，为了能进行时空预警，在此，我们假定整个区域人体健康风险是均匀一致的，从而将其推广到面上。

我们分别按照上述方法对研究区 2003 年和 2020 年土壤环境安全状况进行综合评价，并将评价结果与警度相关联，得到研究区这两个时期的土壤环境安全警度图（图 5.4）。关联时按照土壤环境安全级别中安全、基本安全、轻危险、重危险和极危险五级分别对应无警、轻警、中警、重警和巨警这五种警度。土壤环境安全的综合预警结果表明，2003 年研究区有近 14.5%的区域警度为巨警，余下的 85.5 %警度为重警；在乐观情景下到 2020 年区内主要警度为中警和重警。其面积分别占总面积的 53.5%和 43.1%；而在无突变情景下到 2020 年区内警度为巨警和重警的区域分别占总面积的 22.4%和 77.6%。结果表明，在乐观情景下、区内土壤环境安全状况会逐渐转好，而无突变情景下区内土壤环境安全继续恶化，这两种情景的实现条件都是控制污染物排放，但即使是乐观情景下到 2020 年区内土壤环境安全仍较危险：仍有近 43%的区域处于重危险状态，对这一区域仅靠关闭污染源是不能满足环境安全需求的，必须立即采取修复措施对其开展重点污染物修复。

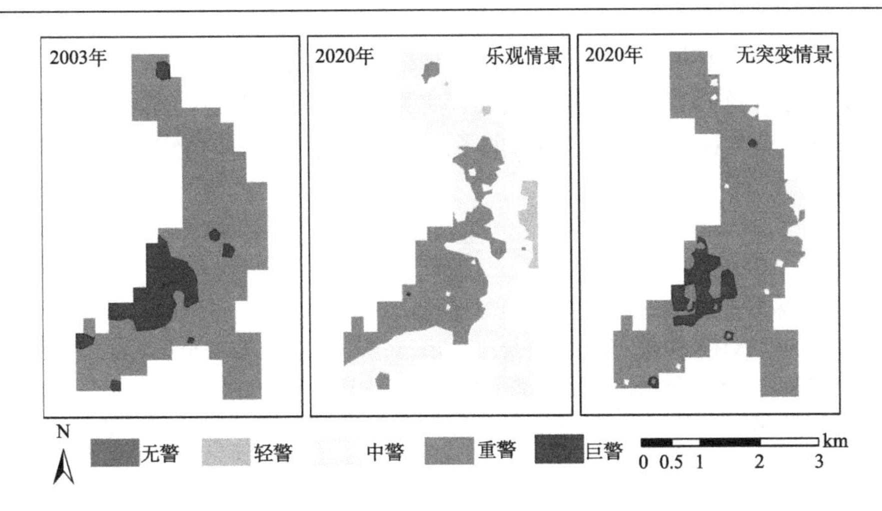

图 5.4　研究区土壤环境安全综合预警警度图

第三节　土壤环境风险管理的措施与建议

从前面的评价结果和预警结果可以看出，研究区中处于中警和重警警度的区域占整个区域的绝大部分，当前和今后一段时间以内研究区土壤污染依然十分严重，由土壤污染引起的环境问题直接威胁着区域土壤环境安全。预警的目的就是能够提前发现问题，从而有针对地采取措施，减轻、缓和甚至是消灭各种可能出现的问题。此次土壤环境安全预警的目的就是通过各种方法预测未来一段时间以内研究区可能发生的各种环境问题及潜在的土壤环境安全危害，并提前对这些危害发布各种警戒信息，使决策者和可能受影响者提前采取措施减轻、缓和甚至是消灭这些危害。针对这一目的并结合前面的预警结果，本研究对区内土壤环境安全管理提出以下几点建议：

第一，对于各单项预警中处于轻警的子区域，建议政府及环保部门采取关注对策；对于处于中警的子区域，建议采取控制和引导对策；对于处于重警和巨警子区域，建议采取治理和防御对策。

第二，对综合预警处于轻警的子区域，建议政府及环保部门应采取关注对策，关注接近污染临界值的各种重金属污染物的含量，控制这些物质的排放。

第三，对综合预警处于中警的子区域，建议政府及环保部门应根据各单项预警信息分析中警产生的原因，采取积极措施关闭污染源、杜绝主要污染物的继续排放：引导生活和工作于该区域的人们采取有效防御措施尽量减少土壤污染物暴露和对产于此区域的粮食和蔬菜的食用；鼓励农民在此区域种植非食用的经济作物、防止污染物通过食物链进入人体。

第四，对综合预警处于重警和巨警的子区域，建议政府及环保部门应根据各单项预警信息分析重警或巨警产生的原因，采取积极措施关闭污染源，杜绝主要污染物的继续排放，并对土壤主要污染物的污染采取修复措施，逐步降低污染物的含量；对居住于此区域的人群采取环境移民；禁止当地居民播种粮食作物等。

第五，由于本次预警中不少参数因没有实测而使用了经验值，建议环保部门加大监测力度，特别是对各种预警中处于巨警的子区域的监测，不断补充预警数据和实测参数，提高预警水平。

参 考 文 献

陈国阶. 1996. 对环境预警的探讨. 重庆环境科学, 18(5): 1～4.

何焰, 由文辉. 2004. 水环境生态风险预警评价与分析——以上海市为例. 安全与环境工程, 11(4): 1～4.

刘友兆, 马欣. 2002. 耕地质量预警初探. 资源论坛, (1): 17～18.

梅宝玲, 陈舜华. 2006. 蒙古生态环境预警指标体系研究. 南京气象学院学报, 26(3): 354～394.

王军, 陈振楼, 王初, 等. 2007. 上海崇明岛蔬菜地上壤重金属含量与生态风险预警评估. 环境科学, 28(3): 647～653.

赵雪雁. 2004. 西北干旱区城市化进程中的生态预警初探. 干旱区资源与环境, 8(6): 1～5.

第六章　污染场地修复决策支持系统

污染场地的管理已经引起世界各国的高度重视，面对大量条件复杂各异的污染场地及数量众多的污染场地修复技术，如何高效地管理这些污染场地并做出修复决策具有重要的现实意义。用于污染土壤管理的修复决策支持系统的发展迅速，欧盟 CLARINET 组织（Contaminated Land Rehabilitation Network for Environmental Technologies）、EUGRIS（Portal for Soil and Water Management in Europe）组织、美国 NATO/CCMS 等都对污染场地管理和修复决策支持进行了系统的研究和总结(Bardos et al., 2002; Paul et al., 2002)。本章介绍了污染场地修复决策的原理，以荷兰的修复决策支持模型 REC，即：风险降低（Risk reduction，R）、环境友好程度（Environment merit，E）和修复费用（Cost，C）为基础，阐述了 REC 模型的原理，并以浙江某铜冶炼厂周边重金属污染场地作为研究对象，应用 REC 模型进行修复决策。本文构建的我国重金属污染土壤植物修复的决策系统和规范，可望为我国重金属污染土壤（场地）植物修复的实际应用提供操作指南。

第一节　污染场地修复决策原理

污染场地修复决策过程一般可分为三个阶段（图 6.1）：

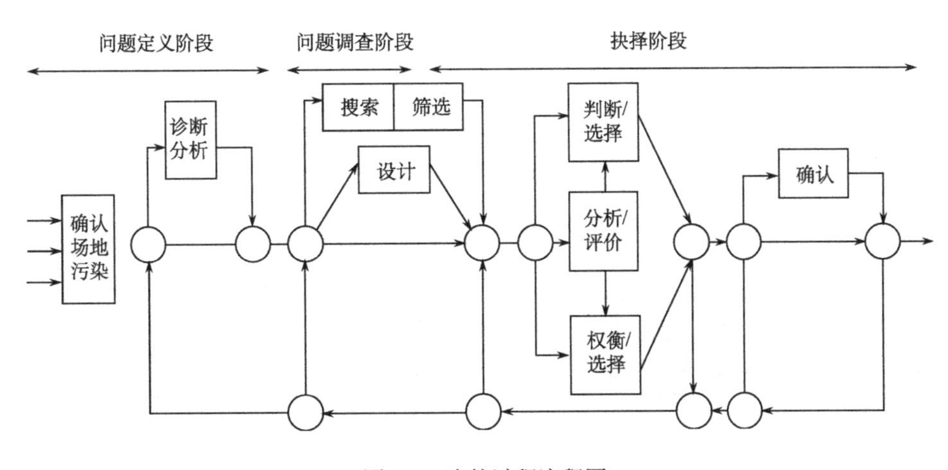

图 6.1　决策过程流程图

（1）问题定义（确定场地污染）；

（2）调查解决问题的各种途径（初筛场地修复技术）；

（3）抉择阶段（确定最佳修复技术）（Saito et al.，2003）。

当明确需要对污染场地采取修复措施后，下一步则为调查污染场地的基本信息，收集并初步筛选或设计出可行的备选修复方案（阶段 2）。为帮助决策人员便捷的初步筛选出可具有施用于目标污染场地潜力的修复技术，一些研究机构提供了污染场地修复技术初筛矩阵（Khan et al.，2004；EA，2004）。根据初筛矩阵，决策者可快速查找到适用的修复技术及所需费用和预计修复年限、效果等（表 6.1）。然而，最佳修复技术的选择仍需从污染场地的实际情况出发，进行详细的决策分析（阶段 3）。本书所讲的决策支持系统即指用于第三阶段帮助决策者根据现有信息进行决策分析，进而将各种复杂的决策过程条理化，将各种修复技术利弊明朗化的辅助决策工具。

表 6.1 污染场地修复技术初筛选矩阵表

修复技术	技术成熟度	目标污染物	适宜土壤类型	修复费用/（美元/吨）	污染物去除效率	修复持续时间
土壤冲洗	已推广	SVOCs，中高分子量碳氢化合物，农药，无机污染物，重金属	壤土，砂土	75～150	>90%	1～6 个月
土壤蒸气浸提	已推广	VOCs，SVOCs	壤土，砂土	50～75	>90%	6 个月～2 年
土地农作	已推广	SVOCs，中高分子量碳氢化合物	黏土，壤土，砂土	25～75	75%～90%	6 个月～2 年
土壤淋洗	已推广	VOCs，SVOCs，中高分子量碳氢化合物，农药，无机污染物，重金属	壤土，砂土	10～75	50%～90%	1～12 个月
稳定化技术	已推广	中高分子量碳氢化合物，无机污染物，重金属	黏土，壤土，砂土	75～150	>90%	6～12 个月
热解吸技术	已推广	VOCs，SVOCs，农药类，无机污染物，重金属	黏土，壤土，砂土	10～75	>90%	1～12 个月
生物堆肥	已推广	VOCs，SVOCs，中高分子量碳氢化合物，农药	黏土，壤土，砂土	10～25	75%～100%	1～12 个月
生物通气	已推广	SVOCs，中高分子量碳氢化合物，农药	壤土，砂土	10～75	>90%	1～6 个月
植物修复	中试阶段	VOCs，SVOCs，中高分子量碳氢化合物，农药，无机污染物，重金属	黏土，壤土，砂土	10～50	<75%	至少 2～5 年
生物污泥系统	已推广	VOCs，SVOCs,中高分子量碳氢化合物，农药	壤土，砂土	50～150	>90%	1～6 个月
玻璃化技术	已推广	中高分子量碳氢化合物，农药，无机污染物，重金属	黏土，壤土，砂土	25～75	75%～90%	6 个月～2 年
通风技术	已推广	VOCs，SVOCs，农药	壤土，砂土	10～25	75%～90%	1～5 年

一、土壤优控污染物清单的确立

通过各种途径可能进入土壤系统中的化学物质有数千种之多，在土壤调查中如果都一一监测显然从人力和财力上都是不现实的，即使只监测 OECD 规定的世界上生产量较大的化学物质也有 4000 多种。因此，这就需要我们对每一个国家和地区根据当地的工、农业生产情况和地球化学环境需要，设定优先控制的土壤污染物清单（Van-Camp et al.，2004）。目前许多国家都列出了优控污染物的清单，比如美国环保局（EPA）最早提出了水体监测的129种优控污染物名单，包括重金属、有机物和农药等；加拿大环境部也先后共确立了66种化学物质作为环境优先控制的污染物；英国确定了48种土壤中的潜在污染物作为污染土地风险管理的监测项目（DEFRA and EA，2002）；日本的《土壤污染对策法实施规则》中对土壤污染的监测项目做了详细的规定，分为挥发性有机物、重金属和农药三类共25种化学物质。我国也于20世纪80年代末开展了水中优先污染物的筛选工作，并于1990年初提出了符合我国国情的68种水中优先控制污染物（表6.2）。土壤方面，我国的《土壤环境质量标准GB 15618—1995》中列出了Cd、Hg、As等8种金属以及DDT和HCH两种有机氯农药作为土壤污染控制的目标污染物。但我国是《关于持久性有机污染物的斯德哥尔摩公约》的签约国，并已经从2004年开始履约。因此，从这个意义上来说，制定土壤污染物的优先控制清单已迫在眉睫。

表6.2　我国水中优先控制的污染物清单

类别	优先控制污染物清单
挥发性卤代烃类	二氯甲烷；三氯甲烷；四氯化碳；1,2-二氯乙烷；1,1,1-三氯乙烷；1,1, 2-三氯乙烷；1,1,2,2-四氯乙烷；三氯乙烯；四氯乙烯；三溴甲烷，计10个
苯系物	苯；甲苯；乙苯；对二甲苯；间二甲苯；对二甲苯，计6个
氯代苯类	氯苯；邻二氯苯；对二氯苯；六氯苯，计4个
多氯联苯类	1个
酚类	苯酚；间甲酚；2, 4-二氯酚；2, 4, 6-三氯酚；五氯酚；对硝基酚，计6个
硝基苯类	硝基苯；对硝基甲苯；2,4-二硝基甲苯；三硝基甲苯；对硝基氯苯；2,4-二硝基氯苯，计6个
苯胺类	胺；二硝基苯胺；对硝基苯胺；2, 6-二氯硝基苯胺，计4个
多环芳烃类	萘；荧蒽；苯并[b]荧蒽；苯并[k]荧蒽；苯并[a]芘；茚并[1, 2, 3-cd]芘；苯并 [g, h, i]苝，计7个
酞酸酯类	酞酸二甲酯；酞酸二丁酯；酞酸二辛酯，计3个
农药	六六六；滴滴涕；敌敌畏；乐果；对硫磷；甲基对硫磷；除草醚；敌百虫，计8个
丙烯腈	1个
亚硝胺类	N-亚硝基二甲胺；N-亚硝基二正丙胺，计2个
氰化物	1个
重金属及其化合物	砷及其化合物；铍及其化合物；镉及其化合物；铬及其化合物；汞及其化合物；镍及其化合物；铊及其化合物；铜及其化合物；铅及其化合物，计9个

土壤优控污染物清单的确立首先需要提出优控污染物筛选的原则。英国在确定土壤中潜在污染物的过程中提出了两个筛选原则（DEFRA and EA，2002）。首先，污染物在这个地区必须具有普遍性并且具有较高的排放量；其次污染物对人体和其他环境受体如水体和生态系统等具有潜在的风险。同时满足这两个条件的化学物质可以考虑作为优先控制的污染物。但是如果仅仅基于这两条原则，还是有太多的化合物会被作为优先控制污染物。因此，美国和欧盟都采用了化学药品风险排序的办法对所有目前生产的这些化学药品的人体健康风险、环境风险进行综合打分，并根据分数的高低来确定优控污染物（Hansen et al.，1999）。由于两个筛选系统大同小异，此处仅以美国的筛选系统为例作

简单的介绍，以期为长江、珠江三角洲地区乃至全国土壤污染大的优先控制污染物提供借鉴。

美国的化学物质排序和打分方法称为“管理策略中的化学物质风险评估”，简称CHEMS-1。它由两个部分组成，一个部分是化学物质的健康和环境风险，另一个部分是潜在暴露量，图 6.2 是 CHEMS-1 的概念模型。

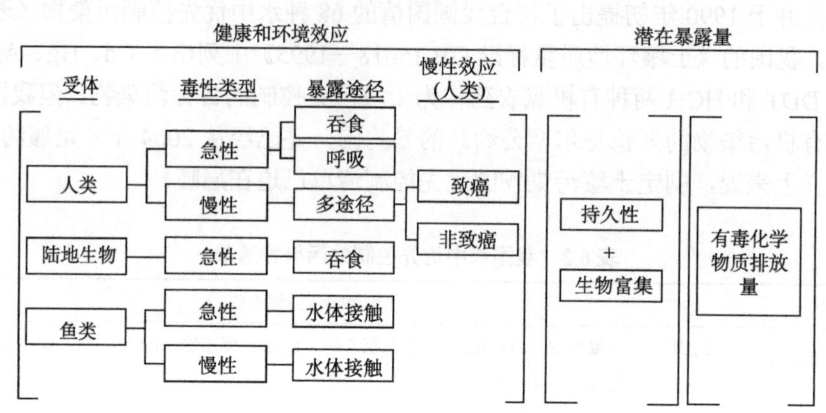

图 6.2　化学物质风险排序法的概念模型

（1）健康效应分数：分为两个途径，分别是吞食途径（HV_{OR}）和呼吸途径（HV_{INH}）。吞食途径和呼吸途径的 HV 计算都为分段函数，其中，吞食途径为

HV_{OR}=6.2－1.7（log LD50）　（5 mg/kg≤LD 50≤5000 mg/kg）

HV_{OR}=0　　（LC50>5000 mg/kg）

HV_{OR}=5　　（LC50<5 mg/kg）

呼吸途径为

HV_{INH}=8.0－2.0（log LC50）　（31.6 mg/kg≤LC50≤10 000 mg/kg）

HV_{INH}=0　　（LC50>10 000 mg/kg）

HV_{INH}=5　　（LC50<31.6 mg/kg）

对于人体的致癌途径的 HV，则根据国际癌症研究中心（IARC）对不同类别化合物的标定分数，从 0～5 不等。其余的非致癌效应采用综合考虑的办法，对每一种非致癌效应采用负值的办法，有效应标识为 1，无效应则为 0，最后相加得到非致癌效应的 HV。

（2）环境效应分数：分为对陆生哺乳动物（HV_{MAM}）和水生动物的效应。HV_{MAM} 的计算方法同人类的急性效应的计算方法。对水生动物也分为急性（HV_{FA}）和慢性效应（HV_{FC}）的分数，也是采用分段函数的计算方法，其中，急性效应为

HV_{FC}=－1.67（log LC50）+5（1 mg/L≤LC50≤1000 mg/L）

HV_{FC}=0　　（LC50>1000 mg/L）

HV_{FC}=5　　（LC50<1 mg/L）

慢性效应为

HV_{FA}=3.33－1.67（log NOEC）（0.1 mg/L≤NOEC≤100 mg/L）

$HV_{FA}=0$　　（NOEC>100 mg/L）

$HV_{FA}=5$　　（NOEC<0.1 mg/L）

（3）潜在暴露量分数：化学物质在环境中的持久性可以通过生物需氧量（BOD）和半衰期来表征，在计算暴露分数是同等对待。化学物质的半衰期不同，则其暴露分数取值也有较大的差异：

$HV_{BOD, HYD}= 1$　　（$t_{1/2}\leqslant$4d）

$HV_{BOD, HYD}=2.5$　　（$t_{1/2}$>500d）

$HV_{BOD, HYD}=0.311$　　（$\ln t_{1/2}$）+0.568（4<$t_{1/2}\leqslant$500）

对于生物富集的分数也可以采用分段函数计算：

$HV_{BCF}=0.5$（logBCF）+0.5　（1<BCF≤4）

$HV_{BCF}=1$　　（BCF≤1）

$HV_{BCF}=2.5$　　（BCF>4）

对于排放量（R）的分数计算方法为

$$RWF=\ln[R(lbs)]-10$$

排放量分数以权重的形式赋在每一条暴露途径的分数值中，最后的结果需要进行标准到0～100。

通过上述这些计算，可以根据最后的 *tHV* 的大小排序来决定污染物的优先顺序。当然，上述这些计算需要大量的生态和人体毒理的数据（LC50，LD50，NOEC 等），同时还需要污染物的排放量数据。由于这些数据在每个国家和地区都不相同，对每一个地区来说都应该有当地的基于风险的污染物优先顺序。因此，对于长三角、珠三角及香港地区来说，排放量的数据可以根据各地的统计年鉴提供的数据并结合排放因了估算（Xu et al.，2006），但污染物的毒性数据目前来说是非常缺乏的，因此研究整理这些地区在这方面的研究数据对于我们确立当地的优控污染物清单来说无疑具有极其重要的意义。

二、修复技术的初步筛选

就污染土壤的修复技术而言，从工艺原理上，生物修复和物理化学修复是当今两大主流修复技术（骆永明等，2005）；而在这两大类型修复技术下面又可以衍生出许多具体的修复技术分支，如生物修复技术又包括植物修复、微生物修复和动物修复；物理化学修复技术又包括溶剂萃取、化学改良剂和电动力学方法等。在实际的运用过程中，这些修复技术又往往相互结合，取长补短。现今，我国有部分地区既存在土壤重金属污染、也有持久性有机污染物污染；既有农田土壤的污染、也有城市土壤、废弃矿地的土壤污染，土壤污染类型、程度都呈现出复杂多样化的现象。因此，如何针对一个特定的污染场地或区域来筛选合适的修复技术，并制定详细的修复方案是实现污染土壤调控和管理的关键步骤之一。

土壤修复的最终目标是要实现降低土壤中的污染物含量到允许的水平，同时恢复土壤的功能，在这个基础上还要在减少修复周期、降低修复成本上取得平衡。美国国防部环境技术转让委员会研究出运用修复技术筛选矩阵方法可以为特定的污染场地选择合适的修复技术，并能够达到多方面的平衡。该方法主要从污染物的分类、修复技术的分类、不同修复技术的适用性、成本等方面来构建筛选矩阵（表 6.3、表 6.4）。

表 6.3　半挥发性有机物的修复技术筛选矩阵

处理技术	发展情况	适用度	可利用性	技术功能（对污染物）
生物降解	全面	广	较好	破坏
生物通气	全面	有限	一般	破坏
土壤淋洗	试点中	有限	一般	提取
土壤蒸汽抽排	全面	有限	差	提取
固化/稳定化	全面	有限	一般	原位固定
加热土壤蒸汽抽排	全面	有限	较好	提取
原位玻璃化	试点中	有限	一般	提取/破坏

表 6.4　修复技术筛选矩阵中的评价指标定义

评价指标	差	一般	较好
可利用性	少于 2 个服务商	2～4 服务商	多于 4 个服务商
系统可靠性和维护成本	可靠性低、维护成本高	可靠性一般、维护成本中等	可靠性高、维护成本低
目标污染物	未达到预期效果	达到了有限的预期效果，或者非目标污染物被去除	目标污染物被去除，达到预期效果
修复时间（以 20 000t 的标准土壤计）	原位修复大于 3 年或者离位修复大于 1 年	原位修复 1～3 年，离位修复 0.5～1 年	原位修复少于 1 年，离位修复少于半年
全部成本（包括设计、建造、运行和维护的费用，但不包括前处理的一些费用，土壤挖掘的开支假定为$50.0/t）	大于$300/t	$100～$300/t	小于 $100

污染物的分类由于不同的修复技术对污染物有一定程度的针对性，因此，美国国防部环境技术转让委员会根据污染物的性质，将分别是：挥发性有机化合物（VOCs）、半挥发性有机化合物（SVOCs）、汽油等燃料类、无机化合物类和炸药类。

修复技术的分类从原位和离位修复的角度并结合不同的工艺原理进行分类。针对土壤污染物方主要分为以下几类：原位/离位生物修复、原位/离位物理化学修复、原位/离位热处理修复、其他修复方法。

修复技术的要点包括一般的技术流程描述、适用性、局限性、数据的需求、性能参数、成本、场地信息等，这些信息作为修复技术选择的参考信息。

通过修复矩阵筛选出若干修复技术后，再对具体的修复技术进行修复调研及其可行性分析（RI/FS），并根据调研和分析结果最终确定该场地的修复技术。除美国的修复技术筛选矩阵外，荷兰也开发了修复技术的决策支持系统（REC 模型），从削减风险、对环境的影响和修复成本三个方面的平衡来为修复技术的选择提供决策支持（Bonten et al.，2004）。

在我国开展污染土壤的修复活动时，美国、荷兰的修复技术筛选方法可以作为一个参考的蓝本；但更为重要的是，需要结合我国的国情，以及现阶段修复技术的发展水平等情况进行综合考量来选择合适的修复技术或技术组合。

三、修复工程体系的建立

污染土壤修复技术既然作为一门技术，最终还是要在实践中运用。如同污染水的净化设备一样，污染土壤的修复也需要有相关的工程技术进行配套。国外在修复技术的工程化上已经发展得较为成熟，有许多专门的污染土壤修复工厂。图 6.3 是国外已经发展比较成熟的土壤淋洗设备的装置示意图。目前，全国污染土壤修复技术装备生产的专业厂家较少，这可能是由于一方面土壤污染的处理技术复杂，处理技术装备难以成套；另一方面土壤污染问题的严重性尚未得到社会的足够重视，土壤污染处理的市场机制还没有建立。但多年来我国学者对土壤污染源的检测技术装备已做了大量工作，为污染土壤修复技术装备的设计和生产提供了一定的基础。土壤污染修复工程装备属环保技术装备的范畴，从总体上讲，无论是国家投资还是实际所需，其市场潜力十分巨大，前景十分美好。

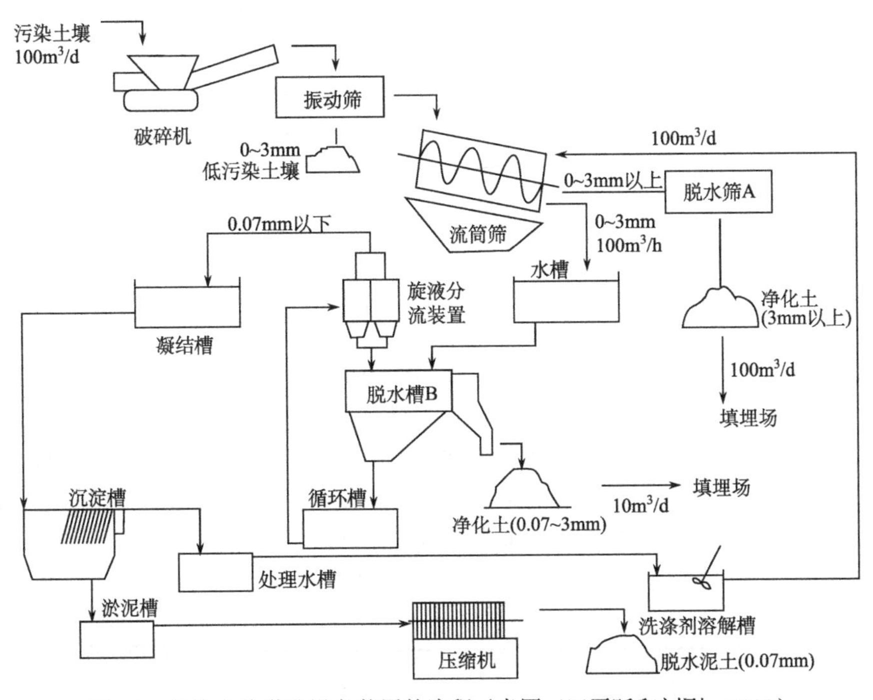

图 6.3　污染土壤淋洗设备装置的流程示意图（田晋跃和刘刚，2003）

土壤污染修复技术装备的工业化发展是伴随着土壤污染的程度而发展的。随着工农业生产的发展和污染物的不断排放，土壤中存在的污染物的种类和数量将不断增加。研究土壤污染修复工程技术装备，有针对性地发挥工程修复手段的长处，结合其他土壤污染修复方法，如植物修复技术等，在实现市场价值的同时，迅速地、系统地并有效地完成土壤污染修复治理工作。另一方面，污染土壤修复研究与实践，对于环境工程学也将是一个有力的推动，它将成为一种新兴环保产业，尤其是发展以污染土壤修复的生物材料、修复设备及成套技术，发展污染土壤修复环保产业，为我国土地资源保护与可持续利用提供理论依据与技术支持。

第二节　基于REC模型的污染场地修复决策支持

一、污染场地修复决策支持系统——REC模型解析

REC模型是欧盟国家开发的一种较为成熟污染场地修复决策支持系统（Okx et al., 1998），包括三个子模块：风险削减（R）、技术的环境效益（E）和修复费用（C），综合比较后得出最适用于污染场地的修复技术（图6.4）。REC模型将污染场地修复过程分为三个阶段：①修复准备阶段；②修复进行阶段；③修复结束后，分时段计算每种备选修复方案的风险降低水平、环境效益和修复费用。

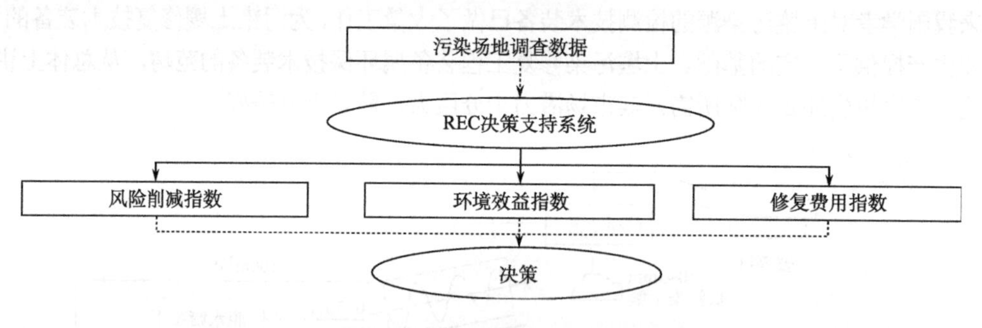

图6.4　REC模型决策支持流程图

（一）风险削减（R）

降低污染场地的潜在风险是任何修复行为的最主要驱动力。风险水平的高低决定于污染水平、暴露途径和风险受体，采用不同的修复技术必然会有风险降低水平的差异。REC模型内嵌的风险计算模式包括人体健康风险、生态风险和其他受体的风险。在进行风险计算时设置一定的暴露时限，对每一种备选修复技术，随着修复工作的进行，风险水平逐渐降低，最后计算整个暴露期限内的风险总和（图6.5）。

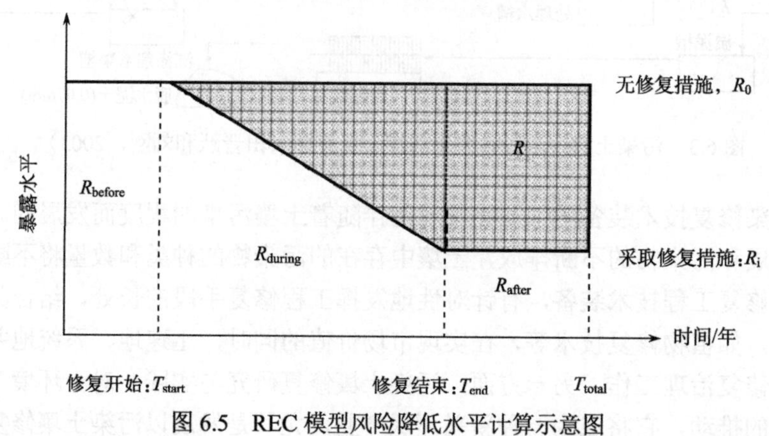

图6.5　REC模型风险降低水平计算示意图

对备选修复技术 A_i，其风险降低水平 R 可用下式计算：

$$R = R_0 \times T_{\text{total}} - R_{\text{before}} \times T_{\text{start}} - R_{\text{during}} \times \left(T_{\text{end}} - T_{\text{start}}\right) - R_{\text{after}}\left(T_{\text{total}} - T_{\text{end}}\right)$$

（二）环境效益（E）

REC 模型的环境效益子模块用于分析各备选修复技术的环境友好程度。任何修复技术在改善场地环境条件的同时，也会造成环境负面影响。如采取修复措施可以提高场地土壤和地下水质量，改善区域景观；但同时修复行为也会产生占用土地、消耗水资源和常规能源、排放废水、废气，使用稀缺资源和排放废渣等负面环境效应。环境效益分析模块将上述 9 个层面赋予权值 w，则某一备选修复技术的环境效益可用下式表示：

$$E\left(A_i\right) = \sum_{j=1}^{9} w_j N\left(x_{ij}\right)$$

式中，A_i 为备选方案 i；x_{ij} 为方案 A_i 在环境效益层面 J 的评分；N（x_{ij}）为标准化以后的 A_i。

（三）修复费用分析（C）

REC 模型中修复费用分析即修复成本的计算过程将各类费用分为初始成本、流通/运营成本、重置成本、一般管理成本和其他成本，根据假定的贴现率反算出各种备选方案的总投资额。

REC 模型的整体概念模型可用下图表示（图 6.6）。通过 REC 模型的支持可以快捷的判别各修复方案的可行性。然而，在采用 REC 模型进行决策分析之前，要首先调查场地污染现状，如污染物种类、污染物浓度、污染面积等；了解场地背景信息，如土地利用方式、土壤类型、地下水位、植被覆盖度、人口密度、敏感生态受体等。在实际进行决策时，REC 模型结果只能作为辅助参考，最终决策还要依靠决策人员。

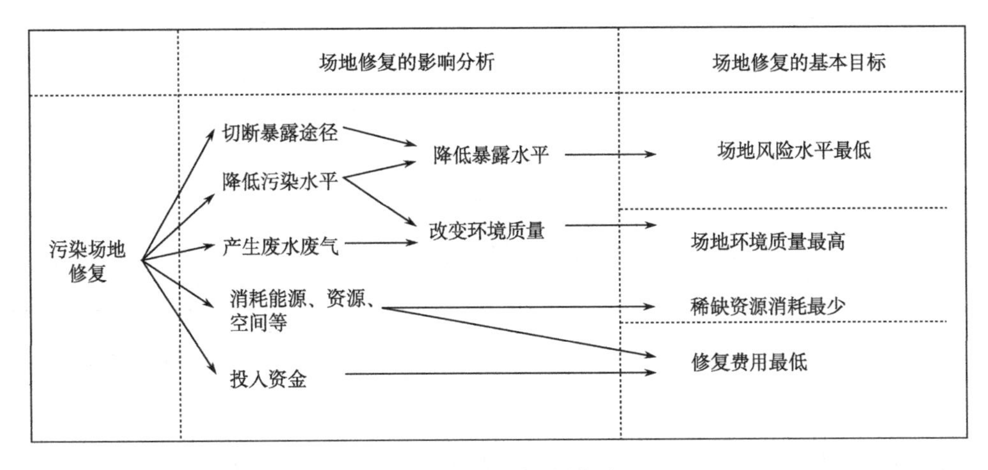

图 6.6　REC 概念模型

二、基于 REC 模型的污染场地修复决策案例

（一）污染场地基本信息

选择浙江某铜冶炼厂周边重金属污染场地作为研究对象。该场地占地约 10 000 m^2，受 Cu、Zn、Pb 和 Cd 污染严重。土地利用方式为农田和废弃地两种。根据距离污染源的远近和污染程度的高低，将该区域细分为 2 个污染区，农田土地利用方式和污染分区见表 6.5。

经过初步筛选后拟采用：a 自然衰减（natural attenuation/zero alternative），b 土壤淋洗技术、c 植物提取修复和 d 植物稳定化修复 4 项作为备选修复方案。

（二）场地风险降低、环境效益与修复费用分析

对污染区 1，由于废弃地很少有人进入，仅考虑其生态风险。REC 计算其采用上述 4 项方案后风险降低水平见图 6.7。对污染区 2，REC 计算 4 项方案的风险降低水平见图 6.8。

表 6.5　污染区土壤中重金属含量和土壤基本性质表　　（单位：mg/kg）

污染区	利用方式	污染面积/m^2	Cd	Cu	Pb	Zn	pH	OM/%	Clay/%
1	废弃地	4298	10	750	1000	8000	7.0	7.3	15
2	农田	5781	3.5	250	400	800	6.5	6.5	15

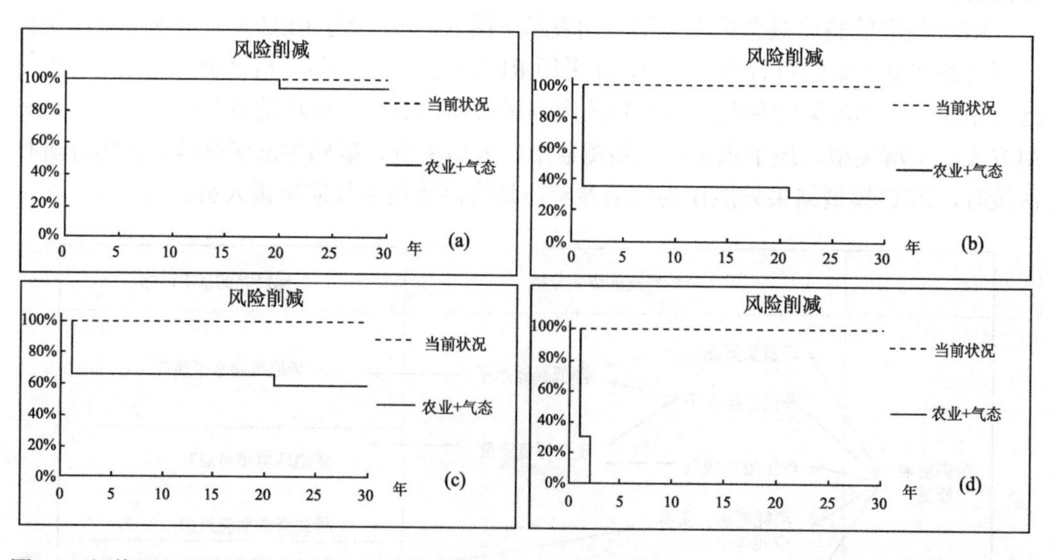

图 6.7　污染区 1 风险降低水平［（a）自然衰减；（b）植物提取修复；（c）植物稳定化修复；（d）土壤淋洗技术］

从图 6.7 和图 6.8 明显可以看出，单从风险降低角度看，土壤淋洗>植物提取>植物稳定化>自然衰减。然而，在对 4 种修复方案进行环境效益比较时，对于轻重两污染区却

出现了明显不同的结果（图 6.9）。对污染区 1，土壤淋洗具有较高正面环境效益，其次是植物提取；而对污染区 2，土壤淋洗却表现出明显的负效应。这是因为当污染较轻时若采用土壤淋洗技术，由于消耗大量能源和产生大量废气废水，综合环境效益显然不划算。对修复费的初步的估算表明，4 项方案中土壤淋洗>植物提取>植物稳定化>自然衰减（图 6.10）。

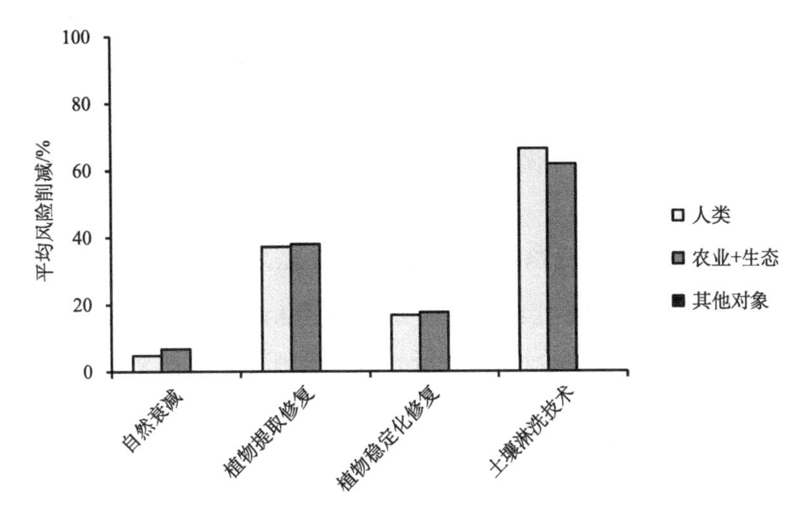

图 6.8　污染区 2 风险水平减低百分比

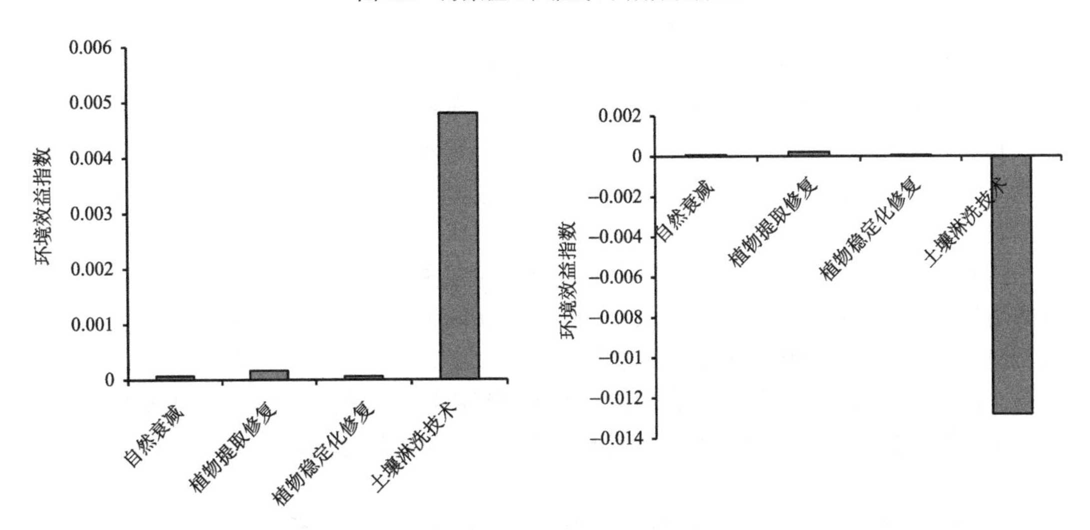

图 6.9　污染区 4 项修复方案环境效益

4 项修复方案的综合分析表明，对于污染区 1，采用土壤淋洗具有较高的综合效益；对于污染区 2，则植物提取修复更具优势（图 6.10）。采用 REC 对各项修复方案的评价更具客观性，可避免由于决策者知识缺陷或专家喜好而造成的决策失误。

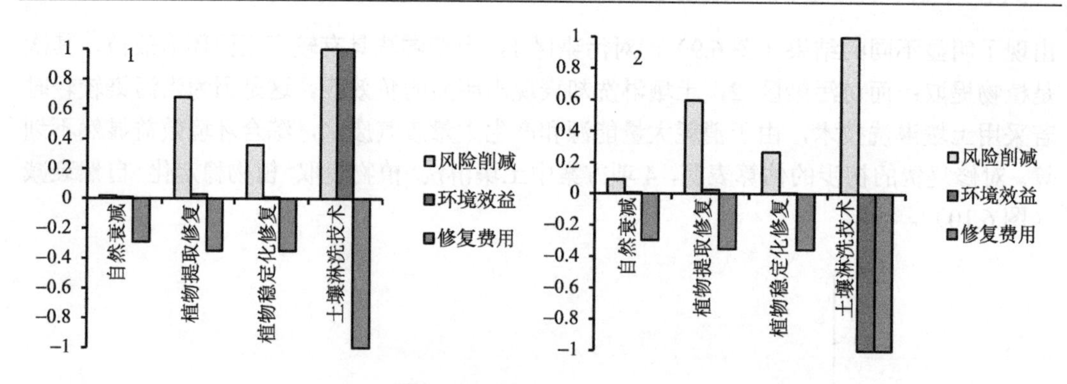

图 6.10　污染区 4 项修复方案综合比较（1 污染区 1、2 污染区 2）

三、污染场地修复决策支持系统在我国的研发需求与展望

当前的决策支持系统主要考虑降低污染场地对人体健康、生态环境的潜在风险等核心因素，而对修复方法更宽泛的环境、经济和社会影响等非核心因素考虑并不充分。污染场地修复决策支持系统正逐步向同时考虑核心因素与非核心因素发展，另外将污染物的生物有效性引入污染场地的风险管理和修复决策也是决策支持系统发展的趋势。REC模型充分体现了西欧各国先进的污染土壤管理理念，具有很强的参考价值，但直接引入中国用于国内的污染土壤修复决策支持并不理想。原因是模型内部的各类暴露参数默认欧洲的污染场地参数，不适合中国的实际情况。另外，模型中污染物种类有限，且模型界面不够友好，需要对该模型有相当了解才能正确使用。

我国在污染土壤修复决策支持领域的研究还处于起步阶段，开发适合中国的污染土壤修复决策系统具有现实且紧迫的意义。中国的土地利用方式与欧洲有显著不同，以农村为例，中国传统农业与国外的机械农业耕作相比，单位面积农田的暴露人数差异很大，中国农村还特有乡镇企业用地、农贸集市用地和自留地等。另外，人均体重、饮食习惯和生活方式都与欧洲具有显著不同，必须重新考虑我国各种农村土地利用方式下的风险暴露场景和暴露途径，才能使暴露水平分析符合实际情况。各种风险受体、土壤、地表水、地下水标准等参数中国与欧洲也有很大差异，必须重新设置。在吸收发达国家对污染场地管理经验的同时，设计符合中国实际的修复决策概念模型，将模型内部各类参数本土化，设计界面友好，便于中国决策人员使用的污染场地修复决策支持系统。

第三节　重金属污染土壤的植物修复决策系统和规范

污染土壤的植物修复已经在国内外受到了广泛的关注，并已积累了相当多的科研数据，但对于一个特定场地是否适合植物修复技术的应用，仍需建立其技术决策与规范系统。国内对于重金属污染土壤的修复已经取得了一些进展，发现和掌握了许多可用于重金属污染土壤植物修复的潜在植物材料，但对于何种污染土壤可以或适宜实施植物修复尚未进行过系统的探讨。此外，在确定采用植物修复技术作为土壤修复措施后，如何贯彻实施该技术，也需要制定相关的评估程序和相应的应用技术规范，这在我国同样是另一需要填补的空白。

植物修复决策支持系统的建立与技术规范的研制，不仅在理论上是植物修复技术体系的完善，而且具有重要的应用指导意义。对于我国目前以植物修复技术为热门研究课题的今天，显得更有实践指导价值。为此，本书开展了植物修复技术决策体系、可行性评估以及田间修复工程构建的系统性研究（Schnoor，2002；ITRC，2001；USEPA，1997，2001；Evanko et al.，1997）结合国内现有的场地修复研究经验，探索性地建立了我国重金属污染土壤的植物修复决策体系和规范。

一、场地特征化及污染风险评估

在构建植物修复系统前，上述修复工程设计专家组成员应进行场地考察，熟悉场地条件。场地考察有助于专家组根据特定的场地条件，针对性地设计适宜的植物修复系统。此外，专家组还应确保修复计划在场地条件下的可操作性，确保具有充分的场地资源支持修复系统的运行。

场地考察中首先应该确定可种植植物的场地区域、场地内可能存在的障碍物（地上的、地下的或地表的），以及场地内已有的植被区域。此外，利用场地的照片资料记录相关区域的当前信息，可为制定场地修复计划作参考。在场地考察的基础上，专家组成员集体讨论制定场地污染表征或污染现状调研计划，确定采样位置、采样密度和监测计划等。

场地特征化旨在查明场地内垂直及水平方向的污染程度，评估场地重金属污染现状。全面的场地特征化，对于设计和构建完善的植物修复系统是至关重要的。场地特征化拟解决的关键问题包括：

（1）场地内存在哪种类型的重金属污染物?

（2）重金属分布位置及迁移规律如何?

（3）对公众健康或环境存在什么危害?

（4）选定的修复技术是否可行?

场地特征化应当提供场地描述、污染物评价、土壤状况、水文地质条件、空气条件及风险评价等信息，以判断植物修复、技术在特定场地的适用性。

场地描述：场地描述性资料包括与场地相关的地图和图件资料。地图应能够提供场地边界、环境特征、居住或公共区域、水体、道路的相关历史名称等信息。其他图件资料主要提供地下构造设施的范围、场地表面特征、建筑、地下掩埋设施，及其他植物修复系统构建中需要移除或注意的障碍物。这类障碍物可能是房屋、建筑物、地基、水泥基床、覆盖性地面、水池、管道、排水系统、地下管线、监控井、高架电线及自然防护物等。其他可能有用的场地信息包括场地的历史使用情况、周围的工业或商业区、场地历史调查结果、已实施过的修复工程及监督管理机构等信息。

污染物评价：植物修复技术存在其自身的局限性，无法去除场地介质中的所有重金属，如果重金属浓度过高，植物修复技术可能降低植物修复效率。重金属污染可能涉及所有环境介质，包括土壤、沉积物、表层水、地下水及空气。重金属在场地介质中的分布，对于科学合理地设计重金属污染场地的植物修复系统十分重要，某些重金属热点污染区可能需在实施植物修复之前就予以移除。

土壤条件：对场地土壤条件的评价决定着植物修复技术对场地的适宜性，据此也可以预测实施植物修复所需的工作量。土壤条件的评价包括地质学、地球化学及土壤微生物特征评价。评估涉及基础土壤性质，如土壤分类、盐度、电导率、阳离子交换容量、有机物含量、持水量及无机养分水平等。这些参数限制着植物筛选范围，服务于适宜性植物修复系统的构建和优化。

水文地质条件：构建植物修复系统前，获取场地地表水及地下水的水文地质数据十分重要。重要的水文地质参数包括地下水水位、温度、流体速度、孔隙度、导水率、场地不均匀性、缓透水层深度、连续性和厚度。这些信息将有助于掌握场地内的地下特征，提供潜在流体路径、水滞留区、水流可输至区域与无法输至区域。

空气条件：所有与气候的季节性变化相关的信息，如温度、湿度、降水量（雨和雪）、风（风速及盛行风向）及涝害或旱灾等，应当从当地气象站（附近城市、机场、主要工厂）获取，这些场地特征会影响植物修复系统的设计与维护。植物对场地内的涝害与旱灾的忍耐能力可用作筛选植物的标准。

场地气候及季节性变化直接影响着植物修复系统的效应，例如，冬季由于低温休眠作用，植物的修复效能相对降低；播种季节（主要是春季），耕种土壤及种植植物准备场地时，可能会增加土壤扬尘；生长季的末期，收割活动可能会引起土尘及植物组织碎屑的释放。

场地风险评估指确定场地中生态和活动人群中的敏感性受体、开展潜在暴露途径的调查、评价污染物向这些敏感性受体迁移的可能性、确定场地内重金属对暴露受体的潜在风险。风险评估除考虑重金属的毒性外，还要考虑到呼吸、口腔摄入和接触暴露等途径。需纳入风险评估的因素包括生物有效性、植物毒性、生态暴露、食物链富集、重金属形态的转化等。

植物修复系统中重金属可能在植物体内积累，并经摄食进入食物链，评估由此带来的生态风险很重要，特别是对于重金属能在植物体内积累或迁移的修复系统（如植物吸取）。生态风险评估通过比较场地土壤中重金属的含量与诱发生理效应的极限毒性值，结合场地条件计算可接受的土壤重金属浓度。

实施植物修复之前，评估植物对场地内重金属的富集效率，有助于确定实现修复目标的时间周期和场地重金属浓度的衰减趋势。评估摄入植物引起的野生物种的暴露风险可提高管理者和公众对项目安全的可接受程度。生态风险评估需锁定可能遭受潜在风险的目标物种，便于制定保护特定物种的针对性控制措施。如风险评估表明食草哺乳动物可能因取食重金属的植物带来风险，而食虫和食肉的鸟类不会因植物系统而存在风险，则在修复区域构建围栏就可以对场地形成合理保护，如场地生态风险评估表明植物修复系统对场地生态系统无显著风险，则无需采取风险控制措施，可降低修复项目的总成本。

二、确定修复目标与修复方案选择

植物修复技术在污染场地的有效实施和应用，需以适合场地条件为前提，以实现特定的场地修复目标为宗旨。植物修复技术应用于重金属污染场地可实现的场地修复目标为：控制和围封，移除或削减。

控制和围封：植物体系可以实现对场地内重金属的控制和围封。应用植物修复对重金属污染场地进行控制和围封时，应充分发挥植物对降雨的拦截作用，以及植物对土壤水和地下水的吸收和蒸腾作用。利用植物体系对重金属污染场地进行控制和围封处理时，需建立场地内重金属的迁移和归宿模型，如植物修复用于场地的植被覆盖处理时，可利用水力学模型估计场地渗透及径流情况。

移除或削减：当对场地内重金属污染进行控制和围封不能实现场地修复目标时，可考虑利用植物的吸收和富集机制来移除或削减场地内土壤和水体中的重金属。对于具体场地是否适宜采用植物修复。

场地修复目标值为场地内实施修复后重金属的最终目标浓度，修复目标浓度应根据相关的环境法规或特定场地的风险评估确定，仅在场地重金属浓度达到或低于预期修复目标值时，才能宣布场地修复终止。在植物修复的全过程，应将场地监测数据、场地条件与执预期实施目标、修复终止目标进行比较。场地修复工程人员应在定期报告中提供并展示有效数据，接收公众、场地相关利益人的审阅和检查。如要收获使用的植物，应制定收获步骤和最终处置方法。

构建重金属污染场地的植物修复系统需要多学科技术人员的共同协作，完善的植物修复系统构建团队应包括：

（1）土壤学家/农学家：评估实施植物修复的场地条件，确定场地土壤能否满足植物生长的需要，制定植物修复实施过程中的农艺管理措施；

（2）水文学家：完成地下水及地表水的模型模拟，包括设计控制径流的灌溉系统、分析场地范围内的水平衡状况，模拟修复目标金属的去向及迁移行为；

（3）植物学家：评估可用于场地修复的植物材料，确定土壤和地下水是否能够满足所选植物的正常生长。利用场地内的土壤样品和水样进行温室试验，确认植物对场地内重金属的修复效应，决定场地修复时的适宜种植密度、栽培技术、田间准备工作及设施需求，制订田间种植计划；

（4）风险评估专家和毒理学专家：建立场地内的暴露途径及暴露场景，评估植物修复系统带来的生态及人体健康风险，并将评估结果与其他修复措施相比较，进行温室毒理学评估研究；

（5）场地管理人员：制定场地管理要求，最终的清洁目标，采样及分析要求、数据质量目标、修复实施及管理要求、植物残体的处置方法等。审查和通报与修复相关的规章制度（如固废、水及气体的排放等）；

（6）环境工程师：综合收集到的所有信息，设计田间植物修复系统（如灌溉、水文控制、根系生长等）、优化植物修复体系、建立植物修复效应评估系统，制订采样和分析计划、实施和管理计划、修复计划进度时间表等；

（7）田间管理人员/健康安全负责人：审查并修订修复实施方案，便于田间操作、确保场地操作所需各项设施和机械装备准备齐全，保证场地修复过程中的健康和安全事项；

（8）成本预算工程师/经济分析家：审阅立项成本花费，与其他方案进行比较，确保经济预算的科学和完整性，负责管理项目进程中的预算和开销。

三、修复成本预算与可行性研究

植物修复技术的可行性研究是构建修复工程所必需的。可行性研究需反映真实的田间处理情况，至少应为包括植物休眠期在内的一个生长周期。如可行性研究表明种植某种植物可成功地实现场地修复，则可利用供试植物材料进行修复系统的构建。可处理性研究可以是小规模的、在实验室或温室进行的水培试验、盆栽试验或小区试验，也可是场地内进行的更大面积的小区示范试验。下述情况通常需要进行植物修复的可行性研究：

（1）场地特征或气候条件不完全适合构建植物修复系统；

（2）当前植物修复数据库中缺乏所关注的重金属、植物种属或两者的结合性研究；

（3）场地内与重金属归宿及迁移相关的数据（如生物有效性、毒性、食物链富集、生态暴露、向其他介质的迁移等）未知或不确定；可行性研究的具体包括以下几个方面：

植物筛选研究：最简单的可行性研究是植物筛选试验。旨在筛选确定可忍受介质中重金属毒性的植物种属。试验主要是测试系列重金属浓度对植物生长的影响，如植物出现矮小、萎黄、脆弱、萎蔫或营养不足，可能是介质重金属导致了植物毒性。

适宜植物的筛选是决定植物修复系统成败与否的重要因素之一。植物筛选所需的典型信息包括植物种属名、耐受性、生长习性、生长气候区及总体形态。总的来说，混合植被的使用优于单个植物品种。主要原因如下：

（1）单个植物品种易感染疾病，这些疾病又可破坏整个植物修复系统，而混合植被可能仅会失去一到两个种属；

（2）混合植被支持更多的土壤微生物群落；

（3）混合植被可以获得养分循环的协同效应；

（4）混合植被含更多自然形态；

（5）混合植被提高了生物多样性及生态栖息地的重建质量。

植物材料的筛选范围包括场地内自然植物种属、植物修复文献报道种属、场地周边植物种属，嫁接或杂交后的植物种属、专门用于植物修复的基因工程种属等。

归宿及迁移研究：确定是否存在重金属的吸收、转移及中间产物。研究包括取样及分析植物组织内的重金属及其形态。试验中多次收割可以提供植物对重金属的潜在生物富集效应的指标。重金属归宿及迁移研究所获取的信息，可用于确定植物组织在收获后是否应作为有害废物进行处理。

植物修复的可行性研究可能会花费较长时间，但其产生的有用信息可直接影响到植物修复工程的成败。一般地，几个月到一年的可行性研究，并不会严重影响到工程整体的时间进度，可考虑在非生长季节进行可行性研究，以便在下一个播种栽培季节前获得足够的可行性研究数据。

植物修复的成本预算包括系统开发、设计、实施、监测等贯穿项目始终，并直到修复终止的所有开支，这些开支包括：场地性质和背景调查成本，修复系统开发和设计成本，场地准备和植物系统构建成本，修复操作、维护和监测成本，修复项目终止和总结报告形成成本。

成本预算人员应具有丰富的构建植物修复系统的经验，保证项目预算包括以上所列的各项花费。典型的植物修复成本包括移土、挖掘、钻井、安装压力计、初始场地的特征化、场地清理、安全措施、健康和安全设备等。此外，修复成本还应包括计划的撰写、人力、差旅、报告、运输、合同、机构交涉、会议等。最后，植被形成、维护和监测成本，以及土壤和地下水采样、分析、场地考查等也应计入项目成本之中。

与其他技术相比，植物修复系统具有一些特有的开销项目，这些项目包括：植物或树苗、种子，肥料、杀虫剂和其他土壤改良剂，改良耕地设备（典型农业工具）费用，表土灌溉系统（管道、软管、喷雾器等），亚表层土壤灌溉系统（地下管道建设等），灌溉水与外部水源的连通管道，覆盖物、树干保护物，其他害虫控制装置，植物组织采样装置和分析，农艺样品的采集和分析，土壤微生物采样和分析，气候观测站（温度、湿度、太阳辐射感应器、风级、雨量），植物体液液流传感器、土壤湿度探测器，叶面积仪、测茎仪（直径），测树器（直径和高度），渗漏液或土壤毛管水采集装置，坝、闸门及其他水流控制装置，植物叶片收集、维护、修剪、割草等，植物废物的处置。

四、植物修复的实施与管理

（一）优化农艺措施

优化农艺管理要求输入植物旺盛生长所必需的养分，根据对土壤养分的分析结果，合理施用土壤肥料（氮、磷、钾和其他矿质养料）、有机物料（如腐肥、污泥、堆肥、稻草或秸秆等），以及其他土壤改良剂。

优化农艺措施需要获取各种影响植物生长的土壤参数，如土壤 pH，土壤肥力、养分含量、土壤结构、土壤质地、土壤温度和深度。含盐地下水/地表水可能回抑制某些植物的生长，必要时需改良场地土壤条件，构建良好的灌溉系统，优化植物生长。

（二）公众接受性

植物修复技术实施过程中应接受公众参与修复计划，普及植物修复技术的相关常识，这在植物修复系统构建的早期十分重要。公众可能会因“植物修复是自然的，无害的污染治理技术”而赞成；也可因“植物修复仅仅起到了美化效果，而不能有力地治理污染”而反对。增强公众对植物修复有效性和科学性的了解，对于提高植物修复技术的公众接受性和理解度十分必要。

（三）植物修复系统的构建

1. 安全许可和通知

植物系统的构建应上报管理机构（国家、省或地方）审批，获得相关管理机构的正式许可。当植物修复系统构建计划发生改变，应及时告知管理机构及公众，同时公布进入场地应该采取的安全防护措施。

2. 场地准备

场地准备指为栽培植物构建修复系统进行的相关活动，包括标记场地，地面改造，清除障碍物，改良土壤至适宜栽培条件等。

3. 土壤准备

土壤准备包括物理性改良，如翻耕、建造排水系统等。农业输入，如施肥、土壤酸碱改良剂，以促进植物生长。完成主要的地面平整工作后，根据已掌握的场地信息，决定是否需要在种植植物的土壤中添加土壤改良剂。在初始场地特征化阶段，应该评估土壤条件和水文数据是否能够支持植物生长，评估结果将确定土壤条件能否支持植物生长，土壤是否需要添加肥料或其他改良性物料。多数情况下，需施用无机肥（氮、磷、钾等）、有机质、石灰等培肥土壤或调节土壤酸碱性。

4. 基础设施

灌溉系统是保证植物旺盛生长的关键要素之一，在干旱条件下，灌溉系统能够防止植物因缺水而大片死亡，植物修复技术系统成功构建后，根据场地条件，可拆除灌溉系统。必要时，植物修复系统可能需要构建围墙以减少生态风险，围墙还能够防止动物取食植物而破坏修复系统。此外，场地上还应安装监测井和其他必要的监测设施。

5. 植物栽培

植物修复构建专家应确定植物生长阶段（如种子、秧苗、植株）和种植密度，描述种植技术和需要的劳动力，为防止诸如动物、携菌昆虫和病虫等危害种植植物，应指出田间工作应有的保护措施。

在场地清理和准备工作完成之后，通过土壤耕作疏松表层（0～20cm）土壤，确保根系的良好生长。可根据植物筛选试验确定适宜的种植深度和株行间距，一般初始种植密度要比要求的略高，达到特定高度后可间苗减少植株密度。

在植物筛选和场地调研过程中，如果已经发现土壤养分供给不足，则可在耕作后进行初次施肥，植物种植后注意观察植物生长状况，决定何时需要追肥，肥料可以颗粒状撒施于地面，也可通过灌溉系统以营养液形式施用。

系统构建开始几年控制杂草十分重要，可使用机器或除草剂，使用除草剂时注意选择对植物无害的，使用时间和方法应确保飘移到场外的区域最小。如果选择的植物容易遭虫害或病害，适当选用杀虫剂，最好选择抗虫害抗病的物种。

如果修复系统功能植物为树木，固定行距并进行合适的修剪可望提高植株健康度，减小受风暴侵害可能性。此外，为了维持和再生植被，对死于病害的植株或由于其他原因未能存活的植株应及时补植。

6. 灌溉系统

灌溉系统对于维持植物生长和构建良好植被十分必要。灌溉水可以是清洁水或污染的地下水，推荐使用场地的污染水作为灌溉水，促使植物适应地下水的污染浓度。使用污染的地下水作为灌溉水，需要安装足够的水井，如存在挥发性或易迁移进入空气的重金属，推荐使用滴灌系统而不是喷灌系统。

过度灌溉会使污染物从土壤向地表或地表水移动，在这种情况下，应估算土壤水分蒸发蒸腾损失总量，进而估算维持生长所必需的水量（不考虑向地下水排放的量）。

7. 场地安全性

实施植物修复期间应限制场地人员的进出以确保场地安全，同时在修复区域建造防护栏阻止动物或人类活动对植物的破坏。此外，应隔离有害废弃物场地，防止人和动物擅自进入。

如植物修复系统利用的是重金属的植物吸取修复机制，即重金属能够在植物地上组织中富集，则必须限制家禽和家畜进入场地并摄入污染的植物组织。在植物修复区域应张贴海报，提醒公众场地可能存在的潜在风险。

8. 场地监测

1）监测计划

植物修复系统中植物的生长速率影响着对场地内重金属的修复效率，场地跟踪监测可以获知植物修复对场地重金属的去除或稳定情况。场地监测的目的是要评估植物修复系统的效能，优化植物修复技术，阻止和最小化可能存在的生态风险。场地监测包括对场地内各种参数的动态观测，包括：①场地农艺状况；②田间参数，如 pH、盐分、有效养分、气候条件等；③场地环境介质中重金属含量；④蒸腾气体。场地监测中地下水的取样位置、周期及频率，应根据场地特征化数据确定。推荐植物修复场地的监测计划如下：⑤初始场地特征化，弄清场地内垂直及水平方向上的重金属分布背景信息；⑥在每个生长季结束之后，直到场地修复终止。

植物生长季取决于场地季节性和其后条件，相对于其他修复技术而言，植物修复技术需花费更长时间才能达到目标清洁水平，因此，需要长期的监测计划。如最先几个长季的监测结果表明场地内重金属含量已经有所削减，则可适当减少监测次数，但每年需对场地监测频率和位置是否充分进行评估。

2）完善的监测系统

场地监测需持续至植物修复系统工程的全过程，确保实现场地清洁目标，周期性场地监测有助于预算修复进程。

对于植物修复系统而言，监测潜在的生态负面效应十分重要。如植物修复利用了植物的挥发作用，则需要对场地的大气环境质量实施监测。如利用植物吸取来修复重金属污染场地，则需对植物的地上部分的重金属含量实施监测，防止污染植物通过食物链发生富集，带来潜在的暴露风险。

场地监测应包括气候条件，如温度、降雨量、相对湿度和太阳辐射等数据的获取，这些数据可用于指导农业管理措施，如灌溉等。

场地监测应包括植物的生长情况，如病虫害、土壤养分状况等，以指导农药和化肥的施用。对植物的取样监测内容包括：①重金属在植物根系、茎及叶片中的分布和浓度；②重金属胁迫作用下，植物体内的养分分布；③根系深度、分布及直径；④植物丰度（密度、覆盖物、频度等），物种丰度、生物多样性等；⑤重金属对植物的致死性以及植物生长的健康程度；⑥根据土壤及植物体内重金属的浓度，将植物划分为：指示物种、排除物种和富集物种；⑦植被中耐受重金属物种与重金属敏感性物种的比例；⑧叶片中叶绿素含量和叶片的光合速率。

场地监测还应开挖监测井，地下监测井可布设于植物修复区域的上坡或下坡方向，监测内容包括重金属浓度及其他化学参数。地下水/表面水流速是设计监测井的重要参数，地下水/表面水流速越高，重金属的扩散越快，监测频率也应提高。

（四）植物修复的实施和管理

良好的场地管理是建立高效植物修复系统的必要保证。植物修复系统可因多种因素而失败，这包括重金属的毒性、霜冻、暴风雨、干旱、洪水、动物侵扰和病虫害的流行等。完善的场地实施和管理计划可保证植物系统发挥最佳的修复潜力，植物修复实施和管理计划的内容包括：①植物生长所需的灌溉系统；②监测土壤条件，如 pH、肥料，修复过程所需的土壤添加剂或螯合剂等；③描述植物的修剪、间苗、除草、收获、植物残体的处置方法；④有害动物及害虫的控制，对修复场地内人和动物活动的限制和管理；⑤病死或衰老植株的补植措施。

杂草控制、植物生长维护以及收获后植物残体的处置植物修复的实施及维护的重要内容。杂草控制旨在减小杂草与功能植物的竞争生长，防止公害性物种蔓生扩展。杂草可通过机械法或除草剂防除。杂草防除在植物修复工程建设初期尤为重要，改期植物尚未形成地上植被覆盖层，无法限制阳光辐射到达地表，地表的杂草生长仍然比较旺盛。

如植物修复的功能植物为树木，且需对树木进行修剪，促进形成良好的树木结构。对于除此移栽未能成活的植株，应及时补植，同时做好衰老植株的更替。如场地监测表明，树木叶片中重金属含量较高，则应收集秋季凋落的树木叶片，进行适当的处理。

根据植物修复所利用的特定机制，对于植物吸取修复，应尽量减少植物体对生态受体的食物链暴露，或重新进入环境造成二次污染。如场地监测和分析表明植物体内重金属含量较低，无需作为有害废弃物进一步处理，则可进行商业化利用，削减修复成本。

应急计划旨在确定植物修复系统无法实现修复目标时，应采取的补救措施。如植物修复系统在大规模范围内宣布失败（病害、洪水、干旱等引起），或系统不能很好地保护人体健康和环境安全，则需制定和启动应急计划。制订场地应急计划需要考虑的因素包括：环境管理机构的意见；场地修复的经费支撑情况；应用植物修复技术的类型；场地条件，如生长季、降雨量等；完成场地清洁所允许的时间。

五、修复报告编制

污染场地修复报告应记载植物修复项目实施的阶段性进展，包括监测数据、场地修复系统构建活动的概括性描述。在项目实施初期，每个季度应做一次项目进展报告，当项目进入成熟实施阶段，可每年做一次项目进展报告。场地修复目标实现时，应根据前期各阶段报告内容撰写整体项目报告。

参 考 文 献

骆永明，滕应，过园. 2005. 土壤修复学-新兴的土壤科学分支学科. 土壤, 37(3): 230～235.

田晋跃，刘刚. 2003. 土壤污染修复工程装备初探. 工程机械, 12: 33～37.

Bardos P, Lewis A, Nortcliff S, et al. 2002. Review of decision support tools for contaminated land management, and their use in Europe. CLARINET Report.

Bonten L T C, van Drunen M, Japenga J. 2004. REC-model for diffusively polluted areas Decision support system for remediation strategies, including Risk, Environmental merits and Costs. Alterra, Wageningen.

DEFRA & EA（DEFRA and Environment Agency）. 2002. Contaminants in soil : Collation of toxicological data and intake values for humans. Swindon: The R&D Dissemination Centre.

EA（The Environment Agency）. 2004. Contaminated Land Report 11 . Model Procedures for the Management of Land Contamination.

Evanko C R, Dzombak D A. 1997. Remediation of Metals-Contaminated Soils and Groundwater. Technology Evaluation Report prepared for U. S. Ground-Water Remediation Technologies Analysis Centre.

Hansen B G, Van Haelst A G, Van Leeuwen K, et al. 1999. Priority setting for existing chemicals: European Union risk ranking method. Environmental Toxicology and Chemistry, 18(4): 772～779.

ITRC（Interstate Technology and Regulatory Cooperation Work Group Phytotechnologies Work Team of United States）. 2001. Phytotechnology Technical and Regulatory Guidance Document. pp. 123.

Khan F I, Husain T, Hejazi R. 2004. An overview and analysis of site remediation technologies. Journal of Environment Management, 71: 95～122.

Okx J, Beinat E, van Drunen M, et al. 1998. The REC-Framework: Integral Risk Management for Contaminated Land. Proceedings of CARACAS-workshop, 23～24.

Paul B, Anita L, Stephen N, Claudio M, et al. 2002. Review of Decision Support Tools for Contaminated Land Management, and their use in Europe. Final Report. Austrian Federal Environment Agency, 2002 on behalf of CLARINET, Spittelauer Lande 5, A-1090 Wien, Austria.

Saito H, Goovaerts P. 2003. Selective Remediation of Contaminated Sites Using a Two-Level Multiphase Strategy and Geostatistics. Environmental Science and Technology, 37: 1912～1918.

Schnoor J L. 2002. Phytoremediation of Soil and Groundwater. Technology Evaluation Report TE-02-01, Ground-Water Remediation Technologies Analysis Center, Iowa, USA. pp. 52.

USEPA（United States Environmental Protection Agency）. 1997. Recent Development for In Situ Treatment of Metal Contaminated Soils. Washington D. C. 20460.

USEPA（United States Environmental Protection Agency）. 2001. Brownfields Technology Primer: Selecting and Using Phytoremediation for Site Cleanup. Office of Solid Waste and Emergency Response（5102G）, United States Environmental Protection Agency, EPA 542-R-O1-006.

Van-Camp L, Bujarrabal B, Gentile AR, et al. 2004. Established under the thematic strategy for soil protection IV: Contamination and land management. Reports of the Technical Working Group no. EUR 21319 EN/4. European Communities.

Xu S S, Liu W X, Tao S. 2006. Emission of Polycyclic Aromatic Hydrocarbons in China. Environmental Science and Technology, 40, 702～708.

第七章　基于 DPSIR 系统的土壤环境质量管理策略

随着我国经济社会的发展，土壤污染源的区域趋同性明显地表现出来，区域土壤环境质量的管理成为亟需解决的问题。然而，我国现存的区域土壤环境质量的管理及调控思路仍然不清晰，区域土壤环境质量管理政策和调控策略尚未明确形成。土壤环境质量管理的 DPSIR，即：驱动力（driving force，D）-压力（pressure，P）-状态（state，S）-影响（impact，I）-响应（response，R）系统是一种分析问题简单方便，解决问题便捷的工具，它能通过 5 个因子的分析，将公众利益、科学家的研究成果和政府制定政策的效果有机地联系在一起。本章详细介绍 DPSIR 系统及框架体系，并对它的适用性进行探讨，应用该方法可对区域土壤环境质量进行管理并提供调控策略。

第一节　DPSIR 系统及模型参数

自 20 世纪 80 年代以来，环境污染已成为我国经济发展中面临的不可忽视的问题。它是一个错综复杂的问题复合体，兼具发达与发展中国家环境问题的特点。中国尤其是经济高速发展地区的环境问题，可借鉴已有的经验并结合自身的特点进行解决。解决环境问题的管理模型主要有 3 个：一是 20 世纪 80 年代末国际经济合作与发展组织（OECD）提出的压力一状态一响应框架（PSR）模型；二是联合国（UN）修改前者后提出的驱动力一状态一响应框架（DSR）；三是欧洲环境局（EEA）（Domingo，1996）综合前两种模型的优点提出的驱动力一压力一状态一影响一响应系统（DPSIR）（于伯华等，2004；Bowen et al.，2003）。在 DPSIR 系统中，各参数的意义如下：D（driving force）是指规模较大的社会经济活动和产业的发展趋势，是造成环境变化的潜在原因；P（pressure）是指人类活动对其紧邻的环境以及自然生态的影响，是环境的直接压力因子；S（state）是描述可见的区域环境动态变化和可持续发展能力的因子；I（impact）指人地系统所处的状态对人类健康、自然生态和经济结构的影响，它是前 3 个因子作用的必然结果；R（response）指系统变化的响应措施，如相关法律的制定、环保条例的颁布及其配套政策的实施等。

建立模型的目的。建立模型的目的有以下 3 点：①提供环境问题的信息，以便使政策制订者能够评估环境问题的严重程度。②确定环境压力关键因子，为环境政策的制定和优势因子的选择提供支持。③监测政策调控的效果。

DPSIR 系统中的各因子间存在着相互的因果关系。图 7.1 给出了它的这种关系。从模型的整体来看 D、P、S 和 I 是描写和叙述环境中各个因子的客观存在状态，R 则是为使环境保持和谐或更宜人而采取的措施。其本身即构成因果关系：因客观环境存在了不和谐或不宜人的状况，才有必要付出代价采取措施调控环境的状态和规范人的行为，进而达到人与自然的和谐。

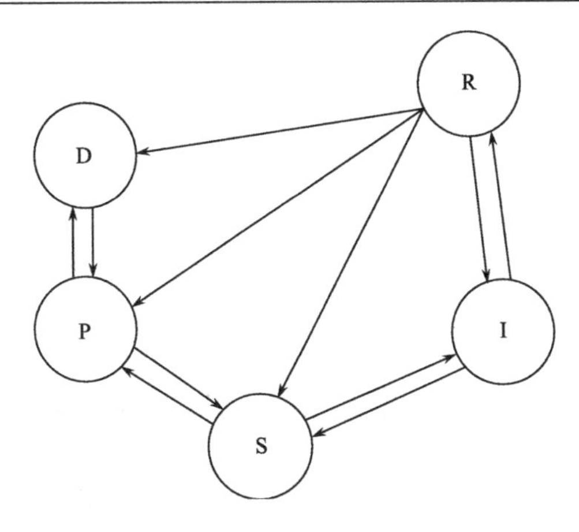

图 7.1　DPSIR 模型

在 D-P-S 分析链中，D 和 P 分别为环境现有状态的间接和直接的压力。两者均是环境状态趋向恶化的驱动力，三者构成了明显的因果关系。关系链中，驱动力包括人口的增长、土地的开发、旅游业的发展、农产品需求量的增加、交通运输的发展、工业和能源需求的膨胀、矿产资源的开采、自然突发事件的发生、全球及局部环境的改变和淡水相对短缺等；压力包括“三废”的排放、城市的扩张、基础设施建设的开展、各式建筑的修建、森林的砍伐、火灾的发生和土壤中营养物质的淋失等；状态包括土地功能的退化（土壤的污染、土壤的酸化与盐碱化、营养物质的过剩或缺乏、土壤的物理退化和生物退化等）和土壤的流失（优质土地的封存和土壤腐殖质层的流失）等。人口的增长驱动了各种建筑和各类基础设施的建设与建修，引发了土地功能的物理性退化和优质土地的封存等系列问题。土壤的污染和酸化来源于污染物和各类废弃物的排放，而这些污染物的排放直接与工业、能源、交通运输和旅游业的发展息息相关。各因子内部的因果关系不一而足。

在 S-I-R 对策分析链中，亦有明显的因果关系。因为环境状态的恶化和对人类健康的影响才有调控措施的实施。其中，影响包括环境对人类健康、自然生态和社会经济的影响等，响应措施包括了政策、法律和工程的措施等。

Fassio 等（2005）用 DPSIR 系统建立了多标准的决策支持系统（MDSS）。

首先了解环境的目前存在状态，然后求得环境对人类健康的影响或风险。若状态不和谐，再寻找造成该种状态的原因即压力和驱动力。也就是说，驱动力导致了环境压力，环境压力直接作用于环境便形成了目前环境的不宜人状态，环境的不宜性对人类的生存和发展带来了负面甚至灾难性的影响。

上述分析明确了环境对人类健康的影响，这里就要考虑如何响应的问题了。环境对健康的风险引起了人们的重视，诱发了各项调控措施的出台。这些措施既有治标的也有治本的。

R-I 的调控体现了对土壤功能及其生物多样性的直接干预，该措施见效快但持续时间短，属于治标的手段。如果没有后续对其他因子进行调控，治理的效果很快就会被蚕食。治本的方式是对驱动力和压力因子进行调控，使其向着有利于环境健康的方向发展，它的措施主要体现在政策、法规的制订和人类环境道德和伦理水平的提高上。当然，环境状态的改变对环境影响有着直接的作用，它最突出的特点是见效快，但有时成本较高。但在局部环境对人风险较大甚至直接导致疾病发生的区域，间接措施已经无法见效的情况下，高成本解决问题的途径还是必需的。

总之，DPSIR 系统具有分析问题简单方便，解决问题便捷的特点。它能使人快捷地把握问题的要害，从而对症下药。

第二节　基于 DPSIR 系统的区域土壤环境质量管理框架

近 10 年来，DPSIR 系统研究及其应用领域，已经从水、气、生物环境拓展到土壤环境质量评价。在以水圈的物质循环为对象的管理系统中，包括了水圈与大气圈的相互作用，水圈与岩石圈的相互作用，水圈与生物圈的相互作用和水圈与土壤圈的相互作用。其研究的框架包括（河水-海水）-气候变暖-生物污染-土壤侵蚀子系统，系统构建从各因子计算到软件的集成。

类似的，发展土壤环境质量管理的 DPSIR 系统也应借鉴水环境质量调控的发展思路具体如图 7.2 所示可以分为 3 个阶段：概念模型阶段、探源（污染源解析）阶段和决策支持阶段。概念模型阶段是相对比较松散的阶段，这一阶段称为 DPSIR 系统，主要通过因果关系链提出相对比较合适的对策。为了验证政策的合理性与科学性，要对污染的点位（状态）进行源探析，即探源阶段。最后，通过决策分析的方法，平衡多方利益而给出最佳土壤环境质量管理及调控策略。

一般情况下，概念模型的方法相对比较简单，直接对各因子的情况进行分析。探源阶段相对复杂，涉及到源解析等的方法，是决策阶段建立数学模型的基础。决策模型最为复杂，需要运用运筹学和决策分析的方法来完成。

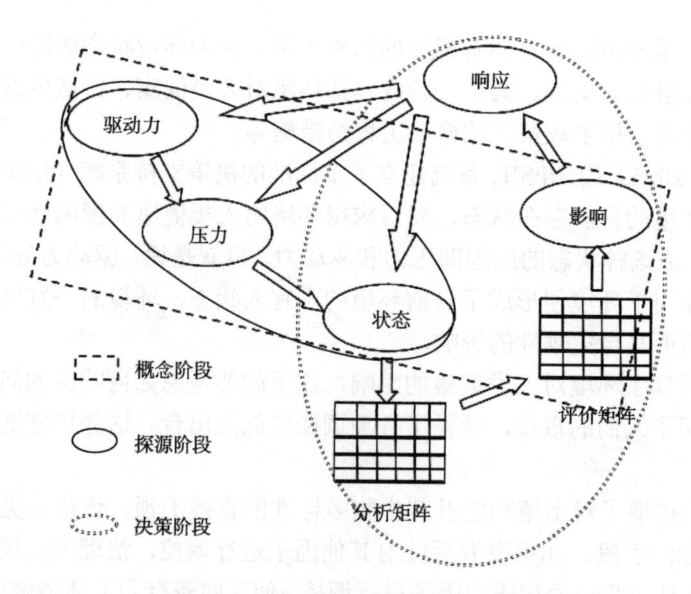

图 7.2　区域土壤环境质量 DPSIR 工作思路

一、概念模型阶段

（一）指标体系的构建

指标是一种处理信息的工具。它既具有信息评价的功能又能有效地将政策和目标连接在一起。它能够将复杂的国家发展数据以定期报告的形式转化为政策制定者和公众能够理解的简单方式。另外，OECD 也给出了其自己的定义：指标是指用来提供现象、环境或面积状态信息的参数或参数值。

DPSIR 系统中各指标的来源，会因需求不同而相异。但总体的构建是参照各国发布的环境公报的指标选择，在公报上未涉的相关指标则参照社会学家、经济学家和环境学家的建议选取。

1. 构建原则

参照水环境质量管理指标体系的构建原则分为以下 9 条：①目的性原则；②科学性原则；③系统性原则；④可操作性原则；⑤时效性原则；⑥政令性原则；⑦突出性原则；⑧可比性原则；⑨定性与定量相结合的原则。

2. 指标体系

对于区域土壤环境质量的管理，不论其研究的尺度有多大，其所选指标均应该带有区域性。换句话说，所选指标均应是能够表征区域内该因子强度。根据这一原则，人口这一参数就采用单位面积上人口的数量，即人口密度。虽然人口素质也能通过人们生活习惯的改变而间接的影响土壤环境质量，但近期内在经济快速发展地区人们的平均素质不会迅速提高，在这种情况下，人口数量的多少就成为表征人口参数驱动土壤环境质量改变的代表性指标。但是，在中国东部的长江三角洲地区，外来人口的大量涌入加快了物质和能量的流动，直接或间接排放到土壤中的废弃物给土壤环境质量造成了很大的压力。随着户籍制度的改革，外来常住人口也将逐步的计算到每年的人口总数中。显然，在这种情况下，人口的增长率更能表示人口的变化对土壤环境质量变化的驱动力。

GDP 的迅速增长应该是中国任何环境问题产生的根源，传统研究 GDP 与环境变化关系时常用的指标是人均 GDP，如著名的库兹涅茨曲线（Costantini et al.，2008），但是土壤环境相对大气环境和水环境而言，具有非移动和地域性的特点，而经济高速发展区人口的特点又具有高度的移动性，在此情况下，单位面积的 GDP 即成为了最佳指标。但是，对于长江三角洲等经济迅速发展的地区，GDP 的增长率更能反映这种驱动趋势，所以，各产业对土壤环境的驱动均采用年增长率的方式。

城市化的驱动可以用城市化率表示，但对于经济高速发展的地区而言，城市化的年变化率将是比较好的选择。技术进步是驱动土壤环境质量变好的一个重要因素，它的指标可以选用现通用的技术进步指数表示。当然，对于短期研究而言，用技术进步指数的年变化率可能会比前者更实用。畜禽养殖业的驱动因素的表达，由于受市场价格波动的影响因素较大，它对土壤环境的驱动用出栏率表示，而对土壤环境质量的变化的研究而言，比较好的指标还是年变化率。群众意识对土壤环境质量的变坏起反作用，其可以制约违法排放等事件的发生机率。

压力因子、状态因子和影响因子中各参数的选择均是按照区域强度进行。其中，状态的选择考虑到土壤中重金属和有机污染物的浓度以及土壤酸碱度，影响因素主要从健康和生态风险的评价的角度对指标进行选择。现状和影响用空间矩阵分析解决。响应指标的选取是较难界定。但可以采用定性或半定量的方法加以解决（表 7.1）。

表 7.1　DPSIR 体系中因子的指标

因子	参数	序号	指标
驱动力	人口	1	人口年增长率
	GDP	2	单位面积 GDP 年增长率
	耕地	3	耕地面积的年变化率
	城市化	4	城市化的年变化率
	城市群	5	城市 GDP 总量的年增长率
	技术进步	6	技术进步的年增长率
	群众意识	7	群众反映环境问题的信件个数
	工业	8	单位面积工业产值的年增长率
	农业	9	单位面积农业产值的年增长率
	商业	10	单位面积商业产值的增长率
	建筑业	11	单位面积建筑业产值的年增长率
	交通运输业	12	单位面积交通运输业产值的年增长率
	畜牧养殖业	13	单位面积畜禽的出栏量的年增长率
压力	大气沉降	14	大气干、湿沉降量
	酸雨	15	雨水 pH 的年变化
	工业垃圾	16	工业垃圾排放量
	生活垃圾	17	生活垃圾排放量
	化肥施用	18	单位面积化肥的施用量
	农药施用	19	单位面积农药的施用量
	兽药使用	20	单位面积兽药的销售量
	污水灌溉	21	污水灌溉面积占地区耕地总面积的比值
	污泥农用	22	单位面积污泥产生量
	污染事件	23	土壤污染事件
状态	土壤重金属状况	24	土壤中重金属的含量和分布
	土壤 pH	25	土壤 pH 及其分布
	土壤有机污染物含量	26	土壤中有机污染物的含量和分布
	土壤有机质含量	27	土壤中有机质的含量和分布
影响	经济影响	28	土壤污染的经济损失
	社会影响	29	疾病发病情况

续表

因子	参数	序号	指标
影响	人类健康影响	30	健康风险评估
	植物影响	31	生态风险评估
	动物影响	32	生态风险评估
	对微生物的影响	33	影响评价
响应	保护规划	34	保护规划的合理性
	宣传教育	35	宣传教育的有效性
	科研投入	36	环境项目占总资助项目的比值
	标准制订	37	地方土壤环境质量标准的制订
	监控机制	38	监控机制的运行情况
	修复技术	39	修复技术应用面积占总污染面积比

3. 信度分析

信度分析是一种测度综合评价体系是否具有一定稳定性和可靠性的有效分析方法。它通常采用专家调查后在 SPSS 软件中进行信度分析。但是对于一个新的模型系统确定指标，系统性和科学性是最为重要的。因此，本研究采用基于污染物循环的网络分析进行指标信度的检验。

如图 7.3 所示，根据物质守恒的原理，污染物在土壤与其相邻的介质间进行着永无休止的物质和能量循环。单从物质循环这一点考虑，土壤与大气、水进行着无时无刻的物质交换，与动物、植物和微生物进行着周期性的物质交换，与固体废物、化肥、农药等进行着无定周期的物质交换，这是从物质交换角度进行的分析。从污染物的来源角度考虑，人们在进行工业、农业、商业、建筑业、交通运输业、畜牧养殖业和人们的生活、科研活动中均会产生固体废物、液体废物或废气，构成了土壤环境的主要污染物来源“三废”，表现为点源污染。农业生产施用农药和化肥，畜牧养殖业所使用的兽药，构成面源污染，也对土壤环境造成了影响。由于土壤本身是一个大的缓冲体，可在一定程度上吸纳污染物。所以，在污染物排放的速度小于或等于土壤自身的降解速度时，其不称为污染而是地球上的正常的物质循环。只是随着人口的增加、国民生产总值（GDP）的增加、耕地的减少、城市化的加剧和城市群的形成中污染物的排放速度日渐加速，超越了土壤自身的净化速度，污染物不断在土壤中积累，进而形成了部分地区土壤环境质量不断恶化的局面。

从以上分析可以看出，在地区、区域乃至全球尺度上，将土壤环境问题分为了五个层次：一是驱动土壤环境发生变化的 5 大因素即人口、GDP、耕地、城市化和城市群；二是驱动土壤环境发生变化的人类活动因素即工业、农业、商业、建筑业、交通运输业、畜牧养殖业以及人们的生活、科研活动等；三是直接向土壤中输入污染物的活动如三废的排放、化肥、农药、兽药的施入等；四是土壤自身因素如土壤背景值、土壤重金属和土壤有机污染物状况及其土壤酸度等；五是土壤环境对其他环境要素的影响如因地气交换而产生的大气污染，因水土流失而产生的河湖水质的变化，由于土壤污染导致植物、动物和微生物多样性的下降和因土壤污染导致的动植物的生老病死等。

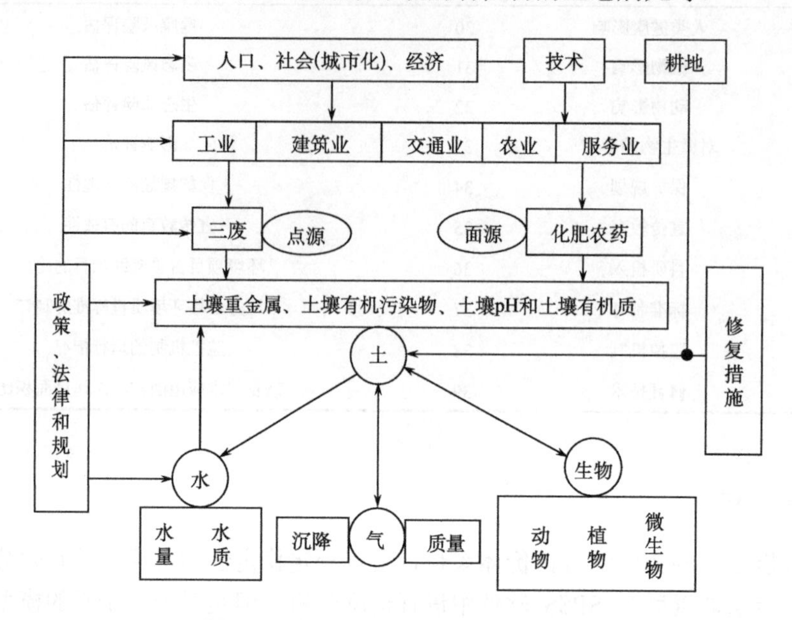

图 7.3　土壤环境质量变化的网络分析

当人们尚未认识到保护土壤环境质量的重要性时，物质循环在土壤环境质量变化的过程中起着决定性作用。但当人们认识到土壤环境质量问题的重要性后，人们自身会采取必要的措施，减少这种污染物在土壤中的交换量。这就涉及土壤环境质量管理的问题。在土壤环境质量管理的过程中，用得比较多的为风险管理和 DPSIR 管理体系。

（二）土壤环境质量管理的 DPSIR 框架体系

1. 模型各因子的分析方法

1）土壤环境质量变化的驱动力（D）

环境质量变化驱动力的研究方法通常使用的是社会网络分析。用该方法建立指标体系后，借助政府部门的统计数据、社会调查数据、新闻数据等历史资料确定环境质量变化的驱动力因子。对于土壤环境质量变化的驱动力的研究方法应与水环境、空气环境等的研究方法一致。例如，要研究中国土壤环境质量的驱动力，可以根据国家统计局发布的国民经济和社会发展统计公报、中国统计年鉴和新闻稿找出其驱动力指标（表 7.2），用指标的年度变化率表示驱动力。

2）土壤环境质量变化的压力（P）

压力的确定方法很多，一般的做法是用空间表征工具表征压力的现状，然后再用情景分析的方法，分析压力在未来的变化，以便对环境的未来变化进行预测（Pirrone et al.，2007）。

对于 P 的求取仍然以中国的土壤环境质量的压力为例进行说明。表 7.1 显示，土壤环境质量变化的压力指标包括 10 项。这 10 项指标几乎在水环境和大气环境的研究中均有涉及。其研究方法也与后者相似，从环境年鉴、环境网站、已发表文献中找出主要的压力指标数值。主要是工业、能源、农业和其他行业压力指标。

土壤环境质量变化的主要压力包括大气干湿沉降、酸雨、工业和生活垃圾、化肥及农药的施用、兽药使用、污水灌溉和污泥农用等。

表 7.2　中国土壤环境质量的驱动力指标

参数	指标	年度变化率
人口	人口密度个/km^2	+0.5%
GDP	单位面积的 GDP 万元/km^2	+11.4%
耕地	单位面积耕地面积减少量 hm^2/km^2	–64%
城市化	城市化率	+2.1%
城市群	十大城市群 GDP 占全国 GDP 的比重	—
技术进步	万元 GDP 的用水量 m^3/万元	–10.8%
工业	单位面积工业产值万元/km^2	+13.5%
农业	单位面积粮食产量 t/km^2	+0.7%
商业	单位面积商业产值万元/km^2	+17.3%
建筑业	房地产开发投资万元/km^2	+30.2%
交通运输业	交通运输、仓储和邮政增加值万元/km^2	+9.7%
畜牧养殖业	单位面积肉类产量 t/km^2	+6.9%

大气干湿沉降是土壤环境质量变化的主要压力之一。它与土壤中 Pb，Hg 的积累关系密切（杨娟等，2007；李亮亮等，2006），对植物 Hg 的含量有显著影响（郑冬梅等，2007a），使多环芳烃（PAHs）和 Hg 向工业稀少的偏远山区移动（郑冬梅等，2007b）。大气酸沉降与气态污染对水生与陆地生态系统造成大面积损害，并影响到人类的健康。不仅如此，研究还发现由于大气沉降的原因，土壤重金属在工矿区和工业区含量较高，城郊区和风景区较低。沉降颗粒中污染物的含量受燃煤和地面扬尘的影响明显。虽然大气重金属干湿沉降通量随季节变化不大，但湿沉降通量随季节变化明显。当然，大气沉降对土壤环境质量所造成的压力也受大气中所含烟尘和工业粉尘的影响。在全国范围内，单位面积工业粉尘的排放量在减少，但单位面积烟尘的排放量却没有显著的变化。已有的文献分析发现，长春、北京、太原、焦作等地大气沉降对土壤 Hg 浓度增加的压力和珠江三角洲的 PAHs 及北京地区和长三角地区的多氯联苯（PCBs）的压力都很大。

酸雨是土壤环境质量变化的又一重要压力。在经济较为发达的地区，如长三角、珠三角及京津冀地区，酸雨是造成土壤中重金属活化的主要原因。2006 年，全国参加酸雨监测统计的 524 个城市（县）中，均发生了酸雨，其中浙江建德市、象山县、湖州市、安吉县、嵊泗县和重庆江津市酸雨频率达到 100%。

固体废物包括工业垃圾和生活垃圾，农村生活垃圾对土壤环境质量是一个主要威胁，据第二次农业普查统计，仅有 36.7%的镇和 15.8%的村实行垃圾的集中处理。

化肥、农药和兽药是土壤环境变化的压力。目前我国化肥使用量达 4124 万吨，平均施用量高达 400 kg/hm^2 以上，远远超出发达国家 225 kg/hm^2 的安全上限。每年农药使用量达 120 万吨以上，有 907 万公顷农田遭受到不同程度的农药污染。533 万 hm^2 以上农田遭受不同程度的大气污染，污水灌溉的面积已占总灌溉面积的 7.3，比 20 世纪 80 年代增加了 1.6 倍。随着畜禽养殖业的发展，兽药污染也成为了土壤环境变化的主要压力之一。

突发土壤污染事件是大尺度上土壤环境质量变化的重要压力。据统计，2005 年全国重特大环境事故中，土壤污染 13 起，占总污染事故数的 17.1%。

3）土壤环境质量现状的评价与表征（S）

对于现状的研究，环境领域研究的主要方法是，先用 GIS 表征环境因素的空间分布。然后再以理论限值评估现状的污染状况。土壤环境质量的研究方法与此类似，即用地统计插值法预测土壤环境质量的现状，然后用 GIS 将土壤环境质量的空间变异表达出来。土壤环境质量包括五个方面：一是土壤重金属，包括 Cu，Pb，Zn，Cd，Hg，As，Cr，Ni，Mn 和 Fe 等；二是土壤有机污染物，包括多环芳烃（PAHs）、多氯联苯（PCBs）、六六六（HCH）和滴滴涕（DDT）等；三是土壤 pH；四是土壤有机质；五是土壤微生物。这五个方面内部是相互关联的，当 pH 较低时，同样的土壤重金属浓度，其对环境的危害将更大。同样，当有机质含量较高时，有机污染物其危害性也将较大。反过来，重金属浓度越高，有机污染物含量越高，土壤微生物的数量也越少。

人口和 GDP 的增加促使开采自然资源的行业兴起，但受技术限制和资源有限性的影响和驱动，在开采过程和废弃后均对其周围的农田土壤造成污染压力，而使其周围的土壤受矿山主要污染物及其伴生污染物的影响严重。如江西德兴铜矿区（陈翠华等，2007）土壤 Cu 的浓度较高，南京栖霞锌铅矿（罗强，2005）周围的土壤 Zn、土壤 Pb 及其伴生的 Cd，Cu 和 Mn 的土壤含量也较高。

对于土壤环境质量而言，矿区土壤由于受到矿山所含或伴生元素的影响，其周围的土壤受到影响将比较大。污染灌溉区农田土壤是受重金属污染最为严重的土壤之一。根据灌溉水的来源，农田土壤有的只受单个重金属污染，有的受多种重金属的符合污染。城市土壤是易受污染的另一种土壤。受城市环境的影响，主城区的土壤中 Pb 含量较高，绕城干线附近和郊区的土壤中存在 Mo，Zn，As，Cd，Cr，Cu，Fe 和 Mn 的复合污染。从地域角度考虑，东部沿海大城市城区土壤受 Pb 污染严重，中西部城区受 Hg 和 Cd 影响突出。

蔬菜地特别是蔬菜基地对土壤环境质量的要求相对较高。因此，人们比较关心该种土壤的污染现状。全国大部分蔬菜地土壤处于清洁状态，仅有少量的地块由于附近有污染源而出现 Cd，Hg 等的积累。

对于土壤有机污染物，在北京和长三角地区存在 PAHs，PCBs 和 HCH，DDT 的污染。由于受酸雨的影响，东部沿海地区土壤的酸化问题比较严重。同时，受污染物的影响，东部高污染地区的微生物的数量也在减少。

土壤环境质量的评价分两种思路，一种是与某个合适的标准比对比，得到超标率；另一个是单物种评价法，如利用土壤动物进行土壤环境质量评价（吴化前，1997）。第一种思路是应用最为广泛的一种方法，第二种是正在探索中。

在已经存在的水环境和其他环境的 DPSIR 管理体系中，所用方法为第一种，尚未有发现其他评价方法。因此，本文亦采用第一种对土壤环境质量进行评价。

土壤是一个复杂的巨系统，其利用方式不仅包括农业用地，还包括工业用地、商业用地和居民区用地，用简单比较的方法无法取得好的评价效果。所以，本研究采用最低值为背景值和最高值治理的方法对土壤环境的质量进行评估。因为对于一块土地而言，可以用作农田，也可以用作工业用地。当农业土壤受到污染时，可以改作工业用地。但当用作工业用地也存在风险时，必须采取修复措施。在风险，这就成为了污染场地，需要经过治理后才能重新应用。

参照文献（Semenzin et al.，2008），可以对土壤中污染物数据进行如下处理（图 7.4）：首先对数据进行标准化处理，使数据均处在 0～1。标准化方法如下:第一步选择评价标准 S_{min} 和 S_{max}，第二步将低于 S_{min} 的值设为 1，高于 S_{max} 的值设为 1，第三步是将所有的数据划到 0～1，其中 Q_i 为归一化后的值。

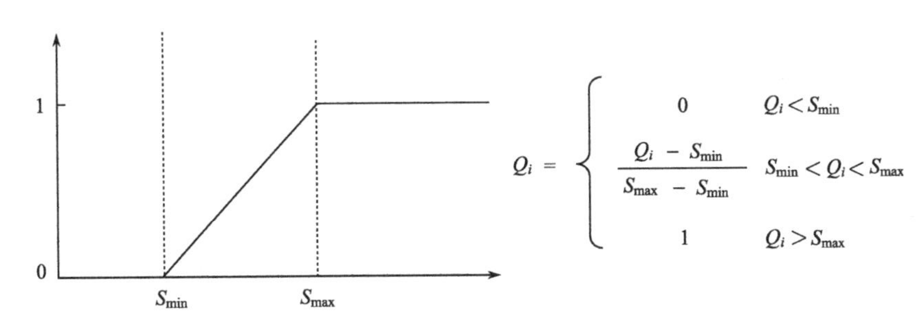

1
0
S_{min}
S_{max}
$$Q_i = \begin{cases} 0 & Q_i < S_{min} \\ \dfrac{Q_i - S_{min}}{S_{max} - S_{min}} & S_{min} < Q_i < S_{max} \\ 1 & Q_i > S_{max} \end{cases}$$

图 7.4　标准化过程图

将数据归一化后，参照文献（Semenzin et al.，2008），可将研究区土壤环境质量分为 5 级即清洁状态、轻度富集、中度富集、超度富集和污染状态（表 7.3）。

表 7.3　土壤环境质量的分级标准

Ⅰ级	Ⅱ级	Ⅲ级	Ⅳ级	Ⅴ级
$Q_i = 0.0$ 清洁状态	$0.0<Q_i<0.3$ 轻度富集	$0.3<Q_i\leqslant 0.7$ 中度富集	$0.7<Q_i\leqslant 1.0$ 严重富集或轻度污染	$Q_i= 1.0$ 污染状态

注：Ⅰ级表示土壤中污染物含量在自然背景值以下即自然状态；Ⅱ级表示土壤中污染物局部少量积累但总体尚为清洁；Ⅲ级表示局部积累严重但尚未构成对土壤的污染；Ⅳ级表示污染物大范围累积严重，特殊点位已经发生污染，但整体不严重；Ⅴ级表示土壤已经发生大面积的污染，且需要治理尚为安全。

由于在一个地区，土壤的污染出现高污染点位时，该区的土壤环境质量很大程度上受到该污染点位的影响。所以，本研究采用最大值法（王军等，2007）求土壤环境质量的综合指数 Q。其公式为

$$Q=\sqrt{\frac{\left(\frac{1}{n}\sum_{i-1}^{n}Q_i\right)^2+\left(\max\left(Q_i\right)\right)^2}{2}}$$

对于土壤环境质量的表征，分空间插值预测表征和土壤复合重金属污染的表征。空间插值预测是土壤环境质量的空间预测中常用的方法，它包括以反距离加权法为代表的确定性空间插值预测方法和以克里格插值法为代表的地统计空间插值法。在对表层土壤污染物分布进行空间差值预测的所有方法中，克里格空间插值法的预测效果最好（Robinson et al., 2006），所以本研究采用该方法对土壤环境质量进行表征。

土壤重金属的复合污染表征（孟昭福等，1999）包括锌当量法（Zinc Equivalent）、毒性污染指数法（toxic pollution index）、元素比法（elemental concentrations ratio）、离子冲量（ionic impulsion）和多元回归法等。当存在复合污染时，也可对其进行表征。

4）土壤环境质量变化的影响（I）

在已经发表的文献中，对影响因子的研究比较多。它们主要应用成本效益分析，环境风险评价（Borja et al.，2006）和模型方法分析了环境现状对经济、社会和生态的影响。而对于土壤环境，其分析方法也应该采用同样的路径。

土壤环境质量的变化对社会的影响，主要表现在对人类健康的影响。研究表明，土壤重金属 Hg 与肝癌、白血病、鼻咽癌、乳腺癌死亡率呈正相关。土壤重金属 Pb 与鼻咽癌死亡率呈正相关。经调查，陕西癌症村中村民得癌症的主要原因是土壤中的 As、Pb 和 Cd 污染。

由于土壤污染而影响到蔬菜农药的残留，从而影响到国家的出口。据估计未来 10 年，我国为削减 POPs 污染，总投资将达到 340 亿元。

土壤环境质量对健康风险的评价，在此处也是借鉴国外的经验，选用暴露风险评估的模型进行评价，然后选择合适的评价标准，对土壤环境对人体健康的风险表征出来。

对生态的影响，美国采用野生动物的生态风险评价对土壤的筛选值进行选择，确定土壤的风险。欧洲也是采用筛选风险值的办法确定土壤的生态风险标准，从而确定土壤环境的风险。

5）土壤环境质量调控的响应与策略（R）

响应即对策，在水环境质量管理的研究中，最后的响应对策是通过 mDSS4 软件实现的。所以，土壤环境质量变化的响应对策也可以采用软件的形式实现。但在未开发出软件前，应该是分析各个参数，然后找出对策。

近几年来，随着我国土壤环境问题的加重，各级政府都制定了有关土壤环境质量的法律法规。仅国家层面上，就有 10 部。虽然它们并不是全部讲土壤环境问题，但都和土壤环境质量有着直接或间接的关系。如水污染防治法，虽然是讲水，但是在水网密级的南方地区，地表水几乎是灌溉的唯一来源。所以，它与土壤环境质量关系密切。

从改革开放到 2008 年的 30 年间，国家颁布的 30 部环境法规中，与土壤环境紧密相关的有 17 部，占一半以上。各项部门规章中也有很大部分与土壤环境质量相关的条例。

对于研究各地方土壤环境的质量问题，可以选用各自部门的规章制度。对于土壤环境而言，农业、工业及其他产业的布局也很重要，所以，在很大程度上，可以通过调整产业布局来实现。

判断土壤环境质量现状和影响的依据是国家土壤环境质量标准，土壤环境质量标准是否能反映土壤污染物事实上的危害是判断标准合适与否的关键。在现存的土壤环境质量标准（GB 15618—1995）中，污染物项目定得太少，尤其是有机污染物以及铅的标准值定的偏低（王国庆等，2005）。且分析项目中土壤测定方法不够科学。但是，将要出台的新的土壤环境质量标准将会克服这个问题。

随着人们对土壤环境质量重要性的认识不断提高，许多现状及未来的土壤污染信息急需掌握。然而全国范围内土壤污染的面积、分布和程度尚不清晰，导致防治措施缺乏针对性。土壤污染防治法律尚未颁布，更为全面的土壤环境质量标准体系尚未公布。这些都制约着人们对土壤环境质量变化规律的认知。

虽然我国有环境监测站 2200 个，已初具规模，但是开展土壤环境监测的为数不多。究其原因，有以下四点：一是对土壤污染重视不够、认识不够；二是土壤污染监测和治理立法欠缺、土壤环境质量标准控制指标少。评价较难，土壤与人体之间的物质流动关系较复杂。受到诸多因素影响，制定土壤污染物的环境质量标准难度很大。有些指标可以监测但很难评价；三是目前绝大部分环评缺乏土壤环境质量评价的内容；四是国家环保总局于 2004 年 12 月发布的《土壤环境监测技术规范》宣传落实不到位。

2007 年 11 月，国家制定了《国家环境与健康行动计划（2007～2015）》，提到了土壤污染特别是生物污染的监控问题。据此，提出以下 4 点解决方案：

（1）完善土地监测技术规范，加强各地方监测站土地监测力量，提高监测人员技术水平。

（2）各地可根据成土母质的不同，结合工农业生产的历史与现状，将土地划分为若干区域，采用科学方法确定监测点位，按照国家标准分析方法分析样品，广泛开展土壤环境质量监测。

（3）建立土壤污染状况调查数据库，对调查结果进行科学动态分析。

（4）鉴于土壤状况的相对稳定性，土壤环境监测频次可暂定为 5 年/次。工业区及其他污染严重的地带，可适当增加监测频次，如 2 年/次。

2. DPSIR 系统各因子间的关系模型

土壤环境质量管理中的 DPSIR 体系中各因子间的关系如表 7.4 所示。人口的增加和 GDP 的增长是土壤环境质量发生变化的根本驱动力。人口的增加需要消耗更多的地球能源，为了满足人们的这种需求，需要进行矿产的开发。在矿井开采过程中会产生矿渣，开采结束后会有尾矿堆积，这些含有大量污染物的矿渣和尾矿堆积到土壤上而形成土壤的污染，对矿山附近的农作物和其他生物带来了危害，基于此，政府应该加大政策执行监管的力度和对尾矿无害化处理科学技术的研发，并加大资金投入。另一方面，人口的增加还促进城市化的发展，进而产生汽车尾气、生活垃圾和污泥农用的问题。这些问题又进一导致土壤环境质量的恶化，恶化土壤环境，危害人体及生态的健康。解决的此问题的措施就是引导人们选择合适的交通工具，对市场进行规范管理，研究和应用新的垃圾转化技术和严格控制农用污泥的污染物含量。人口的增加需要发展更多的工业以更好地满足人们的需求，但工业的发展不可避免地带来一些严重的土壤环境质量压力如大气沉降的增加、固体废弃物产生量的增加、污水灌溉以及酸雨等问题。这些问题使土壤中污染物增加、土壤 pH 降低，从而危害人体健康和生态安全。当然，对这些问题的响应措施就是严格控制“三废”排放的达标水平和绝对量。

表 7.4　DPSIR 系统各因子间的关系

驱动力（D）		压力（P）	现状（S）	影响（I）	响应（R）
人口 GDP	矿产开发	矿渣、尾矿排放	土壤中相应元素增加	矿山附近农作物影响	加大政策监管力度，尾矿处理技术的研究和应用
人口 GDP	城市化	商业区汽车尾气和交易市场	城市土壤中 Pb 及其他污染物质浓度		规范市场管理
		生活垃圾 污泥农用	土壤中有机质含量的增加和污染物的浓度	健康影响 生态影响	垃圾要防渗深埋处理 严控污泥的成分
		大气沉降	土壤环境背景值提高 局部土壤污染物含量增加		
人口 GDP	工业	固体废物	土壤中污染物含量增加	健康影响 生态影响	严控烟尘排放、固体废物排放和废水排放
		污水灌溉	土壤有机质含量增加 土壤 pH 降低		
		酸雨	土壤污染物含量增加 土壤 pH 降低		
人口 GDP	耕地	化肥、农药	农产品农药残留	影响出口 影响健康 影响生态	政策杜绝难降解药物
人口 GDP	交通	汽车尾气	交通干线 土壤污染物含量	健康影响 生态影响	控制私家车辆数量，研制替代燃料
人口 GDP	畜禽 养殖	污水灌溉	土壤中污染物含量	健康影响 生态影响	控制兽药的应用
人口 GDP	城市群	城市所承担的不同功能	东部沿海大城市土壤 Pb 含量较高，中西部是 Hg、Cd 含量较高	对蔬菜基地有潜在风险	中西部城市要接受东部城市发展中的教训

GDP 的增加促使耕地急剧减少，为保持足够的粮食产量，必然大量施用农药和化肥以提高产量满足人们的生活需求，这就给土壤环境造成了质量上的变化，这种变化影响了生态安全和人类的健康，所以，需要对耕地的数量和质量进行保证。GDP 的增长还与

交通的发展和畜禽养殖有关，交通和畜禽养殖的发展使土壤相关的污染物含量增加，给人类和环境造成了破坏，这就需要对交通和畜禽养殖的发展给予适当的规范。同时，社会的发展也促进城市群的形成，当产业在某一地力区域集中时，在某个地域就会形成某种污染物的污染。所以，在产业分工的同时也要注意防止污染。

二、探源阶段

D，P 和 S 的因果关系的设计采用源解析的办法进行。对于污染源的解析，包括以背景为参考进行比较的方法、污染物富集系数法、地质累积指数法（Loska et al.，2004；Blaser et al.，2000）、累积频率法（Reimann et al.，2005）和土壤磁学方法等。但在 DPSIR 分析体系中。本模型中的源解析应该用因果分析的方法进行研究。

而对于 DPSIR 模型应用于土壤环境质量的探源阶段则分为排放通量探析法和能源消费、污染排放对经济增长贡献的要因分析方法。排放通量探析法是通过界面的交换分别计算不同介质中环境污染物的量，以达到揭示主要污染源的目的。能源消费、污染排放对经济增长贡献的要因分析方法是通过分析分析能源消费、污染排放对经济增长的贡献倒推出环境污染源的状况。这主要应用在以能源消费排放作为主要污染源的区域。

三、决策阶段

决策分析阶段，是对前两个阶段的总结。通过概念分析阶段和探源阶段的分析，加上对空间数据的现状和影响的矩阵分析，可以给出合适的决策。方法有 2 种，一种通过因果关系链的因子分析，推导出决策方法；另一种是通过多标准或多目标决策分析方法，借助计算机程序给出具体的决策建议。本书采用第一种方法，其方法是通过 D-RS 和 S-I-R 从而给出决策。土壤环境质量风险，所以必须采取对策以降低风险，要降低风险必须解决土壤环境的污染问题，要解决污染问题必须找到污染排放的源，从而能够分析出产业的结构，从而找出最大的污染产业。具体流程见图 7.5。

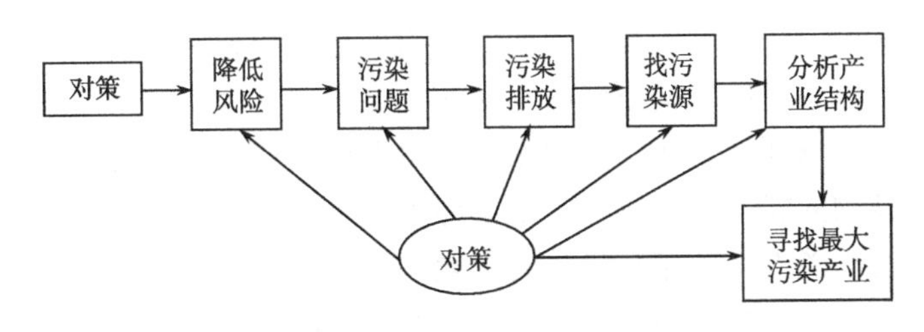

图 7.5　DPSIR 对策导出思路图

四、修正的 DPSIR 模型

根据概念模型阶段、探源阶段和决策支持阶段的分析，可以得出修正的土壤环境质量的 DPSIR 模型。

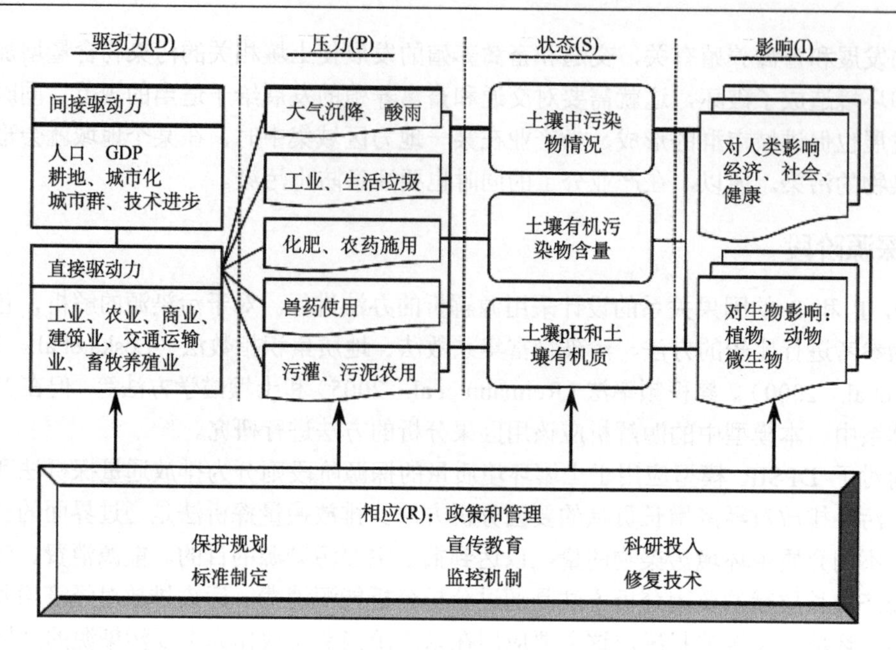

图 7.6　土壤环境质量管理的修正 DPSIR 模型

在土壤环境质量管理的 DPSIR 体系中，其修正模型如图 7.6 所示。土壤环境质量变化的驱动力分为两部分——间接驱动力和直接驱动力。人口的增加、人均 GDP 的急剧上升、土地利用方式的改变、城市化进一步加强、城市群的形成和科学技术的进步，其本身并未产生污染物质，也并未直接促使污染物进入土壤，但可促使直接驱动力的增加，进而造成土壤环境质量变化压力的增加。工业、农业的生产过程，商业的运作和交换过程，建筑业、交通运输业及畜牧养殖业的实施过程中均会产生污染物，所以它是驱动土壤环境质量变化的因素即直接驱动力。既然工业生产是驱动力，那么其生产过程中产生的垃圾中含有污染物质，可以直接进入土壤成为了土壤环境质量变化的压力之一。农业生产过程，大量施用的化肥和农药中含有大量的重金属和有机污染物质，其在短期内往往难以降解，对土壤环境质量构成威胁，为其主要压力。大气的干湿沉降、生活垃圾、兽药的使用也都是土壤环境质量变化的压力。由于土壤环境质量是指土壤的“容纳、吸收和降解环境污染物的能力”，所以，土壤环境质量的现状必然要考虑污染物的总含量即继续容纳污染物的能力、土壤有机质的含量（吸收污染物的能力）和土壤微生物（降解污染物的能力）。在土壤环境质量变化的影响方面，可从两个方面加以考虑：一是对人类自身的影响包括经济的，社会的和人类自身的健康等几个方面；另一个是对生物的影响即对植物生长的毒害作用和动物生命体的直接或间接毒害作用。当对 D、P、S 和 I 均做了分析后，可提供针对性的响应措施如制定系统的土壤环境质量保护措施、加强宣传提高人们对土壤环境质量重要性的认识、对土壤环境的质量进行定期监控、加强科研投入和应用土壤污染修复技术等政策和管理措施。

第三节　DPSIR 模型的适用性

DPSIR 模型适用于政府、公众、企业主（或农场主）和土壤环境间即存在利益分歧，又存在共同利益的所有土壤环境问题的管理中。由于该体系具有受受访对象的差异而对最终的决策支持结果产生较大的影响，所以，选择指标时要尽可能的客观化而避免主观个体的差异对结果的影响。

一、DPSIR 模型的研究对象和研究尺度

探讨土壤环境质量管理策略的目的就是对土壤中污染物的总量及其生物有效性进行有效的控制和管理，使土壤中污染物的总含量处在土壤的自然消化状态。这就包括，对污染物的认定问题和污染物污染的尺度问题等。

对于土壤污染物的认定问题，除了环保部土壤环境质量标准（GB 15618—1995）所关注的土壤重金属 Cu，Pb，Zn，Cd，Ni，Cr，Hg，As，目前已经禁用但土壤中仍然存在的 HCH 和 DDT 外，随着土壤环境质量标准的不断修订，还可出现新的需要关注的土壤污染物，如：氰化物、氟化物、挥发性有机污染物、种多环芳烃、化学农药、石油烃、邻苯二甲酸酯类、苯酚、2, 4-二硝基甲苯和 3, 3'-二氯联苯胺等。随着科学技术的发展，人们的认识水平越来越高，以后新发现的所有土壤污染物也可增加到模型研究的范围内。当然，模型本身也应该加入某些指标如在现状（S）中加入新污染物的出现指标。

土壤环境的 DPSIR 策略管理模型也存在空间尺度的问题。“尺度”是在地球科学研究中应用较为广泛的一个词语。它不仅指时间纬度、空间纬度和组织纬度，而且还包括与纬度相关的预测精度。在地球系统中，尺度主要涉及以下两个方面：一是物理、地球化学、生态和社会系统及其过程；二是跨尺度的相互作用。就空间纬度讲，它包含全球尺度、区域尺度和地区尺度。对于一个尚不完善的模型，研究的开始应该是从地区尺度过渡到区域尺度，最后再用该模型研究全球问题。

另一方面尺度就像著名的海岸线长度测不准理论一样，当我们拿放大镜对准研究区的土壤环境问题时，仅研究指标一项就可以耗费人一生的精力来研究。然而，当把放大镜移开，再无穷的缩小，就只是一个问题即关于土壤环境质量的管理问题。

在全球尺度上，面临的主要问题是促使气温升高的“温室气体”，从而追溯到土壤碳库的问题；在区域尺度上，涉及的主要问题是国家间的大气污染问题。而事实上，在这个尺度上，土壤环境的问题就比较多，不仅包括了大气沉降所带来的跨界污染，还包括了农产品/蔬菜等的跨国销售所带来的风险；地区尺度是地球科学研究中的最小尺度，它所涉及的范围比较广泛。从省级、市级、县级甚至包括乡镇级。

DPSIR 系统是新发展起来的环境管理体系，它所能解决的问题应该包括所有尺度的。单个研究人员只能从地区的尺度上给出较为详尽的研究，从研究的实际出发，而几个国际研究小组合作适宜研究全球性的环境管理问题。

研究模型中各因子间的相互关系，以达到时间和空间的预测是 DPSIR 模型所解决的主要问题之一。从根本上讲，D 和 P 连接着经济学家的大脑和公众的利益，S 和 I 为土

壤环境学家们所擅长，而 R 则是决策制定者的最爱。要想通过严格的数学推导的方式得到 5 个因子间的定量关系，并不是一件易事。但是，当我们无法理清这种关系时，可以只追求结果而不去追究复杂的关系。这就引入了黑箱理论即神经网络。本书试图引入神经网络，但预测精度偏低，可能与选择的模型等因素有关，由于时间有限未能完成。但 DPSIR 模型与神经网络结合解决影响的预测问题至少从理论上是可行的。

二、土壤环境质量 DPSIR 管理系统的圈层分析

（一）DPSIR 系统与土壤圈

驱动力-压力-状态-影响-响应框架模型的提出，是以解决区域环境问题而服务的。这与土壤圈的提出具有相同的目的，不论这个区域是县级、省级、国家级还是全球级的。因此，解决环境问题而提出的理论之间必然存在着某种程度的联系。土壤圈处于地圈系统中并为其中各圈层的支撑者，DPSIR 模型的各个因子亦处于地圈系统中。

从模型的状态因子方面考虑，土壤的现存状态是我们关注的主要对象。因为，土壤的功能发生变化，将带来不可预测的后果。土壤圈发挥着永恒的物质和能量交换的作用，没有了这个作用，世界将失去活力。建筑业的原料很大一部分来自于土壤，而生产和生活垃圾的大部分也是最终回归土壤，这就是土壤发挥了物质交换的作用。其中，建筑业的发展是属于驱动力范畴的，而垃圾的产出是属于环境压力。如果土壤的功能发生了改变，土壤对垃圾的自然净化能力降低，环境将受到污染，进而对人类的健康产生影响。这在模型中就是影响因子要表达的内容。对于能量的交换，太阳能通过生长在土壤圈中植物的光合作用，转化为包括人类在内的动物所需的能量，维持动物生命机体的正常运行。如果土壤圈作为能量的传递中介传递的能量减少，那么必然要威胁到人类的生存。在这种情况下，人类必然采取措施恢复土壤圈的功能。显然，在土壤圈的物质和能量的交换过程中，涉及了模型中的全部的因子。土壤圈的“记忆块”功能可以帮助我们寻找影响环境质量的历史上的驱动力和压力因子。土壤圈的部分可再生的特点也提示我们要科学利用和保护土壤。而保护土壤的思路可以借助 DPSIR 模型提供的思路来进行。因此，DPSIR 概念模型与土壤圈是相辅相成的。

（二）DPSIR 模型在圈层理论中的定位

目前，圈层理论有 3 种说法：一种是包括土壤圈、大气圈、水圈、生物圈和岩石圈等 5 大圈层；另一种也是 5 大圈层，与前者不同的是增加了冰冻圈但去除了土壤圈（林振山等，2003）；第三种是把地球划分为 7 大圈层即大气圈、水圈、冰冻圈、岩石圈、土壤圈、生物圈和智慧圈（李天杰等，2004）。

在 DPSIR 概念模型中，驱动力和压力均来自 5（或 7）个圈层，驱动力中人口、旅游、农业、工业、采矿业和交通运输业是属于生物圈的，气候的变化属大气圈的范畴。水的压力当然要归为水圈但自然偶发事件却可以分属土壤圈、水圈、大气圈、岩石圈和生物圈。

在压力所属领域，“三废”的排放问题涉及大气圈、水圈和土壤圈三大圈层，城市

的扩张和基础设施的建设等问题又分属于土壤圈和岩石圈。生物圈内产生的压力表现为森林的砍伐和火灾问题。明显的，研究的状态应该分数 5（或 7）大圈层。

影响是指前面诸因素对人类的作用，农作物来自土壤圈即土壤圈受到的影响；只有在特定大气温度范围内人类才能生存即气候（大气圈）的变化所带来的影响是不可忽略的；水是生命之源，水（水圈）的污染状况亦是被影响的因素之一；人是生物圈的高级组成部分，当然我们也要关注对生物圈的影响；人类饮用的地下水，土壤矿物的来源都与岩石圈关系密切，所以对岩石圈的影响也在我们的关注之列。响应的主体应该是人，所以属于智慧圈或生物圈。

第四节　典型废旧物资回收再利用区土壤环境质量的 DPSIR 策略

一、土壤环境质量变化的驱动力（D）分析

（一）土地利用方式对土壤环境质量变化的驱动

土壤环境质量的变化主要是与土壤的纳污能力相对应的概念。不同的土地利用方式下，土壤的纳污能力存在显著区别。同等数量的污染物加到混凝土覆盖着的土壤和松软土壤中，其降解速率不同。所以，土地利用方式的改变是土壤环境质量发生变化的驱动因素之一。然而，该驱动力的研究要从时空角度分别进行研究。在时间上，分现状、历史变化和未来趋势 3 个方面展开。空间上，是不同乡镇的土地利用变化情况的说明。

1. 土地利用的现状

由于土地利用状况的统计以 5 年为周期的数据最为全面，所以，本研究在时间上就近选择“十五”计划末（2005 年）路桥区土地的利用情况作为土地利用的现状。根据相关资料，到 2005 年底，路桥区土地的总面积为 325.31 km^2，其中耕地 12 227.05 hm^2，占土地总面积的 37.59%；园地 2482.54 hm^2，占 7.63%；林地 2461.77 hm^2，占 7.57%；居民点工矿用地 6530.96 hm^2，占 20.08%；交通设施用地 441.13 hm^2，占 1.36%；水利设施用地 83.82 hm^2，占 0.26%；未利用地 6498.48 hm^2，占 19.98%，人均土地面积仅 0.012 亩。

2. 土地利用的历史变化

路桥区土地利用方式的变化历史可以 1994 年撤镇建区开始计算。图 7.7 展示了 1995～2005 年的 11 年间耕地和建筑用地面积随时间的变化情况。1995 年时，耕地面积为 12.67 khm^2，而建筑用地面积仅有 3.87 khm^2，后者不足前者的 1/3。到 2007 年，数字发生了明显的变化，耕地面积为 12 khm^2，建筑用地面积为 8.67 khm^2，后者为前者的 2/3 强。建筑用地增加了一倍多而耕地却减少了 0.67 khm^2。

1995～2000 年，建筑用地和耕地的比例基本保持一致（图 7.7）。到 2000 年时，耕地保有量为 12.67 khm^2，建筑用地面积仅增加到 4.27 khm^2。2000～2006 年，虽然耕地面积保持稳中弱降，但建筑用地的面积却急剧增加，到 2006 年，建筑用地的面积已增加到

8.67 khm^2，是 2000 年的 2 倍多，为当年耕地面积（12 khm^2）的 2/3。

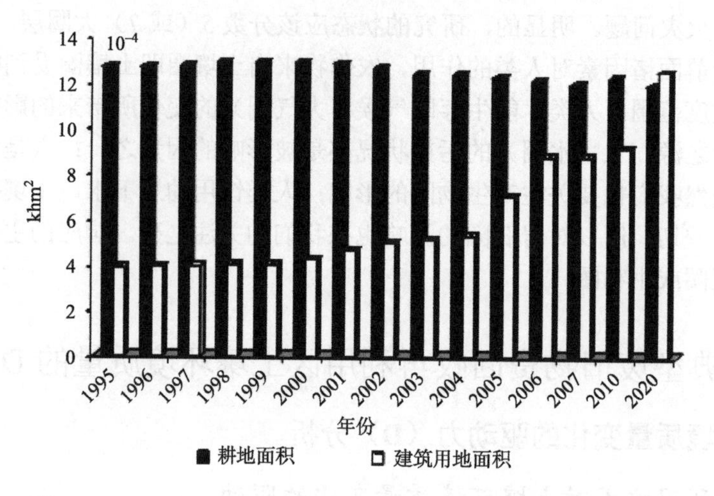

图 7.7　1995～2020 年间路桥区耕地和建筑用地面积的动态变化

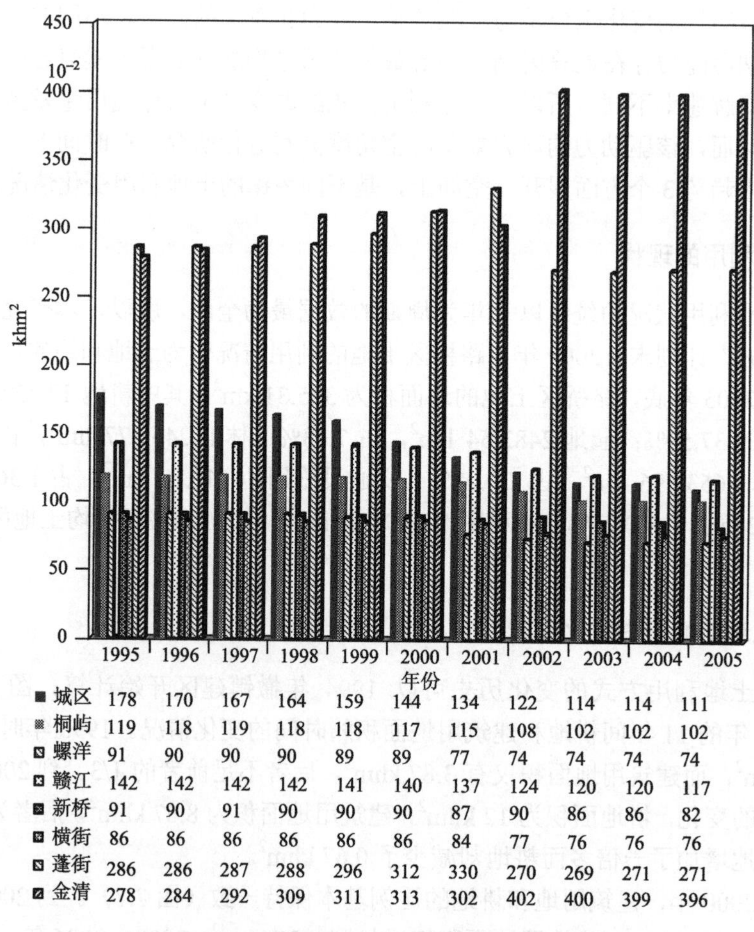

	1995	1996	1997	1998	1999	2000	2001	2002	2003	2004	2005
城区	178	170	167	164	159	144	134	122	114	114	111
桐屿	119	118	119	118	118	117	115	108	102	102	102
螺洋	91	90	90	90	89	89	77	74	74	74	74
赣江	142	142	142	142	141	140	137	124	120	120	117
新桥	91	90	91	90	90	90	87	90	86	86	82
横街	86	86	86	86	86	86	84	77	76	76	76
蓬街	286	286	287	288	296	312	330	270	269	271	271
金清	278	284	292	309	311	313	302	402	400	399	396

图 7.8　1995～2005 年路桥区分镇耕地面积变化图

建筑用地面积的迅速增加和耕地面积稳中有降的现实似乎透露出耕地质量变化的信息。建筑用地的增加多数占用的是优良的耕地，而耕地面积的“稳”字来自哪里?为了找到这一问题的答案，对路桥区各乡镇的耕地的历史变化进行了研究，其现实的表现就是空间上的变异。

3. 耕地数量的空间变化

如图7.8所示，1994年，包括路北街道、路南街道和路桥街道的主城区，耕地面积为1935.93 hm^2，占当年路桥全区耕地总面积的14.8%。但到“十五”结束的2005年，主城区的耕地面积仅为1105 hm^2，减少了830.93 khm^2，减少量占2005年当年耕地总量的75%，为路桥区耕地面积的6.8%。耕地数量的减少2005年路桥主城区的耕地面积仅占全区耕地总面积的9.0%。峰江、螺洋和桐屿三个现已划为城区的街道1994年时耕地总面积为3564.67 hm^2，2005年末为2916.47 hm^2，减少了666.4 hm^2，相当于2005年螺洋的耕地总面积。新桥镇和横街镇建区之初总面积为1779.07 hm^2，“十五”结束年为1579.87 hm^2，12年间耕地面积也减少了11.2%。1994年以上非沿海乡镇耕地的总面积为7279.67 hm^2，占当年全区耕地的55.8 %。而到2005年末，总面积降为5583.13 hm^2，仅占当年全区的45.6 %。12年间减少的耕地面积（1696.53 hm^2）比建区之初峰江街道的耕地总面积（1502.73 hm^2）还多。换句话说，12年损失了一个峰江街道的耕地。

沿海的金清镇（包括原金清、下梁、黄琅和台州市农场区），1994年时耕地总面积为2843 hm^2，仅占全区耕地总面积的21.8%。但到2005年底，该镇的耕地总面积已达3960.67 hm^2，增加了1117.67 hm^2，耕地面积占全区总面积的32.3%，增加的耕地面积相当于2005年峰江街道的耕地面积（1170.2 hm^2）。也就是12年增加了一个峰江街道的耕地，抵消了峰江、螺洋和桐屿三个街道耕地的减少，保持了耕地的动态平衡。从统计数据看，路桥区耕地数量不存在问题。但空间上却表现出极大的异向性，特别是表现在土壤环境的质量问题上。

相关资料显示，从20世纪70年代末开始引入高污染的废旧物资拆解行业，到2005年，该地区以农村散户手工作坊式的废旧拆解仍在进行。拆解废物闲散地堆放在田间地头或河岸边，雨季受雨水的冲刷，污染物流入当地灌溉水网或直接进入农田，给当地的土壤环境造成了很大的压力。据路桥年鉴（2007）显示，仅2006年，螺洋街道清理废旧垃圾就多达7000t，可见废旧拆解垃圾堆放之多，压力之大。

4. 土地利用的未来发展

根据路桥区土地利用“十一五”规划，2006～2010年，农用地减少7500 hm^2，其中园地6000 hm^2。建设用地增加31 500 hm^2，约为2005年建设用地面积（105 839 hm^2）的30%。其中，城市和工业用地增加72 810 hm^2，农村居民点减少15 308 hm^2，交通用地增加4128 hm^2。由于路桥区村办企业比较发达，拆解等个体经营户分散于各村落。所以，部分农居点减少后复绿的耕地存在环境风险。

未来土地利用方式的发展涉及因素较多，一方面要考虑经济可持续发展，另一方面也要顾及粮食安全和环境安全。由于当地工业和商贸业较为发达，考虑经济的可持续发展无疑要求供应的土地越多越好。但是，为确保粮食安全，粮食的自给率必须确保在一个安全水平内。1996 年在罗马联合国世界政府首脑粮食会议上，我国提出粮食自给率的安全水平为 95%，进口约 5%。根据路桥区粮食局全社会粮食供需统计调查资料，2003 年全区粮食自给率为 53%。意味着，一旦由于特殊原因路桥区的粮食异地调入受阻，仅有 53%的人能够吃饱。但经济仍要可持续地进行发展，所以综合各种因素，该区土地利用规划中选取了自给率为 40%， 45%和 50%三种方案对未来土地的利用进行预测。结果表明，在三种方案下，2020 年全市的耕地需求量分别为 8874 hm^2， 9983 hm^2 和 11 092 hm^2。对比表 7.5 对路桥区实有耕地的预测结果，表面上已经满足了 50%粮食自给率的条件。但是，计划和施行总是存在差距的。“十五”期间，耕地的计划保有量与实际保有量的差距达 5%。若按每 5 年出现 5%的误差计算，按最差估计，2010 年耕地的保有量将不是 12 227.05 hm^2 而是 11615.70 hm^2。照此计算，2020 年为 11 342.09 hm^2，已经接近 50%土地需求的警戒线了。

表 7.5　2005 年路桥区土地利用现状及 2006～2020 年土地利用调整表

	2005 年/hm^2	占总面积比重/%	2010 年/hm^2	占总面积比重/%	2020 年/hm^2	占总面积比重/%
土地总面积	32 532	100	32 532	100	32 532	100
农用地	18 977	58.33	18 477	56.8	16 439	50.53
建设用地	7056	21.69	9156	28.14	12 534	38.53
未利用地	6498	19.98	4898	15.06	3558	10.94

但据当地土地利用规划（表 7.5），2005～2020 年，路桥区为保持耕地的平衡而采取的策略是来自土地整理和海涂开发。表 7.5 表明农用地数量占土地面积的比例从 58.33%，到 56.80%，再到 50.53%是一路走低，而建筑用地却是一路走高，到 2020 年，建筑面积的总量将超过同期耕地面积。耕地在 2005～2020 年间减少 288.01 hm^2，仅为路桥区土地总面积的不足 1%。但是建筑用地却增加了 5478 hm^2，占路桥区土地总面积的 16.84%。耕地的增加来自土地开发整理（表 7.6），未来 15 年间，该数字达 2640 hm^2。建筑用地的增加量与土地开发整理量存在 2838 hm^2 的偏差。即使将预测减少的 288.01 hm^2

表 7.6　路桥区土地开发整理指标分解表

名称	2006～2010 年		2011～2020 年	
	总面积/hm^2	增加耕地/hm^2	总面积/hm^2	增加耕地/hm^2
峰江	10	6	—	—
新桥	29	16	—	—
横街	10	5	—	—
金清	1936	1016	1944	1590
蓬街	20	7	—	—
合计	2006	1050	1944	1590

的耕地计算在内，仍有 2549.99 hm^2 的差额。这些多出的土地显然来自耕地，被交换了的耕地质量显然在下降，或者只是充数。这意味着，到 2020 年，优质的耕地仅剩 6749.05 hm^2，比按粮食自给率 40%计算的耕地尚少 2124.95 hm^2。剩余优质耕地面积仅是 2005 年底耕地总量的 55.20%，该结果有足够的理由引起人们对当地粮食安全的担忧。

（二）社会发展对土壤环境质量变化的驱动

社会发展是土壤环境质量发生变化的根本诱因。它包括人口、科教文卫体、旅游和其他社会生活。虽然旅游、文化、体育等社会生活活动都是导致土壤环境质量变化的因素之一，但是，考虑主次，人口、城市化、公众认识和科技将是本节中考虑的主要因素。由于科技进步对土壤环境影响比较明显，所以，其将单独列出，而在此将不提及。

1. 人口

人口是土壤环境质量发生变化的主要驱动因素，用来表示这一因子的指标是人口密度。据台州市统计资料，2007 年路桥区的总常住人口为 43.10 万人，人口密度为 1579 人/km^2，是全国 142 人/km^2 的 11.1 倍，浙江省 497 人/km^2 的 3.2 倍。表 7.7 显示，从 1995～2007 年的 13 年间，户籍总人口增加了 11.9%，年增长率达 9.2‰。据预测，从 2007～2020 年的后 13 年时间里，人口的年增长率将达 10.5‰。加之外来流动人口的增加，实际生活在这片土地上的人口将远超 49 万人。这将给土壤环境质量变化带来很大的压力。

表 7.7 路桥区社会发展历史轨迹和未来的预测

年份	户籍总人口/万人	群众来信/件*	城市化率/%
1995	38.51	—	—
1996	38.85	—	—
1997	39.21	—	48.03
1998	39.84	—	51.38
1999	40.22	1092	52.33
2000	40.59	1371	52.58
2001	40.96	4699	53.86
2002	41.31	4948	54.38
2003	41.70	5284	54.67
2004	42.11	—	55.00
2005	42.52	—	56.65
2006	42.72	6445	—
2007	43.10	—	—
2010	45.00	—	70
2020	49.00	—	80

*指台州市的数据。

2. 城市化

城市化率指城市人口占总人口的比例，它是土壤环境质量变化的又一驱动因子。按照城市化的一般规律，城市化率为10%至30%为城市化起步期，30%至50%为城市化加速期，50%至70%为城市化发展期。从世界城市发展的历程看，1780年，世界城市人口比重（城市化率）只有3%，1850年达到6.4%，1900年13.6%，1950年28.2%，1980年42.4%，1995年47.5%。美国1890年到1980年城市化水平从34.5%上升到73.5%。而我国的城市化率则从1978年的17.9%上升至1995年的29%，据2007年最新统计，2006年我国的城市化率已达43.9%，向城市化加速期迈进。

表7.7表明，1997年，路桥区的城市化率只有48.03%，1998年为51.38%，进入城市化的加速期。预计到2010年达到70%与美国1980年的水平相似。可见，现在城市化进程的加快成为了路桥区土壤环境质量变化的驱动力。

3. 公众对土壤环境问题的认识水平

公众对环境污染事件的反应可以说明2个问题：一是环境污染已经严重到群众无法忍受的程度，说明污染的程度；二是表明公众的环境意识增强。此处，污染程度自不必过多地谈论，但可用之指示公众的环境意识，其具体指标是群众反映环境问题的来信数量。台州市1999年群众举报环境污染问题的来信近1092封（表7.8），时隔两年，到2001年已达4699封，翻了两番有余，到2006年更是高达6445封。当然，群众反映环境污染事件的来信并不是越多越好，而是能够达到有问题即反映的程度即算恰到好处了。

另外，来自政府网站上的效能投诉在一定程度上也能反映公众对环境污染的认识状况。路桥政府效能网从2004年建站到2008年3月，公众对附近污染事件的投诉日渐增多：表7.8可以看出，开始环境污染投诉只占全部投诉量的5%左右，但2007年达到22.60%，2008年第一季度更是已经占总量的三分之一。从投诉的效果看，大部分都能有效的解决，这构成土壤环境趋好的驱动因素。图7.9是按照投诉事件的发生地进行分类的。由图可知，投诉事件并不集中在某一地区，并未受其他因素的干扰，是随机发生的，可以代表公众对环境的认识水平。

表7.8 政府效能投诉网上公众对环境的投诉情况

	投诉总量/件	环境投诉量/件	环境投诉占总投诉量百分比/%
2004年	17	1	5.88
2005年	26	1	3.85
2006年	26	4	15.35
2007年	208	47	22.60
2008年第1季度	15	5	33.33

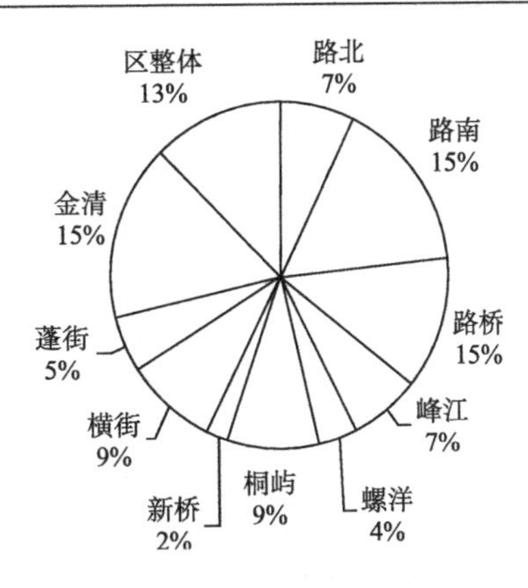

图7.9 2004～2008年公众对环境污染投诉的区域分布

4. 其他

其他的社会驱动因素包括公民的教育程度等。据台州市环保局路桥分局对2000年行政处罚涉案人员的文化程度进行统计发现，涉案人员中文盲、小学、初中、中专或高中和的比例分别为：7.94%，44.40%，38.10%，4.8%和4.8%，其中初中及其以下文化水平的涉案人员占总涉案人员的比例高达90.4%而高中及其以上文化水平的仅有不足10%。

另外，据路桥区第二次农业普查，2007年农村劳动力资源中，文盲2.1万人，占7.5 %；小学文化程度10.3万人，占37.5%；初中文化程度3.0万人，占10.7%，大专及以上文化程度0.4万人，占1.5%。从研究区小学文化程度占主体的劳动人群的角度考虑，该区教育工作确需进一步加强。

（三）经济增长对土壤环境质量变化的驱动

从产值角度考虑，经济增长对土壤环境质量变化的驱动包括国内生产总值（GDP）、人均GDP、农业产值、工业产值、建筑业产值和商业产值等。图7.10和图7.11分别表示1978～2007年的30年间路桥区的GDP，人均GDP，第一、二、三产业，工业，建筑业和邮政业的年增长率的变化。两图中，改革开放后的30年里，GDP、人均GDP、第二产业、工业和邮政服务业均处于正增长状态，农业和建筑业分别在20世纪90年代中后期和21世纪的前几年里出现了负增长。路桥撤镇建区以前各个产业均处于黄金增长时期，若以30%作为经济增长快慢的阈值，则GDP和人均GDP增长的高峰期处在1985年、1988年、1992～1995年。第二产业和工业在1979年、1983～1985年、1988年、1992～1995年处于增长的顶峰。第一产业即农业的高速增长期处在1979年、1983～1985年、1988年、1992～1995年，而第三产业却在1983～1985年、1988年和1992～1995年间年增长率超过30。建筑业年增长率超30%的年份分别为1979年、1984～1985年、1988年、1992～1995年。1995年后，路桥区的各产业经济的增长进入平稳增长期，GDP和人均GDP在1996年到2007年的12年间年增长率始终保持在10%至上，甚至前者除1998～2001年，后者除1998～2002年外，都高于15%。第一产业即农业在1996年后出现低的增长速率，甚至在1997年、1999～2000年和2006年出现负增长，12年间最高增

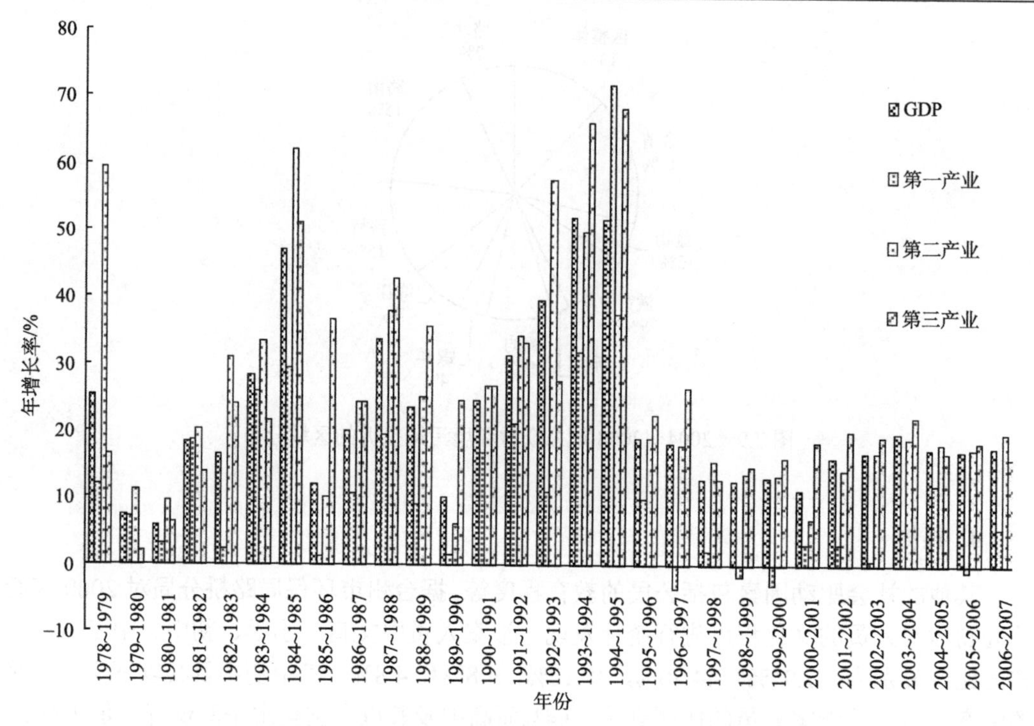

图 7.10　1978～2007 年路桥区 GDP 和产业经济的年增长率变化图

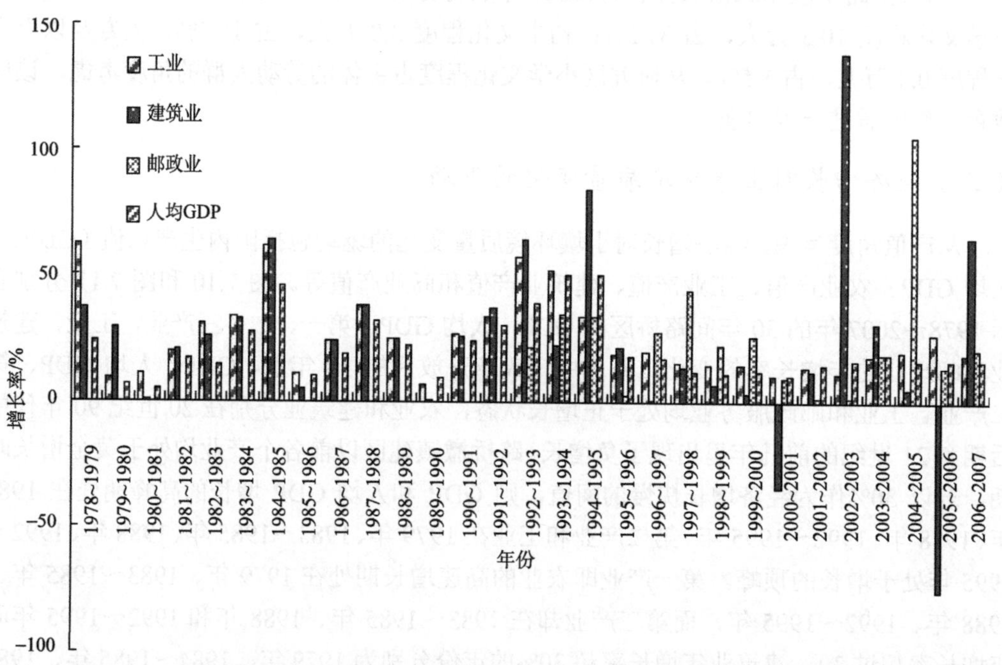

图 7.11　1978～2007 年路桥区人均 GDP、工业、建筑业和邮政业的年增长率变化图

长率也仅 5.6%，这与当地的产业结构密切相关。工业和建筑业在此期间发展尚为迅速，第二产业除 2001 年为 6.8%低于 10%外，其他均高于 10%，增长最快的 2007 年，年增长率达 19.7%，可见其驱动力之大。建筑业的年增长率变化最大，增长最快的 2003 年，其

年增长率高达138.6%。但增长最慢的是2006年，其减幅高达75.5%。第三产业的产值增长率的增幅除1998年和1999年分别为12.7%和14.6%外，其他年份均超过15%，最高1997年增长率26.5%。邮政服务业的统计资料追溯到1992年，在1992～2007年的16年间，邮政服务业的发展一直处在高速发展期，最为突出的是2005年，年增长率达105.1 %。由此可见，经济增长是路桥区土壤环境质量变化的主要因素。

（四）地区及全球变化对土壤环境质量变化的驱动

地区和全球变化的驱动包括甲烷、二氧化碳排放和各种区域气候因素。从影响强度讲，温室气体对气候变化地影响的时间段较长，而气候变化的影响时间较短。所以，本文选择区域气候变化加以详细说明。而气候变化包括热量变化、雨量变化、光照和灾害性天气等的因素。研究区属于亚热带季风气候，冬无严寒、夏少酷暑、冬夏长，春秋短，温暖湿润、雨水充沛、雨热同季、光照适宜、四季分明。秋后条件比较优越。

（五）科技进步对土壤环境质量变化的驱动

随着人们对土壤环境量认识的逐渐深入，人们逐渐投入人力、物力对土壤环境的问题进行研究，使人们用科技的手段阻止了土壤环境质量的进一步恶化。科技进步的快慢可以采用科技进步贡献率进行量化。科技进步贡献率是指科技进步对经济增长的贡献份额。它是衡量区域科技竞争实力和科技转化为现实生产力的综合性指标。由于当今科技的发展大都与环境保护相联系，所以本研究采用科技进步贡献率指标作为评价科技进步对土壤环境的正面驱动作用应是合适的。

对于科技进步贡献率的测算，主要采用生产函数法，如生产函数模拟法、索洛余值法、CES生产函数法、增长速度方法和丹尼森增长因素分析法等，这是目前国内外理论界广泛采用的一种方法。这种方法一般根据科技进步速率方程 $Y=A+\alpha\times K+\beta\times L$ 求算，其中 Y 为产出的年均增长速度，A 为科技的年均增长速度，K 为资本的年均增长速度，L 为劳动的平均增长速度，α 为资本产出弹性，β 为劳动产出弹性通常假定生产在一定时期内 α，β 为一常数，并且 $\alpha+\beta=1$，即规模效应不变。令 $E=A/Y\times100\%$，即为科技进步贡献率。

由科技进步速率方程可导出科技进步贡献率测算的一般公式：

$$E=1-(\alpha\times K)/Y-(\beta\times L)/Y$$

各因子的说明同上。根据测算，目前我国的科技进步贡献率为39%，美国、日本等主要发达国家的科技贡献率现已达到80%左右。台州市的科技进步贡献率为60%。相对比较高，也意味着研究区减缓土壤环境质量趋恶的潜力较大，但与发达国家比仍有压力。

（六）关键驱动力指标的筛选

前面提到的驱动力分为五部分，即土地利用、社会发展、经济增长、技术进步和气候变化。从因果分析链的角度来看，当土地由松软的耕地变为建设用地之时，由于土地的压实和表层覆盖的混凝土或沥青，使土壤中动物和微生物的数量急剧减小，降低了污染物在土壤中的降解速率，使土壤自身的环境容量降低，进而影响土壤的相对环境质量。据估计，到2020年，研究区的最差估计，耕地将仅相当于“十五”末优质耕地的55%。因此，土地利用方式的改变是当地土壤环境发生变化的最主要的驱动力之一。

社会发展包括人口、城市化和公众的环境教育等。人口的增加导致需求的增长，进而刺激了消费市场的发展，给土壤环境带来了大量的生活垃圾等。但是，依据目前对经济快速发展地区的人口变动现状：自然增加的人口与流动人口相比，份额极低，可以忽略。而流动人口的增加可以反映在人均GDP上。在路桥区目前产业中仍然以劳动密集型企业占优势的时候，在某种程度上，人均GDP的增加是以流动人口的增加获取的。所以，人口的自然增长率指标在像路桥这种经济快速发展的地区，可以不作为主要的驱动力考虑。城市化似乎与土壤环境的质量紧密相关，但是，由于城市化的计算方法是城市人占总人口的比例，所以，在像路桥这种城乡居民生活水平没有明显差距的地区，城市化已经难以影响土壤环境的质量变化。公众意识决定公众的环境行为，所以，公众的环境教育对土壤环境质量的变化将起到促进的作用。因此，公众的环境教育水平也可作为衡量土壤环境质量未来变化的一个尺度。

经济的快速发展是改变土壤环境质量的驱动力。但对诸多的经济指标如何选择将成为一个问题，这里采用取图7.10和图7.11中总体增长率较高的项目，即人均GDP、工业的产值和第三产业的增长。社会发展的旋律决定了科技进步后的环境效益将大为改观。工业、农业和第三产业排入土壤中污染物的较少，也就是压力减少了，现状的恶化速率也下降。如果是土壤的修复技术，直接就是土壤环境质量在变好。所以，技术进步也是主要的驱动力。总之，从因果分析的角度考虑，路桥区土壤环境质量变化的主要驱动力包括土地利用方式的改变环境教育和技术进步人均GDP的增长、工业和第三产业产值的增加及公众的对土壤环境质量而言，前四者为负驱动，后二者为正驱动。

二、土壤环境质量变化的压力（P）分析

由于土壤不仅是具有吸附、分散、中和、降解环境污染物功能的缓冲器和过滤器，还是其他环境污染的“源”与“汇”。土壤作为污染物“汇”的功能分析涉及历史上的社会经济发展对土壤环境质量的影响，即土壤环境质量变化的历史压力。而当土壤作为其他环境污染“源”考虑的时候，土壤环境与其他环境间进行的物质和能量的交换过程是动态变化的，它将构成土壤环境质量变化的现实压力。对于历史压力，将因循历史的足迹进行说明。而对于现实压力，则分街道进行说明。

由于路桥区是受人为干扰比较严重的地区之一，人类所从事的所有活动几乎都成为土壤环境质量变化的压力源，包括工业、农业、建筑业、商业和各种服务业等。本节将分别给予论述。

（一）工业发展对土壤环境质量变化的压力

1. 工业布局

路桥区工业的发展经历了从无到有，从相对落后到高度发达的演变过程。其工业起

步于改革开放之初寥若晨星的作坊式洋垃圾的拆解。随着时间的推移，产业链不断完善。到 2006 年底路桥区已经发展形成了以五大主要产业（汽摩、再生金属资源、新型建材、机电和模塑）为基础的完整的工业生产销售链。链端的每一个环节都有不同数量的污染物直接或间接的排放到土壤中，给土壤环境质量造成了很大的威胁。从工业链的链接过程分析，制造业工业企业是污染物产生的根源。所以，考虑工业对土壤环境质量的影响首先考虑的是制造企业。

表 7.9 展示了路桥区分镇、街道的制造业分布情况。表中可以看出，对路桥全区而言，机械设备生产企业较多，占企业总数的 38.39%。从镇、街道的分布看，蓬街镇占的比例最高，超过 50%，达到 53.92%。各镇机械设备生产企业所占当地工业企业总数的比例的大少顺序分别为：蓬街>新桥>金清>峰江>横街>桐屿>螺洋。蓬街镇机械设备生产企业的产品以喷雾器及其配件、纺织缝纫机配件以及其他零配件为主；新桥镇以模具、水暖管道配件为主；金清镇以专有设备及其零配件为主；峰江街道以各种五金件加工及各种配件为主。峰江街道金属相关企业较多，主要是废旧拆解企业，其规模较大。新桥镇塑料（胶）相关企业个数最多，其他如横街镇、蓬街镇和金清镇等的所占的比例亦没有小于 20%。峰江街道的工业链比较完整，包括废旧金属拆解企业、电机生产企业和机动车制造企业等，废旧金属拆解公司提供金属元件生产企业原料而电机生产企业和机动车生产企业消费金属元件生产商的产品，其本身形成完整的工业生产销售链。金清镇可能由于临海，受便利运输条件的影响，金属零件制造业比较发达。该镇生产的金属配件业主要是满足当地机动车生产和机电产品生产所需的金属零配件。新桥镇可能因为紧邻峰江街道，所以其企业的布局深受峰江街道和金清镇的影响。其生产的配件也是供峰江和金清的高端制造业，原料则来源于当地及其临近地区的废旧拆解。总之，路桥区的工业生产链在一定程度上也形成了土壤环境的压力链。

表 7.9　路桥区分街道各主要类别企业占制造企业总数的比例　（单位：%）

	全区	城区	峰江	螺洋	桐屿	新桥	横街	蓬街	金清
化工材料生产企业	0.95	1.07	1.30	1.71	3.81	0.28	0.43	0.87	0.41
塑料（胶）相关企业	26.82	27.54	19.27	31.48	38.48	39.21	27.75	24.23	22.65
金属相关企业	14.13	12.03	33.66	2.14	2.86	7.32	20.81	6.69	18.47
印刷包装企业	3.28	1.65	1.14	7.92	3.62	4.88	11.42	1.56	2.53
机械设备生产企业	38.39	33.62	38.05	17.13	20.19	43.62	24.65	53.92	40.24
灯具（饰）生产企业	2.02	2.91	0.41	2.57	2.29	0.94	8.96	1.05	0.37
电子（器）生产企业	0.76	1.21	0.65	1.50	1.52	0.38	1.17	0.27	0.51
汽摩配生产企业	8.90	12.61	3.58	9.64	15.24	3.19	3.52	8.89	11.53
电镀企业	0.15	0.27	0.08	0.00	0.00	0.09	0.21	0.18	0.09
采石场（水泥制品）	0.17	0.00	0.57	0.21	0.19	0.00	0.21	0.05	0.28
制衣企业	4.44	7.11	1.30	25.70	11.81	0.09	0.85	2.29	2.94
制造企业总数	100	100	100	100	100	100	100	100	100

路桥区是中国著名的塑料生产基地，其中，“第六届中国塑料交易会”在路桥召开。与此相对应包括主城区在内的 8 个统计区中，塑料、塑胶企业的个数占制造业的比例也较大。比例最小的为峰江街道也有 19.27%，最多的桐屿街道，已达 38.48%。

对土壤环境质量改变的压力而言，废旧资源回收再利用行业无疑是最严重的行业之一。新世纪之初的几年里，它的工业产值一直占主导地位， 2004 年，仅废旧资源和废旧塑料回收加工业的增加值就占工业总产值的近 20%。最近几年工业结构已经有发生变化的趋势：2006 年，该区五大主导行业在规模上已经发生了变化。汽摩、再生金属资源、新型建材、机电和塑模行业分别同比年增长 60.80%、46.93%、39.37%、16.48%、12.09%。相比 2005 年，5 大行业的年增长率分别为 25.30%、60.10%、39.40%、27.30%、25.28%，发生了积极的变化。但是，废旧污染的压力依旧严重。

表 7.10　单位土地面积上工业企业的个数　　（单位：家/km^2）

	全区	城区	峰江	螺洋	桐屿	新桥	横街	蓬街	金清
化工材料生产企业	0.38	0.64	0.48	0.39	0.74	0.22	0.27	0.42	0.11
塑料（胶）相关企业	10.59	16.34	7.12	7.24	7.45	30.29	17.45	11.70	6.12
金属相关企业	5.58	7.14	12.43	0.49	0.55	5.65	13.09	3.23	4.99
印刷包装企业	1.30	0.98	0.42	1.82	0.70	3.77	7.18	0.75	0.68
机械设备生产企业	15.16	19.95	14.05	3.94	3.91	33.70	15.50	26.04	10.87
灯具（饰）生产企业	0.80	1.72	0.15	0.59	0.44	0.72	5.64	0.51	0.10
电子（器）生产企业	0.30	0.72	0.24	0.34	0.30	0.29	0.74	0.13	0.14
汽摩配生产企业	3.51	7.48	1.32	2.22	2.95	2.46	2.21	4.29	3.11
电镀企业	0.06	0.16	0.03	0.00	0.00	0.07	0.13	0.09	0.02
采石场（水泥制品）	0.07	0.00	0.21	0.05	0.04	0.00	0.13	0.02	0.07
制衣企业	1.75	4.22	0.48	5.91	2.29	0.07	0.54	1.11	0.79
制造企业总数	39.50	59.34	36.94	23.00	19.37	77.25	62.89	48.30	27.01

2. 废旧金属拆解业

废旧金属拆解在路桥区特别是峰江街道历史悠久，且 20 世纪 90 年代后期以来，其增长迅速。据估计，自路桥区的废旧物资拆解的第一家作坊式家庭拆解场的成立到 2006 年，该区已累计拆解废旧物资达 1000 余万吨，产生拆解垃圾多达 25 万吨，对该区的土壤、地表水、大气和生物环境造成了很大的压力。面对废旧拆解给当地环境造成的压力，政府采取了一系列措施，如政府分别在 1999 年和 2002 年出资先后修建了占地 100 亩和占地 1600 亩的拆解园区，并且分别有 10 家和 31 家大型拆解企业入住园区。不仅如此，据政府网站提供的资料，到 2008 年，路桥拆解园区外上分散着 200 多家拆解企业。因此，关注当地的土壤环境质量变化仍需关注拆解企业的发展。根据路桥区的长远规划，到 2014 年，路桥区沿海工业园区建成后，拆解业将全部迁入。但是，隐藏在土壤中的污染物将不会随企业的搬迁而立即消失。

根据资料（图 7.12，图 7.13），2003 年前，废旧物资的总拆解量已达 620 万吨，废旧垃圾达 125 万吨。2003～2006 年，年拆解量维持 200 万吨的量不变，到 2014 年年拆解量达 500 万吨，若按目前的趋势发展，到 2014 年，将会有 225 万吨的拆解垃圾量。

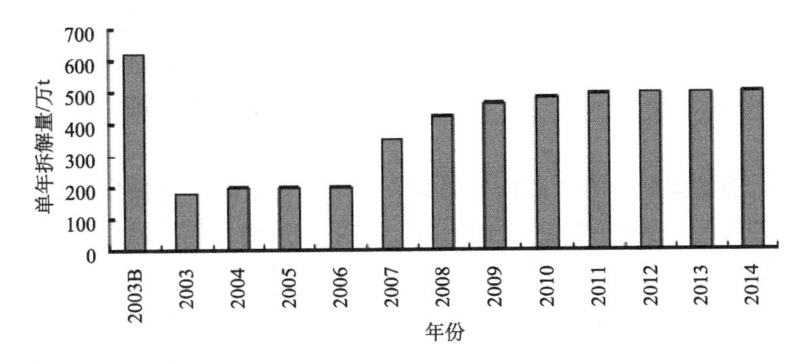

图 7.12　2003 年前拆解总量及 2003～2014 年单年拆解量

2003B 表示 2003 年以前

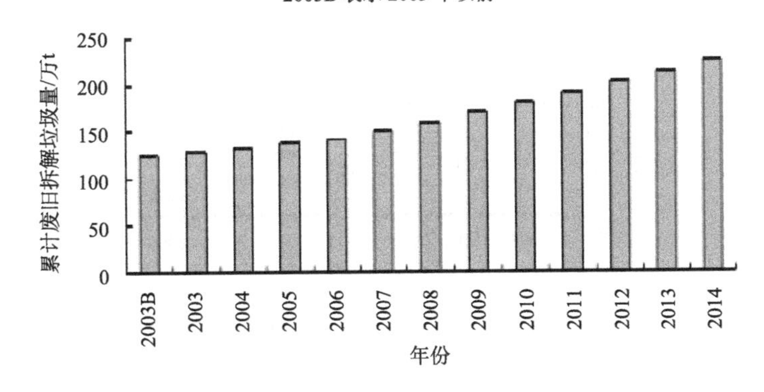

图 7.13　2003 年前拆解垃圾量及 2003～2014 年年拆解垃圾量

2003B 表示 2003 年以前

3. “小冶炼”

“小冶炼”是路桥区土壤环境质量变化的另一主要的压力之一。路桥区的“小冶炼”已有 20 多年的历史，分布于蓬街、金清、新桥、横街、路南等镇和街道，共 1309 家。从 2005 年 4 月 17 日开始至 7 月 15 日，1309 家“小冶炼”已全部取缔或整顿。“小冶炼”的工作模式是当地人从外地大量购进废铝、废铜、铝灰渣等金属垃圾，随便找个地方，建起一个烟囱，摆上一个坩埚炉，就开始了最原始的冶炼。在冶炼过程中，废旧金属垃圾上粘带的有机污染物如润滑油等高温下分解为有机污染物排到空气中，然后通过大气沉降回降到附近土壤，对土壤环境质量造成威胁。虽然从 2005 年中期，“小冶炼”已被政府取缔，但是，有些不法分子为了追求经济利益，仍然在偷偷地进行生产。

可见，“小冶炼”的影响是根深蒂固的，需要加强环境知识的普及和教育。并且要加强执法力度，增加违法者犯法成本。

4. 工业固体废物

工业固废垃圾是工业发展留给土壤环境的又一压力。路桥区是一个工业相对发达的地区，其潜在污染企业多达 15 000 家。仅产生固体废物污染较为严重的废旧拆解业而言，就多达 257 家，2004 年其产值达 40 多亿元，占当年路桥区工业总产值的 20.74%。2006 年，路桥区对固体废物拆解业进行专项整治，清运垃圾 10 600 多吨。可见该产业对环境的压力之重。

对于其他行业的固体垃圾，路桥区数据有限，所以只能采用台州市的数据借以说明问题。图 7.14 是显示 1998～2006 年台州市区工业固体废物的排放量，从排放量可以看出，工业固体垃圾的排放压力总体在逐步减少。由于固体垃圾堆放到路边或田间是很容易别人发现的，所以，随着政府和公众环保意识的增强，固体废物排放的压力将不为路桥区环境的主要压力了。但是，垃圾场的逐步扩大，在部分点上将给土壤环境造成严重的污染。

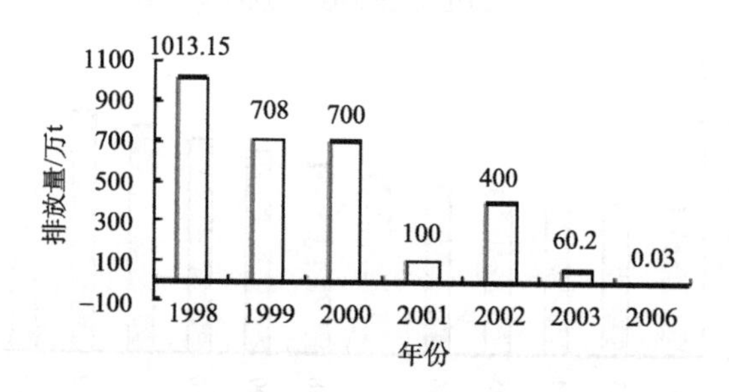

图 7.14　台州市工业固体废物的排放量

5. 工业废水

1）全区废水排放

在了解全区废水情况时首先应考虑不同类型企业的排放情况。图 7.15 列出了分行业单位企业废水排放量分布状况，行业的特点决定了电镀企业单位企业污水排放量最大，金属相关企业的废水排放量和汽摩配的次之。由于所排放的废水中污染物的含量多少的不同，所以仅谈废水排放量显然不能确定该类企业对土壤环境质量变化压力的大小，但路桥区有重化工企业 2 家造纸企业，印染企业 3 家以及 10 余家电解企业，并且路桥区区级河道整治过程中涉及企业多达 10 家，污染口 10 个，10 m 以上镇村级河道整治过程中涉及污染企业 2 家，污染口 2 个。使得废水排放情况可从一个侧面反映压力的大小。 2003 年全年排放工业废水 317 万吨。区内淡水水资源十分紧缺，水环境容量非常有限。另一方面，工业污染和生活废弃物污染更加剧了这种紧张形势，全区所有河段甚至包括金清水厂和长浦水厂（地下水）等水质类别都在 V 类和劣 V 类之间，均不能满足一般水域功能要求，主要超标因子有溶解氧、氨氮以及石油类等，属于典型的有机污染。

另一方面，在近几年路桥区废水排放数据难以获得，所以，用台州市的废水排放量加以说明。虽然工业产值在增加，但废水的排放量基本是保持一种动态平衡。这可能是受技术进步的影响，但是废水的排放口可以隐藏，所以，废水的排放对环境的污染仍不能忽视。

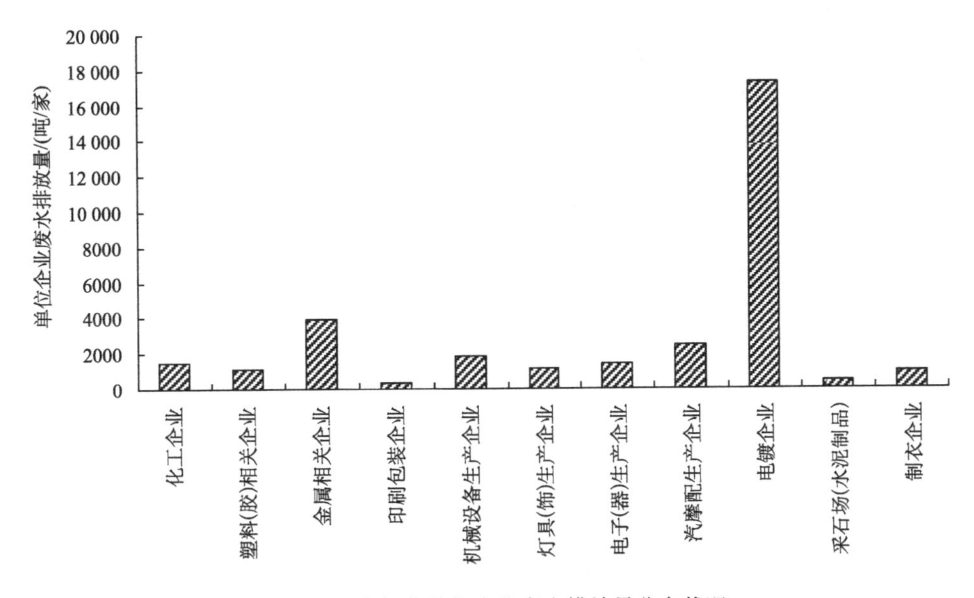

图 7.15　分行业单位企业废水排放量分布状况

2）分乡镇废水排放

路桥区分乡镇废水年排放量的统计分析（图 7.16）知，峰江街道废水排放总量最多，螺洋街道废水排放总量最少。由于只得到蓬街镇和金清镇河流废水排放的总量，所以，所以假设两街道排放废水总量相等。由于该区的主产业是废旧拆解所组成的工业产业链，而在在拆解金属或塑料容器或设备时，要大量地用到水进行冲洗。水全部就近来自地表河水，用后的废水也是直接排到河中。所以，废水的排放量的情况可以大体反映废水对土壤环境质量变化的压力大小。

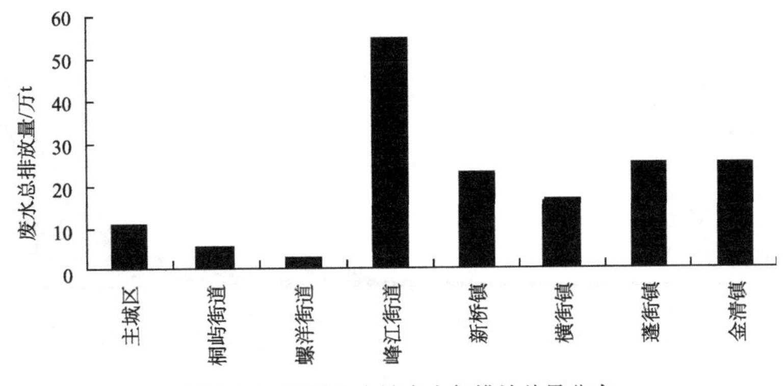

图 7.16　路桥分乡镇废水年排放总量分布

3）分河流废水排放

由于不同河流的污染情况也可以给当地的灌溉提供参考，对路桥区的几条主要河流的废水排放情况进行研究显得尤为重要。废水排放的压力分河流讨论分布的结果见图 7.17。新桥浦是与南官河峰江段相连的河流，其单位水面年废水排放量最大，对土壤环境的压力也最大。南官河是贯穿路桥区南北的主要河流之一。在其两旁集聚的企业也相对较多，可能由于峰江街道段排放严重，所以其单位面积水面的废水排放量较大。位于排放量第三位的青龙浦。其他四条河流山水泾、三横泾、三才泾和徐山泾的单位水面的废水排放量较小。

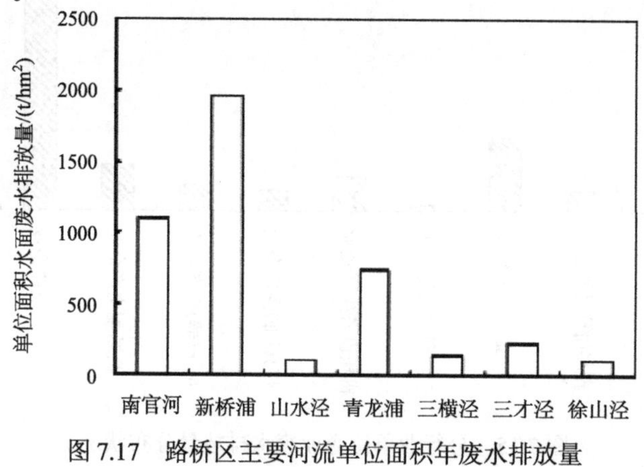

图 7.17　路桥区主要河流单位面积年废水排放量

6. 工业废气

利用 1995 年到 2005 年的年消耗煤的量及其煤中 8 种重金属的含量，可以求出每年由煤的燃烧产生的重金属的总含量，如图 7.18 所示，到 2020 年时，重金属的总含量将达 800t。而根据车辆尾气、塑料燃烧、工业木块燃烧、铜和铝的二次利用以及煤和石油的燃烧等七种途径，可以得出（图 7.19），2020 年，二噁英排放的毒性当量将达 600g TEQ。因此，在这 7 种途径中，塑料燃烧是最重要的途径（图 7.20）。煤中多环芳烃以六环为主（图 7.21）。

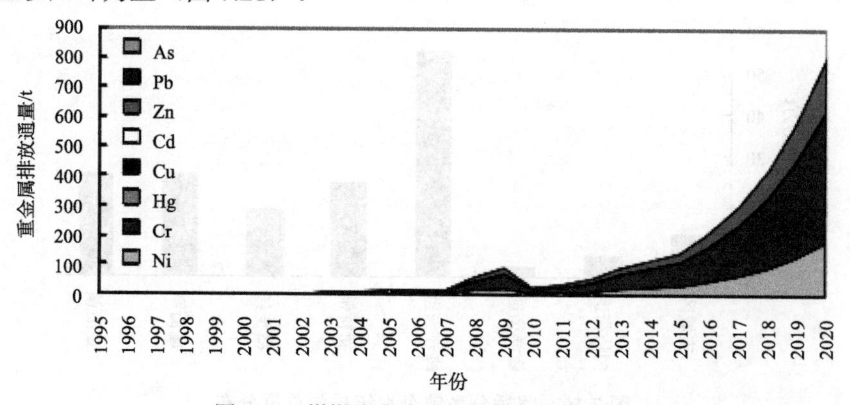

图 7.18　煤燃烧带来重金属的年排放总量

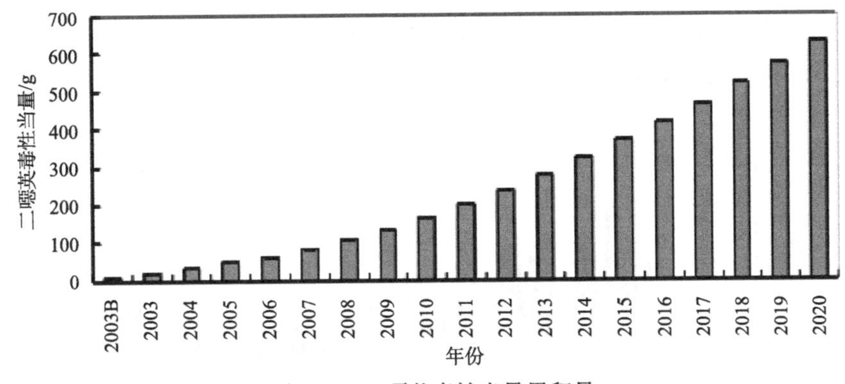

图 7.19　二噁英毒性当量累积量

2003B 表示 2003 年以前

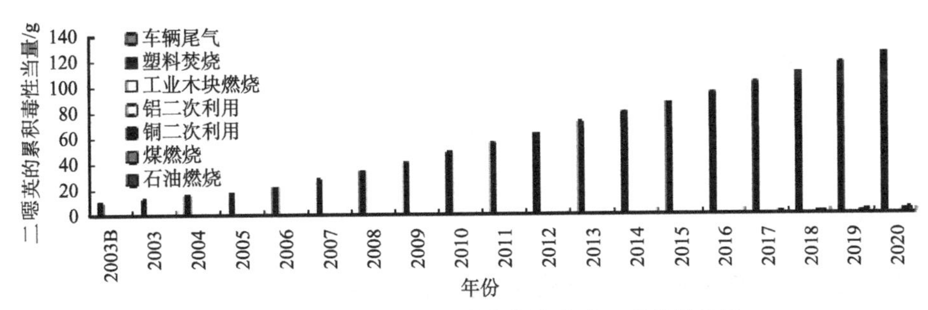

图 7.20　不同污染源中污染物燃烧产生二噁英的总量

2003B 表示 2003 年以前

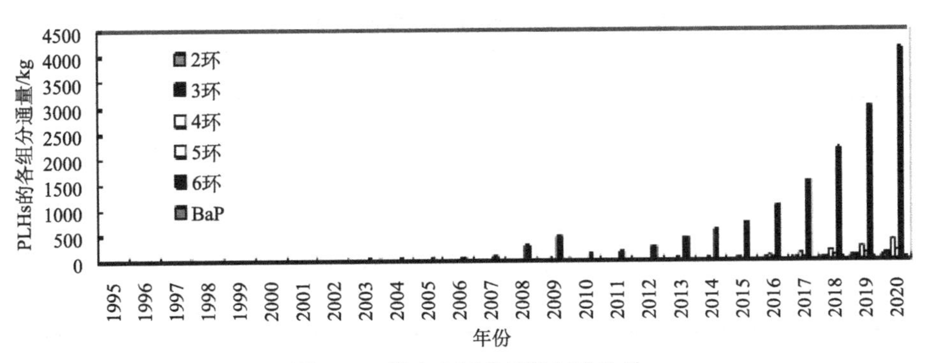

图 7.21　煤中多环芳烃的年排放量

（二）大气干湿沉降

路桥区大气沉降中污染物的来源，除了燃煤外，更重要的是拆解垃圾的露天燃烧和“小冶炼”的遍地开花，由于露天焚烧最严重的峰江街道和“小冶炼”最多的蓬街镇部分都在台州市城区或郊区，所以，可用城区悬浮颗粒（空气质量指数）的情况来反映大气的干湿沉降量。

废旧拆解行业的拆解垃圾的露天焚烧、小冶炼和其他企业排放的废气构成了台州城区空气质量的主要影响因素。从 2004 年和 2006 年全年监测的空气质量看（图 7.22），2006 年全年比 2004 年明显的变好，这期间，路桥区政府取缔了小冶炼和对露天焚烧加强了监管。由此可见，路桥区的两个重点行业废旧拆解和小冶炼的历史发展、现状及未来发展趋势均将作为土壤环境质量变化的主要压力。

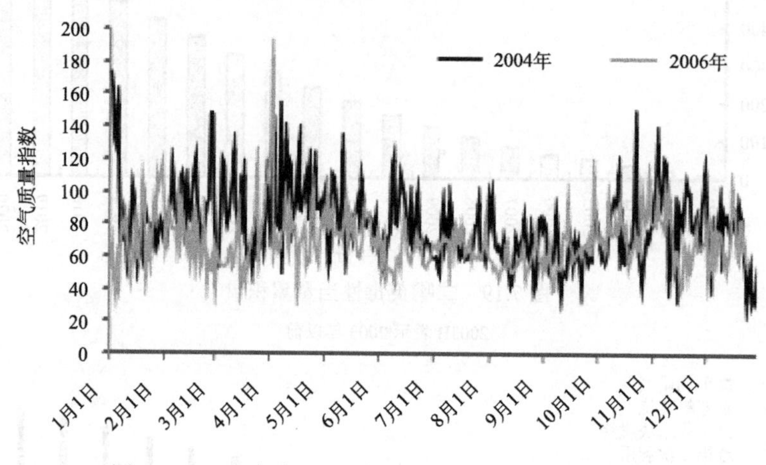

图 7.22　2004 年和 2006 年两年路桥城区空气质量指数

（三）酸雨

表 7.11 表示 2000～2003 年路桥区的酸雨率，4 年间，路桥区的酸雨率一直维持在 50%以上，发生频率较高。所以，酸雨对土壤环境的压力是非常严重的。

表 7.11　2000～2003 年全区的环境指标

	2000 年	2001 年	2002 年	2003 年
工业废水排放量/（万 t）	109.04	229.29	292.54	316.54
工业废气排放量/（亿标 m^3）	1.08	1.08	1.39	2.27
烟尘排放/t	152.11	131.93	131.2	193.87
工业粉尘/t	20	15	13.37	13
酸雨率/%	98.5	66.2	78.8	96.3

（四）农业发展对土壤环境质量变化的压力

农业化学品及有机废弃物的大量施用是路桥区土壤环境质量变化的主要压力之一，主要包括化肥、农药的施用，畜禽养殖、农作物秸秆、水产养殖和塑料农膜等。

1. 化肥、农药

近年来，随着农业种植结构的调整，农作物种植制度发生了较大变化，粮食作物的播种面积大幅度下降，高附加值蔬菜、花卉以及水果等面积不断扩大，在一定程度上增加了化肥、农药的施用量。据统计（图 7.23），2001 年全年农田化肥施用量 2.5 t，平均

1362 kg/hm^2；大量化肥流失，如全年氮流失 481 t，磷 50 t。全年施用农药 178.05 t，单位面积施用量约 13.1 kg/hm^2。根据《台州市区农业面源污染防止规划》，2005 年路桥区的化肥施用强度为 439.04 kg/hm^2（折纯）、农药施用强度为 1.79 kg/hm^2，由于化肥和农药的施用量大，所以种植结构的改变也会通过化肥、农药的途径给土壤环境质量增加压力。

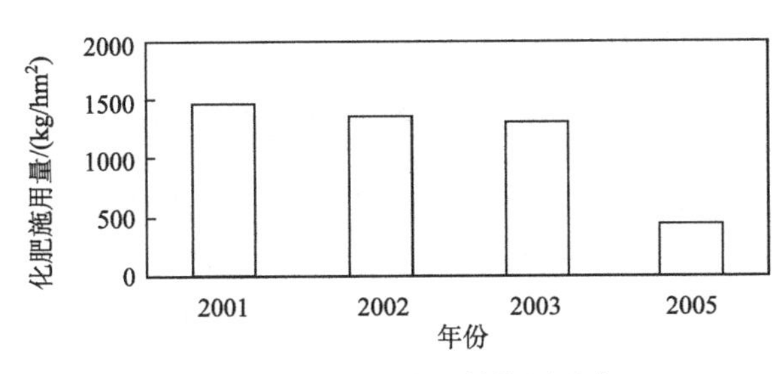

图 7.23 路桥区化肥的施用强度

2. 塑料农膜

随着农业的发展，塑料农膜的使用量也随之快速增加。2001 年，全区地膜年使用量 628 t，棚膜使用量 1439.3 t，但回收率分别仅为 42.1%和 78.9%。虽然到 2020 年计划中的农用薄膜回收率将达到 90%以上，但历史的残留对土壤结构的破坏仍不容忽视。

3. 畜禽养殖

根据 2001 年 12 月调查统计结果，农村各类畜禽粪尿年产生量约 9.87 万吨，其中有 3.25 万吨直接排放，全年排放畜禽养殖污水 37.02 万 t。

2005 年路桥区畜禽饲养总量为 107.82 万头（只），仅粪尿年排放量就高达 10.65t，由于防治措施较少，年处理粪尿仅为总量的 5%左右，大多未经处理直接排入河道和施用到农田，对水体造成较严重的污染。另一方面，饲料中的激素或药物随排泄物进入土壤也对土壤造成了严重的污染。

4. 水产养殖

2005 年市区水产养殖面积为 7019 hm^2，较 2000 年下降了 5.02%，其中路桥区养殖面积最大，占市区总面积的 45.60%。据 2001 年台州市农业农村面源污染调查，2000 年市区水产养殖饵料、肥料、药物的投放总量分别为 3.16 万 t、655.78 万 t 和 51.92 t，污染物流失总量达 1.10 万 t。当这些作为灌溉水进入农田时，也将给当地的土壤造成一定的压力。

5. 农作物秸秆

随着粮食作物播种面积的下降，路桥区农作物的秸秆产生量亦随之减少，2001 年农作物秸秆产生总量 12.12 万 t，利用率仅 64.6%，焚烧量高达 1.89 万 t，给环境造成了很大的压力。

（五）生活垃圾对土壤环境质量变化的压力

生活垃圾也是土壤环境质量发生变化的压力。生活垃圾所含成分复杂，有些废旧电池、废金属或其他的污染物被人们遗弃，给垃圾掩埋场附近的土壤环境造成很大的污染压力。2001 年，路桥农村全年生活垃圾产生量高达 9.2 万 t。农村生活垃圾的无序堆放和粗放式处理给土壤环境造成了污染压力。

（六）自然灾害和人为事故对土壤环境质量变化的压力

灾害是路桥区土壤环境质量变化的主要原因之一。灾害分自然灾害和人为灾害（即事故）两种。自然灾害如通过暴雨的影响，将堆积的垃圾被冲进河流或农田造成土壤环境质量的改变。人为灾害即人为的污染事故（如污染物倾倒或泄露），它是局部土壤环境质量发生变化的最主要压力之一。

自然灾害的例子最为明显的是 2003 年的特大暴雨，总降水量高达 280mm。局部地区受淹成灾，部分村庄、农田和企事业单位、市场出现进水。这就使工业用地、居民区用地和农田通过雨水联系在了一起，造成污染物从工业区或居民区转移到农田。

虽然近几年没有发生严重的土壤环境污染事故，但事故的发生具有偶然性，所以，认为污染事故也是土壤环境的重要压力之一。

（七）关键压力指标的筛选

对于土壤环境质量本身而言，工业、农业、生活垃圾和灾害等均能够给土壤环境造成污染的压力。工业是通过“三废”排放影响土壤环境的质量，农业生产中的污染来自化肥、农药和农用薄膜的使用等，生活垃圾则来自各种日用品的剩余物，灾害是人为或自然事故造成的土壤环境质量的急剧破坏。就对土壤环境质量的压力程度而言，工业排放当然是第一位的。虽然在经济快速发展的路桥区，其高效农业也要求施用大量的化肥，但据当地农业部门的工作人员介绍，当地蔬菜地施用化肥的量也仅为水稻田施用量的 2 倍。农药和除草剂等土壤环境质量的压力虽然存在，但是，当随着一些易降解农药的推广使用，该种压力强度将有变小的趋势。对于县域尺度上的土壤污染而言，其很大程度上，与当地的主要产业有很大关系。当主要产业较为环保时，该地的土壤质量经常呈良好状态。但研究区的主要产业是以高污染的废旧拆解业为基础形成的产业链及其他的污染行业，如小冶炼等。

以 D-P 的因果链进行分析，人口的增加、国家政策的放开及利益的驱动，促进了废旧拆解等系列作坊式高利润、低成本和高污染产业的形成。随着时间的推移，土壤环境所容纳的污染物逐步超过其容量，造成了土壤污染。而其他的因素，如农业、生活垃圾和灾害等也是压力之一。但由于在概念模型的分析过程中认为其强度比工业要弱，所以，在没有进一步探源分析之前，认为以废旧拆解为始端的工业产业链是最关键的压力因子。

三、土壤环境质量的现状（S）分析

随着中国工业化进程的加速，工业企业所排放的“三废”已成为土壤环境质量变化的主要压力之一。工业企业也就成为土壤环境质量变化的重要污染源。就当地工业产业而言，废旧垃圾拆解和“小冶炼”是其主要的污染源。2006 年前，作坊式的露天拆解曾遍布峰江街道各村落，给当地土壤环境质量造成了一定的影响（王世纪等，2006；杜欢政等，2000）。我们通过现场采样调查，对路桥区土壤的性质、土壤重金属污染物、有机污染物含量等方面等做了全面分析。相关阐述见第六章。

四、土壤环境质量的影响（I）分析

环境质量的改变对人类健康造成了不小的影响。据当地农业局官员介绍，当地皮肤病发病率比较高，最近连续几年，该区污染最为严重的峰江街道，参军青年体检时，身体均不合格。他觉得这是当地的环境造成的影响。我们注意到，在路桥政府效能网上，有村民投诉：蓬街镇新丰村，由于受“小冶炼”的污染，近两年村里已有 12 名村民患癌症死亡。这些事件都说明是环境的污染，当然包括土壤环境，可以给人类的健康带来很大的危害。所以，需要对土壤环境质量变化的影响进行评估。当然，土壤环境质量所造成的影响包括对人体健康的影响和对生态的影响。

在人体健康的影响方面，高军（2005）和平立凤（2005）曾对多种蔬菜和动物组织中的多氯联苯（PCBs）和多环芳烃（PAHs）含量进行分析，发现多种蔬菜中检出了 PCBs 和 PAHs，且以丝瓜、空心菜和青菜中含量最高。鱼和鸡的脂肪中 PCBs 含量最高，鸡和鸭的脂肪，以及鸡、鸭、鱼的肝脏中 PAHs 中含量最高，对人体健康存在风险。对土壤环境质量进行评估的条件有 3 个：一是土壤中污染物的浓度；二是土壤中污染物的含量标准的确定；三是分级标准。土壤中污染物的含量通过取样、实验室分析的流程得到。土壤中污染物含量的标准通过风险评价后设风险商为 1 而得到。评价标准分为 5 级（Semenzin et al.，2008），如下：

Ⅰ级　$X=0$　表示对现有已试验物种无影响

Ⅱ级　$0<X\leqslant 0.3$　表示仅对已试验物种中较为敏感个体有影响

Ⅲ级　$0.3<X\leqslant 0.7$　表示对已试验物种中较多个体产生影响

Ⅳ级　$0.7<X<1$　表示对已试验物种中大多数个体产生影响

Ⅴ级　$X\geqslant 1$　表示对已试验物种中全部个体均有影响

土壤环境质量的生态风险，包括对动物、植物和微生物的风险。对动物和植物的风险可用生态风险评价的方法解决，微生物的风险本研究将不涉及。动物包括哺乳动物、鸟类和无脊椎动物。在美国 EPA 所采取的土壤环境的生态风险评估中，哺乳动物选择食草动物、食虫动物和食肉动物，鸟类选择食谷鸟、食虫鸟和食肉鸟。本研究也将做同样的选择。一个地区，动物和鸟类的数量是非常庞大的。据统计，中国约有脊椎动物 6266 种，其中兽类约 500 种，鸟类约 1258 种，爬行类约 376 种，两栖类约 284 种，鱼类约 3862 种，约占世界脊椎动物种类的十分之一。另有无脊椎动物 5 万余种、昆虫 15 万种。所以，在选择代表性物种时难以达到平衡。为了研究的需要，各种哺乳动物和鸟类的选择与美国一样的物种，即食草动物、食虫动物和食肉动物分别选择草原野鼠、短尾稚和黄鼠狼，食谷鸟、食虫鸟和食肉鸟分别选择和平鸽、山鹬和红尾鹰。对于生物的生态风险，美国 ECO-SSL 采取的方法是求风险商，其计算公式如下，为暴露剂量与毒性参考值的比。

$$HQ=\frac{ED\left(\mathrm{mg/\ kg\ BW/\ d}\right)}{TRV\left(\mathrm{mg/\ kg\ BW/\ d}\right)}$$

式中，*HQ* 指污染物的风险商；*ED* 指暴露剂量；*TRV* 指毒性参考值。

1）毒性参考剂量的选择

对于风险商的计算，最为关键的环节是确定毒性参考剂量。在参考剂量的选择上，本研究选择文献筛选和国家间比对两个途径进行。

植物的毒性参考值，由于没有相应的毒性数据库，所以采用了文献综合的办法进行。对土壤重金属 Cu 的毒性研究的较多，有水培，有盆栽，也有大田调查。由于水培和盆栽相对于大田调查而言，后者更接近于实际，因此，土壤 Cu 对植物的毒性参考值选择大田调查的数值即 16 mg/kg。土壤 Zn、土壤 Pb 和土壤 Cd 的毒性试验资料显示，3 种土壤重金属在土壤中均存在水培和土培试验。两者比较，土培试验更接近大田的实际，所以，在没有大田试验数据的情况下，选择土培毒性试验代替，其值分别为 177 mg/kg、125 mg/kg 和 35 mg/kg。土壤 Ni 和土壤 As 的毒性试验仅有盆栽的，所以，就直接选用了，其值分别为 40 mg/kg 和 30 mg/kg。土壤 Cr 的毒性试验中，没有找到土培试验，所以，只能选择水培试验数据即 5 mg/kg。由于缺乏土壤 Hg、土壤 PCBs、土壤 PAHs、土壤 DDT 和土壤 HCH 的植物毒性试验数据，所以，暂时没有给出其毒性参考值。

土壤污染物对蚯蚓的毒性参考值，可以借用欧盟的文献整理值，见表 7.12。

表 7.12　土壤污染物对蚯蚓的毒性参考值（mg/kg 土壤）

污染物	Cu	Pb	Zn	Cd	Ni	Hg	As	Cr	PCBs
*TRV**	50	500	200	20	200	5	60	32	20

*表示毒性参考值。

动物的毒性参考值来自美国环保局（USEPA）、美国加利福尼亚州（California）和欧洲农村发展文件（ERD）。土壤 Cu 的毒性参考值在 USEPA、California 和 ERD 中均有值的选取，测试的物种包括鼠类和红狐狸，由于风险偏向维护脆弱物种的生存，所以取已知值中的最小值，即 0.13mg/kg/d。其他土壤污染物对土壤动物的选择与土壤 Cu 的毒性参考值类似，也是以保护最脆弱物种作为首要考虑的因素。

鸟类的毒性参考值的选择依据与动物的毒性参考值的选取规则完全一致，也是以保护脆弱物种为原则。Cu、Pb、Zn、Cd、Hg、Ni、As、Cr、PCBs 和 DDT 的毒性参考值分别为 2.30 mg/（kg · d）、0.014 mg/（kg · d）、14.50 mg/（kg · d）、0.08 mg/（kg · d）、0.039 mg/（kg · d）、1.38 mg/（kg · d）、5.14 mg/（kg · d）、0.10 mg/（kg · d）、0.090 mg/（kg · d）和 0.028 mg/（kg · d）。

2）暴露剂量的计算

由于植物和蚯蚓是通过根或身体与土壤直接接触的，所以，两者暴露量的计算即为土壤中的生物有效浓度。另一方面，由于当地土壤酸化比较严重，使土壤重金属的生物有效性大为提高，所以，可以近似用全量浓度代替有效浓度进行计算而求得风险。

哺乳动物和鸟类的暴露剂量公式如下所示，暴露剂量考虑的因素主要是饮食。

$$ED=\left(\left[Soil_j*P_s*FIR*AF_{js}\right]+\left[\sum_{i-1}^{IV}B_{ij}*P_i*FIR*AF_{ij}\right]\right)*AUF$$

式中，*Soil*，指土壤中污染物 j 的浓度（mg/kg 干重）；

P_s 指饮食中土壤所占的比例；

FIR 指食物的吸收率 kg/（kg·d）；

AF_{js} 指所食土壤 s 中污染物 j 的吸收因子；

N 指饮食中食物的种类数；

B_{ij} 指食物 j 中污染物 j 的浓度（mg/kg 干重）；

P_j 指饮食中食物 i 所占的比重；

AF_{ij} 指食物 i 中污染物 j 的吸收因子；

AUF 指因子的应用面积。

3）因子的选择

为了计算问题的方便，AF_{js}、AF_{ij} 和 *AUF* 取值为 1。*FIR* 和 *Ps* 的取值参照 EPA 的选择如表 7.13 所示，食草动物、食虫动物、食肉动物的食物假设分别是 100%植物叶子、100%蚯蚓和 100%小动物。食谷鸟、食虫鸟和食肉鸟假设其饮食成分分别为 100%种子、100%蚯蚓和 100%小动物，且小动物的食物是 100%的蚯蚓。

表 7.13　野生动物和鸟类暴露模型参数

接收器	*FIR*/[kg DW/（kg BW·d）]	*Ps*	饮食假定
食草动物	0.0875	0.032	100%植物叶子
食虫动物	0.209	0.030	100%蚯蚓
食肉动物	0.130	0.043	100%小动物
食谷鸟	0.190	0.139	100%种子
食虫鸟	0.214	0.164	100%蚯蚓
食肉鸟	0.0353	0.057	100%小动物并且小动物的饮食是 100%蚯蚓

食物中污染物的浓度可用表 7.15 所示的计算公式推导出来。表 7.14 中，C_s 表示土壤中污染物的浓度（mg/kg），C_p 为植物组织中污染物的浓度（mg/kg 干重），C_e 蚯蚓体内污染物的浓度（mg/kg 干重），C_m 表示小动物组织内污染物浓度（mg/kg 干重），C_d 表示当饮食为 100%蚯蚓时，饮食中污染物浓度（mg/kg 干重）。

表 7.14　利用土壤重金属含量计算生物体内重金属含量的经验模型

	土壤到植物	土壤到蚯蚓	土壤到小动物
Cu	$\ln(C_p)=0.394\cdot\ln(C_s)+0.668$	$C_e=0.515\cdot C_s$	$\ln(C_m)=0.1444\cdot\ln(C_s)+2.042$
Zn	$\ln(C_p)=0.554\cdot\ln(C_s)+1.575$	$\ln(C_e)=0.328\cdot\ln(C_s)+4.449$	$\ln(C_m)=0.0706\cdot\ln(C_s)+4.3632$
Pb	$\ln(C_p)=0.56\cdot\ln(C_s)-1.328$	$\ln(C_e)=0.807\cdot\ln(C_s)-0.218$	$\ln(C_m)=0.4422\cdot\ln(C_s)-0.0761$
Cd	$\ln(C_p)=0.546\cdot\ln(C_s)-0.475$	$\ln(C_e)=0.795\cdot\ln(C_s)+2.114$	$\ln(C_m)=0.4723\cdot\ln(C_s)-.2571$
Hg	ND	ND	ND
As	$C_p=0.03752\cdot C_s$	$\ln(C_e)=0.706\cdot\ln(C_s)-1.421$	$\ln(C_m)=0.8188\cdot\ln(C_s)-4.8471$
Ni	$\ln(C_p)=0.748\cdot\ln(C_s)-2.223$	ND	$\ln(C_m)=0.8188\cdot\ln(C_s)-4.8471$
Cr	$C_p=0.04\cdot C_s$	$C_e=0.306\cdot C_s$	$\ln(C_m)=0.7338\cdot\ln(C_s)-1.4599$

土壤中 Cu、Zn、Ni 和 Cr 对植物的综合风险商超过 1。其中，研究区有 98.44%、98.68%、40.65%和 33.85%的土壤样品中 Cu、Cr、Ni 和 Zn 对植物存在风险。对植物而言，Pb、Cd 和 As 的风险要小得多，Cd 和 As 不存在风险商超过 1 的样点，而 Pb 的超过毒性参考值的点也不足 1%。

对蚯蚓而言，土壤中 Cu、Zn、Cr 和 Hg 的风险商分别有 63.47%、22.49%、79.61%和 0.99%已经超过 1，存在某种程度的生态风险。这说明，研究区的土壤中的 4 种污染物已经对蚯蚓构成了风险。而 Pb、Cd、Ni、As 和 PCBs 对蚯蚓的风险尚未有风险商超过 1 的点存在。对哺乳动物而言，土壤中 Cu、Zn、Cd 和 Ni 的风险最大。4 种土壤重金属对食草、食虫和食肉三种哺乳动物的综合风险商均超过 1，且 Zn、Cd 和 Zn、Ni 分别对食虫动物和食肉动物的风险达到 100%。Pb 对食虫动物和食肉动物的风险比较大，分别有 99.33%和 99.11%的样点的风险商大于 1。而其对食草动物的风险较小，综合风险商仅为 0.6372。Cr 对哺乳动物的风险是最低的，其综合风险商仅为 10 数量级。As 对食虫动物和食肉动物的风险最大，风险商大于 1 的样点均为 100%，而对食草动物而言却没有一个样点的暴露剂量超过毒性参考剂量值。

对于鸟类，土壤中的多种污染物的风险与哺乳动物存在差别。除 As 外，土壤中的 7 种污染物均对食谷鸟和食虫鸟存在不同程度的风险，其综合风险商值均大于 1。最高的为 Zn 对食虫鸟的风险商，其采样点的风险商 100%超过 1。对于食肉鸟而言，各土壤污染物对其风险除 Cr 外，均有较小的风险，综合风险商均小于 1。而 Cr 却有 94.08%的点位其风险商大于 1，其最大风险商更是高达 5.7340。

表 7.15 是根据综合风险商值等于 1 时对应的土壤污染物的浓度，其中，最大值作为风险评价的上限值，最小值作为下限值。

表 7.15　生态风险上限值和下限值的确定　（单位：mg/kg）

	植物	蚯蚓	哺乳动物			鸟类			最小值	最大值
			食草	食虫	食肉	食谷鸟	食虫鸟	食肉鸟		
Cu	16	50	349	34	20	33	16	1466	16	1466
Zn	177	200	251	29	14	98	10	1513	10	1513
Pb	125	500	7.48	1	0.32	4.52	1.59	37	0.32	500
Cd	35	20	1.17	2.59	0.59	390	21	278	0.59	390
Ni	40	200	19	—	8.46	40	—	997	8.46	997
Cr	5.00	32	428 963	39 018	3819	2.92	1.09	18	1.09	428 963
As	30	60	21	3.32	69	153	1807	6749	3.32	6749
Hg	—	5.00	—	—	—	—	—	—	5.00	5.00

研究区的土壤环境质量对植物、动物的生态风险评价结果表明，对路桥区总体而言，土壤中 Cu 和 Zn 对生物的风险处于三级的中等风险水平。而 Pb、Cd、Ni、Cr、和 As 的风险处于二级的轻微风险水平，土壤仅对个别物种有风险。路南街道的土壤环境对生物的风险较轻，该街道土壤中 PCBs 和 Cd 对生物没有风险。Cu、Zn 和 Pb 三种污染物对生物的风险为轻微状态。峰江街道的土壤污染物对生物的生态风险比路南要严重，Cu 和 Zn 已经达到中等风险的Ⅲ级水平，而 Pb、Cd、Ni、Cr 和 As 则为轻微风险的二级。新桥镇的不同种土壤污染物的风险差异较大，风险最大的是土壤 Zn，已经达到中等风险水平，最小的是 Cd，仍处于安全状态，其他则处于轻微风险的二级。横街镇的土壤污染物对当地生态的风险总体比较小，Cd 处于无风险状态，其他 5 种污染物 Cu、Zn 和 Pb 则为轻微风险。蓬街镇的 Zn 的生态风险为三级，Cd 为一级，其他均为二级。金清镇除 Cd 为一级外，其他均为二级。

生态风险的综合评价结果（图 7.24）显示，路桥全区的综合风险商为 0.61，处于三级风险，表示研究区内土壤对多数试验的物种存在风险。峰江街道、蓬街镇和新桥镇同全区的风险商类似，均处于 0.3～0.7，存在中等程度的风险。路南街道、金清镇和横街镇 3 乡镇其综合风险商处在 0～0.3，属于轻度风险。

经生态风险评估可知，路桥区土壤环境总体处于中等风险状态，其中峰江街道、新桥镇和蓬街镇的风险状况与全区一致。路南街道、横街镇和金清镇等的综合风险商处在 0～0.3，表明各镇土壤环境存在轻微的生态风险。局部点位土壤环境对某敏感物种已出现毒害的风险，但尚没有对全部试验物种构成威胁。Cu、Zn 是研究区土壤中生态风险最为强烈的两种污染物。全区和峰江街道范围内 2 种土壤污染物的生态风险均达中等强度。另外，新桥镇和蓬街镇土壤中的 Zn 的生态风险也达中等程度。所以，对全区而言，各土壤污染物的生态风险强度顺序为：Zn>Cu>Pb>Ni>Cd>PCBs>As>Cr。

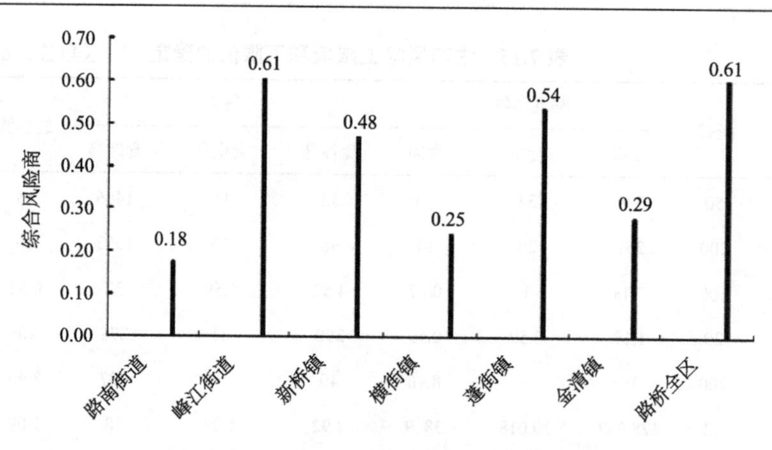

图 7.24　路桥区土壤环境生态风险商综合值

五、土壤环境质量变化的响应（R）分析

基于增长率的路桥区土壤环境质量变化的驱动力分析，给人们提供了该区土地利用、社会经济的发展情况。基于污染排放的压力分析，使人们认识到工业废物的排放、农业化肥农药和塑料薄膜的使用以及自然灾害等均给当地的土壤环境质量带来了不小的压力。基于背景值和国家标准的土壤环境质量的现状则提示我们，研究区有些地方已经出现了污染。对研究区的土壤环境质量进行健康风险评估和生态风险评估后，发现个别地区的健康风险和生态风险已达严重状态。为了保护和保持土壤环境质量处于健康状态，应该采取适当的响应措施。对于该区土壤环境质量响应的对策分析，分别从社会、经济、生态、规划和规划等 5 个方面给出对策。

（一）土壤环境质量的社会响应对策

1. 提高认识水平和教育水平

认识决定行动。同全国其他地方的普通老百姓一样，生活在路桥区的人们对土壤存在着一种传统的意识，只要一谈到土壤，就认为是农民的事情，好像认为没有社会地位，低人一等，没有光彩而言。从根本上产生对土壤保护的公众意识淡薄，更谈不上自觉性和积极性。政府决策部门和领导们虽然对土壤环境问题的有所认识，但深度却不够，更谈不上重视，缺乏土壤保护科普知识的组织、宣传和教育等一套完善的科普体系。政府决策者对土壤资源、土壤质量、土壤功能及其重要社会价值认识不够，没有倡导土壤保护意识，提不高公众的自觉性和积极性。在此种情况下，应加强领导和政府决策，针对不同土壤问题、不同土壤类型、不同土壤功能等知识进行行之有效的科普教育，让全民都参与土壤保护活动。土壤环境教育相对于水和大气方面更加薄弱，没有相应的宣传机构，也没有明确职权部门。教委和环保局都不能包揽土壤环境教育的具体工作，没有形成土壤保护的相关民间组织，具体组织宣传材料的出版发行，以及召集组织各种研讨会、专题调研等。

2. 加强土壤环境质量管理的领导和组织工作

各级政府及其部门要加强责任意识，将土壤环境的保护和治理列入各级党委政府的议事日程，制定扶持政策，分清轻重缓急，统一规划，分步实施。把土壤环境的保护和治理作为政府的重要职能对待，增强紧迫感，牢固树立土壤环境的保护和治理是功在当代、利在今人及后代的观念，切实加强领导。

3. 制定和落实相应的政策法律

对于土壤环境质量的管理工作，要加强地方政策的制订和落实工作。强化各级政府有关水、土壤、大气和生物等环境政策的执行力度。在土壤污染防治法颁布后，参照该法制订路桥区的土壤污染防治的规范性文件。明确各个执法部门的权力、责任和义务，并做好宣传贯彻和执法检查，形成依法保护土壤环境质量的监管机制。

4. 调动社会智力改善土壤环境的质量

对土壤环境质量变化规律的认识可通过召开科学研究者、公众、污染源所有者和环境保护职能部门的多方会议讨论，并给出有效的解决途径。对群众反映发病率高的村落展开调查，排查污染源，评价土壤环境的质量状况。对有风险的地块，采取改变土地利用方式或污染修复的措施对土壤进行处理。

（二）土壤环境质量的经济响应对策

路桥区建区以来，经济始终保持两位数的增长速度。路桥区经济赖以增长的产业是以废旧拆解、小冶炼等污染较为严重的产业，给土壤环境的质量造成了很大威胁，致使该区土壤局部污染严重，个别点位风险较大。废旧拆解等行业不但对环境的污染较大，而且其效益也非常乐观。在这种情况之下，高污染高收益企业带来的污染成本转嫁给当地的全体人民，从社会公平的角度考虑，不是太合理。从保护土壤环境的角度讲，这也不利于提高企业节能减排的积极性。该种情景政府采取的办法就是收取排污费，这种管理机制在正常情况下是可以运行的。但当遭遇严重污染而污染主体又不明晰时，资金的筹集就变得困难重重。

在此情况下，美国建立了超级基金，日本颁布法律强制土地所有者清理，英国采用分担治理费用的办法。路桥区则应该明确政府、污染者、新地块开发商以及当地社区和居民的经济责任，建立污染治理基金管理模式以及完善土壤污染治理资金筹措与管理机制。

（三）土壤环境质量的生态响应对策

2007 年，生态环境逐步得到改善——强化节能降耗减排措施，完成工业企业废水达标整治 1086 家，新增省级绿色企业 1 家、“清洁生产企业”18 家。完成村庄整治 30 个，建成省级示范村 4 个，完成河道疏浚、整治 204.25 公里，城镇和农村生活垃圾处理率分别达 98%、70%，城镇生活污水处理率达 81.7%，区域水体水质达标率 33.3%；

新增绿地 10.87 万平方米，创建省级绿化示范村 3 个，“青山白化”治理率达 95.2%，全年空气质量良好率达 94.5%。根据“十一五”规划，到 2010 年，万元生产总值综合能耗比“十五”末降低 15%。环境质量综合指数达到 80%，工业三废治理率达 93%，城镇生活污水处理率达 98%，城镇生活垃圾无害化处理率达 98%，城市人均公共绿地面积 8 m^2（2007 年全国城市人均绿地面积为 7.89 m^2）。

生态环境的各项指标是对土壤环境质量压力的重要的响应。从政府公布的生态环境的达标率来看，该地的生态环境已经逐步走上优化的轨道。然而，对土壤环境质量的保护而言，标准本身却存在问题。环境空气质量良好以上天数比例，集中式饮用水源地水质达标率，水域功能区水质达标率，噪声达标区覆盖率。4 个分项指标的比例乘以各自的权重再相加，即环境综合指数的最终分值。它求算时没有考虑土壤污染的因素，在这种情况下，该指数即使达到 100%，也难以有效地保证土壤环境免遭污染。因此，为了更好地监控土壤环境的质量，应在环境综合指数的计算时加入土壤环境的质量指标。

（四）土壤环境质量的规划响应对策

根据路桥区都市型农业发展的规划，蓬街镇和金清镇是重要的蔬菜生产基地。然而，根据企业的布局计划，在蓬街镇要建立沿海工业园，将拆解园区全部搬去，这本身就对当地的蔬菜基地构成了威胁。所以，在蓬街镇种植蔬菜时要注意选择品种和注意废旧拆解企业的影响。

（五）土壤环境质量的技术响应对策

1. 生态工业技术的应用

工业技术创新与进步不仅是实现工业可持续发展的源动力，也是土壤环境保护的必要步骤。然而，传统的工业生产技术过分强调经济效益而忽略环境效益。即使考虑到环境污染，大部分的思路仍然停留在末端治理阶段。但从技术角度看，末端治理不能从根本上解决工业污染问题，清洁生产虽然通过持续改进生产工艺、设备及产品设计、原材料，从源头预防污染和减少废物产生，但由于仅限于单个企业内部，因此不能解决区域性的工业污染问题。

为了较好地解决问题，应该大力发展生态工业技术（傅泽强等，2006）。所谓生态工业技术，广义上讲，是指在工业系统中使用的能够使系统内部的物能效率最大化和污染排放最小化的所有与环境友好的技术，如无废工艺、清洁生产、绿色化学、绿色制造、生态工程等。狭义上讲，生态工业技术是指依据工业生态学原理和生态设计原则建构的一套新的工艺流程、新的工艺方法，以及新能源、新材料、新技术的使用方法。具体到路桥区，该区的工业体系是以废旧拆解为主而形成的金属元件或容器制造、加工的产业链。从企业经济效益最大化角度考虑，这种布局相对比较合理。既节约了运输成本，又壮大了本地工业的规模，形成了原料和末端产品循环的区域运行机制。然而，从生态工业的角度考虑，该地企业尚缺少一环，即拆解废物的再利用。在当地，当金属线被人工抽取金属丝后，剩余的部分将露天焚烧掉，是一种环境不友好的处理方式。然而，在现有的产业布局和技术条件下，尚没有更好的处理方式。然而，若引入生态工业技术，在当地引入废旧橡胶、塑料的再合成厂家，将塑料在高温高压下，经过多步反应，最终转变为环境友好的产品，既可创造效益，也保护了环境。

2. 农业技术的应用

农业技术是人类在农业生产领域中和自然界做斗争的重要手段，包括各种生产程序、操作技能及相应的生产工具和物质设备（徐志刚，1994）。根据农业资源不同，有农（林、牧）业栽培（饲养）技术、水产捕捞、养殖技术以及农副产品保鲜、贮藏和加工技术。对于避免土壤环境质量恶化的农业技术应该包括化肥的配施技术、农药的喷洒技术、养殖饵料的选用技术等。

3. 污染土壤的修复对策

在路桥区，特别是峰江街道，农田土壤中重金属 Cd 等污染物已经远不能满足农业生产的安全要求。虽然从长期规划看，这些高污染的地块将被用作商业用地，但在未改变利用方式前，需要对污染土壤进行修复。通常情况下，污染土壤的修复技术包括物理修复、化学修复、生物修复及联合修复等。针对路桥区的土壤污染特征，应选用合适的修复技术加以研究和应用。

参 考 文 献

陈翠华, 倪师军, 何彬彬, 等. 2007. 江西德兴矿集区土壤重金属污染分析. 地球与环境, 35(2): 134～141.
杜欢政, 王怡云. 2000. 废旧金属拆解业与环境保护: 对浙江路桥废旧金属市场的调查. 中国资源综合利用, (6): 11～13.
傅泽强, 杨明, 段宁, 等. 2006. 生态工业技术的概念、特征及比较研究. 环境科学研究, 19(4): 154～158.
高军. 2005. 长江三角洲典型污染农田土壤多氯联苯分布、微生物效应和生物修复研究. 浙江: 浙江大学博士学位论文.
郭彦威, 王立新, 林瑞华. 2007. 污染土壤的植物修复技术研究进展. 安全与环境工程, 14(3): 25～28.
李亮亮, 土延松, 张大庚, 等. 2006. 葫芦岛市土壤铅空间分布及污染评价. 土壤, 38(4): 465～469.
李天杰, 宁大同, 薛纪渝, 等. 2004. 环境地学原理, 北京: 化学工业出版社.
林振山, 袁林旺, 吴得安. 2003. 地学建模. 北京: 气象出版社.
罗强. 2005. 南京栖霞铅锌矿货场土壤与植物重金属含量与对照区含量分析. 西昌学院学报: 自然科学版, 19(3): 57～60.
孟昭福, 薛澄泽. 1999. 土壤中重金属复合污染的表征农业环境保护, 18(2): 87～91.
平立凤. 2005. 长江三角洲地区典型土壤环境中多环芳烃污染、化学行为和生物修复研究. 北京: 中国科学院研究生院博士学位论文.
王国庆, 骆永明, 宋静, 等. 2005. 土壤环境质量指导值与标准研究国际动态及中国的修订考虑. 土壤学报, 42(4): 666～673.
王军, 陈振楼, 王初, 等. 2007. 上海崇明岛蔬菜地土壤重金属含量与生态风险预警评估. 环境科学, 28(3): 647～653.
王世纪, 简中华, 罗杰. 2006. 浙江省台州市路桥区土壤重金属污染特征及防治对策. 地球与环境,

34(1): 35～43.

徐志刚. 1994. 农业技术开发的概念和内涵. 农业科技管理, (10): 21～22.

杨娟, 王昌全, 李冰, 等. 2007. 基于BP神经网络的城市边缘带土壤重金属污染预测——以成都平原土壤Cd为例. 土壤学报, 44(3): 430～436.

于伯华, 吕昌河. 2004. 基于DPSIR概念模型的农业可持续发展宏观分析. 中国人口. 资源与环境, 14(5): 68～72.

郑冬梅, 王起超, 郑娜, 等. 2007a. 葫芦岛市有色冶金-化工区土壤与植物汞污染生态环境, 16(3): 822～824.

郑冬梅, 王起超, 郑娜, 等. 2007b. 锌冶炼-氯碱生产复合污染区土壤汞的空间分布. 土壤通报, 38(2): 361～ 364.

Blaser P, Zimmermanna S, Luster J, et al. 2000. Critical examination of trace element enrichments and depletions in soils: As, Cr, Cu, Ni, Pb, and Zn in Swiss forest soils. The Science of the Total Environment, 249: 257～280.

Borja A, Galparsoro L, Solaun O, et al. 2006. The European Water Framework Directive and the DPSIR, a methodological approach to assess the risk of failing to achieve good ecological status. Estuarine Coastal and Shelf Science, 66(1～2): 84～96.

Bowen Robert E, Riley C. 2003. Socio-economic indicators and integrated coastal management. Ocean & Coastal Management, 46(3～4): 299～312.

Costantini V, Monni S. 2008. Environment, human development and economic growth. Ecological Economics, 64(4): 867～880.

Domingo de Pdj. 1996. The EEA and its role in encouraging better Ovate: Copenhage.

Fassio A, Giupponi C, Hiederer R, et al. 2005. A decision support tool for simulating the effects of alternative policies affecting water resources: an application at the European scale. Journal of Hydrology, 304(1～4): 462～476.

Loska K, Wiechula D, Korus I. 2004. Metal contamination of farming soils affected by industry. Environment International, 30: 159～165.

Luiten H. 1999. A legislative view on science and predictive models. Environmental Pollution, 100(1～3): 5～11.

Pirrone N, Trombino G, Cinnirella S, et al. 2007. The Driver Pressure State Impact Response (DPSIR) approach for integrated catchment-coastal zone management preliminary application to the Po catchment-Adriatic Sea coastalzone system.

Reimann C, Filzmoser P, Garrett R G. 2005. Background and threshold: critical comparison of methods of determination. Science of the Total Environment, 346: 1～16.

Robinson T P, Metternicht G. 2006. Testing the performance of spatial interpolation techniques for mapping soil properties. Computers and Electronics in Agriculture, 50: 97～108.

Semenzin E, Critto A, Rutgers M, et al. 2008. Integration of bioavailability, ecology and ecotoxicology by three lines of evidence into ecological risk indexes for contaminated soil assessment. Science of the Total Environment, 389(1): 71～86.

第八章　土壤环境管理对策与建议

我国土壤环境污染态势严峻，具有区域性、场地性、多源性、复合性和复杂性。土壤污染范围在扩大，污染物种类在增多，危及粮食生产、食物质量、生态安全、人体健康以及区域可持续发展等问题。我国土壤环境保护需要提倡以防为主，预防、控制和修复相结合的原则，预防土壤污染，控制土壤污染扩散，修复受污染土壤（骆永明，2009）。本章从土壤环境管理的政策法律法规、监管能力建设、基准标准、基础研究与技术研发、投融资机制、宣传与教育等方面，提出了我国土壤环境管理的对策与建议，并绘制了我国土壤环境管理的中长期发展路线图，为我国土壤环境管理提供了科学依据和技术支撑。本章节的部分内容选编自环保公益性行业科研专项经费项目系列丛书中的《中国土壤环境管理支撑技术体系研究》（骆永明等，2015）。

第一节　土壤环境管理的政策与法律法规制定

一、土壤环境管理政策与法规现状

目前，我国有《大气污染防治法》（2000），《水污染防治法》（1996）和《固体废物污染环境防治法》（2005）等环境保护上的法律法规，但唯独还没有《土壤污染防治法》。因此对土壤污染的防治没有专门的机构和法制来管理。从国家来说，我国现行法律中有关土壤污染防治的法律法规主要有：《环境保护法》（1989），《农业法》（1993），《土地管理法》（1986 年制定，1988 年第 1 次修改，1998 年第 2 次修改）、《基本农田保护条例》（1998）和《废弃危险化学品污染环境防治办法》（2005）。这些法律大多是针对农业土壤的环境保护方面的。

《环境保护法》，其中第 20 条涉及了农业土壤污染的防治，具体条文是“各级人民政府应当加强对农业环境的保护，防治土壤污染、土地沙化、渍化、贫瘠化、沼泽化、地面沉降和防治植被破坏、水土流失、水源枯竭、种源灭绝以及其他生态失调现象的发生和发展，推广植物病虫害的综合防治，合理使用化肥、农药及植物生长激素”。

《农业法》第 55 条涉及了农业土壤污染的防治，具体条文是“农业生产经营组织和农业劳动者应当保养土地，合理使用化肥、农药，增加使用有机肥料，提高地力，防止土地的污染、破坏和地力衰退”。

《土地管理法》第 35 条规定“各级人民政府应当采取措施，维护排灌工程设施，改良土壤，提高地力，防止土地荒漠化、盐渍化、水土流失和污染土地”。

《基本农田保护条例》是对耕地进行特别保护的专门规定。但总体上与《土地管理法》关于“耕地保护”的特别规定指导思想一致，只是相对细化了而已。对于农业用地土壤污染的防治略有进展，主要内容表现在：①对农业生产者的义务规定。包括国家提倡和鼓励农业生产者对其经营的基本农田施用有机肥料，合理使用化肥和农药，利用基本农田从事农业生产的单位和个人应当保持和培肥地力；②实行基本农田地力监测和提供施肥指导，即县级以上人民政府的农业行政主管部门应当逐步建立基本农田地力与施肥效益长期定位监测网点，定期向本级人民政府提出基本农田地力变化状况以及相应的地力保护措施，并为农业生产者提供施肥指导服务；③对基本农田环境污染监测及评价。这由县级以上人民政府的农业行政主管部门会同同级环境保护行政主管部门进行，并定期向本级人民政府提出环境质量与发展趋势的报告；④对基本农田施用肥料的要求，提出向基本农田保护区提供肥料和作为肥料的城市垃圾、污泥的堆肥产品，应符合国家有关标准；⑤突发性基本农田环境污染事故的应急处理，规定因发生事故或者其他突发性事件，而造成或者可能造成基本农田环境污染事故的，当事人必须立即采取措施处理，并向当地环境保护行政主管部门和农业行政主管部门报告，接受调查处理。

《废弃危险化学品污染环境防治办法》第 14 条规定“危险化学品的生产、储存、使用单位转产、停产、停业或者解散的，应当按照《危险化学品安全管理条例》有关规定对危险化学品的生产或者储存设备、库存产品及生产原料进行妥善处置，并按照国家有关环境保护标准和规范，对厂区的土壤和地下水进行检测，编制环境风险评估报告，报县级以上环境保护部门备案。对场地造成污染的，应当将环境恢复方案报经县级以上环境保护部门同意后，在环境保护部门规定的期限内对污染场地进行环境恢复。对污染场地完成环境恢复后，应当委托环境保护检测机构对恢复后的场地进行检测，并将检测报告报县级以上环境保护部门备案”。

从对上面这些法律条例的介绍来看，《环境保护法》、《农业法》、《土地管理法》都只是对土壤污染提出了原则性的指导思想和要求，而对具体如何进行土壤污染的防治却没有更加细化的条例跟进，针对土壤污染的防治措施和监管责任也都没有提及。与上述三个法律相比，《基本农田保护条例》对耕地土壤的保护的确做了进一步的细化，更有利于土壤污染的防治。

但尽管如此，自该条例实施以来，我国农业用地土壤污染的严重趋势依然在继续，而随着农业产业化进程的不断加快，从事农业生产经营的市场主体在强劲的经济利益驱动和诱导下，农业生产经营行为的短期化现象愈加突出，化学制品在农业生产中的集约使用将会继续有大幅度的增长。而《废弃危险化学品污染环境防治办法》是专门针对危险化学品管理的一个法律条文，不具备整体性，但尽管如此，我们也注意到它对非农业用地的土壤污染开始了关注，并提出要对污染场地进行环境恢复的要求。

《全国生态保护“十一五”规划》对“十一五”期间我国土壤污染的综合防治目标具有明确的要求，即“开展全国土壤污染现状调查与评价，研究土壤污染治理与修复技术。严格控制在主要粮食产地、菜篮子基地进行污灌，加强对主要农产品产地土壤环境的常规监测，在重点地区建立土壤环境质量定期评价制度。污染严重且难以修复治理的耕地应在土地利用总体规划中做出调整。针对不同土壤污染类型（重金属、有机污染等），选取有代表性的典型区（污灌区、固体废物堆放区、矿山区、油田区、工业废弃地等）开展土壤污染综合治理研究与技术评估，选择若干重点区域，建设土壤污染治理示范工程”。同时，我国“十一五”的环境立法规划里也明确提出要制定《土壤污染防治法》，作为填补生态保护法律空白的一项内容，同时还将修订《环境保护法》、《农业法》和《土地管理法》等与土壤污染防治相关的法律法规。

地方性的法律规范方面，长三角、珠三角以及香港地区目前还都没有专门制定省、特区一级的土壤污染防治法规条例。这主要是由于国家层次上的相关法律条文还没有出台，相信在未来5～10年，各地土壤污染防治相关的法律法规也会逐渐出台。目前仅仅发现：2006年，浙江省的《固体废物污染环境防治条例》中有对土壤污染防治方面的明确规定，其中第16、17条都是关于土壤污染调查和防治的，具体内容中第16条规定“县级以上人民政府应当制定土壤污染防治规划，组织土壤污染状况调查，对污染严重且难以修复的耕地法进行功能调整。工业企业、垃圾填埋场所、农业生产单位等应当采取有效措施，防止污染土壤”；第17条规定“污染土壤实行环境风险评估和修复制度。对污染企业搬迁后的原址和其他可能受污染的土地进行开发利用的，土地的开发利用者应当事先委托有环境影响评价资质的单位对该地块土壤进行环境影响评价；对被污染土壤应当按照国家有关规定进行清理和处置，达到环境保护要求后方可开发、利用。被污染土壤的清理和处置费用，由造成污染的单位和个人承担；无明确责任人或者责任人丧失责任能力的，由县级以上人民政府承担。可能受污染并需要进行环境影响评价的土地的范围以及认定污染土壤的标准，由省环境保护行政主管部门会同省国土资源、农业、建设部门确定”。从这两个条文中可以看出，这个规定的对象不仅仅是农业土壤，同时也包括工业用地土壤和其他一些类型的土壤；并明确要求实行土壤污染调查和污染土壤的风险评估和修复制度，对相应的责任监管也有了明确的规定。因此可以说是我国土壤环境保护事业的一个非常大的进步。另外，2007年，沈阳市环保局、沈阳市规划和国土资源局联合印发了《沈阳市污染场地环境治理及修复管理办法（试行）》；2008年，重庆市政府印发《关于加强我市工业企业原址污染场地治理修复工作的通知》。

二、土壤环境管理政策与法规制定框架

污染场地政策框架的指导思想是：针对中国污染场地的特点及污染场地管理上存在的问题，充分借鉴国外先进管理理念和经验，结合我国国情，从建立或完善相应的监管、融资、技术和宣传教育政策着手，充分调动政府、污染者、受益者、公众等各方的积极性，利用宏观调控和市场“两只手”，推动中国污染场地管理逐渐走向科学化、制度化和标准化。

政策的总体目标是构建或完善中国污染场地的管理、技术和融资政策体系，有效减少、消除和预防污染场地，削减健康、生态和环境风险，实现土地安全利用，保护公众健康，维护生态环境安全，促进社会可持续发展和环境友好型社会的建设。

场地政策框架的重点是：①制定和完善相关法律法规与标准体系，加强监管体制、监管能力和监管平台建设；②建立污染场地的筛选方法、国家级档案、清单和信息管理系统；③通过科技创新，形成适用于污染场地的控制与修复新技术和新装备，实行场地风险控制和可持续利用；④建立污染场地调查与评估、治理与修复的资金机制，保障行动计划的实施；⑤开展项目示范与宣传教育工作，提升可持续管理水平，促进场地修复产业化发展。

污染场地政策包括监管政策、技术政策、融资政策、宣教政策以及交流合作等方面。污染场地总体政策框架及内容如图 8.1 所示。

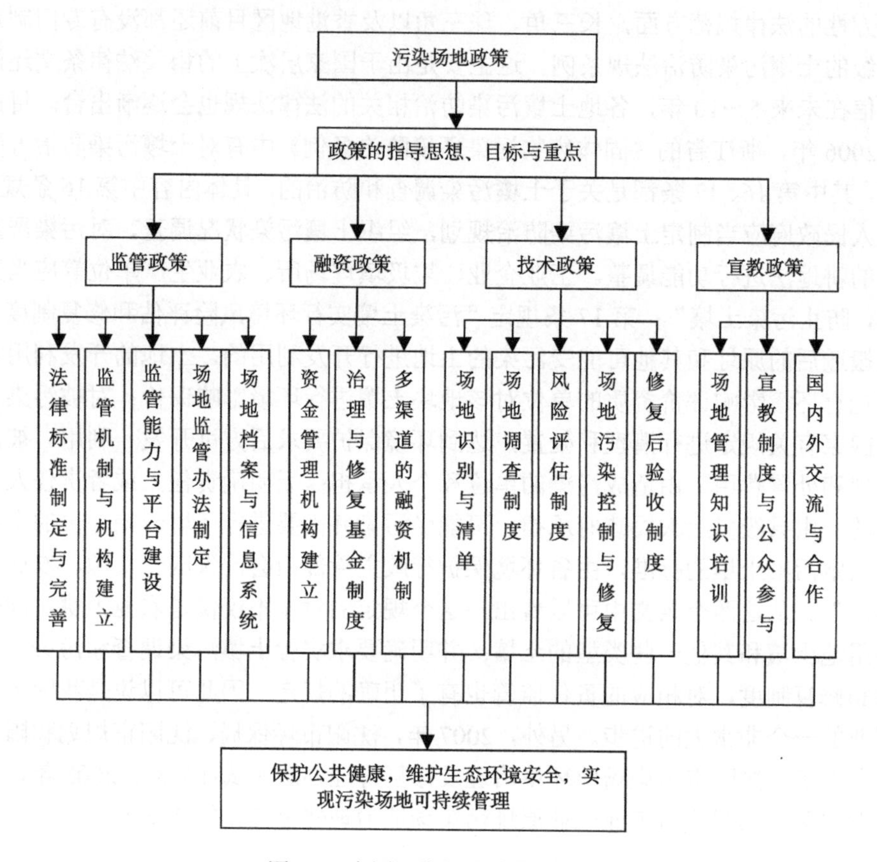

图 8.1　中国污染场地政策框架图

三、土壤环境管理政策与法规制定建议

针对中国污染场地特点，在法律法规与标准方面应该开展如下工作：

环保部门会同有关部门提出针对场地的法律法规制定/修订计划。明确污染场地管理机构和责任主体等，将污染场地的管理体制建设提升到立法的高度，从根本上对污染场地的管理工作给予保障。

修订有关污染场地管理的标准和技术规范，控制污染和扩散。建议在修订的中国《土壤环境质量标准》中，增加污染场地土壤和地下水质量（修复）标准。

修订与污染场地管理相关的其他标准或规定。在《地表水环境质量标准》（GB 3838—2002）、《地下水环境质量标准》（GB/T 14848—1993）、《常用危险化学品的分类及标志》（GB 13690—1992）、《建设项目环境保护分类管理名录》、《排放污染物申报登记管理规定》、《危险废物经营许可证管理办法》、《废弃危险化学品污染环境防治办法》、《危险废物处置设施建设项目环境影响评价技术原则》等中补充修订与污染场地管理相关的内容。

第二节　土壤环境监管能力建设与提高

环境管理能力与平台建设是有效管理污染场地的需要。建议采取以下措施：① 建立污染场地档案与信息系统；② 建立污染源及污染物清单；③ 加强风险管理与风险交流能力的建设；④ 开发污染场地修复决策支持系统。通过加强上述4个部分的建设，进一步加强各级政府及相关部门之间的监管体制与机制建设，明确监管职责，解决好责权不清或多头管理问题；形成污染场地申报、登记、清单、许可、认证、税收等制度，规范管理程序和行为；提高监管人员的整体素质、专业水平和综合监管能力。

一、污染场地档案与信息系统的建立

结合重点区域土壤污染状况调查，对污染场地特别是城市工业遗留、遗弃污染场地土壤进行系统调查，掌握原厂址及其周边土壤和地下水污染物种类、污染范围和污染程度，建立污染场地土壤档案和信息管理系统。

二、污染源及污染物清单建立

针对中国目前农产品产地环境污染源和污染物种类繁多的情况，环境保护部要联合农业和卫生部门，筛选和建立中国不同地区和不同农产品生产区中优先控制和管理的污染物清单。农产品产地环境质量评价指标应根据污染源状况、农业生产特点、产地环境及农产品污染现状等进行选择确定，并建立相应标准和评价方法，为农产品产地环境监管提供科学依据。

三、风险管理与风险交流能力建设

在土壤环境污染的风险管理方面，美国、英国、荷兰等一些发达国家已经开展了相当长时间的研究，奠定了方法学基础和积累了丰富经验。这些国家均先后开发了多个具有污染土壤风险评估功能的信息系统或系统模块，例如美国的RAIS系统、英国的CLEA模型和荷兰的CSOIL模型等，并基于这些风险评估模型制定了全国范围的土壤环境基准和污染土壤的修复决策支持系统。在我国，这方面研究处于刚刚起步阶段。随着预警技术的发展和对土壤环境安全的重视，人们将预警技术引入土壤和大气环境安全研究中。但是，土壤环境安全及安全预警研究相对其他（如大气、水和生态）环境安全及安全预警研究要晚的多。目前，国内外对土壤环境安全预警的研究尚处于探索阶段，主要集中在土壤环境各单项质量指标的预测预警研究，这不能很好地反映区域土壤环境安全的变化。因此，需要研究能够全面、准确、及时地对多种土壤环境问题进行预测预警的体系；需要着手研究如何利用现代信息技术，借助其具有强大的数据管理、空间分析和决策支持等功能，为土壤环境管理提供决策支持系统；需要建立区域土壤环境质量数据库、评价模块以及经济社会与环境变化预测预警模块，形成能将土壤环境管理决策支持系统，以及能与大气、水体模块整合的综合决策支持管理系统，应用于区域环境管理决策支持，这还有待进一步研究和完善。

完善针对污染场地的风险评估技术导则。长期以来，中国一直沿用“一刀切”的场地环境标准进行评价和管理，而国际上近年来则越来越多地采用环境风险的概念。目前《污染场地风险评估导则》（征求意见稿）已经出台。鉴于我国污染场地的严峻形势，应尽快完善针对污染场地的风险评估技术导则，指导不同土地利用方式下特定污染场地修复目标的建立和修复治理方案的编制。然后以此为基础，对污染场地实行分类指导和管理，对不同的污染场地根据风险的大小决定治理行动的轻重缓急。具体来讲，场地风险评估应委托有资质的机构按照以下程序进行：①根据初步调查结果，制定污染场地详细的监测计划；②结合场地土地利用方式变更情况和用地规划，开展场地风险评估；③编写《场地土壤污染风险评估报告》，并提出污染场地土壤修复目标值，明确要修复的范围，提出治理修复方案建议，并报所在地环境保护行政主管部门备案。

在国家出台的场地环境调查相关环保标准的基础上，针对污染场地生产、使用等活动特征，结合污染场地档案信息管理系统需求，制定针对场地的环境调查技术标准或导则。根据污染场地环境调查技术标准开展场地环境调查，一是可以初步判断场地污染状况，决定是否需要进一步调查或启动风险评估；二是可以为建立场地档案、清单、数据库和信息管理系统提供场地基础数据和信息。

除了行政主管部门依靠职权进行场地污染调查之外，其他单位和个人可以对场地可能受到的污染进行检举，而相关责任人有义务向有关部门报告场地污染信息。重点企事业单位在变更土地使用权、改变土地用途、破产、搬迁或进行土地开发利用前，应当委托有资质的机构对场地污染进行检测和评估，并报所在地环境保护行政主管部门审查。调查内容应包括：场地基本情况；场地土地利用方式及使用权人变更情况；与污染相关的历史活动及污染源情况；场地及周边地下水等环境状况和敏感目标；场地及周边土壤污染程度和范围等。

污染场地的危险等级划分。风险评估的方法不仅从技术层面需加以考虑，还需综合考虑社会经济发展程度和区域发展不平衡等特点。在上述工作基础上，通过数值方式评价场地对人体健康和环境的危险等级并制定相应的污染场地鉴别标准，然后以此为标准对污染场地的危险等级进行划分，建立类似美国危险废物场地“国家优先名录”（NPL）的中国国家污染场地清单及优先治理目录，以加快风险不可接受场地的治理与修复，以使有限的资金得到最有效的利用。

四、污染场地修复决策支持系统建设

用于污染土壤管理的修复决策支持系统的研发得到了较快发展。早期的污染土壤修复决策以污染鉴定和最大程度地削减土壤污染带来的潜在风险为目标，从去除土壤污染物、切断污染物对受体的暴露途径、改变土地利用方式三条途径降低土壤污染带来的风险问题。随后，欧美等国的修复实践逐渐认识到修复决策的过程中仍需考虑修复措施的环境、经济效益等核心及非核心因素。基于风险的污染场地管理策略已经在欧盟和北美等发达国家广泛采纳，决策支持系统的表达形式有文件导则、决策流程图、计算机软件等（Saito et al.，2003；Mintzberg et al.，1976）。修复决策支持采用主要技术有多目标决策分析（multi-criteria decision analysis，MCDA）、费用效益分析（cost-benefit analysis，

CBA）、生命周期评估（life cycle assessment，LCA）等，其中多目标决策分析技术应用最为广泛（Bardos et al.，2002）。当前各国开发的污染场地土壤管理决策支持系统主要针对污染场地调查方法，而针对修复方法筛选和风险评估与管理的决策支持系统并没有得到广泛的认可（Linkov et al.，2004）。在进行修复决策支持时主要考虑降低污染场地对人体健康、生态环境的潜在风险等核心因素，而对修复方法更广泛的环境、经济和社会影响等非核心因素考虑并不充分。当前，污染场地修复决策支持系统开发正在逐步从整体上同时考虑核心因素与非核心因素。此外，将污染物的生物有效性引入污染场地的风险管理和修复决策也是决策支持系统发展的趋势（Saito et al.，2003；Bardos et al.，2002）

第三节　土壤环境基准与质量标准的修订与制定

一、土壤环境基准的研究与确定方法

有所区别的场地环境标准制定。场地（土壤和地下水）环境标准的研究和制订需综合考虑分析土地利用类型、暴露途径，并结合基于风险和分层次的理念。场地修复值也应通过层次性风险评估的方法，获得符合经济成本效益并能保护人体健康和环境安全的修复目标值。由于中国土壤类型多样，理化性质差异大，污染物在土壤中的形态、迁移转化机制都存在很大差异，因此在制定场地标准的时候，应该考虑到地区土壤类型、环境与气候的差异性，各地（省市）可以有所不同。建议在全国层面上制定基于风险评估的标准制定方法，各地可根据现实的状况和条件，制定符合当地的场地标准，并由国家相关部门审核后付诸实施。

二、土壤环境质量标准的修订与制定

（一）修订土壤环境质量标准

我国土壤重金属污染问题十分严重，但目前国家的土壤环境质量标准已不适应当前土壤环境管理的需求，在指标体系上主要体现在重金属污染物项目过少，对一些新出现的污染问题无法有效监管。我国现行的土壤环境质量标准制定于20世纪90年代。当时囿于土壤环境方面基础资料积累不足，以及国内土壤环境分析条件的匮乏，在土壤重金属指标的选取方面与其他发达国家和地区有一定差距。但尽管如此，我国土壤环境质量标准中重金属指标还是包含了国际上普遍关注的8种元素，这对土壤重金属污染的防控起到了一定作用。与澳大利亚、美国、荷兰、加拿大等国的土壤环境标准相比，我国土壤环境质量标准在重金属指标数量上要少1/3～1/2。这一方面是我们的标准中未区分铬、汞等重金属的价态与形态差别；另一方面是过去我们较少关注的一些重金属如铂、锑、钒、铍等元素，在发达国家和地区的土壤环境标准已制定了相应的标准。在2007年国家环境保护部制定的《展览会用地土壤环境质量评价标准（暂行）》（HJ 350—2007）中，重金属指标已增加至13个；而北京市2011年发布的《场地土壤环境风险评价筛选值》（DB11 /T811—2011）中，重金属指标增加至11个，并且针对总铬和六价铬分别制定了

筛选值。这表明，土壤环境标准中重金属指标的增加以及对一些高毒性价态、形态重金属的关注是未来我国土壤环境质量标准修订的发展趋势。鉴于此，对我国土壤环境质量标准指标的修订，提出如下几个方面的建议：

1. 完善土壤环境质量指导值/标准体系

中国现行的标准命名为“土壤环境质量标准”，重在保护土壤的农业和生态环境质量。建议我国应尽快制定完善的“土壤质量指导值/标准”体系，这至少包括：①保护土壤资源自身的“土壤自然质量指导值/标准”。②保护土壤生态和人体健康的“土壤环境和健康质量指导值/标准”。其中，“土壤自然质量指导值/标准”主要用于保护土壤资源的自然质量，保护土壤不受外来污染物进入，限制清洁区土壤污染的发生，有效地实现土壤资源的可持续安全利用。“土壤环境和健康质量指导值/标准”主要用于初步判断和识别场地/土壤是否已产生显著的健康风险，是否需要进行场地/土壤的修复和风险管理。文中“指导值/标准”中的“标准”区别于“指导值”，指我国官方机构正式颁布后具有法定效应的指导值。指导值可首先由国家主管机构委托国内的土壤环境研究机构或研究组织研究制定，然后结合国内外专家同行的评估意见进行修订，其后由国家政府部门发布并进入试行阶段，根据一次或多次试行过程中可能出现的问题再次修订，最终颁布为具有法定效应的标准。指导值/标准颁布后，还需定期进行评估和修订。

2. 制定土壤自然质量指导值/标准

土壤是人类生存和发展所必需的重要自然资源，因而保护土壤资源、促进土壤资源的可持续利用是所有土壤环境工作者面临的迫切任务。中国现行《土壤环境质量标准》I类标准的制定，主要依据全国的土壤地球化学背景值，在实际应用时，显然会出现一些地区土壤自然背景值高，即使土壤没有受到任何外源污染的情况下也会超出标准，而有些地方背景值低于国家标准的土壤可能已有污染物累积，但却不超标，这显然是不合理的。建议制定土壤自然质量指导值/标准，尽可能考虑不同土壤的母质和性质，基于区域内土壤的背景值，利用统计方法制定。

3. 制定土壤环境和健康质量指导值/标准

中国现行Ⅱ类标准的制定主要依据土壤中有害物质对植物和其他环境介质不造成危害和污染，即采用生态环境效应法制定。结合污染物在土壤—植物、土壤—微生物、土壤—水等体系内的研究资料，制定出各体系内污染物的土壤环境质量基准，经综合考虑，选择最低值对应的体系作为限制因素，定出土壤环境质量标准，以保护土壤的农业和生态功能，从而保护人体健康。建议我国的保护生态环境和人体健康的土壤质量指导值/标准，应根据保护对象和制定方法论的不同，分为：①土壤环境质量指导值/标准，以保护土壤中或与土壤相关的生态受体（如植物/作物、土壤无脊椎动物、土壤微生物活性和代谢过程、野生动物等）不会因暴露于土壤污染物而产生显著的健康风险为宗旨，主要基于生态毒理学研究数据，利用统计外推法进行制定；②土壤健康质量指导值/标准，以保护暴露于污染土壤的临界人群不产生显著的健康风险为宗旨，主要基于各种用地方式下的暴露途径、暴露参数、临界风险人群和场地条件，借助健康风险评估进行制定。

4. 土壤环境质量指导值/标准的功能定位

中国现行《土壤环境质量标准》按土壤应用功能划分为3类：Ⅰ类为国家规定的自然保护区、集中式生活饮用水源地和其他保护地区土壤标准，旨在保护土壤环境质量基本保持自然背景水平；Ⅱ类为一般农田、蔬菜地、茶园、果园、牧场等土壤，土壤环境质量基本不对植物和环境造成危害和污染；Ⅲ类为林地土壤及污染物容量较大的高背景值土壤和矿区附近的农田土壤（蔬菜地除外），与Ⅱ类标准相比较宽松，但也要求土壤环境质量基本不对植物和环境造成危害和污染。Ⅱ类旨在保证农产品可食部分符合食品卫生标准，饲料部分符合饲料卫生标准，不导致土壤生物和肥力性质恶化，同时保证不会因土壤污染造成地表水、地下水和大气污染，间接地保护人体和畜禽的健康;此外还通过保证对植物生长、土壤微生物活性及微生物过程的正常进行，保护土壤生态安全。

建议制定的"土壤自然质量指导值/标准"相对于其他"土壤质量指导值/标准"可以更为严格，旨在保护土壤资源处于自然清洁状态或免受外来污染物的入侵，警示特定土壤受到外来物质沾污的程度，反映土壤质量的演变趋势和规律，对于及时遏制土壤污染的发生和持续，保护自然土壤资源具有重要意义。"土壤自然质量指导值/标准"特别地适用于一些自然保护区或饮用水水源区的土壤。功能类似于现行Ⅰ类标准，但在方法论上予以改进。

建议制定的"土壤环境和健康质量指导值/标准"主要服务于污染场地/土壤的判断和识别，这一直是多年来土壤环境学研究最为关注的关键科学题之一，也是当前我国土壤环境保护和污染场地/土壤的修复和管理中急需解决的问题。一般认为，通用的土壤质量指导值势必存在普遍适用性差的问题，对具体的场地/土壤而言，利用方式、土壤性质、污染物来源、临界健康风险受体都与制定通用指导值/标准时存在一定的差异，因此应用通用土壤质量标准来绝对地判断具体场地/土壤是否已经污染，或是否已经产生显著的健康风险有欠科学性。基于风险的通用"土壤环境和健康质量指导值/标准"，定义当特定场地/土壤污染物浓度超过通用指导值时，并不认为土壤污染物一定会产生显著的健康风险，需要对特定污染场地/土壤进行风险评估，具体情况具体分析，这种做法更加实事求是。

5. 制定土壤质环境量指导值/标准的方法论

现行Ⅰ类标准的制定主要依据土壤背景值，即根据地球化学法进行制定，建议未来的"土壤自然质量指导值/标准"应尽可能基于区域土壤背景值资料进行制定。现行Ⅱ类标准的制定，主要依据土壤中有害物质对植物和其他环境介质不造成危害和污染，从而保护人体健康，即采用生态环境效应法制定。现行标准的制定未考虑人和生态受体对土壤污染物的取食摄入、皮肤接触和呼吸摄入等引起的直接暴露风险，因此尚没有一些发达国家那么全面。建议制定基于风险的"土壤环境和健康质量指导值/标准"时，可吸收欧美等发达国家的经验，划分典型的土地利用方式，考虑土壤污染物对生态受体的毒理学效应，考虑人体暴露于土壤污染物的健康风险，利用统计外推法和人体健康暴露风险评估法进行。这一制定过程是由具体场地条件到一般性指导值/标准的科学抽象和权衡的过程，可以确保通用“土壤环境和健康质量指导值/标准”用于特定场地/土壤污染及健康风险的初步判断和识别的科学性。

6. 对其他环境介质的考虑

现行标准的制定也考虑了土壤污染对其他环境介质的影响。在地下水方面，采用了一些污水灌区的调查和土柱试验资料；地表水方面采用了一些模拟的人工降雨农田径流试验资料；对于有机污染物如六六六（HCH）则因缺乏大气标准，未曾评判其挥发进入大气的风险。从国际土壤质量指导值制定的经验来看，一些国家在标准制定时，特别考虑了某些土壤污染物因侵蚀、地表径流或淋溶进入地表水体或地下水体；挥发性有机污染物（如苯及苯酚化合物和多环芳烃）进入地下水或室内空气、土壤污染物的迁移等带来的潜在风险，并通过模型进行了量化表征。例如，在加拿大土壤质量指导值制定过程中，通过模型计算量化了苯并[a]芘、五氯苯酚、苯酚、甲苯和二甲苯进入地下水，苯并[a]芘、五氯苯酚和苯酚挥发进入室内空气，以及砷、苯并[a]芘、镉、铬、铜、氰化物、铅、五氯苯酚、苯酚、四氯乙烷、甲苯和二甲苯的发生迁移等过程的健康风险。

7. 土地利用方式和污染物种类

现行中国《土壤环境质量标准》主要基于对农业用地的保护，结合国际趋势和国内土壤污染现状特点，在对现行标准进行修订时，考虑农业、居住区、工业和商业、饮用水水源等土地利用方式十分必要。在土壤污染物种类方面，应结合目前国内土壤环境研究报道及土壤污染现状，制定土壤中持久性有机污染物（如多环芳烃、多氯联苯等）和石油类化合物等的指导值/标准。

总之，现行标准的修订应对我国土壤类型、土壤性质、区域特殊环境因素、相关环境介质、土地利用方式和污染物种类进行合理考虑。对现行标准的修订，选择性地借鉴国外的经验很重要，可以开阔思路，更加全面和深入地考虑问题，但同时必须保证制定方法论和最终指导值/标准适合我国国情，如我国是农业大国，农业用地是标准制定的重点。标准的修订，还应权衡土壤污染现状和当前社会经济发展水平及其趋势，在保证经济持续发展的基础上，确保生态/环境和人体的健康安全。此外，需要逐步加强我国土壤环境保护的法制建设，确保指导值/标准在土壤保护中的切实应用与实际应用。同时，鉴于我国生态毒理学等方面资料十分缺乏，应尽快开展土壤质量指导值/标准制定所需的支撑性研究，广泛、系统地积累数据资料，为指导值的确立和标准的进一步修订打好科学基础。

（二）制定国家和地方土壤环境质量标准

发达国家一般在国家层面制定土壤质量指导标准，下级政府可针对不同区域或场地，考虑不同土地利用功能、不同保护目标，制定不同的土壤质量标准，但地方政府制定的标准不能低于国家标准。

加拿大和美国政府自 20 世纪 80 年代开始，花费了大量时间和资源来制定土壤质量标准。目前，业主、各行业、开发商和政府都采用这些标准来确定场址是否受到污染，在该场址上可以开展何种活动，是否应该对场址进行治理以及在治理工作中采取何种标准。加拿大和美国在制定环境土壤质量指导标准的过程中参考了毒理数据，以确定主要生态受体的暴露阈值。不论土地用于住宅/公园、商业或是工业用途，与土壤的直接接触是制定环境质量指导标准的第一个程序；另一个程序基于土壤和食物摄取，同样适用于农业用地的情况，两个数值中较低的那个就是该用地情况下的土壤质量指导标准。人类健康土壤质量指导标准的制定是以不同的流程为基础，它的步骤与场址风险评估中所采用的步骤类似。针对非致癌性物质的指导标准是以基于假定的毒性作用限值制定的；对于在不同暴露程度的情况下会带来一定风险的致癌物质，相应的指导标准是以因接触土壤而导致的终生增量致癌风险为基础制定的。

借鉴发达国家的经验，我国土壤质量标准制定时宜采用基于风险的方法。我国地域辽阔，各地地质背景及土壤性质差异较大，有必要考虑气候、地质和社会经济条件的区别，为住宅、工业、农业和自然等各种不同的土地用途区分基于风险的土壤质量标准。

应制定国家和地方土壤环境质量标准。在制定地方标准的思路上可借鉴加拿大和美国的方式，首先制定规程或导则，再根据地域或土地类型制定地方标准。

（三）制定不同等级的土壤环境质量标准

Ⅰ类标准的制定方法：现行《土壤环境质量标准》Ⅰ类标准主要依据全国土壤地球化学背景值制定，不能体现不同地区土壤自然背景值的差别。目前全国大部分地区都有自己的土壤背景值，因此，建议《土壤环境质量标准》Ⅰ类标准应尽可能基于区域土壤背景值资料制定，尽可能考虑不同土壤的母质和性质，基于区域内土壤的背景值，利用统计方法制定。

Ⅱ、Ⅲ类标准的制定方法：现行《土壤环境质量标准》Ⅱ、Ⅲ类标准的制定主要依据土壤中有害物质对植物和其他环境介质不造成危害和污染，从而保护人体健康，即采用生态环境效应法制定。现行标准的制定未考虑人和生态受体对土壤污染物的取食摄入、皮肤接触和呼吸摄入等引起的直接暴露风险。建议根据不同的保护对象，考虑土壤污染物对生态受体的毒理学效应，利用风险评估的方法建立保护生态环境和人体健康的土壤质量标准。以保护生态受体不会因暴露于土壤污染物而产生显著的健康风险为宗旨，基于生态毒理学研究成果，利用统计外推法制定保护生态环境的土壤质量标准。以保护暴露于污染土壤的人群不产生显著的健康风险为宗旨，基于各种用地方式下的暴露途径、暴露参数、人群和场地等条件，利用风险评估方法制定保护人体健康的土壤质量标准。

第四节　土壤环境科学管理与污染修复技术支撑

一、土壤环境管理的技术支撑体系建设

（一）污染场地的调查制度

制定针对污染场地的环境调查技术标准或导则。在国家出台的场地环境调查相关环保标准的基础上，针对污染场地生产、使用等活动特征，结合污染场地档案信息管理系统需求，制定针对场地的环境调查技术标准或导则。根据污染场地环境调查技术标准开展场地环境调查，一是可以初步判断场地污染状况，决定是否需要进一步调查或启动风险评估；二是可以为建立场地档案、清单、数据库和信息管理系统提供场地基础数据和信息。

除了行政主管部门依靠职权进行场地污染调查之外，其他单位和个人可以对场地可能受到的污染进行检举，而相关责任人有义务向有关部门报告场地污染信息。重点企事业单位在变更土地使用权、改变土地用途、破产、搬迁或进行土地开发利用前，应当委托有资质的机构对场地污染进行检测和评估，并报所在地环境保护行政主管部门审查。调查内容应包括：场地基本情况；场地土地利用方式及使用权人变更情况；与污染相关的历史活动及污染源情况；场地及周边地下水等环境状况和敏感目标；场地及周边土壤污染程度和范围等。

（二）污染场地的风险评估制度与等级划分

完善针对污染场地的风险评估技术导则。长期以来，中国一直沿用“一刀切”的场地环境标准进行评价和管理，而国际上近年来则越来越多地采用环境风险的概念。目前《污染场地风险评估导则》（征求意见稿）已经出台。鉴于我国污染场地的严峻形势，应尽快完善针对污染场地的风险评估技术导则，指导不同土地利用方式下特定污染场地修复目标的建立和修复治理方案的编制。然后以此为基础，对污染场地实行分类指导和管理，对不同的污染场地根据风险的大小决定治理行动的轻重缓急。具体来讲，场地风险评估应委托有资质的机构按照以下程序进行：①根据初步调查结果，制定污染场地详细的监测计划；②结合场地土地利用方式变更情况和用地规划，开展场地风险评估；③编写《场地土壤污染风险评估报告》，并提出污染场地土壤修复目标值，明确要修复的范围，提出治理修复方案建议，并报所在地环境保护行政主管部门备案。

有所区别地制定场地环境标准。场地（土壤和地下水）环境标准的研究和制定需综合考虑分析土地利用类型、暴露途径，并结合基于风险和分层次的理念。场地修复值也应通过层次性风险评估的方法，获得符合经济成本效益并能保护人体健康和环境安全的修复目标值。由于中国土壤类型多样，理化性质差异大，污染物在土壤中的形态、迁移转化机制都存在很大差异，因此在制定场地标准的时候，应该考虑到地区土壤类型、环境与气候的差异性，各地（省市）可以有所不同。建议在全国层面上制定基于风险评估的标准制定方法，各地可根据现实的状况和条件，制定符合当地的场地标准，并由国家

相关部门审核后付诸实施。

污染场地的危险等级划分。风险评估的方法不仅从技术层面需加以考虑，还需综合考虑社会经济发展程度和区域发展不平衡等特点。在上述工作基础上，通过数值方式评价场地对人体健康和环境的危险等级并制定相应的污染场地鉴别标准，然后以此为标准对污染场地的危险等级进行划分，建立类似美国危险废物场地“国家优先名录”（NPL）的中国国家污染场地清单及优先治理目录，以加快风险不可接受场地的治理与修复，以使有限的资金得到最有效的利用。

（三）污染场地的控制与修复

根据场地的污染状况、所处的地域及其经济社会发展程度，选择风险削减、消除和预防的途径。对于污染场地，需要及时切断暴露途径，防止受体与污染源接触；对于风险达到不可接受水平的场地，危险等级高，需要进行工程控制或修复。不同的地区，在符合国家监管政策的前提下，可以根据土地污染与风险、土地利用紧迫程度和资金状况，有选择性地对污染场地进行行政性控制或工程性控制、原位或离位修复。

基于不同的土地利用类型选择不同污染物的修复清洁标准。荷兰有关的环境法律体系最初是要求所有污染地块都要清洁到土壤环境质量的目标水平，这一制度的灵活性相对较小，耗资巨大。对于地方政策制定者而言，更趋向于综合考虑土地清洁过程结束后地块的经济发展机遇，选择灵活性较大的修复与处置方法。如果将污染土地用作居民住宅用地的开发，执行的标准要高于用作工业用地开发所执行的标准。这一灵活的方法可能会鼓励土地所有者以远见的态度，创造更多的城市重建机会，使得“棕色地块”的开发也更加灵活。显然，政策上的这种改变使得人们可以选择对“棕色地块”进行开发还是对“清洁地块”开发。借鉴国际上先进的做法，建立适合不同土地利用类型的中国场地土壤污染修复标准，在实际污染土地治理与开发过程中，灵活选择土壤污染修复目标，可以有效地降低污染土地的清理费用。当然也要避免有些开发商投机取巧，为减少修复费用，恣意改变土地利用类型的做法。

通过技术创新提升污染场地可持续管理能力，推动场地修复产业的发展。在污染场地修复方面，应积极推动针对中国场地土壤和地下水修复技术与设备的自主创新和集成创新，同时鼓励有选择性地引进适合我国污染场地治理的先进技术与设备，通过消化、吸收，实行再创新，研发适合我国污染场地管理的技术体系，并在此基础上战略性培育土壤修复新兴产业。

规范场地修复的程序。污染场地的修复应当委托有经验、有资质、有信誉的机构。接受委托从事污染场地治理与修复的机构，应当依据场地土壤污染风险评估报告、用地规划和土地利用方式变更情况，编制污染场地土壤治理与修复方案，报省级环境保护行政主管部门备案，同时抄送所在地县级环境保护行政主管部门。污染场地土壤治理与修复过程中，需要建设修复设施的，应当综合考虑当地的建设规划、修复后土地的利用方式、周边公共建筑和相关人群的敏感度等因素。建设治理与修复设施不得对场地周边环境造成新的污染或破坏。

（四）场地修复监理及验收制度

建立场地修复监理及验收制度。这对于保证修复的质量具有重要意义。污染场地土地使用权人应当在治理与修复工程开工前，按照法定程序委托具有相应资质的监理机构对工程实施情况进行监理。接受委托的监理机构应当对工程实施过程中的各项环境保护技术要求的落实情况，严格进行监理并在治理与修复工程完工后，向土地使用权人和县级环境保护行政主管部门提交工程监理报告。污染场地土壤治理与修复工程结束后，污染场地土地使用权人应当委托具有相应资质的第三方机构，对治理与修复工程进行验收并将验收报告报省级环境保护行政主管部门备案（环境保护部, 2009）。

二、土壤污染治理与修复技术的研发与应用

以节能减排和资源可持续利用为出发点，综合社会效益、经济效益、生态效益和环境保护，研究与发展污染场地土壤和地下水的绿色、可持续修复技术，维护土地可持续利用。污染场地治理与修复工作技术性强，内容涉及场地调查、风险评估、修复目标值确定、修复技术筛选、可行性报告编制、修复技术方案制订、修复工程实施与建设和修复工程验收等环节。加强研发污染场地污染识别中的快速监测或筛查技术，发展安全、实用、高效、低廉的修复新技术、新产品和新装备，特别是能服务于多种污染物复合或混合污染、复杂特大场地的土壤/地下水一体化修复技术、多技术联合的原位修复技术、综合集成的工程修复技术、支持现场快速修复的固定式或移动式设备，以及修复过程监控与后评估技术等，建立先进、全面的土壤及场地修复技术与装备体系，促进我国污染场地环境问题的解决。

国家应当设立场地污染治理与修复科技专项。尽快开展针对不同行业、污染类型、场地类别和利用方式的污染场地土壤及含水层修复工程技术与装备、相关监测及评估技术的研发，推进技术的工程示范与集成应用，发展适用于城区工业企业拆迁或遗留、乡镇矿业污染、毒害废弃物堆放及填埋等污染场地土壤和含水层的快速修复与资源再利用技术。特别是针对化工、冶金、石化、制造、电子、农药、拆解等重点行业和重点矿业的污染场地，研究和发展适合我国国情的高效、实用、低成本的污染场地治理与修复技术及装备。

我国的污染土壤修复技术研发应该为解决农田土壤（含污灌区）污染、工业场地土壤污染、矿区及周边土壤污染以及生态敏感的湿地土壤污染等问题提供技术支持。这就需要研发能适合原位或异位、现场或离场的土壤修复技术与设备，能适用于不同土壤类型与条件、不同土地利用方式和不同污染类型与程度的土壤修复技术，能快速、高效、廉价、安全、使土地再开发利用的修复技术体系。针对受重金属、农药、石油、多环芳烃、多氯联苯等中轻度污染的农业土壤或湿地土壤，需要着力发展能大面积应用、安全、低成本、环境友好的生物修复技术和物化稳定技术，实现边修复边生产，以保障农产品安全和生态安全。针对工矿企业废弃的化工、冶炼等各类重污染场地土壤，需要着力研究优先修复点位确定方法和修复技术决策支持系统，发展场地针对性、能满足安全与再开发利用目标、原位或异位的物理、化学及其联合修复工程技术，开发具有自主知识产权的成套修复技术与设备，形成系统的场地土壤修复标准和技术规范，以保障人居环境

安全健康。针对各类矿区及尾矿污染土壤，现阶段需要着力研究能控制水土流失与污染物扩散的生物稳定化与生态工程修复技术，将矿区边际土壤开发利用为植物固碳和生物质能源生产的基地，以保障矿区及周边生态环境安全，并提高其生态服务价值。

第五节　土壤环境治理的投融资机制建设

资金是污染场地管理和修复的基本条件。国家应尽早建立和完善与污染场地治理和修复相关的融资政策。融资政策中所要解决的关键性问题是在市场化日益风行的形势下处理好市场与管理之间的关系，以求既能在融投资和经营管理上充分发挥市场的积极性，又能使政府在权力下放的同时继续依法发挥其应有的监督管理作用。这要求融资政策的制定一定要明确政府的职能责任及其同投资方的伙伴关系。建议采取如下措施：第一，完善相应的融资管理体制：可以建立专门化的与污染场地治理和修复相关的政府融资管理机构，以规范融资途径、资金的管理与使用。合理的融资政策既能监督管理者与投资方的运作关系，又不干预其商业性质的事务，为投资方提供高效率、低成本的营运系统，同时提高政府的公共管理能力和服务水平。第二，建立多渠道融资机制：在融资方式上，可以建立融资形式多样、投资主体多元的多渠道融资机制。第三，设立污染场地治理与修复基金：在完善融资管理体制和融资机制的基础上，可以建立适合我国国情的“污染场地治理与修复基金”制度，明确基金的筹集机制、管理与使用。

资金是实现污染场地调查与治理及落实场地监管政策和技术政策的基本保障。因此，制定完善的资金筹措、管理、使用制度是决定场地污染防治能够取得成功的关键。

一、“污染者付费”原则

造成环境损害的人都要承担责任去治理污染，恢复原状，这一原则使得污染者将环境恶化的成本内部化。目前，美国、加拿大、荷兰、英国等发达国家在棕地治理与开发过程中普遍遵循“污染者付费”原则。因此在责任主体明确，且责任主体有支付能力情况下，污染者应当承担场地调查与修复的一切费用。

二、“受益者分担”原则

与发达国家不同，中国的土地属于国家所有，许多造成场地严重污染的老工业企业也多为国有企业，加之历史上对污染场地不重视等原因，在此情况下实行“污染者付费”原则存在较大难度。因此，政府作为城镇土地所有者，政府应建立专门机构负责场地污染治理所需资金的筹措和使用监督，必要时承担部分经济责任。对于位于大中城市的污染场地，土地利用价值高，政府可以从土地出让金中拿出部分资金进行污染场地的调查与修复。在污染土地治理与开发过程中，在“污染者付费”原则的基础上，场地新开发商本着“受益者分担”原则，也应承担部分经济责任。

三、引入商业资本

政府以税收、贷款方面的优惠措施或理想的规划方案，并降低准入门槛，吸引包括民营企业在内的商业资本投入场地的修复和再开发，以减轻政府财政压力并促使污染场地的振兴和经济的发展。吸引商业资本还可以借鉴目前在基础设施建设中常用的 BOT（Build-Operate-Transfer）开发模式。政府特许投资者在对污染场地进行修复并开发后经营一段时期，特许期满后，修复好的污染场地和项目无偿地转移给政府。

四、设立污染场地治理与修复基金

通过设立中央和地方“污染场地治理与修复基金”，管理和修复污染场地。“污染场地治理与修复基金”的经费可以有以下几个来源：①企业污染事故押金或保证金制度，即预先提留资金作为污染事故的预防资金；②针对特殊行业的特别税或排污费；③金融机构的优惠贷款；④政府预算。对于找不到责任者或责任者没有修复能力，可由“污染场地治理与修复基金”支付修复费用或提供适当补助；对责任者不愿支付修复费用或当时尚未找到责任者的场地，也可由“污染场地治理与修复基金”先支付污染场地修复费用，再由政府向责任者追讨。

五、其他融资方式

针对可能造成场地污染的企业，政府还可考虑通过环境污染责任保险制度等措施对污染场地进行管理。对于全球性环境问题，也可以争取国际多边资金和双边资金（例如，全球环境基金）的支持并与发达国家开展积极的国际合作。最终，形成国家、地方政府、污染企业、土地受益企业和商业资本等多方面组成筹资渠道。有关污染场地融资机制与资金的使用管理见表 8.1。

表 8.1　污染场地融资机制及资金的使用管理

投资主体	污染者	受益者	污染场地治理与修复基金
	1. 造成环境损害的责任主体承担调查与修复资金	1. 场地新开发商承担部分经济责任	1. 企业污染事故押金或保证金
融资模式	2. 环境污染责任保险制度	2. 政府以税收优惠或理想的规划方案，吸引商业资本投入场地的修复和再开发	2. 针对特殊行业的特别税或排污费
		3. BOT 开发模式，即政府特许投资者对污染场地进行修复并开发后经营一段时期，特许期满后，修复好的污染场地和项目无偿地转移给政府	3. 政府预算
		4. 从土地出让金中拿出部分资金	4. 金融机构的优惠贷款
			5. 国际多边或双边资金
		有开发计划/前景	无开发计划/前景
	责任主体明确，有支付能力	污染者付费，进行调查、评估和修复	污染者付费，进行调查、评估、控制和修复
资金使用管理	责任主体明确，无支付能力	1. 政府先从基金中出资修复，再从受益人处收回 2. 受益人出资修复，政府从出让金中补偿	政府从基金出资进行调查、评估、控制和修复
	责任主体不明确	1. 政府先从基金中出资修复，再从受益人处收回 2. 受益人出资	政府从基金出资进行调查、评估、控制和修复

第六节　土壤环境保护的宣传与教育

污染场地的管理是涉及多行业、多部门，应结合污染场地的特殊性，提出相应的宣教政策，提高政府部门的决策水平和公众的环保意识，以此来促进污染场地环境管理工作的深入开展。实施污染场地可持续管理，既要依靠环保执法人员，也要依靠全社会的共同努力。相关政策的宣传、教育和合作交流是实行污染场地有效管理的重要措施。

一、场地管理知识培训

加强对中央和地方的相关决策者、制定者和管理者的专业化培训，提高整体素质和专业水平，提升国家污染场地管理的决策和监管能力。

二、专业人才队伍建设

专业技术人才的匮乏严重制约着土壤及地下水环境修复科技创新、管理创新和市场运作模式创新。加强大专院校土壤污染防治与修复课程或土壤环境科学与修复技术相关课程的开设或专题讲座，将是培养专门人才的主要途径；加强环境修复领域的硕士、博士研究生和博士后的培养，将是高级专门化人才的重要来源。加强工程、技术和软件系统培训，例如场地环境风险评估方法与软件系统应用培训，将是快速传授专门化知识和提高专业人才质量的捷径。加强国内外学术交流与合作、人才引进与流动，也将促进土壤环境和土壤修复学科的建设与技术应用发展。

三、土壤环境保护意识的公众提高

充分利用广播电视、报刊杂志、网络等新闻媒体，对公众宣传有关的来源、危害和相关的管理政策、法规、技术等方面的知识，增强公众的环保意识，使公众形成自觉参与污染场地的举报、识别以及治理修复等过程的意识。同时，提高直接接触场地污染物的工人、周边人群以及妇女和儿童等特定对象或敏感人群的日常防护和应急自救能力。

四、国内外交流与合作

广泛开展污染场地环境科学、技术和管理政策的国内外交流与合作，积极引进国外先进技术，吸收先进的管理理念和经验，进一步提升污染场地的可持续管理水平。

第七节　土壤环境管理的中长期发展目标

针对制约我国生态文明建设的重大土壤环境科技瓶颈问题，重点突破土壤污染分析监测—评估标准—过程原理—控制修复—监控管理等关键科学问题和共性技术，建立土壤环境污染防治科技体系与监管技术体系；通过主要利用类型土壤、典型流域土壤、重点地区土壤污染控制与修复技术及综合示范，区域土壤环境监控预警技术与示范、土壤环境管理战略与政策研究，提升我国土壤环境污染防治和修复管理技术水平，为改善我国土壤环境质量，保障农产品质量、国民健康和生态安全，提供全面、系统的科学与技术支撑。

一、2015～2020 年阶段目标

实现我国土壤“除污修复、改善质量”的目标。形成农田、城市及流域土壤污染监控、综合治理与修复关键技术及装备体系，实现企业场地污染净化和功能恢复；健全土壤环境标准与管理技术体系，改善重点流域土壤质量。

开展重点污染场地和农田土壤污染修复与综合治理试点示范；建设一批土壤污染防治国家重点实验室和土壤修复工程技术中心；初步构建我国土壤环境保护的分析、评价、控制、监管 4 种关键支撑技术框架体系，初步建立监测、信息、修复 3 类技术支撑平台；消除具有重大隐患的土壤污染区，恢复其正常土壤功能。加强土壤保护宣传教育活动，提高人民群众的土壤保护意识。

二、2020～2025 年阶段目标

实现我国土壤“综合防控、持续利用”的目标。全面形成重点区域土壤污染预防、控制、综合治理及质量提高关键技术与装备体系；完成区域土壤污染综合防治试点与工程示范；大部分的污染场地得到修复，处于环境安全状态；建立国家土壤环境监控、预警与信息管理体系平台；建立健全的土壤环境监管和综合保护体系；提高城乡土壤环境质量，保障土地可持续利用，初步实现土净、食洁、居安。

全面形成重点流域/区域土壤污染预防、控制、综合治理及质量提高关键技术与备体系；以污染耕地和场地为重点，实施重点流域/区域土壤污染综合治理，完成流域/区域土壤污染综合防治试点与工程示范，使我国农业土壤环境质量达到国家土壤环境质量标准的比例大幅度提高，使大部分的污染场地得到修复，土壤环境质量明显提升，处于环境安全状态；建立国家土壤环境监控、预警与信息管理体系平台；形成具有中国特色的土壤环保产业链。

参 考 文 献

骆永明, 李广贺, 李发生, 等. 2015. 中国土壤环境管理支撑技术体系研究. 北京：科学出版社.

骆永明. 2009. 中国土壤环境污染态势及预防、控制和修复策略. 环境污染与防治, 31(12): 27～31.

赵娜娜, 黄启飞, 易爱华, 等. 2006. 我国污染场地的管理现状与环境对策. 环境科学与技术, 29(12): 39～40.

中国环境保护部对外合作中心. 2009. POPs 污染场地政策框架和修复技术研究项目技术研讨会资料汇编. 北京.

Bardos P, Lewis A, Nortcliff S, et al. 2002. Review of decision support tools for contaminated land management, and their Use in Europe. CLARINET Report.

EA, Brogan BJ, Edwards D, et al. 2001. Towards a framework for selecting remediation technologies contaminated sites. Land Contamination and Reclamation. 9(1): 119～127.

Linkov I, Varghese A, Jamil S, et al. 2004. Multi-criteria decision analysis: a framework for structuring remedial decision at contaminated sites. "Comparative Risk Assessment and Environmental Making" Kluwer, 15～54.

Mintzberg H, Raisinghani D, Theoret A. 1976. The Structure of "Unstructured" Decision Processes. Administrative Science Quarterly 21.

Saito H, Goovaerts P. 2003. Selective remediation of contaminated sites using a two-level multiphase strategy and geostatistics. Environmental Science & Technology, 37: 1912～1918.